GEOLOGIE

DER

STEINKOHLEN

DEUTSCHLAND'S UND ANDERER LÄNDER

EUROPA'S,

MIT HINBLICK AUF IHRE TECHNISCHE VERWENDUNG.

MIT BEITRÄGEN VON GEH.-RATH DR. VON **DECHEN**, HÜTTENMEISTER **FEISTMANTEL**, BERGINSPECTOR VON **RÖNNE**, DIRECTOR **SCHÜTZE**, BERGINSPECTOR **WAGNER** UND ANDEREN

HERAUSGEGEBEN VON

DR. H. B. GEINITZ.

MIT EINEM ATLAS VON 28 KARTEN.

MÜNCHEN 1865.
R. OLDENBOURG.

DIE STEINKOHLEN

DEUTSCHLAND'S UND ANDERER LÄNDER

EUROPA'S

IHRE NATUR, LAGERUNGS-VERHÄLTNISSE, VERBREITUNG, GESCHICHTE, STATISTIK UND TECHNISCHE VERWENDUNG

VON

DR. H. B. GEINITZ, DR. H. FLECK & DR. E. HARTIG.

I. BAND:

GEOLOGIE.

MIT EINEM ATLAS VON 28 KARTEN.

MÜNCHEN 1865.
R. OLDENBOURG.

Vorrede.

Es muss dem Beobachter auffallend erscheinen, dass die reiche technische Literatur, welche Deutschland in den letzten 20 Jahren hervorbrachte, zwar mannichfache monographische Arbeiten über einzelne Steinkohlenbecken, aber kein Werk zu Tage förderte, das die ergiebigste Quelle vaterländischen Reichthums, die fossilen Brennstoffe in der Gesammtheit ihres Vorkommens in Deutschland, zum Gegenstand gründlicher und übersichtlicher Erörterung gemacht hätte. Während ein anderer, für den Reichthum der Nation gleich wichtiger mineralischer Stoff — das Eisen — seit Jahrhunderten in die Acten unserer Literatur aufgenommen ist, und schon vor 40 Jahren durch Karsten eine literarische Behandlung erfuhr, welche eine den damaligen Stand der Erfahrung und Wissenschaft erschöpfende genannt werden kann, fehlt uns bis heute noch ein ähnliches Werk über die Steinkohlen.

Die Gründe, welche diese Lücke in unserer Literatur veranlassten und bis jetzt offen erhielten, liegen indess nahe genug. Bis vor 20 Jahren waren unsere Steinkohlengebiete fast ausschliesslich auf die engen Schranken mehr oder minder localen Verbrauches angewiesen. Erst mit der Entwicklung des Eisenbahnwesens wurden sie allmählig aus diesem Banne erlöst. Mit jeder Meile Weges, welche für den Schienenverkehr gewonnen wurde, erweiterte sich die Möglichkeit, dem Menschen der neuen Cultur jene wunderbaren Schätze dienstbar zu machen, welche eine frühere Entwicklungs-Epoche unseres Planeten in den Schooss seiner Rinde niedergelegt hatte.

Die Entfaltung der Kräfte, welche dieser Vorgang erweckte, ist zwar in Deutschland schnell genug vor sich gegangen; aber sie brauchte doch mehr als ein Jahrzehnt, und erst in den letzten Jahren sind durch die bessere Einsicht, welche die Verwaltungen der Eisenbahnen gewonnen, Bedingungen für die Verbreitung fossiler Brennstoffe geschaffen worden, welche die weitesttragenden Folgen für Producenten und Consumenten in sich schliessen. Viele Lagerstätten von Kohlen sind dadurch zugänglich geworden und mit jeder Erweiterung der Verkehrsmittel lohnen mehr Flötze den Abbau. Anderseits ist dem Bedürfnisse eine wirkliche Auswahl der mannichfaltigsten Befriedigungen möglich geworden, da jedes grössere industrielle Etablissement in die Lage gekommen ist, aus weit auseinander liegenden Becken sich diejenige Kohle zu wählen, welche seinem Bedürfnisse am besten entspricht.

Die Beobachtung dieser Thatsachen führte die Verfasser und den Verleger des vorliegenden Werkes zusammen. Sie hielten dafür, dass es jetzt an der Zeit sei, der deutschen Industrie und Wissenschaft ein Werk zu liefern, das zunächst über die Steinkohlen, ihre Natur, die Bedingungen ihres Vorkommens, hauptsächlich in Deutschland, ihrer Verwerthung und ihres Verbrauches ausgiebigen und das ganze Gebiet des Gegenstandes erschöpfenden Rath und Aufschluss ertheilte. Sie glaubten zunächst jene ältere Formation der fossilen Kohlen vorzugsweise zum Gegenstand ihrer Aufgabe machen zu sollen, weil dieses dem weittragenden Verkehre am meisten übergebene Brennmaterial vor allen anderen eine eingängliche Kenntniss seiner mannichfachen Erscheinungen und Eigenschaften erfordert. Sie unterliessen nicht, auch jüngere Schwarzkohlen in den Kreis ihrer Untersuchung zu ziehen, die durch ihre Beschaffenheit den wirklichen Steinkohlen am ähnlichsten sind, mit diesen oft noch verwechselt werden und vielfach in Concurrenz treten; dagegen haben sie geglaubt, von einer speciellen Behandlung der Braunkohlen absehen zu dürfen, zumal den letzteren erst in der neuesten Zeit eine umfassende Arbeit des Herrn C. F. Zincken gewidmet ist, die ihrer baldigen Vollendung entgegensieht. Nur in den Abschnitten über Statistik des Kohlenbergbaues erschien es zur Vervollständigung des ganzen Bildes rathsam, die Braunkohlen mit zu berücksichtigen.

Aber auch innerhalb dieser Grenzen fand ihre Aufgabe eine nothwendige Schranke in dem, was die Literatur schon bietet. Wir haben bereits umfassende Werke über den Bergbau und die Vergasung der Steinkohlen. Es schien mithin angemessen, jenen, der ohnehin mehr der allgemeinen montanistischen Technik angehört, ganz auszuschliessen und der Gasbereitung nur da zu gedenken, wo auf die chemischen und physikalischen Eigenschaften der Kohle und ihren Werth für die Bereitung des Leuchtgases einzugehen war.

Bei der Ausführung ihres Planes sahen sich die Verfasser einem weitschichtigen literarischen Material gegenüber gestellt, welches in einzelnen Abhandlungen und Monographien ausgestreut in Zeitschriften und anderen localen Publicationen vor ihnen lag. Die literarischen Bestrebungen in dieser Richtung waren parallel gegangen mit den Schicksalen des Stoffes. So lange die Producte der einzelnen Kohlenbecken in Deutschland räumlich so weit auseinander gehalten waren, dass sie sich nur selten berührten, bewahrten auch die ihnen gewidmeten literarischen Arbeiten den Charakter localer Bestrebungen und Beurtheilungen, welche unter sich nur in einem losen Zusammenhange standen. Erst die Arbeiten, welche die k. Preussische und Sächsische Regierung veranlasst hatten, brachten in einzelnen Richtungen unseres Stoffes Zusammenhang und Plan. Im Grossen und Ganzen sieht sich der ordnende Arbeiter jetzt ebenso in Verlegenheit gesetzt durch die Mannichfaltigkeit wie durch den Mangel an Material, das, wenn auch sehr ungleichmässig, aus hunderten von Quellen fliesst.

Und doch bestand für die Verfasser der schwierigste Theil ihrer Arbeit in der Aufgabe, die noch vorhandenen Lücken auszufüllen. Sie konnte nur durch vielfache Reisen und umfassende Correspondenzen und auch auf diesem Wege nur annähernd gelöst werden. Für das was in dieser Beziehung erreicht wurde, sind die Herausgeber vor Allen dem k. Sächs. Ministerium des Innern und der Direction der k. Sächs. polytechnischen Schule in Dresden zu grösstem Danke verpflichtet. Nächstdem haben sie dankbar anzuerkennen, dass sie von den bedeutendsten Männern des Faches mit einer Hingebung unterstützt worden sind, durch welche die Erreichung ihres Zieles, die schnelle Vollendung eines planmässigen Ganzen, unendlich gefördert wurde. Sie verdanken denselben einige äusserst wichtige Beiträge. Hier, wo eigene Forschungen, unmittelbare Anschauung und eine lange Jahresreihe von Erfahrungen der Beherrschung des literarischen Materials zur Seite stehen muss, wenn alle Bedingungen einer werthvollen Arbeit vereinigt sein sollen, verweisen wir mit Stolz auf die monographischen Arbeiten von Sr. Excellenz dem Herrn Geheimerath Dr. von Dechen, den Herren Hüttenmeister Feistmantel, Berg-Inspector von Rönne, Director Schütze, Berginspector Wagner und Anderen, welche den ersten Band des Werkes schmücken. Es wurden ferner die im zweiten Bande enthaltenen Tabellen über die Verunglückungen in den sächsischen Kohlenwerken, die hier zum ersten Male vollständig veröffentlicht sind, von dem k. Sächs. Finanzministerium mit dankenswerthester Bereitwilligkeit zur Verfügung gestellt; viele statistische Notizen und Tabellen entstammen dem k. Sächs. statistischen Bureau und dem k. Hannöv. Finanzministerium; ferner ist das Capitel über Verunglückungen der Kohlenbergleute zum grössern Theil vom Herrn Kohlenwerksinspector Köttig verfasst und das über Aufbereitung und Verkokung der Kohlen durch die freundliche Mitwirkung der Herren Berginspector von Rönne und Director Rexroth in Saarbrücken wesentlich vervollständigt worden; zu dem Capitel über Heizwerth der Kohlen lieferten die Herren Klett & Co. in Nürnberg einen werthvollen Beitrag; endlich liegen den Abschnitten über Stückkohlenfall, Schüttungscoefficient, Gewicht und Preis der Kohlen die brieflichen Mittheilungen von über 30 Bergbeamten und anderen Fachmännern zu Grunde, deren Namen an den betreffenden Stellen genannt sind.

Inhalt.

I.

Geologie.

CAPITEL I.

Ueber das Vorkommen fossiler Kohlen überhaupt in verschiedenen Gebirgsformationen, ihre Entstehung und verschiedene Beschaffenheit.

1. Ueber das Vorkommen fossiler Kohlen in verschiedenen Gebirgsformationen und ihre geologischen Unterschiede.

Alle fossilen Kohlen sind, ebenso wie die künstlich erzeugten Kohlen, Zersetzungsproducte von Pflanzen und zum Theil auch thierischen Organismen. Dies hat schon 1785 James Hutton[1]) mit folgenden Worten klar ausgesprochen: „Nichts kann sicherer sein, als dass alle kohlenartigen oder bituminösen Gebirgsschichten ihren Ursprung von Vegetabilien haben, die auf dem Lande gewachsen sind. Trotz ihrer Dichtheit werden diese Schichten oft horizontal in bestimmte Lagen geschieden, wo man die faserige oder zellige Structur der Pflanzen noch deutlich erkennt. Daher ist es nicht zu bezweifeln, dass eine fossile Kohle aus Pflanzen entstanden ist, wiewohl auch thierische Substanzen zu der Bildung dieser Anhäufung von Leucht- und Brennstoffen ihren Beitrag geliefert haben mögen."

Fossile Kohlen kommen in allen Gebirgsformationen vor, in denen man überhaupt Ueberreste organischer Wesen gefunden hat, man vermisst sie dagegen in azoischen Gebirgsbildungen, die eine Bildungszeit unserer Erdrinde bezeichnen, wo das organische Leben auf ihr noch nicht erregt worden war.

Der in azoischen Schiefern (Gneiss, Glimmerschiefer, Urthonschiefer) und in den ältesten krystallinischen Massengesteinen (Granit und Syenit) auftretende Kohlenstoff scheint als solcher ursprünglich vorhanden gewesen zu sein; für ein Zersetzungsproduct organischer Körper können wir ihn nicht halten. Allermeist zeigt er die Natur des Graphits, selten nur die des Diamants, dessen Muttergestein, der Itacolumit, gerade den älteren krystallinischen und überhaupt azoischen Schiefern Brasiliens eingelagert ist. Jene zellenartigen Gebilde in trüben Diamanten, auf welche A. Petzholdt[2]) zuerst die Aufmerksamkeit gelenkt hat, und welche später durch Göppert[3]) in einer ausgezeichneten Weise beschrieben worden sind, lassen sich ebenso gut auf unorganische Absonderungen, als auf organische Formen niederer Pflanzen zurückführen. (Vgl. Geinitz u. Leonhard n. Jahrb. f. Mineralogie, 1865, Heft 2.) Man findet den Graphit in sechsseitigen Tafeln oder Blättchen krystallisirt, auch derb, eingesprengt oder als fein vertheilte schwarzfärbende Substanz mancher Urthonschiefer und Urkalke: Eisenschwarze Farbe, Metallglanz, sehr geringe Härte (= 1), ein Gewicht zwischen 1,9 und 2,2, milde Beschaffenheit und fette Anfühlbarkeit, sowie sehr schwierige Verbrennbarkeit unterscheiden ihn von allen wirklichen Kohlen oder kohligen Ablagerungen, welche nie krystallinisch sind.

Selbst gewisse anthracitische Kohlen, die Werner als schieferige Glanzkohle oder Kohlenblende unterschieden hat, stehen zwar ihrer äusseren Erscheinung nach dem Graphit sehr nahe, sind jedoch leichter verbrennbar und entfernen sich ihrem inneren Wesen nach von ihm noch weit mehr, da sich ihre organische Abstammung nachweisen lässt. Sie gehören vorzugsweise dem Alaunschiefer an und haben als Brennstoff keine Verwendung.

Zur Erläuterung des Vorkommens von Kohlen in den verschiedenen Gebirgsformationen lassen wir hier eine Reihenfolge der geschichteten und eruptiven Gesteinsgruppen folgen. Dieselben sind nach ihrem relativen Alter geordnet, wobei die jüngeren als die oberen, die älteren als die unteren erscheinen, so dass man dadurch ein ideales Profil der Erdrinde erhält. Die an der rechten Seite der Tafel befindlichen Pfeilspitzen sollen andeuten, bis zu welchen Gruppen krystallinische Massengesteine (die sogenannten Eruptivgesteine, plutonische und vulkanische Gebirgsarten) aus dem Innern der Erde emporgedrungen sind, woraus sich zugleich das relative Alter der letzteren ergiebt.

[1]) James Hutton, the theory of the Earth (Trans. of the Royal Soc. of Edinburgh), 1785, p. 85.

[2]) Al. Petzholdt: Beiträge zur Naturgeschichte des Diamants. Dresden u. Leipzig, 1842.

[3]) Göppert, in Poggendorf's Annalen 1854. Bd. XCII, p. 624—626, und: Ueber Einschlüsse im Diamant, Haarlem, 1864. 4. 84 S. 7 Taf.

Reihenfolge der geschichteten oder eruptiven Gesteinsgruppen oder Formationen.

Zeitalter	Formation	Schichten
Känozoische Zeit.		**Alluvium.** Epoche des Menschen. — **Torf.**
Känozoische Zeit.		**Diluvium.** Epoche des Mammuth. — **Aeltere Torfmoore.**
Känozoische Zeit.	Tertiär-Formation.	**Pliocäne** / **Miocäne** / **Oligocäne** / **Eocäne**: **Braunkohlenlager** (Surturbrand auf Island, Bovey Coal in England, Brown Coal, Lignite).
Mesozoische,	Kreideformation. (Quadergebirge.)	**Obere Kreide** und Kreidemergel = **Ober Quader** und Quadermergel mit **Quader-** oder **Kreidekohle.**
		Untere Kreide und Plänerkalk. (Grey Chalk marl.)
		Unter-Quader und Unter-Pläner mit **Quaderkohle.**
		Gault. (Blue Chalk marl.)
		Neokom oder Hils. (Lower Greensand und Wealden mit **Wälderkohle.** Lignit zum Theil.)
	Jura.	**Ober-** oder **weisser Jura.**
		Mittler oder **brauner Jura: Jurassische Kohle.**
		Unter- oder **schwarzer Jura, Lias: Liaskohle, Alpenkohle** zum Theil, **Gagat** oder **Jet.**
	Trias.	**Keuper** und Lettenkohlengruppe: **Keuperkohle, Lettenkohle.**
		Muschelkalk.
		Bunter Sandstein und bunte Schiefer.
Palaeozoische,	Dyas. (Permian.)	**Zechsteinformation** und **oberes Rothliegendes.**
		Unteres Rothliegendes oder **untere Dyas: Dyaskohle** oder **Permkohle** in schwachen Flötzen.
	Kohlen-Formation.	**Productive Steinkohlenformation** mit den **Haupt-Steinkohlenlagern (Steinkohle, Coal, Houille).**
		Flötzleere oder **flötzarme Steinkohlenformation** (Kohlenkalk und flötzleerer Sandstein oder Millstonegrit): **Culmkohle.**
	Grauwacken-Formation.	**Devonformation** oder Old Red Sandstone: **Grauwackenkohle,** Brandschiefer oder **Domanik.**
		Silurformation: Kohlenblende im Alaun- und Zeichenschiefer.
		Cambrische Formation.
Azoische,	Urschiefer-Formation.	**Thonschiefer** mit Lagern von Urkalk und metamorphosirte Schiefer, mit graphitischem **Kohlenstoff.**
		Glimmerschiefer mit Lagern von Urkalk und **Graphit.**
		Gneiss, hier und da mit Graphitlagern, sehr selten Spuren von **Anthracit.**

Eruptive Gesteine (Pfeile am rechten Rand, jeweils vom Gneiss aufwärts):

- **Lava** (bis Alluvium)
- **Basalt und Dolerit, Phonolith und Trachyt** (bis Tertiär-Formation)
- **Melaphyr** (bis Mittlerer Jura)
- **Porphyre und Pechstein. Basaltit** (bis Zechsteinformation)
- **Granit und Grünstein** (bis Devonformation)
- **Syenit** (bis Thonschiefer)

Eine jede dieser geologischen Gruppen entspricht einer bestimmten Entwickelungszeit unseres Planeten. Mit Ausnahme der azoischen Periode ist eine jede von ihnen durch ihre eigenthümlichen Organismen des Thier- und Pflanzenreichs ausgezeichnet.

In der paläozoischen Zeit haben zuerst die niedrig organisirten Seealgen oder Tange die lange Kette der Organismen eröffnet. Der Mangel an Kohlenlagern in den älteren Etagen der Grauwackenformation beweist uns, dass jene Algen als Zellenpflanzen weder durch Qualität noch Quantität zur Hervorbringung von wirklichen Kohlenlagern genügen konnten. Hiezu mussten auch gefässreiche, höhere Pflanzen mitwirken, wie dies bei der Bildung des Torfes noch gegenwärtig der Fall ist. Daher haben auch alle Versuche nach brauchbaren Kohlen, die an vielen Orten Deutschlands und Britanniens in silurischen Alaunschiefern unternommen worden sind, zu keinem günstigen Erfolge führen können. Der darin fein vertheilte Kohlenstoff rührt zum Theil von Algen, zum Theil aber auch von der hornigen Substanz einer mit den lebenden Seefedern nahe verwandten Korallenfamilie, den Graptolithen her.

Der Alaunschiefer ist ein graulich- oder blaulich-schwarzes, mattes und schimmerndes, auf seinen Ablösungsflächen aber durch schieferige Glanzkohle oder Kohlenblende stärker glänzendes Gestein, das einen schwarzen glänzenden Strich, meist dickschieferigen, ebenen bis unebenen Bruch, Härte des Kalkspaths (= 3) oder darunter, ein specifisches Gewicht von 2,3 bis 2,4 besitzt und oft reich an eingesprengtem Schwefelkies ist, der zur Gewinnung von Eisenvitriol und Alaun Veranlassung giebt.

Bei einem reicheren Gehalte an Kohlenstoff kann der Alaunschiefer zwar erglühen, wenn er mit brennendem Holze oder glühenden Kohlen in Berührung kommt, jedoch nur ohne Flamme und ohne zu zerfallen, wobei er entfärbt oder geröthet und zuweilen verschlackt wird.[1])

Aehnliche Alaunschiefer kommen auch in anderen Formationen, wie namentlich in der Steinkohlenformation, vor.

Erst in der Devonzeit hat eine, wenn auch nur spärliche Flora solcher gefässreicher, meist blüthenloser Pflanzen aus den Familien der Bärlappe oder Lycopodiaceen, Farren, Schafthalme oder Equisetaceen, Sternhalme oder Asterophylliten und Keilblätter oder Sphenophylliten begonnen, denen sich schon damals einige Zapfenbäume oder Nadelhölzer und Siegelbäume oder Sigillarien beigeordnet haben. Dieselbe hat schon die meisten Gattungstypen mit der Steinkohlenzeit gemein, wiewohl nur wenige ihrer Arten den Uebergang zur letzteren vermitteln.[2]) Eine Anhäufung solcher Pflanzen behufs der Bildung von Kohlenlagern gehört indess selbst in der oberen Etage der Grauwackenformation noch zu den grossen Seltenheiten. Das nördliche Spanien scheint eine Ausnahme hievon zu machen. Wenigstens machen es de Verneuil und Collomb[3]) wahrscheinlich, dass die Kohlen von Sabero in der Provinz Leon an dem Südabhange des Cantabrischen Gebirgszugs und die bei Ferroñes und Arnao zwischen Oviedo und Aviles in Asturien devonisch sind.

Auch hat Graf Keyserling[4]) gezeigt, dass der an dem Flusse Uchta im südlichen Theile des Timangebirges in $63\frac{1}{2}$ Grad n. Br. sich findende Brandschiefer oder „Domanik" gleichfalls devonisch ist. Es giebt dieser Schiefer durch seinen reichen Gehalt an Bitumen (theerartigen Stoffen) zur Ent-

---

[1]) Eine gleiche Wirkung haben auf ihn oft Grünsteine bei ihrem Durchbruche durch Alaunschiefer ausgeübt, was als Beweis für die feuerflüssige, plutonische Bildung dieser Grünsteine (Diorit und Diabas) hervorgehoben zu werden verdient. Beispiele der Art sind wiederholt in der Gegend von Schleiz und von Oelsnitz im Voigtlande beobachtet worden und die Producte dieser Wirkungen liegen im K. Mineralogischen Museum in Dresden zur Ansicht vor.

[2]) Göppert, fossile Flora des Uebergangsgebirges, im Nov. Act. Ac. C. Leop. Car. Nat. Cur. Vol. XXII. Suppl. 1852.
Derselbe, über die fossile Flora der silurischen, der devonischen und unteren Kohlenformation oder des sogen. Uebergangsgebirges, in Nov. Act. Ac. Leop. Car. Vol. XXVII.
F. Unger, Genera et Species plantarum fossilium. Vindobonae, 1852.
Richter und Unger, Beiträge zur Paläontologie des Thüringer Waldes. Wien, 1856.
Dawson, über die Flora der Devonformation in Nordamerika. (Quat. Journ. of the Geol. Soc. in London. Vol. XVIII. p. 296—330. tb. 12—17; Vol. XIX. p. 458—469. tb. 18. 19. — Leonhard und Geinitz, neues Jahrb. 1863. p. 230; 1864 p. 127.)

[3]) Coup d'oeil sur la constitution géologique de plus. provinces de l'Espagne. Paris, 1853. p. 68.

[4]) Wissensch. Beobachtungen auf einer Reise in das Petschoraland im Jahre 1843. St. Petersburg, 1846. p. 396—399.

stehung von Erdölquellen Veranlassung und lässt sich auch zur künstlichen Herstellung ähnlicher Producte verwenden.

Erst in der darauf folgenden Gruppe, welcher mit grösstem Rechte der Name „Kohlenformation“ oder „Carbonformation“ geworden ist, hat sich die Pflanzenwelt reichhaltiger und mannichfaltiger entwickelt und hinlängliche Materialien zur Bildung bauwürdiger und oft ergiebiger Kohlenlager an vielen Orten der Erde geliefert.

Zwar ist die untere Etage der Carbonformation noch keineswegs so ergiebig in dieser Beziehung, als man ihrem Namen nach erwarten sollte, und es fehlt ihrer marinen Abtheilung, dem Kohlenkalke oder Bergkalke, die Kohle fast gänzlich, doch enthalten die verschiedenen Land- oder Sumpfbildungen des Culm, die ihrem Alter nach dem Kohlenkalke ziemlich parallel stehen, in manchen Gegenden schon zahlreiche, allerdings meist nur schwache und daher oft nicht bauwürdige Kohlenflötze.

Man pflegt die Kohlen dieser unteren Etage, welche oft brauchbare Schwarzkohlen enthält, als „Culmkohle“ zu unterscheiden, ein von den spärlichen „Culm measures“ in Devonshire und Pembrockshire entlehnter Name. In ihrem Bereiche herrschen vor allen anderen Pflanzen[1]) gewisse baumartige Bärlappe oder Lycopodiaceen bei weitem vor, die uns berechtigen können, viele Culmkohlen geradezu als „Lycopodiaceenkohle“ oder nach der am häufigsten darin vorkommenden Pflanze *Sagenaria Veltheimiana* Sternberg, auch „Sagenarienkohle“ zu nennen.

Ihre grösste Entfaltung zeigt jene alte, mit Ausnahme einiger freisamigen Dicotyledonen, fast ausschlieslich aus blüthenlosen Gewächsen (Cryptogamen) bestehende Pflanzenwelt erst in der oberen Etage der Carbonformation oder der productiven Steinkohlenformation, den „Coal measures“ der Engländer, deren Kohlen ganz vorzugsweise den Namen „Steinkohle“, „Coal“ oder „Houille“ erhalten haben.

Das Wort Steinkohle bezeichnet mehr einen geologischen, auf das Vorkommen der Kohle in einer bestimmten Gesteinsgruppe sich beziehenden, als einen mineralogischen oder chemischen Begriff; der Mineralog fasst alle schwarzen Kohlen, die ihrer äusseren Erscheinung und ihrem inneren Verhalten nach denjenigen Kohlen nahe stehen, welche in der Steinkohlenformation vorherrschen, als „Schwarzkohlen“ zusammen.

Die mächtigsten und auf der Erdoberfläche am weitesten verbreiteten Steinkohlenlager sind vorzugsweise aus Siegelbäumen oder Sigillarien und den als Stigmaria unterschiedenen Wurzelstöcken entstanden und man darf Kohlen aus dieser Region mit Fug und Recht als „Sigillarienkohle“ bezeichnen. Dem Gürtel der Sigillarien und Stigmarien ist schnell ein anderer gefolgt, in welchem die Calamiten, den lebenden Schafthalmen oder Schachthalmen sehr nahe stehende Pflanzen, bei weitem vorwalteten, die auch im Vereine mit Sigillarien und Lycopodiaceen, gerade das Hauptmaterial zu den Russkohlflötzen in Sachsen, einer wahren „Calamitenkohle“ geliefert haben.

Die zu den Sternhalmen gehörigen Gattungen *Annularia*, Ringpflanze, *Asterophyllites*, Sternhalm und *Sphenophyllum*, Keilblatt, haben im Verein mit *Cordaites* und *Noeggerathia*, zwei mit den lebenden Cycadeen verwandten Pflanzen, gewisse Steinkohlenflötze der mittleren Region geschaffen, die oberen Flötze der Steinkohlenformation dagegen sind vornehmlich das Produkt der Farren und man kann ihre wahrhaft schöne, oft grossmuschelige Pechkohle als „Farrenkohle“ unterscheiden.[2])

Aus der Steinkohlenzeit treten wir in die Zeit der Dyas oder permischen Formation, zu welcher das Rothliegende und der Zechstein gehören. Die Reihe ist während dieser Zeit durch die Entstehung

---

[1]) H. B. Geinitz, Darstellung der Flora des Hainichen-Ebersdorfer und des Flöhaer Kohlenbassins. Leipzig, 1854. Derselbe geognost. Darstellung der Steinkohlenformation in Sachsen. Leipzig, 1856. Göppert, a. a. O.

[2]) Vgl. auch: H. R. Göppert u. C. C. Beinert, Abhandlung über die Beschaffenheit und das Verhalten der fossilen Flora in den verschiedenen Steinkohlen-Ablagerungen eines und desselben Revieres. Haarlem und Leiden, 1849. — H. B. Geinitz, Versteinerungen der Steinkohlenformation in Sachsen. Leipzig, 1855.

verschiedener Eruptivgesteine, insbesondere vieler Porphyre und Porphyrtuffe, Basaltite und ihrer Tuffe, welche entgegen der Ansicht der Neptunisten dennoch aus dem Innern der Erde empor gestürmt sind, so vielfach und wesentlich gestört worden, dass sich eine reichhaltigere Flora hier nicht hat herausbilden können. Schwache, nur selten bauwürdige Schwarzkohlenflötze trifft man nur im Gebiete der unteren Dyas oder des unteren Rothliegenden an, nicht in der oberen Dyas, welcher das obere Rothliegende und die Zechsteinformation angehört. Man pflegt die Kohle der Dyas, oder die „Kohle des Rothliegenden", auch „Permian Coal" zu nennen.

In dieser Epoche haben eigenthümliche, durch gewisse Leitfossilien sehr ausgezeichnete Brandschiefer oft eine grosse Verbreitung und bedeutende Wichtigkeit erlangt.

„Brandschiefer" oder „Pyroschist" nach Sterry Hunt[1]) umfasst alle mit Bitumen, d. h. theerartigen Stoffen, theils flüssigeren Substanzen (Steinöl oder Petroleum) und theils festeren (Asphalt oder Erdpech), durchdrungenen Schieferthone, die in verschiedenen Gebirgsformationen gefunden worden, und welche schon aus der Devonformation hervorgehoben worden sind. Sie bilden meist schwärzlich-braune bis pechschwarze, bei geringerem Bitumengehalte auch dunkelgraue und durch Verwitterung lichter graue oder ockerig beschlagende, dünn- und geradschieferige Gesteinsschichten, die sich oft in dünne Platten oder Tafeln spalten lassen, auf den Spaltungsflächen schimmernd, im Striche fettglänzend, etwas mild und oft so reichlich mit Bitumen imprägnirt sind, dass sie im Feuer mit einer russenden Flamme brennen, ohne jedoch in Asche zu zerfallen.

Man verwendet sie an manchen Orten, wie bei Muse unweit Autun und Buxière-la-Grue im Departement Allier zur Gewinnung von Steinöl und Asphalt, oder zur Bereitung von Leuchtgas. Mehrere Brandschieferzonen am Südabhange des Riesengebirges zwischen Semil, Hohenelbe und Trautenau zeichnen sich durch einigen Kupfergehalt aus und finden bei 2—3 Procent Gehalt auch zur Kupfergewinnung Verwendung. Sie verbreiten sich von dort in die Grafschaft Glatz, finden sich an mehren anderen Stellen des nördlichen Böhmen und in Mähren, im Norden des Riesengebirges, wie bei Klein-Neundorf zwischen Löwenberg und Lauban in Schlesien, bei Salhausen zwischen Oschatz und Mügeln in Sachsen, in der Gegend von Erbendorf und Weiden in der bayerischen Oberpfalz, an dem Südabhange des Thüringer Waldes bei Klein-Schmalkalden und in den Umgebungen des Inselsberges, in der Wetterau, im Birkenfeldischen, besonders bei Lebach[2]) und an den genannten Orten in Frankreich.

Neben 2 Lycopodiaceen, der *Walchia piniformis* und *Walchia filiciformis* Schlotheim und einigen Farren, wie *Odontopteris obtusiloba* Naumann, *Neuropteris conferta* Sternberg, *Hymenophyllites semialatus* Gein., *Alethopteris pinnatifida* Gutbier u. a., treten im Gebiete der unteren Dyas besonders mehrere Arten der schon genannten Gattungen *Cordaites* und *Noeggerathia* sehr hervor, denen sich einige wahre Cycadeen, eine der ältesten Palmen, *Guilielmites permianus* Gein. und die letzten Sigillarien zugesellen.

Erst nach eingetretener längerer Ruhe wuchsen gegen Ende der Bildungszeit der unteren Dyas auf den oberen Schichten des unteren Rothliegenden riesige Nadelhölzer aus der Gattung *Araucarites*[3]), Baumfarren aus den Gattungen *Psaronius* Staarstein, zum Theil mit mehr als 2 Fuss dicken Stämmen, und *Tubicaulis*, neben Cycadeen-Stämmen aus der Gattung *Medullosa* und Palmen-Stämmen aus der Gattung *Porosus* hervor, welche sichere Schlüsse auf das warme Klima jener Zeit gestatten. Man findet sie im verkieselten Zustande am häufigsten in der Gegend von Chemnitz, sowie an dem Südabhange des Riesengebirges, besonders bei Radowenz in Böhmen,[4]) am Kyffhaeuser, in der Wetterau und bei Frankfurt a/M., sowie auch in den Vogesen.[5]) Kohlen haben sie nicht geliefert, da sie durch eingedrungene Kieselgallert einem Versteinerungsprocesse unterworfen worden sind.

---

[1]) Silliman a. Dana, American Journal. Vol. XXXV, p. 157. — Leonhard u. Geinitz, neues Jahrb. 1863. p. 851.

[2]) Vergl. H. B. Geinitz, Dyas. Heft 2. Leipzig, 1862. u. E. Weiss, über das Alter eines Theils des Saarbrücken-Pfälzer Kohlengebirges. (Leonh. u. Gein. neues Jahrb. 1863. p. 689.)

[3]) *Auracarites Saxonicus* Reichenbach aus dem Rothliegenden von Hilbersdorf bei Chemnitz hat nach einem verkieselten Stamme im K. mineralogischen Museum zu Dresden über 5 Fuss Stärke erreicht.

[4]) H. R. Göppert, über den versteinerten Wald bei Radowenz bei Adersbach in Böhmen. (Jahrb. d. k. k. geol. Reichsanstalt. Wien, 1857. 8. Jahrg. p. 725.)

Derselbe, über die versteinerten Wälder in Böhmen und in Schlesien. (Aus d. Verhandl. d. schles. Gesellschaft vom Jahre 1858 u. 1859. Breslau, 1859.

[5]) Antoine Mougeot, Essai d'une Flore du Nouveau Grès rouge des Vosges. Épinal, 1852.

Die Flora der Dyas ist in H. B. Geinitz, Dyas, Heft II. Leipzig, 1862, zusammengestellt worden und hat noch in der neuesten Zeit durch Göppert: „die fossile Flora der Permischen Formation, Cassel 1864“, die genaueste Bearbeitung erfahren.

Während der mesozoischen Zeit haben die Cycadeen ihren Culminationspunkt erreicht. Schon in der unteren Kohlenformation beginnend, besitzt diese zu den nacktsamigen Blüthenpflanzen gehörende Familie 2 Repräsentanten in der oberen oder productiven Steinkohlenformation, in der *Medullosa stellata* Cotta aus der unteren Dyas erreicht sie die höchste Ausbildung ihrer Structurverhältnisse, in der darauf folgenden Trias, und noch mehr in der Juraperiode, das Maximum von Arten, fehlt nicht in der Kreideformation und endet erst in der Neuzeit.[1]) Ihrer Wirksamkeit bei der Bildung triadischer und jurassischer Kohlen nach wird man viele derselben als „Cycadeen-Kohle“ bezeichnen können.

Eine jede der mesozoischen Formationen enthält ihre eigenthümlichen Kohlen. So finden wir in Trias zwischen dem Muschelkalke und Keuper oft unreine, lettenreiche und meist durch Eisenkies verunreinigte Kohlenschichten, welche der Bergrath Voigt zuerst als „Lettenkohle“ unterschieden hat. Man hatte sie am Schösserberge bei Mattstedt im Grossherzogthume Weimar, am Ufer des Main bei Schweinfurt und in anderen Gegenden von Thüringen und Franken, in Schwaben und Lothringen, so wie in der Schweiz, wo man sie nach O. Heer am Rütihard und am Passwang (Kanton Solothurn) kennt, wiederholt abzubauen versucht, um sie doch wenigstens zu Kesselfeuerungen oder zum Kalkbrennen zu verwenden, doch stets ohne Glück. Man gewann in der Regel sehr bald die Ueberzeugung, dass die Lettenkohle oder Keuperkohle sich weit eher zur Gewinnung von Alaun oder Eisenvitriol eignen, als ein brauchbares Brennmaterial abgeben würde.[2])

Alle Pflanzen des Keupers sind Landpflanzen, von denen O. Heer in dem Kanton Basel allein 25 Arten erkannt hat, während nach Prof. Schenk die Flora des fränkischen Keupers aus 59 Arten besteht.[3]) Unter allen herrschen nicht allein dort, sondern überall im Gebiete dieser Formation, mit welcher die Lettenkohlengruppe zu vereinigen ist, der Riesenschafthalm (*Equisetum arenaceum* Jäger) und Arten der Cycadeen-Gattung *Pterophyllum* vor.

Ungleich ergiebiger zeigen sich öfters die in verschiedenen Etagen der Juraformation aufgespeicherten Kohlenlager. Glänzend schwarze Kohlen treten in den nordöstlichen Alpen schon im Gebiete des Lias, oder der unteren Etage der Juraformation auf. Man nennt sie „Liaskohle“ oder zählt sie nach Haidinger's Vorschlage mit zur „Alpenkohle“.

Eine ansehnliche Mächtigkeit hat die Liaskohle bei Fünfkirchen in Ungarn erlangt, der wir noch weitere Mittheilungen widmen werden. Auch die Kohlenlager auf der dänischen Insel Bornholm und bei Höganäs in Schonen gehören zur unteren Juraformation. Ihre grösste Entwicklung aber scheinen jurassische Kohlenlager in Australien und in Neuseeland erlangt zu haben.[4])

Zur Gewinnung von Erdöl und Asphalt finden gewisse bituminöse Mergelschiefer des Lias bei Ubstadt zwischen Heidelberg und Carlsruhe, bei Walgau in Bayern, bei Seefeld in Tyrol, bei Whitby in Yorkshire u. a. O. eine ähnliche Verwendung wie jene älteren Brandschiefer.

Die „Wälderkohle“ oder „Wealden-Coal“ an der oberen Grenze der Juraformation und,

---

[1]) Göppert, über lebende und fossile Cycadeen. (Leonh. u. Gein. neues Jahrb. 1864. p. 122.)

[2]) Ueber Lettenkohle vgl. auch: Schreiber, Beschreibung des Mattstedter Steinkohlenbergwerkes, 1805, in Voigt's Versuch einer Geschichte der Steinkohlen, der Braunkohlen und des Torfes. Weimar, 1802, 1805. — v. Alberti, Monographie des bunten Sandsteins, Muschelkalks und Keupers. 1834, p. 120. — Geinitz, Beitrag zur Kenntniss des Thüringer Muschelkalkgebirges. Jena, 1837. — Quenstedt, die Flötzgebirge Württembergs. Tübingen, 1843. p. 70. — Bornemann, über organische Reste der Lettenkohlengruppe Thüringens. Leipzig, 1856. — O. Heer, die Urwelt der Schweiz. Zürich, 1864. p. 48—55.

[3]) Schenk: Ueber die allgemeinen Verhältnisse der Flora des Keupers und Bonebed. (Würzburger naturw. Zeitung IV. Bd. S. 65.)

[4]) Dr. v. Hochstetter, Neuseeland. Stuttgart, 1863.

nach neueren Untersuchungen von Marcou[1]) u. A. als Aequivalent der untersten Schichten des Neokom oder unteren Grünsandes, schon in das Quadergebirge oder die Kreideformation hineinragend, hat trotz ihrer oft nur geringen Mächtigkeit doch in einigen Gegenden des nordwestlichen Deutschlands und des südlichen Englands einige Wichtigkeit erlangt und soll später beschrieben werden. Wahrscheinlich gehören ihr auch viele, den Ligniten der Braunkohlenformation ziemlich ähnliche Kohlen des nördlichen Spanien an, die von Utrillas, Torrelapaja, Rozas, Castel de Cabres bei Bel, im Norden des Königreichs Valencia, sowie jene ärmeren Lager von Siete Aguas, O. von Requena an der Strasse zwischen Madrid und Valencia, welche de Verneuil und de Lorière in die untere Etage der Kreideformation oder zu dem Grünsande verweisen. Es gilt die Kohle von Utrillas nach den wirklichen Steinkohlen als die beste Kohle in Spanien.

Einen weit geringeren Ruf hat sich die „Quaderkohle", unter welchem Namen wir alle im Bereiche der mittleren und oberen Etage der Kreideformation oder des Quadergebirges vorkommenden Kohlen zusammenfassen, in verschiedenen Gegenden Deutschlands erworben. Noch an keinem Orte in Sachsen und Böhmen, wo sich dieselbe in Begleitung von grauem Schieferthone an der Basis des unteren oder oberen Quaders gezeigt hat, ist sie bauwürdig und brauchbar zu technischen Zwecken befunden worden;[2]) überall war sie zu lettenreich, eine Lettenkohle oder ein Kohlenletten, überall eine ganz untergeordnete lokale Bildung, welche ihre Entstehung der Einmündung von Flüssen in das frühere Quadermeer zu danken hat, durch welche eine Anzahl von Pflanzen hier abgelagert worden sind, die in dem Schlamme begraben wurden und bei ihrer Entmischung einige kohlige Substanzen zurückgelassen haben.

Dasselbe gilt für die schwache Quaderkohle im oberen Quadersandsteine der Altenburg bei Quedlinburg im Harz, sowie für jene schwachen lettigen Kohlen im Grünsande des unteren Quaders in der Nähe des Keilberges bei Regensburg. Ein wenig günstiger haben sich ihre Beschaffenheit und Mächtigkeit sowohl in der Gegend von Löwenberg, bei Uttigsdorf unweit Mährisch Trübau und in den nordöstlichen Alpen gestaltet. Ueber die letzteren berichtet Herr Ehrlich,[3]) dass in dem Schwarzenbachgraben ausserhalb St. Wolfgang am Fusse des Sattelberges ein 3 bis 4 Zoll bis $1^1/_2$ Fuss starkes Kohlenflötz abgebauet werde, das eine monatliche Ausbeute von 300 Centnern gewähre, und dass noch an mehren Orten der dortigen Kreideformation sich ähnliche Kohlenlager vorfänden.

Mit Beginn der Tertiärformation hat sich der Charakter der Vegetation, ebenso wie jener der Thierwelt, total geändert. Die höheren blüthentragenden Laubpflanzen oder Dicotyledonen, welche in der paläozoischen Zeit noch gänzlich fehlten, in der mesozoischen Zeit aber erst in wenigen Formen erschienen sind, gewannen von jetzt an die Herrschaft.

Vereint mit Nadelhölzern, die meist noch lebenden Gattungen angehören, haben sie die Braunkohlenlager und überhaupt alle tertiären Kohlen entstehen lassen, worin wir entweder die einen oder die anderen, bald Repräsentanten eines gemässigten, bald eines wärmeren Klimas mit grösster Schärfe nachweisen können. Es herrschte überhaupt in jener Zeit eine Flora, an welche sich die der Jetztwelt in den verschiedenen Breitengraden unmittelbar anschliesst.[4])

---

[1]) Jules Marcou, on the Neocomian and the Wealden Rocks in the Jura and in England. (The Geologist. Vol. II. London, 1859. p. 1—8.)

[2]) H. B. Geinitz, das Quadersandsteingebirge oder Kreidegebirge in Deutschland. Freiburg, 1849—50.
Derselbe, das Quadergebirge oder die Kreideformation in Sachsen. Leipzig, 1850.

[3]) Carl Ehrlich, über die nordöstlichen Alpen. Linz, 1850. p. 35.
Reuss, geolog. Unters. im Gosauthale. 1851. (Jahrb. d. k. k. geol. Reichsanst. Wien. 2. Jahrg. p. 59.)

[4]) Unter den zahlreichen Abhandlungen, welche die Flora der Tertiärformation behandeln, wollen wir hier nur im Allgemeinen auf die wichtigen Arbeiten von:
Unger, Chloris protogaea, Leipzig, 1841—1847, von Göppert, an verschiedenen Orten, von C. O. Weber (in Dunker u. v. Meyer, Palaeontographica, 1849 und in d. Zeitschr. d. deutsch. geol. Gesellschaft. Berlin. 1851. Bd. III. p. 391), C. v. Ettingshausen (in der Abhandl. d. k. k. geol. Reichsanstalt und den Sitzungsberichten

Während die paläozoischen Gesteinsgruppen ausschliesslich Schwarzkohlen enthalten, in welchen das ursprüngliche organische Gefüge meist gänzlich verschwunden scheint, und während auch in den mesozoischen Formationen ganz ähnliche Schwarzkohlen noch vorwalten, finden wir in der känozoischen Zeit ganz vorzugsweise die Braunkohlen aufgespeichert, bei denen die braune Farbe vorherrscht und das organische Gefüge der Pflanzen in der Regel noch deutlich zu erkennen ist.

Die allermeisten Kohlen der Tertiärformation, oder des eigentlichen Braunkohlengebirges zeigen ganz entschieden diesen Charakter, wenn auch mehre derselben an einzelnen Orten wiederum einen Uebergang von Braunkohle zu Schwarzkohle vermitteln.

Es sollen die verschiedenen Abänderungen der Braunkohle, sowie auch einige ihrer wichtigsten Lagerstätten in Deutschland weiter unten beschrieben werden.

Zu ihr gehört auch die „Bovey-Coal" in Devonshire, welche im Bovey-Becken zwischen Thon- und Sandablagerungen eingebettet ist,[1]) sowie der „Surturbrand" auf Island, welchen die vulkanischen Tuffe bei Halbjarnarstadir u. a. O. umschliessen. Nach O. Heer und G. G. Winkler fällt die Entstehung des Surturbrands in die miocäne und pliocäne Etage der Tertiärformation.[2])

Für tertiäre Kohlen wird in der Schweiz auch der Name „Molassenkohle" gebraucht, da sie jenen mächtig aufgeschütteten lockeren Sandsteinen untergeordnet sind, die man, im Hinblick auf die Worte „mola, Mühle" oder „mollis, weich", als Molasse oder Mollasse bezeichnet. Ihrer organischen Abstammung nach wird man auf viele Braunkohlen die Namen „Nadelholzkohle" und „Nadelkohle", „Laubholzkohle" und „Laubkohle" anwenden können.

Der neuesten Zeit in der Entwickelung unserer Erdrinde fällt die Entstehung des Torfs (Turf's oder Tourbe) anheim, der in der Regel einer jeden anderen Bedeckung entbehrt, als der ihn noch fortbildenden Pflanzendecke, während man Torflager nur seltener von Geröllschichten und Erdmassen überschüttet antrifft.[3]) Im Gegensatze von allen älteren kohligen Ablagerungen, welche stets zwischen sandigen und thonigen Schichten eingelagert sind, findet man den Torf daher meist nur aufgelagert.

Die Entstehung mancher Torfmoore mag schon früher begonnen haben, als die Epoche des Menschen und von der Diluvialzeit bis zur modernen Zeit, hier und da mit Unterbrechungen, fortgesetzt worden sein; die Bildung der meisten Torflager hingegen gehört der Alluvialzeit an, welche am besten durch die Herrschaft des Menschen bezeichnet wird. Wie aber schon in der Diluvialzeit nicht nur mehre Thiere, sondern auch einige Pflanzen gelebt haben, welche von ihr aus in die Jetztzeit übergegangen sind, ist in der neuesten Zeit wiederum durch ausgezeichnete Forscher, wie Göppert, O. Heer und C. O. Weber bestätigt worden.

2. Ueber die Entstehung des Torfes und die Bildung von älteren Kohlenlagern.

Ueber die Entstehung des Torfes liegen treffliche Arbeiten vor und wir dürfen nicht unterlassen, wenigstens einige Blicke in dieselben zu werfen.

Dass er durch Zersetzung von Pflanzen entstanden sei, die an dem Orte, wo wir sie gegenwärtig mehr oder weniger verändert antreffen, auch ursprünglich gewachsen sind, ist längst bekannt. Martinus van Marum,[4]) einer der ältesten Erforscher der Torfmoore, fand als den vornehmsten fasernartigen Bestandtheil des Torfs in den von ihm untersuchten Gegenden Hollands die gemeine Wasserlinse, den Bach-Wasserfaden (*Conferva rivularis* L., holländisch

d. k. k. Akademie d. Wissenschaften in Wien), Oswald Heer, Flora tertiaria Helvetiae, 1854 und Rud. Ludwig (in Dunker u. v. Meyer, Palaeontographica, Bd. VIII. 1859 u. f.) die Aufmerksamkeit lenken.

[1]) J. H. Key, über die Bovey-Ablagerungen. (Quat. Journ. of the Geol. Soc. London, 1862. XVIII. 9.)

[2]) O. Heer, Flora tertiaria Helvetiae. 1854. p. 320.
G. G. Winkler: Island. Der Bau seiner Gebirge und dessen geologische Bedeutung. München, 1863.

[3]) Senft a. a. O. S. 166. — Heer a. a. O. S. 28.

[4]) Beobachtungen und Bemerkungen über den Ursprung des Torfbodens. Haarlem, 1799.

„Flap") und das Wasser-Tausendblatt (*Myriophyllum spicatum* L.), die sich im stillstehenden Wasser erzeugen, im sumpfigen Boden aber das Torfmoos (*Sphagnum* L.), die zwischen den Wurzeln und Stengeln grösserer Pflanzen, des gemeinen Schilfs (*Arundo Phragmites* L. oder *Phragmites communis* Trin.), des Kalmus (*Acorus Calamus* L.) und anderer Sumpfpflanzen emporwachsen.

Unter letzteren spielen in den Wiesen- oder Grünlandsmooren, in welchen nach Sendtner die Astmoose oder Hypnum-Arten die Haupttorfbildner sind, die schwächeren Wurzelstöcke des Woll-Riedgrases (*Eriophorum*) und zahlreicher anderer Cyperaceen eine wichtige Rolle. In den Haide- oder Hochmooren, deren Entstehung ganz vorzugsweise durch Torfmoose oder Sphagnum-Arten bedingt ist, treten die Sumpfhaide (*Erica Tetralix* L.), der Sumpfporst (*Ledum palustre* L.), die gemeine Gagel (*Myrica gale* L.), die Moosbeere (*Oxycoccos vulgaris* Pers.), die Sumpfbeere (*Vaccinium uliginosum* L.), die Knieholz- oder Krummholzkiefer (*Pinus Pumilio* Hänke), die Sumpfkiefer oder Moosföhre (*Pinus obliqua* Sauter) u. a. zwischen den zarteren Pflanzen hervor. Wenn auch nicht direct, so doch indirect üben diese grösseren, meist immergrünen Pflanzen auf die Entstehung der Torfmoore einen sehr grossen Einfluss aus. In der schwammigen Masse eines Torfmoores sieht man dieselben üppig gedeihen. Ihr dichtes Gesträuch befördert die wässerigen Niederschläge aus der Atmosphäre, ihr tiefer Schatten gewährt dem grünen Teppiche von Torfmoosen, der sich über ihren weithin verbreiteten Wurzeln und den durch Winde und ihre eigene Last umgeworfenen Stämmen entfaltet, genügenden Schutz vor den Strahlen der Sonne und dem Austrocknen des schwammigen Bodens durch Winde. Während von jenen Nadelhölzern in den höheren Gebirgen Deutschlands die Knieholz- oder Krummholzkiefer (*Pinus Pumilio* Hänke), in anderen niedrigeren aber, wie im Thüringer Walde und im oberen Erzgebirge,[1]) die Sumpfkiefer oder Moosföhre (*Pinus obliqua* Sauter) die Hochmoore beherrscht, so sind es in dem „Great Dismal Swamp", jenem grossen Sumpf, der sich in 40 Meilen Länge von Nord nach Süd und 25 Meilen Breite in Virginien und Nord-Carolina ausdehnt, nach Lyell[2]) der virginische Wachholder (*Juniperus virginiana* L.), die weisse Ceder (*Cupressus thyoides* L. oder *Thuja sphäroidea* Rich.) und *Taxodium distichum* Rich. (*Schubertia disticha* Mirb.), unter deren Schutze sich dieser Torfmoor erhalten und entwickeln kann.

Es ist schon in einer genauen Arbeit von Voigt[3]) hervorgehoben worden, dass holzige Stämme grösserer Pflanzen zur Anhäufung von Torfmasse nur indirect wirken und dass sie, einmal umgerissen und von Wasser bedeckt, eine kaum merkliche Zersetzung erleiden, ja dass das Wasser eines Torfmoores eher eine conservirende als eine zersetzende Kraft auszuüben scheine. Dies hat sich auch vielfach an den Pfahlbauten der Schweizer Seen bestätiget, die in das steinerne Zeitalter des Menschengeschlechtes, sicher über 2000 Jahre zurückreichen mögen.

Die eigentlichen Torfbildner sind immer die Moose selbst und andere kleinere Pflanzen.

Die Vegetation der Torfmoore ist am eingehendsten von Sendtner[4]) beschrieben worden; die ganze Entstehungsweise des Torfs und die verschiedenen Abänderungen desselben hat ausser Sendtner und Lesquereux[5]), in der neuesten Zeit auch Prof. Senft[6]) in Eisenach ausführlich behandelt,

[1]) Vgl. Dr. E. Engel, die Bedeutung des Torfs im Haushalte der Natur und des Staats, oder der Torf im Königreiche Sachsen und namentlich im Erzgebirge. (Wissenschaftl. Beilage der Leipziger Zeitung, 1856, Nr. 14) und v. Berlepsch, Vortrag über die in den sächsischen Gebirgsforsten vorgenommenen Entwässerungen. (Wissensch. Beil. der Leipz. Zeitung, 1857, Nr. 21.)

[2]) Charles Lyell's Reisen in Nordamerika. Deutsch von E. Th. Wolff. Halle, 1846.

[3]) J. C. W. Voigt, Versuch einer Geschichte der Steinkohle, der Braunkohle u. d. Torfes. Weimar, 1802 u. 1805.

[4]) Sendtner, die Vegetations-Verhältnisse Südbayerns nach den Grundsätzen der Pflanzengeographie und mit Bezugnahme auf Landescultur geschildert. München, 1854.

[5]) Lesquereux, Untersuchungen über die Torfmoore, herausgegeben von Lengerke. Berlin, 1847.

[6]) Dr. Ferd. Senft, die Humus-, Marsch-, Torf- und Limonit-Bildungen. Leipzig, 1862.

und anziehende Schilderungen dieser Verhältnisse findet man in O. Heer's neuester Schrift: die Urwelt der Schweiz. Zürich, 1864.

Aus den Untersuchungen des letzteren ergiebt sich, dass die Torfbildung durch folgende Haupt-Ursachen bedingt wird: „erstens durch stagnirendes Wasser, welches die Luft abschliesst, wodurch der Zersetzungsprocess sehr langsam und in solcher Weise vor sich geht, dass der Kohlenstoff grossentheils im Boden zurückbleibt. Von grosser Wichtigkeit ist dabei eine das Wasser nicht durchlassende Schicht an dem Boden der Torfmoore, welche fast überall durch Abscheidung der Schalen kleine Wasserthiere und Kieselskelette der Diatomaceen gebildet wird." In der Schweiz nennt man diese Schicht Seekreide, in Südbayern Alm, und in den Sandebenen Norddeutschlands zeigt sich an ihrer Stelle (nach Senft a. a. O. p. 79) der Knick, ein fetter thoniger Schlamm, welchen die Ströme bei ihrem Uebertreten auf den Ufergeländen absetzen oder mit welchem sie den sandigen Boden durchsintern und sättigen.

„Zweitens sind von grosser Wichtigkeit die Säuren, welche aus den zersetzten Pflanzen entstehen und im stagnirenden Wasser sich erhalten, die sogenannten Humussäuren. Es darf daher das Wasser nicht viele mineralische Bestandtheile enthalten, weil dadurch die Säuren neutralisirt und unwirksam gemacht werden. Da die Hochmoore nur von Thau und Regen gespeist werden, erhalten sie reines Wasser; bei den Tiefmooren (oder Wiesenmooren) sind es die dichten Wurzelfilze der Schilfrohre und anderer Sumpf- und Riedgräser, welche gleichsam einen Filter bilden, so dass das Wasser, das vom nahen See, Quell oder Fluss kommt, vorerst diesen durchdringen muss, ehe es in's Innere des Moores hineingelangt. Von mehr untergeordneter Bedeutung sind die harzigen Stoffe, welche indessen in grösserer Menge mitwirken werden, wo Birken und Föhren vertorfen.

„Drittens sind aber auch die zur Torfbildung geeigneten Pflanzen nothwendig; denn sie sind es ja, welche diesen ganzen Process, sowie die dazu günstigen Bedingungen vorhanden sind, einleiten und fortführen, aus der Luft die Gasarten aufnehmen und verdichten und in ihren Blättern, Stengeln und Wurzeln den Kohlenstoff ablagern, welcher dem Torfe seine Brennkraft verleiht." (Nach Heer, a. a. O. S. 27. 28.)

Professor Senft zeigt uns in seiner lehrreichen Schrift (S. 125), dass Torfbildung nicht allein auf dem Grunde der Moore, also unter Wasser, sondern auch auf an sich trockenen Orten, z. B. auf Felswänden eintreten kann, wenn dieselben nur eine feuchte, Jahr aus Jahr ein durch Nebel getränkte Lage besitzen; auf dem Grunde des Meeres aber können sich keine Torflager erzeugen. Befinden sich hie und da, wie z. B. an den Küsten der Nordsee Torflager unter dem Meeresspiegel, so sind dieselben durch Senkung der anliegenden Strandgelände in diese Lage gerathen.

Bedingungen zur Entstehung von Torfmooren sind von der Zeit an auf unserer Erde gegeben gewesen, seit welcher das erste Festland oder Inselland über das Niveau der ältesten Meere emporgeragt hat, und seitdem dasselbe mit einem Teppig von Land- oder Sumpfpflanzen bekleidet zu werden begonnen hat.

Wir können mit Fug und Recht die Lager von Steinkohlen wie die meisten Anhäufungen der anderen Schwarzkohlen und Braunkohlen als die Torfmoore der Vorwelt bezeichnen. Nur die Materialien, aus welchen die letzteren erzeugt worden sind, und die Zeiten, in die ihre Entstehung fällt, waren sehr verschieden.[1])

---

[1]) Recht klar ist die torfmoorartige Entstehung der Braunkohlenlager noch vor kurzem durch R. Ludwig erwiesen worden. Aus seiner, nach den Grubenrissen construirten plastischen Darstellung eines abgebaueten Braunkohlenlagers bei Dorheim in der Wetterau, das man sich durch Herrn Director R. Ludwig in Darmstadt leicht verschaffen kann, geht direct hervor, dass wir in demselben eine alte Hochmoorbildung erblicken müssen. — Seltener nur scheinen solche Ablagerungen von Braunkohlenhölzern zu sein, welche aus Anhäufungen von Holzstämmen an den Mündungen grosser Ströme und Flüsse entstanden sind (Senft a. a. O. S. 9. 10), eine Annahme, welche Heer für die Lignitlager von Dovey Tracey in Devonshire (Bovey Coal) geltend macht. (O. Heer a. a. O. p. 21.)

Man geht offenbar zu weit, wenn man die Ansicht festhalten will, dass gerade die Moose und andere kleinere Pflanzen, welche zur Entstehung der meisten jetzigen Torfmoore unentbehrlich sind, auch für die Torfmoore der Vorwelt einen wesentlichen Beitrag geliefert hätten. Nach dem neueren Stande unserer Kenntniss von den Moosen, Flechten und Pilzen der Vorwelt, welchen uns in einer Ende Mai 1861 abgeschlossenen Arbeit A. W. Stiehler[1]) vorführt, gehören den paläozoischen Formationen, und zwar meist der Kohlenformation nur 5 Pilze an, der Juraformation mit den Wealden 2 Laubmoose, 1 Flechte und 7 Pilze, der Kreideformation 1 Flechte und 5 Pilze, der Tertiärformation 23 Laubmoose, 7 Lebermoose, 14 Flechten und 121 Pilze. Hätten die Moose einen wesentlichen Antheil an der Bildung der älteren Kohlen genommen, so würden sie schwerlich den Nachforschungen der Paläontologen entgangen sein.

Wir müssen vielmehr schliessen, dass es in früheren Zeiten der Erdbildung andere Pflanzen und hauptsächlich diejenigen gewesen sind, deren meist wohlerhaltene Ueberreste in der unmittelbaren Nähe und inmitten der Kohlenflötze selbst beobachtet werden, die kohlenbildende Rolle unserer lebenden Pflanzen übernommen hatten.

Der Entmischungsprocess der Pflanzen unter Wasser oder feuchter Erde wird als Verwesung, Vermoderung und Fäulniss unterschieden. Die Verwesung ist ein langsamer Verbrennungsprocess und erfordert als solcher den Zutritt des Sauerstoffs der atmosphärischen Luft. Dieser verbindet sich mit einem Theile ihres Wasserstoffs und entzieht diesem in Form von Wasser den hierbei sich ausscheidenden Sauerstoff, verbindet sich theilweise mit Kohlenstoff und entweicht als Kohlensäure. Der kohlenstoffreichere Rest ist der Humus. Ist der Zutritt der Luft gehindert, Wasser aber in grösserer Menge vorhanden, dann tritt Vermoderung ein, oder bei vollkommener Abschliessung der Luft, Fäulniss. Während Kohlensäure, Kohlenwasserstoff und Wasser ausgeschieden werden, wobei sich der Kohlenstoff der Pflanze in deren Wasserstoff und Sauerstoff theilt, bilden die zurückbleibenden Theile die Substanz, welche man Moder nennt. (Nach Liebig und Sendtner.) „Indem nun die Pflanzen der Moore", fährt Sendtner a. a. O. S. 640 fort, „zum Theil von atmosphärischer Luft, zum Theil von Wasser umgeben sind, wird nach diesen Medien ihre Zersetzung verschieden und werden deren Producte sowohl Humus als auch Moder sein. Als eine Vereinigung solcher Zersetzungsproducte in verschiedenen Uebergangsstufen, die sich hauptsächlich auf den Grad der Verwesung und Vermoderung beziehen, ist der Torf zu betrachten. Der Torf ist also auf keinen Fall ein gleichartiger Stoff, sondern ein Gemenge von Stoffen. Diese Stoffe rühren von dem Zellstoff der Vegetation, der im Torf eine Reihe von Vermoderungsgraden erfahren und dadurch jedenfalls sauerstoffärmer geworden ist, so wie aber auch von einem Theile der dem Boden entzogenen Aschenbestandtheile der vermodernden Pflanzen und von den mechanisch mit dem Torf gemengten, durch Ueberschwemmungen und ähnliche Einwirkungen dahin gelangten, Mineraltheilen her."

Der Anhäufung von Kohlenstoff ist die Vermoderung am günstigsten und diesem Processe sind die Pflanzenstoffe der verschiedenen Kohlenlager bei ihrer Bildung vorzugsweise unterworfen gewesen.

Die Umwandlung des Vegetabils in kohlige Substanz oder Kohle beruhet auf einer allmähligen Concentrirung des in der Pflanzensubstanz ursprünglich vorhandenen Kohlenstoffs.

Wie bedeutend dieselbe zunimmt, geht, ohne den späteren Mittheilungen in dem chemischen Theile unseres Werkes vorgreifen zu wollen, aus der Zusammensetzung nachstehender Körper sehr deutlich hervor:

	Kohlenstoff:	Wasserstoff:		Sauerstoff:
Reine Holzfäser enthält [2])	52,65	5,25		42,10
Holz der Steineiche (Quercus robur) . . .	49,43	6,07		44,50
Holz der Lärche (Larix europaea) . . .	50,11	6,31		53,58
Lignit von Uznach in der Schweiz (nach				Sauerstoff und Stickstoff:
Regnault) [3])	55,27	5,70		36,84
Erdige Braunkohle von Cöln (nach Regnault)	66,42	4,98		27,11
Als aschenfrei bezeichnete Steinkohlen Sach-			Stickstoff:	Sauerstoff:
sens (nach Stein) [4])	65,348 (als Minimum)	4,677	0,770	29,205
	90,927 (als Maximum)	5,017	0,100	3,956
Culmkohle von Ebersdorf	71,503	5,244	0,197	23,056
Culmkohle von Berthelsdorf (aus Sachsen)	78,377	5,428	0,316	15,879

---

[1]) A. W. Stiehler, in Ber. d. naturw. Ver. d. Harzes zu Blankenburg. Wernigerode, 1861. p. 9 — 46.

[2]) Handwörterbuch der Chemie und Physik. Berlin, 1845. II. p. 386.

[3]) Dr. F. Senft, Classification und Beschreibung der Felsarten. Breslau, 1857. p. 402.

[4]) W. Stein, chemische und chemisch-technische Untersuchung der Steinkohlen Sachsens. Leipzig, 1857, p. 87, 88.

	Kohlenstoff:	Wasserstoff:	Stickstoff:	Sauerstoff:
Anthracitische Kohle von Flöha	83,940 (als Minimum)	2,808	0,288	12,964
„ „ Gückelsberg	93,852	2,569	0,042	3,537

Die Anthracite von Pennsylvanien enthalten nach James D. Dana[1] . . . 85—92 Proc.,
die von South Wales . . . . 88—95 Proc.,
die von Russland zuweilen . . . . 94 Proc. Kohlenstoff.

Freie Säuren und Wärme haben die Entmischung der Pflanzen und ihre endliche Verkohlung gar sehr beschleunigt, wie dies auch Göppert bei seinen Untersuchungen „über die Bildung der Versteinerungen auf nassem Wege" in Poggendorf's Annalen, 1837 genauer dargethan hat. Ausser den bei der Zersetzung der Pflanzen sich bildenden organischen Säuren (Humussäuren) muss die Kohlensäure in den früheren Zeiten der Erdbildung in einer weit grösseren Menge der Atmosphäre beigemengt gewesen sein, als gegenwärtig. Gegenwärtig beträgt der Kohlensäuregehalt der Atmosphäre durchschnittlich 0,0006; vor der Steinkohlenzeit schätzt ihn G. Bischof auf 0,06. Man darf wohl annehmen, dass in den schon bekannten Steinkohlenlagern der Erde mindestens 10 mal so viel Kohlenstoff deponirt worden ist, als in der ganzen Atmosphäre, welche die Erde umgiebt, an Sauerstoff gebunden vorhanden ist. Wie wäre es sonst auch möglich gewesen, dass eine solche reiche und üppige Vegetation, welche die Steinkohlenlager geschaffen hat, entstehen konnte. Die Pflanzen entnehmen, wie bekannt, ihren Kohlenstoff aus der Kohlensäure der Atmosphäre. Sehr passend sagt daher O. Heer, a. a. O. S. 33: „Durch die Kohlenvegetation wurde die Luft gereinigt und zur Entwickelung höheren thierischen Lebens vorbereitet, zugleich aber ein Stoff in die Erde gelegt, der erst nach Millionen von Jahren für viele Völker zur Grundlage ihrer materiellen Kultur geworden ist." — Vor der Steinkohlenzeit hatte die Kohlensäure das Lösungsmittel für die älteren aus dem Meerwasser abgeschiedenen Kalksteine abgegeben.

Für die höhere Temperatur aber, welche in jener Zeit herrschend war, bieten die organischen Ueberreste der alten Vegetation, die wir in den Erdschichten begraben finden, namentlich Cycadeen, Palmen und Baumfarren unumstössliche Beweise dar.

3. Spätere Veränderungen in der Substanz der Kohlenlager. Natürliche Verkokung und Anthracitirung.

Im Laufe unmessbarer Zeiten ist die Zersetzung der kohligen Ablagerungen immer weiter und weiter fortgeschritten, da der Sauerstoff der Luft, welcher dieselbe wesentlich mit unterstützt, selbst von denjenigen Kohlenlagern nicht ganz abgeschlossen ist, die durch eine mächtige Decke von Gebirgsschichten gegen sein Eindringen geschützter erscheinen. Luft und Gewässer dringen tief ein in die Schichten der Erdrinde. Wo aber Kohlenflötze an der Oberfläche der Erde ihr Ende erreichen, „ausstreichen" „ausbeissen" oder „zu Tage ausgehen", da findet man ihre Kohle in der Regel auch am meisten verändert. In ähnlicher Weise haben auch in früheren Zeiten der Erdbildung alle Theile eines Kohlenflötzes durch die Einwirkung der Atmosphärilien eine grössere Umwandlung erlitten, die eine längere Zeit hindurch einer schützenden Decke entbehrten. Das ist namentlich auch da der Fall, wo Kohlenflötze unter einer später darauf abgelagerten Gesteinsbildung ihren Ausstrich nehmen. Derartige Verhältnisse haben auf die Beschaffenheit der Kohlen meist nur ungünstig einwirken können, indem die grössere Menge des Sauerstoffs, welche bei Vegetabilien eine Verwesung bewirkt, auch den Kohlen zuviel ihres Brennstoffes entzogen hat, durch unmittelbare Verbindung mit Kohlenstoff zu Kohlensäure, sowie durch Entweichen von anderen sogenannten „bituminösen Stoffen" die unter Wasser oder einer anderen schützenden Decke nicht verloren gehen, sondern vielmehr im Innern der kohligen Massen selbst angehäuft werden. In einzelnen Fällen aber ist die weitere Zersetzung der Kohlen sehr schnell auf trockenem Wege erfolgt, wodurch im Allgemeinen dieselben oder wenigstens ganz ähnliche Veränderungen im Innern ihrer Substanz herbeigeführt worden sind, welche durch trockene Destillation der Pflanzen und thierischen Stoffe auf künstlichem Wege erzeugt werden.

[1] J. D. Dana, System of Mineralogy. 4. ed. New-York a London, 1854. II. p. 26.

Ein Erdbrand, entzündet durch die schnelle Verdichtung des atmosphärischen Sauerstoffs und Wasserdampfes, die sich mit dem in Steinkohlenlagern oft fein vertheilten Schwefelkies oder Eisenkies chemisch verbinden, kann da, wo die Kohlen gegen das vollkommene Verbrennen geschützt sind, alle Producte entstehen lassen, welche durch trockene Destillation der Stein- oder Braunkohlen künstlich erlangt werden können, als: Kohlensäure, Kohlenoxydgas, Kohlenwasserstoff-Arten, Wasser, Theer und verschiedene durch weitere Zersetzung sich bildende Verbindungen, zu denen auch Steinöl gehört, Ammoniak und Kohle im engeren Sinn oder Kokes.

Gleiche Wirkungen haben aber auch plutonische Gesteinsmassen, wie der Basalt und einige Porphyre, welche vor ihrer Erstarrung im gechmolzenen Zustande mit Kohlenflötzen in Berührung getreten sind, auf diese ausgeübt.

Wenn auch von Manchen die plutonische Natur der Porphyre geläugnet wird, so ist es doch eine Thatsache, dass Steinkohlenflötze, die von Porphyren durchbrochen sind, oft an den Berührungsstellen mit diesem Gesteine in stängelig abgesonderte Kokes, sogenannte Stangenkohle, abgesondert worden sind, welche von künstlichen Kokes weder in ihren äusseren Merkmalen, noch in chemischer Beziehung unterschieden werden können.

Herr von Carnall hat diese interessanten Vorkommnisse in der Schlesischen Steinkohlenformation sehr genau in Karsten's Archiv Bd. 3 und 4, 1831 und 1832 beschrieben. Wir begnügen uns, ein hierauf bezügliches Profil, das wir Herrn Bergmeister Schütze in Waldenburg verdanken, hier folgen zu lassen, aus welchem die eruptive Natur dieses Porphyrs zur Genüge hervorgehen dürfte.

Porphyrgang auf dem dritten Flötze der Laura-Grube zu Altwasser.

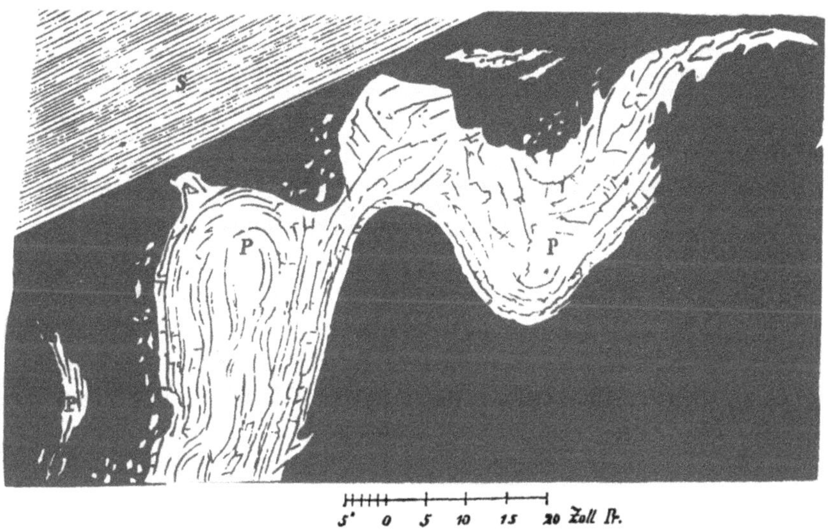

S = Schieferthon, K = Steinkohle, P = Porphyr.

Ebenso hat als feuerflüssiger Strom der Basalt die Steinkohlenlager von Brandau in Böhmen, sowie die Braunkohlenlager von Salesl im Elbthale unterhalb Aussig und an dem Meisner in Hessen bei seiner Berührung in ähnliche Stangenkohle, diese natürlichen Kokes, umgewandelt, Verhältnisse, die neptunistischer Eifer nur für eine Zufälligkeit erklärt.

Unter anderen Bedingungen, von denen wir nur den verschiedenen Druck der auflagernden Gebirgsschichten hervorheben wollen, die aber theilweise auch in der ursprünglichen Beschaffenheit der Kohle und anderen Verhältnissen gelegen haben mögen, sind einzelne Steinkohlen- oder Schwarzkohlenlager überhaupt durch die plutonische Einwirkung gewisser Porphyre in Anthracit umgewandelt worden.

Die Anthracitirung „bituminöser Kohlen“, mit welchem Namen man alle Schwarzkohlen belegt hat, die beim Erhitzen brennbare Gase entwickeln und mit einer russenden Flamme verbrennen, beruht auf einer Entziehung von Wasserstoff und Sauerstoff, welche durch Einwirkung der von empordringenden Eruptivgesteinen ausgehenden Wärme zwar viel schneller erfolgt sein muss, als eine Concentrirung des Kohlenstoffs durch Einwirkung der Atmosphärilen, wahrscheinlich aber weniger schnell, als bei der Umwandlung gewöhnlicher Schwarzkohlen in Stangenkohle oder wirkliche Kokes.

Für das Vorkommen anthracitischer Kohlen in Sachsen in der unmittelbaren Nähe von alten Porphyren bieten die Kohlenlager von Flöha und Gückelsberg zwischen Chemnitz und Oederan, sowie einzelne isolirte Lager des oberen Erzgebirges, wie bei Schönfeld unweit Schmiedeberg, Zaunhaus und Rehfeld und anderen Gegenden bei Altenberg, oder auch bei Niklasberg in Böhmen, ausgezeichnete Beispiele dar. Die darin aufgefundenen Pflanzenreste stimmen mit jenen der tieferen Flötze bei Zwickau überein.

Dass die anthracitischen Kohlen in Piesberg bei Osnabrück, sowie jene der französischen Schweiz und der Savoyer Alpen, oder des „Terrain anthraxifère" von Scipion Gras[1]) der eigentlichen Steinkohlen-Formation angehören, geht aus der Identität der dort aufgefundenen Pflanzenreste mit den in anderen Gegenden unmittelbar hervor. Für Nordamerika haben es zuerst Rogers und Lyell[2]) ganz überzeugend erwiesen, dass auch der Anthracit des grossen appalachischen Kohlenfeldes nur ein Umwandlungsproduct der eigentlichen Steinkohle sei. Denn, während die Kohle der westlich von der Alleghanykette gelegenen Flötze, welche noch horizontal und ungestört liegen, sehr bituminös ist und bei ihrer Erhitzung viele flüchtige Substanzen entweichen lässt, so wird der Gehalt an Sauerstoff, Wasserstoff und Stickstoff immer geringer, je weiter man nach dem östlichen Theile des appalachischen Kohlenfeldes, wo die Schichten steil aufgerichtet und gefaltet sind, fortschreitet, bis zuletzt in dem pennsylvanischen Anthracit der Lehigh- und Mauch-Chunch-Gruben nur noch ungefähr 5 Proc. flüchtige Bestandtheile übrig geblieben sind. Mit Recht schreibt Lyell diesen Zusammenhang zwischen den gewaltigen Störungen der Flötze in dem Gebirgsbau der Alleghanykette mit ihrem sehr geringen Gehalte an flüchtigen Stoffen theilweise der grösseren Leichtigkeit zu, womit die letzteren aus zahllosen Rissen und Spalten der zerbrochenen Felsen entweichen konnten, theilweise aber auch der Hitze jener empordringenden Gase und Gebirgsmassen, welche die Schichten der appalachischen Gebirgskette zerrissen und umgestürzt haben.

Aus allen diesen Mittheilungen ergiebt sich wohl unmittelbar, dass auf die Qualität der verschiedenen Kohlen sehr verschiedene Bedingungen oder Verhältnisse eingewirkt haben, von denen die vornehmsten etwa folgende sind:

1) Die ursprüngliche Zusammensetzung der zu kohligen Gebilden überhaupt verwendeten Organismen, welche vorzugsweise dem Pflanzenreiche angehört haben, und nach deren vorherrschenden Ueberresten sich verschiedene Kohlen unterscheiden lassen.
2) Die verschiedene Art der anfänglichen Entmischung jener vegetabilischen Substanzen unter Einwirkung des Wassers und der Luft.
3) Die Zeit ihrer Entstehung, welche zu den schon bemerkten geologischen Bezeichnungen der verschiedenen Kohlen Berechtigung giebt.
4) Die Lagerungsverhältnisse der Kohlenflötze sowohl in Bezug auf die Gesteinsbeschaffenheit und die Mächtigkeit der dieselben bedeckenden Gebirgsschichten, als auch in Bezug auf ihre Lage, Zerklüftung, welche eine nachhaltige unausgesetzte Entmischung bis zur Gegenwart unterhalten mussten.
5) Andere, mehr zufällige Einwirkungen auf Kohlenflötze, wie durch Selbstentzündungen von Kohlenlagern und Erdbrände jeder Art und durch Berührung mit geschmolzenen Gesteinsmassen, durch welche die Verkokung und Anthracitirung der Kohlen nicht selten erfolgt ist.
6) Der verschiedene Gehalt an erdigen Beimengungen, welcher bei einigen Kohlen so gross ist, dass man dieselben nur als einen mit Bitumen imprägnirten Schieferthon betrachten kann. (Kohlenschiefer, Brandschiefer.)

---

[1]) Annales des mines, 1854, t. V. p. 473 u. f.

[2]) Ch. Lyell's Reisen in Nordamerika. Halle, 1846, p. 53, 58, 160.

4. Eintheilung der fossilen Kohlen nach ihren äusseren und inneren Eigenschaften.

Nach ihren äusseren und inneren Eigenschaften lassen sich alle fossilen Kohlen in drei Gruppen vertheilen, in eigentliche Schwarzkohlen, in anthracitische Kohlen und in Braunkohlen, während eine vierte Gruppe der fossilen Brennstoffe die verschiedenen Abänderungen des Torfes umfassen würde.

A. Schwarzkohle im engeren Sinn. (Coal, Houille, bituminöse Kohle,[1]) Gaskohle, Fettkohle, magere Steinkohle zum Theil, Sinterkohle, Ess- oder Eschkohle, Flammkohle u. s. w.)

Die Schwarzkohle bildet im Allgemeinen eine unkrystallinische, dichte, schieferige oder durch Russkohle faserige Substanz von milder bis spröder Beschaffenheit, von sammtschwarzer, graulich-schwarzer oder bräunlich-schwarzer Farbe, mit einem schwarzen oder schwarzbraunen Strich, stärkeren oder schwächeren Glanz, meist Fettglanz, bei der Russkohle aber seidenartigen Glanz, einem muscheligen, unebenen oder ebenen, nur bei der Russkohle feinerdigen Bruch, einer Härte gewöhnlich zwischen der des Gypses und Kalkspathes (oder 2—3) und einem specifischen Gewichte[2]) zwischen 1,084, der leichtesten Pechkohle von Planitz und 2,179, dem schwersten Kohlenschiefer im Plauen'schen Grunde.

Nach 104 in neuester Zeit von uns ausgeführten Bestimmungen des specifischen Gewichtes von eigentlichen Schwarzkohlen aus den verschiedensten Gegenden Deutschlands und anderen Kohlenbecken ist dasselbe im Durchschnitte = 1,303.

Sie kommt derb, in mehr oder weniger mächtigen, oft über viele Quadratmeilen ausgedehnten Lagern, den sogenannten Kohlenflötzen, auch in dünnen Lagen, Trümern, Schmitzen, Nestern und eingesprengt vor.

Zu diesen Kohlen gehören bei weitem die meisten Steinkohlen, wie überhaupt die meisten paläozoischen und mesozoischen Kohlen. Als ihre wichtigsten Arten unterscheidet man folgende:

1. Pechkohle. (Pitch-Coal.)

Farbe sammtschwarz; starker Fettglanz; Bruch grossmuschelig. Sie ist wenig spröde, leicht zersprengbar, verbrennt leicht und hat das geringste specifische Gewicht, welches nach 24 Bestimmungen von Pechkohlen aus der Gegend von Zwickau zwischen 1,084 und 1,252, im Mittel aber = 1,195 beträgt, von Pechkohlen aus dem Michael-Schacht bei Brandeisl = 1,239; bei der Pechkohle der Grube Friedrich Wilhelm bei Gersweiler = 1,244.

Im Gebiete der Steinkohlenformation gehören zu dieser Kohle:

a) Viele Sigillarienkohlen der tieferen Flötze, welche aus dünngeschichteten Lagen bestehen, die auf dem Querbruche stets Lagen von stärkerem und schwächerem Glanze wahrnehmen lassen. Letztere entsprechen dem dichteren oder festeren und dem weicheren oder saftigeren Zellgewebe der zusammengedrückten Sigillarienstämme und mit ihnen zusammen vorkommenden Pflanzen. Das specifische Gewicht solcher Kohlen hielt sich innerhalb der vorher bezeichneten Grenzen und dürfte im Mittel = 1,2 betragen.

b) Die Farrenkohle der oberen Flötze von Zwickau, eine zur Gasbereitung sehr gesuchte Pechkohle mit einem meist grossmuscheligen Bruche, von ziemlich gleichartiger Beschaffenheit und weniger dünn geschichtet als die Sigillarienkohle. Spec. Gewicht zwischen 1,113 und 1,217, im Mittel = 1,157.

Die Pechkohle der Braunkohlenformation soll später als „Pechglanzkohle" beschrieben werden.

2. Kännelkohle. (Cannel Coal, Candle Coal.)

Farbe graulich-schwarz bis sammtschwarz und pechschwarz; wenig glänzend bis schimmernd; Bruch eben bis flach-muschelig. Sie ist mild und weniger leicht zersprengbar als Pechkohle. Oberbergrath

[1]) Der in Amerika und England sehr gebräuchliche Namen „Bituminous Coal" für solche Schwarzkohlen, die bei der trockenen Destillation eine grössere Menge von Producten liefern, welche dem Bitumen analog und verwandt sind, im Gegensatz zur anthracitischen Kohle, ist nicht richtig gebildet, da diese bituminösen Stoffe in den Steinkohlen oder anderen Schwarzkohlen nicht schon enthalten sind, sondern erst durch eine Entmischung derselben gebildet werden. Sie sind Producte, nicht Educte.

[2]) Bei allen von uns ausgeführten Bestimmungen des specifischen Gewichtes ist der Gewichtsverlust der Kohle im Wasser an der damit vollgesogenen Kohle ermittelt worden.

Breithaupt fand das specifische Gewicht der englischen Kännelkohle = 1,217. Das Gewicht einer Kännelkohle von Kendal in Westmoreland beträgt 1,282.

Im reinen Zustande nähert sich ihr die Lycopodiaceen- oder Sagenarienkohle am meisten, die im Gebiete des Culm vorherrscht. In der productiven Steinkohlenformation, wo sie vorzugsweise mit Sigillarienkohle zusammenerscheint, nimmt ihre Häufigkeit im Allgemeinen von unten nach oben hin ab. Auch in England bildet die Kännelkohle meist nur schwache untergeordnete Lagen in der Sigillarienzone, während grosse Quantitäten von ihr bei Wigan und Lesmahago[1]) in etwa 20 engl. Meilen Entfernung von Glasgow gewonnen werden.

Die Kännelkohle liefert nach praktischen Versuchen in England beim Erhitzen oft über 60 Proc. flüchtige Stoffe und 30 Proc. Kokes. Daran schliesst sich als die zur Gewinnung von Beleuchtungsstoffen am höchsten geschätzte „Boghead-Coal“ oder „Turban Hill Mineral“ unmittelbar an, der nach Rob. Hunt a. a. O. sogar 66,35 Proc. flüchtige Stoffe und 30,88 Proc. Kokes entlockt werden konnten.

Sie besitzt eine graulich-schwarze bis pechschwarze Farbe, erscheint fast matt, zeigt jedoch einen glänzenden Strich, einen ebenen bis flachmuscheligen Bruch, ist im hohen Grade mild und wenig leicht zersprengbar. Splitter von ihr lassen sich an einem Lichte leicht entzünden und brennen, ähnlich einer Kerze, eine Zeit lang fort. Spec. Gewicht = 1,162.

Eine ähnliche Kohle wie diese ist uns in Deutschland nur in der eigenthümlichen Brettelkohle oder Blattelkohle der Pankratzzeche unweit Pilsen entgegengetreten, die man als Zusatzkohle zur Gasbereitung z. B. in München verwendet. Wir behalten uns vor, darüber noch Näheres zu berichten. Das specifische Gewicht dieser Kohle beträgt 1,237 bis 1,259.

Dass sowohl die schottische „Boghead-Coal“ als auch die Nürchaner Brettelkohle der Sigillarienzone angehören, in der man dieselben als eine Anhäufung von bituminösen Stoffen zu betrachten hat, die bei Zersetzung jener saftigen Bäume sich meist im Liegenden des Kohlenflötzes abgeschieden haben, erhellt aus dem Vorkommen dieser Pflanzen in ihrer Region. Einen grossen Sigillarienstamm aus der Schottischen Boghead-Coal enthält das Coal-Exchange Museum in London, Sigillaria oculata ist von mir unmittelbar über der Brettelkohle von Dobraken bei Nürchan beobachtet worden.

3. Russkohle. (Faserkohle zum Theil, Lösch oder Kohlenlösche.)

Sie besteht aus kurzfaserigen oder staubartigen Theilen der weiter unten beschriebenen Faserkohle, welche vorzugsweise aus Calamiten und Nadelhölzern entstanden ist. Daher ist sie auch leicht zerreiblich und färbt stark ab, wie jede andere russige Masse. Hiervon gerade hat sie ihren Namen erhalten, nicht etwa weil sie beim Brennen mehr Russ entwickelte als andere Kohlen. In den Russkohlenflötzen der Steinkohlenformation bildet als eigentliche Russkohle die Calamitenkohle den Hauptbestandtheil, und diese pflegt mit Lagen von Sigillarienkohle oder anderen Pechkohlen vielfach zu wechseln.

4. Kohlenschiefer. (Kohlenstein, Brandschiefer zum Theil, Schiste charbonneux.)

Farbe bräunlich-schwarz bis vollkommen schwarz; wenig glänzend bis matt, wenn nicht beigemengte Pechkohle oder eine andere glänzende Kohle einigen Schimmer verursacht, Bruch uneben. Diese Kohlensorte besitzt die grösste Neigung zur schieferigen Absonderung, enthält die grösste Menge erdiger Bestandtheile und ist daher unter allen Kohlen am schwersten. Das specifische Gewicht des reinen Kohlenschiefers variirt zwischen 1,957 und 2,179 und beträgt im Mittel = 2,106. Er ist schwerer verbrennlich, als die eigentliche Kohle und hinterlässt viel Asche. Der Kohlenschiefer ist, wie ein jeder Brandschiefer, nur ein von Bitumen durchdrungener Schieferthon, der bei einem geringen Gehalte an brennbaren Stoffen in einen gewöhnlichen dunkelgrauen Schieferthon übergeht.

Werner's Grobkohle ist ein mit kleinen Pechkohlenbrocken innig vermengter und hierdurch körnig gewordener Kohlenschiefer. Oberbergrath Breithaupt bestimmte ihr specifisches Gewicht an

---

[1]) Hier schneidet man Tintenfässer und verschiedene Schmuckgegenstände aus ihr. Der grösste Theil solcher, namentlich als Trauerschmuck beliebter Gegenstände wird indess aus dem „Jet“ oder „Gagat“, einer im oberen Liasschiefer von Whitby vorkommenden Kohle gewonnen, welche der Kännelkohle zwar ähnlich, jedoch dunkeler schwarz ist und einen stärkeren Glanz besitzt. Schon Plinius kannte diese Kohle von dem Flusse Gagas in Syrien und nannte sie daher „gagates“. (Prof. Hunt: a descriptive Guide to the Museum of Practical Geology. London, 1857. p. 223.)

Exemplaren aus dem Plauenschen Grunde zu 1,389 bis 1,447 und an einem Exemplare von Wettin, welches Werner für die charakteristische Grobkohle hielt, zu 1,712.

Die besseren Kohlensorten von Wettin und Löbejün besitzen ein mittleres specifisches Gewicht von 1,363 und 1,388.

5. Schieferkohle. (Slate Coal.)

Sie besteht aus dünneren oder stärkeren Lagen zweier oder mehrer der vorher beschriebenen Abänderungen, wesshalb ihr auch ein ausgezeichnetes schieferiges Gefüge zukömmt. In ihr wechseln meist dünne Lagen einer stärker glänzenden Kohle mit dem nur schimmernden bis matten Kohlenschiefer ab, zwischen denen sich nicht selten auch dünne Lagen oder Streifen der Russkohle eindrängen.

Bei einem Vorherrschen der reineren Pechkohle oder einer dieser ganz ähnlichen, jedoch weicheren und milden, glänzenden Kohle hat sie von Werner den Namen Blätterkohle (Foliated Coal) erhalten.

Gegenüber solchen „weichen Schieferkohlen", einem im Plauenschen Grunde dafür gebräuchlichen Namen, stehen die „harten Schieferkohlen", welche einen grösseren Reichthum an Kohlenschiefer enthalten und die man in anderen Ländern oft als „Flammkohle" bezeichnen hört.

Das specifische Gewicht der weichen Schieferkohle des Plauenschen Grundes variirt zwischen 1,230 und 1,341 und beträgt im Mittel = 1,291, nach Breithaupt = 1,279 bis 1,284; das Gewicht der harten Schieferkohlen nähert sich, unter Zunahme an Unreinheit der Kohle, mehr und mehr dem des Kohlenschiefers und pflegt zwischen 1,329 und 1,698 zu schwanken.

Diesen Zahlen nähern sich jene in anderen Kohlenbecken namentlich von Böhmen und Mähren für Schieferkohlen gefundenen Mittelwerthe, wie 1,259 für 7 Kohlenproben aus dem Pilsener Becken, 1,344 für 6 Kohlenproben aus dem Kladno-Schlaner Becken und 1,293 für 13 Proben aus dem Becken von Mährisch Ostrau.

Schieferkohlen sind im Gebiete der Steinkohlenformation in Sachsen, Böhmen, Mähren und Schlesien sehr verbreitet; als typische Blätterkohlen mit jener weicheren Pechkohle kann man einen grossen Theil der westphälischen Kohlen betrachten. Wir wollen die letzteren zum Unterschiede von anderen Schiefer- und Blätterkohlen als „weiche Blätterkohle" bezeichnen.

Als das mittlere specifische Gewicht der westphälischen Blätterkohlen ergab sich nach unseren Bestimmungen 1,307, wobei das der besten Fett- und Gaskohlen zwischen 1,229 und 1,278, das der magersten aber zwischen 1,347 und 1,370 schwankte. Zwischen diesen beiden Gruppen stehen Verbindungsglieder, wie eine Blätterkohle von Essen, deren Gewicht nach Breithaupt = 1,321 und einer anderen aus dieser Gegend, deren Gewicht 1,333 betrug.

Manche derselben bilden einen förmlichen Uebergang in anthracitische Kohlen, wie dies später gezeigt werden soll.

Eine von den dort vorherrschenden Kohlen sehr abweichende Varietät der Blätterkohle ist die sogenannte Augenkohle oder Blumenkohle (yeux de perdrix), die aus concentrischen, sich durch besonderen Glanz auszeichnenden, ja spiegelnden Kreisen, oft von 2 bis 3 Zoll Durchmesser besteht, welche an die mit Jahresringen versehenen Stämme dicotyledoner Hölzer erinnern. Doch lässt sich darin ebenso wenig eine regelmässige Bildung als eine einem Stamme entsprechende Längsrichtung entdecken.[1]) Man findet die Augenkohle nur in anthracitischen oder sogenannten mageren Kohlenflötzen, z. B. auf dem Flötze Braut der Zeche Pauline bei Werden, bei Brandau in Böhmen, bei Eibiswalde in Steiermark und auf dem 15. und 16. Flötze der Friedrich Ferdinands-Grube bei Eckersdorf unweit Waldenburg in Schlesien. Specifisches Gewicht der Augenkohle vom Flötze Braut der Zeche Pauline bei Werden = 1,351, der von Brandau in Böhmen = 1,396, der von Eibiswalde in Steiermark = 1,322.

6. Mulmkohle.[2])

Dieser Name empfiehlt sich für einen Zustand der Schwarzkohle, welcher oft jenem der erdigen Braunkohle und zum Theil der Moorkohle in der Braunkohlengruppe analog ist. Sie bildet derbe, ursprünglich erdige, körnige oder blätterige Massen von der geringsten Härte und grosser Milde, welche in Folge der Verschiebung von Flötzen durch Reibung und Druck in zahllose keilförmige Blätterlagen

[1]) Vgl. Göppert in Verh. d. nat. Vereins d. preuss. Rheinlande u. Westph. Jahrg. XI. Neue Folge. I. p. 245.

[2]) Man würde dieselbe auch Malmkohle nennen können, wenn man durch diesen Namen nicht etwa zu der Ansicht verleiten könnte, dass sie aus der in der Juraformation unterschiedenen Etage des Malm herrührte.

zertheilt worden sind, die sich meist sehr leicht von einander abtrennen lassen. Auf dem Querbruche erscheinen dieselben matt oder schimmernd, an ihren keilförmigen Ablösungs- oder Rutschflächen aber stark fettglänzend. Farbe entweder schwarz, wie bei Berghaupten in Baden, grauschwarz (bei Kamenskoy zowod am Ural) oder bräunlichschwarz, oft mit einem Stich in das Röthliche (bei Stockheim und Erbendorf).

An diese Kohlenart schliessen sich am besten jene bläulich- und grau-schwarzen Liaskohlen von Vasas und Fünfkirchen in Ungarn an, die dort in wulstförmigen und knolligen Stücken oder als Kohlenklein vorkommen, das man in Briquets umwandelt und unter dem Namen der Presskohle zu verwerthen pflegt.

Das specifische Gewicht betrug:

a) bei der besten Mulmkohle von Berghaupten . . . . = 1,253,
b) bei einer geringeren, mit erdigen Stoffen vermengten Sorte von dort . . . . = 1,668,
c) bei der Kohle von Kamenskoy zowod am Ural . . . . = 1,272,
d) bei Mulmkohlen aus dem Katharinenschachte von Stockheim in Franken . . . { = 1,225,
e) und . . . . { = 1,228,
f) bei einer etwas geringeren Sorte aus dem Maxschachte bei Stockheim . . . { = 1,254,
g) und . . . . { = 1,277,
h) aus dem 5 Fuss mächtigen Flötze von Erbendorf in der bayerischen Oberpfalz . = 1,265

B. Anthracitische Kohlen. (Entgaste Kohlen und magere Kohlen vorzugsweise.)

1. Anthracit. (Muschelige oder eigentliche Glanzkohle Werner's, Kilkenny Coal.)

Diese amorphe, undurchsichtige Substanz, in welcher meist alle vegetabilische Textur verschwunden ist, besitzt eine eisenschwarze bis graulich-schwarze Farbe, einen gleichen Strich, starken metallischen Glanz, muscheligen Bruch und sehr spröde Beschaffenheit. Specifisches Gew. eines reinen Anthracits von Schönfeld in Sachsen nach Breithaupt = 1,526, bei Verunreinigung mit erdigen Stoffen etwas höher; eines älteren Anthracits von Wurzbach = 1,694. Nach unseren Bestimmungen der specifischen Gewichte von 10 Anthraciten[1]) beträgt dasselbe im Mittel 1,579.

Der Anthracit verbrennt mit nur schwacher Flamme und weit schwerer, als die an Wasserstoff und Sauerstoff reichere Schwarzkohle. Es entwickelt sich aus ihm natürlich auch nur eine geringe Menge von Producten der trockenen Destillation.

Vorkommen: Als grosse Seltenheit in älteren krystallinischen Gebirgsarten eingesprengt, wie im Gneiss des südlichen Norwegen; häufiger im Gebiete der Grauwackenformation und in der Steinkohlenformation, wo man sehr mächtige Lager davon antrifft, seltener in jüngeren Formationen.

2. Stangenkohle. (Stängeliger Anthracit, natürliche Kokes.)

Die Stangenkohle, die sich in chemischer Beziehung ähnlich dem Anthracit verhält, jedoch durch ihre stängelige Absonderung, eine meist poröse Beschaffenheit und einen matten, etwas metallischen Glanz davon unterschieden ist, gleicht in jeder Beziehung den künstlichen Kokes, mit denen sie auch eine ähnliche Entstehung gemein hat.

Spec. Gew. der Stangenkohle am Meisner in Hessen nach Breithaupt = 1,373, der von dem Fixsternflötze bei Altwasser nach Göppert und Beinert = 1,3.

Ihr Vorkommen ist in der Steinkohlenformation, wie in der Braunkohlenformation, nur ein lokales und überall

---

[1]) 1) Anthracit aus der Braunkohlenformation vom Meisner in Hessen . . . . = 1,497,
2) Anthracit des ersten Flötzes der Grube Christian Gottfried bei Blumenau in Schlesien . . . . = 1,524,
3) desgl. vom vierten Flötze, ebendaher . . . . = 1,546,
4) desgl. (Kilkenny Coal) von Jarrow Coll. bei Castel Comer, Queens Co. in Irland . . . . = 1,544,
5) desgl. ebendaher . . . . = 1,557,
6) desgl. von Schönfeld in Sachsen . . . . = 1,598,
7) desgl. von Rhode Island in Nordamerika . . . . = 1,613,
8) desgl. der deutschen Gesellschaft zu Dessau in Pennsylvanien . . . . = 1,634,
9) desgl. vom Don in Russland . . . . = 1,621,
10) desgl. aus der Grube Gruschewka, Gouv. Don in Russland . . . . = 1,657.

leuchtet aus demselben hervor, dass ihre Entstehung sehr rasch unter Schmelzen und Aufblähen der Kohle durch entweichende Gasarten erfolgt sein muss, sei es durch Erdbrände, wie bei Planitz unweit Zwickau, oder durch Einwirkung von plutonischen Gesteinen, wie bei Altwasser in Schlesien, am Meisner in Hessen, oder bei Salesl in Böhmen.

3. Faserkohle. (Faserige Holzkohle nach Hausmann, Mineralische Holzkohle W., faseriger Anthracit der Autoren.)

Farbe dunkel-graulich auch bis sammet-schwarz; schimmernd bis wenig seidenartig glänzend; Bruch feinerdig. Sie besitzt eine faserige Textur und ist leicht zerreiblich. Bei dem Verbrennen verhält sich die Faserkohle ähnlich der Holzkohle, wenn sie nicht, wie die im Pechsteine bei Zwickau eingeschlossene, durch eingedrungene Kieselsäure versteinert ist.

Vorherrschend in der Steinkohlenformation, wo sie den Hauptbestandtheil der Russkohle bildet; seltener in der Braunkohlenformation, wo man sie mehr in vereinzelten Partien, wie auf Stämmen der Nadelhölzer und anderer Braunkohlenhölzer anzutreffen pflegt, die durch lokale Entzündungen theilweise verkohlt worden sind.

Ihr Vorkommen ist jedoch nicht allein auf geschichtete neptunische Formationen beschränkt, sondern, wenn auch nur vereinzelt, mehrfach in plutonischen und vulkanischen Gebirgsarten nachgewiesen. Hierzu gehören die von Porphyren, Pechsteinen, Basalten, Trachyten und Laven bisweilen umschlossenen verkohlten Hölzer, welche man mehrfach zu Gunsten neptunistischer Ansichten über die Bildung dieser Gesteine auszubeuten versucht hat.

C. Braunkohlen. (Brown-Coal, Bovey-Coal, Surturbrand, Lignite.)

Im Allgemeinen ist in den Braunkohlen die Entmischung der ursprünglichen organischen Substanz noch nicht so weit vorgeschritten, wie bei den Schwarzkohlen, und es lässt sich bei ihnen das Gefüge der Pflanzen, aus denen sie entstanden sind, in den meisten Fällen noch deutlich erkennen.[1]) Der Kohlenstoff ist in ihnen weniger concentrirt, auch sind die Kohlen in den meisten Fällen weniger dicht als die Schwarzkohlen, wesshalb ihr technischer Werth meist geringer ist.

Dass dies in engster Beziehung zu dem jüngeren Alter im Vergleiche zu jenem der Steinkohlen oder anderer Schwarzkohlen steht, leuchtet ein.

Ausnahmsweise kommen jedoch Fälle vor, wo gewisse Kohlen der jüngern Braunkohlenformation den weit älteren Kohlen der Steinkohlenformation auf das Täuschendste ähnlich werden, so dass eine Grenze zwischen beiden in mineralogischer Beziehung nicht oder kaum mehr gezogen werden kann. Vor allem gilt dies für die unter den anthracitischen Kohlen gleichzeitig aus älteren und jüngeren Formationen beschriebenen Arten, sowie aber auch für manche Pechglanzkohlen der Braunkohlenformation, welche in Folge der früher erwähnten lokalen Veränderungen auf schnellstem Wege in den Zustand übergeführt worden sind, der das Ende einer Entmischung organischer Substanzen bezeichnet.

Bei Unterscheidung der verschiedenen Arten von Braunkohlen gehen wir von denjenigen aus, die ihren Ursprung am deutlichsten wahrnehmen lassen.

Das specifische Gewicht der Braunkohlen beträgt ohngefähr 1,2 — 1,5, sinkt jedoch im erdigen und aufgelockerten Zustande mancher holzartigen Braunkohlen bis unter 1 herab.

1. Holzige Braunkohle. (Lignit, bituminöses Holz und Surturbrand zum Theil.)

Sie besitzt deutliche Holzgestalt und das fibröse Gefüge des Holzes. Farbe licht-braun bis schwärzlich-braun. Sie ist mild, matt oder schimmernd. Härte gering, 1 bis 2. Eine Modification von ihr ist

die Bastkohle, die aus dünnen, elastischen Lagen von bastartigem Gefüge besteht, in welche ein Braunkohlenholz zerblättert ist.

Lager von holziger Braunkohle sind in der Regel von mächtigen Thonlagern überdeckt, die gegen

[1]) Braunkohlen, die einer miskroskopischen Untersuchung unterworfen werden sollen, behandelt man mit Vortheil vorher durch Kochen in Salzsäure oder Kalilauge, durch welche letztere namentlich Ulminsäure oder humusartige Stoffe gelöst werden, welche die Flüssigkeit dunkelbraun färben, was bei Schwarzkohlen und anthracitischen Kohlen nicht der Fall ist.

eine zu rasche Zersetzung der Braunkohlenhölzer oder Lignite und ihr Zerfallen in erdige Kohle genügenden Schutz gewährt haben. Sehr vorwaltend in der Oberlausitz.

2. Muschelige und gemeine Braunkohle. (Lignit und Surturbrand zum Theil.)

Die Gestalt des Holzes tritt auch hier, besonders an den vereinzelt in Thon- und Tufflagern vorkommenden Stammstücken, meist noch deutlich hervor, die Holztextur ist jedoch durch bituminöse Stoffe, die sich im Innern der Masse angehäuft haben, oft verdeckt und wird erst wieder nach einer Behandlung der Kohle mit Kalilauge deutlich. Daher zeigt diese Kohle einen flachmuscheligen Bruch. Farbe dunkeler, als bei der vorigen, schwarz-braun bis pechschwarz, schimmernd bis schwach fettglänzend; Härte gegen 2, also etwas härter als die vorige, und wenig spröde.

Sie kommt meist in derben Massen vor, und bildet ganz vorzugsweise die mächtigen Braunkohlenlager des nördlichen Böhmen, die unter dem Schutze einer Decke von thonig-schieferigen Gebirgsschichten, welche das Entweichen der verschiedenen Entmischungsproducte verhindert haben, einer kräftigen Erwärmung durch eruptive Basalte und Klingsteine ausgesetzt waren. Der Surturbrand besteht aus verschiedenen Braunkohlenhölzern, die in den basaltischen Tuffen Islands eingeschlossen sind.

An diese gemeinen oder muscheligen Braunkohlen schliessen sich auch diejenigen Lignite an, welche de Verneuil und de Lorière[1]) in Spanien aus dem Gebiete der älteren Kreideformation beobachtet haben, sowie manche andere Lignite der mesozoischen Formationen.

3. Pechglanzkohle. (Pechkohle der Braunkohlenformation.)

Die muscheligen Braunkohlen gehen, selbst im Gebiete der eigentlichen, tertiären Braunkohlenformation, an einzelnen Stellen, und namentlich da, wo durch Einwirkung eines feuerflüssigen Basaltstromes gleichzeitig auch anthracitische Gebilde, wie Stangenkohle, entstanden ist, in eine Pechkohle über, die von der Pechkohle der Steinkohlenformation kaum unterschieden werden kann. Sie besitzt eine pechschwarze Farbe, Wachs- bis Fettglanz, vollkommen muscheligen Bruch, spröde Beschaffenheit, die Härte 2 bis 3 und ein specifisches Gewicht zwischen 1,075, nach einem Exemplare von G. v. Priesen, und 1,405, nach einem Exemplare von Miesbach in Oberbayern. Alles organische Gefüge scheint verschwunden zu sein und tritt höchstens nach Behandlung mit Alkalien wieder mehr oder minder deutlich hervor. Indessen lässt sich bei aller Aehnlichkeit mit den älteren Pechkohlen an ihr eine Neigung der schwarzen Farbe in die braune, und wenn auch nur an ihrem Striche, in der Regel erkennen. Man gewinnt solche Kohle auf schwachen Flötzen bei Salesl und Gross-Priesen im Elbthale unterhalb Aussig und schätzt sie für Stubenfeuerungen, wozu sie selbst in Leipzig unter dem Namen der „Salonkohle" eine nicht unbedeutende Verwendung findet. Eine viel grössere Bedeutung hat diese Kohle in neuerer Zeit bei Miesbach und Schliersee in Oberbayern erlangt.

Man war bisher gewöhnt, zu dieser Abänderung der Braunkohle auch den Gagat zu stellen, doch haben wir wegen seiner milderen Beschaffenheit vorgezogen, ihn in die Nähe der Kännelkohle zu verweisen.

4. Blätterige Braunkohle. (Laubkohle.)

Sie besteht aus kleineren und weicheren, blattartigen und anderen Gebilden, die meist in dünnen Lagen auf einander geschichtet sind. Schwärzlich-braune bis pechschwarze Farbe herrscht bei ihr vor. Durch Aufnahme von erdigen Stoffen geht sie über in

Moorkohle, eine derbe, häufig zerborstene Braunkohle, mit ebenem und zum Theil flachmuscheligem Bruch. Sie ist im Allgemeinen mild, schimmernd bis wenig glänzend. Ein charakteristischer Fundort für sie ist der Westerwald.

Die Nadelkohle (Lignite bacillaire), die sich an die Blätterkohle anschliesst, bildet ein Haufwerk beisammen liegender und mit einander verbundener Nadeln von Zapfenbäumen. Sehr deutlich bei Lobsan im Elsass und bei Skloplau in Sachsen.

[1]) Tableau des altitudes observés en Espagne. Paris, 1854, p. 16.

Diese unter blätteriger Braunkohle zusammengefassten Abänderungen entsprechen einem alten Waldboden oder Moorboden, auf welchem sich einzelne grössere Bäume erhoben haben, deren herabfallendes Laub neben anderen zarteren und gröberen Pflanzentheilen sich hier ebenso angehäuft hat, wie das noch heute in einem jeden Walde der Fall ist, aus welchem die sogenannte Streu nicht entfernt worden ist. Nicht selten trifft man daher in einem solchen Lager von Moor- oder Blätterkohle noch riesige Baumstämme festwurzelnd und in aufrechter Stellung an.

Als blätterige Braunkohle ist auch eine höchst merkwürdige ältere Kohle von Bogorodizk bei Tula zu bezeichnen, welche sogar der unteren Etage der Steinkohlenformation anzugehören scheint und von Göppert in dem 38. Jahresberichte der Schlesischen Gesellschaft 1860 p. 34 beschrieben worden ist.

5. Erdige Braunkohle. (Erdkohle, bituminöse Holzerde u. s. w.)

Eine derbe, mehr oder minder compacte, meist leicht zerreibliche und zuweilen staubartige Braunkohle, mit erdigem, seltener unebenem Bruche, meist mattem Ansehen, brauner, dunkelbrauner bis gelblich-brauner und selbst gelblich-grauer Farbe, etwas abfärbend und mager anfühlbar.

Sie ist in den Gegenden vorherrschend, wo Braunkohlenlager durch den Mangel einer schützenden Decke der zersetzenden Einwirkung der Atmosphäre mehr ausgesetzt sind. Als Decke derselben findet man nicht selten nur Sand und Kies. Jedenfalls ist ein grosser Theil solcher Erdkohlen durch Zerfallen von holzigen Braunkohlen und blätterigen Braunkohlen entstanden.

Bei compacter Beschaffenheit liefert die erdige Braunkohle in grösseren und kleineren Stücken ein sehr brauchbares Brennmaterial (Stückkohle), im lockeren oder erdigen Zustande wird sie theilweise auf Treppenrosten verbrannt, theilweise zu Ziegeln verstrichen (Streichkohle), welche durch künstlichen Druck sehr verbessert werden können (Briquets).

Eine an fossilen Harzen, wie namentlich Bernstein[1]) und Retinit, reiche Erdkohle ist die sogenannte Bernerde. Derartige Erdkohlen empfehlen sich meist zur Gewinnung von Photogen, Solaröl, Paraffin und dergleichen Leuchtstoffen und es wird jetzt ein grosser Theil der letzteren in der preussischen Provinz Sachsen daraus gewonnen. Am ergiebigsten ist in dieser Beziehung die sogenannte „Wachskohle“ oder Paraffinkohle von Werschen bei Weissenfels und von Gerstewitz bei Merseburg.

Diese bildet eine weiche und milde, leicht zerbröckelnde, matte und im Striche glänzende, derbe Masse von schmutziggelber bis licht gelblich-brauner Farbe und 0,9 spec. Gewicht. Sie enthält einen durch Aether ausziehbaren wachsartigen Körper und schmilzt beim Erwärmen unter Entwicklung von weissen, schweren, leicht entzündbaren Dämpfen zu einer pechartigen Masse. Freilich bildet sie nur Nester und schwache, bis 3 Fuss starke Lagen in der oberen Partie eines Braunkohlenflötzes, welches nach unten in eine fette Erdkohle übergeht.

Manche reineren erdigen Braunkohlen werden unter dem Namen „Cölnische Umbra“ oder „Cölnische Erde“ als braune Anstrichfarbe verwendet; andere, theils erdige, theils blätterige Braunkohlen sind durch Eisenkies, Eisenvitriol und erdige Theile so stark verunreiniget, dass man sie als „Alaunerde“, „Vitriolkohle“ (= Werner's Schwefelkohle) zur Gewinnung von Alaun und Eisenvitriol oder zur Düngung zu verwenden pflegt. Durch Aufnahme von viel Thon werden die Erdkohlen zu Kohlenletten.

6. Papierkohle. (Stinkkohle, Dysodil.)

Die vollkommenste Papierkohle besteht aus dünnen, biegsamen, pergament- oder papierartigen zähen Lagen einer weichen, schimmernden und im Striche glänzenderen braunen Substanz, welche nur wenig eigentliche Kohle, sondern vielmehr Bitumen, Thon und Kieselerde (namentlich Kieselskelette von Infusorien oder Diatomaceen) enthält.

Die Papierkohle ist ein Hauptmaterial für Paraffin- und Photogenerzeugung, welche Leuchtstoffe gerade aus diesem Materiale zuerst im grösseren Maasstabe auf der Augustushütte bei Bonn von A. Wissmann und Co. dargestellt worden sind. Und wenn man in der neueren Zeit dennoch vorzieht, jene Leuchtstoffe aus den schon beschriebenen Abänderungen der erdigen Braunkohle oder aus der schottischen Boghead-Coal ganz vorzugsweise zu gewinnen, so scheint ein Hauptgrund hierfür in der meist nur geringen Mächtigkeit der reinen Papierkohle zu liegen. Sie geht durch Aufnahme von erdigen

[1]) Von allen anderen fossilen Harzen lässt sich der, zumeist aus Braunkohlenlagern stammende Bernstein durch seinen stechenden, aromatischen Geruch, den er beim Erwärmen in Folge von Entwickelung der flüchtigen Bernsteinsäure wahrnehmen lässt, leicht unterscheiden.

Stoffen unmerklich in dünnblätterigen und dickschieferigen Brandschiefer über, dessen Bitumengehalt und Tauglichkeit zur Erzeugung von Leuchtstoffen in der Regel schnell abnimmt.

Dem Brandschiefer steht die Papierkohle weit näher als den wirklichen Kohlen.

Ausgezeichnet findet man die Papierkohle in der Gegend von Rott und Orsberg bei Erpel im Siebengebirge und bei Falkenau in Böhmen. Weniger reiche bis bitumenarme Brandschiefer, welche ihren geologischen Horizont in der oberen Tertiärformation vertreten und namentlich auch dieselben organischen Ueberreste wie in dem Siebengebirge: *Palaeobatrachus Goldfussi* von Meyer, einen fossilen Frosch, verschiedene Süsswasserfische, Pflanzen u. s. w. enthalten, hat man in der Gegend von Markersdorf bei Böhmisch-Kamsdorf, sowie bei Seifhennersdorf unweit Zittau und in der Gegend von Rumburg im nördlichen Böhmen mehrfach angetroffen. Sie sind längere Zeit hindurch zu diesen Zwecken verarbeitet worden, bis man nach grossen Verlusten den Betrieb wieder aufgeben musste.

D. Torf. (Turf. Tourbe.)

Es liegt nicht in unserer Absicht, diese vierte Gruppe fossiler Brennstoffe hier näher zu beschreiben. Die verschiedenen Abänderungen des Torfes sind am besten in der schon oben citirten Schrift des Professor Senft: die Humus-, Marsch-, Torf- und Limonit-Bildungen, Leipzig, 1862, geschieden worden.

Eine eigenthümliche Abänderung des Torfes, die von Geröll- und Lehm- oder Sandmassen überlagert wird und der Diluvialzeit angehört, kommt nach O. Heer in der Nähe des Pfalbautenmoors bei Wetzikon sowie bei Dürnten und Utznach in der Schweiz vor. Sie wird dort als „Schieferkohle" unterschieden.

In einer schwarzbraunen, ohne Zweifel aus verwesten krautartigen Pflanzenorganen entstandenen Masse liegt eine grosse Anzahl von Baumstämmen, an welchen man deutliche Jahresringe unterscheiden kann und die sich überhaupt in einem Zustande befinden, wie viele Lignite der Braunkohlenformation. Auf solch einen Lignit bezieht sich die S. 13 angeführte chemische Untersuchung Regnault's.

Für diese hier unterschiedenen Arten und Abänderungen fossiler Kohlen pflegt man in den verschiedenen Ländern und selbst auf einzelnen Kohlenwerken desselben Districtes wohl noch manche andere Bezeichnungen aufrecht zu erhalten, doch wird man wenigstens alle bisher uns bekannt gewordenen Kohlen auf die ersteren naturgemäss zurückführen können. Wir werden in diesen Blättern allerdings auch auf jene in einem Districte üblichen Bezeichnungen möglichste Rücksicht nehmen, sowie aber auch die in der Technik gebräuchlichen Unterschiede von Backkohlen, Sinterkohlen und Sandkohlen, Gaskohlen, Flammkohlen u. s. w. in Beachtung ziehen.

CAPITEL II.

Ueber die Lagerungsverhältnisse der Steinkohlen und anderer Schwarzkohlen, sowie über die in Begleitung derselben auftretenden Gebirgsarten und Mineralien.

1. Lagerungsverhältnisse der Steinkohlen und deren verschiedene Zonen.

Das Vorkommen der Steinkohlen und älteren Schwarzkohlen überhaupt ist allermeist an bestimmte Becken (Bassins oder Mulden) gebunden, in welchen sich die kohlenführenden Schichten (Kohlenlager oder Kohlenflötze) zwischen sandigen und thonigen Gesteinen mehr oder minder regelmässig verbreiten. Bei dem Vorhandensein von mehren Kohlenflötzen in einem Becken pflegen die tieferen oder älteren Flötze sich dem Rande des Beckens am meisten zu nähern, während die oberen oder jüngeren Flötze oft nur den mittleren Theil des Beckens einnehmen. Ausgezeichnete Beispiele hierfür liefern mehre der hier gegebenen Profile, insbesondere das durch das westphälische Steinkohlenbecken, Taf. 16, und durch die Eschweiler Steinkohlenmulde, Taf. 12.

Die Anzahl der Kohlenflötze in den verschiedenen Becken ist eine sehr verschiedene, oft sind nur wenige Flötze darin vorhanden, wie in dem Kohlenbassin des Plauen'schen Grundes bei Dresden, oft ist ihre Anzahl eine sehr bedeutende, wie namentlich in Westphalen, in der Gegend von Eschweiler und Aachen und in einigen anderen Steinkohlenbassins.

Viele dieser Becken, welche mit Steinkohlen und anderen Kohlenlagern gesegnet sind, müssen schon vor der Entstehung derselben vorhanden gewesen sein, wenn auch die Gestaltung ihrer Ränder und zum Theil auch ihres Innern durch Hebung und Senkung mannichfache spätere Veränderungen erfahren hat. Als Beispiel hierfür gilt uns das erzgebirgische Steinkohlenbassin. Sind ja doch auch in der jetzigen Zeit flache becken- oder muldenförmige Vertiefungen der Erdoberfläche mit stagnirendem Wasser der gewöhnliche Sitz der Moore. In diesen wird ein für das Wasser undurchdringlicher Boden, wenn er nicht schon vorhanden war, bald durch die kalkigen und thonigen Niederschläge aus den Gewässern geschaffen, es entwickelt sich eine für die Torfbildung geeignete Vegetation und die Entstehung des Moores beginnt. (Vgl. S. 10.)

Dagegen drängen die Lagerungsverhältnisse von anderen Kohlenbassins zu der Annahme hin, dass ihre beckenartige Gestalt keine ursprüngliche sei, sondern vielmehr eine Folge von späteren Einwirkungen, und zwar allermeist von einem seitlichen Drucke, der bei dem Emportreten eruptiver Massengesteine auf ein kohlenführendes Terrain ausgeübt worden ist. Ein belehrendes Beispiel hiefür zeigen die projectirten Querprofile durch die verschiedenen Kohlenmulden des westphälischen Steinkohlenbeckens auf Taf. 15. Wenn derartige Bewegungen der Flötze zu einer Zeit stattfinden, wo die verschiedenen Schichten noch eine gewisse Weichheit oder Bildsamkeit besessen haben, konnten diese um so leichter den verschiedenen Biegungen folgen, ohne dabei ihren Zusammenhang zu verlieren; wo diese aber erst dann eingetreten sind, nachdem Kohlenlager schon zu einer starren Masse erhärtet waren, wird man die Kohlenflötze häufig zerbrochen und ihre einzelnen abgetrennten Theile oft mit zackigen Rändern versehen finden. Dies tritt nicht nur in einigen Gegenden des plauenschen Grundes sehr deutlich hervor, sondern in einem viel grossartigeren Maassstabe namentlich in vielen zickzackförmigen Biegungen sämmtlicher Steinkohlenflötze des Worm-Bassins bei Aachen. (Vgl. Taf. 12 u. 14.) Die anthracitische Natur dieser Kohlen kann der eben ausgesprochenen Ansicht nur günstig sein.

Dass bei den Lagerungsverhältnissen auch mannichfache Senkungen in Betracht gezogen werden müssen, die durch Schwinden der kohligen Massen in Folge der fortschreitenden Zersetzung, der Austrocknung und durch Druck der auf ihnen abgelagerten Gesteinsmassen eingetreten sind, leuchtet ein; in keinem Falle aber können jene Senkungen allein zur Erklärung der mannichfach gestörten Lagerungsverhältnisse im Gebiete der Steinkohlenformation allein genügen. In das Steinkohlenreich des Neptun hat sich Pluto oft eingedrängt und zahlreiche Spuren von seinen heissen Kämpfen dort hinterlassen!

Durch das allmählige Schwinden der Massen und hierdurch eingetretene Senkungen erklärt sich am besten das Vorkommen einzelner mariner Schichten im Gebiete der productiven Steinkohlenformation, das neuerdings auch in Oberschlesien auf der Carolinengrube bei Hohenlohehütte [1]) beobachtet worden ist, nachdem man dasselbe schon längst in einigen Gegenden Irlands, Englands, Belgiens, bei Werden in der preussischen Rheinprovinz und in Westphalen kennen gelernt hatte. Ueber das Auftreten solcher marine Thierreste enthaltenden Schichten, die meist der tieferen Zone der Steinkohlenformation angehören, in Westphalen wurde noch vor kurzem durch R. Ludwig [2]) ausführlich berichtet.

Unter den zahlreichen organischen Ueberresten der Steinkohlenformation ist bis jetzt noch keine Meerespflanze, weder in Europa noch in Amerika aufgefunden worden [3]). Alle aus der Steinkohlenzeit bekannt gewordenen Pflanzen gehören dem Lande an, und ihre Mehrzahl weist unverkennbar auf einen sumpfigen Boden, einen Moorboden, hin. Auch ist bei der schon erwähnten Thatsache, dass sich am Meeresgrunde keine Torfmoore erzeugen können (Vgl. S. 12), eine Steinkohlenbildung ohne Festland und Inselland gar nicht denkbar.

Nun lässt sich aber aus den gesammten Lagerungsverhältnissen der älteren Gebirgsformationen mit Bestimmtheit erweisen, dass die Hauptcontouren unserer jetzigen Continente und wenigstens die Anfänge von vielen ihrer bedeutenderen Gebirgszüge schon gegen Ende der Devonzeit geschaffen waren, wenn sie auch in jener Zeit erst nur wenig und in keinem Falle in ihrem ganzen jetzigen Umfange aus dem Meere hervorgeragt haben.

So weit die hebende Wirkung des alten Syenites und Granites, sowie auch der älteren wahren Grünsteine (Diorit und Diabas) reichen, befindet man sich in der Regel noch im Gebiete der Grauwackenformation. In reicher Menge aber trifft man die Geschiebe dieser krystallinischen Gebirgsarten oft schon in den ältesten Ablagerungen der Steinkohlenformation, wie in den Grundconglomeraten des Culm in der Gegend von Hainichen und Frankenberg in Sachsen. Ueber das Eindringen wahrer Grünsteine und des Granites in die Steinkohlenformation liegen nur wenige, kaum sicher verbürgte Nachrichten vor; gewöhnlich sind die jüngeren grünsteinartigen Basaltite (oder älteren Melaphyre), welche nicht selten im Gebiete der Steinkohlenformation und des Rothliegenden auftreten, mit den wirklichen Grünsteinen verwechselt worden.

Die vorher bezeichneten krystallinischen Massengesteine (Granit, Syenit, Diorit, Diabas) haben auf unserer Erdoberfläche eine ungemeine Verbreitung. Wir treffen sie in der Regel mit den krystallinischen Schiefern und anderen älteren Gebirgsschichten zusammen in einer Weise an, die auf eine Durchbrechung durch diese und Hebung derselben mit Sicherheit schliessen lässt. [4]) Ihre Erhebungen

---

[1]) Ferd. Roemer, über eine marine Conchylien-Fauna im productiven Steinkohlengebirge Oberschlesiens. (Zeitschr. d. deutsch. geol. Gesellschaft 1863. XV. p. 567 u. f.)

[2]) R. Ludwig, in H. v. Meyer und Dunker, Palaeontograph. Bd. X. p. 276—291. Tb. 47—49.

[3]) Die 1835 in v. Gutbier's Zwickauer Schwarzkohlengebirge als Fucoiden oder Meeresalgen beschriebenen Pflanzen haben sich später als Farren, also Landpflanzen, erwiesen; Chondrites Goeppertianus v. Ettingshausen (Steinkohlenflora von Stradonitz, Wien, 1852. p. 4. Tab. 1. f. 1, 2) und einige wenige andere Pflanzenreste, die zu den Meeresalgen gezogen worden sind, scheinen vielmehr entlaubte Fieder einer Sphenopteris oder einer anderen Farrengattung zu sein.

[4]) Die grosse Mehrzahl der Geologen nimmt für jene krystallinische Massengesteine ganz naturgemäss eine plutonische Entstehung, d. h. durch Hitze unter starkem Druck von Wasser oder Wasserdampf, an. Einige suchen dagegen, zum Theil in einer sehr originellen Weise, die Entstehung aller krystallinischen Gesteine nur auf nassem Wege ohne

und verschiedenen Einwirkungen auf schon vor ihnen vorhanden gewesene Schichtgesteine sind an vielen Orten der Erdoberfläche schon vor der Entstehung der Steinkohlen erfolgt und hatten das älteste Festland oder Inselland bereits geschaffen.

An den Abhängen dieser alten, grösseren oder kleineren, meist niedrigen Inseln, an Küsten, oder in den von dem Meere gänzlich abgeschlossenen Buchten und beckenartigen Vertiefungen wuchs, unter dem Einfluss eines warmen Klima's und bei einem grossen Reichthum der Atmosphäre an Kohlensäure und Wasserdampf eine Flora empor, aus welcher die alten Moore der Vorwelt und schliesslich die Steinkohlenlager entstanden sind.

In einer ähnlichen Weise hat sich einer der ausgezeichnetsten Kenner der früheren Vegetationsverhältnisse, O. Heer, ausgesprochen, wenn er in seiner Schrift, die Urwelt der Schweiz, S. 3, sagt: „Dass das ganze Gebiet der alpinen Anthracitschiefer Festland gewesen, geht unzweifelhaft aus den Landpflanzen hervor, die sie enthalten, wie aus dem gänzlichen Mangel an Meeresthieren; es müssen diese Felsen in süssem Wasser sich gebildet haben, wie die westphälischen Steinkohlen, in welchen man zahlreiche Süsswasserthiere (Unionen, Anadonten und Planorbis) entdeckt hat. Es ist aber weiter wahrscheinlich, dass überhaupt das ganze Gebiet unserer aus krystallinischen Gesteinen bestehenden Centralalpen schon damals Festland gewesen ist. Es hat demnach diese Insel einen beträchtlichen Umfang gehabt und sie sagt uns, dass schon in dieser Frühzeit der Erde das Alpengebirg, welches jetzt das südliche vom mittleren Europa trennt, vorhanden war, obwohl ohne Zweifel nur in Form von niederem Sumpfland.

„Diese Insel war im Anthracitgebiet mit Pflanzen bekleidet, deren Ueberreste in die Felsen eingeschlossen sind. Diese bilden die wichtige Urkunde, welche uns sagt, dass die Pflanzendecke dieser Insel ein Glied der merkwürdigen Flora darstelle, welche zur Zeit der Steinkohlenbildung über das Festland der Erde verbreitet war, daher sie in diesem Weltalter gelebt haben muss."

Man wird diese aus den gesammten Lagerungsverhältnissen der Kohlen und aus dem Charakter der Steinkohlenflora unmittelbar abzuleitenden nothwendigen Bedingungen für die Entwickelung der productiven Steinkohlenformation in erster Reihe zu berücksichtigen haben, wenn es sich um Aufsuchung von Steinkohlen in einer Gegend, wo man dieselben noch gar nicht nachgewiesen hat, oder um den Nachweis ihrer weiteren Verbreitung in anderen Gegenden handelt. Man wird daher zunächst untersuchen müssen, ob die betreffende Gegend während der Steinkohlenzeit von dem Meere bedeckt oder befreit gewesen ist, ferner aber zu erwägen haben, welche Gestaltung die Oberfläche jener Gegend damals besessen hat. Derartige auf die Beschaffenheit, Richtung und das relative Alter benachbarter Gebirgssysteme zu beziehenden Verhältnisse müssen bei allen Nachforschungen nach Steinkohlen, besonders aber in Gegenden, wo man deren Existenz noch gar nicht kennt, sorgfältig erwogen werden. Sie sind zur Beurtheilung eines Areals in Bezug auf die Kohlenführung oft ungleich wichtiger, als die Beschaffenheit der Gesteinsmassen selbst, welche dort an der Oberfläche zum Vorschein gelangen.

Hierfür mag ein Beispiel zur Erläuterung dienen:

Eine geognostische Karte, wie die 1855 von H. Bach veröffentlichte Uebersichtskarte von Deutschland und der Schweiz, oder die noch genauere geognostische Karte des Königreichs Bayern von Gümbel zeigt uns am besten, welche Gebirgspartien schon vor der Steinkohlenzeit von dem Meere befreit gewesen sind, wenn wir auf ihr das Auftreten der Granite

---

Mitwirkung einer höheren Temperatur zu erklären. Wir stehen dieser extremen Richtung fern und halten sie für eine Verirrung vom richtigen Wege zur Erforschung der Wahrheit. Man wird z. B. den ältesten Grünsteinen und dem Basalte einen gleichen feuerflüssigen Ursprung zuschreiben müssen, wie den noch in historischer Zeit geflossenen augitischen Laven der noch thätigen Vulkane, da ihre Gemengtheile theilweise genau dieselben sind (Augit und Labrador), theilweise ähnliche Verbindungen (Hornblende, Oligoklas u. s. w.). Die Einwirkungen der Grünsteine auf Alaunschiefer ist schon S. 5, die der Porphyre und des Basaltes auf Kohlenlager S. 15, 21 hervorgehoben worden. Solche, den neptunistischen Ansichten entgegentretende Thatsachen werden oft viel zu wenig beachtet oder absichtlich verschwiegen, dagegen quält man sich, den Beweis zu führen, wie aus schlammigen Massen auch bei niederen Temperaturen krystallinische Gebirgsarten hätten entstehen können, ohne dieselben jedoch hierdurch hervorzaubern zu können.

Syenite und Grünsteine im Gebiete der krystallinischen Schiefer, Thonschiefer und der Grauwackenformation verfolgen. In der Mitte der bezeichneten Karten fällt jenes ansehnliche Meeresbecken, das während der Steinkohlenzeit im Nordosten durch die Kette des bayerischen und Böhmerwaldes, und in dessen Verlängerung durch die westlichen Abhänge des Fichtelgebirges, des Frankenwaldes und Thüringerwaldes, im Westen durch den Schwarzwald und Melibocus, den Taunus und Westerwald, nach Süden aber durch das Alpengebirge, wenigstens zum grossen Theil, begrenzt gewesen ist.

Dasselbe öffnete sich im Norden und hat in einem direkten Zusammenhange mit dem von uns an andern Orten als Sächsisch-Thürigensches Becken bezeichneten Meeresarme zwischen dem Thüringerwalde und Harze gestanden; aber auch im Süden muss es sowohl nach Süd-West als nach Nord-Ost hin offen gewesen sein.

Innerhalb dieses grossen Beckens kennt man die Steinkohlenformation noch nicht, und hat, wie aus den früheren Erläuterungen hervorgehen dürfte, auch keine Hoffnung, sie jemals zu finden. Nur da, wo an seinen Rändern einzelne, gegen die Wogen des alten Meeres geschützte Buchten in das damalige Inselland hineinragten, hat man dieselbe an dem östlichen Rande dieses Beckens angetroffen, so bei Stockheim, N. von Kronach, am südwestlichen Abhange des Frankenwalds, und bei Erbendorf, an dem Südabhange des Fichtelgebirges.

Im Interesse des Kapitals, was für bessere Zwecke Verwendung finden kann, und der Kapitalisten selbst ist ein negatives Resultat der Wissenschaft oder ein Beweis für das Nichtvorkommen der Steinkohlenformation in einer Gegend eben so wichtig, als ein positiver Beweis für ihr Vorkommen in anderen Gegenden.

Die verschiedenen Ansichten über die Bildung der Steinkohle sind seiner Zeit sehr übersichtlich durch Herrn Regierungsrath A. W. Stichler in einem leicht zugänglichen Schriftchen „Ueber die Bildung der Steinkohle, Braunschweig 1843" zusammengestellt worden. Wir empfehlen dasselbe noch heute, da die darin ausgesprochenen Ansichten im Wesentlichen noch jetzt als Wahrheiten gelten.

Wie gleichmässig in der Zeit der Steinkohlenbildung die Bedingungen zu ihrer Entwickelung, unter denen die atmosphärischen und Temperatur-Verhältnisse eine so hervorragende Rolle gespielt haben müssen, gewesen sind, geht aus der Gleichheit und grossen Aehnlichkeit der wichtigsten Steinkohlenpflanzen an den verschiedensten Orten unserer Erdoberfläche unter allen Breitengraden deutlich hervor. Ein ähnlicher Unterschied der klimatischen Verhältnisse an verschiedenen Orten der Erde, wie er heute stattfindet, kann in der damaligen Zeit unmöglich bestanden haben. Der ungleich grössere Gehalt an Wasserdampf und Kohlensäure des dichten Dunstkreises konnte einen solchen noch nicht gestatten. Ebensowenig mag eine Abnahme der Temperatur mit zunehmender Höhe, welche heut zu Tage einen so wesentlichen Einfluss auf die Vegetation ausübt, in der Steinkohlenzeit in Betracht zu ziehen sein, da ja allen geologischen Erfahrungen nach die grössern Höhen über dem Niveau des Meeres erst in weit späterer Zeit geschaffen worden sind.

In den Kohlenlagern des Culm, wo neben *Calamites transitionis* Göppert mehre Bärlappe oder Lycopodiaceen vorwalten, sind es besonders die früher als *Stigmaria inaequalis* unterschiedenen Wurzeln der *Sagenaria Veltheimiana* Sternberg gewesen, in den unteren Zonen der productiven Steinkohlenformation aber die als *Stigmaria ficoides* Brongniart bezeichneten Wurzelstöcke der Sigillarien und der hiervon schwer zu unterscheidenden selbstständigen *Stigmaria ficoides var. vulgaris* Göpp. gewesen, welche den thätigsten Antheil bei der Bildung der Kohlen gewonnen haben. Ein von dem Verfasser in den „Versteinerungen der Steinkohlenformation in Sachsen, Leipzig, 1855" entworfenes Bild, welches die Vegetation in der Gegend von Zwickau während der Bildung des tiefen Planitzer Flötzes darstellt, würde ebenso gut für die Steinkohlenflora der Sigillarienzone in Westphalen, England, der Insel Cape Breton und South-Joggins in Neu-Schottland gelten können.

Es sind über die Zeitdauer, welche die Entstehung eines Kohlenflötzes, sowie die Bildung einer ganzen Steinkohlenmulde überhaupt, in Anspruch genommen hat, zu wiederholten Malen Berechnungen angestellt worden. Dieselben beruhen einerseits darauf, dass man zu bestimmen versucht, welche Quantität von Torf, oder wohl auch von Holz, erforderlich gewesen sei, um eine Schicht Steinkohle von einer bestimmten Höhe, einer gewissen Dichtheit und einem bestimmten Gehalt an Kohlenstoff entstehen zu lassen; anderseits aber auf Beobachtungen über die Zeit des Nachwachsens jetziger Torflager.

Untersuchungen der ersteren Art sind natürlich sehr relativ, da es ganz davon abhängt, in welchem Zustande der Verdichtung und Veränderung und in welcher Beschaffenheit überhaupt der dazu verwendete Torf sich befindet; bezüglich der Schätzung der Zeitdauer, welche zur Bildung eines Torfmoores erforderlich ist, sind die den Beobachtungen an verschiedenen Orten entnommenen Angaben äusserst verschieden, und, würden dieselben auch weniger von einander abweichen, so lässt sich doch keinenfalls ein für die Gegenwart geltender Maassstab auch für die Torfmoore der Vorwelt in Anwendung bringen, da die Bedingungen zu deren Entstehung wesentlich günstiger gewesen sein mochten. Wir unterlassen es daher, irgend welche Zahlen hierfür zu nennen.

Bei der Schätzung der Zeitdauer für die gesammte Bildung eines ganzen Steinkohlenbeckens mit seinen verschiedenen, oft sehr zahlreichen Kohlenflötzen und die letzteren scheidenden Bergmitteln wird man zunächst auf die im Allgemeinen sehr ruhig und langsam erfolgte Ablagerung der verschiedenen Schichten gelenkt, welche in Schieferthonen und thonigen Sandsteinen oft noch die zarteste Streifung parallel ihren Schichtungsflächen veranlasst hat und deutlich wahrnehmen lässt. Gerade in diesen die Steinkohlenlager umschliessenden Gesteinsschichten trifft man die wohl erhaltenen Abdrücke und wirklichen Ueberreste der damaligen Pflanzenwelt, z. B. die zartesten Fiederchen der Farren mit ihren Fruchthäutchen oder Keimkapseln an, in denen selbst Keimkörner noch beobachtet wurden; die ursprünglich hohlen Stengel der Calamiten und anderen mit den lebenden Schafthalmen verwandten Pflanzen zeigen sich hier oft noch in aufrechter Stellung mit noch ansitzenden Aesten und Wurzeln, die sich um so eher hätten loslösen können, als sie an dem Stamme nur eingelenkt, nicht abgezweigt waren; man findet die Früchte und Samen von verschiedenen Pflanzen theils in deren unmittelbarer Nähe in denselben Schichten, theils in einer geringen vertikalen Entfernung von Wurzel- und Stammstücken an. Die Sohle eines Kohlenflötzes erscheint allermeist als ein thoniges, vielfach von kleinern Wurzeln und Wurzelfasern durchzogenes Gestein, welches durch seine undeutliche Schichtung von den deutlich und oft sehr zart geschichteten Schieferthonen an der Decke des Flötzes sehr wesentlich abweicht. Alles dies spricht für eine sehr ruhige Bildung der Kohlenflötze aus den dort emporgewachsenen Pflanzen, die wir stets vertheidigt haben.

In manchen Steinkohlenbecken lässt sich auf den verschiedenen, über einander gelegenen Kohlenflötzen eine zum grossen Theile wenigstens verschiedene Steinkohlenflora nachweisen. Die Untersuchungen der Steinkohlenformation in Sachsen haben gelehrt, dass der ältesten carbonischen Flora, welche den Culm oder den ersten Vegetationsgürtel repräsentirt, vier andere Vegetationsgürtel der productiven Steinkohlenformation gefolgt sind, welche sämmtlich in der Gegend von Zwickau ihre Vertretung finden. Wir haben den untersten oder zweiten Vegetationsgürtel als Sigillarienzone, den folgenden oder dritten Gürtel als Calamitenzone, den nächsten oder vierten Gürtel als Annularienzone, und den jüngsten oder fünften Gürtel als Farrenzone bezeichnet.[1]) Es lässt sich die Vertheilung der Organismen in diesen fünf Vegetationsgürteln Sachsens im Nachstehenden schnell überblicken:

	Zonen der Steinkohlenformation in Sachsen.					Anzahl der Arten.
	I.	II.	III.	IV.	V.	
Thiere	1	1	—	7	4	14
Pilze	—	—	1	1	2	3
Schafthalme (Equisetaceen)	2	4	4	3	4	8
Sternhalme (Asterophylliten)	1	8	5	5	10	14
Farren	6	25	16	20	49	69
Bärlappe (Lycopodiaceen)	9	5	4	6	16	28
Noeggerathieen	1	4	2	4	6	10
Cycadeen	1	2	—	1	1	3
Palmen	—	1	—	1	—	2
Früchte aus unbestimmten Familien	—	—	—	—	2	2
Nadelhölzer	—	1	—	2	1	2
Sigillarien	1 (?)	11	5	4	4	13
Stigmarien, z. Th. Wurzeln von Sigillarien und Lycopodiaceen	1	2	2	1	2	3
Summa:	23	64	39	55	101	171 Arten.

[1]) H. B. Geinitz, geogn. Darst. der Steinkohlenformation in Sachsen. Leipzig, 1856, p. 83.

Der erste Vegetationsgürtel hat nur eine Pflanze mit den übrigen gemein, *Sphenopteris elegans* Brongniart.

Der	zweite	und	dritte	haben	33	Arten	oder	32,35	Proc. gemeinschaftlich.
„	zweite	„	vierte	„	28	„	„	23,75	„ „
„	zweite	„	fünfte	„	33	„	„	20,12	„ „
„	dritte	„	vierte	„	24	„	„	25,59	„ „
„	dritte	„	fünfte	„	33	„	„	23,57	„ „
„	vierte	„	fünfte	„	35	„	„	22,43	„ „

Nur sehr wenige dieser Pflanzen gehen aus der Steinkohlenformation auch noch in die untere Etage der Dyas oder das untere Rothliegende hinüber. (Vgl. Geinitz, Dyas, II. p. 336—342.)

Von diesen fünf Vegetationsgürteln der Steinkohlenformation in Sachsen steht der erste mit der Flora des Culm von den übrigen fast ganz unabhängig da. Die vier anderen aber, welche der productiven Steinkohlenformation anheimfallen, verhalten sich zu einander ungefähr wie die Hauptetagen anderer Formationen, von denen jede eine ähnliche Anzahl Organismen mit den andern Etagen gemeinschaftlich enthält. Desshalb lässt sich aber diese Trennung auch in wissenschaftlicher Beziehung vollkommen rechtfertigen, wenn man namentlich berücksichtiget, dass nicht die Zahl der Arten, sondern vielmehr die der Individuen den Hauptcharakter einer Flora bestimmt. Ueber den praktischen Nutzen der Unterscheidung dieser fünf Vegetationsgürtel hat die Erfahrung bereits entschieden. Auch ist man in vollkommener Würdigung der Wichtigkeit ähnlicher Untersuchungen, wie sie für Sachsen vorliegen und in musterhafter Weise schon früher durch Göppert und Beinert für einen Theil von Schlesien gegeben worden sind, gerade gegenwärtig vielseitig bemüht, dieselben in anderen Gegenden Deutschlands, in England und Nordamerika auszuführen. Hierdurch gewinnt man den sichersten Anhaltepunkt zum Vergleiche entfernter Steinkohlenbecken.

Dass die Entwickelung dieser nacheinander folgenden Zonen oder Gürtel der Vegetation, aus welcher oft eine lange Reihe verschiedener Steinkohlenflötze geschaffen worden ist, sowie die allmählige Ablagerung der dieselben trennenden Bergmittel eine sehr lange Zeit beansprucht habe, ist sicher. Zahlen hierfür anzugeben, vielleicht theilweise gestützt auf die langsame Abscheidung des thonigen Sphärosiderites und Kohleneisensteins aus kohlensauren, eisenoxydulhaltigen Gewässern, erscheint uns ebenso gewagt, wie die Anführung jener Zahlen, die man für den langen Zeitraum, welchen die Erde seit der Steinkohlenperiode bis zu der Jetztzeit durchlaufen hat, aus der allmähligen Temperatur-Abnahme seit jener Zeit zu gewinnen versucht hat.

2. Die in der Steinkohlenformation vorherrschenden Gebirgsarten und darin vorkommenden fremdartigen Mineralien.

Die in der productiven Steinkohlenformation vorherrschenden Gebirgsarten sind Schieferthone, verschiedene Sandsteine und Conglomerate.

Der Schieferthon (Argile schisteuse, Slate Clay, auch Kräuterschiefer oder Blumenschiefer genannt) ist ein aus Thon, mikroskopischen Glimmerschuppen und sehr feinem Quarzsand bestehendes Gestein, von mehr oder minder schieferiger Beschaffenheit, mit ebenem, unebenem oder feinerdigem Bruch, meist von licht-grauer bis schwärzlich-grauer Farbe, welche von fein vertheiltem Kohlenstoff oder von Bitumen herrührt, theilweise auch von grünlich-, gelblich- und röthlich-grauen Farben. Er ist matt bis schimmernd, meist weich und milde, undurchsichtig, mager oder wenig fettig anfühlbar, an der Zunge klebend und hat ein specifisches Gewicht von ungefähr 2,5. Besonders reine Schieferthone der Steinkohlenformation, wie sie in England, Schottland und in Westphalen in verschiedenen Niveaus gefunden werden, finden nach ihrer Verwitterung als feuerfeste Thone oder „Fire Clay" Verwendung zur Anfertigung von feuerfesten Producten. Bei grösserem Kohlen- oder Bitumengehalte und schwärzlicher oder schwarzbrauner Farbe geht der Schieferthon in Brandschiefer oder Kohlenschiefer über, welcher bei grösserer, durch Aufnahme von gallertartiger Kieselsäure herrührender Härte wohl auch als Hornkohle und Brand unterschieden wird.

In allen kohlenführenden Ablagerungen herrschten in den Schieferthonen meist graue Farben vor und es tritt eine röthliche Färbung in der Regel erst durch Verwitterung nach längerer Berührung mit der Luft in Folge von Sauerstoffaufnahme des vorhandenen Eisenoxyduls hervor; dagegen sind buntfarbige, verschieden roth- und grüngefärbte Schieferthone, sogenannte bunte geschichtete Thonsteine, oder bei einigem Kalkgehalte auch bunte Mergel, und bei einer stärkeren Verunreinigung durch sandige Theile auch bunte Letten genannt, meist nur in kohlenarmen und kohlenfreien Ablagerungen zu finden, und in der productiven Steinkohlenformation daher stets untergeordnet, wie wohl sie auch hier keineswegs gänzlich fehlen. Der Grund für diese verschiedene Färbung liegt keineswegs allein in der reducirenden Einwirkung, welche die in Zersetzung begriffenen organischen Stoffe auf Eisenoxyde ausgeübt haben, sondern häufig in einer mechanischen Verdrängung der lichten oder bunten Farbe durch feinvertheilten Kohlenstoff einerseits und in einem Vorherrschen von Eisenoxyd anderseits. Ebenso wenig, wie die bunte Farbe der Gesteine das Vorhandensein von Pflanzenresten ausschliesst, lässt sich aus ihrer grauen Färbung auf die Gegenwart noch erkennbarer Pflanzenreste oder eines Kohlenflötzes mit Sicherheit zählen.

Die Sandsteine der Kohlenformation, die man im Allgemeinen als Kohlensandstein (grès houiller) zusammenfasst, sind verschiedener Art. In der unteren Etage bildet der „flötzleere Sandstein“ oder „Millstone Grit“ das trennende Glied zwischen dem marinen Kohlenkalke und der aus Sümpfen erzeugten productiven Steinkohlenformation oder den „Coal measures“ in England. Derselbe zeigt dort gewöhnlich eine sehr feinkörnige und feste Beschaffenheit, die ihn zu Mühlsteinen und Pflasterung geeignet macht und besitzt oft eine röthlich-graue, gelblich- oder grünlich-graue Färbung. Wie in Britannien, so bildet dieser Sandstein auch in Westphalen und den Rheinländern die Basis für die productive Steinkohlenformation, und sehr passend bezeichnet ihn daher der Bergmann in Süd-Wales als „Farewell Rock“, da man den Kohlenschacht nur bis in seine Schichten zu teufen genöthiget ist.

Der Millstone Grit enthält in mehreren Gegenden Englands, wie namentlich bei Bristol, bei Crediton in Devonshire und in Shropshire, und ebenso bei Cove in Berwickshire in Schottland die Leitpflanzen der älteren Kohlenformation oder des deutschen Culm: *Calamites transitionis* Gö., *Cal. Roemeri* Gö., *Halonia tuberculosa* Brongn., *Sagenaria Veltheimiana* St. mit *Stigmaria inaequalis*, *Lycopodites polyphyllus* Roem. u. a.[1])

Ueber die Beschaffenheit des flötzleeren Sandsteines in dem westlichen Deutschland soll später berichtet werden.

In England unterscheidet man einen grünlich- und gelblich-grauen Sandstein, der in der productiven Steinkohlenformation eine untere von einer obern Flötzpartie scheidet, als „Pennant Rock.“ Derselbe erreicht an einzelnen Stellen des Somerset Coalfield eine Mächtigkeit bis 250 Yards. Ihm scheint jener Sandstein zu entsprechen, welcher im Inde-Reviere bei Eschweiler die obere Flötzpartie der sogenannten Innenwerke von der unteren Flötzpartie der dortigen Aussenmarken trennt. Hier zeigen sich in seinen mittleren Theilen mehrere mächtige Bänke von Conglomeraten, welche viel Kieselschiefer und Quarz enthalten.

Der Kohlensandstein der productiven Steinkohlenformation ist am häufigsten licht- oder dunkelgrau, fein bis grobkörnig, thonig und weich, seltener durch ein kieseliges Bindemittel fester, dagegen stets mit zahlreichen Glimmerblättchen versehen, die den Beweis liefern, dass seine Abstammung auf die näher gelegenen Localitäten zurückgesetzt werden muss. Die in ihm vorkommenden Pflanzenreste, namentlich die ausgefüllten Stengel der Calamiten, hier und da auch Sigillarien, Lycopodiaceen, haben ihn theilweise dunkelgrau bis schwärzlich gefärbt oder selbst Kohlenbrocken darin hinterlassen. Sowie der gröber körnige Sandstein in einen feinkörnigen verläuft, so trifft man häufig auch Uebergänge aus diesem in den Schieferthon an. Anderseits aber finden auch Uebergänge aus dem Sandstein in Conglomerat statt, wozu Anhäufungen von haselnussgrossen und grösseren Geschieben von Quarz, Thonschiefer, Grauwackenschiefer und anderen Gesteinen aus den näheren Umgebungen Veranlassung gaben.

Sandsteine mit deutlichen, oft noch krystallinischen Feldspathkörnern, die aus zerstörten Syeniten,

[1]) H. B. Geinitz, geolog. Skizzen aus England. (Berg- u. Hüttenm. Zeitschr. 1861. Nr. 5. S. 45.)

Graniten, Gneissen u. a. Feldspath führenden Gebirgsarten abstammen, und mit eingesprengtem oder fein vertheiltem Kaolin (Porcellanerde), dem Zersetzungsproducte des Feldspaths, werden als arkoseartige Sandsteine unterschieden. Man begegnet ihnen schon in der älteren Steinkohlenformation, wie in der productiven, häufiger aber in der unteren Dyas.

Eine rothe und röthliche Färbung der Sandsteine wird nicht allein in der obersten Etage der Steinkohlenformation von England öfters angetroffen, wie sie einen Theil der auf Karten als „Lower New-Red" unterschiedenen Bildung ausmachen, wir begegnen denselben auch hier und da in Deutschland theils im Liegenden, theils im Hangenden der normalen kohlenführenden Schichten.

Conglomerate oder Anhäufungen von gerundeten und theilweise auch scharfkantigen Brocken älterer Felsarten von sehr verschiedenen Grössen treten an der Basis der Carbonformation, in dem Culm bei Hainichen und Ebersdorf in Sachsen, in Schlesien und in anderen Ländern Deutschlands oft in bedeutender Mächtigkeit auf; sie zeigen sich hier und da auch im Gebiete der productiven Steinkohlenformation, wenn auch allermeist von geringer Mächtigkeit und geringer Verbreitung. Wo man sie in dem Gebiete der productiven Steinkohlenformation in grösserer Mächtigkeit antrifft, sind sie eine unwillkommene Erscheinung, theilweise desshalb, weil sie das Teufen der Schächte oft sehr erschweren, theilweise aber auch desshalb, weil bei der Ablagerung solcher groben Conglomerate nicht selten ganze Partien flötzführender Schichten zerstört worden sind und man dieselben vergeblich sucht, wo sie ursprünglich vorhanden gewesen sein müssen.

Weit mehr als in der Steinkohlenformation herrschen die Conglomeratbildungen im Gebiete der Dyas oder des Rothliegenden vor. Die untere Abtheilung derselben hat in der Regel mit der Ablagerung einer mächtigen Bildung von ähnlichen grauen Conglomeraten begonnen, worin man natürlich auch diejenigen Gesteinsarten antreffen kann, welche das Steinkohlengebirge selbst zusammensetzen und durch partielle Zerstörung desselben in jene jüngeren Schichten übergegangen ist.

Wiewohl die sehr mannichfach zusammengesetzten Gesteinsbildungen des Rothliegenden oder der Dyas überhaupt in vielen Gegenden Deutschlands, so namentlich in Schlesien, Böhmen, Sachsen und Thüringen, erst durchschnitten werden müssen, bevor man die darunter lagernde Steinkohlenformation erreicht, so würde es doch viel zu weit führen, dieselben hier näher zu beschreiben und wir verweisen auf unsere ihr gewidmete Monographie „Die Dyas oder die Zechsteinformation und das Rothliegende, (Permische Formation zum Theil). Leipzig, 1861 — 1862", nachdem auch schon in unserer „Geognost. Darstellung der Steinkohlenformation in Sachsen, 1856" die gerade auf das Steinkohlengebirge Bezug nehmenden ausführlichen Mittheilungen über diese Formation gegeben worden sind.

Das Vorkommen von Kieselschiefer und Alaunschiefer ist in der Steinkohlenformation sehr untergeordnet.

Die Kalksteine beschränken sich im Allgemeinen meist auf deren untere Etage. Man hat jene oft sehr mächtigen Kalksteinablagerungen zwischen der Devonformation und dem flötzleeren Sandsteine oder Millstone Grit Kohlenkalk oder Bergkalk genannt. Andere Bezeichnungen dafür sind: Carboniferous Limestone, Mountain Limestone, Calcaire carbonifere oder wegen seines Metallreichthums in einigen Gegenden Englands auch Metalliferous Limestone, und nach dem häufigen Vorkommen von Resten der Haarsterne auch Encrinal Limestone. Dieser Kalkstein enthält eine ganz eigenthümliche Fauna von Meeresthieren, unter denen besonders Corallen, Haarsterne oder Crinoideen und Armfüsser oder Brachiopoden mit den Gattungen *Productus*, *Spirifer*, *Terebratula* u. a. reich vertreten sind, durch die man ihn in Europa und in Nordamerika, ja selbst in Ostindien und Australien hat verfolgen können. Ueberall bildet er einen hochwichtigen geologischen Horizont.

In der Regel sucht man in seinem Gebiete die Kohlen vergeblich; wie sich der Kohlenkalk Russlands zu den dortigen Kohlenlagern verhält, soll später erörtert werden.

In einigen Gegenden Deutschlands treten statt des wirklichen Kohlenkalkes nur kalkige, thonige Schiefer auf, welche die Versteinerungen des Kohlenkalkes enthalten. In diesen Schichten ist ein muschelartiger Krebs (*Estheria Becheri* Bronn) sehr gewöhnlich, welcher vor dem Erscheinen einer Monographie über diese Geschöpfe durch Rupert Jones zu den Muscheln gezählt worden ist und den Namen *Posidonomya Becheria* führte. Hiernach pflegt man noch jetzt die Schichten, für die er besonders leitend ist, als „Posidonomyenschiefer“ zu unterscheiden. Sie kommen bei Herborn in Nassau, bei Lautenthal im Harze, bei Altwasser und Johannisfeld bei Troppau in Schlesien u. a. O. vor, und stellen, wie Jones gezeigt hat, Grenzschichten oder Uebergangsschichten zwischen marinen und limnischen Gebilden dar. In anderen Gegenden, wie namentlich in Sachsen, werden sie durch die rein limnischen Bildungen des Culm vertreten.

Das Vorkommen von Kalksteinen in der productiven Steinkohlenformation ist eine Seltenheit, doch kennt man dieselben unter anderen in der von Wettin.

Dünne Lager von Faserkalk zeigen sich öfters in der Nähe des Hauptflötzes in dem Plauenschen Grunde bei Dresden; schwache Lagen von Dutenmergel kennt man an einigen Stellen zwischen den oberen Kohlenflötzen bei Zwickau in Sachsen; dagegen sind weisse Kluftausfüllungen in den Steinkohlenflötzen durch krystallinischen Kalkspath in vielen Steinkohlenablagerungen eine sehr gewöhnliche Erscheinung.

Der Kalkspath oder kohlensaure Kalk, der wie alle kohlensauren Salze, beim Uebergiessen mit Salzsäure, oder einer anderen Säure, die Kohlensäure unter Aufbrausen entweichen lässt, krystallisirt in Rhomboëdern oder in Formen, welche auf ein bestimmtes Rhomboëder, nach dessen drei Hauptflächen das Mineral vollkommen spaltbar ist, zurückgeführt werden können. Er ist spröde, bezeichnet die dritte Härtestufe, und hat das Gewicht 2,6 — 2,8. Man findet ihn farblos, oft weiss, oder in verschiedenen anderen Farben, mit vorherrschendem Glasglanz und verschiedenen Graden der Durchsichtigkeit.

Ihm sehr ähnliche Mineralien, in welchen ein Theil des Kalkes durch Bittererde (Magnesia oder Talkerde), Eisenoxydul und Manganoxydul vertreten wird, wodurch sich der Winkel der Rhomboëder etwas ändert, und zugleich auch die Farbe bei Eisengehalt in das Gelbliche oder Bräunliche, bei Mangangehalt aber in Rosa übergeht, werden als Bitterspath, Braunspath, Dolomit und mit anderen Namen unterschieden. Mehre dieser Abänderungen kommen auch in der Steinkohlenformation anstatt des Kalkspathes oder mit ihm zusammen vor.

Die Eisensteine der Steinkohlenformation sind in der neuesten Zeit von höchster Bedeutung geworden. Man darf wohl behaupten, dass sich die Eisenproduction in Deutschland in Zukunft nur noch auf die Gegenden concentriren wird, welche die Natur gleichzeitig mit Kohlen und Eisenerzen gesegnet hat, wie dies in hohem Grade in Westphalen, im Saarbrücken'schen, in Oberschlesien und im nördlichen Böhmen der Fall ist. Zu den wichtigeren, hier in Frage kommenden Eisenerzen gehören:

1) Körniger Spatheisenstein oder Eisenspath, von welchem man einige sehr ergiebige Flötze in der Steinkohlenformation Westphalens kennt. Derselbe bildet auch in den Kohlenflötzen von Saarbrücken grössere oder kleinere Nieren und wird dort als rauhes und graues Erz unterschieden.
2) Der thonige Sphärosiderit, ein feinkörniges bis dichtes, inniges Gemenge von Thon und Eisenspath oder kohlensaurem Eisenoxydul, das in verschiedenen grauen und braunen Farben erscheint. Sein Bruch ist im Grossen flachmuschelig bis eben, im Kleinen feinsplitterig, erdig bis dicht, schimmernd und matt; specifisches Gewicht zwischen 3 und 3,5. Er bildet nierenförmige und linsenförmige Massen, oder stetig fortsetzende Lagen, welche sowohl an der Decke und inmitten von Kohlenflötzen, oft aber nur vereinzelt im Schieferthone oder auch im Sandsteine eingebettet angetroffen werden. Die Nieren dieses Gesteins sind oft im Innern zerborsten und zerklüftet und führen auf ihren Kluftflächen fremdartige Mineralien, wie in der Steinkohlenformation namentlich Kalkspath, Eisenspath, Schwerspath, Nakrit, Bergkrystall, Schwefelkies, Zinkblende und Bleiglanz.
3) Kohleneisenstein oder Blackband, ein inniges Gemenge von Sphärosiderit und Kohle (oder nach Lottner von Eisenspath, Kohle und etwas Kieselthon). Derselbe erscheint als schwarzes, mattes, dickschieferiges Gestein mit fettem, schwarzbraunem Strich, der Härte 3 — 3,5 und dem Gewicht von 1,460 — 1,526. Er bildet Flötze von mehren Fuss Mächtigkeit,

wie in England und Schottland, auch in der Steinkohlenformation der märkischen Bergamtsbezirke und in einigen Gegenden des nördlichen Böhmens.

Die ungemein weite Verbreitung des kohlensauren Eisenoxyduls in den Gesteinen der Steinkohlenformation lässt darauf schliessen, dass es als Lösung in kohlensäurereichem Wasser dieselbe durchdrungen und an geeigneten Stellen sich daraus abgeschieden habe, wobei grosse Neigung vorgeherrscht hat, sich um gewisse Centra zu gruppiren. Die daraus hervorgehenden linsen- und nierenförmigen Gebilde nehmen oft gleiche Niveaus ein und haben sich nicht selten in zusammenhängende Massen vereinigt. Eine Umwandlung des kohlensauren Eisenoxyduls, dem Bestandtheile des reinen Spatheisensteins oder Eisenspaths, in Brauneisenstein durch Aufnahme von Sauerstoff und Wasser unter Entweichen von Kohlensäure hat theilweise bei der ursprünglichen Erhärtung, theilweise aber auch erst in späteren Zeiten erfolgen können und es sind jedenfalls die meisten, wenn nicht alle, unter ähnlichen Verhältnissen in der Steinkohlenformation auftretenden Brauneisensteine und thonigen Brauneisensteine aus Lösungen des Eisens in Kohlensäure hervorgegangen.

In einer analogen Weise erfolgt noch gegenwärtig die Bildung der Raseneisensteine oder Sumpferze, die man so häufig in Torfmooren antrifft. Ihr Gehalt an Phosphorsäure rührt von verwesenden Thieren und den phosphorsauren Salzen der verwesenden Pflanzen und Thierreste her. Nicht selten hat sich in Torfmooren durch Einwirkung der Phosphorsäure auf eine Lösung von kohlensaurem Eisenoxydul das phosphorsaure Eisenoxydul, die Blaueisenerde (Eisenblau oder Vivianit) erzeugt.

Ueber das Vorkommen des Phosphorits, welcher im Wesentlichen aus phosphorsaurem Kalke besteht, in der Steinkohlenformation soll in einem späteren Abschnitte gesprochen werden.

Unter den fremdartigen Mineralien, die in verschiedenen Kohlenlagern gefunden werden, begegnet man am häufigsten den beiden Arten des Doppelt-Schwefeleisens, einer aus 46,7 Eisen und 53,3 Schwefel bestehenden Verbindung, oder dem Pyrit und dem Markasit, deren Vorkommen auf die Qualität der Kohlen stets einen ungünstigen Einfluss ausüben muss.

Der Pyrit (Schwefelkies oder Eisenkies) krystallisirt in Würfeln, Octaedern und Pentagonaldodecaedern. Er besitzt eine speisgelbe Farbe und einen braunschwarzen Strich, ist aber nicht selten goldgelb oder bunt angelaufen. Er ist wenig härter als Feldspath (Härte 6) und hat ein spec. Gewicht = 4,9—5,2.

Der Markasit (Speerkies, Kammkies, Strahlkies, Leberkies) krystallisirt in rhombischen Tafeln und Pyramiden, die oft den Zähnen eines Kammrades oder der Spitze eines Speeres nicht unähnlich sind, hat eine graulich-speisgelbe Farbe, einen dunkel grünlich-grauen Strich, die Härte des vorigen und ein Gewicht von 4,65 — 4,88.

Beide Mineralien finden sich häufig in kugeligen, traubigen, nierenförmigen, knolligen Gruppen, zuweilen mit radial faserigem oder dichtem Gefüge, als Versteinerungsmittel von Hölzern, derb oder eingesprengt.

Der Pyrit ist in der Steinkohlenformation, der Markasit in der Braunkohlenformation vorherrschend, wo der erstere weit seltener erscheint. Diese Mineralien finden sich oft in einem höchst fein vertheilten Zustande vor und werden hierdurch geeignet, atmosphärischen Sauerstoff und Wasserdampf um so begieriger aufzunehmen und sich hierdurch in Eisenvitriol (schwefelsaures Eisenoxydul mit Wasser) umzuwandeln. Diese aber vermitteln wiederum den Uebergang in alaunartige Mineralien und andere Neubildungen.

Dieser Umwandlungsprocess der Eisenkiese in Eisenvitriol ist oft in kleineren Sammlungen zu beobachten. Die Kohlen, bei denen ein solcher Oxydations-Process eingetreten ist, zerblättern und zerfallen und sind an ihrer Oberfläche mit haarförmigen, körnigen oder traubigen Efflorescenzen bedeckt, deren grünliche oder weissliche Farbe, in Folge einer höheren Oxydation des Eisenoxyduls in Eisenoxydhydrat, bald in eine gelblich-braune Farbe verändert wird.

Derartige Umwandlungsproducte trifft man nicht selten in verlassenen Strecken der Kohlengruben an, deren Wände zuweilen mit langen Ausblühungen (Efflorescenzen) der sogenannten Haarsalze bekleidet erscheinen.

Aus der gegenseitigen Zersetzung von Eisenvitriol und kohlensaurem Kalk, welcher letztere durch kohlensäurehaltige Gewässer von oben herabgeführt wird, bildet sich Gyps (schwefelsaurer Kalk und Wasser), den man nicht selten in den feinen Klüften eines Steinkohlenlagers, oder selbst nesterweise in der Nähe von Braunkohlenlagern zu finden pflegt. In einer ganz ähnlichen Weise erklärt sich das Vorkommen des an und für sich vollkommen unlöslichen Schwerspaths (oder schwefelsauren Baryts) in der Steinkohlenformation, wo man auf Kluftflächen oft sehr schöne Krystalle dieses Minerals antrifft. Seine Entstehung hängt mit dem Vorkommen des in manchen Grubenwässern gelöst vorkommenden Chlorbariums zusammen, das durch Zusammentreffen mit Lösungen schwefelsaurer Salze sich in Schwerspath umwandeln muss.

Die Grubenwässer der Steinkohlenformation enthalten nicht selten auch beträchtliche Mengen von Kochsalz gelöst. Man hat es in mehreren Schichten der Gegend von Zwickau in Sachsen, in einer weit grösseren Menge in den Steinkohlengruben Westphalens erkannt. Die reichsten Salzquellen aber entspringen bei Saginaw in Michigan zwischen dem Kohlenkalke und der productiven Steinkohlenformation.[1])

Ammoniak und seine Salze sind ein gewöhnliches Product der Kohlenbrände oder sogenannten Erdbrände, welche letzteren meist durch die schnelle Oxydation der Eisenkiese entzündet werden. Salmiak (salzsaures Ammoniak) trifft man nicht selten in brennenden Halden; aus ihm kann wiederum durch Berührung mit Eisenvitriol Mascagnin (schwefelsaures Ammoniak) entstehen. Ammoniakalaun ist nicht nur in dem Braunkohlenlager von Tschermig in Böhmen, sondern nach Loretz[2]) auch auf dem Gruben-Brandfelde der Fanny-Grube, einer Steinkohlengrube in Schlesien, gefunden worden.

Weit seltener als die genannten Schwefeleisen (Pyrit und Markasit) kommen andere Schwefelmetalle in Kohlenlagern vor. Man findet mitunter: Bleiglanz (Schwefelblei) sowohl in deutlichen Krystallen, als derb auf Kluftflächen und Gängen, oder als schwachen Anflug auf den Kohlenflötzen und den Schieferthonen der Steinkohlenformation. Dieses Mineral krystallisirt in Würfeln, dessen Kanten und Ecken nicht selten abgestumpft sind und nach dessen Flächen es vollkommen spaltbar ist. Farbe röthlichbleigrau; Strich schwarz; undurchsichtig und stark metallisch glänzend. Härte über 2, Gewicht 7,5.

Zinkblende (Schwefelzink) trifft man vereinzelt oder mit dem Bleiglanz zusammen in der Steinkohlenformation des Plauenschen Grundes, Westphalens u. s. w. in sehr schönen Krystallen, welche die Form des Granat besitzen, der in der Regel von 12 rhombischen Flächen begrenzt wird. Grünliche, gelbe oder braune und schwarze Farben herrschen vor. Sie ist spröde, halb durchsichtig bis durchscheinend, diamant- bis fett-glänzend, härter als Kalkspath; Gewicht 3,9 — 4,2. Durch einen grösseren Gehalt an feinvertheilter Zinkblende ist die Steinkohlenformation des Inde-Bassins bei Eschweiler namentlich ausgezeichnet.

Kupferkies (Schwefelkupfer mit Schwefeleisen) kommt in der Steinkohlenformation noch weit sparsamer vor, doch hat man ihn unter anderen bei Gückelsberg in Sachsen, bei Wettin, bei Saarbrücken und in Westphalen auf der Zeche Concordia bei Oberhausen angetroffen. Ausser der ihm eigenthümlichen tetraedrischen Form zeichnen ihn messinggelbe Farbe, grünlich-schwarzer Strich, Undurchsichtigkeit und Metallglanz, Härte 4 — 5, Gewicht 4,2 genügend aus. Durch Anlaufen wird er zuweilen auch goldgelb oder bunt und kann dann leicht zu einer Verwechselung mit angelaufenem Schwefelkies Veranlassung geben. Fahlerz soll mit dem Kupferkies zusammen auf Zeche Concordia bei Oberhausen, Buntkupfererz früher auf Klüften der Steinkohle von Gittersee bei Dresden gefunden worden sein.

Den seltenen Haarkies oder Millerit (Schwefelnickel) hat man mit Kalkspath und Zinkblende zusammen in den westphälischen Steinkohlenzechen Germania, Westphalia und Borussia nachgewiesen.

---

[1]) Vgl. Al. Winchell: über das Vorkommen des Salzes in Michigan. (American Journal, 1862. Bd. XXXIV. p. 307. — N. Jahrb. 1863. p. 372.)

[2]) Loretz: über die in fossilen Brennstoffen vorkommenden Mineralien (Neues Jahrb. v. Leonhard u. Geinitz, 1863, p. 672).

Arseneisen findet sich fein eingesprengt und in kleinen Krystallen im Hangenden eines Kohlenflötzes von Wettin, und an dem Rücken der Flötze bei Löbejün.

Realgar (Schwefelarsen) hatte sich vor kurzem in ziemlicher Menge auf einer brennenden Halde am Beckerschachte des Hänichener Steinkohlenwerkes bei Dresden neben krystallisirtem Schwefel und arseniger Säure (Arsenik) erzeugt.

Kobaltblüthe (arseniksaures Kobaltoxyd mit Wasser) hat sich früher auf dem $3^1/_2$elligen Pechkohlflötze von Oberhohndorf bei Zwickau in der Nähe der Hauptverwerfung gezeigt.

Es muss jedenfalls auffallen, dass die meisten der hier genannten Schwefelmetalle ganz vorzugsweise an Gangspalten, Gänge oder sogenannte Rücken gebunden sind, welche die Steinkohlenlager durchsetzen. Dies giebt uns zugleich einen Wink für die Entstehung dieser dem Kohlengebirge eigentlich fremden Mineralien. Wie wohl uns recht gut bekannt ist, dass sich Bleiglanz dadurch erzeugen lässt, dass man die gasförmigen Entmischungsproducte organischer Wesen auf Lösungen von Bleioxyd einwirken lässt, und dass man auch andere Schwefelmetalle auf ähnlichem Wege künstlich erzeugt, so können wir dennoch der gegenwärtig vorherrschenden Ansicht, wonach alle diese Schwefelmetalle durch Reduction von Metalllösungen hier entstanden seien, nicht unbedingt beitreten. Es tritt uns zunächst die Frage entgegen, woher diese Lösungen von schwefelsauren Metalloxyden, die in das Kohlengebirge geführt worden wären, eigentlich stammen. Metalle wie Blei, Kupfer und Zink sind auch in allen älteren krystallinischen Gebirgsarten, aus denen man diese Lösungen abzuleiten pflegt, nur etwas Zufälliges und nichts Wesentliches. Noch vor wenigen Jahren haben von Freiberg ausgegangene Untersuchungen[1]) gelehrt, dass die chemische Zusammensetzung der Erzgänge, worin diese Schwermetalle vorzugsweise angehäuft sind, im Allgemeinen wie im Einzelnen von der der meisten Gesteine abweicht. Die in den letzteren vorherrschenden Alkalien fehlen in den Erzgängen gänzlich, und die Thonerde, die fast keiner Gebirgsart fehlt, ist in den Erzgängen nur in sehr geringer Menge vorhanden.

Dass viele andere Mineralien, die in einem Erzgange mit edleren Metallen zusammen vorkommen, auf nassem Wege von oben in Gangklüfte gelangt sein müssen, ist allerdings unzweifelhaft und gilt namentlich für die Entstehung des Kalkspathes, Braunspathes, Eisenspathes, Schwerspathes und eines grossen Theiles des Quarzes; ebenso unzweifelhaft erscheint es uns aber auch, dass viele metallische Stoffe, sei es als reine Metalle, oder auch als Schwefelmetalle, aus dem Erdinnern durch solche vorhandene Klüfte ausgehaucht worden sind. Sie konnten vorzugsweise in den Klüften haften bleiben, welche durch die nach und nach erhärtenden wässerigen Lösungen von oben für die Verdichtung der von unten emporsteigenden Dämpfe weit geeigneter gewesen sein müssen, als nackte Wände es sein können.

Glaube man ja nicht, dass die oben bezeichnete künstliche Darstellung des Bleiglanzes auf nassem Wege die einzige mögliche Darstellungsweise desselben sei. Es ist die Bildung von Bleiglanzkrystallen in dem Gemäuer der Bleihütten auf trockenem Wege eine längst bekannte, auch auf den Freiberger Hütten vielfach beobachtete Thatsache und prächtige Bleiglanzkrystalle haben sich bei der Verröstung von armen Bleischlichen hinter der Fuchsbrücke in einem Röstofen in Pribram gebildet. Exemplare hiervon verdanken wir Herrn Direktor Wala in Kladno. In der neuesten Zeit hat uns Marigny[2]) abermals über die künstliche Darstellung des Bleiglanzes und Buntkupfererzes auf trockenem Wege belehrt.

Man wundere sich gar nicht, wenn man hier und da in dem Steinkohlengebirge auch Krystalle von Flussspath, und Bergkrystall antrifft. Beide Mineralien haben auf flüchtigem Wege sich erzeugen können. Zur Bildung des Flussspathes (Fluorcalciums) hat es nur des Zusammentreffens des höchst flüchtigen Fluorwasserstoffs oder auch des Fluorkiesels mit kohlensaurem Kalke (Kalkspath) bedurft. Die krystallinischen Abänderungen des Quarzes, zu denen der Bergkrystall gehört, können durch Einwirkung von Kieselfluorgas (Fluorkiesel) nicht allein auf Kalkspath, sondern sogar schon auf blossen Wasserdampf hervorgebracht werden.

Kennen wir also für den Quarz, jenes auf der Erdoberfläche am weitesten verbreiteten Minerals, schon zweierlei Entstehungsarten, die auf nassem und die auf flüchtigem Wege, auf welchen ersteren sich Neptunisten ausschliesslich zu stützen pflegen, so giebt es dafür selbst noch einen dritten Weg, nämlich den seiner Erstarrung aus ursprünglich geschmolzenen Massen, den trockenen oder plutonischen Weg, welchen wir für das Vorkommen dieses Minerals in den meisten krystallinischen Massengesteinen anzunehmen vollkommen berechtigt sind.

Diese Erläuterungen sind wir allen denen schuldig, welche durch Streitschriften über die Natur und den Ursprung verschiedener in die Steinkohlenformation oder andere Kohlengebirgsschichten eingreifenden eruptiven Massengesteine leicht irre geführt werden können.

Die vollständigste Zusammenstellung der in den fossilen Brennstoffen überhaupt vorkommenden Mineralien ist von Dr. H. Loretz a. a. O. gegeben worden, worauf wir verweisen.

In dieser genauen Abhandlung ist namentlich auch derjenigen Mineralien gedacht, welche ganz oder theilweise organischen Ursprungs sind, die ihre Bestandtheile grösstentheils den begrabenen

[1]) E. Weiss und B. v. Cotta: die Mineralien der Freiberger Erzgänge. Freiberg, 1860.

[2]) Compt. rendus de l'ac. d. sc. T. LVIII. Nr. 21. — N. Jahrb. 1864. p. 730.

Vegetabilien selbst entnommen haben, und zwar entweder schon, während dieselben dem Entmischungsprocesse unterlagen, oder erst später bei einer weiteren Umwandlung der fossilen Kohlen.

Unter den Harzen sind besonders hervorzuheben: der Bernstein oder Succinit der Braunkohlenformation und andere als Retinit, Walchowit und mit anderen Namen unterschiedene Harze, die in den Braunkohlen und theilweise auch in mesozoischen Kohlenlagern gefunden werden.

Aus der Steinkohlenformation hat Reuss ein fossiles Harz unter dem Namen Anthrakoxen beschrieben. Dasselbe wurde zuerst in der Steinkohle von Brandeisl und in dem Wenzl-Schacht bei Kladno, sowie später auch bei Schatzlar in Böhmen erkannt. Es kommt auch auf dem Adalbertflötze der Napoleon-Grube bei Makran und in den Steinkohlen der Burghard-Grube in Oberschlesien vor, von wo wir dieses Harz Herrn Bergreferendar Dondorff in Nicolai verdanken.

Anthrakoxen der Napoleon-Grube bei Makran.

Farbe schwarzbraun bis hyacinthroth, bei durchscheinendem Lichte hoch blutroth; Strich gelbbraun wie Eisenocker; durchscheinend bis undurchsichtig; stärker oder schwächer fettglänzend; wenig spröde und leicht zersprengbar. Härte 2—2,5. Gewicht = 1,320. — Anthrakoxen von Braudeisl (vgl. Leonh. u. Bronn, Jahrb. 1857 p. 326).

Chemische Zusammensetzung nach Dr. H. Fleck in 100 Gewichtstheilen:

	als aschenfreie Verbindung:
68,852 Kohlenstoff,	76,363 Kohlenstoff,
6,192 Wasserstoff,	6,867 Wasserstoff,
16,766 Sauerstoff,	16,770 Sauerstoff.
8,190 Asche.	

Vorkommen: derb auf Kohlenschiefer mit Pechkohlenstreifen und Russkohle der Sigillarienzone, theilweise als Versteinerungsmittel von *Spongillopsis carbonica* Gein. (s. n. Jahrb. 1864. S. 518), und von jenen kleinen linsenförmigen Samen, die sich in einigen Kohlenflötzen des nördlichen Böhmen zeigen.

Aus der Gruppe der dem künstlichen Paraffin nahe verwandten Bergtalge, Verbindungen des Kohlenstoffs mit Wasserstoff, treten uns Scheererit, Könlit, Fichtelit, Ozokerit u. s. w. entgegen, die in der Braunkohlenformation und in Torfmooren entdeckt worden sind, sowie Hatchettin in der Steinkohlenformation. Das letztere ist in der neueren Zeit sehr ausgezeichnet auf Klüften der Steinkohlenformation des Heringsschachtes bei Rossitz in Mähren und, mit Erdöl zusammen, im Steinkohlengebirge von Wettin[1]) vorgekommen.

Dr. H. Fleck fand das Hatchettin von Wettin in folgender Weise zusammengesetzt:

51,818 Procent Kohlenstoff,
12,666 „ Wasserstoff,
1,516 „ Sauerstoff,
34,000 „ Asche,

oder als aschenfreie Substanz, also mit Ausschluss der mechanisch anhaftenden Gebirgsmasse, aus:

78,512 Procent Kohlenstoff,
19,191 „ Wasserstoff,
2,297 „ Sauerstoff,

eine Zusammensetzung, welche nach Abzug des Sauerstoffs und diesem, in der Zusammensetzung des Wassers entsprechenden Wasserstoffs, der chemischen Formel $C_{24} H_{38}$ am nächsten kommt, da die hiernach berechneten Bestandtheile

80,402 Procent Kohlenstoff und
19,585 „ Wasserstoff

ergeben würden, während in obiger Analyse die wasser- und aschenfreie Substanz

80,512 Procent Kohlenstoff,
19,488 „ Wasserstoff enthält.

Eine ungleich wichtigere Rolle hat in der neuesten Zeit die Gewinnung des Steinöls oder Erdöls sowohl aus dem Gebiete der Steinkohlenformation als aus weit jüngeren Gebirgsschichten zu spielen begonnen.

Nach Gesner[2]) ist das Vorkommen von Steinöl (Erdöl, Naphta und Petroleum) in Amerika über einen Raum vom 65. bis 128. Grade westlicher Länge verbreitet und umfasst Theile von Unter- und Ober-Canada, Ohio, Pennsylvania,

---

[1]) Vgl. Wagner im n. Jahrb. 1864. p. 687.

[2]) Gesner: über Steinölquellen in Nordamerika. (Quat. Journ. of the Geol. Soc. of London, 1862. XVIII. p. 3. — Leonh. u. Gein. n. Jahrb. 1863. p. 224.)

Kentucky, Virginia, Tennesee, Arkansas, Texas, New-Mexico und Californien. Ohne Zweifel verdankt es dort seinen Ursprung der Zersetzung von Vegetabilien, welche im Laufe der Zeit in die mächtigen Steinkohlenlager und Anthracite jener Landstriche umgewandelt worden sind. Die zur Gewinnung des Steinöls dort angelegten Bohrlöcher haben in der Regel eisenschüssigen Thon, Sandstein und Conglomerat, Schieferthon und bituminösen Schiefer (Brandschiefer) durchschnitten, bis sie die ölführende Schicht eines feuerfesten Thones erreichen, in welcher Ueberreste von Stigmaria und anderen charakteristischen Steinkohlenpflanzen gefunden werden. — Sobald als diese ölbringende Schicht erbohrt ist, findet gewöhnlich ein heftiges Entweichen vou Kohlenwasserstoff statt, oft mit solcher Stärke, dass die Bohrstangen weit in die Luft geschleudert werden. Dann folgt ein Gemenge dieses Gases mit Oel, hierauf das Oel selbst, welches oft weit über das Bohrloch herausgeführt wird. Die leichte Entzündlichkeit dieser Gase hat schon zu mehren Unfällen Veranlassung gegeben. Man sah aus einem Brunnen von 330 Fuss Tiefe das Oel 100 Fuss hoch hervorspringen, es gerieth hierauf bald in Brand und brannte zwei Monate lang, ehe es gelang, das Ausflussrohr zu verstopfen. — Man senkt in das meist nur 4 Zoll starke Bohrloch eine eiserne Röhre ein, in welche ein Holzpflock getrieben wird, sobald als das Oel darin erscheint, um dessen Ausfliessen zu verhüten, während man sich zu seiner Ansammlung vorbereitet. Nach dem späteren Zurücktreten der Flüssigkeit in den Bohrbrunnen zieht man das Oel mittelst einer Pumpe daraus hervor. Einige solcher Brunnen haben Anfangs nicht weniger als 4000 Gallons (à 4 Quart) Oel in 24 Stunden producirt und Gesner schätzte schon damals die Menge des täglich in den Vereinigten Staaten, theils für eigenen Gebrauch, theils zum Export gewonnenen Steinöls auf 50,000 Gallons. — Das Oel zeigt gewöhnlich eine dunkelbraune Farbe und ist in einigen Bohrbrunnen vollkommen hell und durchsichtig. Eine einfache Destillation macht sie sämmtlich vollkommen rein und brauchbar für Lampen. Specifisches Gewicht desselben zwischen 0,795 und 0,881. — Solche Anhäufungen von Steinöl trifft man gleichzeitig auch mit Schichten von verdicktem Steinöl oder Bergtheer nicht selten längs der Erhebungslinien eines Gebirges an, wo sie aus Spalten entweichen, die eine Folge der früheren Erhebungen sind. Es haben jedoch poröse Schichten, wie devonische Sandsteine, oder ganz junge Kies-Ablagerungen, häufig als Reservoire gedient, in denen das Oel sich anhäufen konnte. (Vgl. T. Sterry Hunt, in Silliman u. Dana, American Journal, XXXV. p. 157—171. — Leonh. u. Gein. Jahrb. 1863. p. 851.)

Ueber den Aufschwung der Gewinnung von Steinöl oder Petroleum in Galizien gibt in neuester Zeit das Minen- und Hütten-Journal von M. B. Heidtmann, Hamburg, 1864, 14. Dec., Nr. 17, einen sehr beachtenswerthen Bericht.

Aus der kleinen Gruppe der organisch-sauren Salze kommen der Honigstein oder Mellit in der Braunkohlenformation von Artern in Thüringen, der Oxalit in der Braunkohlenformation von Luschitz und Tschermig in Böhmen, bei Gross-Almerode in Hessen u. a. O. und das Carolathin in der Steinkohlenformation bei Zabrze in Schlesien vor.

3. Die normale Beschaffenheit der Kohlenflötze und die späteren Störungen ihrer ursprünglichen Lagerung.

Bei normaler Beschaffenheit besteht ein Kohlenflötz entweder seiner ganzen Masse nach aus einer Art oder auch aus einem Gemenge der früher beschriebenen Kohlen, oder es ist dasselbe durch irgend ein Bergmittel (Zwischenmittel) in verschiedene Schichten und Abtheilungen getrennt.

Der erstere Fall ist oft bei mächtigen Braunkohlenlagern zu beobachten, kommt aber öfters auch in der Steinkohlenformation vor. So kennt man das Russkohlenflötz in der Nähe von Zwickau in Sachsen an einigen Stellen von 10 bis 14 Ellen Stärke, ohne jedes oder mit nur wenigen Zollen Zwischenmittel, auch sind die Steinkohlenflötze Westphalens im Allgemeinen sehr rein. Der zweite Fall aber ist in der Steinkohlenformation der gewöhnlichere und tritt recht auffallend in dem Hauptkohlenflötze des Plauen'schen Grundes bei Dresden hervor.[1])

Man nennt diese Zwischenmittel hier Letten, in dem Zwickau-Chemnitzer Bassin aber Scheeren oder Schären, in dem nördlichen Böhmen öfters Vopuka. Ihre Farbe ist am häufigsten schwärzlich oder bräunlich-schwarz in Folge der Imprägnirung mit bituminösen Stoffen, wodurch sie dem Brandschiefer beigesellt werden, theilweise aber auch gelblich-weiss oder weisslich-grau, was mit der schwarzen Farbe der Kohle sehr contrastirt und dem Bergmann dann einen sicheren Anhalt zur Orientirung in den verschiedenen Etagen des Flötzes selbst, oder in anderen Gegenden, bei Vorhandensein zahlreicher Kohlenflötze, zur Unterscheidung der verschiedenen Flötze giebt. Seltener sind die Zwischenmittel durch Aufnahme von Kieselgallerte mehr erhärtet und in sogenannten Brand- oder Hornstein und Kieselhornstein Freieslebens übergegangen.

Im Allgemeinen weichen solche Zwischenmittel von den in dem betreffenden Kohlenrevier vorherrschenden Gesteinsarten nicht oder nur wenig ab; sie bestehen in der Steinkohlenformation vor-

[1]) Vgl. Geinitz: geognost. Darst. d. Steinkohlenformation in Sachsen, 1856.

waltend aus Schieferthon, Sandschiefer und Brandschiefer, oder aus einem der früher beschriebenen Eisensteine, in der Braunkohlenformation aber aus Thon oder sandigem Letten.

Durch Zunahme an Stärke der trennenden Zwischenmittel, was nach der Fallrichtung der Flötze hin nicht selten eintritt, werden verschiedene Abtheilungen oder Schichten eines Kohlenflötzes mehr und mehr von einander entfernt, so dass man sie dann oft als selbstständige Flötze zu betrachten und zu unterscheiden pflegt.

Dies gilt z. B. für die verschiedenen Abtheilungen des tiefen Planitzer Flötzes bei Zwickau, die an der nördlichen Abbaugrenze des Planitzer Reviers nur durch 2 Ellen Zwischenmittel von einander geschieden werden,

Fig. 2.

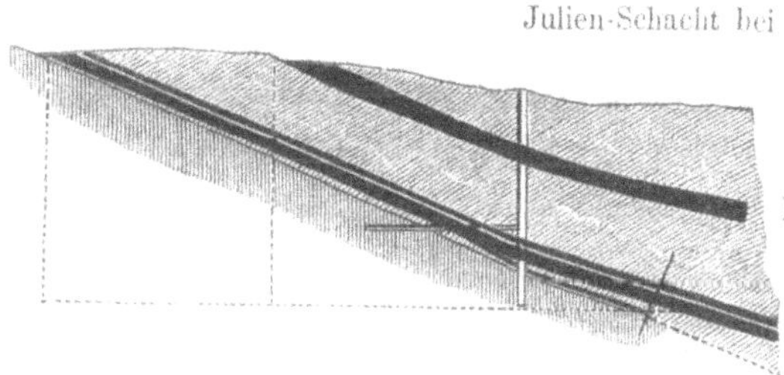

während sie sich in nördlicher und östlicher Richtung hin in mindestens drei mächtige Flötze zerschlagen, die durch das stetige Anwachsen ihrer trennenden Zwischenschichten zum Theil um 50 Ellen senkrechten Abstandes von einander entfernt worden sind, in das Amandusflötz, Ludwigflötz und Segen-Gottes-Flötz des Erzgebirgischen Steinkohlen-Actienvereins. (Vgl. Geogn. Darst. 1856, S. 21.)

In ähnlicher Weise mögen auch viele der in anderen Steinkohlenbecken, wie namentlich in Westphalen, bis jetzt als selbstständige Flötze bezeichneten Kohlenflötze nur Zweige eines und desselben mächtigeren Flötzes sein.

Es ist eine alte bergmännische Erfahrung, dass Kohlenflötze in ihrer Fallrichtung, also von dem Rande eines Beckens aus nach dem Innern desselben, mächtiger werden, was einer Hochmoorbildung, die wir für die Entstehung der meisten Kohlenlager annehmen müssen, auch vollkommen entspricht; denn es pflegt sich gerade in den mittleren Theilen eines Hochmoores die grösste Menge der zu seiner Bildung nothwendigen Vegetabilien anzuhäufen. Eine grössere Anzahl übereinander vorkommender Kohlenflötze zeigt uns, wie die ganze Decke der Vegetation, die zu einem Kohlenflötze verwendet worden ist, sei es in Folge von Senkung derselben unter den Spiegel des stagnirenden Wassers, oder in Folge von Ueberschwemmungen, wiederholt von schlammigen Massen überlagert worden ist, auf welchen eine neue Decke der Vegetation sich wieder herausgebildet hat, bis auch deren Fortbildung durch neue Schlammablagerungen gehemmt wurde.

Alle lagerförmig, meist flach in dem Flötze liegenden und im Allgemeinen mit diesem gleichzeitig gebildeten Bergmittel oder tauben Mittel des Flötzes, sowie auch die unmittelbar auf einem Flötze abgelagerten Schichten, haben im breiigen Zustande mannichfache Zwischenräume ausgleichen können, die zwischen angehäuften Kohlenpflanzen offen gelassen waren. Sie sind durch späteren Hinzutritt von anderen Flüssigkeiten, wie Eisenlösung, Kieselgallert und bituminöse Entmischungsproducte der Vegetabilien selbst oft mehr oder weniger verändert worden. In Folge der Einwirkung der letzteren gerade findet sowohl an der oberen als an der unteren Grenze, dem Dache und der Sohle, des Flötzes häufig ein directer Uebergang aus der wirklichen Kohle in das thonige Bergmittel selbst statt. Wir haben solche Zwischenstufen als Brandschiefer und Kohlenschiefer bereits kennen gelernt.

Zur Erläuterung der wichtigsten hier besprochenen Verhältnisse eines Kohlenflötzes lassen wir hier drei Durchschnitte folgen, welche die Beschaffenheit des Hauptflötzes der Steinkohlenformation in dem Plauen'schen Grunde, nach Aufnahme des königl. Markscheiders Herrn Viertel in Zaukeroda darstellen:

Flötzdurchschnitte

bei den

königlichen Steinkohlenwerken im Plauen'schen Grunde.

Profil des ersten Flötzes vom Georg-Schachte, 10 Lachter nach dem Ansteigen des Flötzes und zwar da, wo das Flötz aus seiner Bauwürdigkeit in das Unbauwürdige übergeht. Seine Masse besteht aus harter Schieferkohle. Die Zahlen beziehen sich auf Ellen und Zolle.

Fig. 3.

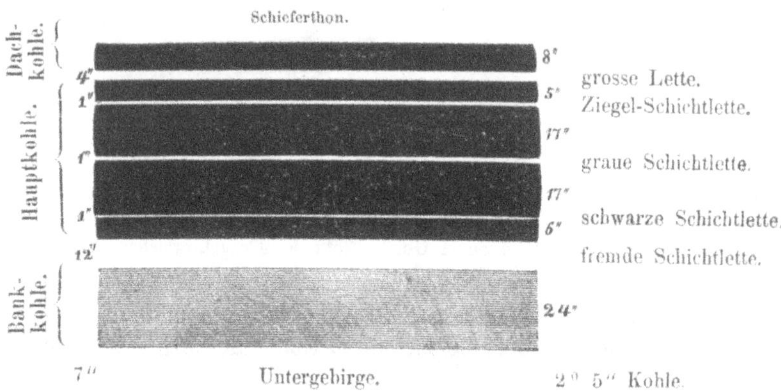

Profil des ersten Flötzes vom Georg-Schachte, 40 Lachter nach dem Einfallen des Flötzes. Das Flötz nimmt in seiner Mächtigkeit von dem obigen Durchschnitt bis hierher nach und nach zu und behält dann von hier aus diese Mächtigkeit weiter nach dem Einfallen des Flötzes bei. Die fremde Schicht ist unbauwürdig.

Fig. 4.

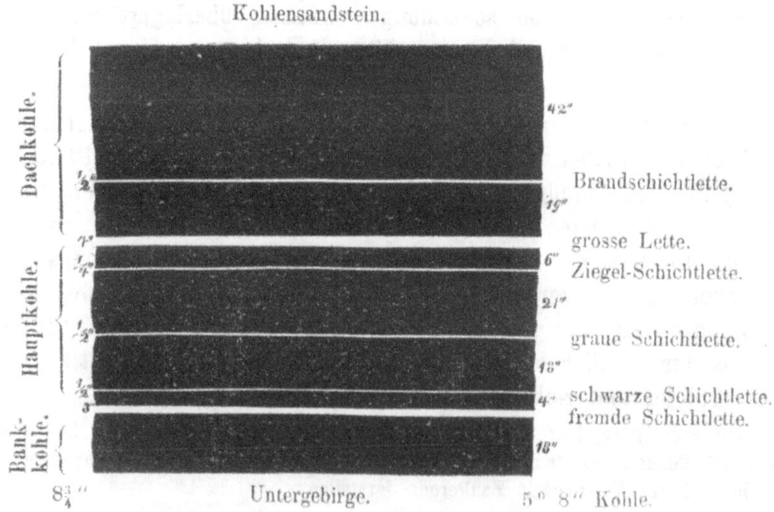

Profil des ersten Flötzes vom Döhlener Kunstschachte, 130 Lachter nach dem Einfallen des Flötzes.

Fig. 5.

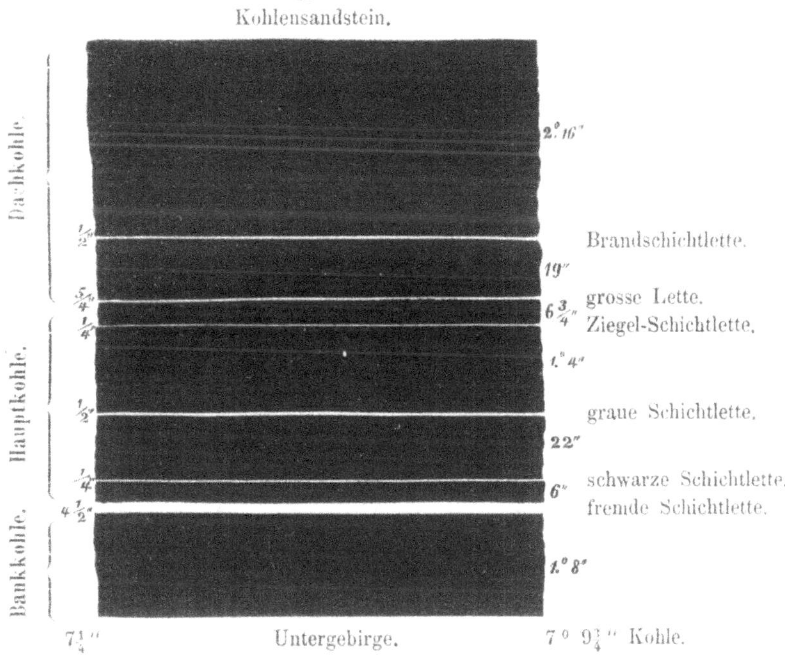

Die **Abbauwürdigkeit** eines **Kohlenflötzes** ist sehr relativ. Sie hängt von verschiedenen Bedingungen ab, wie namentlich:

1) ob ein Kohlenflötz an und für sich mächtig genug ist, dass es sich lohnt, bei der Tiefe, in welcher dasselbe vorkömmt, abgebauet zu werden;
2) ob ein schwaches Flötz, welches an und für sich einen Abbau nicht lohnen würde, dennoch dadurch abbauwürdig wird, dass es mit anderen ähnlichen oder mächtigeren Flötzen von demselben Schachte oder Stollen aus abgebaut werden kann;
3) ob eine Gegend so kohlenarm ist, dass die Gewinnung eines, wenn auch nur schwachen Flötzes, schon Vortheile erzielen lässt;
4) ob eine Gegend anderseits so kohlenreich ist, dass man von schwachen, vielleicht nur 1 Fuss mächtigen Flötzen bis auf Weiteres gänzlich abzusehen für zweckmässig erachtet;
5) in welcher mittleren Tiefe die Kohlenflötze auftreten;
6) wie sich der Andrang der bei ihrem Abbau zu bewältigenden Gewässer verhält;
7) von welcher Qualität die Kohle selbst ist, und
8) welche Lagerungsverhältnisse in ihrem Bereiche die herrschenden sind.

Wir werden Gelegenheit finden, auf diese Verhältnisse in den folgenden Abschnitten über die einzelnen Kohlenbecken möglichste Rücksicht zu nehmen.

Ueber den **Abbau der Kohlen** und besonders der vorzugsweise wichtigen Steinkohlen existiren ausführliche Schriften, wie namentlich: „**Ponson**, traité de l'exploitation des mines de houille, 4 Vol., Liège, 1852 — 54. — Deutsch von C. **Hartmann**, mit einem Atlas von 56 lith. Taf., Weimar, 1856," deren Werth für die Praxis sich einer sehr allgemeinen Anerkennung zu erfreuen haben.

Abgesehen von allen anderen, ausserhalb der Grenzen unserer gegenwärtigen Untersuchungen liegenden Verhältnissen, welche einem jeden Unternehmen begegnen können, müssen wir hier noch einige in der Lagerung der Kohlen bedingte Verhältnisse berühren, die sowohl der Aufsuchung von Kohlenlagern als auch dem späteren Abbau derselben sehr hindernd entgegentreten können.

Inmitten eines grösseren Steinkohlenbeckens begegnet man zuweilen kleineren oder grösseren Kuppen und Rücken von Thonschiefer, Gliedern der Grauwackenformation, oder anderen Gebirgsarten, welche schon vor der Steinkohlenzeit geschaffen und in ihre gegenwärtige Lage erhoben worden waren. An diesen unterirdischen Hügeln findet nicht selten eine Verschwächung oder ein gänzliches Ausstreichen des in ihrer nächsten Umgebung wirklich vorhandenen Kohlenflötzes statt. Wenn ihre Grösse nicht zu bedeutend ist, so lässt sich eine derartige Kuppe wohl mit Vortheil umgehen oder direct durchfahren, um das Kohlenflötz auf einer anderen Seite wiederum anzutreffen, bei einer bedeutenderen Grösse jedoch, die sich meist im Voraus gar nicht ermessen lässt, tappt man hierbei förmlich im Dunkeln. Es ist manches allem Anscheine nach auf den sichersten Unterlagen begründete Steinkohlen-Unternehmen gerade daran gescheitert, dass man das Unglück gehabt hat, mit einem Schachte auf eine solche Thonschieferkuppe zu stossen. Die in einem solchen Falle nothwendig eintretende Entmuthigung der Theilnehmer ist der Beschaffung der für grössere Aufsuchungsarbeiten von dem Schachte aus nothwendigen Mittel in der Regel sehr ungünstig gewesen.

Wie man derartige bittere Erfahrungen an mehren Stellen Sachsens hat machen müssen, so sind auch im nördlichen Böhmen [1]) und in anderen Kohlenbecken zu wiederholten Malen ähnliche Fälle aufgedeckt worden.

Andere oft eben so unangenehme Hindernisse können in Folge von späteren Störungen der ursprünglichen Lagerungsverhältnisse dem Kohlenbergmanne entgegen treten. Dieselben haben zum geringeren Theile in der Volumenverminderung der beim Austrocknen schwindenden Kohlenflötze und dieselben einschliessenden Gebirgsschichten ihren Grund, zum grösseren Theile dagegen in der kräftigeren Einwirkung von eruptiven plutonischen Gesteinsmassen.

Man kennt in jedem Steinkohlenbezirke die Spaltausfüllungen oder Gesteinsgänge, welche Risse und Sprünge voraussetzen, die durch eine Zerbrechung der Schichten des Kohlengebirges entstanden und später durch einen darin abgelagerten Schlamm von oben ausgefüllt worden sind. Man bezeichnet dieselben in den verschiedenen Steinkohlenbecken oft mit sehr verschiedenen Namen. In der Steinkohlenformation des Plauen'schen Grundes nennt man sie wegen ihrer zackigen Ränder Kämme, oder, wenn an denselben eine so starke Verschiebung des Flötzes eintritt, dass hierdurch eine grössere oder geringere Aenderung des Betriebes eintreten muss, Rücken.

Nur selten ist bei einem Kamme gar keine Verschiebung der anstossenden Flötztheile eingetreten. Sehr allgemein werden Verschiebungen von Flötztheilen als Verwerfungen oder Verdrückungen bezeichnet, und der senkrechte Abstand zweier von einander getrennter Flötztheile wird die Sprunghöhe der Verwerfung genannt.

Für grössere besonders störende Verwerfungen werden bisweilen wahrhaft ominöse Namen gebraucht, wie „rother Ochse" in der Steinkohlenformation des Plauenschen Grundes, „verbotener Kropp" in dem Inde-Bassin bei Eschweiler, „Feldbiss" im Worm-Bassin bei Aachen, „Kniepen" in Westphalen u. s. w.

Eine treffliche Schrift über Risse und Sprünge in dem Steinkohlengebirge verdankt man Herrn von Carnall „die Sprünge im Steinkohlengebirge. Berlin, 1835."

Hauptverwerfungen, wie sie im Plauen'schen Grunde, in der Gegend von Zwickau, in Westphalen, in der Gegend von Aachen und Eschweiler und in Ostindien im Gebiete der Steinkohlenformation sicher nachgewiesen worden sind, können nicht blos die Folge von Schwindungen austrocknender Massen sein, hier haben plutonische Kräfte offenbar mitgewirkt, ähnlich wie kräftige Erdbeben noch jetzt den meisten vulcanischen Ausbrüchen vorauszugehen pflegen. Sehr häufig sind diese Zerbrechungen und Verschiebungen der Schichten erst lange nach der Erhärtung des Steinkohlengebirges entstanden, wie man dies theilweise aus der zackigen Form der Ränder jener Gesteinsgänge, theilweise durch das Zerbrechen

---

[1]) Lipold im Jahrbuche der k. k. geol. Reichsanstalt. Bd. XII. p. 431 — 525.

der Flötze und die zahlreichen Rutschflächen nachweisen kann, die an den verschobenen Kohlen, Schieferthonen und Sandsteinen im Steinkohlengebirge vielorts zu finden sind.

Man trifft Verwerfungsklüfte häufig sehr eng und ohne jedes Ausfüllungsmittel an, und es besteht eine sogenannte Verwerfung oft nur darin, dass ein Theil der getrennten Gebirgsschichten an der einen Seite einer Verwerfungskluft um eine Strecke herabgesunken ist, worauf sich die Namen „Verdrückung“ oder „Niederziehung der Schichten“ beziehen, oder dass ein Theil der zerrissenen Schichten an der Verwerfungskluft emporgeschoben worden ist; in anderen Fällen sind jene Klüfte, welche Verwerfungen zu begleiten pflegen, mit irgend einer Gebirgsmasse ausgefüllt.

In der Regel gehören diese Ausfüllungsmassen aber dem Steinkohlengebirge nicht selbst an, sondern vielmehr der auf demselben zunächst abgelagerten Gebirgsformation. Wo daher die Gebilde der Dyas die Steinkohlenformation bedecken, wie das in einem grossen Theile von Deutschland der Fall ist, stehen die meisten der solche Klüfte ausfüllenden Massen der unteren Etage dieser Formation an, wo hingegen Glieder der Kreideformation das Steinkohlengebirge unmittelbar überlagern, wie dies in Westphalen der Fall ist, wird man die unteren Glieder dieser Gebirgsbildung nicht selten in die Schichten der weit älteren Steinkohlenformation eingreifen sehen.

Wie hindernd nun auch derartige Verschiebungen von Kohlenflötzen auf den Abbau derselben einwirken müssen, dessen Sprungweite in einigen Steinkohlenbecken über 100 Lachter beträgt, so lassen sich doch die daraus entstandenen Schwierigkeiten — Dank sei es der Intelligenz der betreffenden Bergbeamten — in der Regel glücklich beseitigen.

Welchen Einfluss Verwerfungen in einem Steinkohlenbassin auf die Qualität der Kohlen ausüben können, soll an geeigneten Stellen gezeigt werden; im Allgemeinen genügt es, hier zu erwähnen, dass Klüfte im Steinkohlengebirge nicht allein zu dem Eindringen von Luft und Wasser, sondern auch zum Entweichen von Gasarten, die sich durch die fortschreitende Entmischung der Kohlen erzeugen müssen, hinreichende Gelegenheit darbieten können, und dass in der Regel die Kohle in einem mit vielen Rissen und Klüften versehenen Terrain wesentlich andere Beschaffenheit zeigen muss, als da, wo die letzteren fehlen oder weniger häufig sind.

Aus allen Kohlenlagern entwickeln sich durch eine fortschreitende Zersetzung derselben verschiedene Gase, deren Anhäufung oft sehr gefährliche Wirkungen nach sich ziehen kann. Hierher gehören vor allen die sogenannten bösen und schlagenden Wetter. Die ersteren, die aus einer Anhäufung von Kohlensäure bestehen, bilden sich nicht allein in Folge der Entmischung der Kohlen unter Luftzutritt, sondern auch durch Verwesung verschiedener in einem Kohlenwerke befindlichen Stoffe und durch Athmung der Menschen und Thiere. Da die Kohlensäure ein grösseres specifisches Gewicht als die atmosphärische Luft besitzt, so sammeln sich böse Wetter ganz vorzugsweise auf sogenannten Fallstrecken an, die in die Fallrichtung der Flötze getrieben worden sind, und ihre Gegenwart macht sich besonders bemerkbar durch Verlöschen des Grubenlichts. Dieselben müssen mit Hülfe einer guten Wetterführung aus den Kohlengruben möglichst entfernt und durch reine Luft ersetzt werden.

Ungleich gefährlicher als diese sind die schlagenden Wetter (fire damp des englischen Bergmanns) wegen ihrer plötzlichen oft furchtbaren Wirkung. Diese entstehen durch Anhäufung des leichten Kohlenwasserstoffs oder Grubengases, welches als ein Entmischungsproduct der Kohlen auch den Steinkohlen fast stets beigemengt ist. In der erschütterndsten Weise haben uns noch die letzten Jahre Entzündungen dieses Gases in den Gruben von England und des Saarbeckens vorgeführt. Eine am 3. December 1860 erfolgte Explosion von schlagenden Wettern auf den Steinkohlengruben von Risca in Süd-Wales hat 170 Arbeitern einen plötzlichen Untergang gebracht; eine ähnliche Katastrophe suchte in dem darauf folgenden Jahre die Hartley Colliery bei Newcastle heim, das jüngste derartige Ereigniss kostete 1864 auf der Redengrube bei Saarbrücken einer nicht unbedeutenden Anzahl von braven Bergleuten das Leben.

Oft brechen die entzündbaren Gase hinter einem frisch angehauenen Gesteinsgange in dem

Flötze mit einer grossen Spannung hervor und werden nicht selten von Wasserergüssen begleitet. Sie zeigen sich im Gebiete der sogenannten bituminösen Kohlen, welche bei Erhitzung viel Gase entwickeln (Gaskohlen, Fettkohlen), am häufigsten, selten da, wo magere Kohlen oder anthracitische Kohlen vorherrschen, auch können sie sich dort nicht ansammeln, wo durch Risse und Sprünge vielfach Gelegenheit zu ihrem fortwährenden Entweichen gegeben ist.

Die 1816 von Humphrey Davy erfundene Sicherheitslampe, bei welcher das Grubenlicht von einem Drahtnetz umgeben ist, welches die im Innern der Lampe sich entzündenden Gase so abkühlt, dass sich die Verbrennung nicht ausserhalb des Drahtnetzes fortsetzt, hat vielen Tausenden von Menschen das Leben erhalten. Sie hat jedoch den Nachtheil, dass durch dieses Drahtnetz die Leuchtkraft des Lichtes bedeutend verringert wird, wodurch gleichfalls viele Verunglückungen herbeigeführt würden, wenn man dieselbe bei dem gewöhnlichen Betriebe anwenden wollte. Man braucht sie daher meist nur ausnahmsweise an den gefährlichen Stellen und meist nicht mehr in ihrer ursprünglichen Form. Müseler führte an ihr eine wesentliche Verbesserung durch Anwendung eines Glasrings in der Nähe der Flamme ein, über welchem erst das Drahtnetz befestiget ist, wodurch eine grössere Helligkeit erzielt wird.

Ueber diese und andere Verbesserungen der Sicherheitslampen, wie an der Herold'schen und Opten-Robert'schen Lampe, die in Westphalen vorzugsweise in Gebrauch sind, vgl. Ponson, a. a. O., sowie auch E. W. Binney, Gases found in Coal Mines, and on Mining Lamps (in H. Pitman, the Popular Lecturer. Manchester, October, 1859, Nr. 42).

Wie schon wiederholt von uns hervorgehoben worden ist, gerathen Kohlenlager durch Selbstentzündungen in Folge der Oxydation von Schwefeleisen (Schwefelkies und Markasit) zuweilen in Brand. Solche Erdbrände kann man, wenn sie noch nicht zu weit um sich gegriffen haben, wohl dadurch löschen, dass man im Innern der Gruben durch aufgeführte Mauern den Zutritt der Luft möglichst absperrt, oder dass man die Grube sich mit Wasser anfüllen lässt; allein es wird hierdurch keineswegs die Ursache für diese Selbstentzündungen entfernt. Das durch Luftabschluss erstickte Feuer wird von neuem angefacht durch jede Zuführung von atmosphärischer Luft, die ja nie gänzlich abgesperrt werden kann, und die Entzündung der Kohlen beginnt oft von neuem, nachdem das Wasser aus dem Schachte und der Grube wieder entfernt worden ist. Man kennt Erdbrände, wie den bei Planitz unweit Zwickau, oder wie den in dem brennenden Berge bei Dutweiler im Saarbrücken'schen, welche schon seit Jahrhunderten fortdauern und wahrscheinlich nie mehr zu löschen sind.

So weit ein noch andauernder Erdbrand reicht und seine directen Wirkungen äussert, ist das Kohlenfeld für den Abbau verloren.

Als Producte solcher Erdbrände trifft man in Steinkohlen- wie in Braunkohlen- und in anderen Kohlengebirgen die meist roth gebrannten, theilweise in Porcellanjaspis umgeschmolzenen und verschlackten Schieferthone, gebrannte Sandsteine und andere Schichten der betreffenden Kohlenformation und darüber lagernden Gebirgsschichten, wie namentlich auch den auf natürlichem Wege in rothe Ziegelmasse umgewandelten Lehm und andere Producte der Erhitzung und Verbrennung. In den Kohlen selbst entstehen meist die gewöhnlichen Producte der trockenen Destillation, wie namentlich Kokes und entzündbare Gasarten, welche zuweilen als brennende Flammen an die Atmosphäre entweichen. Von den mannichfachen anderen Producten eines Erdbrandes ist schon des Salmiaks und mehrerer organischer Verbindungen gedacht worden, als ein selteneres Product verdient noch das Ultramarin hervorgehoben zu werden, jene blaue, den Lasurstein oder *lapis lazuli* bildende unorganische Verbindung, mit welcher einzelne Pflanzenabdrücke in den roth- und weisslich gebrannten Schiefern von Planitz übergangen sind. Vielleicht hat dieselbe Verbindung auch dem Porcellanjaspis seine lavendelblaue Farbe ertheilt, in der man denselben oft antrifft.

CAPITEL III.

Die Steinkohlenformation des Königreichs Sachsen.

(Hierzu Taf. I—IV.)

Von den hier gebräuchlichen Längenmaassen ist 1 Lachter = 2 Meter = 3,5 Ellen; 1 Elle = 1° = 2 Fuss; 1 Fuss = 12 Zoll = 0,2832 M.

Die Steinkohlenformation ist in Sachsen auf verschiedene Becken vertheilt, die insgesammt ein ziemlich vollständiges Bild von den kohlenführenden Schichten der Steinkohlenformation überhaupt geben. In ihr sind alle fünf Etagen oder Zonen der Vegetation vertreten, die sich bis jetzt in der Steinkohlen-Formation haben unterscheiden lassen, welche man sich freilich nicht gleichzeitig übereinander, sondern im Laufe der Zeiten nacheinander entstanden zu denken hat.

1. Die Kohlenbassins von Hainichen und Ebersdorf im Gebiete des Culm.

Das Hainichener Kohlenbassin erstreckt sich, wie die geognostische Karte von Sachsen, Section XIV, zeigt, zwischen Gossberg, Pappendorf, Ottendorf, Hainichen, Kunnersdorf und Berthelsdorf mit einer Gesammtlänge von $1^1/_2$ und der grössten Breite von $^3/_8$ geographischen Meilen; das Ebersdorfer Kohlenbassin zieht sich von der Stadt Frankenberg an über Merzdorf, Nieder-Lichtenau und Ebersdorf bis über das Dorf Borna, nordwestlich von Chemnitz, hinaus, wobei es fast 2 geographische Meilen Länge und $^1/_2$ geographische Meile grösste Breite erreicht. Die letztere besitzt es zwischen Ober-Lichtenau und dem südlich von Lichtenwalde gelegenen Imsberge. Die Kohlenformation dieser Gegenden wird durch zwei Hauptglieder bezeichnet, ein eigenthümliches Grundconglomerat und die kohlenführenden Sandsteine mit Schieferthonen.

Eine genaue Beschreibung dieser Gebilde ist zuerst von Professor Naumann[1]) gegeben und schon zweimal von uns[2]) mit denselben Worten wiederholt worden, wesshalb wir uns hier beschränken, nur das Allerwesentlichste daraus hervorzuheben.

Mit jenem Grundconglomerate, das vorzugsweise aus Blöcken und Geröllen von Hornblendeschiefer und Thonschiefer, zum Theil auch aus Kieselschiefer, Wetzschiefer und anderen alten Gesteinen besteht, die in allen Grössen zwischen Elle und Zoll wild und regellos über einander gestürzt und durch ein Cement verbunden sind, welches wiederum nichts anders als feiner Schutt derselben Gesteine ist, wurde in Sachsen die Bildung des Steinkohlengebirges eröffnet. Von Schichtung oder regelmässiger Zerklüftung ist an den äussersten Punkten seines Vorkommens nur selten etwas wahrzunehmen; erst wenn in einer grösseren Entfernung von seinem Rande die Grösse der Fragmente darin abnimmt, tritt eine rohe Schichtung ein. Nach oben hin finden sich endlich Schweife und schmale Schichten von grauem Sandsteine und Schieferthon ein, welche allmählig an Zahl und Mächtigkeit zunehmen und so den Uebergang in den kohlenführenden Sandstein vermitteln.

Der Sandstein ist im Allgemeinen graulich-weiss, feinkörnig und weich, wird eines Theils sehr thonig und verläuft dann in Schieferthon, nimmt anderen Theils Geschiebe auf und geht in Conglomerat über.

---

[1]) Erläuterungen zu Section XIV und XV der geognostischen Karte von Sachsen.

[2]) H. B. Geinitz, Darstellung der Flora des Hainichen-Ebersdorfer und des Flöhaer Kohlenbassins. (Eine von der fürstlich Jablonowski'schen Gesellschaft gekrönte Preisschrift.) Leipzig, 1854.
H. B. Geinitz, geognostische Darstellung der Steinkohlenformation in Sachsen. Leipzig, 1856, S. 11 — 13.

Die Mächtigkeit des Grundconglomerates lässt sich im nördlichen Theile des Hainichener Bassins, wo es allein auftritt, wenigstens auf 2000 Fuss berechnen, während im südlichen Theile dieses Bassins, wo das ganze Kohlengebirge etwa 1700 Fuss Höhe erreicht, wenigstens die Hälfte hiervon auf den Sandstein und den Schieferstein kommen.

Es findet in dieser Hinsicht eine grosse Uebereinstimmung zwischen dem Hainichener und Ebersdorfer Bassin statt, da auch in dem letzteren ein grobes, entweder ganz oder doch grösstentheils aus Thonschiefergeschieben bestehendes, dunkelfarbiges Conglomerat das tiefste und mächtigste Glied dieses Beckens bildet, während die feineren hellfarbigen Conglomerate, Sandsteine und Schieferthone das obere und minder mächtige Glied zusammensetzen.

An dem Kirchberge von Glösa, N. von Chemnitz, und an einigen andern Orten zeigt sich, wie es scheint, als Vertreter des thonschieferreichen Grundconglomerates, ein eigenthümliches Conglomerat, das fast nur aus faust- bis ellengrossen Blöcken eines grosskörnigen Granits besteht.

Die Grenze, bis zu welcher sich der eigentliche kohlenführende Sandstein in dem Hainichener Bassin ausdehnt, ist auf Section XIV. der geognostischen Karte von Naumann durch eine punktirte Linie angegeben worden, und die von ihr eingeschlossene etwas unregelmässige Mulde liegt im Allgemeinen südlich und östlich von Hainichen. Sie wird von der nach Kunnersdorf führenden Strasse quer durchschnitten. An ihrem südlichen Rande vom Lerchenfelde an bis Berthelsdorf besitzen die Schichten dieser Mulde ein Streichen von NO. bis SW. mit starkem, nordwestlichem Einschiessen von 70° bis 90°; am nördlichen Rande dagegen ein, im Ganzen der angegebenen Grenzlinie paralleles, Streichen mit 30° bis 50° südlichem oder südöstlichem Fallen. Am nordöstlichen Ende der Mulde scheint eine scharfe Muldenwendung und ein steiles Zusammentreffen beider Muldenflügel einzutreten, dagegen dürfte sich oberhalb Hainichen, um Naumann's eigene Worte zu gebrauchen, der Uebergang aus einem Flügel in den anderen durch horizontale oder schwebende Schichtenlage vermitteln, während in dem weiter aufwärts folgenden Crasselt'schen Steinbruche, welcher schon dem Südflügel der Mulde angehört, die Schichten wieder 45° in NW. fallen und von da bis an die Gneissgrenze immer steiler werden. Ueber das südwestliche Ende der Mulde haben die früheren Fiedler'schen Kohlenwerke einigen Aufschluss ertheilt. Nach demselben Beobachter wurden ihre Baue auf drei parallelen Flötzen von NO. nach SW. getrieben und ergaben das sehr bestimmte Resultat, dass die in dem ehemaligen Windschachte fast genau in der Linie NO. bis SW. streichenden und 65° bis 70° in NW. fallenden Flötze sich innerhalb einer Erlangung von 180 Lachtern allmählig in die Linie OSO. bis WNW. wenden, während ihr Fallen gleichzeitig bis auf 50° abnimmt. Dieser Umstand ist insofern von Wichtigkeit, als er das Ende des Hainichener Kohlenbassins darthut.

Hiernach würde sich zwar, wie Naumann berechnet hat, die Länge der ziemlich schmalen Kohlensandsteinmulde etwa auf 10,000 Ellen ergeben, indessen scheint die Bauwürdigkeit der Kohlenflötze nur auf den südwestlichen Theil derselben, die Gegend von Berthelsdorf, beschränkt zu sein, wenigstens haben alle anderen Versuche in diesem Kohlenbassin bis jetzt noch keinen günstigen Erfolg gehabt; am allerwenigsten darf man dieselben jedoch ausserhalb jener punktirten Linie, im Gebiete des Grundconglomerates selbst anstellen.

Man bauete bei Berthelsdorf früher auf den Fiedler'schen Werken auf drei Flötzen, von denen in den letzten Jahren ihres Abbaues

das erste, unterste oder niedere Flötz . . . . 1 Elle bis 26 Zoll,
das zweite oder mittlere . . . . 16 bis 18 Zoll,
das dritte oder obere . . . . 16 Zoll

mächtig befunden worden ist.

Professor Naumann giebt nach seinen, vor 1836 gesammelten Erfahrungen die Mächtigkeit
des ersten Flötzes zu . . . . 3/4 Elle,
des zweiten Flötzes zu . . . . 1 Elle und
des dritten Flötzes zu . . . . 2 Ellen an.

Die aus Sandstein und Schieferthon bestehenden Zwischenmittel zwischen dem ersten und zweiten Flötze fand er in 14 bis 16 Ellen, zwischen dem zweiten und dritten aber in 10 bis 14 Ellen Mächtigkeit vor. Auch wusste man damals, dass sich zwei dieser Flötze, die auf dem Windschachte sehr bestimmt gesondert sind, in der Tiefe des östlich gelegenen Kunstbaues und auf dem am jenseitigen Striegisufer befindlichen, aber schon damals auflässigen Einsiedel'schen Stollen zu einem Flötze vereinigen, indem sich dort die Zwischenmittel bis auf eine schmale Lage Schieferthon verschmälerten.

Im Hangenden dieser Flötze befinden sich noch 2, gleichfalls schwache Flötze, die sogenannten Neuglück-Flötze, die ehemals in dem Ulbrichtschachte abgebauet wurden, später längere Zeit hindurch

durch die Gewässer gänzlich abgeschnitten waren, bis das eine derselben seit 1855 auf dem Kunze'schen Werke wieder in Abbau genommen worden ist.

Nach einer auf Veranlassung des Bergrath von Cotta durch den Bergingenieur Heucke für dieses Werk am Anfange des Jahres 1856 ausgeführten bergmännischen Untersuchung und Schätzung beträgt die durchschnittliche Mächtigkeit dieses Flötzes 0,4 Lachter = 1,4 Elle. Es zeigt auf dem Kunze'schen Werke ein Hauptstreichen von h. 7,4 und fällt mit ca. 65° nach N. ein. Unter Annahme einer gleichbleibenden Mächtigkeit und einem Fallen von durchschnittlich 65° ist sein Cubikinhalt unter dem als wirklich kohlenführend vorauszusetzenden Territorium bei Berthelsdorf von 700 Acker zu 50,000 Cubik-Lachter oder 5,000,000 Scheffel Kohle berechnet worden, welche Zahl durch Verlust bei der Gewinnung auf 4,900,000 Scheffel verkleinert worden ist. Eine nur etwa 8 Zoll mächtige Kohlenschicht zwischen diesem Neuglückflötze und dem schon oben bezeichneten niederen Flötzzuge verdient zunächst keine Beachtung. Dagegen ist von Herrn Heucke das aus drei Flötzen des liegenden oder unteren Flötzzuges von Berthelsdorf zu gewinnende Kohlenquantum, bei einer Mächtigkeit von 20 bis 22 Zoll für das obere, von 20 Zoll für das mittlere und 18 Zoll für das untere Flötz, oder eine Gesammtmächtigkeit von 2½ Elle, auf mindestens 7,550,000 Scheffel berechnet worden.

Seit dem Jahre 1853 war dieser Flötzzug wegen Andranges der Gewässer zwar unzugänglich geworden, doch werden sich diese sicher bewältigen lassen.

Die Kohle der unteren Flötze war zuletzt eine mehr oder minder reine Schieferkohle, die sich nach getroffener Auswahl recht gut für Schmiede- und Stubenfeuerung eignete, während andere nur geringen Werth besass. Auch wird die Kohle des Neuglücker-Flötzes durch B. v. Cotta als eine recht gute Kohle bezeichnet.

In einer ähnlichen Weise, wie für das Hainichener Bassin, ist durch Professor Naumann a. a O. auch die Selbstständigkeit des Ebersdorfer Bassins mit Bestimmtheit erwiesen worden, und noch in der neuesten Zeit hat dieser genaueste Kenner des vaterländischen Bodens seine früheren Mittheilungen hierüber vollkommen bestätigen können.[1])

Die Ausdehnung dieses Beckens wurde oben bezeichnet. Sie ist auf Section XV der geognostischen Karte von Sachsen zu ersehen. Wie das Hainichener Kohlenbassin, in dessen verlängerte Achse dasselbe fällt hat das Ebersdorfer Kohlenbassin eine Hauptlängenrichtung von NO. nach SW. An seinem nordöstlichen Ende und längs seines südöstlichen Randes lehnt es sich unmittelbar an den Gneiss, an seinem Nordrande an den Urthonschiefer an und an seinem westlichen Ende wird es in der Gegend von Röhrsdorf und Borna von der Grauwackenformation getragen, welche wahrscheinlich einen grossen Theil des von dem Rothliegenden und von Porphyr überdeckten Südrandes des Beckens begrenzt. Die in der Gegend von Röhrsdorf und Borna blosgelegten Grauwackenschichten können wohl nur als eine Fortsetzung der zwischen Voigtsberg, Langenstriegis, Mühlbach und Niederwiesa entwickelten Silurformation und der an diese sich schliessenden Devonformation betrachtet werden. Es lassen jedoch die Ablagerungen des Rothliegenden, welche das Ebersdorfer Kohlenbassin und den westlichen Theil des Hainichener Bassins überschüttet haben, sowie die zwischen Furth und Ebersdorf erhobenen Porphyrmassen jetzt den früheren Zusammenhang beider Becken als aufgehoben erscheinen.

Prof. Naumann nimmt als die Südgrenze des Bassins eine Linie an, welche vom Imsberge, südlich von Lichtewalde, an nach dem nördlichen Theile von Hilbersdorf, ohngefähr längs des Hilbersdorfer Baches, fortläuft und nördlich des Chemnitzer Schlosses durch den Küchwald fortsetzt. (Erl. II. p. 348.)

Die für das Ebersdorfer Bassin so charakteristischen Thonschieferconglomerate herrschen darin bei weitem vor. Vor allen Versuchen nach Steinkohlen in dem Gebiete derselben ist entschieden zu warnen. Man kann darin nur negative Resultate erzielen, wie sich dies schon in zahlreichen Versuchen bei Gunnersdorf, Frankenberg, Merzdorf, Dralsdorf und Borna herausgestellt hat. Nur in der oberen Sandsteinbildung dieses Kohlenbassins treten namhafte Kohlenflötze auf und diese sind bis jetzt nur an dem nördlichen Ende vor Ebersdorf in der Nähe des Gasthofs zur Bretmühle aufgefunden und seit etwa 50 Jahren auf dem gräflich Vitzthum'schen Steinkohlenwerke abgebauet worden.

Seitdem Professor Naumann a. a. O. 1838 die dortigen Lagerungsverhältnisse beschrieben hat, sind wesentlich neue Aufschlüsse darin nicht erlangt worden. Der Abbau bewegte sich dort zunächst auf drei Flötzen, in deren Liegendem noch ein viertes und weit draussen im Hangenden noch ein fünftes Flötz auftritt.

[1]) Berg- u. Hüttenmännische Zeitung. 1860. Nr. 20 u. 50.

Die durchschnittliche Stärke dieser Flötze war in der Stollentiefe folgende:

Erstes oder tiefstes Flötz	$^1/_3$ Elle mit	$^1/_4$ Elle Kohle.
Zweites Flötz	$1^1/_2$ Elle mit	1 Elle Kohle.
Drittes Flötz	$1^1/_2$ Elle mit	$^3/_4$ Elle Kohle.
Viertes Flötz	$3^1/_2$ Elle mit	$1^1/_2$ Elle Kohle.
Fünftes Flötz	$1^1/_2$ Elle mit	$1^1/_2$ Elle Kohle.

Die Zwischenmittel zwischen dem zweiten und dritten und zwischen dem dritten und vierten Flötze fand man 10 bis 12 und 6 bis 8 Ellen mächtig. Jenes besteht nur aus einem sehr zähen und compacten sandigen Schieferthone, dieses nach dem Hangenden und dem Liegenden gleichfalls aus Schieferthon, in der Mitte dagegen aus einem grauen, grobkörnigen, erkoseartigen Sandsteine. Die beste Kohle kommt auf dem zweiten Flötze vor und sie ist eine recht reine Schieferkohle.

Nach den mir zuletzt im Mai 1864 durch den Steiger des Ebersdorfer Werkes Herrn Bremer gewordenen Mittheilungen findet auf dem ersten, zweiten und fünften Flötze kein Abbau mehr statt, sondern nur auf dem dritten, welches bei $2^1/_4$ Elle Mächtigkeit $1^3/_4$ Elle Kohle führt, und auf dem vierten, das bei $3^1/_2$ bis 4 Ellen Stärke, $1^3/_4$ bis 2 Ellen Kohle enthält. Man hatte vor Kurzem den Förderschacht vertieft, um in einem tieferen Querschlage den Abbau derselben kräftiger fortsetzen zu können, und es fanden sich in den grauen Schieferthonen zwischen dem dritten und vierten Flötze zahlreiche Pflanzenreste von *Sagenaria Veltheimiana* Sternb. in allen Abänderungen mit Wurzeln und Fruchtähren, sowie der *Sphenopteris distans St., Sph. Beyrichiana* Gö. und *Sph. elegans* Brongn. vor. Bei dem jetzigen Abbau wurden täglich ca. 50 Scheffel gute Kohlen gefördert, die mit 8 Ngr. und 6 Ngr. pro Scheffel verkauft wurden.

Ueber die weitere Ausdehnung dieses Kohlenfeldes, welches eine schmale innere Mulde in dem Grundconglomerate bildet, lässt sich ein sicherer Ausspruch nicht thun, doch kann seine Längenausdehnung höchstens von Ortelsdorf bis an den unteren Theil von Borna angenommen werden, während seine Breitenausdehnung in der Gegend von Ebersdorf kaum den dritten Theil der Gesammtbreite des Bassins beanspruchen dürfte.

Sowohl die kohlenführenden Sandsteine dieser inneren Mulde, als auch die darunter sich ausbreitenden Grundconglomerate haben auf dem Südflügel des ganzen Bassins eine steilere, von 40° bis 70° nach Nordwest, auf dem Nordflügel dagegen eine flächere, von 10° bis 30° nach Südost geneigte Schichtenstellung.

Für die Altersbestimmung der Hainichen-Ebersdorfer Kohlenformation ist eine Entblösung sehr wichtig, auf welche gleichfalls Naumann zuerst[1]) die Aufmerksamkeit gerichtet hat. In einer südlich von Lichtenwalde nach dem Zschopau-Thale herabziehenden Schlucht, welche das Kuhloch genannt wird, werden die steil (gegen 70 Grad) aufgerichteten Schichten des alten Thonschieferconglomerates von horizontalen oder schwach geneigten Schichten eines weisslichen Sandsteines überlagert, der sich als die Fortsetzung des Flöhaer Kohlensandsteines ergiebt, dessen weit jüngeres Alter sowohl hierdurch als auch durch die Verschiedenheit seiner fossilen Flora[2]) leicht nachweisbar ist.

Die Kohle des Hainichener wie des Ebersdorfer Bassins ist vorzugsweise aus *Sagenaria Veltheimiana* Sternberg, einer baumartigen Lycopodiacee, entstanden, deren Stämme, Zweige, Fruchtblätter (*Lepidophyllum Veltheimianum*) und Wurzeln (*Stigmaria inaequalis*) neben anderen Pflanzen nicht allein in den sie bedeckenden Schieferthonen und Sandsteinen, sondern theilweise auch in den Flötzen selbst häufig noch zu erkennen sind. Von den anderen Leitpflanzen sind in dieser älteren Kohlenformation besonders die zu derselben Familie gehörenden *Knorria imbricata* Sternb, *Halonia tuberculosa* Brongn., *Aspidiaria tetragona* Sternb. sp., *Lycopodites polyphyllus* Römer sp. und *L. dilatatus* Lindley sp., die zu den Farren gehörenden *Sphenopteris distans* Sternb. und *Cyclopteris*

[1]) Erläuterungen II. p. 395. — Lehrbuch der Geognosie 2. Bd. 1852. p. 395 u. f.

[2]) Geinitz, Darst. der Flora des Hainichen-Ebersdorfer u. d. Flöhaer Kohlenbassins. Leipzig, 1854.

tenuifolia Göpp., aus der Familie der Sternhalme *Sphenophyllum dissectum* [1]) von Gutbier und aus der der Schafthalme *Calamites transitionis* Göpp. und *Cal. Römeri* Göpp. hervorzuheben.

Keine dieser Pflanzen kommt in einem anderen Kohlenbecken Sachsens vor, und es hat die productive Steinkohlenformation in Sachsen, wie schon erwähnt, mit der Kohlenformation von Hainichen und Ebersdorf überhaupt nur eine Pflanze, *Sphenopteris elegans* Brongniart, gemein. Dagegen sind die Pflanzen der Hainichener und Ebersdorfer Kohlenbecken, unter denen bis jetzt 22 verschiedene Arten erkannt worden sind, zum grössten Theile dieselben, welche in Schlesien und Thüringen, in Nassau und im Harze in den früher als jüngste Grauwacke, gegenwärtig als „Culm" unterschiedenen Ablagerungen, in anderen Ländern aber theilweise im Millstone Grit oder flötzleeren Sandsteine gefunden werden. (Vgl. S. 28 u. 31.)

2. Die productive Steinkohlenformation des Zwickau-Chemnitzer Bassins.

(Hierzu Taf. I und II.)

Unter Hinweis auf Section XV. der geognostischen Karte von Sachsen müssen wir zunächst hervorheben, dass dieses grosse auch unter dem Namen des „Erzgebirgischen Steinkohlenbassins" bekannte Becken mit einer Längenrichtung von NO. nach SW. sich aus der Gegend von Chemnitz, wo es im Norden an das Ebersdorfer Bassin angrenzt, bis in die Gegend von Zwickau ausdehnt, wo dasselbe in eine sich nach West und Nord erweiternde Bucht verläuft, in der bis jetzt noch keine Steinkohlen nachgewiesen werden konnten.

Der kohlenführende Theil dieses Beckens beginnt nur wenig westlich von Zwickau und reicht schon nicht mehr bis Marienthal. Derselbe bildet eine im Süden durch die nördliche Abdachung des Erzgebirges, von Urthonschiefer, silurischen und devonischen Schichten der Grauwackenformation und Grünstein, im Norden durch den südlichen Abhang des Granulitgebirges oder Sächsischen Mittelgebirges von Glimmerschiefer, Urthonschiefer und Grauwackengebirge begrenzte Bucht, ein wahres Längenthal, welches schon während der Steinkohlenbildung von dem Meere befreit gewesen ist. In dieser Bucht haben sich aus Hochmooren die verschiedenen Steinkohlenlager hervorgebildet und sind von ruhig erzeugten Schlammablagerungen, sowie auch zum Theil durch in bewegten Gewässern herbeigeführte Gebirgstrümmer überdeckt worden, die auch in dieser Steinkohlenformation nicht fehlen.

Wir haben auf Taf. I. durch eine Linie von unterbrochenen Strichen die Grenzen bezeichnet, die innerhalb dieses Landstriches von den kohlenführenden Schichten nicht überschritten zu werden scheint, ohne damit aussprechen zu wollen, dass der ganze hiervon umschlossene Theil überall kohlenführend sei. Dieser ganze Raum würde, in der Richtung von Zwickau nach Chemnitz gemessen, nahezu 4 geogr. Meilen Länge und senkrecht gegen diese Richtung 1 bis $1^1/_2$, und höchstens $1^3/_4$ geogr. Meilen Breite besitzen.

Nicht einer von den schon in der geogn. Darst. S. 33 als sehr zweifelhaft hingestellten Versuchen hat sein Ziel erreicht. Am weitesten war man bei Pölbitz in die Tiefe gedrungen, wo der Bohrer nach den mir durch Herrn Obersteiger Kunze am 16. April 1858 eingesandten Proben bei 912 Ellen Tiefe noch in dem grünlichen und röthlichen Schieferthone des unteren Rothliegenden stand.

In dem durch Herrn Leopold von der Mosel mit grosser Sorgfalt geleiteten Bohrversuche von Freireuth in der Nähe von Crimmitzschau und Werdau hat man unmittelbar unter dem Rothliegenden bei 549 Ellen 9 Zoll Tiefe einen lichten und später dunkelgrauen devonischen Kalkstein getroffen, welcher bei 564° — 565° Tiefe eine Meeresmuschel enthielt, die ich am 8. Juli 1853 als *Spirifer calcaratus* Sow. bestimmte. Dieser Kalkstein wechselte mehrfach mit Schichten von Grauwackenschiefer ab, bis man nach den mir zur Begutachtung eingesandten Bohrproben bei 572 Ellen Tiefe auf blauschwarzen Alaunschiefer stiess, den man noch einige Ellen weit verfolgt hat und als die Fortsetzung der im Liegenden jener devonischen Kalke von Planitz und Wildenfels auftretenden silurischen Graptolithenschiefer ansprechen darf.

Ein ähnliches Resultat musste ich aus den mir am 30. April 1860 und am 23. Dec. 1861 vorgelegten Bohrproben des von Herrn Georg Seipel in Gösau geleiteten Bohrversuches des Sächsisch-Altenburger Steinkohlenbergbau-Vereins zu Grünberg entnehmen:

bei 53 Ellen Tiefe befand man sich noch in dem oberen dolomitischen Zechsteine oder Plattendolomit, unter welchem

---

[1]) Diese Art ist früher von mir mit Unrecht zu *Solenites furcatus* Lindl gezogen und als *Sphenophyllum furcatum* beschrieben worden. — G.

bis 533 Ellen Tiefe Rothliegendes durchsunken wurde, worin bei 387° — 394° Tiefe Geschiebe von Felsitporphyr, bei 411° — 428° grüne Mandeln eines Basaltit-Mandelsteines, bei 486° — 498° Tiefe schwärzlich-graue unreine dünne Kalkplatten vorkommen. Das Rothliegende scheint

bis 542 Ellen Tiefe verfolgt worden zu sein, wenigstens enthielten die folgenden Bohrproben von 543 Ellen

bis 565 Ellen Tiefe den charakteristischen braunen Mandelstein, welcher westlich von Grünberg bei Vollmersheim auftritt. Diesem folgen bei 567° Tiefe

bis ca. 589 Ellen (wahrscheinlich devonischer) Kalkstein und von 590 Ellen Tiefe an Kiesel- und Alaunschiefer der Silurformation

bis 616 Ellen, die man trotz alles Abrathens zur weiteren Fortsetzung auch noch weiter verfolgt hat.

Ob man nach diesen Erfahrungen ein günstiges Resultat in dem zwischen Freireuth und Grünberg gelegenen Bohrloche des Werdauer Steinkohlenbohrversuchs erwarten kann, lässt sich mindestens bezweifeln, so wünschenswerth es auch sein mag, dass die hier aufgewendeten Opfer und Mühen nicht vergeblich sein möchten. Vor jenen negativen Aufschlüssen liess eine Fortsetzung des Versuches sich allenfalls rechtfertigen, nach denselben wohl kaum. Meine Ansicht hierüber ist dem Directorium dieses Vereines, Herrn K. Fr. Wetzel, welcher die Güte hatte, mir Proben von unterem Rothliegenden aus 759 bis 771 Ellen Tiefe zur Beurtheilung einzusenden, unter dem 30. Januar 1860 mitgetheilt worden.

Es sollte uns herzlich freuen, wenn die bezüglich dieser, ausserhalb des Zwickau-Chemnitzer Steinkohlenbassins im Westen desselben gelegenen Gegenden, sowie im Norden unseres Granulitgebirges in der geognostischen Darstellung 1856 S. 33 ausgesprochenen Befürchtungen durch Auffindung mächtiger Steinkohlenlager widerlegt werden würden. So lange dies aber noch nicht geschehen ist, darf man die Ansicht festhalten, dass während der Bildungszeit der Steinkohlenformation in dem Zwickau-Chemnitzer Bassin, wo ein seichter sumpfiger Boden die Hauptbedingung zu ihrer Entwickelung gegeben hat, jene benachbarten Gegenden noch von einem Meere bedeckt gewesen sind, in welchem die Pflanzen der Steinkohlenformation nicht haben entstehen können.

Bei der weiteren Beleuchtung dieses reichen Steinkohlen-Bassins wollen wir an seinem westlichen Ende, in der Gegend von Zwickau beginnen, da es gerade hier von seinen tiefsten bis zu den jüngsten Schichten hin am vollständigsten entwickelt und am deutlichsten aufgeschlossen ist. Von hier aus verfolgen wir dasselbe dann weiter nach Osten.

Als Anhaltspunkt hierzu dient Taf. 1, eine Verkleinerung der im Auftrage des K. Sächs. Ministeriums des Innern unter Leitung des Professor Nagel bearbeiteten „Uebersichtskarte der dem Erzgebirgischen Steinkohlen-Bassin angehörenden Theile des Königreichs Sachsen in $^1/_{24000}$ der nat. Grösse, 2 Lief. Dresden, 1859—1862", auf welcher letzteren alle Steinkohlenunternehmungen sehr genau abgegrenzt sind.

Man zählt auf derselben ausser 56 verschiedenen Privatwerken in der Gegend von Zwickau 79 grössere Steinkohlen-Unternehmungen, welche mit nur wenigen Ausnahmen durch Actiengesellschaften betrieben werden. Leider sind mehrere derselben und zwar aus verschiedenen, oft die Bonität der Felder gar nicht berührenden Gründen, wieder aufgelöst worden.

Im Allgemeinen darf man jedoch aussprechen, dass die allermeisten Steinkohlen-Unternehmungen in dem Erzgebirgischen Bassin auf sicherem Grund und Boden ruhen, wenn auch das jedem Einzelnen derselben zugetheilte Maass dieses schwarzen Goldes ein sehr verschiedenes ist. Welche praktische Erfahrungen aber durch zahlreiche Schächte und Bohrlöcher hierbei erlangt worden sind, soll nicht verschwiegen werden, damit sie auch der Wissenschaft zu Gute kommen, die bei den Nachweisen über die weitere Verbreitung der Kohlen thätig mitgewirkt hat. Ein grosser Theil der Entwickelungsgeschichte unserer Steinkohlenindustrie ist in zahlreichen zerstreuten wissenschaftlichen und technischen Gutachten niedergelegt und wahrscheinlich nur Wenigen jetzt noch zugänglich, wesshalb wir nicht unterlassen wollen, auf manche derselben uns hier zu beziehen.

In seinem westlichsten Theile ist das Erzgebirgische Bassin in der Gegend von Zwickau nach Süden und Westen geschlossen und wird hier zunächst von devonischen Schichten, Schiefer und Kalkstein unterlagert, unter welchem im Süden von Zwickau bei Ober-Cainsdorf und Stenn silurischer Alaunschiefer mit Graptolithen[1]) und ein alter quarziger Grauwackensandstein folgt, der zwischen den Dörfern Vielau, Nieder-Hasslau, Ober-Cainsdorf und dem Städtchen Neumark das Hangende des Urthonschiefers bildet. Die Steinkohlenformation ist auf diesen durch Grünsteine oft steil erhobenen Schichten ungleichförmig und schwach geneigt aufgelagert. Die westliche Grenze des Beckens ist zwar nicht äusserlich sichtbar, da sie vom Rothliegenden verdeckt wird, sie ist jedoch durch verschiedene Bohrlöcher[2]), welche zum Theil schon ausserhalb von ihr zu stehen kommen, sowie durch die Grubenbaue von dem Planitzer Kunstschachte, dem Himmelsfürstschachte und dem Segen-Gottesschachte aus genügend festgestellt worden. (Vgl. geogn. Darst. S. 14, Taf. I. II.)

---

[1]) Geinitz, die Versteinerungen der Grauwackenformation. Leipzig, 1852—1853. p. 90, 91. — Geogn. Darst. S. 24.

[2]) Geogn. Darst. S. 24, 25.

Der südliche Rand verläuft in der Richtung von Ost nach West als eine fast gerade Linie, die etwa 100 Lachter südlich von dem früheren Gräflich Solms'schen Maschinenschachte oder der späteren Herrmannsgrube beginnt, nach der Königin Marienhütte und von da bis in die Nähe der Stelle reicht, wo die von Cainsdorf nach Nieder-Planitz und die von Ober-Planitz nach Schedewitz führenden Strassen sich kreuzen. Von hier aus legt sich diese Linie fast rechtwinkelig um, und läuft als westliche Begrenzungslinie mit einigen Biegungen gegen 130 Lr. westlich vom Planitzer Kunstschachte, gegen 105 Lr. westlich vom Himmelsfürstschachte bei Neudörfel und gegen 40 Lr. westlich vom Segen-Gottes-Schachte des Erzgebirgischen Steinkohlen-Actienvereins nach der östlichen Seite von Marienthal, oder westlich von dem Zwickauer Bahnhofe hin. Welche Richtung diese Grenzlinie von hier aus weiter in nördlicher Richtung verfolgt, ist noch unbekannt, die Ansicht des Verfassers ist aber die, dass sie in eine nordöstliche Begrenzungslinie umsetze, welche die Verlängerung der Längenachse des Granulitgebirges ist und ohngefähr über Pölbitz, Thurm bis Nieder-Lungwitz zu ziehen sein würde. Eine Begründung für diese Ansicht wurde in der geogn. Darst. S. 32 zu geben versucht.

Die Längsachse des Zwickauer Beckens fällt, der an verschiedenen Punkten beobachteten Flötzlagerung zu Folge, in die Richtung von SW. nach NO., ungefähr in eine Linie, welche von der östlichen Umgebung des Planitzer Kunstschachtes nach dem Zwickauer Wehre bei Schedewitz gezogen wird. Das Hauptstreichen der Kohlenflötze im Südflügel des Bassins ist parallel dem Ausstriche der Kohlen von Ost nach West, nahe hor. 6, mit einem Fallen von $10^0 - 15^0$ nach Nord, das im Nordflügel aber variirt im Allgemeinen mit mehrfachen Schwankungen zwischen hor. 3 (SW. — NO.) und hor. 12 (S. nach N.). Das Schichtenkohlflötz ist östlich vom Kunstschachte bei Planitz, sowie in der Nähe des Vertrauens-Schachtes bei Schedewitz, mit söhliger Lagerung angetroffen worden, wesshalb auch die Wendung des ganzen Bassins gerade in die Nähe von diesen Localitäten zu versetzen ist.

Die tiefsten, dem Rande des Bassins am meisten genäherten, Flötze nehmen auf dem linken Ufer des Muldenflusses ein fast rechtwinkeliges Streichen in hor. 12, oder nach Nord, an und dasselbe scheint nördlich vom Hoffnungsschachte bei Schedewitz aus auch für die mittleren Flötze das herrschende zu werden, welche bis dahin noch ein nordöstliches Streichen beobachtet hatten. Hiermit ändert sich nothwendig auch das Fallen der Flötze, das nach v. Gutbier an dem tiefen Planitzer Flötze in der Gegend der Einsattelung gegen das Planitzer Thal, wo dasselbe hor. 12 streicht, $20^0 - 25^0$ östlich wird, während sein Fallen auf den Flötzen des Segen-Gottes-Schachtes und des Bürgergewerkschachtes durchschnittlich 8^0 nordöstlich ist.

Der Muldenfluss theilt das Zwickauer Kohlenbassin in eine westliche oder auf der linken Seite des Flusses gelegene Abtheilung, welche die Fluren von Nieder-Cainsdorf, Planitz, Neudörfel, Schedewitz, Zwickau und Marienthal bedecken, und eine östliche, auf der rechten Seite des Flusses gelegene Abtheilung, die sich zunächst ungestört über die Fluren von Oberhohndorf, Bockwa und Vielau, hinter einer östlichen Hauptverwerfung aber weiter nach Osten hin fortsetzt.

Der Abbau der Kohlen ist von Planitzer Flur ausgegangen. Alle älteren Werke wurden auf dem Südflügel des Beckens, sowohl auf dem linken als auf dem rechten Ufer der Mulde betrieben; der neueren Zeit gehört die Entstehung der bedeutendsten Werke in dem nördlichen Flügel und zwar auf dem linken Ufer des Flusses an, der neuesten Zeit die grösseren Unternehmungen auf dem rechten Ufer der Mulde, von denen einige bereits hinter der östlichen Hauptverwerfung zahlreiche Kohlenflötze durchsunken haben.

Auf dem linken Ufer der Mulde liegen dicht bei Nieder-Cainsdorf die Werke der Herren Kraft und Lücke, der Commun Bockwa und einiger Privatbesitzer, die insgesammt von dem Areale der von Arnim'schen Steinkohlenwerke in Planitz umgeben werden, das sich bis Neudörfel und Planitz erstreckt. Auf diesem reichen Felde stehen der Kunstschacht, Himmelfahrts-Schacht und Alexander-Schacht bei Planitz. Südlich von dem ersteren Schachte liegt die berühmte Dampfgärtnerei des Herrn Geitner, welcher die durch den Planitzer Erdbrand entwickelte Wärme für seine Treibegärtnerei benützt. Oberhalb dieser liegt an dem Fahrwege der Fundort für das sogenannte Eisensteinmark oder die sächsische Wundererde, welche schon 1732 von dem Edelsteininspector Richter in Schneeberg als *terra miraculosa Saxoniae* beschrieben und angepriesen worden ist. (Vgl. Geogn. Darst. S. 16.)

Bei Vorder-Neudörfel stösst an das von Arnim'sche Kohlenfeld das des früheren Steinkohlenbau-Vereins zu Vorder-Neudörfel und Nieder-Planitz mit dem Himmelsfürstschachte. Es ist diesem Vereine leider nicht

7*

gelungen, die durch einen Kohlenbrand auf seinen Strecken entstandenen Calamitäten zu überwinden. — Dass der von Nieder-Planitz aus sich nach Westen ausbreitende Planitzer Verein den Ausstrich des tiefsten Flötzes kaum noch berührt, geht aus der früheren Angabe für die westliche Grenzlinie des Bassins hervor. Man darf sich daher nicht wundern, wenn hier keine Steinkohlen gefunden wurden. — Von dem Raume zwischen Neudörfel und dem Galgengrunde hat zum grössten Theil der reichen Segen spendende Zwickauer Steinkohlenbau-Verein mit seinen 3 Förderschächten Vereins-Glück, Aurora und Glückauf-Schacht Besitz genommen; zwischen dem Galgengrunde bis in die Nähe des Segen-Gottes-Schachtes und dem Schwanenschlösschen bis nordwestlich vom Zwickauer Bahnhofe breiten sich die sehr ergiebigen Felder der Zwickauer Bürgergewerkschaft aus, welche vom Bürgergewerkschaft-Schachte (oder Bürgerschacht) und dem Hülfe-Gottes-Schachte aus bauet; der ruhmvoll dastehende Erzgebirgische Steinkohlen-Actien-Verein aber raint mit seinem westlichen Reviere, auf welchem der Segen-Gottes-Schacht steht, nach Osten an das vorher genannte Feld an, andrerseits trennt er zwischen dem Galgengrunde und dem Himmelsfürstschachte eine schmale Parzelle des Steinkohlenbau-Vereins zu Vorder-Neudörfel und Nieder-Planitz von dem Zwickauer Steinkohlenbau-Vereine. Das östliche Revier, das den Hoffnungs-Schacht und den Vertrauens-Schacht bei Schedewitz trägt, grenzt im Westen wiederum an das Feld der Zwickauer Bürgergewerkschaft, des Zwickauer Steinkohlenbau-Vereines und des Herrn Sarfert, erfüllt den Raum zwischen dem Mühlgraben von Schedewitz und der Mulde und verbreitet sich jenseits des Flusses noch über einen Theil des zwischen Bockwa und der Hering'schen Brauerei gelegenen Landes. Hier wird es theilweise durch das Revier des Forst-Steinkohlenbau-Vereins unterbrochen, theils wird das letztere von ihm umschlossen, sowie in dieser Gegend auch das Feld des Oberhohndorf-Schader-Vereines daran stösst. Das übrige auf dem rechten Ufer der Mulde gelegene Land diesseits jener Hauptverwerfung gehört zumeist Grundbesitzern von Bockwa und Oberhohndorf an.

Hinter der östlichen Hauptverwerfung sind die bedeutendsten Werke der Zwickauer Brückenberg-Steinkohlenbau-Verein, welcher Zwickau zunächst liegt, dessen grosses und reiches Feld zwischen der Mulde bei Zwickau und den Dörfern Pölbitz, Eckersbach und Pöhlau liegt und an den östlichen Rand des Erzgebirgischen Steinkohlen-Actienvereins angrenzt und der Zwickau-Oberhohndorfer Steinkohlenbau-Verein im Süden desselben.

Dieses so ergiebige Becken ist von einer Anzahl zum Theil sehr mächtiger Steinkohlenflötze ausgekleidet, von denen ein jedes der nach oben folgenden einen kleinern Raum über dem nächst tieferen Flötze einnimmt. Die obersten Flötze lagern im Süden von Oberhohndorf, wo der ehemalige Junge Wolfgang-Schacht 9 Hauptflötze mit einer Gesammtmächtigkeit von 42 bis 43 Ellen durchschnitten hat. (Vgl. Taf. II.)

Wie aus der schon bezeichneten Richtung der Muldennaht oder Hauptaxe derselben von SW. nach NO. hervorgeht, müssen die oberen Flötze früher, besonders auch in nördlicher Richtung, eine viel weitere Verbreitung gehabt haben, als dies auf unserer Flötzkarte (geogn. Darstell. Taf. I) jetzt erscheint, und es kann keinem Zweifel unterliegen, dass von denselben ein beträchtlicher Theil durch Gewässer zerstört worden ist; diese Flötze streichen unter den grauen Conglomeraten der untern Dyas plötzlich aus, so dass sie hierdurch wie mit einem schiefen Schnitte abgeschnitten erscheinen. (Vgl. geogn. Darst. Taf. II.)

a) Das unterste oder älteste Kohlenflötz in dem Zwickau-Chemnitzer Bassin ist das tiefe Planitzer Flötz, in dessen oberer Abtheilung der Bohrversuch im Jungen Wolfgang-Schachte bei 276,50 Ellen Tiefe wegen Abbrechen des Bohrers sein Ende erreichte. Oestlich und nahe beim Kunstschachte bei Planitz zerfällt dieses Flötz in eine obere, mittlere und untere Abtheilung, die wir auch hier, wie in unserer früheren Darstellung, mit A, B und C bezeichnen wollen, von denen die letztere nur östlich vom Schachte angehauen worden ist. A ist von B durch ein 18 Zoll mächtiges Zwischenmittel, B von C durch 4 Ellen Schieferthon geschieden. (Vgl. S. 39.) Die obere Abtheilung A, dort auch oberes Pechkohlflötz genannt, tritt im Planitzer Kunstschachte bei 157° Tiefe als eine 4 Ellen mächtige Pechkohle oder Sigillarienkohle auf, die in würfeligen Stücken zerbricht, und mit zahlreichen schmalen Adern oder Kluftflächen von Kalkspath und Nakrit erfüllt wird, hin und wieder auch Blätter von Bleiglanz und Schwefelkies enthält.

Die mittlere Abtheilung B, in Planitz auch unteres Pechkohlflötz genannt, zerfällt östlich vom Kunstschachte in 1° 12″ Pechkohle, 4″ Scheeren, 6° Pechkohle, 2″ Scheeren und 1° 7″ Russkohle. Die untere Abtheilung C, oder das Neufundflötz, welches östlich vom Schachte in unmittelbarer Nähe der zersetzten Grauwackenschiefer mit 2° 10″ — 2° 12″ Mächtigkeit erscheint, ist eine harte Schieferkohle, welche aus Pechkohle und Kohlenschiefer zusammengesetzt ist. Ein Abbau auf ihr wird hier nicht betrieben.

Alle drei Abtheilungen zusammen enthalten hiernach 15° 5″ Kohlen, welche durch 5° 10″ Zwischenmittel geschieden werden. (Geogn. Darstell. T. 4, f. 22.)

Im Alexanderschachte bei Planitz besteht das Planitzer Flötz nach Angabe des Herrn Schichtmeister Rudert aus einer oberen Abtheilung von 4 Ellen, 18 Zoll Zwischenmittel und einer unteren Abtheilung von 11 Ellen; die tiefste Abtheilung oder das Neufundflötz ist 3½ Ellen mächtig, besteht jedoch aus vorherrschend harten Schichten und ruhet fast unmittelbar auf der Grauwacke auf.

Nach Ost hin hat sich das Planitzer Flötz auf dem Werke der Herren Kraft und Lücke in Nieder-Cainsdorf in dem Albertschachte durch zahlreiche theils stärkere, theils schwächere Scheeren, auf einen Raum von 30° 15½″ Höhe ausgedehnt, wovon die Kohlen 15° 19″ einnehmen, so dass man genöthiget ist, hier das Flötz in 6 Abtheilungen abzubauen, welche den 3 Hauptabtheilungen A, B und C entsprechen. (Geogn. Darst. Taf. 4. f. 26.) Auch die Beschaffenheit der Kohle hat sich etwas geändert, indem A ein 2° 4″ und B ein 2° 7″ starkes Russkohlflötz enthält. Die Kohle der vierten Abtheilung ist eine sehr reine Pechkohle, welche parallelepipedisch abgesondert ist, während die zweite, fünfte und sechste Abtheilung mehr schieferig erscheinen. Namentlich zeigte sich auf den Kluftflächen der fünften Abtheilung jene weisse Substanz, die als Nakrit (aus Thonerde, Kieselsäure und Wasser bestehend) unterschieden worden ist, und an ihrer Sohle fand sich eine bis 12″ mächtige Schicht von thonigem Sphärosiderit.

Die Russkohle nimmt in der oberen Abtheilung des Planitzer Flötzes nicht selten bisweilen so überhand, dass man dieselbe auf den Werken der Bockwaer Commun und angrenzenden Werken auch als „Russkohlflötz“ bezeichnen hört, wiewohl das eigentliche Russkohlflötz des Bassins ein höheres Niveau einnimmt.

Der südöstlichste Punkt in der näheren Umgegend von Zwickau, bis zu welchem das Planitzer Flötz verfolgt worden ist, liegt auf Reinsdorfer Flur an dem Eingange des Vielauer Waldes. Die schon durch ältere Versuche, über welche von Gutbier[1]) Nachricht ertheilt, in den sogenannten Reinsdorfer Schächten gefundenen Kohlenflötze, von denen das obere 3° mächtige von dem mittleren 1° 6″ starken durch 10° Zwischenmittel, das mittlere aber von dem 1° 18″ mächtigen unteren Flötze durch 2° Zwischenmittel getrennt wurde, hat schon dieser Berichterstatter als die Vertreter des Planitzer Flötzes erkannt. Später wurden dieselben Flötze in ihrer Fallrichtung in dem Gräflich Solms'schen Schachte oder der Herrmannsgrube, welche hinter der östlichen Hauptverwerfung, oder dem sogenannten „Vorschuss“ liegt, wieder angetroffen.

Laut einer vom Adv. Kuntze in Zwickau ulto März 1856 erlassenen Einladung zur Betheiligung bei diesem Steinkohlenwerke hatte man in einer Tiefe von 198° unter Tage ein Pechkohlenflötz von 1½°, in einer Tiefe von 205° ein zweites Pechkohlenflötz von 2° reiner Kohlenmächtigkeit und in einer Tiefe von 211° ein drittes dergleichen von 1° Kohlenstärke durchsunken. Diesen Angaben entspricht auch sehr nahe das dieser Einladung beigefügte Zeugniss des Directors Varnhagen, vom 2. April 1856, welcher das obere Flötz auf einer im Betriebe befindlichen Strecke aus 1° 15″$_5$ bis 1° 18″$_5$ Kohle und 1° 12″ Bergmitteln, das zweite aber aus 1° 21″$_{75}$ Kohle und 20″$_7$ Bergmitteln bestehend, fand. Das Fallen der Flötze betrug 22—23° N.

Deutlicher noch, als nach Ost hin, hat sich das Planitzer Flötz in nördlicher Richtung von dem Planitzer Kunstschachte aus in drei Hauptabtheilungen zerschlagen, welche, je weiter man sich von hier aus entfernt, durch ein immer mächtiger werdendes Zwischenmittel getrennt, und dann als selbstständige, zum Theil sehr mächtige Flötze unter verschiedenen Namen abgebauet werden. (Vgl. geogn. Darst. T. II.)

Im Himmelsfürstschachte bei Vorder-Neudörfel wird A (aus 21″ Kohle, 1″ Scheere, 14″ Kohle, 2″ Scheeren, 10″ Kohle, 1° 6″ Scheeren, 2° 8″ Kohle bestehend) von B (mit 11° 20″ reiner Kohle) durch ein Zwischenmittel von 2° 17″ getrennt, während C (aus 5° Pechkohle, 1° Schieferthon und 1° Kohle bestehend) durch ein Zwischenmittel von 22° 18″ Stärke von B geschieden wird. (Geogn. Darst. Taf. II. f. 3, 4. Taf. III. f. 5.)

Hinter einer kleinen Niederziehung der Flötze zwischen diesem Schachte und dem Vereins-Glück-Schachte entfernen sich A, B und C nicht allein in der Richtung des Fallens, sondern auch in der des Streichens immer mehr und mehr von einander.

Im Vereins-Glück-Schachte erscheint A bei 318° 12″ Tiefe als ein mit Scheeren verunreinigtes Flötz von nur 1° 2″ Stärke, im Aurora-Schachte bei 362° 2″ Tiefe als einelliges Flötz, und im Hoffnungs-Schachte bei Schedewitz bei 393° 10″ Tiefe als ein nur wenig mächtigeres Flötz.

Die Abtheilung B, oder das Vereins-Glücker Pechkohlenflötz enthält im Vereins-Glück-Schachte bei 393° 6″ Tiefe 5° 15″ Kohle, im Aurora-Schachte bei 440° 17″ Tiefe 6° 1″ Kohle und in dem Hoffnungs-Schachte bei 454° 18″ Tiefe 5° 11″ Kohle.

---

[1]) Geogn. Beschreibung des Zwickauer Schwarzkohlengebirges. Zwickau, 1835, p. 71.

Die untere Abtheilung C, hier das tiefe Vereins-Glücker-Flötz, lagert in dem Vereins-Glück-Schachte, wo sie 6° 6½″ Kohle führt, 33° 3″ unter B.

Man hat auf dem westlichen Areale des Erzgebirgischen Steinkohlen-Actienvereins die Abtheilung als Amandusflötz (mit 4° 20″ durchschnittlicher Mächtigkeit) unterschieden, deren Kohle aus dünnen glänzenderen und matteren Pechkohlenstreifen der Sigillarienkohle besteht, zwischen denen ganz dünne Lagen von Russkohle liegen; die Abtheilung B als Ludwigflötz (mit der durchschnittlichen Mächtigkeit von 4° 19″, wobei 2 Scheeren von 1″ mit eingerechnet sind), in welchem gleichfalls Pechkohlenschichten der Sigillarienkohle von 1‴ bis 1″ Dicke mit dünnen Russkohlenschichten abwechseln, und die Abtheilung C als Segen-Gottes-Flötz, das in dem Schachte selbst 12 Ellen stark angetroffen worden ist und ausser trefflicher Pechkohle (Sigillarienkohle) 1° harte Kohle und 1° 19″ Scheeren enthielt.

Im Segen-Gottes-Schachte selbst war das Ludwigflötz unmittelbar unter dem grauen Conglomerate der unteren Dyas, und von diesem nur noch durch eine Lage von thonigem Sphärosiderit geschieden, bei 419° 23″ Tiefe als ein schwaches Kohlenflötz von nur 3″ Stärke angetroffen worden, das sich aber bei Verfolgung dieser Spur später als das Ausgehende des Ludwigflötzes zu erkennen gegeben hat. 38° 12″ unter diesem Flötze erreichte man in dem Schachte bei 458° 11″ Tiefe das 12 Ellen mächtige Segen-Gottesflötz (bei 470° 11″), welches durch 6° 4″ Kohlengebirge von den zersetzten weisslichen Schiefern der Grauwackenformation geschieden war.

Bei einem im Jahre 1852 ausgeführten Bohrversuche in die Firste nach höher liegenden Flötzen im fortgesetzten Querschlage der 138 Lachtersohle fand man das Amandusflötz in 54° 19″ Höhe über dem Ludwigflötze, welches einem Zwischenmittel von 49° 23″ entsprach, in dessen Mitte noch ein 23″ starkes Pechkohlenflötz erscheint.

Im Bürgergewerkschachte entspricht das obere 3° mächtige Flötz bei 442° Tiefe dem Amandusflötz oder der Abtheilung A, das zweite, 4° mächtige Flötz bei 506° Tiefe dem Ludwigflötz oder der Abtheilung B, während das Segen-Gottesflötz oder die Abtheilung C des Planitzer Flötzes hier in 3 Flötze von 1° 9″, 3° 5″ und 1° 2″ Stärke (CI, CII und CIII) zerfällt, welche in 78 Lachter südlicher Entfernung vom Schachte in einem in der Sohle des zweiten Flötzes angesetzten Bohrloche ersunken worden sind, mit dem man bei 111° 16″ Tiefe den Grauwackenschiefer erreicht hat. (Geogn. Darstellung, Taf. IV, Fig. 2.)

Diesen verschiedenen Abtheilungen aber entsprechen, wie es nach den Resultaten des mit dem Bohrloche des Vertrauensschachtes bei Schedewitz nach freundlichen Mittheilungen des früheren Bergverwalters Herrn Modrach erscheint, hier vier selbstständige Flötze, von denen

A	4° 2″	mächtig	bei 554° 13″	Teufe,
B	7° 20″	„	„ 624° 1″	„
CI	7° 18″	„	„ 666° 15″	„
CII	7° 23″	„	„ 728° 1″	„

durchsunken worden ist, nachdem man schon über demselben vier bauwürdige Kohlenflötze getroffen hatte.

Das Planitzer Flötz mit diesen Hauptabtheilungen, welche überall, wo sie abgebaut werden, eine vortreffliche Kohle liefern, bezeichnet den zweiten Vegetationsgürtel im Gebiete der Steinkohlenformation überhaupt, oder die Sigillarienzone.

Sigillaria alternans Sternberg, *S. oculata* Schlotheim, *S. Cortei* Brongniart, *S. intermedia* Brongn., *S. tesselata* Brongn. und *S. cyclostigma* Brongn. herrschen vor allen anderen Pflanzen hier vor, und man fand namentlich von der ersteren noch zahlreiche aufrechte Stämme auf den von dem Planitzer Kunstschachte aus getriebenen Strecken auf dem zweiten Pechkohlenflötze des Himmelsfürst-Schachtes, an der Decke des Ludwigflötzes in der Nähe des Segen-Gottes-Schachtes und auf dem zweiten Flötze des Bürgergewerkschaft-Schachtes, welche zuweilen 7 bis 9 Fuss Umfang besitzen. Nächst diesen haben zwei baumartige Lycopodiaceen, *Sagenaria dichotoma* Sternb. und *S. rimosa* Sternb. besonders zur Bildung der oberen Abtheilung wesentlich beigetragen, da ihre Ueberreste zu den gewöhnlichsten Erscheinungen in den unmittelbar darüber lagernden Schichten gehören. Es boten namentlich die durch Erdbrand gerötheten Schiefer des Bockwaer Communwaldes sowohl für sie als auch für andere Pflanzen eine reiche Fundgrube dar. Unter diesen sind die als *Cardiocarpon Künssbergi* v. Gutbier, *C. marginatum* Artis, *Trigonocarpon Parkinsoni* Brongn. beschriebenen Früchte und Blätter von *Cordaites* hervorzuheben.

Die gewöhnlichsten Farren in der Sigillarienzone sind: *Neuropteris auriculata* Brongn., *Dictyopteris Brongniarti* v. Gutb. und *Alethopteris pteroides* Brongn.; als Leitpflanzen können aber *Sphenopteris coralloides* v. Gutb., *Schizopteris anomala* Brongn., *Dictyopteris neuropteroides* v. Gutb. und *Alethopteris erosa* v. Gutb., sowie von den Sternhalmen *Asterophyllites foliosus* Lindley sp., *A. rigidus* Sternb. sp. und von den Schafthalmen *Equisetites priscus* Gein. betrachtet werden, während *Sphenophyllum saxifragaefolium* Sternb. und *S. emarginatum* Brongn., *Calamites Suckowi* Brongn., *C. cannaeformis* Schloth. u. a., welche sehr häufig sind, auch noch in weit jüngere Schichten hinübergehen.

b) Der Sigillarienzone folgt in unserer Steinkohlenformation die Hauptzone der Calamiten mit dem eigentlichen Russkohlenflötze der Zwickauer Gegend. Hier haben die Calamiten, jene alten oft riesigen Vertreter unserer heutigen Schafthalme, und die Sigillarien ihre früheren Rollen vertauscht. *Calamites cannaeformis*, *C. Suckowi* und theilweise auch *C. approximatus* Schloth. treten am meisten in den Vordergrund, Asterophylliten, Annularien und Sphenophyllum-Arten sind seltener, Sigillarien ragten nur noch vereinzelt dazwischen hervor. Doch wucherte auch in dieser Zone, wie in der früheren, *Stigmaria ficoides* Brongn. *var. vulgaris* Göppert mit ihren langen sich horizontal ausbreitenden Wurzeln und blattartigen Wurzelfasern. Nach Mittheilungen des Herrn Schichtmeister Rudert in Planitz kommt *Stigmaria ficoides* massenhaft in dem Zwischenmittel zwischen der Abtheilung A und B des Planitzer Flötzes vor, jedoch ohne Sigillarien. Die letzteren finden sich auf dem Pechkohlenflötze des Alexander-Schachtes, welches der Abtheilung A desselben entspricht. *Cordaites principalis* Germar sp. wuchs üppiger hervor und neben früheren baumartigen Lycopodiaceen fehlte auch *Aspidiaria undulata* Sternb.[1]) sp. nicht. Der Entwickelung von Farren ist das dichte Gestrüpp von Calamiten, welche der sumpfige Boden trug, weniger günstig gewesen.

Es herrscht in dem Russkohlenflötze vor allem die Russkohle und zwar die normale Calamitenkohle bedeutend vor, doch ist dasselbe keineswegs frei von Pechkohle, die ihren Ursprung zusammengedrückten Sigillarienstämmen und anderen Pflanzen verdankt. Die Mächtigkeit dieses vortrefflichen Flötzes, dessen hohen Werth man erst in der neuesten Zeit recht zu schätzen beginnt, schwankt auf dem Südflügel des Bassins zwischen 10 und 14 Ellen.

Man fand es im Bohrloche des Jungen-Wolfgang-Schachtes bei Oberhohndorf mit 12° 6″ Kohlen und nur einer Scheere von 6″ Stärke; im Schachte von Hering und Co. in Oberhohndorf von fast gleicher Mächtigkeit; auf den Bockwaer Grundstücken, wo man sowohl auf dem rechten als linken Ufer des Flusses dieses Flötz vorzugsweise abbauet, ist es noch immer 10 — 12 Ellen, 14 Ellen mächtig aber steht es im Albertschachte von Kraft und Lücke bei Nieder-Cainsdorf an. Eine fast gleiche Entwickelung zeigt es in der Nähe des Planitzer Kunstschachtes und Himmelfahrts-Schachtes. (Geogn. Darst. tb. 4. F. 7. 8.) Im Alexander-Schachte bei Planitz, wo es durch 16 Ellen Zwischenmittel von dem Planitzer Flötze getrennt ist, erreicht es bei 84 Lachter Tiefe 13° 3″ Mächtigkeit. Von weit geringerer Mächtigkeit tritt das Russkohlenflötz in dem nördlichen Flügel des Bassins auf. Im Vereins-Glück-Schachte besteht es bei 280° Teufe aus 3° 23″ Kohle und 1° 26″ Scheeren, im Aurora-Schachte bei 325° 2″ Teufe aus 4° 2½″ Kohle und 18″ Scheeren, im Hoffnungs-Schachte bei Schedewitz bei 343° 12″ Teufe aus 4° 5″ Kohle und 1° 7″ Scheeren und im Bohrloche des Vertrauens-Schachtes bei Schedewitz hat man dasselbe bei 503° 21″ Tiefe 5° 16″ stark durchbohrt. In einer sehr ähnlichen Stärke ist es auch wieder in dem hinter jener Hauptniederziehung der Schichten gelegenen Schachte des Zwickau-Brückenberg-Steinkohlenbau-Vereins bei 1139° 23″ Teufe mit 6° 12″ Stärke durchbohrt worden.

Die Ausbreitung dieses Flötzes ist auf dem Südflügel des Bassins eine nur wenig geringere, als die des Planitzer Flötzes und es streicht an der nördlichen Seite des Schmelzbaches, bevor derselbe die Richtung nach NW. einschlägt, zwischen dem Maschinenschachte von Kraft und Lücke in Nieder-Cainsdorf und der Marienhütte in der Richtung der Dampfgärtnerei bei Planitz zu Tage aus. Auf dem nördlichen Flügel des Bassins erreicht es im Himmelsfürst-Schachte bei Neudörfel unter jenem grauen Conglomerate, von welchem es abgeschnitten wird, sein westliches Ende, und da es im Vereins-Glück-Schachte vorhanden ist, im Bürgergewerkschachte aber fehlt, so muss seine Grenze von dem Himmelsfürst-Schachte an in einer zwischen den beiden vorhergenannten Schächten sich in nördlicher Richtung nach dem Bahnhofe von Zwickau hinziehen.

---

[1]) Ein 12¼ Fuss langer Stamm, den Herr Schichtmeister Rudert in Planitz aus dem Himmelfahrtschachte bewahrt, gehört wahrscheinlich dieser Art an.

Das Zwischenmittel zwischen diesem Flötze und dem Planitzer Flötze besteht meist aus 40° bis 56° von sandigem Schieferthon und Sandstein.

c. Die Hauptzone der Annularien oder der vierte Vegetationsgürtel in der sächsischen Steinkohlenformation umschliesst das unbauwürdige Neukohlflötz und das Schichtenkohlflötz oder Hoffnungsflötz der Zwickauer Gegend. Unter den Calamiten, welche alle Zonen der Steinkohlenformation, nur in einem anderen relativen Verhältnisse, gemein haben, wird erst hier *Calamites approximatus* Schlotheim häufiger; für *Annularia longifolia* Brongniart aber ist das Schichtenkohlflötz der eigentliche Horizont, in welchem diese Pflanze ihre kräftigste Entwickelung erlangt hat, wiewohl sie auch in tieferen und höheren Flötzen gefunden wird. Sie hat mit *Annularia sphenophylloides* Zenker sp. und *Sphenophyllum emarginatum* Brongniart namentlich Antheil an der Bildung der schwachen Lagen und vereinzelten Partieen von Russkohle in diesem Flötze genommen. Nur wenige Sigillarien reichen noch bis in das Schichtenkohlflötz hinauf, aber auch *Stigmaria ficoides Var. vulgaris* fehlt nicht. Von Lycopodiaceen kennt man bei Zwickau hier nur *Sagenaria dichotoma* Sternb. sp., *Aspidiaria undulata* Sternb. sp. und *Halonia punctata* Lindley sp. Die Farren treten zum ersten Male etwas mehr hervor und unter ihnen verdienen *Sphenopteris cristata* Brongn., *Odontopteris Reichiana* v. Gutb., *Neuropteris auriculata* Brongn., *Dictyopteris Brongniarti* v. Gutb., *Cyatheites dentatus* Brongn. und *C. Miltoni* Artis sp. besonders genannt zu werden.

Zu einer Trennung dieser Zone von der tieferen und höheren Zone berechtiget uns schon die Thatsache, dass sie im Plauen'schen Grunde ohne die anderen vollkommen selbstständig auftritt.

Ein 35° — 60° mächtiges Zwischenmittel von Sandstein und Schieferthon, in welchem das unbauwürdige Neukohlflötz eingelagert ist, scheidet das Schichtenkohlflötz von dem Russkohlenflötze. Durch eine grössere Anzahl schwacher Scheeren von Schieferthon und Kohlenschiefer wird das Schichtenkohlflötz gewöhnlich in eine verschiedene Anzahl von Kohlenschichten getrennt, die aus geschichteter Pechkohle mit schwächerem und stärkerem Glanze bestehen, zwischen welchen auch dünne Lagen von Russkohle eingestreut sind, was meist eine Scheidung der Kohle aus diesem Flötze über Tage veranlasst. Eine solche ist bei den anderen Flötzen dieses Revieres nicht nöthig.

Von der östlichen Hauptverwerfung aus zieht sich sein Ausstrich hart an dem Hering'schen Maschinenschachte vorbei bis in den Kunstschacht von Planitz, wo es Herr Schichtmeister Rudert bei 61° 12″ Teufe zwar 3° 12″ mächtig, jedoch wegen seiner zahlreichen Scheeren oder Zwischenmittel unbauwürdig fand.

Im Himmelfahrtschachte bei Planitz ist es bei 126° Teufe mit 3° 14″ Kohlen, im Aurora-Schachte bei 281° 17″ Teufe mit 2° 8″ Kohlen, im Hoffnungsschachte bei 291° 13″ als oberstes Flötz mit 4° 4″ Kohle durchfahren worden, wovon indess nur 2° 18″ brauchbar sind. Die Pechkohlenschichten sind hier sehr rein, wenn auch dünn geschichtet, und eignen sich vortrefflich zur Gasbereitung. Von dem in der Nähe des Aurora-Schachtes befindlichen Sarfert-Schachte aus, welchen dieses Flötz gleichfalls durchschneidet, zieht sich sein Ausstrich nach dem Schwanenschlösschen hin.

Auf dem rechten Ufer der Mulde beträgt die durchschnittliche Mächtigkeit des Schichtenkohlflötzes bei 2° 22″ Kohlengehalt gegen 3° 6″. Wie es sich aber hinter der östlichen Hauptniederziehung der Schichten verhält, wird später aus einem Profile des Bohrloches des Zwickau-Brückenberg-Steinkohlenbau-Vereins zu ersehen sein.

d. Die Zone der Farren. Es folgen nach oben hin in der Gegend von Zwickau über dem Schichtenkohlflötze noch sechs andere bauwürdige Flötze, das Zachkohlflötz, Lehekohlflötz, Scherbenkohlflötz, zweiellige oder untere Pechkohlflötz, drei- und einhalbellige Pechkohlflötz und das dreiellige Pechkohlflötz oder Grundkohlflötz, welches letztere oder oberste allerdings fast gänzlich abgebauet ist. Der westliche Ausstrich der beiden ersten dieser Flötze unter dem grauen Conglomerate fällt noch auf den nördlichen Flügel des Beckens und zugleich auf das linke Ufer der Mulde, die vier oberen Flötze sind nur auf der rechten Seite der Mulde bekannt, wo sie vorzugsweise die Fluren von Oberhohndorf einnehmen.

Das Zachkohlflötz hat eine durchschnittliche Mächtigkeit von 3° 3″ und einen mittleren Kohlengehalt von 2° 10″. Es zeigt den Charakter der Schieferkohle, die in der Gegend von Zwickau als die geringste Sorte von Kohle gilt.

Das Lehekohlflötz, welches seinen Namen von den Lehefeldern bei Oberhohndorf, wo sein Ausstrich unter dem grauen Conglomerate beobachtet wurde, erhalten hat, enthält bei einer durchschnittlichen Mächtigkeit von 4° 3'' ungefähr 3° 2'' Pechkohle, die von den Schmieden sehr gesucht und zur Gasbereitung und zum Verkoken sehr geeignet ist. Sie wird in der Regel durch zwei Scheeren, von denen die eine meist gesprenkelt erscheint, in drei Abtheilungen zerlegt.

Das Scherbenkohlflötz, dessen durchschnittliche Mächtigkeit 2° 18'' mit circa 2° Kohle beträgt, besteht aus einer meist leicht zersprengbaren und in dünnen Platten zerspringenden Pechkohle, worauf sich sein Name bezieht. An der Sohle des Flötzes zeigten sich im Jungen Wolfgang-Schachte noch einige schwache Schichten guter Pechkohle, welche mit leicht erweichendem Schieferthone wechseln und bei 1° 3'' Gesammt-Mächtigkeit mit abgebauet wurden. Man bezeichnete dieselben als „Dreckschichten". Gerade die vielen Scheeren in diesem Flötze, welche mit Farrenkraut-Abdrücken oft ganz erfüllt sind, haben den sichersten Anhaltepunkt bei dem Studium der Flora der Farrenkohle in den oberen Flötzen gegeben.

Das zweiellige oder untere Pechkohlflötz führt eine gegen 2 Ellen mächtige leichte und reine Pechkohle oder Farrenkohle. Das drei- und einhalbellige oder mittlere Pechkohlenflötz enthält dieselbe leichte und reine, grossmuschelige Pechkohle, welche als Farrenkohle bezeichnet worden ist. Sie wird in diesem Flötze von zahlreichen senkrechten oft parallelen feinen Querspalten durchzogen, welche zumeist mit blätterigem Kalkspathe oder einer anderen weissen erdigen Substanz erfüllt sind.

Die Kohle dieser beiden Flötze ist sehr gesucht und eignet sich gleichfalls trefflich zur Gasbereitung.

Das oberste dreiellige Pechkohlflötz oder Grundkohlflötz, das bei 3½° Mächtigkeit gegen 3 Ellen fast reiner Pechkohle und drei Scheeren von 2'' bis 3'' Stärke enthielt, war früher südlich von Oberhohndorf über einen elliptischen Raum von circa 222 Lachter Länge und 70 Lachter grössere Breite ausgedehnt.

Das Zwischenmittel zwischen dem Schichtenkohl- und Zachkohlflötz beträgt auf dem rechten Ufer der Mulde durchschnittlich 35 Ellen; das Lehekohlflötz wird von dem Zachkohlflötze durch ungefähr 7 Ellen sandigen Schieferthon geschieden; zwischen dem letzteren und dem Scherbenkohlflötze lagern 35° — 50° Schieferthon und Sandstein, welcher letztere bisweilen conglomeratartig ist; dieses wird von dem zweielligen Pechkohlflötze durch 5° — 21° Schieferthon geschieden, während über diesem Kohlenflötze gegen 3° — 4° Schieferthon folgen, und der trennende Schieferthon zwischen den beiden obersten Pechkohlenflötzen 10 — 11 Ellen mächtig war.

Aus unserer S. 29 gegebenen Uebersicht der organischen Ueberreste in jenen fünf Zonen unserer Steinkohlenformation ist das Vorherrschen von Farrenarten in dieser fünften Zone am besten ersichtlich. Aber es ist nicht blos die relative Menge der Arten, welche hier zu berücksichtigen ist, die Zahl der Individuen ist est besonders, die den vorherrschenden Charakter einer Flora bezeichnet und welche namentlich auf die Beschaffenheit der Kohle eingewirkt haben muss, und gerade in dieser Beziehung haben die Farrenkräuter in dieser Zone sich vielleicht noch weit mehr Geltung verschafft, als es den Zahlen ihrer Arten nach sich herausgestellt hat. Die am häufigsten vorkommenden Farren sind folgende: *Sphenopteris irregularis* Sternb., *Sph. macilenta* Lindl., *Sph. Bronni* Gutb., *Sph. tridactylites* Brongn., *Sph. lanceolata* Gutb., *Hymenophyllites stipulatus* Gutb., *Schizopteris Gutbieriana* Presl, *Sch. adnascens* Lindl. sp., *Odontopteris Reichiana* Gutb., *O. britannica* Gutb., *Neuropteris auriculata* Brongn. (wozu auch *Cyclopteris obliqua* Brougn. gehört), *Neur. acutifolia* Brongn. (zu der auch *Cyclopteris trichomanoides* Brongn. gehört[1]), *Dictyopteris Brongniarti* Gutb., *Cyatheites arborescens* Schloth. sp., *C. Candolleaneus* Brongn. sp., *C. unitus* Brongn. sp., *C. villosus* Brongn. sp., *C. dentatus* Brongn. sp., *C. Miltoni* Artis sp., *Alethopteris aquilina* Schloth. sp., *Al. mertensioides* Gutb. sp., *Al. nervosa* Brongn. sp., *Al. Pluckeneti* Schloth. sp., Stämme von *Caulopteris peltigera* Brongn. sp., *C. Cisti* Brongn. sp. und *C. macrodiscus* Brongn. sp. Von Lycopodiaceen kommen die kleineren Arten *Lycopodites Gutbieri* Göpp., *L. selaginoides* Sternb. und *Selaginites Erdmanni* Germar, sowie auch noch die baumartige *Sagenaria dichotoma* Sternb. sp. u. a. seltenere Arten vor; unter den Noeggerathieen ist *Noeggerathia palmaeformis* Göpp. mit ihren als *Rhabdocarpus Bockschianus* Göpp. u. Berger beschriebenen Früchten die wichtigste Art; von den früher so häufigen Sigillarien zeigen sich nur wenige sehr vereinzelt, dagegen tritt *Sig. distans* Gein. als neue Form hinzu. *Stigmaria ficoides var. vulgaris* ist im Dache des Lehekohlflötzes am häufigsten. — Unter den Schafthalmen wird *Equisetites infundibuliformis* Bronn jetzt eine leitende Pflanze, Calamiten zeigen sich mehrfach, besonders der vielgestaltige *C. approximatus* Schloth., doch sind die kleineren Sternhalme *Asterophyllites grandis* Sternb. sp., *Annularia longifolia* Brongn.,

[1]) v. Roehl in Leonhard u. Geinitz n. Jahrbuch 1836, p. 813.

A. sphenophylloides Zenker sp., *A. radiata* Brongn., *Sphenophyllum emarginatum* Brongn. und *Sph. longifolium* Germ. im Allgemeinen häufiger. Auch die kleinen Blattpilze fehlen hier nicht und die Bohrgänge der ältesten Insecten!

Das Dachgebirge der Zwickauer Steinkohlenformation ist in der Regel eine schon vielfach erwähnte graue Conglomeratbildung, welche die Steinkohlenformation ungleichförmig überlagert und ein Hauptstreichen von West nach Ost mit einem schwachen Einfallen nach Nord behauptet. Dasselbe besteht vorzugsweise aus grösseren und kleineren Geschieben von Quarz, Kieselschiefer, Thonschiefer, Grünsteinschiefer, Granit und Granulit, die durch Gewässer aus der näheren und ferneren Umgegend zusammengeführt worden sind und durch einen thonigen und sandigen Schlamm, welcher zum Theil aus der Zerstörung des Kohlengebirges hervorgegangen ist, verkittet werden. Nicht selten finden sich darin auch feinere Sandsteine und graue und schwarze Schieferthone mit Pflanzenresten (namentlich *Walchia piniformis* Schloth. sp., *Annularia carinata* Gutb., *Odontopteris obtusiloba* Naum.), welche grossentheils der Steinkohlenformation fremd sind, sowie wohl auch schwache unbauwürdige Kohlenflötze.

Die Mächtigkeit dieser grauen Conglomeratbildung ist sehr verschieden, im Allgemeinen ist sie in dem südlichen Flügel des Bassins geringer, als in dem nördlichen, und nimmt in dem letzteren besonders nach West hin zu.

Im Himmelfahrt-Schachte bei Planitz beträgt sie nur 7 Ellen, im Himmelsfürst-Schachte bei Neudörfel 31° 12", im Hoffnungs-Schachte bei Schedewitz 44°, im Bürgergewerk-Schachte 93°, im Segen-Gottes-Schachte 97° 12", während man sie in dem Bohrloche des Zwickauer Brückenberg-Steinkohlenbau-Vereins auf den Raum von 805° 2" bis 905° 16" Tiefe, also 100° 14", ausdehnen kann.

Mit dieser Gesteinsbildung, die der Entstehung des eigentlichen Rothliegenden unmittelbar vorausgegangen ist, hat in der Gegend von Zwickau, wie überhaupt in dem ganzen Zwickau-Chemnitzer Kohlenbassin, die Zeit der Dyas oder der permischen Formation begonnen, welche die jüngste der paläozoischen Gesteinsgruppen bildet, übrigens aber mit der Steinkohlenformation in keiner anderen Weise identificirt werden darf; denn sie ist meist, und besonders in dieser Gegend, auf dieser ungleichförmig aufgelagert, ein Beweis, dass ihrer Ablagerung schon mannichfache Senkungen und Hebungen im Steinkohlengebirge vorausgegangen waren. Vor ihrer Ablagerung ist ein ansehnlicher Theil der Steinkohlenformation durch Gewässer zerstört gewesen, es haben sich endlich jene Conglomerate und in ihren Bereich gehörenden Schichten mehrfach in Klüften und ausgewaschenen Buchten des Steinkohlengebirges abgelagert, woraus man den Schluss ziehen darf, dass eine längere Zeit zwischen der Entstehung der oberen Schichten der Steinkohlenformation und der unteren Schichten der Dyas verflossen ist.

Nach dem älteren Sprachgebrauche bezeichnet man diese Region der grauen Conglomerate als das unterste Rothliegende, und Professor Naumann hat sie in neuester Zeit als die anteporphyrische Etage desselben unterschieden.

Der Verfasser, der unter dem Namen „Dyas" das Rothliegende im weiteren Sinn und die Zechsteinformation vereint, in einem nur wenig verschiedenen Sinn, als dies von Murchison unter dem Namen „permische Formation" bereits früher geschehen war, nennt die ganze untere Abtheilung des unteren Rothliegenden mit den neuerdings von Naumann darin unterschiedenen Etagen

der anteporphyrischen Etage,
der Thonstein-Etage und
der postporphyrischen Etage

die untere Dyas. Die obere Abtheilung des Rothliegenden einerseits und die Zechsteinformation anderseits stellt die obere Dyas dar.

Für die Steinkohlenformation kommt vorzugsweise nur die untere Dyas in Betracht, deren mittlere Etage durch das Vorherrschen der Thonsteine und verschiedener Eruptivgesteine, namentlich der quarzführenden Porphyre, der Pechsteine und Basaltite so ausgezeichnet ist.

Zwischen Porphyren und Thonsteinen, oder Porphyrtuffen, findet dieselbe Beziehung statt, wie zwischen festen und fast dichten Basaltiten[1]) und grünen oder braunen Mandelsteinen, die man als Basaltit-Tuffe bezeichnen muss. Diese Tuffe sind, wie alle eigentlichen Tuffe, aus der gegenseitigen Einwirkung von schlammigen Massen und geschmolzenen Gesteinsmassen und zum Theil auch nur durch die Einwirkung von Wasserdämpfen auf die letzteren gebildet worden. Man findet daher die Mandelsteine des Basaltits stets in der unmittelbaren Nähe der einst schlammigen Schichten, besonders im Gebiete des unteren Rothliegenden, wo der alte Lavastein sich über noch feuchten Gesteinsschichten ausgebreitet hat, oder auch da, wo einzelne Schollen und Stücke jener rothen Schieferletten abgerissen und in ihm eingeschlossen worden sind.

Beispiele dieser Art sind nicht allein in der Gegend von Zwickau, von wo sie zuerst Herr v. Gutbier[2]) trefflich beschrieben hat, sondern überall an dem Südrande des Zwickau-Chemnitzer Bassins zu finden, wo Basaltit in den Bereich des Rothliegenden eingedrungen ist, wie dies namentlich auch bei Wildenfels, Nieder-Zschocken und an dem Steinberge, westlich von Pfaffenhain der Fall ist.[3]) Nur für Solche, welche die ganze Erdrinde aus einem wässerigen Brei entstehen lassen wollen, sind diese Worte unverständlich. Es würde eine ganz vergebliche Mühe sein, sie belehren zu wollen. Wenn man sich hierbei auf einzelne Autoritäten beruft, welche von chemischer Seite aus die Möglichkeit einer Bildung der Eruptivgesteine ohne Feuer zu beweisen suchen, so stehen uns andere gleich hohe Autoritäten zur Seite, die von demselben Standpunkte aus die Richtigkeit der plutonischen Theorie bewiesen haben. Die alte Schule, wie man die Anhänger der letzteren, zu denen auch der Verfasser gehört, von einer Seite bezeichnet hat, kann es sich ruhig gefallen lassen, dass hier und da eine einzelne Stimme laut wird, welche mit pomphafter Rede es allen Laien verkündet, dass nur ihrer schlammigen Ansicht die Zukunft allein angehöre!

Wer einen Zusammenhang zwischen Erdbeben und Vulcanen nicht gänzlich leugnen will, wird auch zugeben müssen, dass dem Ausbruche von Massengesteinen auch in früheren Zeiten unserer Erdbildung heftige Erschütterungen des Bodens vorausgehen mussten, wie dies noch gegenwärtig bei den meisten vulcanischen Ausbrüchen der Fall ist, und dass hierbei oft sehr beträchtliche Verschiebungen der Schichten eintreten konnten.

Als eine solche Verschiebung in Folge plutonischer Ereignisse betrachten wir jene oft erwähnte östliche Hauptverwerfung, welche von Zwickau bis in die Nähe des gräflich Solms'schen Schachtes oder späteren Herrmanns-Schacht läuft, hinter welcher die Steinkohlenformation mehre hundert Ellen in die Tiefe gesunken ist, und welche man ebenso gut, wenn auch in einer etwas nach Südost veränderten Richtung auf den Fluren von Vielau und Reinsdorf erkannt hat.

Nehmen wir an, dass die älteren plutonischen Ereignisse durch dieselben Kräfte hervor gerufen worden sind, welche die vulcanischen Ereignisse der Gegenwart bedingen, die wir im Wesentlichen heissen Wasserdämpfen und Kohlensäure zuschreiben dürfen, so kann es in keinem Falle befremden, wenn wir früher schon ausgesprochen haben, dass die aus Rissen der Erdrinde entweichenden Dämpfe in der kälteren Atmosphäre verdichtet wurden, um in heftigen Regengüssen auf die Erde wieder zu gelangen, wobei von benachbarten Höhen alles mit fortgeschwemmt wurde, was überhaupt transportabel war, um sich in den Niederungen abzulagern und dieselben auch mit jenen sehr mächtigen Conglomeratmassen zu überschütten. Schon vor und während der Ablagerung dieser grauen Conglomerate müssen zahlreiche Risse im Steinkohlengebirge durch Erschütterung des Bodens, nicht allein durch das Schwinden der Massen entstanden sein; einem massenhaften Ausbruche mächtiger Porphyrtuffe, welche das Hauptmaterial für die geschichteten bunten Thonsteine des unteren Rothliegenden geliefert hat, scheint die Entstehung der grossen Verwerfung unmittelbar vorausgegangen zu sein, welcher in der Gegend von Zwickau die Ausbrüche krystallinischen Eruptivgesteins, sowohl der eigentlichen Porphyre als auch der Basaltite, nachgefolgt sind.

Da aber die Entstehung dieser Verschiebung der Schichten hiernach erst in die Bildungszeit des eigentlichen Rothliegenden oder in Naumann's Etage des Thonsteins (vgl. geogn. Darst. S. 26, 27), also lange nach der Entstehung der dortigen Steinkohlenformation und selbst erst nach der Ablagerung des grauen Conglomerates fällt, so hat sie auch auf eine etwaige Zerstörung der kohlenführenden Schichten keinen Einfluss ausüben können.

Von dieser Anschauung geleitet, hat der Verfasser schon in einem Gutachten vom 16. December 1855[4]) die Begründung des Zwickau-Leipziger Steinkohlenbau-Vereins auf den Fluren von Reinsdorf, südöstlich von Zwickau, befürworten können. Der in dem südlichen Theile, als nach dem Ausstriche der Kohlenformation hin, auf dem westlichen Complexe dieses Vereins

[1]) Ich unterlasse es hier, von neuem den historischen Nachweis zu führen, dass diesem meist „Melaphyr" genannten Gesteine eigentlich der Name „Basaltit" gebührt. (Geogn. Darst. S. 27.)

[2]) Geogn. Beschreib. d. Zwickauer Schwarzkohlengeb. 1834.

[3]) Vgl. Dyas II. 168.

[4]) Mittheilungen über den Zwickau-Leipziger Steinkohlenbau-Verein. 1856.

durch Bohrloch I gewordene Aufschluss[1]) hat die Richtigkeit der Annahme einer früher oft bezweifelten Fortsetzung der Kohlenflötze hinter der Verwerfung vollkommen bestätiget, indem hier mindestens drei Kohlenflötze allerdings an einer Verwerfung durchbohrt worden sind. Es wurde hier

das erste Kohlenflötz,	circa 3½ Ellen mächtig,	zwischen 510° 4″	und 513° 17″	Tiefe,
„ zweite „	„ 2½ „ „	„ 531° 23″	„ 534° 11″	„
„ dritte „	„ 1 „ „	„ 539° 22″	„ 540° 22″	„

erbohrt. Bei 657° 18″ Tiefe gelangte man in rothbraunen Mandelstein und hat schliesslich bei 815° 8″ Tiefe im festen schwärzlich-grünen Basaltit das Bohrloch verlassen. Und wenn dieser hoffnungsreiche Verein sich dennoch aufgelöst hat, so liegt der Grund hiezu wahrlich nicht in dem Mangel der Kohlen unter diesem grossen Areale, sondern in ganz anderen Verhältnissen, welche näher zu erörtern nicht in den Bereich unserer Schrift gehören. Es mag nur die Andeutung genügen, dass das Teufen eines Schachtes statt eines Bohrloches den Verein als solchen zu einem glücklicheren Resultate als zu seiner Auflösung geführt haben würde. Auch der Zwickau-Berliner Steinkohlenbau-Verein, dessen grosses und sehr wahrscheinlich reiches Feld an den nördlichen Rand des östlichen Complexes des Zwickau-Leipziger und das nach W. an den letzteren angrenzenden Zwickau-Reinsdorfer Verein anstösst, hat sein Ziel zu früh aufgegeben, nachdem sein Bohrversuch am 4. Juni 1860 bei 1073° 3″ Tiefe noch in den rothen Schieferletten der unteren Dyas stand.

Aus den Aufschlüssen in dem südlich von Vielau gelegenen Bohrloche des ehemaligen Oberhohndorf-Vielauer Steinkohlenbau-Vereins, welcher zwischen 420° bis 423° 7″ Teufe ein 3° 7″ starkes Kohlenflötz (mit Einschluss von 10″ Scheeren) durchstossen hatte, unter welchem man aber zwischen 499° und 512° Teufe im basaltitischen Mandelstein stand, lässt sich schliessen, dass jene drei in dem Zwickau-Leipziger Bohrloche I durchsunkenen Kohlenflötze einer oder mehren Hauptabtheilungen des tiefen Planitzer Flötzes entsprechen.

Nach dem schon früher erwähnten Aufschlusse der Kohlen in der Herrmanns-Grube erfolgte ein weiterer Kohlenaufschluss hinter der östlichen Hauptverwerfung zunächst in dem Bohrloche des Zwickau-Oberhohndorfer Vereins, gegen Ende März 1856. Unter Zugrundelegung der mir gewordenen zuverlässigen Angaben hat man in diesem Bohrloche

bei 480° Tiefe	das erste	Flötz mit	2° 15″ Mächtigkeit,
„ 494° „	„ zweite	„ „	4° — „
„ 550° „	„ dritte	„ „	4° 18″ „
„ 620° „	„ vierte	„ „	Kohlenschmitzen

erbohrt, ohne dass man hiermit die gesammte Steinkohlenformation durchschnitten hätte. Es fallen diese Flötze jedenfalls in ein weit höheres Niveau, als jene Reinsdorfer Flötze.

Der wichtige durch das Bohrloch und den Einigkeit-Schacht des Zwickau-Brückenberg-Steinkohlenbau-Vereins gewordene Aufschluss geht aus den folgenden Mittheilungen hervor. Das Profil dieses Bohrloches ist in Geinitz, Dyas II, S. 167 niedergelegt worden. Von den Ergebnissen des in einem 55 Ellen höheren Niveau angesetzten Einigkeit-Schachtes können wir jetzt nach den uns durch Herrn Director Bergfactor Richter gewordenen Mittheilungen weiter berichten:

Mächtigkeit.		Teufe.
	Die Aufsattelung desselben beträgt	6 Ellen — Zoll,
2 Ellen — Zoll.	Lehm	8 „ — „
	a. Untere Dyas.	
	Rothe, zuletzt braune und oft grünlich gestreifte Schieferletten, Sandstein und Conglomerate, hier und da mit schwachen Kalksteinplatten	bis 893 „ 18 „
1 „ 2 „	Dunkelbrauner Thonstein	894 „ 20 „
13 „ 4 „	Porphyr und Pechstein	910 „ — „
— „ 8 „	Porphyrartiger Thonstein	910 „ 8 „
10 „ 16 „	Rothbrauner Schieferthon, oben mit Pflanzenabdrücken	921 „ — „
„ 12 „	Brauner Thonstein	921 „ 12 „
33 „ — „	Mandelstein	954 „ 12 „
— „ 15 „	Brauner Thonstein	955 „ 3 „
60 „ 19 „	Thonstein mit schwachen Sandsteinlagen und Chalcedon-Einschlüssen	1015 „ 22 „
16 „ 11 „	Graues Conglomerat	1032 „ 9 „
12 „ 3 „	Thonstein	1044 „ 12 „
30 „ — „	Schieferletten mit schwachen grauen Conglomerat- und Sandstein-Schichten, talkhaltig	1074 „ 12 „

[1]) Vgl. Bericht des Directorii des Zwickau-Leipziger Steinkohlenbau-Vereins an die ausserordentliche General-Versammlung den 27. Juni 1861.

Mächtigkeit.		Teufe.
13 Ellen — Zoll	Brauner und grauer Sandstein	1087 Ellen 12 Zoll,
3 „ — „	Schieferthon mit Kohlenspuren und Pflanzenabdrücken	1090 „ 12 „
27 „ 6 „	Schieferletten mit Kalkstein	1117 „ 18 „
2 „ 18 „	Graues Conglomerat mit Wasser	1120 „ 12 „
3 „ 12 „	Braune thonsteinartige Schieferletten	1124 „ — „
2 „ 12 „	Brauner und grauer Sandstein	1126 „ 12 „
3 „ 6 „	Rothbrauner Schieferletten	1129 „ 18 „
6 „ — „	Conglomerat und Sandstein	1137 „ 18 „
2 „ 18 „	Schieferthon mit rothen Schieferletten	1140 „ 12 „
33 „ 6 „	Grauer Sandstein mit Kohlenspuren	1173 „ 18 „
1 „ 8 „	Schieferthon	1175 „ 2 „
6 „ 18 „	Grauer Sandstein	1181 „ 20 „
34 „ 16 „	Graues Conglomerat mit Porphyrgeschieben	1216 „ 12 „
	b. Steinkohlenformation.	
1 „ 18 „	Erstes Kohlenflötz. (Reine Pechkohle) angehauen am 8. December 1864	1218 „ 6 „

Nach dem mit dem Bohrloche gewonnenen Aufschlusse sind unter diesem
ein zweites mit 7 Ellen 6 Zoll,
ein drittes „ 3 „ 5 „
ein viertes „ 6 „ 9 „
ein fünftes „ 6 „ 12 „
ausser mehren einelligen Kohlenflötzen durchstossen worden, ohne die Steinkohlenformation verlassen zu haben. Die Parallelisirung dieser Flötze ist noch nicht sicher. Nach dem Vorkommen von Sigillarien auf dem oberen Flötze würde dasselbe wahrscheinlich nicht mehr zur Farrenzone gehören.

Aus diesem Profile ist das auch in mehren andern Schächten, nicht nur der Zwickauer Gegend, sondern des ganzen Zwickau-Chemnitzer Bassins überhaupt, bekannte Vorkommen von Einlagerungen normaler Felsitporphyre in dem unteren Rothliegenden zu ersehen, welche nicht selten von Pechstein begleitet werden. Der letztere umschliesst häufig Kugeln eines dunkelfarbigen Hornsteinporphyrs mit Chalcedon- und Amethyst-Ausscheidungen. Wie in verschiedenen Zwickauer Schächten hat man dieselben auch im Hedwig-Schachte bei Oelsnitz, in dem Eintrachtschachte bei Lugau, dem Beharrlichkeits-Schachte von Grüna u. a. O. angetroffen. Sie bezeichnen das jüngere Alter des Pechsteins, welcher Brocken des Porphyrs aufgenommen und, wie es scheinen muss, durch theilweise Schmelzung umgeformt hat.

Wie dies ferner aus dem Profile dieses Bohrloches zu ersehen ist, so sind in der Gegend von Zwickau überhaupt die Ausbrüche des Basaltits und seiner Mandelsteine dem Ausbruche der Porphyre vorausgegangen, was indess für das ganze Bassin kein Gesetz sein kann. Gleich Lavaströmen (vgl. S. 15, 26) haben sich hier und da Basaltite (oder Melaphyre) und Porphyre über den vorhandenen Schichten des Rothliegenden ausgebreitet, so dass man sie jetzt zwischen die sedimentären Schichten des Rothliegenden als plattenförmige Einlagerungen und an anderen Orten wohl auch als Auflagerungen vorfindet.

Wo derartige Einlagerungen oder Auflagerungen gefunden werden, kann die productive Steinkohlenformation in der Tiefe vorhanden sein, wie dies bei Oberhohndorf in ausgezeichneter Weise der Fall ist (Gein. geogn. Darst. tb. 2. f. 5); wo man aber diese Eruptivgesteine im Liegenden von wirklichem Steinkohlengebirge getroffen hat, ist an eine Fortsetzung des letzteren nach der Tiefe hin nicht mehr zu denken. Diese Erfahrung hat man sowohl in der Gegend von Planitz, als an den schon bezeichneten Orten zwischen Reinsdorf und Vielau gewonnen. Es kann aber hierdurch nur die von uns vielfach zur Geltung gebrachte Ansicht bestätiget werden, dass jene Eruptivgesteine vorzugsweise am Rande eines kohlenführenden Bassins hervorgebrochen sind, weil die hier vorhandene schwächere Decke zäher Gebirgsschichten ihrem Ausbruche weniger Hindernisse in den Weg gelegt hat.

Dieses Verhältniss tritt sehr klar hervor an einer Kette von Basaltit und seinen Mandelsteinen zwischen Vielau, Härtensdorf und Nieder-Zschocken, welche am südlichen Rande des grossen Bassins den vom Rothliegenden übergreifend überlagerten kohlenarmen und kohlenfreien Theil des Steinkohlengebirges von dem Hauptbecken abgeschnitten hat.

Weder auf den Feldern des Zwickau-Vielauer und dem des Zwickau-Schönauer noch dem des Wildenfels-Härtensdorfer Steinkohlenbau-Vereins hat man Steinkohlenflötze erbohrt, trotzdem die Bohrlöcher der beiden letzteren ganz an der Nordgrenze des Feldes standen.

Nach den mir mehrfach zur Ansicht eingesandten Bohrproben des Wildenfels-Härtensdorfer Vereins, welcher bei 322° Tiefe das Weiterteufen des Schachtes sistirte, um mittelst Bohrens einen Kohlenaufschluss schneller zu erreichen, sind unter dem grauen Conglomerate der unteren Dyas hier allerdings die normalen Sandsteine und Schieferthone der Steinkohlenformation, zum Theil auch mit Kohlenspuren, durchschnitten worden, indessen hatte man bei 488½ Ellen Gesammtteufe den hoffnungslosen Grauwackenschiefer erreicht, den man noch bis ca. 496° Teufe verfolgt hat.

Aus dieser Gegend wenden wir uns wiederum zu einer der kohlenreichsten des Zwickau-Chemnitzer Bassins, zu dem Hedwig-Schachte der Oelsnitzer Bergbau-Gesellschaft auf den westlichen Fluren von Oelsnitz. Ein genaues Profil dieses Schachtes ist in Geinitz, Dyas II. S. 161—167 veröffentlicht und auch in dem k. Mineralogischen Museum zu Dresden, in dem Maassstabe 1° = 1‴, aufgestellt worden und es genügt vielleicht, hier nur die Hauptresultate zu wiederholen.

Man durchschnitt mit diesem Schachte: 2° 12″ Dammerde und Lehm.

Untere Dyas, oder unteres Rothliegendes, zum Theil mit *Walchia piniformis*, *Spongillopsis dyadica* Gein., und anderen charakteristischen Pflanzen, mit Einlagerungen von Felsitporphyr und Pechstein, 9° 16″ mächtig, ... bei 577° 14″ Tiefe,
von Thonsteinporphyr, 10° 12″ mächtig, ... bei 640° 5″ „
grauen Schieferthon mit Steinkohlenpflanzen (*Calamites Suckowi*, *Annularia longifolia*, *Neuropteris auriculata*, *Cordaites principalis*), 8° 12″ mächtig und mit vielen Rutschflächen versehen . . . bei 655° 1″ „
zum Theil mit schwachen Pechkohlenstreifen und anderen Schichten, wie man sie am Steinkohlengebirge herrschend findet . . . . bis 679° 23″ „

Diesen Schichten folgten nach unten ein dunkelbraunes, zum Theil sehr grobes Conglomerat mit thonigem Bindemittel . . . . bis 686° 5″ „

In demselben zeigte sich eine mit 40° gegen Nord einfallende Verwerfung, deren beide Begrenzungsflächen, Hangendes und Liegendes der Kluft, 3 bis 4 Ellen rechtwinkeligen Abstand haben. Die Ausfüllungsmasse bestand aus groben Conglomeraten und zerquetschten Schieferletten. Das ganze Vorkommen, verbunden mit den schon genannten Pflanzen, welche diese Schichten zwischen dem Thonsteinporphyr (oder Felsittuff) und der Verwerfung zur normalen Steinkohlenformation verweisen, macht es vielmehr wahrscheinlicher, dass diese Schichten hier auf zweiter Lagerstätte vorkommen, dass sie einer durch eruptive Gesteine (wozu der Thonsteinporphyr selbst gehört) losgetrennten und hierher geführten Scholle der Steinkohlenformation entsprechen, als dass sie, wie die herrschende Ansicht ist, der Dyas oder dem Rothliegenden selbst angehören.

Es folgen von da an nach unten wiederum die vorherrschend braunen Gesteinsschichten der unteren Dyas und zuletzt die charakteristischen grauen Conglomerate . . . . bis 922° 2″ „
worauf man sogleich in die Sigillarienzone der productiven Steinkohlenformation eintritt, welche . bis 1048° 18″ „
verfolgt worden ist. In dieser lagern hier folgende Kohlenflötze:

2° 15″	stark mit etwa 22″ Pechkohle	bis 942° —	„
4° 14″	„ „ „ 1½ Elle Kohle	bis 948° 17″	„
— 12″	„ „ *Annularia sphenophylloides*	bis 958° 4″	„
2° 14″	„ „ 1° 16″ Kohle	bis 966° 16″	„
— 13″	„ Pechkohle	bis 980° 16″	„
— 5″	„ „	bis 987° 7″	„
22° 14″	„ mit 19° 16″ reiner Kohle und 2° 22″ Bergmittel	bis 1043° 17″	„
2° 14″	„ „ 2° 10″ Kohle	bis 1048° 18″	„

Die Fortsetzung ist hellgrauer Schieferthon. [1])

[1]) Es kann nur als eine Anmassung betrachtet werden, wenn sich irgend Jemand diesen überaus günstigen Erfolg allein zuschreiben will. Der reiche Segen ist auch hier von oben gekommen. Dass aber dieses Feld mit hoher Wahrscheinlichkeit einen sehr reichen Schatz an Steinkohlen bergen werde, ist zuerst von den sächsischen Geologen und Bergbeamten, nicht, wie man geflissentlich die Meinung verbreitet hat, von einem Fremdling erkannt worden.

Um aber dem mir von einer Seite her in einigen industriellen Blättern und Flugschriften hingeschleuderten Vorwurf, als habe ich mich bei Erwähnung des Oelsnitzer Fundes in Nr. 120 des Dresdener Journals 1861 mit fremden Federn geschmückt, wenigstens einmal entgegen zu treten, sei erwähnt, dass die erste Aufforderung zur Bildung dieses Vereines als „Prospectus und Einladung zur Actienzeichnung auf das Oelsnitz-Lugauer Steinkohlenbau-

Der Steinkohlenbergbau in der Gegend von Lugau und Niederwürschnitz, welchem in neuester Zeit beträchtliche Capitalien zugeführt worden sind, ist sehr bedeutend geworden. Von den zahlreichen hier in Betrieb stehenden Schächten ist schon ein grosser Theil durch Zweigbahnen mit der Chemnitz-Niederwürschnitzer Eisenbahn, welche Lugau und Wüstenbrand an die Zwickau-Chemnitzer Hauptbahnstrecke anschliesst, in Verbindung. Die letzten Zusammenstellungen der seit Veröffentlichung unserer geognostischen Darstellung, 1856, in dieser Gegend gewordenen Aufschlüsse rühren von Herrn A. Dietrich, Markscheider in Lugau[1]) und von Herrn Bergfactor Dr. C. Th. Meyer, früher in Oberlungwitz[2]) her.

Der Erstere hat in dem Jahre 1859 auch eine genaue Karte des Kohlenreviers in der Gegend von Lugau, in dem Maassstabe von 1: 10000 veröffentlicht, welcher genaue Profile beigefügt worden sind.

Wir müssen uns zuerst darauf beschränken, hier die mit den wichtigsten Schächten in dieser Gegend gewonnenen Hauptresultate zusammenzustellen, wobei wir zunächst den Südflügel des Zwickau-Chemnitzer Bassins verfolgend, von West nach Ost weiter fortschreiten wollen. Die auf Streichen und Fallen bezüglichen Angaben sind dem Aufsatze des Herrn Dr. Meyer entnommen.

Name des **Schachtes**, des **Besitzers** und der **Ortsflur.**	**Dyas.** Teufe der Anfahrung und Mächtigkeit in Ellen und Zollen.	**Steinkohlenformation.** Teufe und Mächtigkeit der Kohlenflötze in Ellen und Zollen.	**Bemerkungen.**
Neue Fundgrube. Zwickau-Lugauer Steinkohlenbau-Verein. Lugau.	4″ dolomitischer Kalk bei 390° 21″. 11° 11″ Kohlengebirge bei 467° 12″. Grauer Schieferthon mit *Alethopteris Pluckeneti* Schloth. sp. bei 476°. 16° 2″ graues Conglomerat bei 722° 9″.	Bei 738° 12″. Erstes Flötz 1° 5″ bis 823°. Zweites Flötz 2° 10″ bis 850° 17″. Drittes Flötz 6° 4″ bis 874°.	Vgl. 1. Beil. zu Nr. 84 d. Leipz. Zeitung, 10. April 1861. Nach Dr. Meyer ist das erste Flötz bei 816° T. angefahren worden. Streichen h. 4. Fallen 8—14° in NW.
Gottes-Segen-Schacht. Steinkohlenbau-Verein Gottes Segen. Lugau.	451° Rothliegendes und graues Conglomerat.	A-Flötz 1° 4″ Pechkohle bei 501° 12″ bis 502° 16″. B-Flötz 2° Pech- und Russkohle bei 528° 22″ bis 530° 22″. C-Flötz, I. Abth., 5° 12″, bei 556° 13″ bis 562° 1″. C-Flötz, II. Abth. = D-Flötz 3° 6″ bei 584° 10″ bis 587° 16″. Ausserdem mehrere schwache unbauwürdige Flötze. (Nach A. Dietrich.)	Streichen h. 4—5. Fallen 10° in NW. Bei 598° 8″ wurde das Urgebirge erreicht. (Nach Dr. Meyer.)

Unternehmen“ vom 11. Januar 1856 von einem bergmännischen Gutachten des Herrn Bergfactor M. Hermersdörfer d. d. 28. Aug. 1855 begleitet war; dass demnächst ein gedrucktes Gutachten des Dr. H. B. Geinitz vom 13. März 1856 darüber veröffentlicht worden ist, worauf im Namen der Unternehmer die Herren Professor B. Cotta und Bergmeister Oelschlägel unter dem 28. Juli 1856 für dasselbe Feld unter dem Namen der „Oelsnitzer Bergbau-Gesellschaft zu Oelsnitz bei Lichtenstein“ einen neuen Prospect veröffentlichten, dem auch ein technisches Gutachten des verstorbenen Bergfactor Wilh. Willkomm beigefügt war. Der Verein hat sich sehr bald darauf constituirt und mit Teufen des jetzigen Förderschachtes begonnen, der durch die grosse Thätigkeit des Herrn Bergverwalters Wildfeuer bis fast zur Steinkohlenformation herab bereits geteuft war, bevor jener Fremdling im Frühjahre 1860 den Boden des Zwickau-Chemnitzer Bassins überhaupt zuerst betreten hat. Schon im Mai 1861 war das glückliche Resultat hier erreicht. (H. B. G.)

[1]) Berg- und Hüttenmännische Zeitung. Nr. 40 und 42, 1860.

[2]) Berg- und Hüttenmännische Zeitung. Nr. 22, 1862.

Name des **Schachtes,** des **Besitzers** und der **Ortsflur.**	**Dyas.** Teufe der Anfahrung und Mächtigkeit in Ellen und Zollen.	**Steinkohlenformation.** Teufe und Mächtigkeit der Kohlenflötze in Ellen und Zollen.	**Bemerkungen.**
Westphalia-Schacht. Verein Westphalia. Lugau.	17° 3″ Porphyr und Pechstein bei 268° 12″. 20° Kohlengebirge bei circa 358°. 30° 19″ graues Conglomerat bei 616° 17″. Streichen hora 6. Fallen 2—3° in N. Dieser Schacht liegt an dem terrassenförmig abfallenden Abhange desjenigen Gebirgsrückens, auf dessen Kuppe unglücklicher Weise der Rhenania-Schacht gestossen ist. (Wildfeuer.)	Bei 647° 12″. Erstes Flötz 2° 4″ bis 692°. Zweites „ 21″—25″. } Pechkohle. Drittes „ 21″. } Pechkohle. Viertes „ 18″. } Pechkohle. Fünftes „ 2° 19″ bis 741°, Russ- und Pechkohle. Das Abteufen steht bei 845° 9″ Teufe noch im Kohlengebirge. — Nach der jetzigen Sachlage ist anzunehmen, dass die im Westphalia-Schachte hinter der grossen Verwerfung fortsetzenden Flötze im Becken-Niveau von „Neue Fundgrube“ liegen. (Wildfeuer a. a. O.)	Vgl. Bericht des Verwaltungsrathes vom August 1862. Streichen h. 4—5. Fallen 5°—7° in NW. Man hat auf der westlichen Strecke des oberen Flötzes eine hora 2 streichende und 45° gegen NW. einfallende Verwerfung getroffen, durch welche laut Gutachten des Hrn. Bergverwalter Wildfeuer vom 27. Juni 1863 der abgerissene Flötztheil 35 Lachter in das Liegende verworfen ist. — Der Verein hat vor Kurzem eine andere Form angenommen.
Einigkeit-Schacht. Steinkohlenbau-Verein Rhenania. Lugau.	5,95° brauner Mandelstein bei 92,75°. 5,27° grünlicher mandelsteinartiger Thonstein bei 110,95°. 8,05° graugrünes Conglomerat bei 337,75°. (Nach Angaben des Herrn Bergfactor Weiland).	Bei 345° 19″. Mit mehreren schwachen, wenige Zolle bis 18″ mächtigen Kohlenflötzen, zum Theil auch mit Calamiten, *Stigmaria ficoides* und anderen Steinkohlenpflanzen, und bei 357,5° mit Einlagerungen von thonigem Sphärosiderit, im Ganzen nur 14° 19″ mächtig.	Streichen h. 7. Fallen 9° in NO. Bei 365° 2″ Tiefe stand man auf einem Rücken von Urgebirge.
Carl-Schacht. Lugau-Niederwürschnitzer Steinkohlenbau-Verein. Lugau.	300° Rothliegendes. 9° graues Conglomerat.	Bei 309°. C-Flötz, obere Abth., 5° 5″ mächtig mit 4° 21″ Kohlen, bis 392° 8″ Tiefe (nach A. Dietrich a. a. O. 5° 22″ mächtig, mit 5° 8″ Russ- und Pechkohle bis 399° 4″ T.). C-Flötz, untere Abth. = D-Flötz, 3° 14″ Russkohle, bis 437° 11″ Tiefe. Nach A. Dietrich steht das Abteufen bei 475° 23″ in einer Gebirgspartie an, die aus wechselnden Lagern von Conglomerat und rothem Thonstein besteht.	Streichen h. 5—6. Fallen 8—10° in N. Das A- und B-Flötz wurden in diesem Schachte wegen mehrfacher Verwerfungen nicht aufgefunden. Auch das C-Flötz ob. Abth. ist im Schachte durch Verwerfungsgebirge abgeschnitten.
Albert-Schacht. Lugau-Niederwürschnitzer Steinkohlenbau-Verein. Lugau.	Die Grenze ist nicht mehr genau anzugeben.	A-Flötz 4″ stark bis 83° 10″ Tiefe. B-Flötz 1° stark bis 108° 10″ Tiefe und mit schwachen Kohlenstreifen. C-Flötz mit 3° 14″ Kohle und 1° 1″ Scheeren bis 130° Tiefe. Oestlich vom Albert-Schachte in 30 Lachter Entfernung am Ort Nr. 18, 160° unter Tage, bestand das letztere aus 6° 21″ bis 7° 6″ Kohle und 22″ bis 1° 6″ Scheeren; östlich vom Mehlhorn-Schachte in der Nähe der Tagestrecke beim Durchschnitt Nr. 15 aus 8° Kohle und 1° 15″ Scheeren, von denen eine von 16″ Stärke das Flötz in zwei Abtheilungen, C- und D-Flötz, trennt. (Geogn. Darst. Tf. VI. f. 19.)	Das Urgebirge wurde als zersetzter Thonschiefer bei 138° 4″ Tiefe erreicht. Streichen der Flötze h. 6 bis 6,4. Fallen in N. z. Th. mit 20°.

Name des **Schachtes,** des **Besitzers** und der **Ortsflur.**	**Dyas.** Teufe der Anfahrung und Mächtigkeit in Ellen und Zollen.	**Steinkohlenformation.** Teufe und Mächtigkeit der Kohlenflötze in Ellen und Zollen.	**Bemerkungen.**
Emil-Schacht. Herr Sewald in Hohenstein. Nieder-Würschnitz.		Zwei Flötze. Erstes Flötz bei 172° 14″.	Streichen h. 2—2,6. Fallen 18° in NW. (n. M.)
Hösel-Schacht. Fürst von Schönburg-Waldenburg. Oelsnitz.	Rothliegendes bis 66° 18″. 7° 6″ graues Conglomerat bis 74°.	Bei 74°. A-Flötz, 17″ mächtig, bis 151° 5″. B-Flötz, 5° 9″ mit 3° 15″ Kohle, bis 191° 12″. C-Flötz, obere Abth., 6° 5″ mit 2° 14″ Kohle, bis 210° 19″. C-Flötz, untere Abth. = D-Flötz, 7° 18″ mächtig mit 1° 14″ Kohle bis 232° 17″.	Streichen h. 12—1. Fallen 18° in W. Als Grundgebirge wurde zersetzter Thonschiefer in 242° 17″ Tiefe erreicht.
Gühne-Schacht. Fürst von Schönburg-Waldenburg. Oelsnitz.	146° 6″ Rothliegendes. 13° graues Conglomerat.	Bei 159° 6″. A-Flötz mit 1° 15″ Kohlen und 20″—24″ Scheeren, durch eine Verwerfung abgeschnitten, ausserhalb des Schachtes bei 186° 18″ und 261° 8″ Tiefe durchsunken. B-Flötz, mit 2°—3° Kohle, durch einen Querschlag in 212° 6″ Tiefe angefahren.	Die Verwerfung fällt 65° in SW. ein. (Geogn. Darst. Taf. VI. 3.)
D-Schacht. Niederwürschnitzer Steinkohlenbau-Verein. Niederwürschnitz.	Rothliegendes von 9° 18″ bis 195° 1″, bei 193° 16″ Früchte des *Guilielmites permianus* Gein., einer Palmenart. 6° 10″ graues Conglomerat bis 201° 11″.	Bei 201° 12″. 13° 21″ Schieferthon mit thonigem Sphärosiderit, zum Theil mit Früchten des *Guilielmites permianus* und mit Steinkohlenpflanzen: *Sphenophyllum emarginatum Brong., Schizopteris Gutbieriana Presl, Cyatheites dentatus Brong.* Bei 215° 9″ Anfang der Sigillarienzone. 1. Kohlenflötz (B-Flötz?) 1° bis 293° 19″. 2. Kohlenflötz (C-Flötz?) 6° Pech- und Russkohle bis 334° 20½″. 3. Kohlenflötz 1° Pechkohle (C-Flötz II. Abtheil.) bis 340° 7½″. 4. Kohlenflötz 2° Pech- u. Russkohle (C-Flötz III. Abth.) bis 346° 3½″.	Streichen h. 7. 4. Fallen 15° in NO. Bei 346° 10″ stand der Schacht im zersetzten Thonschiefer u. wurde noch bis 367° 20½″ darin tiefer gesenkt.
Otto-Schacht. Niederwürschnitz-Kirchberger Steinkohlen-Actien-Verein. Niederwürschnitz.	Rothliegendes bis 140° 13″. 20° 1″ graues Conglomerat bis 160° 14″.	Bei 160° 14″. 1° 6″ Steinkohlenformation, bei 45 Lachter südlicher Entfernung vom Schachte wurde ein Pechkohlenflötz von etwa 2½° Stärke getroffen (der Berggeist No. 50. 1860), nachdem man dieses Flötz schon früher in dem südwestlich vom Ottoschachte gelegenen Rachel-Schachte bei 78° Tiefe mit 1° bis 1½° Stärke angefahren hatte.	Streichen h. 8. Fallen 12°—20° in NO. Bei 161° 20″ hatte man einen Rücken von Urthonschiefer erreicht, welcher bis 186° 12″ Tiefe durchsunken worden ist.
Glaubens-Schacht. Kohlenbergbau-Gesellschaft Montania. Seifersdorf.	359° 6″ unteres Rothliegendes mit mehreren Einlagerungen von Porphyr, theilweise mit vielen Rutschflächen. 82° 15″ graues Conglomerat, mit untergeordneten Schichten rother Schieferletten, z. Theil mit Rutschflächen.	Bei 441° 21″. 3° 9″ Steinkohlenformation, schwarzgrauer Schieferthon, Kohlenschiefer und schwache Kohlenlager mit vielen Rutschflächen, in Verwerfung begriffen.	Bei 445° 6″ Tiefe wurde Urthonschiefer erbohrt.

Name des **Schachtes**, des **Besitzers** und der **Ortsflur.**	**Dyas.** Teufe der Anfahrung und Mächtigkeit in Ellen und Zollen.	**Steinkohlenformation.** Teufe und Mächtigkeit der Kohlenflötze in Ellen und Zollen.	**Bemerkungen.**
Steegen-Schacht. Steinkohlenbau - Verein zum Steegen-Schacht. Steegen.	Rothliegendes bis 130° Tiefe. 6° — 10° graues Conglomerat.	Auf den zur Aufsuchung von Kohlenflötzen vom Schachte aus über dem Urthonschiefer getriebenen Strecken hat man sich längere Zeit in der wirklichen Steinkohlenformation bewegt, ohne Kohlen anzutreffen. Darin zeigten sich *Calamites cannaeformis* Schl., *Annularia sphenophylloides* Zenk., *Neuropteris auriculata* Brongn., *Dictyopteris Brongniarti Gutb.*, *Alethopteris pteroides* Schl. u. a. Steinkohlenpflanzen.	Man gelangte bei 140° Tiefe in den Urthonschiefer.
Leukersdorfer Bohrloch der Chemnitzer Steinkohlenbau-Gesellschaft. Leukersdorf.	Rothliegendes mit mehreren Porphyr-Einlagerungen bis 802° 4'', z. B. 14° Pechstein und rother Thonsteinporphyr zwischen 472° 2'' und 486° 2'' Tiefe. 8° 4'' graues Conglomerat bis 810° 8''.	Bei 810° 8'' bis 1046° Tiefe. Erstes Kohlenflötz, 3° 12'' mächtig, mit ca. 2° reiner Kohle, bei 952° 19'' bis 956° 7'' Tiefe. Zweites Kohlenflötz, 3° 18'' mächtig, mit ca. 2° 18'' reiner Kohle, bei 974° 8'' bis 978° 2'' Tiefe. Zahlreiche Kohlenbrocken zwischen 841° 2'' bis 864° 6'' deuten auf noch ein höheres Flötz hin.	Bei 1046° Urthonschiefer als Grundgebirge. Streichen h. 6. 7. Fallen 16° in NO.

Dieser günstige Aufschluss in dem Leuckersdorfer Bohrloche, welcher insofern den gehegten Erwartungen (Vgl. Prospect der Chemnitzer Steinkohlen-Gesellschaft, Dresden, 1858. S. 21) nahe entspricht, als derselbe schon nahe der südlichen Grenze des Leuckersdorfer Revieres des genannten Vereines erlangt worden ist, kann als der beste practische Nachweis für die Bonität dieses ganzen Revieres betrachtet werden. Man würde sicher von einem an der Stelle des gegenwärtigen Bohrloches stehenden Schachte aus die hier erbohrten Kohlenflötze viel weiter nach Süden noch mit Vortheil abbauen können. Der Hauptsegen muss aber im Norden des jetzigen Bohrloches gesucht und gefunden werden, in der Fallrichtung der Flötze. Wir hegen die Ueberzeugung, dass nach einem weiteren günstigen Aufschlusse einerseits durch Bohrung im Norden dieses Bohrloches, entweder an der von Ober-Leuckersdorf nach Neukirchen führenden Fahrstrasse, oder auch an dem nördlichsten Ende von Neukirchen, anderseits durch die weitere Niedersenkung des, schon von der Hängebank des Schachtes an gerechnet, bis 770° 6'' in die tieferen Schichten des unteren Rothliegenden getriebenen Bohrlochs im Richard-Hartmann-Schachte bei Reichenbrand, das ganze grosse Feld der Chemnitzer-Steinkohlenbau-Gesellschaft als genügend aufgeschlossen betrachtet werden kann, um den schon 1858 verheissenen Kohlenreichthum auch practisch erwiesen zu haben.

Im R. Hartmann-Schachte hatte man bei 739° 23''—740° 11'' ein 12'' mächtiges Kohlenflötz erbohrt, das dem Rothliegenden angehört. Noch zuletzt hat man Sandstein mit Kalkknollen und braunrothe glimmerreiche Schieferletten mit *Spongillopsis dyadica* Gein. durchbohrt.

Man hat durch diese und mehre andere in unserer geognostischen Darstellung hervorgehobenen Aufschlüsse die Verbreitung der Steinkohlenformation des Südrandes des Zwickau-Chemnitzer Bassins ziemlich genau kennen gelernt. Der Ausstrich der tiefsten Flötze in der Gegend von Ober- und Niederwürschnitz ist schon auf Taf. VII der geogn. Darst. bezeichnet worden; nach den negativen Erfahrungen auf den Feldern des Steegenschachtes darf man annehmen, dass sich derselbe südlich vom Rachelschachte bei Niederwürschnitz aus bis in die unmittelbare Nähe des Glaubens-Schachtes zwischen Pfaffenhain und Seifersdorf zieht.

Der Basaltit des Steinberges, welcher mit seinen braunen Mandelsteinen die Seifersdorfer Fluren der Montania von den Feldern des Steegenschachtes trennt, scheint hier eine ganz ähnliche Grenze in der Richtung von SW. nach NO. für die nördlich davon sich ausbreitende kohlenführende Formation zu bilden, wie dies im westlichen Theile des Bassins zwischen Vielau, Härtensdorf und Nieder-Zschoken in südöstlicher Richtung der Fall war. Die Spalte, welche diesen Strom aus dem Innern der

Erde herausgeführt hat, würde wahrscheinlich nicht hier gerade aufgerissen sein, wenn eine mächtigere Decke der zähen Schichten der Steinkohlenformation hier wie dort vorhanden gewesen wäre. In dem Basaltit am Südabhange des Steinberges findet man mehre Ellen lange und bis 6″ starke Schollen von rothem und grüngeflecktem Schieferletten des Rothliegenden eingeschlossen. Weit günstiger als der Glaubensschacht liegt jedenfalls der neue Montania-Schacht in dem mittleren Theile der Seifersdorfer Flur, wo man bis jetzt nur Schichten des Rothliegenden mit Streichen in h. 7,3 und Fallen von 10° — 15° in NO durchschnitt.

Unter sämmtlichen Schächten des Erzgebirgischen Steinkohlenbassins hat keiner in wissenschaftlicher Beziehung ein grösseres Aufsehen erregt, als der nur 800 Ellen südlich von dem nördlichen Urschieferrande stehende Beharrlichkeits-Schacht von Grüna. Da sich noch heute zwei verschiedene Ansichten hierüber entgegen stehen, nach welchen das am 6. Nov. 1857 bei 300° 14″ Schacht Tiefe, von der Hängebank ab, durchsunkene Kohlenflötz von 1° 14″ Stärke entweder der Dyas, oder der normalen Steinkohlenformation angehöre, so will ich nicht unterlassen, das vom Herrn Schichtmeister F. A. Triemer aufgenommene Profil dieses von mir wiederholt befahrenen Schachtes (Holzschnitt 6) hier mitzutheilen.

Die Vertreter der ersteren Ansicht, wonach dieses Kohlenflötz dem unteren Rothliegenden eingelagert sei, berufen sich auf das Vorkommen schwacher Kohlenflötze und zum Theil auch nur Kohlenbrocken, die man in mehren anderen Schächten des Zwickau-Chemnitzer Bassins im Rothliegenden angetroffen hat, und auf die späteren Aufschlüsse bei der Weiterteufung des Beharrlichkeits-Schachtes, welcher im Liegenden dieses Kohlenflötzes die Thonstein- und Porphyr-Etage des Rothliegenden und unter dieser überhaupt noch bis zu 755° Schachttiefe Rothliegendes durchsunken hat.

Bezüglich jener schwachen Kohlenflötze des Rothliegenden muss dann ausdrücklich bemerkt werden, dass dieselben in der Regel nur in der unteren Etage des unteren Rothliegenden gefunden werden, während das Grünaer Kohlenflötz, wenn es hier eine normale Lagerung einnehmen würde, über die Porphyr-Etage fällt. Mit Unrecht hat man sich[1]) in dieser Beziehung auf andere Schächte in der Nähe des Nordrandes des Bassins bezogen, deren Lagerungs-Verhältnisse selbst keineswegs normal sind, wie z. B. den Schacht der sächsischen Steinkohlen-Compagnie in Ober-Lungwitz.

Gegen diese Ansicht spricht aber ferner: das Vorkommen ausgezeichneter Steinkohlenpflanzen, wie *Sigillaria alternans* Sternb., *Sigillaria intermedia* Brongn., *Sigillaria Menardi* Brongn. und eine der *Sigillaria elegans* Brongn. und *S. Brardi* Brongn. sehr nahe stehende Art, der *Sphenopteris irregularis* St., *Sph. cristata* Brongn. sp. mit *Cyatheites dentatus* Brongn., *C. arborescens* Schl., *Sphenophyllum emarginatum* Brongn., *Annularia longifolia* Brongn. und Cordaites-Blättern zusammen an der Decke dieses Kohlenflötzes; dann das häufige Vorkommen jener zuerst hier entdeckten Palmenfrüchte des *Guilielmites permianus* Gein. in einem rothen Schieferletten bei 234° — 239° und zuletzt in einem grünlichgrauen Schieferthone und Sandsteine bei 284° — 295° 12″ Tiefe unmittelbar über der Sigillarienzone, welches Vorkommen höchst ähnlich jenem in dem D-Schachte des Niederwürschnitzer Steinkohlenbau-Vereins nahe dem Südrande des Kohlenbassins ist; endlich die Gegenwart verschiedener Verwerfungen nicht nur in diesem Schachte selbst und auf dem von da aus in südlicher Richtung verfolgten Kohlenflötze, welches letztere in einer streichend nach Ost aufgefahrenen Strecke statt nach Süd einzufallen, sogar 5° stark nach Nord einfiel, sondern namentlich auch in einem kleinen Untersuchungsschachte in der Nähe von Bucher's Brunnen. (Holzschnitt Fig. 6*.)

Nach Allem, was mir von dort bekannt geworden ist, kann ich nur die schon 1856 (Geogn. Darst. S. 44 und 1862 Dyas S. 171) hierfür geltend gemachte Ansicht festhalten, dass man in dem Beharrlichkeits-Schachte von Grüna mindestens von 295° 12″ Tiefe an bis zu 309° Tiefe, von der Hängebank des Schachtes an gerechnet, und ebenso zwischen jenem Untersuchungsschachte und Bucher's Brunnen, die Sigillarienzone der eigentlichen Steinkohlenformation, nicht aber einer kohlenführende Ablagerung des Rothliegenden durchschnitten hat, dass diese Gebirgspartie einer losgerissenen und mehrfach zerrissenen Scholle entspricht, die durch emporgedrungene Porphyre und Porphyrtuffe in die zum Theil noch breiigen Schichten des Rothliegenden hineingedrängt worden ist, und ich habe am allerwenigsten zu bedauern, dass ich schon längst und noch zuletzt am 20. Febr. 1859 dringend angerathen habe, „keine Opfer mehr auf diesen Schacht zu verwenden, sondern lieber mit um so grösserer Kraft den neuen, an der Eisenbahn angelegten William-Schacht zu teufen, da man hier ungestörtere Verhältnisse und eine grössere Kohlenmächtigkeit mit Wahrscheinlichkeit zu erwarten habe.

Man hatte auf diesem Schachte den Nachweis der Sigillarienzone und hiedurch, wie mir scheint, das Möglichste erreicht, was hier so dicht an der Grenze des Urgebirges überhaupt zu erreichen war; ein anderer Segen, als eine Bereicherung der Wissenschaft, welche gerade nicht direct der Zweck einer Actiengesellschaft ist, schien mir längst nicht mehr an dieser Stelle zu erwarten. Indessen hatte die gegenüberstehende Ansicht sich Geltung verschafft, und man hat zum Theil unter Annahme, dass Porphyre gänzlich ungefährliche Umwandlungsproducte von schlammigen Massen seien, und dass es keine Leit-

---

[1]) E. Oelschlägel, Bericht über die geogn. Verh. des Beharrlichkeits-Schachtes. 1861. — Dr. Meyer, a. a. O.

Beharrlichkeits-Schacht bei Grüna.

Fig. 6.

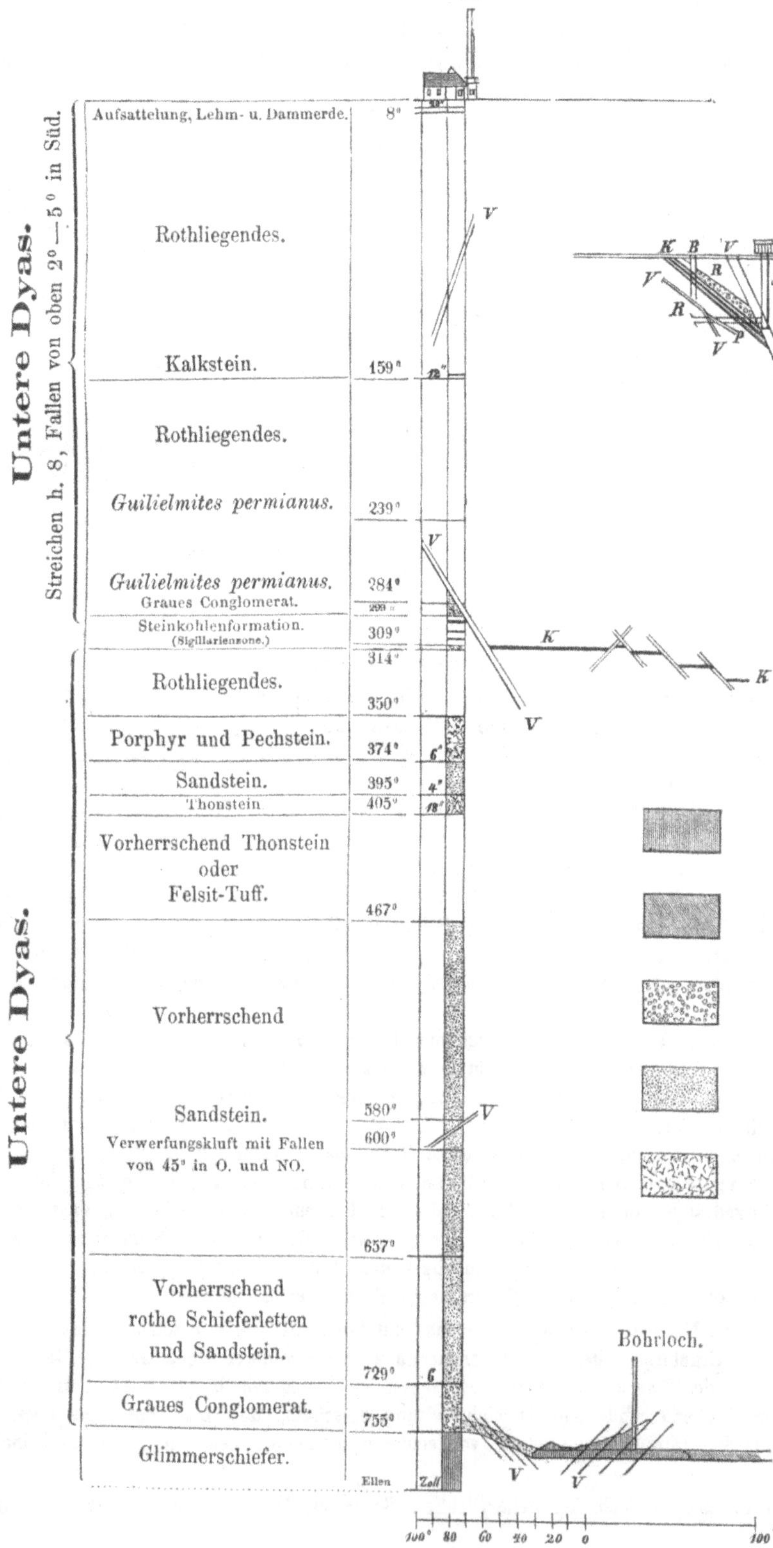

Glimmerschiefer.

Thonschiefer.

Graues Conglomerat.

Sandstein.

Porphyr, Pechstein und Thonstein.

Fig. 6*.

B = Bucher's Brunnen.
S = Schacht.
V = Verwerfungsgebirge.
K = Kohlenflötze.
P = Porphyr.
R = Rothliegendes.

pflanzen für verschiedene Gebirgsgruppen gebe, noch weitere Kohlenflötze zu finden gehofft und den Beharrlichkeits-Schacht bis in die Glimmerschiefer niedergebracht; hiermit waren aber die Mittel für neue Schachtanlagen an günstigeren Orten gänzlich erschöpft und neue alsdann nur schwer zu beschaffen.

Die von dem Schachte aus bei 755° Tiefe, auf dem Glimmerschiefer nach Süd (h. 10. 4) getriebene Untersuchungsstrecke hingegen hat ergeben, dass der Glimmerschiefer zu einem kleinen Rücken ansteigt, welcher zuletzt aus Thonschiefer und Grünstein besteht und man muss annehmen, dass man erst an dem südlichen Abhange dieses Rückens die Fortsetzung jener an dem Rande in höhere Teufen gerissenen Scholle von Steinkohlengebirge antreffen werde.

Der König-Johann-Schacht der sächsischen Steinkohlen-Compagnie östlich von Ober-Lungwitz bietet mit dem Beharrlichkeitschachte von Grüna manche Analogien dar, die hier hervorgehoben werden sollen.

Ohne Rücksicht auf 6° Aufsattelung für den Schacht traf man in dem Rothliegenden:

Bei 274° 15″ bis 275° 5″ Tiefe ein 14″ starkes Kalksteinflötz an, welches mit dem im Grünaer Schachte bei 157°—159° 12″ vorkommenden verglichen werden kann.

Bei 382° 12″—384° Tiefe ist jene interessante Wirbelsäule eines Sauriers, des *Phanerosaurus Naumanni* v. Meyer (Gein. Dyas I. p. 2. tb. 4. f. 1) aufgefunden worden.

Bei 471° 6″ bis 491° 5″ Tiefe stiess man auf schwarzgraue Schieferthone und andere Schichten von Kohlengebirge, worin bei 480° 8″—481° 2″ Tiefe sogar ein 18″ starkes Pechkohlenflötz auftrat, welches man dem bei Grüna im Beharrlichkeits-Schachte von Grüna zwischen 299° und 300° 14″ ersunkenen gleichgestellt hat. Dies mag gerechtfertiget sein und es hat dieses Kohlengebirge vielleicht eine ähnliche Abstammung wie jenes in dem Grünaer Schachte. Jedenfalls aber verdient erwähnt zu werden, dass in dem Register der mit dem König-Johann-Schachte durchteuften Gebirgsschichten die vielen Rutschflächen in diesem Kohlengebirge ausdrücklich hervorgehoben werden, und dass dieses schwache Kohlenflötz bei einem Streichen in h. 4,3 ein Fallen von 19½° in SO. zeigte, welches bis auf die Porphyre herab auch dasselbe geblieben ist, während die über dem Kohlenflötze zunächst lagernden Schichten bei einem Streichen in h. 5 ein Fallen von nur 9° in SO. zeigten.

Bei 540° 7″ bis 552° 13″ Tiefe hat man Porphyr, sowohl Thonsteinporphyr als Pechsteinporphyr durchfahren, wie in dem Grünaer Schachte unter dem Steinkohlenflötze.

Bei 643° 11″ bis 647° Tiefe wurde ein durch verschiedene Lagen von bunten thonigen Schichten ausgefüllter Gesteinsgang durchfahren, welcher ein Streichen in h. 7,3—8 und ein Fallen von 50°—65° in NO. wahrnehmen liess.

Es folgten wiederum meist rothe Schichten und zum Theil graue Conglomerate mit einem Streichen in h. 4,6 und Fallen von 20° in SW., bis von 702° 22″ bis 744° 21″ Tiefe eine neue Partie von grauem Kohlengebirge mit schwachen Lagen und Nestern von Kohlen getroffen wurde, die durch eine 56° in SW. fallende Verwerfung abgeschnitten war. Im Liegenden derselben fanden sich sehr grobe Conglomerate und unterhalb dieser ein feiner Sandstein mit Blättern von *Cordaites* vor.

Das Auftreten dieser kohlenführenden Schichten im Liegenden der Porphyre würde dem Vorkommen im Hedwig-Schachte bei Oelsnitz sehr entsprechend sein, womit man dasselbe bereits verglichen hat. Es ist aber bei dem Vorhandensein jener beiden nach SO steil einfallenden Verwerfungen und bei der grossen Aehnlichkeit der grauen Conglomerate, die man sowohl über als unter der tieferen Partie des Kohlengebirges gefunden hat, mit dem tiefsten Conglomerate der Dyas gar nicht unmöglich, dass beide, jetzt von Porphyren geschiedenen kohlenführenden Schichten als zusammengehörig zu betrachten wären, ja dass sie, als zwei von einander losgetrennte Theile, selbst nur eine durch plutonische Kräfte von der im Süden der Kuppe des Grundgebirges befindlichen Hauptmasse losgerissene Scholle vorstellen, wiewohl uns Beweise hiefür durch Sigillarien, wie in dem Grünaer Schachte, hier nicht bekannt sind.

Bei einer Tiefe von 1022° (oder von der Hängebank ab bei 1028°) hatte der Schacht das normale graue Conglomerat der unteren Dyas erreicht, traf aber unter diesem, ohne in die Steinkohlenformation zu gelangen, bei 1029° (oder 1035° von der Hängebank) auf eine Kuppe Alaun- und Kieselschiefer der Silurformation. Dieselbe zieht sich, wie es scheint, von SW. nach NO. und fällt nach SO. ab, während sie sich nach W. und N. erhebt, und ihre Schichten streichen h. 11—12 mit Fallen von ca. 60° in Ost.

In östlicher Richtung vom Schachte hatte man in 47° horizontaler Entfernung vom Schacht in einer Untersuchungsstrecke zuletzt Grünsteinschiefer und massigen Grünstein im Liegenden der Silurformation durchfahren. Man ist gegenwärtig noch beschäftigt, auf einer nach Süden getriebenen Strecke, die unter jenem grauen Conglomerate zu erwartende Steinkohlenformation zu erlangen.

Das kuppenförmige, zum Theil auch rückenförmige Auftreten dieser alten Schiefer im König-Johann-Schachte ist ein ganz ähnliches Vorkommen, wie in vielen anderen dennoch ergiebigen Schächten des Erzgebirgischen Bassins, nämlich eine aus dem einstigen Torfmoore hervorragende Felspartie, an deren tieferen Abhängen die Steinkohlenpflanzen gewuchert haben und von schlammigen Schichten bedeckt worden sind, um sie der Nachwelt als Steinkohlenflötze zu bewahren.

Fachmänner, welchen einerseits das südliche Einfallen der in dem König-Johann-Schachte durchschnittenen Schichten, anderseits das nördliche Einfallen der Gebirgsschichten in dem Mittelbacher Schachte (Vgl. Dr. v. Meyer a. a. O.). bekannt war, haben schon seit längerer Zeit das Vorhandensein einer derartigen Kuppe des Grundgebirges zwischen beiden Schichten vermuthet und sich darin nicht getäuscht. Ueber Höhe und Ausdehnung derselben lässt sich natürlich im Voraus kein einiger Maassen sicheres Urtheil fällen. Wahrscheinlich steht sie nicht nur mit jener von dem Grünaer Beharrlichkeits-Schachte angefahrenen Urschieferkuppe in einer directen Verbindung, sondern ist vielmehr nur ein Theil jenes langen Grünsteinzuges, der aus der Gegend von Hof über Plauen nach Zwickau geht, von da aus zunächst die westliche Grenze des Zwickau-Chemnitzer Bassins bezeichnen und dann längs des Südrandes des Granulitgebirges bis in die Gegend von Hainichen und Rosswein fortsetzen würde.

Dieser eine, nahe der östlichen Grenze des grossen Areals der Sächsischen Steinkohlen-Compagnie niedergebrachte Schacht kann für das ganze Feld dieser Gesellschaft durchaus nicht maassgebend sein, und es ist unbedingt nothwendig, dass mindestens noch ein Versuch in der Mitte der südlich von Lungwitz gelegenen Felder angestellt werde, um über den Werth dieses höchst achtungswerthen Unternehmens ein positives Urtheil zu fällen. Dass sämmtliche Geologen Sachsens darüber längst einig gewesen sind, dass die Steinkohlenformation sich in ähnlicher Weise auch auf dem Nordflügel des Zwickau-Chemnitzer Bassins, wie auf dessen Südflügel vorfinden müsse, geht aus allen Begutachtungen der dort neu entstandenen Unternehmungen deutlich genug hervor. Die Richtigkeit dieser Ansicht ist aber in der erfreulichsten Weise noch in der neuesten Zeit durch einen Aufschluss in dem Bohrloche des Hohendorf-Bernsdorfer Vereins bestätiget worden.

In diesem östlich von Lichtenstein und südlich von Hohenstein gelegenen Bohrloche ist es der Thätigkeit des technischen Directors dieses Vereins Herrn J. A. Maul gelungen, im Anfange d. J. 1864 bei $901\frac{1}{2}^{0}$ Tiefe ein Pechkohlenflötz zu erbohren, welches nach seinen Mittheilungen vom 13. Februar 1864 schon 19° 12" oder 39 Fuss Mächtigkeit erreicht hatte.

Die Freude über dieses glückliche Ereigniss, der auch von unserer Seite in Nr. 15 der wissenschaftl. Beilage der Leipziger Zeitung 1864 ein Ausdruck gegeben wurde, müsste um so gerechtfertigter sein, als nach dem verunglückten ersten Bohrversuche dieses Vereines (vgl. geogn. Darst. S. 36) die Fortsetzung oder richtiger Aufnahme neuer Versuchsarbeiten auf diesem Felde wesentlich mit durch ein Gutachten des Verfassers vom 8. Nov. 1856 bewirkt worden ist, als ferner das hoffnungsvolle Steinkohlen-Unternehmen Vereins-Glück zu Gersdorf, dessen Schacht nur ca. 1550 Ellen in östlicher Richtung von dem neuen Bohrloche des Hohendorf-Bernsdorfer Vereins entfernt liegt, in gleicher Weise auf unser Gutachten vom 20. Jan. 1858 begründet worden ist, was in gleicher Weise auch für das nach Osten an das letztere angrenzende Feld der sächsischen Steinkohlen-Compagnie gilt. Wir überlassen demnach gern das Urtheil über gewisse Schmähartikel gegen die Sächsischen Geologen einem jeden Leser derselben selbst und schliessen uns ganz der Erklärung von Professor Naumann gegen dieselben im Zwickauer Wochenblatt, Nr. 68, 1864, und in der wissenschaftl. Beilage der Leipziger Zeitung Nr. 96 und 98, 1864, an.

Die Mitte des grossen Bassins ist noch wenig gekannt. Man hatte sich lange Zeit nur schüchtern längs des Südrandes bewegt und drang von hier aus immer weiter nach den mittleren Theilen des Bassins vor. Ein entscheidendes Experiment zur endlichen Lösung der hochwichtigen Frage über die Anzahl bauwürdiger Steinkohlenflötze in der Mitte des Erzgebirgischen Bassins hat der Erlbach-Leipziger Steinkohlenbauverein auf den Fluren von Erlbach gewagt.

Nach der in Gemeinschaft mit Herrn Prof. von Cotta und Director Müller in Lugau von mir vorgenommenen Untersuchung der dortigen Verhältnisse, hat der Ferdinand-Schacht des Leipzig-Erlbacher Vereins folgende Schichten durchfahren:

a) Rothliegendes der unteren Abtheilung im weiteren Sinn mit drei Einlagerungen von Porphyr, Pechstein und Thonstein

bei 674° 9" bis 689° 23"
„ 699° 18" „ 714° 17"
„ 739° 23" „ 747° 19" Tiefe bis 1032° $10\frac{1}{2}$" Tiefe.

Darin kam in verschiedenen Niveaus die für das untere Rothliegende leitende Pflanze, *Spongillopsis dyadica* Gein. vor. Streichen der Schichten h. 6, Fallen von oben aus 2—3° in N., zuletzt 5° in N.

b) Graues Conglomerat der unteren Dyas, oder unterste Etage des unteren Rothliegenden im weiteren Sinn, theilweise mit Porphyrgeschieben, noch bei 1105° 12" T., und vielen Rutschflächen, meist starker Neigung der Schichten, z. Th. 30°—35° in NO., und mit einzelnen Steinkohlenpflanzen, wie *Alethopteris pteroides* Brongn. bei 1111° 3", *Rhabdocarpus lineatus* Göpp. bei 1123° 10", *Cyatheites arborescens* Schl. bei 1135° 22". Die beiden letzteren sind auch an anderen Orten schon in der unteren Etage der Dyas gefunden worden.

Wir sind geneigt, trotz dieses Vorkommens die untere Dyas bis 1146° 14″ Tiefe hier auszudehnen, wegen des Vorwaltens jener normalen grauen Conglomerate darin. Wenn nicht schon früher, und zwar bei 1105° 12″ Tiefe, so beginnt die Steinkohlenformation doch sicher bei 1146° 14″ Tiefe und reicht bis 1297° 18″.

In ihr walten die gewöhnlichen schwarzen und grauen Schieferthone mit charakteristischen Steinkohlenpflanzen vor, wie schon bei 1149° 2″ Tiefe *Sigillaria Cortei* Brongn. mit *Calamites cannaeformis* Schl. zusammen.

Nach den durch Herrn Bergfactor Kühn gesammelten Pflanzen liessen sich aus dieser Region nachstehende Arten unterscheiden: *Calamites cannaeformis* Schl., *C. approximatus* Schl. u. *C. Cisti* Brongn., *Annularia longifolia* Brongn. u. *A. sphenophylloides* Zenker, *Sphenophyllum emarginatum* Brongn., *Sphenopteris irregularis* Sternb., *Hymenophyllites alatus* Brongn., *Dictyopteris Brongniarti* Gutb., *Cyatheites arborescens* Schl. u. *C. dentatus* Brongn., *Alethopteris pteroides* Brongn., *Noeggerathia palmaeformis* Gö. u. *Rhabdocarpos Bockschianus* Gö. u. Berger, *Cordaites principalis* Germ., *Artisiae sp.* wahrscheinlich Achse des vorigen, *Cardiocarpon marginatum Artis*, *Aspidiaria undulata* Sternb., *Sigillaria tesselala* Brongn., *S. Cortei* Brongn., *S. alternans* St. nur in den tiefsten Conglomeraten, und *Stigmaria ficoides* Brongn.

Es ergibt sich aus dem Zusammenvorkommen dieser zahlreichen Steinkohlenpflanzen, dass man sich hier wirklich in der Steinkohlenformation bewegt hat, wenn auch die oft wiederkehrenden, zum Theil sehr mächtigen grauen quarzreichen Conglomerate darin,

bei	1201° 8″	Tiefe	11 Ellen	stark,
„	1216° 14″	„	2° 12″	„
„	1225° 20″	„	2° 12″	„
„	1244° 4″	„	10°	„
„	1252° 14″	„	5°	„
„	1264°	„	9° 18″	„
„	1269° 12″	„	4° 12″	„
„	1277° 12″	„	7°	„
„	1280° 12″	„	3°	„
„	1290° 12″	„	8° 12″	„
„	1296° 12″	„	5° 12″	„

weit mehr noch an untere Etage der Dyas, als an die productive Steinkohlenformation erinnern. Natürlich muss diese Erscheinung ihren Grund in der tieferen mittleren Lage des Schachtes in dem grossen Bassin haben. Bei 1297° 18″ Tiefe gelangte der Schacht auf eine Kuppe von Grundgebirge, welches aus Urthonschiefer und Grünsteinschiefer mit etwas Kupferkies bestand, deren Schichten h. 3 streichen und ca. 70° in NO. einfallen.

Aus den Arten und der relativen Vertheilung der in dem Kohlengebirge des Ferdinand-Schachtes beobachteten Pflanzen lässt sich entnehmen, dass selbst die tiefsten Schichten desselben in der unmittelbaren Nähe des Thonschiefers noch nicht diejenige productive Abtheilung der Steinkohlenformation erreicht haben, in der sich der so ergiebige Abbau bei Lugau und Niederwürschnitz bewegt.

Unsere Ansicht geht demnach dahin, dass brauchbare Steinkohlenflötze unmittelbar unter den bis jetzt im Ferdinand-Schachte durchsunkenen Schichten der Kohlenformation aufgefunden werden können, welche sich an den Abhängen der mit dem Schachte angefahrenen Urschiefer-Kuppe angelegt haben. Es ist zu ihrer Auffindung eine Reihe von Versuchsarbeiten dort ausgeführt worden, von denen nur zu wünschen gewesen wäre, dass sie mit dem gehörigen Nachdrucke zu einem glücklichen Ende hätten geführt werden können.

Eine ähnliche Kuppe von Urgebirge ist in dem Eintrachtsschachte des an den Südrand des Erlbach-Leipziger-Feldes angrenzenden Lugau-Erlbacher Steinkohlenbau-Vereins bei 758° 6″ Tiefe angetroffen worden und man ist daher mehrfach geneigt, in diesem Urgebirge die Fortsetzung der in dem Einigkeitsschachte der Rhenania- und dem Ottoschachte des Niederwürschnitz-Kirchberger Vereines angetroffenen Kuppen zu betrachten (vgl. Dr. Meyer a. a. O.), was aber nach dem in der Nähe der beiden letzteren gewonnenen Aufschlusse (vgl. Karte v. A. Dietrich) weniger wahrscheinlich wird.

Von einem Damme, welcher das Erzgebirgische Bassin hier in zwei verschiedene Becken theilen soll, kann wohl niemals im Ernste geredet werden, wenigstens bedarf es zu solch einer Annahme noch ganz anderer Aufschlüsse oder Beweise als die bisherigen sind.

Was im Gebiete des ursprünglich weit grösseren Erzgebirgischen Bassins ausserhalb der von mir gezogenen westlichen und östlichen Sicherheitsgrenzen gelegen ist, halte ich in Bezug auf das Vorkommen bauwürdiger Kohlenflötze nicht mehr für productiv und muss mich daher begnügen, auf meine geogn. Darstellung zu verweisen, wo die Gründe dafür genauer erörtert sind. Es ist auch seit ihrem Erscheinen trotz wiederholter neuer Versuche in der Gegend von Gablenz und trotz der in neuer Zeit mehrfach lautgewordenen neptunistischen Ansicht über die Natur der Porphyre und Thonsteine des Zeisigwaldes noch immer nicht gelungen, practische Beweise für das Vorkommen bauwürdiger Kohlenflötze in jenen Gegenden zu geben, und solche werden wohl schwerlich auch dort zu erhalten sein.

Es ist die Umgegend von Chemnitz namentlich vor und während der Entstehung des Rothliegenden der Hauptschauplatz höchst stürmischer Ereignisse gewesen, welche als Hauptursache erscheinen müssen, dass in dieser Gegend, sowie auf dem ganzen Landstriche zwischen jener, die kohlenführende Region des Zwickau-Chemnitzer Bassins im Osten begrenzenden Linie und Niederwiesau, ONO. von Chemnitz, die productive Steinkohlenformation, welche einst auch diese Gegend erfüllt haben mag, allermeist gänzlich zerstört oder mindestens sehr gestört worden ist, so dass an einen ergiebigen Abbau hier nicht mehr gedacht werden kann. Dies hat sich auch bei den wiederholten Versuchen nach Kohlen bei Hilbersdorf, NO. von Chemnitz, zur Genüge herausgestellt.

Von Furth, im N. von Chemnitz, zieht sich am nördlichen Rande des Erzgebirgischen Kohlenbassins eine Kette von Porphyrbergen, welche über Rottluf, Ober-Rabenstein, Grüna, Ernstthal bis Tilgen fortsetzt, welche bei Grüna, wie schon erwähnt, und wahrscheinlich in ähnlicher Weise bei Nutzung, Oberlungwitz, Russdorf und Tilgen, nahe dem nördlichen Rande des Bassins Schollen des Kohlengebirges von der noch zusammenhängenden Steinkohlendecke des Bassins losgerissen und in ein so hohes Niveau geführt hat, dass man dieselben zum Theil schon einige Ellen tief unter der Erdoberfläche auffinden konnte. In diese Linie fallen auch die Thonsteine oder Porphyrtuffe am Chemnitzer Schlossberge.

Eine zweite Erhebungslinie von Porphyren und den dazu gehörigen Thonsteinen oder Poryhyrtuffen zieht sich aus dem Zeisigwalde, jener Hauptlagerstelle für diese Tuffe, O. von Chemnitz, über Chemnitz bis Jahnsdorf, SW. von Chemnitz, und bedingt den langen Rücken, auf welchem die von Chemnitz nach Neukirchen führende Chaussee liegt. Der harte Felsitporphyr des Beutigberges im Zeisigwalde und oberhalb des Waldschlösschens bei Chemnitz ist derselbe Porphyr, welcher in den ansehnlichen Brüchen bei Jahnsdorf gewonnen wird. Er tritt als harter Porphyr da auf, wo er nicht in Berührung mit breiigen Schichten des Rothliegenden getreten oder nicht mit Wasserdämpfen durchdrungen und überladen gewesen ist, er erscheint als Thonstein oder Porphyrtuff, wo dies der Fall gewesen ist. Diese zwei Hauptketten von Eruptivgesteinen, in deren Nähe sie gleichzeitig auch an anderen Orten der Umgegend aus dem Innern der Erde herausgeführt wurden, sind als die Hauptursache für die von uns angenommene Begrenzung des Kohlenbeckens in östlicher Richtung bezeichnet worden.

3. Die Steinkohlenformation bei Flöha und Gückelsberg.

Dieses kleine im Osten von Chemnitz an der Strasse nach Oederan gelegene Kohlenbassin wird von der hier mit der Zschopau sich vereinigenden Flöha in einen südlich und einen nördlich derselben gelegenen Flügel getrennt, auf deren letzterem nur noch ein schwacher Abbau betrieben wird, während ein solcher seit 1852 auf dem südlichen Flügel gänzlich ruhet.

So unwichtig, als dieses Kohlenbassin nun auch in technischer Beziehung erscheinen muss, so interessant wird es dagegen durch seine Lagerungsverhältnisse in wissenschaftlicher Hinsicht.

Nach den früheren Mittheilungen[1]) über dasselbe hat noch in neuester Zeit unser hochverdienter Professor Naumann ihm eine eingehende geognostische Beschreibung gewidmet, die mit einer genauen geognostischen Karte und Profilen 1864 bei W. Engelmann in Leipzig erschienen und zu dem näheren Studium der dortigen Verhältnisse höchst geeignet ist.

Man unterscheidet in diesem Bassin von unten nach oben im Wesentlichen folgende Gebirgsglieder:

a) Einen unteren Kohlensandstein mit Lagen von sandigem Schieferthon und ein Paar schwachen Kohlenflötzen der Sigillarienzone, welche hier kaum $^1/_2$ bis $1^1/_2$ Elle Kohle zu führen pflegen.[2]) *Sigillaria alternans* St. und *Sig. plana* Gein. herrschen hier vor.

---

[1]) Naumann: Erläuterungen zu Section XV d. geogn. Karte von Sachsen. 1838. — Geinitz: Darstell. d. Flora des Hainichen-Ebersdorfer u. d. Flöhaer Kohlenbassins. 1854.

[2]) Es hat sich die 1859 in öffentlichen Blättern verbreitete Nachricht, dass sich im nordwestlichen Theile des nördlichen Flügels auf den Fluren der Altenhayner Steinkohlenbau-Gesellschaft ein weit mächtigeres Kohlenflötz gefunden habe, nicht bestätiget.

Dieser untere Sandstein, welcher gewöhnlich als ein graulich-, gelblich- oder röthlich-weisses bis lichtgraues, kleinkörniges, mürbes, glimmerreiches, bisweilen auch etwas poröses Gestein erscheint, wird stellenweise, und besonders nach oben, sehr conglomeratartig, indem er viele und zum Theil grosse Gerölle von Quarz aufnimmt. Seine Mächtigkeit beträgt bei der Finkenmühle gegen 125 Ellen. Es ist dies derselbe Kohlensandstein, welcher sich bis in die Gegend von Lichtewalde hinzieht, wo er in einer fast söhligen Lagerung die steilaufgerichteten Schichten des Culm überlagert. (Vgl. S. 48.)

b) Ein Gneissconglomerat, das aus zoll- bis ellengrossen Geschieben von Gneiss, Quarz, Thonschiefer und Glimmerschiefer besteht und dem unteren Sandsteine bis gegen 100 Ellen mächtig aufgelagert ist.

c) Einen quarzreichen Felsitporphyr, der die beiden vorigen durchbrochen hat und als eine selbst bis 100 Ellen mächtige Decke überlagert. Derselbe enthält bisweilen Fragmente von Thonschiefer und Glimmerschiefer, in der Nähe des Gneissconglomerates aber häufig Fragmente von Gneissgeschieben.

Die Einwirkung dieses Eruptivgesteines auf die vorher genannten Glieder der Steinkohlenformation hat sich nicht allein durch Zerreissungen und Hebungen der früher vorhandenen Schichten, sondern namentlich auch dadurch geltend gemacht, dass die Kohlen des unteren Sandsteines theilweise durch ihn anthracitirt worden sind.

d) Einen oberen Kohlensandstein, welcher unmittelbar auf dem Porphyre aufliegt, in der Nähe dieser Auflagerungsstellen oft arkoseartig wird und in seinen oberen Schichten Lagen von Schieferthon mit einigen, meist nur schwachen, nur 6—24 Zoll, oft 16—18 Zoll mächtigen, Flötzen einer vorherrschend mageren an Kohlenschiefer reichen Kohle enthält. Die Totalmächtigkeit dieses oberen Sandsteines dürfte kaum mehr als 75 Ellen betragen.

In sein Gebiet fallen alle Versuche nach Steinkohlen, die auf den Fluren von Flöha und Gückelsberg auf dem rechten Ufer der Flöha, sowie in dem Struthwalde zwischen Plaue und Niederwiesa auf dem linken Ufer der Zschopau und Flöha unternommen worden sind.

Wir haben diesen oberen Sandstein, welcher in horizontalen Schichten dem Porphyre ungleichförmig aufgelagert ist, nach den zahlreichen darin vorherrschenden Pflanzenresten als einen Vertreter der oberen Kohlenflötze der Zwickauer Gegend betrachten müssen und meinen noch heute, dass er in keinem Falle einen tieferen Horizont einnehme, als das Zwickauer Schichtenkohlflötz oder die Annularien-Zone, dass er aber noch weniger schon zu der Dyas oder dem Rothliegenden gestellt werden könne.

Die darin vor allem bezeichnenden Pflanzenreste sind: *Lepidodendron laricinum* Sternb., wozu als Frucht vielleicht *Cardiocarpon emarginatum* Göppert und Berger gehört, welches hiermit zusammenvorkömmt, *Noeggerathia palmaeformis* Gö. und *N. crassa* Gö., auf welche Pflanzen wir als Früchte die hier sehr gewöhnlichen *Rhabdocarpus Bockschianus* Gö. u. Be. und *Rh. Naumanni* Gein. zurückführen, *Sigillaria distans* Gein., *Stigmaria ficoides* Brongn. *var. vulgaris*, und kleine stielrunde Nadeln einer noch unbestimmten Art, die wir in vollkommen gleicher Beschaffenheit auch auf dem Schichtenkohlflötze des Hoffnungs-Schachtes bei Zwickau und in dem Kohlengebirge des Plauen'schen Grundes bei Dresden erkannt haben.

Aus diesen und allen anderen uns bei Flöha bekannt gewordenen Verhältnissen aber darf man auch ferner den Schluss ziehen, dass die Bildungszeit des unter c bezeichneten Quarzporphyres nahezu mit der Bildungszeit des Zwickauer Russkohlenflötzes oder der Calamiten-Zone zusammenfällt.

e) Einen Thonstein oder Felsit-Tuff, welcher fast überall, wo man in dieser Gegend die Kohle des jüngeren Sandsteines abgebauet hat oder noch abbauet, dieselben überlagert. Bei Gückelsberg beträgt seine Mächtigkeit gegen 90 Ellen, auf der Kuppe bei Flöha nur 40—45 Ellen. Am höchsten erhebt sich der Thonstein nach Naumann im Walde südwestlich von Falkenau; nächstdem steigt er über Flöha, auf der flachen Kuppe bei dem Pfarrholze, bis zu 157 und am Wiesener-Flügel etwa bis zu 165 Ellen über dem Flöhaspiegel auf. Naumann charakterisirt ihn als ein röthlich-weisses bis lichtpfirsichblüthrothes, oder weiss- und rothgefledktes, weiches, erdiges, mitunter auch wohl löcheriges oder breccienartiges Gestein, welches nur selten etwas Quarz, wohl aber hier und da einzelne Feldspathkörner oder Glimmerblättchen und kleine mit einem dunkelbraunen Ocker erfüllte Höhlungen umschliesst. Ausserdem enthält es zuweilen einzelne Fragmente von Gneiss, Glimmerschiefer, Thonschiefer und kohligem Schieferthon, welcher letztere jedoch meist sehr hart, als sogenannter Brand erscheint.

Dieser Thonstein umschliesst zahlreiche als Dendrolithen[1]) beschriebene verkieselte Hölzer, welche zum Theil mit jenen genau übereinstimmen, die in dem Rothliegenden von Chemnitz und Hilbersdorf vorkommen, zum Theil nur von hier bekannt geworden sind. Sein Alter fällt offenbar in die Bildungszeit der unteren Dyas, seine Bildung selbst aber entspricht einer schlammigen Tuffbildung, die aus Spalten ihren Ausweg gefunden hat, um die vorhandenen Gebirgsschichten und darauf wachsenden Baumstämme zu überschütten.

4. Die Anthracite des oberen Erzgebirges und bei Brandau in Böhmen.

Mitten im älteren krystallinischen Gebirge zeigen sich an einigen Orten der höheren Theile des Erzgebirges isolirte Partien der Steinkohlenformation, von denen man nicht behaupten kann, dass sie unter einander oder mit einem anderen grösseren Kohlenbassin in Verbindung gestanden haben, wenn man auch annehmen darf, dass sie gleichzeitig mit jenen an Ort und Stelle entstanden sind.

Ein derartiges Vorkommen ist das in dem oberen Flöhathale bei dem böhmischen Dorfe Brandau, hart an der sächsischen Grenze östlich von der Seigerhütte Grünthal, wo die Steinkohlenformation eine durch die Schweinitz, Flöha und Natschung gebildete, gegen NW. vorspringende Mulde bildet, die nach Jokély[2]) etwa 1200 Klafter Länge und 800 Klafter Breite besitzt.

Die untersten Gebilde in derselben bestehen aus einem Conglomerate von Gneiss, Glimmerschiefer, Thonschiefer und Quarz mit sandigem Bindemittel, worüber in grösserer Verbreitung quarzige und glimmerreiche Sandsteine, Schieferthone und Kohlenschichten folgen. Die Sandsteine enthalten einige schwache Kohlenflötze, unter denen das wichtigste von nahezu 5 Fuss Stärke auf der Gabriela-Zeche, westlich von Brandau, abgebauet wird. Die Kohle ist eine ziemlich reine anthracitische Kohle mit nur 9,7 Proc. Aschengehalt, welche hauptsächlich aus Sigillarien entstanden ist.

Wir unterschieden von dort: *Sigillaria notata* Brongn., *S. Dournaisi* Brongn., *S. Utschneideri* Brongn., *S. pes capreoli* Sternb., *S. intermedia* Brongn. und *S. alternans* Sternb., die neben *Calamites cannaeformis* Schl., *C. Suckowi* Brongn. und einigen Farrenkräutern vorkommen.

Diese Kohle gehört demnach gleichfalls der Sigillarien-Zone an, als deren Aequivalent die tiefsten Flötze der Gegend von Zwickau, Lugau und Flöha zu betrachten sind.

Der Abbau der Kohlen hat bei Brandau mit nicht geringen Schwierigkeiten zu kämpfen, da durch emporgedrungene Basalte, denen man zugleich ihre Anthracitirung hier zuschreiben muss, mannichfache Biegungen und Störungen in den Kohlengebirgsschichten hervorgerufen worden sind. Zur Erläuterung dient der beistehende von Jokély entworfene Durchschnitt.

Fig. 7.

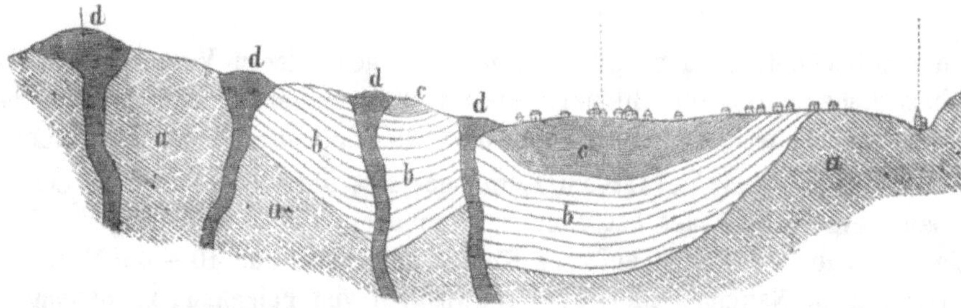

a. Zum grössten Theil rother Gneiss. b. Steinkohlenformation. c. Rothliegendes. d. Basalt.

[1]) B. Cotta: Die Dendrolithen. Dresden und Leipzig, 1832. — Göppert, die Flora der permischen Formation. 1864.

[2]) J. Jokély im Jahrb. d. k. k. geolog. Reichsanst. Wien, 1857. VIII. p. 600.

aus welchem zugleich ersichtlich wird, wie die Steinkohlenformation von dem, meist an Porphyrgeschieben reichen Rothliegenden überlagert wird. Auch Olbernhau in Sachsen steht theilweise auf Rothliegendem.[1]) Dass sich aber die Steinkohlenformation von Brandau aus weiter in nordwestlicher Richtung erstrecke, ist durch den Nachweis eines Gneissconglomerates an dem südwestlichen Fusse des Helfenberges, W. von Renckersdorf, wahrscheinlich geworden, worauf Herr Obereinfahrer Müller a. a. O. die Aufmerksamkeit gerichtet hat. Derselbe betrachtet dieses Conglomerat als jenem des Flöhaer Kohlenbassins analog und daher wohl mit allem Rechte als ein wesentliches Glied der Brandauer Steinkohlenformation.

Das Vorkommen anthracitischer Kohlen auf dem hohen Kamme des Erzgebirges bei Niklasberg, dicht an der Grenze des Gneisses und eines Felsitporphyrs, sowie bei Rehfeld und Zaunhaus SSW. von Altenberg, wo sie theilweise auf Glimmerschiefer, theilweise in Contact mit Felsitporphyr gefunden werden, die anthracitischen Kohlen im Zwitterstocks-tiefen Erbstollen bei Altenberg und bei Bärenburg, endlich die anthracitischen Schichten im Pöbelthale, bei Seyda und die Anthracitlager bei Schönfeld, W. von Altenberg, ist in der geogn. Darst. S. 48—51 ausführlich beschrieben worden.

Von allen diesen haben nur die Anthracitlager von Schönfeld einige nationalökonomische Bedeutung erlangt, die ohne Zweifel eine grössere sein würde, wenn man für diesen normalen Anthracit Werner's eine ausgedehntere Verwendung als die zum Brennen des Kalkes herbeiführen könnte. Versuche, denselben beim Frischen auf dem Schmiedeberger Eisenhüttenwerke oder in Schmieden und bei Kesselfeuerungen zu benutzen, sind bis jetzt noch nicht ganz nach Wunsch ausgefallen.

Auf dem gewerkschaftlichen tiefen Stollen zu Schönfeld hat man fünf Kohlenflötze angetroffen:[2])

I. das Römer'sche, als das unterste und am wenigsten abbauwürdige, wenn auch schon ½ Lachter mächtige, Lager;
II. das Neue oder Unverhofft Glücksflötz, von ¼ bis ½ Lachter Mächtigkeit;
III. das Jacober, ½ bis 1½ Lachter mächtige, Lager;
IV. das Mittägige oder Hänel'sche Flötz und dessen nördliche Fortsetzung, als Neu-Glück bekannt, ½ bis 1 Lachter mächtig, und
V. das unbauwürdige, nur 2″ bis 3″ starke, meist nur aus kohligem Schieferthon und Kohlensandstein bestehende Walther'sche Flötz.

Die unter II, III und IV aufgeführten Flötze, von denen indess zwei sich in nördlicher Richtung vereinigen, enthalten eine schöne, bisweilen bunt angelaufene muschelige Glanzkohle, der reinste und beste Anthracit wird aber von dem Jacoberlager gewonnen.

An der Sohle des Römer'schen Lagers findet sich oft ein Kohlenhornstein vor, ein schwarzes, mit Kieselsäure stark imprägnirtes Gestein, das auf einem Felsitporphyre (Freiesleben's Kohlenporphyr) liegt, wodurch dieses Flötz mehrfach verworfen und zum Theil über 5 Lachter emporgerissen worden ist.

Dieser mit anthracitischen Kohlen zusammen vorkommende Porphyr besitzt im frischen unveränderten Zustande eine grünlich-graue Grundmasse, in welcher, ausser kleineren und grösseren Krystallen eines grauen Feldspathes, auch Brocken von anthracitischem Kohlensandstein und Einschlüsse von Gneiss vorkommen. Dass er dem Stockwerksporphyre von Altenberg und Geising entspreche, der in einer grünlich-grauen oder grau-grünen Grundmasse kleine Krystalle von dunkelem Quarz, Feldspath und Glimmer enthält und dem durch bituminöse Stoffe oft schwärzlich gefärbten Kohlenporphyr von Zaunhaus und anderen Orten in der unmittelbaren Nähe der Anthracitlager identisch ist, geht nicht allein aus seiner petrographischen Beschaffenheit, sondern auch aus seinem überall ähnlichen Verhalten zu dem Kohlengebirge hervor.

Die ursprüngliche Sigillarienkohle, die auch im oberen Erzgebirge mit Calamitenkohle vermengt vorkommt, ist bei dem Hervorbrechen jener älteren Felsitporphyre oder Kohlenporphyre stärker erwärmt und unter Entweichen von flüchtigen Zersetzungsproducten (oder bituminösen Stoffen) in Anthracit umgewandelt worden. Es gibt in der That kaum bessere Beweise für die plutonische Natur der Porphyre, als diejenigen sind, die man in den vorher bezeichneten Gegenden leicht auffinden kann.

---

[1]) H. Müller: Ueber die Ausdehnung des Brandauer Kohlenbassins bis in die Gegend von Olbernhau. Berg- und Hüttenm. Zeit. 1859. Nr. 24.

[2]) Freiesleben: Oryktographie von Sachsen. Heft 11. p. 152.

5. Die Steinkohlenformation des Plauen'schen Grundes bei Dresden.

(Hierzu Taf. III und IV.)

Lage und Begrenzung.

Das südwestlich von Dresden gelegene Steinkohlenbassin, welches fast rechtwinkelig zu seiner Längenausdehnung von dem Weisseritzthale zwischen Plauen und Tharand, oder dem eigentlichen Plauen'schen Grunde, durchschnitten wird, hat von dem letzteren seinen Namen erhalten, wiewohl das südöstliche Ende dieses Bassins sich eine geographische Meile hiervon entfernt. Es erstreckt sich in der Richtung von NW. nach SO. aus der Gegend von Nieder- und Ober-Hermsdorf ununterbrochen über Zauckeroda, Döhlen, die rothe Schenke bei Potschappel, Gross-Burgk, Klein-Naundorf, Hänichen und Rippien bis in die Gegend von Possendorf und Klein-Kleba. Man kann seine grösste Längenausdehnung nur wenig über $1^1/_2$ geographische Meilen, seine grösste Breitenausdehnung, zwischen Coschütz und Schweinsdorf gemessen, nur $^1/_2$ geographische Meile annehmen.

Seit Veröffentlichung unserer „geognostischen Darstellung der Steinkohlenformation in Sachsen, 1856", wo auch die Kohlenformation des Plauen'schen Grundes ausführlich beschrieben worden ist, sind mehrere wichtige bergmännische Aufschlüsse erfolgt, durch welche es möglich geworden ist, die Ausbreitung der dortigen Kohlenformation gegenwärtig weit genauer anzugeben, als dies damals geschehen konnte. Es gilt dies zunächst für die Südgrenze des Hauptbassins, oder der Döhlener Mulde, wie es nach dem in seine mittleren Theile fallenden Kirchdorfe Döhlen bezeichnet worden ist, wofür man folgende Anhaltepunkte gewann:

erstens den Streckenbetrieb auf den königlichen Steinkohlenwerken von dem Leopold- und Georg-Schachte aus, worüber wir die betreffenden Angaben dem k. Bergmeister Herrn Schmiedel verdanken;

zweitens die Untersuchung eines im Süden des Augustus-Schachtes in der Nähe des Windberges auftretenden Thonschieferrückens auf den Freiherrn von Burgk'schen Werken, worüber Herr Markscheider Schaffrath die Güte gehabt hat, uns aufzuklären;

drittens die von dem Berglust-Schachte des Hänichener Steinkohlenbau-Vereines in südlicher Richtung getriebenen Strecken, welche nach einer freundlichen Mittheilung des Herrn Bergfactor Pohle in Hänichen denselben Thonschiefer angefahren haben;

viertens die Verhältnisse in dem Gottes-Segen-Schachte bei Wilmsdorf, über welche weiter unten berichtet werden soll, und

fünftens die im Süden des Herrmanns-Schachtes bei Possendorf zu Tage tretenden Thonschiefermassen des Spitzenberges.

Schon im Juni 1856 hatte man in dem bei Wilmsdorf gelegenen Gottes-Segen-Schachte der Herren Schmidt und Freudenberg die Gewissheit erlangt, dass sich der Thonschieferrücken jenes Spitzenberges unter einer mächtigen Decke des Rothliegenden in nordwestlicher Richtung bis zu diesem Schachte verbreite.

Man stiess hier bei $294^1/_2$ Ellen Tiefe auf Urthonschiefer, dessen steil aufgerichtete Schichten h. 7.5 streichen und $60^\circ - 70^\circ$, in der Nähe des südwestlichen Schachtstosses, sogar gegen 80° und mehr nach NO. einfallen. Von oben herein waren das untere Rothliegende in einer ganz ungestörten Lagerung, meist nur mit 2 Grad westlichem Einfallen, später ein eigenthümlicher Thonsteinporphyr oder Felsittuff und zuletzt eine Thonschieferbreccie durchsunken worden. Leider sind die Arbeiten, um von dem Gottes-Segen-Schachte aus das Kohlenflötz aufzusuchen, wie dies in ähnlichen Fällen häufig mit bestem Erfolge geschieht, nur kurze Zeit und demnach in ungenügender Weise fortgesetzt worden. In die weitere Verlängerung dieses Thonschieferrückens nach NW. fällt aber jener zwischen dem Windberge und Schweinsdorf angefahrene Thonschieferrücken, so dass man an einen directen Zusammenhang beider nicht zweifeln kann, wenn es auch wahrscheinlich wird, dass der letztere eine weit geringere Höhe haben mag, als der erstere Zug, und es wohl möglich ist, dass die Steinkohlenformation ihn theilweise selbst überlagert, wie dies z. B. in dem Querschlage des Wilhelminen-Schachtes der Fall ist (Taf. IV Fig. 1.)

Dass dieser lange Thonschieferrücken schon vor der Entstehung der Steinkohlenformation vorhanden gewesen sein muss, erhellt zunächst durch die eben angezogenen Lagerungsverhältnisse in diesem Querschlage, wo man zugleich sehr deutlich wahrnehmen kann, dass jener Thonschiefer durch den alten Potschappeler Porphyr emporgerichtet worden ist, sowie auch aus den Lagerungsverhältnissen der Steinkohlenformation in der Nähe des Gustav-Schachtes bei Zschiedge (vgl. Taf. IV, Fig. 2) und im Becker-Schachte bei Hänichen, wo man die Schichten der Steinkohlenformation auf dem Urthonschiefer aufliegen sieht. Die Schichten des letzteren sind an allen diesen Orten steil aufgerichtet, während die Schichten der Steinkohlenformation ihre spätere Ablagerung nicht verläugnen können.

Eine grosse Aehnlichkeit zwischen den entmischten oder zersetzten Partien des Potschappeler Porphyrs mit jenem in der Tiefe des Gottes-Segen-Schachtes bei Wilmsdorf durchschnittenen Thonsteinporphyr oder Felsittuff lässt sich nicht verkennen, während es anderseits auch Wahrscheinlichkeit gewinnt, dass der letztere in ein höheres Niveau, nämlich das des unteren Rothliegenden, fällt.

Die Altersfrage bezüglich des langen Thonschieferrückens wird um so wichtiger, als man hierauf wesentlich mit das Vorhandensein einer im Süden des Possendorfer Spitzenberges entwickelten Steinkohlenmulde, eines noch unerschlossenen südlichen Nebenbassins, begründen kann.

Wenn derartige Rücken und Kuppen des Grundgebirges schon vor der Steinkohlenperiode geschaffen waren, und sich an deren nördlichen Abhängen die Steinkohlenformation herausbilden konnte, wofür der practische Nachweis fast auf eine geographische Meile Länge durch den Bergbau geführt worden ist, so lässt sich daher wohl auch annehmen, dass sich die Steinkohlenformation auch an den südlichen Abhängen des langen Thonschieferrückens habe entwickeln können, wofern überhaupt der in diesen Gegenden auftretende Thonschiefer wirklich eine rückenartige Beschaffenheit besessen hat.

Nun kleidet aber das Rothliegende zwischen diesem Thonschieferzuge des Spitzenberges und dem aus der Gegend des Wilischberges über Wendisch-Carsdorf nach Rabenau fast parallel damit laufenden Gneissrande ein recht ächtes Bassin von etwa $^3/_8$ geogr. Meile Breite und einer weit beträchtlicheren Länge aus, dessen mittlere Theile recht füglich auch steinkohlenführend sein können und von denen man gleichzeitig annehmen darf, dass ihre Ablagerungen hier keine wesentlichen Störungen erfahren haben.

Es ist diese Gegend auf unserer Uebersichtskarte Taf. III als „Quohrener Mulde“ bezeichnet und ihre wahrscheinliche Ausdehnung durch eine Linie von Strichen angedeutet worden. Bis jetzt wurde nur ein einziger Schacht- und Bohrversuch zu ihrem Aufschlusse eingeleitet, welcher bei 467 Ellen Tiefe, wo man ihn wegen Abbruch eines Bohrstückes unterbrechen musste, noch das untere Rothliegende in einer sehr regelmässigen Lagerung durchschnitten hat. Es wäre sowohl im Interesse der Wissenschaft als auch in nationalökonomischer Beziehung sehr wünschenswerth, dass dieser von Herrn F. J. Klingsohr in Quohren begonnene und mit einer grossen Ausdauer bis jetzt geleitete Versuch wirklich zu Ende geführt würde, um auch den practischen Nachweis für die Existenz eines „Quohrener Kohlenbassins“ zu führen und im gelungenen Falle einen lebhaften Abbau darin in das Leben zu rufen.

Der nördliche Rand der Steinkohlenformation des Plauen'schen Grundes wird in der Gegend von Wurgwitz, Kohlsdorf, Pesterwitz und Coschütz durch Potschappeler Porphyr und Syenit sehr deutlich begrenzt, von wo aus sich derselbe in südöstlicher Richtung über Cunnersdorf, Bannewitz, Rippien bis in die Gegend von Klein-Kleba ziehen mag. Nach den von dem Beharrlichkeits-Schachte bei Rippien und dem Dippold-Schachte bei Golberoda aus bekannt gewordenen Erfahrungen über die Mächtigkeit und das Verhalten des Hauptflötzes finde ich keine Veranlassung, die östliche Grenze der abbauwürdigen Steinkohlenformation weiter nach Ost hin zu ziehen, als dies auf Taf. III geschehen ist.

Nahezu parallel mit dieser östlichen Grenze des Kohlengebirges kann man eine Kette, scheinbar isolirter Granitpartien verfolgen, nämlich den Gamighügel zwischen Leubnitz und Kauscha, sowie bei Kauscha selbst, bei Lockwitz, Rosewitz, Gamig und Gorknitz, welche als directe Fortsetzung des südlichen Zuges unseres Elbgebirges angesprochen werden muss. Dieselbe erstreckt sich aus der Gegend von Lommatzsch und Meissen von NW. nach SO. über die vorhergenannten Orte und findet in dieser Richtung nach SO. einen weiteren Anschluss in dem Granit bei Niedergrund, wo er den Elbstrom überschreitet.

Bis jetzt liegt noch keine Andeutung vor, welche zu der Annahme berechtigen könnte, dass sich auch nördlich von diesem Zuge des alten Granits und Syenits in dem eigentlichen Elbthale die Steinkohlenformation herausgebildet habe. Es füllt das Kohlengebirge des Plauen'schen Grundes eine zungenförmige Bucht aus, welche als Grenzscheide zwischen dem Erzgebirgischen Gebirgssysteme und dem des Riesengebirges oder in Sachsen des Elbthal-Systemes anzusehen ist. Denn hier stossen die südwest-nordöstlichen Linien des Erzgebirges mit einer Abdachung nach Nordwest fast rechtwinkelig auf die nordwest-südöstlichen Linien des Elbsystemes.

Das nördliche Nebenbassin.

Der auf Taf. III als Steinkohlengebirge umgrenzte Raum zwischen Ober- und Nieder-Hermsdorf, Koschütz, Klein-Kleba und Schweinsdorf ist aber keineswegs überall kohlenführend, sondern er zerfällt wiederum in die Hauptmulde, welche die grössere Hälfte der ganzen Länge dieses Landstriches noch einnimmt, und in eine nördliche Nebenmulde. Die letztere ist in der Richtung von NW. nach SO. zwischen Wurgwitz und Potschappel durch eine Reihe von Porphyrbergen, welche älter sind als die Steinkohlenformation, von der Hauptmulde geschieden. Sie bestehen aus Potschappeler Porphyr, einem quarzfreien Porphyr, der in einer meist röthlich- oder bläulich-grauen oder bräunlichen, feinkörnigen bis dichten, felsitischen Grundmasse vereinzelte oder auch sehr zahlreiche nadelförmige Krystalle von schwarzer und durch Zersetzung grün beschlagender Hornblende enthält, die ihm auch den Namen eines „Hornblende-Porphyrits" verschafft haben. Derselbe bildet in diesen Gegenden vielfach das Grundgebirge der Steinkohlenformation, welche sich ruhig darüber und an seinen Abhängen entwickelt hat und die in ihren tiefsten Schichten zahlreiche Gerölle und Bruchstücke dieses alten Gesteines enthält.

In dem nördlichen Theile dieses Nebenbassins, das sich von Kohlsdorf nach Nieder-Pesterwitz zieht, ist seit einigen Jahren der Bergbau erloschen, nachdem er bereits im 16ten Jahrhundert dort eröffnet worden war. Das Thal der Weisseritz hat als späterer Einschnitt die Kohlsdorfer Mulde von der südöstlich von dem Thale auf der rechten Seite der Weisseritz zwischen Potschappel, Birkigt, Coschütz und Gittersee sich ausbreitenden Birkigter Mulde geschieden. Auch in ihr ruht seit einigen Jahren der Abbau gänzlich, jedoch nicht aus Mangel an Kohlen, sondern aus ganz anderen Gründen.

Es ist das Geschick des die Birkigter Mulde beherrschenden Gitterseer Actienvereines noch in frischer Erinnerung, es ist aber weniger bekannt, dass auch dieses jetzt brach liegende Kohlenfeld noch immer einen ganz bedeutenden Kohlenreichthum enthält. Auf einer, und zwar der achten, von dem Moritz-Schachte aus bis in die unmittelbare Nähe des Meisel-Schachtes in dem Kohlenflötze getriebenen Fallstrecke hat der Verfasser selbst das Flötz mit 7 Ell. 1" Mächtigkeit von bester Qualität anstehen gesehen, und in 40 Lachter Entfernung vom Meisel-Schachte wurde es sogar 8 Ell. $2^1/_4$" mächtig befunden, wobei es 7 Ell. 18" abbauwürdige Kohle führt. Es sollte indess dem unglücklichen Vereine nicht vergönnt sein, diese Schätze an das Tageslicht zu ziehen. Es bedurfte neuer, in jener Zeit nicht zu beschaffender Mittel, um von dem, am 22. August 1857 bis 206 Lachter Tiefe gebrachten, Schachte aus das nur 38 Lachter NW. von dort aus bereits aufgeschlossene Hauptflötz querschlägig anzufahren.

Eine Hauptverwerfung.

Von dem östlichen Ende des aus Potschappeler Porphyr bestehenden Eichberges bei Potschappel zieht sich in südöstlicher Richtung bis in die Nähe des Beharrlichkeits-Schachtes bei Rippien und nach dem Becker-Schachte bei Hänichen eine grosse Verwerfung, welche selbst noch weiter südöstlich zwischen dem Dippold-Schachte und Herrmanns-Schachte bei Possendorf bemerkbar ist. Ihre wahrscheinliche Verbreitung ist auf Taf. III hervorgehoben worden. — Man hatte sie vor langer Zeit zuerst mit dem Gustav-Schachte bei Zschiedge angefahren und das von Herrn Bergfactor Liebschner entworfene Profil Taf. IV Fig. 2 ertheilt nähere Auskunft darüber. Die NO. von ihr gelegene hangende Flötzpartie ist in dieser Gegend um mindestens 400 Ellen tiefer gelegen, als auf der südwestlichen Seite im Liegenden der Verwerfung. Unverkennbar ist diese „rothe Verdrückung oder der rothe Ochse", wie man sie wegen der rothen lettigen Ausfüllungsmasse der hier entstandenen, durch das ganze Rothliegende hinauf reichenden Klüfte zu bezeichnen pflegt, eine Folge der Zerreissung und Emporschiebung einer Scholle Landes von der Breite des Eichberges in der angegebenen Richtung.

Die Porphyre.

Derselbe Thonsteinporphyr, welcher nach seinem Vorkommen an der goldenen Höhe bei Hänichen den Namen Hänichener Porphyr trägt, der im Beharrlichkeitsschachte bei Rippien noch die obersten Schichten des oberen Rothliegenden überlagert, dessen Auftreten auch bei Klein-Naundorf und an dem Wachtelberge bei Naundorf auf unserer Uebersichtskarte mit einem achtstrahligen Stern bezeichnet worden ist, hat sich selbst in der Nähe des Gitterseer Moritzschachtes noch gezeigt, in dessen vom dritten Füllorte aus nach SO. getriebenen zweiten Querschlage er im Liegenden des Potschappeler Porphyrs deutlich erkannt worden ist. Dort hat er seinen Ausweg aus dem Innern der Erde zwischen dem längst schon erstarrten Syenit und dem Potschappeler Porphyr gesucht und man darf wohl annehmen, dass er gerade bezüglich jener Hauptverwerfung das störende Princip gewesen sei. Dies Gestein besitzt in der Regel eine rauhe, weissliche oder fleischfarbene, röthliche oder röthlich-graue Grundmasse, die nicht selten durch röthliche Flecken oder Streifen verschieden gefleckt ist und in welcher vereinzelte, zum Theil rundum ausgebildete Krystalle von Quarz, sowie Ausscheidungen von Hornstein und Einschlüsse von Thonschiefer und Gneiss zu beobachten sind.

Zwischen jenem älteren Porphyre, welchen wir als Potschappeler Porphyr kennen gelernt haben, und diesem jüngsten Porphyre Sachsens oder Hänichener Thonsteinporphyr liegt eine Reihe quarzführender Felsitporphyre von dem Alter des unteren Rothliegenden, welchen namentlich auch der grosse Porphyrstock des Tharander Waldes angehört. Man kann diese quarzführenden Felsitporphyre im Allgemeinen als Tharander Porphyr bezeichnen und diesen als Aequivalent für den von Naumann im Elbthale als Zehrener Porphyr unterschiedenen, sowie auch für die meisten Porphyre des erzgebirgischen Steinkohlenbassins betrachten.

Auch solche Porphyre haben auf die Steinkohlenformation des Plauen'schen Grundes einen nicht unwesentlichen Einfluss ausgeübt. Nehmen wir an, dass einem Ausbruche der plutonischen wie der vulcanischen Gesteinsmassen erdbebenartige Erschütterungen des Bodens vorausgegangen sind, wenn auch ein solcher Zusammenhang von Einzelnen geläugnet wird, so konnte der Ausbruch jener mächtigen Porphyrmassen in dem Tharander Walde wohl kaum ganz unbemerkbar an den schon erhärteten Schichten in unserem Kohlenbassin vorübergehen. Gleiche Porphyre haben auch das ältere Porphyrterritorium zwischen Wurgwitz, Kesselsdorf und Wilsdruff mehrfach gangartig durchsetzt. Allein es finden sich auch Andeutungen für ihr Vorkommen in dem Gebiete dieser Steinkohlenformation selbst.

Wir lassen es hier dahingestellt sein, ob man unter den quarzreichen und thonsteinartigen Abänderungen der jüngeren Porphyre in den von dem Moritzschachte bei Gittersee aus getriebenen Querschlägen ein verschiedenes Alter annehmen will; gewiss ist aber, dass man in mehren Schächten, wie namentlich in dem Herrmanns-Schachte und Dippold-Schachte, auf einen Thonsteinporphyr oder Porphyrtuff gestossen ist, der seiner Lagerung im unteren Rothliegenden nach weder dem Potschappeler noch dem Hänichener Porphyr zugesellt werden kann. (Vgl. die nachfolgende Tabelle.) Es unterscheidet sich dieses Gestein von den letztgenannten Porphyren namentlich auch durch die in ihm nicht selten vorkommenden kleinen Glimmerblättchen. Da der schon früher erwähnte Porphyr in dem Gottes-Segen-Schachte bei Wilmsdorf gerade diesem Thonsteinporphyre am meisten gleicht, so hat man durch ihn wohl einen Anhaltepunkt für die ohngefähre Tiefe gewonnen, bis zu welcher die von dem Gottes-Segen-Schachte begonnenen Untersuchungsarbeiten zur Auffindung des Kohlenflötzes hätten fortgesetzt werden müssen.

Haben wir bisher fast nur von den Calamitäten des Steinkohlenbergbaues in unserem Kohlenbassin sprechen können, so wollen wir nun auch von seinen Segnungen reden und uns den Gegenden zuwenden, wo noch jetzt ein meist sehr ergiebiger Abbau betrieben wird.

Verschiedene Werke und Namen ihrer Schächte.

Der grösste Theil der auf der linken Seite der Weisseritz gelegenen Kohlenfelder ist königlich und wird von dem Döhlener Kunstschachte, dem Oppel-Schachte bei Zaukeroda, sowie von dem Albert-Schachte, Leopold-Schachte und Georg-Schachte bei Nieder-Hermsdorf aus, welche sämmtlich mit einander in Verbindung stehen, abgebauet. Der Sitz der Verwaltung ist Zaukeroda.

Südlich von Wurgwitz grenzen an den nördlichen Theil dieses Areals die Felder des Herrn Brändel, Rittergutsbesitzers in Wurgwitz, zu dessen drei Förderschächten der Gottlieb-Schacht gehört. Das nördliche Nebenbassin ist zumeist im Besitz des Herrn Freiherrn von Burgk. — Das zwischen Potschappel, Coschütz, Gittersee und Zschiedge sich ausbreitende Feld auf dem rechten Ufer der Weisseritz bauete früher der Gitterseer Actienverein, nach dessen Auflösung es von dem Staate erkauft worden ist. Zu diesem Felde gehörten der Moritz-, Emma- und Meisel-Schacht. — Der Reibold-Schacht bei Klein-Burgk und der Windberg-Schacht auf der Höhe des Windberges sind Eigenthum des Potschappeler Actien-Vereins, dessen Revier fast gänzlich von dem des Herrn Freiherrn von Burgk umschlossen wird. Das letztere erstreckt sich über den grössten Theil der zwischen dem Eichberge bei Potschappel und Klein-Naundorf, Nieder-Hässlich und Schweinsdorf gelegenen Fluren, an welche wiederum das noch unverritzte königliche Steinkohlenfeld unter dem Poisenwalde anstösst. Der Abbau auf den sehr bedeutenden von Burgk'schen Werken geschieht von dem Berger-Schachte, östlich von Gross-Burgk, dem Fortuna-, Hoffnungs- und Segen-Gottes-Schachte, südlich von Burgk, sowie von dem Wilhelminen- und Augustus-Schachte aus, welche südlich von Burgk gelegen sind. — Die Hänichener Steinkohlenwerke verbreiteten sich ursprünglich über die Fluren von Hänichen mit dem Becker-Schachte, Wilmsdorf mit dem Berglust-Schachte und Rippien mit dem Beharrlichkeits-Schachte, in neuester Zeit sind durch Ankauf auch die Fluren von Golberoda und Klein-Kleba in ihren Besitz gelangt. — Der südöstliche Theil des Bassins wird durch den Possendorfer Steinkohlenbauverein von dem Herrmanns-Schachte aus abgebauet. — Die noch nicht aufgeschlossene Quohrener Mulde im Süden von Possendorf ist im Besitz des Herrn F. J. Klingsohr in Quohren, der im Begriff steht, dieselbe mit vereinten Kräften von Neuem in Angriff zu nehmen.

Das Liegende der Steinkohlenformation.

Fast überall, wo man das Liegende der Steinkohlenformation im Gebiete des Plauen'schen Grundes kennt, besteht das Untergebirge aus dem schon mehrfach erwähnten Urthonschiefer oder aus Potschappeler Porphyr. Der erstere ist zuweilen, wie in dem Lichtloche Nr. IX des von Zaukeroda aus nach NO. getriebenen Elbstollens zur Lösung der Gewässer metamorphosirt und in deutlichen Fruchtschiefer übergegangen, an anderen Orten, wie namentlich in der Gegend von Wilmsdorf und Possendorf, bildet er durch feinvertheilte Glimmerschüppchen, die in seine Grundmasse innig verwebt sind, und einen seidenartigen Schimmer einen förmlichen Uebergang in den Glimmerschiefer.

Der Potschappeler Porphyr ist da, wo er mit der Steinkohlenformation in Berührung tritt, mehr oder weniger zersetzt, theils gebleicht, wodurch er einem Thonsteinporphyre ziemlich ähnlich wird, theils auch in braunrothe Letten verändert.

Ueber die Beschaffenheit der einzelnen Schichten des Kohlengebirges, welche das Hauptkohlenflötz unterlagern, haben besonders der Döhlener Kunstschacht und der Oppel-Schacht mit ihren tiefen Hauptstrecken, einige Schächte des Herrn von Burgk, sowie auch die von dem Moritz-Schachte bei Gittersee und vom Becker-Schachte bei Hänichen aus getriebenen Querschläge den besten Aufschluss ertheilt.

Das Liegende des Hauptflötzes.

Bei einer Auflagerung der Steinkohlenformation auf Potschappeler Porphyr, die gerade in den drei erstgenannten Schächten stattfindet, sind in den tiefsten Schichten auch zahlreiche Bruchstücke dieser Gebirgsart enthalten, bei einer Auflagerung auf Thonschiefer, wie in dem Becker-Schachte, herrschen die scharfeckigen Bruchstücke des letzteren neben manchen anderen Geschieben darin vor. Hierauf folgen theils Schieferthone mit schwachen, meist unreinen Kohlenflötzen, theils graue oder weissliche Sandsteine von verschiedenem Korn und verschiedener Beschaffenheit.

Befahren wir z. B. den tiefen Querschlag des Wilhelminen-Schachtes (Taf. IV, Fig. 1), so finden wir dem Schachte zunächst den fächerförmig aufgerichteten, an seinem nordöstlichen Rande zerknickten, Urthonschiefer einige 70 Lachter Länge durchschnitten. Der südöstliche Theil dieses „unterirdischen Spitzenberges" ist mit Conglomeraten von Potschappeler Porphyr und Thonschiefer überschüttet, die wir in seinem nordöstlichen Theile vermissen. Diesem Grundconglomerate folgen nach dem Hangenden hin: Hornsteinartige Schichten, Sandstein mit Kaolin oder specksteinartigen Partien, Schieferthon, welcher feingestreift ist und theilweise Faserkalk enthält, mit thonigem Sandstein in mehrfachem Wechsel, und das dritte Kohlenflötz, von dem oberen oder Hauptflötze an gerechnet. Dasselbe ist jedoch hier nur 0,3 Lachter mächtig und taub, oder enthält, mit anderen Worten, nur schwache Kohlenschiefer und Brand, worunter man hier einen härteren mit Kieselgallerte durchdrungenen Brandschiefer versteht, der sich zum Brennen kaum eignet. Zwischen diesem und dem nahezu gleich mächtigen zweiten Flötze liegt ein mittelkörniger, theilweise arkoseartiger, theilweise auch conglomeratartiger Sandstein mit vereinzelten Schichten von Faserkalk zwischen ½ bis 1" Stärke. Das Hangende des zweiten Flötzes besteht aus Sandstein und Schieferthon, worauf 0,4 Lachter Kohlenschiefer mit etwas Brand und Schieferkohle, dann ein grober schwarzgrauer Sandstein von 0,3 Lachter Mächtigkeit folgen, welche wiederum von Schieferthon mit etwas Brand und Kohlenschmitzen oder auch dünnen Lagen von Faserkalk, insgesammt 0,55 Lachter hoch, bedeckt werden, bis man am südwestlichen Ende dieses Querschlages das Hauptflötz erreicht.

Wiewohl diese unteren Flötze des Plauen'schen Grundes nur selten bauwürdig sind, sei es wegen zu geringer Mächtigkeit oder sei es in Folge der geringen Qualität ihrer Kohle, so hat doch an manchen Orten Abbau auf ihnen bestanden, wie namentlich in dem Gottlieb-Schachte des Herrn Brändel bei Wurgwitz, wo das dritte Flötz aus folgenden Schichten bestand:

	6"	Kohlenschiefer und Brand,
	3"	Bergmittel oder Lette,
2 Ellen	3"	bauwürdige Kohle, theilweise eine weiche Schieferkohle,
—	3"	Bergmittel,
—	6"	harte unbrauchbare Kohle,
—	6"	weiches Bergmittel oder Lette,
—	18"	Kohlenschiefer und Brand.

Man konnte demnach hiervon durchschnittlich nur 2¼ Elle als brauchbar betrachten. Dies war im Allgemeinen eine magere Schieferkohle mit Pechkohlenschichten und dünnen Lagen von Russkohle.

Auf den Hauptstrecken des Döhlener Kunstschachtes hat man dasselbe 0,75 Lachter, auf denen des Oppel-Schachtes bei Zaukeroda durchschnittlich 0,6 Lachter mächtig befunden, wovon jedoch nur das obere Dritttheil eine brauchbare Schieferkohle liefert. In einer ähnlichen Weise zeigte sich seine Beschaffenheit auch auf dem Reviere des Berger-Schachtes des Herrn von Burgk. (Vgl. geogn. Darst. S. 57.) Günstiger fand man es hingegen in dem Wiesenschachte des Herrn von Burgk, welcher dem nördlichen Nebenbassin bei Pesterwitz angehört.

Noch unbauwürdiger zeigt sich in der Regel das zweite Flötz. Bei einer durchschnittlichen Mächtigkeit von nur 0,35 Lachter oder 1 bis 1½ Elle, besteht es auf den Königlichen Werken meist aus einem schwarz-braunen oder röthlichbraunen, harten und tauben Kohlenschiefer oder Brandschiefer, der diesem Flötze den Namen „Fuchs" verschafft hat. Auf dem rechten Ufer der Weisseritz hat man auf diesem Flötze nur in dem südlichen Reviere des Fortuna-Schachtes gebauet, wo es eine durchschnittliche Mächtigkeit von 0,62 Lachter besass.

Eine treffliche bildliche Darstellung aller einzelnen im Liegenden des Hauptflötzes vorkommenden Schichten auf den Werken des Herrn Freiherrn von Burgk ist in der geognostischen Darstellung Taf. X durch Herrn Markscheider Kneisel niedergelegt worden. Ganz besonders auszeichnend für das Liegende des oberen oder Hauptflötzes ist ein feinkörniger, weisslicher oder lichtgrauer thoniger Sandstein, welcher hier auch Thonstein genannt wird, in welchem zahlreiche Ueberreste verkohlter Pflanzen gefunden werden. Die ganze Erscheinung dieses Gesteins, in welchem man oft noch die zarteste Streifung wahrnimmt, verbunden mit den von ihm umschlossenen wohlerhaltenen, oft noch in aufrechter Stellung gefundenen Pflanzenresten, weist auf eine sehr ruhige Ablagerung hin.

Organische Ueberreste.

Die meisten bisher aus dem Steinkohlengebirge des Plauen'schen Grundes bekannt gewordenen organischen Ueberreste sind gerade aus diesem Gesteine, im Allgemeinen aber im Liegenden des Hauptflötzes beobachtet worden. Wir haben die folgenden Arten unterschieden: *Gyromyces Ammonis* Göppert, einen kleinen schneckenförmig gewundenen Blattpilz; *Calamites cannaeformis* Schl., *Cal. Cisti* Brongn. *Cal. approximatus* Schl., *Annularia longifolia* Brongn., *Sphenophyllum oblongifolium* Germ., die zu den

Schafthalmen und den Sternhalmen gehören; *Sphenopteris Schlotheimi* Brongn., *Dictyopteris Brongniarti* Gutb., *Cyatheites arborescens* Schl., *Cyath. Candolleaneus* Brongn., *Cyath. argutus* Brongn., *Cyath. dentatus* Brongn., *Cyath. Miltoni Artis, Alethopteris nervosa* Brongn., *Aleth. longifolius* Presl und *Aleth. aquilina* Schl., wohlbekannte Farren der Steinkohlenformation; *Walchia piniformis* Schl., eine Lycopodiacee, welche die hiesige Steinkohlenformation mit der unteren Dyas gemein hat, und die als *Cardiocarpon Gutbieri* Gein. beschriebene Frucht; *Cordaites principalis* Germar mit Stamm, Achse desselben, Blättern und Früchten (*Carpolithes* oder *Cyclocarpon Cardai* Gein.), *Noeggerathia palmaeformis* Gö., sowohl Blätter als Früchte (*Rhabdocarpos Bockschianus* Gö. und Berger) und *Noegg. Beinertiana* Gö. mit ihren als *Rhabdocarpos lineatus* Göppert und Berger beschriebenen Früchten, sämmtlich Formen, welche den lebenden Cycadeen ziemlich nahe stehen, Nadeln und Stammstücke von Nadelhölzern, die zu den grösseren Seltenheiten gehören, endlich *Stigmaria ficoides* Brongn. *var. vulgaris*, ohne jede Spur einer Sigillaria oder einer grösseren Lycopodiacee!

Ein Unterschied in dem Vorkommen dieser Pflanzen in der Nähe der verschiedenen Flötze ist nicht wahrzunehmen, vielmehr gehören alle Steinkohlenflötze des Plauen'schen Grundes einer und derselben Zone im Gebiete der Steinkohlenformation überhaupt an, welche jünger als die Zone der Sigillarien ist und wegen des sehr häufigen Vorkommens der *Annularia longifolia* mit ihren steten Begleitern, den angeführten Calamiten und anderen Leitpflanzen für diesen Vegetationsgürtel, als „Annularien Zone" bezeichnet werden kann. Wir müssen diese Zone aus den in der „geogn. Darst." weiter erörterten Gründen dem Zwickauer Schichtenkohl-Flötze und dessen nächsten Begleitern parallel stellen.

Das Hauptkohlenflötz.

Das Hauptflötz der Steinkohlenformation des Plauen'schen Grundes, auf welchem schon seit langer Zeit ein lebhafter und sehr ergiebiger Abbau betrieben wird, ist das erste oder obere Flötz. Sein Hauptstreichen, das mit der Längenausdehnung der Hauptmulde von NW. nach SO. zusammenfällt, ist circa h. 8, wobei sein Einfallen auf dem ganzen nördlichen Flügel dieser Mulde ein südwestliches ist und nach der Nähe seines Ausgehenden hin etwa 17 bis 18 Grad beträgt, während es sich ziemlich schnell bis auf 13° und 14° verflacht. Auf dem Königlichen Gebiete ist man bis jetzt nur an dem nordwestlichen Ende der Hauptmulde bis zu der Muldenwendung gelangt, während man sowohl vom Augustus-Schachte des Herrn von Burgk, als auch von dem weiter nach SO. gelegenen Berglust- und Herrmann-Schachte aus auch den Südflügel dieser Mulde mit einem nordöstlichen Einfallen bis an seine Grenze hat verfolgen können.

Auf unserer Taf. IV Fig. 3 zeigt ein Profil durch den Augustus-Schacht die neuesten dort gewonnenen Aufschlüsse, deren Mittheilung wir der Direction der Frhr. von Burgk'schen Werke verdanken. Dasselbe weicht hierdurch von dem in der geognostischen Darstellung Taf. IX f. 2 gegebenen Profile etwas ab. Mit Ausnahme dieser in der Gegend von Schweinsdorf erst später bekannt gewordenen Verhältnisse darf man noch heute die treffliche Uebersichtskarte über die Lagerung des Hauptkohlenflötzes im Plauen'schen Grunde, welche der damalige Markscheider auf den Frhrn. von Burgk'schen Werken, Herr Director G. F. Kneisel, 1855 in demselben Werke Taf. VIII niedergelegt hat, immer noch als eine sehr genaue Arbeit bezeichnen.

Als die geringste bauwürdige Mächtigkeit eines Kohlenflötzes in dem Plauen'schen Grunde, die auch bei dem Hauptflötze nach seinem Ausgehenden hin einzutreten pflegt, nimmt man gegen 1½ Elle an. In der Nähe des Georg-Schachtes bei Nieder-Hermsdorf hat das Hauptflötz schon 5 Ellen Mächtigkeit erreicht, in den mittleren Theilen der Hauptmulde, wie in der Nähe von Döhlen oder auf den Feldern des Herrn von Burgk, führt es 7 bis 8 Ellen Kohlen und wird selbst noch mächtiger. Nach südöstlicher Richtung von dort verringert sich seine Stärke etwas, so dass sie auf den Werken des Hänichener und des Possendorfer Vereines 5 bis 6 Ellen kaum überschreitet.

Dieses Kohlenflötz wird durch dünne Lagen eines weicheren oder härteren Bergmittels, welche hier Letten genannt werden, in verschiedene Schichten getrennt. Da diese Letten im Kohlenflötze auf weite Strecken hin sehr constant fortzusetzen pflegen, sind sie dem Bergmanne zur Orientirung in den verschiedenen Abtheilungen des Flötzes eine willkommene Erscheinung. Sie führen, ebenso wie die von ihnen eingeschlossenen Kohlenschichten, bestimmte, jedoch auf den verschiedenen Werken nicht ganz übereinstimmende Namen. Zum besseren Vergleiche sollen hier die am meisten üblichen Bezeichnungen neben einander gestellt werden:

Durchschnitt des ersten Flötzes von oben nach unten:

a. auf den Königlichen Werken, nach Angabe des Herrn Markscheider Viertel.	b. auf den von Burgk'schen Werken, nach Angabe des Herrn Markscheider Kneisel.
Oberwaare	Dachkohle oder Decke.
Brandschicht-Lette	Fahle Lette.
Brandschicht	Brandschicht. Brandschicht-Lette, sehr schwach. Ziegelschicht.
Grosse Lette	Ziegelschicht-Lette oder Gute Schicht-Lette.
Ziegelschicht Ziegelschicht-Lette Graue Schicht	Gute Schicht.
Graue Schicht-Lette	Schwarze Schicht-Lette.
Schwarze Schicht	Schwarze Schicht.
Schwarze Schicht-Lette	Kleine Schicht-Lette.
Kleine Schicht	Kleine Schicht.
Fremde Schicht-Lette	Fremde Schicht-Lette.
Fremde Schicht	Fremde Schicht.

Am wichtigsten und durch ihre weissliche Farbe am meisten hervortretend sind unter diesen Letten die Fremde Schicht-Lette und die Gute Schicht-Lette, welche der grossen Lette auf den Königlichen Werken entspricht. Die Mächtigkeit der ersteren schwankt meistens zwischen 2 und 4 Zoll, doch wird sie zuweilen auch stärker, die letztere ist meist weit schwächer. Alle übrigen sogenannten Letten, die auch durch ihre dunklere Farbe und grössere Härte weit weniger hervortreten, schwanken in der Regel zwischen $^1/_4$ und 1 Zoll Stärke.

Da der Unterschied in den hier unterschiedenen Kohlenschichten keineswegs so gross ist, als es ihren Namen nach erscheinen möchte, so empfiehlt sich jedenfalls der weit einfachere Sprachgebrauch, wonach das Hauptflötz nur in drei Abtheilungen zerfällt, zwischen denen die fremde Schicht-Lette und gute Schicht-Lette leicht erkennbare Scheidewände bilden. Man kann dann die obere Abtheilung als Dachkohle, die mittlere als Hauptkohle, um nicht Mittelkohle zu sagen, worunter man leicht eine geringere Qualität der Kohle verstehen könnte, und die untere sogenannte fremde Schicht als Bankkohle bezeichnen. Es ist dieser Sprachgebrauch auch mit dem in anderen Steinkohlen-Revieren üblichen mehr übereinstimmend. (Vgl. Profile auf S. 40 u. 41.) Jederzeit ist die mittlere Abtheilung oder die Hauptkohle die beständigste. Wo eine Verminderung in der Mächtigkeit des Flötzes eintritt, geschieht dies zunächst auf Kosten der Dachkohle oder der Bankkohle, und wo eine Vergrösserung des Volumens sich zeigt, bemerken wir dies in der Dachkohle und Bankkohle am meisten. Die letztere ist meist am reichsten an erdigen Stoffen, so dass hier die harten Kohlenschiefer oder Brandschiefer oft einen beträchtlichen Theil einnehmen.

Die Kohle des Plauen'schen Grundes ist eine aus Pechkohle, Kohlenschiefer oder Kohlenstein und etwas Russkohle bestehende Schieferkohle, wie sie im ersten Kapitel beschrieben worden ist. Sie stellt im Wesentlichen ein Gemenge von „Werner's Blätterkohle" oder sogenannter „weicher Schieferkohle" — auch weichem Schiefer genannt — mit hartem Kohlenschiefer oder Brandschiefer dar. Ihr Werth ist um so grösser, je mehr sich ihr specifisches Gewicht dem der reinen Pechkohle nähert, das zwischen 1,230 und 1,341, oder nach Breithaupt zwischen 1,279 und 1,284 schwankt und im Mittel etwa = 1,291 beträgt, also je leichter sie ist, um so geringer aber, je schwerer sie ist. Das specifische Gewicht der geringeren Sorten, welche den Namen „harte Schieferkohle oder harte Schiefer", und zwar schwarzharter Schiefer oder bei einem Gehalte an fein vertheiltem

Schwefelkies- grauharter Schiefer führen, schwankt ohngefähr zwischen 1,329 und 1,698 und nähert sich demnach mehr dem Gewichte des reinen Kohlenschiefers oder Kohlensteins, welches 1,9 bis 2,1 angenommen werden kann.

Es werden die verschiedenen Abänderungen der Kohle über Tage sortirt und kommen nach ihrer besseren oder geringeren Qualität, sowie nach ihren grösseren oder kleineren Stücken zu sehr verschiedenen Preisen zum Verkauf, wobei auf verschiedenen Werken auch nicht gleiche Namen für die einzelnen Sorten gebräuchlich sind.

Für den Consumenten ist es ziemlich gleich, von welchem Werke er seine besseren oder geringeren Kohlensorten bezieht, da er auf allen Werken fast gleiche Sorten erhalten kann, dagegen kann das in einzelnen Theilen des Bassins sehr abweichende Verhältniss zwischen weicher und harter Schieferkohle in dem Flötze dem Besitzer des Werkes nicht gleichgiltig sein. Bei der Annahme einer durchschnittlichen Mächtigkeit des Hauptflötzes von $1^1/_2$ Lachter schüttet eine Quadratlachter auf den königlichen Steinkohlenwerken 116 Scheffel gute Kohlen, während dieselbe auf den Revieren des Herrn von Burgk und des Potschappeler Actienvereins ca. 160 Scheffel Ausbeute gewährt.

Behufs der Verkokung wird nur die beste klare Kohle verwendet, die ausgezeichnet bäckt, und vorher gewaschen wird. Sowohl die königlichen Werke als die des Herrn von Burgk und der Hänicher Steinkohlenbauverein liefern vorzügliche Kokes, welche sehr gesucht sind.

Welch ein hoher Werth aber den Steinkohlen des Plauen'schen Grundes und den aus ihnen erzeugten Kokes für die hüttenmännisch-metallurgischen Processe in Freiberg mit allem Rechte geschenkt wird, ersieht man aus einem 1854 erschienenen Schriftchen von unserem berühmten Landsmanne C. F. Plattner „Beantwortung der Frage: Ist anzunehmen, dass nach Herstellung einer Eisenbahn von Dresden über Tharand, Freiberg und Chemnitz nach Zwickau in der Freiberger Gegend die Zwickauer Steinkohlen und Kokes diejenigen des Plauen'schen Grundes verdrängen werden," welche Frage mit „Nein" beantwortet ist.

Das Hangende des Hauptflötzes.

Das unmittelbare Hangende des Hauptflötzes bildet die sogenannte grüne Schale, ein zartgestreifter, grünlich-grauer Schieferthon, welcher nicht selten feinvertheilten Schwefelkies enthält und oft mehr oder weniger stark von Bitumen durchdrungen ist. Hierdurch ist er zu einem Kohlenschiefer geworden, der als geringere Kohlensorte z. B. als Glasschiefer oder als grauharter Schiefer mitgewonnen wird. Man lässt dies Gestein in der Regel so lange stehen, bis die darunter liegenden Schichten des Flötzes sämmtlich abgebauet sind, da es durch seine grössere Festigkeit eine weit sichere Decke bildet, als der über ihm lagernde Schieferthon. Der letztere bildet zunächst die sogenannte „weiche Schale", die nach oben hin grössere Festigkeit erhält, und in den sogenannten „Kohlstein", einen ziemlich compakten, meist grob geschichteten, etwas sandigen, aschgrauen Schieferthon übergeht. In diesem Gesteine findet man gar nicht selten die grossen, den Blättern einer Schwertlilie gleichenden Blätter des *Cordaites principalis* und einige der obengenannten Calamiten, doch ist es fast nur bei dem Teufen eines Schachtes von neuem zugänglich. Darüber lagern meist grau-grüne oder grünlich-graue Schieferthone, die man fälschlich auch als „blaue Mergel" bezeichnen hört. Wirkliche Mergel kommen in der Steinkohlenformation des Plauen'schen Grundes nicht vor.

Weit schwieriger als die Begrenzung der Steinkohlenformation nach unten, erscheint hier oft ihre Begrenzung nach oben, wo sie mit den untersten Gliedern der Dyas in unmittelbare Berührung tritt, ohne dass eine abweichende Lagerung ihrer Schichten bemerkbar wird. In jenen grünlichen Schieferthonen zeigt sich auf den von Burgk'schen und angrenzenden Werken gewöhnlich ein mildes und weiches, fleischfarbenes oder röthliches, grünlich- und weisslich-gefleckte thoniges Gestein von 4" bis 12" Stärke welches als „grosse Lette"[1]) unterschieden wird. Mit dieser, wegen ihrer Undurchdringlichkeit für

[1]) Es ist diese Lette nicht mit der „grossen Lette" in dem Hauptflötze der königl. Steinkohlenwerke zu verwechseln. (Vgl. S. 83.)

die Gewässer, bergmännisch wichtigen Schicht pflegt der Bergmann die Steinkohlenformation nach oben hin zu begrenzen und es fällt diese Schicht jedenfalls auch in die Nähe ihrer wirklichen oberen Grenze.

Die Steinkohlenformation des Plauen'schen Grundes ist, wie in vielen anderen Gegenden Deutschlands, oft von groben und sehr groben vorherrschend grauen Conglomeraten unmittelbar überlagert, mit denen die mannigfachen Gebilde der Dyas ihren Anfang nehmen, die in den buntfarbigen Schichten des Rothliegenden ihre weitere Fortsetzung gefunden haben.

Jene grauen Conglomerate enthalten vornehmlich Geschiebe von Gneiss und Thonschiefer, Granit, Syenit, altem Porphyr und Quarz, welche der näheren und ferneren Umgegend entstammen und theils durch die Zertrümmerungsproducte dieser Gesteine selbst, theils aber auch durch zerstörtes Steinkohlengebirge zu einem Ganzen verkittet worden sind. Man hat sie am deutlichsten in dem Windberg-Schachte, in dem Beharrlichkeits-Schachte bei Hänichen, in dem Berglust-Schachte bei Wilmsdorf, sowie auch in dem Dippold-Schachte und Herrmann-Schachte bei Possendorf durchschnitten; in dem Hoffnung-Schachte bei Burgk und im Becker-Schachte bei Hänichen herrschen statt ihrer feine grünlich-graue, theilweise glimmerreiche und oft arkoseartige Sandsteine vor, welche mit gleichfarbigen Schieferthonen abwechseln und zuweilen einige Brocken von Kohlen enthalten.

Bei ihrer vorherrschend grauen oder grünlich-grauen Farbe, neben welcher die rothe Farbe nur ausnahmsweise und noch ganz untergeordnet erscheint, gleichen diese Schichten weit mehr dem Steinkohlengebirge als dem Rothliegenden; zwei wesentliche Gründe indess sprechen dafür, dass man sie nicht mehr der ersteren, sondern vielmehr der Dyas zurechnen muss. Dieselben liegen einerseits in der grossen Verschiedenheit dieser hier plötzlich eintretenden mächtigen Conglomeratbildungen über dem feinen, ruhig abgeschiedenen Schlamm der zur Kohlenformation gehörenden Schichten über dem Hauptflötze, anderseits aber darin, dass die allermeisten Kluft- oder Spaltenausfüllungen in dem eigentlichen Steinkohlengebirge, welche im Flötze sehr zahlreich zu beobachten sind, gerade aus solchen Gesteinen bestehen, welche der untersten Region der Dyas oder jener der grauen Conglomerate angehören. Dieselben sind auch hier in die Lücken und Klüfte eingeschwemmt worden, die durch Zerreissung oder Zerklüftung der Schichten der Steinkohlenformation entstanden waren. Die zackigen Ränder jener Gesteinsgänge in dem Kohlengebirge des Plauen'schen Grundes aber, welche für diese den Namen „Kämme" veranlasst haben, beweisen vollkommen klar, dass die Entstehung jener Klüfte und ihre Ausfüllung erst nach der Erhärtung der Schichten des Steinkohlengebirges erfolgt sein können. (Vgl. Cap. II, S. 42.) Und diese Klüfte, die wir in keinem Falle einer blossen Austrocknung von neptunischen Gesteinsbildungen zuschreiben können, welche vielmehr zum grossen Theile mit der Entstehung plutonischer Eruptivgesteine im Zusammenhang stehen, mögen auch verschiedenen metallischen Dämpfen den Weg gebahnt haben, um aus dem Innern der Erde emporzusteigen. (Vgl. S. 36.) Sowohl Bleiglanz als Zinkblende und Kupferkies sind auch hier ganz vorzugsweise an die Kluftflächen gebunden, die sich in solchen Gesteinsgängen oder Kämmen vorfinden, wenn man auch Anflüge des ersteren entfernt von denselben mitten im Kohlenflötze oder selbst auf grauem Schieferthon nicht selten antrifft. Es haben sich Dämpfe jedenfalls ebenso weit in Gebirgsschichten verbreiten können, als dies wässerige Flüssigkeiten zu thun im Stande gewesen sind. Ueber das Vorkommen des Realgar am Beckerschachte ist schon S. 36 berichtet worden. Von anderen zufällig vorkommenden Mineralien spielt zunächst der Schwefelkies oder Pyrit eine sehr hervorragende, keinenfalls aber vortheilhafte Rolle. Durch Oxydation desselben bildet sich aus ihm zunächst der Eisenvitriol, der in den Grubenwässern aufgelöst ist oder aus den mit der Luft in Berührung stehenden Kohlen ausblühet und sich wiederum in Vitriolocker und Haarsalz oder Keramohalit umgewandelt hat. Des schönen Vorkommens von Faserkalk an einzelnen Stellen ist schon gedacht worden; Krystalle von Kalkspath finden sich oft auf den Klüften der Kämme, zum Theil auch Krystalle von Braunspath und Schwerspath. Weisse Blättchen von Gyps füllen, ebenso wie die von Kalkspath, oft die kleinen Kluftflächen in dem Kohlenflötze selbst aus. Als Anhäufungen von verhärteter Kieselgallerte muss man gewisse hornsteinartige Ausscheidungen ansehen, die in dem feinen thonigen Sandsteine im Liegenden des Hauptflötzes vorkommen und meist als Hornlagen bezeichnet werden, sowie auch den schon erwähnten sogenannten Brand und Friesleben's Kohlenhornstein, einen von Bitumen durchdrungenen Hornstein, in welchem zuerst Ehrenberg die Panzer von Infusorien nachgewiesen hat.

Die schlagenden Wetter sind unserem Steinkohlengebirge leider nicht gänzlich fremd, wenn auch grössere Explosionen bisher durch vorzügliche Wetterführungen glücklich vermieden worden sind. —

Bei weitem der grösste Theil der Steinkohlenformation des Plauen'schen Grundes ist von dem Rothliegenden bedeckt. Ohne die ganze Schichtenreihe von neuem schildern zu wollen, welche diese Gebirgsbildung zusammensetzt — vgl. geogn. Darstell., S. 67 u. f. und Dyas II. S. 171 — 174 — sei nur erwähnt, dass seine untere Abtheilung auch hier aus vorherrschend rothen und röthlichen, grünen und weisslichen Schieferthonen besteht, welche mehrfach mit theilweise arkoseartigen Sandsteinen und röthlichen Conglomeraten in Wechsel treten. Neben Geschieben des alten Potschappeler Porphyrs stellt sich hier zum ersten Male darin auch ein brauner Quarzporphyr ein, welcher dem Tharander Porphyr nicht unähnlich ist. Die Gegenwart von Thonsteinporphyren oder Porphyrtuffablagerungen in dieser Etage des Rothliegenden ist durch mehrere Schächte erwiesen worden. Diese sind eruptiver Natur und haben ein Hauptmaterial für die Bildung jener sedimentären buntfarbigen Schieferthone geliefert, die man auch bunte Thonsteine zu nennen pflegt.

Hier und da, wie an der linken Seite des Ausganges der von Schweinsdorf herab führenden Schlucht, oder in der Gegend von Possendorf, zeigt sich im unteren Rothliegenden ein schwaches unreines Kohlenflötz, das an der ersten Localität von einer nahe einen Fuss starken Hornsteinbank begleitet wird. Im Liegenden dieser Schichten tritt an dem Ufer der Weisseritz ein Kalklager auf, das in den Umgebungen des Windberges eine ansehnliche Verbreitung besitzt. Man bauet auf diesem meist nur einige Ellen mächtigen Kalklager bei dem Dorfe Schweinsdorf und bei Nieder-Hässlich. Sein geologischer Horizont liegt nahe der oberen Grenze des unteren Rothliegenden.

Zum Theil mit etwas abweichender Lagerung, breiten sich über dem unteren Rothliegenden noch die sehr bedeutenden Massen des oberen Rothliegenden aus, welche namentlich den Windberg und Zschiedgeberg zusammensetzen. Diese Gebirgsart erhält durch seine oft sehr groben Conglomerate von Thonschiefer, Gneiss, Syenit, Quarz und zahlreichen Geschiebe des Tharander-Porphyrs hier einen ganz eigenthümlichen Charakter. Es bildet zum grossen Theil eine förmliche Porphyr-Breccie.

Man wird solche Massen schwerlich als Flussgeschiebe betrachten können, die sich in einem längeren Zeitraume ruhig nach einander abgelagert haben, wie dies wohl hie und da im Gebiete des Rothliegenden, z. B. in der Gegend von Weiden in der bayerischen Oberpfalz, der Fall gewesen ist; sie sind hier augenscheinlich das Product von stürmischen Hochfluthen, die besonders von Südwest her in diese Gegenden hereingedrungen sind. Plötzlich herabstürzende Regengüsse mögen die unmittelbare Veranlassung zu denselben gegeben haben; diese aber scheinen die hier nicht hinweg zu läugnenden plutonischen Ereignisse begleitet zu haben.

Es ist schon hervorgehoben worden, dass diese obere Ablagerung des Rothliegenden noch von dem jüngeren Thonsteinporphyr von Hänichen durchbrochen und an einigen Stellen überlagert worden ist.

Der Verfasser hat wiederholt den Nachweis zu führen gesucht, wie das Emportreten dieses Porphyrs zu der Entstehung des oberen Rothliegenden in einer ähnlichen Beziehung gestanden haben mag, wie die Entstehung der Porphyre und Porphyr-Tuffe des unteren Rothliegenden zu der Bildung des letzteren oder der unteren Abtheilung der Dyas überhaupt.

Wir brauchen für derartige Katastrophen keine anderen Kräfte zu Hülfe zu nehmen, als die auch jetzt noch wirksame Kraft des erhitzten Wasserdampfes, welcher keine Grenzen gesetzt werden können. Für hochgespannte Wasserdämpfe ist keine Hülle zu stark und keine Decke aufgeschichteter Gebirgsmassen zu mächtig, um dem von ihnen ausgeübten Drucke widerstehen zu können.

Um die Entstehung jener ansehnlichen Hauptverwerfung zu erklären, welche nicht nur das Steinkohlengebirge, sondern die gesammte Ablagerung des Rothliegenden zugleich mit betroffen hat, wird das Schwinden eines Kohlenflötzes oder die hypothetische Annahme von Auswaschungen oder Auflösungen hier gar nicht vorhandener lösbarer Gebirgsschichten niemals genügen können! Selbst auf der Höhe des Windberges zeigen sich mehrere Risse, welche bis zu dem Kohlengebirge und wahrscheinlich noch tiefer hinab reichen und die sich in der neueren Zeit namentlich merklich erweitert haben. Es ist gerade nicht unmöglich, dass auch diese mit jenen plutonischen Ereignissen in dem Plauen'schen Grunde in Beziehung stehen.

Von organischen Ueberresten in der Dyas des Plauen'schen Grundes ist bis jetzt nur wenig bekannt geworden. Aus dem unteren Rothliegenden kennen wir fast nur das Vorkommen der *Walchia piniformis* in der Nähe der Kalklager an dem Ausgange der Schweinsdorfer Schlucht, *Asterophyllites spicata* Gutb. und einige andere Formen aus dem Kalke von Nieder-Hässlich, *Stichopteris Ottonis* Gein., und einige andere Farren, neben *Cordaites Ottonis* Gein. und *Cyclocarpon Ottonis* Gutb. aus der Gegend von Possendorf. Dagegen werden in dem oberen Rothliegenden des Windberges, häufiger aber noch in dem Poisenwalde zwischen Nieder-Hässlich und Wilmsdorf, nicht selten die verkieselten Stämme des *Araucarites Saxonicus* Reichenbach meist als Geschiebe angetroffen. Dieselben müssen auf den oberen Schichten des unteren Rothliegenden emporgewachsen und später durch ausgeschiedene Kieselgallerte, die man, wie schon erwähnt, in dieser Region selbst in plattenförmigen Ausscheidungen mehrfach vorfindet, versteinert worden sein.

Ihr Emporwachsen zu kräftigen Stämmen deutet eine längere Zeit der Ruhe an, welche zwischen der Bildung des unteren und des oberen Rothliegenden eingetreten war, bis sie schliesslich durch hereinbrechende Wasserfluthen umgestürzt und von zahlreichen anderen Geschieben in den Gebilden des oberen Rothliegenden begraben worden sind.

Auf unserer Uebersichtskarte Taf. III sind weder die Schichten der Dyas, noch die sich darüber hier und da vorfindenden Schichten des Quaders und Pläners der weit jüngeren Kreideformation angegeben worden, um die hier gegebene Uebersicht nicht zu erschweren. Alles, was innerhalb der auf der östlichen, südlichen und westlichen Seite der Karte hervorgehobenen Grenzen des Gneisses und Thonschiefers gelegen ist, wird von dem Rothliegenden oder noch jüngeren Gebirgsschichten überlagert, wofern auf der Karte nicht andere Gesteinsbildungen besonders bezeichnet worden sind.

Die Mächtigkeit der verschiedenen Gesteinsgruppen in den verschiedenen Theilen dieses Bassins geht theilweise aus den auf Taf. IV befindlichen Profilen, theilweise aber aus den nachstehenden Notizen über die wichtigsten der noch in Betrieb stehenden Steinkohlenschächte hervor, bei deren Anordnung wir ihre Reihenfolge von West nach Ost innegehalten haben.

Schacht-Tabelle.

Name des **Schachtes**, des **Besitzers** und der **Ortsflur**.	**Dyas.** Teufe und Mächtigkeit in Ellen und Zollen.	**Steinkohlenformation.** Teufe und Mächtigkeit der Kohlenflötze in Ellen und Zollen.	**Bemerkungen.**
Georg-Schacht bei Nieder-Hermsdorf. (Königliches Steinkohlenwerk.)		Bei 88,9° Schachttiefe ein 4,2° mächtiges Flötz.	
Brändels' Gottlieb-Schacht bei Nieder-Hermsdorf.		Schachttiefe 154° = 44 Lr. Erstes Flötz, bei 89,25°, 7° mächtig. Zweites Flötz unbauwürdig. Drittes Flötz 3° 21″ mächtig, wovon $2^1/_4$° brauchbar.	
Oppel-Schacht bei Zaukeroda. (Königliches Steinkohlenwerk.)		Erstes Flötz bei 185,5° Tiefe, 7° mächtig. Zweites Flötz bei 196° Tiefe, unbauwürdig. Drittes Flötz bei 213,5° Tiefe, ca. 2,1° mächtig.	Der Schacht steht bei 273° = 78 Lr. Tiefe im Potschappeler Porphyr. Aufsattelung und Lehm 21°.
Kunst-Schacht bei Döhlen. (Königliches Steinkohlenwerk.)		Erstes Flötz bei 122° Tiefe, 7° mächtig. Zweites Flötz bei 133° Tiefe, unbauwürdig. Drittes Flötz bei 150° Tiefe, 2,6° mächtig. Andeutungen eines vierten Flötzes bei 170° Tiefe.	Der Schacht steht bei 278° Tiefe im Potschappeler Porphyr, den er 5° tief durchsunken hat. Von oben durchschnitt er 7° Sand.
Augustus-Schacht bei Deuben. (Freiherr v. Burgk.)	Unteres Rothliegendes und Porphyrtuff bis 281° 18″. (Bei 47° 14″ Tiefe 1° 19″ dolom. Kalkstein.) 79° 2″ graues Conglomerat bis 306° 20″ Tiefe.	Grosse Lette, 4″ mächtig, bei 361° Tiefe. Erstes Kohlenflötz, 7° mächtig, bei 482° 7″ Tiefe. Zweites Flötz, 21″ mächtig, bei 492° 19″.	Schachtsohle in 492° 19″ = 140,8 Lr. Tiefe.
Windberg-Schacht. (Potschappeler Actienverein.)	Oberes Rothliegendes bis 185° 12″ Tiefe. Unteres Rothliegendes bis 479° 12″. (Bei 252° Tiefe 1° mächt. dolom. Kalkstein.) Graues Conglomerat bis 546° Tiefe.	Anfang des Kohlengebirges bei 546° Tiefe. Grosse Lette, 12″ mächtig, bei 581° Tiefe. Erstes Kohlenflötz bei 723° Tiefe, 9° mächtig.	Schachtsohle in 728° = 208 Lr. Tiefe in tauben Schichten der Steinkohlenformation. (Einer der lehrreichsten Schächte, da die Verhältnisse hier ganz normal sind. Die durchschnittenen Gebirgsschichten, welche in dem Directions-Gebäude noch sorgfältig aufbewahrt werden, sind durch die anzuerkennende Bereitwilligkeit des dortigen Obersteigers Herrn Ullrich leicht zugänglich.)

Name des Schachtes, des Besitzers und der Ortsflur.	Dyas. Teufe und Mächtigkeit in Ellen und Zollen.	Steinkohlenformation. Teufe und Mächtigkeit der Kohlenflötze in Ellen und Zollen.	Bemerkungen.
Hoffnung-Schacht am Windberge. (Freih. v. Burgk.)	Oberes Rothliegendes bis 126° Tiefe. Unteres Rothliegendes bis 395° 20" Tiefe. (Darin bei 198° 2" Tiefe ein ca. 3° mächtiges Lager von Kalkstein.) Graues Conglomerat, mit vorherrschenden grünlichgrauen Sandsteinen und Schieferthonen, bis 523° 23" Tiefe.	Grosse Lette, 3" mächtig, bei 525° 3" Tiefe. Erstes Kohlenflötz, bei 652° 4" Tiefe 8° 2" mächtig. Zweites Kohlenflötz, bei 658° 19" Tiefe 1° 18" stark. Drittes Kohlenflötz, bei 674° 13" Tiefe 1° 9" stark. Viertes Kohlenflötz, bei 678° 15" Tiefe nur 5" mächtig.	Der Schacht steht bei 693° 11" Tiefe noch im Steinkohlengebirge.
Segen-Gottes-Schacht bei Nieder-Hässlich. (Freih. v. Burgk.)	Oberes Rothliegendes bis 343,35° = 98,1 Lr. Unteres Rothliegendes mit einem unreinen, ca. 1° mächt. Kalkschiefer bei 346,43° u. einem zweiten gleich starken Kalkflötz bei 372,75°, sowie einer hierunter bald folgenden Porphyrtuff-Einlagerung von etwa 3° Mächtigkeit, zuletzt feinkörnige compacte Sandsteine u. grüngraue Schieferthone als Vertreter der grauen Conglomerate, im Ganzen bis 690,55°.	Anfang des Kohlengebirges bei 690,55° = 197,3 Lr. Tiefe. Grosse Lette bei ca. 710¾° Tiefe. Erstes Kohlenflötz, bei 864° 3½" Tiefe 8° 9½" mächtig und besteht aus: 3° 10½" Dachkohle, — 14" Brandschicht, — 8" Ziegelschicht, — 22" gute Schicht, — 26" schwarze Schicht, — 9" kleine Schicht, 1° 16" fremde Schicht.	Der 866° 6" = 247,5 Lr. tiefe Schacht hat zuletzt taube Schichten mit unreiner Kohle und Kohlensandstein durchschnitten. Die früheren Angaben über die Tiefenverhältnisse dieses Schachtes (Jahrb. f. Volks- u. Landwirthsch. 1863. VIII. 3. p. 149 bis 179) sind davon etwas abweichend, da sie nur auf Messungen der Seillängen beruheten.
Berglust-Schacht bei Wilmsdorf. (Hänichener Steinkohlenbau-Verein.)	Unteres Rothliegendes bis 392° Tiefe. Graues Conglomerat bis 483°.	Schieferthon als Anfang der Steinkohlenformation bis 493½°, worunter das über 3½° mächtige Kohlenflötz lag.	
Becker-Schacht bei Hänichen. (Hänichener Steinkohlenbau-Verein.)	Oberes Rothliegendes bis 114° 23". Unteres Rothliegendes bis 311° 15". Graues Conglomerat bis 438° 22".	Steinkohlenformation bis 619° 12" Tiefe. Erstes Kohlenflötz bei 536° 18" Tiefe 4° 10" mächtig.	Das Hauptkohlenflötz ist durch die unter dem Namen des rothen Ochsen bekannte Hauptverwerfung in nordöstlicher Richtung vom Schachte ca. 24,4 Lr. in die Tiefe gezogen, in südwestlicher Richtung dagegen um ca. 13,6 Lr. in ein höheres Niveau geführt worden. (Vgl. geogn. Darst. Taf. XII. Fig. 3.)
Beharrlichkeits-Schacht bei Rippien. (Hänichener Steinkohlenbau-Verein.)	Oberes Rothliegendes mit einer Ueberlagerung von Hänichener Porphyr von 11° 23" Mächtigkeit bis 324° 11" Tiefe. Unteres Rothliegendes, bei 434° 18" von der Hauptverwerfung, mit 45 Grad NO Fall, durchschnitten bis 564° Tiefe. Graues Conglomerat bis 621° 6" T.	Unter dem grauen Conglomerate folgt unmittelbar 2° 5" als Dachgebirge des 4° 19" mächtigen Kohlenflötzes bis 628° 6" Tiefe.	Auch hier ist das Flötz durch eine Verwerfung etwas gestört. (Vgl. geogn. Darst. S. 60.)

Name des Schachtes, des Besitzers und der Ortsflur.	Dyas. Teufe und Mächtigkeit in Ellen und Zollen.	Steinkohlenformation. Teufe und Mächtigkeit der Kohlenflötze in Ellen und Zollen.	Bemerkungen.
Herrmann-Schacht bei Possendorf. (Possendorfer Steinkohlenbau-Verein.)	Oberes Rothliegendes bis 143 ° 15″ Tiefe. Unteres Rothliegendes mit einer Einlagerung von Thonsteinporphyr oder Felsittuff zwischen 387,7 und 409,5° Tiefe, und einer Region der grauen Conglomerate von 443,1 ° an, im Ganzen bis 469 ° Tiefe.	Steinkholenformation mit einem 5° 12¼″ mächtigen Kohlenflötze zwischen 482,65 u. 488,25 ° Tiefe bis 498,75 ° Tiefe.	
Dippold-Schacht bei Golberoda. (Hänichener Steinkohlenbau-Verein.)	Oberes Rothliegendes bis 313,25 °. Unteres Rothliegendes mit einer schwachen unreinen Kalklage bei 315,4 °, mit einer Einlagerung von Thonsteinporphyr zwischen 537,95 und 550,2° Tiefe und einer Region der grauen Conglomerate von 560,35 bis 598,5°, im Ganzen bis 598,5 ° Tiefe.	Steinkohlenformation mit einem 3° mächtigen Kohlenflötze zwischen 616 und 619 ° Tiefe und einem zweiten gegen 1½° starken Kohlenflötze bei 625 ° Tiefe, im Ganzen bis 664 ° Tiefe.	Dieser Schacht hat früher dem Golberoda-Dippoldiswaldaer Vereine gehört.

CAPITEL IV.

Die Steinkohlenlager in der preussischen Provinz Sachsen, am südlichen Harzrande, im Thüringer Walde, in der bayerischen Oberpfalz und in dem Schwarzwalde.

1. Das Vorkommen von Steinkohlen in der Preussischen Provinz Sachsen bei den Städten Wettin und Löbejün im Saalkreise, und dem Dorfe Plötz im Bitterfelder Kreise, Regierungsbezirk Merseburg, Oberbergamts-Distrikt Halle a/S.

Von

Herrn **Wagner**, königl. Berginspector in Wettin.

(Hiezu Taf. V—VII.)

Unter den hier gebrauchten Maassen ist 1 Lachter = 80 Zoll, 1 Fuss = 12 Zoll = 0,31385 Meter.

In dem Saalkreise der Preussischen Provinz Sachsen wird bei den Städten Wettin und Löbejün, gegenwärtig durch den Staat, Bergbau auf Steinkohlen betrieben, welcher durch sein hohes Alter und durch das Interesse, welches er in geognostischer Beziehung darbietet, gleich ausgezeichnet ist. Ausser diesen alten Bergbauen ist östlich von Löbejün im Bitterfelder Kreise bei dem Dorfe Plötz im Jahre 1851 die Privatsteinkohlengrube Carl Moritz aufgenommen worden, welche sich günstigerer Lagerungsverhältnisse zu erfreuen hat, weshalb sie während der kurzen Zeit ihres Bestehens sich in ihrer Production den fiskalischen Steinkohlengruben gleich gestellt hat.

Einige untergeordnete Steinkohlenversuchsbaue bei den Orten Giebichenstein, Brachwitz, Görbitz und Dölau im Saalkreise, welche in den Jahren 1744 bis 1806 von Seiten des Staates betrieben wurden, führten zu keinen Resultaten und wurden deshalb wieder auflässig. Letztere beiden Gruben, namentlich die bei Dölau, zuletzt Humboldt genannt, kamen durch Private in neuester Zeit wieder in Aufnahme, mussten aber bald wieder aufgegeben werden, weil es an Aufschlüssen fehlte und die unter Tage angefahrenen Porphyre jede Aussicht, neue Baufelder zu finden, zerstörten.

Die Schichten der productiven Steinkohlenformation, welche zum Entstehen der obenerwähnten Steinkohlengruben Veranlassung gegeben haben, treten in kleinen, isolirten Partien auf, die, meist von jüngeren Formationen überlagert, durch Porphyreruptionen verschiedenen Alters in ihrem Zusammenhange und ihrer ursprünglichen Form zerstört sind. Sie sind gehoben, durchsetzt, in zahllose Trümmer getheilt und nach diesem Allen noch durch viel spätere Durchbrüche des Basaltits (Melaphyrs), die sich über ihnen lavaartig ergossen haben, nochmals verändert. Es geht daraus hervor, dass die Wichtigkeit und der grosse Einfluss, welchen diese Eruptivgesteine auf die Steinkohlenformation und die sie bedeckenden jüngeren Schichten ausgeübt haben, dazu nöthigen, sie einer eingehenderen Betrachtung zu unterwerfen, zumal als es nur dadurch möglich wird, die abnormen Eigenschaften zu erklären, an denen die durch Grubenbetrieb bekannten Steinkohlenbecken so reich sind.

Die im Gebiete der Sedimentschichten an den mehrgenannten Orten auftretenden Porphyre zeigen verschiedene petrographische Eigenschaften und sind in der Art ihres Auftretens so wesentlich von einander abweichend, dass auf ihre verschiedenalterige Entstehung sofort zu schliessen ist.

Der eine dieser Porphyre zeigt in einer meist bräunlich gefärbten Felsit-Grundmasse rothe Zwillingskrystalle von Feldspath, — welche nach dem Karlsbader Gesetze gebildet sind, zollgross werden und nach Verwitterung der Grundmasse die schärfsten Formen zeigen, — neben einfachen Krystallen desselben Minerals, ferner Oligoklas, rauchgrauen Quarz in erbsengrossen Körnern oder undeutlichen Krystallen, sowie endlich wenig Glimmer von tombakbrauner Farbe. Er bildet eine geschlossene plateauartige Massenerhebung, die den Raum zwischen den Orten Dölau, Brachwitz, Lettewitz, Neutz, Domnitz, Löbejün, Krosigk, Beidersee, Lettin einnimmt. (Vgl. Taf. V.)

In den beiden Steinkohlenbecken von Wettin und Löbejün bildet er bei ersterem die östliche, bei letzterem die südliche und westliche Grenze, da er hier die Schichten der productiven Steinkohlenformation zu stehenden Flügeln und faltenartig gebogenen Formen aufgerichtet hat. Er durchbricht die Steinkohlenformation nicht und hat sie auch nirgends überlagert. Die Erhebungsachse liegt von Süden nach Norden in einer Linie zwischen den Orten Brachwitz und Löbejün, welcher parallel ein System von Hauptsprüngen im Kohlengebirge streicht. Sowohl in Wettin als Löbejün ist er in der Grube angefahren worden, an welchen Stellen die in Contact tretenden Gesteine in verglaste, meist schwarze, die nahetretenden Kohlen in anthracitische Massen verwandelt sind. Dieser Porphyr ist der ältere und gehört in die Porphyrzone der unteren Dyas, weil diese in gleicher Weise, wie das Kohlengebirge, gestört ist.

Der zweite von diesem wesentlich verschiedene Porphyr, welcher namentlich im Saalthale und im Petersberge seine Hauptausbruchstellen haben dürfte, enthält in felsitiger Grundmasse von violetter, hellbrauner, isabellgelber, fleischrother und weisser Farbe rothe, grünliche oder weisse, höchstens erbsengrosse Feldspathkrystalle, die fast immer mehr oder weniger in Kaolin umgewandelt sind. Der Quarz ist weiss oder rauchgrau, kleinkörnig, ohne deutliche Krystallform, oft ganz zurücktretend. Glimmer findet sich nur in kleinen Mengen und undeutlich. Dagegen erscheint häufiger ein an Pistazit erinnerndes Mineral in undeutlichen Krystallgruppen, und in den Drusenräumen der oft zerfressenen Grundmasse: Quarz, Chalcedon, Eisenglanz und am Petersberge violetter oder grüner Flussspath.

Wo dieser Porphyr massig auftritt, bildet er langgestreckte schmale Höhenzüge, die einzelne steile und spitze Kegel tragen. Die Richtung dieser Züge deutet die Spalten an, aus denen die flüssigen Massen herausgetreten sind und den Punkt, von dem aus sie sich lavaartig über die Sedimentgesteine ergossen haben. Solche Stellen sind sehr häufig zu beobachten, besonders in der Umgegend von Wettin, wo z. B. unter dem Schweitzerlinge, einem sehr steilen, isolirten Kegel, ein nicht unbedeutender Abbau der Steinkohlenflötze stattgefunden hat, und an der Liebecke, wo Versuchsbaue in einem kohlenführenden Bestege weit unter ihm fortgesetzt sind. Bei Wettin treten die nördlichsten Partien dieses Porphyrs auf. Sie bilden einen Hügelzug auf dem rechten Ufer der Saale, von Friedrichsschwerz bis an die Amtsmühle von Wettin, der in seiner westlichen und nördlichen Begrenzung die obere und untere Abtheilung der Dyas, sowie die productive Steinkohlenformation durchbrochen oder überlagert hat. Seiner Erhebungslinie, von Südost nach Nordwest streichend, entspricht ein zweites System von Hauptsprüngen in dem Kohlengebirge und der Dyas. Dass dieser Porphyr erheblich jünger ist, als der ersterwähnte, beweisen folgende Thatsachen:

An der Amtsmühle bei Wettin tritt in schönem Profil die marine Abtheilung der Dyas, der Zechstein mit dem Kupferschieferflötz und dem Weissliegenden zu Tage, welcher nach unten die postporphyrischen Schichten des Rothliegenden folgen. Die sie bildenden Conglomerate bestehen aus eckigen Porphyrstücken, die mit den Porphyren hiesiger Gegend keine Uebereinstimmung zeigen, aus gemeinem, weissem Fettquarz, grünem und braunem Jaspis, Kieselschiefer und einer weissen bröcklichen, weichen, dem Steinmark ähnlichen, Substanz. Mit Hinzurechnung der dünnen, kalkigen, thonigen und sandigen Schichten beträgt die gesammte Mächtigkeit der Zechsteingruppe mit den Schichten des Rothliegenden ca. 40 Fuss. Dieser Complex ist durch den direct darunter liegenden Porphyr gehoben, so dass die Schichten 20 Grad nach Westen geneigt sind und dem Porphyrgehänge conform liegen. Es muss also die Eruption des Porphyrs erfolgt sein, als die Zechsteingruppe bereits fertig gebildet war und da die darauf folgenden bunten Thone des bunten Sandsteines, der hier mächtig entwickelt ist, in discordanter

Lagerung, unter 4 Grad geneigt, sich anlegen, so ergibt sich, dass der Porphyr jünger ist, als der Zechstein. Ferner haben die Grubenbaue nachgewiesen, dass die Sprünge, welche durch die, der Eruption dieses Porphyrs vorhergegangen Oscillationen und Erschütterungen, sowie durch das Hervortreten der Massen selbst entstanden, und der Erhebungsachse parallel liegen, die durchsetzenden sind, während die von dem älteren Porphyr herrührenden verworfen wurden. Da diese jüngeren Sprünge ausserdem auch durch sämmtliche Schichten der Dyas zu verfolgen sind, so geht daraus wiederum hervor, dass sie einer späteren Zeit angehören.

Die Gesteine, welche mit den jüngeren Porphyren in directe Berührung gekommen sind, haben rothe, braune und grüne Farben und die Beimengung eines grünerdeähnlichen Minerals angenommen; da wo sie die Steinkohlenflötze überlagern, sind wesentliche Veränderungen derselben nicht zu beobachten gewesen.

Bei Löbejün treten diese jüngeren Porphyre entfernter vom Steinkohlengebirge auf. In dem liegenden, flötzleeren Sandsteine der Löbejüner Mulde sind einige isolirte Kuppen eines Porphyrs zu beobachten, die in ihrer petrographischen Beschaffenheit den jüngeren Porphyren Wettins gleichen. Noch weiter gegen Norden und Südosten, bei den Orten Kattau, Wieskau und Hohndorf, ist durch Bohrversuche die Existenz einer nicht zu Tage getretenen Porphyrmasse nachgewiesen, die dem jüngeren Porphyr angehört. Unter der Plötzer Mulde ist sie durch ein 73 Lachter 5 Zoll tiefes Bohrloch angetroffen worden, und da über ihr die Flötze fortsetzen, so scheint von ihr eine wesentliche Störung nicht ausgegangen zu sein. Ungleich wichtiger ist dagegen in der Löbejüner Mulde das Auftreten des Basaltits (Melaphyrs). Mitten in derselben, der Muldenlinie genau folgend, liegt dicht unter Tage auf dem grauen Conglomerat der unteren Dyas ein Zug von Basaltit, der sich lavaartig ergossen hat und eine Einsenkung ausfüllt, die durch die Störungen (Sprünge) des älteren Porphyrs gebildet wurde.

Die grösste Teufe, bis zu der er eingedrungen ist, liegt im Schachte Segen Gottes Nr. 2 in der 42 Lachtersohle vom Neuglück-Schacht, wo er mit den Grubenbauen angefahren wurde. Im Martins-Schachte ist er 3 Lachter unter Tage angetroffen, 9 Lachter mächtig durchteuft; im Bohrloch S, südlich vom Schiedsberge, hat man in ihm 67⅝ Lachter gebohrt, ohne die untere Begränzung zu erreichen. Zu Tage tritt er bei Plötz, am Schiedsberge und an den Schächten Clara und Gerhardt. Bekannt ist sein Vorkommen auf eine Länge von circa 1000 Lachtern und eine Breite von 300 Lachtern. Die Durchbruchsstelle ist noch nicht bekannt, scheint aber in der Gegend des Bohrloches S zu liegen.

Das Gestein erscheint als homogene Masse von dunkelgrüner, grauer und bräunlich-grauer Farbe, in welcher nur sehr untergeordnet und selten schwarze oder dunkelgrüne winzig kleine Nadeln sich beobachten lassen. Es ist schwer zersprengbar mit splitterigem Bruch. Etwas weicht davon das Gestein des Schiedsberges ab, indem es den Charakter eines Porphyrites annimmt. Es hat einen splitterigen, unebenen Bruch und ist dabei so zerklüftet, dass es schwer ist, ihn frisch zu erhalten. Die Grundmasse ist grau bis olivengrün, sie enthält neben deutlichen Hornblendenadeln fleischrothe Feldspathkrystalle mit deutlichen Blätterdurchgängen und vierseitigem Umriss, welche häufig in Kaolin umgewandelt sind. Glimmer findet sich nur selten in kleinen Blättchen. Auf den Kluftflächen zeigt es stets halbmetallischen Glanz.

Der Zusammenhang des Schiedsberges mit dem Basaltitzuge, welcher die Löbejüner Mulde bedeckt, erscheint fast zweifellos, da kein Grund vorliegt, aus der Verschiedenheit des Gesteinscharakters schliessen zu müssen, dass man es hier mit zwei verschiedenen Eruptionen zu thun hat. Im Schiedsberge war eine grosse geschmolzene Masse Basaltit herausgetreten, die langsam erkaltete und den Gemengtheilen Zeit liess, sich deutlicher auszubilden, während der lavaartige Strom unter ihr nach Westen hin fortfloss, schnell erstarrte und deshalb seine gleichartige Beschaffenheit beibehielt. Er wirkte deshalb auch wenig auf die grauen Conglomerate der unteren Dyas, gar nicht auf das viel tiefer liegende Steinkohlengebirge ein. Mandelsteinbildungen fehlen gänzlich. An den Contactstellen nehmen die Conglomerate und Sandsteine dunkelbraune und grüne Farben an, wobei sich Ausscheidungen eines grünerdeähnlichen Minerals gebildet haben. Selten zeigen sie den Beginn einer Schmelzung oder ein tuffartiges Aussehen.

Da diese Conglomerate und Sandsteine ziemlich weit verbreitet sind, und in ähnlicher Weise auch in Wettin vorkommen, so belegte man sie früher mit dem Localnamen „Thon- oder Grandgestein", welcher später auf die ganze untere Abtheilung der Dyas oder des untern Rothliegenden ausgedehnt worden ist und sich noch gegenwärtig in unseren Gegenden erhalten hat.

Das Grandgestein der unteren Dyas oder das untere Rothliegende bietet ganz analoge Verhältnisse dar, wie im Königreiche Sachsen, und bildet in vollständiger Entwicklung im Wettiner Becken die Bedeckung des productiven Steinkohlengebirges, welches nur an einem einzigen Punkte, in der unmittelbaren Nähe der Stadt Wettin, zu Tage getreten ist, wo es zur Entstehung dieses alten Bergbaues im Jahre 1466 Veranlassung gegeben hat. In dem Löbejüner Becken ist die Mächtigkeit der Dyas geringer. Am nordöstlichen und westlichen Rande desselben ist sie durch das Heraustreten des Kohlengebirges und des flötzleeren Sandsteines verschwunden, während sie sich weiter nach Nordwesten hin mit erheblicher Mächtigkeit und Entwicklung wieder anlegt. In der Plötzer Mulde fehlt sie ganz, da hier der diluviale wasserreiche Kies die Bedeckung des Steinkohlengebirges bildet.

Zunächst ist es nur die untere Dyas, deren Beziehung zum Steinkohlengebirge durch Grubenbaue aufgeschlossen ist, da die obere erst da sich anlegt, wo die Aufsuchung der productiven Steinkohlenformation noch nicht Bedürfniss geworden ist. Die weitere Ausdehnung der Baue im Brassert-Schachte der Wettiner Grube wird hierüber nähere Aufschlüsse bringen.

Die grösste Mächtigkeit, mit welcher man die untere Abtheilung der Dyas [1]) bis jetzt durchteufte, fand man im Schachte Catharine der Wettiner Grube, wo man von Tage aus in 87 Lachter die Kohlenformation traf. Im Perlberg-Schachte erreichte man sie bei ca. 60, im Brassert-Schachte bei ca. 50 Lachter. Auf der Löbejüner Grube war sie nur ca. 30 Lachter mächtig. Zu erwähnen ist noch, dass ein zur Aufsuchung des Steinkohlengebirges im Rothliegenden angesetztes Bohrloch bei dem Dorfe Rothenburg, welches vom Jahre 1843 bis 1858 im Betriebe war, 1709 Fuss tief niedergebracht worden ist, ohne die unteren Schichten der grauen Conglomerate oder das Steinkohlengebirge zu erreichen.

Mit Uebergehung untergeordneter, nur local auftretender Zwischenlagen bestehen die durchteuften Schichten der unteren Dyas

a) der Wettiner Mulde aus:
buntem, verschiedenkörnigem Sandstein ohne Porphyrgemengtheile,
groben, grauen Sandsteinen mit weissen Feldspatheinmengungen,
grünlich-grauen und roth-braunen Schieferthonen,
rothem, dunkelgeflecktem Sandstein,
feinkörnigem Sandstein mit rothem Feldspath,
kalkigem Sandstein,
rothem Conglomerat,
grauem und grünem Conglomerat,
grünlich-grauem, sehr festem quarzigen Sandstein;

b) in der Löbejüner Mulde aus:
grauem Sandstein mit Schieferthoneinlagerungen,
grünlich-grauem Sandstein von grobem Korn,
roth-braunem Sandstein mit blauen Flecken,
rothem, dunkelfleckigem Sandstein,
grau-grünem Sandstein,
grünlichem Conglomerat,
quarzigem, grau-grünem Sandstein,
grauem und grünem Conglomerat,
grünlich-grauem sehr festem Sandstein.

Die Mächtigkeit der einzelnen Schichten, ebenso wie die Färbung und die Reihenfolge wechselt fast an jeder Stelle, wo man sie zu beobachten Gelegenheit hatte, was seine Erklärung in dem Umstande findet, dass durch die zahllosen Störungen, welche den Porphyreruptionen voraus gingen oder sie begleiteten, sowie die grosse Nähe des Heerdes plutonischer Thätigkeit, wesentliche Veränderungen der bereits fertig gebildeten Schichtensysteme hervorgerufen worden sind. Indessen dürfte die oben stehende Reihenfolge dem normalen Zustande annähernd entsprechen. Organische Reste sind in diesen Schichten noch nicht beobachtet worden.

---

[1]) Aus dieser stammt auch der von Germar (Versteinerungen des Steinkohlengebirges von Wettin und Löbejün, Heft V, 1848, S. 49) als *Araucarites Brandlingi* Lindley beschriebene und Taf. 21 und 22 abgebildete versteinerte Baum in einem Steinbruche am Thierberge, $^1/_4$ Stunde N. von Wettin, von dem man noch gegenwärtig dort Bruchstücke sammeln kann. — H. B. G.

Die Sandsteine und Conglomerate, welche mit thonigen und kalkigen Schichten wechsellagern, nehmen mit zunehmender Teufe an Festigkeit erheblich zu. Erstere gehen in ein fast pechsteinartiges, quarziges Gestein über, wobei sie wenige Schichtungen und Ablosungen zeigen. Sie sind dann meist grün gefärbt und enthalten eingesprengt runde Kiesel weissen fettglänzenden Quarzes. Die unterste dieser Schichten ist das Merkmal für das Vorhandensein der Steinkohlenformation, weil unter ihr meist der obere Muschelschiefer oder der Kohlensandstein folgt. In beiden Becken ist sie stets abweichend gegen das Steinkohlengebirge gelagert und da sowohl sie, als die direct über ihr liegenden Schichten gleiche Beschaffenheit zeigen, so dürfte zu folgern sein, dass ihre Bildungszeit eine gleiche und unter denselben Verhältnissen auch eine durch gleiche Umstände bedingte gewesen ist.

Unter der Bedeckung der jüngeren Schichten tritt das Steinkohlengebirge auf. Die Grundform seiner Ablagerung ist die Mulde, welche aber durch die Störungen der Porphyreruptionen so zerstört und verschoben ist, dass es schwer wird, diese Form zu erkennen.

Abgesehen von den unwichtigen Vorkommen bei Giebichenstein, Dölau, Brachwitz und Görbitz sind drei Hauptabtheilungen zu unterscheiden:

1) das Wettiner Becken,
2) das Löbejüner Becken,
3) das Plötzer Becken.

Da jedes seine Eigenthümlichkeiten hat, die es von den anderen unterscheidet, so kann ihre Beschreibung nur getrennt Statt finden. In dem Raume, den sie einnehmen, bilden Linien, welche im Westen durch Dobis, im Süden durch die Stadt Wettin, im Osten durch das Dorf Ostrau, im Norden durch das Dorf Domnitz gedacht werden, die äussersten Begrenzungen. Sie umfassen einen Flächeninhalt von 1 Quadratmeile, welcher durch $^3/_5$ vom Porphyr bedeckt wird, wonach $^2/_5$ auf das Steinkohlengebirge und jüngere Formationen fallen.

Nördlich der Stadt Wettin bis zum Dorfe Dössel, westlich bis an die Saale, südlich bis unter die Höhen des jüngeren Porphyrs, östlich bis zu dem am Dorfe Neutz auftretenden älteren Porphyr erstreckt sich die Steinkohlenablagerung, welche die königliche Steinkohlengrube bei Wettin beschäftigt. Eine Aufrichtung der Schichten, die man als Ränder der Mulde betrachten kann, findet sich im Osten, wo der ältere Porphyr eine Hebung bis zu Tage bewirkte und im Norden, wo ein rother, flötzleerer Sandstein bekannt geworden ist, der sich, rückenartig westlich streichend, bis über das Dorf Dössel hinaus hinzieht. Hier treten die Flötze bis unter die Diluvial-Massen und fallen nach Süden ein. Im Westen ist die Begränzung der productiven Steinkohlenformation, d. h. ihr Aushalten unter den Schichten des Rothliegenden noch nicht bekannt, ebenso ist es im Süden, wo die Schichten der unteren Dyas von den jüngeren Porphyren bedeckt werden. Da in dem Schachte Catharine, der dem Porphyr über Tage sehr nahe steht, in der grossen Teufe von 87 Lachtern erst das Steinkohlengebirge angetroffen wurde, ein später angefahrener Sprung in's Liegende sie aber in noch grössere Teufe wirft, so ist anzunehmen, dass sie hier ebenso unter dem Porphyr fortsetzt, wie sie es im Westen unter dem Schweitzerling gethan hat. Soweit die Formation in ihrer Begrenzung gegenwärtig nachgewiesen ist, erfüllt sie einen Flächenraum von 0,2 Quadratmeilen. In diesem Raume sind mehrere Felder oder Züge unterschieden worden, die durch Hauptsprünge begrenzt werden und als Bauabtheilungen vom Jahre 1466 bis heute dem Bergbau Beschäftigung gegeben haben. Von diesen 5 Zügen sind 3 vollständig verhauen und verlassen. Im Betriebe stehen nur noch der Neutzer Zug mit den Hauptförderschächten Perlberg und Catharine und der Dössel-Himmelsberger Zug mit dem Hauptförder-Schachte Brassert. (Vgl. Taf. VI.)

Die productive Steinkohlenformation tritt unter dem grünen, quarzigen Sandstein der unteren Dyas mit schwächerer [1]) Schichtenneigung auf und besteht bei normaler Entwicklung aus folgenden Gliedern:

---

[1]) Ueber diese abnorme Erscheinung theilt uns Herr Berginspector Wagner noch Folgendes mit: Beim Abteufen des Schachtes Katharina fand ich selbst, dass der grüne Sandstein der unteren Dyas mit circa 70° aufgerichtet stand,

3 Lachter {
Muschelschiefer (Brandschiefer),
sandiger blaugrauer Schieferthon,
schwarzer Schieferthon,
grünlich-grauer, fester Sandstein mit Kalklagen (4—6 Zoll) und Schieferthon,

5 Lachter {
sandiger Kalkstein,
grünlich-grauer Sandstein,
thoniger Kalkstein,
grünlich-grauer, fester Schieferthon,
thoniger Kalkstein,
fester Schieferthon,
milder Schieferthon.

Oberflötz, bestehend aus:
8—10 Zoll Dachkohle,
4— 6 „ Schieferthon,
50—56 „ Einbruchkohle,
2 „ Schramberge,
4 „ Schramkohle,
8 „ Schweifkohle,
12—18 „ Bankkohle,

3 Lachter {
kurzer, krummschaliger Schieferthon,
4—6 Zoll Kohle (Wegweiser),
fester, groberdiger Schieferthon,
feinkörniger, glimmerreicher, grauer Sandstein,
dunkelgrauer Schieferthon,
2 Zoll Kohle (Wegweiser des Mittelflötzes),
dünnschiefriger Schieferthon mit Pflanzenresten.

1 Lachter {
Mittelflötz, bestehend aus:
8—10 Zoll Kohle,
2— 6 „ Berge,
3— 4 „ Kohle,
1 „ Berge.
blaugrauer Schieferthon, fast nur aus Pflanzenresten bestehend,
feinkörniger Sandstein,
blaugrauer Schieferthon.

2 Lachter {
Bankflötz, bestehend aus:
6—8 Zoll Kohle,
2—3 „ Berge,
3—4 „ Kohle,
dunkelgrauer Schieferthon,
„ thoniger Sandstein.

Dreibankflötz mit:
6—14 Zoll Kohle,
7—12 „ Berge,
6— 8 „ Kohle,
3— 5 „ Berge,
4— 5 „ Kohle,

---

während der Muschelschiefer der Steinkohlenformation mit circa 14° nach SO. einfiel; im Perlberg stiessen die Schichten des grünen Sandsteines mit circa 40° auf dem Muschelschiefer ab, der ebenfalls sehr flach mit 12 Grad geneigt ist. Die Veranlassung hiezu dürfte in einer Einwirkung der in der Nähe stattgefundenen Porphyreruptionen gesucht werden können.

6 Lachter:
- grauer Sandstein,
- schwarzer Schieferthon.
- Liegender Muschelschiefer.
  - Muschelschiefer (bituminöser Brandschiefer),
  - sandiger Schieferthon,
  - Brandschiefer,
  - blaugrauer Schieferthon,
  - Muschelschiefer,
  - schwarzer, krummschaliger glimmeriger Sandstein,
  - Muschelschiefer,
- graubrauner, thoniger Kalkstein,
- grauer Kohlensandstein,
- graurother Sandstein,
- rother Sandstein.

Mit der zuletzt genannten Schicht beginnt ein flötzleerer Sandstein.

In der genannten Schichtenfolge fehlen Conglomerate und grobkörnige Sandsteine vollständig. Alle Sandsteine und Schieferthone sind vorherrschend thonig oder kalkig und stets so feinkörnig und dicht gemengt, dass es schwer wird, die einzelnen Gemengtheile zu unterscheiden. Namentlich herrscht der silberweisse Glimmer vor. Die feinsten Körner wasserhellen Quarzes und schwarzen Kieselschiefers bilden innig verbunden die Sandsteine, welche der Mächtigkeit nach den geringsten Theil der Formation ausmachen. Sie wechseln häufig ihre Farbe, namentlich da, wo sie den Schichten der unteren Dyas sich nähern, und dann ihre grünen und rothen Farben sie schwer erkenntlich machen. Da aber alle Sandsteine, besonders die, welche die Flötze begleiten, charakteristische Merkmale haben, so sind sie fast überall die einzige Hülfe, welche sich bei verwickelten Sprungverhältnissen zur Wiederaufsuchung verworfener Flötztheile darbietet. An Versteinerungen sind sie arm, nur der feinkörnige, graue Sandstein zwischen dem Mittel- und Bankflötze und der im Hangenden des Dreibankflötzes enthält grössere Mengen ausserordentlich wohlerhaltener und zierlicher Pflanzenreste. Häufiger treten die Schieferthone auf, welche in ihrem Aeusseren grosse Mannigfaltigkeit darbieten. Die vorherrschende Mehrzahl ist thoniger oder sandiger Natur, in welchem letzteren Falle sie bei dem Zutreten grösserer Glimmermengen in Sandstein übergehen. Die plastischen, glänzenden, grauen, ächten Steinkohlenschieferthone, welche öfters ganz aus Pflanzenresten zusammengesetzt zu sein scheinen, zeigen hier selten deutliche Schichtung, sondern sind krummschalig, verworren, mit Rutschflächen fast ohne Zusammenhang. Legen sich in sie noch Concretionen von thonigem Sphärosiderit, so wird das Gestein, namentlich wenn es das Oberflötz bedeckt, wegen Mangel des Zusammenhanges in hohem Grade gefährlich für die Kohlengewinnungsarbeiten.

Bis auf die Schichten, welche dicht über dem Mittelflötz und dem Bankflötz vorkommen, sind die Schieferthone arm an Versteinerungen. Dagegen sind die genannten Schichten der Hauptfundort der überaus reichen, schönen Flora, welche durch die verdienstvollen Arbeiten des Oberbergrath Germar[1]) und Dr. Andrae[2]) auch in grösseren Kreisen Beachtung gefunden hat. Auf sie verweisend, dürfen wir nicht unterlassen, hier zu erwähnen, dass Sigillarien, unter denen auch *Sigillaria alternans* St. zu nennen ist, weniger in Wettin als in Löbejün vorkommen und in beiden Becken auf das untere Flötz beschränkt zu sein scheinen, während zu der Bildung der oberen Flötze in jedem Falle die Farrenkräuter den grössten Beitrag geliefert haben.

Mehr noch als diese Schieferthone, nehmen die Muschelschieferschichten im Hangenden und Liegenden der Flötze das Interesse in Anspruch. Das oberste Glied der Formation, dicht unter der Dyas, ist ein bituminöser Schieferthon, der auf den Schichtungsflächen, wie in der Masse ganz aus äusserst feinen, wohlerhaltenen Schalen des *Unio Goldfussianus* de Koninck = *Cardinia* oder *Anthracosia Gold-*

[1]) E. F. Germar: Die Versteinerungen des Steinkohlengebirges von Wettin und Löbejün. Halle, 1844—1853. Heft 1—8.

[2]) C. Andrae: Verzeichniss der in der Steinkohlenformation bei Wettin und Löbejün vorkommenden Pflanzen in Giebel's Jahresb. d. naturh. Vereins in Halle. 2. Jahrg. 1850. p. 118.

fussiana Autorum besteht. Der Schluss der Formation im Liegenden des Dreibankflötzes wird durch ein System von bituminösen Schieferthonen und Brandschiefern gebildet, welches sich durch das Vorherrschen von thierischen Versteinerungen auszeichnet. Neben den schon genannten zweischaligen Muscheln treten in beiden Ablagerungen noch sehr häufig Reste von Fischen auf, welche aus Zähnen, Schuppen und Flossenstacheln bestehen. Ganze Exemplare sind seltener. Die aufgefundenen Ueberreste sind, ebenso wie die bei Wettin und Löbejün erkannten Insekten der Steinkohlenformation, in dem vortrefflichen Werke von Germar über die Versteinerungen von Wettin und Löbejün genauer beschrieben worden. — Hierzu gesellt sich noch ein mikroskopischer Muschelkrebs der Süsswassergattung Cypris in dem hangenden Muschelflötze bei Wettin, der, wie es scheint, von *Candona Salteriana* Jones[1]) nicht verschieden ist. (G.)

Ausser diesen Schichten bieten auch die beiden Kalksteinlagen im Hangenden und Liegenden der Flötze viel Merkwürdiges dar. Sie fehlen, selbst wenn die Formation bis auf wenige Zoll verdrückt ist, nie und sind so wesentlich von einander verschieden, dass man an ihnen sofort erkennen kann, ob man sich im Hangenden oder Liegenden befindet. Während der obere Kalkstein hellgrau oder gelblich gefärbt und stets thonig ist oder Concretionen von dichtem Kalkspath enthält, ist der untere bituminös, stinkend beim Anschlagen, braun, röthlich oder marmorartig schwarz geadert, manchmal fast krystallinisch aussehend, aber ebenso leer an Versteinerungen, wie der hangende. Dagegen findet sich in dem hangenden Kalkstein in Drusenräumen von Kalkspath oder Quarz Hatchettin[2]) im festen und flüssigen Zustande, braune, rothe, gelbe Blende, Kupferkies, Schwefelkies, Braun- und Schwerspath, meist in zierlichen Krystallen. Der liegende Kalkstein enthält an vielen Punkten sehr grosse Mengen von Arseneisen (Arsenikalkies), deren Krystalle in Individuen, Zwillingen und Drillingen, letztere in Form sechsspitziger Sterne, in der Gesteinsmasse eingestreuet liegen.

Stellen, an denen sich die Steinkohlenformation so entwickelt zeigt, wie es oben angegeben, gehören zu den Seltenheiten. Gewöhnlich fehlen in dieser Schichtenreihe mehrere Glieder oder werden durch andere ersetzt. Namentlich gilt dies von den vier Flötzen, die bauwürdig unter einander nie vorkommen. In einem Reviertheile traten nur das Mittel- und Bankflötz, in einem anderen nur das Oberflötz oder Dreibankflötz, oder wie im Perlbergschachte letztere beiden bauwürdig auf, während die anderen durch schwache Bestege repräsentirt waren. Diese Unregelmässigkeiten, verbunden mit den zahllosen Sprüngen, Falten, Ueberschiebungen, Auskeilungen, Rücken, Riegeln, Sätteln und Mulden, die man in wenigen Quadratlachtern oft neben einander sieht, erschweren die Erkennung der Lagerungsverhältnisse ebenso erheblich, wie sie dem Bergbau Hindernisse entgegensetzen.

Gegenstand des Bergbaues sind jetzt das Oberflötz und das 6—8 Lachter darunter befindliche Dreibankflötz, deren Kohlenmächtigkeiten bereits angegeben wurden. Die Kohle des Oberflötzes ist eine gute, sehr gesuchte Backkohle, die sich vorzüglich zum Verkoken eignet und als Schmiedekohle einen weit verbreiteten Ruf hat. — Es ist eine weiche und milde Blätterkohle, von sammetschwarzer Farbe, zum Theil kleinmuschelig, zum Theil körnig brechend und öfters mit Faserkohle vermengt. Wir fanden das specifische Gewicht der besten Qualität nach drei Bestimmungen = 1,338, 1,344 und 1,358. — (G.) Die Kohle des Dreibankflötzes ist eine reine, magere Blätterkohle, welche vorzüglich als Flammkohle zu technischen Gewerben und zum Fabrikenbetriebe gesucht ist. — Sie erscheint gleichfalls ziemlich weich und mild und nähert sich hierdurch, sowie durch ihren Fettglanz und eine eisenschwarze Farbe mehr der Kännelkohle als der Pechkohle. Als specifisches Gewicht der uns von einem Flötze eingesandten Proben ergab sich 1,383 und 1,394. — (G.) Mit grosser Festigkeit der Bänke, die es gestattet, meist mehr als 80% Stückkohle fördern zu können, verbinden die Flötze einen ziemlich hohen Grad von Reinheit, da wenig Schwefelkies, Gyps oder Kalk die feinen Haarklüfte erfüllen und nur Faser-

---

[1]) T. R. Jones: a Monograph of Fossil Estheriae. London, 1862.

[2]) Vgl. früher S. 37.

kohle (Russkohle) in dünnen Lamellen die Kohlenbänke durchsetzen. Mittel- und Bankflötz werden jetzt nicht mehr gebaut, da sie in den umgehenden Bauen nur in verdrücktem Zustande als Bestege auftreten. Ihre Kohle war eine sehr reine Farren- (Pech-) Kohle von vorzüglicher Beschaffenheit.

Das directe Liegende der productiven Steinkohlenformation ist, wie bereits erwähnt, ein dunkelbraun-rother Sandstein von bedeutender Mächtigkeit, welcher da, wo er in das Niveau der gegenwärtigen Baue gehoben ist, eine Abweichung in der Schichtenstellung gegen die Steinkohlenformation zeigt. Durch Bohrlöcher vielfach untersucht, behält er (bis 20 Lachter) dasselbe Korn, dieselbe Farbe und Festigkeit. Tiefere Schichten hat man nur an einer Stelle, in der Nähe des Brassertschachtes, durch einen Sprung ins Hangende, der sie bis an die Oberfläche brachte, kennen gelernt. Sie bestehen aus schmalen, bituminösen Kalkbänken von braungrauer oder röthlicher Farbe, welche fast ganz aus zweischaligen, höchst undeutlichen Muscheln der Gattung *Unio* oder *Anthracosia* bestehen. Eine Verschiedenheit derselben von *Unio Goldfussianus* war nicht zu erkennen. — (G.) Diese Schichten sind zwischen thonigen, aufgelösten Massen eingeschoben. Ein an dieser Stelle umgehender Bohrversuch wird über dieselben bald näheren Aufschluss geben.

Die Schichten dieses flötzleeren Sandsteines, welche die Ränder der Mulde im Osten und Norden unterlagern, sind von den in der Grube bekannt gewordenen nicht verschieden. Nach Norden verlieren sie sich unter der Dammerde. —

Verfolgt man, von dem Ostrande der Wettiner Mulde ausgehend, den Rand des älteren Porphyrs über Tage, so trifft man im Osten, in einer Entfernung von einer Meile die Löbejüner Mulde,[1]) deren westlichster Ausgangspunkt bei dem Dorfe Schlettau sich durch zu Tage kommende Conglomerate, graue und röthlich gefärbte Sandsteine, dem flötzleeren Sandstein angehörig, anzeigt. Bald legt sich an diese Schichten die productive Steinkohlenformation an und zwar in einer im Westen geschlossenen Mulde, deren Muldenlinie von Südwest nach Nordost streicht. Der Nordflügel fällt flach — südlich ein. Wo er dem älteren Porphyr sich nähert, wird er scharf aufgerichtet, so dass ein stehender Südflügel entsteht, welcher durch die abnormsten Ueberschläge, Falten, Krümmungen und Sprünge sich auszeichnet. Punkte, an welchen die Aufrichtung der Schichten beobachtet werden konnte, sind in den älteren Bauen der Schächte Neuglück und Hoffnung, neuerdings im Flachen Nr. 1 im Martinsschachte, hier bei 110 Lachter unter Tage, bekannt geworden. Der West- und Nordrand der Mulde liegt dicht unter Tage, ebenso der steile Südrand, in welchem letzteren die ersten Baue der Grube vom Jahre 1622 ab umgingen. In seinem Streichen folgt dieser genau der Grenze des älteren Porphyres. Im Osten sind die Lagerungsverhältnisse der Mulde noch nicht bekannt, weil bis dahin die Baue der Grube noch nicht vorgeschritten sind. (Vgl. Taf. VII.)

In dieser Mulde haben die Eruptionen des älteren Porphyrs und des Basaltits oder Melaphyrs bedeutende Störungen durch Bildung mehrer Systeme von Specialmulden und Sätteln, sowie Sprüngen erzeugt. Die bedeutendste Störung, die sich als Sattel kund gibt, theilt die Mulde in der Richtung von NW. nach SO. parallel der Erhebung des älteren Porphyrs in zwei ziemlich gleiche Theile, von denen jeder eine durchschnittliche flache Höhe von 120 Lachter hat. Es scheint diese Störung andererseits eine Beziehung zu dem jüngeren Durchbruche des Schiedsberger Porphyrits zu haben, da dieser das Steinkohlengebirge genau in der Richtung der Hauptstörung überlagert hat.

Die Steinkohlenmulde von Löbejün wird überall von den grauen Conglomeraten der unteren Dyas bedeckt, welche gegen die Schichten der Steinkohlenformation eine abweichende Neigung zeigen. Wo sie mit dem älteren Porphyr in Contact treten, oder von dem Balsaltit berührt werden, entstehen

[1]) Wir können nicht unterlassen, die Aufmerksamkeit unserer geehrten Leser auf ein in der That wundervolles Glasprofil über das Steinkohlenbecken von Löbejün in dem dortigen königl. Bergamtsgebäude zu richten, welches Herr Steiger Wiefel in dem Maassstabe von $\frac{1}{1600}$, oder 20 Ltr. = 1 Zoll preuss. 1862 — 63 ausgeführt hat. Eine Copie dieser höchst instructiven Profil-Gruppe wird noch im Laufe dieses Jahres auch dem königl. Mineralogischen Museum in Dresden einverleibt werden. — (G.)

die sogenannten „Thon- oder Grandgesteine“, die sich nicht allein hier, sondern auch da, wo der jüngere Porphyr auftritt, bei Kattau und Wieskau, weit verbreitet vorfinden.

Die productive Steinkohlenformation ist in der Löbejüner Mulde bei vollkommener Entwickelung aus folgenden Schichten zusammengesetzt:

Unter dem grünen, festen, quarzigen Sandstein, dem liegendsten Gliede der grauen Conglomerate der unteren Dyas, folgt abweichend gelagert:

Muschelschiefer, Brandschiefer	2 Lachter mächtig,
grauer thoniger Sandstein	4 „ „
lichtgrauer kalkiger Sandstein	1 „ „
Schieferthon (Dachberge)	1/8 „ „
Oberflötz, bestehend aus:	
9—10 Zoll Dachkohle,	
50—60 „ Einbruchskohle,	
12—18 „ Schramberge,	
18 „ Bankkohle;	
grauer, feiner, thoniger Sandstein	7 Lachter mächtig,
Schieferthon	1 „ „
Das zweite Flötz:	
Dachkohle, Schramberge (Schieferthon), Bankkohle	1¼ „ „
milder, grauer Sandstein	4 „ „
fester, grauer, glimmeriger Sandstein	4 „ „
Schieferthon	3 „ „
Das dritte Flötz (unbauwürdig):	
Muschelschiefer, Schweifkohle	¼ Lachter mächtig,
thoniger Sandstein	2 „
fester glimmerreicher Sandstein.	

Unter dieser Sandsteinschichte folgen die Schichten des rothen, flötzleeren Sandsteines, wonach hier die Kalksteinschichten im Liegenden der Flötze fehlen.

Die Schichten der Steinkohlenformation bieten besondere Eigenthümlichkeiten nicht dar. Nur die Muschelschieferlagen über dem Ober- und dritten Flötze, schwärzliche oder schwarz-graue, bituminöse Schiefer, die sich durch Bruchaussehen, Strich und Grösse der Muscheleinschlüsse unterscheiden, gewähren einiges Interesse, weil namentlich in den oberen, ausser den Unionen noch häufig wohlerhaltene Reste verschiedener eckschuppiger Fische vorkommen. Sandsteine und Schieferthone sind, mit Ausnahme der zwischen den beiden Bänken des zweiten Flötzes liegenden, arm an organischen Resten. Dieser allein liefert die mannigfaltigen und seltenen Pflanzen- und Insekten-Versteinerungen. Auch hier tritt die Formation nie regelmässig und auf weitere Flächen ungestört auf, es gilt hier auch das, was bei dem Wettiner Becken Erwähnung fand.

Die **beiden bauwürdigen Flötze, das Ober- und zweite Flötz**, kommen zusammen entwickelt nur an wenigen Stellen vor. Am Meisten gestört ist das zweite Flötz, da es meistentheils nur im Bestege sich findet, oder das Zwischenmittel sich so stark entwickelt, dass beide Bänke nur getrennt abgebauet werden können, wonach die Gewinnung nicht mehr lohnend erscheint. Im gegenwärtigen Baufelde ist es abbauwürdig nur im Eckardschachte bekannt. Es liefert eine gute Flammkohle.

Das Oberflötz hält regelmässiger aus und ist dabei von vorzüglicher Beschaffenheit. Seine Kohle ist durchweg eine magere Flammkohle mit sehr hoher Brenn- und Heizkraft, die namentlich beim Fabrikenbetriebe, sowie als Brandkohle sehr beliebt und gesucht ist. Sie ist frei von fremden Beimengungen, aber stark zerklüftet und mürbe, weshalb bei der Gewinnung nur ca. 60 % Stückkohle fallen. — Diese Kohle ist etwas härter und spröder als die der Wettiner Flötze. Besonders rein, als eine derbe, fast körnige, theilweise auch kurzfaserige Masse, erscheint namentlich die Einbruchkohle von dem Oberflötze des Martins-Schachtes, deren specifisches Gewicht sich zu 1,396 und 1,399 ergab, während das specifische Gewicht einer dritten Probe aus diesem Flötze = 1,368 war. — (G.) Die Sprünge zeigen dieselben Eigenthümlichkeiten, wie im Wettiner Becken. Als Kluftausfüllung herrscht der Kalkspath vor, welcher an vielen Stellen bis $^1/_4$ Lachter mächtig wird, und dann in Drusenräumen dieselben Einschlüsse führt, wie in Wettin. Auch Kupferglanz ist hier in kleinen Trümchen mit Kalkspath beobachtet worden, ebenso in knolligen Kalkmassen in der Nähe von Sprüngen, Arsenkies und Arseneisen in denselben Krystallformen, wie in dem liegenden Kalkstein des Wettiner Beckens.

Der westliche Theil der Mulde ist bis auf wenige isolirte Partien bereits verhauen und verlassen; der jetzige Bau geht in den Feldern der Schächte Hoffmann und Martins um, von denen ersterer eine Teufe von 37, letzterer von 60 Lachter hat. Die Wasserhaltung erfolgt auf dem Martins-Schachte.

Vielfach ist man bemüht gewesen, den Zusammenhang zwischen der Wettiner und Löbejüner Mulde nachzuweisen und zwischen beiden die productive Steinkohlenformation bauwürdig aufzufinden. Das Feld zwischen beiden Mulden ist namentlich südlich des Dorfes Domnitz und Dalena in den Jahren 1835 bis 1851 durch 19 Bohrlöcher, deren tiefstes $64^5/_8$ Lachter Teufe erreichte, untersucht worden. In 5 Bohrlöchern hat man die Steinkohlenformation in verdrücktem Zustande ohne Flötzführung angetroffen, die übrigen sind in den oberen Schichten der unteren Dyas aufgegeben worden. Der Osttheil der Löbejüner Mulde, gegen den Schiedsberg und die Plötzer Mulde hin, ist zwar durch einige Bohrlöcher untersucht worden, genügende Resultate sind aber nicht erzielt, weil in gestörtem Gebirge durch weit von einander entfernte Bohrlöcher zuverlässige Aufschlüsse nicht erwartet werden können. Die weiteren Untersuchungen werden nur durch Ortsbetriebe bewirkt. —

Etwa $^1/_4$ Meile von den Bauen der Löbejüner Grube entfernt, befindet sich die Privatsteinkohlengrube Carl Moritz bei Plötz und baut in einer Steinkohlen-Mulde, deren Ränder sich im Nordwesten, Norden und Osten an den Porphyrzug anlehnen, welcher vom Petersberge bis Nienburg sich hinzieht und in einzelnen Kuppen und Plateaus, z. B. bei Wieskau zu Tage tritt. Gegen Süden ist die Begrenzung noch nicht bekannt geworden. Südwestlich liegt die Löbejüner Mulde vor, mit welcher ein Zusammenhang ebenfalls noch nicht nachgewiesen ist. Der bekannte Theil der Plötzer Mulde, in welchem der gegenwärtige Grubenbau umgeht, liegt unter den Feldfluren der Dörfer Ober- und Unterplötz, im Bitterfelder Kreise, und ist durch den im Jahre 1851 eröffneten Grubenbetrieb näher bekannt geworden.

Die hier auftretende productive Steinkohlenformation wird von einem wasserreichen Kieslager wechselnder Mächtigkeit bedeckt. Sie besteht aus thonigen, milden, aufgelösten Steinkohlensandsteinen, die nach der Teufe fester werden, aus Muschelschiefer und einem Steinkohlenflötze, welches stellenweise eine Mächtigkeit von 3 Lachtern annimmt, aber weniger gestört ist, als die Flötze des Wettiner und Löbejüner Beckens. Ueberall, wo man unter diesem Flötze in's Liegende eingedrungen ist, hat man Spuren unterer Flötze getroffen. Das zweite Flötz ist bisher nur als Besteg gefunden worden, das dritte hat eine Mächtigkeit von höchstens 8 Zoll ergeben.

Im Hauptschachte Carl Moritz steht das Flötz unter 36 Lachter Deckgebirge, wovon $7^3/_4$ Lachter Kies sind, mit einer Mächtigkeit von 2 Lachter an, und fällt mit 5 Grad nach Südost ein. Im Ganzen ist es von sehr milder Beschaffenheit und schüttet fast nur klare, magere Kohlen, die als Brandkohlen und bei technischen Gewerben verwendet werden.

Im Osten, Norden und Süden dieser Mulde haben ausgedehnte, meist sehr bedeutende Tiefbohrungen nach Steinkohlen durch die Plötzer und Mansfelder Gewerkschaft und die Herren von Veltheim bei Ostrau, Drehlitz, Kaltenmarkt, Cösseln, Hinsdorf und endlich auf Anhalt'schem Territorio bei Hohnsdorf Statt gefunden, ausser bestegartigen Lagen aber Kohlenflötze nicht angetroffen. Einige haben den Porphyr in der Teufe erreicht. Es scheint sonach, als ob die Plötzer Mulde die östliche Grenze der productiven Steinkohlenformation sei, da weiter gegen Osten hin die Tertiärformation zu bedeutender Entwicklung gelangt ist.

Geschichte und Statistik der Steinkohlengruben bei Wettin, Löbejün und Plötz werden in einem spätern Abschnitte dieses Werkes behandelt werden; gegenwärtig nur noch die Mittheilung, dass die beiden königlichen Steinkohlengruben bei Wettin und Löbejün laut Ministerial-Rescript vom 16. Juni 1860 unter die Verwaltung der Berginspection Wettin gestellt worden sind, welche unter dem königlichen Oberbergamte zu Halle a./S. ressortirt.

2. Die Steinkohlenformation in der Gegend von Ilfeld in der Grafschaft Hohenstein am südlichen Harzrande.

Ueber die Umgegend von Ilefeld ist in der neuesten Zeit durch die Herren Girard, Bäntsch, Streng, Jasche, Naumann, G. Rose und F. A. Römer eine Reihe von monographischen Arbeiten veröffentlicht worden, welchen man insbesondere auch eine genaue Kenntniss der Eruptivgesteine jener Gegend zu verdanken hat. Es lassen sich die dortigen geologischen Verhältnisse am besten aus Naumann's Abhandlung[1]) überblicken, zumal derselben auch die genaueste geognostische Karte beigefügt worden ist. Wir entnehmen dieser Abhandlung zunächst Folgendes:

Licht grünlich-graue körnige Grauwacke und zwar eine sehr kieselige, harte, schwer zersprengbare, regellos zerklüftete, massige und keine Spuren von Schichtung zeigende Grauwacke ist es, welche auf der Nordseite und Ostseite die eigentliche Umfassung und Widerlage der Steinkohlenformation und des Melaphyrgebietes bildet. Bisweilen wird sie schon conglomeratartig, indem sie erbsen- bis bohnengrosse Gerölle von Quarz oder Kieselschiefer enthält, welche oft auf der Oberfläche im Relief hervortreten. Die nördlichen Gehänge des Kaltenthales, Brandesthales und Arlsbachthales bestehen aus solcher Grauwacke; sie tritt aber auch im Kaltenthale längs einer bedeutenden Strecke, im Brandesthale an dessen Einmündung in das Bährethal und weiter aufwärts unter den Kohlenwerken, sowie von dort aus im Arsbachthale auf das südliche Gehänge herüber. Diese Grauwacke wird gegenwärtig, nach ihren anderweit erkannten Verhältnissen, als ein älteres Glied der Steinkohlenformation betrachtet. An der Ostseite des Poppenberges erscheint zwar stellenweise Thonschiefer; doch ist auch dort die soeben beschriebene, theils eine mehr sandsteinähnliche röthlich-graue Grauwacke das herrschende Gestein. Es bilden diese älteren Gesteine daselbst einen fast rechtwinkeligen Busen, in welchem die Massen des Poppenberges gelagert sind.

Ausser aller Beziehung und ohne irgend einen Zusammenhang mit dieser Grauwacke folgt auf sie in discordanter Lagerung die dortige Steinkohlenformation, welche in ihrem unteren Gliede eine solche Aehnlichkeit mit dem Rothliegenden anderer Gegenden zeigt, dass ich solches anfangs dem Rothliegenden beirechnen zu müssen glaubte. Dieses untere Glied ist nämlich ein lockeres, vorwaltend aus kleinen glatten Kieselschiefer- und Quarz-Geschieben und rothem sandigen Letten bestehendes Conglomerat, welches nach oben mit rothem Sandsteine und Schieferletten wechselt, die wohl auch stellenweise vorwaltend werden. Da die rothe Farbe immer vorherrscht, obgleich auch licht-grünlich-graue und grünlich-weisse Schichten vorkommen, so verräth sich dieses Conglomerat auch da, wo es nicht vollständig entblösst ist, durch die rothe lettige Beschaffenheit des Bodens und die zahlreich ausgewühlten kleinen Geschiebe von Kieselschiefer. Man beobachtet es gut anstehend hinter dem Huthause des oberen Stollens am Poppenberge und kann es von dort aus nach Osten um den Poppenberg über den sogenannten Tisch bis in die Nähe der Burg Hohenstein verfolgen. Es bildet unstreitig das tiefste Glied der dortigen Steinkohlenformation. Von den Steinkohlenwerken aus nach Westen hin scheint es bald unter die Thalsohle herabzusinken, daher man es weder tiefer abwärts im Brandesthale, noch im

[1]) C. F. Naumann: über die geotectonischen Verhältnisse des Melaphyr-Gebietes von Ilfeld. (Leonhard u. Bronn, Jahrb. 1860, 1—35.) — Geinitz, Dyas II. p. 198. (Professor Naumann hat den Namen „Melaphyr" dem Namen „Basaltit" vorgezogen, meint aber dasselbe Gestein, für das wir in diesen Blättern den letzteren Namen gebrauchen.)

Bährethale, noch im unteren Theile des Kaltenthales bemerkt; erst da, wo in diesem letzten Thale die Grauwacke auf das südliche Gehänge herübertritt, macht es sich wieder bemerkbar und lässt sich von dort aus in den Seitenschluchten bis nahe an den Pass zwischen dem Kaltenthale und dem Eulenthale verfolgen.

Auf diese Etage, welche petrographisch von gewissen Ablagerungen des Rothliegenden anderer Länder nicht zu unterscheiden ist, folgt nun das zweite eigentlich kohlenführende Glied der Formation. Dasselbe beginnt zum Theil mit einem grauen Conglomerate, besteht aber hauptsächlich aus sehr feinkörnigen und compacten, thonigen, gelblich- und graulich-weissen bis grauen Sandsteinen und Schieferthonen, denen brandschieferähnliche Schichten und das Steinkohlenflötz selbst untergeordnet sind. Die Sandsteine wie die Schieferthone haben oft ein thonsteinartiges Ansehen, sind in der Grube sehr fest und zäh, zerklüften und zerbröckeln sich aber an der Luft. Die Mächtigkeit des Kohlenflötzes in seinen drei Abtheilungen, der Bankkohle, der Mittelkohle und der Dachkohle, beträgt gewöhnlich 4 bis 5 Fuss; sie steigt aber stellenweise bis 6 und 7 Fuss; ja im zweiten Stollen sah ich das Flötz auf grosse Distanzen 7 bis 8 Fuss mächtig.

Ueber der kohlenführenden Etage lagern in der Regel dünnschichtige Thonsteine und Schieferletten, bald von hellrother, bald von licht-grünlich-grauer Farbe, welche die unmittelbare Unterlage des Melaphyrs bilden und nicht füglich mit der Steinkohlenformation vereiniget werden können, weil sie sich zu ihr an mehren Punkten ganz entschieden in discordanter Lagerung befinden. Wir glauben sie daher als den Anfang der Formation des Rothliegenden, als die erste Etage desselben betrachten zu müssen. Die Discordanz der Lagerung ist z. B. bei dem obersten oder ersten Stollen des gräflichen Steinkohlenwerks am Poppenberge zu beobachten.

Ueber das speciellere Verhalten dieses Kohlenflötzes verbreitet sich Herr Bergcommissär Dr. Jasche,[1]) der an der Wiederaufnahme der dortigen alten verlassenen Grubenbaue einen wesentlichen Antheil genommen hat, in folgender Weise:

Die Steinkohle selbst mit ihren untergeordneten Gliedern verbreitet sich vom Vatersteine, hinter dem alten Schlosse Hohenstein bei Neustadt ab, zunächst über den Poppenberg, an welchem seine Streichung in einer Längenausdehnung von 2500 Lachter erschürft ist. Von da ab lässt sich das Kohlenflötz in seinem Fortstreichen, über den Giersberg, wo Versuchsbaue getrieben sind, bis nach dem Kunzenthale, ohnweit Rothesütte, verfolgen, wo die alten, der schwerköstigen Wassergewältigung und der Verdrückungen durch Eruptivgesteine wegen, verlassenen Grubenbaue in neuerer Zeit wieder aufgenommen sind. Die ganze Ausdehnung vom Vatersteine bis nach dem Kunzenthale mag an vier Stunden betragen, obwohl nicht unbeträchtliche Unterbrechungen durch Thalbildungen dazwischen liegen. Selbst weiter nach Zorge hin finden sich am Breitenberge noch die weissen Conglomerate der Steinkohlenformation.

Das Hauptstreichen des Kohlenflötzes fällt in die 9. Stunde. Das Einfallen ist südwestlich und beträgt am Poppenberge in den oberen Teufen nur ca. 13 Grad. Der an dem nordöstlichen Abhange des Berges befindliche alte Stolln ist im Liegenden des Flötzes angesetzt und mithin in widersinniger Richtung gegen dasselbe getrieben. Es sind daher mit demselben alle die Schichten durchfahren, welche sich unter dem Kohlenflötze befinden, so weit solche nicht unter dem Stollnmundloch ihr Ausgehendes haben.

Auf der Grauwacke ruht am Poppenberge ein mehr oder weniger mächtiges rothes Conglomerat und auf demselben ein dem Schieferthone sich bald mehr, bald weniger nähernder schieferiger Thonstein von röthlich-brauner oder grünlich-grauer Farbe, in einer Mächtigkeit von $\frac{1}{2}$ bis $\frac{3}{4}$ Lachter. Darauf folgt ein grobkörniges Kieselconglomerat von theils röthlich-theils grünlich-grauem Bindemittel, welches wohl 20 bis 30 mal mit Schieferthon und Kohlensandstein abwechselt. Die einzelnen Schichten sind wohl ein Fuss bis $\frac{1}{4}$ Lachter mächtig und auf diesem Wechsel von Schieferthon und sandsteinartigen Massen ist das Steinkohlenflötz abgelagert.

Seine Stärke beträgt im Ganzen an $\frac{3}{4}$ Lachter. Die Sohle besteht aus Brandschiefer oder auch aus dem sogenannten Schram. Unter letzterer Benennung wird ein feiner Letten verstanden, welcher mit kleinen Kohlenfragmenten gemengt ist. Auf den Schram oder den Brandschiefer von 1—3″ Stärke folgt die Bankkohle. Sie besteht aus mit Brandschiefer schichtweise wechselnder und mit Schuppen von Faserkohle gemengter Grobkohle. Ihre Mächtigkeit beträgt 8 bis 10″.

Darauf folgt eine 3—6″ mächtige Flötzlage von Brandschiefer, auf welchem Sphärosiderit oder Kohlensandstein mit Pflanzenabdrücken versehen, 6—12″ mächtig liegen.

---

[1]) Chr. Fr. Jasche, die Gebirgsformationen in der Grafschaft Wernigerode am Harz. Wernigerode, 1858.

Nun folgt die sogenannte Mittelkohle, die in ihrer Textur mehr schieferig als die Bankkohle, aber nur 2 bis 5" stark ist. Ueber der Mittelkohle ist eine Schicht von 6—12" Brandschiefer verbreitet, auf welchen wieder Kohlensandstein von 5" Stärke folgt. Dann kommt wieder ein feiner Brandschiefer von 4—6" Mächtigkeit, worauf die Dachkohle abgesetzt ist. Da dieselbe die reinste und bitumenreichste Steinkohle des Flötzes ist, so ist es zu bedauern, dass ihre Stärke nicht mehr als 3—4" beträgt.

Das Dach des Kohlenflötzes besteht aus festem Brandschiefer, worüber sich Kohlensandstein befindet, in welchem aber gewöhnlich keine Pflanzenabdrücke wahrnehmbar sind. Feineres und gröberes Kieselconglomerat wechseln nun noch mehrere Male mit Schieferthon ab, bis der die Stelle des Rothliegenden vertretende Thonstein folgt.

Jene rothen Schichten im Liegenden des Kohlenflötzes, die zu der Annahme verleitet haben, dass diese Steinkohlenablagerung dem Rothliegenden angehöre, entsprechen zunächst jenem rothen flötzleeren Sandsteine, welcher das Liegende der kohlenführenden Schichten in den Steinkohlenbecken Wettin, Löbejün und Plötz bildet. Wir werden diese Schichten in einer ähnlichen Lage wie hier auch in anderen Orten wiederfinden, wie namentlich an dem Südabhange des Thüringer Waldes bei Stockheim sowie auch bei Rossitz in Mähren. Dass die kohlenführenden Schichten bei Ilfeld, welche gewissermassen nur eine Fortsetzung deren von Wettin, Löbejün und Plötz bilden, wie die letzteren wirklich der productiven Steinkohlenformation, nicht aber der Dyas angehören, geht nicht allein aus den von Naumann bereits hervorgehobenen geotectonischen Verhältnissen, sondern auch aus den zahlreichen dort aufgefundenen organischen Ueberresten direct hervor.

Aus der Gegend von Ilfeld hat F. A. Roemer die vollständigste Uebersicht derselben gegeben.[1]) Wenn wir zu den von Römer hier beschriebenen noch eine Zahl von uns selbst untersuchter Arten zählen, so sind in der Steinkohlenflora von Ilfeld jetzt 46 Pflanzen-Arten genauer bekannt, unter denen wir 11 neue von Römer entdeckte Arten bemerken, während von den 35 schon früher bekannten Arten 17—20 auch bei Wettin und Löbejün vorkommen. Es sind im Ganzen folgende Arten:

Calamites Suckowi Bgt., *C. cannaeformis* Schl. u. *C. approximatus* Schl., *Annularia longifolia* Bgt., *A. sphenophylloides* Zenker u. *A. microphylla* Rö., *Sphenophyllum emarginatum* Bgt., *Sph. saxifragaefolium* St. u. *Sph. oblongifolium* Germ., *Sphenopteris artemisiaefolia* St., *Sph. cristata* Bgt. sp. u. *Sph. integra* Germ.. *Schizopteris Gutbieriana* Presl, *Neuropteris auriculata* Bgt., *N. gigantea* Bgt., *N. Loshi* Bgt., *N. heterophylla* St., *N. mirabilis* Rost (= ovata Germ.), *N. Regina* Rö. u. *N. densifolia* Rö., *Cyclopteris trichomanoides* Bgt.[2]), *C. flabellata* Bgt. u. *C. obovata* Rö., *Dictyopteris Brongniarti* Gutb., *Odontopteris hercynica* Rö. u. *O. Schützei* Rö., *Cyatheites dentatus* Bgt. sp., *C. abbreviatus* Bgt. sp., *C. Miltoni* Bgt. sp., *C. argutus* Bgt. sp., *C. arborescens* Schl. sp., *C. Candolleaneus* Bgt. sp., *C. oreopteroides* Bgt. sp., *Alethopteris aquilina* Bgt. sp., *A. pteroides* Bgt. sp., *A. Pseudo Bucklandi* Germ. sp. u. *A. longifolia* Presl sp., *Selaginites Erdmanni* Germ., *Sigillaria Preuiana* Rö.[3]), *S. carinata* Rö., *S. subsulcata* Rö. und *S. distans* Gein., *Cordaites principalis* Germ. sp., *Noeggerathia Beinertiana* Gö., *N. crassa* Gö. und *N. sulcata* Rö.

Unter diesen Pflanzen sind die Calamiten für die einzelnen Etagen der Steinkohlenformation wenig leitend, dagegen kennt man *Sphenophyllum oblongifolium* Germ., *Selaginites Erdmanni* Germ., *Sigillaria distans* Gein., *Noeggerathia Beinertiana* und *crassa* nur aus ihren oberen Etagen, das Vorwalten der Farren aber nöthiget uns, diese Steinkohlenlager gerade dem obersten Gürtel der Vegetation im Gebiete der Steinkohlenformation oder der Farrenzone zuzurechnen, wie dies schon früher und zuletzt auch von F. A. Römer geschehen ist, womit zugleich die Ansicht von Murchison und Sedgwick[4]) über die Stellung dieser Schichten vollkommen übereinstimmt. Herr Bergrath F. A. Römer in Claus-

[1]) Beiträge zur geologischen Kenntniss des nordwestlichen Harzgebirges. In Dunker's *Palaeontographicis*, 1860. Bd. IX. p. 14—46. Taf. V—XII.

[2]) Diese Art hat v. Röhl auf *Neuropteris Loshi* Bgt. zurückgeführt. (Leonh. u. Gein. n. Jahrb. 1863. p. 813.)

[3]) Diese Art ist der *Sig. Menardi* Bgt. (Veg. foss. I, p. 430, tb. 158, f. 5, 6) sehr nahe verwandt, die in einer ganz ähnlichen Weise, wie bei Ilfeld, auch im Beharrlichkeits-Schachte von Grüna in Sachsen gefunden worden ist. Sie wird bei Wettin und Löbejün durch *S. Brardi* Bgt. vertreten.

[4]) Leonh. und Bronn. Jahrb. 1860, p. 9.

thal hat noch neuerdings in der Berg- und Hüttenm. Zeitung 1864 Nr. 17 ein ideales Profil über die Steinkohlenformation zwischen dem Brandesthal und Ilfeld gegeben, indem er zugleich zu Bohrversuchen hiernach im Gebiete des dortigen Basaltit (Melaphyr) aufmuntert.

Ganz entschieden muss es vom paläontologischen Standpunkte aus in Abrede gestellt werden, dass diese Steinkohlenformation dem Rothliegenden eingelagert sein könne. Dagegen spricht namentlich auch das Vorkommen der von Römer beschriebenen Sigillarien, deren grosse Seltenheit in den Schichten des Rothliegenden auch neuerdings wieder Göppert[1]) mit grösstem Rechte besonders hervorgehoben hat.

Die bei Ilfeld vorkommenden Arten lassen sich übrigens vielleicht sämmtlich auf *S. distans* Gein. und *S. Menardi* Bgt. zurückführen; indess bedarf man zu ihrer Kenntniss noch besserer Exemplare.

Ueber der unteren Etage des dortigen Rothliegenden breitet sich eine mächtige Decke von Basaltit oder Melaphyr aus, die durch den Einschnitt des Bährethales später durchschnitten worden ist und ihren Austritt aus Eruptionsspalten gefunden haben muss. Eine solche scheint nach Naumann's Untersuchungen unter dem Netzberge und Rabensteine im Norden von Ilfeld hinzulaufen, während eine andere vielleicht in der Nähe des Knippelberges, im Osten von Ilfeld gesucht werden kann.

Eine mittlere Abtheilung des Rothliegenden, welche hier und da 100 Fuss Mächtigkeit erreicht, bildet die nächste Bedeckung des Melaphyrs. Auch diese soll wesentlich aus verschieden gefärbten Thonsteinen, Schieferletten und Sandsteinen bestehen. In den Schichten dieser Abtheilung werden in dem Wiegersdorfer Thale, unterhalb des Bielsteins, die gewöhnlichsten Leitpflanzen des unteren Rothliegenden, wie *Walchia piniformis* Sch. (incl. *Walchia* oder *Lycopodites Stiehlerianus* Gö.) und *Odontopteris obtusiloba* Naum. in ziemlicher Menge gefunden.

Auf dieser Etage des Rothliegenden ruht in der Gegend von Ilfeld noch eine sehr mächtige und über eine Längenausdehnung von 3 geogr. Meilen sich verbreitende Decke eines anderen quarzfreien Porphyrs, für welchen Naumann den ihm schon von Lasius gegebenen Namen Porphyrit aufrecht erhält. Dass auch dieses Eruptivgestein irgendwo mit gangartigen Gebirgsgliedern in die Tiefe hinabreichen muss, welche die sämmtlichen unter ihr liegenden Gesteine durchsetzen, dies lässt sich gar nicht bezweifeln. Namentlich wird in dieser Beziehung von Naumann, im Einklang mit Girard und Bäntsch, des Porphyrit-Vorkommens an dem Fusse des Netzberges bei der Netzbrücke gedacht.

Das jüngere Alter des Porphyrits ist schlüsslich durch Streng und durch Naumann noch dadurch sicher erwiesen worden, dass man an mehren Orten der Gegend von Ilfeld Einschlüsse von dunkelgrauem Melaphyr in dem frischen röthlich-braunen Porphyrite gefunden hat.

3. Die Schwarzkohlen des Thüringer Waldes.

Das Auftreten der wirklichen oder productiven Steinkohlenformation in dem Thüringer Walde ist wohl am längsten bei Cammerberg und Manebach, westlich von Ilmenau, bekannt, wo man in ihr eine Anzahl schwacher Kohlenflötze nachgewiesen hat, von denen indess nur 3 als bauwürdig befunden worden sind. Man beobachtet den Ausstrich dieser Flötze am Cammerberge, wo sie im Wechsel von Kohlensandstein und Schieferthon ca. 10 bis 14 Grad Neigung nach NNO. zeigen. Unter fünf hier unterscheidbaren Flötzen ist das oberste nur sehr schwach; das zweite gegen $1\frac{1}{2}$ Fuss mächtige gewinnt trotz seiner Unbauwürdigkeit einiges Interesse durch das nicht seltene Vorkommen des *Palaeoniscus striolatus* Agassiz, eines zu den Eckschuppern gehörenden Fisches. Als bauwürdig wurden mir durch Herrn Bergmeister Mahr das dritte, $1\frac{1}{2}$ Fuss mächtige, das vierte, $2\frac{1}{2}$ Fuss starke und das fünfte, 2 Fuss mächtige Flötz bezeichnet, unter welchem noch zwei weit schwächere Flötze vorkommen sollen.

[1]) Die fossile Flora der Permischen Formation. Cassel, 1864. Heft 1, p. 11.

Die beste Auskunft über diese giebt ein von Herrn Otto Walter 1859 angefertigtes Profil, das in der Bergmeister-Expedition zu Cammerberg niedergelegt worden ist. Es gehört der am rechten Ufer der Ilm gelegene Cammerberg zu dem Grossherzogthume Weimar und der dortige Bergbau wird von dem Staate betrieben, während die zu dem Herzogthume Gotha gehörigen Gruben auf dem linken Ilm-Ufer bei Manebach in Privathänden sind. Nach den mir 1853 durch den früheren Besitzer des Werkes, Herrn Dr. Rieth, gemachten Angaben bauete man hier auf drei Flötzen, von denen das erste oder obere von 16—18 Zoll Stärke meist harte Kohle führte, das zweite, welches die beste Kohle lieferte, 20 Zoll bis 2 Fuss mächtig war, das dritte nur 12—16 Zoll Kohle enthielt und ein viertes mit 6—8 Zoll Kohle keine Berücksichtigung verdiente. Diese Kohlen, welche von den Feuerarbeitern sehr gesucht sind, zeigten eine grosse Aehnlichkeit mit den Steinkohlen von Wettin und bestanden theilweise aus weicher, meist körnig erscheinender Blätterkohle, theilweise aus Grobkohle, denen nur wenig Faserkohle beigemengt war. Das specifische Gewicht der ersteren vom sogenannten zweiten Flötze war (allerdings nach mehrjähriger Aufbewahrung untersucht) = 1,408, das der letzteren vom sogenannten ersten Flötze = 1,609, eine Höhe, die hier durch eine grössere Menge von erdigen Stoffen herbeigeführt wird.

Um den seit 1830 durch Andrang von Gewässern auflässig gewordenen Steinkohlenbergbau am Cammerberge wieder gangbar zu machen, ist von dort aus ein Stolln nach Ilmenau hin getrieben worden, welcher mehrere interessante Aufschlüsse im Gebiete des unteren Rothliegenden ergeben hat. Dieselben sind Dyas II, S. 193 u. f. besprochen worden und es genügt vielleicht, hier zu erwähnen, dass in dieser für das Auftreten von Porphyren, Melaphyren oder Basaltiten und Porphyriten wahrhaft klassischen Gegend diese Eruptivgesteine in mannigfachem Connex mit der dortigen Steinkohlenformation getreten sind und von derselben ganze Lappen losgetrennt haben.

Die sowohl aus v. Schlotheim's Petrefactenkunde, 1820, mit dem dazu gehörigen Nachtrage (Versteinerungen aus v. Schlotheim's Sammlung, Gotha, 1832), als aus des Verfassers „Versteinerungen der Steinkohlenformation in Sachsen, 1855,“ und der „geogn. Darst. d. Steinkohlenformation in Sachsen, 1856,“ genauer ersichtlichen Pflanzenreste, welche man hier gefunden hat, verweisen auch diese Steinkohlenformation in unseren fünften oder jüngsten Vegetationsgürtel, den man als Farrenzone in Sachsen und anderen Ländern in der Steinkohlenformation hat unterscheiden können.

Ueber die in gewissen Schichten derselben auch bei Manebach häufig vorkommenden Süsswassermuscheln soll weiter unten berichtet werden.

Schwächer entwickelt zeigt sich die Steinkohlenformation auch am Gehlberge, westlich von Manebach, wo *Cyatheites arborescens* Schl. und *Asterophyllites equisetiformis* Schl. in ihr vorkommen, und am Mordfleck bei Goldlauter, NO. von Suhl, von welchem Fundorte wir ausser diesen Pflanzen auch *Calamites cannaeformis* Schl., *Sphenophyllum angustifolium* Germar und *Odontopteris Schlotheimi* Bgt. beobachtet haben.

Die meisten der anderen auf den geognostischen Karten des Thüringer Waldes als Steinkohlengebirge bezeichneten Schichten gehören der unteren Dyas an. Dies gilt insbesondere für jene schwarzgrauen Schieferthone und Brandschiefer an der Ehrenen Kammer an dem Südabhange des Meisensteins, O. von Ruhla, in denen man *Walchia piniformis* findet; für eine dieser nahe gelegenen Schlucht am Moseberg, wo ein Stolln zunächst röthlichen, glimmerreichen Sandstein, hierauf graue und grünliche Schieferthone mit *Walchia piniformis* und *W. filiciformis* Schl. nebst Früchten des *Guilielmites permianus* Gein. durchfahren hat, ohne die Steinkohlenformation zu erreichen; für den nordöstlichen Abhang des Inselberges, wo die von Waltershausen nach Brotterode führende Chaussee ähnliche Schichten durchschneidet; es gilt für alle in der Nähe von Klein-Schmalkalden, zwischen Friedrichsroda und Schmalkalden, durch Versuchsbaue nach Kohlen durchschnittene Schichten, in denen man allermeist schon die Steinkohlenformation zu erblicken gemeint hat.

Gerade in der letzteren Gegend ist man eifrigst bemühet gewesen, Steinkohlenlager aufzufinden, wie die hierauf bezüglichen Angaben in unserer Dyas II. S. 187 beweisen.

Man hat mit demselben in der Regel nur Brandschiefer, zuweilen auch Kohlenbrocken führende Sandsteine, selten aber ein schwaches Kohlenflötz angetroffen. Das letztere war an der Stollnbachswand, N. von Klein-Schmalkalden der Fall, wo sich ein Kohlenflötz von ohngefähr 1¼ Fuss Stärke zeigte, das in einem grauen Sandsteine eingeschlossen war und durch den Porphyr plötzlich abgeschnitten wurde. In der Nähe desselben wurde die Kohle sehr unrein, hart und mager und führte etwas Bleiglanz. Unmittelbar an dem Porphyr lagert ein grobes Conglomerat mit Brocken von Glimmerschiefer und anderen älteren Gebirgsarten.

Mit Versuchen nach Steinkohlen ist man im Thüringer Walde nicht sehr glücklich gewesen und hat hierdurch mehrfach bestätiget, dass das Auftreten des Rothliegenden, oder überhaupt der Dyas, ebenso unabhängig von dem der Steinkohlenformation ist, wie das einer jeden anderen jüngeren Formation und dass bei Aufsuchungen von Steinkohlen noch ganz andere Verhältnisse zu berücksichtigen sind, als die Beschaffenheit der unmittelbar darauf abgelagerten Gebirgsbildungen.

Die wichtigeren an verschiedenen Orten des Thüringer Waldes in der unteren Dyas unterschiedenen Pflanzen sind folgende: *Calamites gigas* Bgt., *Cyatheites arborescens* Schl., *Cyath. confertus* Sternb. *(Neuropteris conferta)*, *Odontopteris obtusiloba* Naumann, *Alethopteris pinnatifida* Gutb. sp., *Walchia piniformis* Schl., *W. filiciformis* Schl., *Guilielmites permianus* Gein. (Palmenfrüchte), *Cordaites Roesslerianus* Gein., *C. Ottonis* Gein., und *Sigillaria Danziana* Gein.

Unter diesen ist wahrscheinlich nur *Cyatheites arborescens* gleichzeitig eine carbonische Pflanze, die fast in keinem Steinkohlenlager vermisst wird. Wir können dies weniger von *Walchia piniformis* behaupten, wie wohl sie zuweilen selbst von den gewissenhaftesten Forschern aus dem Steinkohlengebirge citirt wird, da junge Zweige des *Lycopodites selaginoides* Sternb. in der Steinkohlenformation nur zu leicht mit der *Walchia piniformis* in der unteren Dyas verwechselt werden können.

Nach den neuesten Untersuchungen des Bergrath Gümbel in München fällt auch die Kohlenablagerung am Irmelsberge bei Crock unfern Eisfeld in die untere Etage der Dyas und nicht in die eigentliche Steinkohlenformation. Derselbe theilte uns[1]) hierüber Folgendes mit:

Gleich hinter dem Dorfe Crock begegnet man am Wege nach dem Irmelsberg sehr gestörten Schichten des Buntsandsteines (Röth) und nahe am Fusse des Berges einem schmalen Muschelkalkstreifen, dessen Schichten in St. 3 mit 50° NO. einfallen. Jenseits einer kleinen Mulde, die mit Sandstein-Schutt des Buntsandsteines überdeckt ist, folgt nun eine als Felsriff vorstehende Partie dunkelgrau-grünen Thonschiefers und quarziger Thonschieferbreccie, gleichfalls in St. 3 mit 65° NO. einfallend. Unmittelbar darüber liegt Conglomerat und Röthelschiefer genau von der Beschaffenheit des Rothliegenden mit Schichten, die unter 40° in St. 6 nach W. einschiessen, nach oben aber sich im Streichen wenden und in einem kleinen Steinbruche nach St. 3 streichend mit 22° nach NW. sich verflachen. In diesem Steinbruche liegt über den genannten Schichten des Rothliegenden ein feinkörniger Sandstein, begleitet von grüngrauem und schwärzlichem Schieferthon, welche Schichten *Walchia piniformis* Schl., *Cyatheites confertus* Sternb. sp., *C. Candolleaneus* Bgt. und *Calamites gigas* Bgt. enthalten und 3 bis 4 Lchtr. mächtig sind.

Nun folgt das Kohlenflötz selbst, hier am Ausgehenden wechselnd $1^1/_2$ bis 4 Fuss mächtig, und auf das Flötz eine gegen 1 Fuss dicke Lage eines schwarzen, sehr festen Schiefers, von den Bergleuten „Schwell" genannt.

Höher liegen nun zunächst oft wohlgeschichtete, versteinerungsreiche Kohlenschiefer und in einer Zwischenschicht darin Süsswasser-Conchylien und eine zu den Muschelkrebsen gehörende *Estheria*, zugleich mit den vorher genannten Pflanzenresten und ausser diesen auch anderen Leitpflanzen für die Dyas: *Odontopteris obtusiloba* Naum. und *Cyclocarpon Ottonis* Gutb. sp. Auch kommen *Annularia longifolia* Bgt. und *Cyatheites arborescens* Schl. hier vor, welche letzteren, ebenso wie *Cyath. Candolleanus*, sowohl in carbonischen als in dyadischen Schichten zu Hause sind.

5—10 Lachter höher geht dieser Kohlenschiefer in das gewöhnliche Rothliegende über, wie es auch das Liegende des ganzen dunkelgefärbten und das Kohlenflötz einschliessenden Schichtencomplexes ausmacht. Wir hätten es mithin hier mit einer Gesteinsstufe der Dyas zu thun, welche an anderen Orten durch Brandschiefer-Schichten ersetzt wird.

Die in dem Schieferthone über dem Kohlenflötze eingeschlossenen Thierformen gehören demnach zu der postcarbonischen oder dyadischen Zeit und gewinnen schon desshalb, weil im Ganzen bis jetzt nur wenige Süsswasserconchylien aus diesen Gebilden bekannt sind, besondere Wichtigkeit. Mit Ausnahme jener *Estheria rugosa* Gümbel gehören diese Thierreste ausschliesslich den Formen an, welche

[1]) Vgl. auch Leonh. u. Gein. Jahrb. 1864. p. 647.

man unter den Namen *Unio*, *Anodonta*, *Cardinia* oder *Anthracosia* aus der Steinkohlenformation und der Dyas beschrieben hat. Zunächst schliessen sie sich auf das Engste an die bei Manebach gefundenen Formen an und an die von Ludwig[1]) neuerdings bekannt gemachten Arten.

Diese Mittheilung des Herrn Bergrath Gümbel, die von einer reichen Zusendung der in dem grauen kohlenführenden Schieferthone vorkommenden Pflanzen- und Thierreste an den Verfasser begleitet war, hat uns behufs einer selbstständigen Bestimmung dieser Arten Veranlassung gegeben, sämmtliche Süsswasser-Conchylien der Steinkohlenformation und der Dyas, welche die Dresdener Sammlungen in zahlreichen Exemplaren besitzen, von Neuem zu untersuchen und darüber im Jahrbuche 1864. S. 651 u. f. Bericht zu erstatten. Wir dürfen uns hier darauf beschränken, nur das Vorkommen der einzelnen Arten an den verschiedenen Fundorten Sachsens und Thüringens hervorzuheben.

1) *Unio carbonarius* Bronn, zuerst aus der untern Dyas von Nieder-Stauffenbach bei Kusel beschrieben, fand sich nur in der Dyas von Crock.

2) *Unio tellinarius* Goldf. in der Dyas von Crock und in der Steinkohlenformation von Ludwigsdorf in der Grafschaft Glatz, von Potschappel bei Dresden, in der Gegend von Lüttich und von Bilboa Coll., Queens Co. Irland.

3) *Unio Thuringensis* Ludw., nach einem wenig ausgezeichneten Exemplare beschrieben und daher noch nicht vollständig gekannt, in der Steinkohlenformation vom Mordfleck bei Goldlauter und vielleicht bei Crock.

4) *Unio Goldfussianus* de Koninck, ungemein häufig in den verschiedenen Muschelschiefern der Steinkohlenformation von Wettin und Löbejün, Manebach, sowie bei Lohme unweit Langewiesen, Amt Gehren und in der Dyas von Crock.

5) *Anodonta compressa* Ludwig. In der Steinkohlenformation bei Manebach, Lohme bei Langewiesen und von Potschappel bei Dresden; in der unteren Dyas des Todtengrabens bei Neurode im Glatzischen.

6) *Anodonta subparallela* Portlock sp. Aus der Gegend von Ilmenau und von Crock.

Auf diese 6 Arten haben sich alle bis jetzt aus den Stein- oder Schwarzkohlenlagern Sachsens und Thüringens beschriebenen Arten zurückführen lassen, denn die von Ludwig als „*Cyclas nana*" beschriebene Form von dem Cammerberge dürfte wohl zu *Estheria* zu stellen sein.

Zum Aufschluss dieses bauwürdigen Schwarzkohlenflötzes am Irmelsberge ist neuerdings in grösserer Teufe eine neue Schachtanlage ausgeführt worden.

Ungleich bedeutender und wichtiger als alle anderen am Thüringer Walde bekannt gewordenen Kohlenablagerungen, ist die von Stockheim und Neuhaus, nordöstlich von Kronach in Oberfranken, die auch bereits durch eine von Hochstadt nach Stockheim führende Zweigbahn mit der Hof-Münchener Eisenbahn in Verbindung steht.

Die hier nachgewiesenen Lagerungsverhältnisse bieten grosse Analogien mit jenen bei Wettin und Löbejün, Ilfeld und Crock insofern dar, als das Liegende dieser Schwarzkohlen-Ablagerung abermals einen Charakter zeigt, welcher sich dem im Gebiete des Rothliegenden vorherrschenden weit mehr nähert, als den normalen Schichten der Steinkohlenformation, und es fällt die Entscheidung der Frage, ob diese Ablagerung zu der letzteren oder zu der Dyas zu rechnen sei, wesentlich in das Gebiet der Paläontologie. Von diesem Standpunkte aus aber muss man sie der eigentlichen Steinkohlenformation zurechnen und in ganz ähnlicher Weise, wie die Kohlenablagerungen von Wettin, Löbejün und Ilfeld, als deren jüngste Etage oder Zone der Farren bezeichnen.

Wir verdanken die nachstehende Schilderung der dortigen Verhältnisse Herrn C. Rückert, gegenwärtigem Obersteiger bei den v. Swaine'schen Werken in Stockheim, dessen regem wissenschaftlichen Eifer es gleichzeitig gelungen ist, durch zahlreiche organische Ueberreste aus diesem Steinkohlengebiete eine Entscheidung der Frage über das Alter desselben herbeizuführen.

Zur Orientirung über die geognostischen Verhältnisse des Thüringer Waldes im Allgemeinen und speciell auch dieser Gegend ist vor allem die geognostische Karte des Thüringer Waldes von H. Credner, Gotha, 1855, zu empfehlen.

---

[1]) R. Ludwig in v. Meyer's „Palaeontographica" Bd. VIII. X. XI.

4. Die Kohlenformation von Stockheim und Neuhaus.

Von

Herrn **C. Rückert.**

(Hierzu Taf. VIII.)

a) Lage und allgemeiner Ueberblick.

Die Kohlenablagerung von Stockheim und Neuhaus liegt am südwestlichen Abhange des Thüringer Waldes, nahe an dessen südöstlichem breiten Ende, welches auch fränkischer Wald genannt wird. Die Landesgrenze zwischen dem Herzogthume Meiningen und dem Königreiche Bayern ist auf Taf. VIII zu ersehen. Zwischen mehren aus Grauwacke und Thonschiefer bestehenden Bergzügen lagert das Rothliegende in den Thälern und an den Gehängen, anscheinend zwei getrennte Partien bildend, zwischen welchen das Kohlenflötz auftritt. Eine weniger ausgedehnte nordöstliche Ablagerung des Rothliegenden zwischen Grösan und Friedersdorf kommt hier nicht in Betracht. Es wurden in derselben allerdings auch Spuren von Kohle gefunden und werden gegenwärtig wieder Untersuchungsarbeiten darauf vorgenommen, jedoch bis jetzt ohne Erfolg.

Wichtiger ist die zweite, südwestliche Ablagerung, welche einen aus Grauwacke bestehenden Bergzug auf der rechten Seite des Haslachflusses von drei Seiten mantelförmig umgibt.

Ihre beiden schmalen nach Norden ziehenden Flügel reichen bis Föritz einerseits und Heinersdorf anderseits, und vereinigen sich in südlicher Richtung bei Stockheim, wo jener davon eingefasste Grauwackenzug mit dem steilen Spitzberge endet. Von hier aus lässt sich die vereinigte, wohl eine Stunde breite Ablagerung des Rothliegenden bis Burggrub und Haslach in südlicher Richtung verfolgen. An die südwestliche Seite dieser Partie legt sich der Zechstein an, welchem Glieder des bunten Sandsteines folgen, die im Süden, wo der Zechstein fehlt, dicht an das Rothliegende angrenzen.

Das Kohlenflötz stellt im Vereine mit seinen hangenden schwarzen und grauen Schieferthonen, Sandsteinen und grauen Conglomeraten und dem in seinem Liegenden vorkommenden Thonsteine einen Schichtencomplex dar, unter welchem wiederum Schichten auftreten, die gewissen Gesteinsbildungen des Rothliegenden mindestens sehr ähnlich sind.

Gegen diese mit dem Kohlenflötze conform gelagerten Schichten besitzt die darunter anstehende Grauwacke eine andere Streichungslinie und ein viel steileres Einfallen.

Die Grauwacke bildet die Gipfel des mit dem Spitzberge endenden Bergzuges, sowie die oberen, steilen östlichen Gehänge desselben. Hier, wie in der Umgegend überhaupt, ist das Streichen desselben hor. 2—4, das Fallen 60—80° nach NW. oder SO. Sie besteht aus Grauwackensandstein, Grauwackenschiefer und Thonschiefer. Da sich bei Stockheim *Calamites transitionis* Gö., *Odontopteris Stiehleriana* Gö. und *Sagenaria Veltheimiana* Sternb. sp. darin gefunden haben, so wird man dieselben als Culmgrauwacke, als carbonisch betrachten müssen.

b) Das Liegende der kohlenführenden Etage.

Mit einer Mächtigkeit von ca. 30—40 Lachter legt sich die darauf folgende Gesteinsbildung, die man als die unterste Etage des Rothliegenden betrachten könnte, um den Grauwackenzug herum. Auf der Strasse von Stockheim nach dem Bernhardtschachte, von Grube Vereinigter Nachbar nach Grube Minna (am Ziegenrück) sieht man ihre Schichten blosgelegt. Das Gestein reicht bis auf die Höhe des Spitzberges und lässt sich bis über Traindorf verfolgen. Auch jenseits der Haslach über Reitsch liegen zwischen dem Flötze und der Grauwacke noch ähnliche Schichten, und wahrscheinlich gehört der obere Theil des Rothliegenden östlich von Neukenroth ebenfalls hierher.

Nördlich von Stockheim treten darin vorherrschend Porphyrbreccien, Porphyrtuffe und Porphyr-Conglomerate auf. Manche Schichten sind von einem wahren Porphyre nicht zu unterscheiden. Bänke von rothem thonigen Sandstein und Schieferletten sind minder häufig. Als besonders charakteristisch für diese untere Etage erscheinen die Thonsteine.

Die Porphyre, welche das Material zu diesen Gesteinen geliefert haben, sind Felsitporphyre mit kleinen rothen Feldspathzwillingen, rauchgrauem Quarz und wenig Glimmerblättchen. Die Farbe der Grundmasse wechselt, oft an einem und demselben Stücke, von einem tiefen Eisenroth bis in's Hellrothe und Gelblich-weisse, je nach dem Grade der Veränderung, den die Porphyre erfahren haben. Mitunter herrschen auch graue Varietäten von Porphyr mit weissen Feldspäthen vor.

Die Grundmasse der Porphyrbreccien besteht aus einem Thonsteine, oder lässt noch alle Bestandtheile des Porphyrs erkennen. Häufig sind auch in denselben die kleinen rothen Feldspathe. Die Tuffe, schmutzig dunkelroth oder licht, geschichtet und meist mürbe sind mitunter schalsteinähnlich und bestehen jedenfalls aus den Bestandtheilen von Porphyren in verschiedenem Grade der Zersetzung.

Die Conglomerate von der mannigfachsten Zusammensetzung besitzen fast nur Porphyreinschlüsse verschiedener Art und Grösse, verbunden durch ein feldsteinartiges kieseliges, oder porphyrartiges Bindemittel. Grauwacken und Thonschieferbrocken kommen hier wenig vor.

Die Thonsteine sind geschichtet in Bänke von 1 — 2 Fuss Stärke und dann dicht mit muscheligem oder erdigem Bruche, oder unregelmässig schieferig durch Lagen und Blättchen einer dem Specksteine ähnlichen gelblich-grünen Masse oder endlich auch sandsteinartig mit zerstreut eingesprengten Quarzkörnern. Die Farbe ist immer hell und spielt vom Weiss in's Grünliche, seltener in's Bläuliche oder Röthliche. Jedenfalls besteht die ganze Masse aus Feldstein. Auch drusige Räume kommen in dem Thonsteine vor. Accessorisch treten Bleiglanz, Schwefelkies und Zinkblende fein eingesprengt auf, letztere an einigen Stellen ziemlich reichlich.

Durch Verwitterung bildet sich ein weisser oder gelblicher sehr zäher Thon, oder eine sehr koalinhaltige lose erdige Masse.

Die grösste Lage des Thonsteines stellt das unmittelbare Liegende des Flötzes dar. Sie hat in den oberen Teufen eine Mächtigkeit bis zu 10 Lachter, wird jedoch tiefer bedeutend schwächer.

Ausser dieser Ablagerung kommen noch einzelne 5 — 6′ starke dichte Bänke von Thonstein zwischen den Porphyrbreccien und Conglomeraten vor. —

Wir dürfen diese Etage als eine analoge Bildung von jener im Liegenden des Kohlenflötzes von Ilfeld ansprechen, und finden in ihren, zum Theil westlichen und von Hornsteinlagen durchzogenen, Thonsteinen selbst grosse Aehnlichkeit mit jenem Thonstein, welcher im Liegenden des Hauptflötzes in dem Plauen'schen Grunde bei Dresden vorkommt, sowie uns auch einige durch ziegelrothe Feldspathkrystalle arkoseartige Sandsteine dieser Etage bei Neuhaus und Stockheim am meisten an gleiche Gesteine erinnern, die sich im Steinkohlenbassin von Flöha und Gückelsberg über dem Porphyre an der Basis des oberen Kohlensandsteines gezeigt haben. (G.)

c) Die kohlenführende Etage.

Ueber jener mächtigen Thonsteinbildung lagert das Kohlenflötz mit 10 bis 100 Fuss Mächtigkeit. Sein Dach bildet ein schwarzer, ca. 3 Lachter mächtiger Schieferthon, über welchem mehrere, 5 bis 10 Fuss starke, Bänke von grauen Sandsteinen und Conglomeraten lagern, die durch Lagen von grauem Schieferthone in Abtheilungen geschieden werden.

Eine scharfe Grenze zwischen den letzten Schichten dieser Etage und den unmittelbar darauf folgenden Schichten des Rothliegenden im Hangenden hat sich nicht auffinden lassen.

Die ganze Ablagerung der kohlenführenden Etage hat im Süden ihre grösste Entwicklung von ca. 20 — 25 Lachter. Nach Norden zu verringert sich ihre Mächtigkeit auf beiden Flügeln und endlich sieht man sie ganz verschwinden; dies geschieht auf dem Westflügel, welcher sich im Streichen überhaupt am weitesten nach Norden erstreckt, später, als auf dem Ostflügel.

Das hangende eigentliche Rothliegende lagert dort mit rothen thonig-sandigen Schichten auf dem Flötze, nur durch eine schwache Lage von weiss- und roth-gebänderten Letten und ebenso gestreiften Hornsteinen davon geschieden. Man kann dies Verhalten sehr schön im Nordfelde der Grube Sophie beobachten.

Das Flötz selbst streicht auf dem Westflügel noch mehrere hundert Lachter weiter nördlich als der Schieferthon und verschwindet dann, indem sich das Rothliegende direct auf die liegenden Thonsteine auflagert.

Die Gesteine dieser Etage sind leicht zu erkennen, da schwarze und graue Farben in ihr vorherrschen. Der schwarze Schieferthon, der das Dach des Flötzes bildet, besitzt einen muscheligen Bruch mit fettartigem Glanze auf demselben. Seine oberen Lagen sind lichter bis dunkeler grau und dickschieferig. In denselben kommen zollstarke Streifen von grauem Sandsteine vor. In den obern Teufen findet sich im Dachschiefer noch ein schwaches Kohlenflötz, das sog. Markasitenflötz von höchstens 6 Fuss Mächtigkeit, jedoch verliert sich dasselbe im Streichen und Fallen, so dass der Hauptsache nach bei Stockheim nur ein Flötz in Betracht kommt. Sandsteine und Conglomerate, letztere vorherrschend, sind von grauer Farbe mit thonigem Bindemittel, in welchem Körner oder Brocken von Thonschiefer und Grauwacke, von Dachschiefer und Rollstücke von weissem Porphyr. liegen. Dunkelrothe Porphyre sind hier selten. Schwefelkies in Lagen und Knollen findet sich häufig in diesen Gesteinen, sowie in den Sandsteinen und Schiefern Stückchen von Faserkohle, die oft von Schwefelkies durchdrungen ist. Fast sämmtliche Versteinerungen aus dem Kohlengebirge von Stockheim stammen aus diesen Schichten; nur die Thonsteine enthalten noch kohlige Theile und selten Pflanzenstengel.

Nach den Bestimmungen von Prof. Geinitz kommen in der Steinkohlenformation von Stockheim nachstehende Pflanzen vor:

1) *Calamites approximatus* Sch. — Grube Catharina.
2) „ *Cisti* Bgt. — Grube Catharina.
3) *Asterophyllites equisetiformis* Schl. sp.
4) „ *grandis* St. incl. *Pinnularia capillacea* Lindl. — Sophien- und Max-Schacht.
5) *Sphenopteris* sp., der *Sph. linearis* Bgt. und *Sph. erosa* Morris nahe stehend.
6) *Hymenophyllites* sp., eine zwischen *Sphen. Naumanni* Gutb. und *H. semialatus* Gein. stehende Form. — Max-Schacht.
7) *Schizopteris Gutbieriana* Presl. — Max-Schacht.
8) *Neuropteris Loshi* Bgt. incl. *Cyclopteris trichomanoides* Bgt. — Max-Schacht.
9) „ *flexuosa* Bgt. — Max-Schacht.
10) „ *auriculata* Bgt. — Max-Schacht. Catharinen-Schacht.
11) „ *tenuifolia* Schl., Bgt. — Max-Schacht.
12) *Odontopteris Schlotheimi* Bgt. — Max- und Sophien-Schacht.
13) *Dictyopteris neuropteroides* Gutb. — Max-Schacht.
14) *Cyatheites arborescens* Schl. sp. — Max- und Sophien-Schacht.
15) „ *dentatus* Bgt. sp. — Max-Schacht.
16) „ *Miltoni* Artis sp. fructificirend. — Max- und Catharinen-Schacht.
17) *Alethopteris nervosa* Bgt. sp. — Max-Schacht.
18) „ *pteroides* Bgt. sp. (ähnlich der *Al. pinnatifida* Gutb.)
19) *Lycopodites selaginoides* St. Stammstück im grauen Kohlensandstein des Catharinen-Schachtes; junge Zweige, denen der *Walchia piniformis* ähnlich, im schwarzen Schieferthon des Max-Schachtes.
20) *Cardiocarpon emarginatum* Gö. und Berger. — Catharinen- und Max-Schachte.
21) „ *Gutbieri* Gein.
22) { *Cordaites principalis* Germ. Blätter / *Cyclocarpon Cordai* Gein. Früchte } Max- und Sophien-Schacht.
23) *Noeggerathia palmaeformis* Gö. — Catharinen-Schacht.
24) *Trigonocarpon Parkinsoni* Bgt. — Max-Schacht.
25) *Araucarites spicaeformis* Germ.
26) *Stigmaria ficoides* mit kleineren und elliptischen Narben. — Grube Catharina.

Mit wenigen Ausnahmen, wie die unter 5, 6, 18 und 19 zum Theil aufgeführten Arten, in denen man allenfalls dyadische Formen erblicken könnte, spricht die Gesammtheit dieser Ueberreste für die oberste Zone der productiven Steinkohlenformation, mit der wir auch früher schon die kohlenführenden Schichten von Stockheim vereiniget haben.

Bei Reitsch, wo wahrscheinlich dasselbe Flötz, wie bei Stockheim auftritt, fehlen die grauen Conglomerate und Sandsteine ganz. Das Flötz selbst ist, soweit man es kennt, schwach und unrein; das Dach bildet eine schwache Lage von grauem Schieferthon, über dem unmittelbar rothe Porphyrconglomerate ruhen. Das Liegende des Flötzes zeigt sich am Ausgehenden als weisser Thon.

Reihenfolge und Mächtigkeit der grauen Conglomerate und Sandsteine sind nicht constant, sondern anders am Ausgehenden als in der Tiefe, anders auf dem Westflügel als auf dem Ostflügel.

Die ganze Etage, wie schon die tiefere in ihrem Liegenden, lagert halbmantelförmig um den Grauwackenzug.

Das Kohlenflötz bildet einen nach Norden offenen Sattel, der wie das Ausgehende zeigt, auch nach oben nicht geschlossen ist. Das Streichen des Flötzes in den beiden Sattelflügeln ist hor. 10 bis $11^1/_2$, das Einfallen auf dem Westflügel nach Westen, auf dem Ostflügel nach Osten, in der Sattelwendung radial von West über Süd nach Ost.

Der vom Gebirge wegfallende Westflügel fällt constant mit 25 bis 27 Grad, in der Tiefe vielleicht noch flacher. Folgt man aber dem Flötze nach seiner Wendung, so wird das Fallen immer steiler, bis es endlich im Ostflügel, im Felde des Vereinigten Nachbar ein seigeres, ja sogar widersinniges westliches wird. Die Versuche, welche früher in der erwähnten Grube gemacht worden sind, deuten darauf hin, dass dort das Flötz in der Tiefe muldet. Die Mulde würde also nach Norden ausheben, die Muldenlinie und die Sattellinie wahrscheinlich nach Süden divergiren, indem die Mulde südlich immer tiefer und weiter wird. Das Flötz bei Reitsch stellte demnach den Ostflügel, das bei Stockheim den Westflügel der Mulde dar.

Aus den Profilen geht jedoch hervor, dass die Formation des Rothliegenden östlich von Stockheim gegen die westlich davon eine sehr bedeutende Senkung erlitten haben muss. Es ist also östlich von Stockheim ein Sprung zu vermuthen, dessen wahrscheinliche Lage in den Profilen auch angedeutet wurde. Allerdings ist derselbe durch bergmännische Arbeiten, welche alle weiter westlich liegen, noch nicht dargethan. Spätere Aufschlüsse werden über dieses interessante und wichtige Verhalten hoffentlich Aufklärung verschaffen.

Die Mächtigkeit des Kohlenflötzes ist sehr variabel. Sie wurde bislang am grössten, oft über 10 Lachter, in der oberen Teufe der Wendung gefunden und nahm auf den Flügeln nach Norden zu ab. In der Tiefe jedoch scheint das Verhältniss für den Westflügel und die Wendung ein umgekehrtes werden zu wollen. Der Ostflügel ist sehr kurz und wegen geringer Mächtigkeit von keinem grossen Belang. Sehr mannigfaltig ist die Ausfüllung des Flötzes, nicht blos in Betreff verschiedener Arten von Kohle und von unhaltigen Theilen, sondern auch bezüglich ihrer Vertheilung.

Was die Kohlen betrifft, so findet sich zunächst am Liegenden und am Dache fast constant eine Bank Kohlen von 5—6′, resp. 2—3′ Mächtigkeit, welche Liegendkohle und Dachkohle genannt werden. Letztere ist meist fester, von grobblätterigem Gefüge oder fast dicht und schwarz; erstere aber milde, blauschwarz und besitzt silberglänzende kleine Spiegelchen, die ihr ein körniges Ansehen verleihen. Schichtung, sowie Stiche und Schlechten treten bei beiden Kohlen, wie hier auch überhaupt, ohne Regel auf. Die Liegendkohle erzeugt im Feuer die intensivste Hitze; weniger gut ist die Dachkohle, welche auch mehr schlackt. Die Kohlenlagen, die mitten im Flötze auftreten, haben meist ein feines Korn; sind sie matt und erdig, so taugen sie wenig. Oefters tritt die Kohle in schuppigen, sphäroidischen Massen von Nuss- bis Faustgrösse auf (sog. Glanzkohle). Die Oberfläche dieser Stücke ist meist in Folge eines lettigen Ueberzuges schwarzglänzend und fettig anzufühlen. Selten tritt eine Kohle von faserigem Gefüge auf.

Wir haben die für Stockheim typischen Kohlen S. 19 unter dem Namen „Mulmkohle" unterschieden und deren specifisches Gewicht nach Proben aus der Katharinengrube 1,225 und 1,228, aus dem Max-Schachte = 1,254 und von Neuhaus = 1,277 gefunden. Die Stockheimer Mulmkohle ist eine Backkohle, die sich zum Verkoken eignet und zur Gasbereitung verwendet werden kann. Für Schmiedefeuer ist sie ausgezeichnet, sowie sie namentlich auch in Porzellanfabriken und vielen anderen technischen Etablissements eine ausgedehnte Verwendung gefunden hat. (G.)

Die unhaltigen Massen des Flötzes, welche zusammengerechnet bis zur Hälfte die Flötzmächtigkeit ausmachen, bestehen aus grauen bis schwarzen Letten, mit Schwefelkies imprägnirt, weich oder verhärtet und schieferig, aus Lagen von sog. Horn, einem grauen bis schwarzen Hornstein, Fasergyps in grossen Platten, Kohlenschiefer, Schwefelkies und linsenförmigen Massen (sog. Wacken) eines schwarzen, sehr festen kieselig-thonigen Gesteines, imprägnirt mit Schwefelkies und durchsetzt von kleinen Kohlenschüppchen.

Alle diese Gesteine wechseln regellos mit Kohlenlagen; oft sind die Schichten gewunden und verdreht und streichen und fallen ganz anders, wie Dach und Liegendes. Nur am Liegenden und am Dache finden sich einige Gesteine mit Regelmässigkeit ein. Unter der Liegendkohle folgt gewöhnlich ein graues Horn, darunter ein gelblicher, wasserführender Letten, und endlich der Thonstein, den man hier wohl auch Weissliegendes nennt. Am Dache befindet sich oft über der Dachkohle oder in derselben eine Lage von aneinandergereihten Gypsknollen durch kieshaltigen Letten eingehüllt.

Ausser diesen auch im bauwürdigen Flötze auftretenden tauben Gesteinen wird an einigen Stellen ein Theil der Flötzmächtigkeit durch taubes Gestein, namentlich durch Kohlenschiefer und verhärteten schiefrigen Letten, völlig eingenommen. Hinter diesem Gestein, nach dem Liegenden zu, steht dann erst das bauwürdige Flötz an. Diese unhaltigen Partien, sog. taube Keile, sind 2—5 Lachter mächtig, 10—50 Lachter lang und spitzen sich an ihren Enden aus.

Endlich kommen auch förmliche Verdrückungen vor, wie namentlich auf dem Westflügel einige mit bedeutender Ausdehnung.

Einige weitere Eigenthümlichkeiten unseres Flötzes sind noch folgende: Das Flötz macht mitunter Ausbauchungen, welche eine bedeutende Grösse erreichen. Sie entstehen durch Unregelmässigkeiten des Liegenden (Thonstein) im Streichen und Fallen, während das Dach an denselben weniger Antheil hat. Diese Ausbauchungen, hier Mulden genannt, sind die reichsten Kohlenniederlagen. Die beigegebene Skizze zeigt die wichtigsten derselben. Zwischen denselben hat das Flötz oft mehre Lachter Mächtigkeit oder ist auch ganz verdrückt.

Fig. 8.

Man behauptet allgemein, dass diese sog. Mulden sich immer da fänden, wo sanfte Thalgehänge und Thäler an der Oberfläche vorhanden seien, während unter den steilen Rücken, wie sie das hangende Rothliegende besitzt, sicher schwaches oder verdrücktes Flötz zu finden sei. Allerdings treffen beide Erscheinungen oft auffallend zusammen, jedoch lässt sich kein Grund für den wirklichen inneren Zusammenhang derselben angeben.

Die sog. Flötztrümmer bilden ebenfalls eine erwähnenswerthe Eigenthümlichkeit. Dieselben zweigen sich im Streichen vom Flötze ab. Ausser einem Haupttrumme sind noch mehre kleine Trümmer bekannt. Die Spitzen derselben, welche versetzt wurden, soweit sie bauwürdig waren, sind nach Osten oder Nordosten gerichtet.

Wahrscheinlich setzen sich die Trümmer, wenn auch schwach, fort und legen sich wieder an das Flötz an, so dass das Ganze nur eine vom Flötze umschlossene taube Einlagerung wäre.

Das Haupttrumm hat eine bauwürdige Mächtigkeit von 10 Lachter im Querschlage; die zwischengelagerten tauben Massen sind über 20 Lachter stark.

Den grössten Theil des Flötzes auf bayerischer Seite, nämlich den südlichen Theil des Westflügels bis an die meiningische Grenze und die Wendung bis über die Teufe hinaus, welche je aufgeschlossen werden wird, besitzt Herr von Swaine. Die Nordspitzen der beiden Flügel hingegen, welche weder im Streichen noch im Fallen grosse Ausdehnung haben, wurden vor Kurzem von dem Herrn Dorschky von Cronach aus dem Meyer'schen Nachlasse erstanden. Auf meiningischer Seite betragen die ursprünglichen Felder des Herrn von Swaine (Bernhardt und Sophie) 315,650 Quadratlachter, die durch denselben kürzlich erstandenen Meyer'schen Felder 600,000 Quadratlachter.

Rechnet man ein Quadrat, im Streichen vom August- bis zum Minnaschachte, in der Falllinie bis westlich vom Walzwerke bei Neuhaus, so würden sich unter dieser Fläche von ca. $\frac{1}{4}$ Meilen Länge und Breite nach den bisherigen Erfahrungen und den Ergebnissen der Bohrlöcher 300 Millionen Centner Kohlen befinden.

Das auf bayerischer Seite befindliche Kohlenquantum muss, soweit die Aufschlüsse reichen, als viel geringer angesehen werden.

Die Eigenthümlichkeit des Flötzes bringt es mit sich, dass mehre Sorten Kohlen ausgehalten werden müssen.

Die beste Sorte ist die Schmiedekohle oder Steinkohle, aus den reinsten und leichtesten Kohlen bestehend. Hierauf folgt die Mischkohle, zu der man schwere Kohlensorten nimmt; auch gewinnt man dieselbe da, wo gute Kohlen, aber mit so viel Bergen durchwachsen anstehen, dass sie von denselben nicht ganz freigehalten werden können. Die geringste Kohlensorte, die früher unbenutzt blieb, nennt man Heizkohlen oder Brennberge. Zu denselben kommen erdige, lettige und glanzige schwere Kohlen, die auch von Bergen nicht ganz freigehalten werden können. Bei der Kohlengewinnung muss der Häuer jedes hereingehauene Stück durch die Hand laufen lassen und häufig noch zerschlagen, wodurch die Leistung natürlich sehr herabgezogen wird. Diese letztere beträgt auf Abbauen ca. 20 Ctr. in der 8stündigen Schicht, während sie in anderen Kohlenrevieren das Doppelte ja Dreifache davon ist.

Wegen der vielen unhaltigen Theile des Flötzes sind auch die Schüttungsverhältnisse gering. Man kann p. Quadrat-Lachter, 1 Fuss dick, 20 bis 25 Ctr. annehmen. Das Verhältniss der Schmiedekohle zur Misch- und Heizkohle ist ein sehr wechselndes. Steht dasselbe wie 1 : 1, so ist es schon günstig. In den obern Teufen war es allerdings noch besser, namentlich besass man da in den sogenannten Mulden viel mächtiger und rein anstehende Kohle.

Gegenwärtig schwankt das Verhältniss zwischen 1 : 1 und 2 : 3. Die erst kürzlich im Max-Schachte aufgeschlossenen tieferen Flötztheile werden jedoch ein weit günstigeres Verhältniss, wenigstens 2 : 1 geben.

Es sind diese Flötztheile mit schlagenden Wettern behaftet, welche man ausserdem in der Stockheimer Gegend kaum kennt.

d) Das Hangende der kohlenführenden Etage.

In weitern Lagen liegen die Schichten des **eigentlichen Rothliegenden** um die kohlenführende Etage herum. Dieselben ziehen im Süden bis Glossberg und nahe Gundelsdorf, im Norden bis Föritz auf der einen und Heimersdorf auf der anderen Seite des Grauwackenzuges.

Das Streichen dieser Schichten ist meist hor. 11—12, das Einfallen mit 30—40 Grad nach Westen. Die ältesten Schichten bestehen aus Conglomeraten mit rothem thonigen oder thonig-kieseligen Bindemittel (Eisenthon) und Geschieben von Porphyren und Grauwacke, letztere in einigen Lagen sehr vorherrschend. Auch Rollstücke von Quarz und Kieselschiefer machen sich in höherer Lage bemerkbar. Diese Conglomerate kommen in Bänken bis 6 Lachter Stärke vor und wechsellagern mit weniger mächtigen Schichten von grobkörnigem Sandsteine aus denselben Materialien, wie die Conglomerate bestehend, oder mit feinen rothen thonigen Sandsteinen.

In dem südlichen und westlichen Theile der Ablagerung erreichen diese Wechsellagerungen ihre grösste Mächtigkeit, während sie östlich bei Reitsch nur ca. 20 Lachter einnehmen.

Hierüber befinden sich rothe Schieferletten, welche mitunter eigenthümliche weisse oder grünliche kalkige Flecken besitzen, auch ganze Knollen von Kalk finden sich vor. Diese Schichten sind besonders stark östlich bei **Neukenroth** und **Reitsch**[1]) entwickelt, wo sie wohl 110 bis 130 Lachter mächtig sind, während sie westlich bei Neuhaus kaum 50 Lachter stark sein mögen. Schliesslich folgen als die jüngsten Glieder des Rothliegenden feinkörnige rothe und dann weisse Sandsteine von ungeheurer Mächtigkeit, östlich bei Neukenroth, Wolfersdorf und Reitsch ca. 150 Lachter, westlich bei Neuhaus und Lindenberg 120 — 130 Lachter.

Sie bestehen aus dicht aneinander liegenden Quarzkörnchen, welche von dem wenigen thonigen oder kaolinartigen Bindemittel nur schwach zusammengehalten werden. Die unteren Lagen dieser Sandsteine sind roth und kommen in denselben nach oben lagenweise geordnete Knauern von Kalk vor; die obersten Schichten hingegen sind ganz weiss und erreichen bei Lindenberg 2 — 300 Fuss Mächtigkeit.

Dem eben erwähnten weissen Sande findet sich auf dem Westflügel bei Bürgles und Burggrub die Formation des **Zechsteines** aufgelagert. Ein schmaler Saum dieser Bildung reicht von Mark bis Haig.

Ueber dem weissen Sande, der wohl dem **Weissliegenden** anderer Gegenden entsprechen mag, lagert zunächst eine **Dolomitbreccie**; auf diese folgt massiger, krystallinisch-körniger, echter Dolomit und sodann plattenförmige **Zechsteine**. In diesen letzteren liegen mehre Schichten eines dunklen bis grauen Schiefers, der sich in sehr schwache Lagen theilen lässt und die gewöhnlichen Versteinerungen der Formation, die auch dem Kalke nicht fehlen, enthält. Das eigentliche Kupferschieferflötz ist nicht beobachtet worden.

Es folgen nun die gewöhnlichen **rothen Schieferletten des bunten Sandsteines** mit häufigen Lagen sehr fester Kalkknollen. In diesen Letten kommt auch ein schwaches Eisensteinflötz vor, aus reihenweise geordneten Putzen von schönem Braun- und Rotheisenstein bestehend. Endlich legt sich nach Westen hin der bunte Sand dem Schieferletten an.

Merkwürdig ist noch das Vorkommen des **Zechsteindolomites nördlich von Stockheim**. Er lagert hier wenigstens 5—6 Lachter hoch auf einem weissen, losen Sande, unter dem sich der rothe Sandstein zeigt, welchen wir als eines der jüngsten Glieder des dortigen Rothliegenden hingestellt haben. Obgleich von Einigen behauptet wurde, dass jener weisse Sand, welcher in der Grube Vereinigter Nachbar das Liegende des Flötzes bilden soll, zu den ältesten Schichten des Rothliegenden gehöre, so wurde doch in den Profilen derselbe für gleichbedeutend mit dem weissen Sande vom Bürgles bei Lindenberg, welcher entschieden das jüngste Glied des Rothliegenden ist, hingestellt. Diese Ansicht hat sich denn noch in der neuesten Zeit, wo man diesen weissen Sand von dem Max-Schachte an unter eigenthümlichen Verhältnissen an dem Kohlenflötze angefahren hat, vollkommen bestätiget und kann nur die Annahme einer grossen Verwerfung oder Senkung der östlichen Seite rechtfertigen, die auch in unserem Profile in einer entsprechenden Weise angedeutet worden ist.

---

[1]) In diesen rothen Schieferletten bei **Reitsch**, welche ca. 400 Lachter über dem Kohlenflötze liegen sollen, hat Herr C. Rückert neben stylolithenartigen Absonderungen auch einige organische Ueberreste entdeckt. Man erkennt unter diesen den für die untere Dyas bezeichnenden *Cordaites Ottonis* Gein. und einen grossen sehr deutlichen Flügel eines zu den Eintagsfliegen oder Ephemerinen gehörenden Netzflüglers, welcher im neuen Jahrbuche 1865 als *Ephemerites Rückerti* beschrieben worden ist. (G.)

5. Die Steinkohlenformation bei Erbendorf in der bayerischen Oberpfalz.

Patriotisch gesinnte Männer sind eifrig bemühet gewesen, die für ganz Bayern hochwichtige Frage über das Vorkommen bauwürdiger Schwarzkohlenlager in der bayerischen Oberpfalz zur Entscheidung zu bringen. Zu ihrer Aufsuchung in dem Naabgebiete, worüber sich auch ein 1856 in Weiden gedrucktes Gutachten des Verfassers ausführlich verbreitet, sind von dem Weidener Steinkohlen-Bergbau-Vereine keine Opfer gescheuet worden. Ausser diesen sind auch von Seiten der königl. bayerischen General-Bergwerks- und Salinen-Administration im Süden von Weiden noch einige Versuche nach Steinkohlen ausgeführt worden. Ueber alle diese Versuche, sowie über die in der Gegend von Weidenberg von einem anderen Vereine unternommenen, ist in eingehender Weise in unserer „Dyas II. S. 190—192" berichtet worden.

Wenn man aber trotz dieser zahlreichen Versuche bis jetzt noch zu keinem befriedigenden Resultate gelangt ist, so kann doch hierdurch die Frage noch nicht als erledigt angesehen werden.

Aus dem Fehlen aller marinen Gebilde in der Dyas dieser Gegend lässt sich der Schluss ziehen, dass die letztere während der Steinkohlenzeit von dem Meere befreiet gewesen sei und wenigstens eine Füglichkeit vorhanden war, dass sich auch hier in einem sumpfigen, allmählig versandeten Boden dieselbe kohlenführende Formation herausbilden konnte, die man nicht nur bei Stockheim, sondern auch bei Erbendorf in der bayerischen Oberpfalz selbst glücklich erreicht hat.

Es beweist das Vorkommen sehr mächtiger kohlenstoffreicher und pflanzenführender Brandschiefer der unteren Dyas, welche bei Erbendorf concordant mit der Steinkohlenformation gefunden worden sind, dass zwischen beiden Gesteinsbildungen grosse Niveau-Unterschiede nicht eingetreten sein können, und dass mindestens sehr bald nach der eigentlichen Steinkohlenzeit auch in dem bayerischen Naabgebiete, wo gleiche Brandschiefer an vielen Orten angetroffen werden, diejenige längere Ruhe eingetreten sein müsse, welche dem Aufkommen einer reicheren Vegetation in einem sumpfigen Landstriche günstig und vor allem hiezu erforderlich war.

Die Geschichte von der Auffindung der Steinkohlen bei Erbendorf ist in Nr. 272 der Allgemeinen Zeitung 1856 amtlich festgestellt worden und soll hier nicht wiederholt werden.

Die Gegend von Erbendorf fällt in eine Bucht zwischen der von SO. nach NW. sich hinziehenden Gebirgskette des bayerischen und Oberpfälzer Waldes und der fast senkrecht daran stossenden Linie des Erzgebirges mit seinem südwestlichen Vorsprunge, dem Fichtelgebirge. (Vgl. Gümbel's geognost. Karte des Königreichs Bayern, 1859.)

Die der Steinkohlenformation angehörenden Schichten lehnen sich mit einem sehr steilen Einfallen an den Gneiss an und sind nur eine kurze Strecke weit davon verfolgt worden, indem sie schon in der Nähe des Fuchsweiherls an der Strasse nach Kemnat in bedeutender Tiefe liegen und durch die groben grauen Conglomerate der unteren Dyas, mit 75° Einfallen, verdrängt worden sind. Man hat mit den dortigen Schichten die in dem Holzschnitte 9 angegebenen Schichten durchsunken, deren Lagerungsverhältnisse uns durch den früheren Schichtmeister des Werkes, den jetzigen Salzbereiter Herrn Wurmer in Reichenhall bekannt geworden sind. (Vgl. Dyas II. S. 188.)

Bei der gleichförmigen Lagerung benachbarter Schichten ist es hier schwer, die Grenze zwischen Dyas und Steinkohlenformation scharf zu bestimmen; sicher ist aber, dass man mit dem im Maschinenschachte zwischen ca. 300′ und 330′ durchsunkenen Schieferthon sich in der Steinkohlenformation bewegt hat, welche zwei bauwürdige Kohlenflötze enthält.

Nach den uns zuletzt zugegangenen Mittheilungen durch den jetzigen Cassirer auf der Saline Berchtesgaden, Herrn Ostler, welcher den Erbendorfer Betrieb vom Anfange des Jahres 1863 an gegen ein Jahr lang geleitet hat, beträgt die durchschnittliche Kohlenmächtigkeit jener beiden, durch ohngefähr 1 Lachter Zwischenmittel getrennten, Flötze nur 2 Fuss, hat sich indess an manchen Stellen weit bedeutender, selbst bis zu 13 Fuss, gezeigt, wie wohl das Flötz dann sehr unrein war.

Geognostische Skizze der Umgegend von Erbendorf,
von Herrn Schichtmeister **Wurmer.**

Fig. 9.

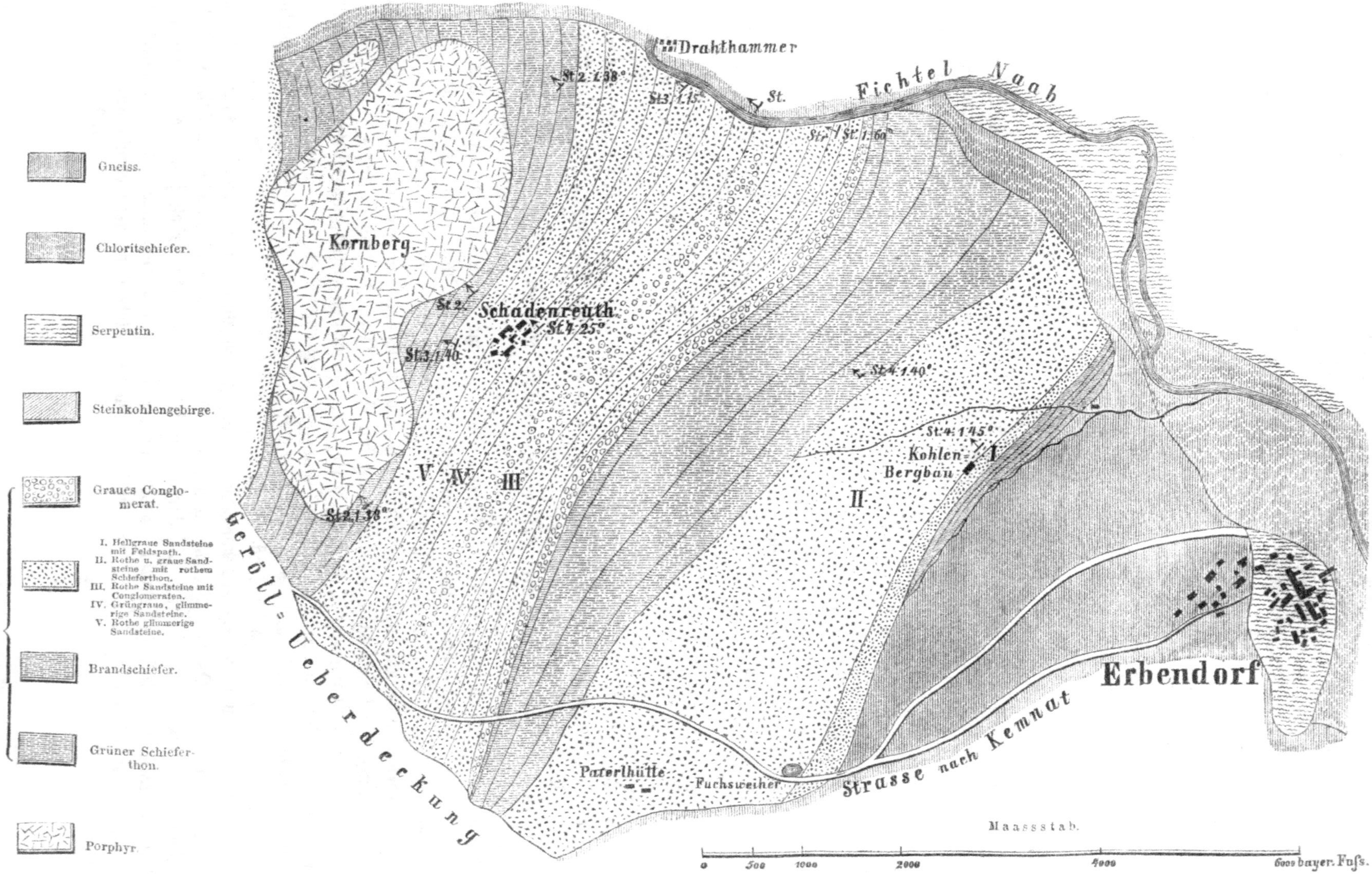

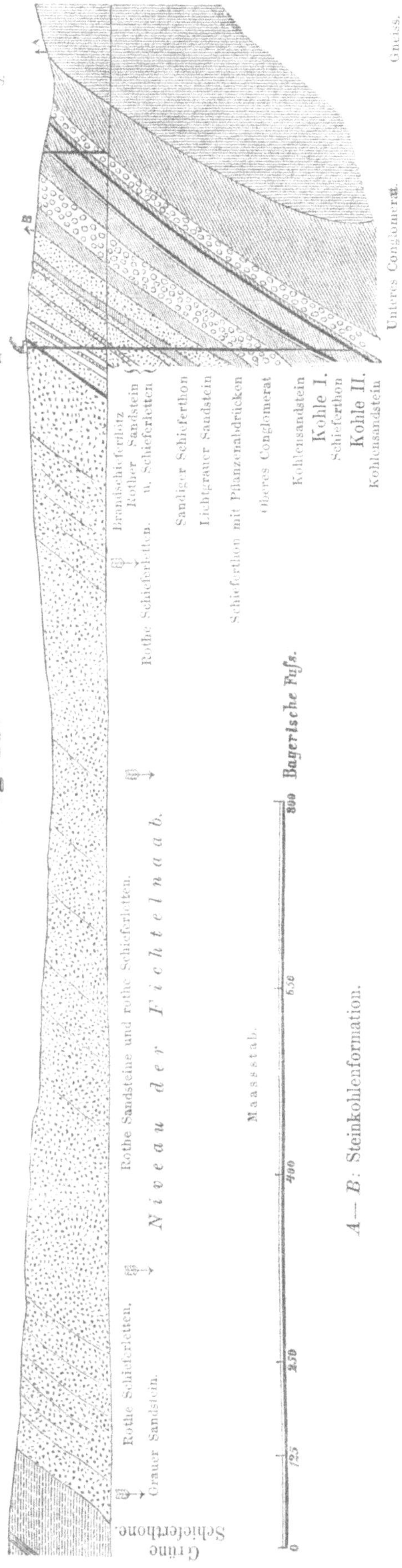

Fig. 10. Profil des Steinkohlengebirges bei Erbendorf.

Die bei Erbendorf gewonnene Kohle ist eine typische „Mulmkohle“, welche mit jener von Stockheim die grösste Aehnlichkeit zeigt. Wir fanden ihr specifisches Gewicht aus dem tieferen Flötze = 1,265. Da diese Kohle sehr leicht zerbröckelt, noch mehr aber die aus dem oberen Flötze, so verwendet man sie, unter Zusatz von etwas Theerasphalt, fast nur zu Briquets, deren Anfertigung mittelst einer von Herrn Ostler construirten, zwar einfachen, jedoch practischen Maschine bewirkt wird. Unter des Letzteren Leitung sind mit ihr täglich gegen 120 Ctr. Briquets angefertiget worden. Noch gegenwärtig findet dort ein, wenn auch etwas schwächerer Betrieb unter der technischen Leitung des Herrn Schichtmeister Cramer statt.

Lässt sich nun zwar das hier gewonnene Resultat gerade kein glänzendes nennen, so darf man doch den hier gelungenen sicheren Nachweis von dem Vorkommen der productiven Steinkohlenformation überhaupt in diesen Gegenden nicht unterschätzen.

Die von dem Verfasser und Herrn Bergrath Gümbel in der Steinkohlenformation von Erbendorf unterschiedenen Pflanzenreste, unter welchen zwei deutliche Sigillarien gegen jede Vereinigung dieser Schichten mit der Dyas ganz entschieden sprechen, sind folgende:

1) *Calamites Suckowi* Bgt. (G. Gü.)
2) „ *Cisti* Bgt. (Gü.)
3) *Asterophyllites equisetiformis* Schl. sp.
4) „ *grandis* St. et *Pinnularia capillacea* Lindl. (G. Gü.)
5) *Annularia longifolia* Bgt. (G. Gü.)
6) „ *sphenophylloides* Zenk. (G. Gü.)
7) „ *radiata* Bgt. (Gü.)
8) *Sphenophyllum emarginatum* Bgt. (Gü.)
(an ?) „ *saxifragaefolium* St. (G.)
9) „ *oblongifolium* Germ. (G.)
10) *Schizopteris Gutbieriana* Presl. (Gü.)
11) *Odontopteris Schlotheimi* Bgt. (G.)
12) „ *obtusiloba* Naum. (Gü.)
13) *Neuropteris flexuosa* St. (G.)
14) „ *tenuifolia* Schl., Bgt. (G. Gü.)
15) *Cyatheites arborescens* Sch. sp. (G. Gü.)
16) „ *Candolleaneus* Bgt. sp. (Gü.)
17) „ *oreopteroides* Gö. (G.)
18) „ *Miltoni* Artis sp. (Gü.)
19) *Alethopteris Serli* Bgt. sp. (G.)
20) „ *pteroides* Bgt. (G. Gü.)
21) *Sagenaria dichotoma* St. (G.)
22) *Lepidophyllum majus* Bgt. (G.)
23) *Lepidostrobus variabilis* Lindl. (G.)
24) *Sigillaria alternans* St. (G.)
25) „ *pes capreoli* St. (Gü.)
26) *Palmacites? (Poacites) zeaeformis* Schl. (G.)
27) *Cordaites principalis* Germ. (G.)
28) { *Noeggerathia palmaeformis* Gö. (G.)
{ *Rhabdocarpos Bockschianus* Gö. & Be. (G.)
29) { *Noeggerathia Beinertiana* Gö. (Gü.)
{ *Rhabdocarpos lineatus* Gö. & Be. (G.)

6. Die Steinkohlen des Schwarzwaldes im Grossherzogthume Baden.

(Hierzu Taf. IX.)

Man kennt an verschiedenen Punkten des Schwarzwaldes isolirte Ablagerungen der Steinkohlenformation, welche weniger Theile eines grossen, später zerstückelten Beckens, als vielmehr Niederschläge aus kleinen Mooren in Einsenkungen des Gebirges sind. Durch ihre Lagerungsverhältnisse bieten sie manche Analogien mit jenen von Löbejün, durch die Beschaffenheit ihrer Kohle aber mit Stockheim und Erbendorf dar, wiewohl sie auch ihre grossen Eigenthümlichkeiten zeigen.

Am gründlichsten wurden dieselben von Dr. F. Sandberger[1]) verfolgt, dem es gelungen ist, durch Untersuchung ihrer fossilen Floren den geologischen Horizont festzustellen, welchen diese Ablagerungen unter den verschiedenen Zonen der Steinkohlenformation einnehmen. Ihre geographische Lage ist auf der geognostischen Karte von Würtemberg, Baden und Hohenzollern von Heinr. Bach, 1860, weit specieller jedoch auf den genauen geognostischen Karten von Sandberger hervorgehoben worden, welche das Ministerium des Innern in den unten citirten Beiträgen veröffentlicht hat.

Professor Sandberger weist nach, dass man jetzt in dem Schwarzwalde vier paläozoische Floren unterscheiden könne:

1) Die der untersten Kohlenformation oder der Culmgrauwacken in der Gegend von Offenburg und in dem Zuge von Badenweiler bis Lenzkirch, worin *Calamites transitionis* Gö., *Sagenaria Veltheimiana* St. sp. und *Sphenopteris* Arten gefunden werden. Diese Flora entspricht jener von Thann und St. Amarin im Elsass, von Clausthal im Harze, Herborn in Nassau, Magdeburg, Landshut in Schlesien, des Hainichen-Ebersdorfer Bassins in Sachsen und der Anthracitregion am Zoitzberge[2]) zwischen Gera und Weyda.

Wiewohl die seitherigen Versuche zur Ausbeutung der mit Thon und Eisenkies in verschiedener Quantität verunreinigten Anthracitkohle in dieser Region, welche an der Schwärze und bei Schweighof (Geol. Karte der Umgebung von Badenweiler), dann höher im Gebirge (Section Schönau) bei Neuenweg in der älteren Steinkohlenformation vorkömmt, kein günstiges Resultat geliefert haben, weil die Quantität der Asche des gewonnenen Materials in keinem Verhältnisse zum Heizwerthe steht, so verdient diese Formation, nach Sandbergers Urtheil, dennoch fernere Beachtung.

2) Die Flora der mittleren Kohlenformation von Berghaupten oder des Offenburger Kohlen-Bassins.

Wir haben schon früher Gelegenheit gehabt, uns über diese Flora zu äussern.[3]) Nach einer wiederholten Untersuchung der meist noch in dem k. mineralogischen Museum in Dresden befindlichen organischen Ueberreste aus diesem Becken dürfen wir als besonders leitend für die Steinkohlenformation von Berghaupten folgende Pflanzen hervorheben:

Calamites cannaeformis Schl. von Berghaupten und Diersburg.

Asterophyllites longifolius Sternb. sp. von Diersburg.

Sphenopteris Hoeninghausi Bgt. und *Sphenopteris microloba* Göpp.

Sphenopteris tridactylites Bgt. von Diersburg, früher a. a. O. p. 350 zu *Sphenopteris lanceolata* Gutb. gezogen.

Hymenophyllites dissectus (*Sphenopteris dissecta*) Brongn., als dessen Basalfieder (Primordialwedel oder Spindelblatt) wir *Cyclopteris flabellata* Brongn. betrachten müssen, welche beide Formen, ebenso wie die folgende Art, Brongniart gerade von Berghaupten beschrieben hat.

Cyatheites asper (*Pecopteris aspera*) Brongn., *Aspidiaria undulata* Sternb. sp. von Diersburg, *Sagenaria Veltheimiana* Sternb. sp. von Berghaupten, Blätter von *Sigillaria* und einer wahrscheinlich zu *Cordaites borassifolius* St. sp. gehörenden Pflanze.[4])

Sigillaria densifolia und *Sig. Voltzi* Bgt. von Zunsweiler (nach Brongniart).

---

[1]) Dr. F. Sandberger in Leonhard und Bronn, Jahrb. 1856, p. 334. — In den Beiträgen zur Statistik der inneren Verwaltung des Grossherzogthums Baden. 7. Hft. Geolog. Beschr. der Umgebungen von Badenweiler, 11. Hft. Geol. Beschr. d. Gegend von Baden; 16. Heft. Geolog. Beschr. d. Umgebung der Renchbäder, Carlsruhe 1858 — 1863. Derselbe, die Flora der oberen Steinkohlenformation im Badischen Schwarzwalde. In den Verh. d. naturw. Ver. zu Carlsruhe. 1864. S. 30 — 36. tb. 2 — 4.

[2]) Vgl. Geinitz, die Versteinerungen der Grauwackenformation in Sachsen. II. 1853. S. 11. — Geogn. Darst. der Steinkohlenformation, S. 9.

[3]) R. Ludwig und Geinitz im Jahrb. d. k. k. geol. Reichsanstalt, VIII. 1857. S. 334 — 351.

[4]) Drei andere von dem Verfasser früher in Untersuchung gezogene Arten, *Annularia sphenophylloides* Zenker,

Nur in dieser Zone sind bis jetzt **bauwürdige Steinkohlenflötze** im Schwarzwalde gefunden worden, die weiter unten beschrieben werden sollen.

3) Die **Flora der oberen Kohlenformation von Baden, Oppenau, Hinterohlsbach** und **Geroldseck**, welche nachstehende Pflanzen enthält:

	Baden-Baden.	Hinter-Ohlsbach.	Oppenau.	Hohen-Geroldseck.
1) *Calamites cannaeformis* Schl.	*	—	—	—
2) „ *Suckowi* Bgt.	—	—	—	*
3) „ *Cisti* Bgt.	—	*	—	*
4) *Asterophyllites rigidus* St. sp.	—	—	—	*
5) „ *longifolius* St. sp.	—	—	*	*
6) „ *equisetiformis* Schl. sp.	*	—	—	—
7) *Annularia longifolia* Bgt.	—	—	*	*
8) „ *sphenophylloides* Zenker	*	*	—	—
9) *Sphenophyllum longifolium* Stb.[1]	—	—	*	—
10) *Sphenopteris irregularis* St.	*	—	—	*
11) *Schizopteris anomala* Bgt.	—	—	*	*
12) „ *Lactuca* Presl.	*	—	—	*
13) *Odontopteris britannica* Gutb.	*	—	—	—
14) „ *Reichiana* Gutb.	—	*	—	—
15) *Neuropteris tenuifolia* Schl. sp.	—	—	*	—
16) „ *Loshi* Bgt.	—	—	*	—
17) „ *rotundifolia* Bgt.	—	—	—	*
18) *Cyatheites arborescens* Schl. sp.	*	—	—	—
19) „ *Miltoni* Artis sp.	*	*	—	—
20) „ *unitus* Bgt. sp.	—	*	*	*
21) *Alethopteris pteroides* Bgt. sp.	—	*	*	*
22) „ *marginata* Bgt. sp.	—	—	*	—
23) „ *aquilina* Schl. sp.	—	*	—	—
24) *Lepidostrobus variabilis* Lindl.	*	—	—	—
25) *Sigillaria Brongniarti* Gein.	*	—	—	—
26) „ *lepidodendrifolia* Bgt.	*	—	—	—
27) *Palmacites crassinervius* Sdb.	—	—	*	—
28) *Guilielmites clipeiformis* Gein.	—	—	*	—
29) { *Noeggerathia palmaeformis* Gö. / *Rhabdocarpos Bockschianus* Gö. u. Bc. }	—	—	*	—
30) *Carpolithus ellipticus* St. sp.	—	—	*	—
31) *Cordaites borassifolius* St. sp.	*	*	*	*
32) *Cardiocarpon Künssbergi* Gutb.	—	—	*	—
33) *Cyclocarpon marginatum* Artis sp.	*	—	—	—
34) *Pterophyllum blechnoides* Sdb.	—	—	*	—
35) *Trigonocarpon Parkinsoni* Bgt.	—	*	*	—
36) *Pinites densifolius* Sdb.	—	—	*	—

Bei einem Vergleiche dieser Pflanzen mit ihrem Vorkommen in den verschiedenen Zonen der Steinkohlenformation in Sachsen (vgl. Geinitz, geogn. Darst. 1856. S. 73—82), ergiebt sich, dass 19 Arten in Zone II (der Sigillarien-Zone), 15 Arten in Zone III (der Calamiten-Zone), 15 Arten in Zone IV (der Annularien-Zone) und 20 Arten in Zone V (der Farren-Zone) bekannt geworden sind.

Hieraus geht zunächst hervor, dass diese Floren der **oberen** oder **productiven** Steinkohlenformation überhaupt entsprechen, in deren Mitte sie ohngefähr fallen. Wir müssen in Folge des spär-

Cyatheites unitus Brongn. sp. und *Alethopteris pteroides* Brongn. sp. stammen nicht aus diesem Kohlenbecken selbst, sondern auf der rechten Seite des Kinzigthales von Reichenbach in der Nähe von Gengenbach her und werden von Sandberger als Mitglieder der folgenden jüngeren Zone betrachtet.

[1]) Dieser Name ist schon durch Germar vergeben worden.

lichen Vorkommens von Sigillarien selbst und ihrer geringen Kohlenführung Bedenken tragen, diese Floren der Sigillarien-Zone selbst zuzuweisen, um so mehr, als einige der von Sandberger beobachteten Pflanzen, wie *Asterophyllites equisetiformis*, *Cyatheites unitus*, *Palmacites crassinervius*, welche Art dem *Poacites zeaeformis* Schl. am nächsten steht, *Guilielmites clipeiformis*, *Noeggerathia palmaeformis* mit *Rhabdocarpos Bockschianus*, mehr für eine höhere Zone sprechen.

Bei dem Vorkommen von Leitpflanzen für die tieferen Zonen, wie *Asterophyllites rigidus* und *longifolius*, *Schizopteris anomala* und *Lactuca*, *Lepidostrobus variabilis*, *Sigillaria Brongniarti*, deren Niveau an die Zone III anzugrenzen pflegt, und dem häufigen Vorkommen von Calamiten, welches nach Sandberger bei Hohengeroldseck unweit Lahr sogar zur Ausscheidung zahlreicher Nester von staubiger Russ- oder Calamiten-Kohle Veranlassung gegeben hat, wird man diese Zonen vielleicht am besten in Zone III verweisen können, deren Entwickelung auch in Sachsen am unbeständigsten ist, da gerade in ihre Bildungszeit verschiedene grössere Porphyr-Erhebungen gefallen sind.

Ueber die Versuche nach Steinkohlen, welche in ihrem Gebiete in den bezeichneten Gegenden des porphyrreichen Schwarzwaldes unternommen worden sind, berichtet Sandberger a. g. O.: Sie können zu neuen Versuchen darin kaum berechtigen, wenn man auch in der an granitischen Conglomeraten und Sandsteinen reichen Steinkohlenformation in der Nähe von Baden-Baden, lediglich am Südwestrande und in den tiefsten Schichten bis 9 Zoll starke Kohlenflötze bereits aufgefunden hat.

4) Die vierte durch Professor Sandberger in dem Schwarzwalde nachgewiesene Flora der paläozoischen Zeit entspricht ganz der in der unteren Dyas oder dem unteren Rothliegenden von Sachsen, Thüringen, Bayern, Böhmen und anderen Ländern, und es sind in ihr namentlich die überall wohl bekannten Formen: [1])

Calamites infractus Gutb., *Odontopteris obtusiloba* Naum., *Alethopteris pinnatifida* Gutb. sp., *Walchia piniformis* Schl. sp., *Pterophyllum Cottaeanum* Gutb., *Cordaites Roesslerianus* Gein., *Cardiocarpon reniforme* Gein., *Cordaites Ottonis* Gein. und *Noeggerathia palmaeformis* Gö. wieder erkannt worden. —

Indem wir uns jetzt der kohlenreicheren Zone der Steinkohlenformation des Schwarzwaldes zuwenden, in welche die mit einander direct zusammenhängenden Kohlenreviere von Diersburg, Hagenbach und Berghaupten fallen, die einen verhältnissmässig sehr kleinen Landstrich zwischen Offenburg und Gengenbach einnehmen, legen wir die sorgfältigen Erhebungen hierüber durch Herrn R. Ludwig, [2]) als technischem Mitglied der Bankdirection für Handel und Industrie zu Darmstadt, zu Grunde.

Nach seinen Mittheilungen bildet die dortige Steinkohlenformation ein schmales, in ostwestlicher Richtung mit den Gneissschichten fortstreichendes Band, welches von Diersburg über Hagenbach nach Berghaupten zieht und auch noch jenseits der Alluvionen des Kinzigthales bei Reichenbach zwischen Gengenbach und Ortenberg hervortreten soll, welche letztere Ansicht von paläontologischer Seite her einer weiteren Begründung bedarf. Dieses Band hat am Tage eine Breite von 240 bis 270 Meter; beiderseits wird es vom Gneisse begrenzt, dessen Schichten St. 5—6 streichen und steil gegen Süd oder Nord einfallen.

Das Steinkohlengebirge dieser Mulde besteht nach Ludwig aus abwechselnden Bänken eines mehr oder weniger groben grauen Sandsteines, schwarzen Schieferthones mit gut erhaltenen Pflanzenabdrücken, dichtem Feldstein und Steinkohle.

Nur selten stellen sich in dem Sandsteine gröbere Conglomerate ein, welche, ebenso wie die Sandsteine, mit starken Bänken deutlich geschichtet sind. Die Schichtung ist steil aufgerichtet und folgt jeder Biegung des Gesteinsbandes, welches auf Taf. IX. Fig. 1 im Grundrisse gegeben ist. Die eingezeichneten Pfeile deuten die Richtung des Einfallens an. Querklüfte, allerdings wieder fest geschlossen,

---

[1]) Beitr. zur Statistik d. inn. Verw. d. Grossh. Baden, XVI. Heft. 1863. S. 9, 10.

[2]) R. Ludwig, die Steinkohlenformation von Offenburg im Grossherzogthume Baden. Im Jahrb. d. k. k. geolog. Reichsanstalt. VIII. Jahrg. Wien, 1857. S. 334 u. f.

unterbrechen und verwerfen die Schichtung sehr häufig. Der Schieferthon ist milde, dunkel gefärbt, in dünne Schichten und keilförmige Stücke abgesondert. Mitunter verläuft er in einen schwarz-grauen Sandsteinschiefer.

Der Feldstein ward von demselben Berichterstatter auf mächtigen Lagern sowohl im Berghauptener als im Hagenbacher Reviere beobachtet. Er liegt innerhalb der Mulde und enthält viel kohlige Beimengungen. Diese Lager bestehen aus einem dichten, im Bruche ebenen, in das Splitterige übergehenden, an den Kanten durchscheinenden, hellgelblich-grauen Feldstein, welchen Quarz ritzt. Streifen schwarzer kohlenhaltiger Substanz, fein schraffirt, aus zahllosen Lamellen zusammengesetzt, wolkige, verwaschene Zeichnungen von gleicher Farbe bildend, wechseln mit gelblichen Schichten und geben, indem sie durch Klüftchen und Gänge verworfen sind, die zierlichsten Bilder verschobener und zerstückelter Flötzschichten. Chalcedon, Bitterspath, Schwefelkies und Bleiglanz erfüllen diese verwerfenden Gangspalten.

Nach Ludwig kommt die Steinkohle in der Offenburger Mulde in zwei Abänderungen vor. Das bedeutendste Vorkommen bilden anthracitische Kohlen auf Lagern von 0,3 — 10 Meter Stärke. Diese Kohle ist schwarz, pechartig-glänzend, stark nach allen Richtungen zerklüftet, wesshalb sie besonders in oberen Teufen leicht zerfällt. Viele glänzend polirte Rutschflächen durchziehen die Kohlenflötze nach allen Richtungen. Aus den tieferen Theilen der Lagerstätten können jedoch Kohlenstücke von grösserem Umfange entnommen werden. Da sie fast frei von Schwefelkies ist, so eignet sich dieselbe nicht allein für Zimmerfeuerungen, sondern namentlich auch zu Kesselfeuern und für Schmiede. Auch wird sie, wahrscheinlich in Form von Briquets, bei den Locomotiven der Badenschen und Grossherzoglich Hessischen Eisenbahnen als Feuerungsmaterial in Anwendung gebracht.

Die dortige Schmiedekohle ist nach demselben Autor eine schwach backende, der Pechkohle ähnliche Varietät der Steinkohle, welche in den unteren Flötzen der Offenburger Mulde in einer Stärke von 0,3 bis 1,25 Meter vorkommt. Sie ist fester, als die anthracitische Varietät, metallglänzend, tief schwarz und weniger zerklüftet. Es werden diese Kohlen von den Feuerarbeitern sehr gesucht.

Eine zwischen Schmiede- und Anthracitkohle die Mitte haltende feste Kohle setzt im Diersburger Reviere ein schwaches inneres Flötz zusammen. Diese Kohle ist hart, bricht in derben Stücken, brennt aber schwer an und giebt viel Asche. —

Nachdem uns durch die freundliche Vermittelung des Herrn Professor Zittel in Carlsruhe die verschiedenen Kohlen des Berghauptener Revieres zur specielleren Untersuchung zugesandt worden sind, haben wir Gelegenheit gefunden, die nothwendigen Daten zur Beurtheilung der Badenschen Kohlen auch selbst zu gewinnen. Die gegenwärtig in Abbau begriffenen Flötze stimmen ihrer Qualität nach sehr mit einander überein.

Die dort vorherrschende Kohle geringerer Qualität bildet eine sammtschwarze, weiche und milde, von vielen Rutschflächen durchzogene und sich schuppig ablösende Masse, welche in dieser Beziehung der Kohle von Stockheim und Erbendorf ganz ähnlich ist. Specifisches Gewicht = 1,668.

Die Kohle bester Qualität ist zunächst etwas leichter, als die vorige, indem ihr specifisches Gewicht nur 1,253 beträgt, und bildet eine derbe, weisse, sehr leicht zerbröckelnde, fast körnige bis erdige Masse, die auf ihrem Querbruche matt oder schimmernd erscheint.

Es empfiehlt sich für Kohlen von dieser Beschaffenheit der schon S. 19 dafür eingeführte Name „Mulmkohle", deren chemische Beschaffenheit in den verschiedenen Kohlenbecken später näher erläutert werden soll.

Die jetzt brechenden Kohlenmittel sind nicht sehr ausgezeichnet, namentlich sind Stückkohlen ausserordentlich schwierig zu erhalten und die ganze Gewinnung bezieht sich augenblicklich auf Kohlenklein.

Dass diese Beschaffenheit der Kohlen hier ebenso wenig, wie bei Stockheim und Erbendorf, eine ursprüngliche sein könne, sondern vielmehr in Folge von Hebungen und Biegungen der Kohlenflötze herbeigeführt worden ist, darf hier, wie in anderen Gegenden, durch die gesammten Lagerungsverhältnisse als erwiesen zu betrachten sein.

Herrn Ludwig's treue Darstellung der letzteren, woraus wir den auf Taf. IX gegebenen Grundriss und einige hierauf bezügliche Profile entlehnen, zeigen auf das Deutlichste, dass dieser ganze Zug der Steinkohlenformation zwischen Diersburg und Berghaupten eine langgezogene Mulde bildet, welche allem Anscheine nach gleichzeitig mit ihrem Grundgebirge, dem Gneisse, durch einen kräftigen Seitendruck[1]) eine fast sackförmige Zusammendrängung ihres Kohlengebirges erfahren hat.

Erläuterungen zu Taf. IX.

Fig. 1. Grundriss der Steinkohlenformation von Berghaupten nach Herrn R. Ludwig.

Fig. 2 und 3. Durchschnitte derselben nach den Linien AB und CD. Nach Herrn R. Ludwig.

Fig. 4. Gebirgsdurchschnitt durch den Hauptschacht des Hagenbacher Reviers und die östlichen Flötzstücke. Nach Herrn R. Ludwig.

a. Gneiss, dessen Grenze willkürlich genommen werden musste, weil die bergmännischen Aufschlüsse fehlen.

b. Kohlensandstein.

c. Schieferthon mit Pflanzenresten.

d. Feldsteinlager (Feldsteinschiefer).

1) Liegendes Flötz, nur bis zur III. Sohle bebauet, aber in die Tiefe fortsetzend.

2) Hauptflötz, oben schwach, in der Mitte angeschwollen, unter VIII. Sohle in zwei Hälften spaltend, indem sich ein Bergmittel einlegt.

3) Hangendes Flötz, noch nicht ausgerichtet, jedoch überall mit der Gallerie oder Sohle II bis IX angetroffen.

Fig. 5. Gebirgsdurchschnitt durch den Alexandriner-Schacht des Berghauptener Reviers. Nach Herrn R. Ludwig.

I. Alexandriner-Schacht $112^1/_2$ Meter tief.

II. Rösche nach demselben.

III. Dritte Sohle. Richtstrecke vom Hauptschachte.

a. Hauptflötz, Anthracitkohle; a' im alten Abbau angetroffenes, wahrscheinlich umgekipptes Flötzstück zu a. gehörig.

b. Kohlensandstein, c. Schieferthon, d. Feldsteinschiefer, ee. zwei liegende Kohlenflötze.

Herr Ludwig fasst seine Ansicht über das Vorkommen der Offenburger Steinkohle, nachdem er die einzelnen Lagerungsverhältnisse sehr eingehend beschrieben hat, in folgenden Worten zusammen:

1) Es sind in der durch krystallinische Entwickelung des Gneisses aus einem Sedimente aufgebogenen Falte des Steinkohlengebirges zwei bis drei Steinkohlenflötze über einander, welche jetzt in einander stecken, vorhanden, nämlich

a. das tiefste Schmiedekohlflötz,

b. das Hauptflötz auf dem Nordflügel überall, auf dem Südflügel in der Tiefe aus zwei durch eine Scheere getrennten Flötzen bestehend,

c. auf Hagenbach vielleicht noch ein drittes minderes Flötz.

2) Diese Flötze sind in der Länge, Breite und Tiefe verworfen, verschoben und verquetscht; endlich ist die Mulde der Länge nach gespalten und verschoben.

3) Die Spalte ist in Berghaupten mit zufallenden Flötzflügeln, in Hagenbach mit parallelfallenden Flügeln, also umgekippt vorhanden.

Der Bergbau auf diesen sehr verwickelt gelagerten Flötzen ist schwierig und kann nur erleichtert werden durch die genaueste Beobachtung aller Verhältnisse der Lagerung, indem nur dadurch die Wiederauffindung der verschobenen Flötzstücke mit Erfolg gefördert werden kann. Dennoch werden der hohe Werth und die grosse Menge der zu vielen industriellen Zwecken sehr geeigneten Kohle ein rentables Bergbauunternehmen unterstützen.

---

[1]) Derartige Einwirkungen eines seitlichen Druckes auf Gebirgsschichten lassen sich an einem zusammengepressten Stosse von feuchtem Lösch- und Druckpapier gut erläutern, der von zwei gegenüberliegenden freien Seiten aus durch einige kräftige Hammerschläge leicht in ähnliche Biegungen versetzt werden kann, wie wir sie hier und in mehren anderen Steinkohlenbecken antreffen. Auch neuerdings wurde dieses Experiment in einer Sitzung der naturwissenschaftlichen Gesellschaft Isis in Dresden durch Herrn Oberst von Gutbier wiederum zur Anschauung gebracht.

Welche Kraft es gewesen sei, wodurch dieses, ursprünglich jedenfalls flache Kohlenbassin zu der gegenwärtigen sackförmigen Falte zusammengepresst worden ist, kann für uns kaum zweifelhaft sein, da sehr ansehnliche Porphyr-Eruptionen in den näheren und ferneren Umgebungen auch im badenschen Schwarzwalde ihre kräftigen Wirkungen ausgeübt haben müssen, welche man nicht unterschätzen darf.

Sandberger hat in seinen schon bezeichneten Schriften und schönen Karten über diese Gegenden Porphyre verschiedenen Alters in dem Schwarzwalde unterschieden und wenigstens schon die Einwirkungen der jüngeren Porphyre auf die kleineren unergiebigen Steinkohlenbecken hervorgehoben, von welchen nach ihm zum Theil nur noch abgerissene Lappen auf den Porphyren noch übrig geblieben sind, wie dies in ähnlicher Weise auch in dem Porphyrgebiete bei Flöha in Sachsen der Fall ist.

Wenn dieser gründliche Forscher ferner in seiner geologischen Beschreibung der Umgebungen der Renchbäder S. 45 erwähnt, dass sich schon Gerölle des alten Porphyrs in dem Steinkohlengebirge zeigen, so kann sich dieser Ausspruch wohl nur auf die jüngeren Kohlenbecken, nicht auf die ältere Steinkohlenmulde von Berghaupten beziehen, und es gewinnt grosse Wahrscheinlichkeit, dass die älteren Porphyre des Schwarzwaldes ein fast gleiches Alter mit jenem sogenannten „Kohlenporphyr" im Königreiche Sachsen haben, deren Entstehung wir in die Bildungszeit der dritten Zone (Calamiten-Zone) versetzen müssen.

Unter Berücksichtigung, dass die Flora des Berghauptener Beckens wohl am meisten sich derjenigen nähert, welche in Schlesien und Westphalen die tieferen Schichten der Sigillarien-Zone, gewissermaassen deren Anfang, bezeichnen, während die Flora der jüngeren Steinkohlenbecken des Schwarzwaldes nahezu in die Bildungszeit der dritten oder Calamiten-Zone versetzt werden darf, würde die Entstehung des älteren Porphyrs im Schwarzwalde in einem, zwischen der Herausbildung dieser zwei verschiedenen Floren liegenden Zeitraume gesucht werden müssen. Das Vorkommen von Geschieben des alten Porphyrs in den jüngeren Kohlenbecken kann unter dieser Voraussetzung nicht weiter befremden.

Die Entstehung des alten Porphyrs und die durch ihn bewirkten Erhebungen und Verbiegungen der Schichten haben der weiteren Entwickelung der Sigillarien-Zone in dem Berghauptener Kohlenbecken eine Grenze gesetzt; die Herausbildung einer jüngeren Steinkohlenflora aber, aus welcher obere Kohlenflötze hätten entstehen können, ist in dem Schwarzwalde, nach den bisherigen negativen Erfahrungen zu urtheilen, wohl in Folge dieser oder ähnlicher Verhältnisse nie zu einer grösseren Entwickelung gelangt. Jüngere Porphyre mögen das von den älteren Porphyren begonnene Werk der Hebungen und Biegungen der Schichten weiter fortgesetzt haben.

CAPITEL V.

Saarbecken und Rheinpfalz.

Von

Herrn **von Rönne,** königl. Berginspector auf Heinitz.

(Hierzu Taf. X.)

Literatur und Karten.

1) Geognostische Umrisse der Rheinländer zwischen Basel und Mainz etc. etc. Nach Beobachtungen entworfen, auf einer Reise im Jahre 1823 gesammelt durch C. v. Oeynhausen, H. v. Dechen, H. v. La Roche, Bd. 1. Abth. 4. Essen bei G. D. Bädeker 1825. Mit einem Blatte geogn. Profile. (Darin S. 313. Aeltere Literatur, worunter: De Bonnard, sur les Mines de houille du pays de Saarbruck. Journ. des Mines. No. 149.)

2) Geognostische Karte der Rheinländer zwischen Basel und Mainz. Zusammengestellt durch C. v. Oeynhausen, H. v. La Roche und H. v. Dechen. Gestochen von H. Brose. Berlin bei Simon Schropp und Comp. 1825.

3) Ueber das ältere Steinkohlengebirge auf der Südseite des Hundsrücks vom kgl. preuss. Bergrath und Bergamts-Director Herrn. J. C. L. Schmidt in Siegen. In: „Das Gebirge in Rheinland - Westphalen etc. etc.“ Herausgegeben von Dr. Jacob Nöggerath. Band 4. Bonn bei Eduard Weber. 1826.

4) A. Warmholz, das Trappgebirge und Rothliegende am südlichen Rande des Hundsrücken. Im: „Archiv für Mineralogie, Geognosie, Bergbau und Hüttenkunde“ von Dr. C. J. B. Karsten. Bd. X. 1837. S. 325 — 438.

5) Geognostische Studien am Litermonte. Eine Monographie als Beitrag zur Kenntniss der Gebirge an der Saar, besonders der Porphyr- und Trappgebirge, von Ph. Schmidt, Pfarrer zu Dillingen etc. Saarlouis 1839, Druck und Verlag von Franz Stein. Trier, in Verlag der Fr. Lintz'schen Buchhandlung.

6) Geognostische Beschreibung des Landes zwischen der unteren Saar und dem Rheine. Ein Bericht an die Gesellschaft nützlicher Forschungen zu Trier, von J. Steininger. Mit 1 Karte. Trier, bei Fr. Lintz. 1840.

7) Verhältnisse des Steinkohlenbergbaus in der Pfalz. Allgem. Zeitschrift der Gewerbe. 1845. Bd. 2. Heft 4; abgedruckt in der „Berg- und Hüttenmännischen Zeitung“ v. Dr. Carl Hartmann. Jahrg. 4. 1845. S. 873. (Werthlose Notizen.)

8) Der Steinkohlenbergbau des Staates zu Saarbrücken. Von Max Nöggerath. In der „Zeitschrift für das Berg-, Hütten- und Salinenwesen in dem preuss. Staate.“ Band III. Berlin, 1856. Bei Wilhelm Hertz. Mit 1 Karte.

9) Notice sur les divers terrains superposées au terrain houiller et sur les principaux faits concernant les travaux entrepris jusqu'à ce jour dans le Bassin houiller de la Moselle. Par M. Lévy, ingenieur directeur des travaux de la Compagnie houillère de la Moselle. Saint-Étienne. Imprimerie administrative et commerciale de Ve. Théolier Ainé. Place de l'hôtel de ville, 13. 1859. Mit Karte der französischen Bohrversuche.

10) Geologische Karte der Rheinprovinz und der Provinz Westphalen etc., ausgeführt durch H. v. Dechen. In 35 Blättern. Section Saarlouis, Trier, Simmern, Kreuznach (letztere noch nicht erschienen) Berlin. Simon Schropp'sche Landkartenhandlung. Maassstab 1:80,000.

11) Flötzkarte von dem Saarbrücker Steinkohlendistrict. Gez. von Th. Olbrich. Maassstab $\frac{1}{40000}$. Gotha bei J. Perthes. 2 Blätter und 1 Blatt Profile nebst Text. (Amtliche Ausgabe) 1865.

Minder ausgedehnt, als an dem Nordwestrande, tritt die Steinkohlenformation an dem Südost-Gehänge der grossen rheinischen Schiefergebirgsmasse in dem „Pfalz-Saarbrückener Becken“ zu Tage.

Dasselbe liegt innerhalb eines Rechteckes, dessen Eckpuncte durch Bingen, den Donnersberg, Saarbrücken und Mettlach bezeichnet werden, und welches bei 12 geographischen Meilen Länge und $3\frac{1}{2}$ bis 4 Meilen Breite zwar einen Flächenraum von circa 44 Quadratmeilen einnimmt, dessen grösster

Theil aber aus hangenden, flötzarmen Schichten besteht. Das flötzreiche Kohlengebirge tritt nur in dem südwestlichen Dreieck, südlich einer Linie von Saarlouis über Illingen und Wiebelskirchen, zu Tage, mit 5 Meilen Länge und etwa $1^1/_2$ Meilen Breite oder circa 7 Quadratmeilen Fläche.

Während an dem nordwestlichen Rande des rheinischen Schiefergebirges die steil wellen- oder zickzackförmig gefalteten Schichten des belgischen, des Aachener und des Ruhr-Beckens sich einerseits gleichförmig den ähnlich gefalteten Schichten des Culm und des devonischen Kalkes auflagern, anderseits nordwärts unter den jüngeren Bildungen in weiter Erstreckung bekannt sind, bietet das Pfalz-Saarbrückener Kohlengebirge weder einen Aufschluss über das Verhalten seiner tieferen Schichten, noch haben bisher Versuche das Verhalten unter den begrenzenden jüngeren Schichten genügend aufgeklärt.

Ein zweiter Hauptunterschied von jenen Bassins besteht in dem Auftreten eruptiver Gesteine, welches dem Pfalz-Saarbrückener District eine Analogie mit dem niederschlesischen verleiht. Diese Gesteine bilden einerseits die Ostgrenze des Beckens in der Gebirgsmasse des Donnersberges und dem rothen Porphyrzuge von Kreuznach, anderseits die Kette, welche — mit dem Litermont bei Saarlouis beginnend — zu Seiten des Flussgebietes der Nahe sich hinzieht, fast die ganze Länge der Mulde unweit des Nordflügels bedeckend, und treten ausserdem an zahlreichen einzelnen Puncten längs der Mitte und im Osten des Feldes, jedoch ausschliesslich in der flötzarmen Partie, zu Tage, welche — im ferneren Gegensatze gegen das Ruhrbecken — hier im Hangenden, dort im Liegenden der flötzreichen Zone auftritt.

Das devonische Schiefergebirge des Hoch- und Soonwaldes (Koblenzer oder Spiriferen-Schichten) schiesst — zum Theil senkrecht — nach Norden ein. Die Schichten des Kohlengebirges, und zwar des hangenden Theiles der Formation, legen sich mit flach südlicher Neigung (18 bis 20°) gegen die Schichtenköpfe der Grauwacke.

Ob letztere schon vor Ablagerung des Kohlengebirges ihr jetziges Niveau einnahmen, oder ob die Masse des rheinischen Schiefergebirges erst später — dem Senken der Nordsee-Niederung entsprechend — im Süden sich hob, das auf ihr abgelagerte Kohlenfeld der Wegwaschung preisgebend, mag dahingestellt bleiben. Wahrscheinlich besteht die Grenze zwischen dem Schiefer- und Kohlengebirge in einer nach Ablagerung des letzteren entstandenen grossen Zerreissungskluft, welche — dem Hauptstreichen parallel — in ihrem Verlauf gegen Osten mit der Wendung des Rheinthales von Bieberich bis Bingen zusammenfällt. Die flötzreiche untere Abtheilung der Formation liegt an dem Nordrande des Beckens in einer für den Bergbau unerreichbaren Tiefe. Ob und wie weit sie dereinst über diesen Nordrand hinwegreichte, ist ungewiss; ein ehemaliger Zusammenhang aber mit dem Gegenflügel — wenn man so sagen will — an der Ruhr wenigstens nicht unmöglich!

Auch gegen Osten scheint das Kohlengebirge durch eine Hauptzerreissung begrenzt, welche den porphyrischen Gesteinen Gelegenheit gab, an die Oberfläche zu dringen. Oestlich derselben legen Tertiärschichten sich an, unter welchen — zwischen Oppenheim und Mainz — rother (wahrscheinlich bunter) Sandstein zu Tage tritt.

Gegen Süden und Westen legt bunter Sandstein sich vor, mit 5 bis 7 Grad südwestlicher Neigung. Er überdeckt mehrfach in Zungen und Inseln das Kohlengebirge mit abweichender Lagerung und ist ohne Zweifel — ebenso, wie die Kreideschichten am Nordrande des rheinischen Schieferdistricts — erst abgelagert, nachdem das Kohlengebirge die jetzige Schichtenfaltung erhalten hatte und von den zahlreichen Verwerfungen durchsetzt worden war, welche hier, wie anderwärts, die Folge der Schichtenbiegungen sind.

Dass ein Theil der rothgefärbten hangenden Schichten, welche früher sämmtlich der eigentlichen Steinkohlenformation zugezählt wurden, dem Rothliegenden angehören, nimmt auch die neuere v. Dechen'sche Karte an, nur die Grenzen sind noch nicht vollkommen festgestellt.[1]) Die obere

[1]) Vergl. Ueber das Alter eines Theils des Saarbrücken-Pfälzer Kohlengebirges von Dr. G. Weiss in Saarbrücken. (Leonhard u. Geinitz, n. Jahrbuch, 1863.)

Abtheilung der Dyas (der Kupferschiefer und die Zechsteinformation) fehlt unserem District und er liegt somit zwischen der Ablagerung des abweichend geschichteten bunten Sandsteins und des Rothliegenden, dessen jüngere Schichten schon nicht mehr conform gelagert erscheinen, (?) eine Periode, in welcher das ganze Terrain über das Meeres-Niveau erhoben war.

In diesen Zeitraum möchten die Hebungen und Senkungen zu setzen sein, welche die Faltung und Zerreissung jener Schichten, sowie das Emporsteigen der zahlreichen Eruptivmassen verursachten. Einzelne der letzteren sind vom bunten Sandstein umlagert, doch deutet nichts auf eine Durchbrechung desselben. Ebenso fehlen bis jetzt Beweise, dass Verwerfungen des Kohlengebirges zugleich in den bunten Sandstein fortsetzen. Die Art, wie dieser z. B. an der Bildstocker Höhe bei Friedrichsthal den mächtigen Cerberussprung überdeckt, lässt nichts davon erkennen.

An dem einzigen Puncte, wo der Contact des bunten Sandsteins an der Südgrenze des Kohlengebirges durch Bergbau aufgeschlossen ist, im Stollen der bayerischen Grube bei St. Ingbert, richten freilich die flach nach Süden geneigten Schichten des bunten Sandsteins (?) gegen die Grenze sich steiler auf und sind von den mit 35 Grad nach Norden geneigten Schichten des Kohlengebirges durch eine Verwerfungskluft getrennt. In dem südlich vom Stollenmundloch gestossenen Bohrloche ist das Steinkohlengebirge erst bei 244 Lachter Teufe (flötzleer) erbohrt worden. Der bunte Sandstein war 104 Lachter mächtig. Unter demselben folgten 139½ Lachter rother Sandstein (Rothliegendes?). — Die Südgrenze des Kohlengebirges gegen den bunten Sandstein wird also (wie die Nordgrenze gegen das Schiefergebirge) durch eine Zerreissungskluft gebildet. Wäre der bunte Sandstein durch diese streichende Verwerfung mit verworfen, die Dislocation also erst nach Ablagerung derselben erfolgt, so würde der Saigerabstand der Auflagerungsebenen nach den Bohrresultaten und nach den nächstgelegenen Aufschlüssen über Tage eine Folgerung auf die Sprunghöhe gestatten, welche hiernach nicht sehr bedeutend wäre. Die Aufrichtung der Schichten des rothen Sandsteins im Stollen an dem Contactpuncte mit dem Kohlengebirge ist indess kein genügender Beweis für die späte Entstehung jener Verwerfung. Ob man es wirklich mit buntem Sandstein zu thun hat, ist überdiess zweifelhaft, und somit folgt auch aus dem Niveau-Unterschiede der Auflagerungsebenen mit Sicherheit Nichts über die Mächtigkeit des Verwurfes.

Das Auftreten einer gangartigen Masse von dichtem Porphyr, welcher bei dem Nauweiler Hof im Liegenden der Grube Dudweiler auftritt und auf mehr als 1500 Lachter streichend verfolgt, in dem Stollen bei St. Ingbert unmittelbar im Hangenden eines Kohlenflötzes durchfahren ist (analog einem Vorkommen im Waldenburger Revier), das Auftreten eines ähnlichen Porphyrs bei Oberbexbach, am östlichsten Ende der Südgrenze, das Ergebniss eines Bohrversuches bei Mittelbexbach, welcher (bei 220 Lachter Tiefe) unter 83 Lachter buntem und 44½ Lachter rothem Sandstein (Rothliegendes?) 92½ Lachter flötzleeres Kohlengebirge antraf, der Aufschluss in dem Bahneinschnitte bei Wellesweiler, wo die nach Süden geneigten Schichten des Kohlengebirges gegen die Grenze des bunten Sandsteines plötzlich ein steiles Einfallen annehmen und gestört erscheinen, weisen darauf hin, dass die Südgrenze der Kohlenformation, ebenso wie die Nordgrenze, mit welcher sie auffallenden Parallelismus zeigt, durch einen streichenden Verwurf von grosser Mächtigkeit gebildet werde und lassen fernere Versuche, im Süden dieser vermutheten Kluft das flötzreiche Kohlengebirge unter dem bunten Sandstein bei bergbaulich erreichbarer Tiefe zu finden, zum mindesten problematisch erscheinen.

Gegen Westen dagegen scheint das Kohlengebirge ähnlich unter dem bunten Sandstein fortzusetzen, wie im westphälischen Becken unter den Kreideschichten, nur haben die im französischen Mosel-Departement ausgeführten zahlreichen Bohrversuche, welche das Aushalten der Formation noch zwei Meilen westlich von dem äussersten Punkte ihres Erscheinens an der Oberfläche nachwiesen, practisch nicht jene günstigen Erfolge gehabt. Der Grund davon liegt einestheils darin, dass der bunte Sandstein, über dem Niveau der Thäler der Träger trefflicher Quellen und dadurch ein Segen für den Bergbaudistrict, unter den Thalsohlen derartig mit Wasser erfüllt und von Klüften durchsetzt ist, dass bei grösserer Mächtigkeit der Bedeckung das Niederbringen von Schächten fast unüberwindliche Schwierigkeiten darbietet. Anderseits ist, wie wir sehen werden, wahrscheinlich, dass man selbst nach Ueberwindung dieser Schwierigkeiten den flötzärmeren hangenden Theil der Formation, und erst in bedeutenderen Tiefen den reicheren Theil derselben antreffen wird.

Von einigen 40 Bohrlöchern, welche zum Theil bis zu Tiefen von 300 Lachtern niedergebracht wurden, haben 26 Kohlenflötze, einzelne bis zu 9 Flötzen, erreicht. Acht Bohrlöcher sind zu früh verlassen, der Rest ist in flötzleerem Gebirge oder in den jüngeren Formationen eingestellt worden.[1]) Ein Bohrloch, bei Coume, blieb mit 338 Fuss im Muschelkalk stehen.

Entschieden ohne Erfolg erscheinen die Bohrversuche, welche weiter südlich von Forbach angestellt wurden. Während man am Creutzberg bei Forbach in einem Bohrloche von 1126 Fuss Tiefe unter 666 Fuss jüngerem Gebirge noch 9 Flötze in Tiefen von 976 bis 1100 Fuss antraf, blieben die Bohrlöcher bei Grossbliederstroff, Alsting, Morsbach, Merlebach, Freyming, Hombourg, St. Avold, Longeville, Oderfang theils bei beträchtlichen Tiefen im bunten, resp. Vogesen-Sandstein oder flötzleeren Gebirge. Das tiefste von allen (bei Freyming) soll 758 Fuss bunten Sandstein und 1024 Fuss flötzleeres Gebirge durchbohrt haben. Dieser Umstand scheint das Vorhandensein einer grossen Verwerfung im Süden des ganzen Districts zu bestätigen. Der Fund eines 25zölligen Flötzes bei Cocheren in 1357 Fuss Tiefe unter 800 Fuss buntem Sandstein liesse dies vielleicht bezweifeln, spricht aber auch anderseits für die Annahme, dass man hier unter dem bunten Sandstein, wenn nicht flötzleeres, so doch sehr flötzarmes Gebirge zu erwarten hat. Das Bohrloch bei Alsting hatte bei 800 Fuss den bunten Sandstein noch nicht durchstossen und das bei Grossbliederstroff in demselben 1225 Fuss, das bei Oderfang 1625 Fuss Tiefe erreicht.

Nachgewiesen ist das Vorkommen anscheinend bauwürdiger Flötze bei Schöneck, Stiring, Klein Rosseln, Hôpital, Kreutzwald, Carling, Porcellette, Ham, Varsberg, Merten. Der nördlichste Versuch bei Berweiler hat 620 Fuss bunten Sandstein und 682 Fuss flötzleeres Gebirge angetroffen, während südlich davon bei Merten unter 500 Fuss buntem Sandstein bei 1820 Fuss ein Flötz von 23 Zoll und bis zu 2608 Fuss kein zweites durchbohrt wurde.

Dies sind Resultate, welche nicht eben zu Unternehmungen verlocken, zumal, wenn man die enormen Schwierigkeiten bedenkt, welche das Abteufen in dem bunten Sandstein oder der unteren Abtheilung, dem sog. Vogesensandstein, bei Wasserzuflüssen bis zu 300 C. F. pro Minute verursachen.

So ist es denn erklärlich, dass aus den zahlreichen Bohrversuchen, deren mehrere 3, 4, 5, 6, 7, 8 bis 9 Flötze von scheinbaren Mächtigkeiten bis zu 213 Zoll nachgewiesen haben, und obwohl eine Anzahl von sechs Concessionen mit ca. $2^3/_4$ Quadratmeilen Inhalt ertheilt worden, nur vier Bergbauunternehmungen ausgegangen sind, von denen zwei bei Falck und Freyming, letzteres nach Aufwand von ca. 2 Millionen Francs — als völlig gescheitert zu betrachten sind.

Der Ende 1855 begonnene Schacht der Concession Carling erreichte zwar im Jahre 1861 bei 124 Lachter das Steinkohlengebirge nach enormen Schwierigkeiten, bei zeitweisem Zudrang von 310 Cubikfuss Wasser pro Minute, welches den unterhalb an dem Lauterbach gelegenen Mühlen und dem Geislauterner Hüttenwerke sehr zu Statten kam, hat aber bisher nur 5 unregelmässig gelagerte Flötze, welche bei sehr schlechtem Nebengestein meist Grieskohle liefern, angetroffen.

Die einzige unter etwas günstigeren Verhältnissen betriebene Grube ist die bei Klein-Rosseln der Concession Schöneck, welche aus 2 Schächten ca. 6000 Centner täglich fördert. Der Schacht St. Charles hatte nur 27 Lachter bunten Sandstein zu durchsinken, wobei die Zuflüsse unter 40 Cf. blieben.

Drei frühere Schachtabteufen mussten gleichwohl verlassen werden. Neuerdings hat man eine englische Gesellschaft zur Acquisition der Concession Carling zu veranlassen gesucht, aber auch die englischen Ingenieure scheinen an der Rentabilität gezweifelt zu haben.

Wenn hiernach die Ausbeutung des Kohlengebirges unter der bunten Sandsteindecke gegen Westen geringe, gegen Süden gar keine Chancen bietet, so tritt eine fernere Beschränkung dadurch ein, dass über $^5/_6$ des Terrains, in welchem die Kohlenformation zu Tage tritt, wie schon bemerkt, von

[1]) Die Kosten der Bohrversuche schätzt Lévy auf 3 Millionen Francs.

flötzarmen Schichten eingenommen werden, unter welchen nur in der südwestlichen Ecke die flötzreiche Abtheilung zu Tage tritt.

Jene mächtigen Schichten setzen sowohl gegen Norden, als nach Osten der Ausdehnung des Bergbaues Schranken, zumal sie selbst und die sie durchsetzenden Eruptiv-Gesteine zu beträchtlichen Höhen ansteigen, während sich die bauwürdigen Flötze — wenn auch mit sanfter Neigung — immer tiefer unter dieselben einsenken, ohne am Nordrande wieder zu Tage zu kommen.

Der flötzarme Theil der Formation enthält eine Anzahl magerer Kohlenflötze, selten über 14 Zoll mächtig, welche meist auf grosse Erstreckungen im Streichen bekannt sind, und auf denen eine Menge kleiner Gruben, sowohl auf preussischem, als auf bayerischem Gebiete an Private verliehen sind. Die Mehrzahl dieser, technisch ganz unbedeutenden Werke, ist seit dem Bau der Eisenbahnen (besonders der Rhein-Nahe-Bahn) zum Erliegen gekommen; nur einzelne werden noch betrieben und setzen ihre geringe Production an Kalkbrennereien und zum Hausbedarf der Umgegend ab.

Der Zweck dieser Zeilen erheischt es nicht, auf die geognostischen Verhältnisse dieses flötzarmen Districtes näher einzugehen und beschränkt uns auf die technisch allein wichtige südwestliche Ecke, in welcher auf $^1/_6$ der Gesammtfläche die tieferen Schichten das reiche Saarbrücker Kohlenfeld bilden. —

Die liegenden flötzreichen Schichten.

Wenn man von einem Saarbrücker „Becken" spricht, so ist dieser Ausdruck nicht ganz passend. Schon die flötzarmen Schichten bilden eigentlich einen langgestreckten Sattel, welcher sich vom Ziehwald bei Neunkirchen über den Höcherberg, Potzberg, Wolfstein bis Alsenz und Moschel verfolgen lässt; dessen Achse nach Osten sich einsenkt und dessen östliche Wendung von den Basaltit- (Melaphyr-) Massen des Donnersberges und den Porphyren von Kreuznach halbmondförmig umschlossen wird. Der Nordflügel dieses Sattels bildet allerdings eine Mulde, welche in der Tiefe auch die flötzreichen Schichten mitmachen werden; diese Mulde besteht aber nur in einer verhältnissmässig geringen Aufbiegung der Schichten gegen das Schiefergebirge. Beide Flügel der Mulde besitzen nicht gleiche Geltung und daher liegt auch die Achse dem Nordflügel näher.

Begreiflicherweise ist diese Lagerungsform im Detail durch das Auftreten der Eruptivmassen vielfach modificirt, in deren Nähe Biegungen in Profilen und Grundriss eintreten.

Der zu Tage tretende Theil der flötzreichen Schichten stellt sich als ein beiderseits geschlossener Sattel dar, welcher ebenso von der Südgrenze, wie der Nordflügel der Mulde von der Nordgrenze der Formation durchschnitten wird. Da die Schnittfläche nördlich der Sattellinie durchsetzt, so macht sich die Sattelform nur an beiden Enden durch die Wendung im Streichen bemerkbar, während in dem langgestreckten mittleren Theile nur nördliches Fallen der Schichten bei verhältnissmässig steiler Neigung erkennbar ist.

Der zu Tage gehende Theil der flötzreichen Abtheilung wird fast ganz von der preussischen Landesgrenze umschlossen, bei deren Regulirung nach dem zweiten Pariser Frieden die einstige Wichtigkeit dieses werthvollen Besitzes nicht verborgen geblieben war. Die Franzosen können noch immer den Verlust dieses vorübergehend von ihnen occupirten deutschen Landes schwer verschmerzen, was ihnen zwar nicht zu verdenken ist, um so mehr aber Anlass gibt, dies Kleinod für immer Deutschland und der Krone Preussen zu bewahren,[1]) in deren Besitz sich dasselbe nunmehr seit 50 Jahren befindet. Nur an zwei Stellen, am östlichsten Ende bei Oberbexbach und in der Mitte des Südrandes bei St. Ingbert, greift die Grenze der damals an die Krone Bayern gefallenen Rheinpfalz in das flötzreiche Kohlengebirge ein; die beiden von dem bayrischen Fiscus hier betriebenen Gruben sind indess von geringer Bedeutung und liegen nicht an der Eisenbahn.

[1]) Noch kürzlich ging ein dunkles Gerücht von Abtretung einer „Kohlenstation", welches stellenweise auf Saarbrücken gedeutet wurde, aber schliesslich auf Börsenspeculation hinauslief.

Das Bergbaurecht auf preussischem Gebiete steht unbestritten dem preussischen Fiscus als Rechtsnachfolger der durch den Wiener Congress nicht rehabilitirten Fürsten von Nassau-Saarbrücken zu, welche bereits um die Mitte des vorigen Jahrhunderts den Bergbau ausschliesslich betrieben.

Unter der französischen Zwischenherrschaft wurde eine einzige Concession „Hostenbach" von 374,8 Morgen Fläche an Private verliehen, welche noch in Betrieb steht.

Der Grubenbetrieb vor der preussischen Besitzergreifung im Jahre 1815 war unbedeutend und erlangte erst allmählig grössere Dimensionen. Der jetzige Aufschwung datirt erst seit dem Bau der Eisenbahnen, welche grössere Transporte nach dem Rhein und nach Frankreich ermöglichten, d. i. seit 1848. Die später hinzugetretenen Bahnen nach Trier, Luxemburg und durch das Nahethal haben bisher weniger, letztere jedoch seit einigen Jahren nicht unerheblich zur Vermehrung des Absatzes beigetragen. Die Eröffnung des Saarkanals, welcher das französische Wasserstrassennetz mit dem Kohlenbezirke verbindet, wird dem Betriebe von 1866 ab einen neuen grossartigen Aufschwung verleihen.

Obwohl durch eine Anzahl namhafter Gruben aufgeschlossen und mannigfach durchschürft, ist doch das umfangreiche Gebiet noch mangelhaft bekannt; besonders bieten die Lagerungsverhältnisse und die Ermittelung der Flötzidentität noch vielfache Räthsel dar. Die Vereinigung des Bergbaubetriebes in einer Hand hat eine Concentration des Betriebes erzeugt, wie sie in wenig anderen Kohlendistricten gefunden wird, und wären nicht in früherer Zeit eine Anzahl, jetzt auflässiger, Stollnbetriebe geführt, so würde die Kenntniss noch lückenhafter sein.

Hierzu tritt das ausserordentlich wechselnde Verhalten der Gebirgsschichten und Flötze, welches oft die Identität für benachbarte Gruben in Zweifel stellt und bei dem Auftreten mächtiger Sprünge selbst mit Durchschlägen nicht erweisen lässt. Die Conglomerate, welche im Ruhrbecken so gute Leiter sind, treten hier so zahlreich und so veränderlich auf, dass sie fast gar kein Anhalten geben, und auch die dem Saarbrücker Kohlengebirge eigenthümlichen Flötze von dichtem Thonstein darf man nicht ohne Misstrauen als solche betrachten.

Da mächtige flötzarme Mittel die einzelnen Flötzzüge trennen, sind durchgehende Querschlagsbetriebe selten und das Durchsetzen diagonaler Verwerfungen vermindert den Werth der dadurch erhaltenen Profile.

So ist es denn bis jetzt unmöglich, auch nur in einer Querlinie genau die Zahl der Flötze und die Mächtigkeit der Partie zu bestimmen. Die letztere kann man ungefähr zu 1600 Lachter oder 10,850 Fuss vom hangendsten bis zum liegendsten bauwürdigen Flötz, und die Zahl der Flötze über 18 Zoll auf 75 bis 85 mit 2800 bis 3300 Zoll Kohle angeben. Dabei ist zu bemerken, dass man nicht weiss, ob unter den bekannten noch liegendere Flötze vorhanden sind und welche Mächtigkeit die Formation nach der Tiefe besitzt; dass ferner die Grenzen ins Hangende zweifelhaft erscheinen, je nachdem man die flötzarmen Schichten dem Rothliegenden oder der Steinkohlenformation zuzählt.[1]) Das Muldentiefste des liegendsten Flötzes liegt (nach Projection) circa 2000 Lachter unter dem Saarniveau oder 12,743 Fuss unter dem Meere.

Eine auch nur annähernde Berechnung des Kohleninhaltes ist natürlich noch weniger anzustellen. Nimmt man die Mächtigkeit von 3000 Zoll horizontal über 6 $^2/_3$ Quadratmeilen verbreitet an, so erhält man 576 Millionen Quadratlachter zu 8000 Centner oder nahe an 5 Milliarden Centner, d. i. Stoff zu der gegenwärtigen Production von ca. 50 Millionen Centner auf 100,000 Jahre.

Ist die Mächtigkeit von 3000 Zoll einerseits nicht überall vorhanden oder für den Bergbau erreichbar, als dessen äusserste Grenze man bei dem heutigen Stande der Technik 500 Lachter annimmt, d. i. $^1/_4$ der Muldentiefe, so vermehrt anderseits die wellenförmige Lagerung den Flötzinhalt; ferner ist die Stärke von 3000 Zoll sehr niedrig gegriffen, zumal man wohl später noch manches Flötz bauen wird, welches jetzt die Gewinnung nicht lohnt.

Mache man aber beliebige Abzüge, so bleibt immerhin ein erstaunlicher Reichthum, mit dessen Hebung erst ein

---

[1]) Von einigen Seiten ist sogar die Ansicht vertreten worden, die ganze Saarbrücker Steinkohlenbildung gehöre dem Rothliegenden an und nicht der alten Kohlenformation, was indess aus paläontologischen Gründen entschieden unrichtig ist.

verhältnissmässig geringer Anfang gemacht ist. Grosse Felder stehen noch unberührt und kaum dürfte es in einem anderen Kohlendistricte vorkommen, dass man in der zweiten Hälfte des 19. Jahrhunderts am Knotenpuncte dreier Eisenbahnen einen Stollnbetrieb auf bisher völlig unverritzten Flötzen beginnen kann. (Ziehwald-Stolln bei Neunkirchen).

In dem productiven Kohlengebirge dieses Steinkohlengebietes unterscheidet man vier Hauptgruppen oder Flötzzüge, von denen — abermals im Gegensatz zu dem belgischen und Ruhr-Becken — der liegendste die Fettkohlen, die drei hangenden halb oder ganz magere Kohlen enthalten. Dass unter den tiefsten bekannten Flötzen, welche zugleich die fettreichsten sind, die Analoga der westphälischen Ess- und mageren Kohlen noch auftreten, ist kaum wahrscheinlich, wenngleich nicht unmöglich. Es würde dies die Mächtigkeit der Formation noch ferner vermehren, zumal wenn darunter auch noch der eigentliche flötzleere Sandstein folgen sollte.

Die erwähnten vier Gruppen sind aber nur in dem westlichen Theile des Districtes deutlich erkennbar, während östlich deren nur zwei, beziehungsweise drei, sich markiren. Soviel aus den bisherigen Aufschlüssen zu entnehmen, sind in dem östlichen Theile nicht allein die Steinkohlenflötze (bauwürdige und unbauwürdige) zahlreicher und von grösserer Gesammtmächtigkeit, sondern auch die Gebirgsmittel bedeutend schwächer und in Folge dessen die Flötze dichter gedrängt, als gegen Westen.

Während ferner die Schichten im Osten constant gegen Norden einfallen, treten im Westen Sättel und Mulden auf, welche — bei westlichem Einfallen ihrer Achsen — sich auch im Grundriss durch Wendungen und Curven markiren.

Die Folge beider Erscheinungen ist, dass die productive Formation gegen Westen eine grössere Breite an der Oberfläche einnimmt, als gegen Osten, und daher im Grundriss in Gestalt eines Dreieckes oder Trapezes erscheint.

Sollte diese Ansicht durch spätere Aufschlüsse nicht widerlegt werden, so würde die Saarbrücker Kohlenformation ein Beispiel von mangelndem Parallelismus der Schichten darbieten, wie es kaum anderwärts in sonst so regelmässigen Ablagerungen gefunden wird.

Dass eine andere Lösung möglich ist, liegt auf der Hand, wenn berücksichtigt wird, wie wenig man noch die Identität der Flötze nachzuweisen im Stande war. Streichende oder nahezu streichende Sprünge können scheinbar die Breite in der Querrichtung vermehren, wenn sie in's Hangende, — vermindern, wenn sie in's Liegende (von Süden her gerechnet) verworfen; die grössere Zahl der Flötze aber in dem schmaleren Gebirgsraume sich durch Theilung der Flötzbänke selber erklären.

Indess ist diese Lösung nicht eben wahrscheinlich, da einerseits die Aufschlüsse doch zu deutlich dagegen sprechen, anderseits die in der flötzarmen hangenden Partie weithin verfolgten Kalkstein- und Kohlenflötzchen gleichfalls nach Westen eine Wendung gegen Norden machen, welche ganz der Sattelwendung entspricht, die der flötzreichen Abtheilung eine grössere Breite verleiht.

Wunderbar bleibt es immer, dass nach den gegenwärtigen Aufschlüssen der Schichtenprofile dieselbe im Osten nur etwa die Hälfte der Gebirgsmächtigkeit, als im Westen, dagegen eine weit grössere Zahl von Flötzen mit etwa $^1/_4$ mehr Kohleninhalt zu besitzen scheint. Der Eingangs citirte Text zu der amtlichen Flötzkarte (sub 11) gibt an:

Im Westfelde: 74 Flötze über 18 Zoll, mit 2797 Zoll reiner Kohle, und 76 Flötze unter 18 Zoll mit 924 Zoll Kohle, zusammen 150 Flötze mit 3721 Zoll, bei 1628,7 Lachter Gesammtmächtigkeit; im Ostfelde: 85 Flötze über 18 Zoll mit 3291 Zoll reiner Kohle und 120 Flötze unter 18 Zoll mit 1054 Zoll Kohle; zusammen 205 Flötze mit 4345 Zoll, bei 815 Lachter Gesammtmächtigkeit, wobei im Osten wahrscheinlich das Profil nicht ganz so weit in's Liegende reicht. Die Lösung dieses Problems bleibt der Zukunft vorbehalten.

1. Der liegende Zug.

Am besten gekannt ist der liegende Zug, welcher in einer streichenden Länge von 5500 Lachter (ca. $1^1/_2$ Meilen) ununterbrochen durch die Baue der Gruben Dudweiler, St. Ingbert,

Sulzbach-Altenwald, Heinitz und König aufgeschlossen ist und in dem 100 bis 150 Zoll mächtigen Hauptflötze *Blücher* ein ziemlich sicheres Leitflötz besitzt.

Dieser Zug bietet in technischer Hinsicht bei grossem Flötzreichthum und steiler Schichtenstellung (30 bis 40 Grad) die meiste Analogie mit den Verhältnissen im Ruhrbecken.

Im westlichen Felde der Grube Dudweiler zeigt sich hinter dem sog. Dudweiler Hauptsprunge die Sattelwendung gen Süden, wo die Flötze unter den bunten Sandstein fortsetzen, durch den Betrieb aber noch nicht genügend verfolgt sind. Ein in nächster Zeit hier zu stossendes Bohrloch wird Aufschluss gewähren, ob der liegende Flötzzug in seiner westlichen Wendung sich zur Anlage eines neuen Förderpunctes für die projectirte Eisenbahn nach Saargemünd eignet. Gegen Norden hat der Betrieb der tieferen Sohlen ein flacheres Fallen und einen flachen Specialsattel aufgeschlossen, jenseits dessen die Flötze bereits die geringe Neigung der hangenden Züge (10—11°) annehmen. Nach Süden hat der Carolinen-Stolln den bunten Sandstein noch nicht erreicht und über die tieferen Flötze keinen Aufschluss gegeben.

Die Hauptflötze der Grube Dudweiler sind vom Hangenden her:

1. Flötz. 16″ m.
2. „ Nr. 3. = 21″ K. 1″ M. 15″ K. 4″ M. 18″ K. = 54″ K. 5″ M. = 59″ m.
3. „ Nr. 4. = 13″ K. 2″ M. 16″ K. 6″ M. 15″ K. = 44″ K. 8″ M. = 52″ m.
4. „ Nr. 5. = 25″ r. K. m.
5. „ Nr. 6 (*Boyen*). 22″ K. 20″ M. 12″ K. 2″ M. 12″ K. = 46″ K. 22″ M. = 68″ m.
6. „ Nr. 7. 22″ K. 4″ M. 12″ K. 1″ M. 11″ K. = 45″ K. 5″ M. = 50″ m.
7. „ 24″ m.
8. „ 18″ m.
9. „ Nr. 8 (*Baeyer*). 11″ K. 3″ M. 4″ K. 1″ M. 15″ K. = 30″ K. 4″ M. = 34″ m.
10. „ Nr. 10 (*Müffling*). 25″ K. 1″ M. 19″ K. 23″ M. 14″ K. 9″ M. 18″ K. 3″ M. 12″ K. = 88″ K. 36″ M. = 124″ m.
11. „ Nr. 11 (*Pfuel*). 21″ K. 21″ dichter Thonstein. 12″ K. 3″ M. 25″ K. = 58″ K. 24″ M. = 82″ m.
12. „ Nr. 13 (*Blücher*). 107″ K. 1″ M. 16″ K. = 123″ K. 1″ M. = 124″ m.
13. „ Nr. 14. 14″ K. 19″ M. 12″ K. = 26″ K. 19″ M. = 45″ m.
14. „ Nr. 15 (*Kleist-Nollendorf*). 25″ r. K.
15. „ Nr. 16 (*Dennewitz*). 48″ r. K.
16. „ Nr. 17 (*York*). 7″ K. 14″ M. 30″ K. 9″ M. 4″ K. 1″ M. 10″ K. = 51″ K. 24″ M. = 75″ m.
17. „ 27″ r. K. m.
18. „ (*Natzmer*). 21″ m.
19. „ 24″ m.
20. „ Nr. 18 (*Horn*). 29″ K.
21. „ Nr. 19 (*Jagow*). 6″ K. 5″ M. 25″ K. = 31″ K. 5″ M. = 36″ m.
22. „ Nr. 20 (*Humboldt*). 10″ K. 1″ M. 11″ K. 3″ M. 13″ K. = 34″ K. 4″ M. = 38″ m.
23. „ Nr. 21 (*Karlowitz*). 3″ K. 1″ M. 9″ K. 10″ M. 26″ K. = 38″ K. 11″ M. = 49″ m.
24. „ 8″ K. 15″ M. 10″ K. 18″ M. 4″ K. 1″ M. 18″ K. = 40″ K. 34″ M. = 74″ m.
25. „ 18″ m.
26. „ 6″ K. 6″ M. 5″ K. 5″ M. 7″ K. = 18″ K. 11″ M. = 29″ m.
27. „ 3″ K. 4″ M. 6″ K. 2″ M. 10″ K. = 19″ K. 6″ M. = 25″ m.
28. „ 10″ K. 6″ M. 4″ K. 2″ M. 3″ K. = 17″ K. 8″ M. = 25″ m.
29. „ 10″ K. 8″ M. 6″ K. 10 M. 8″ K. 2″ M. 7″ K. 1/2″ M. 6″ K. = 37″ K. 20 1/2″ M. = 57 1/2″ m.
30. „ 13″ K. 4″ M. 6″ K. 10″ M. 8″ K. 6″ M. 12″ K. 8″ M. 4″ K. 4″ M. 16″ K. 30″ M. 19″ K. 2″ m. 8″ K. = 86″ K. 64″ M. = 150″ m.

(24.–30.) unbauwürdig.

Ausserdem noch 36 Flötzchen von 4 bis 18 Zoll.

Die Mittel bestehen in Sandstein und Schieferthon. Conglomerate finden sich zwischen den Flötzen Nr. 3 und 4, 4 und 5, 5 und 6, 8 und 10, 11 und 13, 13 und 14. Die gesammte Gebirgsmächtigkeit beträgt ca. 400 Lachter mit 926 Zoll bauwürdiger Kohle.

Das mächtige Hauptflötz *Blücher*, auf dessen Ausgehendem der „brennende Berg bei Dudweiler“ sich befindet, theilt sich im östlichen Grubenfelde in zwei Bänke; bei dem Venitz-Schacht ist das Mittel stärker, 100 Lachter östlich schon ca. 4 Lachter dick. Im Felde der bayerischen Grube bei St. Ingbert und der Grube Sulzbach-Altenwald ist es in mehre Flötze zertheilt, so dass die Identität zweifelhaft wird, während es jenseits des mächtigen Cerberus-Sprunges wieder mit 110 bis 120 Zoll Mächtigkeit durch die Felder der Gruben Heinitz und König fortsetzt.

Die Flötze der Grube Sulzbach-Altenwald sind:

1. Flötz Nr. 1. 5″ K. 38″ M. 11″ K. 3″ M. 10″ K. 4″ M. 16″ K. 19″ M. 18″ K. 3″ M. 1″ K. = 61″ K. 67″ M. = 128″ m.
2. „ Nr. 2. 7″ K. 6″ M. 2″ K. 4″ M. 10″ K. 3″ M. 9″ K. = 28″ K. 13″ M. = 41″ m.
(Folgen vier Flötze von 17″ K., 6″ K., 70″ incl. 44″ M., 16″ K.)
3. „ Nr. 3. 31″ K. 6″ M. 8″ K. = 39″ K. 6″ M. = 45″ m.
4. „ Nr. 4. 24″ K. 1″ M. 7″ K. 9″ M. 16″ K. 8″ M. 19″ K. = 66″ K. 18″ M. = 84″ m.
5. „ Nr. 5. Oberbank. 14″ K. 7″ M. 25″ K. = 39″ K. 7″ M. = 46″ m.
6. „ Nr. 5. Unterbank. 15″ K. 5″ M. 23″ K. = 38″ K. 5″ M. = 43″ m.
Das Mittel zwischen beiden verstärkt sich nach Osten von 1 Lachter auf mehr als 7 Lachter.
(Folgt ein Flötz von 44″ incl. 11″ M. u. 10″ unr. K.)
7. „ Nr. 6. 31″ K. 1″ M. 7″ K. = 38″ K. 1″ M. = 39″ m.
(Folgt ein Flötz von 22″ incl. 4″ unr. K.)
8. „ 24″ m.
9. „ 21″ m.
10. „ Nr. 7. 8″ K. 5″ M. 5″ unr. K. 35″ K. = 43″ K. 10″ M. u. unr. K. = 53″ m.
11. „ 17″ m. Darunter 6½″ Eisenstein.
12. „ Nr. 8. 17″ unr. K. 37″ M. 30″ K. = 74″ m.
Flötz von 7″ K.
13. „ Nr. 10. 28″ K. 12″ M. 10″ K. 3″ M. 9″ K. = 47″ K. 15″ M. = 62″ m.
14. Thonsteinflötz.
15. Flötz. 27″ m.
16. „ Nr. 13. Oberbank. 30″ unr. K. 34″ K.
17. „ Nr. 13. Unterbank. 34″ K. 2″ M. 31″ K. = 65″ K. 2″ M.
18. „ 29″ K. m. — Darunter Flötz: 19″ incl. 9″ unr. K., Fl. 17″ unr. K., Fl. 24″ unr. K.
19. „ Nr. 15. 5″ unr. K. 59″ K. 10″ unr. K. 30″ M. 24″ K. = 98″ K. 30″ M. = 128″ m.
20. „ Nr. 16. 17″ unr. K. 31″ K. 13″ unr. K. = 61″ m. — Darunter noch Flötz 14″ m., Fl. 16″ m., Fl. 30″ incl. 3″ M., Fl. 8″ m., Fl. 39″ incl. 7 M., Fl. 63″ incl. 23″ M.

Die Gesammt-Mächtigkeit des Gebirges beträgt nur 170 Lachter; die der reinen bauwürdigen Kohle 758 Zoll. Dies Profil reicht aber bei Weitem nicht so tief in's Liegende, wie das der Grube Dudweiler. Gebirgsschichten, Mächtigkeit derselben, Gruppirung der Flötze sind so total von denen der letzteren Grube abweichend, dass eine Vergleichung scheinbar kaum möglich ist. Man hält das Flötz Nr. 13 Ober- und Unterbank für das *Blücherflötz*, und das darüber liegende Thonsteinflötz für das Flötz *Pfuel*. Letzteres ist aber auf Dudweiler 17 Lachter im Hangenden von Blücher, während es auf Altenwald nur 4 Lachter von Nr. 13 Oberbank entfernt liegt und zwischen beiden sich noch ein 27″ Flötz einfindet. Die Vergleichung mit dem Profile der Grube *Heinitz* macht es wahrscheinlicher, dass Nr. 15 (128″ m.) dem Blücherflötze entspreche, weil sich hier unter dem sog. Thonsteinflötze das auch auf Altenwald vorhandene 27zöllige Boninflötz, dann zwei schmale unreine Bänkchen, hierauf das 70zöllige schöne Asterflötz, das 26 bis 40zöllige Rauchflötz, ein unreines Flötz von circa 40 Zoll und dann erst das Blücherflötz anlegen. Auch ist es noch fraglich, ob das Flötz Pfuel mit dem durch die Gruben *Altenwald*, *Heinitz* und *König* ziemlich sicher verfolgten *Thonsteinflötze* und nicht vielmehr mit dem Rauchflötze ident ist? Dergleichen Fragen werden nur sehr allmählig durch das Fortschreiten der Aufschlüsse zu lösen sein, vorausgesetzt, dass man der Beobachtung der Uebergänge und der Aufnahme genauer Gebirgsprofile durch alle Querschläge mehr Sorgfalt widmet, als dies bisher im Drange des Betriebes zuweilen der Fall gewesen.

In das Hangende reichen die Aufschlüsse der Grube Altenwald weiter, als die von Dudweiler, und haben hier eine Anzahl schwacher oder steiniger Flötze über dem Flötz Nr. 1 ergeben, ähnlich, wie dies auf Heinitz der Fall ist.

Der mehrerwähnte Stolln der Grube bei St. Ingbert, welcher im bunten Sandstein angesetzt ist, bietet den tiefsten Aufschluss und hat noch im Liegenden der untersten Dudweiler Flötze eine Gruppe von Flötzen (die sog. Rothhöller Flötze) durchfahren, deren Kohlen wegen ihrer besonders backenden Qualität als Koks- und Schmiedekohlen besonders beliebt sind. Der Stolln der Grube Heinitz würde diese Flötze erst an der Grenze des bunten Sandsteines erreichen, von der er noch weit entfernt ist.

Im Felde dieser Grube, besonders in deren westlichem Theile, in welchem die Dechen-Schächte liegen, entwickelt der liegende Zug seinen grössten Flötzreichthum und die Flötze selbst erreichen die beste Qualität. Die hier mit Sorgfalt aufgenommenen Profile der verschiedenen Querschläge zeigen, wie bedeutende Veränderungen ein Theil der Flötze allmählig erleidet, so dass es z. B. schon schwierig ist, die Identität derselben im Felde der Heinitz-Schächte und der Dechen-Schächte überall festzustellen.

Wir lassen ein vollständiges Querprofil durch den in der Mitte beider Förderungspuncte liegenden Querschlag Nr. II, O. der halben Saarstollnsohle, folgen:

1. Flötz *Stolberg*. 8½″ K. 3″ M. 25″ K. 1½″ M. 2″ K. = 35½″ K. 4½″ M. =		—	Ltr.	40″	m.
Schieferthon		—	„	34″	„
2. Flötz *Thile*. 11″ K. 4″ unr. K. 15″ K. 18″ K. = 44″ r. K. 4″ unr. K. =		—	„	48″	„
Sandiger Schiefer		—	„	30″	„
3. Flötz. 18″ m.		—	„	18″	„
Schieferthon		—	„	60″	„
4. Flötz *August*. 18″ K. 7″ M. 10″ K. 1″ M. Oberbank. = 28″ K. 8″ M. =		—	„	36″	„
Schieferthon		—	„	30″	„
24″ K. ½″ M. 21″ K. ½″ M. 23″ K. ½″ Eisenstein = 68″ K. 1″ M. =		—	„	69″	„
Sandstein		6	„	—	„
5. Flötz *Borstel*. 18″ K. 1″ M. 37″ K. 1½″ M. 15″ K. 3″ Letten. = 70″ K. 5½″ M. =		—	„	75½″	„
Schieferthon		1	„	40″	„
Flötz 2″ K.		—	„	2″	„
Schieferthon		—	„	38″	„
6. Flötz. 32″ K. 1½″ unr. K. 4½″ K. =	entsprechen westlich dem Flötz Waldemar.	—	„	38″	„
Sandiger Schiefer		—	„	40″	„
Flötz. 2″ K. 2″ Sch. u. K. 7″ K. =		—	„	11″	„
Schieferthon.		—	„	16″	„
7. Flötz. 32″ K. 8″ Sch. u. K. =		—	„	40″	„
Schieferthon		—	„	30″	„
Sandstein		—	„	30″	„
8. Flötz. 20″ K. 1″ M. 3″ K. 7½″ M. 5″ unr. K. 8″ K. 3″ M. 5″ K. = 41″ K. 11″ M. =		—	„	52″	„
Schieferthon		—	„	60″	„
9. Flötz *Wrangel*. 22″ K. 18 Sch. 4″ unr. K. 42″ K. = 64″ r. K. 22″ Sch. u. unr. K. =		—	„	86″	„
Sandiger Schieferthon		1	„	—	„
Flötz. 10″ K. 4″ M. 9″ K. =		—	„	23″	„
Sandstein		1	„	—	„
Flötz. 5½″ K. 3½″ unr. K.		—	„	9″	„
Schieferthon		—	„	40″	„
10. Flötz *Grolmann*. 10″ K. 20″ Sch. 34″ K. 6″ M. 1″ K. 3″ M. 3″ K. = 48″ K. 29″ M.		—	„	77″	„
Schieferthon		—	„	30″	„
Sandstein		1	„	50″	„
Flötz. 18″ K.		—	„	18″	„
Sandstein		—	„	30″	„
11. Flötz *Nostitz*. 6″ unr. K. 8″ K. 6″ K. 4″ M. 16″ K. 20″ unr. K. 3″ Letten. = 30″ r. K. 26″ unr. K. 7″ M. =		—	„	63″	„
Schieferthon		—	„	50″	„
Sandiger Schiefer		—	„	50″	„
Flötz. 17″		—	„	17″	„
Schieferthon		—	„	30″	„
Sandstein		—	„	70″	„
Conglomerat		2	„	—	„
Flötz. 17″ Sch. 5″ K. =		—	„	22″	„
Sandiger Schiefer		1	„	—	„
Flötz. 19″ incl. 3″ Letten		—	„	19″	„
Sandiger Schiefer u. Sandstein		5	„	—	„
Schieferthon		—	„	10″	„
Zu übertragen		36	Ltr.	91½″	m.

12. Flötz *Gneisenau.*	Uebertrag .	36 Ltr.	91½″ m.
6″ K. 2″ Lett. 5″ verst. K. 18″ K. 8″ Sch. u. K. 16½″ Sch. 64″ K. 15″ Sch. 6″ K. 1″ M. 19″ K. 2″ Lett. 113″ K. 59½″ M. u. unr. K. =		— „	172½″ „
Sandiger Schiefer		1 „	8″ „
Sandstein		— „	40″ „
Sandiger Schiefer		— „	30″ „
13. Flötz *Thielemann.* 3″ unr. K. 42″ K. 6″ M. 3″ Lett. = 42″ K. 12″ M. etc. =		— „	54″ „
Sandiger Schiefer		2 „	— „
14. Flötz *Thielemann-Nebenbank.*			
13″ K. 1″ Lett. 13″ Sch. 2″ L. 4″ Sch. 36″ K. = 49″ K. 20″ M. =		— „	69″ „
Sandiger Schiefer		1 „	— „
Flötz. 5½″ K. 3″ unr. K. 1″ Lett. 3½″ unr. K. 2″ M. 2″ unr. K. 5″ Sch. =		— „	22″ „
Sandiger Schiefer		1 „	16″ „
15. Flötz. *Braun.* 48″ r. K. =		— „	48″ „
Schieferthon		2 „	— „
Conglomerat		1 „	40″ „
Sandiger Schiefer mit Fl. 9″ unr. K. =		3 „	10″ „
16. Thonsteinflötz. 11″ K. 3″ Brandsch. 3″ unr. K. 18″ Thonstein. 16½″ K. 5″ unr. K. 1½″ Thonst. 1½″ K. 2″ M. 2″ K. ½″ M. 10½ Sch. K. 1½″ Lett. = 76″ m. incl. 19½″ Sn. =		— „	76″ „
Sandiger Schiefer		1 „	16″ „
17. Flötz *Bonin.* 8″ K. 1″ M. 10″ K. 4″ unr. K. 16″ Sch. u. K. =		— „	39″ „
Schieferthon		— „	10″ „
Sandiger Schiefer		1 „	30″ „
Flötz. 7″ K.		— „	7″ „
Schieferthon		— „	40″ „
Sandiger Schiefer		— „	60″ „
Flötz. 17½″ unr. K.		— „	17½″ „
Sandiger Schiefer		3 „	40″ „
18. Flötz *Aster.* 2″ Lett. 32″ K. 37½″ K. 1½″ Lett. = 69½″ K. 3½″ L. =		— „	73″ „
Schieferthon		— „	56″ „
Sandstein		1 „	44″ „
19. Flötz *Rauch.* 15″ K. 1″ Sch. 10″ K. =		— „	26″ „
Schieferthon		2 „	24″ „
Sandiger Schiefer		2 „	56″ „
Schieferthon		3 „	48″ „
Flötz. 41″ Sch. m. K.		— „	41″ „
Schieferthon		7 „	40″ „
Sandiger Schiefer		3 „	24″ „
Schieferthon		1 „	— „
20. Flötz *Blücher.* 9″ K. 4″ M. 42″ K. ½″ L. 10″ K. ½″ L. 12″ K. 1″ M. 10″ K. 1½″ M. 21″ K. = 104″ K. 7½″ M. =		— „	121½″ „
Schieferthon		— „	32″ „
23. Flötz *Blücher-Nebenbank.* 2½″ K. ½″ M. 20″ K. ½″ M. 5½″ K. = 28″ K. 1″ M. =		— „	29″ „
Schieferthon		4 „	40″ „
24. Flötz *Tauenzien.* 15″ K. 4″ M. 5″ K. 1″ M. 42″ K. = 62″ K. 5″ M.		— „	67″ „
Schieferthon		11 „	— „
Sandiger Schiefer		2 „	56″ „
Schieferthon		— „	40″ „
Flötz. 39″ K. m. Sch.		— „	39″ „
Schieferthon		— „	30″ „
25. Flötz *Scharnhorst.* 10″ K. 2″ M. 2½″ K. 1″ M. 36″ K. = 48½″ K. 3 M. =		— „	51½″ „
	Summa .	111 Ltr.	74½″ m.

In diesem verhältnissmässig nicht mächtigen Gebirgsmittel, welches ziemlich dieselbe Flötzgruppe umfasst, wie jenes der Grube Altenwald, sind in 25 bauwürdigen Flötzen 1032 Zoll reine Kohle enthalten, also 244 Zoll mehr, als in dem 170 Lachter starken Mittel von Altenwald, und 106 Zoll mehr, als in dem weit tiefer in das Liegende greifende Profile der Grube Dudweiler.

Nahe unter dem *Scharnhorstflötz* liegen noch die, im Felde der Dechen-Schächte und der Königsgrube bauwürdigen, Flötze *Prinz Adalbert* und *Prinz August*, das 62 Zoll mächtige, aber unreine Flötz *Natzmer* und mehre schmale Flötzchen. In dem weiter westlich gelegenen Heinitz-Stolln sind diese Flötze meist versteinert. Ausser ihnen hat dieser Stolln, welcher noch 220 Lachter in's Liegende des *Scharnhorstflötzes* fortgetrieben ist, in einem Gebirgsmittel von ca. 170 Lachter Mächtigkeit eine grosse Anzahl unbauwürdiger Flötze durchfahren. Nur zwei Flötze von 33 und 36 Zoll sind, doch ohne günstigen Erfolg, gebaut worden. Ebenso hat er im Hangenden des *Stolbergflötzes* noch ein Gebirgsmittel von 76 Lachter Mächtigkeit durchörtert, in welchem ebenso zahlreiche unbauwürdige Flötze auftreten. Im Ganzen umfasst der Aufschluss einen Querschnitt von ca. 360 Lachter.

Die Veränderlichkeit der Flötze und Zwischenmittel ist so gross, dass sowohl in denselben Querlinien die oberen Sohlen oft sehr abweichende Profile von den tieferen geben, als auch bei 100 bis 120 Lachter streichender Entfernung die Stärke und Natur des Zwischenmittels, die Mächtigkeit, Zusammensetzung und Gruppirung der Flötze eine wesentlich andere wird.

So verschwindet z. B. das 44 bis 63″ m. Flötz Nostitz nach Osten so vollständig, dass weder auf Dechen noch auf Königs-Grube eine Spur von demselben vorhanden ist. Dagegen findet sich hier das Flötz *Grolmann* als ein sehr bauwürdiges Flötz aus:

15″ K. 3″ Sch. 2″ Brandsch. 21″ K. 12″ M. 34″ K. = 70″ K. 17″ M. = 87″ m. bestehend.

In dem oben mitgetheilten Profile sind beide Flötze *Nostitz* und *Grolmann* bauwürdig; letzteres mit 48″ K. und 29″ Mittel. Weiter westlich zerfällt es in drei getrennte Flötze von 19″ K., 40″ mit 13″ Mittel, und 16″ K., deren keins bauwürdig ist.

Während auf Heinitz das Flötz *Borstel* von *Waldemar* durch ein Mittel von $6^1/_2$ Lachter, wovon 4 Lachter Sandstein und Conglomerat, getrennt ist und in einem Raume von $13^1/_3$ Lachter die folgende Gruppirung stattfindet:

Flötz *Borstel* 43″ K. 1″ M. 10″ K. =	—	54″
Zwischenmittel =	6°	40″
„ *Waldemar* 30″ K. $^1/_2$″ M. 4″ K. 13″ M. 6″ K. 27″ K. = 67″ K. $13^1/_2$″ M. =	—	$80^1/_2$″
Mittel	—	$30^1/_2$″
Flötz. 20″ r. K.	—	20″
Mittel	2°	20″
Flötz. $17^1/_2$″ incl. $2^1/_2$″ M. =	—	$17^1/_2$″
Mittel	1°	40″
„ *Wrangel* $7^1/_2$″ K. 11″ M. 39″ K. = $46^1/_2$″ K. 11″ M. =	—	$57^1/_2$″
Summa	13°	40″,

ist das Conglomerat schon in dem eben mitgetheilten Profile verschwunden und alle Mittel sind schwächer geworden. Auf Dechen ist *Borstel*, welches auf Heinitz nur durch $1 - 1^1/_2$ Lachter festen Schieferthon von *August* getrennt wird, von diesem durch 4 bis $4^1/_2$ Lachter Sandstein geschieden, bildet aber anderseits mit den Flötzen No. 3a, 4 und 4a eine nur durch je 40 bis 60 Zoll Schiefermittel getrennte Gruppe. Das *Borstelflötz* (Nr. 3) selbst hat 60″ bis 65″ reine Kohle; die Flötze No. 3a und 4, welche dem *Waldemarflötze* entsprechen: 34″ K. 1″ M. 5″ K. = 40″ incl. 1″ M.; und 8″ K. 18″ M. 34″ K. = 60″ incl. 18″ M. Das Flötz No. 4a von 32″ r. K. entspricht dem 20zölligen, und No. 5 mit 33″ r. K. dem $17^1/_2$zölligen Flötz. Nr. 5 keilt sich übrigens im westlichen Felde von Dechen vollständig aus und fehlt auch in dem weiter oben mitgetheilten Profil, legt sich aber weiter östlich wieder an. Im Felde der Königsgrube hat das Flötz *Waldemar* wieder mehr das Verhalten wie auf Heinitz angenommen.

Zu erwähnen ist noch, dass die Flötze *Thiele* und *August* — auf Heinitz nur durch ein Mittel von 1 bis $1^1/_4$ Ltr. getrennt — auf Dechen 5 Lachter Schiefer und Sandstein zwischen sich haben, weiter östlich dagegen durch ein Schiefermittel von $2^1/_4$ Lachter geschieden sind, welches viel kleine Flötze von 17, 15, 13 und 20″ in sich schliesst.

Die Flötze *Thielemann* und seine Nebenbank werden auf Grube König als ein Flötz gebaut. Gegen Westen trennt sich die Nebenbank mehr und mehr und liegt gegen den Cerberussprung hin dem unteren Flötze *Braun* näher, als an Thielemann.

Sehr veränderlich ist das Flötz *Tauenzien*, welches — östlich eins der besten Flötze — gegen Westen immer mehr an Mächtigkeit verliert und sich theilt. Ebenso ist das Flötz *Rauch* sehr wechselnd und stellenweise ganz unrein. Auch die

Flötze *Blücher* und *Gneisenau* theilen sich nach Westen, gegen die Grube Altenwald zu, durch Aufnahme starker Bergmittel, theilweis zur Unkenntlichkeit. Dagegen ist z. B. das Flötz *Waldemar* gegen Westen besonders mächtig und gut angetroffen worden.

Auffallend constant ist das Flötz *Bonin*, welches durch das ganze Feld von König, Dechen und Heinitz seine Mächtigkeit von 25 bis 27 Zoll mit wenigen Ausnahmen beibehält. Im westlichen Felde von Dechen ist es mit dem Thonsteinflötz fast vereinigt, liegt aber auf Heinitz wieder getrennt.

Was die Zwischenmittel betrifft, so treten die auf Altenwald zahlreichen und mächtigen Conglomerate gegen Osten zurück. In den westlichen Querschlägen von Heinitz noch überwiegend, verschwinden sie schon in dem oben mitgetheilten Profile fast, und auf Dechen gänzlich, indem hier nur Schieferthone und einzelne mächtigere Sandsteinlagen vorkommen.

Vergleicht man die Profile von Heinitz und Altenwald, so würden etwa folgende Parallelen zu ziehen sein:

Stolberg, *Thiele* und *August* sind durch zahlreiche unbauwürdige Flötze vertreten; Flötz No. 1 = *Borstel*. Es folgt ein 11 Lachter mächtiges Mittel von Sandstein, Schiefer und Conglomerat; Flötz No. 2 und liegende Bänke = *Waldemar;* Flötz No. 3 = den unter *Waldemar* liegenden Bänken; Flötz No. 4 = *Wrangel;* No. 5 = *Grolmann;* No. 6 = *Nostitz.* Flötz Gneisenau erscheint in drei getrennten Flötzen, wozu der Anfang schon im westlichen Felde von Heinitz sichtbar wird. Flötz No. 7 = *Thielemann;* wofür auch das Vorkommen von Eisenstein im Liegenden spricht; No. 8 = Th. Nebenbank. No. 10 = *Braun;* Thonsteinflötz; darunter das 27zöllige Flötz = *Bonin.* No. 13 Oberbank = Flötzchen zwischen *Bonin* und *Aster.* No. 13 Unterbank = *Aster;* No. 14 = *Rauch;* No. 15 = *Blücher;* No. 16 = *Tauenzien;* im Liegenden die Flötze *Scharnhorst*, *Prinz Adalbert*, *Prinz August.* Diese Parallele lässt wenig zu wünschen übrig; nur sind auf Altenwald die Flötze meist nicht so schön entwickelt, wie auf Heinitz.

Auch mit Dudweiler lässt sich eine ganz gute Uebereinstimmung erreichen, wenn man die Ansicht aufgiebt, das Thonstein führende Flötz *Pfuel* sei mit dem Thonsteinflötz von Altenwald, Heinitz und König identisch, vielmehr dasselbe dem *Rauchflötz* gleichstellt. Man erhielte dann folgende Parallele:

No. 3 = *Wrangel;* No. 4 = *Grolmann* (Conglomerat als Hangendes); No. 5 *Nostitz;* No. 6 und 7 = *Gneisenau;* 24zölliges Flötz = *Thielemann;* 18zöllige = Nebenbank; No. 8 = *Braun.* Darunter zahlreiche schmale Flötze, dem Thonstein und Boninflötz entsprechend. No. 10 = *Aster.* No. 11 = *Rauch.* No. 13 *Blücher* und *Nebenbank.* No. 14 = *Tauenzien.* No. 15 und 16 auf Heinitz unbauwürdig. No. 17 = *Scharnhorst.* 27zölliges Flötz = *Prinz Adalbert.* No. 19 = *Prinz August.* No. 20 = Natzmerflötz der Grube König, welches also mit dem hangenderen 21zölligen Natzmerflötz von Dudweiler nicht übereinstimmen würde.

Die Richtigkeit dieser Parallele vorausgesetzt, würden die hangenden Flötze *Waldemar*, *Borstel*, *August*, *Thiele*, *Stolberg* auf Dudweiler noch nicht erreicht sein. Da diese Flötze, wie wir sahen, schon auf Altenwald sehr viel ungünstiger entwickelt sind, so wäre es wohl möglich, dass sie sich weiter gegen Westen noch mehr zersplittern und daher auch mit den Schächten nicht bauwürdig angetroffen, oder, weil in oberer Höhe durchteuft, nicht beachtet wurden. —

Wenn hier auf den Identitäts-Nachweis der Flötze etwas weiter eingegangen wurde, so geschah dies, weil der liegende Zug am besten gekannt ist und daher das oben Gesagte die beste Anschauung von den Verhältnissen der Saarbrücker Ablagerung im Allgemeinen gewährt. Zugleich wird dadurch bestätigt, dass in dem liegenden Zuge in der That jenes Zusammendrängen der Flötze gegen Osten stattfindet, welches von der ganzen Formation angeführt wurde, wenn auch nicht in dem Maasse, wie zuweilen angenommen wird. So muss z. B. ein Querprofil des Heinitzstollns verhältnissmässig sehr gedrängt erscheinen, wenn man nicht berücksichtigt, dass dieser den Vampyrsprung durchfahren und desshalb ein Mittel von 45 bis 50 Lachter Dicke gar nicht durchörtert hat.

Im Felde der Königsgrube sind die Flötze des liegenden Zuges bis an den Ort Neunkirchen verfolgt und neuerdings jenseits desselben noch nördlich der Grenze des bunten Sandsteins, welcher bei Neunkirchen in einer dünnen Zunge das Kohlengebirge übergreift, ausgeschürft. Sie machen unter Neunkirchen eine Biegung in's Liegende, wenden sich jenseits wieder nördlich und werden wahrscheinlich noch südlich des Bliesthales von einer streichenden Verwerfung abgeschnitten (einem „Sutan", nach der im Ruhrdistrict üblichen Bezeichnung), welche ca. 1000 Lachter weiter östlich im Norden der Gruben bei Wellesweiler und Bexbach durchsetzt.

Der Betrieb der Grube König wird in einiger Zeit Aufschluss über das Verhalten dieser Kluft geben, welche vermuthlich gegen Westen mit der (hypothetischen) südlichen Hauptzerreissungskluft sich schaaren dürfte. Da gegen die streichende Verwerfung der südliche Gebirgstheil höher liegt, so können die Flötze der Königsgrube auf der Südseite der Kluft erst in einiger Entfernung sich wieder anlegen. In der That sind denn auch auf der am östlichen Ende der productiven Formation gelegenen Grube Wellesweiler eine Reihe schöner Fettkohlenflötze aufgeschlossen, deren Identität mit denen der Königsgrube zwar nicht gewiss, doch wahrscheinlich ist. Diese Flötze sind:

1.	Flötz *Haardt*. 4″ K. 2″ Sch. 12″ K. 6″ Brandsch. 18″ K. 15″ Brandsch. 22″ K. 1″ L. 20″ Sch. 6″ K. = 62″ K. 44″ M. =	106″ m.
2.	„ *Derschau*. 30″ r. K. =	30″ „
3.	„ *Martins*. 16″ K. 11″ Sch. 14″ K. 8″ Sch. 18″ K. = 48″ K. 19″ M. =	67″ „
4.	„ *Burkardt*. = 20″ r. K.	20″ „
5.	„ *Sello* (Nr. 1). 14″ K. ½″ L. 13″ K. 3″ M. 6″ K. 15½″ M. 14″ K. = 47″ K. 19″ M. =	66″ „
6.	„ *Schweinitz*. 18″ K. 4″ Sch. 8″ K. = 26″ K. 4″ M. =	30″ „
7.	„ 24″ K. m.	24″ „
8.	„ *Heusler*. 6½″ K. 18″ Thonstein. 14½″ K. 5″ M. 24″ K. 12″ M. 12″ K. = 57″ K. 18″ Th. 17″ Sch. =	92″ „
9.	„ *Becher*. 24″ K. 2″ Sch. 26″ K. = 50″ K. 2″ M. =	52″ „
10.	„ *Fulda*. 9½″ K. 14½″ M. 36″ K. = 45½″ K. 14½″ M. =	60″ „
11.	„ *Noeggerath*. 13″ K. 14″ M. 50″ K. = 68″ K. 14″ Sch. =	82″ „
12.	„ *Koch*. 43″ K. 13″ Sch. 23″ K. = 66″ K. 13″ M. =	79″ „
13.	„ 24″ m.	24″ „
14.	„ 36″ m.	36″ „

Nach einem älteren Bohrversuch sollen, unter Koch getroffen sein: 3½ Lachter tiefer = 85″ K. 20″ Sch. 11″ K. = 116″ m.; 3½ Lachter weiter: 20″ K. und abermals 3½ Lachter tiefer = 69″ K., endlich 8 Lachter tiefer 16″ Kohle. Diese Resultate sind aber zweifelhaft, da in dem Einschnitte der Saarbrücker Eisenbahn unter Koch ein mächtiger Sandstein auftritt.

Der im Heuslerflötz vorkommende dichte Thonstein ist dem des sog. Thonsteinflötzes der Gruben König, Heinitz und Altenwald auffallend ähnlich, und möchte dies Flötz etwa durch Vereinigung des letzteren mit dem Boninflötz entstanden sein. Es würde dann das Becherflötz dem schönen Flötze Aster entsprechen. Ersteres nimmt freilich im westlichen Felde der Grube Wellesweiler ein sehr abweichendes Verhalten an, indem es, hier z. B. aus 20″ K. 15″ Sch. 14″ K. 12″ K. 2″ Sch. 14″ K. = 60″ K. 17″ Sch. = 77″, noch weiter westlich aber, aus 15″ K. 26″ Sch. 9″ K. 15″ Sch. 10″ K. 14″ Sch. 6″ K. 6″ Sch. 16″ K. 17″ Sch. 3″ K. 10″ Sch. 5″ K. = 64″ K. 88″ Sch. = 152″ bestehend, ein recht auffallendes Beispiel von der Veränderlichkeit der Saarbrücker Flötze bietet.

Die nur durch 60 — 80″ Schiefer getrennten Flötze Fulda und Noeggerath würden dann das Blücherflötz, Koch das Tauenzienflötz repräsentiren, während dies 36zöllige Flötz etwa Scharnhorst entsprechen möchte.

Noch weniger passen die oberen Flötze, von denen Sello eine Conglomeratschicht zum Hangenden besitzt.

Die Grube Wellesweiler, eine der ältesten des Bezirkes, ist durch ihre interessanten Lagerungs-Verhältnisse bekannt. Die Flötze bilden zwei flache Sättel, welche eine Mulde mit einem kleinen Specialsattel einschliessen. Der südliche Hauptsattel ist ein geschlossener und auch der nördliche dürfte sich als solcher herausstellen, öffnet sich aber gegen Westen wieder, indem die Sattellinie sich wieder aushebt. Die Verhältnisse werden durch das Auftreten von drei diagonalen Sprüngen und einer grossen Anzahl von Wechsel-Ueberschiebungen höchst complicirt und sind noch immer nicht hinreichend aufgeklärt.

Diese Ueberschiebungen charakterisiren sich unverkennbar als Folge der Schichtenfaltung, welche ein Herauspressen einzelner Gebirgsstücke und ein Untereinanderschieben der zerrissenen Theile hervorbrachte. Die Ueberschiebungsklüfte sind zum Theil auf grosse Erstreckungen horizontal. Eine derselben legt die Flötze auf 40 Lachter in der Querrichtung doppelt und besitzt eine Längenausdehnung von mindestens 300 Lachtern. Andere sind kleiner und betreffen nur ein oder zwei Flötze, zeigen aber dann mit besonderer Schärfe das Eindringen der scharfen Gebirgskeile in die noch etwas plastische Schiefermasse, welche das Hangende des nächst tieferen, ungestört gebliebenen Flötzes bildet. Bei anderen beschreibt die Kluft selber eine Mulde mit einem steilen und einem flachen Flügel, und schält so zu sagen, aus den geneigten Sattelflügeln förmlich Stücke heraus. Das Vorkommen dieser Wechsel ist um so interessanter, als dieselben sonst im ganzen Saarbrücker Districte fehlen, mit einziger Ausnahme eines kleinen Wechsels in dem Sattel von Gersweiler.

Der zum Theil steiler geneigte Nordflügel des Nordsattels bildet gegen Westen eine flache Mulde. Nördlich setzt der bereits erwähnte „streichende Hauptsprung“ durch, welcher rothgefärbte flötzleere Schichten verwirft.

Oestlich grenzt an die Grube Wellesweiler die bayerische Grube bei Oberbexbach, welche in oberen Sohlen hangende Flötze bebaut, deren Kohle schon der Sinter- oder Flammkohle angehört. Diese bilden eine nach Süden geneigte flache Mulde, deren westlicher Flügel sich an die beiden Wellesweiler Sättel anlehnt. Diese Grube wird ohne Zweifel in tieferen Sohlen die Wellesweiler Fettkohlenflötze antreffen. Wie aber das Feld der bayerischen Grube bei St. Ingbert im Streichen keine grosse Ausdehnung besitzt, während die Flötze in der Tiefe gleichfalls dem preussischen Gebiete zugehen, so ist auch das Feld der Grube bei Bexbach ein sehr beschränktes. Denn gegen Nordwesten schneidet der streichende Hauptsprung die Flötze ab und scheint sich sogar noch südlich zu wenden; nach Südosten ist ebenfalls eine Störung erreicht, welche der Hauptgrenze der Formation gegen Süden entsprechen dürfte.

Da wo die Saarbrücker Eisenbahn die Blies überschreitet, sind in einem Einschnitte die Schichten des Kohlengebirges an ihrem Contact mit dem bunten Sandstein entblöst und zeigen hier ein plötzlich steiles Einfallen und gestörtes Verhalten, welches — wie bereits oben bemerkt — auf eine steile Rutschung zu deuten scheint. Des Bohrversuches bei Mittelbexbach ist gleichfalls erwähnt. Auch im Norden des streichenden Sprunges ist ein Bohrloch auf preussischem Gebiet, allerdings nur bis in die Stollnsohle, gestossen worden, so dass man nicht weiss, ob unter dem rothen Gebirge die Kohlenformation in erreichbarer Tiefe auftritt.

2. Der hangende Zug.

a) Im östlichen Felde.

Einen Aufschluss hierüber wird in einiger Zeit der Betrieb der Grube am „Ziehwald“ geben, welche nach Eröffnung der Nahebahn, im Jahre 1860, durch einen am Bahnhofe Neunkirchen angesetzten Stolln in Angriff genommen wurde. Dieselbe baut Flötze, welche sich im Hangenden des Fettkohlenzuges befinden und magere oder Sinterkohle führen. Bisher sind durch den Betrieb 9 Flötze erschlossen, welche einen mächtigen, flachen und gegen Osten an der Oberfläche durch dasselbe rothe Gebirge begrenzten Sattel bilden, welches der streichende Wellesweiler Hauptsprung vorwirft und dessen absolute Flötzleerheit durch zahlreiche Schürfe erwiesen ist. Es fragt sich nur, ob die westliche Grenze dieses Gebirges — welche an der Oberfläche in einer spitzwinkelig an dem Hauptsprunge abschneidenden Linie nach Norden zieht, dann aber, nach Westen sich wendend und das Bliesthal südlich von Wiebelskirchen durchschneidend, der alten Grube im Kohlwald zu streicht — ebenfalls einer Hauptverwerfung in's Liegende entspricht, welche das productive Steinkohlengebirge in grosse Tiefe niederzieht; oder ob die Flötze des Ziehwaldsattels in mässiger Tiefe unter demselben fortsetzen. Eine dritte Ansicht geht dahin, dies rothe Gebirge sei keine jüngere, sondern die productive Kohlenformation selbst, in welcher nur durch unbekannte Einflüsse während der Ablagerung die Gesteine roth gefärbt worden und die Entwicklung der Vegetation — also Kohlenbildung — nicht stattgefunden habe.

Von dieser Erscheinung, welche auch in anderen Kohlendistricten vorkommt, bietet allerdings der Saarbrücker District an einzelnen Punkten unverkennbare Beispiele. Der vorliegende Fall scheint aber doch anderer Natur zu sein, und es ist sehr wahrscheinlich, dass man es hier mit den hangenden, flötzleeren, rothgefärbten Schichten zu thun hat, welche nicht, wie weiter westlich, dem flötzreichen Kohlengebirge gleichförmig aufgelagert, sondern durch ein System von diagonalen und streichenden Sprüngen demselben vorgeworfen sind, wodurch dann auch die geringere Breite der Formation gegen Osten erklärt wird. Dass mehrfach rothgefärbte Schichten sich zungenförmig über die letztere hin erstrecken, steht dem nicht entgegen.

Der Ziehwaldstolln selbst ist gegen Norden an das rothe Gebirge gestossen; die Flötze im Kohlwald schnitten gegen Osten daran ab. Westlich greift es zwischen die Gruben Kohlwald und Reden ein und zieht sich nördlich der letzteren gegen Merchweiler hin. Der früher zur Lösung der Merchweiler Grube bei Gennweiler angesetzte Bodelschwingh-Stolln ist in demselben verlassen worden.

Ein Blick auf die v. Dechen'sche Karte lässt die Wahrscheinlichkeit dieser Annahme in die Augen springen, wenn man die Grenze zwischen den beiden Formationsetagen, statt über Wiebelskirchen, berichtigend weiter südlich über Steigerhäuschen nach dem Kuchenberge bei Neunkirchen und von hier in der Richtung auf Frankenholz projectirt. Indess sind die künftigen Aufschlüsse abzuwarten.

Im Liegenden der Flötze des Ziehwaldstollns sind noch mehre Flötze erschürft; das Gebirgsmittel zwischen diesen und den Flötzen der Grube König ist aber noch nicht durchörtert. Dasselbe wird theilweise von der Niederung des Bliesthales bedeckt, an deren nördlichem Ufer die Saarbrücker Eisenbahn die Kuppe des flachen Sattels durchschneidet. Die Aufschlüsse umfassen ein Gebirgsmittel von ca. 135 Lachter; der Abstand von den hangendsten Flötzen der liegenden Partie ist auf ca. 150 Lachter zu schätzen.

Die bekannten Flötze des Ziehwaldstollns sind:

1.	Flötz	No. 9.	35″	Kohle.	12″	Mittel	= 47″	m.	—	Lachter	tiefer:
2.	„	No. 8.	41″	„	6″	„	= 47″	„	8	„	„
3.	„	No. 7.	29″	„	5″	„	= 34″	„	10	„	„
4.	„	No. 6.	52″	„	17″	„	= 69″	„	5	„	„
5.	„	No. 5.	22″	„	12″	„	= 34″	„	21	„	„
6.	„	No. 4.	23″	„	12″	„	= 35″	„	7	„	„
7.	„	No. 3.	48″	r. K.	—	„	= 48″	„	10	„	„
8.	„	No. 2.	53″	„	11″	„	= 64″	„	11	„	„
9.	„	No. 1.	26″	„	6″	„	= 32″	„	9	„	„
10.	„	(erschürft)	72″	„	—	„	= 72″	„	20	„	„
11.	„	„	30″	„	—	„	= 30″	„	18	„	„
12.	„	„	20″	„	—	„	= 20″	„	6	„	„

In der westlichen Fortsetzung sind im Bliesthal mehre mächtige Flötze erschürft oder durch Versuch- und Eisenerzstolln aufgeschlossen. Ohne Zweifel setzen die Ziehwalder Flötze im Liegenden der alten Grube Kohlwald und zwischen den Gruben Reden und Heinitz fort. Hier fehlt es indess an genügenden Aufschlüssen, um das Verhalten derselben zu beiden Flötzpartien beurtheilen zu können. Ein etwa in der Saarstollnsohle durchzutreibender Querschlag zwischen beiden Gruben würde grosses Interesse gewähren. Von Seiten der Grube Altenwald wird solcher Durchschlag in einiger Zeit durch das Saarstolln Flügelort nach der Grube Friedrichsthal hergestellt werden, deren Flötze man mit denen des Ziehwald-Stollns für äquivalent halten darf.

Die Grube Friedrichsthal besitzt folgende Flötze:

1. Flötz 39″ K. 10″ B. 39″ K. = 78″ K. 10″ B. = 88″ m.
2. „ 6″ unr. K. 2″ M. 6″ K. = 14″ m.
3. „ 21″ unr. K. 18″ B. 11″ K. = 50″ m.
4. „ 23″ schiefr. K. 3″ B. 4″ K. = 30″ m.
5. „ 21″ K. 3″ M. 3″ K. = 26″ m.
6. „ 4″ unr. K. 33″ M. 4″ unr. K. 12″ M. 4″ unr. K.
7. „ 8″ K. 10″ schiefr. K. 15″ K. 6″ M. 11″ K.
8. „ 7″ K. 9″ M. 11″ K.
9. „ 4″ K. 7″ M. 8″ unr. K.
10. „ 2″ K. 6″ B. 5″ K.
11. „ 15″ unr. K.
12. „ 4″ K. 3″ M. 5″ K.
13. „ 4″ K. 4″ M. 5″ K.
14. „ 11″ K. 5″ M. 6″ K.
15. „ 6″ K. 59″ M. 4″ sch. K.
16. „ *Motz.* 35″ K. 4½″ M. 23″ K. 7″ M. 10″ K. 2″ M. 4″ K. 9″ M. 11″ K. = 83″ Kohle. 22½″ Mittel = 105½″ m. Darunter eine grosse Menge schwacher Kohlenstreifen und
17. „ 31″ K. 4½″ M. 18″ K. = 49″ K. 4½″ M. = 53½″ M.; genannt: 30zöllige Flötz, unter welchem abermals viele Kohlenstreifen. Das Gebirgsmittel beträgt 64 Lachter.

Die Flötze der Grube Friedrichsthal schneiden gegen Osten an dem mächtigen Sprunge ab, welcher unter dem Namen Cerberus- (nördlich Vorsicht-) Sprung auf eine Länge von mehr als 5/4 Meilen querschlägig durchsetzt, die Gruben Heinitz und Altenwald trennt und die Grube Merchweiler westlich begrenzt. Gegen Westen werden sie von dem, auch 1 Meile lang bekannten Tartarus-Sprunge durchschnitten, jenseits dessen man das 30zöllige, nicht aber bis jetzt das mächtige Motzflötz wieder erschürft hat. Die nordwestlich gelegene kleine Grube Quierschied baut 2 Flötze von 93″ und 48″, welche eine Wendung nach Norden beschreiben und vielleicht die Fortsetzung derselben bilden.

Das 30zöllige Flötz der Grube Friedrichsthal bildet gegen den Cerberus-Sprung einen ähnlichen Sattel und dieselbe Erscheinung wiederholen die Flötze der Grube Russhütte (resp. Merchweiler) an dem Sprunge, welcher dieselben von den Flötzen der Grube Reden trennt und in seiner südlichen Fortsetzung, bei gleichfalls $^5/_4$ Meilen Länge, auf der Grube Heinitz den Namen Aeacus-Sprung führt.

Diese Erscheinung hängt damit zusammen, dass die Gebirgsschichten, welche in der östlichen Querlinie sich gleichförmig nach Norden einsenken, weiter gegen Westen sich wellenförmig gefaltet haben, wobei dann jene mächtigen Gebirgszerreissungen entstanden sind, welche überall mit der Gebirgsfaltung nothwendig in Verbindung stehen.

Die Flötze der Grube Reden, welche zwischen dem Aeacus-Sprunge und einem gegen Süden mit diesem convergirenden Sprunge eine sanfte Curve beschreiben, gehören der zweiten Gruppe des hangenden Zuges an und führen gleichfalls magere Kohlen.

Sie sind ohne Zweifel identisch mit den Flötzen der östlich gelegenen alten Kohlwaldgrube, welche beiderseitig von rothem Gebirge begrenzt werden.

Westlich vom Aeacus-Sprunge wurden sie früher von der kleinen Grube Merchweiler gebaut und sind gegenwärtig durch die neue Stolln-Anlage der Grube Reden im Russhüttenthal und den Förderschacht Graf „Itzenplitz“ in Angriff genommen.

Der Redenstolln hat folgende Flötze gelöst:

1. Flötz: 12″ verst. K. 12″ Sch. 12″ K. 15″ Sch. 30″ K. = 81″ m.
2. „ *Heiligenwald-Nebenbank.*
   12″ K. 1″ M. 15″ K. 6″ M. 3″ K. 10″ M. 10″ K. 10″ K. = 57″ m.
3. „ *Heiligenwald-Hauptbank.*
   26″ K. 17″ M. 34″ K. 7″ M. 48″ K. = 132″ m. Darunter 17″ K. und 18 Ltr. Sandstein und Conglomerat.
4. „ *Landsweiler-Nebenbank Nr. 3.*
   15″ K. 16″ M. 35″ K. = 66″ M.
5. „ *Landsweiler-Nebenbank Nr. 2.*
   6″ Sch. 6″ Sch. m. K. 14″ Sch. 7½″ K. 9″ M. 45″ K.
6. „ *Landsweiler-Nebenbank Nr. 1.* = 35″ K.
7. „ *Landsweiler-Hauptbank.*
   20″ K. 6″ M. 6″ K. 6″ M. 75″ K. = 101″ K. 12″ M. = 113″ m.
8. „ *Grubenwald.* 24″ K. 10″ M. 46″ K. = 70″ K. 10″ M. = 80″ m.
   6 Flötzchen von 16″, 19″, 6″, 14″, 13½″, 17″ K.
9. „ *Alexander.* 3″ K. 1″ M. 24″ K. 2″ M. 35″ K. = 62″ K. 3″ M. = 65″ m.
   3 Flötzchen von 4″, 17″, 6″ m.
10. „ *Sophie.* 6″ K. 8″ M. 56″ K. 4″ M. 35″ K. = 97″ K. 12″ M. = 109″ m.
11. „ *Jacob.* 28″ K. 20″ M. 22″ K. = 50″ K. 20″ M. = 70″ m.
    Darunter ein 143″ mächtiges Mittel von Kohle und Schiefermitteln.
12. „ *Leopold.* 32″ K. 1″ M. 2″ K. = 35″ m.
    Darunter 10″ K. Flötz: 8″ K. 15″ M. 6″ K. 7″ M. 6″ K. 23″ M. 5″ K., Flötz: 3″ K. 1″ M. 11″ K. 1″ M. 6″ K. Flötz 13″ K.
13. „ 12″ K. 12″ K. 12″ K. 14″ M. 6″ K. = 56″ m. genannt 36″ Flötz.
    Darunter: Flötz 6″ K. 3″ M. 10″ K., Flötz 10″ K., Flötz 7″ K. 2″ M. 12″ K. 40″ M. 15″ K., Flötz 13″ K.
14. „ 3″ K. 2″ M. 2″ K. 17″ M. 18″ K. 3″ M. 10″ K. = 33″ K. 22″ M. = 55″ m.
    Darunter: Flötz 11″ K. 4″ M. 8″ K., Flötz 11″ K. 12″ M. 8″ K., Flötz 4″ K. 6″ M. 12″ K., Flötz 15″ K.
15. „ 6″ K. 1″ M. 31″ K. = 38″ m.
16. „ 15″ K. 28″ M. 5″ K. 3″ M. 27″ K. = 47″ K. 31″ M. = 78″ m.

Die Mächtigkeit des durchquerten Gebirgsmittels beträgt ca. 160 Ltr. Weiter südlich durchschneidet der östliche Hauptsprung den Querschlag, welcher in Folge davon keinen sicheren Aufschluss weiter gewährt. Er hat jenseits des Sprunges ein 96″ mächtiges Flötz durchfahren, welches man durch Schürfarbeiten gegen Osten bis an einen Sprung verfolgte, dessen

Fortsetzung der, die Gruben Heinitz und Dechen trennende Minos-Sprung zu sein scheint. Man hatte angenommen, dass dieses Flötz mit dem 96″ m. Flötze Kallenberg identisch sei, welches nach Durchfahrung des Aeacus-Sprunges von den Bauen der Reden-Grube ausgerichtet und, bis an den Vorsicht-Sprung verfolgt, seinerseits als Aequivalent des Metzflötzes der Grube Friedrichsthal betrachtet wird. Neuerdings ist man darüber in Zweifel gerathen und glaubt, dass die östliche Fortsetzung des Flötzes Kallenberg sich in dessen Hangendem befinde.

Die ferneren Arbeiten werden Aufschluss darüber gewähren und auch die Stellung zu den Flötzen des Ziehwald-Stollns mehr aufklären.

Das mitgetheilte Profil ergibt den ausserordentlichen Flötzreichthum, welchen — wie der liegende — so auch der hangende Zug in dem östlichen Theile der Formation besitzt, und unter wie günstigen Bedingungen die hier befindlichen Gruben bauen. Das Einfallen der Redener Flötze beträgt etwa 10 Grad, so dass bei geringen Tiefen bedeutende Kohlenhöhen ausgerichtet werden. Leider sind diese Flötze einerseits von Grubenbrand, anderseits von schlagenden Wettern stark heimgesucht. Auf dem Flötze Kallenberg, westlich vom Aeacussprunge, fand am 20. October 1864 eine Explosion statt, welcher 34 Menschen zum Opfer fielen.

Westlich an die Gruben Russhütte und Friedrichsthal-Quierschied stösst ein ausgedehntes Terrain, in welchem bisher noch fast alle Aufschlüsse mangeln und dessen Ausbeutung mit Recht späteren Zeiten vorbehalten bleibt, da die Leistungsfähigkeit der vorhandenen Gruben nur in der Arbeiter-Beschaffung ihre Grenze findet.

b) Im westlichen Felde.

α. Der untere hangende Zug.

Um den hangenden Zug zu verfolgen, müssen wir daher von dem westlichen Felde der Grube Dudweiler ausgehen, in welchem wir bereits eine Wendung nach Süden kennen gelernt haben, ähnlich wie solche im Osten bei den Flötzen der Gruben Wellesweiler und Ziehwald bemerkt wird.

Der am Bahnhofe St. Johann im bunten Sandstein angesetzte Saarstolln, welcher die Hauptwasserlösung des ganzen östlich von Saarbrücken liegenden Grubencomplexes bewirken soll und in einigen Jahren die Durchschläge bis zu den Gruben König, Friedrichsthal und Reden erreicht haben wird, bietet die nöthigen Aufschlüsse.

Wie bemerkt, sondert sich der hangende Zug gegen Westen ganz deutlich in drei durch flötzarme Mittel getrennte Gruppen, welche gegen Osten mehr zu verschwinden scheinen, soweit sich nach den bisherigen Aufschlüssen beurtheilen lässt.

Die liegendste dieser Gruppen bilden die Flötze der kleinen Grube Jägersfreude, welche hauptsächlich für den Bedarf von St. Johann-Saarbrücken betrieben wird. Dieselben lassen bereits vollkommen die westliche Sattelwendung erkennen, welche im Westen des liegenden Zuges erst angedeutet war. Sie streichen von Nordwest nach Südost und fallen flach gegen Südwesten ein. Südöstlich das Sulzbachthal durchsetzend, verschwinden sie unter dem bunten Sandstein. Nordwestlich führen sie auf das mächtige, aber nicht reine Amelung-Flötz, welches durch den Burbach-Stolln der Grube von der Heydt aufgeschlossen, aber noch nicht in seiner Wendung nach Osten verfolgt ist. Der Saarstolln hat zwischen den Jägersfreuder und Dudweiler Flötzen zwar noch eine Anzahl mittlerer Flötze durchfahren, indess keinen recht guten Aufschluss gewährt, weil dieselben zum Theil in oberer Höhe nahe unter der Bedeckung von buntem Sandstein durchörtert wurden, welcher hier zungenförmig nach Nordwesten hin übergreift.

Das mächtigste Flötz der Grube Jägersfreude, Flötz Hardenberg, hat 72″ Kohle, 18″ Mittel = 90 Zoll Mächtigkeit und eine hangende Nebenbank von 34 Zoll. Das dicht unter demselben folgende Flötz Charlotte hat 44 Zoll Kohle und 8 Zoll Mittel. Man hält sie für identisch mit dem Motzflötz und 33zölligen Flötz der Grube Friedrichsthal, resp. mit dem 93zölligen Flötze Kallenberg.

β. Der mittlere hangende Zug.

Im Hangenden der Grube Jägersfreude baute die jetzt verlassene Grube Russhütte (nicht zu verwechseln mit dem gleichnamigen Förderpuncte der Grube Reden), deren Flötze nördlich von einem

Sprunge abgeschnitten wurden, welcher mit dem die Gruben Gerhard und von der Heydt trennenden Prometheus-Sprunge identisch scheint. Derselbe würde danach etwa $1^1/_2$ Meilen weit sich erstrecken. Die Flötze sind mit dem Saarstolln ebenfalls in der Nähe des bunten Sandsteins durchfahren. Weiter nördlich führt uns der Burbach-Stolln im Hangenden des Amelungflötzes auf die Flötze der Grube von der Heydt, welche mit denen der Grube Gerhard identisch sind. Diese Flötze beschreiben nicht jene einfache Sattelwendung, wie die des unteren hangenden Zuges, sondern wenden sich gegen Westen, statt gegen Osten, bilden hierauf, vollständig nach Süden schwenkend, eine nach Süden geöffnete Mulde, setzen quer durch das Saarthal und bilden hier den Clarenthaler flachen Sattel, der in seinen tieferen Schichten geschlossen erscheint, während die oberen Flötze, bei Fürstenhausen die Saar zum zweitenmal durchsetzend, nun erst sich wieder östlich wenden, um als eigentlicher Nordflügel durch die Felder der Gruben Gerhard und von der Heydt zu streichen, an deren östlichem Ende sie zuletzt durch den Lampennest-Stolln gebaut wurden. Diese vielfach gewundenen Formen, welche die Flötze im Grundriss beschreiben, werden noch complicirter durch die Menge von Verwerfungen, welche in Folge der Faltenbildung die Gebirgsstücke gegeneinander verschoben haben, wodurch bei der flachen Lagerung im Grundriss bedeutende Dislocationen hervortreten.

Was die Flötze selbst anlangt, so ist das Hauptflötz der Gruben Gerhard und von der Heydt, das 143zöllige *Beustflötz*, an dem Nordflügel weithin aufgeschlossen, im östlichen Felde letzterer Grube zur Unkenntlichkeit verändert, sodann aber auf eine Erstreckung von mehr als zwei Meilen durch Grubenbau gar nicht aufgeschlossen.

Doch kennt man durch Schürfe das östliche Fortsetzen eines 80- resp. 94zölligen Flötzes. Nach einer Ansicht soll das Beustflötz mit dem 93zölligen Flötze der Grube Quierschied identisch sein, welches oben als Motzflötz angesprochen wurde. Gegen Westen bildet es, jenseits des Minervasprunges, im Felde der Grube Gerhard nochmals einen flachen Sattel mit darauf folgender Muldenbiegung und wird neuerdings unter dem bunten Sandstein in der Richtung nach Vaelklingen verfolgt, bei welchem Orte es vermuthlich die Saar durchsetzen wird, an deren linkem Ufer bei Fürstenhausen mehre mächtige Flötze erschürft sind. Ob es dem am Südflügel des Clarenthaler Sattels in dem Dorfe Clarenthal erschürften 89zölligen Flötze entspricht und welches sein Verhältniss zu den Flötzen der an dem östlichen Hange dieses Sattels bauenden Grube Prinz Wilhelm bei Gersweiler ist, bedarf noch der Aufklärung.

In der Mulde, welche zwischen diesem Sattel und den nach Westen geneigten Russhütter Flötzen sich befindet, hat man bei Malstatt, in der Nähe des Burbacher Eisenwerkes, einen wegen gestörter Lagerung verlassenen Betrieb auf einigen Flötzen geführt, welche noch im Hangenden der Russhütter resp. Gerharder Flötzpartie zu liegen scheinen und auffallender Weise backende Kohle führten. Die Muldenwendung war in denselben erkennbar und ist auch weiter nördlich durch Baue auf Eisenstein nachgewiesen.

Von dem am Luisenthaler Bahnhof neuangelegten Albertschachte der Grube Gerhard hat man einen Querschlag in's Liegende getrieben, welcher die am Nordflügel des Clarenthaler Sattels auf der Grube Stangenmühle gebauten Flötze gelöst hat. Diese Flötze, welche mit flach nördlichem Fallen unter der Saar durchsetzen, würden der Jägersfreuder oder der unteren hangenden Partie entsprechen, und danach ist zu erwarten, dass man in dem Clarenthaler Sattel in nicht zu bedeutender Tiefe die Fettkohlenflötze des liegenden Zuges antreffen würde. Um dies zu ermitteln, soll in nächster Zeit ein tiefes Bohrloch auf diesem Sattel gestossen werden.

Das Verhältniss der Stangenmühler zu den Gersweiler Flötzen wird durch die zahlreichen Sprünge verdunkelt, welche den Sattel durchsetzen. Sollten letztere mit den Malstatter Flötzen einer- und mit den Gerharder Flötzen anderseits identisch sein, so müsste, da ja den letzteren auch die Russhütter Flötze entsprechen, das Auftreten einer bedeutenden Verwerfung angenommen werden, welche die Russhütter Flötze nach Malstatt verschiebt.

Im Hangenden der Gersweiler Flötze liegen auch die des verlassenen Schachtes bei Schöneck, unmittelbar jenseits der französischen Grenze, welche eine hakenförmige Wendung zeigen.

Die nach Norden fallenden Flötze der französischen Grube bei Klein-Rosseln, welche gleich denen bei Malstatt theilweise backende Qualität besitzen sollen, wenden sich gegen Osten südwärts und bilden demnach einen, dem Clarenthaler ähnlichen Sattel.

Die Grube Gerhard besitzt ausser dem Beustflötz, welches aus 6″ K. 10″ M. 6″ K. 14″ M. 36″ K. 2″ M. 15″ K. 1″ M. 2″ K. 14″ M. 10″ K. 3″ M. 27″ K. = 102″ K. 44″ M. = 164″ besteht, noch mehre Flötze, nämlich ein 40zölliges, ein 22zölliges, das 75zöllige schöne Heinrichflötz, das 36zöllige Flötz Carl, Marie = 49″ K. 12″ M., das aus 54″ K. und 34″ M. bestehende Flötz Traugott; drei Flötze von 20,24 und 20″ K. und im Liegenden des Beustflötzes das 35zöllige Flötz Constanzl; ausserdem 15 schwächere Flötzchen. Die Gesammtmächtigkeit des Gebirgsmittels beträgt 132 Lachter.

Diese Flötze treten im Felde der Grube von der Heydt in ziemlich veränderter Gestalt auf, indem das Heinrichflötz hier nur 30 bis 36″ Karl = 30″, Constanze 22″ mächtig ist. Auch die Bänke und Mittel des Beustflötzes erscheinen verändert.

Das Verhältniss zu der reichen Flötzpartie der Grube Reden, welcher diese Flötze entsprechen würden, während die Stangenmühler und Russhütter, sowie die Jägersfreuder und Friedrichsthaler Flötze denen des Ziehwaldstollns äquivalent wären, bedarf noch der näheren Aufklärung.

γ. Der obere hangende Zug.

Weit im Hangenden der bei Fürstenhausen erschürften Flötze baut am linken Ufer der Saar, nahe der französischen Grenze, die Grube Geislautern auf einer flach gegen Westen geneigten Flötzpartie. Dieselbe enthält folgende Flötze:

1. Flötz *Otto.* 6″ K. 4″ M. 16″ K. = 26″ m.
2. „ *Emil.* 8″ K. 40″ B. 22″ K. = 70″ incl. 40″ M.
3. „ *Alvensleben.* Nr. 1. 30″ K. 8″ M. 18″ K. = 56″ incl. 8″ M.
4. „ „ Nr. 2. 7″ K. 11″ B. 2″ K. 6″ B. 22″ K. 22″ B. 14″ K. = 45″ K. 39″ B. = 84″ m.
5. „ „ Nr. 3. 22″ K. 1″ B. 2″ K. 2″ B. 8″ K. 6″ B. 4″ K. = 36″ K. 9″ B. = 45″ m.
6. „ *Bülow.* 10″ K. 9″ B. 5″ K. 9″ B. 15″ K. 1″ B. 15″ K. 5″ B. 10″ K. = 55″ K. 24″ B. = 79″ m.
7. „ Nr. 5. 5″ K. 3″ B. 21″ K. = 29″ M.
8. „ *Schuckmann.* 18″ K. 2″ B. 10″ K. 16″ B. 18″ K. = 64″ m.

Die drei liegenden Flötze verlieren gegen Norden an Mächtigkeit, so dass Bülow nur 57″, Nr. 5 = 24″, Schuckmann nur 57″ besitzt.

Diese Flötzpartie wird durch einen bedeutenden Sprung in's Hangende gerückt und findet sich hier im Felde der Privatconcession Hostenbach, wo die Flötze Otto und Emil unter den Namen *Heinrich* und *Carl,* das Flötz Alvensleben als Flötz *Pulverrauch* gebaut werden. Die vier liegenden Flötze sind dort noch nicht erreicht, wogegen im Hangenden noch zwei Flötze, Nr. 2 = 39″ m., Nr. 1 = 75″ m. gebaut werden. Die am rechten Saarufer zwischen Völklingen und Bous erschürften Flötze bilden die Fortsetzung dieser Partie, welche weiter nördlich durch die Buntsandsteindecke der Verfolgung sich bisher entzogen hat. Im Norden der Grube von der Heydt findet sich dieselbe durch Flötze vertreten, welche in der Nähe von Guichenbach und Hilschbach durch Tagestrecken und Schürfe bekannt sind.

Im Hangenden der Fortsetzung der Hostenbacher Flötze tritt das Kohlengebirge bei Derlen und Knausholz inselförmig unter dem bunten Sandsteine hervor und führt hier ein 94″ m. Flötz. Scheinbar beträchtlich in dessen Hangendem baut die Grube Kronprinz Friedrich Wilhelm bei Schwalbach, mit einer Eisenbahnanlage bei Griesborn, auf dem 94zölligen *Schwalbacher* Flötz, welches, von mehrfachen Sprüngen verworfen, südlich bis gegen Bous hin durch Grubenbau aufgeschlossen ist. Gegen Nordosten wird es durch rothes Gebirge abgeschnitten und, wie man vermuthet, durch einen spiesswinkelig durchsetzenden Sprung bis nach Knausholz in's Liegende geworfen, so dass also dies scheinbar unterliegende Flötz vielmehr mit dem Schwalbacher Flötze identisch wäre.

Die westliche Fortsetzung desselben findet sich durch die alten Gruben Rittenhofen und Guichenbach aufgeschlossen, und wird noch gegenwärtig auf der kleinen Grube Kronprinz bei Dilsburg gebaut.

Zahlreiche Sprünge lassen bei sehr flachem Einfallen des Flötzes die einzelnen Theile derartig gegeneinander verschoben erscheinen, dass man zweifelhaft wird, ob man es nicht mit mehren Flötzen zu thun habe. Westlich von Kronprinz ist die Fortsetzung im Norden von *Holz* mit 6 1/2 Fuss Mächtigkeit erschürft und endlich auf der alten Grube Wahlschied mit 63″ Mächtigkeit gebaut worden. Abermals im Hangenden findet sich südlich von *Lummerschied* ein 74″ mächtiges Flötz, welches, aber wohl auch nur in Folge einer Verwerfung, als zweites Flötz erscheint.

Weiter westlich sind diese Flötze nicht verfolgt, so dass man ihre Beziehungen zu der Redener Flötzpartie nicht kennt. Auffallend ist es, dass in letzterer die gegen Westen so deutliche Trennung in drei Gruppen ganz zu verschwinden scheint. Indess ist zu bedenken, dass einerseits die Verhältnisse der Ziehwaldflötze zu denen von Reden, sowie die etwa im Hangenden letzterer Grube noch auftretenden Flötze noch keineswegs genügend bekannt sind; anderseits aber die Anlage von Querprofilen, aus welchen die wirkliche Mächtigkeit der Zwischenmittel entnommen werden kann, in Folge der vielen Verwerfungen des westlichen Sattelfeldes sehr erschwert ist. Wenn auch, wie im liegenden, so im hangenden Flötzzuge die Flötze gegen Osten zahlreicher, mächtiger, gedrängter auftreten, so dürfte dies doch nicht in dem Maasse der Fall sein, wie es von vornherein den Anschein hat.

Das im Norden von Dilsburg auf der alten Grube Kronprinz bei Hirtel gebaute 36zöllige Flötz, unter welchem ein 20zölliges, dürfte schon der flötzarmen Etage angehören, und vielleicht mit dem auf der kleinen Privatgrube bei Labach gebauten Flötzchen identisch sein. Aehnliche Flötze sind weiter westlich im Hangenden des Lummerschieder Flötzes erschürft und werden auf den kleinen Gruben Louise und Johann Philipp, westlich von Ottweiler, sowie auf der bayerischen Grube bei Breitenbach gebaut. Im Hangenden derselben findet sich ein Flötz von dunkelgrauem Kalkstein, welches ebenfalls unterirdisch gewonnen wird. Ein zweites Kohlenflötzchen zieht über Marpingen und St. Wendel, dürfte aber schon dem eigentlichen Rothliegenden angehören, indem das südlicher beginnende sogenannte Lebacher Schichtensystem, bekannt durch die in seinen zahlreichen Thoneisensteinnieren enthaltenen Fisch- und Saurier-Reste, und der Feldspathsandstein von St. Wendel wirklich zur Dyas zu rechnen ist.

Aehnliche Steinkohlenflötzchen in Begleitung von Kalkstein ziehen sich gegen Osten bis an die Porphyrmasse von Kreuznach fort und zeigen sowohl um die 1606 Fuss hohe Basaltit- (oder Melaphyr-) masse des Kingsberg bei Wolfstein, sowie in der Nähe von Alsenz die schon oben erwähnten Sattelwendungen. Bei letzterem Orte liegen auch die bekannten, jetzt verlassenen Quecksilbergruben von Moschel-Landsberg und Stahlberg, welche auf zinnoberführendem rothen Sandstein bauten.

Qualität der Steinkohlenflötze.

Die Steinkohlenflötze, welche im Saarbrückenschen vorkommen, erreichen, was ihre Mächtigkeit im Einzelnen betrifft, nicht diejenigen Oberschlesiens und einiger anderen Districte, sind aber den belgischen und den Flötzen des Aachener- und Ruhr-Districtes darin überlegen. Die mächtigsten Flötze gehen nicht über 12 Fuss hinaus. Die Mehrzahl besitzt die für den Abbau günstigsten Mächtigkeiten von 3 bis 7 Fuss. Die Zahl schwächerer Flötze ist zwar beträchtlich; doch werden Flötze unter 2 Fuss nur ausnahmsweise gebaut und selbst mächtigere Flötze stehen gelassen, wenn die Kohle steinig, das Dach schlecht oder die Bergmittel zu zahlreich sind.

Wenn einerseits günstige Mächtigkeitsverhältnisse den Abbau erleichtern, so wird er auf der anderen Seite durch die grosse Festigkeit der Kohle und die zahlreichen Bergmittel, sowie theilweise durch schlechtes Dachgestein erschwert und vertheuert. Milde Schramlagen sind nur ausnahmsweise vorhanden. Meistens muss in der sehr festen Kohle selbst geschrämt werden. Das Schlitzen oder Schroten ist wegen dieser Festigkeit und der vielen Mittel fast unmöglich; auch das Hereinkeilen der verschrämten Massen nicht ausführbar. Es muss vielmehr durchgehends Pulver zur Gewinnung verwendet werden, ja es kommt vor, dass man die Kohle, ohne vorgängige Schrämarbeit, lediglich durch Schiessen gewinnt. In Folge davon stellen sich die blossen Gewinnungs- und Förderkosten im Durchschnitt auf 10 Pfennig bis 1 Sgr. per Centner; auf vielen Flötzen bis zu 18 Pfennig; auf den günstigsten nicht unter 8 Pfennig. Möchten auch durch Vervollkommnung der Methode oder mechanische Hülfsmittel darin künftig Ersparnisse zu ermöglichen sein, so wird man in diesem Puncte doch niemals die niedrigen Selbstkosten des Ruhrdistrictes und Belgiens erreichen, obwohl die dortigen Flötze durchschnittlich viel weniger Mächtigkeit besitzen.

Dagegen gewährt die Festigkeit der Saarbrücker Flötze vor jenen den Vortheil, dass die Kohlen verhältnissmässig weit stückreicher fallen. Einzelne, wie das Emilflötz von Geislautern, das Heinrichflötz von Gerhard, das Schwalbacher Flötz geben, so zu sagen, fast gar keinen Staub, sondern brechen fast ganz in festen Blöcken, welche oft mühsam zerkleinert werden müssen, um sie zu fördern. Die fetten Kohlen des liegenden Zuges sind im Allgemeinen weicher, geben indess auf einzölligen Stängelsieben immer noch ca. 60 Procent Stücke und Würfel, während die des hangenden Zuges 70 bis 80 Procent liefern.

Es ist dies um so schätzbarer, als die Saarbrücker Flötze, wie aus dem oben Mitgetheilten schon von selber auffallen wird, in Bezug auf Reinheit den englischen, belgisch-westphälischen und schlesischen Flötzen grossentheils nachstehen, indem nur wenige derselben ganz frei von Bergmitteln auftreten, während die Mehrzahl ein oder einige Mittel führt, ja einzelne mehr Schiefermittel als Kohle enthalten, was die Gewinnung und namentlich die Reinheit der Förderung sehr beeinträchtigt. Dabei haben gerade die reineren und mächtigeren Flötze meist sehr gebräches Dach, welches die Kohlen durch Nachfallen beim Abbau verunreinigt. Einzelne Flötze dagegen sind von solcher Reinheit, wie sie nur irgend wo gefunden wird, und von vorzüglichem Nebengestein begleitet.

Würden die Saarbrücker Kohlen bei diesem Mangel an Reinheit nicht die erwähnte Festigkeit und den darauf beruhenden Stückreichthum besitzen, so würde ein hoher Aschengehalt der Förderkohle ihrer Verbreitung sehr nachtheilig werden, während sich die stückige Kohle leichter rein fördern lässt. Hierauf beruht die ausgedehnte Verwendung der Saar-Stückkohlen zur Locomotivheizung, Flammenfeuerung und Gasfabrication. Durch ihren Stückreichthum hält sie die Concurrenz der westphälischen, belgischen und St. Etienner Kohlen aus, der sie im Uebrigen bezüglich der Reinheit nachsteht.

Die Saarkohlen sind dem einigermassen Geübten auf den ersten Blick kenntlich. Abgesehen von dem Reichthum an grossen, scharfkantigen Stücken, welche besonders von den mageren Flötzen schon durch ihre Grösse und Absonderung auffallen, gibt das Vorkommen von Bitterspath, welcher in höchst feinen Blättchen die senkrechten Klüfte der Kohle erfüllt, und bei der Trennung der Stücke zum Theil abblättert, den Kohlen ein gescheckten Ansehen, wie es nur wenig anderen Kohlen eigen ist. Wo etwas eisenhaltige Wasser die Klüfte durchzogen, ist der Bitterspath bräunlich gefärbt. Das Vorkommen desselben ist übrigens nicht so bedeutend, dass es wesentlichen Einfluss auf den Aschengehalt ausübte.

Ein anderes Merkmal der Saarkohle ist das reichliche Vorkommen von Faserkohle (Russkohle), mineralischer Holzkohle [1]) auf den Schichtflächen, welche zuweilen der Verkokung Nachtheil bringt, da diese Kohle das Zusammenbacken hindert. Ihrer Textur nach ist die Saarbrücker Kohle eine ausgezeichnete Schieferkohle; doch kommen auch grobkohlenähnliche Bänke vor. Gewöhnlich zeigt sie einen Wechsel von matten Schichten mit Schichten glänzender Pechkohle. Es gibt aber auch vollständige Pechkohlenflötze (Auerswaldflötz der Grube Prinz Wilhelm), während anderseits z. B. im Tauenzienflötz der Grube Heinitz wirkliche Cannelkohle von mattem Aussehen und muscheligem Bruch, an der Kerzenflamme entzündbar, auftritt, ohne jedoch ganze Flötze zu bilden.

An manchen Puncten, besonders unter den Fettkohlen der Grube Heinitz, findet sich in grosser Menge irisirende Kohle von ausserordentlicher Farbenpracht. Die Pfauenhalsfarben finden sich überall beim Durchschlagen der Kohlenstücke.

Verhältnissmässig sehr gering ist der Gehalt der Saarkohlen an Schwefelkies und in Folge dessen der Schwefelgehalt der aus ihnen gewonnenen Kokes. Dieser Umstand verleiht den Saarkohlen einen sehr hohen Werth für die Eisenfabrication und man zieht sie daher zur Erzeugung der besseren Eisensorten selbst bei höheren Gestehungskosten vielen anderen Kohlen vor. —

Die an einigen Saarkohlen von uns ausgeführten Bestimmungen specifischer Gewichte ergeben nachstehende Zahlen:

---

[1]) Mit Unrecht nennen manche Techniker den in den Saarbrücker Flötzen häufigen Brandschiefer, welcher in allen Uebergängen zwischen Schiefer und Kohle vorkommt, auch „mineralische Holzkohle.“ Derselbe hat aber nichts Holzartiges, sondern ist eine Steinkohle im eigentlichsten Sinne und der Verkokung deshalb so nachtheilig, weil er wegen des der Kohle sehr nahen spec. Gewichtes sich von derselben durch Waschen nicht trennen lässt, ebenso wenig aber mechanisch entfernt werden kann, weil er in feinen Lamellen die Kohle durchzieht.

1)	*Tauenzien-Flötz* Nr. 24 von der Heinitzgrube bei Neunkirchen	=	1,341	im Mittel 1,301.
2)	Blücherflötz von der Heinitzgrube	=	1,261	
3)	Steinkohle von der Redengrube bei Neunkirchen	=	1,282	
4)	desgleichen, ebend.	=	1,286	„ „ 1,287.
5)	desgleichen, ebend.	=	1,292	
6)	Flötz *Kallenberg*, 1/2 Saarsohle, Grube Reden	=	1,264	
7)	„ *Grubenwald*, „ „ „	=	1,286	
8)	„ *Landsweiler*, „ „ „	=	1,288	
9)	„ *Heiligenwald*, „ „ „	=	1,285	
10)	„ *Friedrich*, in der Tagesstreckensohle	=	1,277	
11)	„ *Friedrich*, Grube Itzenplitz, Russhüttenthal	=	1,283	
12)	„ *Jacob I.*, „ „ „	=	1,299	
13)	„ *Jacob*, in der Tagesstreckensohle, ebend.	=	1,288	im Mittel 1,287.
14)	„ *Jacob II.*, Grube Itzenplitz	=	1,284	
15)	„ *Sophie*, „ „	=	1,272	
16)	„ *Sophie*, in der Tagesstreckensohle	=	1,286	
17)	„ *Wilhelm*, Grube Itzenplitz	=	1,290	
18)	„ *Ernst*, Tagesstreckensohle	=	1,316	
19)	„ *Ernst*, Grube Itzenplitz	=	1,276	
20)	„ von 84 Zoll in der Stollnsohle der Grube Reden	=	1,306	
21)	„ Pechkohle von *Friedrich Wilhelm* bei Gersweiler	=	1,244	(G.)

Organische Ueberreste der Steinkohlenformation des Saarbrückenschen.

Von

H. B. Geinitz.

Hatte die Gegend von Saarbrücken schon ein reiches Material für die klassischen Untersuchungen von Adolphe Brongniart geliefert, die in dessen Histoire des végétaux fossiles, 1828, niedergelegt worden sind, so ist derselben in der neuesten Zeit namentlich durch Fr. Goldenberg die verdiente Aufmerksamkeit geschenkt worden und man darf aus des letzteren gründlich und übersichtlich bearbeiteten „*Flora Sarapontana fossilis*, oder die Pflanzenversteinerungen des Steinkohlengebirges von Saarbrücken, 2 Hefte, Saarbrücken, 1855 und 1857" bald genügende Aufklärung über alle Ueberreste der dortigen Steinkohlenflora erwarten.

Im Nachstehenden geben wir vorläufig eine Uebersicht der uns aus diesen Gegenden bekannt gewordenen Arten, nach dem im k. mineralogischen Museum in Dresden befindlichen Materiale, welches insbesondere durch die Güte des Herrn Forstmeister Tischbein in Birkenfeld ein sehr reichhaltiges geworden ist, und ergänzen dieselbe durch die von Brongniart (= B.) und Goldenberg (= Go.) beschriebenen Arten.

Bezüglich ihres Vorkommens auf verschiedenen Flötzen bleibt noch manche Lücke übrig, auf deren Ausfüllung die höchst schätzbaren Untersuchungen der Herren Goldenberg, Dr. Weiss, Referendar Bäntsch und Dr. Jordan wesentlich mit gerichtet sind.

Schon jetzt erkennt man aber sehr deutlich, wie für die erste Zone der Steinkohlenflora in dem Saarbrückener Kohlengebiete noch keine sichere Andeutung vorliegt, wie die zweite Zone, die der Sigillarien hingegen, welche ihren Schwerpunct in dem liegenden Flötzzuge hat, in dieser Steinkohlenformation ihre reichste Entfaltung zeigt, dass sich ferner im Gebiete der hangenden Flötzzüge sicher noch einige höhere Zonen unterscheiden lassen werden, dass endlich die Flora der unteren Dyas ganz mit jener in vielen anderen Gegenden Europas übereinstimmt.

A. Pflanzen.

1. Fam. *Equisetaceae.* Schafthalme.

1. *Equisetites infundibuliformis* Bronn. (B.)
2. *Calamites cannaeformis* Schl. — Redengrube, Ziehwald-Stolln, Geislautern.

3. *Calamites Suckowi* Bgt. — Dudweiler (B.), Heinitzgrube.
4. „ *Cisti* Bgt. — Brennender Berg bei Dudweiler.
5. „ *approximatus* Schl. (= *C. cruciatus* St.) (B.) — Heinitzgrube.

2. Fam. *Asterophyllitae*. Sternhalme.

6. *Asterophyllites grandis* St. sp. — Reden- oder Heinitzgrube.
7. „ *equisetiformis* Schl. — Saarbrücken.
8. „ *longifolius* St. — Desgl.
9. *Annularia longifolia* Bgt. — Reden- oder Heinitzgrube, Ziehwald-Stolln bei Neunkirchen.
10. „ *sphenophylloides* Zenker sp. — Thon. Sphärosiderit.
11. *Sphenophyllum emarginatum* Bgt. — Jägersfreude bei Saarbrücken.
12. „ *saxifragaefolium* St. — St. Ingbert, Heinitzgrube.

3. Fam. *Filices*. Farren.

13. *Sphenopteris Hoeninghausi* Bgt. — Altenwald, Dudweiler.
14. „ *irregularis* St. *Var. nummularia* Gutb. — Reden- oder Heinitzgrube, Hefflach.
15. „ *obtusiloba* Bgt. — Reden- oder Heinitzgrube.
16. „ *latifolia* Bgt. (B.).
17. „ *muricata* Bgt. sp. — Saarbrücken.
18. „ *cristata* Bgt. sp. — Heinitzgrube.
19. „ *Schlotheimi* St. — Dudweiler (B.), Heinitzgrube.
20. „ *Gravenhorsti* Bgt. — Altenwald.
21. „ *formosa* (?) Gutb. — Ebend.
22. „ *acutiloba* St. — Saarbrücken.
23. „ *delicatula* St. — Redengrube.
24. *Hymenophyllites furcatus* Bgt. sp. — (B.), Redengrube.
25. „ *alatus* Bgt. sp. — Geislautern (B.), *Var.*
bei Geinitz: Heinitzgrube und Altenwald.
26. „ *stipulatus* Gutb. — Heinitzgrube.
27. *Schizopteris anomala* Bgt. — Saarbrücken (B.).
28. { *Neuropteris auriculata* Bgt. — Heinitzgrube.
{ *Cyclopteris obliqua* Bgt.
29. *Neuropteris crenulata* Bgt. — Saarbrücken (B.).
30. „ *gigantea* St. — Redengrube, Hefflach.
31. „ *tenuifolia* Schl. — Heinitzgr., brennender Berg bei Dudweiler, Gerhardgr., Hefflach.
32. „ *heterophylla* Bgt. — Saarbrücken (B.).
33. *Dictyopteris neuropteroides* Gutb. — Redengrube.
34. *Cyatheites arborescens* Schl. sp. — Redengrube, Hefflach, Ziehwald-Stolln bei Neunkirchen.
35. „ *argutus* Bgt. sp. — Saarbrücken (B.).
36. „ *unitus* Bgt. sp. — St. Ingbert, Geislautern (B.).
37. „ *acutus* Bgt. sp. — Redengrube u. Ziehwald Stolln bei Neunkirchen.
38. „ *dentatus* Bgt. sp. — Geislautern (B.), Heinitzgr., Ziehwald-Stolln b. Neunkirchen, Gersweiler.
39. „ *plumosus Artis* (= *pennaeformis* Bgt.), — Dudweiler, Heinitzgrube, Saarstolln.
40. „ *delicatula* Bgt. sp. — Altenwald.
41. „ (?) *microphylla* Bgt. sp. — Saarbrücken (B.).
42. „ *Miltoni Artis* sp. — St. Ingbert, Heinitzgrube, Altenwald, Redengrube.
43. { *Alethopteris aquilina* Bgt. sp. — Geislautern (B.).
{ „ *Grandini* Bgt. sp. — Ebend. (B.)
44. { „ *pteroides* Bgt. sp. — Saarbrücken, Hefflach.
{ „ *crenulata* Bgt. sp. — Geislautern (B.).
{ *Strephopteris ambigua* Presl. — Dudweiler, Heinitz- oder Redengrube.
45. „ *Defrancii* Bgt. sp. — Saarbrücken.
46. „ *lonchitidis* St. (= *Al. lonchitica* Bgt. sp.) — Dudweiler (B.), Heinitzgrube, Redengrube.
47. „ *longifolia* St. sp. — Redengrube.
48. „ *nervosa* Bgt. sp. — Dudweiler, Saarbrücken (B.), Ziehwald-Stolln bei Neunkirchen.
49. *Caulopteris peltigera* Bgt. sp. — Saarbrücken (B.).
50. „ *gigantea* (*Megaphytum gig.*) Goldenb. — Neunkirchen (Go.).

4. Familie *Lycopodiaceae*. Bärlappe.

51. *Lycopodites denticulatus* Goldenb. — Saarstolln (Go.).
52. „ *elongatus* Goldenb. — Halde an der Fischbach (Go.).
53. „ *primaevus* Goldenb. — Im Hangenden des Asterflötzes im Holzhauerthale (Go.).
54. „ *leptostachyus* Goldenb. — Völklingen (Go.).
55. „ *macrophyllus* Goldenb. — Im Hangenden des Auerswaldflötzes (Go.).
56. „ *taxinus* Goldenb.
57. *Psilotites lithanthracis* Goldenb. — Steinbrüche am Engenberg (Go.).
58. *Sagenaria dichotoma* St. mit *Lepidophyllum lanceolatum* Lindl. — Heinitzgrube etc.
59. „ *elegans* Lindl. sp. — Rother Schieferthon des Saarstollns, Hefflach.
60. „ *rimosa* St. sp. — Redengrube.
61. „ *aculeata* St. sp. — Holzhauerthal.
62. *Lepidodendron laricinum* St. — Heinitzgrube, Grube bei dem Schnappbach u. s. w.
63. *Lepidophloyos lepidophyllaceum* Goldenb. — Saarbrücken (Go.).
64. *Ulodendron majus* St. (*cf. Lepidodendron ornatissimum* Bgt.) — Dudweiler, Saarbrücken.
65. „ *punctatum* St. — Heinitzgrube.
66. *Megaphytum approximatum* Lindl. u. Hutt. — Dudweiler (Go.).
67. „ *distans* L. u. H. — Sulzbach (Go.).
68. „ *majus* St. — Jägersfreude (Go.).
69. *Cyclocladia ornata* Goldenb. — Altenwald, Dudweiler (Go).
70. *Halonia tuberculosa* (?) Bgt. — Auerswaldflötz bei Gersweiler (Go.).
71. „ *regularis* L. u. H. — Dudweiler (Go.).
72. „ *dichotoma* Goldenb. — Eisenbahnschacht Roth bei Friedrichsthal (Go.).
73. *Knorria Selloni* St. — Friedrichstolln (Graf Sternberg), Auerswaldflötz (Go.), grosser Stamm auf Heinitzgrube.
74. *Lomatophloyos macrolepidotum* Goldenb. — Dudweiler (Go.).
75. „ *obovatum* Goldenb. — Rothes Gebirge des Saarstollns (Go.).

5. Familie *Sigillarieae*.

76. *Sigillaria striata* Bgt. — Dudweiler auf der Halde der Hirschbacher Grube (Go.).
77. „ *lepidodendrifolia* Bgt. — In der mittleren Abtheilung der Saarbrückener Kohlengeb. (Go.).
78. „ *rhomboidea* Bgt. — Ebendaher in den Gruben Hirschbach u. Dudweiler (Go.), Trienbach (B.), Heinitzgrube.
79. „ *rimosa* Goldenb. — Hirschbacher Grube bei Dudweiler (Go.).
80. „ *aequabilis* Goldenb. — Dudweiler (Go.).
81. „ *Menardi* Bgt. — Saarbrücken (Steininger), Eisenbahnschacht bei Neunkirchen (Go.).
82. „ *Brardi* Bgt. — Leitpflanze für die Hirteler Flötze (Go.).
83. „ *Serli* Bgt. — Gersweiler Grube (Go.).
84. „ *ornata* Bgt. — Saarbrücken (Go.).
85. „ *elegans* Bgt. — Neunkirchen u. Wellesweiler (Go.).
86. „ *Dournaisi* Bgt. — Im Thoneisenstein d. mittl. Gruppe an der Fischbach u. bei Dudweiler (Go.).
87. „ *Knorri* Bgt. — St. Ingbert (B.), Gersweiler u. a. a. O. (Go.).
88. „ *tesselata* Bgt. — Fast auf allen Hauptflötzen des Saarbrückener Kohlengeb. (Go.), Heinitzgrube.
89. „ *Brochanti* Bgt. — Selten (Go.).
90. „ *scutellata* Bgt. — Dudweiler (Go.).
91. „ *pyriformis* Bgt. — In allen Abtheilungen (Go.).
92. „ *pachyderma* Bgt. — Dudweiler (Go.).
93. „ *mamillaris* Bgt. — In allen Abtheilungen (Go.).
94. „ *Graeseri* Bgt. — Dudweiler u. Sulzbach (Go.).
95. „ *Utschneideri* Bgt. — Dudweiler u. Sulzbach (Go.), Heinitzgrube.
96. „ *subrotunda* Bgt. — Dudweiler (Go.).
97. „ *aspera* Goldenb. — Dudweiler Flötze, Hirschbacher Grube (Go.).
98. „ *Sillimani* Bgt. — Im Hangenden der Altenwalder Flötze (Go.).
99. „ *coartata* Goldenb. — St. Ingbert (Go.).
100. „ *notata* Bgt. — Im Hangenden des Nostitz-Flötzes und der Eisensteinzeche Hugo im Holzhauerthal (Go.).
101. „ *elliptica* Bgt. — Im Hangenden der Russhütter Flötze (Go.).

102. *Sigillaria alveolaris* Bgt. — In allen Abtheilungen, vorherrschend im Hangenden der Flötze von Dudweiler, Sulzbach und St. Ingbert; auch in den Thoneisensteinlagern von Berschweiler, in der Gegend von Kirn (Go.).
103. „ *regmostigma* Goldenb. — Mittlere Abtheilung des Kohlengebirges, Asterflötz im Holzhauerthale und Grube Hirschbach (Go.).
104. „ *orbicularis* Bgt. — Obere Abtheilung der Russhütter Flötze und im Hangenden der Malstatter Flötze (Go.).
105. „ *oculata* Schl. sp. — Im Hangenden d. Malstatter Fl. (Go.), Heinitzgrube.
106. „ *intermedia* Bgt. — Neunkirchen (Go.), Heinitzgrube.
107. „ *Schlotheimiana* Bgt. — Grube von der Heydt (Go.).
108. „ *elongata* Bgt. — Leitpflanze für die Gersweiler Flötze, bes. häufig auf d. Auerswaldflötze. (Go.)
109. „ *Cortei* Bgt. — Nicht selten (Go.).
110. „ *Deutschiana* Bgt. — St. Ingbert und Altenwald (Go.).
111. „ *rugosa* Bgt. — In allen Abtheilungen (Go.).
112. „ *Polleriana* Bgt. — Hang. d. Altenwalder u. St. Ingberter Flötze (Go.).
113. „ *alternans* St. sp. — Sehr häufig, bes. an der Decke der Gersweiler Flötze (Go.), Redengrube.
114. „ *reniformis* Bgt. — Ziemlich häufig, oft noch in aufrechter Stellung (Go.).
115. „ *laevigata* Bgt. — (Go.)
116. „ *cyclostigma* Bgt. sp. — Dudweiler und St. Ingberter Flötze, Hangendes des Nostitzflötzes im Hölzhauerthale (Go.).
117. „ *Organum* St. sp. — Dudweiler Flötze (Go.).
117.* *Stigmaria ficoides* Bgt., *Var. vulgaris*. — Redengrube u. a. O.

6. Familie *Noeggerathieae.*

118. { *Noeggerathia palmaeformis* Gö. Redengrube und
Rhabdocarpus Bockschianus Gö. u. Berger. — Ziehwaldstolln. }
119. *Rhabdocarpus cerasiformis* St. sp. (*Carpol. cer.*). — St. Ingbert.
120. *Cyclocarpon Cordai* (?) Gein. — Grauer Sandstein von Hefflach. Ausser diesen mehre Früchte, deren systematische Stellung noch nicht ganz gesichert ist, wie:
121. *Carpolithes sulcatus* Presl. — Sandstein von Saarbrücken.
122. *Trigonocarpon Noeggerathi* Lindl. — Sandstein von Dudweiler.

B. Thiere.[1])

Klasse Insecten. a) *Orthoptera.* Geradflügler.

1. *Blattina primaeva* Go. — Im Hangenden des Flötzes Auerswald bei Saarbrücken.
2. *Gryllacris lithanthraca* Go. — Kohlenschiefer bei der Russhütte an der Fischbach.

b) *Corrodentia.* Nager.

3. *Termes Heeri* Go. — Grube Altenwald.
4. „ *formosus* Go. — Aus dem Hangenden des Auerswaldflötzes bei Gersweiler.
5. „ *Decheni* Go. — Eisenbahneinschnitt unweit der Grube Altenwald.
6. „ *affinis* Go. — Thoneisenstein in der Nachbarschaft mächtiger Kohlenflötze mit der vorigen Art zusammen.

c) *Neuroptera.* Netzflügler.

7. *Dictyoneura libelluloides* Go. — Im Hangenden des Auerswaldflötzes bei Saarbrücken.
8. „ *anthracophila* Go. — Gersweiler Grube.
9. „ *Humboldtiana* Go. — Thoneisenstein bei Sulzbach.

d) *Coleoptera.* Käfer.

10. *Troxites Germari* Go. — Eisenbahnschacht bei Sulzbach.

Klasse *Crustaceen.* Krebse.

11. *Adelophthalmus* (*Eurypterus*) *granosus* Jordan. — Thoneisenstein der mittleren Abtheilung im Eisenbahnschachte bei Jägersfreude.

---

[1]) Die eigenthümlichen *Crustaceen* der Steinkohlenformation von Saarbrücken sind durch Dr. med. H. Jordan und Herm. v. Meyer in „Palaeontographica, 1854, IV. p. 1—15, Taf. II", die sehr interessanten Insecten dieser Kohlenformation durch F. Goldenberg an dems. Orte, IV. p. 16—38, Taf. III—VI, beschrieben worden.

12. *Chonionothus lithanthracis* Jordan. — Ebendaher.
13. *Arthropleura armata* Jordan. — Thoneisenstein der mittleren Abtheilung am Eingange des grossen Tunnels bei Friedrichsthal, 2 Meilen von Saarbrücken.

Nachdem man erst in der neuesten Zeit begonnen hat, der oberen Partie des Saarbrückener Kohlengebirges die ihr in der That zukommende Stellung zur unteren Abtheilung der Dyas zuzuerkennen, so wollen wir nicht verfehlen, auch die uns aus ihr bekannt gewordenen organischen Ueberreste hier aufzuführen.

A. Pflanzen.

1. *Calamites gigas* Bgt. — Meisenheim und Kirn. (Dr. Weiss.)
2. „ *decoratus* Bgt. — Sandstein von Niederwörresbach.
3. *Asterophyllites spicatus* Gutb. — Meissenheim. (Dr. Weiss.)
4. *Sphenopteris erosa* Morris. — Berschweiler.
5. *Hymenophyllites semialatus* (?) Gein. — Berschweiler.
6. *Odontopteris obtusiloba* Naum. (*Neuropteris lingulata* Göppert, die Gattung d. foss. Pflanzen, fasc. 5 u. 6, p. 105, tb. VIII, IX. f. 12, 13.) — Im Sphärosiderit von Berschweiler.
7. *Cyatheites arborescens* Schl. sp. — Im braunen Thonkalk von Medurt bei Meisenheim.
8. „ *confertus* St. sp. (*Pecopteris gigantea et punctulata* Bgt.) — Im thonigen Sphärosiderit von Berschweiler und Schwarzenbach.
9. *Alethopteris pinnatifida* Gutb. sp., fructificirend, von Berschweiler.
10. *Walchia piniformis* Schl. sp. — Grünlich-grauer Sandstein und sandiger Schieferthon von Kehrwald bei Niederwörresbach, Schönewald bei Birkenfeld, thoniger Sphärosiderit von Berschweiler.
11. „ *filiciformis* Schl. sp. — Brandschiefer von Schwarzenbach, gelblich-weisser Thonstein von Schönewald bei Birkenfeld.
12. *Cordaites Roesslerianus* Gein. — Berschweiler.
13. *Artisia transversa* Artis sp. — Sandstein von Schwarzenbach. } Beide sind Achsen von *Cordaites.*
14. „ *approximata* Lindl. — Ebend. und Kehrbach bei Niederwörresbach. }

Goldenberg führt *Sigillaria alveolaris* Bgt. auch aus Thoneisensteinlagern von Berschweiler und aus der Gegend von Kirn an; Weiss gedenkt einer breitrippigen *Sigillaria* im Thoneisenstein von Lebach, sowie der Spuren von Sigillarien und Stigmarien in der bayerischen Grube Augustus bei Breitenbach, SO. von St. Wendel.

B. Thiere.

Ebenso charakteristisch, wie die meisten der eben genannten Pflanzen, sind für die untere Dyas auch mehre thierische Ueberreste, von denen besonders hervorzuheben sind:

Klasse Reptilien.

1. *Archegosaurus Decheni* Goldf. — Thoneisenstein oder Sphärosiderit von Lebach bei Saarbrücken.
2. „ *latirostris* Jordan. — Ebendaher.
3. *Saurichnites lacertoides* Gein. — Im Brandschiefer der Gegend von Birkenfeld nach einem Exemplare des Dr. Weiss.

Klasse Fische.

4—7. *Amblypterus macropterus*, *A. eurypterygius*, *A. latus* und *A. lateralis* *Ag.* — Thoneisenstein oder Sphärosiderit von Lebach, Berschweiler u. s. w.
8. *Palaeoniscus Vratislaviensis* Ag. — Brandschiefer in der Gegend von Birkenfeld u. a. O.
9. *Acanthodes Bronni* Ag. — Lebach und Berschweiler.
10. „ *gracilis* Röm. — Ebendaher.
11. *Xenacanthus Decheni* Goldf. sp. (*Triodus sessilis* Jordan). — Lebach. (Ausgezeichnete Exemplare in der Sammlung des Dr. Jordan in Saarbrücken.)

Klasse Insecten.

12. *Blattina Lebachensis* Go. — Thoneisenstein von Lebach.
13. „ *gracilis* Go. — Ebendaher.

Klasse Krebse.

14. *Uronectes fimbriatus* (*Gampsonyx fimbr.*) Jordan. — Sphärosiderit von Lebach, Schwarzenbach im Birkenfeld'schen.
15. *Estheria tenella* (*Posidonomya ten.*) Jordan. — Lebach, Wiebelskirchen bei Ottweiler.
16. *Leaia Bäntschiana* Gein. — Wiebelskirchen zwischen Neunkirchen und Ottweiler.

Klasse Weichthiere.

17. *Unio carbonarius* Bronn., typische Form. — Nieder Stauffenbach bei Kusel.
18. *Unio Kirnensis* Ldwg. — Kirn an der Nahe (Ludwig).

CAPITEL VI.

Die Steinkohlen-Reviere in der Gegend von Aachen.

Von

Sr. Excellenz dem wirklichen Geheimerath Herrn **Dr. v. Dechen.**

Mit Plänen der Herren Director **F. Baur** zu Eschweiler, Director **L. Honigmann** zu Höngen und General-Director **Striebeck** in Aachen.

(Hierzu Taf. XI – XIV.)

Begrenzung, Form und Zusammensetzung des Steinkohlengebirges in der Gegend von Aachen.

An dem nordwestlichen Abhange der devonischen Formation tritt die Steinkohlengruppe in der Gegend von Aachen zwischen Langerwehe und der belgischen und niederländischen Grenze in mehren Zügen und Mulden auf.[1]) Dieselbe folgt in ihren Lagerungsverhältnissen ganz den Formen, welche die oberen Schichten der devonischen Formation besitzen, und ruhet, so weit die Beobachtung reicht, durchaus gleichförmig auf denselben auf. Geradlinige und parallele Streichungslinien, Mulden und Sattelbiegungen bei steiler Neigung, welche bis zur senkrechten Stellung gehen, zeichnen dieselben aus.

Ein schmaler Streifen von ober-devonischen Schichten, welcher an der belgischen Grenze in der Nähe von Eupen beginnt, und sich in nordöstlicher Richtung über Kettenis, Raeren, Walheim, zwischen Cornelimünster und Hahn, über Breinig, Mausbach, Gressenich, Hamich, Heistern bis Jüngersdorf auf eine Länge von $4^1/_4$ Meilen erstreckt, wo derselbe am Fusse des Gebirges von Sand und Geröllagen des Diluviums bedeckt wird, bildet die Grundlage der in dieser Gegend auftretenden Schichten der Kohlengruppe. Die Streichungslinien von Südwest gegen Nordost wiederholen sich in diesem Gebiete, dessen grösste Breite in der Querlinie von Breinig bis oberhalb Herzogenrath im Wormthale nahe $2^1/_2$ Meile beträgt. Auf der Nordseite geht die unter Tertiär- und Diluvial-Schichten bekannte Erstreckung der Kohlengruppe von Jüngersdorf über Weissweiler, Höngen, Alsdorf nach dem Punkte oberhalb Herzogenrath, wo sie im Wormthale unter Tertiärschichten hervortritt. Auf der Westseite wird sie von Nord her erst von denselben Schichten, dann von Laurensberg und Aachen an in einer weit gegen Südosten vordringenden Bucht, und in einzelnen Partien bis über Walhorn hinaus, von der Kreide überlagert, deren letzte Endigung nicht weit von dem Streifen der ober-devonischen Schichten entfernt bleibt. Von der Nordseite her dringen die Tertiär- und Diluvial-Schichten in tiefen Buchten in dieses Gebiet ein, so von Eschweiler und Röhe über Bergrath bis nahe an Gressenich, von Herzogenrath über Bardenberg, Würselen, Verlautenheid bis in den Atscherwald zwischen Stolberg und Eilendorf, und in der Niederung zwischen Aachen und Nirm bis gegen Rötgen hin.

Diese Ablagerungen, ebenso wie die Kreide, liegen mehr horizontal oder mit flacher Neigung auf den Schichtenköpfen der Kohlengruppe auf; nur an einzelnen Stellen liegen sie an den steilen Abschnitten dieser letzteren an und zeigen alsdann selbst ein etwas stärkeres Einfallen. Diese steilen Abschnitte der Schichten der Kohlengruppe hängen mit grossen weit fortsetzenden Störungen derselben zusammen, welche die Schichten nahe quer an Südost gegen Nordwest durchschneiden.

---

[1]) Vergleiche die geologische Karte der Rheinprovinz und der Provinz Westphalen, Section Aachen.

Die Oberfläche des Bezirkes der Kohlengruppe bildet Rücken und Hügelzüge, die sich übereinstimmend mit den Schichten von Südwest nach Nordost erstrecken und an den Abschnitten derselben mit steilen Abhängen abbrechen. Die Höhe derselben nimmt von Südost gegen Nordwest fortdauernd ab. Auf der Südostseite des schmalen Streifen von Ober-Devon, welcher als die Grenze dieses Bezirkes anzusehen ist, läuft ein ähnlicher Streifen von Mittel-Devon (Eifelkalkstein), und dann erheben sich die Schichten des Unter-Devon und die Ardennenschiefer zu den mit Torfmooren bedeckten Hochebenen des Hohen-Venns zu 2140 Par. Fuss Meereshöhe. Die grösste Erhebung des schmalen Streifen von Ober-Devon liegt an seinem südwestlichen Ende, an der Grenze von Preussen und Belgien an der Strasse von Eupen nach Verviers, in 926 Par. Fuss Höhe. Damit stimmt auch noch die grösste Erhebung der Kohlengruppe (unteren Abtheilung derselben) in der Gegend von Merols zwischen Aachen und Eupen nahe überein, welche 935 Par. Fuss beträgt; nahe ebenso hoch ist die obere Abtheilung im Burgholz, nördlich von Mausbach, 928 Par. Fuss, dann folgt der Oberdonnerberg bei Stolberg mit 893 Par. Fuss, der höchste Punkt der Strasse von Stolberg nach Aachen mit 807 Par. Fuss, die Höhe über Köttenich mit 729 Par. Fuss, der höchste Schacht der Centrumgrube mit 645 Par. Fuss.

Das Gebiet wird von mehren Bächen und kleineren Flüssen durchfurcht, die grösstentheils der Roer zufallen, welche ausserhalb desselben auf der Ostseite von dem Gebirge herab sich in nördlicher Richtung der Maas zuwendet. Der wichtigste dieser Bäche ist die Inde, welche bei Cornelimünster in 680 Par. Fuss Meereshöhe in das Gebiet eintritt, im Allgemeinen einen nordöstlichen, der Roer zugewendeten Lauf besitzt, der mehrfach gebrochen die Schichten theils quer durchbricht, theils denselben streichend folgt; und das Gebiet der Kohlengruppe bei Weissweiler in 354 Par. Fuss Höhe nach einem Laufe von $2^3/_4$ Meilen Länge zum letztenmale verlässt, nachdem sie schon unterhalb Röhe in 450 Par. Fuss Höhe das Diluvium erreicht hatte.

Die Inde nimmt auf der rechten Seite den Vichtbach bei der Atscher Mühle auf, welcher bei der Eselsfurt oberhalb Stolberg in die Kohlengruppe bei 640 Par. Fuss Meereshöhe eintritt; die Mündung liegt in 520 Par. Fuss. Der Lauf ist quer gegen die Streichungslinie der Schichten nach Nordost gerichtet. Weiter nach Ost fällt der Omerbach bei Nothberg bei 415 Par. Fuss in die Inde; derselbe tritt unterhalb Gressenich und Hamich bei 570 Par. Fuss in die Kohlengruppe ein. Der Wehbach durchschneidet den nordöstlichsten Theil der Kohlengruppe zwischen Wenau und Langerwehe in etwa 400 Par. Fuss Meereshöhe und mündet in die Inde weiter unterhalb ein. Die Inde, der Vicht- und Omerbach fliessen durch die südliche Hauptmulde des Kohlengebirges. Der höchste Punkt der Kohlengruppe liegt über dem Inde- und Vichtthale, wo es in dieses Gebiet eintritt, 255 bis 295 Par. Fuss, und wo die Inde dasselbe bei Röhe verlässt, 485 Par. Fuss hoch.

Auf der Westseite des Gebietes ist die Worm der wichtigste Bach. Dieselbe entsteht mit zahlreichen Zuflüssen an dem Ostabhange der bis 1000 Par. Fuss reichenden Erhebung der Kreide im Aachener Walde und durchschneidet mit nördlichem Laufe die nördliche Hauptmulde des Kohlengebirges von der Wolfsfurter Mühle in 424 Par. Fuss Höhe bis oberhalb Herzogenrath in 334 Par. Fuss Höhe. Das Kohlengebirge tritt hier nur in dem Thaleinschnitte auf und ist auf beiden Seiten von Diluvialschichten bedeckt. Auf der rechten Wormseite liegt der südlichste Schacht in 608 Par. Fuss, der nördlichste in 616 Par. Fuss Meereshöhe; auf der linken Wormseite in 583 und 513 Par. Fuss. Die Höhen des Diluviums auf der rechten Wormseite, unter welchen die Fortsetzung des Kohlengebirges gefunden und in Betrieb genommen ist, weichen wenig davon ab. Die Schächte von Maria bei Höngen liegen 552 Par. Fuss und von Anna bei Alsdorf in 508 Par. Fuss Meereshöhe.

Die Zusammensetzung der Kohlengruppe ist in diesem Bezirk ziemlich einfach. Die untere Abtheilung, der Kohlen- oder Bergkalk besteht aus einem geschlossenen Kalksteinlager, im Durchschnitte des Vichtbaches etwa 1000 Fuss mächtig und von keinen anderen Gebirgsschichten unterbrochen. Darauf folgt das flötzreiche oder productive Kohlengebirge. Die untersten Schichten desselben könnten als eine besondere Abtheilung des flötzleeren Sandsteins (Flötzleeren) davon getrennt werden, indem ausgebildete Kohlenflötze darin fehlen und ein charakteristisches Conglomerat darin auftritt. Da aber die Mächtigkeit der zu trennenden Schichten nicht bedeutend ist, dieser Trennung auch eine wissenschaftliche Grundlage fehlt, so erscheint es einfacher, die Beschreibung aller Schichten über dem Kohlenkalksteine zusammen zu fassen. Die Reihenfolge von Schichten, welche auf der rechten Seite des Rheins zwischen dem Kohlenkalkstein und dem Flötzleeren in so beträchtlicher Mächtigkeit als Schiefer, Kalkstein und Kieselschiefer (Lydit) unter der Benennung von Culm auftritt, fehlt in diesem Bezirke ganz. Der Kohlenkalkstein ist dicht, feinkörnig, in einzelnen Abänderungen oolitisch. Seine Farbe ist blaugrau, doch auch dunkel schwärzlich-grau. Er wird gewöhnlich von schmalen und fest damit verwachsenen Adern von weissem Kalkspath durchsetzt. Er geht in Dolomit über, der in grösseren und kleineren Partien bald unmittelbar dem Ober-Devon folgt, bald in der Nähe des Kohlengebirges liegt. Mit diesem Dolomit verbunden finden sich häufig Eisenerze, Zink- und Bleierze, theils auf Gängen und Stockwerken, theils auf der Grenze desselben und des Steinkohlengebirges, seltener auf der Grenze des Ober-Devon, theils in Nestern und oberflächlichen Ablagerungen.

Die Lagerungsverhältnisse der Kohlengruppe werden im Wesentlichen durch einige Hervorhebungen der Devonschichten innerhalb des Bezirkes derselben bestimmt. Der südöstlichen Grundlinie zunächst hebt sich ein schmaler, in der Richtung von Südwest nach Nordost langgestreckter Sattel, in dem nur das Ober-Devon auftritt, hervor. Derselbe geht von Dorf bei Cornelimünster über Busbach bis in die Nähe von Hastenrath und wird von dem Vichtbach zwischen Binsfelderhammer und Stolberg quer durchschnitten. Er ist ringsum von Kohlenkalkstein umgeben, sinkt also an beiden Enden darunter ein. Das Ober-Devon bildet auf der rechten Seite des Vichtbaches den Hammerberg und kann dieser Sattel als der Hammerberger Sattel bezeichnet werden. Zwischen demselben und der südöstlichen Grundlinie des Gebietes liegt die schmale Burgholzer Mulde, welche gegen Nordost einsinkt und sich bei Hastenrath mit der Hauptmulde verbindet, die auf der Nordwestseite des Hammerberger Sattels liegt. Das Kohlengebirge umgibt den in der Sattelwendung einsinkenden Kohlenkalk, welcher sich nochmals gegen Nordost auf der rechten Seite des Omerbaches zwischen Volkenrath und Scherpenseel hervorhebt. Das Kohlengebirge hebt sich gegen Südwest in einer schmalen Muldenspitze bei Breinigerheide heraus und wird schon bei Hassenberg von dem hervortretenden Kohlenkalk unterbrochen. So bildet der Kohlenkalk im Durchschnitte des Vichtbaches auf der Südostseite der Hauptmulde drei Flügel, von denen sich die beiden Flügel der Burgholzer Mulde bei Breinigerheide vereinigen und bei Cornelimünster mit dem Südflügel der Hauptmulde.

Auf der Nordwestseite der Hauptmulde findet sich ein schmaler Sattel von Ober-Devon, welcher von der belgischen Grenze bei Herbesthal (Grenzstation der Rheinischen Eisenbahn) über Lontzen und Astenet bis über den Göhl- (Geule-) Bach fortzieht, wo er von der Kreide des Aachener Waldes bedeckt wird. Dieser Sattel wird auf seinen beiden Seiten von Kohlenkalk begleitet und diese beiden Züge werden ebenso, wie das von ihnen eingeschlossene Ober-Devon, von der Kreide bedeckt. In der nordöstlichen Fortsetzung dieser Sattellinie tritt bei Waldhausen unfern der Strasse von Aachen nach Eupen nur ein sattelförmiger Rücken von Kohlenkalk unter der Bedeckung der Kreide hervor, indem der Sattel so weit gesunken ist, dass das Ober-Devon auf demselben die Oberfläche nicht erreicht. Dieser Kohlenkalk zieht südlich von Burtscheid über Schönforst nach Eilendorf und Nirm, wo er an einem scharfen Abschnitt aufhört und in der Nähe des Nirmer Tunnels der Rheinischen Eisenbahn von Tertiärschichten und Diluvium bedeckt wird. Hier hebt sich aber innerhalb desselben nochmals das Ober-Devon in einem ganz schmalen Sattel hervor und theilt ihn in zwei Züge, ebenso wie bei Astenet. Auf der Nordwestseite des Kohlenkalks erstreckt sich von der belgischen Grenze an bis Nirm eine schmale Mulde des Kohlengebirges, die Nirmer Mulde genannt. Der letzte Punkt gegen Nordost, wo dieser Kohlenkalk bekannt ist, liegt bei Röhe an der linken Seite der Inde, unmittelbar unter dem Nordflügel der Hauptmulde des Kohlengebirges sich hervorhebend und von Diluvialschichten bedeckt. An einzelnen Stellen tritt er auch in dem Zwischenraume darunter hervor.

Auf der Nordwestseite der Nirmer Mulde hebt sich nun bei Burtscheid und in Aachen, bei Verlautenheid und Haaren ein Sattel bis auf die Oberfläche, in dem das Unter-Devon (Coblenzschichten) vorkommt, zu beiden Seiten begleitet von Mittel-Devon (Eifelkalkstein). Aus dem südöstlichen Zuge des Letzteren treten die heissen Quellen von Burtscheid, aus dem nordwestlichen diejenigen von Aachen hervor. Zu beiden Seiten ist das Ober-Devon bekannt; auf der Südostseite ist der Kohlenkalk als Nordflügel der Nirmer Mulde von der belgischen Grenze über Hergenraed bis an die Kreide, dann von der Strasse von Aachen nach Eupen südlich von Burtscheid vorbei bis Rothe Erde an der Strasse von Aachen nach Stolberg und endlich zwischen Nirm und Verlautenheid bis zur Bedeckung durch Diluvial-Ablagerungen zu verfolgen. Auf der Nordwestseite des Sattels ist der Kohlenkalk zwischen Haaren und Haal, als Liegendes der nördlichen Hauptkohlenmulde nur wenig aufgeschlossen. Der äusserste Punkt gegen Nordost, wo dieser Kalkstein bekannt geworden ist, liegt in einem Bohrloche 60 Fuss tief an dem Wege von St. Jörris nach Hehlrath.

In der südlichen Hauptmulde des Kohlengebirges hebt sich noch ein Sattelrücken von Kohlenkalk nordwestlich von Cornelimünster bei Eich und Hittfeld hervor und zieht von hier über Hetscheid, Göhl, Eynatten, Walhorn, gegen Südwest nach der belgischen Grenze, indem er so die Hauptmulde in zwei besondere Mulden theilt. Die südlichere zieht über Ober-Forstbach, Schleckheim, Lichtenbusch nach Berlotte und hebt sich südlich von Eynatten ganz aus, so dass sich die sie begleitenden Kohlenkalklager zwischen Walhorn und Kettenis vereinigen. Diesem Kohlenkalk ist jedoch bei Carnoel und Gemereth noch eine isolirte Partie dieser Mulde aufgelagert, deren südwestliches Ende aber die belgische Grenze erreicht. Die nördlichere Mulde wird dagegen bald nach der Trennung von der Kreide des Aachener Waldes bedeckt, geht auf der Südwestseite derselben zwischen Eynatten und Hauset, zwischen Walhorn und Astenet, über Rabottraed bis an die belgische Grenze, wo sie sich ebenfalls aushebt. Die beiden schmalen Mulden von Burgholz und von Nirm, sowie der südwestliche Theil der südlichen Hauptmulde mit den beiden Verlängerungen nach der belgischen Grenze haben für die Entwickelung bauwürdiger Steinkohlenflötze keine Wichtigkeit; für diese bleibt nur der nordöstliche Theil der südlichen Inde oder Eschweiler Mulde und die nördliche Hauptmulde oder Worm-Mulde übrig.

Unter den wechselnden Schichten von Schieferthon und Sandstein, aus denen vorzugsweise das Kohlengebirge besteht, zeichnet sich ein aushaltendes Conglomeratlager aus, welches nicht weit von dem Kohlenkalksteine in den südlichen Mulden auftritt. Zwischen demselben und dem Conglomerate liegen Schieferthon- und wenige Sandsteinschichten mit zwei oder drei schmalen Kohlenflötzen. Die Geschiebe des Conglomerats bestehen vorzugsweise aus weissem Quarz, dem sich Quarzit, grauer Sandstein des Devon und schwarzer Lydit zugesellen. Dieselben sind völlig abgerundet, ihre Grösse geht nicht leicht über 1 bis 2 Zoll hinaus. Das Bindemittel besteht aus Sandstein. Bemerkenswerth sind einzelne zerbrochene und wieder zusammengekittete Geschiebe und andere, welche an der Oberfläche rundliche Eindrücke zeigen, in die ein benachbartes Geschiebe passt.

A. Die Eschweiler Mulde oder das Inde-Bassin.

(Hierzu Taf. XI und XII.)

Der östliche Theil der Eschweiler Mulde, welcher besonders wichtig ist, wird gegen Westen durch eine grosse Verwerfung, Münstergewand, begrenzt, die in der Nähe der Inde oberhalb der Buschmühle durchsetzt. Derselbe zerfällt von West nach Ost gerechnet in drei Abschnitte. Der erste reicht von der Münstergewand bis zu einer zweiten grossen Verwerfung, der Sandgewand, welche von Röhe an der Inde über Stich nach Hastenrath geht. An ihrer Ostseite lagert sich das Tertiärgebirge unmittelbar an. Der mittlere Abschnitt tritt bei Nothberg auf der rechten Seite des Omerbaches, und der dritte, östliche, bei Weisweiler hervor, an der Oberfläche durch Diluvial- und Tertiär-Ablagerungen von einander getrennt. Der Bergbau in dieser Gegend mag sehr alt sein und bis in das 14. Jahrhundert[1]) zurückreichen.

[1]) Der Kohlenbergbau bei Lüttich ist bereits 1213 im Gange gewesen.

Die oberen, hangenderen Kohlenflötze in der Mitte der Mulde sind daher schon seit längerer Zeit abgebaut und die Angaben über ihre Mächtigkeit und ihre Zwischenmittel rühren aus den letzten Jahren des vorigen Jahrhunderts her.

Folgendes ist die Uebersicht der in der Eschweiler Mulde vorkommenden Steinkohlenflötze von oben nach unten, oder vom Hangenden nach dem Liegenden gezählt:

Name des Flötzes.	Mächtigkeit der Steinkohle in preuss. Zollen.[1])	Mächtigkeit der Bergmittel in preuss. Zollen.[1])	Zwischenmittel in preuss. Lachtern.[2])
1) *Furth*[3])	30	—	—
2) *Kl. Scholl*	8	—	3,3[4])
3) *Gr. Scholl*	12	—	11,0
4) *Kl. Plattekohl*	14	—	10,1
5) *Kleinkohl*	22	—	2,5
6) *Plattekohl*	22	—	3,8
7) *Makrel*	8	—	11,6
8) *Spierling*	11	—	2,0
9) *Kl. Bücking*	7	—	11,0
10) *Gr. Bücking*	11	—	2,5
11) *Rheinfisch*	11	—	2,5
12) *Steinkohl*	16	—	13,8
13) *Kl. Steinkohl*	5	—	6,7
14) *Knoch*	7	9	10,1
15) *Stock*[5])	22	4	5,4
16) *Kl. Stock*	6	—	2,0
17) *Mumm*	20	10	8,0
18) *Häring*	11	7	4,0
19) *Hupp*	24	2	4,0
20) *Kl. Hupp*	7	—	1,5
21) *Schlemmerich*	40	7	5,0
22) *Bein*	10	21	4,0
23) *Kirschbaum*	16	4	5,0
24) *Kl. Kirschbaum*	7	—	2,0
25) *Fornegel*	18	—	13,0
26) *Krebs*	9	7½	1,5
27) *Grosskohl*	50	—	5,5
28) *Kessel*	26	6	7,0
29) *Hartekohl*	24	—	9,0
30) *Kaiser*	12	3	10,0
31) *Gyr*	28	8	12,0
32) *Rapp*	13	3½	22,0
33) *Kleinkohl*	17½	9	1,5
34) *Padtkohl*	24	18	3,5
35) *Langenberg*	11	—	36,0
36) *Huppenbroich*	11	—	24,0
37) *Leimberg*	11	—	32,0
38) *Breitgang*	22	18	50,0
39) *Jülcher*	10	8	20,0
40) *Eule*	15	3	4,5
41) *Spliss*	12	12	13,0

[1]) 1 preuss. Zoll = 2,615 Centimeter.
[2]) 1 preuss. Lachter = 80 Zoll oder 2,092 Meter.
[3]) Bei den Flötzen 1 bis 13 ist die ganze Mächtigkeit, Steinkohle und Bergmittel zusammen angegeben.
[4]) Bezieht sich auf das Zwischenmittel zwischen dem ersten und zweiten Flötze.
[5]) Die Flötze, deren Namen mit gesperrter Schrift gedruckt sind, werden als bauwürdig betrachtet.

Name des Flötzes.	Mächtigkeit der Steinkohle — in preuss. Zollen.	Mächtigkeit der Bergmittel in preuss. Zollen.	Zwischenmittel in preuss. Lachtern.
42) *Grosskohl* . . .	28	6	8,0
43) *Kleinkohl* . . .	21	24	2,0
44) *Gr. Krebs* . . .	12	—	75,0
45) *Trauf*	12	—	1,2
46) *Wilhelmine*, drei unregelmässige Flötze.			

Das Zwischenmittel zwischen Trauf und Wilhelmine beträgt zwischen 300 und 400 Lachter und dasjenige zwischen diesen Flötzen und dem Kohlenkalksteine ungefähr 100 Lachter.

Die Flötze von oben bis einschliesslich zum 34. oder Padtkohl werden die Innenwerke oder Binnenwerke genannt und fallen ganz in das Concessionsfeld Centrum. Die Flötze vom 39. bis einschliesslich zum 43., von Jülcher bis Kleinkohl, führen den Namen Aussenwerke. Ihre westliche Muldenwendung zwischen dem Vichtbach und der Inde fällt in die James-Grube, ihr Südflügel in die Concession Birkengang und ihr Nordflügel in die Felder Atsch, Probstei und Ichenberg.

Von den 34 Flötzen der Innenwerke können die 14 oberen als abgebaut gelten. Ihre Mächtigkeit einschliesslich der Bergmittel beträgt zusammen 16 Fuss, worunter nicht viel mehr als 10 Fuss Steinkohle sein mag. Die Entfernung eines dieser Flötze vom anderen beträgt im Durchschnitt $6^1/_2$ Lachter oder $43^1/_3$ Fuss.

Diese obere Flötzgruppe der Innenwerke besteht also aus nur schmalen und ziemlich nahe beisammenliegenden Flötzen. Unter den folgenden 20 Flötzen befinden sich 11 bauwürdige Flötze, mit zusammen $24^1/_3$ Fuss Steinkohle und 5 Fuss Bergmittel aus Schieferthon, Brandschiefer und Letten bestehend; und 9 unbauwürdige Flötze mit $7^2/_3$ Fuss Steinkohle und $2^1/_2$ Fuss Bergmittel. Die durchschnittliche Mächtigkeit jedes bauwürdigen Flötzes beträgt $26^1/_2$ Zoll Steinkohle und $5^1/_2$ Zoll Bergmittel, zusammen 32 Zoll.

Die Mächtigkeit der Zwischenmittel beträgt nach den einzelnen Angaben 126 Lachter und im Durchschnitte zwischen je zwei Flötzen 6,3 Lachter oder 42 Fuss. Dieselbe ist aber im Ganzen genommen nicht so gross und beträgt einschliesslich der Flötze nur 100 Lachter oder 667 Fuss, so dass die mittlere Entfernung von je zwei Flötzen noch etwas unter 5 Lachter zurückbleibt.

Die 34 Flötze der Innenwerke enthalten daher 42 Fuss Steinkohle in einer Gebirgsmächtigkeit von 191 Lachter oder 1274 Fuss, so dass die Menge der Kohle sich zu der des Gesteins wie 1 zu 29 verhält.

Das Zwischenmittel zwischen den Innenwerken und den Aussenwerken ist sehr flötzarm, denn es kommen in demselben nur 4 schmale Flötze von zusammen $4^7/_{12}$ Fuss Steinkohle und $1^1/_2$ Fuss Bergmittel vor, obgleich dasselbe eine Mächtigkeit von 162 Lachter oder 1080 Fuss erreicht. Die Aussenwerke selbst bestehen aus 5 Flötzen von zusammen $7^1/_6$ Fuss Steinkohle und $4^1/_2$ Fuss Bergmittel. Die Mächtigkeit und Bauwürdigkeit derselben wechselt indessen sehr ab. Innerhalb derselben Flächen sind nur 2 bis 3 dieser Flötze bauwürdig. Sie liegen in einer Gebirgsmächtigkeit von 27,5 Lachter oder 183 Fuss.

In dem Zwischenmittel zwischen den Aussenwerken und den liegendsten Flötzen tritt das bereits oben erwähnte Conglomeratlager ziemlich weit nach dem Liegenden hin auf. Es ist auf dem Südflügel der Eschweiler Mulde auf der Busbacher Heide, auf dem Rücken von Ober-Stolberg nach Hastenrath zwischen dem Vicht- und dem Omer-Bache, sowie auf dem Nordflügel am Hohenstein auf dem Ichenberge, an der Inde und im Probsteier Walde vielfach entblösst.

Unter den Schichten der Zwischenmittel ist der Schieferthon vorherrschend. Der Sandstein hat bis zum Flötze Nr. 31 nur etwa $^1/_6$ der Mächtigkeit der bis dahin vorkommenden Schieferthonschichten; zwischen Nr. 31 und 34 ist das Verhältniss beider Gesteine 1 : 2, in dem Mittel zwischen den Innen- und den Aussenwerken 1 : 5. Der Sandstein ist im Allgemeinen fest und feinkörnig, von leichterer oder dunklerer grauer Farbe; ein Conglomerat mit scharfeckigen Stücken lichtgrauen, durchscheinenden Quarzes und feinkörnigem Bindemittel gleichen Gesteins kommt selten, nur zwischen den liegendsten Flötzen der Innenwerke vor, öfterer ein Uebergang in Quarzfels mit splitterigem Bruch. In den Schieferthonen, die theils rein, theils in verschiedenem Grade sandig sind und dadurch zuweilen in Sandstein übergehen, kommen Sphärosiderite in Nieren und Lagen vor, die aber zu wenig mächtig und nicht genügend aushaltend sind, als dass sie bisher zu einer Gewinnung Veranlassung gegeben hätten.

Die Steinkohle der Innenwerke gehört der Backkohle (Karsten) oder der sogenannten Fettkohle an, besitzt eine sehr hohe Heizkraft, liefert aber, wie der grösste Theil aller Backkohlen bei geringer Festigkeit und Zusammenhalt nur wenige grössere Stücke, dagegen viel Gruss- oder Kleinkohle. Sie gehört zu den vorzüglichsten Steinkohlen und ist zu jedem Zwecke brauchbar, zur Verkokung, zu Schmiedefeuern. Die Verunreinigung der Grusskohlen ist bei dem Vorkommen vieler milder Bergmittel nicht immer zu vermeiden, dagegen liefern die Flötze Grosskohl und Fornegel sehr reine, von Schiefertheilen freie Kohlen.

Die Kohle der Aussenwerke zeigt die Eigenschaften der Backkohle in einem sehr verminderten Grade und nähert sich, obgleich ihre chemische Zusammensetzung dieselbe ist, der flammenden Sinterkohle. Dieselbe wird deshalb auch nicht zur Verkokung verwendet.

Noch mehr macht sich dieses Verhalten bei den liegendsten Flötzen der Eschweiler Mulde geltend, welche theils wegen ihrer geringen und veränderlichen Mächtigkeit, theils wegen der vielen eingemengten Schieferlagen nur an einzelnen Stellen bearbeitet worden sind.

Ueber die chemische Zusammensetzung und die Heizkraft dieser Steinkohlen werden weiter unten einige Notizen folgen, um sie mit denjenigen der Worm-Mulde vergleichen zu können.

Diese Flötze bilden zwischen der Münstergewand und Sandgewand eine einfache Mulde (Taf. XI.), welche in der Nähe dieser letzteren ihre grösste Breite und Tiefe erreicht. Der Südflügel dieser Mulde hat besonders am Ausgehenden und in oberen Teufen eine steile Neigung gegen Nord, welche durch die senkrechte Stellung selbst in eine überhängende oder widersinnige übergeht. Dagegen hat der Nordflügel ein Einfallen von 45 bis 55 Grad gegen Süd, welches bis in beträchtliche Tiefen anhält. Bei den Aussenwerken am Ichenberg beträgt dieses Einfallen bis zu 50 und 60 Grad. Die westliche Muldenwendung am Ausgehenden und in jedem tieferen söhligen Durchschnitte bildet einen zusammenhängenden Bogen. Demselben entsprechend sind auch die beiden Flügel in den senkrechten Querdurchschnitten durch einen flachen Bogen mit einander verbunden. Die Längenerstreckung der Aussenwerke von der Münstergewand bis zur Sandgewand beträgt 2700 Lachter ($^3/_4$ Meilen); die grösste Breite derselben in dem untersten Flötze Kleinkohl 960 Lachter (etwas mehr als $^1/_4$ Meile). Der Flächenraum, unter dem dieses Flötz vorhanden ist, wird auf 3700 Morgen ($^1/_6$ Quadratmeile) geschätzt. Die oberen Flötze nehmen immer mehr an Länge und Breite ab. Das unterste Flötz der Innenwerke *Padtkohl* hat von seiner westlichen Muldenwendung bis zur Sandgewand eine Länge von 1400 Lachter, bei einer grössten Entfernung seiner Flügel am Ausgehenden von 600 Lachter, und das etwa 65 Lachter darüber gelegene mächtigste Flötz der oberen Gruppe, *Grosskohl*, eine Länge von 1000 Lachter bei einer grössten Breite von 450 Lachter.

So regelmässig die Eschweiler Mulde auch im Allgemeinen gestaltet ist, so finden sich doch Störungen in derselben, welche von Einfluss auf die Lage der Muldenlinie sind. In dem östlichen Theile der Mulde liegt das Tiefste derselben, von den oberen Flötzen an bis *Schlemmrich* (Nr. 21) in 110 Lachter Teufe, 120 Lachter südlich vom Schachte Wilhelmine. In grösserer Tiefe rücken aber die tiefsten Muldenpuncte um 40 Lachter gegen Norden. Die oberen Flötze neigen sich auf beiden Flügeln mit gleichmässig abnehmendem Einfallen der Mitte zu, während die tieferen Flötze des Nordflügels unfern der Muldenmitte von mehren Wechseln (Ueberschiebungen) durchsetzt und dadurch in ein höheres Niveau gerückt werden. Weiter gegen West beim Friedrich-Wilhelm-Schachte findet zwar dasselbe Verhältniss statt; die Abweichung der Muldenlinie auf den oberen und unteren Flötzen beträgt jedoch nur 25 Lachter. Die Muldenlinien auf den mittleren Flötzen, wie *Fornegel* und *Grosskohl*, erscheinen auf

Längen von 780 und 835 Lachter als mehrfach gebrochene Linien, deren einzelne Theile nicht genau parallel sind und in der Richtung von West gegen Ost immer weiter gegen Nord liegen. Die mittlere durchschnittliche Richtung der Muldenlinie ermittelt sich in Stunde 4³/₄ des magnet. Meridians oder Nord 52° 34′ gegen Ost des wahren Meridians.

Die Ermittelung der Muldenlinie der Aussenwerke in dem westlichen Felde nach der Münstergewand hin, auf Jamesgrube, bietet Schwierigkeiten in dem flachen Einfallen der Flötze und in einem sattelförmigen Bogen der Nordflügel dar. Sie liegt hier zwischen St. 4³/₄ und 4⁵/₈, ist dabei aber gegen die Lage im östlichen Felde durch mehre Verwerfungen so weit gegen Süd gerückt, dass sich ihre Richtung von der Münstergewand bis zur Sandgewand zu Nord 44° 8′ gegen Ost (des wahren Merid.) ergibt, also eine Abweichung von 8° 26′ von der Richtung innerhalb der Innenwerke. Die Neigung der Muldenlinie beträgt im Mittel der ganzen Länge zwischen den beiden mehr genannten Verwerfungen 8° 38′ gegen Nordost und schwankt zwischen 4° und 10°.

Bei den Innenwerken ist das Streichen der Südflügel in St. 5⁷/₈ und der Nordflügel 4¹/₂, wenn von dem Bogen in der westlichen Muldenwendung abgesehen wird. Der Winkel, den beide Flügel einschliessen, beträgt daher 20° 37′. Im westlichen Felde verkleinert sich dieser Winkel durch die seigere Stellung der Südflügel bis auf 16° 52′.

Die westliche Verwerfung, die Münstergewand, welche den jetzt betrachteten Muldenabschnitt begrenzt, ist im Felde der Jamesgrube nicht genau bekannt, da die Abbaue der Flötze 30 bis 60 Lachter von denselben entfernt bleiben. In ihrer Nähe streicht dieselbe Stunde 10¹/₂ und fällt gegen Nordost ein. In dem südlich gelegenen Felde von Wilhelmine ist diese Verwerfung durchfahren. Das Kluftgebirge hat eine Breite von 25 Lachter, die begrenzenden Klüfte fallen mit 65° gegen Nordost ein. Die Höhe des Verwurfes beträgt 120 Lachter.

In dieser bedeutend höheren Lage des westlich derselben gelegenen Mulden-Abschnittes findet sich auch der Grund, weshalb in demselben die bauwürdigen Flötze der Aussenwerke nicht aufgefunden und auch nicht vorhanden sind.

In der weiteren südlichen Fortsetzung dieser Verwerfung findet sich im Kohlenkalke bei Busbach im Felde Busbacherberg das Erzvorkommen beim Emilienschachte, östlich von Hassenberg auf dem Brockenberge, womit auch das westliche Ausheben der Burgholzer Kohlengebirgsmulde zusammenhängt, und in 1400 Lachter Entfernung vom Südrande der Kohlengebirgsmulde im Eifelkalkstein im Felde Breinigerberg das mächtige Erzvorkommen auf dem Schlangenberge in mehren parallelen Gängen. In der nördlichen Fortsetzung trifft diese Verwerfung mit derjenigen überein, welche die östliche Begrenzung des Worm-Revieres unter dem Namen Feldbiss bildet, und deren Verhalten weiter unten näher angeführt werden soll.

In dem Felde der Jamesgrube kommen nur wenige Verwerfungen vor, wie die Steinwegsgewand, welche St. 10³/₄ streicht, mit 70° gegen West, also der Münstergewand entgegen einfällt, mit einer Verwurfshöhe von 25 Lachter; und die Kehrgewand, welche nahe an dem Fusse des linken Abhanges des Vichtbachthals die Südflügel der Aussenwerke durchschneidet und hier die Baugrenze der Jamesgrube bildet. Auf den Nordflügeln fällt sie mit der Ewigen Gewand zusammen, beiden entspricht in der Mulde eine Verwurfshöhe von 40 Lachter. Die Aussenwerke werden dann noch durch die Zittersgewand verworfen, welche auf beiden Flügeln in einer Längenerstreckung von 850 Lachter bekannt ist. Sie streicht in St. 10¹/₄ und fällt mit 65 bis 75° gegen Ost ein; das östliche Gebirgsstück liegt 20 Lachter tiefer als das westliche. Die scheinbare Seitenverschiebung der Flötze auf dem Süd- und Nordflügel ist bei dem wechselnden Einfallen derselben auffallend verschieden.

Während die Verwerfungen von der Münstergewand aus in weiten Abständen von einander auftreten, vermehrt sich deren Zahl in dem 900 Lachter langen Felde der Innenwerke so sehr, dass ausser der die östliche Grenze bildenden Sandgewand 14 Verwerfungen, also in einem mittleren Abstande von 64 Lachter je eine auftreten, welche zwischen den St. 10 und 12¹/₄ streichen, 9 mit östlichem und 5 mit westlichem Einfallen. Die Sandgewand streicht St. 11 und fällt mit 70 bis 75° gegen Ost ein. Die Verwerfung wird von ganz gestörten Schichten begleitet, welche spiesseckig und quer gegen die Hauptrichtung streichen, gegen Südost und Nordwest einfallen und durch Klüfte getrennt werden.

Ausser diesen Verwerfungen durchsetzen mehre Ueberschiebungen, den Grubenbetrieb sehr störend, das Steinkohlengebirge der Eschweiler Mulde. Insbesondere werden die Nordflügel der Innenwerke durch 3 derselben, in Entfernungen von 20 bis zu 60 Lachter von der Hauptmuldenlinie, unterbrochen; sie streichen unter sich und mit dem Hauptstreichen der Südflügel parallel, verursachen ein Uebereinanderliegen der getrennten Flötztheile in Entfernungen von einem bis 5 Lachter und, durch das Umbiegen derselben an der abschneidenden Kluft, Specialmulden und Sättel in der Hauptmulde.

Unmittelbar an der Ostseite der Sandgewand liegen das mit Lehm und Geröllagern bedeckte Braunkohlengebirge und andere tertiäre Sandschichten. Die Oberfläche des Steinkohlengebirges findet sich erst in ansehnlicher Tiefe, 30 Lachter von der Sandgewand entfernt in 273 Fuss, in der verlängerten Muldenlinie in grösserer Entfernung in 413 Fuss. An dem Rande, wo das Kohlengebirge bei Nothberg hervortritt, zeigt seine Oberfläche eine ähnliche starke Einsenkung, wie an der Sandgewand, aber in entgegengesetzter Richtung. Es zieht hier eine tiefe, mit Tertiärschichten ausgefüllte Bucht, dem Thale des Omerbachs entsprechend, zwischen Stich und Nothberg gegen Süd über Bergrath, Volkenrath bis Köttenich und hebt sich hier schmaler werdend aus. Nördlich von Nothberg liegt das Kohlengebirge unter dem breiten Thale der Inde, auf deren linker Seite von Lehm und Braunkohlengebirge bedeckt. Gegen Ost wird es durch dieselbe Bedeckung von der östlichsten Partie bei Weissweiler getrennt.

In dem Weissweiler Walde, südlich von dem Orte, auf der rechten Seite des Eisenmühlenthales liegen die Pingenzüge auf den Aussen- und Innenwerken. Die ersteren reichen in einer Länge von 600 Lachter bis zur Strasse von Weissweiler nach Langerwehe, wo sie an der Bedeckung durch Braunkohlengebirge enden. Die Pingen auf den Innenwerken liegen 200 Lachter weiter gegen Nord, nehmen eine Länge von 500 Lachter bei 150 Lachter Breite ein, und reichen gegen Nord bis an das Indethal, wo die Schichten des Kohlengebirges nochmals unbedeckt zu Tage ausgehen. Die Länge der Eschweiler Mulde von der Münstergewand bis zu dem östlichen Ende der Weissweiler Flötze beträgt etwas mehr als 1½ Meilen. In Weissweiler selbst steht Kohlengebirge an; in Brunnen und mehren Versuchen sind gegen Süd einfallende Flötze gefunden worden, welche für Nordflügel der Innenwerke gehalten werden, ohne dass sich darin bestimmte Flötze der Eschweiler Mulde erkennen lassen. Auch nördlich des Ortes ist die Oberfläche des Kohlengebirges in 23 Lachter Teufe erreicht und sind dann zwei südlich fallende Flötze getroffen worden. Der gegenwärtige Betrieb ist auf den Südflügeln eröffnet und reicht bis in die Teufe von 63 Lachtern. In dem Stolln wurden viele schmale mit vielen Bergmitteln verunreinigte Kohlenflötze durchfahren, welche widersinnig gegen Süd einfallen und sich weder nach ihrer Beschaffenheit noch nach ihren Entfernungen von einander mit den bekannten Flötzen der Centrumgrube identificiren lassen. Dasselbe zeigt sich auch noch in der zweiten Sohle 30 Lachter unter dem Stolln. Hier werden aber die hangenderen Flötze von einer Verwerfung abgeschnitten, welche in St. 3 streicht und mit 45 Grad gegen SO. einfällt. Im Liegenden dieser Verwerfung tritt plötzlich rechtsinniges Einfallen gegen Nord mit 35 bis 40 Grad ein und in diesem Gebirgstheile sind Flötze aufgeschlossen worden, welche mit grösster Wahrscheinlichkeit für die auf der Centrumgrube bekannten Flötze *Grosskohl* bis *Gyr* (Nr. 27 bis 31) gehalten werden, obgleich die Zwischenmittel nicht damit übereinstimmen und hier auch mehre schmale Flötze auftreten, welche auf jener Grube fehlen.

Nach den gegenwärtigen Aufschlüssen hat die Mulde des untersten Flötzes der Innenwerke bei Weissweiler eine Breite von 520 bis 550 Lachter, welche mit derjenigen auf der Grube Centrum, westlich der Sandgewand nahe übereinstimmt. Die Tiefe der Mulde dieses Flötzes scheint aber bei Weissweiler nur bis 130 Lachter unter den Indespiegel zu reichen, während die Mulde desselben Flötzes auf Centrum 70 Lachter tiefer liegt.

Es ist gewiss, dass die Eschweiler Mulde von dem östlichen Ende der Weissweiler Partie noch weiter gegen Nordost unter der Bedeckung des Tertiärgebirges fortsetzt. Allein weder ist es gelungen, das Kohlengebirge nördlich und nordwestlich von Weissweiler unter dieser Bedeckung in Tiefen von 30 und selbst mehr als 50 Lachter zu erreichen, noch auch weiter gegen Ost bei Lucherberg in einer Tiefe von 85 Lachter oder 567 Fuss. Die Schwierigkeit, die sandigen wasserreichen Lagen des Tertiärgebirges zu durchbohren, und die geringe Wahrscheinlichkeit, die Steinkohlen in der Fortsetzung dieser Mulde unter Verhältnissen aufzufinden, welche deren Benutzung gestatten, hat von der Fortsetzung dieser Versuche abgehalten.

B. Das Worm-Bassin oder die Kohlscheider Mulde.

(Hierzu Taf. XII, XIII und XIV.)

Die Kohlengebirgsmulde auf der Nordwestseite des von Burtscheid und Aachen nach Verlautenheid und Haaren ziehenden Sattelrückens der Devonschichten ist hierdurch in der Querlinie gänzlich von der Eschweiler Mulde getrennt. Es ist bereits weiter oben erwähnt, dass diese nördliche Kohlenmulde von einer grossen Verwerfung, dem *Feldbiss*, quer durchschnitten wird, auf deren Westseite das eigentliche Worm-Bassin liegt, während die Fortsetzung derselben auf der Ostseite des Feldbisses unter den bedeckenden Tertiärschichten seit noch nicht 20 Jahren aufgefunden worden ist. Der Feldbiss, welcher die Worm oberhalb Herzogenrath durchschneidet (Taf. XIII), erstreckt sich gegen Südost über Bardenberg, Morsbach, Würselen und trifft ziemlich genau mit der Münstergewand überein, welche die westliche Begrenzung der Eschweiler Mulde bildet. Das eigentliche Worm-Revier (früher auch „Ländchen von der Heiden“ genannt) liegt also in demjenigen Gebirgstheile, welcher die südwestliche Fortsetzung der Eschweiler Mulde enthält, in der der höheren Lage wegen selbst die Flötzgruppe der Aussenwerke nicht vorhanden ist. Der östlich vom Feldbiss in Angriff genommene Abschnitt der Worm-Mulde entspricht dagegen dem Abschnitte zwischen der Münstergewand und der Sandgewand, worin die Eschweiler Gruben liegen.

Auf der Westseite der Gruben-Partie an der Worm ist das Vorkommen von Kohlenflötzen unter der Bedeckung durch die Kreideformation durch Bohrlöcher nicht allein bis zur niederländischen Grenze, sondern sogar darüber hinaus nachgewiesen worden. Auch dieser Gebirgstheil ist durch eine bei Ursfeld und Bank durchsetzende Verwerfung getrennt, deren Verhalten bis jetzt aber wenig bekannt ist.

Die Kohlenflötze des Worm-Reviers bilden eine grosse, gegen Nordost hin einsinkende Mulde, welche aber durch enge, spitze Sättel vielfach in besondere Mulden getheilt ist (Taf. XII, XIV) und sich dadurch ganz ungemein von der einfachen und abgerundeten Eschweiler Mulde unterscheidet. Auf der Südseite dieser Mulde tritt das Kohlengebirge am meisten zu Tage; da aber die liegendsten Flötze an diesem Muldenrande in neuerer Zeit nicht bearbeitet werden, auch nicht regelmässig ausgebildet zu sein scheinen, so ist das Verhalten nicht genau bekannt. Der nördliche Muldenrand ist aber von mächtigen Tertiärschichten überlagert und es ist daher das Verhalten zu den weiterhin bei Mageran in grosser Teufe erbohrten Flötzen nicht bekannt.

Die Flötze dieser Ablagerung sind durch einen schon sehr alten Bergbau bekannt. Die oberen Flötze sind daher schon seit langer Zeit grösstentheils abgebaut und die Nachrichten darüber theilweise unvollständig. Die nachfolgende Zusammenstellung der Kohlenflötze des Worm-Reviers ist nach den älteren Nachrichten und den Ergebnissen des neueren Betriebes entworfen. Die Flötze sind von oben nach unten aufgeführt.

Namen der Flötze.	Mächtigkeit der Flötze in Zollen.	Mächtigkeit der Zwischenmittel in Lachtern.
1) *Kleine Kranz*	20	—
2) *Grosse Kranz* (Steinkreuz) . .	21	—
3) *Sandberg* (Gouley) . . .	30	13,2 [1])
4) *Hülz* (Wölfchen) . . .	15	39,2
5) *Steinknapper Müllenweg* . .	11	—
6) *Kempgen* (Kl. Knapper) . .	22	—
7) *Gr. Knapper*	14	—
8) *Burgweg* (Schlamm) . . .	17	—
9) *Trumpf* (Lambour) . . .	36	11,0 [2])
10) *Kl. Langenberg* (Bruch) . .	19	7,6

[1]) Zwischenmittel zwischen dem 2. und 3. Flötze.
[2]) Zwischenmittel vom 4. bis 9. Flötze.

Namen der Flötze.	Mächtigkeit der Flötze in Zollen.	Mächtigkeit der Zwischenmittel in Lachtern.
11) *Rothort*	11	—
12) *Gr. Langenberg* (Ath Gr. Pumpe)[1]	54	16,6
13) *Langenberg kleine*	21	0,3
14) *Kl. Bruch*	8	—
15) *Brüchelchen*	18	11,7
16) *Meister* (Laurweg) . . .	27	11,3
17) *Kl. Meister*	9—20	—
18) *Geelarsch*	21—30	12,5
19) *Croat*	28—48	4,8
20) *Furth*	39—48	8,3
21) *Stinkert 1*	15—12	4,5
22) *Stinkert 2*	16	—
23) Schmales Flötz	14	—
24) Schmales Flötz	12	—
25) *Grahwerk*	30—36	3,8
26) *Hündchen 1*	15	4,5
27) *Hündchen 2*	15	4,7
28) *Senteweck*	36	8,3
29) *Grauweck*	48	5,6
30) *Kl. Grauweck*	5	—
31) *Brem*	4	—
32) *Schmalemau*	15—20	8,3
33) *Ley*	22	—
34) Schmales Flötz	10	—
35) *Rauschenwerk*	27—34	8,5
36) *Gr. Athwerk*	54—42	10,8
37) *Kl. Athwerk*	21—24	5,7
38) *Krodel*	21	—
39) *Barsch*	12	7,6
40) *Merl*	54—50	14,4
41) Schmales Flötz	8	—
42) *Kl. Mühlenbach 1*	18	18,0
43) *Kl. Mühlenbach 2*	22	4,7
44) *Gr. Mühlenbach*	42	3,6
45) *Steinknipp*	40	16,2

Die oberen 11, weniger genau gekannten Flötze haben eine Mächtigkeit von 18 Fuss und die nur unvollständig angegebene Gebirgsmächtigkeit beträgt 90,3 Lachter. Nach einer genauen Ermittelung liegt das 12. Flötz *Gr. Langenberg* in der tiefsten Specialmulde 230 Lachter. Die 34 tieferen Flötze von *Gr. Langenberg* bis *Steinknipp* einschliesslich haben nach den niedrigsten Angaben eine Mächtigkeit von $65^1/_6$ Fuss in einer Gebirgsmächtigkeit von 188 Lachter. Unter denselben befinden sich nur 12 Flötze, welche überall bauwürdig sind, und 14, welche überhaupt als bauwürdig angesehen werden können. Diese letzteren enthalten 39 Fuss Steinkohle, die 20 unbauwürdigen Flötze $26^1/_6$ Fuss. Im Durchschnitt kommt auf jedes bauwürdige Flötz eine Mächtigkeit von $33^1/_2$ Zoll. Die Mächtigkeit dieser Flötze verhält sich zu derjenigen der Gebirgsschichten, worin sie eingeschlossen sind, wie 1 zu 30. Die Tiefe, welche das liegendste Flötz *Steinknipp* in der tiefsten Specialmulde erreicht, beträgt 470 Lachter oder 3133 Fuss. Die Mächtigkeit der Gebirgsschichten, welche sich zwischen diesem Flötze und dem Kohlenkalkstein finden, ist nicht bekannt und es kann daher auch nicht angegeben werden, wie tief der Kohlenkalkstein in der tiefsten Mulde unter der Oberfläche liegt. Aus diesem Grunde ist auch eine Vergleichung der Gliederung der Flötze in der Eschweiler Mulde mit dem Verhalten der Flötze in der Worm-Mulde nicht möglich. Nur ganz im Allgemeinen fällt der Unterschied sehr auf, welcher in dieser Beziehung

[1]) Die Namen der bauwürdigen Flötze sind mit gesperrter Schrift gedruckt.

zwischen den beiden Kohlenablagerungen stattfindet, indem ein grosses flötzleeres Mittel, wie zwischen den Innen- und den Aussenwerken der Eschweiler Mulde in der Worm-Mulde nicht vorkommt. Ebenso gross ist der Unterschied in der Beschaffenheit der Steinkohle. Die ganze Worm-Mulde, so weit sie hier betrachtet wird, liefert nur Sandkohle (Karsten) oder magere Kohle. Dieselbe nähert sich dem Anthracit und wird daher auch wohl als anthracitische Kohle bezeichnet. Die Kohle des Worm-Revieres zeichnet sich durch grosse Festigkeit und Reinheit aus, liefert daher viele Stücke und Brocken, wenig Gruss oder Kleinkohle. Der Stückkohlenfall wird durch die die Kohlenlagen in regelmässigen Abständen durchsetzenden parallelen Klüfte sehr befördert und da diese Klüfte die Flötze eben unter einem spitzen Winkel schneiden, so erhalten die abgesonderten Stücke eine schiefe parallelepipedische Gestalt. Diese Kohlen können daher nicht zur Darstellung von Koks verwendet werden, sind dagegen sehr geeignet für den Hausgebrauch, ganz besonders zur Stubenfeuerung, weil sie langsam verbrennen und das Feuer sehr lange erhalten und werden auch passend für die Heizung von Dampfkesseln theils allein, theils mit Fettkohlen gemischt, benutzt. Die Kleinkohlen sind ein ausgezeichnetes Brennmaterial für die Feldziegelbrände. Nur die oberen Flötze, wie *Sandberg*, *Hülz* und *Trumpf*, welche aber im Ganzen als abgebaut zu betrachten sind, weichen etwas von dieser Beschaffenheit ab und nähern sich den Sinterkohlen.

Die Flötze werden unmittelbar im Hangenden und Liegenden von Schieferthon begleitet. Die grösseren Zwischenmittel enthalten aber Lagen von Sandstein, welcher zum Theil sehr feinkörnig und quarzig ist, sich dem Quarzit der devonischen Schichten nähert und im Reviere den Namen „Mauerlage" führt. Er ist licht gelblich-grau bis dunkel-aschgrau und eignet sich wegen seiner Härte und Festigkeit zu Pflastersteinen. In demselben kommen viele Klüfte vor, in denen sich wasserhelle Quarzkrystalle, Kalkspathkrystalle, Braunspath mit eingewachsenen Quarzkrystallen, Schwefelkies, Blende, auch wohl etwas Kupferkies finden.

Kohleneisenstein findet sich besonders zwischen den Flötzen Gross-Langenberg und Meister in der Nähe des Flötzes Bruch und unter dem Flötze Furth in Verbindung mit den Flötzen Stinkert. Das erste Vorkommen besteht aus abwechselnden Lagen von Steinkohle, Kohleneisenstein und thonigem Sphärosiderit. Der Kohleneisenstein selbst ist reich an Steinkohle und besteht aus dünnen Lagen. Er ist auf den Gruben Hoheneich und Goulcy aufgeschlossen. Der letztere findet sich dagegen auf den Gruben Vockart, Furth und Ath. Die Mächtigkeit des unmittelbar über dem Flötze Stinkert 2 lagernden Kohleneisensteins wechselt zwischen 14 und 54 Zoll, doch sind die brauchbaren Lagen nicht über 15 Zoll stark. Der Gehalt an Eisen ist ungemein schwankend. Phosphorsäure und Schwefelkies kommt in demselben überall vor; eine Gewinnung desselben hat bisher ebensowenig stattgefunden, wie der vielen vorkommenden aber wenig aushaltenden Lagen und Nieren von thonigem Sphärosiderit.

Der Gebirgsabschnitt, in welchem das Worm-Revier zwischen der westlichen Verwerfung bei Ursfeld und Bank und dem Feldbiss liegt, hat eine Länge von 1700 Lachter (nahe eine halbe Meile). Am Feldbiss, also da wo die Ablagerung ihre grösste Breite erreicht, beträgt die Entfernung des südlichsten und nördlichsten Flügels des Flötzes Merl von Elchenrath bis Kirchrath und Klosterrath 3000 Lachter ($^5/_6$ Meile). Das nördlichste Platte des untersten Flötzes *Steinknipp* liegt noch 250 Lachter weiter entfernt.

Die Sattel- und Muldenlinien, welche das ganze Becken in Specialmulden theilen, haben im Allgemeinen eine starke Neigung von 9 bis 14° gegen Osten, doch kommen mehre Ausnahmen in der Weise vor, dass diese Linien sich auch nach der entgegengesetzten Weise senken und dadurch Sattelkuppen gebildet werden, die ein allseitiges Abfallen zeigen, oder Mulden, welche völlig geschlossen sind. Bei weitem nicht alle diese Sattel gehen in ihrer Längenerstreckung von dem westlichen Ausheben bis zum Feldbisse durch die ganze Partie hindurch, vielmehr verschwinden von den 20 bekannten Satteln, 6 gegen Ost hin so, dass die beiden durch sie getrennten Mulden sich zu einer einzigen vereinigen. Ein Sattel verschwindet in westlicher Richtung und gehen daher nur 13 Sattel durch die ganze Partie hindurch. Die Lagerung ist daher gegen Ost in der Tiefe der Hauptmulde einfacher, als an dem westlichen Rande.

Die Südflügel der Specialmulden sind im Allgemeinen sehr steil und fallen an einzelnen Stellen selbst widersinnig gegen Süd ein; je weiter gegen Nord, um so weniger tritt dieses steile Fallen bei denselben hervor, doch wechselt dasselbe. Auf der Südseite der Hauptmulde haben sie eine beträchtliche, geradlinige Längenerstreckung, die bis 1250 Lachter geht und der eine bedeutende Höhe entspricht. Gegen Nord hin nimmt dieselbe ab. Diese Südflügel werden mit dem Localnamen „Rechte" bezeichnet. Die Nordflügel der Specialmulden haben eine mittlere und flache Neigung gegen Süd, welche stellenweise bis 20° und selbst bis 12° herabsinkt. Auf der Südseite sind dieselben kurz und ihre Länge, sowie die derselben entsprechende Breite, nimmt gegen Nord zu. Der nördlichste Nordflügel hat eine Länge von 1500 Lachter auf dem liegendsten Flötze in der Stollnsohle, auf den hangenderen Flötzen und in grösserer Tiefe nimmt diese Länge sehr ab, auf dem Flötze Merl in der 104 Lachtersohle beträgt dieselbe nicht über 600 Lachter. Die Nordflügel werden in dem Reviere „Platte" genannt.

Die Mulden- und Sattellinien sind ungemein scharf. Die Flügel halten bis in ihre unmittelbare Nähe mit gleichem Streichen und Einfallen aus, bilden scharfe, häufig von Störungen begleitete Kanten, oder sind durch enge und kurze Bogen verbunden. Nur wenige sind ausnahmsweise flach abgerundet. Je steiler die Rechten sind, um so mehr nähert sich die Lage der Mulden- und Sattellinie ihrem Streichen; bei ganz senkrechter Lage fallen dieselben zusammen. Die Sattel- und Muldenlinien der verschiedenen unter einander liegenden Flötze liegen daher nicht in derselben senkrechten Ebene, sondern sie verschieben sich um so mehr seitwärts von einander, je verschiedener das Einfallen der beiden Flügel ist. Bei diesem Verhalten der Flötze weichen die Sattellinien auch ziemlich von der parallelen Lage ab. Im südlichen Feldestheile ist ihre Richtung ziemlich nahe von West-Südwest gegen Ost-Nordost, je weiter nach Nord, um so mehr nähert sich dieselbe der Richtung von Südwest gegen Nordost.

Von Süd gegen Nord gezählt hat die fünfte Sattellinie, welche durch Spidell und Gouley geht, die Richtung Nord 61° 28$^1/_2$' gegen Ost (des wahren Meridian) und die 19. Sattellinie, welche durch Neu-Vockart geht, Nord 50° 56' gegen Ost. Sie bilden mithin einen gegen Nordost offenen Winkel von 10° 12'. Die mittlere Richtung der Sattellinien im Worm-Revier ist Nord 56° 44' gegen Ost und weicht um 12° 36' von der mittleren Richtung der Eschweiler Muldenlinie ab. Die Streichungslinien der Rechten im südlichen Felde liegen zwischen St. 4$^7/_8$ und 6; der Platten im nördlichen Felde zwischen St. 1$^1/_2$ bis 4$^1/_4$. Der grösste Winkel, den die Steigungslinien der Flügel bilden, beträgt daher 67$^1/_2$°.

Ausser den beiden Verwerfungen, welche das Worm-Revier auf der Ost- und Westseite begrenzen, sind nur vier grössere Verwerfungen in demselben bekannt, die also beträchtlich weit von einander entfernt liegen und ebenso wie der Feldbiss gegen Ost und Nordost einfallen. Ausserdem kommen viele kleine, nicht weit fortsetzende Verwerfungen vor und neun grössere Wechsel oder Ueberschiebungen, die in einer nahen Beziehung zu den Sätteln und Mulden stehen. Das Streichen derselben hält sich innerhalb der Streichungslinie der Flötzflügel, zwischen St. 2$^7/_8$ und 5$^7/_8$. Das Einfallen ist mit wenigen Ausnahmen gegen Südost gerichtet.

Der Feldbiss streicht mit vielen beträchtlichen Biegungen zwischen den bekannten Endpuncten in St. 10 und fällt mit 70° gegen Nordost ein. Derselbe ist an mehren Stellen aufgeschlossen.

An der Südseite des Reviers ist er auf Königsgrube in der 82. Lachtersohle durchfahren, besteht hier aus einer 6 Lachter mächtigen, mit Letten und Bruchstücken von Schieferthon und Sandstein erfüllten Kluft. Im Liegenden derselben halten die Flötze und Gebirgsschichten regelmässig bis an den Abschnitt aus, während im Hangenden ein unregelmässiges, gestörtes Gebirge in wechselnder Beschaffenheit bis zu einer Entfernung von 100 Lachter fortsetzt und sich dann erst nach mehren kleineren Verwerfungen regelmässig gestaltet.

Auf der Grube Gouley ist diese Verwerfung in der 104 Lachtersohle durchfahren. Das Flötz Hüls hält bis zum westlichen Abschnitt der Kluft, welche in St. 9$^7/_8$ streicht und mit 70° gegen Nordost bis zur seigeren Stellung einfällt, regelmässig aus. Die Kluftausfüllung mit grossen Keilen vom Kohlengebirge erreicht hier eine Mächtigkeit von 45 Lachtern. Die östliche Kluft streicht in St. 10 und fällt ebenfalls gegen Ost ein. An dieselbe schliesst sich gestörtes Gebirge an, welches bis zu einer Entfernung von 110 Lachter fortsetzt und dann erst regelmässig wird. Dann ist ein regelmässiges Flötz von 42 Zoll Kohle und 18 Zoll Bergmittel getroffen worden, welches sich durch die backende (fette) Beschaffenheit von allen mageren Flötzen des Worm-Reviers unterscheidet. In den Zwischenräumen zwischen den Punkten, wo der Feldbiss und die Münstergewand bekannt ist, zeigt sich die Verbindung beider an der Oberfläche in dem plötzlichen Abfall des Hügelzuges, der sich aus dem Atscher Walde über Verlautenheid erstreckt und in dem Abbrechen der Devonschichten und des Kohlenkalkes in ihrem Fortstreichen gegen Nordost. Das Erzvorkommen vom Aachener Herrenberg liegt nahe an dieser Linie.

In dem östlich vom Feldbiss gelegenen Steinkohlengebirge beschränken sich die Aufschlüsse bis jetzt auf die beiden Felder Maria bei Höngen und Anna bei Alsdorf, deren Baue gegen Ost eine Entfernung von 3000 Lachter, resp. 2600 Lachter vom Feldbiss, erreichen. Die hier angetroffenen Flötze führen sämmtlich backende oder fette Steinkohlen, welche sich nur wenig von denjenigen vom Centrum und Weissweiler unterscheiden. Bei den Schächten von Maria liegt die Oberfläche des Steinkohlengebirges 137 Fuss, von Anna weiter gegen Nord 236 Fuss tief. Unmittelbar östlich vom Feldbiss hat diese Oberfläche eine noch tiefere Lage, indem die Bohrlöcher im Felde Gemeinschaft bei Euchen dieselbe in 258 und 295 Fuss angetroffen haben.

Das Feld von Maria erstreckt sich bis an den südlichen Rand dieser Kohlenmulde, denn in demselben ist der Kohlenkalkstein in einem Bohrloche angetroffen worden. Die Baue dieser Grube, welche eine streichende Länge von 1150 Lachter, bei einer querschlägigen Breite von 500 Lachter erreicht haben, scheinen auf der Fortsetzung des 5. Sattels des Worm-Revieres zu liegen, welcher bei den Schächten von Gouley durchgeht. Bei dem allgemeinen starken Einsenken der Sattel und Mulden des Worm-Revieres dürfte es ungeachtet des noch mangelnden Zusammenhanges kaum zweifelhaft sein, dass die Flötze von Maria im Hangenden der sämmtlichen im Worm-Reviere bekannten Flötze liegen und einen oberen Flötzzug in dieser grossen Mulde bilden. Die bedeutende Verwerfung des Feldbisses, an der der östliche Gebirgsabschnitt sehr viel tiefer liegt, als der westliche, tritt noch hinzu, um diese Schlussfolgerung zu verstärken.

Die auf Maria bisher bekannt gewordenen Kohlenflötze sind in der Reihenfolge von oben nach unten folgende:

	Mächtigkeit der		
	Flötze einschl. Bergmittel. Zoll.	Steinkohle. Zoll.	Zwischenmittel. Lachter.
1. Flötz G	38	28	14,0[1]
2. Flötz F	10	10	1,0[2]
3. Flötz	26	26	1,2
4. Flötz E	30	30	5,8
5. Flötz	2	2	0,9
6. Flötz	4	4	5,6
7. Flötz D	28	28	1,8
8. Flötz	8	8	0,9
9. Flötz	10	10	10,0[3]
10. Flötz C	28	28	4,4
11. Flötz B	40	33	4,7
12. Flötz A	14	14	7,1
13. Flötz Nr. 1	28	28	9,0
14. Flötz Nr. 2	15	15	14,1
15. Flötz	12	12	1,2
16. Flötz Nr. 3	15	15	1,3
17. Flötz Nr. 4[4]	20	20	6,0
18. Flötz Nr. 5 (Fundflötz)	24	22	8,8
19. Flötz Nr. 6	34	22	20,6
20. Flötz Nr. 7	40	40	3,0
21. Flötz	8	8	2,0
22. Flötz	12	12	3,8
23. Flötz Nr. 8	28	22	2,4
24. Flötz	8	8	3,3
25. Flötz	12	12	4,6
26. Flötz Nr. 9	48	40	5,3
27. Flötz	8	8	7,3
28. Flötz Nr. 10 (Richard)	60	60	11,2

[1]) Schieferthon und Sandstein über dem Flötze G.

[2]) Zwischenmittel zwischen den Flötzen G und F.

[3]) In diesem Zwischenmittel setzt eine Störung durch, und ist die Mächtigkeit desselben zweifelhaft.

[4]) Der gesperrte Druck bezeichnet die bis jetzt in Bau genommenen Flötze.

	Mächtigkeit der		
	Flötze einschl. Bergmittel. Zoll.	Steinkohle. Zoll.	Zwischenmittel. Lachter.
29. Flötz Nr. 11	22	12	4,4
30. Flötz	4	4	2,1
31. Flötz Nr. 12	16	10	2,0
32. Flötz	3	3	3,0
33. Flötz Nr. 13	22	18	2,0
34. Flötz Nr. 14	40	38	7,7
35. Flötz Nr. 15	19	19	10,0
36. Flötz Nr. 16	40	33	4,5
37. Flötz Nr. 17	66	48	8,9
38. Flötz	12	12	0,4
unter dem letzten Flötze Schiefer			1,0

In dieser Flötzpartie, deren Gesammtmächtigkeit 217,1 Lachter beträgt, kommen 38 Flötze mit 63½ Fuss Steinkohle vor, unter denen sich 19 bauwürdige Flötze mit 579 Zoll oder 48¼ Fuss Steinkohle befinden. Das Zwischenmittel zwischen je zwei der sämmtlichen Flötze beträgt 5,2 Lachter und dasjenige zwischen je zwei der bauwürdigen Flötze 11,5 Lachter. Jedes bauwürdige Flötz enthält im Durchschnitt 30½ Zoll Steinkohle und die Steinkohle in diesen Flötzen verhält sich zu der gesammten Gebirgsmächtigkeit wie **1 zu 30.**

Unter dem als 38. Flötz aufgeführten setzt eine sehr beträchtliche Ueberschiebung auf, so dass der Zusammenhang der im Liegenden derselben bekannten Flötze mit den vorher aufgeführten bis jetzt nicht ermittelt ist. Es wird jedoch für wahrscheinlich gehalten, dass hierdurch Wiederholungen einiger Flötze herbeigeführt werden.

Die weiter im Liegenden aufgeschlossenen Flötze sind folgende:

	Mächtigkeit der		
	Flötze. Zoll.	Steinkohle. Zoll.	Zwischenmittel. Lachter.
1. Flötz Friedrich	65	65	22,0
2. Flötz	50	20	1,4
3. Flötz	6	6	0,8
4. Flötz	6	6	2,0
Ueberschiebung			4,8
5. Flötz	24	12	6,6
6. Flötz	24	18	1,7
Ueberschiebung			2,1
7. Flötz	36	29	9,8
Ueberschiebung			4,4
8. Flötz	12	12	12,8
9. Flötz	12	12	2,0
10. Flötz	15	15	1,2

Unter der die beiden Partien trennenden Ueberschiebung bis zum Flötz *Friedrich* ist eine Gebirgsmächtigkeit von 27 Lachter aufgeschlossen.

Die Lagerung dieser Flötze ist ähnlich wie im Worm-Revier. An den Schächten fallen die Rechten widersinnig mit 35° gegen Süd ein und die gegen Nord anstossenden Platten mit 60° gegen Süd. Die südlich von dem ersten Rechten folgenden Platten fallen mit 50 bis 60° gegen Süd ein, während die folgenden Rechten senkrecht stehen. Die folgenden Platten fallen mit 20° gegen Süd. Die Sattel- und Muldenlinien fallen zwar im Ganzen gegen Ost ein, doch kommen auch, gerade wie auf der im Fortstreichen gegen West gelegenen Grube Gouley, sehr erhebliche Abweichungen vor, indem dieselben stellenweise mit 9 bis 10° gegen West einfallen.

In etwa 50 Lachter östlicher Entfernung von dem östlichen Ende der Baue setzt eine durch Bohrversuche bekannte Verwerfung durch das Feld hindurch, welche ihrer Lage nach für die nordwestliche Fortsetzung der Sandgewand in der Eschweiler Mulde gehalten wird. Ausser dieser setzt eine andere Verwerfung durch das Feld von Maria, welche auch bereits auf Anna bekant geworden ist. Sie streicht in St. $7^{1}/_{2}$ bis $8^{1}/_{2}$ und fällt mit 65° gegen SW. ein. Die Schichten liegen auf dieser ihrer hangenden Seite etwa 70 Lachter tiefer als in ihrem Liegenden.

Die Baue der Grube Anna liegen etwa 1000 Lachter in nordwestlicher Richtung von denen der Grube Maria entfernt und dehnen sich in einer streichenden Länge von 700 Lachter bei einer querschlägigen Breite von 500 Lachter aus. Die bisher aufgeschlossenen Flötze können daher auch mit den auf Maria-Grube bekannten nicht in Verbindung gebracht werden.

Die Reihenfolge der auf Anna bisher bekannten Flötze von oben nach unten ist in dieser Zusammenstellung enthalten:

	Mächtigkeit der		
	Flötze einschl. Bergmittel. Zoll.	Steinkohle. Zoll.	Zwischenmittel. Lachter.
1. Flötz Nr. 12[1] . . .	57	45	6,6
2. Flötz Nr. 11	52	21	4,5
3. Flötz Nr. 10	28	21	3,5
4. Flötz	1	1	1,1
5. Flötz Nr. 9	19	17	3,1
6. Flötz Nr. 8	24	17	7,2
7. Flötz Nr. 7	35	31	0,5
8. Flötz	1	1	0,5
9. Flötz	2	2	2,8
10. Flötz	18	18	1,8
11. Flötz	12	12	3,4
12. Flötz Nr. 6	16	14	5,9
13. Flötz Nr. 5	33	28	4,1
14. Flötz	8	8	6,4
15. Flötz	6	6	1,4
16. Flötz Nr. 4	15	14	2,1
17. Flötz Nr. 3	30	21	4,6
18. Flötz Nr. 2	26	9	4,4
19. Flötz Nr. 1	21	9	3,1

Ueber dem Flötze Nr. 12 ist noch eine Gebirgsmächtigkeit von 4,3 Lachter aufgeschlossen. In der 73 Lachtersohle ist zwischen den Flötzen Nr. 12 und 11 noch ein Flötz von 39 Zoll mit 21 Zoll Kohle; zwischen den Flötzen Nr. .0 und Nr. 9 zwei kleine Flötze von 8 und 1 Zoll, zwischen Nr. 9 und 8 ein Flötz von 2 Zoll; zwischen Nr. 7 und 6 fünf Flötze von 5, 2, 12, 14 und 8 Zoll und zwischen Nr. 5 und 4 drei Flötze von 8, 6 und 7 Zoll durchfahren.

Unter Hinzurechnung derselben steigt die Zahl der Flötze auf 24, mit einer Mächtigkeit an Steinkohle von 341 Zoll oder $28^{5}/_{12}$ Fuss. Unter denselben befinden sich nur 8 als bauwürdig zu betrachtende Flötze mit $15^{7}/_{12}$ Fuss Steinkohle. Die Gebirgsmächtigkeit, worin dieselben eingeschlossen sind, beträgt 72,6 Lachter. Die Mächtigkeit der Steinkohle in den 8 bauwürdigen Fötzen verhält sich daher zu der des Gebirges wie 1 zu 31.

Die Lagerung dieser Flötze bietet eine beträchtliche Abweichung gegen diejenige auf den Gruben des Worm-Reviers und der Grube Maria dar. Zwischen dem Förderschachte und der nur 120 Lachter davon entfernten südlichen Feldesgrenze zieht ein Sattel hindurch, dessen Rücken eine geringe Neigung gegen Nordost besitzt. Der gegen Süd fallende Flügel dieses Sattels hat eine Neigung von 35 bis 45° und der gegen Nord fallende eine solche von 20 bis 35°, also umgekehrt gegen die Regel im Worm-Reviere. An diesen Sattel schliesst sich gegen Nord eine flache und breite Mulde an, in deren Mitte eine horizontale Lagerung eintritt. Das Fallen nimmt allmählig bis zu 5° ab und lieses findet sich auch in der Muldenwendung, deren Tiefstes 220 Lachter nördlich vom Förderschachte liegt, gegen Südwest gerichtet. An diese Mulde schliesst sich weiter ein ebenso flacher Sattel an, auf dem das Einfallen nirgends 5° übersteigt. Die Sattellinie liegt 110 Lachter von der vorhergehenden Muldenlinie

[1]) Die mit gesperrter Schrift bezeichneten Flötze sind bisher in Abbau genommen worden.

entfernt und ist wie diese gegen Südwest geneigt. In welcher Weise sich diese hier ungewöhnlichen Lagerungsverhältnisse denen der Hauptmulde einordnen, wird erst nach weiteren Aufschlüssen in diesem und den benachbarten Grubenfeldern zu ermitteln sein.

Die Fortsetzung der westlichen Verwerfung auf der Grube Maria liegt hier 160 Lachter westlich vom Hauptförderschachte und bildet bisher die Baugrenze; sie streicht in St. 7¾ und fällt mit 70 bis 85° gegen Süd ein. Zwei andere Verwerfungen, von denen eine ziemlich im Streichen der Flötze liegt, sind von geringerer Bedeutung.

Wenn auch das Flötzverhalten in diesen beiden Feldern keinesweges bekannt ist, so scheint es für eine allgemeine Uebersicht zulässig zu sein, die Flötzfolgen beider als verschiedenen übereinanderliegenden Gruppen angehörend zu betrachten, zwischen denen noch ein unbekanntes Gebirgsmittel liegen dürfte. Danach finden sich hier 62 grösstentheils schmale Flötze mit 102½ Fuss Steinkohle in einem Gebirgsmittel von 1931 Fuss.

Es unterliegt keinem Zweifel, dass in diesen beiden Feldern noch hangendere Flötze vorhanden, als gegenwärtig darin bekannt sind; es ist ferner wahrscheinlich, dass zwischen den liegendsten Flötzen der Mariagrube und dem hangendsten Flötze des Worm-Revieres noch ein unbekanntes Gebirgsmittel fehlt, und es ist daher anzunehmen, dass in dem östlichen Theile dieser Hauptmulde wenigstens 107 Steinkohlenflötze mit 186½ Fuss Kohle über einander liegen und in den tiefsten Mulden eine 5064 Fuss übersteigende Tiefe erreichen.

Zu weiterer Aufsuchung dieser Kohlenflötze in ihrer streichenden Erstreckung gegen Nordost sind bisher nur vergebliche Versuche wegen der steigenden Mächtigkeit der aufgelagerten Tertiärschichten gemacht worden und selbst ein Bohrloch von 900 Fuss Teufe zwischen Aldenhoven und Nieder-Mertz hat die Oberfläche des Kohlengebirges nicht erreicht. Dagegen ist westlich von Alsdorf nach der Worm hin, nördlich von Herzogenrath, das Kohlengebirge erreicht worden, bei Magerau in 447 Fuss, bei Merkstein in 351 Fuss, zwischen Plitschart uud Palenberg in 450 Fuss. An dem ersteren Puncte wurde in 528 Fuss Teufe das erste und in 556 Fuss ein Kohlenflötz von 33½ Zoll Mächtigkeit nachgewiesen.

Auf der Westseite des Worm-Reviers ist das Kohlengebirge mit Flötzen in den Grubenfeldern Melanie und Carl Friedrich bei Horbach, Heyden, Richterich und Vetschau nachgewiesen. In einigen Gegenden bei Heyden ist das Kohlengebirge nur mit Diluvium 20 bis 65 Fuss hoch bedeckt; in anderen, bei Richterich und Vetschau, steigt die Mächtigkeit der aufgelagerten Kreideformation bis 267 Fuss. Darunter sind nur schmale Flötze getroffen worden, welche sämmtlich Sand- oder magere Kohlen, wie die Flötze des Worm-Revieres, enthalten. Das Verhalten derselben ist, da diese Versuche noch zu keinem Bergbau geführt haben, bis jetzt unbekannt.

Die Bohrversuche, welche in dem Königreich der Niederlande, unmittelbar an der preussischen Grenze bei Gracht und Ham, ausgeführt wurden, haben das Kohlengebirge und in demselben auch Flötze erreicht, doch sind aus den betreffenden Angaben um so weniger Folgerungen zu ziehen, als eine gewisse Unsicherheit bei denselben stattfindet.

Von thierischen Resten ist aus diesem Kohlengebirge nur wenig anzuführen. In den liegendsten Schichten der Eschweiler Mulde ist bei dem Hüttenwerk Concordia einmal vorgekommen *Goniatites Diadema* Lister. Aus den in der Nähe der Aussenwerke auftretenden Schichten stammen zahlreiche Steinkerne von *Unio* in dem Eisenbahn-Einschnitt am Cambacher Weiher nahe bei der Station von Stolberg. In den liegenden Schichten nicht weit von Kohlenkalk entfernt im Felde von Maria kommen viele Abdrücke von *Avicula papyracea* mit ungemein verdrückten Goniatiten zusammen vor, deren Species daher nicht zu bestimmen ist. In den hangenderen Schichten in diesem Felde kommen zwei verschiedene noch nicht bestimmte Species von *Unio* oder *Anthracosia* vor.

Die vorzüglichsten Pflanzenreste aus den Steinkohlen-Revieren der Gegend von Aachen sind am Ende dieses Kapitels von Professor Geinitz zusammengestellt worden.

Unter diesen kommen namentlich Stämme von Sigillarien ziemlich häufig in mehr winkelrechter Stellung gegen die Schichtungsflächen vor. Dieselben bestehen grösstentheils aus thonigem Spärosiderit und sind mit einer dünnen Rinde von Steinkohle umgeben.

Die chemische Zusammensetzung dieser Steinkohlen ist durch die Analysen von W. Baer, welche unter Aufsicht des Professors W. Heintz ausgeführt worden sind, am genauesten bekannt geworden.[1])

Die Analysen sind auf 100 Theile nach Abzug der Asche berechnet.

		Kohlenstoff.	Wasserstoff.	Sauerstoff.
Eschweiler Revier.				
1. Innenwerke oder Centrum.	Flötz Fornegel	92,83	4,72	2,43
2. Innenwerke oder Centrum.	Flötz Grosskohl	87,17	4,24	7,29
3. Innenwerke oder Centrum.	Flötz Gyr	93,98	4,66	1,36
4. Aussenwerke.	Flötz Grosskohl (Jamesgrube)	91,54	4,39	4,07
Worm-Revier.				
5. Grube Ath.	Flötz Gross-Langenberg	91,74	4,09	4,17
6. Grube Neu-Langenberg.	Flötz Furth	91,26	4,22	4,52
7. Grube Neu-Laurweg.	Flötz Gross-Athwerk	93,21	3,97	2,82

Der Gehalt an Asche der vorstehenden Proben ist bestimmt worden:

bei Nr. 1.	2.	3.	4.	5.	6.	7.
9,45.	3,99.	3,57.	2,25.	1,45.	2,92.	4,17.

Diese Bestimmungen scheinen nicht frei von Zufälligkeiten zu sein; der Aschengehalt der Kohle vom Flötz Fornegel ist ganz auffallend hoch im Vergleich zu demjenigen, welchen die übrigen Flötze geliefert haben, und doch ist Fornegel eins der reinsten Flötze der ganzen Ablagerung.

Der Stickstoffgehalt ist bei den vorstehenden Analysen nur allein beim Flötze Grosskohl von der Grube Centrum bestimmt worden und zwar zu 1,30 Procent.

Ein Gehalt der Kohlen der Eschweiler Mulde an Blei und Zink, der sich in den Zügen und Schornsteinmündungen sowie an den Thüröffnungen der Koksöfen zu erkennen gibt, ist seiner Quantität nach noch nicht genügend ermittelt und bei dahin gehenden Untersuchungen bis jetzt nur constatirt, dass die Schieferthone einen noch grösseren Gehalt an diesen Metallen besitzen, wie die Kohle, in der dieser Gehalt vielleicht nur in den kleinen Schiefermittelchen sich befindet.

Ein Anhalten zur Beurtheilung der Beschaffenheit dieser Kohlen liefern die Bestimmungen des specifischen Gewichtes, des darstellbaren Kohlenstoffgehaltes in Koks und des Aschengehaltes (Karsten, 1826).

Innenwerke der Eschweiler Mulde, Grube Centrum.

	Spec. Gewicht.	Koks.	Asche.
Flötz Gross-Hupp	1,320	84,5	3,25
„ Schlemmrich	1,295	84,6	3,50
„ Kirschbaum	1,310	83,6	4,80
„ Fornegel	1,300	80,0	1,30
„ Grosskohl	1,319	80,8	3,60
„ Kessel	1,294	80,2	1,70
„ Hartekohl	1,304	81,3	1,75
„ Kaiser	1,306	83,6	3,80
„ Gyr	1,300	81,5	1,70
Mittel	1,305	82,2	2,82

Worm-Revier.

		Spec. Gewicht.	Koks.	Asche.
Grube Neu-Langenberg,	Flötz Gross-Langenberg	1,321	92,8	0,8
„ Langenberg,	„ Meister	1,332	94,2	1,9
„ Hoheneich,	„ Furth	1,330	94,8	1,2
„ Furth,	„ Furth	1,339	94,3	0,7
„ Sichelscheid,	„ Rauschenwerk	1,329	95,3	0,35
„ Sichelscheid,	„ Gross-Athwerk	1,349	95,6	3,15
„ Abounst,	„ Gross-Athwerk	1,355	96,4	1,76

[1]) Untersuchungen über die Heizkraft der wichtigeren Brennstoffe des preussischen Staates von Dr. Ph. W. Brix. Berlin, 1853.

		Spec. Gewicht.	Koks.	Asche.
Grube Neu-Voccart,	Flötz Merl	1,378	94,8	1,7
„ Vieslapp,	„ Gross-Mühlenbach . . .	1,351	94,0	2,15
„ Spänbruch,	„ Steinknipp	1,354	95,5	0,75
	Mittel .	1,344	94,8	1,445. [1])

Der Unterschied der **Backkohlen** der **Eschweiler Mulde** und der **Sandkohlen** des **Worm-Revieres** tritt in diesen Resultaten sehr deutlich hervor. Das specif. Gewicht der Backkohlen von Eschweiler und ihr in Koks darstellbarer Kohlenstoffgehalt ist geringer, als in den Sandkohlen des Worm-Revieres, dagegen der Gehalt an Asche höher. Dieselben Resultate ergeben sich übrigens aus den Versuchen, welche bei der Ermittelung der Heizkraft derjenigen Kohlen angestellt worden sind, deren Elementar-Analysen oben angeführt wurden. Die numerischen Werthe zeigen Abweichungen, weil nur 3 Sorten Backkohlen und ebensoviel Sorten Sandkohlen verwendet wurden. Die Mittelzahlen sind folgende:

	Specif. Gewicht.	Koks.	Asche.
Backkohlen von Eschweiler	1,321	85,7	4,97
Sandkohlen vom Worm-Reviere	1,356	95,5	3,02.

Die **Heizkraft**, oder der nutzbare Heizeffect ist bei diesen Ermittelungen in der Anzahl von Pfunden (Gewichts-Einheiten) Wassers von 0° Temperatur verstanden, welche durch 1 Pfund Steinkohle in Dampf von 90° Reaum. verwandelt wird. Dieselbe ist auf das ungetrocknete, mit der hygroscopischen

---

[1]) Wir schliessen hier die Bestimmungen der **specifischen Gewichte** von denjenigen Kohlen des **Inde-** und **Worm-Reviers** an, welche Herr Bergmeister Director **Baur** die Güte gehabt hat, uns zur chemischen Untersuchung einzusenden:

A. Inde-Bassin.

a) Innenwerke der Grube Centrum.

1.	Flötz Grosskohl	= 1,292	im Mittel = 1,314.
2.	„ Hartekohl	= 1,310	
3.	„ Schlemmerich	= 1,328	
4.	„ Fornegel	= 1,376	
5.	„ Kessel	= 1,293	
6.	„ Kirschbaum	= 1,318	
7.	„ Hupp	= 1,270	
8.	„ Padtkohl	= 1,321	

b) Aussenwerke, Grube Probstei.

9.	Flötz Grosskohl	= 1,304	im Mittel = 1,326.
10.	„ Kleinkohl	= 1,337	

c) Fortsetzung der Innenwerke, Grube bei Weissweiler.

11.	Flötz Grosskohl	= 1,269	im Mittel = 1,350.
12.	„ Hartekohl	= 1,342	

B. Worm-Bassin. (Anna-Grube.)

13.	Flötz V	= 1,361	im Mittel = 1,305.
14.	„ VII	= 1,280	
15.	„ X	= 1,296	
16.	„ XII	= 1,284	

Worm-Bassin (magere Kohlen).

17.	Grube Kircheich,	Flötz Gross-Athwerk	= 1,365	im Mittel = 1,357.
18.	„ Neu-Voccart,	„ Merl	= 1,359	
19.	„ „	„ Steinknipp	= 1,369	
20.	„ Kämpchen,	„ Furth	= 1,367	
21.	„ Langenberg,	„ Gross-Langenberg	= 1,328	

In der sehr nahen Uebereinstimmung dieser Mittelwerthe mit den von Herrn **von Dechen** berechneten Werthen hat man eine neue Garantie mehr für die Richtigkeit dieser sowohl älteren als neuen Bestimmungen.

Geinitz.

Feuchtigkeit versehene, und auf das getrocknete Brennmaterial bezogen. Dieser nutzbare Heizeffect ist die wahre Grundlage, nach der sich im Allgemeinen der Werth der Steinkohle in Vergleich unter einander und zu anderen Brennstoffen richtet.

	Nutzbarer Heizeffect von 1 Pfunde des Materials im ungetrockneten,	im trockenen Zustande.
Eschweiler Revier.		
1. Innenwerke der Centrumgrube. Flötz Fornegel	8,15	8,24
2. Innenwerke der Centrumgrube. „ Grosskohl	8,60	8,70
3. Innenwerke der Centrumgrube. „ Gyr	8,76	8,87
4. Aussenwerke. Jamesgrube, Flötz Grosskohl	8,93	9,00
Worm-Revier.		
5. Grube Ath, Flötz Gross-Langenberg	6,37	6,45
6. „ Neu-Langenberg, „ Furth	7,19	7,30
7. „ Neu-Laurweg, „ Gross-Athwerk	6,85	6,94

Der nutzbare Heizeffect der Backkohle der Centrumgrube ist im Mittel
im ungetrockneten Zustande 8,50
im trockenen Zustande . 8,61
der Sandkohlen des Worm-Revieres, ungetrocknet . . 6,80
getrocknet . . . 6,90.

Die Sandkohlen liefern daher nur 80 Procent von dem nutzbaren Heizeffect der Backkohlen, d. h. die Leistung von 100 Pfund Sandkohlen ist derjenigen von 80 Pfund Backkohlen gleich.

Es verdient bemerkt zu werden, dass bei der sehr ausgedehnten Versuchsreihe mit preussischen Steinkohlen, welche Brix angestellt hat, die Kohlen von Eschweiler den höchsten Heizeffect geliefert haben und dass selbst nach englischen Versuchen von den englischen Steinkohlen nur diejenigen aus dem Becken von Süd-Wales sich dem Effecte der Eschweiler Kohlen nähern, ohne denselben zu erreichen, noch weniger zu übertreffen.

Von den Steinkohlen der Gruben Maria und Anna sind noch keine chemischen Analysen vorhanden; indessen genügen die Angaben der specifischen Gewichte und des in Koks darstellbaren Kohlengehaltes, um sie mit den Eschweiler und Worm-Kohlen im Allgemeinen zu vergleichen.

	Spec. Gewicht.	Koks.
Mittel von vier Flötzen der Grube Maria	1,317	78,2
„ „ „ „ „ „ Anna	1,314	79,4.

Das specifische Gewicht der Kohlen von beiden Gruben fällt zwischen die beiden Mittel-Angaben der Eschweiler Kohle 1,305 und 1,321. Der darstellbare Koksgehalt bleibt gegen den der Eschweiler Kohlen um einige Procente zurück und lässt bei der übrigens backenden Eigenschaft auf einen etwas geringeren Gehalt an Kohlenstoff schliessen, wodurch sich diese Kohlen von denen der unteren Flötze des eigentlichen Worm-Revieres noch mehr unterscheiden würden, als die Kohlen aus der benachbarten Eschweiler Mulde.

Es ist bekannt, dass die Steinkohlenformation in der Gegend von Aachen im Allgemeinen denselben Charakter trägt, wie diejenige auf der rechten Seite des Rheins, welche sich von Duisburg und Ruhrort aus weit gegen Ost bis Unna erstreckt und an dem Nordrande von der Kreideformation überlagert wird. Bei Ratingen, bei Lintorf und Grossenbaum tritt unter dieser rechtsrheinischen Steinkohlen-Ablagerung der Kohlenkalk hervor, ebenso wie derselbe das Liegende der Kohlenmulde von Eschweiler und derjenigen an der Worm bildet. Südlich von Ratingen bilden die verschiedenen Abtheilungen des Devon den rechten Saum des Rheinthales, aber freilich in einer sehr verschiedenen Ausbildung im Vergleich zu dem Verhalten, welches dieselben Formationen auf der linken Seite des Rheins wahrnehmen lassen. In der Nähe von Ruhrort erstreckt sich die Kohlenformation zusammenhängend auf die linke Rheinseite, wo sie unter einer mächtigen Bedeckung von Tertiärschichten mit tiefen Bohrlöchern bei Rheinhausen, Werthhausen, Asterlagen, Homberg, Moers und Vluyn erreicht worden ist. Nach diesen Aufschlüssen ist wohl die Frage aufgeworfen worden, ob bei der Identität der Kohlenformation auf beiden Seiten des Rheins ein unmittelbarer räumlicher Zusammenhang, eine Verbindung der beiderseitigen Ablagerungen von Moers und Vluyn aus, als den westlichsten Puncten des östlichen Beckens mit der Eschweiler und Worm-Mulde stattfinde. Diese Frage hängt mit der Betrachtung des weiteren nordöstlichen Verlaufes der beiden zuletzt genannten Mulden zusammen; ebenso aber auch mit dem Verhalten der Ablagerung an der Ruhr. Diese ist durch viele kleinere und grössere Sättel in Mulden getheilt, welche sich von dem Südrande an sämmtlich gegen West hin ausheben und hier eben nach Ost hin die älteren Schichten des Kohlenkalks und des Devon hervortreten lassen, so weit diese Verhältnisse wegen der Bedeckung durch Kreide oder Tertiärschichten bekannt sind. Hiernach kann nur für wahrscheinlich gehalten werden, dass auch die Mulden, in denen die Flötze von Asterlagen, Homberg, Moers und Vluyn abgelagert, sich gegen West oder genauer gegen Südwest ausheben. In welcher Entfernung von diesen Orten dieser Rand der Kohlenablagerung eintritt, das ist allerdings gänzlich unbekannt und wird auch bei der grossen Tiefe, in welcher die Oberfläche des Steinkohlengebirges bedeckt von Tertiärschichten liegt, nicht leicht untersucht werden. Immerhin wird aber nach dem Verhalten dieser Ablagerung an den bekannten Puncten angenommen werden müssen, dass eine von Asterlagen aus in dem Hauptstreichen gezogene Linie die südöstliche Grenze der Fortsetzung dieser Kohlenablagerung nach SW. bildet. Diese Linie geht nordwärts von Crefeld zwischen Süchtelm und Dülken hindurch. Südlich von dieser Linie tritt also mit grosser Wahrscheinlichkeit der Kohlenkalk und das Devon unter der Bedeckung der Tertiärschichten auf, und zwar zunächst als Fortsetzung derjenigen Schichten, welche den Rand des Rheinthales auf der rechten Seite aufwärts von Duisburg über Ratingen, Erkrath und Leichlingen bilden.

Die nordöstliche Fortsetzung der Kohlenmulden an der Worm, welche bis Alsdorf und Höngen bekannt ist, entbehrt eine bestimmte Begrenzung an ihrem nordwestlichen Rande. Darüber, dass diese Mulde, ebenso auch die Eschweiler, gegen Nordost noch weiter fortsetze, nur unter einer mächtigen Decke von Tertiärschichten, als sie bisher bekannt ist, darüber kann wohl kaum ein Zweifel bestehen. Es müssten mindestens sehr unwahrscheinliche Annahmen gemacht werden, um das plötzliche Aufhören dieser Mulde in der Richtung ihrer Hauptstreichungslinie gegen Nordost in der Nähe von Höngen zu erklären. Aber es kommt hier darauf an, den muthmaasslichen nordwestlichen Rand dieser Ablagerung unter der Auflagerung der Tertiärschichten zu bestimmen. Es bleibt hierzu nur übrig, die Verhältnisse zu berücksichtigen, welche sich an dem nordwestlichen Rande der Kohlenmulde von Lüttich, an der Maas bei Visé darstellen, denn hier zuerst tritt das Liegende des Kohlengebirges, der Kohlenkalkstein, hervor. Allerdings liegt Visé vier Meilen von Herzogenrath entfernt und die Schlüsse, welche sich daher hieraus ziehen lassen, werden immer eine gewisse Unsicherheit besitzen. Die Uebereinstimmung der Streichungslinien in diesem Kohlengebirge und in dem darunter liegenden Devon ist doch aber, ungeachtet aller localen Abweichungen so gross, dass ein Anhalten hieraus gewonnen werden kann. In diesem Falle aber um so mehr, als von Visé aus gegen West der Kohlenkalk als nördlicher Rand der Kohlengebirgsmulde nicht allein durch ganz Belgien hindurch, sondern selbst noch weit in Nord-Frankreich hinein verfolgt werden kann. Die Wahrscheinlichkeit, dass derselbe von Visé aus auch in östlicher Richtung fortsetze, wird dadurch verstärkt. Die Fortsetzung dieser Linie geht aber in der Richtung des Hauptstreichens über Geilenkirchen, Erkelem, Rheidt nach Kaiserswerth am Rhein. Auf der Nordwestseite dieser Linie ist es also wahrscheinlich, unter der Bedeckung der Tertiärschichten das Liegende des Kohlengebirges: Kohlenkalk und devonische Schichten zu finden, während auf ihrer Südostseite die Fortsetzung des Kohlengebirges an der Worm, wenigstens auf eine gewisse Erstreckung von Alsdorf und Höngen aus, wenn auch in grosser Tiefe auftritt.

Hieraus folgt mithin, dass in dem von Tertiärschichten bedeckten Raume zwischen Geilenkirchen und Crefeld das Liegende des Kohlengebirges, hauptsächlich devonische Schichten, als Trennung der westlichen und östlichen Steinkohlenablagerungen wahrscheinlich vorhanden sind und dass mithin die Ablagerung der Ruhr (von Duisburg, Ruhrort, Moers und Vluyn) mit derjenigen der Worm in keiner unmittelbaren Verbindung steht.

Die tiefste Special-Mulde in der Kohlenablagerung an der Worm liegt dem Südrande derselben viel näher, als dem nördlichen. Die Fortsetzung ihrer Muldenlinie gegen Nordost geht zwischen Jülich und Linnich über Grevenbroich und erreicht den Rhein bei Grimlinghausen. Es ist ganz gewiss, dass diese tiefste Spezial-Mulde, sowie überhaupt die Kohlenablagerung der Worm in dieser nordöstlichen Richtung und wahrscheinlich lange bevor sie den Rhein erreicht, ihr Ende finden muss, da in ihrer Verlängerung auf der rechten Seite des Rheins zwischen Ratingen und Erkrath Devonschichten in weiter Verbreitung auftreten. Wo aber dieses Ende stattfindet, darüber fehlt es an jedem Anhalten; nur nimmt die Wahrscheinlichkeit, diese Ablagerung noch zu finden, in dem Maasse ab, als die Entfernung von den letzten westlichen Puncten, wo sie bekannt ist, grösser wird. Die Linie der tiefsten Mulde ist indessen wahrscheinlich diejenige, in der sich die Ablagerung am weitesten gegen Nordost erhält.

Die Muldenlinie von Eschweiler geht von Weissweiler, wo sie am weitesten gegen Ost bekannt ist, in ihrer weiteren Verlängerung in dieser Richtung über Selgersdorf, Bedburg und erreicht den Rhein bei Benrath. In dieser Linie wird die Fortsetzung der Eschweiler Mulde wahrscheinlich am weitesten gegen Nordost unter der Bedeckung der Tertiärschichten anzutreffen sein. Da dieselbe aber eine geringere Breite und Tiefe besitzt, als die Kohlenablagerung an der Worm, so ist wahrscheinlich, dass sie nicht so weit gegen Nordost aushält, als diese letztere, und sich schon früher von Kohlenkalk und devonischen Schichten umgeben aushebt. Die Oberfläche des Kohlengebirges sinkt, wie auch die Erfolge der Bohrversuche zeigen, von Ost und von West her gegen die Mitte des mit Tertiärschichten erfüllten Beckens ein, und die Aufsuchung der darunter verborgenen Kohlenflötze wird daher wohl einer sehr späten Folgezeit überlassen bleiben, während sich gegenwärtig kaum ein praktisches Interesse daran knüpft.

Nachschrift von H. B. Geinitz.

Die fossile Flora der Steinkohlen-Reviere in der Gegend von Aachen ist noch wenig gekannt. Sie hat erst in der neuesten Zeit einen Monographen gefunden, nachdem Dr. C. J. Andrae sie genauer untersucht und begonnen hat, die vorweltlichen Pflanzen aus dem Steinkohlengebirge der preussischen Rheinlande und Westphalens (1. Heft. Bonn, 1865. 4. S. 18, Taf. 5) in einer ausgezeichneten Weise zu beschreiben.

Nachstehende Mittheilungen über dieselbe sind die Ergebnisse der Beobachtungen des Verfassers bei einem Ausfluge in diese Gegenden im Jahre 1863, wobei sich derselbe vorzüglich an eigene Haldenstudien, die er in Begleitung des Herrn Markscheider Zarnack auf Eschweiler Pumpe ausgeführt hat, und an die ziemlich reichhaltige Sammlung in dem Verwaltungs-Locale von Eschweiler Pumpe halten konnte. Die letztere ist von dem verstorbenen Bergdirector Gräser mit vieler Liebe gesammelt worden und wurde durch Herrn Bergmeister Director Baur in der freundlichsten Weise zur näheren Untersuchung geöffnet. Die Forschungen in dem Worm-Reviere, bei welchen wir durch Herrn Generaldirector Striebeck in Aachen sehr wesentliche Unterstützung gefunden haben, waren in paläontologischer Beziehung insbesondere auf die noch ziemlich frischen Halden des nördlich von Kohlscheid und dicht an der holländischen Grenze gelegenen Schachtes Neu-Voccart gerichtet, weil mit demselben das tiefste Flötz des Revieres, der Steinknipp, durchsunken worden ist. Wenn meine Erwartungen, hier eine Flora anzutreffen, welche den tiefsten Schichten der Sigillarienzone entsprechen würde, in so fern getäuscht worden sind, als neben Pflanzen aus dieser Region auch solche gefunden wurden, die man nur in höheren Zonen zu finden gewöhnt ist, so erklärt sich diese Thatsache wohl dadurch, dass auch hier sehr verschiedene Flötze durchsunken worden sind.

Familien, Gattungen und Arten:	Inde-Revier.	Worm-Revier.
a) Familie *Equisetaceae*. Schafthalme.		
1. *Calamites cannaeformis* Schl.	Innenwerke: Schacht Friedrich Wilhelm, Sch. Kronprinz. Aussenw.: Sch. Propstei.	Sch. Neu-Voccart.
2. „ *Suckowi* Bgt.	Innenw.: Sch. Friedrich Wilhelm. Aussenw.: Sch. Propstei.	Sch. Neu-Voccart.
3. „ *approximatus* Schl.	Innenw.: Sch. Luise.	Sch. Neu-Voccart.

	Familien, Gattungen und Arten:	Inde-Revier.	Worm-Revier.
	b) Fam. ***Asterophyllitae.*** Sternhalme.		
4.	*Asterophyllites longifolius* St.	Innenw.: Grube Centrum. Aussenw.: Sch. Probstei.	—
5.	„ *grandis* St.	Gr. Centrum.	—
6.	*Annularia radiata* Bgt. sp.	Gr. Centrum.	—
7.	„ *longifolia* (?) Bgt. mit Fruchtähren.	Gr. Centrum.	—
8.	*Sphenophyllum saxifragaefolium* St.	Gr. Centrum.	Sch. Neu-Voccart.
	c) Fam. *Filices.* Farren.		
9.	*Sphenopteris irregularis* St.	Gr. Centrum.	Sch. Neu-Voccart.
10.	„ *Höninghausi* Bgt.	Gr. Centrum.	Sch. Neu-Voccart.
11.	„ *muricata* Schl. sp.	Gr. Centrum. Sch. Kronprinz.	—
12.	„ *latifolia* Bgt.	Gr. Centrum. Aussenw. Sch. Propstei.	—
13.	„ *acuta* Bgt.	(Nach Brongniart u. Andrae.)	—
14.	„ *coralloides* Gutb.	— —	Sch. Neu-Voccart. Sch. Alt-Laurweg.
15.	*Asplenites elegans* Ett.	Gr. Centrum.	—
16.	*Hymenophyllites furcatus* Bgt. sp.	Gr. Centrum.	—
17.	„ *stipulatus* Gutb. sp.	Gr. Centrum.	—
18.	*Schizopteris Lactuca* Presl.	Gr. Centrum.	—
19.	*Neuropteris auriculata* Bgt.	Innenw. Sch. Luise, Sch. Kronprinz.	Sch. Neu-Voccart.
20.	*Dictyopteris neuropteroides* Gutb.	Innenw. Sch. Luise.	Sch. Neu-Voccart.
21.	*Lonchopteris Bauri* Andr.	(Nach Andrae.)	—
22.	„ *Eschweileriana* Andr.	(Nach Andrae.)	—
23.	„ *rugosa* Bgt.	— —	Grube Pardenberg, ob. Flötz *Sandberg.*
24.	*Cyatheites dentatus* Bgt. sp.	Gr. Centrum.	—
25.	„ *plumosus* Artis sp.	Gr. Centrum.	—
26.	„ *Miltoni* Artis sp.	Innenw. Sch. Kronprinz.	—
27.	*Alethopteris lonchitidis* St.	Gr. Centrum. Aussenw. Sch. Propstei.	—
28.	„ *nervosa* Bgt.	(Nach Andrae).	—
29.	„ *pteroides* (?) Bgt.	Gr. Centrum.	—
	d) *Lycopodiaceae.* Bärlappe.		
30.	*Lycopodites selaginoides* St.	Gr. Centrum.	Sch. Neu-Voccart.
31.	*Selaginites Erdmanni* Germ.	— —	Sch. Neu-Voccart.
32.	*Sagenaria dichotoma* St.	Innenw. Sch. Luise.	—
33.	„ *rimosa* St.	Innenw. Sch. Friedrich Wilhelm, Flötz Gyr.	—
34.	„ *affinis* St.	— —	Sch. Hankebank.
35.	„ *aculeata* St.	Gr. Centrum.	—
36.	„ *obovata* St.	Innenw. Sch. Kronprinz.	—
37.	„ *crenata* St.	— —	Sch. Neu-Voccart.
38.	*Ulodendron punctatum* St.	Aussenw. Sch. Propstei.	—
39.	*Lepidophyllum prope lanceolatum* Lindl.	— —	Sch. Neu-Voccart.
	e) *Sigillarieae.* Siegelbäume.[1]		
40.	*Sigillaria tesselata* Bgt.	Gr. Centrum.	—
41.	„ *elegans* Bgt.	Gr. Centrum.	Sch. Neu-Voccart
42.	„ *Brochanti* Bgt.	(Nach Brongniart.)	—
43.	„ *transversalis* Bgt.	(Nach Brongniart)	—
44.	„ *Graeseri* Bgt.	(Nach Brongniart.)	—
45.	„ *gracilis* Bgt.	(Nach Brongniart.)	—
46.	„ *alternans* St.	Gr. Centrum.	—
47.	„ *Brongniarti* Gein. (*Springodendron pachyderma* Bgt.)	(Nach Brongniart.)	—

[1]) Sigillarien sind in dem Inde-Bassin am häufigsten auf Grube Centrum in den Schachtrevieren Friedrich Wilhelm, Luise und Kronprinz, und auf den Aussenwerken der Grube Propstei, in dem Worm-Bassin aber in der Nähe des Hauptförderflötzes Kämpchen, der auf dem höchsten Punkte des dortigen Kohlenreviers angesetzt ist.

Familien, Gattungen und Arten:	Inde-Revier:	Worm-Revier.
48. *Stigmaria ficoides var. vulgaris*, mit grösseren Narben.	Aussenw. Sch. Propstei.	Sch. Neu-Voccart.
49. „ „ *var. minor*, mit kleineren Narben.	Innenw.: Sch. Luise, Kronprinz. Aussenw.: Sch. Propstei.	Sch. Neu-Voccart.
	f) Fam. *Palmae*. Palmen.	
50. *Guilielmites clipeiformis* [1]) Gein.	Grube Centrum. Sch. Kronprinz.	—
	g) Fam. *Noeggerathieae*.	
51. *Cordaites principalis* Gein.	Innenw. Sch. Luise.	—
52. { *Noeggerathia palmaeformis* Gö. Blätter.	Innenw.: Sch. Luise. Aussenw.: Sch. Propstei.	Sch. Neu-Voccart.
52. { *Rhabdocarpos Bockschianus* Gö. u. Berger. Früchte.	Innenw. Sch. Luise.	Sch. Neu-Voccart.

Letztere Art wurde in ausgezeichneten Exemplaren namentlich auf den Halden bei dem Schachte Neu-Voccart gefunden.

Weder im Inde-Bassin noch im Worm-Bassin liegt eine Andeutung der Flora der ersten Zone vor, dagegen zeigt in beiden Bassins die zweite oder Sigillarien-Zone eine vollständige Entwickelung. An diese schliessen sich aber in beiden Bassins noch höhere Zonen an. So ist es Thatsache, dass die zahlreichen Farrenkräuter in der instructiven Sammlung auf Eschweiler Pumpe, welche in früherer Zeit gesammelt worden sind, wo man auf höheren Flötzen der Innenwerke bauete, als gegenwärtig, gerade auf diesen vorzugsweise gefunden werden.

Das Vorkommen der unter Nr. 30, 31, 51 und 52 aufgeführten Arten spricht dafür, dass man auch auf dem Reviere des Schachtes Neu-Voccart in dem Worm-Bassin höhere Zonen als die Sigillarien-Zone getroffen hat, die man ihren organischen Einschlüssen nach etwa der dritten und vierten Zone gleichstellen könnte.

Sigillarien waren auf den dortigen Halden sehr untergeordnet; dagegen traf man Stigmaria mit kleineren Narben neben Calamiten am häufigsten an. Die dort geförderte Kohle ist eine anthracitische Schieferkohle, welche aus dünneren oder stärkeren Lagen von dichter, muschelig brechender, stark zerklüfteter Kohle und schwachen Lagen von Faser- oder Calamitenkohle besteht. Auf der eigenthümlichen Mengung und Vertheilung dieser beiden Kohlenarten beruht die ausgezeichnete Brauchbarkeit der Kohlen in der Nähe von Kohlscheid, welche nur wenig russen und eine intensive Wärme entwickeln, gerade für Stubenfeuerungen und manche andere Zwecke. Sie dürfte hierfür gerade durch keine andere Kohle übertroffen werden, besonders da die schwere Entzündbarkeit der anthracitischen Kohlen hier durch die ihr beigemengte Faser- oder Russkohle wesentlich verringert worden ist.

---

[1]) Man kennt diese Palmenfrüchte nun von Oberhohndorf bei Zwickau, von der Rudolphsgrube bei Volpersdorf im Glatzischen, aus den Innenwerken bei Eschweiler und von Carluke in Schottland.

CAPITEL VII.

Die Steinkohlenbecken Westphalens, am Piesberge bei Osnabrück im Königreiche Hannover und die Wälderkohle des nordwestlichen Deutschlands.

1. Das westphälische Steinkohlengebirge.

(Hiezu Taf. XV und XVI.)

Ueber die Ausbreitung und die inneren Verhältnisse der westphälischen Steinkohlenformation liegen zahlreiche werthvolle Arbeiten vor, auf welche wir hier Bezug nehmen müssen.

Vor Allem ist der in der That bewundernswürdigen Kartenwerke zu gedenken, die in dem kgl. Oberbergamte zu Dortmund niedergelegt sind und täglich vervollständiget werden, ein Schatz, welcher in gleicher Vollkommenheit wohl kaum anderweitig zu finden sein dürfte.

An grösseren Kartenwerken sind, ausser den einzelnen in rechtlicher und in bergbaulicher Hinsicht nothwendigen Rissen, hier vorhanden:

1) die sogenannte Hauptgrundkarte, im Maassstabe von 20 Lachter[1]) = 1 Zoll ($\frac{1}{1600}$ d. w. Grösse) aus den Gemeinde- und Flurkarten des allgemeinen Katasters zusammengestellt in farbiger Manier ausgezeichnet, und mit Grubenbau, Grubenfeldern u. s. w. vervollständigt. Sie erstreckt sich über denjenigen Theil der Bergamts-Bezirke, wo Bergbau und Schürfarbeiten in grösserer Zahl umgehen, und dient bei Anfertigung aller anderen Risse als Fundament. Aus ihr sind reducirt:
2) die Revierkarte, im Maassstabe von 40 Lachter = 1 Zoll ($\frac{1}{3200}$ d. w. Gr.);
3) die Generalkarte, im Maassstabe von 80 Lachter = 1 Zoll ($\frac{1}{6400}$ d. w. Gr.);
4) die grössere Flötzkarte, im Maassstabe von 160 Lachter = 1 Zoll ($\frac{1}{12800}$ d. w. Gr.);
5) die Pariser Karte, im Maassstabe von 320 Lachter = 1 Zoll ($\frac{1}{25600}$ d. w. Gr.), mit welcher die k. Bergämter zu Essen und Bochum im Jahre 1855 die Pariser Ausstellung beschickten;
6) die Flötzkarte des westphälischen Steinkohlengebirges, im Maassstabe von 640 Lachter = 1 Zoll ($\frac{1}{51200}$ d. w. Gr.), welche 1859 im Verlag von J. Bädeker in Iserlohn erschienen und durch den damaligen k. Oberbergamts-Referendar Herrn Bergrath F. H. Lottner in einer eingehenden trefflichen Weise erläutert worden ist. Gerade dieser unter dem Titel „Geognostische Skizze des westphälischen Steinkohlengebirges, 1859", 8°. 162 S., gleichfalls in Iserlohn erschienenen Schrift haben wir den grössten Theil der hier gegebenen Mittheilungen entnommen.

Wir verdanken die als Taf. XV eingereihete Uebersichtskarte in dem Maassstabe von 2560 Lachter = 1 Zoll ($\frac{1}{204800}$ d. w. Gr.) und das hiezu gehörige Profil auf Tafel XVI dem kgl. Oberbergamte zu Dortmund und sind insbesondere dem damaligen Vorstande desselben, Herrn Berghauptmann von Oeynhausen, Herrn Oberbergrath Küper, Herrn Ober-Markscheider Jüttner, Herrn Krüner, Vorstand des Zeichen-Bureaus, und Herrn Director Bäumler für die vielseitige Förderung unserer Arbeiten auf das Dankbarste verpflichtet worden.

Ueber die allgemeinen geognostischen Verhältnisse des ganzen Landstriches gewähren die Sectionen Wesel, Düsseldorf und Dortmund der geognostischen Karte der Rheinprovinz und der Provinz Westphalen von Dr. von Dechen die gewünschte Auskunft und wir entbehren hierzu nur noch die im Süden der Section Dortmund anstossende Section Lüdenscheid, welche sich jedoch wahrscheinlich bald diesen schon vorliegenden Musterarbeiten anschliessen wird.

---

[1]) 1 preuss. Lachter (Ltr.) = 80 preuss. Zoll (80") = 2,092 Meter. 1 preuss. Zoll = 2,615 Centimeter.

Die als Taf. XV* beigefügte „Bergwerks- und Hütten-Karte des westphälischen Ober-Bergamts-Bezirks" in dem Maassstabe von $\frac{1}{120000}$, auf welcher fast sämmtliche Steinkohlengruben, Eisensteingruben, Eisenbahnen und andere für Producenten und Consumenten wichtige Notizen eingetragen worden sind, überhebt uns der näheren Beschreibung der Lage der verschiedenen Gruben, die in so reicher Anzahl hier eröffnet worden sind.

Die Steinkohlenformation ist in Westphalen in allen ihren einzelnen Gliedern entwickelt, denn ihre sehr mächtige obere oder flötzreiche Abtheilung lagert überall auf dem flötzleeren Sandsteine auf, welchem nach unten hin die Schichten des Culm und der Kohlenkalk folgen. Diese untere Abtheilung der Steinkohlen- oder Carbon-Formation grenzt an die Schichten der Devonformation an, zu welcher auf unserer Uebersichtskarte der Nierenkalk, Flinz, Eifelerkalk und die unter dem gemeinsamen Namen „Grauwacke" bezeichneten Lenneschiefer gehören. Die beiden ersteren bilden die obere, die beiden letzteren die mittlere Etage der Devonformation.

Sämmtliche Schichten der Devon- und Carbonformation zeigen unter sich gleichförmige Lagerung, während die sie bedeckenden Glieder der Kreideformation, oder des sogenannten „Mergelgebirges" eine ganz entschieden ungleichförmige Lagerung gegen die ersteren einnehmen.

Die Lenneschiefer bestehen nach Lottner vorzugsweise aus meist feinkörnigen, seltener grobkörnigen oder conglomeratartigen Sandsteinen, den gewöhnlichen sogenannten Grauwacken und Grauwackenschiefern in mannigfacher Wechsellagerung. Untergeordnet treten Dachschiefer und Kalksteinpartien darin auf, welche vollständige Uebergänge in den Thonschiefer bilden. Manche dieser Schichten sind ganz erfüllt mit Abdrücken der Säulenglieder einiger Haarsterne oder Crinoideen.

Der Eifeler- oder Elberfelder-Kalk, nach dem Vorkommen des *Stringocephalus Burtini* Defr., eines zu den Brachiopoden gehörenden Schalthieres, auch „Stringocephalenkalk" genannt, erinnert durch seine vorherrschend massige Absonderung und durch die zahlreichen von ihm umschlossenen Korallen an andere korallenriffartige Gesteinsbildungen. Er hat ausserdem durch das Vorkommen vieler, zum Theil mit Sceletten und Knochenresten diluvialer Thiere erfüllten Höhlen das Interesse auf sich gezogen.

Die obere Abtheilung der Devonformation, welche man auch als „Cypridinenschiefer" zusammengefasst hat, enthält zwei Etagen, den Flinz und den Nierenkalk oder Kramenzel. Nach Lottner besteht der erstere im Wesentlichen aus grauem und schwarzem Thonschiefer, welcher von Dachschiefer in milde, leicht verwitternde dünnblätterige Mergelschiefer und Schieferthone übergeht und mit dunkelgrauen und schwarzen Kalksteinschichten abwechselt; der Nierenkalk oder Kramenzel enthält dagegen theils feinkörnige, licht- oder dunkelgraue glimmerführende Sandsteine mit undeutlichen Pflanzenresten, theils grünlich-, gelblich- oder röthlichgefärbte Schiefer mit Lagen, Streifen, Nieren und Karten von dichtem Kalkstein, welche zuletzt ganz in Kalkstein übergehen. Den Uebergang aus den Sandsteinen (dem eigentlichen Kramenzel) zu den Schiefern mit Nieren (dem Nierenkalk) vermitteln Schieferlagen, die mit jenen wechseln und nach und nach Kalkausscheidungen zeigen. Es ist dies die Zone der *Goniatiten* und *Clymenien*, da diese Nieren zum Theil aus den Schalen solcher kopffüssigen Weichthiere oder *Cephalopoden* bestehen.

Der Kohlenkalk, als das unterste Glied der Carbonformation (vgl. S. 32) beschränkt sich auf den westlichen Theil der Uebersichtskarte; die früher (S. 6, 28, 31) gleichfalls charakterisirten Schichten des Culm umsäumen in jener Gegend den Hauptzug des Kohlenkalks und lagern nach dessen Verschwinden unmittelbar auf dem Nierenkalk. Nach Lottner bestehen sie dort aus Thonschiefer, Kieselschiefer, plattenförmigem Kalkstein, seltener Sandstein, sowie aus den Uebergängen dieser Gesteine, und aus Alaunschiefer mit eingelagerten Nieren von Sphärosiderit, welcher zum Theil sich in dem obersten Gliede einstellt. Ausser den in Culm-Schichten am häufigsten vorkommenden Schalen der *Posidonomyen* hat man bei Iserlohn und bei Limbeck mit diesen zusammen auch mehre für den Kohlenkalk leitende Arten *Productus* und ausserdem *Goniatites sphaericus* aufgefunden, welcher noch in die unteren Etagen der productiven Steinkohlenformation hinaufgeht.

Ueber den Culm-Schichten lagert der flötzleere Sandstein (vgl. S. 31), welcher dem flötzreichen oder productiven Steinkohlengebirge unmittelbar als Träger dient. Im Westen durch Diluvialmassen verdeckt, folgt er von dort nach Osten, Anfangs mit geringer, dann aber ansehnlich zunehmender Breite, den Schichten des Culm und reicht mehrfach in grösseren sattelförmigen Biegungen in das Gebiet der flötzreichen Abtheilungen hinein, dessen Zertheilung in Hauptmulden jene Sättel bedingen. Im Wesentlichen herrscht in dem Flötzleeren ein Wechsel von Sandsteinen und Schieferthonlagen vor, mit selten vorkommenden schmalen, unreinkohligen, daher Brandschiefer-Flötzen. Bei der grossen Aehnlichkeit dieser Gesteine mit jenen der productiven Steinkohlenformation und der Seltenheit von deutlichen Leitpflanzen in dem Flötzleeren, verbleibt fast als einziges Trennungsmittel zwischen beiden nur das Vorhandensein oder der Mangel von eigentlichen Kohlenflötzen darin. Von einem practischen Gesichtspuncte ausgehend, nimmt Herr Lottner das letzte dieser Flötze als eine passende Grenze für beide Etagen an; geologisch erscheint es jedoch richtiger, dieselbe weiter herauf zu rücken und vielleicht noch die ganze Schichtenreihe im Liegenden des Leitflötzes Hundsnocken oder Kirschbaum mit dem eigentlichen Flötzleeren zu einer Gruppe zu vereinigen, welche durch ihre fossile Flora der älteren Steinkohlenformation von Hainichen und Ebersdorf in Sachsen sehr nahe steht. Sie ist auch in Westphalen zum Theil durch das grauwackenartige, überhaupt durch das Vorherrschen von Sandsteinen und theilweisen Conglomeratbildungen in ihren unteren Regionen ausgezeichnet, während die Schieferthone erst nach oben hin vorwaltend werden. In der Sammlung des Herrn Hauptmann von Röhl in Hamm befindet sich *Calamites transitionis* Gö. aus dem flötzleeren Sandstein von Untrop bei Arnsberg und *Trigonocarpon ellipsoideum* Gö. von Freienohl am linken Ufer der Ruhr. Andere Leitpflanzen für jenen ältesten Gürtel der Vegetation im Gebiete der Steinkohlenformation oder die Sagenarien-Zone sind namentlich: *Sagenaria Veltheimiana* Sternb., zu welcher Art auch *Ulodendron majus* Sternb. und als zu ihr gehörige Wurzel *Stigmaria ficoides, Var. inaequalis* Gö. gehören, *Lycopodites polyphyllus* Röm., *Sphenopteris distans* Sternb. und *Sphen. elegans* Sternb. Gerade diese Pflanzen aber und einige andere, wie etwa *Sphen. Hoeninghausi* Bgt. und *Sphen. latifolia* Bgt. sind in der Nähe jener tiefsten Kohlenflötze Westphalens vielfach beobachtet worden. (Vgl. auch R. Ludwig in H. v. Meyer u. Dunker· *Palaeontographica*, Bd. X. p. 277.)

Die flötzreiche Abtheilung der Steinkohlenformation besteht nach demselben Autor aus mannigfach wechsellagernden Schichten von quarzigen und thonigen Gesteinen und Uebergängen zwischen beiden. Die ersteren sind vorwaltend durch Sandsteine, seltener durch Conglomerate vertreten, welche letzteren sich nur durch die Grösse ihres Kornes von den ersteren unterscheiden; die thonigen Gesteine sind Schieferthone, vermittelnd zwischen beiden treten sandige Schieferthone auf. Innerhalb dieser Gesteine erscheinen die Steinkohlenflötze, sowie die verschiedenen Arten von Eisensteinen, Lager von Phosphorit und feuerfeste Thone. Die letzteren bilden nur eine sehr reine Varietät des Schieferthones.

Bezüglich der Vertheilung dieser einzelnen Glieder des westphälischen Steinkohlengebirges ersuchen wir unsern geehrten Leser, den auf Taf. XV und XVI befindlichen Profilen einige Aufmerksamkeit zu schenken, da hier die einzelnen Schichten mit markscheiderischer Genauigkeit hervorgehoben worden sind.

Der südliche Rand dieser steinkohlenreichen Ablagerung bildet an der Grenze des flötzleeren Sandsteines eine von SW. nach NO. laufende fast gerade Linie, die allem Anscheine nach in derselben Richtung auch unter der sie dort verdeckenden Kreideformation noch eine ansehnliche Strecke fortsetzen mag. Die auf der Uebersichtskarte Taf. XV angegebene Grenze des „Mergelgebirges", wie man die Kreideformation dort zu bezeichnen pflegt, ist selbstverständlich nur eine äusserliche, keineswegs die innerliche Begrenzung der Steinkohlenformation in östlicher und nördlicher Richtung; vielmehr hat man die letztere, wie dies auch aus den verschiedenen auf dieser Karte befindlichen Flötzlinien und Angaben von Bohrungen bei Camen, zwischen Gastrop und Recklinghausen, oder nördlich von Oberhausen hervorgeht, viel weiter im Norden der Grenze des Mergelgebirges bereits aufgedeckt. Besonders deutlich tritt die Begrenzung der Steinkohlenformation an älteren Ablagerungen an ihrem westlichen Rande hervor, wo eigenthümlich gestaltete Sättel und Mulden ihre Faltungen in einer ausgezeichneten Weise zur Anschauung bringen.

Für den ganzen Flächenraum, wo die flötzreiche Abtheilung zu Tage tritt, kann man ungefähr $7^1/_2$ Quadratmeilen annehmen; es ist dies jedoch nur ein kleinerer Theil von dem ganzen Raum, den sie in Westphalen überhaupt einnimmt, denn in der That ist Westphalen eines der an Steinkohlen reichsten Länder der Erde. Ihre wahrscheinliche Verbreitung in Westphalen und der preuss. Rheinprovinz ist auf der Uebersichtskarte durch eine den Rhein weit überschreitende punctirte Linie angedeutet worden.

Die westlichsten Aufschlusspuncte liegen an der linken Rheinseite in den Concessionsfeldern Diergardt und Rheinpreussen im Westen von Duisburg und Ruhrort und in der Nähe von Meurs.

Unter den auf der Karte mit 1 bis 7 angegebenen Bohrlöchern haben

No. 2	ein	7″	starkes	Kohlenflötz	bei	47	Ltr.	Tiefe,
No. 3	„	12″	„	„	„	36,5	„	„
und	„	$11\frac{3}{4}$″	„	„	„	52,5	„	„
No. 4	„	21″	„	„	„	72,2	„	„
No. 6	„	36″	„	„	„	83,2	„	„
und	„	10″	„	„	„	86,2	„	„
No. 7	„	19″	„	„	„	84,5	„	„
und	„	6″	„	„	„	85	„	„

durchschnitten.

Die östlichsten Aufschlusspuncte befinden sich noch östlich von Camen. Dort hat das Bohrloch Acropolis VI 147 Ltr. 4′ 4″ sogenannten Mergel und 26 Ltr. Steinkohlengebirge mit 69″ Kohlen incl. 9 Zoll Bergmittel durchsunken, während man in dem Bohrloche Pallas Athene 143 Ltr. 6′ 2″ Mergelgebirge und 12 Ltr. $3^3/_4$′ Steinkohlengebirge mit $44^1/_4$″ Kohlen durchschnitt.

Das nördlichste Bohrloch in dem östlichen Theile des grossen westphälischen Beckens ist das zwischen Gastrop und Recklinghausen stehende Bohrloch Theodore, womit man 129 Ltr. 3′ 6″ Mergelgebirge und 9 Ltr. 7′ 2″ Steinkohlengebirge mit 138″ Kohle incl. 66″ Brandschiefer durchfahren hat. Die in dem westlichen Theile des Beckens ausgeführten Bohrungen auf der nördlichen Seite der Cöln-Mindener Eisenbahn überschreiten in der Gegend von Oberhausen sogar den Emsche-Fluss. Sie sind auf der Karte mit den Zahlen 8 bis 21 bezeichnet. Von ihnen hat eins der am weitesten nach Norden vorgeschobenen, Nr. 10, Neu Hotten I, 110 Ltr. 6′ 2″ Mergelgebirge und 2 Ltr. 6′ 8″ Steinkohlengebirge mit $40^1/_2$″ Kohlen durchschnitten.

Weniger weit nach Norden reichen zur Zeit noch die nördlichsten Tiefbaugruben. Dieselben folgen der Cöln-Mindener Eisenbahn als dem bequemsten Absatzwege und haben nicht leicht über 90 Ltr. Mächtigkeit des Mergelgebirges durchsunken oder noch zu durchsinken, wie folgende von Lottner gegebene Zusammenstellung ersichtlich macht, in der die Gruben von Ost nach West geordnet sind:

Südlich von der Cöln-Mindener Eisenbahn.	1. *Asseln* XVI. (Massen II) bei Wassercurl, W. von Unna	circa	73	Ltr.
	2. *Ver. Westphalia* bei Dortmund	„	33	„
	3. *Hansa* bei Huckarde, NW. von Dortmund	„	70	„
	4. *Rahm* I. bei Rahm, W. von Dortmund	„	55	„
	5. *Schamrock* bei Herne, N. v. Bochum	„	$73\frac{1}{2}$	„
	6. *Pluto*, NW. von Bochum	„	72	„
Nördlich von der Cöln-Mindener Eisenbahn.	7. *Hibernia* bei Gelsenkirchen, NW. von Bochum	„	$51\frac{3}{4}$	„
	8. *Wilhelmine Victoria* bei Gelsenkirchen	„	69	„
	9. *Ahrenberg'sche Act. Ges., Sch. Prosper*, NW. von Essen	„	86	„
	10. *Oberhausen* bei Oberhausen	„	69	„
	11. *Westende* bei Meiderich, NO. von Ruhrort	„	43	„

In diesen Teufen-Angaben ist die Aufsattelung der Schächte an der Hängebank nicht berücksichtigt. —

Für die Lagerung der westphälischen Steinkohlenformation ist das Vorhandensein zahlreicher wellenförmiger Biegungen besonders charakteristisch, wodurch sie in eine Reihe von Mulden und Sättel zerfällt, welche in der allgemeinen Richtung des Hauptstreichens ihrer Flötze von W. nach O. oder h. 5,4 unter sich parallele Hauptzüge bilden (vgl. die Hauptdurchschnitte von S. nach N. auf Taf. XV). Die Seiten oder Flügel dieser Mulden und Sättel fallen stets nach entgegengesetzten Weltgegenden ein und gehen sowohl in ihren höheren als tieferen Theilen durch gerundete Wendungen mehr oder minder in einander über. Im Allgemeinen sind diese Mulden nach einer Seite geöffnet. Geschlossene Mulden mit elliptischem Verlauf der Streichungslinien finden sich jedoch im südlichen Theile; sie sind indessen nicht ursprünglich isolirt gebildet, sondern nur durch Erosion der Oberfläche ausser Verbindung gebracht. An dem bekannten westlichen Rande der Formation kehren die Mulden die geöffnete, die Sättel die geschlossene Seite nach Osten, und es gewinnen daher jene in dieser Richtung an Teufe, während diese an Höhe einbüssen; wo der weniger scharf begrenzte Ostrand aufgeschlossen ist, tritt das umgekehrte Verhältniss ein; im Innern herrscht bald die eine, bald die andere Richtung des Geöffnetseins, was von der speciellen Ausbildung der Schichtenbiegungen abhängt. (Nach Lottner.)

Dass diese wellenförmigen Biegungen des westphälischen Steinkohlengebirges keine ursprüngliche sein könne, geht aus der sehr übereinstimmenden Lagerung ihrer einzelnen Glieder in den an einander gereiheten Mulden, sowie aus der Conformität der Schichten des Kohlengebirges mit den darunter lagernden älteren Gebirgsschichten sicher hervor; es liegt vielmehr hier ein ausgezeichnetes Beispiel von einer Faltung von Gebirgsschichten in Folge eines durch erhobene Gebirgsmassen ausgeübten Seitendruckes vor. Dass diese Veränderung in der ursprünglichen Lagerung erst nach der Hervorbildung der Steinkohlenformation, demnach nicht durch ältere Eruptivgesteine, aber vor Ablagerung der die Steinkohlenformation Westphalens unmittelbar bedeckenden Kreideformation erfolgt sein muss, ist aus den gegenseitigen Lagerungsverhältnissen dieser Gebirgsgruppen mit Bestimmtheit zu ersehen. Wahrscheinlich fällt die Katastrophe jener Fältelung in die Zeit der unteren Dyas und hängt mit der Erhebung der Porphyre zusammen, die in mehreren Zügen das davon südlich gelegene Rothhaar-Gebirge in derselben Richtung durchsetzen, welche das Hauptstreichen der verschiedenen Mulden, Sättel und Flötze des westphälischen Steinkohlengebirges ist. (Vgl. H. Bach's geognostische Uebersichtskarte von Deutschland, 1855.)

In dem bekannten Theile der Steinkohlenformation lassen sich vier Hauptmulden unterscheiden, welche durch sogenannte Hauptsättel von einander getrennt sind. Jede derselben ist wiederum durch kleinere Sättel, namentlich nach der westlichen Grenze der Formation hin, in verschiedene Theile geschieden, die aus den Hauptprofilen auf Taf. XV ersichtlich werden. Sie erscheinen jedoch gegen die drei Hanptsättel, mit denen der flötzleere Sandstein bestimmend in die productive Abtheilung eingreift, nur untergeordnet.

Die am südlichsten gelegene Hauptmulde ist die Wittener Mulde, welche Lottner in drei Regionen, Hattingen und Witten, Sprockhoevel und Herzkamp und Hörde trennt. Sie hat nur in der letzteren oder ihrer östlichen Abtheilung, deren Zusammenhang mit den ersteren in Folge grosser, bei Rüdinghausen und Brünninghausen durchsetzender Gebirgsstörungen nicht genau bekannt ist, Schichten der Kreideformation zur Bedeckung. Der sie im Norden begrenzende südliche Hauptsattel folgt der Richtung etwas nördlich von Hattingen über Stockum und Barop, südwestlich von Dortmund, wo man ihn durch die entgegengesetzte Richtung der Pfeile am Ausstriche des untersten Leitflötzes auf Taf. XV leicht erkennen wird. Er scheidet die Wittener Mulde von der nach Nord daran angrenzenden Bochumer Mulde, deren nördlicher und östlicher Theil gleichfalls durch das Mergelgebirge überlagert wird. Man kann den diese Mulde im Norden begrenzenden Sattel, dessen Längslinie sich nördlich von Steele über Wattenscheid und Marmelshagen nach Gastrop erstreckt, in seinen westlichen Theilen über Tage beobachten.

Die dritte, weiter nördlich gelegene Hauptmulde wird als Essener Mulde unterschieden. Nur ein sehr kleiner westlich gelegener Theil derselben ist von der späteren Bedeckung mit Schichten der Kreideformation verschont geblieben. Als die nördliche Grenze für diese Mulde nimmt man den Sattel von Spelldorf an, dessen Lage auf Taf. XV. durch die erste, nördlich von Crange befindliche punctirte Linie dargestellt ist. Von dieser Linie nördlich breitet sich die sogenannte Duisburger Hauptmulde aus, welche gänzlich von der Kreideformation überschüttet ist und sich von allen diesen Mulden am weitesten nach Westen noch jenseits des Rheins ausdehnt. In ihr Gebiet fallen auch die schon erwähnten westlichsten und nördlichsten Aufschlüsse in dem ganzen westphälischen Bassin. Ob aber diese ansehnliche Mulde überhaupt die nördlichste Steinkohlenmulde Westphalens sei, oder ob ihr noch mehre solcher Hauptmulden folgen, ist noch nicht entschieden.

Das kgl. Oberbergamt zu Dortmund hat uns, wie schon erwähnt, in die angenehme Lage versetzt, durch ein in wohlwollendster Weise an das kgl. mineralogische Museum in Dresden abgegebenes Querprofil ein klares und genaues Bild von der ungemein grossen Anzahl der Steinkohlenflötze und der sie trennenden Zwischenlager zu besitzen, womit diese Mulden gesegnet sind. Die Taf. XVI wiedergegebene Copie von einem Theile desselben bezieht sich auf den südlichen Theil der Bochumer Hauptmulde und nach Ueberschreitung des südlichen Hauptsattels auf den nördlichsten Theil der Wittener Mulde in der Nähe von Dorstfeld westlich von Dortmund. Selbstverständlich sind diese Projectionen für die einzelnen Flötze nach deren Verhalten auf den verschiedenen Bausohlen der Schächte entworfen worden. Es pflegen die verschiedenen Tiefbausohlen, von denen aus der Abbau erfolgt, 25 bis 30 Lachter, zum Theil auch noch weiter von einander entfernt zu liegen.

Der hier vorliegende Durchschnitt ist um so interessanter, als die Zeche Dorstfeld ziemlich auf den obersten Flötzen baüet, welche überhaupt im westphälischen Steinkohlengebirge bekannt geworden sind, sowie auch noch dadurch, dass man in ihm zugleich die Kreideformation bis zu ihrem südlichen Ausgehenden verfolgen kann. Sandsteine als Zwischenmittel zwischen den einzelnen Flötzen sind durch Puncte hervorgehoben, Schieferthon hingegen weiss gelassen; die Mächtigkeit der einzelnen Kohlenflötze ist nicht nur mit möglichster Genauigkeit bildlich dargestellt, sondern auch noch durch bestimmte Zahlen angegeben.

Zur Orientirung in dieser grossen Reihe von Kohlenflötzen nimmt man in Westphalen drei Hauptflötze an, die sowohl auf unserer Uebersichtskarte als auf den Profilen ersichtlich sind. Herr Lottner hebt ausdrücklich hervor, dass sich dieselben durch ihren gesammten Habitus, durch das Nebengestein, durch ihre Lage in Bezug auf kenntliche Gesteinsmittel und andere Flötze, sowie ausserdem durch die Beständigkeit ihres Auftretens auszeichnen. Sie tragen freilich in verschiedenen Distrikten meist verschiedene Namen; einige derselben sind in der bald folgenden Uebersicht aller in Westphalen bekannten Steinkohlenflötze verzeichnet worden.

In dem Sinne, wie man ihr Verhalten in Westphalen selbst auffasst und wie dies auch Lottner gethan hat, bezeichnen diese Hauptflötze aber nur zum Theil die Grenze der verschiedenen Etagen selbst. Am unsichersten ist die obere Etage begrenzt, für welche die sieben Flötze auf Zeche Zollverein NO. von Essen von Lottner als typisch betrachtet werden, während auf den Zechen Dahlbusch und Dorstfeld sich eine lange Reihe von Flötzen, welche Gaskohle führen, als die obere Etage auffassen lässt. Eine naturgemässe Grenze zwischen dieser oberen und mittleren Etage ist noch nicht gefunden.

Die mittlere Etage, welcher das obere Leitflötz *Diomedes* (= *Röttgersbank*) angehört, dehnt Lottner bis zu dem unter dem mittleren Leitflötze *Sonnenschein* (= *Grosse Bank*, *Dicke Bank*) auftretenden schwachen Flötze *Schöttelchen* aus, so dass also zwei Leitflötze in diesen Bereich fallen.

Alle tiefer gelegenen Flötze fasst Lottner in seiner untern oder liegenden Etage zusammen, für welche das untere Leitflötz *Hundsnocken* (= *Hamburg III.*, *Kirschbaum*, *Mausegatt* u. s. w.) charakteristisch ist.

Nach einer uns vorliegenden Uebersichtstafel, die nach den neueren Aufschlüssen in der Gegend von Dortmund von dem dortigen kgl. Oberbergamte für die Londoner internationale Ausstellung 1862 zusammengestellt worden ist, worauf wir hier Bezug nehmen müssen, kann man Lottner's liegende Etage vielleicht passender in zwei Etagen zerlegen, von denen die unterste mit den Flötzen Nr. 1 — 9, welche nur magere Kohlen führen, sich noch eng an den flötzleeren Sandstein anschliesst und mit diesem zusammen, wie schon erwähnt, die Sagenarien-Zone bezeichnen würde.

Als zweite Etage gilt die Zone zwischen dem Leitflötze *Hundsnocken* (= *Kirschbaum*, *Mausegatt*) bis in das Liegende des Flötzes Schöttelchen, oder mit den Flötzen Nr. 10 bis 27, welche vorherrschend Sinter- oder Esskohlen führen.

Als dritte Etage mit vorherrschenden Fettkohlen sind die Flötze Nr. 28 — 72 und als vierte Etage mit vorherrschenden Gaskohlen die Flötze Nr. 73 — 117 aufgefasst worden.

In wie weit sich diese vier Etagen auch paläontologisch rechtfertigen lassen, kann erst die Folge lehren, wenn das Vorkommen der fossilen Pflanzen in der Nähe der verschiedenen Flötze genauer studirt sein wird.

Jene Uebersichtstafel weist in Westphalen folgende Steinkohlenflötze nach:

	Zahl der Flötze.	Mächtigkeit der Flötze.		Totalmächtigkeit der Etagen, senkrecht gemessen von dem hangenden Flötze an.
Etage der Gaskohlen.	Nr. 117	18″	Flötze der Zeche Dahlbusch.	
	„ 116	26½″		
	„ 115	26″		
	„ 114	10″		
	„ 113	40″		
	„ 112	Brandschiefer.		
	„ 111	24″		
	„ 110	2″		
	„ 109	10″		
	„ 108	60″ incl. 5″ B.		
	„ 107	6″		
	„ 106	24″		
	„ 105	3″		
	„ 104	20″		
	„ 103	2″		
	„ 102	2″		
	„ 101	15″		
	„ 100	Brandschiefer.		
	„ 99	3″		
	„ 98	22″ incl. 1″ B.		
	„ 97	33″		
	„ 96	14″	Flötze der Zeche Dorstfeld.	
	„ 95	36″		
	„ 94	30″		
	„ 93	30″		
	„ 92	24″		
	„ 91	6″		
	„ 90	8″		
	„ 89	34″		
	„ 88	39″		
	„ 87	24″		
	„ 86	30″		
	„ 85	15″		
	„ 84	43″		
	„ 83	50″		
	„ 82	18″		
	„ 81	15″		

Etage	Zahl der Flötze.		Mächtigkeit der Flötze.		Totalmächtigkeit der Etagen, senkrecht gemessen von dem hangenden Flötze an.
Etage d. Gaskohlen.	Nr. 80		12″	Flötze der Zeche *Dorstfeld.*	
	„ 79		16″		
	„ 78		54″		
	„ 77		6″		
	„ 76		15″		
	„ 75		5″		
	„ 74		60″		
	„ 73		40″		ca. 230 Lachter.
Etage der Fettkohlen.	„ 72		43″		
	„ 71		15″		
	„ 70		15″		
	„ 69		71″		
	„ 68		58″		
	„ 67		25″		
	„ 66		14″		
	„ 65		10″		
	„ 64		22″		
	„ 63		18″		
	„ 62		44″		
	„ 61		58″		
	„ 60		68″	Flötze der Zeche *Borussia.* / Flötze der Zeche *Ver. Carlsglück.*	
	„ 59		46″		
	„ 58		19″		
	„ 57		34″		
	„ 56		38″		
	„ 55		14″		
	„ 54		25″		
	„ 53		40″		
	„ 52		48″		
	„ 51		36″		
	„ 50		72″		
	„ 49		57″		
	„ 48		44″		
	„ 47		36″		
	„ 46	Leitflötz, *Diomedes, Röttgersbank*	54″		
	„ 45		46″		
	„ 44		38″		
	„ 43		50″		
	„ 42		75″		
	„ 41		12″		
	„ 40		30″		
	„ 39		46″		
	„ 38		72″		
	„ 37		95″		
	„ 36		30″ Brandschiefer.		
	„ 35		32″		
	„ 34		23″		
	„ 33		23″		
	„ 32		12″		
	„ 31		50″ Brandschiefer.		
	„ 30		30″ Desgl.		
	„ 29	Leitflötz, *Grosse Bank, Dicke Bank, Sonnenschein*	82″		
	„ 28	Flötz *Schöttelchen*	14″		131 Ltr. 323 Ltr.

Etage	Zahl der Flötze.	Mächtigkeit der Flötze.		Totalmächtigkeit der Etagen, senkrecht gemessen von dem hangenden Flötze an.
Etage der Esskohlen.	Nr. 27	28″ Brandschiefer.	Flötze der Zeche Ver. Carlsglück.	
	„ 26	6″		
	„ 25	6″		
	„ 24	10″		
	„ 23	12″		
	„ 22	18″		
	„ 21	6″		
	„ 20	10″		
	„ 19	12″		
	„ 18	70″ Brandschiefer.		
	„ 17	14″		
	„ 16	19″		
	„ 15	60″	Flötze der Zeche Crone.	
	„ 14	48″		
	„ 13	12″		
	„ 12	36″		
	„ 11	27″		
	„ 10 Leitflötz *Hundsnocken, Hamburg III, Kirschbaum, Mausegatt* u. s. w.	76″		210,5 Lachter.
Etage der mageren Kohle.	„ 9	10″	Flötze der Zeche Caspar Friedrich und Carlsbank.	
	„ 8	12″		
	„ 7	60″		
	„ 6	24″		
	„ 5	20″		
	„ 4	30″		
	„ 3	24″		
	„ 2	18″		
	„ 1	30″		288,5 Lachter.

Unter diesen 117 verschiedenen Kohlenflötzen, mit Einschluss der unter Nr. 36, 31, 30, 27 u. 18 aufgeführten Brandschieferflötze, finden wir 78 Flötze von 18 Zoll Stärke und grösserer Mächtigkeit, dagegen 84 Flötze von 15 Zoll und grösserer Mächtigkeit. Im Allgemeinen gilt für ein Flötz wohl auch hier 18 Zoll als die geringste bauwürdige Mächtigkeit, doch kann unter Umständen sich wohl auch der Abbau eines 15zölligen Flötzes noch lohnen. Die Ansichten über die verticale Begrenzung eines Flötzes sind ausserdem verschieden und man wird ebensowohl mehre der mit besonderen Nummern hier aufgeführten Flötze zu einem einzigen Kohlenflötze rechnen können. Insbesondere gilt dies für Nr. 39, 38 und 37, welche nur durch schwache Zwischenmittel von zusammen wenigen Fussen getrennt erscheinen.

Im Ganzen weist das Profil in seinen 117 Flötzen 3452 $^1/_2$ Zoll = 43,16 Lachter Kohle mit etwas Brandschiefer nach, die auf einen senkrechten Raum von ca. 1052 Lachter vertheilt sind, so dass sich die Kohlenführung für den gesammten Raum wie 1 : **24,38** verhält.

Berechnet man hingegen das Verhältniss zwischen Kohle und Gesammtmächtigkeit für die einzelnen dort unterschiedenen Etagen, so ist dieses für die obere als die der Gaskohlen bezeichnete Etage, mit den Flötzen Nr. 117 bis 73, welche 970 $^1/_2$″ = 12,13 Ltr. Kohlen führen, = 1 : **18,961**, für die Etage der Gaskohlen, Nr. 72 bis 28, mit einer Kohlenmächtigkeit von 1784″ = 22,3 Ltr. = **1 : 14,484**, für die Etage der Esskohlen, mit den Flötzen Nr. 27 bis 10, welche 470″ = 5,875 Ltr. Kohlen incl. 1 Ltr. 18″ Brandschiefer enthalten = 1 : **35,83** und für die liegende Etage der mageren Kohlen, mit den Flötzen Nr. 9 bis 1, worin 228″ = 2,85 Ltr. Kohlen vorkommen = **1 : 101,2**.

Für die ganze, unter dem Leitflötze *Sonnenschein* gelegene, Partie der sogenannten Ess- und mageren Kohlen überhaupt aber würde das Verhältniss = **1 : 57,2** gelten, welches mit den von Lottner für diesen Raum an anderen Orten gewonnenen Resultaten ziemlich nahe übereinstimmt.

Das relativ günstigste Verhältniss tritt zwischen dem oberen Leitflötze *Diomedes* und dem zweiten Leitflötze *Sonnenschein* ein, da die unter Nr. 46 bis mit 28 bezeichneten Flötze, welche incl. dreier Brandschieferflötze 814" = 10,175 Ltr. Kohlen führen, einen senkrechten Raum von nur 130,275 Ltr. beanspruchen, was einer Kohlenführung von 1 : 12,8 entspricht; das ungünstigste Verhältniss findet, wie schon gezeigt worden ist, in der untersten Etage statt.

Ein ähnliches günstiges Verhältniss bietet die hangendste Etage der Flötze in der Hauptmulde von Essen auf der Zeche Zollverein, NW. von Essen, dar. Nach Lottner's Berechnung kommt auf jedes der dort vorhandenen sieben bauwürdigen Kohlenflötze eine durchschnittliche Mächtigkeit von 47,4 Zoll, während die Gesammtmächtigkeit dieser Etage dort $47\frac{1}{2}$ Lachter beträgt, was einem Verhältniss von 1 : 11,51 entspricht.

Für die mittlere Etage, oder die der Gaskohlen, und zwar mit 41 Kohlenflötzen, von denen 26 bauwürdige 967" reine Kohlen führen, oder 37,19 Zoll durchschnittliche Mächtigkeit besitzen, im Ganzen aber mit 1183" reiner Kohlen, vertheilt auf den Gesammtraum von ca. 304 Lachter bis zu dem Flötze „Schöttelchen" herab, fand Lottner das Verhältniss der Kohle zu der Gesammtmächtigkeit in der Essener Hauptmulde 1 : 20,56, in der Mulde von Bochum unter Berücksichtigung von 33 Flötzen mit 997" Kohlen in dem Gesammtraume von ca. 304 Lachter = 1: 24,2, auf den Bauen der Zeche Dannenbaum bei Gegenwart von 35 Flötzen der mittleren Zone mit 1053" Kohle in dem Gesammtraume von 295 Lachter = 1 : 24,3, in der südlichen Hauptmulde aber an einigen Stellen wie 1 : 23,1. Für die liegende Etage Lottner's, die wir hier in zwei Etagen geschieden haben, gibt derselbe nach einer Berechnung von 26 Flötzen mit 525" Kohlen bei einer Gesammtmächtigkeit von ca. 337 Lachter in der Hauptmulde von Bochum das Verhältniss = 1 : 51,4 an; in der Hauptmulde von Essen, bei 23 Kohlenflötzen mit 585" reiner Kohle, von denen jedoch 6 mit 64" Kohlen meist unbauwürdig sind, und bei einer Gesammtmächtigkeit von ca. 355 Lachter = 1 : 48,54; in verschiedenen Gegenden der südlichen Hauptmulde dagegen wie 1 : 39,5, 1 : 44,9 und 1 : 61,5.

Man wird sich ein annäherndes Bild von der Kohlenführung der einzelnen Gegenden des grossen westphälischen Steinkohlenbeckens verschaffen können, wenn man die auf unseren Tafeln XV und XVI gegebenen Profile sowohl mit der dort befindlichen kleinen Flötzkarte sowie auch bezüglich der fast zahllosen Steinkohlenzechen mit der sehr zu empfehlenden „Bergwerks- und Hüttenkarte des westphälischen Oberbergamtsbezirkes" von 1864 vergleichen will.

Sämmtliche Kohlenflötze haben auf den verschiedenen Gruben ihre eigenthümlichen Namen, die oft für ein und dasselbe Flötz sehr verschieden sind. Jene Vervielfältigung der Namen für einzelne Flötze entstammt, nach Lottner, der Zeit, als der Zusammenhang der Flötze noch fast unbekannt war, und herrscht daher in dem südlichen, nicht von der Kreideformation überlagerten Theile des westphälischen Steinkohlengebirges, während man sich jetzt bemühet, die parallele Stellung durch die an ältere Gruben anschliessende Benennung auszudrücken. Ein fast noch grösserer Uebelstand ist der, dass nicht selten eine gleiche Benennung für verschiedene Flötze üblich ist.

Wir unterlassen es absichtlich, die zahllosen Namen für die einzelnen Kohlenflötze hier zu nennen, und verweisen auch in dieser Beziehung auf Herrn Lottner's genaue Darstellung der einzelnen Hauptmulden. Dagegen entnehmen wir der letzteren nachstehende Mittheilungen über die Qualität der westphälischen Kohlen, wobei wir uns vorbehalten, auch unsere Erfahrungen hierüber in den betreffenden Abtheilungen niederzulegen.

Es steht fest, dass in den oberen Etagen die Gas- oder Fettkohlen, in den unteren hingegen die mageren Kohlen vorherrschen. Besonders zeichnen sich die hangendsten Flötze in der Hauptmulde von Essen, welche die Grube Zollverein bauet, durch die grosse Menge von Leuchtgas aus, welche ihre Kohle bei der trockenen Destillation liefert. Man hat daher diese Flötzgruppe vorzugsweise als Etage der Gaskohlen bezeichnet, indessen kommen auch in tieferem Niveau Flötze vor, welche zur Gasbereitung geeignete Kohlen führen. Uebrigens bleibt auch die Beschaffenheit der Kohle innerhalb derselben Flötzgruppe nicht überall constant.

Nach demselben Beobachter enthalten die Flötze der sogenannten mittleren Etage in der Hauptmulde von Essen noch immer stark backende oder sogenannte Back- oder Fettkohlen, die sich zum Theil bei der trockenen Destillation noch gasreich, obgleich minder ergiebig als die Flötze von Zollverein zeigen; die unteren Etagen enthalten nur Sinter- oder Esskohlen.

Das gerade als Repräsentant der Esskohlen betrachtete Leitflötz *Dickebank* oder *Sonnenschein* zeigt auf der Zeche Helene Amalie NW. von Essen selbst noch backende Eigenschaften.

Nach Lottner führen im westlichen Theile der Mulde von Bochum alle Flötze der unteren Etagen magere oder Sandkohle; nach Osten hin nimmt jedoch ihre Eigenschaft zu backen in der Weise zu, dass die mageren Flötze anfangen, sich der Sinterkohle zu nähern, dass die Sinter- oder Esskohlen in mässig backende Kohlen übergehen und die hangenden Backkohlenflötze ergiebig an Leuchtgas werden.

Den letzteren Fall repräsentiren die Flötze von Ver. Dorstfeld, welche unter dem Niveau der Zollverein-Gruppe liegen (Vgl. Taf. XVI).

In der südlichen oder Wittener Hauptmulde erscheinen nach unserem Gewährsmanne die Flötze der unteren Etagen nur in dem westlichsten Theile, in der Nähe ihres Ausgehens, und die untersten derselben auch südlich, bei Hasslinghausen, zwischen Wetter und Witten, bei Kirchende, Syburg, Hengsen und Frömern absolut mager, die übrigen gewinnen theilweise in der Richtung nach Osten mehr und mehr die Eigenschaft zu backen und liefern mit langer Flamme brennende Esskohlen (sogenannte Flammkohlen), die zu allen Rostfeuerungen auf Hütten beliebt sind.

Ueber den Kohlenreichthum des Ruhrbeckens enthält die sehr gut redigirte „Berg- und hüttenmännische Zeitung für den Niederrhein und Westphalen, Glückauf," in Nr. 11, 1865, einen die von Herrn Oberbergrath Küper in Dortmund, einem der gründlichsten Kenner dieser Kohlenablagerung, im Jahre 1860 vorgenommene Schätzung betreffenden Artikel, den wir hier wiedergeben:

„Während der nicht von der Kreide bedeckte Theil des Steinkohlengebirges kaum 8 Quadratmeilen beträgt, ist durch Schächte und Bohrlöcher das letztere unter jener Bedeckung vom Rheine östlich bis Unna auf circa 10 Meilen Länge und auf 5—6000 Lachter oder durchschnittlich $1\frac{1}{2}$ Meile Breite, also auf circa 15 Quadratmeilen nachgewiesen, so dass in Summa das Vorhandensein der Steinkohlen hier unter einer Fläche von 23 Quadratmeilen dargethan ist. Die (1860) bekannten Flötze nimmt der gedachte Verfasser zu 97 mit 2928 Zoll incl. 414 Zoll Bergen an, zieht jedoch zunächst nur die vom Leitflötze der Esskohlenpartie *Sonnenschein* abwärts gelegenen in Betracht, und von diesen wieder nur diejenigen, welche 16 Zoll und darüber mächtig sind; diese repräsentiren nach Abzug der Bergmittel eine Gesammtmächtigkeit von 560 Zoll. Es berechnet sich dann — mit Weglassung der südlich von Dortmund gelegenen Mulde und mit Projection der westlichen Aufschlüsse bis in die Querlinie von Dortmund (wo sie zwischen Lünen und Haltern ihre Fortsetzung finden) — eine Grundfläche von circa 20,000 Lachter Länge und 14,000 Lachter Breite, also 280 Millionen Quadratlachter. Diese ergeben, bei obiger Mächtigkeit der Flötze von 560 Zoll Kohle und einer Annahme von $2\frac{1}{2}$ Scheffel auf jeden Zoll Mächtigkeit und jedes Quadratlachter (bei Streichmaass kann man sicher 3 Scheffel rechnen), ein Kohlenquantum von 392,000 Millionen Scheffel oder 98,000 Mill. preussische resp. 19,600 Mill. metrische Tonnen. Dabei ist die Lagerung nur als horizontal angenommen, während schon durch die zahlreichen Sättel und Mulden ein weit grösserer Kohlenreichthum in diesen Flötzen sich ergibt.

„Nimmt man nun für die ganze übrige Flötzpartie im Hangenden des Esskohlen-Leitflötzes, für die südliche, oben nicht in Rechnung gezogene Mulde, für die ganze, wahrscheinlich noch viel weiter nach Norden und sicher weiter nach Osten sich erstreckende Steinkohlenformation mit allen ihren Flötzen — die man beiläufig in Summa jetzt sicher auf 65 bauwürdige Flötze über 20 Zoll mit circa 2500 Zoll reiner Kohle schätzen kann — nur dasselbe an, was eben für die liegenden Flötze berechnet ist (was sicher jeder mit den hiesigen Verhältnissen Vertraute für eine äusserst mässige Annahme erklären wird), so ergibt sich als Minimum des in den bauwürdigen Flötzen vorhandenen Kohlenquantums die enorme Menge von 196,000 Millionen preussischen oder 39,000 Millionen metrischen Tonnen.

„Dieses Quantum würde ausreichen, um die heutige Förderung des Ruhrbeckens von ca. 38 Millionen preussischen Tonnen auf 5158 Jahre zu decken.

„Die Steinkohlenförderung Grossbritanniens hat 1863 etwas mehr als $86\frac{1}{4}$ Mill. metr. Tonnen, oder mehr als 11mal so viel als die Westphalens betragen. Nehmen wir sie für 1864 zu 87 Mill. metr. Tonnen an, so würde dieselbe aus dem obigen Quantum länger als 450 Jahre bestritten werden können.

„Mögen nun diese Kohlenschätze bei dem östlichen Einsenken der Mulden und bei dem nach Norden tiefer niedersetzenden Kreidemergel auch theilweise in einer Teufe liegen, die ihre vollständige Hebung mit den jetzigen Hilfsmitteln der Technik unwahrscheinlich erscheinen lässt, so ist doch anderseits unsere Kohlenablagerung bisher so zu sagen nur am Rande benagt — unsere tiefsten Grubenbaue reichen kaum 100 Lachter unter den Meeresspiegel, während die meisten und reichsten Zechen diese Tiefe noch bei weitem nicht erlangt haben.

„Sicher ist es also nicht zu viel gesagt, wenn wir behaupten, dass bei aller möglichen Steigerung des Absatzes die Förderung der Kohlen noch auf viele Jahrhunderte hinaus selbst mit den jetzigen technischen Hilfsmitteln mit Leichtigkeit wird beschafft werden können."

Vom mineralogischen Standpunkte aus betrachtet, gehören die meisten Steinkohlen Westphalens zu Werner's Blätterkohle oder einer meist sehr kohlenreichen und weichen leicht zerbröckelnden Schieferkohle. Im Gebiete der Gas- und Fettkohlen herrscht die sammtschwarze Farbe, im Bereiche der mageren, mehr oder minder anthracitischen Kohlen, eine mehr eisenschwarze oder grauschwarze Farbe vor. Die ersteren besitzen einen stärkeren oder geringeren Fettglanz, bei den letzteren tritt meist ein lebhafter Metallglanz hervor. Beide Abänderungen sind in der Regel mild, oder mindestens viel weniger spröde als die charakteristische Pechkohle. Dazwischen finden sich nicht selten dünne

Lagen der aus Faserkohle bestehenden Russkohle. Diese erscheint ausnahmsweise in der Gaskohle der Zeche Ver. Dorstfeld auch von blaulich-schwarzer Färbung.

Man wird auch die meiste westphälische Faserkohle auf Calamiten zurückführen können, wiewohl noch andere Pflanzen, wie namentlich Araucariten und nach Göppert's Beobachtung selbst Sigillarien[1]) in diesen Zustand umgewandelt werden konnten. Die Russkohle ist jedoch in dem westphälischen Steinkohlengebirge sehr untergeordnet, auch braucht man für sie dort nicht diesen Namen, sondern bezeichnet sie meist noch als „faserigen Anthracit".

Sehr häufig zeigen die westphälischen Kohlen eine parallele senkrechte Zerklüftung, hier und da aber treten in der mageren Kohle eigenthümliche pyramidale, keilförmige oder rhomboidische Absonderungen hervor, welche in ausgezeichneter Weise auf dem Flötze *Caspar Friedrich* auf der Schanze bei Kirchhörde, im Flötze *Sandbank* der Zeche Pauline bei Werden, auf den unteren Flötzen der Zeche Rosalie, der Zechen Preutenborbecks-Siepen und Ilandsbraut in der Gegend von Essen und Werden zu beobachten sind.

Die früher beschriebene Augen- oder Blumenkohle (yeux de perdrix) findet sich vereinzelt auf dem Flötze *Braut* der Zeche Pauline bei Werden, sowie nach Lottner auf der Grube Nachtigall-Tiefbau und in der Grube Hundsnocken vor.

Eine grössere Reihe von Bestimmungen des specifischen Gewichtes der westphälischen Kohlen hat schon Karsten[2]) ausgeführt, auf welche auch Lottner a. a. O. S. 142 u. f. Bezug genommen hat. Unter 44 dort untersuchten Proben besitzt die leichteste, eine Backkohle vom Flötze *Röttgersbank* auf Zeche Sälzer und Neuack in der Essener Mulde das spec. Gewicht 1,2757, dagegen die schwerste, eine in Sandkohle übergehende Sinterkohle von Geitling in der zu der Bochumer Hauptmulde gehörenden Altendorfer Mulde, das spec. Gewicht 1,3587.

Die nachstehenden, auf unser Ersuchen durch Herrn Director Bäumler zur chemischen Untersuchung ausgewählten Proben der verschiedenen, für die westphälische Steinkohlenformation besonders charakteristischen Steinkohlen hatten folgende specifischen Gewichte:

1. Esskohle, magere, vom Hauptflötz (ident. mit Caspar Friedrich) der Zeche Margaretha bei Aplerbeck . . . . = 1,3704
2. Esskohle, magere, vor dem Flötze Caspar Friedrich von der Schanze bei Kirchhörde, pyramidal abgesondert . . . . = 1,3507
3. Magere Kohle von Zeche Pörtingssiepen bei Werden, Flötz Hagenscheidt oder Morgenstern . . . . = 1,3474
4. Gaskohle von Flötz I der Zeche Ver. Hamburg . . . . = 1,2982
5. Fettkohle aus Flötz VII der Zeche Ver. Dorstfeld . . . . = 1,2780
6. Gaskohle aus Flötz Friedrich (Obergadten) der Zeche Ver. Dorstfeld . . . = 1,2734
7. Fettkohle von Flötz B der Zeche Ver. Westphalia bei Dortmund . . . = 1,2285.

Das Hangende der Flötze besteht nach Lottner vorwaltend aus reinem, gerade geschichteten Schieferthone, seltener aus Sandstein. In dem Liegenden der Flötze ist durch das häufige Vorkommen zahlloser Verästelungen der Wurzelfasern von *Stigmaria* und anderen Pflanzen oft jede Spur einer Schichtung völlig aufgehoben. (Vgl. auch Göppert in Verh. d. n. Ver. d. preuss. Rheinl. u. Westph. XI. Neue Folge I. p. 237.)

Das Zusammenvorkommen von trefflichen Eisensteinen mit den Steinkohlen in Westphalen ist für die Steinkohlenindustrie dieses Landes gewiss ebenso wichtig als für die dortige Eisenindustrie selbst.

Unter diesen kommt insbesondere der Kohleneisenstein oder Blackband in Betracht, von welchem man dort mindestens 7 bis 8 Flötze kennt, die in verschiedenen Niveaus meist an der Decke der Kohlenflötze, seltener im Liegenden derselben oder als Bergmittel darin auftreten. Solche Eisensteinflötze sind nach Lottner sowohl in der mittleren Etage der westphälischen Steinkohlenformation als in der unteren Etage derselben bekannt, wo sie sogar häufiger und beständiger zu sein scheinen.[3])

---

[1]) Vgl. Göppert, in Verh. d. nat. Ver. d. preuss. Rheinl. und Westph. Jahrg. XI. Neue Folge I. S. 236.

[2]) Karsten's Archiv für Bergbau- und Hüttenwesen. Bd. 12. S. 202 u. f.

[3]) Ihr Vorkommen beschreibt auch R. Ludwig in seiner Abhandlung über Meer-Conchylien aus der product. Steinkohlenf. an der Ruhr (Paläontogr. X. p. 276 u. f.).

Die wichtigsten Gruben für sie finden sich östlich von Hörde, bei Kirchhörde und in dem Theile der südlichen Hauptmulde westlich und südlich der Ruhr, weniger zahlreich sind dieselben in der mittleren Hauptmulde. Als Mittelwerth von 208 zur Verleihung gekommenen Funden westphälischer Kohleneisensteine ergibt sich, nach Lottner, der Metallgehalt zu 22,44 als Minimum, zu 47,9 hingegen als Maximum. Letztere Zahl deutet jedoch darauf hin, dass die den Eisengehalt relativ erhöhende Verwitterung im Brauneisenstein bereits eingetreten war.

Körniger Spatheisenstein, das reichste Erz der dortigen Ablagerung, hat sich zuerst in der liegenden Etage unterhalb des Leitflötzes *Hundsnocken* gefunden. Man entdeckte dasselbe um das Jahr 1850 nördlich von der Ortschaft Stiepel in dem Hauptsattel von Winz und Hattingen und bauet es besonders auf den der Heinrichshütte bei Hattingen gehörigen Feldern Müsen V—IX.

Der Eisengehalt dieses Erzes hat sich im ungerösteten Zustande durchschnittlich zu 42,59, im gerösteten Zustande durchschnittlich zu 61,8 Procent ergeben. (Vgl. Lottner a. a. O. S. 149.) Calamiten-Früchte aus dem Spatheisenstein von Hattingen wurden von R. Ludwig (*Palaeontographica*, X. p. 11) beschrieben.

Nach Herrn Ober-Markscheider Jüttner kommt ein ähnliches Spatheisenflötz zwischen dem 3. und 4. Fettkohlenflötze der Zeche Friedericke bei Bochum vor.

Kohleneisenstein und Spatheisenstein werden ausschliesslich auf den Anlagen des Hörder Bergwerks- und Hütten-Vereins bei Hörde, der Gesellschaft Neu-Schottland bei Hasslinghausen und der Heinrichshütte bei Hattingen verhüttet. Dagegen haben Thoneisenstein und Sphärosiderit in der ganzen flötzreichen Abtheilung des westphälischen Steinkohlengebirges noch keine technische Wichtigkeit erlangen können. Herr Lottner bemerkt ausdrücklich, dass diese Nieren zwar in der Regel reich genug an Metall seien, da sich in den ersteren ein durchschnittlicher Metallgehalt von 21,04 Proc., selbst bis auf 36,4 Proc., in den letzteren sogar ein durchschnittlicher Gehalt von 27,74 Proc. und oft weit mehr ergeben hat, dass aber ihre geringe Grösse und das geringe, von 1 : 12 bis höchstens 1 : 3 schwankende Verhältniss zu der ganzen Masse der Schicht, worin sie vorkommen, ihre Gewinnung dort nicht lohnend mache. —

Geringe Quantitäten von Phosphorsäure sind schon durch Lürmann bei der Untersuchung gerösteter Kohleneisensteine aus dem südwestlichen Theile der südlichen Hauptmulde in Westphalen gefunden worden und zwar nach Lottner a. a. O. S. 148, zwischen 0,46 und 0,63 Proc.

In einem der tiefsten Kohleneisensteinflötze der Zeche Josephine, SO. von Hörde im Schwerdter Walde, traf man vor wenigen Jahren ein 2 bis 3 Zoll starkes Flötz von wirklichem Phosphorit an, welcher in nierenförmigen Concretionen auftritt und durch Dr. Drevermann in Hörde zu technischen Zwecken Verwendung findet. Nach Angabe des kgl. Obermarkscheiders Herrn Jüttner in Dortmund kommt Phosphorit auch auf einem höheren Flötze im Gebiete der mageren Kohle auf der Zeche Adele bei Schüren unweit Hörde vor.

Der Phosphorit von der Zeche Argus, welchen Herr Director Bäumler die Güte gehabt hat, uns zu überschicken, ist ein rauchschwarzes dickschieferiges Gestein mit unebenem bis splitterigem Bruch, einem bräunlich-grauen erdigen Strich, zum Theil weisslich beschlagend, von der Härte 3 bis 4 und einem specif. Gew. = 1,466. Man nennt dies Gestein dort „Nierenpacken", welcher Ausdruck nicht mehr ganz passend erscheint, da es nach Herrn Bäumler's Mittheilungen in der tieferen Sohle fast stets scharfkantig bricht, während in oberen Teufen die Nierenform häufiger war. Auch bildet der Phosphorit der Zeche Josephine nach demselben Gewährsmanne deutliche nierenförmige Concretionen und es scheint gerade diese Form die ursprüngliche für dieses Gestein gewesen zu sein.

Nach Mittheilungen des Herrn Dr. Drevermann ist die Zusammensetzung der einzelnen Stücke dieser Phosphorite eine sehr schwankende, während der mittlere Gehalt an Phosphorsäure von allen Lagen durcheinander entnommenen Stücken ziemlich constant sei.

Eine von Dr. Fleck ausgeführte Untersuchung jenes Phosphorites von der Zeche Argus hat folgendes Resultat ergeben:

0,768 %	Wasser (bei + 110° Cels getrocknet),
11,368 %	kohlehaltige, verbrennliche Substanz,
3,666 %	kohlensaurer Kalk,
13,232 %	phosphorsaurer Kalk,
0,048 %	Chlorcalcium,
25,718 %	kohlensaures Eisenoxydul,
14,129 %	phosphorsaures Eisenoxyd,
0,083 %	Schwefelkies,
19,242 %	Eisenoxyd,
0,916 %	Thonerde,,
10,490 %	Kieselerde,
0,340 %	Fluorcalcium und Magnesium als Rest.
100,000	

Von anderen fremdartigen Mineralien fehlen, wie sich erwarten lässt, auch hier nicht der Schwefelkies und seine Umwandlungsproducte. Man trifft sie nicht selten in den schwachen Lagen der Russkohle, sowie auf den Kluftflächen der anderen Abänderungen der Steinkohle an. Ebenso sind Blättchen von Kalkspath in diesen Kluftflächen eine sehr gewöhnliche Erscheinung. Seltener kommt Schwerspath vor. Bleiglanz, braune Blende und theilweise auch Kupferkies, welcher indess erst sehr selten wahrgenommen worden ist, sind auch in der Steinkohlenformation Westphalens vorzugsweise an die Verwerfungsklüfte gebunden. Den Bleiglanz findet man auch zuweilen als Anflug auf Kohlen oder im Kohlensandsteine.

Ueber das im Herbste 1863 auf der Zeche Concordia bei Oberhausen aufgeschlossene Vorkommen dieser Metalle hat Herr Bergreferendar Nolten, Director dieser Zeche, an Herrn Director Bäumler folgende Mittheilungen gelangen lassen: „Die Erze treten in einer Verwerfungskluft auf, welche auf der 68 Lachtersohle der Zeche Concordia das Flötz R (ident mit *Beckstadt*) nahezu querschlägig durchsetzt und mit 67° westlich einfällt. Die Kluft ist 9" mächtig und fast ganz mit derbem Kupferkies und Bleiglanz ausgefüllt, vorzüglich im Hangenden beider Flötzstücke. Die Kluft ist etwa $^1/_2$ Lachter weit vom Flötze verfolgt und sind weitere Aufschlussarbeiten der starken Wasser wegen nicht gemacht worden. Jedoch scheint sich nach dem einen Stosse der Strecke hin die Erzführung zu verlieren (nach dem Liegenden), während sie in anderer Richtung in oben genannter Länge aushält, so dass es hiernach fast scheint, als ob die Erzführung sich auf die Durchschnittsebene zwischen Kluft und Flötz beschränkte. Ausserdem ziehen sich kleine unregelmässige Trümmer mit Kupferkies und Bleiglanz, etwa 1 bis 2 Zoll mächtig, in das Liegende der Kluft.

Ein anderes Vorkommen von Bleiglanz findet sich in derselben Flötzpartie auf der tiefsten (111 Lachter) Sohle in einer Kluft, welche bereits längst vermauert ist und angeblich auch Blende enthalten haben soll.

Im Liegenden des Eisensteinflötzes der Kohleneisensteinzeche Argus ist in der neuesten Zeit, nach Herrn Bäumler's freundlichen Mittheilungen, ein späthig-körniges Gestein (Spatheisenstein?) vorgekommen, auf dessen Klüften in Stecknadelkopfgrösse Zwillinge von demantglänzender Blende, Krystalle von Kupferkies und Fahlerz erkannt worden sind.

Der seltene Haarkies (Nickelkies oder Millerit) hat sich mit schönen Kalkspathkrystallen und zum Theil auch mit Zinkblende zusammen auf Klüften im Kohlengebirge der Zechen Germania, Borussia und Westphalia vorgefunden und wir hatten Gelegenheit, ausgezeichnete Exemplare bei Herrn Director Bäumler in Dortmund zu sehen.

Kohlenwasserstoff-Exhalationen sind im Gebiete der fetten Kohlen am häufigsten, namentlich auf frischen Zechen, unmittelbar unter der Mergelbedeckung, da sich die Gase hier vorzugsweise ansammeln konnten. Bei dem fortschreitenden Betriebe wird für ihre Entfernung durch kräftige Wetterzüge genügend gesorgt.

Den organischen Ueberresten in der westphälischen Steinkohlenformation hat man noch viel zu wenig Aufmerksamkeit geschenkt, und dies ist ein Hauptgrund dafür, dass die Parallelisirung vieler Flötze zur Zeit noch eine ziemlich unsichere ist, ja dass sogar die Begrenzung der verschiedenen

Flötzgruppen oder Etagen noch keinesweges feststeht. Monographische Arbeiten über die darin vorkommenden Pflanzenreste fehlen noch gänzlich. Diese empfindliche Lücke auszufüllen, ist in der neuesten Zeit neben Herrn Dr. Andrae (vgl. S. 172) Herr Hauptmann von Röhl in Soest bemühet, der zu seinen Untersuchungen jedenfalls das reichste Material benützt hat, welches bisher überhaupt in Westphalen zu erlangen gewesen ist. Trotzdem wird es noch einer langen Zeit des eifrigen Sammelns und Vergleichens der die Flötze begleitenden organischen Reste bedürfen, bevor man das von der Wissenschaft zu beanspruchende Ziel erreicht haben wird.

Bei der grossen Anzahl der auf westphälischen Steinkohlengruben meist gleichzeitig abgebauten Flötze ist es allerdings weit schwieriger, die fossile Flora und Fauna der verschiedenen Flötze von der eines anderen sorgfältig zu scheiden, als dies auf Steinkohlengruben der Fall ist, wo man nur ein Flötz oder wenige Flötze gleichzeitig in Abbau nimmt, und es können Haldenstudien hierzu nicht allein genügen, vielmehr ist hierzu die stete Aufmerksamkeit der Herren Bergbeamten auch nach dieser Richtung hin erforderlich. Vor allem aber wird ein monographisches Werk, welches alle bis jetzt überhaupt im westphälischen Steinkohlengebirge aufgefundenen Pflanzenreste, selbst unbeschadet der genaueren Fundstellen, zur Anschauung bringt, dem Hauptzwecke ausserordentlich förderlich sein.

Um hierzu wenigstens Einiges beizutragen, geben wir am Schlusse eine Zusammenstellung der theils in dem kgl. mineralogischen Museum zu Dresden befindlichen, theils in den Sammlungen des Herrn Hauptmann von Röhl von uns untersuchten, sowie in der schon erwähnten Abhandlung des Herrn Geheimerath Göppert[1]) hervorgehobenen vegetabilen Reste.

Auch unter ihnen findet sich keine einzige Meerespflanze vor, wie diese überhaupt bis jetzt aus der Steinkohlenformation noch nicht bekannt worden sind. Vielmehr herrschen dieselben Gattungen und selbst Arten von Land- und Sumpfpflanzen darin vor, denen man auch in anderen Steinkohlenbecken zu begegnen pflegt. Es ist demnach dieser Landstrich im Allgemeinen während der Steinkohlenbildung vom Meere befreit gewesen, wenn auch das gleichzeitige Vorkommen einzelner Meeresthiere den Beweis führen muss, dass hier und da zu wiederholten Malen Meerwasser mit seiner eigenthümlichen Bevölkerung mitten in diese limnischen Bildungen geführt worden ist.

Genauer als die Pflanzen sind die Thierreste der westphälischen Steinkohlenformation bekannt, und wir verdanken über diese einige monographische Arbeiten Herrn Director R. Ludwig[2]) in Darmstadt.

Unter den Süsswasser-Bewohnern hat derselbe verschiedene Arten der Muschelgattungen *Unio*, *Anodonta*, *Cyrena*, *Cyclas* und *Dreissena*, eine kleine zu *Planorbis* gestellte Schnecke und einen kleinen Muschelkrebs als *Cypris* unterschieden; unter den Meeres-Conchylien treten besonders die Goniatiten, wie *G. sphaericus* Martin sp. und *G. Diadema* Goldf., sowie *Avicula papyracea* Sow. hervor, deren Verbreitung Herr Ludwig ausführlich beschrieben hat. Sie sind nicht allein auf die unteren Etagen beschränkt, sondern gehen zum Theil noch in die obere Etage der westphälischen Steinkohlenformation hinauf. Ihr untergeordnetes, mehr zufälliges Vorkommen in der Mitte einer im Allgemeinen durchaus linnischen Bildung ist schon früher von uns erläutert worden. —

---

[1]) H. R. Göppert in Verh. d. nat. Ver. d. Rheinl. u. Westph. Jahrg. XI. Neue Folge. I. S. 225—264.

[2]) Rud. Ludwig: die Najaden der rheinisch-westphälischen Steinkohlenformation (von Meyer und Dnnker, *Palaeontographica.* VIII. p. 31—38. tb. IV. V.).

Susswasser-Bewohner aus der westphälischen Steinkohlenformation. (*Palaeontogr.* VIII. p. 182—194. tb. LXXI. LXXII.)

Meer-Conchylien aus der productiven Steinkohlenformation an der Ruhr. (*Palaeontogr.* X. p. 276—291. tb. XLVII—XLIX.)

Den von Herrn Ludwig angefuhrten Fundorten fur die letzteren ist nach Mittheilungen des Herrn Director Bäumler auch die Zeche Westphalia bei Dortmund anzureihen, wo sich im Hangenden des Flötzes No. 12 *Avicula papyracea* Sow. sp. = *Pecten primigenius* und *Pecten subpapyraceus* Ludw.) mit Goniatiten zusammen, wie auf der Zeche Graft Beust bei Essen, und auf der Zeche Hoffnung bei Werden gefunden haben.

Pflanzenreste in der Steinkohlenformation des westphälischen Hauptbeckens.

a. Familie *Fungi*. Pilze.

1. *Gyromyces Ammonis* Gö. (Wird von Vielen für eine Schnecke gehalten.) — Zeche Zwergmutter b. Essen, Präsident, bei Bochum, Curl (!) bei Camen, NO. von Dortmund.

b. Familie *Equisetaceae*. Schafthalme.

2. *Calamites cannaeformis* Schl. — Z. Pauline S. v. Werden, Z. Mühle a. d. Ruhr, Z. Morgenstern b. Herbede, Nieder Wenigen a. d. Ruhr W. v. Hattingen, Z. Adolph b. Blankenstein O. v. Hattingen, Z. Gesegnete Schifffahrt b. Blankenstein, Oberschmalscheid u. Z. Zollverein b. Essen, Z. Forelle, Louise u. a. bei Brünninghausen S. v. Dortmund (nach Göppert), Westphalia b. Dortmund, Z. Curl (!) bei Camen NO. v. Dortmund.
3. „ *Suckowi* Bgt. — Z. Pauline b. Werden, Z. Zollverein NO. v. Essen, Z. Hannibal SO. v. Bochum, Z. Germania W. v. Dortmund, Z. Wittwe bei Barop SW. von Dortmund, Z. Curl b. Camen NO. v. Dortmund.
4. „ *Roemeri* Gö. — Flötz *Wilhelm* d. Z. Präsident b. Bochum.
5. „ *Cisti* Bgt. — Z. Zollverein b. Essen, Z. Forelle und Louise b. Brünninghausen (nach Göppert).
6. „ *approximatus* Schl. — Nieder Wenigen a. d. Ruhr W. v. Hattingen, Gegend von Essen, Z. Carls Glück W. v. Dortmund.

c. Familie *Asterophyllitae*. Sternhalme.

7. *Asterophyllites rigidus* St. — Z. Präsident b. Bochum.
8. „ *longifolius* St. — Eb. u. Z. Curl bei Camen NO. v. Bochum.
9. „ *grandis* St. incl. *Pinnularia capillacea* Lindl. — Z. Zollverein u. Hibernia NO. v. Essen, Z. Curl bei Camen NO. v. Dortmund.
10. „ *equisetiformis* Sch. sp. — Z. Hibernia bei Gelsenkirchen NO. v. Essen.
11. „ *foliosus* Lindl. — Z. Pauline S. v. Werden, Z. Ilandsbraut SO. v. Werden, Z. Schwarzer Junge bei Bochum.
12. *Annularia longifolia* Bgt. — Z. Hitzberg N. v. Werden, Z. Wittwe b. Barop u. Z. Henriette SW. v. Dortmund, Curl b. Camen.
13. „ *radiata* Bgt. — Z. Zollverein b. Essen, Z. Gottlob b. Herbede.
14. „ *sphenophylloides* Zenker. — Z. Zum Freien Vogel SO. v. Dortmund.
15. *Sphenophyllum emarginatum* Bgt. — Z. Hibernia NO. von Essen.
16. „ *saxifragaefolium* St. — Z. Hibernia, Z. Curl b. Camen.
17. „ *angustifolium* Germ. — Z. Dorstfeld W. v. Dortmund.

d. Familie *Filices*. Farren.

18. *Sphenopteris acuta* Bgt. — Z Müsen b. Hattingen, nach Brongniart bei Werden.
19. „ *latifolia* Bgt. — Z. Ilandsbraut SO. v. Werden, Dilldorf b. Werden, Kupferdreh a. d. Ruhr, Z. Hasenwinkel u. Himmelskroner Erbstolln am Maschinensch. Rev. Dahlhausen (Göppert), Z. General, Flötz *Theodor*, S. v. Bochum, Z. Ver. Morgenstern S. v. Witten (Göppert), Z. Friedr. Wilhelm S. v. Dortmund, Westphalia b. Dortmund, Z. Margaretha b. Aplerbeck.
20. „ *muricata* Schl. sp. — Z. Pauline b. Werden, Z. Adolph b. Blankenstein O. v. Hattingen, Z. Germania b. Dortmund.
21. „ *nervosa* Bgt. — Z. Hibernia, Z. Carls Glück W. v. Dortmund.
22. „ *macilenta* Lindl. — Z. Hibernia NO. v. Essen.
23. „ *irregularis* St. — Z. Curl b. Camen, NO. v. Dortmund.
24. „ *Hoeninghausi* Bgt. — Nach Brongniart bei Werden. — Z. Poertingssiepen b. Werden, Z. Adolph b. Blankenstein O. v. Hattingen, Altendorf b. Steele (Andrae), Z. Westphalia b. Dortmund.
25. „ *distans* St. — Z. Mathias NW. v. Essen, Z. Ilandsbraut SO. v. Werden.
26. „ *Bronni* Gutb. — Z. Hibernia.
27. „ *coralloides* Gutb. — Z. Ver. Morgenstern b. Herbede a. d. Ruhr im Hangenden des Fl. *Morgenstern*, Z. Präsident b. Bochum, Z. Wittwe b. Barop SW. v. Dortmund.
28. *Hymenophyllites furcatus* Bgt. sp. — Z. Hibernia (!) NO. v. Essen.
29. „ *stipulatus* Gutb. — Z. Hibernia (!), Z. Curl (!) b. Camen.
30. *Schizopteris Lactuca* Presl. — Z. Hibernia (!).
31. *Odontopteris britannica* Gutb. — Z. Curl b. Camen.
32. *Neuropteris Loshi* Bgt. incl. *Cyclopteris trichomanoides* Bgt. — Z. Hibernia (!), Z. Präsident b. Bochum.

33. *Neuropteris flexuosa* Bgt. — Nieder Wenigen W. v. Hattingen, Z. Germania W. v. Dortmund.
34. „ *gigantea* St. — Z. Hibernia, Z. Hasenwinkel Rev. Dahlhausen (Göppert).
35. „ *tenuifolia* Schl. — Z. Präsident b. Bochum, Z. Margaretha b. Aplerbeck SO. v. Dortmund.
36. „ *acutifolia* Bgt. — Z. Hibernia (!).
37. *Dictyopteris neuropteroides* Gutb. — Z. Dorstfeld W. v. Dortmund.
38. *Lonchopteris rugosa* Bgt. — Z. Vollmond b. Bochum, Z. Wittwe b. Barop (Andrae).
39. „ *Roehli* Andrae. — Z. Hibernia (Andrae).
40. *Cyatheites arborescens* Schl. sp. — Z. Wittwe b. Barop SW. v. Dortmund.
41. „ *plumosus* Artis sp. — Z. Dorstfeld W. v. Dortmund.
42. „ *Miltoni* Artis sp. — Z. Dorstfeld.
43. *Alethopteris pteroides* Bgt. sp. — Z. Hibernia bei Gelsenkirchen.
44. „ *lonchitidis* St. — Gegend von Oberhausen u. Werden, Z. Schamrock b. Herne N. v. Bochum, Z. Ver. Morgenstern S. v. Witten (Göppert), Z. Wittwe b. Barop, Z. Friedericka SO. v. Bochum, Z. Margaretha, Z. Curl b. Camen.

e. Familie *Lycopodiaceae*. Bärlappe.

45. *Lycopodites selaginoides* St. — Z. Hibernia b. Gelsenkirchen (!). Z. Curl b. Camen (!).
46. „ *polyphyllus* Röm. sp. — Z. Langenbrahm a. d. Ruhr NO v. Werden.
47. *Selaginites Erdmanni* Germ. — Z. Curl b. Camen (!).
48. *Sagenaria Veltheimiana* St. sp. incl. *Stigmaria ficoides Var. inaequalis* Gö. und *Ulodendron majus Aut.* z. Th. — Z. Reher Dickebank, Hinsbeck u. Ilandsbraut SO. v. Werden, Z. Westphalia b. Dortmund, im Sandsteine der Bausohle b. d. letzten Flötz d. mittl. Abth. d. Z. Dorstfeld b. Dortmund.
49. „ *dichotoma* St. incl. *Sag. Goeppertiana* St. = *Lepidod. crenatum* Gö. — Z. Nottekampsbank SO. v. Essen, 9 Fuss Fl., Z. Hibernia, Z. Präsident b. Bochum, Z. Freiberg (Mark) b. Aplerbeck, Z. Wittwe b. Barop, Z. Bickefeld O. v. Hoerde.
50. „ *rimosa* St. — Z. Sellerbeck NO. v. Mülheim, Z. Nottekampsbank SO. v. Essen, 9 Fuss Fl., Z. Schölerpad, Röttgersbank u. Bruchkamp b. Essen, Z. Reher Dickebank u. Hinsbeck SO. v. Werden, Z. Pörtingssiepen NO. v. Werden.
51. „ *elegans* Bgt. — 9 Fuss Fl. auf Nottekampsbank b. Essen, Z. Präsident b. Bochum.
52. „ *caudata* Presl. — Z. Mark (Freiberg) b. Aplerbeck.
53. „ *aculeata* St. — 4 Fuss Bank. Z. Kunstwerk, 9 Fuss Bank, Z. Nottekampsbank u. Z. Bruchkamp b. Essen, Pörtingssiepen NO. v. Werden, Z. Freier Vogel u. Unverhofft Glück, sowie Fl. Carlsbank b. Hörde u. Schwarzer Adler b. Dilldorf (Göppert).
54. „ *crenata* (?) St. — Kupferdreh a. d. Ruhr, Kupferwiese S. v. Werden, Z. Dorstfeld b. Dortmund.
55. „ *obovata* (?) St. — Z. Hibernia b. Gelsenkirchen, Z. Dorstfeld u. Z. Schleswig-Holstein O. v. Dortmund, Z. Bickefeld O. v. Hörde.
56. *Lepidodendron laricinum* St. — Stamm im Sandstein b. Hattingen, Z. Friedr. Wilhelm S. v. Dortmund (Göppert), Z. Dorstfeld b. Dortmund.
57. *Cardiocarpon emarginatum* Gö. u. Berger. — Z. Präsident b. Bochum.
58. „ *Gutbieri* Gein. — Z. Germania b. Dortmund.
59. *Lepidostrobus*, 31 Zoll lang, 2,5 Zoll breit. — Z. Hibernia in d. Samml. d. Herrn Hauptmann v. Röhl.
60. *Ulodendron majus* St. (wohl meist zu *Sagenaria Veltheimiana* gehörend.) — Z. Ver. General u. Erbstolln im Hangenden d. Fl. *Wilhelm*, Z. Friedr. Wilhelm S. v. Dortmund, Z. Präsident b. Bochum im Hang. d. Fl. *Präsident*, Z. Ver. Engelsburg d. Rev. Stalleiken (nach Göppert).
61. *Ulodendron ellipticum* St. — Z. Curl b. Camen.
62. *Halonia punctata* Lindl. sp. — Gegend v. Werden.
63. *Aspidiaria undulata* St. — Z. Nottekampsbank b. Essen 9 Fuss Fl., Kunstwerk b. Essen 4 Fuss Fl., Z. Nachtigall b. Witten, Tiefbau u. s. w.
64. „ *Steinbecki* Gö. incl. *Asp. Mileckii* Gö. — Z. Hibernia, Z. Präsident b. Bochum, Z. Mark (Freiberg) b. Aplerbeck.

f. Familie *Sigillaricae*. Siegelbäume.

65. *Sigillaria Brardi* (?) Bgt. (vielleicht zu *S. elegans* gehörend). — Z. Bruchkamp b. Essen.
66. „ *tesselata* Bgt. (vielleicht theilweise zur folgenden Art gehörend). — Z. Germania b. Dortmund, Z. Margaretha b. Aplerbeck, Z. Hamburg u. Theresia b. Witten.
67. „ *elegans* Bgt. incl. *S. hexagona* Bgt. — Nach Brongniart b. Hattingen. Z. Sellerbeck NO. v. Mülheim a. d. Ruhr, 9 Fuss Fl. auf Nottekampsbank u. Z. Steingatt b. Essen, Fl. *Trotz* b. Bredeney, Z. Preutenborbeckssiepen b. Essen. Z. Pörtingssiepen b. Werden.

68. *Sigillaria Dournaisi* Bgt. — Z. Dorstfeld b. Dortmund, Z. Schleswig-Holstein O. v. Dortmund in der Kohle selbst.
69. „ *notata* Bgt. — 9 Fuss Flötz auf Nottekampsbank b. Essen.
70. „ *mammillaris* (?) Bgt. — Z. Bruchkamp b. Essen, Z. Hannibal N. v. Bochum, Z. Dorstfeld, Z. Theresia b. Witten.
71. „ *Sauli* Bgt. — Z. Hasenwinkel u. Himmelskroner Erbstolln Rev. Dahlhausen am Maschinensch. (Göppert).
72. „ *subrotunda* Bgt. — Z. Steingatt O. v. Werden am linken Ruhrufer.
73. „ *Cortei* Bgt. — Nach Brongniart auf Z. Kunstwerk b. Essen. — Z. Elisabeth b. Essen, Z. Dorstfeld b. Dortmund.
74. „ *intermedia* Bgt. — 9 Fuss Fl. d. Z. Nottekampsbank SO. v. Essen, Z. Schleswig-Holstein u. 4 Fuss Fl. d. Z. Kunstwerk O. v. Dortmund.
75. „ *alternans* St. — 9 Fuss Fl. auf Nottekampsbank, 4 Fuss Fl. auf Kunstwerk SO. v. Essen.
76. „ *distans* Gein. — Z. Zollverein b. Essen, Z. Curl b. Camen NO. v. Dortmund, Z. Schleswig-Holstein O. v. Dortmund, Z. Margaretha b. Aplerbeck.
77. „ *cyclostigma* Bgt. — Z. Nottekampsbank b. Essen, 9 Fuss Fl.
78. *Stigmaria ficoides* Bgt.
   a) *Var. vulgaris* Göpp. — Z. Langenbrahm NO. v. Werden, Hauptfl. *Trotz I*, Z. Schleswig-Holstein etc.
   b) *Var. minor* Gein. — Z. Preutenborbecksiepen SW. v. Werden, Z. Hagenbeck b. Essen etc.
   c) *Var. undulata* Gö. — Z. Schleswig-Holstein, Z. Birkefeld O. v. Hörde.
79. *Carpolithes coniformis* Gö. — Z. Forelle, Louise u. a. bei Brünninghausen S. v. Dortmund (Göppert).

g. Familie *Noeggerathieae.*

80. *Cordaites borassifolius* St. sp. — Wulf's Eisensteinzeche S. v. Werden.
81. „ *principalis* Germ. sp. — Z. Zollverein b. Essen.
82. *Artisia transversa* St. (Achse eines *Cordaites.*) — Z. Wilhelmine Rev. Brünninghausen S. v. Dortmund u. Z. Ver. Engelsburg Rev. Stalleiken im Hangenden d. Fl. *Anna Maria* (Göppert).
83. *Noeggerathia palmaeformis* Gö. — Z. Zollverein b. Essen, Z. Curl b. Camen, Z. Bickefeld b. Hörde.
84. „ *crassa* Gö. — Z. Zollverein b. Essen u. Z. Curl b. Camen.
85. *Jordania* sp. (Vgl. *Carpolithes macropterus Corda*) — Z. Hoffnung b. Werden.

Unter diesen Pflanzen gehören in Sachsen Nr. 4, 25, 46, 48, 52 und 60 nur der ersten Zone oder der Culm-Flora an; Nr. 7, 11, 27 hat man hier nur in der zweiten Zone angetroffen, die auch in Westphalen reich an Sigillarien und Lycopodiaceen ist. Der fünften Zone in Sachsen kommen ausser anderen ausschliesslich die unter Nr. 10, 13, 29, 36, 45, 47, 76, 84 aufgeführten Arten zu, was auch den Lagerungsverhältnissen der Flötze in Westphalen sehr nahe entsprechen dürfte.

Sicher wird die Uebereinstimmung zwischen den verschiedenen Zonen der westphälischen Steinkohlenformation und unseren fünf Zonen durch eine Fortsetzung der kaum begonnenen paläontologischen Untersuchungen hierüber bald weit klarer hervorleuchten, als das gegenwärtig noch möglich ist. —

Ein Steinkohlengebirge, welches so bedeutende, schon beschriebene Veränderungen in seiner ursprünglichen Lagerung erfahren hat, wie dies gerade in Westphalen der Fall ist, kann selbstverständlich auch nicht frei von sogenannten Verwerfungen sein. Mehre derselben sind namentlich im Gebiete der südlichen Hauptmulde auf unserer Uebersichtskarte durch punctirte Linien bezeichnet worden. Man kennt in Westphalen Verwerfungen, deren saigere Sprunghöhe, auch nach Mittheilungen des Herrn Obergrath Küper in Dortmund über 120 Lachter beträgt. Nähere Mittheilungen über deren Vorkommen und Verhältnisse finden wir in Herrn Lottner's oft citirter Schrift S. 124—131.

Die ganze Reihe von marinen Ablagerungen, welche man gewohnt ist, zwischen der Steinkohlenformation und der Kreideformation auftreten zu sehen, also die Gebilde der Dyas, Trias und Juraformation sind in diesem grossen Becken nicht bekannt, woraus man schliessen darf, dass dieser ganze Landstrich während ihrer Ablagerung in anderen, selbst nahe gelegenen Gegenden Festland gewesen und erst durch die marinen Gewässer der Kreidezeit abermals inundirt worden ist. Der Schlüssel hierfür liegt vielleicht in der Erhebung jener noch wenig gekannten Eruptivgesteine der mesozoischen Periode, denen man erst in der neuesten Zeit eine grössere Aufmerksamkeit zugewendet hat[1]), wodurch die allgemeinen Niveauverhältnisse in Deutschland abermals eine bedeutende Umänderung erlitten haben mögen.

Wir haben hier noch der Kreideformation oder des sogenannten Mergelgebirges als Decke der dortigen Steinkohlenformation zu gedenken. Dieselbe ist am eingehendsten durch Dr. Ferd. Römer (die Kreidebildungen Westphalens, 1854) beschrieben worden. Man unterscheidet in derselben, von unten nach oben fortschreitend:

1) Den Grünsand von Essen, ein Aequivalent für den unteren Quader in Sachsen und für die sogenannte Tourtia in Belgien. Römer bezeichnet denselben in den Umgebungen von Essen, wie namentlich in den Steinbrüchen von Frohnhausen, als einen braungrauen groben Sandmergel, der aus Quarzkörnern, dunkelgrünen Glaukonitkörnern, gerundeten oder eckigen Stücken von braunem Thoneisenstein (sogenanntem Bohnerz) und einem meist lockeren, die übrigen Gemengtheile umhüllenden kalkigen Bindemittel besteht. In manchen Lagen nehmen die Bruchstücke von Thoneisenstein an Grösse und Häufigkeit zu, wodurch das Gestein ein conglomerat- oder breccienartiges Ansehen erhält. Auch kommen darin wohl einzelne 3 bis 6 Zoll starke feste Zwischenmittel vor, in denen das sonst lockere kalkige Bindemittel compact und steinartig geworden ist. Durch Verwitterung nimmt das Gestein den Charakter eines schmutzig gelb- oder braun-gefärbten Sandlagers von geringer Festigkeit an, welches die Arbeiter oft auch als „rothen Sand" bezeichnen.

Diese ganze, an charakteristischen Versteinerungen oft sehr reiche Bildung liegt dem Kohlengebirge in der Art abweichend auf, dass sie die Unebenheiten der Schichtenköpfe des Kohlengebirges ausfüllt und zugleich mit einer der Abdachung der Oberfläche des Kohlengebirges entsprechenden sanften Neigung (2° — 5°) gegen Norden einfällt. Von einer frischeren und festeren Beschaffenheit und mit einer lebhafter grünen Färbung, als in jenen Steinbrüchen bei Essen, tritt dieser Grünsand in den verschiedenen Schächten der Umgebungen von Essen auf, namentlich denen der Kohlenzechen Donau Glück, Graf Beust, Ernestine, Elise, Joachim, Mathias, Helene und Amalie, Sälzer und Neuack, Schölerpad, Hagenbeck, Wolfsbeck, Neuwesel, Carolus Magnus u. s. w., wo er zumeist von einer schützenden Plänerdecke überlagert wird.

Römer hat die Verbreitung des Essener Grünsandes längs der ganzen Südgrenze der dortigen Kreideformation aus der Gegend von Mülheim an der Ruhr bis in die Nähe des Teutoburger Waldes, wenn auch zum Theil mit einem etwas veränderten petrographischen Charakter, verfolgen können.

Wir ersehen aus Lottner's Mittheilungen, dass der Grünsand von Essen wohl stellenweise wasserdicht sei, in den überwiegenden Fällen hingegen mit Wassern erfüllt ist, deren Masse oft dem Schachtabteufen noch in der letzten Zeit vor Erreichung der Grenze des Kohlengebirges erhebliche Schwierigkeiten bereite.

2) Wie dem unteren Quader Sachsens die unteren Pläner des Elbthales unmittelbar folgen, so ist auch der Grünsand von Essen durch jene vorherrschend bläulich-grauen bis weisslichen kalkigen Thonmergel des unteren Pläners bedeckt, welche in beiden Ländern durch das häufige Vorkommen des *Inoceramus labiatus* Schl. (= *I. mytiloides* Sow.) besonders ausgezeichnet sind. Nach F. Römer liefert dieser an der Luft leicht zerfallende Mergel besonders in den Umgebungen von Essen einen sehr fruchtbaren Ackergrund, während dies Gestein in seiner Forterstreckung gegen Osten immer mehr an Festigkeit gewinnt, bis es in der Nähe von Paderborn in seinem oberen Theile in einen weissen, compacten, ja zum Theil beim Anschlagen mit dem Hammer klingenden dünnplattigen Kalkstein übergeht, der einen

[1]) v. Richthofen: geogn. Beschreibung der Umgegend von Predazzo, St. Cassian und der Seisser Alpe in Sud-Tyrol. Gotha, 1864.

B. v. Cotta: Alter der granitischen Gesteine von Predazzo und Monzon in Süd-Tyrol. (Leonhard und Geinitz, Jahrb. 1863. S. 16 u. f.)

Preisaufgabe aus der Geologie, ausgeschrieben am 30. Mai 1864 von der k. Akad. d. Wiss. in Wien. (Leonh. und Gein. Jahrb. 1864. S. 640.)

sterilen und steinigen Boden liefert. In seinen unteren Theilen besteht dies Gestein aus den lockeren blaugrauen Thonmergeln, die auch in Sachsen und Böhmen den Plänerkalk von den oberen Schichten des unteren Pläners zu trennen pflegen.

Im Gebiete des Pläners tritt zunächst in der Gegend von Bochum eine zweite Grünsandlage hervor, welche F. Römer als ein schmutzig-grünes Gestein beschreibt, das aus Körnern von Glaukonit, Quarz und einem thonig-kalkigen Bindemittel besteht. Die Mächtigkeit dieses Grünsandes schwankt zwischen 2 bis 11 Lachter. Derselbe theilt sich zuweilen auch in mehrere Lagen, ohne dass sich die letzteren als beständig oder durch eigenthümliche organische Reste charakterisirt verfolgen liessen.

So hat unter anderen der NW. von Bochum gelegene Schacht der Zeche Hannibal nachstehende Reihenfolge der Schichten gezeigt:

1) 6 Fuss Tagegebirge, d. i. Dammerde, Lehm u. s. w.
2) 10½ „ Diluvialkies.
3) Blaue Mergel mit grossen Ammoniten (*A. peramplus*, *Naut. elegans* u. s. w.) } 32 Lachter.
4) Grünsandlager, zum Theil sehr fest, 5 Lachter mächtig, } 32 Lachter.
5) Blaue Mergel, } 32 Lachter.
6) Grünsandmergel, lebhaft grün gefärbt.
7) Weisser Plänerkalk mit Inoceramen und grossen Ammoniten, 7 Lachter.
8) Grünsand, 1 Lachter. (Nach F. Römer.)

3) Der jüngsten oder senonen Etage der Kreideformation gehören die mannigfach thonig-kalkigen und sandigen Bildungen an, welche die eben beschriebenen turonen Ablagerungen dieser Formation bedecken. Von diesen unterscheidet Römer eine untere, thonig-kalkige und eine obere, sandige Abtheilung. Die Gesteine der ersteren bedecken einen grossen Theil des Münsterlandes und der Grafschaft Mark und es bietet besonders das 2 Stunden N. von Essen gelegene Dorf Osterfeld mannigfache Gelegenheit dar, sie zu studiren. Die dort vorherrschenden gelblich-weissen, ganz lockeren Kreidemergel werden von einem grünen glaukonitischen, lockeren Mergel unterlagert, womit die Region der oberen Kreide- oder Quadermergel in Deutschland meist zu beginnen pflegt. Gesteine dieser Abtheilung kommen auch N. von der Lippe, in der Hügelgruppe von Stromberg und Beckum, sowie in der Gegend zwischen der Ems und Werse, in der Hügelgruppe der Baumberge, sowie in der Hügelgruppe von Haldem und Lemförde vor.

Manche dieser Localitäten, wie namentlich Sendenhorst im Kreise Beckum (Regierungsbezirk Münster) und die Baumberge, haben durch die Auffindung zahlreicher wohlerhaltener fossiler Fische und Krebse eine Berühmtheit erlangt. Dr. v. d. Marck in Hamm und Dr. Schlüter haben diesen Thieren werthvolle Monographien[1]) gewidmet.

Von besonderem mineralogischen Interesse ist das Vorkommen von Strontianit in dem oberen Kreidemergel zwischen Hamm und Trennsteinfurth. Weisse Kalkmergel, welche der weissen Schreibkreide ähnlich sind, trifft man bei Ahaus, Stadtlohn, Südlohn, Wesecke und Oeding, im Norden von Dorsten, an.

Die obere sandige Ablagerung, oder der obere Quadersandstein und Quadersand, bildet die ansehnliche Hügelgruppe der Haard, zwischen Recklinghausen und Haltern, der hohen Mark und der Borkenberge, NW. von Haltern. Sie enthält zum Theil ganz dieselben Versteinerungen, welche im oberen Quadersandsteine der sächsischen Schweiz, sowie unweit Görlitz gefunden werden.

Die hier genannten Schichten der Kreideformation spielen bei Schachtanlagen, welche dieselben zu durchschneiden haben, ehe man in das Steinkohlengebirge gelangt, wegen ihres oft sehr bedeutenden Wassergehaltes eine wichtige Rolle. Der Wasserführung des Grünsandes von Essen ist schon gedacht

[1]) v. d. Marck: Fossile Fische, Krebse und Pflanzen aus dem Plattenkalke der jüngsten Kreide in Westphalen. (*Palaeontographica*, XI. 1. 2.)

Cl. Schlüter: Die makruren Decapoden der Senon- und Cenomanbildungen Westphalens. (Zeitschrift der deutschen geol. Ges. XIV.)

worden; es macht aber namentlich auch die grosse Zerklüftung des Pläners denselben den Wassern leicht zugänglich und erschwert so die Herstellung der Schächte, welche zugleich nicht selten Wasserentziehungen aus den Behältern der Oberfläche in Entfernungen von einer halben Stunde und mehr zur Folge hat. Indessen ist, nach Lottner, nicht das ganze Gebiet des Pläners mit Wasser durchtränkt, sondern die Wassermassen bleiben auf einzelne Theile des Gebietes beschränkt. (Nach Lottner.)

Zur Sicherung vor Wasserandrang soll daher vorschriftsmässig unter dem Mergelgebirge ein Pfeiler von 10 Lachter Höhe unverritzt stehen bleiben, doch kommt man dieser Bestimmung nicht immer wirklich nach, wofern die über dem Kohlengebirge lagernden Schichten sich als weniger wasserführend herausgestellt haben. Den Wasserandrang zu verhüten, soll ferner der Schacht durch das Mergelgebirge hindurch ausgemauert und wasserdicht sein, indess begnügt man sich in der neueren Zeit zuweilen auch damit, nur an den wasserführenden Schichten des Mergelgebirges durch Einlegen von Eisenringen und Dichtung mit Cement das Abschneiden des Wassers zu bewirken. Wetterschächte brauchen vorschriftsmässig nur bis in das Kohlenflötz zu reichen, dagegen gilt für die Anlage von Förderschächten und Stolln die obige Vorschrift.

Fast alle aus dem Pläner und Grünsande stammenden Wasser und Quellen sind salzhaltig. Zuweilen steigt der Salzgehalt einzelner Quellen so hoch, dass dieselben als Soolen verarbeitet oder doch zu Bädern benutzt werden können. Es scheint, als ob der Salzgehalt dieser Wasser nach Osten hin zunehme und mit ihm die Zahl der zur Verarbeitung geeigneten Soolquellen, über welche eine Schrift von Huyssen: „die Soolquellen des westphälischen Kreidegebirges, Berlin 1856,“ (Zeitschr. d. deutsch. geol. Ges. Bd. VII) die gewünschte Auskunft ertheilt. Für den Betrieb der Gruben ist der Salzgehalt der Wässer ausserordentlich belästigend bei Speisung der Dampfkessel, in denen nach und nach eine Concentration und demnächst eine Ausscheidung von Salz eintritt. (Nach Lottner.)

Ueber einen grossen Theil des flachen Gebietes der Kreideformation verbreiten sich noch diluviale Schichten und Alluvial-Bildungen, die auf der von Dechen'schen Karte gleichfalls Berücksichtigung erfahren haben. Die ersteren ebenen einzelne Vertiefungen im Gebiete der Kreideformation in einer ähnlichen Weise ein, wie der Grünsand von Essen sich gegen die Auswaschungen des darunter lagernden Steinkohlengebirges verhielt. (Vgl. Lottner S. 45.)

Man bezeichnet jene diluvialen Schichten als Fliess, wenn sie aus feinem, sandigen, mit Wasser durchdrungenen Lehm bestehen und durch ihren Wassergehalt schwimmend werden; man nennt sie Grand, wenn sie aus Geschieben verschiedener Grösse gebildet sind. Dem Alluvium gehören die Raseneisenerze (Sumpferze, Wiesen- und Morasterze) an, welche vereinzelt dort vorkommen und zum Theil mit auf Eisen verhüttet werden.

Behufs des Abbaues der westphälischen Steinkohlenfelder benützt man Bremsberge, welche nach Mittheilungen des Herrn Director Bäumler zum Theil 90 Lachter Länge erreichen. Sie werden von den verschiedenen Hauptsohlen aus angelegt, deren senkrechte Entfernung von einander schon Taf. XVI bezeichnet worden ist. Das Kohlengebirge selbst ist an Wasser sehr arm; die zu dem Schutze der aus dem Kreidegebirge in dasselbe gelangenden Wasser anzuwendenden Vorsichtsmaassregeln sind früher hervorgehoben worden. Wir dürfen denselben hier nur noch hinzufügen, dass auch zwei benachbarte Grubenfelder durch Sicherheitspfeiler von jederseits 10 Lachter Breite getrennt werden müssen. Nur wenn sich die Besitzer jener angrenzenden Felder bezüglich der Wasserhaltung vereinen, ist ein einseitiger Sicherheitspfeiler von 10 Lachter Breite gestattet. Für den Abbau des Kohleneisensteins und anderer Eisensteine im westphälischen Steinkohlengebirge finden besondere Muthungen und Verleihungen statt.

2. Das Steinkohlengebirge bei Ibbenbüren.

(Hierzu Taf. XVII.)

Wir verdanken auch die sich hierauf beziehende Flötzkarte nebst Profilen dem kgl. Ober-Bergamte in Dortmund, während die nachfolgende gedrängte Darstellung einer ausführlichen und gründlichen Abhandlung „Geognostische Untersuchung der Umgegend von Ibbenbüren, von Herrn Heine in Dortmund" [1]) und zum Theil einer früheren gediegenen Arbeit des Herrn W. v. Velsen entnommen worden ist, die sich in den Acten des westphälischen Oberbergamts von 1854 niedergelegt findet. Mittheilungen, die sich auf die Beschaffenheit der dortigen Kohlenflötze beziehen, wurden uns durch Herrn Bergdirector Bäumler in Dortmund ertheilt. Eine grössere Anzahl organischer Ueberreste aus diesem Steinkohlengebirge hatte der Verfasser Gelegenheit, in den schönen Sammlungen des Herrn Hauptmann von Röhl, damals noch in Hamm, zu untersuchen.

Das Ibbenbürener Kohlengebirge, dessen Längen- und Breiten-Ausdehnung auf Taf. XVII genau bezeichnet ist, bildet ein Plateau von ellipsoidischem Umrisse, das sich in seinen höchsten Puncten circa 300 Fuss über die Ebene erhebt. Gegen Nord, West und Süd steigt es unmittelbar aus dieser empor, gegen Ost dagegen hängt es, wiewohl noch immer scharf hervortretend, mit dem Osnabrücker Hügellande zusammen, welches den westlichen Theil des Zwischenraumes zwischen der Weserkette und dem Teutoburger Walde ausfüllt. In seiner gesammten Ausdehnung erscheint dieses Kohlengebirge als eine durch zahlreiche Spalten senkrecht zertrennte Platte mit einseitigem, vorherrschend nördlichem und flachen Schichteneinfall, die von einer ursprünglich weit grösseren Fläche losgerissen und über jüngere Gebirgsschichten emporgeschoben worden ist. Glieder der Dyas, der Trias, jurassischer Formationen, sowie auch tertiäre Schichten lehnen sich mit stark verschobenen Schichten daran an. Herr Heine schildert die Lagerung dieser Gebirgsglieder als äusserst complicirt, da namentlich in der unmittelbaren Umgebung des Kohlengebirges meist nur abgerissene Stücke der verschiedenen Formationen in so mannigfachem Wechsel an die Oberfläche treten, dass man dieselben kaum unterscheiden kann, ohne die Beobachtungen auf einen grösseren Gesichtskreis auszudehnen.

Indem wir bezüglich dieser jüngeren Gebilde auf Heines treffliche Abhandlung verweisen müssen, wenden wir uns dem Steinkohlengebirge specieller zu, dessen Zusammensetzung und Lagerung gerade durch v. Velsen eingehend beschrieben worden ist. Seiner zuerst geltend gemachten und später auch von Anderen als richtig anerkannten Ansicht, wonach die obersten, östlich von Mettingen auftretenden, unbauwürdigen Flötze im Hangenden des *Franzflötzes* nicht zu der eigentlichen Steinkohlenformation gezogen, sondern vielmehr mit dem Rothliegenden oder der Dyas vereiniget werden, ist sowohl auf der Flötzkarte als in den Profilen Rechnung getragen worden. Organische Ueberreste, welche diese Ansicht noch weiter begründen könnten, scheinen bis jetzt noch nicht in ihrer Nähe gefunden worden zu sein.

Die untere kohlenführende Etage von Ibbenbüren wird, abgesehen von den Steinkohlenflötzen, von meist hellgrau gefärbten Conglomeraten und Sandstein zusammengesetzt, gegen welche die in der Regel nur in der unmittelbaren Umgebung der Kohlenflötze vorkommenden, gewöhnlich sehr sandigen und glimmerreichen Schieferthone fast gänzlich zurücktreten. Erst im Liegenden des Glücksburger Flötzes scheint diese Zusammensetzung sich der durch vorwaltenden reineren Schieferthon ausgezeichneten und in dem Ruhrbassin herrschenden Regel zu nähern, wie dies die mit dem 11zölligen im Felde des von der Heydt-Schachtes im Liegenden des *Glücksburger Flötzes* angesetzten 150 Lachter tiefen Bohrloche gemachten Erfahrungen darthun. „Wenn, was gar nicht wahrscheinlich," fährt Herr Heine fort, „ein ursprünglicher Zusammenhang zwischen diesen beiden Ablagerungen bestehen sollte, so würde die Ibbenbürener Partie die hangendste, in jener Gegend noch nicht aufgeschlossene Abtheilung der Steinkohlenformation bilden."

Folgende in der Sammlung des Herrn von Röhl in Hamm befindlichen Pflanzen aus der Steinkohlenformation von Ibbenbüren können zur Entscheidung dieser Frage vielleicht einen Beitrag liefern: *Calamites cannaeformis* Schl., *C. Cisti* Bgt., *C. approximatus* Schl., *Equisetites infundibuliformis* Br. (im thonigen Sphärosiderit), *Sphenophyllum emarginatum* Bgt., *Sphenopteris coralloides* Gutb., *Neuropteris acutifolia* Bgt., *N. flexuosa* (?) Bgt., *N. Loshi* Bgt. mit *Cyclopteris trichomanoides* Bgt., *Dictyopteris Brongniarti* Gutb. und *D. Hoffmanni* F. A. Röm., *Cyatheites arborescens* Schl., *C. Candolleaneus* Bgt., *Alethopteris lonchitidis* St., *Sagenaria obovata* St. (im gelblich-weissen Kohlen-

[1]) Zeitschrift der deutschen geolog. Ges. in Berlin. XIII. 1861. — Auch in Verhandl. des naturh. Vereins der preuss. Rheinlande u. Westphalens. 19. Jahrg. p. 107—211. Bonn, 1862.

sandstein), *Sigillaria cyclostigma* Bgt. (in der Kohle des Flötzes *Flottwell*, des Beust-Schachtes und nach A. Römer auf dem Alexander-Flötze bei Ibbenbüren), *Sig. oculata* Schl. (*orbicularis*), *Stigmaria ficoides* Bgt., besonders im Liegenden des Glücksburger Flötzes, der als *Artisia* beschriebene Markcylinder und jener in vielen Kohlengruben Deutschlands, Irlands und wahrscheinlich auch Amerikas nicht seltene Blattpilz, Gyromyces Ammonis Gö.

Unter diesen Pflanzen sind allerdings die gesperrt gedruckten Arten einer der beiden obersten Zonen der Steinkohlenformation vorzugsweise eigen, auch kommen andere, wie *Sphenophyllum emarginatum*, *Calamites approximatus* und *Cyatheites arborescens* darin weit häufiger vor, als in tieferen Zonen, während *Sphenopteris coralloides* und die *Sigillarien* gerade in den letzteren gewöhnlicher sind. Sicher werden auch hier fortgesetzte Untersuchungen gerade nach dieser Richtung hin die noch zu wünschende weitere Aufklärung bringen.

Ob man einen directen Zusammenhang zwischen dieser Kohlenablagerung im nördlichen Westphalen mit dem südlichen Hauptkohlenbecken Westphalens jemals nachweisen wird, scheint nach den früheren Erörterungen über die Entstehung von Kohlenlagern weniger wahrscheinlich, dennoch aber wird man hier wohl von einem nördlichen Gegenflügel sprechen können, welcher wegen der grösseren Tiefe des ganzen westphälischen Beckens in seinen mittleren Theilen zwar schon ursprünglich von dem südlich gelegenen Flügel getrennt, doch gleichzeitig mit diesem zur Entwickelung gelangt sein mag.

In der oberen zur Dyas gehörenden Etage kommen (nach Heine) ausser Sandsteinen und Conglomeraten, welche von denen des kohlenführenden Systems wenig abweichen, durch Wechsellagerung mit jenen verbundene feinkörnige, gewöhnlich thonige, an der Luft verhärtende, röthlich, gelb-grau bis grünlich-grau gefärbte Sandsteine vor, die namentlich bei Mettingen durch Steinbrüche aufgeschlossen sind. In Verbindung mit diesen Schichten finden sich vielfach durch Bohrlöcher, Steinbrüche, Brunnen und natürliche Aufschlüsse bekannte, kirschroth gefärbte, fettig anzufühlende Schieferletten und Schieferthone, letztere oft auch blauroth mit gelbgrauen Flecken und Streifen, ähnlich wie bei den bunten Mergeln des Keupers und bunten Sandsteins. Das Liegende dieser Schichtenfolge bildet überall, wie von Velsen näher angibt, ein gelber, fettig anzufühlender Letten, von bedeutender Mächtigkeit. —

' Nach Heine's Darstellung bietet das Kohlengebirge von Ibbenbüren in seinem Innern überall das Bild einer im starren Zustande zerrissenen Masse. Eine grosse Anzahl bedeutender steil meist nach Ost, seltener nach West einfallender Verwerfungen, von unzähligen kleineren begleitet, ist schon durch den Bergbau aufgeschlossen worden und es ist nicht zu bezweifeln, dass, wenn nicht alle, so doch der grösste Theil der meist der kleinen Achse des im Ganzen ellipsoidisch gestalteten Gebirgskörpers parallel laufenden tief eingeschnittenen Thalschluchten die Lage von grösseren Dislocationsspalten schon auf der Oberfläche anzeigt, wie dies die Erfahrung bei vielen derselben schon gelehrt hat. Es ist augenscheinlich, fährt Heine fort, dass die bedeutenderen dieser Verwerfungen im Vereine mit den die Bergplatte nach aussen begrenzenden ein System sich rechtwinkelig kreuzender Spalten bilden, deren gleichzeitige Entstehung sowohl hierdurch als auch durch alle übrigen dort zu beobachtenden geologischen Thatsachen erwiesen wird und mit den Ereignissen zusammenfällt, denen das von der Weserkette und dem Teutoburger Walde eingeschlossene Hügelland überhaupt sein Dasein verdankt. Das Kohlengebirge selbst ist durch dieses Spaltennetz in viele kleinere und grössere Stücke zertrümmert worden, welche je nach der Verschiedenheit ihrer gegenseitigen, durch jene Katastrophen herbeigeführten Lage auch Unterschiede in der Richtung und Neigung der Schichten zeigen.

Unser Gewährsmann weist endlich nach, dass die Ereignisse, denen die äusserst gestörte Lagerung, welche sämmtliche in diesem Gebiete auftretenden Formationsglieder mit einander gemein haben, erst in einer Periode stattgefunden haben, in welcher die Schichten der Juraformation schon vollständig erhärtet waren.

Man unterscheidet in der Steinkohlenformation von Ibbenbüren folgende Flötze, die von unten nach oben geordnet sind[1]):

---

[1]) Vgl. auch Castendyck, geogn. Skizze aus d. nordwestl. Deutschland, in Lonhard u. Bronn's Jahrb. 1853. p. 31.

1) Flötz *Dreckbank*, 12—15" mächtig;
2) ein Flötzchen, 9" mächtig;
3) Flötz *Bentinksbank*, 12—28" mächtig;
4) *Glücksburger Flötz*, 36—40" mächtig;
5) ein Flötzchen, $2^1/_2$—3" mächtig;
6) *Dickenberger Flötz*, 56—58" mächtig, incl. 38—45" Bergmittel, die es in mehre Lagen trennen;
7) *Alexander-Flötz*, 44—46" mächtig, von dem durch Brandschiefer einige schwache Kohlenschichten abgezweigt werden;
8) *Flottwell-Flötze*, und zwar:
   Flottwell-Nebenflötz, 12—26" m., darüber ein Gesteinsmittel von 34—210" mächtigem Schieferthon;
   Flottwell-Hauptflötz, 100—106" m., jedoch durch Brandschiefer in eine grössere Anzahl von Schichten getheilt, ähnlich dem Schichtenkohlflötze bei Zwickau;
9) Flötz *Franz*, 16—20" mächtig.

Das mächtigste und zugleich reinste dieser Kohlenflötze ist das Glücksburger Flötz. Dasselbe enthält in seinen westlichen Theilen in der Nähe des Schachtes Pommer Esche meist eine magere Kohle, während dieselbe nördlich von Ibbenbüren und von da an in östlicher Richtung überall als Fettkohle auftritt. Umgekehrt hat man bei dem Flottwell-Nebenflötze magere Kohle vorwaltend in seiner östlichen, Fettkohle dagegen in seiner westlichen Erstreckung nachgewiesen.

Offenbar haben auf diese verschiedene Beschaffenheit der Kohlen in diesem Terrain die zahlreichen Risse und Verwerfungen, die es durchsetzen, wohl den grössten Einfluss ausgeübt, da die allmählige Entgasung der Kohlen durch diese befördert werden musste.

Dem Absatze der Ibbenbürener Steinkohlen ist die an dem südlichen Rande dieses Plateaus fortlaufende Eisenbahn von Rheine nach Osnabrück günstig. —

Wie uns die geognostische Karte des Herrn von Dechen, Section Tecklenburg, belehrt, fällt in die Verlängerung der Längsachse des Ibbenbürener Steinkohlengebirges der südöstlich von Osnabrück sich ausdehnende Bergzug des Hüggel. Derselbe bildet, wie schon von Anderen mehrfach gezeigt worden ist, auch in geologischer Beziehung den nächsten Anknüpfungspunct an jenes Terrain. Unter der Decke des Rothliegenden, welches den Hüggel zusammensetzt, hat man hiernach am Heidhorn bereits die wirkliche Steinkohlenformation nachgewiesen, wiewohl es bis jetzt noch nicht gelungen zu sein scheint, auch Steinkohlenflötze in ihr nachzuweisen. Dagegen ruhen an dem ganzen nördlichen Abhange des Hüggels auf dem Rothliegenden die Dolomite und Eisensteinlager der Zechsteinformation, deren Vorkommen nicht nur mit jenem an dem Südrande des Ibbenbürener Steinkohlengebirges, sondern auch mit dem bei Herges und an der Mommel am Südabhange des Thüringer Waldes grosse Aehnlichkeit haben dürfte.

3. Der Piesberg bei Osnabrück im Königreiche Hannover.

Ein weit höheres practisches Interesse als dieser kleine Gebirgszug beansprucht gegenwärtig der Piesberg eine Stunde nördlich von Osnabrück, dessen Steinkohlenbergbau, ebenso wie jener bei Ibbenbüren, bis in das 16. Jahrhundert zurückreichen soll. Derselbe bildet nach W. v. Velsen eine fast freiliegende, langgezogene Kuppe mit flachem Abfallen nach Nord, West und Süd, die sich bis zu 619 Fuss über dem Meere (= ca. 420′ über das Hasethal) erhebt und nur gegen Ost steil abgeschnitten ist. Bei einer Länge von 900 Lachter (in h. 7.) beträgt seine grösste Breite ca. 650 Lachter. Derselbe genaue Berichterstatter betrachtet den Piesberg als einen nach drei Seiten hin geschlossenen Sattel des Kohlengebirges, der nur gegen Ost durch eine Verwerfung geöffnet ist. Um ihn herum lagert bunter Sandstein, auf diesem Muschelkalk. Nach ihm besitzt das Kohlengebirge des Piesberges mit dem von Ibbenbüren sehr grosse Aehnlichkeit. Sandsteine und Conglomerate bilden auch hier den Hauptbestandtheil desselben, nur sind sie noch fester als dort und von einer mehr grauen Farbe. Gegen diese Gesteine treten auch hier die Schieferthone fast ganz zurück. Die hier gewonnenen Kohlen sind sehr fest und mager und zum Theil ein wirklicher Anthracit.

Die durch Herrn v. Velsen erwiesene Identität der Kohlenflötze am Piesberg mit denen bei Ibbenbüren basirt auf nachstehenden Vergleichen:

	Piesberg.	Ibbenbüren.
	Dammerde	—
$1^1/_2$ Ltr.	feinkörniger Sandstein	—
— „	$^1/_2$—3′ weissgrauer Sandschiefer	—
3 „	Sandstein.	
7 „	Conglomerat.	
20 „	Sandstein und Conglomerat wechselnd	—
	Flötz *Bänksgen*, 6″ m.	Flötz der (?) Dyas, 6—12″ mächtig.
3 „	Conglomerat.	
	Flötz *Johannisstein*, 30″ m.	Flötz *Franz*, 13—20″ m.
	Im Hangenden und Liegenden desselben Schiefer.	
12 „	Conglomerat	14—7 Ltr. Sandstein und Conglomerat.
	Flötz *Mittel*, 25″ m., sehr anthracitisch und durch Farrenabdrücke und Schiefermittel charakterisirt.	Flötz *Buchholz*, auf Schafberg ebenso charakterisirt.
3 „	feinkörniger Sandstein.	3—4 Ltr. Schieferthon (auf Schafberg).
	Flötz *Dreibänke*, aus 12″ Kohle, $1^1/_2$″ Schiefer, 24″ Kohle, 1″ Schiefer, 9″ Oberbank bestehend.	*Flottwell-Nebenflötz*, 22—24″ m.
20—30 Ltr.	Sandstein und Conglomerat, nicht ganz aufgeschlossen,	6—36 Ltr. Sandstein,
	$6^1/_2$″ Schiefer	2—3 „ Schieferthon.

Durch ein Bohrloch bekannt:

	Piesberg.	Ibbenbüren.
	Flötz *Zweibänke*, mit 21″ Oberbank, 4″ Kohle und 6″ Unterbank.	Flötz *Alexander*, 38—46″, incl. 17 bis 22″ Berge.
	3′ 5″ Schiefer	0,8—$1^1/_2$ Ltr. Schieferthon.
13 Ltr.	Sandstein und Conglomerat.	32 Ltr. Sandstein und Schieferthon.
	22″ Schiefer, 6″ Kohle, 62″ Schiefer	2—3″ Kohle. (Schafberg.)
$15^1/_2$ „	Sandstein mit etwas Schiefer	17,6 Ltr. Sandstein u. Schieferthon. (Schafberg.)
$2^3/_8$ „	Schiefer	$3^1/_2$ „ Sandstein. (Schafberg.)
	21″ Kohle	*Dickeberger Flötz* mit 9″—14″ Kohle. (Schafberg.)
$3^1/_3$ „	Schiefer	2,2 Ltr. Schieferthon u. Sandstein. (Schafberg.)
	22″ Kohle	2—3″ Kohle. (Schafberg.)

Ein noch specielleres Profil über die am Piesberge zu beobachtende Schichtenfolge hat auch F. Ad. Römer (Dunker und v. Meyer, *Palaeontographica*, Bd. IX. p. 15) nach den ihm von Herrn Pagenstecher jun. gewordenen Mittheilungen veröffentlicht:

	Schicht	Mächtigkeit
$42^3/_4$ Ltr.	a. Diluvialsand, 26 Ltr. mächtig (im Hasestolln-Mundloch).	
	b. Zerstörte Schichten mit Lehm	$5^2/_8$ Ltr.
	c. Schiefer	$1^1/_2$ „
	d. Sandstein	$^1/_2$ „
	e. Schiefer	4 „
	f. Schiefer (verwittert)	$^1/_8$ „
	g. Sandige Schiefer	2 „
	h. Sandstein in paralleler Absonderung	$^3/_8$ „
	i. Blaue Schiefer	3 „
28 Ltr.	k. Kohlensandstein	6 „
	l. Grobes Conglomerat	$4^1/_4$ „
	m. Kohlensandstein	$4^3/_4$ „
	n. Schiefer	$^1/_8$ „
	o. Kohlensandstein	$4^1/_8$ „
	p. Grobes Conglomerat	$1^1/_4$ „
	q. Flötz *Bänkchen* (hier leichte Schiefer, wegen einer Verwerfung, an anderen Stellen 4—8″ Kohle	$^1/_8$ „
	r. Schiefer	1 „
	s. Sandstein	6 „
	t. Conglomerat	1 „
	u. Flötz *Johannisstein*, durchschnittlich	— „ 30 Zoll.

Gruppe	Schicht	Ltr.	Zoll.
14 Ltr.	v. Kohlenschiefer	4	
	w. Kohlensandstein	4	
	x. Schiefer	4	
	y. Conglomerat	$4\frac{1}{4}$	
	z. Kohlenschiefer	$1\frac{1}{2}$	
	a′. Flötz *Mittel* (Auf der oberen Sohle des nördlichen Flügels 24″, in den tieferen Sohlen bis 15″ abnehmend.)	—	21
	b′. Schiefer	—	12
	c′. Sehr fester Sandstein mit kieseligem Bindemittel	$2\frac{7}{8}$	
	d′. Flötz *Dreibänke:*		
	1) Mildere Schiefer	—	9
	2) Oberbank	—	8—10
	3) Bergmittel	—	18
	4) Mittelbank	—	20—25
	5) Bergmittel	—	4—6
	6) Unterbank	—	16—18
$23\frac{1}{2}$ Ltr.	e′. Milde Kohlenschiefer	—	18
	f′. Schiefer	$3\frac{1}{2}$	—
	g′. Sandstein	$3\frac{1}{2}$	—
	h′. Schiefer	$1\frac{1}{2}$	—
	i′. Sandstein	$7\frac{1}{4}$	—
	k′. Conglomerat (sehr grob)	$2\frac{7}{8}$	—
	l′. Sandstein	$4\frac{5}{8}$	—
	m′. Flötz *Zweibänke* (fettere Kohle):		
	1) Oberbank	—	21
	2) Bergmittel	—	4
	3) Unterbank	—	6
$12\frac{3}{4}$ Ltr.	n′. Schiefer	$\frac{1}{2}$	—
	o′. Sandstein	$1\frac{1}{4}$	—
	p′. Conglomerat	$\frac{5}{8}$	—
	q′. Sandstein	$10\frac{1}{4}$	—
	r′. Schiefer	$\frac{1}{4}$	—
	s′. *Kohlenbänkchen*	—	6
$20\frac{5}{8}$ Ltr.	t′. Schiefer	$\frac{3}{4}$	—
	u′. Sandstein	$14\frac{7}{8}$	—
	v′. Schiefer	$\frac{1}{2}$	—
	w′. Sandstein	$\frac{1}{2}$	—
	x′. Schiefer	4	—
	y′. Flötz *Zwilling I*	—	21
	z′. Schiefer	3	—
	Flötz *Zwilling II*	—	22

Ueber das Vorkommen der organischen Ueberreste theilt Römer a. g. O. Folgendes mit:

Flötz *Bänkchen* hat noch keine Pflanzen geliefert.

Flötz *Johannisstein* enthält *Lepidodendren*, *Stigmarien* und ausschliesslich die *Sigillarien*, aber kaum Farren.

Flötz *Mittel* führt im Hangenden hauptsächlich *Neuropteris ovata* und *Annularia*, auch *Lepidodendren* und *Stigmarien*; *Dictyopteris Hoffmanni* kommt selten vor.

Das Hangende des Flötzes *Dreibänke* ist der reichste Fundort und kommen hier fast sämmtliche Farren, namentlich auch *Sphenopteris Höninghausi* und *Dictyopteris Hoffmanni* häufig vor; auch ein der *Blattina euglyptica* Germ. ähnlicher Insectenflügel hat sich hier gefunden.

Im Flötze *Zweibänke* sind bisher nur die auch in allen oberen Flötzen verbreiteten *Calamiten* und schilfartigen Blätter vorgekommen. Die Letzteren, welche Römer a. a. O. S. 46, tb. VIII. f. 18 als *Poacites longissimus* einführt, sind Blätter von Sigillarien. (G.)

Römer's Beschreibungen und Abbildungen aller ihm vom Piesberge bekannt gewordenen fossilen Pflanzenreste gestattet eine genauere Einsicht in dieselben, welche nach blossen Verzeichnissen natürlich nicht möglich sein würde. Wir geben von ihnen hier eine tabellarische Uebersicht, mit einigen kritischen Bemerkungen:

a) Familie *Equisetaceae* oder Schafthalme.

1. *Calamites Suckowi* Bgt. Piesberg und Flötz Flottwell bei Ibbenbüren.
2. „ *Cisti* Bgt. Flötz Dreibänke des Piesberges; Glücksburger Flötz bei Ibbenbüren.
3. „ *cannaeformis* Schl. Häufig.
4. „ *approximatus* Schl.

b) Familie *Asterophyllitae* oder Sternhalme.

5. *Asterophyllites longifolius* St.
6. „ *tenellus* R. und *Pinnularia capillacea* Lindl. sind Wurzelstücke eines Asterophylliten.
7. *Annularia longifolia* Bgt.
8. „ *sphenophylloides* Zenk.
9. *Sphenophyllum emarginatum* Bgt.
10. „ *Osnabrugense* Röm. — Wahrscheinlich nur eine kleinblätterige Abänderung des vorigen. (Vgl. Coemans u. Kickx, Mon. des *Sphenophyllum* d'Europe, Bruxelles, 1864. pl. 1. f. 3.)
11. „ *majus* Bgt.

c) Familie *Filices* oder Farren.

12. *Sphenopteris Hoeninghausi* Bgt. Häufig, aber gewöhnlich schlecht erhalten.
13. „ *Pagenstecheri* Röm.
14. „ *fascicularis* Röm.
15. „ *nervosa* Bgt.
16. „ *pusilla* Röm.
17. „ *integra* Germ.
18. „ *irregularis* St.
19. „ *pentaphylla* Röm. — Schliesst sich an die vorige (*Var. nummularia* Gutb.) an.
20. „ *coralloides* Gutb. — Diese Art kann kaum mit v. Gutbier's Species vereinigt werden.
21. „ *dissecta* Bgt. *var. stricta.*
22. „ *gracilis* Bgt.
23. „ *megaphylla* Röm. — Würde mit *Alethopteris Pluckeneti* Schl. übereinstimmen, wenn die Fiederchen an ihrer Basis nicht herzförmig wären.
24. *Schizopteris filiciformis* Gutb. sp. Flötz Dreibänke des Piesberges. — Zu *Sch. Gutbieriana* Presl. zu ziehen.
25. *Cyclopteris trichomanoides* Bgt. u. *Germari* St. — Piesberg und Flötz Buchholz bei Ibbenbüren. — Diese Form ist ein Basalfieder der *Neuropteris Loshi* Bgt.
26. „ *orbicularis* Bgt. — Dürfte gleichfalls dem Spindelblatt einer *Neuropteris* entsprechen.
27. „ *peltata* Röm.
28. *Neuropteris flexuosa* St.
29. „ *acutifolia* Bgt.
30. „ *orbiculata* Röm. — Scheint der Nervation nach eine *Cyclopteris* zu sein.
31. „ *ovata* Hoffm. Häufig am Piesberge, bei Ibbenbüren in dem Schafberger Stolln.
32. *Dictyopteris Hoffmanni* Röm. Piesberg und Flötz Buchholz bei Ibbenbüren.
33. „ *Scheuchzeri* Hoffmann 1826 (*Sagenopteris antiqua* Göpp.).
34. „ *cordata* Bgt. Piesberg und Flötz Buchholz bei Ibbenbüren.
35. *Odontopteris connata* Röm. — Kann auch zu einer anderen Gattung gestellt werden.
36. „ *oblongifolia* Röm.
37. *Alethopteris urophylla* Bgt.
38. „ *aquilina* (?) Schl.
39. „ *Serli* Bgt. Piesberg und Flötz Buchholz bei Ibbenbüren.
40. „ *pteroides* Bgt.
41. *Cyatheites plumosus* Artis.
42. „ *abbreviatus* Bgt.
43. „ *unitus* Bgt.
44. „ *arborescens* Schl. Selten.
45. „ *subnervosus* Röm. sp. — Der Nervation nach eher zu *Odontopteris* zu stellen.
46. „ *villosus* Bgt.
47. „ *decurrens* Röm.

d) *Lycopodiaceae* oder Bärlappe.

48. *Lycopodites selaginoides* St.
49. *Lepidodendron dichotomum* St. und das hierzu gehörige Fruchtblatt: *Lepidophyllum lanceolatum* Lindl.
50. „ *Osnabrugense* Röm.
51. „ *Hoffmanni* Röm.
52. „ *elegans* St.
53. „ *cucullatum* Röm.
54. „ *Pagenstecheri* Röm.

(Nr. 50, 51 und 54 werden noch specieller mit *Lepidodendron elegans* verglichen werden müssen.)

55. „ *Bartlingi* Röm.
56. „ *barbatum* Röm., nicht selten auf dem Flötze Mittel des Piesberges.
57. „ *undulatum* (?) St., auf dem Flötze Johannes des Piesberges. — Eine *Aspidiaria.*
58. „ *tetragonum* (?) St., auf dem Flötze Mittel des Piesberges.
59. *Lepidostrobus variabilis* Lindl. Fruchtähre eines *Lepidodendron.*

e) *Sigillarieae* oder Siegelbäume.

60. *Sigillaria striata* Bgt.
61. „ *minuta* Röm.
62. „ *pulchella* St. auf dem Flötze Johannis.
63. „ *cyclostigma* St.
64. „ *Griesebachi* Röm.
65. „ *Organum* (?) St.
66. „ *muralis* Röm., auf dem Flötze Mittel. — Blätter von *Sigillaria* (*Poacites longissimus* Röm.)
67. *Stigmaria ficoides* Bgt. — Vgl. die früheren Bemerkungen über diese Art.

f) *Noeggerathieae.*

68. *Cordaites principalis* Germ.
69. *Noeggerathia Beinertiana* Gö., auf dem Flötze Zweibänke des Piesberges.
70. „ *palmaeformis* Gö.
71. „ *sulcata* Röm.
72. *Carpolites distichus* Röm.

Aus dieser Uebersicht leuchtet jedenfalls das Vorherrschen zahlreicher Farrenkräuter in diesem Steinkohlengebirge vor, wie dies überall in den höheren Etagen der Steinkohlenformation der Fall ist, und es würden die wenigen, zum Theil neuen hier gefundenen Sigillarien in keinem Falle den aus den Lagerungsverhältnissen gezogenen Schlüssen über die Gleichstellung der Flötze des Piesbergs mit jenen von Ibbenbüren hindernd hier entgegentreten können.

4. Die Wälderkohle oder Wealdenkohle des nordwestlichen Deutschlands.

(Hierzu Taf. XVIII.)

Wohl muss es scheinen, im Angesicht der ganz enormen Massen von Steinkohlen, welche Westphalen beherbergt und zu Tage fördert, als ob jene meist nur schwachen Flötze der jüngeren Wälderkohle in den benachbarten Gegenden nur eine geringe Bedeutung hätten, und dennoch wird auf ihnen schon seit geraumer Zeit ein ziemlich ergiebiger Abbau betrieben. Es sind diese, wenn auch nur schwachen Schwarzkohlenflötze, sowie die in ihrer Nähe vorkommenden trefflichen Bausandsteine, namentlich für das Königreich Hannover und einige andere Länder, bisher von sehr hoher Wichtigkeit gewesen, und sie werden sicherlich noch lange Zeit ihren Segen spenden können.[1])

Unsere gegenwärtigen Mittheilungen über diese Kohlen sollen mehr darauf gerichtet sein, einen Maassstab zu gewinnen, wie sich diese Kohlenindustrie zu der Steinkohlenindustrie Deutschlands im Allgemeinen verhält. Wir legen denselben die neueste wissenschaftliche Arbeit zu Grunde, welche Herr Oberbergrath Credner in Hannover dieser Formation gewidmet hat „Ueber die Gliederung der

[1]) Vgl. einen Ueberblick der geognostischen Verhältnisse des Königreichs Hannover nach ihren Beziehungen für die technische Anwendung, von Oberbergrath Jugler in Hannover. In der Zeitschrift des Architecten- u. Ingenieur-Vereins für d. Königr. Hannover. Bd. 1. 1855.

oberen Juraformation und der Wealdenbildung im nordwestlichen Deutschland, Prag, 1863", und werden aus ihr und anderen monographischen Werken und Abhandlungen dasjenige hervorheben, was geeignet scheint, jenen Zweck zu erreichen.

Die geologische Stellung der Wäldergruppe ist schon S. 4 und 8 bezeichnet worden. Sie ist in ihren wesentlichen Theilen eine aus brackischen und süssen Gewässern hervorgegangene Schichtenbildung, die in der Regel zwischen die obere Etage der Juraformation und die untere Etage der Kreideformation gestellt wird.

Credner trennt sie in fünf Etagen, die sich in einer Reihenfolge von oben nach unten in folgender Weise charakterisiren:

1) Wälderthon (Wealden-Thon) oder Zone der Melanien, bestehend aus thonigem Mergelschiefer mit Bänken von Cyrenen-Kalkstein, 60—100 Fuss mächtig,
2) Wäldersandstein (auch Deister-Sandstein genannt) oder Zone der kohligen Ablagerungen, bestehend aus Sandstein mit thonigem und sandigem Mergelschiefer, 500 Fuss mächtig,
3) Serpulit, oder eine durch das häufige Vorkommen einer Wurmröhre, *Serpula coacervata* Blumenbach ausgezeichnete Zone, worin Kalkstein und Schieferthon wechseln, bis 150 Fuss mächtig,
4) Mündermergel, nach der SW. von Hannover gelegenen Stadt Münder benannt, rothe und grünlich-graue Mergel mit Dolomit, Mergelsandstein und Gyps enthaltend, bis 1000 Fuss mächtig,
5) Einbeckhäuser Plattenkalk, oder Zone der *Corbula inflexa* Dkr., ein dünngeschichteter Kalkstein, unten mit Lagen von Kalkmergel, 300—350 Fuss mächtig.

Die Etage 1 entspricht dem Weald Clay der Engländer, Etage 2 dem Hastings Sand und die Etagen 3, 4 und 5 werden den Purbeck Schichten Englands parallel gestellt.

Für unsere gegenwärtigen Betrachtungen haben nur die zwei oberen Etagen Interesse, während die unteren Etagen, in denen Meeresconchylien und Süsswasserformen gleichzeitig auftreten, einen mehrfachen Wechsel zwischen Meeres- und Süsswasser-Niederschlägen beurkunden.

Die Ablagerungen der Wälderformation erstrecken sich, wie die nach v. Dechen's, F. Römer's und Credner's Arbeiten entworfene Uebersichtskarte Taf. XVIII erkennen lässt, vom nordwestlichen Rande des Harzes bis an die Grenze Hollands, wo sie unter der mächtigen Diluvial-Decke verschwinden. In dieser über 30 Meilen weiten Verbreitung treten sie jedoch nicht in ununterbrochenem Zusammenhange auf. Credner hebt ausdrücklich hervor, dass dies weniger die Folge einer theilweisen Verdeckung derselben durch das Diluvium der norddeutschen Niederung, sondern vielmehr durch ursprüngliche Beschränkung der Niederschläge auf einzelne Bezirke, und zwar auf mehre von einander getrennte Bassins, bedingt sei.

Die speciellere Verbreitung dieser Ablagerungen ist auf den schönen Karten des Herrn Geheimrath Dr. v. Dechen zu ersehen. Indem wir dieselben von West nach Ost verfolgen, begegnen wir ihnen zunächst in der Gegend von Bentheim und Ochtrup, doch scheinen stärkere Sandsteinbänke und Kohlenflötze gerade in diesen Gegenden zu fehlen, wenn man auch hier und da Spuren von Kohlen gefunden hat.

Gesteine der Wälderformation sind nach F. Römer [1]) in dem ganzen zwischen Oerlinghausen und dem westlichen Ende bei Bevergern liegenden Abschnitte des Teutoburger Waldes als ein regelmässiges Glied vorhanden. Fast überall lässt sich dort auch, wie überhaupt im nordwestlichen Deutschland, eine untere kalkige und eine obere thonig-sandige Abtheilung unterscheiden. Die erstere erscheint gewöhnlich in der Form fester mit *Serpula coacervata* erfüllter Kalksteinbänke (Serpulit).

[1]) F. Römer, die jurassische Weserkette, in Zeitschr. d. deutsch. geol. Ges. 1857. XI. p. 697.

Die obere thonig-sandige Abtheilung hat an vielen Stellen zu Versuchsarbeiten auf Schwarzkohlen Veranlassung gegeben und an einer Stelle, nämlich bei Kirch-Dornberg zwischen Bielefeld und Werther werden sogar seit langer Zeit Kohlenflötze dieser Schichtenfolge in freilich nur beschränktem Maassstabe abgebauet. In ihrer ganzen Erstreckung von Borgholzhausen bildet die Wäldergruppe die nordöstlichen Abhänge der hohen Rücken von Sandstein der Kreideformation. Erst in der Gegend von Osnabrück gewinnt sie eine grössere Ausdehnung an der Oberfläche. Hier erweitert sie sich zu einer breiten Zone, welche durch die Sandsteinpartie des Dörenberges in zwei Arme getheilt wird. Bei Borgloh geben die Kohlenflötze dieser Partie schon seit längerer Zeit zu einem nicht unbedeutenden Bergbau Veranlassung, und durch den in der Bauernschaft Malbergen unterhalb Oesede angesetzten und von dort bis Borgloh herangeführten tiefen Stolln hat man deren Reichthum noch vollständiger aufgeschlossen. Zwischen Hagen und Ibbenbüren schrumpft die Bildung wieder zu einem schmalen Streifen am Nordabhange der Sandsteinkette zusammen. Nahe bei Tecklenburg sind noch Spuren von Kohlenflötzen darin nachgewiesen, und selbst noch an ihrem westlichsten Puncte, welcher hart an der von Ibbenbüren nach Münster führenden Landstrasse liegt, wurde sogar noch ein schwaches Kohlenflötz erschürft.

In der ausführlicheren Schilderung der geognostischen Verhältnisse des Teutoburger Waldes durch Herrn v. Dechen[1]) die zur Erläuterung der Sectionen Tecklenburg und Lübbecke seiner grossen geognostischen Karte dient, wird S. 346 bemerkt, dass an dem Strubberge bei Borgloh, wo der beträchtlichste Schwarzkohlenbergbau im Bereiche des Teutoburger Waldes stattfindet, 4 Kohlenflötze bekannt sind. Von oben nach unten findet die nachfolgende Reihenfolge statt: Das oberste Flötz oder Dickebank 24 Zoll stark, Schieferletten 2 Lachter, das zweite Flötz 14 Zoll stark, Schieferletten mit muschelreichen Kalksteinlagen 20 Lachter, Sandstein $^1/_2$ Lachter, das dritte Flötz oder Oberbank, 42 Zoll stark, aber unrein mit Schiefermittel durchzogen, Sandstein 2 — 3 Lachter, das vierte Flötz oder Unterbank. Darunter folgen Schieferletten und eine mächtige Sandsteinablagerung.

Im Allgemeinen ist das Einfallen der Schichten von Oesede bis Borgloh zwischen 15 und 20° gegen SW., doch wechselt dasselbe und steigt bis 80° m. Am Strubberge bilden die Schichten eine Mulde und der südliche Flügel fällt mit 60 — 79° gegen N. ein.

Bezüglich des Vorkommens ähnlicher Kohlen bei dem schon genannten Kirchdornberg zwischen Borgholzhausen und Bielefeld berichtet v. Dechen (a. g. O. S. 357), dass zwischen den Höfen Homann und Griswelle viele Halden der Kohlengrube Friedrich Wilhelms Glück liegen, welche hier seit 120 Jahren (also gegenwärtig 129 Jahren) zwei Kohlenflötze dieser Formation von 18 und 36 Zoll Mächtigkeit, das letztere aber sehr unrein, bebauen. Da dieselben aber vielen Verwerfungen und Verknickungen unterliegen, so sind die Verhältnisse sehr ungleich und gar nicht mit dem vortheilhaften Bergbaue am Strubberge bei Borgloh zu vergleichen. —

Indem wir die Wälderformation im Norden der Weserkette verfolgen, heben wir aus F. Römer's Monographie: die jurassische Weserkette a. a. O. S. 704 u. f. zunächst ihre Verbreitung in der Ebene im Norden dieser Gebirgskette hervor. Man findet von ihr auf dem linken Ufer der Weser nur Puncte von beschränkter Verbreitung. Die wesentlichsten derselben liegen nördlich von Osterkappeln, zunächst 100 Schritte nördlich von dem zwischen Osterkappeln und Venne gelegenen Colonate Hegerhof, wo man in einem Steinbruche die mit Cyrenen erfüllten Sandsteine und selbst ein unreines Kohlenflötz aufgefunden hat; eine ansehnlichere Partie an dem NO. von Osterkappeln gelegenen Hügel von Bohmte, über welchen die von Osnabrück nach Bremen führende Landstrasse gelegt ist. Es sind hier dünngeschichtete graue Sandsteine und sandige Schiefer entblöst, und man hat auf der Südseite des Hügels zwei Kohlenflötze von 10 bis 18 Zoll Stärke angetroffen, worauf ein Kohlenbergbau in das Leben gerufen worden ist.

---

[1]) Dr. H. v. Dechen, der Teutoburger Wald. In Verhandl. d. naturhist. Ver. d. preuss. Rheinlande u. Westphalens. 1856. Bd. XIII. p. 331.

An einigen, nördlich von Preussisch-Oldendorf gelegenen Puncten, von welchen der eine das Stift Levern, der andere das Dorf Destel trägt[1]), hat man ähnliche Schichten und zum Theil selbst ein unreines Flötz von schieferiger Kohle bis 1 Fuss mächtig getroffen. Ohne die anderen, auf Taf. XVIII theilweise bezeichneten Puncte hier nennen zu wollen, wo man vergeblich Versuche nach Kohlen in diesem Gebiete unternommen hat, soll nur noch Bölhorst, SW. von Minden, Erwähnung finden. Sandsteine, sandige Schiefer und Schieferthone mit Cyrenen sind die Gesteine, welche den Hügel von Bölhorst zusammensetzen und dünne zwischen diesen Gesteinen eingeschaltete Schwarzkohlenflötze geben auch hier zu einem freilich nicht bedeutenden Kohlenbergbau Veranlassung. Oestlich von hier liegt mitten im Weserthale und südlich von Minden die preussische Kohlenzeche Laura, bei welcher mit einem Schachte von 220 Fuss Tiefe ein 13 Zoll starkes Kohlenflötz angetroffen worden ist.

Auf dem rechten Ufer der Weser, fährt Römer fort, gelangt die Wälderbildung bald zu einer weit ansehnlicheren orographischen Gestaltung und zu viel grösserer Mächtigkeit. Oestlich von Bückeburg erhebt sich zunächst der schön bewaldete Rücken des Harrel und darauf folgt dann, nur durch ein Bachthal davon getrennt, der über 1000 Fuss hoch ansteigende Bückeberg, der mit fast wagerechter Scheitellinie sich fast $2^1/_2$ Meilen weit bis Rodenberg fort erstreckt. (Vgl. v. Dechen's Karte, Section Minden.) Sandsteine, sandige Schiefer und Schieferthone der Wälderbildung setzen beide Rücken ausschliesslich zusammen und auf dem Nordabfalle des Rückens wird bei Obernkirchen und Stadthagen auf den in diesen Schichten eingeschlossenen Kohlenflötzen der wichtigste Bergbau betrieben, zu welchem die Flötze der Wälderbildung in Norddeutschland überhaupt Veranlassung geben.

Der Schwarzkohlenbergbau der dortigen Gegend hat seinen Umtrieb im Fürstenthum Schaumburg-Lippe und der Grafschaft Schaumburg. Die Werke sind gemeinschaftlich und gehören dem kurhessischen Staate und dem Fürsten zu Schaumburg-Lippe. Ein Privatbergbau findet nicht statt. Es wird nur ein Schwarzkohlenflötz abgebauet, dessen mittlere Mächtigkeit 18 Zoll beträgt.

Die sonst dort bekannten Flötze sind, nach den gefälligen Mittheilungen des Herrn Bergamts-Assessor Spring in Obernkirchen, unbauwürdig, mit Ausnahme eines ca. 17—18 Lachter unter dem Hauptkohlenflötze liegenden Flötzes, welches 8—9 Zoll Mächtigkeit zeigt und wahrscheinlich bald zum Abbau vorgerichtet werden wird.

Die uns durch den Letztgenannten freundlichst zugesandten Backkohlen. von dem Schachte W. C. 2 des Tiefbaurevieres II, der eine Teufe von 270 Fuss erreicht hat, ist eine sammtschwarze, stark glänzende Blätterkohle, von milder Beschaffenheit, die ungemein leicht senkrecht zerklüftet. Ihr specifisches Gewicht betrug 1,271. Ganz ähnlich verhielt sich in jeder Beziehung eine früher vom Verfasser auf der Zeche Sülbeck gesammelte Kohle mit dem spec. Gewichte = 1,274, sowie auch eine Backkohle von der vorher erwähnten Zeche Laura bei Minden. Eine gleichfalls von Herrn Assessor Spring ausgewählte Flammkohle von dem Schierborner Reviere aus dem ca. 60 Fuss tiefen Schacht Nr. 48 besitzt eine pechschwarze Farbe, starken Fettglanz, ist gleichfalls mild und parallelepipedisch zerklüftet, auf den Kluftflächen ockerig beschlagend und hat ein spec. Gewicht = 1,292.

In Folge der Einwirkung der Luft und der Zersetzung von Schwefelkiesen im Flötze hat diese Kohle des Schierborner Revieres, dessen Schächte sehr flach sind, ihre backenden Eigenschaften verloren.

Da die Kohlen der Schaumburger Bergwerke nie in grossen Stücken brechen, so ist es viel werth, dass dieselben sich zur Darstellung von dichten, sowie auch von porösen Koks sehr eignen.

Die besten dort gewonnenen Kohlen kommen unter dem Namen „Schmiedekohlen" in den Handel, welchen dann die noch backenden „Flammkohlen", die für Stubenfeuerung sehr gesucht sind, ferner die nicht backenden für Kesselfeuerungen verwendeten Flammkohlen, und als geringste Sorte der feine Gruss folgen.

---

[1]) Vgl. Section Lübbecke der v. Dechen'schen Karte.

Der Sitz des dortigen Bergamtes ist Obernkirchen, der Hauptplatz für ihren Vertrieb die Eisenbahnstation Kirchhorsten.

Die Beschaffenheit der Wälderformation am Deister im Süden von Hannover lernt man am besten durch ein von Credner a. a. O. S. 50 veröffentlichtes Profil durch die Stolln-Anlagen für den Kohlenbergbau bei Bredenbeck kennen, welches der dortige Betriebsbeamte Herr Würz zusammengestellt hat. Von oben nach unten lagern dort zunächst unter den Cyrenenschichten des Wälderthones:

22	Fuss	3	Zoll	Sandstein, weiss, zum Theil mergelig;
4	„	—	„	Schieferthon, schwarzgrau, in Kohlenschiefer übergehend;
38	„	6	„	Sandstein, weiss, zum Theil gelblich-grau mit schwachen Zwischenlagen von Kohlenschiefern;
2	„	—	„	Kohlenflötz, bauwürdig;
6	„	—	„	Sandstein mit *Paludina carbonaria;*
12	„	—	„	Mergelschiefer, dunkelgrau;
6	„	—	„	gelber Sandstein;
20	„	5	„	grauer Sandstein mit schwachen Zwischenlagen von Schieferthon;
23	„	8	„	weisser Sandstein mit schwachen Zwischenlagen von grauem Schieferthon;
—	„	3	„	Kohlenbesteg mit unreiner Kohle;
14	„	10	„	weisser Sandstein, oben sandig-thonig;
—	„	4	„	Kohlenbesteg;
28	„	2	„	Mergelschiefer mit schwachen Sandsteinlagen wechselnd;
—	„	10	„	Kohlenflötz mit unreiner Kohle;
14	„	8	„	weisser Sandstein, mit Schieferthon wechselnd;
28	„	9	„	grauer Sandstein, zum Theil durch verkohlte Pflanzenreste schwarz gefleckt; drei Schichten mit Cyrenen angefüllt. In der untersten Schicht wurde ein vollständiges Exemplar von *Lepidotus Mantelli* gefunden.
7	„	1	„	Schieferthon mit einem 7″ starken unreinen Kohlenflötz;
6	„	6	„	hellgrauer Sandstein, thonig;
—	„	8	„	Kohlenflötz, unrein;
6	„	6	„	weisser Sandstein;
—	„	6	„	Kohlenflötz, unrein;
31	„	8	„	gelblich-grauer Sandstein, zu oberst Sandschiefer mit Pflanzenabdrücken: *Pterophyllum Schaumburgense, Sphenopteris Roemeri* etc.
1	„	2	„	Kohlenflötz, unrein, unbauwürdig;
10	„	—	„	grauer Sandstein;
—	„	6	„	Kohlenflötz, unrein;
27	„	8	„	dunkelgrauer Schieferthon mit Sandsteinbänken wechselnd;
—	„	6	„	Kohlenflötz, rein;
11	„	11	„	Sandstein und Schieferthon, wechselnd mit *Sphenopteris Roemeri;*
1	„	6	„	Kohlenflötz, bauwürdig;
23	„	6	„	gelblich-weisser Sandstein in starken Bänken;
—	„	10	„	Kohlenflötz, unrein;
39	„	5	„	Schieferthon, zum Theil hellgrau, mit Sandsteinlagen wechselnd;
—	„	6	„	Kohlenflötz, unrein;
57	„	2	„	Sandstein, grau, mergelig, mit Zwischenlagen von weissem Sandstein und dunkelgrauem Mergelschiefer; eine Schicht mit Cyrenen angefüllt.
—	„	6	„	Kohle, unrein;
9	„	—	„	Sandschiefer, grau;
—	„	5	„	Kohle, unrein;
61	„	6	„	hellgrauer bis weisser Sandstein mit Zwischenlagen von dunkelgrauem Schieferthon;
1	„	—	„	Kohlenflötz, bauwürdig;
8	„	—	„	schwarzer Schieferthon, zu unterst grauer sandiger Thon;
20	„	—	„	gelber Sandstein, mit schwachen Zwischenlagen von Schieferthon.

Darunter beginnt der Serpulit.

550 Fuss 8 Zoll Mächtigkeit des Wäldersandsteins am östlichen Deister.

Während die Zusammensetzung dieser Gruppe in der ganzen Ausdehnung des Deisters im Wesentlichen gleich bleibt, zeigt sich, nach Credner, in ihrer Kohlenführung eine auffallende

Verschiedenheit, indem im östlichen Theile des Deisters eine grössere Anzahl von schwächeren Kohlenflötzen eingelagert, im westlichen Theile dagegen nur ein Hauptflötz von 24 bis 36 Zoll Mächtigkeit bekannt ist.

Am nördlichen Abhange des Deisters lagert sich dem Wäldersandsteine die Gruppe des Wälderthones in 60—100 Fuss Mächtigkeit auf, über deren specielle Zusammensetzung uns Credner gleichfalls belehrt. Daran grenzen nach oben unmittelbar die Schichten des Hilsthones an, die sich durch ihre Meeresversteinerungen leicht von jenen unterscheiden. —

Werfen wir jetzt noch einen Blick auf die Zusammensetzung der kohlenführenden Schichten dieser Gruppe an dem benachbarten Osterwald, wie uns dieselbe nach den Ermittelungen des Herrn Berggeschworenen Henne entgegentritt.[1]) Hiernach stimmt die Gesteinsbeschaffenheit des Muldersandsteins, der die ganze Bergkuppe des Osterwaldes zusammensetzt und nach vielfachen durch den Bergbau erlangten Aufschlüssen dort eine Mächtigkeit von 550 Fuss erreicht, mit jenem am Deister im Wesentlichen völlig überein. Im Einzelnen zeigen sich jedoch besonders in der Vertheilung der Kohlenflötze lokale Abweichungen, wie sich aus nachstehendem Profil ergibt. Es folgen von oben nach unten:

20 Fuss	4 Zoll	Sandstein, grau, zum Theil thonig gestreift, mit *Cyrena*-Kernen;
17 „	6 „	Schieferthon mit Zwischenlagen von Sandstein wechselnd, mit *Cyrena, Cyclas*;
5 „	— „	grauer Kalkstein mit Cyrenen-Schalen — Cyrenenkalk;
13 „	8 „	Sandstein, grau, kleinkörnig, zu oberst eine schwarze, durch Quarzkörner conglomeratartige Schicht, angefüllt mit Schuppen von *Lepidotus Mantelli* und Saurier-Zähnen; zu unterst Schieferthon mit *Paludina Roemeri*;
3 „	4 „	Kohle, bauwürdig, sog. Bergflötz;
34 „	6 „	grauer Sandstein und Schieferthon mit Bänken von weissem, feinkörnigen Sandstein wechselnd;
— „	10 „	Kohle, lettig mit Schwefelkies;
12 „	— „	Sandstein, gelblich weiss, feinkörnig;
5 „	— „	Schieferthon, schwarz, mit Pflanzenresten;
1 „	2 „	Kohle, bauwürdig, sog. hangendes Flötz;
11 „	8 „	Schieferthon, oben schwarz, unten hellgrau, mit Pflanzenresten;
1 „	— „	Kohle, bauwürdig, sog. liegendes Flötz;
25 „	6 „	Schieferthon, schwarz mit grauem thonigem Sandstein wechselnd;
1 „	— „	Kohle, unrein, mit Schwefelkies;
40 „	— „	Sandstein, grau, kleinkörnig, darunter Kohlenbesteg;
100 „	— „	grauer Sandschiefer und sandiger Schieferthon, unten mit Kohlenbesteg;
107 „	— „	dünngeschichteter grauer Sandstein und sandiger Schieferthon, unten mit Kohlenbesteg;
66 „	2 „	schwarzer Schieferthon mit Sandschiefer wechselnd, mit Pflanzenresten;
— „	7 „	Kohle, unrein, mit Schwefelkies;
9 „	6 „	Schieferthon und Sandstein;
— „	7 „	Kohle, unrein;
10 „	10 „	schwarzer Schieferthon mit Sandschiefer;
4 „	2 „	Kohlenschiefer und Blätterkohle mit *Pinites Linki, Pterophyllum Lyellianum.*
2 „	6 „	sandiger Schieferthon;
6 „	9 „	Kohle und Kohlenschiefer mit *Alethopteris elegans*, sog. Oberflötz.
20 „	— „	schwarzer Schieferthon mit schwachen Steinzwischenlagen;
1 „	8 „	Kohle, sog. Mittelflötz.
10 „	— „	Sandstein, oben mit groben Quarzkörnern, unten schieferig, mit *Cyclopteris digitata, C. Dunkeri* etc.
1 „	2 „	Kohle, sog. Unterflötz;
1 „	9 „	grauer Sandstein, mürbe;
— „	8 „	Kohle, unrein, mit viel Schwefelkies;
27 „	6 „	Sandstein, gelblich-grau, mit Zwischenlagen von sandigem Schieferthon.
563 Fuss	4 Zoll	Mächtigkeit des Wäldersandsteines.

[1]) Mitgetheilt durch Herrn Oberbergrath Credner a. g. O. p. 61. — Auch in Dunker's Monographie, 1846, p. XX. tb. XXI. Nr. III ist ein von Herrn Oberberggeschworenen Hartleben entworfenes, sehr ähnliches Profil schon früher veröffentlicht worden.

Die meisten Kohlen werden auf den Hannöverischen Staatsgruben bei Osterwald gefördert, die Gruben der Gemeinden Elze und Mehle sind weniger ergiebig. [1]) Dagegen finden sich nach Dunker in der Wälderformation am kleinen Süntel, westlich vom Osterwald, 7 Kohlenflötze, auf welchen die Stadt Münder einen nicht unbedeutenden Bergbau betreibt.

Ein schwaches Kohlenflötz ist endlich auch in dem Wäldersandstein des im Süden vom Osterwalde auftretenden Höhenzuges des Ith in der Nähe von Coppengraben, nahe am nordwestlichen Rande der Hilsmulde unweit Duingen nachgewiesen (vgl. Credner a. a. O. S. 117); doch scheint sich dasselbe hier eben so geringe technische Wichtigkeit verschafft zu haben, wie in mehren anderen Gegenden, die, ausser den hier bezeichneten, noch auf der Uebersichtskarte angedeutet worden sind.

Bei Aufsuchung von Kohlen in der Wälderformation ist man weit mehr, als in der wirklichen Steinkohlenformation, darauf angewiesen, die organischen Ueberreste der in ihrer Nähe auftretenden Gesteinsschichten sorgfältig zu prüfen, um aus denselben zu erkennen, ob man sich über oder unter den kohlenführenden Schichten befindet. Zu diesem Studium haben wir in erster Reihe in Dunker's klassischer Monographie [2]) und in verschiedenen Schriften von F. A. Römer und Credner die trefflichsten Unterlagen.

Unter den thierischen Ueberresten der Wälderformation spielen Muscheln und Schnecken, sowie kleine Muschelkrebse bei Weitem die wichtigste Rolle; es sind namentlich die Gattungen *Unio*, *Cyrena* oder *Cyclas*, *Paludina*, *Melania* und *Cypris*, neben denen sich einige Fische und sehr merkwürdige Saurier, *Pholidophorus Schaumburgensis* v. Meyer und *Macrorhynchus Meyeri* Dunker, sowie auch eine als *Emys Menkei* Römer beschriebene Süsswasser-Schildkröte als Beherrscher der damaligen Zeit eingestellt haben. Die Pflanzen entsprechen nach Dunker meist solchen Gattungen, welche heut zu Tage den Tropenländern angehören, wie namentlich die in der Wälderformation vorwaltenden Cycadeen und Farrenkräuter. Man kann daher mit ziemlicher Wahrscheinlichkeit annehmen, dass in jenen Gegenden während der Ablagerung der Wälderschichten eine ähnliche klimatische Beschaffenheit herrschte, wie gegenwärtig unter den Tropen, z. B. in Brasilien.

[1]) Vgl. H. Römer, Erläuterungen zur geognostischen Karte des Königreichs Hannover. (Zeitschrift d. deutsch. geol. Ges. III. p. 511.)

[2]) Dr. W. Dunker, Monographie der norddeutschen Wealdenbildung. Braunschweig, 1846.

CAPITEL VIII.

Die schlesischen Steinkohlenbecken und deren Fortsetzung nach Böhmen und Mähren.

Von

Herrn Bergmeister **Schütze**,
Director der Bergschule in Waldenburg.

A. Das niederschlesisch-böhmische Steinkohlenbecken.

(Hierzu Taf. XIX und XX.)

Die niederschlesisch-böhmische Steinkohlenformation ist, wie sämmtliche niederschlesische und nordböhmische Gebirgsformationen, dem aus Granit, Gneiss u. s. w. bestehenden Riesen- und Eulengebirge an- und aufgelagert. An das östliche Ende des Riesenkammes schliesst sich am Schmiedeberger Pass der Landshuter Kamm an, welcher von hier aus nach Norden fortzieht und am Boberthal schnell sich einsenkt. An diesen aus Granit, Gneiss und Glimmerschiefer bestehenden Höhenzug, sowie an den weiter südlich gelegenen Schmiedeberger Kamm und an das Rabengebirge, welche letztere hauptsächlich aus Glimmerschiefer bestehen, schliesst sich östlich von Schmiedeberg zunächst eine Zone von Urschiefern an, welche von Kupferberg bis Oppau westlich von Liebau reicht und aus talkigen Glimmerschiefern, aus Mittelgesteinen zwischen Glimmerschiefer und Thonschiefer und Dioritschiefern besteht; auf dieselbe folgt das vom Urthonschiefer eingenommene Gebiet, dessen Ausdehnung im Allgemeinen durch die Orte Kupferberg, Berbisdorf bei Hirschberg, Liebenthal, Lauban, Klein-Neundorf, Ober-Görisseifen und Ober-Schmottseifen bei Löwenberg, Lähn, Schönau, Goldberg, Jauer, Striegau, Freiburg, Kupferberg angedeutet wird. Thonschiefer, Alaunschiefer, grüner Schiefer, welche den Dioritschiefern sich nähern, Thonschiefer mit einem Uebergange in talkige Glimmerschiefer und Urkalke sind die Gesteine, welche dieses Gebiet zusammensetzen; Porphyre treten noch verhältnissmässig selten auf.

Dies ist das Grundgebirge der Steinkohlenformation auf der West- und Nordseite der Mulde. Auf der Ostseite sehen wir zwischen Waldenburg und Schweidnitz das Eulengebirge sich allmählig aus der Ebene erheben, in südöstlicher Richtung bis nach Wartha fortsetzend und nach dieser Richtung hin immer mehr an Höhe gewinnend, berührt es westlicherseits mit seinen Vorhöhen die Orte: Salzbrunn, Charlottenbrunn, Rudolphswalde und Hausdorf bei Neurode. Auf der Ostseite wird es durch eine ziemlich gerade Linie, welche man von Freiburg bis Silberberg ziehen kann, von dem seinen Fuss erreichenden Diluvium geschieden. Das Eulengebirge besteht aus Gneiss mit untergeordneten Lagern von Hornblendegneiss, Hornblendeschiefer, Serpentin und Granulit, im südöstlichen Theil zwischen Silberberg und Wartha aus silurischen Schichten. Von Silberberg aus weiter nach Süden lässt sich die Grenze der Steinkohlenformation gegen die älteren Gebirgsmassen über Herzogswalde, Wiltsch, Eichau, Königshayn, Glatz, Wiesau, Neuhof und Roth-Waltersdorf verfolgen, in welcher Linie die silurische Abtheilung der Grauwackenformation und Urthonschiefer das Grundgebirge constituiren. Bei Eckersdorf und Mittel-Steine verschwinden die Urschiefer und die Steinkohlenformation unter dem Rothliegenden; letztere erscheint in einer westlichen Entfernung von 3 Meilen bei Straussenei, westlich von Wünschelburg, wieder; hier tritt zwar in unmittelbarer Nähe Granit auf, doch kommt in der ganzen Erstreckung von hier über Schwadowitz nach Schatzlar das Grundgebirge nirgends mehr zum Vorschein. — Durch die Richtung der Höhenzüge der vorgenannten älteren Gebirge wird eine Mulde gebildet, welche bis auf die Unterbrechung von Eckersdorf bis Schatzlar geschlossen erscheint, in nordwest-südöstlicher Richtung eine Ausdehnung von $7^3/_4$, und in südwest-nordöstlicher Richtung eine solche von $4^1/_4$ Meilen besitzt. Der südwestliche Muldenrand war offenbar zu niedrig, um das Material zur Bildung des productiven Steinkohlengebirges zurückzuhalten; desshalb heben sich die Schichten desselben zwar hier zu Tage heraus, legen sich aber, wie dies wenigstens an einem Puncte, bei Welhota nämlich, schon vor längerer Zeit nachgewiesen worden ist,[1]) sattelförmig über das unbekannte Grundgebirge und fallen dann nach Südwesten ein.

Das vollständigste Bild der Entwickelung der Steinkohlenformation finden wir in dem nordwestlichen Theile der Mulde in der Erstreckung von Landshut bis Charlottenbrunn, indem die untere Abtheilung derselben ihre grösste Mächtigkeit zwischen Landshut und Rudelstadt bei Kupferberg zeigt, wogegen die obere Abtheilung zwischen Schwarzwalde und Charlottenbrunn ihre grösste Mächtigkeit und ihren grössten Kohlenreichthum entfaltet. Von Charlottenbrunn weiter in südöstlicher Richtung vermindert sich die Mächtigkeit der ganzen Formation bedeutend, erlangt erst wieder bei Mölke und Hausdorf eine grössere Mächtigkeit und technische Wichtigkeit und nimmt in der Erstreckung von hier bis Eckersdorf mit wenigen Ausnahmen an Kohlenreichthum zu. Ein ähnliches Verhalten finden wir, wenn wir uns von Landshut über Liebau und Schatzlar nach Schwadowitz begeben, auch hier zunächst schwache Flötze bis Liebau, dann die grössere Anzahl mächtigerer Flötze bei Schatzlar und Schwadowitz, bis die Formation mit mehren schwachen, kaum bauwürdigen Flötzen bei Straussenei endet.

a) Die untere Abtheilung der Steinkohlenformation (Kohlenkalk und Posidonomyenschiefer — Culmschichten).

Dieselbe nimmt zunächst das Gebiet zwischen Rudelstadt bei Kupferberg, Freiburg, Altwasser, Gablau, Landshut, Blasdorf und Schreibendorf ein und besteht hauptsächlich aus Conglomeraten, zwischen dessen Bänken Sandstein und Schiefer untergeordnet auftreten.

Aus diesen Conglomeraten bestehen die Schichten an der Grenze mit den Urschiefern bei Oppau und Schreibendorf; die aus Glimmerschiefer, grünem Schiefer, Thonschiefer und Quarz bestehenden Gerölle deuten auf ihre Herkunft aus den nächsten Schichten des Muldenrandes. Weiter nach Norden tritt stellenweise auch Thonschiefer als die älteste Schichtenreihe dieser Abtheilung auf, z. B. bei Rudelstadt und Freiburg. Derselbe geht weiter im Hangenden in feinkörnige Grauwacke über. Bei Fürstenstein und Liebichau tritt dagegen ein Conglomerat auf, welches aus überaus grossen z. Th. abgerundeten, z. Th. noch scharfkantigen Gneissblöcken besteht; dieselben werden durch zerriebene Gneissmassen zusammen gekittet und ihre ganze Beschaffenheit beweist, dass sie dem südlich vorliegenden Gneiss ihre Entstehung verdanken. Bei den übrigen Conglomeraten ist das Bindemittel theilweise thonig, theilweise kieselig, theilweise selbst wieder eine klein- bis feinkörnige Grauwacke, welcher weisse Glimmerschüppchen selten fehlen.

Wie anderwärts, so sind auch hier diese Conglomerate undeutlich in dicke Bänke geschichtet; mit dem Uebergange in feinkörnige Grauwacke wird die Schichtung deutlicher, auch stellt sich ein reichlicherer Gehalt an Glimmer ein, wofür die Grauwacken bei Ober-Salzbrunn, Adelsbach und Reichenau Belege liefern. Während sowohl die Sandsteine als auch die Conglomerate verschiedene dunkele, meist bräunlichgraue Farben tragen und dadurch gegen die Conglomerate der oberen Abtheilung scharf contrastiren, macht sich zwischen Ober-Salzbrunn und Adelsbach und in nordwestlicher Richtung über letztern Ort hinaus eine Reihe von Schichten durch eine intensiv rothe Farbe schon von Ferne durch die Färbung des Bodens bemerkbar, ein Fall, welcher sich mit geringerer Flächenausdehnung bei Neu-Krausendorf wiederholt und an beiden Orten zur Benennung: „Rothe Höhe“ Veranlassung gegeben hat.

Der Neigungswinkel, unter welchem diese liegendsten Schichten dem Innern der Mulde regelmässig zufallen, beträgt am nördlichen Rande 50—90°, am östlichen 40—60, am westlichen geht

[1]) Geognost. Beschr. von einem Theil des niederschl. Glätzl. und böhmischen Gebirges von Zobel u. v. Carnall in Karsten's Archiv für Mineralogie, Geognosie, Bergbau und Hüttenkunde. Bd. III und IV.

er stellenweise bis auf 30° herab. Weiter im Hangenden nimmt zwar die Grösse der Brocken, welche die Conglomerate zusammensetzen, im Allgemeinen ab, doch bleiben letztere immer noch das vorherrschende Gestein. Die thonigen Schiefer zeigen blau-, grünlich- und bräunlich-graue Farben, sind meist dünnschieferig, deutlich geschichtet, durch innig beigemengten feinen Sand fester, als die Schieferthone der oberen Abtheilung, so dass sie auch bei der Verwitterung noch ziemlich scharfkantige Bruchstücke liefern.

Ein Lager von blaugrauem Schiefer, welcher durch einen mächtigen Bruch am Wilhelminenberge bei Ober-Bögendorf gut entblösst ist und zu Platten von 3 — 4 Zoll Stärke verarbeitet wird, sowie diejenige Partie, welche der Friedrich Wilhelm-Stolln bei Altwasser in seinen ersten 200 Lachtern durchfahren hat, mögen die bedeutendsten Ablagerungen dieser Art sein. Andere weniger mächtige Zwischenlager von Schiefer finden wir an beiden Abhängen der Vogelkippe bei Altwasser, zwischen Gablau und Conradsthal, bei Landshut, nördlich von der Wilhelmshöh bei Salzbrunn, bei Seifersdorf, südlich von Nieder-Bögendorf u. s. w. Bei Rudelstadt nimmt ein hellgrauer Schiefer Kohlensubstanz auf und nähert sich so dem Alaunschiefer. Hier, sowie an verschiedenen anderen Stellen z. B. bei Reussendorf westlich von Landshut, in der östlichen Vorstadt von Landshut, bei Wittgendorf, Baumgarten und Thomasdorf zwischen Landshut und Bolkenhayn hat man ½—3 Zoll starke Bestege einer anthracitischen Kohle gefunden.

In dem in Rede stehenden Gebiete kommen noch stockförmige Kalkmassen bei Freiburg und Ober-Kunzendorf und Kalkknollen und Kalknüsse enthaltende Schichten bei Nieder-Adelsbach, Liebichau und Bögendorf vor, welche man nach den namentlich bei Kunzendorf häufig vorkommenden Versteinerungen für oberdevonisch erklären muss, ohne dass jedoch eine scharfe Grenze zwischen der devonischen und Steinkohlenformation zu ziehen bis jetzt möglich gewesen wäre, indem der ganze Schichtencomplex vom Muldenrande bis zu den untersten Schichten des productiven Steinkohlengebirges eine verhältnissmässig grosse Regelmässigkeit in der Schichtenneigung nach dem Innern der Mulde und eine grosse Gleichförmigkeit in der petrographischen Zusammensetzung zeigt, auch durch die bei Rudelstadt, Landshut, Gablau und Altwasser gefundenen fossilen Pflanzen bewiesen zu sein scheint, dass die liegendsten Schichten mit den hangendsten von fast gleichem Alter sind.

In den hangendsten Schichten der unteren Abtheilung treten an der Vogelkippe bei Altwasser zwei etwa 10 Zoll starke Bänke von Kohlenkalk auf. Südwestlich von Landshut dicht an der Grenze mit den Urschiefern werden die Culmschichten von Porphyr durchbrochen, welcher hier den Beerberg bei Weissbach, den Mühlberg und einige andere Höhen bei Pfaffendorf bildet. Nordöstlich von Landshut bildet dasselbe Gestein zwischen Wittgendorf und Liebersdorf eine Gruppe von Bergen, der Sattelwald genannt, und an der Silberlehne bei Liebichau und in Adelsbach ist ein Vorkommen von Diorit bekannt geworden.

Am nordöstlichen Muldenrande vom Butterberge bei Reussendorf bis zur Colonie Weitengrund zwischen Glätzisch-Falkenberg und Rudolphswalde fehlt das untere Kohlengebirge, tritt am erstgenannten Orte in geringer Mächtigkeit auf und zieht sich, dem Gneiss des Eulengebirges folgend und an Mächtigkeit so zunehmend, dass es an der Oberfläche eine Breite von 600 Ltr. einnimmt, bis an den Lierberg bei Hausdorf, wo es eine bedeutende Verminderung seiner Mächtigkeit erleidet. Mit geringer Stärke zieht es sich quer durch das Köpprichthal an dem südwestlichen Abhange der Eisenkoppe entlang über Ober-Volpersdorf bis Colonie Waldgrund, zum Theil durch dolomitische Gesteine, zum Theil durch Conglomerate repräsentirt, nimmt jedoch von letzterem Orte an das ganze zwischen Neudorf, Silberberg, Gabersdorf, Roth-Waltersdorf und Ebersdorf liegende Terrain ein, indem es sich auf Gneiss und silurische Schichten aufgelagert hat. Auch in diesem zweiten grösseren District beginnt das Schichtensystem mit Gneissconglomeraten, welche in Sandsteine und diese wieder in grünlich- und gelblich-graue thonige Schiefer übergehen. Die Sandsteine zeigen oft ein kalkhaltiges Bindemittel, sämmtliche Schichten aber einen starken Glimmergehalt. Am Fuss des Calvarienberges bei Hausdorf sind, ähnlich wie an der Vogelkippe bei Altwasser, drei etwa 10 Zoll starke Bänke von Kohlenkalk, welche mit Schiefern wechsellagern, durch ihren grossen Reichthum an fossilen Meeresthieren bekannt geworden; dieselben lassen sich von hier aus nordwestlich bis Glätzisch-Falkenberg verfolgen. Von Colonie Waldgrund über Neudorf bis Silberberg hin tritt im Hangenden der Gneissconglomerate ein 1 — 10 Ltr. mächtiges in mehren Brüchen entblösstes Lager von Kohlenkalk auf, welches sich östlich von der Stadt Silberberg nach Süden herumwendet, zwischen Silberberg und Herzogswalde durch über Böhmerwald-Vorwerk und Nieder-Neudorf das Zechenthal entlang bis Ober-Ebersdorf zurückstreicht und damit eine Mulde mit ziemlich parallelen von Osten nach Westen streichenden Flügeln bildet, deren Fallwinkel 45—70° beträgt. Das Innere dieser Mulde ist von Culmschichten vollständig ausgefüllt, so dass das productive Steinkohlengebirge sich schon zwischen dem Zechenthal und Volpersdorf, ebenfalls eine Mulde bildend, wieder in nordwestlicher Richtung zurückzieht. Auf diese Mulde der Culmschichten folgt nach Süden zu ein Sattel, dessen Kante zwar nicht entblösst, dessen Existenz aber durch die Fallrichtung der hangendsten Schichten nach dem Rothliegenden zu in Ober-Gabersdorf in einem Hohlwege bewiesen wird. In der Erstreckung von Ebersdorf bis Gabersdorf fallen dagegen die Schichten noch nach Nordosten und scheint hier die Sattelkante vom Rothliegenden bedeckt zu sein. Wo der südliche Flügel dieser Kohlenkalkmulde bei Ebersdorf unter dem Rothliegenden verschwindet, ruht er, durch ein 200 Fuss mächtiges Mittel getrennt, auf einem 50 — 70 Ltr. mächtigen Kalklager devonischen Alters.

Dasselbe ist nur in einer Länge von 3 — 400 Lachter an der Oberfläche bekannt; da es von Gabbro nnd Porphyr durchbrochen wird, so ist anzunehmen, dass es durch eine von diesen Gesteinen ausgegangene Hebung hier his zu Tage gebracht worden, wogegen Schichten gleichen Alters in der ganzen Grafschaft Glatz nicht bekannt sind und erst in öster. Schlesien und Mähren wieder zum Vorschein kommen.

Von Glätzisch-Falkenberg bis Waldgrund wird das in Rede stehende Schichtensystem durch die darin auftretenden Gabbro- und Serpentin-Massen, welche häufig mit dolomitischen Gesteinen in Verbindung stehen, charakterisirt. Schon bei Glätzisch-Falkenberg, Eule und Mölke tritt Gabbro, zwischen Weitengrund und Eule Serpentin mit Dolomit auf. Am Lierberge bei Hausdorf, wo dieser Dolomit durch ein hornsteinartiges Gestein vertreten zu sein scheint, finden wir im Liegenden desselben Gabbro in verschiedenen Varietäten, wogegen jenseits des Köpprichthales an der Haferlehne Serpentin auftritt. Im Köpprichthal scheint der Dolomit die grösste Mächtigkeit zu besitzen; auf der Grenze zwischen ihm und dem productiven Steinkohlengebirge tritt ein Lager von mit Quarz verunreinigtem Brauneisenstein auf, dessen bauwürdige Partien von der nahen Barbarahütte ausgebeutet wurden.

Weiter östlich an der Oberförsterei zu Ober-Volpersdorf und südlich von Waldgrund am Glatzhübel ist der Gabbro auf der Grenze dort zwischen Gneiss und productivem Steinkohlengebirge, hier zwischen den Culmschichten und dem letzteren eingelagert. Endlich bildet der Gabbro von Nieder-Volpersdorf und Kohlendorf an bis Colonie Leppelt zwischen Schlegel und Roth-Waltersdorf das Liegende der Steinkohlenformation, welche sich an beiden Gehängen dieses $^3/_4$ Meilen langen und $^1/_4$ Meile breiten Höhenzuges abgelagert hat. Culmschichten scheinen an beiden Gehängen nicht vollständig zu fehlen, treten jedoch nur am südöstlichen Ende des Höhenzuges zwischen Eckersdorf und Rothwaltersdorf in einiger Ausdehnung auf, liegen auf grünen Schiefern, welche bei Wiesau, Neuhof und Waldhof mächtige Kalklager einschliessen und bestehen vorherrschend aus Conglomeraten und grobkörnigen Sandsteinen. Porphyr kommt in diesem Gebiet nur in zwei kleinen Kuppen zu Ober-Gabersdorf und am Quitschenberge bei Ober-Volpersdorf vor.

Bei Gabersdorf endet die in Rede stehende Ablagerung in eine schmale Zunge, einerseits von silurischen Schichten, anderseits vom Rothliegenden begrenzt, breitet sich aber bald darauf über das ganze Terrain aus, welches von den Orten: Eichau, Königshayn, Hassitz, Hollenau, Wiesau und Neuhof begrenzt wird. In demselben sind bisher weder Kalklager, noch Eruptivgesteine aufgefunden worden. Die auf der Grenze mit den Urschiefern befindlichen Kalklager von Hollenau und nördlich von Wiesau gleichen in der Beschaffenheit des Gesteins und der Armuth an organischen Einschlüssen dem unter ganz ähnlichen Lagerungsverhältnissen auftretenden Kalkstein von Freiburg.

Endlich sind noch einige von diesen beiden Hauptmassen getrennte, insularisch auf dem Gneiss des Eulengebirges liegende Partien von Culmschichten zu erwähnen, eine bei Wüste Waltersdorf, eine bei Friedersdorf und eine bei Steinkunzendorf; die erstere wird von Gabbro und Porphyr, die zweite von Porphyr, die dritte von Serpentin durchbrochen. Im productiven Steinkohlengebirge liegt südlich von Waldenburg ein kleiner steiler Kegel, der Neuhäuser Schlossberg, welcher ebenfalls aus Culmschichten besteht; der Porphyr, welcher an seinem Fuss zum Vorschein kommt, scheint dieselben hier zu Tage gebracht zu haben.

Dem unteren Kohlengebirge sind auch Erzgänge nicht fremd. Bei Gablau treten in den hangendsten Schichten desselben mehre bauwürdige Bleiglanz, Blende, Fahlerz, Schwer- und Flussspath führende Gänge auf; im Gestein des Lierberges bei Hausdorf finden sich Gangtrümmer mit Kupferkies, Schwefelkies, Bleiglanz, Braunspath, Schwerspath etc., welche jedoch nicht bauwürdig sind. Ein ähnliches Vorkommen von Kupfererzen in Dolomit am Johnberge bei Ober-Volpersdorf hat sich ebensowenig als bauwürdige Lagerstätte erwiesen.

b) Die obere Abtheilung der Steinkohlenformation (das productive Steinkohlengebirge).

Dieselbe übertrifft zwar, soweit sie an der Oberfläche, unbedeckt von jüngeren Formationen, bekannt ist, nicht die untere Abtheilung an Mächtigkeit, jedoch fehlt sie in der ganzen Ausdehnung der Mulde, mit Ausnahme der Strecke von Straussenei bis Eckersdorf, nirgends. Sie liegt von Bober bei Schatzlar bis zum Butterberge bei Reussendorf auf der unteren Abtheilung, von da bis Weitergrund bei Rudolphswalde auf Gneiss, von hier bis Eckersdorf auf der unteren Abtheilung und auf Gabbro mit den zugehörigen Serpentinmassen. Die geradlinige Entfernung der liegendsten Schichten bis zur Grenze des Rothliegenden beträgt an der Oberfläche von Neu-Salzbrunn bis Lässig etwas über 1 Meile, bei Eckersdorf etwa $^1/_6$, bei Qualisch in Böhmen etwa $^1/_2$ Meile; diese Zahlen können jedoch nicht als Maass für die ganze Mächtigkeit dieser Abtheilung betrachtet werden, vielmehr ist mit Sicherheit anzunehmen, dass das Steinkohlengebirge wenigstens an einzelnen Stellen vom Rothliegenden übergreifend bedeckt wird und dass auf diese Weise die hangendsten Schichten und mit diesen möglicher Weise auch noch Kohlenflötze sich unserer Kenntniss bis jetzt entzogen haben.

Die grösste Breite des productiven Steinkohlengebirges bei Waldenburg ist lediglich durch das bedeutende Zurücktreten der älteren Schichten, Gneiss- und Culmschichten, bedingt, wodurch eine fast halbkreisförmige Bucht gebildet wird, in welcher während der Flötzbildung die Porphyrpartie des Hochwaldes mit seinen Nebenbergen sich erhob und dadurch zu einer bedeutenderen und mannigfaltigeren Entwickelung der damaligen Uferlinien beitrug. So resultiren daraus die complicirten, aber für das Studium der Lagerungsverhältnisse interessanten Muldenbildungen und aus der Vermehrung der Auflagerungsflächen auch ein grösserer Kohlenreichthum.[1]) Im Neuröder Revier ist es der Gabbro und Ebersdorfer Porphyr, welche eine ähnliche Wirkung hervorbrachten; ihre Erhebung veranlasste die dortige Mulden- und Sattelbildung und dadurch eine grössere Ausdehnung im Streichen. Innerhalb des böhmischen Muldenflügels fehlen die Porphyre zwar nicht ganz, jedoch haben sie die Lagerungsverhältnisse nicht in der eben besprochenen Weise modifizirt.

Der Hauptcharakter des productiven Steinkohlengebirges liegt in der grossen Entwickelung der Conglomerate, wodurch sich die niederschlesische Mulde wesentlich von den oberschlesischen, westphälischen und andern Flötzbildungen unterscheidet. Wie die untere Abtheilung so beginnt auch die obere hier mit einem grobkörnigen festen Conglomerat; die Sandsteine, welche die mächtigeren Zwischenmittel zwischen den einzelnen Flötzen und Flötzzügen zusammensetzen, gehen meist in Conglomerate über und endlich finden wir die letzteren noch im Hangenden des hangendsten Flötzes bei Fellhammer.

Die Conglomerate bestehen vorherrschend aus Brocken von Quarz und Kieselschiefer; Gerölle von Urschiefern sind ihnen fremd, so dass die Unterscheidung von den Conglomeraten der unteren Abtheilung keine schwierige ist. Dagegen findet man bei Schatzlar, wo das Kohlengebirge auf Glimmerschiefer ruht, häufig Brocken dieses Gesteines in den Kohlensandsteinen eingeschlossen. Die Farben sind vorherrschend helle. Die Sandsteine, welche überwiegend aus reinen Quarzkörnern bestehen und ein thoniges Bindemittel besitzen, sind nie auf grössere Erstreckung ganz frei von gröberen Kieseln. In den hangendsten Schichten bei Waldenburg stellt sich ein reichlicher Gehalt von fleischrothem Feldspath ein, so dass arkoseähnliche Gesteine entstehen, welche den noch wenig zersetzten, den Porphyren entnommenen Feldspathkörnern ihre rothe Farbe verdanken. Auf dem böhmischen Muldenflügel treten diese Gesteine südlich von Liebau ebenfalls in den hangendsten Schichten auf, bilden aber bei Markausch, Schwadowitz etc. die liegendsten der bekannten Schichten des productiven Steinkohlengebirges und das Mittel, welches den hangenden vom liegenden Flötzzug scheidet. In der Nähe des

---

[1]) Der gebotene Raum verbietet es, hier auf eine spezielle Darstellung der interessanten Lagerungsverhältnisse zwischen Porphyr und Steinkohlengebirge einzugehen und wird daher nochmals auf die weiter oben citirte mit vielen Profilen begleitete ausgezeichnete Arbeit der Herren Zobel und v. Carnall hingewiesen.

Porphyrs nehmen Sandsteine und Conglomerate oft eine rothe Farbe an, so namentlich die Conglomerate, welche der Friedrich-Wilhelm-Stolln zwischen Lichtloch No. 3 und 4 durchfahren hat, die Conglomerate am Gleisberge bei Waldenburg u. s. w. Die Sandsteine sind stets deutlich geschichtet. In petrographischer Beziehung lässt sich, abgesehen von den vorgenannten arkoseartigen Gesteinen, ein Unterschied zwischen den Conglomeraten und Sandsteinen der liegenden, mittleren und hangenden Schichten nicht feststellen.

Die Schieferthone sind meist blaugrau, selten gelblich- oder röthlichgrau bis dunkelroth (Schwadowitz), dünn- und geradschieferig, mehr oder weniger frei von Glimmer und theilweise reich an Nieren von thonigem Sphärosiderit, ohne dass jedoch irgendwo die Anhäufung derselben in einer bestimmten Schicht auf eine grössere Erstreckung regelmässig aushielte und besondere Eisensteinabbaue gestattete. Der Eisengehalt derselben beträgt durchschnittlich 35%. Ganz reine normale Schieferthone finden sich verhältnissmässig selten. Der Schieferthon ist der stete Begleiter der Flötze, so dass nur wenige derselben auf grosse Erstreckung ausschliesslich von Sandstein bedeckt werden; ebenso sind Schieferthonbänke in grösserer Entfernung von Flötzen eine grosse Seltenheit. Mächtige Schieferthonmittel finden wir nur auf dem hangenden Flötzzuge bei geringen Fallwinkeln; wo stellenweise die Flötze eine steile Neigung annehmen, fehlt zwar oft der Sandstein als Zwischenmittel, jedoch liegen dann meist die Flötze so dicht an einander, dass die Schieferthonmittel doch unbedeutend sind.

Zu den Steinkohlenflötzen übergehend bemerken wir zuförderst, dass der Hauptcharakter des hiesigen Beckens in der sehr grossen Anzahl der Flötze besteht, diese eine mittlere Mächtigkeit von 40 bis 60 Zoll und sehr verschiedene Qualität besitzen, meistens eine backende Kohle führen, jedoch selten ganz frei von Schiefermitteln sind. In Mächtigkeit, Qualität, Streich- und Fallrichtung verändern sie sich oft auf nicht bedeutende Entfernung in hohem Grade und da auch die Beschaffenheit und Stärke der Zwischenmittel in gleicher Weise variiren, so ist es oft schwer, die Flötze dort, wo deren Zusammenhang durch Grubenbaue nicht constatirt wird, zu identificiren. Es gibt daher keine Leitflötze, welche durch die ganze Mulde zu verfolgen wären. Im Allgemeinen nimmt die Mächtigkeit der Flötze und der Zwischenmittel von den liegendsten Schichten nach den Hangenden zu; die hangendsten Flötze dagegen stimmen in ihrer Mächtigkeit wieder mit den liegendsten überein. Eine Abhängigkeit zwischen der Mächtigkeit und Reinheit derselben lässt sich nicht feststellen, ebensowenig eine Verschiedenheit in der Beschaffenheit der Schiefermittel zwischen den liegenderen und hangenderen Flötzen, jedoch kann man behaupten, dass im Allgemeinen die schwächeren Flötze der tieferen Region häufiger Verdrückungen und unbauwürdige Mittel zeigen, als die Flötze der höheren Region. Dagegen herrscht eine bestimmte Abhängigkeit zwischen der Mächtigkeit und dem Fallwinkel der Flötze. Bei den Specialmulden am Hochwald, einerseits auf der Frohe Ansicht und Anna, anderseits auf der Abendröthe-Grube, wo der eine Muldenflügel eine steile, der andere eine flache Neigung besitzt, ist stets die Mächtigkeit der Flötze und Zwischenmittel auf dem flachen Flügel eine grössere, als auf dem steilen Flügel. Was die Streichrichtung der Flötze betrifft, so zeigen die tiefer liegenden Flötze im Allgemeinen ein der Muldenrichtung gleiches nordwest-südöstliches Streichen, während bei den hangenderen Flötzen diese Richtung durch die inzwischen aufgetretenen Porphyrmassen mehrfach modificirt wird. Der Fallwinkel ist auf den liegenderen Flötzen ein grösserer als auf den hangenderen und bei ersteren am Ausgehenden steiler, als in grösserer Teufe.

Verfolgen wir die liegendsten Flötze von Blasdorf bei Liebau an über Altwasser und Charlottenbrunn durch die Grafschaft Glatz, so finden wir in der Grösse der Fallwinkel eine bedeutende Verschiedenheit. Derselbe beträgt bei Blasdorf bis 60, geht bis Landshut auf einige 30, bei Forst auf 20—30° herab. Bei Schwarzwalde treten plötzlich Schichtenneigungen von 50—70° ein; bei Gablau geht dieselbe wieder auf 20—30° herab und bleibt sich bis Altwasser gleich. Hier wiederholt sich auf der östlichen Seite des Thales im Felde der Segen-Gottes-Grube die steile Aufrichtung bis zu 60—70°, bleibt sich in der ganzen Erstreckung bis Tannhausen nicht bloss gleich, sondern steigt stellenweise bis zu 80°. In der Grafschaft Glatz beträgt der Fallwinkel der Flötze bei Hausdorf 30—60°, wird nach Volpersdorf zu grösser, beträgt hier in oberen Teufen 50—80, ja 90°, in grösseren Teufen 30—35°, bei Ebersdorf 30—50°, bei Buchau und Schlegel 20—25°. Man sieht daraus, dass die steileren Fallwinkel keineswegs auf diejenigen Partien der Mulde beschränkt sind, wo das productive Steinkohlengebirge unmittelbar auf Gneiss ruht, sondern dass sie auch dort auftreten, wo im Liegenden derselben die Culmgrauwacken vorhanden sind. Auf dem böhmischen Flügel beträgt der Fallwinkel bei Liebau circa 60°, bei Schwarzwasser und Schatzlar 20—35°, bei Schwadowitz 70—85°. Bei den hangenderen Flötzen treten steile Schichtenneigungen nur noch an einigen Stellen auf, wo das Kohlengebirge nachträglich von Porphyr aufgerichtet worden ist; sonst beträgt der Fallwinkel der hangenden Flötze im Allgemeinen 15—20, seltener 30—50°, ohne dass im letzteren Falle Eruptivgesteine in der Nähe vorhanden wären. (Böhmischer Flügel.)

Die Flötze bestehen fast durchgängig aus einer Kohle mit deutlicher schieferiger Structur (Schieferkohle) und von zwei Systemen von Ablösungsflächen durchzogen, so dass sie leicht in mehr oder minder grosse Stücke bricht. Flötze, welche keine Stück- und Würfelkohlen liefern, sind verhältnissmässig selten; der Stückkohlenfall ist im Allgemeinen kein grosser[1]), am bedeutendsten noch auf der Glückhilf-Grube bei Hermsdorf, auch die Reinheit der Flötze geringer, als in Oberschlesien, wogegen sie im Heizeffect denselben nicht nachstehen und in Betreff der Backfähigkeit sie übertreffen. Von den Abänderungen der Kohle findet sich die Kännelkohle im liegendsten Flötz der ganzen Ablagerung bei Altwasser, eine derselben ähnliche Kohle auf der Glückhilf-Grube im dritten Flötz, jedoch nur local, nicht im ganzen Grubenfelde verbreitet, anthracitische Kohlen ausser der Stangenkohle des Fixsternflötzes bei Altwasser noch auf der Christian Gottfried-Grube bei Donnerau. Pechkohle und Faserkohle (Russkohle) finden sich stets nur in sehr dünnen Lagen, oft mit einander wechsellagernd, nie so vorherrschend, dass man, wie in Sachsen, einzelne Flötze als Pech- oder Russkohlenflötze bezeichnen könnte. Einzelne Flötze, z. B. das 15./16. Flötz der Friedrich Ferdinand-Grube bei Ob. Waldenburg und einige andere zeigen eigenthümliche augenähnliche Bildungen auf den Querklüften; Bleiglanz und andere Schwefelmetalle sind ausser Schwefelkies im Ganzen seltene Erscheinungen in der Steinkohle; bei Wernersdorf und Schwadowitz in Böhmen hat sich stellenweise Malachit in derselben gezeigt.

Eine allgemeine Charakteristik der Flötze in Bezug auf die chemische Beschaffenheit der Kohle muss hier unterbleiben. Aus den bisherigen Resultaten der Praxis lässt sich nicht folgern, dass eine magere und fette Flötzpartie zu trennen wären, vielmehr treten nicht selten einzelne, gute Kokskohlen liefernde Flötze zwischen mageren Flötzen auf oder die Backfähigkeit der Kohlen desselben Flötzes ist auf zwei benachbarten Gruben verschieden; nur ganz allgemein kann man behaupten, dass in Nieder-Schlesien unter den hangenderen Flötzen eine grössere Anzahl solcher, welche Backkohlen schütten, zu finden ist, als unter den liegenderen.

Die Gruppirung der Flötze ist eine solche, dass man im grössten Theil des Beckens einen liegenden und hangenden Flötzzug unterscheiden kann und dass im Hangenden des letzteren und durch ein mächtiges Mittel von ihm getrennt südlich von Waldenburg noch einige schwache Flötze erscheinen, welche aber die Aufstellung eines besondern Flötzzuges kaum rechtfertigen. Von Landshut, wo bei der geringen Mächtigkeit der ganzen Abtheilung auch die Anzahl der Flötze eine sehr geringe ist, bis Schwarzwalde lässt sich nur ein Flötzzug unterscheiden; von hier aus erfolgt die Trennung in den liegenden und hangenden Flötzzug, indem der erstere über Gablau, Conradsthal, Altwasser, Reussendorf nach Tannhausen fortgeht, während der hangende Flötzzug von Schwarzwalde nach Rothenbach fortstreicht; hier beginnt eine abermalige Theilung desselben, indem die liegenderen Flötze am westlichen Abhange des Hochberges vorbei nach Kohlau sich hinziehen, am nördlichen Fuss des Hochwaldes sich herumwenden, nach Süden streichen und zwischen dem Hochwald und Hochberg hindurchziehen, um sich südlich des ersteren mit den hangenderen Flötzen zu vereinigen; letztere zeigen jedoch eine nochmalige Theilung, da die liegenderen Flötze zwischen dem Hochberg und Hochwald eine Mulde bilden, die hangenderen Flötze jedoch nach Lässig zu streichen. Südlich des Hochwaldes ist die ganze Ablagerung mehrfach gestört, von hier wendet sich der Flötzzug am östlichen Abhange dieses Berges entlang nördlich, bildet am nördlichen Fuss desselben eine der Kohlauer ganz ähnliche Mulde und nimmt seine Richtung dann über Weissstein und Waldenburg bis an die aus Porphyr bestehenden Dittersbacher Berge, wo ihre Fortsetzung unterbrochen erscheint. Südöstlich derselben legt sich ein Theil der Flötze zwar wieder an, doch ist ihre Zahl, Mächtigkeit und Güte sehr vermindert; sie nehmen ihre Richtung nach Tannhausen, wo dieser ganze Flötzzug seine Endschaft erreicht. Alle Flötze, welche in dem südöstlichen Theil der Mulde zwischen Rudolphswalde und Eckersdorf auftreten, lassen sich füglich nicht mehr in zwei Flötzzüge trennen.

[1]) Derselbe beträgt im Durchschnitt auf den Waldenburger 14, auf den Neuröder Gruben 8—4%.

Auf dem böhmischen Flügel sehen wir eine ähnliche Theilung in einen liegenden und hangenden Flötzzug von Liebau aus über Schwarzwasser und Schatzlar hinaus ausgesprochen, indem der liegende Flötzzug über Schatzlar, Welhota, Markausch und Schwadowitz, der hangende über Bernsdorf, Albendorf, Qualisch, Radowenz nach Südosten fortgeht; bei Straussenei, östlich davon, verschwindet die Steinkohlenformation gänzlich unter dem Quader.

Nimmt man an, dass die oben erwähnten arkoseartigen Gesteine einen bestimmten Horizont in dem productiven Steinkohlengebirge der niederschlesisch-böhmischen Mulde repräsentiren, so würden die beiden niederschlesischen Flötzzüge in Böhmen in unbekannter Teufe liegen und die beiden böhmischen Flötzzüge jünger sein, als der hangende Flötzzug bei Waldenburg.

1) Der liegende Flötzzug in Schlesien.

Gehen wir von Landshut aus, wo das productive Steinkohlengebirge nur eine querschlägige Breite von pptr. 200 Ltr. besitzt, so finden wir hier im Felde der Louise-Grube drei Flötze:

Das Niederflötz 20—40", das Mittelflötz 14—20", das Oberflötz 12—18" mächtig, mit einem Streichen aus Südwest nach Nordost in h. 3—5 und einem südöstlichen Einfallen von 30—36°. Dieselben wurden durch einen im Cyderthal angesetzten Stolln gelöst und auf eine streichende Länge von 750 Ltr. verfolgt, seit 1854 durch einen Tiefbau aufgeschlossen. Alle 3 Flötze sind stellenweise verdrückt, der Hauptbau bewegt sich auf dem Niederflötz.

Bei Hartau östlich von Landshut erreicht das Flötzgebirge dagegen schon eine Breite von pptr. 900 Ltr.; in demselben sind 10 Flötze von 10—40 Zoll Mächtigkeit bei 20—25° südl. Fallen und einem Streichen in h. 6—8 bekannt geworden. Die hier liegende jetzt ausser Betrieb gesetzte Gotthelf-Grube hatte folgende Flötze abgebaut:

1. das Fundgrubenflötz,	40" m. incl.	10"	Bergmittel,
2. „ Wilhelmineflötz,	30" „	10"	„
3. „ Rudolphflötz,	30" „	6—8"	„
4. „ 1. hangende Flötz	18—20" „		
5. „ 2. „ „	18—20" „		

Dieselben sind durch einen Stolln in geringer Teufe gelöst, aber nur zum Theil bauwürdig gewesen; in den letzten Betriebsjahren 1847—50 haben sich das Fundgruben- und Rudolphflötz am bauwürdigsten gezeigt, da beide aber 125 Ltr. von einander entfernt liegen, so musste von einer Tiefbauanlage Abstand genommen werden.

Zu bemerken ist noch, dass westlich von dem von Forst nach Hartau führenden Communicationswege das nach dieser Richtung am weitesten verfolgte Fundgrubenflötz und mit diesem wahrscheinlich die ganze Flötzpartie eine starke Wendung in's Hangende macht, so dass bei gehöriger Verlängerung der Streichlinien die Flötze unter dem Rothliegenden verschwinden, letzteres also hier eine übergreifende Auflagerung zeigt.

Weiter östlich bei Schwarzwaldau finden wir eine ganz ausserordentliche Menge meist sehr schwacher Flötze, welche die Gustav-Grube zum Theil in Bau genommen hat. Rechnet man sämmtliche auch nur mehre Zoll mächtige Kohlenbänkchen, so steigt die Anzahl auf 80, von welcher jedoch nur 18 als wirkliche Flötze zu betrachten sind. Dieselben wurden durch den Alliance-Stolln gelöst, welcher eine Gesammtlänge von ca. 1500 Ltr. besitzt. Ueber der Sohle des letztern haben jedoch nur nachstehende Flötze in Bau gestanden:

Das 18. liegende Flötz	26" m.		
„ 17. „ „	28" „ incl.	3"	Bergmittel,
„ 16. „ „	38" „ „	10"	„
„ 15. „ „	20" „		
„ 14. „ „	80" „		
„ 1. hangende Flötz	40" „ „	18"	„
„ 2. „ „	32" „		
„ 3. „ „	36" „ „	6"	„
„ 4. „ „	34" „		
„ 5. „ „	30" „		
„ 6. „ „	42" „		

Das Streichen geht in h. 8—9, das Fallen beträgt im westlichen Felde 60—70, im östlichen, wo sich die Flötze mehr nähern, 80—85 nach Süden. Das Gebirgsmittel, in welchem sie aufsetzen, hat in ersterem Falle 180, in letzterem 100 Ltr.

querschlägige Breite. Die Flötze schütten zwar sehr wenig Stückkohlen, liefern aber eine gute, backende Kohle, namentlich eignet sich das 14. Flötz zur Koksfabrikation. Im Liegenden der Flötze setzt eine 6—12 Zoll starke flötzartige Lagerstätte von feinkörnigem Spatheisenstein auf, welche jedoch kein regelmässiges Aushalten zeigte.

Wie bereits oben erwähnt, findet bei Schwarzwaldau eine Theilung des Gesammtflötzzuges statt, indem die liegenderen Flötze ihre Richtung nach Gablau nehmen. Schon bei den untersten Häusern dieses Dorfes treten einige schwache Flötzchen auf; in weiterer nordöstlicher Entfernung jenseits der hier stark vorspringenden Zunge der Culmschichten dagegen mehre bauwürdige Flötze, welche zum Theil noch im Bau stehen. Im Felde der Emilie Anna-Grube bei Gablau liegen, vom Liegenden an gezählt, folgende Flötze:

1) Das Elisabethflötz, 30—40" m. Davon kommen 3—10, stellenweise auch 16—18 Zoll auf Steinkohle, 10—28 Zoll auf Blackband in 2 Bänken und 3 Zoll auf ein Schieferthonmittel. Unmittelbar über der Sohle des Flötzes liegt thoniger Sphärosiderit in 2—10 Zoll Stärke. Die einzelnen Flötzbänke sind höchst unregelmässig in ihrer Mächtigkeit und meist wellenförmig gebogen oder wulstförmig gestaucht.

In 10 Ltr. rechtwinkeligem Abstande folgt

2) das Hauptflötz 30" m. incl. 4—5 Zoll Bergmittel und nach 40 Ltr. Entfernung (rechtwinkelig gemessen);

3) das Schmiedekohlflötz 20—22" m. (nicht im Bau begriffen).

Das Streichen geht in h. 3, das südöstliche Fallen beträgt 20—28°. Der Abbau des Elisabethflötzes erfolgt nur wegen Gewinnung des Blackbands, da die Kohlen desselben nicht als Brennmaterial zu verwerthen sind. In den letzten Jahren kamen auf 8 Tonnen Kohlen 15 Tonnen Eisensteine, letztere im Werth von 1 und $1^1/_3$ Rthlr. pro Tonne. Der Blackband enthält 33 % Eisen.

Südlich und südöstlich grenzt die Emilie Anna- an die Erwünschte Zukunft-Grube. In diesem Felde waren durch eine Rösche 10 Flötze mit einem Streichen in h. 4 und einem Fallen von 35° gegen Südosten durchörtert, in Bau aber nur folgende drei Flötze genommen worden:

1) Das Hauptflötz, 35" m. incl. 8" Bergmittel, dann Mittel 25 Ltr.
2) Ein 22 zölliges Flötz, dann Mittel 98 Ltr.
3) Ein 12—15 zölliges Flötz.

Alle 3 Flötze zeigten sich z. Th. verdrückt, ein lohnender Abbau hat nicht geführt werden können, wesshalb die Grube gegenwärtig fristet.

Die nächste nach Osten vorliegende ist die David-Grube bei Konradsthal und Neu-Salzbrunn. In der ganzen Erstreckung von der Emilie Anna-Grube bis hierher nehmen das Hauptflötz sowohl, als auch die im Hangenden desselben befindlichen Flötze der Erwünschte Zukunft-Grube an Bauwürdigkeit zu, wogegen das Elisabethflötz theils nur 16—20 Zoll stark, theils ganz verdrückt, von Blackband aber keine Spur aufgefunden wurde.

Durch Schurfarbeiten waren hier ausser dem Hauptflötze von 40" Mächtigkeit noch 11 Flötze im Hangenden desselben von 10—33 Zoll Mächtigkeit aufgefunden, jedoch nur 3 derselben von 33, 32 und 24" Mächtigkeit in Bau genommen worden, soweit sie bauwürdig waren. Der Hauptbetrieb fand auf dem Hauptflötz, welches auf eine streichende Länge von ca. 1000 Ltr. durch den David-Stolln aufgeschlossen worden war, statt. Ausser schwachen Schieferthonschichten, welche die Flötze unmittelbar einschliessen, bestehen die Mittel zwischen denselben aus grobkörnigen und conglomeratartigen Sandsteinen; namentlich zeigt sich das grobkörnige Conglomerat im Hangenden des Hauptflötzes besonders fest und in seinem petrographischen Charakter auf der ganzen bekannten Erstreckung gleichbleibend.

Das Hauptflötz und die im Hangenden desselben liegenden Flötze ziehen sich bis in das Salzbrunn-Weisssteiner Thal; jenseits desselben finden wir das erstere unter dem Namen *Harteflötz* von der Harte-Grube abgebaut; auch hier hat dasselbe eine Mächtigkeit von 40 Zoll; streicht h. 4—8 und fällt mit 10—25° nach Süden. Im westlichen Felde zeigt sich das Flötz fest und gibt gegen 11% Stückkohlen, wogegen im östlichen Felde Festigkeit und Güte herabgehen, so dass die Kohle nur zur Kesselfeuerung, zum Kalk- und Ziegelbrennen benutzt wird. Die hangenderen Flötze der David-Grube werden weiter nach Osten fortstreichend zahlreicher, so dass jenseits des Hartauer Thales im Felde der Morgen- und Abendstern-Grube deren 16 vorhanden sind, nämlich vom Liegenden ins Hangende gezählt:

Das	1. Flötz,	5—15"	m.,	unbauwürdig,		in	9	Ltr. Entfernung:
„	2. „	24"	„	incl.	4" Mittel,	„	8	„ „
„	3. „	42"	„	„	12" „	„	$7^1/_2$	„ „
„	4. „	38—40"	„			„	8	„ „

Das	5.	Flötz	35″	m.	incl. 7—12″	Mittel,	in	4 Ltr.	Entfernung:	
„	6.	„	38″	„	„ 6—10″	„	„	5 „	„	
„	7.	„	30″	„			„	23 „	„	
„	8.	„	18″	„			„	8 „	„	
„	9.	„	24″	„			„	3½ „	„	
„	10.	„	20″	„			„	5 „	„	
„	11.	„	52—56″	„	„ 20—24″	„	„	8 „	„	(unbauwürdig),
„	12.	„	35″	„			„	10 „	„	
„	13.	„	(unbauwürdig)				„	17½ „	„	
„	14.	„	24″	m.			„	5 „	„	
„	15.	„	31″	„	incl. 5″	„	„	6 „	„	
„	16.	„	32″	„						

Ausser den bereits bezeichneten sind im westlichen Felde noch das 3., 5., 7. und 15. Flötz unbauwürdig, während sie im östlichen Felde mit Vortheil abgebaut werden. Das Streichen der Flötze geht in h. 4—8, das südwestl. Fallen beträgt 20—30°. Dieselben sind in einer streichenden Länge von 740 Ltr. aufgeschlossen worden. Die querschlägige Entfernung vom Harteflötz bis zum 1. Flötz beträgt 55, von diesem bis zum 13. Flötz ca. 90 Ltr. Im Liegenden des Harteflötzes befindet sich hier das weiter oben erwähnte 18 Zoll mächtige aus Kännelkohle bestehende Flötz, welches jedoch ebenfalls nur auf geringe Erstreckung bauwürdig aushält. Was die Beschaffenheit der übrigen Flötze anbetrifft, so liefern das 7., 9., 10. und 14. Flötz zur Koksfabrikation geeignete Kohlen, das 4., 6., 12. und 16. Flötz zum Theil Schmiede- oder Kokskohlen. Der durchschnittliche Procentsatz an Stückkohlen geht bis auf 6 herab. Die Mittel zwischen den Flötzen bestehen vorherrschend aus Schieferthon. Thonige Sphärosiderite treten im Liegenden des 4., 5. und 7. Flötzes auf, jedoch nirgends in so reichlicher Menge, dass ein besonderer Bau darauf geführt werden könnte. Bei ihrem Eintritt in das Altwasser-Thal machen die Flötze eine Wendung in's Liegende und werden dabei unbauwürdig; ein Beweis, dass hier, wie an mehren anderen Stellen, die Thalbildung durch Verwerfungsklüfte veranlasst und eingeleitet wurde.

An die Harte-Grube grenzt südlich die Fixstern-Grube bei Altwasser mit drei Flötzen, von denen jedoch nur das zweite 38″ mächtige mit dem Harteflötz identische Fixsternflötz durch eine Rösche aufgeschlossen wurde. Dabei zeigte sich, dass es auf eine streichende Länge von über 200 Ltr. von Porphyr überlagert ist, welcher grösstentheils eine zusammenhängende Decke von 60—70 Zoll Stärke bildet. Der obere Theil des Flötzes ist in eine buntangelaufene Stangenkohle [1]) umgewandelt. Da, wo der Porphyr seinen Zusammenhang verliert und in einzelnen abgerissenen Schollen auftritt, geht die Umwandlung der angrenzenden Steinkohle wenigstens auf einige Zolle über, während der entferntere Theil des Flötzes seine ursprüngliche Struktur beibehalten hat. Auch auf der südöstlichen Seite des Altwasser-Thales, wo man das Flötz im Liegenden der Segen-Gottes-Gruben-Flötze aufgesucht hatte, fand man es bei einer Stärke von 18—24 Zoll und einigen 60 Grad Neigung mit Porphyr bedeckt.

Südöstlich an die Morgen- und Abendstern-Grube schliessen sich die Franz Joseph- und Goldne Sonne-Grube an; letztere im Hangenden der ersteren gelegen. Die Erstere baute auf den liegenden, die letztere auf den hangenden Flötzen der Morgen- und Abendstern-Grube; beide liegen gegenwärtig in Fristen. Die Franz Joseph-Grube besitzt folgende Flötze:

das	1. Flötz,	23—25″ m.,		das	6. Flötz,	55″ m.,
„	2. „	30″ m.,		„	7. „	25″ m.,
„	3. „	28″ m. (unbauwürdig),		„	Nebenflötz	13″ m.,
„	4. „	32″ m.,		„	8. Flötz,	15″ m.,
„	5. „	75″ m.				

Das Streichen geht in h. 8—9, das Fallen beträgt 30°, der Abbau war kein durchweg zusammenhängender, einerseits weil sich einzelne Flötzpartien unbauwürdig zeigten, anderseits weil man jede Annäherung an die Mineralquellen von Altwasser vermeiden musste.

Die Goldne Sonne-Grube zählt folgende Flötze aus dem Liegenden in's Hangende:

das	1. Flötz,	25″ m.,	das	5. Flötz,	28″ m.,
„	2. „	17″ m.,	„	6. „	28—30″ m.,
„	3. „	35″ m. (unbauwürdig),	„	7. „	67″ m., incl. 22″ Mittel, welches bis zu 40 Zoll Stärke anwächst.
„	4. „	25″ m.,			
ein	Zwischenflötz,	35″ m. (unbauwürdig).			

[1]) Vgl. auch H. R. Göppert, Preisschrift 1846. Leiden, 1848. Heft XVII u. XVIII.

Das Streichen und Fallen ist dem bei der Franz Joseph-Grube angegebenen gleich. Auch die nicht als unbauwürdig bezeichneten Flötze sind nur theilweise, das 4. und 7. sogar nur unbedeutend oder versuchsweise in Bau genommen worden; überhaupt zeigen dieselben ein anderes Verhalten, als auf der benachbarten Morgen- und Abendstern-Grube.

Nach dem Ueberschreiten des Altwasser Thales nehmen die sämmtlichen Flötze plötzlich ein sehr steiles Fallen an. Die hier liegende Segen-Gottes-Grube besitzt folgende, dem liegenden Flötzzuge angehörige, durch den Segen-Gottes-Stolln gelöste Flötze:

	Das	1.	Flötz	16″ m. unbauwürdig.
	„	2.	„	Niederbank 40″ m. Mittel 3 Ltr. Schieferthon Oberbank 15″ m. unbauwürdig gibt 40% Stückkohlen.
	„	3.	„	16″ m. unbauwürdig. — 1 Ltr. Schieferthon.
	„	4.	„	24—30″ m. unbauwürdig. — 3 Ltr. Schieferthon.
	„	5.	„	24—30″ m. mit 50% Stückkohlen. — 1½ Ltr. Schieferthon.
	„	6.	„	15—18″ m. unbauwürdig. — 3½ Ltr. Schieferthon.
	„	7	„	40—50″ m. mit 25% Stückkohlen. — 2 Ltr. Schieferthon.
	„	8.	„	50—60″ m. incl. 5″ Mittel mit 50% Stückkohlen. — 8 Ltr. Sandstein.
	„	9.	„	25″ m. 5″ Schieferthon.
	„	10.	„	25—35″ m. mit 15% Stückkohlen. — 4 Ltr. Schieferthon.
	„	11.	„	20″ m. incl. 15″ Schiefer. — 21 Ltr. Sandstein und Schieferthon.
	„	12.	„	25″ m. mit 20% Stückkohlen. — 9 Ltr. Sandstein und Schieferthon.
	„	13.	„	20—30″ m. mit 15% Stückkohlen. — 11 Ltr. Sandstein und Schieferthon.
	„	14.	„	30—60″ m. — 3 Ltr. Schieferthon.
	„	15.	„	35—40″ m. — 6 Ltr. Sandstein.
Goldne Sonne Grubenflötze, in der Stollnsohle nicht aufgeschlossen.	„	16.	„	22″ m. — 2½ Ltr. Schiefer.
	„	17.	„	50″ m. — 18 Ltr. Schiefer und Sandstein.
	„	18.	„	24″ m. — 10 Ltr. Sandstein.
	„	19.	„	40″ m. — 10 Ltr. Sandstein.
	„	20.	„	35″ m.

Das Hauptstreichen geht in h. 9, das südwestliche Fallen beträgt 60—70°, die querschlägige Entfernung vom 1. bis 20. Flötz etwas über 150 Ltr. Das 1., 3., 6. und 11. Flötz schütten durchweg nur kleine Kohlen von geringer Qualität, die übrigen Flötze meistens eine gute Schmiede- und Kokskohle und sind in letzterer Beziehung besonders das 14., 13. und das 10. bis 7. Flötz hervorzuheben. Die Flötze Nr. 1—15 sind durch den im Altwasserthal angesetzten Segen-Gottes-Stolln gelöst, auf eine streichende Länge von ca. 1600 Ltr. aufgeschlossen und bis auf diese Sohle abgebaut worden. Der in den 50er Jahren begonnene Tiefbau hat dieselben Flötze aufgeschlossen und gezeigt, dass der Fallwinkel in dieser Sohle bei den liegenden Flötzen auf 30—40, bei den hangenden auf 12—25° herabgeht. Die Flötze im Tiefbau sind folgende:

Das	1.	Flötz	12″ m.	— Mittel 10 Ltr.
„	4.	„	50″ m.	— „ 5 „
„	5.	„	16″ m.	— „ 2 „
„	6.	„	40—45″ m. incl. 7—8″ Mittel.	— Mittel 8—9 Ltr.
„	7.	„	36″ m.	— Mittel 6 Ltr.
„	8.	„	60″ m.	— liefert Gaskohle.
„	9.	„	35—40″ m. ditto	„ 10 „
„	10.	„	25″ m.	„ 15 „
„	11.	„	10″ m.	„ 26 „
„	12.	„	27″ m.	
„	13.	„	50″ m. incl. 6″ Mittel.	„ 13 „
„	14.	„	46″ m. „ 10″ „	„ 18 „
„	15.	„	unbauwürdig	„ 23 „
„	16.	„	22″ m.	„ 11 „
„	17.	„	20—50″ m.	„ 20 „
„	18.	„	24″ m.	„ 10 „
„	19.	„	40″ m.	„ 16 „
„	20.	„	35″ m. incl. 10″ Mittel.	

Die Identität dieser Flötze mit denen in der Stollnsohle ist noch nicht festgestellt; ebensowenig die der letzteren mit den Flötzen der Morgen- und Abendstern- und Franz Joseph-Grube, soviel scheint jedoch festzustehen, dass:

Morgenstern.		Franz Joseph.		Segen-Gottes-Stolln.
1. Flötz	=	1. Flötz		—
2. „	=	2. „		—
2 Bänkchen von 7 und 9″ Stärke	=	3. „		—
3. Flötz	=	4. „		—
4. „	=	5. „	=	6. und 7. Flötz,
5. „	=	{6. „	=	8. Flötz,
		{7. „	=	9. „
		8. „	=	10. „

Die früher getrennten, jetzt mit Segen Gottes consolidirten Gruben: Joseph und Weissig liegen im südöstlichen Fortstreichen der ersteren und haben die Flötze Nr. 8—15 bis auf die Stollnsohle abgebaut; das 15. Flötz war hier verdrückt. In derselben Richtung weitergehend folgen die Bergrecht-, Glückauf-, Alte und Neue Gnade-Gottes- und Hubert-Grube und im Hangenden derselben die Laura- und Caesar-Grube zwischen Reussendorf und Charlottenbrunn. In diesem Felde wird der Flötzzug durch dazwischen auftretende Porphyre in einen liegenden und hangenden Theil geschieden; auf dem ersteren liegen die fünf zuerst genannten, auf dem letzteren die darauf folgenden zwei Gruben. Durch den Glückauf-Stolln wurden hier 16 Flötze von 6—60″ Mächtigkeit aufgeschlossen:

1) das liegende Flötz 24″ m., 2) das Hauptflötz 60″ m.,
3) „ 1. hangende Flötz 20″ m., 4) „ 2. hangende Flötz 18″ m.,
5) 4 Zwischenflötze von 6—8″ Mächtigkeit,
6) das Jakobflötz 38″ m., 7) das 1. hangende Flötz 18″ m., 8) das 2. hangende Flötz 30″ m.,
9) mehrere Zwischenflötze von 6—14″ Mächtigkeit, 10) das 3. hangende Flötz 30″ m.

Der grösste Theil dieser Flötze wurde von der Bergrecht- und Glückauf-Grube in Abbau genommen. Mit einem Stollnquerschlage in's Hangende im Felde der letztgenannten Grube sind, nachdem derselbe 25 Ltr. lang durch Porphyr getrieben worden war, noch folgende Flötze aufgeschlossen worden:

Die Niederbank des Hauptflötzes	40″ m.	incl. 5—10″ Mittel,
„ Oberbank „ „	59″ m.	„ 5″ „
Das 1. hangende Flötz	35″ m.	„ 5″ „
„ 2. „ „	30″ m.	
„ 3. „ „	50″ m.	„ 12—14″ „
„ 4. „ „	mit Porphyr bedeckt.	

Die im Hangenden der Weissig- und Bergrecht- liegende Laura-Grube hatte 4 Flötze von 20—30″ Mächtigkeit durch eine Rösche aufgeschlossen; dieselben waren aber durch dazwischen liegende Porphyr-Massen so gestört, dass an einen regelmässigen Abbau nicht zu denken war. Weiterhin wurden sie von der Cäsar-Grube in Bau genommen, zeigten sich auch hier nur z. Th. bauwürdig und schütteten fast nur kleine Kohlen.

Die Flötze streichen hier h. 12—1 und fallen mit 68—70° gegen Westen ein; im nördlichen Felde werden sie mehrfach durch Porphyr, welcher sich von der Charlottenbrunner Chaussee herüberzieht, abgeschnitten; im südlichen Felde dagegen wurden sie bis nahe an das Zwickerthal abgebaut, obgleich auch hier einzelne Porphyreinlagerungen sich zeigten, welche nicht allein eine Verminderung der Mächtigkeit, sondern auch der Qualität der Flötze veranlasst haben.

Die nun im weiteren südöstlichen Fortstreichen der Glückauf- folgende Alte und Neue Gnade Gottes-Grube führte ihre Baue auf denselben Flötzen, welche bei der Bergrecht- und Glückauf-Grube erwähnt wurden, und zwar die Alte Gnade Gottes auf den liegenden, die Neue Gnade Gottes auf den hangenden Flötzen. Der Flötzzug zeigt hier folgende Zusammensetzung:

a) Alte Gnade Gottes:

Das Hauptflötz	60″ m.	incl. 12—14″ Mittel;	nach 5½ Ltr. Entfernung:
„ 3. Flötz	28″ m.		„ 2½ „ „
„ 2. „	80″ m.	„ 36″ „	

b) Neue Gnade Gottes:

Das 1. Flötz	38″ m.	incl. 8″ Mittel;	nach 10 Ltr. Entfernung:
„ 2. „	35″ m.	„ 10″ „	„ 3 „ „
„ 3. „	60″ m.	„ 20—25″ „	„ 2 „ „

Das	4. Flötz	15—20″ m.	nach 7 Ltr.	Entfernung:
„	5. „	20″ m.	„ 4 „	„
„	6. „	?	„ 4 „	„
„	7. „	15—20″ m.	„ 4 „	„
„	8. „	20—25″ m.	„ 2 „	„
„	9. „	20″ m.	„ 3 „	„
„	10. „	20″ m.		

Das Streichen dieser Flötze geht in h. 11; das westliche Fallen beträgt 60—80°. Auch in diesem Felde treten Porphyre auf, welche einzelne Flötze mannigfach gestört haben.

Die Einzelzechen Bergrecht, Glückauf und Cäsar sind in neuerer Zeit unter dem Namen consol. Cäsar-Grube vereinigt worden, welche vor kurzer Zeit einen Tiefbau begonnen hat. Im weitern Fortstreichen der Alte und Neue Gnade-Gottes-Grube folgt die Hubert-Grube mit vier Flötzen, welche bei einer Mächtigkeit von 20—30 Zoll nur theilweise bauwürdig waren. Das Hangende des 4. und das Liegende des 1. Flötzes besteht aus Porphyr.

Noch weiter gegen Süden folgt die Friedrich-Grube bei Wäldchen mit einem liegenden 35 Zoll mächtigen und einem hangenden 70 Zoll mächtigen Flötz, welche h. 11 streichen und 60—80° gegen Westen einfallen, aber noch nicht in Bau genommen worden sind.

Südlich von Charlottenbrunn liegt die letzte Grube des liegenden Flötzzuges, die Trost-Grube. Die hier ausgeschürften vier Flötze von 20—30 Zoll Mächtigkeit, deren 2—4 Ltr. starke Zwischenmittel aus Schieferthon bestehen, streichen h. 11 und fallen mit 65—75° gegen Westen ein, sind aber grösstentheils unbauwürdig. Um die Grenze zwischen Gneiss und Kohlengebirge kennen zu lernen, wurde ein Querschlag in's Liegende getrieben, welcher ausser einigen 6—10 Zoll starken Flötzchen sehr veränderte Schieferthone und zuletzt eine 1 Ltr. mächtige aus Braun- und Schwerspath bestehende gangartige Lagerstätte mit schwach eingesprengten Kupfererzen am liegenden Saalbande aufschloss. Auf dieselbe folgte unmittelbar der feste Gneiss.

Die Gruben: Alte und Neue Gnade Gottes, Hubert, Laura und Trost liegen in Fristen.

2) Der hangende Flötzzug in Schlesien.

Wir kehren zur Gustav-Grube zurück, in deren östlichem Felde die Trennung in den hangenden und liegenden Flötzzug erfolgt. Die liegenderen Flötze des hangenden Flötzzuges ziehen sich um den westlichen Abhang des Hochberges herum und sind durch den Grubenbetrieb der ehemaligen Paul Peter Grube, welche gegenwärtig mit der Abendröthe-Grube verbunden ist, aufgeschlossen worden. In einer querschlägigen Breite von ca. 130 Ltr. setzen hier 26 Flötze von durchschnittlich 20—30 Zoll Mächtigkeit auf, welche jedoch wegen ihrer ungünstigen Beschaffenheit keinen erheblichen Abbau zuliessen. Zur Ermittelung der Grenze zwischen dem Kohlengebirge und dem Porphyr des Hochberges wurde auch hier ein Querschlag getrieben, welcher als hangendste Schicht ein 20 Zoll starkes aus tauber Steinkohle bestehendes Flötz durchörterte, dessen unmittelbares Hangendes aus Porphyr besteht. Letzterer erscheint regelmässig auf das Kohlengebirge aufgelagert, ohne dass eine Durchbruchsstelle in den jetzt schon längst verlassenen Bauen gefunden worden wäre. Von einer stängeligen Absonderung der Kohle war jedoch nirgends eine Spur zu sehen.

Im weitern nordöstlichen Fortstreichen treffen wir auf die Abendröthe-Grube zu Kohlau mit 17 Flötzen, welche eine sich nach Nordost zu immer mehr zuspitzende Mulde bilden, deren äusserster Endpunct am nördlichen Abhange des Hochwaldes liegt. Der an den Hochwald sich anlehnende Flügel zeigt ein Fallen von 70—80° gegen Westen, der entgegengesetzte ein solches von 20—40°.

In der Sohle des Grenzstollns am Wegeschacht finden wir die Flötze in folgender Ordnung vom Liegenden an gerechnet:

Das	12. Flötz . .	16″ m.				
„	11. „	30″ m.	nach 13	Ltr.	Schieferthon	folgt:
„	10. „	50″ m.	„	$3^1/_2$ „	„	„
„	9. „	26″ m.				

	Flötz	Mächtigkeit			nach	Ltr.	
Das	8. Flötz . .	46″ m.			nach 3	Ltr.	Schieferthon folgt:
„	7. „ . .	18″ m.			„ 5	„	„ „
„	6. „ . .	41″ m.			„ 17	„	„ „
„	5. „ . .	50″ m.	incl. 5″ Mittel		„ 13	„	„ „
„	4. „ . .	36″ m.	„ 8″ „		„ 11	„	sandigem Schieferthon folgt:
„	3. „ . .	68″ m.	„ 30″ „	in 2 Bänken	„ 4	„	„ „ „
„	2. „ . .	60″ m.	„ 15″ „		„ 28	„	Sandstein u. Schieferth. folgt:
„	Zwischenflötz .	40″ m.	„ 7″ „		„ 3	„	Sandstein folgt:
„	1. Flötz . .	68′ m.	„ 8″ „		„ 28	„	Schieferthon folgt:
„	1. hangende Flötz	24″ m.	„ 4″ „		„ 3½	„	sand. Schieferthon folgt:
„	2. „ „	58″ m.	„ 10″ „		„ 22	„	Schieferthon „
„	Beinertflötz .	24″ m.	„ 4″ „		„ 9	„	„ „
„	40-zöllige Flötz 35—40″ m.						

Einzelne dieser Flötze sind im stehenden Flügel entweder nicht vorhanden oder von geringerer Mächtigkeit, als im flachen oder unbauwürdig. Dieser Flügel zeigt überhaupt eine grosse Menge von Verdrückungen und andere Unregelmässigkeiten; im flachen Flügel sind die Flötze mächtiger und weniger gestört. Am günstigsten zeigten sich hier das 11., 10., 6., 5., 4., 2. und 1. Flötz; das 4. schüttet gute Backkohlen. Der 1848 begonnene Tiefbau beschränkt sich vorläufig noch auf die sieben hangendsten Flötze.

Die hangenderen Flötze des Flötzzuges ziehen sich am südlichen Abhange des Hochberges entlang bis an die Ostseite desselben und bilden hier die kleinere Mulde der früheren Jenny- und Elise-Grube, welche zwischen die Porphyrmassen des Hochberges und Hochwaldes eingelagert ist.

Auf dem westlichen Flügel waren durch die nun seit langer Zeit verlassenen Baue 9 Flötze von 20—50″ Mächtigkeit bekannt geworden, welche mit 50—60° gegen Osten einfallen; auf dem östlichen Flügel 5 Flötze von 30—60″ Mächtigkeit, welche unter demselben Neigungswinkel nach Westen einfallen.

Am Ausgehenden richten sich die Flötze so steil auf, dass sie auf mehre Lachter gegen den Porphyr einfallen; in der Tiefe geht der Neigungswinkel auf 37° herab. Später wurden im Liegenden der genannten auf dem östlichen Flügel noch andere Flötze überfahren, welche an der Muldenspitze nach Kohlau zu streichen, um dort einen Theil der Abendröthe-Grubenflötze zu bilden, so dass der östliche Muldenflügel hier aus 30 meist sehr schwachen Flötzen besteht.

Am südlichen Abhange des Hochwaldes südlich der Stadt Gottesberg liegt im weiteren Fortstreichen der Jenny- und Elise- die Charlotte-Grube am Breitenhau, welche, wie diese, schon seit längerer Zeit ausser Betrieb steht, aber demnächst in Angriff genommen werden soll. Diese Grube besitzt 10 Flötze, welche, vom Liegenden an gezählt, folgende Mächtigkeit besitzen:

	Flötz	Mächtigkeit			
Das	1. Flötz	22″ m.			
„	2. „	46″ m.	incl.	10″	Mittel.
„	3. „ . . .	36″ m.	„	4—12″	„
„	4. „ . . .	34″ m.	„	8″	„
„	5. „ .	36″ m.	„	1″	„
„	6. „ . . .	20″ rein.			
„	7. „	20″ „		4″	„
„	8. „	30″ „		6″	„
„	9. „	20″ „		2″	„
„	10. „	30″ „		10″	„

Die Flötze streichen im Allgemeinen h. 8, bilden eine muldenförmige Falte und sind ausserdem von mehren Sprüngen durchsetzt. Der Fallwinkel beträgt 35° nach Süden.

Im Hangenden der Charlotte liegt die Karl Georg Victor-Grube bei Lässig, deren 12 am Ausgehenden ausgeschürfte Flötze die hangendsten der Gustav-Grube sind. Vom Liegenden zum Hangenden gezählt sind von denselben bis jetzt folgende durch einen Tiefbau aufgeschlossen worden:

	Flötz	Mächtigkeit					
Das	2. Flötz	45″ m.	incl. 5″ Mittel,	. . . . . .	Mittel 8	Ltr.	Schieferthon.
„	3. „	21″ m.	„ 6″ „	. . . .	„ 57	„	Sandstein.
„	4. „	80″ m.	„ 30″ „	. . . .	„ 15	„	„
„	5. „	40″ m.	„ 6″ „	. . . .	„ 2	„	„
„	6. „	20″ m.	„ 6″ „	ist ein Tiefbau nicht vorhanden.	„ 13	„	„
„	7. „	65″ m.	„ 15″ „	. . . .	„ 9	„	„
„	8. „	35″ m.	„ 2″ „				

Das Streichen geht in h. 8, das südliche Einfallen beträgt 40—45°. Die Kohlen vom 2. und 8. Flötz eignen sich besonders zur Koksfabrikation.

Die Flötze der Charlotte- und Karl Georg Victor-Grube nehmen von hier aus ihr Streichen nach Nordosten, stossen zum Theil an den aus Porphyr bestehenden Blitzenbergen, im Schwarzen Busch bei Ober-Hermsdorf und den bei Gottesberg in grosser Ausdehnung auftretenden ebenfalls aus Porphyr bestehenden Nebenbergen des Hochwaldes ab, zum Theil ziehen sie sich in schwachen Bestegen zwischen denselben hindurch und legen sich, ein nördliches Streichen annehmend, am östlichen Abhange des Hochwaldes an, nehmen bald an Zahl und Stärke zu und bilden hier die Flötze der Hermsdorfer Gruben, welche zu den bedeutendsten des Waldenburger Reviers gehören. Die liegenderen Flötze gehören der Neue Heinrich-, die hangenderen der Glückhilf- und Friedens Hoffnung-Grube an.

Die Neue Heinrich-Grube besitzt folgende Flötze vom Liegenden an gerechnet:

1)	Das Grenzflötz	42" m. incl.	7" Mittel	Bergmittel	38 Ltr.	Sandstein, dann
2)	„ 7. Flötz	50" m.	„ 10—15" „ (wird nicht abgebaut)	„	2 „	Schieferthon u. Sandstein.
3)	„ 6. „	15" m.	„ unbauwürdig . .	„	4 „	„ „
4)	„ 5. „	15" m.	„ „ .	„	3 „	„ „
5)	„ 4. „	25—45" m.	„	„	10 Zoll	Schieferthon.
6)	„ 3. „	35" m.	„	„	12 Ltr.	Sandstein.
7)	„ 2. „	Niederbank 35—40" Schieferthon 2" Oberbank 18—20"		„	11 „	Schieferthon.
8)	„ 1. „	46" m. incl.	8—10" Mittel.			

Ausser diesen sind noch 3 Flötze im Liegenden des Grenzflötzes am Ausgehenden ausgeschürft worden, von denen eins bis 50" mächtig ist.

Das Streichen der Ersteren geht in der Nähe der Hermsdorf-Fellhammer Territorial-Grenze in h. 2, wendet sich in der Nähe des Dorfes Hermsdorf in h. 12 und im nördlichen Felde an der Markscheide mit Fuchs-Grube in h. 9. Gegen Süden sind die Flötze bis in die Nähe der Blitzenberge, wo sie taub werden, verfolgt worden.

Die Glückhilf-Grube besitzt folgende Flötze:

1) Das 7. Flötz besteht im nördlichen Felde aus einer 30—40" starken Oberbank, einem bis 80" starken Mittel, wesshalb die Niederbank von der Gewinnung ausgeschlossen wird; im südlichen Felde ist die Ober- und Niederbank zusammen 50—70", das Mittel nur 6" stark. — Gesteinsmittel 3—4 Ltr. mit einem 6zölligen Kohlenbänkchen.
2) Das 6. Flötz im nördl. Felde 20—30", im südl. 40" stark, mit 7—8 schwächern Bänken im Hangenden, welche bis 20" mächtig werden, aber angebaut werden. — Mittel 20 Ltr.
3) Das 5. Flötz im mittlern Felde 60", im südl. 45—50" mächtig, mit einem 1" starken Lettenstreifen; im Hangenden liegen 2 unreine Kohlenbänke von 10 und 20" Stärke. — Mittel 5 Ltr.
4) Das 4. Flötz 70" m. incl. 10" Mittel; die Mächtigkeit des letztern steigt bis 80" im südl. Felde, wogegen die Ober- und Niederbank immer schwächer werden und zuletzt jede nur 25—28" stark ist. — Mittel 27 Ltr.
5) Das starke Flötz 70—80" m. mit 2 Mitteln, deren oberes 1—10", deren unteres 1—40" stark ist; im letztern Falle bleibt die Niederbank unverritzt. — Mittel 27 Ltr. mit einer Kohlenbank von 6—10" Stärke.
6) Das 3. Flötz 80—100" m. mit einem $^1/_2$—10zölligen Mittel. — Mittel 5—18 Ltr.
7) Das 2. Flötz im mittlern Felde aus einer 35" starken Oberbank, einem 15—60" starken Mittel und einer 40" starken Niederbank zusammengesetzt, im südl. Felde 80" mächtig und rein. — Mittel $^3/_8$—3 Ltr.
8) Das schmale Flötz 6—30" m. — Mittel 30 Zoll.
9) Das 1. Flötz 40—50" m. rein. — Mittel $3^3/_8$ Ltr.
10) Das Strassenflötz 55" bis 1 Ltr. 55 Zoll m. mit einem 1 Zoll bis 1 Ltr. mächtigen Mittel. — Mittel 5—18 Ltr.
11) Das 41zöllige Flötz 34—45" m. incl. 4—8" Schiefermittel. Zwischen dem 2. Flötz und Strassenflötz liegen stollenweise vier Kohlenbänke.

Weiter im Hangenden folgen die Flötze der jetzt mit Glückhilf konsolidirten Beste-Grube:

12) Das liegende Flötz { 50" Niederbank, 6—7" Mittel im nördlichen, 1—$1^1/_2$ Ltr. im südl. Felde, 18—20" Oberbank (wird nicht im südl. Felde abgebaut). } — Mittel 22 Ltr.
13) Das Stollnflötz 30" m. incl. 3—5" Mittel. — Mittel 25 Ltr.
14) Das Friederickenflötz 50" m. incl. 10" Mittel, besteht in südl. Felde in der Tiefbausohle aus 20 Zoll Niederbank, 10 Zoll Mittel, 5—6 Zoll Oberbank.

Das Streichen geht in h. 12, das Fallen beträgt ca. 20° nach Osten. Thonige Sphärosiderite finden sich besonders im mittleren Baufelde im Mittel des Strassenflötzes in 2—4 Zoll Stärke, im Mittel des 2. Flötzes, im Mittel zwischen dem 6. und 7. Flötz und im Hangenden des 7. Flötzes.

Die Grube wurde früher durch den Glückhilf-Stolln und ist gegenwärtig durch einen Tiefbau gelöst, der Hauptbetrieb findet im südlichen Felde, in dem des von der Heydt-Schachtes statt. Der Stückkohlenfall beträgt 25—45%. Der Verkokung werden überwiesen: die Oberbank des 7., die Niederbank des 6. Flötzes, der grösste Theil des 5. Flötzes, das 4., 3. und 2. Flötz.

Die Friedens Hoffnung-Grube besitzt folgende Flötze:

1) die Niederbank des 4. Flötzes 80—95" m. incl. eines Schiefermittels mit Sphärosideriten, dessen Stärke 2—40" beträgt. Die Flötzmächtigkeit steigt zwar stellenweise bis 1 Ltr. 20—30 Zoll, jedoch auf Kosten der Reinheit des Flötzes indem dann die Anzahl der Schiefermittel auf 4—5 steigt. Der Stückkohlenfall beträgt 30—35%. Ein Sandsteinmittel von 1¼ Ltr. Stärke trennt die Niederbank von

2) der Oberbank des 4. Flötzes, 88—90" m. mit 4 Schiefermitteln von zusammen 3 Zoll Stärke. Die unterste 26" starke Kohlenbank ist die beste und zur Gasbereitung geeignet. Der Stückkohlenfall beträgt 45—50%.

Beide Bänke vereinigen sich gegen Süden und bestehen dann aus einem Flötze von 1 Ltr. 28 Zoll Stärke mit 5 Schiefermitteln von zusammen 23 Zoll Stärke.

Auf die Oberbank folgen 35—40 Ltr. Schieferthon und conglomeratartiger Sandstein, dann 4 Zwischenflötze, welche in oberer Sohle nur theilweise bauwürdig waren und daher in der gegenwärtigen Tiefbausohle noch nicht aufgeschlossen worden sind. Das hangendste derselben verstärkt sich gegen Norden auf 25—30" und wird dadurch bauwürdig. Nach einem 8—14 Ltr. starken Sandstein- und Schieferthonmittel folgt dann

3) das Frauenflötz, 40—50" m. incl. 6 Zoll Schiefer, nach Norden hin bis 64" m. und mit 3 Mitteln von zusammen 8—10 Zoll Stärke. Das Flötz liefert 20—30% Stückkohlen; die Kohle ist als Gaskohle verwendbar. Das Hangende besteht aus Sandstein.

Das Streichen der Flötze geht in h. 12—2; das Fallen beträgt bei der Ober- und Niederbank durchschnittlich 27°, beim Frauenflötz 20—23° gegen Westen und wird nach der Tiefe zu geringer.

Die genannten Flötze sind auf eine streichende Länge von pptr. 710 Ltr. aufgeschlossen. Die Ober- und Niederbank des 4. Flötzes entsprechen den beiden Bänken des liegenden Flötzes, die 25—30" mächtige Kohlenbank zwischen dem Frauenflötz und der Oberbank dem Stollnflötz und das Frauenflötz dem Friederickenflötz der cons. Glückhilf-Grube.

Die querschlägige Entfernung vom 41zölligen Fötz der Glückhilf- bis zur Niederbank des 4. Flötzes der Friedens-Hoffnung-Grube beträgt durchschnittlich 140 Ltr.

Im Felde der mit Glückhilf consolidirten Freundschaft-Grube folgt auf das 41zöllige Flötz zunächst ein 90 Ltr. starkes Sandsteinmittel mit 3 Flötzchen von 26, 32 und 15 Zoll Stärke, die sogenannten Freundschaftsflötze, alsdann ein Flötz von 40 Zoll Stärke incl. 4 Zoll Mittel und auf dieses ein Sandsteinmittel von 50 Ltr. Stärke. Auch im Felde der Friedens Hoffnung-Grube setzen in diesem Mittel 5 Flötze auf, welche aber wegen der geringen Mächtigkeit von 18—28 Zoll und ihrer Unreinheit noch nicht näher untersucht worden sind. Ebenso finden sich im Hangenden des Frauenflötzes noch zwei Flötzbestege von 3—7 und 10—12 Zoll Stärke. Letzterer vereinigt sich in der jetzigen Tiefbausohle der Friedens-Hoffnung-Grube mit dem Frauenflötz, liegt aber in der 27 Ltr. höher befindlichen Glückhilf-Stollnsohle 7 Ltr. von demselben entfernt.

Die liegendsten Flötze des Hermsdorfer Grubenkomplexes, die der Neue Heinrich-Grube, ziehen nach Norden über die Hermsdorfer Territorial-Grenze hinaus am östlichen Abhange des Hochwaldes entlang, wenden sich am nördlichen Abhang desselben zuerst nach Westen, bilden hier eine ganz gleiche äusserst spitze Mulde, wie die liegendsten Flötze der Abendröthe-Grube, indem sie sich nach Osten herumwenden und am südlichen Fuss des Wurzelberges fortziehen. Die liegendsten Flötzbestege von nur wenigen Zollen Mächtigkeit sind kaum 1 Ltr. von der Porphyr-Grenze entfernt und fallen mit 50—55° von demselben ab. Am Fuss des Hochwaldes mehr nach dem Innern der Mulde zu liegt die Frohe Ansicht- und Anna-Grube mit einer ziemlich grossen Anzahl von Flötzen, deren Zusammenhang mit denen der Hermsdorfer Gruben jedoch noch vollständig unklar ist.

Der östlich in h. 6—7 streichende Muldenflügel fällt mit 18—20° gegen Süden, der an den Porphyr sich anlehnende streicht in h. 11 und fällt mit 75—80° nach Osten. Im stehenden Flügel ist der ganze Flötzzug auf einen 4 Mal schmäleren Raum zusammengedrängt, als auf dem flachen Flügel; auch fehlen im ersteren die hangendsten Flötze Nr. 10 und 11, welche sich schon am Wendepunkt verdrücken. Alle Flötze erleiden an diesem Puncte mehr oder weniger eine Verminderung der Mächtigkeit und sind hier auch zum Theil durch Schieferthon verunreinigt.

Folgende Flötze sind durch den Grubenbetrieb bekannt geworden:

1. u. 2. ein 24 u. 30zölliges Flötz, welche durch ein 30 Zoll starkes Mittel getrennt sind,

3. das 28zöllige Flötz.

4. das Nullflötz 80″ m. mit 2 Schiefermitteln,
5. das 1. Flötz, 14″ reine Kohle,
6. ein 25″ m. unbauwürdiges Flötz,
7. das 2. Flötz 78″ m. { Niederbank 20—22″, Mittel 30—60″, Oberbank 28″ }
8. ein 25″ m. unbauwürdiges Flötz,
9. das 3. Flötz 49″ m. incl. 9 Zoll Mittel,
10. „ 4. „ 66″ m. „ 31 „ „
11. „ 5. „ 66″ m. „ 20 „ „
12. „ 6. „ 157″ m. „ 42 „ „ (die Oberbank ist nur im flachen Flügel, die Niederbank in beiden Flügeln abgebaut worden.)
13. „ 7. „ 53″ m. reine Kohle,
14. „ 8. „ 80″ m. incl. 3″ Mittel,
2 Zwischenflötzchen von 4 und 6″ Stärke,
15. das 9. Flötz 36″ m. incl. 3″ Mittel,
3 Zwischenflötzchen von 15, 17 und 12″ Stärke,
16. das 10. Flötz 50″ m. incl. 7″ Mittel,
17. „ 11. „ 50″ m. „ 4″ „

Ausser diesen Flötzen sind im stehenden Flügel zwischen dem 30zölligen Flötz und dem noch weiter im Liegenden ausgeschürften, aber noch nicht in Abbau genommenen *Ottilieflötz* noch 6 Flötzbestege vorhanden. Das beste Flötz ist das *Nullflötz*, dessen Kohle lange Zeit hindurch als Gaskohle nach Breslau verkauft worden ist. Gegenwärtig fristet die Grube, indem sie einer tieferen Lösung von der benachbarten Fuchsgrube her in nächster Zeit entgegensieht.

Im weiteren Fortstreichen des flachen Flügels in östlicher Richtung liegt das Feld der Fuchs-Grube, welche sich bis nach Neu-Weissstein erstreckt und sowohl in Betreff der Anzahl und Mächtigkeit der Flötze, als auch der Grösse des Grubenfeldes (über 2000 Morgen preuss.) die grösste Grube des Bezirks ist. Hier finden wir zunächst im äussersten Liegenden die drei Flötze der Maximilian-Grube, welche jetzt mit Fuchs-Grube consolidirt ist. Nur eins derselben ist bauwürdig, 20—22″ stark, streicht h. 9 und fällt mit 23° gegen Süden ein. Nach 45½ Ltr. querschlägiger Entfernung folgen die eigentlichen Fuchsgrubenflötze:

Das 1. Flötz, 100—160″ m.; im östlichen Felde oberhalb des Fuchsstollns wurde meist nur die Mittel- und Niederbank gebaut, welche zusammen 40—55″ stark waren. Ueber der Mittelbank folgt ein Schiefermittel mit Sphärosideriten, welches von einigen bis zu 70 Zoll anwächst. Das Flötz liefert gute Schmiedekohlen.

„ 2. „ ist im östlichen Felde 88″ m. incl. zweier Schiefermittel von zusammen 14″ Stärke; im westlichen Felde besteht dasselbe aus 40″ reiner Kohle. Die Kohle eignet sich zur Koks- und Gasbereitung.

„ 3. „ 18—20″ m. unbauwürdig.

„ 4. „ ist im östlichen Felde 97″ m. incl. 5 Mittel von zusammen 15″ Stärke, im westlichen Felde bis 140″ m., wobei die Gesammtstärke der Mittel sich auf 4—5″ vermindert.

„ 5. „ 30—45″ m. Die Kohle von diesem, sowie von dem folgenden Flötz ist eine gute Flammkohle und besonders zur Benutzung in den Porzellanfabriken geeignet.

„ 6. „ im östlichen Felde in der tiefen Friedrich Wilhelm-Stollnsohle, 34—36″ m. incl. 5—15″ Bergmittel in der Fuchsstollnsohle 60″ m., wird gegen Westen hin unbauwürdig.

„ 7. „ 70—120″ m. incl. 5—10″ Bergmittel; gegen Westen trennt sich ein Theil der Oberbank durch Einlagerung eines Bergmittels und bildet das 40″ mächtige Zwischenflötz. Das 7. Flötz ist hier 88—96″ m. incl. 8—14″ Bergmittel. Das Zwischenflötz führt im Liegenden bis 20″ Blackband und thonigen Sphärosiderit.

„ 8. „ 100—120″ m. Theilweise ganz rein, theilweise mit 2 Mitteln von zusammen 1½″ Stärke; wo diese letzteren eine Stärke von 20—30″ erreichen, beträgt die ganze Flötzmächtigkeit fast 2 Ltr.

„ 9. „ ist zwar gegen 40″ m., aber wegen der Lettenmittel unbauwürdig.

„ 10. „ ist im östlichen Felde 94″ mit 4″ Bergmittel, im westlichen Felde 240—256″ incl. 125″ Mittel m.

„ 11. „ ist im östlichen Felde 117″ incl. 9″ Bergmittel, im westlichen Felde 81″ incl. 4″ Mittel mächtig, geht aber auch im letzteren bis zu 65″ Mächtigkeit herab, wobei die Bergmittel 6—10″ stark werden. Die Bergmittel des 10. und 11. Flötzes enthalten Sphärosiderite.

„ 12. „ besteht aus 45″ reiner Kohle.

„ 13. „ 60—65″ m. incl. dreier Mittel von zusammen 10″ Stärke.

„ 14. „ 10—33″ m. unbauwürdig.

Das 15. Flötz 40—62″ reine Kohle, gibt 50—60 % Stückkohlen.
„ 16. „ 60—80″ m. mit 50—60 % Stückkohlen.
„ 17. „ 20—30″ m. unbauwürdig.
„ 18. „ im Fuchsstolln 98″ m. incl. 50″ Bergmittel; gegen Westen wird das Flötz bis zum Dorf Weissstein unbauwürdig, indem sich die Bergmittel verstärken, die Kohlenbänke sich verschlechtern. Im Stollberg-Schachtfelde ist die Oberbank 40—45″ m. und bauwürdig, die Niederbänke sind 10 und 20″ stark.
„ 19. „ ist 50—60″ m. incl. 3—6″ Mittel.

Die Flötze streichen in h. 8 und fallen mit 18—20° nach Süden. Im Allgemeinen ist das Vorkommen der Sphärosiderite von der Beschaffenheit der Schieferthonmittel abhängig; dieselben sind am häufigsten im reinen Schieferthone und vermindern sich, wenn dieser sandig wird oder wenn die Mächtigkeit des Mittels steigt.

Die Flötze erscheinen in 3 Gruppen getheilt, von denen die liegende die ersten 8, die mittlere das 10. bis 12., die hangende das 15. bis 19. Flötz enthält. Das 13. Flötz liegt ganz isolirt, nämlich 130 Ltr. vom 12. und 116—136 Ltr. vom 15. Flötz entfernt.

Die streichende Länge von der östlichen bis zur westlichen Markscheide beträgt ca. 1700 Ltr., die querschlägige Entfernung vom 1. bis 19. Flötz 540 Ltr. im östlichen, 470 Ltr. im westlichen Felde. Die Lösung der Flötze erfolgte durch den Fuchsstolln und den 9¾ Ltr. tiefer einkommenden Friedrich Wilhelm-Stolln, welche 1781 resp. 1800 begonnen wurden; der Erstere hat nur die Fuchs-Grubenflötze, der Letztere den ganzen liegenden und fast den ganzen hangenden Flötzzug in nahezu querschlägiger Richtung durchfahren.[1])

An der Markscheide mit der Frohe Ansicht- und Anna-Grube verändern sich die Flötze in Betreff ihrer Mächtigkeit und der Stärke der Zwischenmittel der Art, dass eine Parallelisirung derselben zur Zeit noch nicht möglich ist. Anderseits ist der Zusammenhang der Fuchsgruben-Flötze mit denen der Hermsdorfer Gruben, welche deren Gegenflügel bilden, bis jetzt nur auf den hangendsten Flötzen durch Grubenbaue constatirt und es entspricht:

der Fuchsgrube	das 19. Flötz	dem Frauenflötz	der Friedens-Hoffnung-Grube.
	„ 18. „	den Zwischenflötzen	
	„ 16. „	der Oberbank des 4. Flötzes	
	„ 15. „	„ Niederbank des 4. Flötzes	
	„ 13. „	dem 41″ Flötz	der Glückhilf-Grube.
	„ 12. „	„ Strassenflötz	

An der östlichen Markscheide treten die Fuchs-Grubenflötze auf das Fürstensteiner Territorium über und bilden hier die Flötze der Graf Hochberg- und Friedrich Ferdinand-Grube.

Die Graf Hochberg-Grube bei Waldenburg besitzt 9 Flötze, welche im Allgemeinen der liegenden Gruppe der Fuchs-Grubenflötze entsprechen, ohne dass jedoch bis jetzt durch einen offenen Durchschlag oder andere Anzeichen die Zusammengehörigkeit der einzelnen Flötze feststände; es ist jedoch nicht unwahrscheinlich, dass der Zusammenhang der Flötze hier an der Markscheide durch später erfolgte Auswaschungen gestört ist, indem das Diluvium ziemlich tief niedersetzt. Vom Liegenden zum Hangenden gezählt finden wir hier folgende Flötze:

Das 9. Flötz im westlichen Felde fast nur als Besteg vorhanden, im östlichen Felde 110″ m.	Mittel 32 Ltr.	Schieferthon u. Sandstein,
„ 8. „ 80″ m. mit 8″ Bergmittel in 2 Bänken	„ 4—8 „	„ „
„ 7. „ 30″ m.	„ 12 „	„ „
„ 6. „ 26″ m.	„ 2—4½ „	„ „
„ 5. „ 65—80″ m. mit 4 Bergmitteln von zusammen 13—28″ Stärke	„ 28 „	„ „
„ 4. „ 70—110″ m. incl. 5″ Mittel	„ 4—7 „	„ „
„ 3. „ 36—50″ m. im östlichen Felde unbauwürdig	„ 2½—5 „	„ „
„ 2. „ 80—110″ m. incl. 6″ Mittel	„ ¾—3 „	Schieferthon.
„ 1. „ 84—110″ m. incl. 10″ Mittel.		

[1]) Vgl. Beinert u. Göppert, Preisschrift in: Naturkundige Verhandelingen van de Hollandsche Maatschappij der Wetenschappen te Haarlem, Leiden, 1849. tb. I. u. II.

Das Streichen und Fallen der Flötze ist im Allgemeinen dasselbe, wie auf der Fuchsgrube; die Stärke der Zwischenmittel variirt wie dort sehr. Am Porphyr des Gleisberges, welcher in der Grube mehrfach angefahren wurde, stossen sämmtliche Flötze ab, mit Ausnahme der drei hangendsten Flötze, welche in der Tiefbausohle regelmässig fortstreichen. Eine zweite Porphyrmasse durchfuhr die Grundstrecke des 9. Flötzes im Herrmann-Schachtfelde auf ca. 5 Ltr. Länge. Die Kohle dieses Flötzes ist zwar auf eine gewisse Entfernung vom Porphyr ab taub, eine stängelige Absonderung, wie auf dem Fixsternflötze ist jedoch nicht zu bemerken gewesen. Ausserdem wurde Porphyr angefahren: auf dem 2. Flötz mit einigen oberen Abbaustrecken am Pulverhause, am Ausgehenden des 4. Flötzes im Conrad-Schachtfelde, mit der Grundstrecke des 5. Flötzes an der Grenze zwischen der ehemaligen Louise Auguste- und Alte Graf Hochberg-Grube, am Ausgehenden des 8. Flötzes zwischen dem Treutler'schen Garten und dem Gleisberge, mit der Abbaustrecke Nr. 5 gegen Osten des 9. Flötzes im Herrmann-Schachtfelde, endlich an der Markscheide mit Daniel-Grube, von wo er sich in's Feld dieser letzteren Grube hineinzieht. Im südöstlichen Felde, dem der ehemaligen Alte Graf Hochberg-Grube, sind das 1. und 2. Flötz als Ober- und Niederflötz abgebaut worden. Dieselben sind hier 50″ resp. 1¾ Ltr. mächtig, streichen h. 8—9 und fallen mit 15° gegen Südwesten; sie werden durch eine 1—1½ Ltr. starke Schieferthonbank von einander getrennt. Die Flötze sind hier durch Sprünge und Riegel gestört; letztere sind Austrocknungsspalten, welche das Flötz ziemlich senkrecht durchsetzen, am Liegenden und Hangenden scharf abschneiden und mit Porphyr-, Sandstein-, Schieferthon- und Kohlenbrocken zu einer Breccie verbunden ausgefüllt.

Aus dem östlichen Felde, dem des Herrmann-Schachtes, treten die genannten 9 Flötze in das der Daniel-Grube über, wo jedoch die Streichrichtung durch den hier auftretenden Porphyr erhebliche Aenderungen erfährt.

An die südöstliche Markscheide der Graf Hochberg-Grube schliessen sich die ehemaligen Einzelzechen, Caspar und Theresie an, welche jetzt mit Segen Gottes-Grube consolidirt sind. Dieselben bauten auf folgenden 6 Flötzen:

1) Das Stollnflötz, 24″ m., mit 30—35 % Stückkohlen. — Mittel 8 Ltr. Schieferthon und sandiger Schieferthon.

2) Das Niederflötz, im nördlichen Felde 20, im südlichen 90″ incl. 6″ Bergmittel m., gibt 15—20 % Stückkohlen. — Mittel 6 Ltr. Schieferthon und Sandstein.

3) Das Mittelflötz, 60″ m. incl. 6″ Mittel. — Mittel 12 Ltr. Schieferthon und Sandstein.

4) Das Oberflötz, 1 Ltr. m. incl. 20″ Bergmittel. Dasselbe ist im nördlichen Theil des Theresie-Grubenfeldes 27 Ltr. querschlägig vom Mittelflötz entfernt, im südlichen Felde verschwächt sich dieses Mittel nach und nach so sehr, dass beide Flötze zusammen gebaut werden können; sie sind beide zusammen 70″ m. und geben gegen 35 % Stückkohlen. — Mittel 6 Ltr. Schieferthon und Sandstein.

5) Das Zwischenflötz, 40″ m. incl. 6″ Mittel. Mittel 24 Ltr. Sandstein.

6) Das Röschenflötz, 1½ Ltr. m. incl. 3″ Mittel, mit 35% Stückkohlen.

Dasselbe ist jedenfalls das Ober- und Niederflötz der Alte Graf Hochberg-, d. h. das 1. und 2. Flötz der comb. Graf Hochberg-Grube. Die Flötze streichen im südlichen Felde aus Nordwest nach Südost, wenden sich im ehemaligen Caspar-Grubenfelde nach Osten und bilden dadurch einen flachen Sattel von 10—16° Neigung, dessen beide Flügel östlich vom Porphyr des Kohlberges bei Reussendorf, westlich von dem der Butterberge bei Dittersbach eingeschlossen werden. Die Nähe des Porphyrs scheint auch die Ursache zu sein, dass dieses Grubenfeld durch Verwerfungen und Riegel vielfach gestört ist. Dasselbe ist vorläufig ausser Betrieb gesetzt, weil die Flötze bis auf die Theresien-Stollnsohle abgebaut sind und einer tieferen Lösung in der Segen-Gottes-Stollnsohle entgegensehen.

Die mittleren Flötze der Fuchs-Grube, nämlich Nr. 10—12 sind südöstlich von der Stadt Waldenburg noch nicht nachgewiesen worden. Die Flötze der hangenden Gruppe, nämlich Nr. 15—19 dagegen finden wir im Felde der Friedrich-Ferdinand-Grube bei Ober-Waldenburg. Im nordwestlichen Felde treten auf:

Das 15. Flötz,	28″ m.	Mittel 3 Ltr. m.
„ 16. „	65″ m.	„ 10⅙ „ m.
„ 17. „	30″ (unbauwürdig)	„ 45 „
„ 18. „	22″ Kohl 20″ Letten 12″ Kohl 10″ Letten 8″ Kohl	Mittel 38¾ Ltr.
„ 19. „	36—50″ m.	

Im südöstlichen Felde:

Das	13. Flötz (unbauwürdig)	Mittel 84 Ltr.
„	14. „ „	„ 24 „
„	15. u. 16. Flötz, zusammen 70" m. und nur durch ein ½—2" starkes Mittel getrennt,	„ 15 „
„	17. Flötz (unbauwürdig)	„ 59 „
„	18. „ 50" m. incl. 10" Schiefer	„ 29 „
„	19. „ 40" m.	

Das Streichen geht im nordwestlichen Felde in h. 8, im südöstlichen in h. 10; das Fallen beträgt im ersteren 18, im letzteren 12—21°, indem die hangenderen Flötze flacher fallen, als die liegenderen. An der südöstlichen Grenze des Grubenfeldes, wo man sich in der Nähe des Porphyrs befindet, werden die Flötze bedeutend durch Verwerfungen gestört; die einzelnen Flötztheile nehmen dabei ein ganz anderes Streichen und Fallen an. Die Flötze liefern gegen 20% Stückkohlen, zu welchen das 15. und 16. Flötz hauptsächlich beitragen.

Gegen Südosten grenzt an Friedrich-Ferdinand die Melchior-Grube bei Dittersbach mit folgenden Flötzen:

Das 15. u. 16. Fuchsgruben-Flötz (hier Hauptflötz genannt) 60" m.
„ 18. Fuchsgruben-Flötz (hier Oberflötz genannt) z. Th. unbauwürdig, z. Th. 60" m. incl. 6—10" Mittel.
„ 19. „ 40" m., nur z. Th. bauwürdig.

Dieselben streichen h. 8, fallen mit 12° nach Südwesten und scheinen sich an den Porphyrbergen bei Dittersbach auszukeilen.

Ehe wir den hangenden Flötzzug weiter verfolgen, mögen die hangendsten Flötze der ganzen Ablagerung hier kurz erwähnt werden. Einige Flötze der Carl Georg Victor-Grube wenden sich in ihrem östlichen Fortstreichen bei Fellhammer nordöstlich und scheinen dieselben zu sein, welche dort und bei Hayn in den Feldern der Friedrich Stollberg-, Friedericke-, Ernestine- und Amalie-Grube auftreten. Im Felde der Friedrich Stollberg-Grube liegen: 1) das Röschenflötz, 17—19" mächtig, ca. 160 Ltr. vom Friederickenflötz der cons. Glückhilf-Grube querschlägig entfernt, mit einem Streichen in h. 4 und 16—18° Fallen; 2) 130 Ltr. im Hangenden desselben ein ebenfalls 19" mächtiges Flötz, welches dem folgenden Friedericke-Grubenflötz entsprechen soll. Weiter östlich liegen die beiden fristenden Gruben Friedericke und Ernestine, welche beide nur ein Flötz (wahrscheinlich dasselbe) in Bau genommen hatten; dasselbe war im Ernestine-Grubenfelde 40" m.; im Liegenden desselben befindet sich noch ein unbauwürdiges Flötz. Das Streichen geht hier h. 8—10; das Fallen beträgt 20—25°. Das Flötz der noch weiter östlich liegenden Amalie-Grube, mit dem Ernestineflötz identisch, ist 40" m., streicht in h. 10—12 und fällt mit 10—12° nach Südwesten. Dasselbe liegt vom hangendsten Flötz des hangenden Flötzzuges, dem 19. Fuchsgrubenflötz, gegen 1000 Ltr. entfernt.

Die weiter oben genannte ehemalige Caspar- und Theresie-Grube bei Bärengrund ist die letzte bedeutende Grube des hangenden Flötzzuges im Waldenburger Revier.

Vom Bärengrunder Thale ziehen sich zwar die Flötze in schwachen Bestegen um den östlichen Fuss des Kohlberges herum, jedoch ist im Hangenden der Cäsargrube kein einziges bauwürdiges Flötz mehr vorhanden. Bei Ober-Reussendorf finden sich zwar noch mehre Flötze ein, auf welchen die ehemalige Bernhard-Grube einen Bau geführt hatte; die Kohlen waren aber von sehr geringer Qualität. Weiter südlich jenseits des Zwickerthales sollen sogar 7 Flötze vorhanden sein, jedoch hatte die bei Steingrund liegende Dorothea-Grube deren nur drei von 35—50" Mächtigkeit mit einem Streichen in h. 11—12 und einem westlichen Fallen von 18—20° vor längerer Zeit in Bau genommen; dieselben zeigten sich jedoch auf bedeutende Längen unbauwürdig. Dasselbe gilt von den im Hangenden dieser Grube liegenden 15—20" starken Flötzen der Carl Christian-Grube. Alle drei zuletzt genannten Gruben stehen nicht im Betriebe.

Der Flötzzug geht von hier immer in südlicher Richtung nach Sophienau zu und gewinnt im Felde der Sophie-Grube wieder einige Bedeutung. Dieselbe besitzt zwei nahe an einander liegende Flötze:

das Niederflötz, 32" m., mit 2 Mitteln von zusammen 7" Stärke,
„ Oberflötz, 60—70" m., „ 3 „ „ „ 9" „

Das Streichen geht in h. 9—11, das westliche Fallen beträgt 8—15°. Meistens ist jedoch das Niederflötz dort unbauwürdig, wo das Oberflötz bauwürdig, und umgekehrt. Die Flötze werden von einer Sprungkluft durchsetzt und soweit verworfen, dass der horizontale Abstand 278 Ltr. beträgt (der mächtigste Sprung der hiesigen Reviere). Im nördlichen Felde dicht bei Charlottenbrunn liegen die beiden Flötze 18 Ltr. querschlägig von einander entfernt; im südlichen Felde bilden beide ein Flötz von 1⅝ Ltr. Mächtigkeit incl. 20" Schiefer, mit 10—12% Stückkohlen. Das Fallen dieses Flötzes beträgt hier in der jetzigen Tiefbausohle nur 4½°.

An der südlichen Markscheide des Sophie-Grubenfeldes werden die Flötze wieder unbauwürdig, ziehen sich in Bestegen am Donnerberg und Teichwald hin, treten in das Donnerauer Thal und hier finden sich zwischen den beiden

Porphyrbergen, dem Teichwald und Silberwald, die 4 Flötze der Christian-Gottfried-Grube. Dieselben bilden einen flachen und einen steilen Muldenflügel, welche beide durch mehrfache kleine Sättel und Mulden verbunden sind. Der jetzige Bau findet auf dem flachen Flügel statt, welcher h. 6 — 7 streicht und mit 10 — 15° gegen Süden einfällt. Im steilen Flügel sind die Flötze meist unbauwürdig, selbst im flachen Flügel, wo die Lagerung eine regelmässigere ist, sehr schwach, nämlich:

das 1. Flötz, 30 — 50" m., — Mittel 54½ Ltr., das 2. Flötz, 18 — 25" m., — Mittel 28 Ltr.,
„ 3. „ 14 — 17" m. „ 43 „ „ 4. „ 25 — 30" m.

Die Kohle ist anthracitartig. Die streichende Länge, auf welche die Flötze aufgeschlossen sind, beträgt 230 Ltr.

Wir haben den liegenden Flötzzug bei Tannhausen verlassen und als letzte Grube die Trost-Grube genannt. Die Flötze der Christian Gottfried-Grube gehören dem verbundenen hangenden und liegenden Flötzzug an, welcher von Tannhausen an durch die ganze Grafschaft Glatz nirgends mehr in zwei Flötzzüge getrennt erscheint. Die ganze Flötzformation verschmälert sich von hier aus immer mehr, durchsetzt das Thal von Ober-Wüste-Giersdorf, geht bei Kaltwasser, wo einige Bestege auftreten, vorbei nach Rudolphswalde, wo nordwestlich des Dorfes einige schwache Flötze zu verschiedenen Zeiten in Bau genommen worden sind. Die hier liegende Neue Glückauf-Grube hat ein Flötz von 40 — 50" Mächtigkeit, welches h. 2 — 9 streicht und mit 25 — 30° nach Südwesten fällt, versuchsweise abgebaut, jedoch die Erfahrung gemacht, dass das Flötz nach keiner Richtung hin aushält. Nicht viel günstiger sind die Verhältnisse auf der südöstlichen von dieser liegenden Gersons Glück-Grube. Dieselbe hat zwei Flötze, das eine 47" mächtig incl. 7" Letten, das andere 27" m. incl. 2" Letten, welche h. 5 — 9 streichen und mit 24 — 25° gegen Südwesten einfallen, aufgeschlossen.

3) Der Flötzzug in der Grafschaft Glatz.

An der glatzisch-schlesischen Grenze tritt eine Porphyrmasse auf, welche den ohnedies nicht sehr mächtigen Flötzzug noch mehr zu beeinträchtigen scheint. Erst jenseits des hier vorliegenden Gebirgszuges, sobald man in das Thal von Weitengrund hinabsteigt und im Liegenden sich das untere Kohlengebirge anlegt, gewinnt auch der Flötzzug wieder an Ausdehnung, so dass die Breite desselben bei dem Dorfe Eule 2 — 300 Ltr. beträgt. Die hier ausgeschürften Flötze sind jedoch noch unbauwürdig. Erst bei Hausdorf findet ein lohnender Bergbau statt. Hier liegen im Felde der cons. Wenzeslaus-, Balthasar- und Ferdinand-Grube in einer querschlägigen Breite von 143⅛ Ltr. 12 Flötze, von denen 6 bauwürdig sind, während die querschlägige Breite des productiven Steinkohlengebirges hier pptr. 350 Ltr. beträgt. Auf der Wenzeslaus-Grube ist, vom Liegenden zum Hangenden gerechnet, die Schichtenreihe folgende:

das	8. Wilhelmflötz,	22"	m.,		darauf 30" Schieferthon,
„	7. „	18"	„		„ 40" Schieferthon und 2 Ltr. Sandstein,
„	6. „	8"	„		„ 29 Ltr. Sandstein,
„	5. „	30 — 40"	„		„ 40" Schieferthon,
„	4. „	30 — 40"	„		„ 4 — 8 Ltr. Sandstein,
„	3. „	60"	„		„ 20" Schieferthon,
„	2. „	40 — 50"	„		„ 6 — 9 Ltr. Sandstein,
„	1. „	40"	„	incl. 10" Mittel,	„ 70" Schieferthon und 62 Ltr. Sandstein,
„	Wenzeslausflötz,	60"	„		„ 1 Ltr. Schieferthon,
„	Felsenkohlflötz,	10"	„		„ 14¾ Ltr. Sandstein,
„	1. hangende Flötz,	12"	„		„ 16¼ „ „
„	2. hangende Flötz,	60"	„		

Von den bauwürdigen Flötzen (das 8., 5., 4., 3., 2. Wilhelmflötz und das Wenzeslausflötz) ist das Wenzeslausflötz das beste; dann folgen das 4. und 5., auf dieses das 2. und 3. Flötz, welche gemeinschaftlich abgebaut werden. In der halben Länge des Grubenfeldes tritt eine Hauptstörung der Lagerungsverhältnisse auf; nordwestlich derselben ist nur das Wenzeslausflötz mit einem Streichen in h. 9 und einem durchschnittlichen Fallen von 30° bekannt. Südöstlich derselben geht das Streichen in h. 7 und das Fallen beträgt im Mittel 42°.

Im Hausdorfer Thale setzt eine Sprungkluft durch, welche die Flötze verwirft. Im weiteren südöstlichen Fortstreichen folgt die fristende Balthasar-Grube und auf diese die Ferdinand-Grube; im Felde der letzteren ist durch früheren Bau das Vorhandensein der Wenzeslaus-Grubenflötze erwiesen.

Nun folgt die fristende, jetzt zur cons. Rudolph-Grube gehörende Sophie-Grube am Lierberge mit folgenden Flötzen:

das 8. Flötz,	15" m.,		grösstentheils unbauwürdig.
„ 7. „	20" „		grösstentheils unbauwürdig.
„ 6. „	25—30" „	incl. 8" Mittel,	grösstentheils unbauwürdig.
„ 5. „	30—40" „		
„ 4. „	25—32" „		
„ 3. „	10—12" „		
„ 2. „	20—30" „		
„ 1. „	24" „		

Im Liegenden derselben befinden sich noch 3 Flötze, von denen das eine theilweise bauwürdig war. Das Streichen geht in h. 5—7, das südwestliche Fallen beträgt 45—60°. Nach Ueberschreitung des Köpprichthales gelangt man in das Feld der Rudolph-Grube bei Volpersdorf. Dieselbe besitzt in ihrem Felde eine grosse Anzahl schwacher Flötze, welche ausserdem mannigfachen Störungen unterworfen sind; einige derselben zeichnen sich aber durch ihre Qualität und durch den hohen Procentsatz an Stück- und Würfelkohlen vor den übrigen Flötzen des Neuröder Reviers aus. Der Stück- und Würfelkohlenfall beträgt nämlich im Durchschnitt sämmtlicher Flötze 37—38, bei dem 1. Flötz allein 60—70%. Im Ganzen sind 29 Flötze bekannt in der jetzigen Tiefbausohle, deren bis jetzt 24 aufgeschlossen, das 25. bis 29. zum Theil versuchsweise in oberer Sohle in Angriff genommen worden.

Das liegendste Flötz im Tiefbauquerschlage ist:

das 24. Flötz, 20—30" m, incl. 4—10" Mittel, hat Schieferthon mit Sphärosideriten zum Hangenden und Liegenden. Mittel 5 Ltr. Darauf folgt

„ 23. „ 18—20" m., hat sandigen Schieferthon zum Hangenden und Liegenden. — Mittel 2½ Ltr.

„ 22. „ 16—18" m., „ „ „ „ „ „ „ Mittel 3 Ltr.

„ 21. „ besteht von oben nach unten aus 12—16" Kohle, 12—14" Blackband, 1—2" Kohle. Der Schieferthon des Hangenden und Liegenden ist reich an Sphärosideriten. — Mittel 1 Ltr.

„ 20. „ 10" m., hat Schieferthon zum Hangenden und Liegenden. — Mittel 1¾ Ltr.

„ 19. „ 6—10" m. — Mittel 1 Ltr.

„ 18. „ 20—40" m., incl. 2—20" Mittel mit Sphärosideriten, hat bald Schieferthon, bald eine 1—3" starke Lage von Spatheisenstein oder Sandstein zum unmittelbaren Hangenden und Schieferthon zum Liegenden.

„ 17. „ fehlt in der Tiefbausohle. 4¾ Ltr. im Hangenden des 18. Flötzes folgt

„ 16. „ 22—24" m., incl. 10" Bergmittel, hat Schieferthon mit Sphärosideriten zum Hangenden und Sandstein zum Liegenden. — Mittel 14½ Ltr. mit 3 Kohlenbänkchen von 2—8" Stärke.

„ 13. „ 30—35" m., liefert die beste Kohle der Grube; das Hangende besteht aus Schieferthon mit Sphärosideriten, das Liegende aus abwechselnden Schiefer- und Sandsteinbänken. — Mittel 2 Ltr.

„ 12. „ 12—14" m., incl. 2—10" Mittel. — Mittel 2 Ltr.

„ 11. „ 18" m., incl. 13" Mittel mit Sphärosideriten. — Mittel 5 Ltr.

„ 10. „ 5—6" m. — Mittel 5¾ Ltr.

„ 9. „ 3—4" m. — Mittel 4¼ Ltr.

„ 8. „ 12—14" m.; im nördlichen Felde tritt im Hangenden Blackband von 1—3" Stärke auf. — Mittel 3½ Ltr.

„ 7. „ 20" m., incl. 2" Mittel, hat Sandstein zum Hangenden und sandigen Schieferthon zum Liegenden, darauf folgt ein Mittel mit vier Kohlenbänkchen von 4—6" Stärke und 16⅞ Ltr. vom 7. Flötz entfernt.

„ 3. „ 4" m., hat sandigen Schieferthon zum Hangenden und festen Sandstein zum Liegenden. — Mittel 4½ Ltr.

„ 2. „ 3" m. — Mittel 2½ Ltr.

„ 1. „ 26" m., hat Schieferthon mit Sphärosideriten im Hangenden und Liegenden.

Von diesen Flötzen sind bauwürdig: das 24. bis 21., 18., 16., 13., 12., 8., 7. und 1.; zur Verkokung eignen sich namentlich das 13., 8., 7. und 4., nach vorhergegangenem Waschen aber alle bis auf das 1. Flötz.

Die Schichtenneigung ist vom Köpprichthal bis Volpersdorf eine sehr steile, namentlich in der oberen Sohle und bei den liegendsten Flötzen; während die Flötze über der Stollnsohle kaum unter 40° einfallen, sich sogar bis 70, 80 und 90° aufrichten, beträgt der Fallwinkel in der Tiefbausohle

30—35°. Das Streichen geht in h. 11—12. Ueber den Zusammenhang dieser mit den Sophie-Grubenflötzen kann man nur im Allgemeinen vermuthen, dass letztere den Flötzen Nr. 1, 7, 8, 12, 13, 16 und 18 der Rudolph-Grube entsprechen mögen. Im weiteren südöstlichen Fortstreichen sind die Flötze vielfach gestört und es haben hier in dem jetzt abgebauten Felde des Wilhelm-Schachtes auf einem 2., 4., 5. und 6. Flötz ein im Streichen durch 2 Hauptsprünge begrenzter Abbau, ferner in den Feldern der früheren Valentin-Grube auf einem 60zölligen Flötz und auf der südlich von der Volpersdorfer Oberförsterei gelegenen Glückauf August-Grube auf einem 48 Zoll incl. 10 Zoll Mittel mächtigen Flötze nur vereinzelte Versuchbaue stattgefunden. Das letztgenannte Flötz streicht h. 1—2 und fällt mit 50° nach Westen. Von hier aus ziehen sich die Flötze am östlichen Gehänge des Zechenthales fort, wenden sich am Glatzhübel nach Nordwest herum nach Ebersdorf zu und bilden dadurch eine Mulde, auf welcher die Glückauf Carl-Grube mit wenigen und unregelmässig abgelagerten Flötzen liegt. Nordwestlich von derselben befindet sich die jetzt mit ihr consolidirte Fortuna-Grube bei Ebersdorf mit folgenden vom Liegenden an gezählten Flötzen:

das Fortunaflötz.	40—50″ m.,	Mittel 19½ Ltr.,
„ 6. Flötz .	— 12″ m.,	„ 1½ „
„ 5. „ .	9—10″ m.,	„ 1½ „
„ 4. „ . .	14—16″ m.,	„ 4½ „
„ 3. „ . .	14—18″ m.,	„ 4 „
„ 2. „ .	20—22″ m.,	„ 7 „
„ 1. „	30—40″ m.,	„ 8 „
das Wasserkohlflötz . .	— 25″ m.,	„ 10 „
„ hangende Flötz . .	15—25″ m.,	

Das Hauptstreichen derselben geht in h. 9, das Fallen beträgt 30—50° gegen Nordost. Im Liegenden des Fortunaflötzes scheinen noch mehrere Flötze vorhanden zu sein, doch ist bis jetzt noch kein Aufschluss erfolgt. Das Fortunaflötz ist der Qualität nach das beste.

In der Nähe von Volpersdorf verliert sich das productive Steinkohlengebirge unter dem Rothliegenden, wendet sich aber zugleich wieder herum und legt sich an dem nordöstlichen Gehänge des von Colonie Kohlendorf und Buchau bis zum Vorwerk Hockenberg bei Roth-Waltersdorf sich erstreckenden Gabbrozug an. Der Flötzzug ist allerdings von sehr geringer Mächtigkeit und scheint am Ausgehenden meistens vom Rothliegenden bedeckt zu sein; nur bei Hockenberg kommt eine kleine bauwürdige Partie Steinkohlengebirge mit zwei 15—20 Zoll mächtigen Flötzen vor, auf denen die Neue-Frischauf-Grube einen wenig lohnenden Bau geführt hat. Die beiden kleinen Partien vom Steinkohlengebirge, deren eine in der Gabersdorfer vom Rothliegenden ausgefüllten Bucht im oberen Theil dieses Dorfes zwischen Culmschichten und Rothliegendem, deren andere zwischen Nd.-Eckersdorf und Schwenz zwischen Urschiefern und Rothliegendem hervortritt, schliessen keine Flötze ein. Dagegen finden wir den Flötzzug am südwestlichen Abhange des Gabbrozuges in gleicher Mächtigkeit entwickelt, wie zwischen Hausdorf und Volpersdorf. Am nordwestlichen Ende dieses Zuges liegt die Ruben-Grube bei Buchau, deren Flötze durch ein mächtiges Sandsteinmittel in 2 Gruppen geschieden sind.

Die liegende Gruppe besteht aus folgenden Flötzen:

das 3. liegende Flötz	26″ m.,	Mittel 4¾ Ltr. querschlägig,
„ 2. „ „	bis 110″ m.,	„ 7½ „ „
„ 1. „ „	unbauwürdig,	„ 15 „ „
„ Röschenflötz . .	40″ m.,	„ 15½ „ „
„ 1. hangende Flötz	20—40″ m., incl. 10—20″ Schiefer,	„ 15 „ „
„ 2. „ „		

Etwa 150 Ltr. weiter im Hangenden folgt die hangende Gruppe mit folgenden Flötzen:

das liegende Flötz 25—100″ m.,
ein 15zölliges Flötz,
das Rubenflötz 40″ m. incl. 20″ Mittel,
„ Josephflötz 40″ m. Durch seine Qualität vor den übrigen sich auszeichnend.

Ausser diesen treten im Liegenden noch einige nicht näher bekannte Flötze auf. Das Hauptstreichen geht in h. 11, das westliche Fallen beträgt 20—26°.

In den weiter darauf folgenden Feldern der ehemaligen jetzt mit Johann Baptista consolidirten Helene- und Segen Gottes-Grube treten zwar mehrere Flötze auf, jedoch von so ungünstiger Beschaffenheit, dass gegenwärtig kein Abbau daselbst stattfindet. Erst südöstlich des Dorfes Schlegel tritt im Felde der Johann Baptista-Grube eine grössere Zahl bauwürdiger Flötze auf. Das nördliche Feld dieser Grube zeigt mehrfache Störungen und ist überhaupt noch nicht vollständig aufgeschlossen.

Im südlichen Felde stehen folgende 6 Flötze im Betriebe:

das 6. Flötz 14—16″ m. incl. 4″ Mittel, — 24 Ltr. Schieferthon und Brandschiefer,
„ 5. „ 50″ m. „ 20—30″ Schiefer, — 4—5 Ltr. Schieferthon und Brandschiefer.
„ 4. „ 14—20″ m. „ 4″ Mittel, — 14 Ltr. Sandstein,
„ 3. „ 50—70″ m. mit vielen Sphärosideriten im Hangenden — 8 Ltr. Schieferthon,
„ 2. „ 30—40″ m. — 6 Ltr. Schieferthon,
„ 1. „ 21″ m.

Das Hauptstreichen geht in h. 10—11, das Fallen beträgt 20—25°. Die Flötze schütten fast nur kleine Kohlen, letztere zeigen jedoch eine grosse Backfähigkeit.

Am südlichen Ende des Flötzzuges endlich liegt die Frischauf-Grube bei Eckersdorf, bis in deren Feld die Schlegeler Flötze jedoch nicht ununterbrochen verfolgt worden sind. Das gänzlich veränderte Verhalten derselben in diesem Grubenfelde machte bisher eine Identificirung derselben unmöglich.

Das nördliche Feld enthält folgende Flötze:

das 1. Flötz 60″ m. durch Lettenmittel in 3 Bänke getheilt, nur versuchsweise einmal in Bau genommen,
„ 2. „ 20—30″ m. unbauwürdig,
„ 3. „ 20—30″ m. theilweise bauwürdig, — Mittel 4 Ltr. querschlägig,
„ 4. „ 25—30″ m. — Mittel 3 Ltr. querschlägig,
„ 5. „ 55—60″ m. „ $6\frac{3}{4}$ „ „
ein Nebenflötz 20—40″ m. „ $6\frac{1}{2}$ „ „
das 6. Flötz, 50—60″ m. theils rein, theils 2—3 Schiefermittel enthaltend, — Mittel $3\frac{1}{2}$ Ltr. querschlägig,
„ 7. „ 20—36″ m. Mittel 21 Lachter querschlägig,
„ 8. „ 10—30″ m. nur im Tiefbau bauwürdig. „ 12 „ „
„ 9. „ 15—22″ m. „ „ „ „

Ausser diesen sind noch einige unbauwürdige Flötze im Liegenden bekannt.

Im südlichen Felde, welches durch einen Hauptsprung vom nördlichen Felde getrennt ist, sind folgende Flötze aufgeschlossen worden:

Das 1. Flötz 25″ m.	ident mit dem 2. Flötz	des nördlichen Feldes.
„ 2. „ 25″ m.	„ „ „ 3. „	
„ 3. „ 25″ m.	„ „ „ 4. „	
„ 50zöllige Flötz, theils rein, theils mit Bergmitteln	„ „ „ 5. „	
„ 40 „ „ mit 2—4″ Mittel	„ „ „ 6. „	
„ 35 „ „ „ 5—10″ „	„ „ „ 7. „	
	hier unbauwürdig das 8. „ / 9. „	

Die Flötze streichen h. 6—10 und fallen mit 15—26° nach Westen. Der Qualität nach sind das 5., 6. und 7. die besten. Der Procentsatz an Stückkohlen beträgt im Durchschnitt 10—12.

Gegen Süden werden die Flötze durch einen Sprung abgeschnitten, hinter welchem auch zugleich das Rothliegende als Bedeckung des Steinkohlengebirges auftritt. Das hier zur Ausrichtung der Flötze angesetzte Bohrloch traf das Rothliegende 82 Ltr. 73 Zoll mächtig und das erste 56 Zoll starke Kohlenflötz in einer Teufe von 90 Ltr. 45 Zoll ($603\frac{3}{4}$ Fuss) bis zur Flötzsohle. Nach einem aus sandigem Schieferthon bestehenden Mittel von 1 Ltr. 72 Zoll Stärke traf man ein zweites 52 Zoll starkes Flötz. Zur Aufsuchung dieser westlichen Flötzpartie ist in der westlichen Grundstrecke des 6. Flötzes ein Hauptquerschlag nach Westen angesetzt worden, welcher bereits über 140 Ltr. im Rothliegenden aufgefahren worden ist, ohne die Flötze zu treffen.

4. Der Gegenflügel von Landshut bis Straussenei.

Südlich von Landshut liegen die Gruben Friedrich Theodor, Georg, Zum Stolln etc. bei Reich-Hennersdorf und Blasdorf. Hier nimmt das Steinkohlenflötzgebirge wieder eine querschlägige Breite von ca. 450 Ltr. ein. In demselben treten zwei Flötzgruppen in ca. 300 Ltr. querschlägiger Entfernung von einander auf. Die liegende Gruppe besteht aus einem 12—15 Zoll mächtigen, mit Schiefer verunreinigten Flötz; auf dasselbe folgen 35 Ltr. Sandstein, ein 24—27 Zoll mächtiges Flötz, 6 Ltr. sandiger Schieferthon und ein 27—30 Zoll mächtiges Flötz; die hangende Gruppe aus einem 32 Zoll mächtigen Flötz (incl. 12 Zoll Schiefer), 8 Ltr. Sandstein, einem 12 Zoll mächtigen Flötz, 20 Ltr. Schiefer, 6 Zoll Kohle, 6 Ltr. Sandstein und einem 15 Zoll mächtigen Flötz. Die Flötze streichen h. 1—6 und fallen mit 62° nach Osten ein und sind natürlich nur zum Theil bauwürdig, wesshalb auch der namentlich auf der liegenden Flötzgruppe geführte Grubenbetrieb bisher nur eine beschränkte Ausdehnung gewonnen hat. Von der Georg-Grube bis zur Landesgrenze ist zwar das ganze Terrain mit Grubenfeldern bedeckt, welche auf Grund gemachter Kohlenfunde verliehen worden sind, jedoch stehen die Aufschlüsse noch soweit zurück, dass sie über die Lagerungsverhältnisse und die Anzahl der vorhandenen bauwürdigen Flötze keine Aufklärung gewähren können. Ein an der Nordseite der Stadt Liebau angesetztes Bohrloch hatte zwar mit 75 Ltr. 33 Zoll Teufe nur Sandstein und Schiefer angetroffen, dessenungeachtet ist es durchaus unwahrscheinlich, dass keine bauwürdigen Flötze hier vorhanden sein sollten. Wenn kein Umstand dafür spricht, so ist es der, dass man beim Ueberschreiten der Landesgrenze bei Schwarzwasser sogleich ausser mehren schwächeren Kohlenbänken sieben bauwürdige Flötze antrifft, dass die Oberflächenverhältnisse keine Störungen in der Lagerung vermuthen lassen und auch kein Eruptivgestein hier auftritt.[1]) Die hier etablirte, im Besitz des Herrn Manger befindliche Grube zeigt folgende durch den Antoni-Erbstolln aufgeschlossene Schichtenreihe, vom Liegenden an gerechnet:

Das Annaflötz 24″ m. incl. 12″ Bergmittel	Mittel	3	Klftr.
das Claraflötz 36″ m. incl. 18″ Bergmittel	„	6	„
das Friedrichflötz 32″ m. incl. 6″ Bergmittel, das reinste Flötz	„	12	„
das Wilhelmflötz 48″ m. incl. 18″ Bergmittel	„	50	„
das Barbaraflötz 36″ m. incl. 18″ Bergmittel	„	5	„
das Stephanflötz 45″ m. incl. 16″ Bergmittel	„	47	„
eine 5zöllige Kohlenbank	„	5	„
ein 16zölliges Flötz mit 7—8″ Bergmittel	„	7	„
ein 14zölliges Flötz mit 4″ Bergmittel	„	8	„
eine 6zöllige Kohlenbank	„	6	„
2 Kohlenbänkchen, à 2″, dazwischen 26″ Mittel	„	16	„
eine 12zöllige Kohlenbank	„	6	„
eine do. do.	„	20	„
das Fannyflötz 36″ m. incl. 18″ Bergmittel.			

Die Zwischenmittel bestehen vorherrschend aus Schieferthon und weissem Letten mit 3—4 Zoll starken Lagen von Sphärosideriten, an denen besonders das Liegende des Fannyflötzes reich ist. Die Lagerung ist durch viele kleine Verwerfungen gestört. Das Streichen geht von NO. nach SW., das Fallen beträgt 20—25°. Im Betriebe stehen sämmtliche, mit besonderen Namen bezeichnete Flötze. Mit dem Uebertritt in die Grubenfelder der Herren Baron v. Silberstein und Müller bei Schatzlar macht der Flötzzug eine Wendung nach Süden und Südosten. In diesen Feldern sind die Flötze durch den Prokopi Erbstolln aufgeschlossen und zeigen folgende Mächtigkeiten:

Das 18. Flötz (Dreieinigkeitfundflötz)	48″ m.
„ 17. „	27″ m.
„ 16. „	35″ m.
„ 15. „	15″ m.

[1]) Neuerdings sind daselbst zwei Flötze erbohrt worden. Ob und in wiefern der Porphyr des Schanzenberges einen ungünstigen Einfluss auf die Lagerung und Beschaffenheit der Flötze ausgeübt habe, ist noch nicht erwiesen.

das 14. Flötz	41″ m.	
„ 13. „	27″ m.	
„ 12. „	27″ m.	
„ 11. „ (Mathildeflötz)	51″ m.	
„ 10. „	20″ m.	
„ 9. „	76″ m.	
„ 8. „	36″ m.	
„ 7. „	26″ m.	
„ 6. (Hauptflötz, ident. mit dem Wilhelmflötz der Manger'schen Grube)	130″ m.	— Mittel 14 Klftr.
„ 5. Flötz	20″ m.	„ 8 „
„ 4. „	50″ m.	„ 2,4 „
„ 3. „	15″ m.	„ 4,8 „
„ 2. „	40″ m.	„ 23,5 „
eine 12zöllige Kohlenbank		„ 3,8 „
„ 24 „ „		„ 1 „
„ 12 „ „		„ 9,3 „
„ 18 „ „		„ 10,2 „
das 1. Flötz	26″ m.	

Im Grubenfelde des Herrn Baron v. Silberstein zeigen diese Flötze folgende Beschaffenheit: Das 11. Flötz ist hier 36″ m. und führt zwei Schieferthonmittel von 9 und 4″ Stärke; das Hauptflötz mit 130″ Mächtigkeit enthält 5 Mittel, welche vom Liegenden ab gerechnet 4, 6, 9, 4 und 8″ Stärke besitzen. Das 5. Flötz von 20″ Mächtigkeit führt ein Mittel von 5″, das 4. Flötz 2 Mittel von 6 und 4″, das 3. Flötz ein dgl. von 3″ das 2. 2 Mittel von zusammen 11″ Stärke. Auch hier sind Sphärosiderite nicht selten und finden sich am häufigsten im Mittel des 3. und im Liegenden des 4. Flötzes. Im Hangenden des 1. Flötzes treten 2 Lager von rothem Thoneisenstein auf. Das Fallen der Flötze ist verschieden; es beträgt z. B. beim 11. Flötz 15, beim Hauptflötz 29, beim 2. Flötz 35°. Sämmtliche Flötze schütten backende Kohlen. Der Stückkohlenfall beträgt im Durchschnitt 27%.

Auf der Grube des Gewerken Herrn Müller werden die Flötze Nr. 2, 4, 6 und 8 in Abbau genommen, indem sie hier durch den Egidi-Stolln gelöst sind. Hier wenden sich die Flötze plötzlich nach Westen und Nordwesten, setzen an einem Hauptsprunge ab und treten hinter demselben in das Feld des Gewerken und Fabrikbesitzers Gaberle, wo sie wieder ein nordöstl. Streichen annehmen und durch den Josephi-Stolln gelöst sind.

Erst von hier aus ist der liegende Flötzzug in seinem weitern südöstlichen Fortstreichen deutlich vom hangenden Flötzzuge getrennt, aber zunächst zwischen Schatzlar und Welhota, Pösig und Petersdorf grösstentheils vom Rothliegenden überlagert. In der Nähe der letztgenannten drei Dörfer sind zwar umfassende Schurfarbeiten vorgenommen worden, jedoch hat man bisher nur schwache Flötze, welche keinen Abbau gestatten, auffinden können. Dagegen ist dieser Flötzzug von Markausch über Schwadowitz, Petrowitz, Wodolow, Bohdasin, Hronow bis Straussenei mit wenig Unterbrechungen vorhanden.

Im Allgemeinen lassen sich in demselben drei Flötzgruppen unterscheiden. Bei Markausch steht nur die liegende oder sogenannte stehende Flötzgruppe in Bau, während die mittlere und hangende daselbst noch wenig untersucht ist. Die erstgenannte Gruppe zeigt bei Schwadowitz, bis wohin dieselbe jedoch nicht ununterbrochen aushält, folgende Zusammensetzung: Von den zwölf Flötzen, welche überhaupt diese Gruppe bilden, sind deren sieben bauwürdig und durch den obern und tiefen Xaveri-Stolln gelöst worden, nämlich vom Liegenden an gezählt:

Das 2. Flötz	3—18 Euss mächtig,		Das 8. Flötz	24—30 Zoll mächtig,
„ 4. „	3— 4 „ „		„ 9. „	24—30 „ „
„ 5. „	4 „ „		„ 11. „	30 „ „
„ 7. „	16—18 Zoll „			

Das durchschnittliche Streichen derselben geht in h. 10, das Fallen beträgt 70—85°, die Entfernung vom 2. bis 11. Flötz 70 Klftr. Die Zwischenmittel bestehen aus Conglomeraten und conglomeratartigen Sandsteinen mit Ausnahme der die Flötze unmittelbar einschliessenden aus Schieferthon bestehenden Bänke, welche in der Regel eine gleichbleibende Mächtigkeit zwischen ½ und 2 Fuss besitzen. Das Liegende und Hangende dieser Flötzgruppe besteht aus arkoseartigen Gesteinen mit zwischengelagerten dunkelgrauen und dunkelrothen Schieferthonbänken. Im weitern Fortstreichen nach Südosten bis Hertin verschwächt sich diese Flötzgruppe, so dass sie oberhalb dieses Ortes nicht mehr bauwürdig ist; von Hronow bis Straussenei scheint sie gänzlich zu fehlen.

Die mittlere Flötzgruppe ist noch nicht bei Schwadowitz, sondern erst weiter südöstlich bei Hertin bauwürdig, wo sie durch den Benigni- und Idastolln aufgeschlossen ist. — Dieselbe ist sehr häufig gestört und besteht im Allgemeinen aus vier, meistens aber nur aus zwei Flötzen von 24—30 Zoll Mächtigkeit. Der Fallwinkel ist verschieden; er beträgt im Idastolln 20—25, im Benignistolln 50°; das Streichen ist dasselbe, wie bei der liegenden Flötzgruppe. Im Ida-, Benigni- und Franziskastolln ist Porphyr angefahren worden, jedoch steigt derselbe nicht erheblich über die Stollnsohle auf; seine Lagerungsverhältnisse sind daher gänzlich unbekannt. Ein grünsteinartiges Eruptivgestein zieht sich im Kohlengebirge westlich von Wodolow nach Süden und bei Ober-Hertin bis in die Kreideformation hinein, deren Schichten dasselbe gehoben hat. Die in Rede stehende Flötzgruppe setzt bis Bohdasin fort, wo die Anzahl der Flötze eine grössere ist, indem hier ausser zwei liegenden Flötzen, welche noch nicht näher bekannt, vier Flötze aufgeschlossen und zum Theil in früheren Jahren in oberen Bausohlen abgebaut worden sind, nämlich:

Das Josephiflötz	3 —12 F. m.	Das Barbaraflötz	5 F. m.
„ Adolphflötz	4½— 5 „ „	„ Friedrichflötz	2½ „ „

von denen namentlich das Josephiflötz in nördlicher Erstreckung auf eine lange Distanz lohnend abgebaut wurde. Das Streichen geht in h. 11—12; das Fallen beträgt 38°, die Entfernung von den liegenden Flötzen bis zum Friedrichflötz 74 Klafter. Das Josephiflötz ist das beste; die übrigen Flötze sind häufig verdrückt; alle Flötze schütten nur klare Kohlen.

Die hangende Flötzgruppe wird von der mittleren in der Linie des Benignistollns durch ein 45—50 Klafter starkes aus Conglomeraten und grobkörnigen Sandsteinen bestehendes Mittel getrennt.

Bei Petrowitz werden folgende Flötze, vom Liegenden an gezählt, in Bau genommen:

Das Putzenflötz	. . .	15″ m.	Mittel 3— 4 Klftr. Sandstein.
„ Hauptflötz	Niederbank	18″ m.	„ 10—11 „ „
	Mittel	8—10″ Sandstein	
	Oberbank	20″ m.	
„ Lettenflötz	. . .	24″ m.	

In nordöstlicher Richtung werden die Zwischenmittel schwächer, das Hauptflötz stellenweise unbauwürdig. Das Streichen geht hier ebenfalls in h. 10, das Fallen beträgt 30—36°. Bei der Wendung in's Liegende zwischen Wodolow und Bohdasin scheint sich die hangende Flötzgruppe auszukeilen, während die mittlere weiter fortsetzt. Zwischen Zbecnik und Hronow sind zwar einige Flötze aufgefunden worden, doch scheinen beide Flötzgruppen, die mittlere und hangende, hier unbauwürdig zu sein, da die ausgeschürften Flötze weder in der Streich- noch in der Fallrichtung aushalten. Von Rhonow bis Straussenei scheint die mittlere und hangende Flötzgruppe vereinigt zu sein. Durch die in früheren Jahren auf österreichischem Gebiet bei Straussenei geführten Baue sind 4 Flötze auf eine streichende Länge von 75—100 Klftr. aufgeschlossen und verhauen worden, nämlich 2 liegende von je 25, und 2 hangende von je 18—20″ Mächtigkeit. Die Lagerungsverhältnisse sind hier bedeutend gestört und es ist sehr zweifelhaft, ob hier später noch einmal ein Angriff der Flötze in tieferer Sohle stattfinden wird. Auf preuss. Gebiet hat in den letzten Jahren auf einem dieser Flötze die Eleonore-Grube bei Straussenei einen schwachen Abbau geführt.

Was im Allgemeinen die Beschaffenheit der Kohle der Schwadowitzer etc. Gruben anbetrifft, so ist allerdings der Stückkohlenprocentsatz ein geringer, auch sind die Flötze durchgängig von Schieferstreifen durchzogen, dessenungeachtet eignet sich die Kohle der stehenden Flötzgruppen besonders zum Eisenhüttenbetriebe, da sie sehr wenig Schwefelkies enthält; die Kohle der hangenden Flötzgruppe zeichnet sich durch ihre Backfähigkeit aus und wird daher auf dem fürstlich Lippe'schen Kohlenwerk zu Schwadowitz verkokt.

5. Der hangende Flötzzug in Böhmen.

Das Mittel, welches diesen vom liegenden Flötzzuge trennt, besteht ebenfalls aus grob- und mittelkörnigen arkoseartigen Sandsteinen, welche namentlich zwischen Schwadowitz und Radowenz reich an verkieselten Hölzern sind,[1]) und erreicht eine Stärke von ca. 800 Klafter, querschlägig

[1]) Vgl. Göppert, über den versteinten Wald von Radowenz bei Adersbach. (Jahrb. d. k. k. geol. Reichs-Anstalt. 8. Jahrg. 1857. S. 725.)

gemessen. Schon bei Berggraben und Teichwasser legen sich schwache Flötzchen an; dieselben werden aber erst bei Albendorf bauwürdig. Bei diesem Orte liegen auf preussischem Gebiet die Neue Gabe Gottes und Bergmanns Hoffnung-Grube, in deren Feldern folgende Flötze aufsetzen:

Das 5. Flötz 12" m.
„ 4. „ 18—20" m.
„ 1. „ 52" m. incl. 18" Mittel
„ 2. „ besteht aus 3 Bänkchen von je 6—8" Kohle
„ 3. „ 36" m. mit vielen Bergmitteln.

Das Streichen geht in h. 5—10, das nordöstliche Fallen beträgt 26°, während die Kohlenflötz-Bestege bei Königshayn und Berggraben mit nur 7° einfallen. Der Grubenbetrieb beschränkt sich auf den Abbau des 1. und 4. Flötzes, bei welchem im Durchschnitt der letzten Jahre 50% Stückkohlen fielen. Bei Qualisch sind nur zwei Flötze vorhanden:

Das gelbmittelige Flötz, 30—50" m., mit 15—20" Mittel,
„ 12zöllige Flötz;

beide sind nicht mit den Albendorfer Flötzen zu identificiren; letztere sind in Qualisch zwar vorhanden, aber unbauwürdig und setzen in dem Mittel zwischen den beiden genannten Flötzen durch. Weiter südöstlich bei Radowenz tritt dieser Flötzzug am vollständigsten entwickelt auf.

Vom Liegenden an gerechnet sind hier folgende Flötze bekannt:

1) Das durch den Balthasar-Stolln aufgeschlossene und in früheren Jahren abgebaute Balthasar-Flötz, 36" m. mit nur 10—12" Kohle in mehren Bänkchen.
2) Ein 30—45" m. Flötz, unrein, daher unbauwürdig. — Mittel 6 Klftr. querschlägig.
3) Ein 30—36" m. Flötz mit nur 12—15" Kohle. — Mittel 10 Klftr.
4) Ein 12zölliges Flötz. — Mittel 3 Klftr. mit einem 3zölligen Kohlenflötzbestege.
5) Das Qualischer gelbmittelige Flötz, hier unbauwürdig. — Mittel 31 Klftr. mit einem unbauwürdigen Flötz.
6) Das Radowenzer gelbmittelige Flötz { 5-9" Oberbank, 3—6" Sphärosiderit, 12—18" Schiefer. 12—18" Niederbank. — Mittel 4½ Klftr.
7) Das grosse Flötz, 48—55" m. — Mittel 18 Klftr. 4 Fuss, in demselben 2 Flötzchen von 5—6 und 2" Stärke.
8) Das muldige Flötz, 12—30" m.

Das Streichen dieser Flötze geht in h. 10; der Fallwinkel beträgt 28—32°. Die Flötze Nr. 3—8 sind durch den Catharina-Stolln aufgeschlossen, an dessen Mundloch das Flötz Nr. 2 ausstreicht. In der Linie dieses Stollns beträgt die querschlägige Entfernung vom Balthasar bis zum muldigen Flötz 90 Klafter. Die Mittel zwischen den Flötzen bestehen aus Sandstein mit Ausnahme der schwachen aus Schieferthon bestehenden Bänke, welche die Flötze unmittelbar einschliessen. Das Flötz Nr. 4 ist das beste und dem 12zölligen Flötz zu Qualisch identisch.

Bei Nieder-Radowenz ändert sich das muldige Flötz in seiner Beschaffenheit insofern, als an Stelle des in demselben befindlichen weissen Mittels Stinkkalk auftritt; die Kohlenbänke keilen sich allmählig vollständig aus und der Kalk erreicht eine Stärke von 6—10 Zoll. Bei Wernersdorf wird zwar noch ein 6—8zölliges Flötz, welches mit dem 12zölligen Radowenzer Flötz Nr. 4 identisch ist, für das dortige Kupferwerk in Bau genommen, aber von diesem Orte bis Wüstrey scheint der hangende Flötzzug unbauwürdig zu sein; erst zu beiden Seiten des Wüstreyer Thales ist durch kurze Stolln ein Flötz von 48 Zoll Mächtigkeit, welches jedoch durch mehrere Schiefermittel verunreinigt ist, aufgeschlossen worden. Bei Drewitz, wo der hangende Flötzzug unter den übergelagerten Schichten der Kreideformation verschwindet, sind zur Zeit keine bauwürdigen Flötze bekannt. —

Die an schlesischen Kohlen von uns bestimmten specifischen Gewichte sind folgende:

Fuchsgrube (vgl. S. 225), 2. Flötz	= 1,261	im Mittel = 1,272.
„ 5. „	= 1,276	
„ 8. „	= 1,253	
„ 10. „	= 1,267	

von der Heydt-Schacht	4. Flötz	= 1,279	im Mittel = 1,272.
„ „	6. „	= 1,277	
„ „	7. „	= 1,267	
Friederikenflötz (vgl. S. 228), Niederbank hinter dem ersten südlichen Hauptsprunge		= 1,283	
Desgleichen hinter dem zweiten südlichen Hauptsprunge		= 1,282	
Anthracit der Grube Christian-Gottfried bei Blumenau, 1. Flötz (vgl. S. 229), .		— 1,524	
„ „ „ „	4. „	= 1,546.	(G.)

B. Das Oberschlesische Steinkohlengebirge in Preussen und Oesterreich.

(Hierzu Taf. XXI — XXII.)

Die Steinkohlenformation, zu welcher die in Oberschlesien durch Grubenbaue und Bohrlöcher nachgewiesenen Steinkohlenflötze gehören, ist keineswegs auf dieses Gebiet beschränkt, sondern bedeckt fast das ganze Gebiet, welches im Allgemeinen durch die Orte: Neustadt südlich von Neisse, Brünn, Prerau, Mährisch-Ostrau, Goczalkowitz südlich von Pless, Debnik bei Krzeszowice, westlich von Krakau, Beuthen, Tost und Krappitz, bezeichnet wird. Ihre grösste Ausdehnung zeigt sie in nordöstlicher Richtung von Brünn über Prerau und Pless in die Gegend von Krakau. Denken wir uns von Hultschin bei Oderberg eine Linie rechtwinkelig zur vorigen Richtung, also nach Nordwest gezogen, so bildet dieselbe, das ganze Gebiet etwa halbirend, im Allgemeinen die Grenze zwischen der unteren und oberen Abtheilung der Steinkohlenformation, indem die westliche Hälfte mit wenigen Ausnahmen nur von der unteren Abtheilung, die östliche fast ebenso ausschliesslich von der oberen Abtheilung, dem productiven Steinkohlengebirge, eingenommen wird. Die untere Abtheilung der in Rede stehenden Formation (Posidonomyen-Schiefer und flötzleerer Sandstein) nimmt demnach zwischen den Städten Neustadt, Brünn und Oderberg ein Areal von etwa 90 Quadratmeilen ein und wenn die Verbreitung derselben über Brünn hinaus nach Süden, welche bereits vor mehreren Jahren durch den Sections-Geologen der k. k. geologischen Reichsanstalt, Herrn H. Wolf[1]) als höchst wahrscheinlich hingestellt wurde, sich bewahrheitet, so würde diese Abtheilung hier eine Oberflächen-Ausdehnung besitzen, welche alle gleichen Bildungen in Niederschlesien, in Westphalen u. s. w. weit hinter sich liesse. Das productive Steinkohlengebirge ist in diesem Gebiete nur durch die Flötze zu Rossitz und Oslowan westlich von Brünn vertreten. In der östlichen Hälfte tritt die untere Abtheilung nur östlich von Krappitz und bei Tost mit einer Flächenausdehnung auf, welche gegen die des productiven Steinkohlengebirges weit zurücktritt. Das Letztere legt sich bei Hultschin, ohne eine scharfe Grenze bemerken zu lassen, auf die untere Abtheilung, zieht sich auf pr.-schlesischem Gebiete nur in einem schmalen Streifen am linken Oderufer entlang, um noch südlich von Oderberg unter Tertiär- und Diluvial-Massen zu verschwinden. Nach einer Unterbrechung von $2^1/_2$ Meilen taucht das Steinkohlengebirge aus diesen jüngeren Massen insularisch südöstlich von Rybnik mit einer Oberflächen-Ausdehnung von 1 Meile von Ost nach West und $^3/_4$ Meilen von Nord nach Süd auf. $1^1/_2$ Meile nordöstlich von Rybnik und ebenfalls durch Tertiär- und Diluvial-Massen von der Rybniker-Partie geschieden, beginnt der Hauptflötzzug, welcher das ganze Gebiet zwischen Gleiwitz, Beuthen, Myslowitz und Nikolai einnimmt und sich über die preussische Grenze hinaus nach Polen und Galizien erstreckt. Auf preussischem Gebiete besitzt er eine Länge von vier und eine Breite von fast drei Meilen. Das Terrain, auf welchem Kohlenflötze in Oberschlesien überhaupt durch Grubenbaue und Bohrarbeiten aufgeschlossen worden sind, beträgt mindestens 12 Quadratmeilen. Da es jedoch sehr wahrscheinlich ist, dass die Flötze weit über diejenigen Punkte hinaus, wo sie bereits unter der Trias, den Tertiär- und Diluvialschichten erbohrt worden sind, fortsetzen, dass überhaupt in dem ganzen Terrain zwischen Hultschin, Ratibor, Tarnowitz und der östlichen und südlichen Landesgrenze Kohlenflötze vorhanden sind, so würde eine Fläche von 65 Quadratmeilen als kohlenführend anzusehen

[1]) Zeitschrift d. d. geol. Ges. 1860. S. 513.

sein. Rechnet man hierzu noch diejenigen Flächen, welche das Kohlengebirge in Russisch-Polen, in Galizien und Oesterreich-Schlesien einnimmt, so erhalten wir auch für das productive Kohlengebirge eine Ausdehnung, mit welcher sich kaum eine andere gleiche Ablagerung in Deutschland messen kann.

Die preussisch- und österreichisch-schlesische Steinkohlenmulde tritt nicht so scharf begrenzt hervor, wie die niederschlesisch-böhmische, weil das Grundgebirge nur an dem westlichen Muldenrande bekannt ist. In der ganzen Erstreckung von Brünn bis in das Krakau'sche Gebiet senkt sich das Kohlengebirge nach Süden unter Tertiärschichten ein; devonische Kalke ragen nur an vereinzelten tieferen Punkten aus den sie bedeckenden Kohlengebirgsschichten hervor.[1]) Der östliche Rand ist ebenfalls wegen der Auflagerung jüngerer Schichten nicht scharf markirt, obgleich das Vorhandensein von Kohlenkalk zu Czerna bei Debnik, von devonischem Kalk bei Krzeszowice und von silurischen Schichten bei Zalesczyky in Galizien kürzlich durch Herrn Prof. F. Römer[2]) nachgewiesen worden ist. Der Nordrand der Mulde endlich ist vollständig unbekannt, indem die nördliche Begrenzung der Steinkohlenformation in Schlesien und Polen die Trias bildet, und ältere als Culmschichten in dieser Richtung hin in der ganzen vorliegenden Erstreckung durch die Ebenen in den Provinzen Schlesien, Posen etc. nicht bekannt sind.

a) Die untere Abtheilung der Steinkohlenformation (Posidonomyen-Schiefer und flötzleerer Sandstein, Culmschichten).

Dieselbe nimmt das ganze Gebiet zwischen Neustadt bei Neisse, Brünn und Hultschin ein, indem die Grenze zwischen ihr und den älteren sedimentären Gesteinen über Neustadt, zwischen Johannesthal und Hennersdorf hindurch, in der Nähe der Orte Jägerndorf, Dorf Teschen, Hof, Liebau und Domstadtl vorbei bis in die Nähe von Brünn geht. Wahrscheinlich setzen aber diese Schichten, wenigstens theilweise, unter den Rossitzer und Oslowaner Kohlenlagern durch, ziehen in südlicher Richtung über Kromau fort und enden erst ca. 10 Meilen nördlich von Wien.[3]) Mit Ausschluss des südlich von Brünn liegenden Theils ist die in Rede stehende Ablagerung nirgends von jüngeren Schichten überlagert.

Ob die zwischen dieser Abtheilung und den krystallinischen Urgesteinen des Altvatergebirges liegende Zone von mehr krystallinischen Schiefern durch Metamorphose aus den Culmschichten hervorgegangen oder einer ältern, etwa silurischen Formation angehöre, ist noch nicht erwiesen.[4])

In Oberschlesien treten diese Schichten in mehren durch Tertiär- und Diluvial-Schichten getrennten Partien bei Neustadt, Hotzenplotz, Leobschütz, Troplowitz, Katscher, Deutsch-Neukirch und Hultschin auf, welche jedenfalls unter den sie trennenden jüngeren Schichten und mit den beiden Partien auf der rechten Oderseite östlich von Krappitz und bei Tost zusammenhängen.

Die Gesteine, welche die untere Abtheilung der Steinkohlenformation zusammensetzen, zeigen im Allgemeinen keine grosse Mannigfaltigkeit, es sind Grauwacken, Grauwackenschiefer und Thonschiefer der Culmgruppe. Den Schiefern eingelagerte schwache Kalkbänke und eigentliche Lager von Kohlenkalk, die wir in Niederschlesien an mehren Orten antreffen, fehlen hier mit einziger Ausnahme des Kohlenkalkes von Debnik in Galizien ganz.

Die „Grauwacke" genannten Gesteine sind selten conglomeratartige und grobkörnige, sondern mehr klein- und feinkörnige Sandsteine mit thonigem, selten kieseligem Bindemittel. Die Körner bestehen grösstentheils aus Quarz, doch fehlen auch Feldspathkörner und Glimmerschüppchen nicht. Wie in Niederschlesien, so wird auch hier die Grenze mit den unterliegenden älteren Gesteinen durch grobe Conglomerate bezeichnet, welche in gleicher Beschaffenheit sowohl am nördlichen Ende bei Neustadt, als auch am südlichen Ende bei Kromau nachgewiesen sind. Die Farben dieser Conglomerate und

---

[1]) Zeitschrift d. d. geol. Ges. 1860. S. 515.

[2]) Leonhard u. Bronn, Jahrbuch 1862. III. — Jahrb. d. k. k. geol. Reichs-Anst. 1862. S. 334.

[3]) Z. d. d. geol. Ges. 1860. S. 513.

[4]) Z. d. d. geol. Ges. 1862. S. 342.

Sandsteine sind die gewöhnlichen: bräunlich- und gelblich-grau. Durch Aufnahme grösserer Mengen von Thon gehen die Sandsteine in Grauwackenschiefer und durch diese in Thonschiefer über. Letztere sind asch-, bläulich- und grünlich-grau bis blauschwarz gefärbt, meist deutlich geschichtet und dünnschieferig, so dass sie zum Theil als Dachschiefer gebraucht werden können. Grössere Ablagerungen von Thonschiefer sind in den hangenderen Schichten auf preussischem Gebiet nicht bekannt, vielmehr wechseln hier Schiefer- und Sandsteine in kurzen Distanzen mannigfach ab und fallen bei im Allgemeinen nordsüdlichem Streichen unter verschiedenen Winkeln bald nach Osten, bald nach Westen ein, — eine Erscheinung, welche sich im darüber liegenden productiven Steinkohlengebirge wiederholt. Auf österreichischem Gebiet sind dagegen Schieferlager mit thierischen und vegetabilischen Resten bereits an vielen Orten zur technischen Verwendung entblösst worden.

Bei Troplowitz und Katscher in Preussisch-Schlesien und bei Friedland und Heidenpiltsch in Mähren werden die Culmschichten von Basalt durchbrochen.

b) Die obere Abtheilung der Steinkohlenformation (das productive Steinkohlengebirge).

Es ist bereits erwähnt worden, dass dieselbe in drei getrennten Partien auftrete, die beiden kleineren bei Hultschin, Mährisch-Ostrau etc., bei Rybnik und der Hauptzug zwischen Gleiwitz und Myslowitz. Die erstere derselben erstreckt sich in Schlesien von Hoscialkowitz am Einflusse der Oppa in die Oder über Petrzkowitz nach Koblau, legt sich an den beiden zuerst genannten Orten auf die Culmschichten und verschwindet nördlich von Koblau unter Tertiär- und Diluvial-Massen. Nach Osten überschreitet das flötzreiche Kohlengebirge die Oder und zieht sich über Mährisch- und Polnisch-Ostrau, Hruschau und Orlau nach Karwin. Die Rybniker Partie wird durch die Ortschaften Pschow, Rydultau, Pietze, Niewiadom, Niedobschütz, Byrtultau in ihren Grenzen bezeichnet. Der Hauptzug erstreckt sich in seiner südlichen Grenze, wo er unter der Decke des Diluviums verschwindet, von Belk nordöstlich von Rybnik über Orzesche, Wirow, Krassow und Dzietzkowitz bis an die Landesgrenze; in seiner Nordgrenze, wo Buntsandstein und Muschelkalk in übergreifender Lagerung auftreten, von Zabrze über Chropatschow, Königshütte und Siemianowitz nach der Landesgrenze. Die Westgrenze zwischen Belk und Zabrze ist keine so einfache, weil hier das flache und breite Thal der Klodnitz in ostwestlicher Richtung in das Kohlengebirge eingeschnitten und zum kleineren Theil mit Buntsandstein und Muschelkalk, zum grössten Theil mit Tertiär-, Diluvial- und Alluvial-Schichten ausgefüllt ist. Diese jüngeren Sedimente dringen bis in das Innere des Hauptzuges und theilen die westliche Hälfte desselben in zwei breite nach Westen vorspringende Zungen. Dieser Hauptzug überschreitet den Grenzfluss Brinice, verschwindet unter einer Decke von Muschelkalk und tritt bei einer Entfernung von 1 Meile von jenem Flusse wieder auf russischem Gebiet zu Tage. Getrennt von diesen drei grösseren sind noch mehre kleine Partien, die eine bei Neudeck und Koslowagora, nördlich von Beuthen, in geringer Länge und Breite an der Landesgrenze sich hinziehend, die andere bei Lendzin, Chelm und Paprotzan in der Nähe von Berun bekannt geworden; da sie aber keine bauwürdigen Flötze enthalten, können sie hier füglich übergangen werden.

Die Gesteine anlangend, welche das productive Steinkohlengebirge zusammensetzen, muss zunächst auf den Gegensatz aufmerksam gemacht werden, welcher in dieser Beziehung zwischen Ober- und Niederschlesien hervortritt. Wie das niederschlesische Steinkohlengebirge durch seine in jedem Niveau vorhandenen Conglomerate charakterisirt wird, so das oberschlesische durch das Fehlen derselben; die Kohlensandsteine sind hier klein- und feinkörnig und bestehen in der Hauptsache aus Quarzkörnern, denen sich in einzelnen Schichten Feldspathkörner beimengen, was bei dem gänzlichen Fehlen von Porphyren in Oberschlesien und der grossen Entfernung von den feldspathhaltigen Urgesteinen des Altvatergebirges immerhin auffallend ist. Dieser Feldspath-Gehalt tritt in der liegenden

Flötzpartie im Zabrzer-Königshüttner- und Laurahüttner-Sattel zwischen dem *Schuckmann-* (*Gerhard-*) *Flötz* und dem *Einsiedel-* (*Blücher- und Hoffnungs-*) *Flötz* in einem Sandsteinmittel auf, welches sich ausserdem durch das kieselige Bindemittel von anderen Sandsteinen auszeichnet. Dagegen kennzeichnet ein thoniges Bindemittel und ein nicht unbedeutender Gehalt an Eisenoxydul den Sandstein zwischen dem *Pochhammer-* und *Heinitz-Flötz* zu Zabrze und den mit ihnen als gleich erkannten Flötzen des Königshüttner- und Laurahüttner-Sattels so, dass diese Eigenschaften zur Parallelisirung der Flötze an den genannten Orten dienten.[1]) Der Eisenoxydulgehalt gibt diesem Sandsteine eine bläuliche Farbe, welche sich bei eintretender höherer Oxydation des Eisenoxyduls in eine rothe und braune umwandelt. Ebenso zeichnet sich der Sandstein im Hangenden des *Georgflötzes* bei Zabrze durch seinen Gehalt an Glimmer und Eisenoxydul aus. Die Schieferthone zeigen nichts von anderen Kohlenrevieren Abweichendes; sie gehen in Brandschiefer einerseits und durch sandige Schieferthone in Sandsteine anderseits über, begleiten die Flötze als deren unmittelbares Hangendes oder Liegendes, und selbst wo Sandstein als unmittelbares Hangendes auftritt, vertreten sie stellenweise denselben. Hierbei tritt jedoch die auf mehren Gruben beobachtete Erscheinung ein, dass dort, wo ein Flötz unmittelbar von Sandstein bedeckt wird, dasselbe oft eine geringere Mächtigkeit zeigt, als dort, wo Schieferthon dasselbe bedeckt. Im Allgemeinen steht die Mächtigkeit der Schieferthonschichten zu der der Flötze im umgekehrten Verhältniss. Die Mittel zwischen den mächtigsten Flötzen bestehen fast nur aus Sandstein, die der schwächeren Flötze aus Schieferthon, und auch das im Hauptflötzzuge bei Königshütte mit dem später zu erwähnenden $2006^2/_3$ Fuss tiefen Bohrloch durchteufte 45 Ltr. mächtige Schieferthonmittel macht davon keine Ausnahme, denn es liegt tief unter den bekannten mächtigen Flötzen. Die Schieferthone enthalten thonige Sphärosiderite, jedoch, wie in Niederschlesien, zwar oft in grosser Menge, aber immer nur nesterweise in abgebrochener Lagerung. Besonders reich an solchen sind die Schieferthonmittel der hangenderen Flötze des Hauptzuges bei Ruda, im Beuthener Wald, Kattowitz, Kochlowitz, Zalenze, Myslowitz, Brzezinka, Orzesche, Belk, Lazisk und Wessolla, während sie in der Rybniker und Hultschiner Ablagerung fast ganz fehlen. An den genannten Orten beträgt ihre Mächtigkeit 6—24 Zoll; zu ihrer Gewinnung werden besondere Baue getrieben. Kohleneisenstein ist mit einer einzigen Ausnahme (s. Orzegow-Grube) nicht vorhanden, dagegen ein thoniges Rotheisensteinflötz bei Radoschau in der Rybnikner Flötzpartie aufgefunden worden, welches ca. 22 Zoll mächtig ist, auf Sandstein ruht und von Schieferthon bedeckt wird. Die 16—19 Zoll starke Oberbank desselben wird durch einen eisenreichen Letten, die 3—6 Zoll starke Niederbank durch einen ziemlich dichten Rotheisenstein mit 63 % Eisenoxyd gebildet. Der Schieferthon im Hangenden und Liegenden der Flötze von Carl-, Regenbogen- und Henriette-Grube bei Antonienhütte ist am Ausgehenden zu plastischem Thon verwittert und wird zu Thonwaaren verarbeitet; einige Varietäten finden als feuerfeste Thone vielfache Verwendung.

Die Steinkohlenflötze zeigen ebenfalls im Allgemeinen grosse Abweichungen gegen jene in Niederschlesien. Zunächst zeichnen sie sich im Hauptzuge durch ihre grosse Mächtigkeit von $^3/_4$—4 Ltr., durch den geringen Fallwinkel, ihre verhältnissmässig grosse Reinheit von Schiefermitteln und ihre Festigkeit, aus welcher der durchschnittlich sehr hohe Stückkohlenfall von 60—80 %, ihre Widerstandsfähigkeit gegen die Verwitterung und ihre grosse Transportfähigkeit resultirt, aus. Wo auch Schiefermittel auftreten, pflegen sie doch mit der Mächtigkeit der Flötze in keinem Verhältniss zu stehen; sie sind nicht stärker, als bei den viel schwächeren Flötzen Niederschlesiens; ja, es gibt Flötze, welche bei 2—3 Ltr. Mächtigkeit ganz frei von solchen sind, und man kann annehmen, dass gewiss $^2/_3$ sämmtlicher Flötze diese Reinheit bewahren. Im Allgemeinen aber gewähren sie ein gleiches Bild der allmähligen Entwickelung, wie in der niederschlesisch-böhmischen Kohlenmulde. Wie die Vegetation nicht plötzlich, sondern allmählig sich zu der Ueppigkeit entfaltete, welcher wir unsern unerschöpflichen Kohlenreichthum

[1]) Mauve, Erläuterungen zur Flötzkarte des oberschlesischen Steinkohlengebirges zwischen Beuthen, Gleiwitz, Nikolai und Myslowitz. Breslau, bei Trewendt. 1860.

verdanken, um dann nach der Zeit der grössten Entfaltung wieder allmählig zurückzugehen, so sehen wir auch die Formation hier wie dort mit schwachen Flötzen beginnen, auf welche dann die mächtigeren folgen und mit Flötzen einer mittleren Stärke schliessen.

Dass die Qualität der Kohlen keine geringe sein kann, geht schon aus ihrer Reinheit hervor, sie wird aber auch noch durch die vielfache technische Verwendung erwiesen; und dass ferner diese mächtigen Flötze nicht in allen einzelnen Bänken von gleicher Qualität sein können, ist ebenso natürlich. Die Praxis hat schon längst darüber entschieden, dass und welche einzelne Flötzbänke oder Flötze sich für die verschiedenen Industriezweige eignen, worauf am Ende nochmals zurückzukommen ist.

Bei den Hultschiner Flötzen beträgt die durchschnittliche Mächtigkeit nur 20—30 Zoll und steigt ausnahmsweise bis 1 Ltr., auf den österreichischen Gruben bis 2 Klaftern; der Stückkohlenfall beträgt meist 10% und geht nur stellenweise auf den österreichischen Gruben auf 30—50% hinauf.

Die darauf folgenden Flötze der Rybniker Partie erreichen eine durchschnittliche Mächtigkeit von 30—60 Zoll, einzelne die von 1¼—2 Ltr.; die Festigkeit ist eine mittlere, wesshalb der Stückkohlenfall 20—30, höchtens 50% beträgt.

Beginnen wir am Nordrande mit den tiefsten bekannten sieben Flötzen, denen, welche das Königshüttener Bohrloch kennen lehrte, so finden wir hier eine zwischen 30 und 40 Zoll wechselnde Mächtigkeit; nur eins derselben erlangt eine Stärke von 1¼ Ltr. Auf diese folgen die bereits erwähnten mächtigsten Flötze und im Hangenden derselben eine grössere Menge solcher, deren mittlere Mächtigkeit ¾—1 Ltr. selten übersteigt und welche mit dieser im Allgemeinen abnehmenden Mächtigkeit auch eine Verminderung der Festigkeit verbinden.

Verfolgt man die einzelnen Flötze durch die ganze Ablagerung, so findet man auch hier wie in anderen Revieren, dass ihre Mächtigkeit, die Mächtigkeit der Schiefermittel in und der Schiefer- und Sandsteinmittel zwischen denselben variirt, wenn auch nicht in dem hohen Grade wie in Niederschlesien. Dieser Umstand einerseits, sowie das Auftreten von Verwerfungen, von Verdrückungen in den Flötzen und Auswaschungen derselben nach ihrer Ablagerung, und vor dem Absatz der Schichten der Trias, die Bedeckung des Steinkohlengebirges durch mächtige Tertiär-Bildungen, sowie noch andere ungünstige lokale Hindernisse machen es begreiflich, dass die einzelnen Flötzzüge noch nicht in ihrer ununterbrochenen Erstreckung erkannt worden sind und keine vollständige Klarheit über die Identität der einzelnen Flötze an allen Puncten, wo sie in Angriff genommen worden sind, herrscht. Namentlich sind es die hangenden Flötze des Hauptzuges, welche sich südlich an die bereits erwähnten Sättel anlegen, und die Flötze der Hultschiner und Ostrauer Gruben, von denen ein ununterbrochener Zusammenhang noch nicht bekannt ist. Bei Letzteren wird man erst mit dem weiteren Fortschreiten des Bergbaues den Zusammenhang der einzelnen Flötze soweit constatiren können, als es bereits in Oberschlesien in Folge des ungleich älteren und ausgedehnteren Steinkohlenbergbaues und des Umstandes, dass hier viel grössere Flächen von jüngeren Niederschlägen unbedeckt blieben, möglich war.

Die Gruppirung der Flötze ist eine solche, dass man mehre Flötzzüge unterscheiden kann. Zunächst stellen sich uns die Hultschiner als die tiefsten Flötze dar; ihre Auflagerung auf den Culmschichten ist über Tage ersichtlich.

Ein zweiter Flötzzug begreift die Flötze des Zabrzer, Königshüttner, Laurahüttner- und Rosdziner Sattels in sich. Dieselben sind auf einer rückenförmigen Erhebung des unbekannten Grundgebirges abgelagert, welches sich zu vier sehr sanft abfallenden Kuppen erhebt und dadurch eine regelmässige mantelförmige Umlagerung der Steinkohlenformation um diese Erhebungen veranlasst hat. Diese vier Sättel oder Flötzberge liegen von Westen nach Osten zwischen Zabrze und Dombrowa in Russisch-Polen, etwa in der Streichrichtung hintereinander und es findet ein ununterbrochener Zusammenhang der Flötze über diese vier Sättel und durch die trennenden drei Mulden statt. Spätere Hebungen und Senkungen, welche nach Ablagerung der Muschelkalkformation eintraten, haben jedoch diese ursprüngliche Regelmässigkeit aufgehoben, und die einzelnen Flötzgebirgstheile sind durch zum Theil beträchtliche Verwerfungen so sehr verschoben, dass z. B. bei dem Königshüttner Sattel die richtige Deutung der Lagerungsverhältnisse anfänglich erhebliche Schwierigkeiten bot.

Nach den Lagerungsverhältnissen sind die Flötze dieses Zuges wieder in zwei Gruppen zu trennen, in eine untere, welche durch alle sattel- und muldenförmige Wendungen hindurch verfolgt werden kann, und in eine obere, deren Ablagerung in den Specialmulden zwischen dem Zabrzer und Königshüttner Sattel sowohl auf der Nord- als auch auf der Südseite erfolgte. Die Zahl der Flötze der ersten Gruppe beträgt im Zabrzer 5, im Königshüttner 7, im Laurahüttner 4, im Rosdziner Sattel 2. Dieselben zeichnen sich durch ihre grosse Mächtigkeit von $^3/_4$—4 Ltr., ihr sanftes Einfallen, welches 5—10, nur bei Zabrze stellenweise 20 und mehr Grad beträgt, ihre gute Qualität, Reinheit, reichen Stückkohlenfall und regelmässiges Aushalten in der Streich- und Fallrichtung aus. Die Entfernung der Flötze unter einander in querschlägiger Richtung ist bei dem sehr sanften Einfallen bedeutend, sie variirt zwischen 10 und 200 Ltr. Die Stärke der Zwischenmittel, welche vorherrschend aus einem festen Sandstein bestehen, nimmt, wie diess noch später bei der speciellen Beschreibung der Flötze erwähnt werden soll, von Westen nach Osten gleichzeitig mit der Zahl der Flötze ab. In der südlichen Mulde zwischen dem Zabrzer und Königshüttner Sattel folgen auf die vorigen die Flötze der oberen Gruppe von 30 Zoll bis $1^1/_4$ Ltr. Mächtigkeit, welche sich bis an die Südseite des Königshüttner Sattels heranziehen, aber in der Mulde zwischen dem Königshüttner und Laurahüttner Sattel noch nicht nachgewiesen sind. Die Anzahl derselben beträgt 9. In der nördlichen Mulde lässt sich die Zahl der Flötze noch nicht feststellen.

Auf der südlichen Seite der rückenförmigen Erhebung, welche diese 4 Flötzberge trägt, legt sich ein sehr mächtiger und an Flötzen reicher Schichtencomplex an, welcher zwar wieder in einzelne Flötzgruppen getheilt erscheint, aber hier der bessern Uebersicht wegen als Ganzes, als dritter Flötzzug zusammengefasst werden soll. Die Flötze desselben nehmen an den muldenförmigen Wendungen nicht mehr Theil, sondern streichen im Ganzen mit grosser Regelmässigkeit von Westen nach Osten. Der Fallwinkel beträgt bei den liegenden Flötzen 10—20, bei den hangenden 5—7 Grad. Die Zahl der Flötze dieses Zuges ist noch unbekannt, da wegen einiger zwischenliegender, gänzlich unbekannter Felder die Identität der Flötze der einzelnen Gruben sich nicht erweisen lässt, sie mag 10—20 betragen. Die Mächtigkeit derselben hält sich im Allgemeinen zwischen 40 und 60 Zoll, steigt aber auf $1—1^3/_4$ Ltr. In den Gesteinsmitteln zwischen denselben gewinnt der Schieferthon die Oberhand. Wenn diese Flötze auch im Allgemeinen in Betreff der Reinheit von Schiefern, der Mächtigkeit und des Stückkohlenprocentfalles den Flötzen von Zabrze, Königshütte etc. nachstehen, so finden wir doch mehre unter ihnen, welche ihrer Qualität nach sich jenen an die Seite stellen lassen.

Als vierten Flötzzug betrachten wir diejenigen Flötze, welche bei Nicolai auftreten und von den vorigen durch ein flötzleeres Sandsteinmittel getrennt sind. Die hierher gehörenden Flötze bilden eine nach Süden geöffnete Specialmulde mit stark divergirenden Flügeln, deren Fallwinkel 2—7 Grad beträgt. Die auf dem westlichen Flügel bis jetzt bekannt gewordenen Flötze, deren Zahl einige zwanzig beträgt, sind nach Mächtigkeit, Reinheit und Qualität sehr verschieden. Die liegendsten Flötze sind nur 20—40 Zoll stark und zum Theil unbauwürdig; darauf folgen einige Flötze, die zwar nicht frei von Bergmitteln, aber mächtiger, von besserer Qualität und an Stückkohlen reicher sind. Das hangendste Flötz erreicht sogar eine Mächtigkeit von $1^3/_8$ Ltr. Auf dem östlichen Muldenflügel sind die schwachen liegendsten Flötze noch nicht bekannt; die hangenden Flötze zeigen im Allgemeinen dieselbe Beschaffenheit, wie auf dem westlichen Flügel. Auch hier bestehen die Gesteinsmittel zwischen den Flötzen vorherrschend aus Sphärosiderit-führenden Schieferthonen.

Die Rybniker Flötzpartie ist leider von zu geringer Ausdehnung, um darüber ein Urtheil abgeben zu können, ob deren Flötze, wie es scheint, im Liegenden von denen bei Nikolai auftreten; jedenfalls aber sind es hangendere Flötze, als die der Hultschiner Gruben, mit denen sie im Streichen besser übereinstimmen, als mit denen der Nikolaier Gruben; letztere scheinen die hangendsten Flötze der ganzen Kohlenmulde zu sein. Die Zahl der Rybniker Flötze mag mindestens 7 betragen; ihre Mächtigkeit ist grösser, aber die Qualität zum Theil geringer als bei den Hultschiner Flötzen. Der Fallwinkel variirt von 3—20°. Die Gesteinsmittel zwischen denselben bestehen vorherrschend aus Sandstein.

Was die chemischen Eigenschaften der oberschlesischen Steinkohlen betrifft, so ist dieser Distrikt im Allgemeinen zwar ärmer an Fettkohlen, als einige andere Reviere, doch können die Kohlen vieler Flötze der Verkokung unterworfen werden, liefern zum Theil gebackene, zum Theil nur gesinterte, aber dennoch vollkommen brauchbare Koks und eignen sich auch zur Gasbereitung. Die Flötze des Hauptzuges sind in den letzten Jahren einer sorgfältigen chemischen Untersuchung unterworfen worden[1]), aus welcher sich folgende Resultate herausstellten:

Von den liegendsten Flötzen, welche die 4 Sättel bilden, und deren ununterbrochener Zusammenhang durch alle mulden- und sattelförmige Unebenheiten des Grundgebirges oben behauptet wurde, ist die Identität auch durch die chemische Untersuchung in eclatanter Weise bestätigt worden. In allen Feldern, wo sie in Bau stehen, hat sich im Brennwerth, Aschengehalt, in der Menge der Destillationsproducte etc. eine merkwürdige Uebereinstimmung gezeigt. Dabei tritt jedoch noch der Unterschied hervor, dass im Zabrzer Sattel die 3 liegendsten Flötze: das Pochhammer-, Reden- und Heinitz-Flötz backende Kohlen schütten, dass auch aus Kleinkohlen dieser Flötze gute Koks darzustellen sind, während die Flötze des Königshüttner Sattels durchgängig magerer sind und nur die Stückkohlen gesinterte Koks geben. Die Kohlen vom Sattelflötz eignen sich jedoch zur Gasbereitung. Dort zeichnet sich das *Pochhammer*-Flötz, hier das *Gerhard*-Flötz in dieser Beziehung vor den übrigen aus. Im Laurahüttner Sattel finden wir nur im liegendsten Flötz, dem Karolineflötz, Backkohlen, während sich das Fanny- und Glücksflötz nicht mehr zur Verkokung eignen. Letzteres ist auch bei den beiden Flötzen des Rosdziner Sattels der Fall. Der Aschengehalt beträgt nur 1—3% und da die Asche selbst nicht schlackt, sondern nur staubartig bleibt, so ist die Kohle dieses Flötzzuges — abgesehen von ihren übrigen guten Eigenschaften — namentlich in den Haushaltungen sehr beliebt. Die Flötze der südlichen und nördlichen Mulde zwischen dem Zabrzer und Königshüttner Sattel eignen sich nur zum geringeren Theil zum Verkoken, ebenso ein Theil der hangenderen Flötze zwischen Kattowitz und Myslowitz. In der Specialmulde von Nikolai führen die meisten Flötze eine etwas backende Kohle, einige liefern vollkommen brauchbare Koks, einige vorzügliche Gaskohlen. Die Flötze der Rybniker, Hultschiner und Ostrauer Gruben schütten durchgängig Backkohlen und geben zum Theil ganz ausgezeichnete Koks; ihr Gasreichthum documentirt sich namentlich auf den Ostrauer Gruben in der grossen Menge schlagender Wetter, welche sogar an einzelnen Stellen durch Sprungklüfte aus der Erdoberfläche als förmliche Gasquellen hervortreten.

Die Vergleichung der Analysen, welche von oberschlesischen und englischen Kohlen gemacht wurden, beweist, „dass die schlesischen Kohlen überall den englischen gleichzustellen sind, und dass, selbst wenn die Kohlen beider Vorkommnisse an einem Orte im Preise gleichstehen, es auf einem blossen Vorurtheil beruht, zu behaupten, dass die englischen Kohlen vor den schlesischen den Vorzug verdienen."

So häufig die Niederschlesisch-Böhmische Steinkohlenmulde durch während ihrer Bildung an die Oberfläche getretene Porphyre in ihrer ruhigen Ablagerung gestört erscheint, so selten ist dies bei der preussisch- und österreichisch-schlesischen der Fall. In ganz Oberschlesien ist kein Eruptivgestein innerhalb des productiven Steinkohlengebirges bekannt, nur in Oesterreich-Schlesien wurde in den Grubenbauen bei M. Ostrau und Hruschau ein grünlich-schwarzer basaltit- oder melaphyrartiger Mandelstein angefahren, dessen Drusen mit Kalkspath ausgekleidet sind. Wo dasselbe mit einem Kohlenflötz in unmittelbare Berührung tritt, erscheint das letztere an der Contactgrenze in dichten Koks umgewandelt, auch der Schieferthon im Hangenden und Liegenden eines solchen Flötzes mehr oder weniger gefrittet.[2])

Das flötzreiche Kohlengebirge ist in Oberschlesien nach seiner Bildung, theils vor Ablagerung der Trias, theils später, aber vor der Tertiärzeit durch Strömungen in den auf der Oberfläche stehenden

[1]) Grundmann: Chemische Untersuchungen der Steinkohlen Oberschlesiens in Bd. IX, X und XII der ministeriellen Zeitschrift für Berg-, Hütten- und Salinen-Wesen.
Derselbe: „Sind die englischen Steinkohlen besser als die schlesischen? Breslau. Trewendt. 1864.

[2]) W. Jičinski, das Mährisch-Schlesische Steinkohlenrevier bei Mährisch-Ostrau. Wien, 1865. S. 11 tb. II f. 5.

Gewässern vielfach angenagt, zerstört und weggewaschen worden. Hierdurch entstanden mehr oder weniger tiefe flachmuldenförmige Einsenkungen, in denen sich Tertiär- und Diluvialschichten absetzten, von denen die ersteren sich in neuester Zeit zum Theil als reiche Fundgruben für thierische Versteinerungen erwiesen haben. Eine solche versteinerungsreiche Mulde setzt bis in die Sohle des Hauptschlüssel-Erbstollns bei Zabrze zwischen Lichtloch Nr. 12 und 13 hinab und in der Nähe des Martinsschachtes bei Zabrze durchfuhr derselbe Stolln zwei mit Diluvialmassen angefüllte Klüfte von 8—10 Ltr. Mächtigkeit. Bei Mähr. Ostrau und Karwin in Oesterreich bedecken diluviale und tertiäre Schichten bis zu einer Mächtigkeit von 137 Klafter das Kohlengebirge, so dass das letztere nur auf geringe Strecken zu Tage liegt. Auch hier haben vor Ablagerung dieser Schichten Auswaschungen des Kohlengebirges stattgefunden.

1. Die Flötzzüge bei Ostrau und Hultschin.

(Hierzu Taf. XXIII.)

Diese Flötzpartie schliesst sich unmittelbar an die Culmschichten an, welche sich an die Urgesteine des Altvatergebirges und mährischen Gesenkes anlegen. Eine scharfe Grenze zwischen beiden Abtheilungen der Steinkohlenformation hat sich bis jetzt noch nicht feststellen lassen. Das productive Steinkohlengebirge zeigt, so weit die Kohlenführung bis jetzt bekannt ist, eine ostwestliche Ausdehnung von $3^1/_4$ und eine nordsüdliche von nicht ganz $1^1/_4$ Meile, bedeckt also einen Flächenraum von 4 Quadrat-Meilen. Innerhalb desselben tritt das Kohlengebirge jedoch nur an den Ufern der Oppa, Oder, Ostrawitza und Luzina in geringer Ausdehnung unbedeckt zu Tage, während an allen übrigen Punkten mächtige Tertiärablagerungen die vielfachen Unebenheiten der unterirdischen Oberfläche des Kohlengebirges bedecken und einebenen. Die hier auftretenden Flötze sind die liegendsten der ganzen oberschlesischen Steinkohlenablagerung; ihre Zahl ist eine bedeutende, ebenso die Qualität eine gute, zum Theil sogar vorzügliche, jedoch steht die Mächtigkeit derselben zu ihrer Anzahl im umgekehrten Verhältnisse; was in Verbindung mit den steilen Fallwinkeln eine grosse Aehnlichkeit mit dem liegenden Flötzzuge der Waldenburger Mulde erkennen lässt. Die Anzahl der Flötze wird zu 117 mit einer Gesammtmächtigkeit von $337^1/_2$ Fuss angenommen. Die meisten derselben haben eine durchschnittliche Mächtigkeit von 2—5 F., jedoch werden noch Flötze bei 12—14 Zoll Mächtigkeit bei steilem Fallwinkel abgebaut. Zwei Flötze des Reviers erreichen eine Mächtigkeit von 12 F.

Auf den Hultschiner Gruben sind gegen 33 Flötze, diejenigen unter 15 Zoll Mächtigkeit ungerechnet, bekannt geworden. Sie sind meist durch schwache Schieferthonmittel von einander getrennt, mit 60, 70, sogar 90 Grad aufgerichtet und von Nord nach Süd streichend in den mannigfachsten Mulden und Sattelwendungen bald nach Osten, bald nach Westen fallend abgelagert. Auf österreichischem Gebiete ist die Stärke der Zwischenmittel grösser und der Fallwinkel sinkt auf 20—30 Grad herab. Die Mächtigkeit beträgt zwar im Durchschnitt hier nur 20—40 Zoll, doch erreichen einzelne Flötze 5—10 Fuss, sogar 2 Klftr. Stärke.

Die Hauptbaue in preuss. Schlesien sind durch den Reiche Flötz-Erbstolln zu Petrzkowitz, (südöstlich von Hultschin), welcher 618 Klafter lang ist und 34 Klafter Teufe einbringt, gelöst; von den 21 mehr als 15 Zoll starken Flötzen sind 5 von 15—70 Zoll Mächtigkeit in Bau genommen worden, im östlich davon liegenden Tiefbau ebendaselbst 6 Flötze von 15—30 Zoll Mächtigkeit. Wie die letzteren sich zu den mit dem Stolln überfahrnen Flötzen verhalten, ist noch nicht festgestellt. Weiter östlich folgen auf österreichischem Gebiet die Gruben der Kaiser Ferdinands-Nordbahn und des Freiherrn v. Rothschild bei Hruschau und Przìwos. Die Albert-Grube der Nordbahn besitzt 8 Flötze mit 283 Zoll, der Franz-Schacht derselben 7 Flötze mit 204 Zoll, die Heinrich-Grube derselben 13 Flötze mit 333 Zoll, die Freiherr v. Rothschild'sche Grube bei Hruschau 3 Flötze mit 66 Zoll Gesammtmächtigkeit. Zwischen Mährisch- und Polnisch-Ostrau und Michalkowitz liegen die übrigen Gruben des Freiherrn v. Rothschild, der Nordbahn, des Grafen von Wilezeck, Fürsten v. Salm und des Gewerken Zwierzina mit zusammen 32 Flötzen in einer Gesammtstärke von 1140 Zoll. Oestlich von Michalkowitz bei

Peterswald sind 5 Flötze mit 212 Zoll, bei Dombrau sind 5 Flötze mit 204 Zoll,
bei Orlau „ 3 „ „ 192 „ „ Karwin „ 5 „ „ 291 „

Gesammtmächtigkeit vorhanden.[1])

Sämmtliche Flötze schütten fast ohne Ausnahme eine fette Kohle, welche sich meist sehr gut zur Verkokung und Gasbereitung eignet. Der Stückkohlenfall ist meist gering, am grössten noch im östlichen Theil des Reviers. Da die Grubenbaue noch zum Theil sehr weit von einander entfernt liegen, die zwischenliegenden Partien nicht überall durch Bohrungen und andere Schürfarbeiten untersucht worden sind, so lässt sich ein allgemeines zusammenhängendes Bild über die Lagerungsverhältnisse nicht entwerfen, sondern nur so viel sagen, dass die ganze Ablagerung aus mehren neben einander liegenden Mulden besteht, die zum Theil vollständig geschlossen, aber auch oft durch Verwerfungen und steile Aufrichtung der Flötze aus ihrer ursprünglichen Lage gebracht worden sind. Die Flötze bei Petrzkowitz und Koblau streichen von Nord nach Süd und fallen grösstentheils nach Osten, zum Theil nach Westen ein. Bei Hruschau finden wir in der Grube der Nordbahn eine von Norden nach Süden langgedehnte, vollständig geschlossene Mulde; südöstlich von Hruschau hat der 370 Klftr. lange und $17\frac{1}{2}$ Klftr. Teufe einbringende Barbara-Erbstolln eine nach Süden geöffnete Mulde aufgeschlossen. Eine zweite grössere, aber durch Sprünge vielfach gestörte, auch noch nicht vollständig umfahrene Mulde, bilden die Flötze zwischen Ostrau und Michalkowitz. Nördlich, nordöstlich und südwestlich der Stadt Mährisch-Ostrau findet ein regelmässiges nordöstliches Streichen statt, bei Michalkowitz nehmen die Flötze eine südwestliche Richtung an, während sie weiterhin in südwestlicher Richtung bei Haneczník und Polnisch-Ostrau wieder im Allgemeinen nach Norden und Nordwesten streichen. Wahrscheinlicher Weise gehören die durch den vorerwähnten Barbara-Erbstolln aufgeschlossenen Flötze noch zu dieser grösseren Mulde und stellen die liegendsten Flötze derselben dar. Diese Mulde ist durch den Jaklowetzer Erbstolln gelöst, welcher bei nun 1640 Klftr. Länge 30 bauwürdige Flötze überfahren hat und 35 Klftr. Teufe einbringt. Der Mittelpunkt dieser Mulde liegt am Hermenegilde-Schacht bei Polnisch-Ostrau. Durch die Baue des Friedrich-Schachtes bei Peterswald ist eine dritte geschlossene Mulde nachgewiesen, deren liegendste Flötze, wie es scheint, bis Orlau reichen. Dieselbe ist durch den 1370 Klftr. langen und 27 Klftr. Teufe einbringenden Peterswälder Erbstolln gelöst. Die zwischen Orlau und Karwin auftretenden Flötze fallen zunächst der Stadt Orlau nach Osten und Nord-Osten, so dass bei dieser Stadt eine rückenförmige Erhebung des Grundgebirges zu vermuthen ist, weiterhin fallen sie nach Norden ein. Hier besonders sind die Lagerungsverhältnisse noch vollständig unklar.

Die Gruben bei Hruschau, Mährisch- und Polnisch-Ostrau und Michalkowitz liegen entweder unmittelbar an, oder sind mit der Kaiser Ferdinands-Nordbahn durch Kohlenbahnen verbunden, welche später bis Karwin fortgesetzt werden sollen, während auf schlesischer Seite die Hultschiner Gruben noch einer solchen Eisenbahnverbindung entbehren.

2. Flötze bei Rybnik.

Diese Flötzpartie tritt südwestlich dieser Stadt aus den sie von allen Seiten umgebenden Tertiär- und Diluvial-Schichten insularisch hervor und ist von Osten nach Westen in einer Breite von 1 Meile und von Norden nach Süden in einer Länge von $\frac{3}{4}$ Meilen an der Oberfläche bekannt. Die darin aufsetzenden Flötze bilden eine nach Norden geöffnete Mulde, deren westlicher Flügel ein nord-südliches, und deren östlicher ein nordost-südwestliches Streichen beobachten lässt. Der Fallwinkel beträgt auf

---

[1]) Vgl. Vortrag über die Verhältnisse des Ostrauer Kohlen-Reviers und dessen Bergbau-Betrieb, gehalten bei der 3. allgemeinen Versammlung von Berg- und Hüttenmännern vom Bergdirector Andrée in Witkowitz, im Bericht über die dritte allg. Vers. v. Berg- u. Hüttenmännern zu Mährisch-Ostrau, 1863. Wien, 1864.

dem westlichen 11—20, auf dem östlichen Flügel 6—8 Grad. Die meisten Flötze haben eine Mächtigkeit von 30—60 Zoll.

Auf dem westlichen Flügel liegt die Charlotte-Grube bei Czernitz, welche folgende Flötze besitzt:

das *Wasserflötz* 20″ m.,
„ *Caecilieflötz* 30″ m.,
„ *Sackflötz* 20″ m.,
„ *Charlotteflötz* 80—100″ m. mit 2 Schiefermitteln von 1—3 und 8—10″ Stärke,
„ *Egmontflötz* 28—30″ m. mit einem Schiefermittel von 6—8 Zoll Stärke,
„ *Oberflötz* 35″ m. (unbauwürdig).

Dieselben streichen von Nord nach Süd und fallen mit 19—21 Grad nach Osten ein. Die 10″ starke Oberbank des Egmontflötzes hat ein der Kännelkohle ähnliches Aussehen; das Charlotteflötz tritt im südlichen Felde in 2 getrennten Bänken auf, indem sich das 8—10″ starke Bergmittel verstärkt; beide Bänke (Ober- und Mittelbank) haben zusammen eine Stärke von 60″, während die 20″ starke Niederbank hier fehlt. Der Stückkohlenfall beträgt bei dem Charlotte- und Wasserflötz 40—50%.

Interessant ist das in dieser Grube auf einer Sprungkluft angefahrene Vorkommen eines theils derben, theils krystallisirten Bleiglanzes mit starkem Antimongehalt, welcher von Schwefelkies und Blende begleitet, gegen 20 Lachter anhielt, ohne dass jedoch die Erzführung bauwürdig geworden wäre.

Am südlichen Ende des westlichen Muldenflügels liegt die Anna-Grube bei Pschow mit zwei Flötzen:

dem *Nieder-* oder *Fundflötz*, 50—60″ m. mit einem 6—12″ starken Bergmittel und 14 Ltr. saiger darüber,
„ *Oberflötz*, 30—34″ m.

Im weiteren Liegenden sind noch 5 Flötze von 10—36″ Stärke bekannt, aber noch nicht in Bau genommen.

Beide Flötze haben Schieferthon zum Hangenden und Liegenden und geben, ersteres 26—30, letzteres 10% Stückkohlen. Fallen und Streichen ist dasselbe wie bei Charlotte-Grube.

Auf dem östlichen Flügel liegt die Hoym-Grube bei Byrtultau, mit vier bauwürdigen Flötzen:

dem *Sylvester-Niederflötz*, 45″ m. und mit einem 12″ starkem Mittel. — Mittel 11 Ltr. (saiger) meistens aus Sandstein bestehend,
„ „ *Oberflötz*, 51″ m. und mit einem 10zölligen Mittel. — Mittel $12\frac{1}{2}$ Ltr. meistens aus Schieferthon bestehend.
„ *Hoym-Niederflötz*, 70″ m. — Mittel $7\frac{1}{2}$ Ltr. Schieferthon,
„ *Hoym-Oberflötz*, 80—100″ m. — Sandstein und Schieferthon.

Das Hauptstreichen derselben geht von Westen nach Osten, das Fallen mit 6° nach Norden; im östlichen Felde wenden sich die Flötze allmählig nach Norden und fallen mit 8° nach Westen. Das Sylvester-Oberflötz erleidet mehrfache Verrückungen und liefert nur wenig Stückkohlen, das Sylvester-Niederflötz dagegen 80—90%. Das Hoym-Niederflötz wird durch drei 4—6″ starke Bergmittel in 4 Bänke von 18,6, 6 und 25 Zoll Stärke getheilt; im weiteren Einfallen wurde es durch ein Bohrloch aus einer 32zölligen Oberbank, 84 Zoll Bergmittel und einer 20zölligen Niederbank bestehend, angetroffen; an einem andern Punkte ist die Oberbank 12, das Mittel 102, die Niederbank 20 Zoll stark, wesshalb das Flötz noch nicht in Angriff genommen worden ist. Der seitherige Bau beschränkte sich auf das Hoym-Oberflötz, welches durch 2 Bergmittel in 3 Bänke von 30, 16 und 14 Zoll Stärke getheilt, unregelmässig wellenförmig abgelagert ist und von mehren Verdrückungen betroffen wird. Wo dasselbe von Sandstein unmittelbar bedeckt wird, ist der Stückkohlenfall grösser, als wo es von Schieferthon bedeckt wird.

Oestlich von der Hoym-Grube liegt die Mariahilf-Grube mit einem 30—40zölligen Flötz, welches im Liegenden des Sylvester-Niederflötzes aufsetzt und überhaupt das liegendste Flötz der bisher bekannten dieser Mulde sein dürfte.

Südlich von Hoym-Grube liegen die Carolus-Grube bei Niedobschütz und die Reden-Grube bei Byrtultau mit den Flötzen der Hoym-Grube. Im Felde der Reden-Grube wird das Kohlengebirge bereits zum Theil von Gypsletten und Sandstein der Tertiärformation bedeckt. Ueber dem Muldentiefsten liegen von Süden nach Norden die Leo-, Dicke Verwandtschaft- und Beatens Glück-Grube.

Im Felde der Leo-Grube bei Rydultau setzen mehre schwächere und ein Hauptflötz auf, welches letztere aus einer 40—44 Zoll m. Oberbank, einem 10—20 Zoll starken Schiefermittel und einer

5 Zoll starken Niederbank besteht. Dasselbe streicht von Nord nach Süd, fällt mit 11—12 Grad nach Osten und schüttet ca. 60 % Stückkohlen; Hangendes und Liegendes bestehen aus Schieferthon. Das Hauptflötz liegt im Hangenden der Charlotte-Grubenflötze.

Die Dicke Verwandtschaft- und Wallhofen-Grube bei Pietze besitzen ausser mehren schwachen Flötzchen ein 60—70 Zoll mächtiges Hauptflötz, welches durch zwei Schiefermittel von 4—5 Zoll und 1 Zoll Stärke in drei Bänke getheilt wird und mit 14 Grad nach Osten fällt. Nur die Oberbank liefert 14 % Stückkohlen von geringer Festigkeit.

Die Beatens Glück-Grube bei Niewiadom besitzt folgende Flötze:

Das	3. Flötz	— Ltr.	52	Zoll	m.,
„	Mittel	6 „	53	„	m.,
„	2. Flötz mit 3 Zoll Mittel	1 „	64	„	m.,
	Mittel	5 „	50	„	m.,
„	1. Flötz (Gellhornflötz)	2 „	—	„	m.
	Mittel „				

ein Flötz von 36—40 Zoll Mächtigkeit.

Das Gellhorn-Flötz streicht von Nord nach Süd und fällt, einen Sattel bildend, mit 3 Ltr. nach Osten und Westen ein. Dass das Kohlengebirge unter der Bedeckung von Tertiär- und Diluvial-Massen nach Norden und Süden weiter fortsetzt, beweisen zwei Bohrarbeiten, deren eine bei Zwonowitz, die andere bei Ober-Radlin vorgenommen wurde. Zwonowitz liegt nordwestlich von Rybnik, in der geraden Linie, welche Gleiwitz mit Ratibor verbindet. Hier durchbohrte man von Tage nieder zuerst $314^2/_3$ Fuss Triebsand, Gypsletten, Kies, sandigen Letten und Schieferletten und darunter 220 Fuss Steinkohlengebirge, ohne indess ein bauwürdiges Flötz angetroffen zu haben. Ober-Radlin liegt südlich von Rydultau und Byrtultau, östlich von Pschow; hier wurden die Tertiär-Schichten in einer Mächtigkeit von $193^1/_3$ Fuss und das Steinkohlengebirge $323^1/_3$ Fuss tief durchbohrt, jedoch ebenfalls nur schwache Kohlenbestege vorgefunden. Weitere Belege für die oben ausgesprochene Behauptung liefert das bei Nd. Jastrzemb, $1^3/_4$ Meilen südöstlich von Byrtultau zur Aufsuchung von Quell- und Steinsalz niedergebrachte Bohrloch; dasselbe traf in 82 Ltr. 49 Zoll Tiefe ein 90 Zoll mächtiges Kohlenflötz, unter demselben Schieferthon von 75 Zoll Stärke, dann ein zweites Flötz mit 80 Zoll reiner Kohle. Das zweite zu demselben Zweck bei Goczalkowitz südlich von Pless niedergestossene Bohrloch von 1148 Fuss 3 Zoll Tiefe traf in den Tertiärschichten in 110 und 113 Ltr. Teufe ein 69 Zoll und ein 127 Zoll mächtiges Braunkohlenflötz und in grösserer Teufe drei Steinkohlenflötze von 101,97 und 25 Zoll Mächtigkeit.

3. Hauptzug zwischen Gleiwitz und Myslowitz oder zweiter Flötzzug, erste Gruppe,

enthaltend die Flötze des Zabrzer, Königshüttner, Laurahüttner und Rosdziner Sattels, welche sich ohne Unterbrechung von Zabrze bis Dombrowa bei Bendzin in Polen hinziehen.

Wir beginnen bei Betrachtung dieser Flötze mit dem westlichsten Sattel, dem von Zabrze, wo die Mächtigkeit dieses Flötzzuges die grösste ist.

Im Felde der Königin Louise-Grube bei Zabrze treten folgende Flötze, vom Liegenden zum Hangenden gezählt auf:

1) *Pochhammerflötz*, $2^1/_2$—3 Ltr. mächtig mit einem 5—10 Zoll starken Mittel. — Zwischenmittel 10—12 Ltr. querschlägig gemessen;
2) *Redenflötz*, . $1^1/_2$—2 „ „ und rein, — Zwischenmittel 10—16 Ltr.;
3) *Heinitzflötz*, . 2—$2^1/_2$ „ „ „ „ „ 50—100 Ltr.;
4) *Schuckmannflötz*, 4—$4^1/_2$ „ „ mit einem Zwischenmittel von 10—15 Zoll Stärke, welches sich nach Nordwest zu verstärkt, und das Flötz wahrscheinlich in 2 Flötze theilt. Zwischenmittel 200 Ltr.
5) *Einsiedelflötz*, besteht aus einer 50—60 Zoll starken Niederbank, 40—60 Z. Schieferthonmittel und 50—60 Z Oberbank.

Diese Flötze bilden einen Sattel, dessen Kante ein sanftes Einfallen nach Nordosten zeigt. Auf dem westlichen Flügel, wo das Fallen ebenfalls ein geringes, heben sich die Flötze nicht wieder heraus, sondern biegen sich hakenförmig in die Höhe und keilen sich bald darauf aus. Auf dem östlichen Flügel beträgt der Fallwinkel bei den liegendsten Flötzen 20 Ltr. oder wenig darüber. Die querschlägige Entfernung derselben ist im südlichen Felde eine geringere und der Fallwinkel ein grösserer, als im nördlichen Felde, wo sie namentlich in der Linie der vorerwähnten Sattelkante weit auseinandertreten. Die streichende Länge, auf welcher die Flötze bekannt sind, beträgt bei dem *Heinitzflötz* 1500, bei dem *Schuckmannflötz* 2000 Ltr.; die Gesammtmächtigkeit des Flötzzuges im Felde dieser Grube, rechtwinkelig gemessen, 185 Ltr., die der Flötze, wenn die mittlere Mächtigkeit zu Grunde gelegt wird, 15 Ltr. 50 Zoll, oder nahe 8½ % der ersteren.

Die Flötze zeigen im Allgemeinen keinen grossen Stückkohlenprocentsatz; derselbe betrug nämlich im Jahre 1860 bei *Schuckmannflötz* 20,6 %, *Heinitzflötz* 25,3 %, *Redenflötz* 42,9 %, *Pochhammerflötz* 25,8 %, und im Durchschnitt des ganzen Förderquantums 20,9 %; die drei liegendsten Flötze liefern eine gute Gas- und Kokskohle.

Die Flötze neigen stark zur Selbstentzündung, weshalb in der ersten Betriebsperiode bald in mehren Baufeldern Grubenbrand ausbrach und beim Betriebe des Hauptschlüssel-Erbstollns das *Heinitzflötz* bis in die Stollnsohle (ca. 18 Ltr. saiger unter Tage) in dem grössten Theil des darüberliegenden Feldes verbrannt vorgefunden wurde. Dieselben werden grösstentheils von einer schwachen Schieferthonbank bedeckt, worauf alsbald Sandstein folgt. In dem Mittel zwischen *Heinitz*- und *Schuckmannflötz* setzen noch einige schwache Flötze auf, unter welchen eins 40—50 Zoll Mächtigkeit besitzt.

In südlicher Richtung treten die genannten Flötze in das Feld der Guido-Grube, in welchem ihr Vorhandensein, namentlich des *Reden*- und *Heinitzflötzes*, durch Bohrlöcher festgestellt wurde; in nördlicher Richtung in das der Amalie-Grube, wo das *Heinitzflötz* 1 Ltr. 75 Zoll mächtig auftritt. Dasselbe fällt hier mit 10 Ltr. nach Osten ein und liefert 39 % Stückkohlen. Die Flötze sind jedenfalls weit über die angegebenen Grenzen hinaus vorhanden, da auf der südöstlich von Gleiwitz liegenden Carl Oswald-Grube bei Ellgut unter der dortigen Tertiär-Ablagerung das *Pochhammer*-, *Reden*- und *Heinitzflötz* erbohrt worden sind. Dieser Fundpunkt liegt aber über 2000 Ltr. westlich von der Guido-Grube.

Nördlich von der Amalie- liegt die Concordia-Grube jenseits der oben erwähnten Sattelkante. Von den drei Flötzen *Pochhammer*, *Heinitz* und *Reden* ist bis jetzt nur das erstgenannte aufgeschlossen; dasselbe fällt mit 15 Grad nach Norden ein, hat Schieferthon zum Liegenden, Sandstein zum Hangenden und schüttet ca. 30 % Stückkohlen.

Nördlich und im Hangenden von der vorigen liegt die Ludwigs Glück-Grube bei Biskupitz, auf welcher ausser mehren schwächeren zwei Flötze von 2 Ltr. 32 Zoll und 3¼ Ltr. Mächtigkeit erbohrt wurden, deren ersteres man für das *Schuckmannflötz* hält.

Der westliche Theil des Sattels ist vollständig unbekannt; ob die Flötze der Carl Oswald- mit denen der Concordia- und Ludwigs Glücks-Grube ohne Unterbrechung zusammenhängen, ist noch nicht erwiesen, indem hier nicht blos die Trias, sondern auch die Tertiärformation, welche bei Carl Oswald eine Mächtigkeit von 62 Ltr. besitzt, das Diluvium und Alluvium des Klodnitzthales von bergmännischen Untersuchungen abhielten.

Oestlich von Ludwigs-Glück liegt die Bertha Hedwig-Grube, wo ebenfalls unter der Bedeckung von Buntsandstein und Muschelkalk ein Flötz von 1 Ltr. 16 Zoll Mächtigkeit und 4¼ Ltr. tiefer ein solches von 2 Ltr. 37 Zoll Mächtigkeit erbohrt wurde; letzteres wird für identisch mit dem *Einsiedelflötz* gehalten.

Der östlich vom Zabrzer liegende Königshüttner-Sattel ist zwar vollständiger entwickelt als jener, aber durch drei im Allgemeinen von Norden nach Süden gerichtete Hauptsprünge mehrfach verworfen.

Hier sind im Felde der Königs-Grube folgende Flötze vorhanden:

1) Das *Sattelflotz* 3 Ltr. 20 Zoll. — Mittel: 11 Ltr. Sandstein (rechtwinkelig gemessen).
2) „ *Pelagieflötz* (wird nicht abgebaut) 60 Zoll. — Mittel: 9 Ltr. Sandstein.
3) „ *Heintzmannflötz* 1 Ltr. 20 Zoll. — Schieferthon mit Kohlenschmitzen 12—17 Ltr.
4) „ *Gerhardflöt* 2 Ltr. 40 Zoll. — Schiefer und Sandstein 1 Ltr.
5) „ *Raubflötz* 40 Zoll. — Sandstein 15 Ltr.
6) „ *Blücherflötz* 60 Zoll. — Sandstein 5—6 Ltr.
7) „ *Hoffnungsflotz* 60 Zoll. — Das südöstliche Streichen wendet sich im südlichen Felde der Grube durch Süden nach Südwesten; der Fallwinkel betragt 5—8 Grad.

Zur Untersuchung, ob unter diesen noch andere bauwürdige Flötze vorhanden seien, wurde in den letzten Jahren ein 2006²/₃ Fuss tiefes Bohrloch gestossen. Dasselbe durchteufte:

von	118	Fuss	5	Zoll	bis	142	Fuss	1	Zoll	das Sattelflotz . .	23	Fuss	8	Zoll	mächtig.
„	416	„	10	„	„	417	„	6	„	ein Flötzchen . .	„	„	8	„	„
„	5'7	„	3	„	„	540	„	11	„	ein Flötz . . .	3	„	8	„	„
„	682	„	7	„	„	690	„	11	„	„ . . .	8	„	4	„	„
„	1044	„	10	„	„	1048	„	2	„	„ . . .	3	„	4	„	„
„	1541	„	5	„	„	1543	„	—	„	„ . . .	1	„	7	„	„
„	1670	„	6	„	„	1672	„	8	„	„ . . .	2	„	2	„	„
„	1709	„	3	„	„	1711	„	9	„	„ . .	2	„	6	„	„

Summa 45 Fuss 11 Zoll.

oder nahe $8^0/_0$ Steinkohle.

Im Allgemeinen sind die im Bau befindlichen Flötze von fester Beschaffenheit; nach den Betriebs-Resultaten in 1860 betrug, wenn man di Würfelkohlen unberücksichtigt lässt, also für die eigentlichen Stückkohlen der Procentsatz auf *Hoffnungsflötz* 44,5, *Gerhardflötz* 59,2, *Heintzmannflötz* 60,8, *Sattelflötz* 73,4 und im ganzen Förderquantum 64,1 $^0/_0$. Auch diese Flötze neigen zur Selbstentzündung und es sind zu verschiedenen Zeiten Grubenbrände auf denselben ausgebrochen, welche namentlich auf dem mächtigen *Sattelflötz* nur durch sehr starke Mauerdämme eingeschränkt werden konnten. Dieselben Flötze werden noch von der auf dem nördlichen Abhang des Sattels liegenden Mathilde-Grube in Bau genommen. Hier ist

1) das *Heintzmannflotz* . . . . 1¹/₂ Ltr. machtig
2) „ *Gerhardflotz* . . . . . . 2⁷/₈ „ „ sehr fest und fast ganz rein,
3) „ *Raubflotz* . . . . . . 36 Zoll „
4) „ *Blücherflotz* . . . . . . 50—60 Zoll, mild und zum Theil unrein,
5) „ *Hoffnungsflotz* . . . . 60 Zoll, fest und rein.

Dieselben streichen hier von Sudwest nach Nordost und fallen 6—7° nach Nordwest.
Das *Hoffnungsflotz* schuttet 67, das *Blücherflotz* $55^0/_0$ Stückkohlen.

Im weiter östlich liegenden Laurahüttner-Sattel ist die Abweichung in der Beschaffenheit der Flötze gegen die des Königshüttner-Sattels nicht so gross, als zwischen letzterem und dem Zabrzer Sattel. Er zeigt eine eben so grosse Ausdehnung, wie der Königshüttner und wird von einem der Hauptsprünge des letzteren, welcher sich bis hierher erstreckt, und zwei anderen Hauptsprüngen mehrfach verworfen. Auf dem nördlichen Abfall des Sattels liegt die Siemianowitz-Grube mit folgenden Flötzen:

dem *Carolineflotz* 2¹/₂—3 Ltr. mächtig. — Mittel: 12 Ltr. (rechtwinkl. gemessen) grösstentheils Sandstein mit einem 30—36 Zoll m. Flotz (*Paulineflotz*), welches hier nicht in Bau genommen wird.
„ *Glücksflotz* 1—1¹/₄ „ m. — Mittel: 2 Ltr. Schieferthon,
„ *Fannyflotz* 3—4 Ltr. m. mit einem 10—15 Zoll starken Schiefermittel.

Das Streichen geht von Osten nach Westen; das nördliche Fallen beträgt circa 10 Grad.

Das *Carolineflotz* ist durchgangig frei von Schiefermitteln; die oberen Bänke desselben liefern eine vorzügliche Sinterkohle, die Niederbank eine Backkohle, welche der des *Pochhammerflotzes* nicht nachsteht. Das *Fanny-* und *Glücksflotz* eignen sich nicht zum Verkoken.

Der Stückkohlenfall beträgt im Durchschnitt sämmtlicher Flotze $78^0/_0$, geht aber im östlichen Felde, wo die Flötze eine muldenförmige Lagerung zeigen, sich bis zu 26° aufrichten und durch mehre Sprünge verworfen sind, bis auf $30^0/_0$ herab. Leider hat auch hier der Grubenbrand auf dem *Fanny-* und *Caroline-* und zum Theil auch auf dem *Glücksflötze* in den verbrannten Flötztheilen und Sicherheitspfeilern bedeutende Opfer gekostet.

Auf dem östlichen Abfall liegt die Fanny-Grube mit denselben Flötzen, deren Streichen hier nach Südost geht; das nordöstliche Fallen beträgt 10 — 12 Grad. Das Schiefermittel zwischen dem Fanny- und Glücksflötz beträgt hier nur 1 Ltr. Der Grubenbrand hat hier alle 3 Flötze ergriffen; von allen oberschlesischen Gruben, welche mit diesem Feinde des Bergbaues kämpfen, hat die Fanny-Grube wohl die meisten Verluste erlitten und durch ihr Brandfeld gewissermassen eine traurige Berühmtheit erlangt. Der Verlust an Kohlen auf allen 3 Flötzen, welche verbrannt sind oder in Sicherheitspfeilern stehen gelassen werden mussten, beträgt ca. 6 Millionen Tonnen.

Auf der Sattelkuppe liegt westlich und südlich der vorigen die Hohenlohe-Grube mit denselben Flötzen. Das Fannyflötz zeigt hier mehre kleine Mulden, wird mehrfach von Sprüngen durchsetzt, enthält mehre Schiefermittel und eine mildere Kohle, wesshalb der Stückkohlenfall nur 55 — 65% beträgt. Das Glücksflötz verschwächt sich mitunter bis auf 60 Zoll und das Mittel zwischen diesem und Fannyflötz auf 20—30 Zoll.

Das Carolineflötz zeigte sich im Ausgehenden zum Theil weggewaschen, zum Theil verbrannt.

Westlich der Hohenlohe liegt die Waterloo-Grube am südlichen Einhange des Sattels. Die 3 genannten Flötze streichen im Allgemeinen von Osten nach Westen und wenden sich im westlichen Felde allmählig durch Nordwest nach Norden um.

In 80 Ltr. Teufe unter dem *Carolineflötz* sind durch Bohrung ein 1 Ltr. 10 Zoll und in dem Mittel zwischen beiden ein 58 und zwei 45 Zoll mächtige Flötze aufgefunden worden und dürfte das erstere dem mit dem Königsgrubener Bohrloch in 80 Ltr. 76 Zoll Teufe unter dem Sattelflötz erbohrten $1^1/_4$ Ltr. mächtigen Flötz entsprechen.

Weiter östlich folgt der Rosdziner Sattel, welcher ärmer an Flötzen und in seiner Lagerung noch mehr gestört ist, als die 3 vorgenannten; derselbe enthält nur noch 2 Flötze. Das *Niederflötz* ist $4—4^1/_2$ Ltr. mächtig; auf dasselbe folgt ein Sandsteinmittel von 15 Ltr. Stärke und darauf das *Oberflötz* mit $2^1/_4$ Ltr. Mächtigkeit excl. einer circa 1 Ltr. mächtigen Niederbank, welche wegen Unreinheit vom Abbau ausgeschlossen wird.

Im Felde der Louisens Glück- und Guter Traugott-Grube, auf der Westseite des Sattels, hat das *Niederflötz* zum Theil Schieferthon, zum Theil Sandstein, das *Oberflötz* festen Sandstein zum Hangenden. Das Streichen derselben geht im Bogen von Nordwesten durch Norden nach Nordosten.

Beide Flötze schütten eine feste, der Verwitterung widerstehende Kohle; der Stückkohlenfall beträgt 60 — 70%.

Südlich von Louisens Glück- und Guter Traugott-Grube durchteufte man an der südlichen Markscheide der Wildenstein Seegen-Grube mit dem Prittwitzschacht bei $49^6/_8$ Ltr. Teufe das Liegende eines 90 Zoll mächtigen Flötzes, das

eine Oberbank von 66″ Kohle,
ein Schiefermittel von 8″,
eine Niederbank von 16″ Kohle besitzt,

und durchbohrte darunter bei 54 Ltr. Teufe das Liegende des $2^1/_4$ Ltr. m. *Oberflötzes*, bei $68^1/_2$ Ltr. Teufe das Liegende des 3 Ltr. 68″ m. *Niederflötzes* der Louisens Glück- und Guter Traugott-Grube.

Jenes 90zöllige, sehr unreine, nach Osten hin sich bald verschwächende Flötz (Brandflötz benannt), ist ganz unbekannt und auf Louisens Glück- und Guter Traugott-Grube nicht angetroffen worden.

Noch weiter südlich erbohrte man im Felde der Teichmanns Hoffnung-Grube in 120 Ltr. Teufe das Niederflötz in einer Mächtigkeit von 4 Ltr. 62 Zoll und 5 Ltr. 56 Zoll, und 8 Ltr. resp. 12 Ltr. darüber das Oberflötz mit einer solchen von 2 Ltr. 38 Zoll resp. 1 Ltr. 50 Zoll, indem dieselben schon zwischen Louisens Glück- und Wildenstein Seegen-Grube durch einen Sprung weit in's Hangende verworfen sind. Im östlichen Abhange des Sattels, welcher bereits auf russ.-polnischem Gebiet liegt, werden zu Dombrowa bei Bendzin auf der Reden- und Xaver-Grube die beiden Flötze durch ein einziges Flötz von 7 — 8 Ltr. Mächtigkeit repräsentirt, indem hier das Mittel zwischen denselben sich auskeilt. Im Hangenden desselben treten noch mehre Flötze von 1 — 3 Ltr. Stärke auf.

Parallelisirung der Flötze.

Pochhammerflotz	$2\frac{1}{2}$— 3 Ltr.	= *Sattelflotz*	$3\frac{1}{4}$ Ltr.	= *Carolineflotz*	$2\frac{1}{2}$— 3 Ltr.	= *Niederfl.* 4— $4\frac{1}{2}$ Ltr.
Sandstein	10 —12 „	Sandstein	11— 8 „	Sandstein	8 — 1 „	
Redenflotz . . .	$1\frac{1}{2}$— 2 „	= *Pelagieflotz*	$\frac{3}{4}$ „	= *Paulineflotz*	30 —60 Zoll	
Sandstein . . .	10 —16 „	Sandstein	8— 9 „	Sandstein	10 — 5 Ltr.	Sandstein 8—20 Ltr.
Heinitzflotz . . .	2 — $2\frac{1}{2}$ „	= *Heintzmannfl.*	$1\frac{1}{4}$ „	= *Glücksflotz*	1 — $1\frac{1}{4}$ „	= *Oberflotz* $2\frac{1}{4}$ Ltr.
Sandst u. Schiefer	50 —100 „	Schiefer	15—17 „	Schiefer	7 Ltr. bis 50 Zoll	
Schuckmannflotz .	4 — $4\frac{1}{2}$ „	= *Gerhardfl.* .	$2\frac{1}{2}$ „	= *Fannyflötz*	3 — 4 Ltr.	
		Raubfl. . .	$\frac{1}{2}$ „			
Sandstein . . .	200 „					
Einsiedelflotz . .	$1\frac{3}{4}$— $2\frac{1}{4}$ „	= *Blücherfl.* . .	$\frac{3}{4}$ „	fehlt.		
		Hoffnungsfl. .	$\frac{3}{4}$ „			

Die zweite Gruppe des zweiten Flötzzuges umfasst die im Hangenden der besprochenen liegenden Flötze, welche in der zwischen dem Zabrzer- und Königshüttner Sattel liegenden südlichen und nördlichen Mulde liegen, von dort aus sich am südlichen und nördlichen Abfall des Königshüttner Sattels hinziehen, aber weiter östlich nicht bekannt sind.

Auf dem östlichen Abfall des Zabrzer Sattels folgt auf das *Einsiedelflötz* ein ca. 80—100 Ltr. (rechtwinkl.) mächtiges Mittel, in welchem ein 70 Zoll starkes Flötz liegt, dessen unregelmässige Lagerung und ungünstige Beschaffenheit nur einen versuchsweisen Angriff gestatteten, und auf dasselbe das *Georgflötz*, dessen Mächtigkeit $1\frac{1}{2}$ Ltr. beträgt. Dasselbe nimmt zwar noch an der allgemeinen südöstlichen Schichtenneigung des östlichen Flügels des Zabrzer Sattels Theil, hebt sich jedoch bald wieder nach Westen fallend heraus, indem zugleich — wahrscheinlich durch die ostwestlich gerichtete rückenförmige Erhebung des Grundgebirges veranlasst — eine nach Süden und eine nach Norden geöffnete Mulde gebildet wird. Auf dem westlichen Flügel der südlichen Mulde liegt die Paulus-, Brandenburg-, Oscar- und Catharina-Grube.

Das *Paulus-* und *Brandenburg-Grubenflötz* ist mit dem *Georgflotz* identisch und 1—$1\frac{1}{4}$ Ltr. mächtig. Die Oberbank desselben besteht aus einem sehr festen Kohl und schüttet daher über 70 % Stückkohlen; das Kohl wird verkokt. Unter diesem Flötz sind durch ein 146 Ltr. 48″ tiefes Bohrloch ausser 6 schwächeren Flötzen von 12—48″ Machtigkeit 4 Flötze von 1 Ltr. 39″, 1 Ltr. 9″, 2 Ltr. 8″ und 3 Ltr. 20″ Mächtigkeit nachgewiesen worden. Die beiden zuerst genannten dieser vier Flötze sind wahrscheinlich die beiden Banke des *Einsiedelflotzes.*

Auf der südwestlich von Brandenburg liegenden Oscar-Grube nimmt das *Georgflötz* ein Streichen von Osten nach Westen an, und fällt mit 5° nach Süden; dasselbe ist hier rein von Schiefermitteln, $1\frac{1}{2}$ Ltr. mächtig und schüttet gegen 50% Stückkohlen. In der Muldenwendung und südlich von Oscar- liegt die Catharina-Grube.

Das *Catharinaflötz* zeigte in oberer Sohle folgende Zusammensetzung:

Die Niederbank, bestehend aus 30″ Kohle; 12—15″ Schiefer, 20″ Kohle, 1—2″ Brandschiefer und 8″ Kohle, — Schieferthon it Kohlenschmitzen 50 — 55″.

Die Mittelbank, 60—73″ Kohle, — Schieferthon 21″.

Die Oberbank, 24″ Kohle, 10″ Brandschiefer, 15″ Kohle, 1—2″ Thoneisenstein und 10—30″ Kohle.

Im Liegenden desselben befindet sich noch ein 30- und ein 33zölliges Flötz.

In der Sohle des Hauptschlüssel-Erbstollns liegt das *Catharinaflötz* ca. 370 Ltr. vom Georgflötz entfernt und zwischen beiden, vom Liegenden in's Hangende gezählt, ein 40—60″, ein 1 Ltr. und ein $1\frac{1}{4}$ Ltr. mächtiges Flötz. Im Hangenden des *Catharinaflotzes* folgen dann in der genannten Stollnsohle noch mehre Flötze von einigen Zollen bis zu 6 Fuss Mächtigkeit; erst an der südöstlichen Grenze des Catharina-Grubenfeldes liegt die Muldenlinie, jenseits derselben ein westliches und südwestliches Einfallen stattfindet. Der ganze Flötzzug vom *Pochhammerflötz* bis zu dieser Muldenlinie besitzt eine Mächtigkeit von 310 Ltr. = $2066\frac{2}{3}$ Fuss; die Mächtigkeit sämmtlicher Flötze beträgt etwa 25 Ltr. = $166\frac{2}{3}$ Fuss oder fast genau 8 % der Gesammtmächtigkeit. Hierbei sind jedoch diejenigen Flötze ausgeschlossen, welche die Stollnlinie nicht durchschneiden, sondern sich nördlich oder südlich derselben herummulden.

Verfolgen wir die in Rede stehenden Muldenflötze weiter nach Osten, den südlichen Abfall des Königshüttner Sattels entlang, so finden wir im Hangenden der bereits besprochenen Flötze dieses Sattels mehre Flötze, welche im Allgemeinen den in der Hauptschlüsselstollnsohle zwischen *Georg-* und

Catharinaflötz durchfahrenen Flötzen zu identificiren sind. Dies sind die Flötze der Fausta-Grube bei Schwientochlowitz:

1) Das *Falvaflötz*, 40″ m. durch ein 10″ starkes Schiefermittel in 2 Bänke getheilt. — Mittel $1^1/_2$ Ltr. (rechtwinkelig) Schieferthon.
2) Das *Güttmannsdorfflötz*, 50″ m., gibt 54 % Stückkohlen. — Mittel $8^1/_2$ Ltr. Schieferthon und Sandstein.
3) Das *Mielitzeckflötz*, 48″ m. unbauwürdig. — Mittel 2 Ltr. Schieferthon.
4) Das *Faustaflötz*, 50—60″ m., gibt 83 % Stückkohlen. — Mittel $3^1/_2$ Ltr. Schieferthon.
5) Das *Claraflötz*, 60—70″ m. mit einem 10″ starken Bergmittel, gibt 67 % Stückkohlen.

Das Streichen derselben geht von Osten nach Westen, das Fallen mit 13—30° nach Süden. Das *Faustaflötz* ist ganz rein, kokbar und das beste Flötz dieser Grube. Ob man im *Falvaflötz* das *Georgflötz* zu erblicken habe, ist noch nicht erwiesen. Im weiteren Hangenden folgen noch 5 Flötze von 20 bis 25 Zoll Mächtigkeit und ungünstiger Beschaffenheit, welche daher vom Abbau ausgeschlossen werden.

Südöstlich von der Catharina liegen die Gruben:

Carl Emanuel, Orzegow, Louise, Sonnenblume, Georgine, Saara, Eintracht, Friedrich Wilhelm, Ottilie, Gut Glück und Hugo Zwang auf einem Flötzzuge, welcher ohngefähr 200 Ltr. im Hangenden der Fausta-Grubenflötze sich am südlichen Abhange des Königshüttner Sattels mit südöstlichem Streichen herumlegt und aus 3 Flötzen besteht, welche meistens wieder in mehre Bänke getrennt sind.

Vom Liegenden in's Hangende gezählt sind dies folgende Flötze:

1. { Das *Georgine-Niederflötz*, 32—42″ m. und ganz rein, gibt über 60 % Stückkohlen. — Mittel 4 Ltr. Schieferthon.
Das *Georgine-Oberflötz*, 32—36″ m., wird durch ein 6zöll. Schiefermittel in eine 10zöll. Ober- und eine 20zöll. Niederbank getheilt, ist ausserdem unrein und daher z. Th. unbauwürdig. — Mittel 4 Ltr. Schieferthon. }

2. Das *Mittelflötz* der Sonnenblume-Grube, 80—90″ m.

3. { Das *Orzegow-Niederflötz* (*Sonnenblumeflötz*), 50″ m., fest, mit 60% Stückkohlen. — Mittel 10—40″ Schieferthon.
Das *Orzegow-Oberflötz*, bestehend aus: 11 Zoll Kohle (*Raubflötz*). }

11	Zoll	Kohle (*Raubflötz*).
17	„	Schieferthon,
54	„	Kohle mit Blackband,
2	„	Schieferthon,
19	„	Kohle,
Sa. 1 Ltr. 23	Zoll.	Mit 50 % Stückkohlen.

Die *Orzegow-Flötze* zeigen keine Backfähigkeit; die Stückkohlen des *Niederflötzes* geben aber noch brauchbare Koks. Nach Westen zu setzen sie in das Feld der Carl-Emanuel und Catharina-Grube über; die Flötzbeschaffenheit ist dieselbe wie auf der Orzogow-Grube, jedoch verschwächt sich das Mittel zwischen beiden Flötzen, wogegen die Mächtigkeit des *Niederflötzes* nach Norden zu wächst.

Südöstlich von Orzegow- und Georgine- liegt die Saara-Grube; hier ist das *Orzegow-Niederflötz* 50 Zoll, das Mittel 50 Zoll, das *Oberflötz* 50—60 Zoll mächtig; sie streichen nach Südosten und fallen mit ca. 8° nach Südwesten ein. Ausser diesem wird das *Georgine Ober-* und *Niederflötz* hier in Bau genommen.

Die Louise-Grube, zwischen Orzegow-, Saara-, Georgine- und Sonnenblume-Grube liegend, baut das *Georgine-Oberflötz* mit einer durchschnittlichen Mächtigkeit von 30 Zoll und einem festen verkokbaren Kohl. Das Flötz wird durch ein $4^1/_2$—9 Ltr. mächtiges Schieferthonmittel von dem sub 2 genannten 80—90 Zoll starken Mittelflötz getrennt, welches zwar auf Sonnenblume-Grube und hier in Angriff genommen worden ist, sich aber nur zum Theil bauwürdig gezeigt hat.

Nach einem Schieferthonmittel von 3—4 Ltr. Stärke folgt dann das mit dem *Orzegow-Ober-* und *Niederflötz* identische *Louise-Gruben-Ober-* und *Niederflötz*, welche anderseits dem *Catharinaflötz* entsprechen.

Im südöstlichen Fortstreichen folgen darauf die Eintracht-, Ottilie- und Gut Glück-Grube, auf welchen gegenwärtig kein Betrieb stattfindet; eine Identificirung ihrer Flötze mit den vorstehenden ist wegen der abweichenden Beschaffenheit derselben zur Zeit noch bedenklich. Das *Gut Glückflötz* ist 1 Ltr. 20 Zoll, das *Niederflötz* der Ottilie-Grube 74 Zoll, das *Oberflötz* derselben $1^3/_8$ Ltr. mächtig.

Auf dem nördlichen Abhange des Königshüttner Sattels und westlich der Königsgrube liegen die Gruben: Franz und König Saul bei Schwientochlowitz.

Die Franzgrube baut auf zwei Flötzen:

dem *Niederflötz*, 42" m. — Mittel $7^1/_2$ Ltr.,
dem *Oberflötz*, 50" m.

Beide Flötze haben Schieferthon zum Hangenden und Liegenden; der Stückkohlenfall beträgt 60 %. Sie scheinen dem *Faustaflötz* zu entsprechen. Ein unmittelbarer Zusammenhang derselben mit den Flötzen der Fausta-Grube ist jedenfalls, wenn auch durch Sprünge unterbrochen, vorhanden. Im Felde der *Vorsicht-Grube*, nordwestlich von Fausta, ist nämlich durch ein Bohrloch schon vor längerer Zeit das Gerhardflötz mit 3 Ltr. Mächtigkeit in 118 Ltr. Teufe nachgewiesen. 52 Ltr. darüber wurde ein 36" mächtiges Flötz durchteuft, welches man für das *Falvaflötz* hält und hieraus würde sich die gegenseitige Entfernung zwischen den *Königs-* und *Fausta-Grubenflötzen* ergeben. Ueber diesem 36zölligen Flötz folgen vom Liegenden zum Hangenden ein 2 Ltr. 7 Zoll, ein 53, 24, 43 und 20 Zoll mächtiges Flötz, in welchen man die übrigen *Fausta-Grubenflötze* zu erblicken hätte.

Die König Saul-Grube liegt im Hangenden der Franz- und Mathilde-Grube bei Chropatschow. Der bisherige Bau bewegte sich auf dem 45—60 Zoll mächtigen Saulflötz, welches gegen 60 % Stückkohlen schüttet, aber viele Unregelmässigkeiten in der Lagerung zeigt. Dach und Sohle bestehen aus Schieferthon.

In 55—60 Ltr. Teufe sind zwar noch mehrere Flötze, unter diesen fünf bauwürdige, durch Bohrarbeiten nachgewiesen worden, nämlich: ein Flötz 74" m.,
" " 50" "
" " 40" "
" " 125" " mit 2 Bergmitteln,
" " 136" " incl. 40" Bergmittel,

jedoch lässt sich über deren Verhältniss zu den übrigen Flötzen dieses Sattels noch nichts sagen.

Im Hangenden der vorigen liegt in der nördlichen Mulde die Florentine- und Bernhard-Grube bei Lagiewnik südlich von Beuthen. Die vier Flötze derselben sind vom Liegenden in's Hangende gezählt:

1) Das *Valescaflötz*, 60—90" m. mit 52 % Stückkohlen. — Mittel 6 Ltr. (rechtwinkelig).
2) Das *Mariaflötz*, 35—40" m. mit 70 % Stückkohlen. — Mittel 4 Ltr.
3) Das *Franzflötz*, 35—40" m. — Mittel 10 Ltr.
4) Das *Florentineflötz*, 120—150" m., incl. mehrer Mittel

Die Flötze liegen fast söhlig; Dach und Sohle derselben bestehen aus Schieferthon. Ein Theil der Kohlen von *Valesca-* und *Marieflötz* eignet sich zum Verkoken. Im östlichen Bernhard-Grubenfelde sind die zwei hangendsten Flötze am Ausgehenden zum Theil weggewaschen. Im Liegenden des *Valescaflötzes* sind durch Bohrlöcher nach einem Sandsteinmittel von 15 Ltr. Stärke noch 7 Flötze von 50, 80, 24 Zoll, 1 Ltr. 53—65 Zoll, 54—65 Zoll, 1 Ltr. 25—47 Zoll und von 3 Ltr. nachgewiesen worden. Die beiden zuerst genannten Flötze sind durch ein Sandsteinmittel von $1^1/_2$ Ltr. getrennt und scheinen zusammen das *Paulusflötz* zu repräsentiren. Das letztgenannte Flötz ist an der nördlichen Markscheide mit 99 Ltr. 28" Teufe unter Tage durchbohrt worden.

Die Florentine-Grubenflötze streichen von Westen nach Osten, wenden sich bogenförmig durch Nordosten, sodann wieder nach Osten und bilden mit diesem Bogen einen Sattel, welcher durch zwei Verwerfungsklüfte zerschnitten ist. Im nördlichen Felde und weiter westlich über das Grubenfeld hinaus wird das Kohlengebirge von Muschelkalk bedeckt. Oestlich von Florentine-Grube beweist ein ungefähr in der halben Entfernung zwischen Beuthen und Chorzow gestossenes Bohrloch, dass diese Flötze hier nicht mehr vorhanden sind, indem man unter einer 80 Ltr. starken Decke von Buntsandstein und Muschelkalk das *Gerhardflötz* $2^1/_4$ Ltr. m. in 109 Ltr. Teufe antraf.

Mit diesen Flötzen schliesst der zweite Flötzzug, in welchem die Flötze des Königsgrubner Bohrloches eine liegende, die Flötze, welche durch sämmtliche Sättel hindurchgehen, eine mittlere, und die Flötze, welche am südlichen und nördlichen Abhange des Zabrzer und Königshüttner Sattels sich anlegen und die südliche und nördliche Mulde ausfüllen, eine hangende Gruppe bilden.

Der dritte Flötzzug. An den vorigen Flötzzug, welcher die wichtigsten Flötze Oberschlesiens enthält, legen sich nördlich mehre Flötze, südlich eine grosse Anzahl derselben unter flachen Neigungswinkeln an, ohne an den Muldenwendungen Theil zu nehmen. Der südliche Flötzzug hält von Bielschowitz, südöstlich von Zabrze, bis jenseits Myslowitz, also auf eine geradlinige Entfernung von fast 4 Meilen, regelmässig aus und lässt sich in vier Flötzgruppen theilen.

Erste Gruppe. Im Hangenden der obengenannten Carl Emanuel- und Orzegow-Grube finden wir auf der Lythandra- und Below-Segen-Grube im Beuthener Stadtwalde die Nieder- und Oberbank des *Antonieflötzes*. Auf der zuerst genannten Grube ist die Niederbank $1^1/_4$ Ltr., die Oberbank $1^3/_4$ Ltr. mächtig, beide geschieden durch ein Bergmittel, welches im östlichen Felde 30 Zoll stark ist, nach Westen immer stärker wird und endlich auf 7 Ltr. anwächst, so dass beide Bänke selbstständige Flötze bilden. Mit diesem Mittel verstärken sich auch die schwachen Schieferschmitze der Oberbank. Das Streichen geht im Allgemeinen von Südosten nach Nordwesten, das südwestliche Fallen beträgt im östlichen Felde 13, im mittleren 20 — 40, im westlichen Felde 22°. Der Stückkohlenfall beträgt einige 60 %. Im Hangenden treten noch ein 60 — 72zölliges Flötz, dessen Abbau sich aber nicht lohnend gezeigt hat, und in dem Schieferthonmittel, welches mit 35 Ltr. Stärke dieses von dem *Antonieflötz* trennt, mehre schwache Flötze auf.

Die im Hangenden und südwestlich von der vorigen liegende Henriette-Grube bei Bielschowitz baut auf einem 45 — 50 Zoll mächtigen Nieder- und einem 20 — 25 Zoll mächtigen Oberflötz, welche mit 5 — 7° nach Südwesten fallen und Schieferthon zum Hangenden und Liegenden führen. Der Stückkohlenfall beträgt ca. 65 %.

Auf der südlich von der vorigen liegenden Carl- und Regenbogen-Grube bei Antonienhütte sind drei Flötze vorhanden:

Das *Niederflötz* der Henriette-Grube 56 Zoll m. (*Nanetteflötz*). — Mittel: 20 — 25 Zoll m.
„ *Oberflötz* derselben 25 — 28 Zoll m. — ein unbauwürdiges Flötz 50 Zoll m.
Der Stückkohlenfall beträgt beim *Niederflötz* ca. 80 %.

Die weiter nach Osten folgende Gottes Segen-Grube bei Antonienhütte besitzt in ihrem Felde drei Flötze mit demselben Streichen und Fallen:

1) das *Antonieflötz*, 3 Ltr. mächtig, durch ein 6 — 12" starkes Mittel in 2 Bänke getheilt, gibt 60 — 70 % Stückkohlen; die Oberbank eignet sich zum Verkoken. — Mittel 50 Ltr. (rechtwinkl.)
2) „ *Nanetteflötz*, 60 — 70 Zoll m. mit 2 Bergmitteln von je 5" Stärke, gibt 60 % Stückkohlen. Dasselbe entspricht dem *Ober-* und *Niederflötz* der Henriette-Grube. — Mittel: 18 Ltr.
3) „ *Fundgrubenflötz*, $1^1/_4$ Ltr. mächtig.

Alle 3 Flötze werden durch Schieferthonmittel von einander getrennt. Unmittelbar im Hangenden der Oberbank des *Antonieflötzes* und von ihr durch eine schwache Schieferthonbank geschieden, findet sich noch ein 18" starkes Flötz mit mehren Schiefermitteln, welches zum Theil beim Rauben gewonnen wird.

Weiter östlich folgt die Hugo Zwang-Grube bei Kochlowitz, welche ausser mehren schwächeren drei Flötze besitzt; dieselben fallen bei demselben Streichen mit 8 — 12° nach Süden ein.

Das *Niederflötz* (*Hugoflötz*) $1^1/_8$ Ltr. m., wahrscheinlich dem *Antonieflötz* identisch, gibt 74 % Stückkohlen. — Mittel: 13 — 14 Ltr. (rechtwinkl.) Schieferthon mit 2 Flötzchen von 20 — 25 Zoll Stärke.
„ *Mittelflötz*, 32 — 36 Zoll m., wird gegenwärtig nicht in Bau genommen; — Mittel: 6 Ltr. Schieferthon.
„ *Oberflötz*, 36 — 42" m. incl. 2" Bergmittel gibt c. 20 % Stückkohlen.

Im Liegenden derselben treffen ausserdem noch die Gut Glück- und Ottilie-Grubenflötze in das Grubenfeld und sind hier zwischen *Hugo-* und *Gut Glückflötz* noch sieben Flötze von 19 — 35 Zoll Mächtigkeit durch Bohrarbeiten nachgewiesen worden.

Nach einer grösseren Unterbrechung im Fortstreichen treffen wir bei Kattowitz auf die Ferdinand-Grube mit folgenden vom Hangenden aus gezählten Flötzen:

dem 1. Flötz 30" m. (unbauwürdig). — Mittel: 5 Ltr. Schieferthon (rechtwinkl. gemessen).
„ 2. „ 50 — 80" m. — Mittel: $9^1/_2$ Ltr. Schieferthon und Sandstein.
„ 3. „ 30" m. (unbauwürdig). — Mittel: 7 Ltr. Schieferthon.

dem 4. Flötz 1 Ltr. 7 Zoll m. durch 2 Schiefermittel von 1 und 3 Zoll in 3 Bänke getheilt. — Mittel: 8 Ltr. Schieferthon und Sandstein.
„ 5. „ 1 Ltr. 40″ m. (dem später folgenden *Morgenrothflötz* identisch). — Mittel: 12 Ltr. Schieferthon und Sandstein.
„ 6. „ 70″ m. — Mittel: 5 Ltr. Schieferthon.
„ 7. „ 40″ m. — Mittel: 3 Ltr. Schieferthon.
„ 8. „ 70″ m. incl. 8″ Mittel, unbauwürdig. — Mittel: 7 Ltr. Sandstein.
„ 9. „ 40″ m. unbauwürdig.

Das südliche Fallen der Flötze beträgt 12—16°.

Eine Identificirung derselben mit den *Hugo Zwang-Grubenflötzen* ist zur Zeit noch nicht möglich. In dem Alten Maschinen-Schacht der Ferdinand-Grube hat ein Bohrloch bei folgenden Teufen (von Tage aus) unter obigen Flötzen durchstossen:

bei 51 Ltr. 52″ Teufe das Liegende eines . . . . 61″ m. Flötzes (*Mittelflötz* genannt),
„ 101 „ 8″ „ „ „ „ . . . . 67″ Kohl = (*Hoffnungsflötz*),
„ 108 „ 40″ „ „ „ „ . . . . 51″ „ = (*Blücherflötz*),
„ 132 „ 50″ „ „ „ „ . . . 3 Ltr. 25″ „ = (*Fannyflötz*),
„ 134 „ 30″ „ „ „ „ . . . . 70″ „ = (*Glücksflötz*).

Weiter gegen Osten und südlich der Louisens Glück- und Wildenstein Segen- liegt die Morgenroth- und Elfriede-Grube, südlich von Rosdzin, mit 10 Flötzen von 28 Zoll bis $1^1/_2$ Ltr. Mächtigkeit, welche mit 10° nach Süden fallen. Durch Grubenbaue ist nur das 120—125 Zoll mächtige *Morgenrothflötz* speciell bekannt, welches etwa in der Mitte der Flötzpartie liegt und ca. 80 % Stückkohlen schüttet.

Weiter östlich liegt die gegenwärtig nicht im Betriebe befindliche Danzig-Grube bei Myslowitz mit folgenden Flötzen vom Liegenden zum Hangenden:

Edwinflötz = 70″ m. — Mittel: 5 Ltr. Schieferthon (rechtwinklig gemessen),
Moritzflötz = 1° 50″ m. (Morgenrothflötz). — Mittel: $4^1/_2$ Ltr. Schieferthon,
Taubes-Kohl = 30″ m. — Mittel: $4^1/_2$ Ltr. Schieferthon und Sandstein,
Gawronflötz = 48″ m. — Mittel: $12^1/_2$ Ltr. Schieferthon und Sandstein,
Danzigflötz = 80″ m. Niederbank incl. 40″ Bergmittel. — Mittel: $^1/_4$ Ltr. Schieferthon,
Danzigflötz = 50″ m. Oberbank. — Mittel: 5 Ltr. Schieferthon und Sandstein.
Flötz = 30″ m.

Streichen nach Nordost, Fallen mit 10° nach Südosten. Das *Moritz-*, *Gawron-* und *Danzigflötz* schütten 79—95 % Stückkohlen.

Im Hangenden der Morgenroth- liegt die Teichmanns Hoffnung-Grube, welche nicht im Betriebe, wo man aber durch ein Bohrloch von $121^7/_8$ Ltr. Tiefe 18 Flötze mit zusammen 107 Fuss 1 Zoll = 16 Ltr. 5 Zoll Steinkohle durchbohrt hatte. Die durchschnittliche Mächtigkeit der Flötze stellt sich auf 70 Zoll heraus, die Gesammtmächtigkeit aller Flötze auf 13 % der Mächtigkeit des durchbohrten Gebirges.

Zweite Gruppe. Noch weiter im Hangenden folgen die Flötze der Cleophas-, Victor-, Charlotte- und Beate-Grube, südwestlich von Kattowitz.

Die Cleophas-Grube besitzt folgende von Osten nach Westen streichende und nach Süden einfallende Flötze:

das *Niederflötz*, 45″ m. unrein und daher nicht bauwürdig. — Mittel: 2—$2^1/_2$ Ltr.
„ *Evaflötz*, 60 Zoll m. — Mittel: 7 Ltr.
„ *Adamflötz* 40 Zoll m.

wird wegen der geringen Qualität der Kohle nicht in Bau genommen. Durch Bohrarbeiten sind indess im Liegenden des *Niederflötzes* noch ein 41,17 und 140 Zoll mächtiges Flötz bekannt worden, ebenso folgen im Hangenden noch 3 Flötze von 30—50 Zoll Mächtigkeit, welche nicht in Bau stehen. Die erstgenannten 3 Flötze haben Schieferthon zum Hangenden und Liegenden. Der Stückkohlenfall beim *Evaflötz* beträgt 83 %.

Die südlich angrenzende Charlotte-Grube besitzt in ihrem Felde mehre der hangenderen Flötze der Cleophas-Grube und das *Charlotteflötz*, mit einer Mächtigkeit von 1 Ltr.; die ebenfalls im Hangenden liegende Victor-Grube

ein Flötz 35—40 Zoll m. — Mittel: 7 Ltr.
das *Charlotteflötz*, $1^1/_4$ Ltr. mächtig, incl. 4 Schiefermitteln, von zusammen 17—20″ Stärke. — Mittel: 13 Ltr.
ein Flötz, 30—35″ m.

Das *Charlotteflötz*, welches theils Sandstein, theils Schieferthon im Hangenden, Schieferthon im Liegenden führt, ändert sich insofern gegen Osten, als dasselbe bis 2 Ltr. 25 Zoll mächtig wird, und nur 2 Bergmittel von 35 und 29 Zoll Stärke führt. Der Stückkohlenfall beträgt 62%.

Oestlich von Victor- liegt die Beate-Grube mit 2 Flötzen:

Das dem *Charlotteflötz* entsprechende *Niederflötz*, 70—72" m. incl. eines Bergmittels von 5—10" Stärke, hat Sandstein zum Hangenden und Schieferthon zum Liegenden.

„ *Oberflötz* 38—40" m. incl. eines 7—10" mächtigen Bergmittels hat Schieferthon zum Hangenden und Liegenden. Der Stückkohlenfall beträgt ca. 70%. 12 Ltr. unter dem *Niederflötz* der Beate-Grube erbohrte man ein 40zölliges Flötz, welches auf Schilling-Grube versuchsweise in Bau genommen worden ist. —

An die Beate- grenzen gegen Nordosten die Arcona- und Schilling-Grube mit dem Niederflötz der Beate- und den liegenderen Flötzen der Cleophas-Grube. Weiter nach Osten folgt die Agnes Amanda-Grube mit einem 46—50 Zoll mächtigen Niederflötz und einem 30 Zoll mächtigen Oberflötz, welche dem *Eva-* und *Adamflötz* der Cleophas-Grube entsprechen.

Zwischen dieser und der Landesgrenze bei Myslowitz liegen endlich die Feldsegen-, Gute Amalie-, Gute Erwartung, Sonnenstrahl- und Benedikt-Grube mit folgenden vier Flötzen:

dem *Feldsegenflötz* (= *Evaflötz*) 30—40" m.
„ *Sonnenstrahlflötz* (= *Adamflötz*) 40—50" m. — einem 24—30" mächtigen Flötz,
„ *Gute Erwartungflötz* 50—60" m.

Dieselben streichen im westlichen Felde nach Osten, im östlichen nach Nordosten und fallen sanft nach Süden und Südosten ein, werden von Schieferthon eingefasst, haben eine geringe Festigkeit und zeigen sich zum Theil verworfen, zum Theil verdrückt.

Dritte Gruppe. Im Hangenden der Gottes-Segen- und Hugo-Zwang-Grube tritt zwischen Kochlowitz und Halemba eine dritte Gruppe von Flötzen auf, welche bis jetzt nur durch Bohrlöcher nachgewiesen ist, nach deren Resultaten die Mächtigkeit der Flötze selten 20—30 Zoll übersteigt. Weiter nach Osten hin werden dieselben aber bauwürdig und bilden die Flötze der Gruben Siegismund, Eisenbahn, Locomotive und Jacob, südwestlich von Myslowitz, nämlich:

das *Sigismund-Grubenflötz* 50" m. mit Schieferthon zum Hangenden und Liegenden, gibt ca. 90% Stückkohlen.
„ *Lonicerflötz* 45" m. mit 70—80% Stückkohlen,
„ *Fundflötz* 70—80" m. incl. 4 Bergmittel von zusammen 15—20" Stärke mit 80—90% Stückkohlen.
„ *Tieleflötz* 20—35" m.
„ *Grundmannflötz* 42" m.
ein Flötz 40—43" m.
„ 26" m.
das *Jacob-Grubenflötz* 54" m.

Dieselben streichen nach Südosten und fallen mit 6° nach Südwesten.

Zwischen dem *Sigismundflötz* und den Flötzen der Locomotiv- und Eisenbahn-Grube liegt das nicht näher bekannte *Agathaflötz* von angeblich 1 Ltr. und ein Flötz von 28 Zoll Mächtigkeit.

Oestlich von diesen folgen die Gruben:

Thugut, Simons Wunsch, Ludwigs Segen und Louise bei Slupna südlich von Myslowitz.

In den Feldern der Thugut- und Simons Wunsch-Grube setzen 8 Flötze von 13—90 Zoll Mächtigkeit auf, in den zuletzt genannten Grubenfeldern das *Louiseflötz* $2^1/_4$ Ltr. mächtig incl. 2 Zoll Bergmittel und im Hangenden desselben das *Einigkeitflötz*, 35—40 Zoll mächtig.

Die Flötze streichen ebenfalls nach Nordost und fallen erstere mit 15° letztere mit 5° nach Südosten. Betrieb findet gegenwärtig auf denselben mit Ausnahme der Louise-Grube nicht statt.

Vierte Gruppe. Etwa 1000—1300 Ltr. weiter im Hangenden (querschlägig gemessen) tritt das *Emanuel Segen-Grubenflötz* von $1^1/_2$ Ltr. Mächtigkeit, sehr regelmässigem südöstlichen Streichen und 5—7° Fallen auf, in dessen Hangendem noch zwei Flötze von 12 und 40 Zoll Mächtigkeit bekannt sind. Die Kohle vom *Emanuel Segenflötz* eignet sich besonders zur Locomotivheizung und wird als solche von der Wilhelmsbahn in Oberschlesien und von der Berlin-Hamburger Bahn benutzt.

Weiter östlich zwischen Wessola und Krassow sind bereits zwei Flötze, das *Ruhberg-* (*Carls Segenflötz*) und das *Louis Ehreflötz* mit 75—80 Zoll Mächtigkeit vorhanden; letzteres ist wahrscheinlich mit dem weiter gegen Osten auftretenden *Josephaflötz* identisch. Zwischen Krassow und Slupna endlich finden wir in den Feldern von Bartelmus-, Karls Segen-, Krakau-, Glückauf-, Neu Przemsa-, Przemsa- und Leopoldine-Grube eine grössere Anzahl von Flötzen. Die liegenderen sind die im Felde der Bartelmus-Grube aufsetzenden Flötze: ein durch ein Bohrloch getroffenes noch nicht näher bekanntes $1^1/_4$ Ltr., ein 35—40 und ein 47—50 Zoll mächtiges Flötz, von welchen bis jetzt nur das letztere in Bau genommen worden ist und fast 90 % Stückkohlen liefert. Auf dasselbe folgt das 50 bis 70 Zoll mächtige *Friedrichs Glückflötz*.

Die hangenderen Flötze sind durch die Baue der übrigen obengenannten Gruben bekannt geworden. Es sind deren zwei:

das *Przemsaflötz* $1^1/_2$—$1^3/_4$ Ltr. mächtig,
„ *Karl-Segenflötz* 60—75 Zoll m.

Beide Flötze schütten ein festes Kohl, wesshalb der Stückkohlenfall 72—80 % und noch mehr beträgt.

Das Hangende derselben besteht zum Theil aus Schieferthon und zum Theil aus Sandstein, das Liegende aus Schieferthon.

In südöstlicher Richtung von Przemsa-Grube bei Dziezkowitz, wo der Muschelkalk als Bedeckung des Kohlengebirges auftritt, sind durch verschiedene Bohrlöcher noch mehre Flötze nachgewiesen, doch hat wegen der geringen Mächtigkeit und grösseren Entfernung von den Bahnlinien und den Stätten der Industrie noch kein Bau auf denselben etablirt werden können.

Der Flötzzug, welchen wir von der Lythandra- und Below Segen-Grube bis hierher verfolgt haben, tritt mit dem ganzen Flötzreichthum zwischen Myslowitz und Dziezkowitz auf das Krakauer Gebiet hinüber, wo er bei Krzeszowice, westlich von Krakau endet, indem, wie in der Einleitung erwähnt wurde, hier die untere Abtheilung der Steinkohlenformation sich heraushebt. Steinkohlenbergbau findet hier zu Dombrowa und Jaworzno in der Nähe der Grenze jenseits Myslowitz und weiter östlich in der Umgegend von Chrzanow bei Trzebinia und bei Filipowice und Teczynek in der Umgegend von Krzeszowice statt.

Der vierte Flötzzug. Der hangendste Flötzzug tritt in der Umgegend von Nicolai auf und bildet eine nach Süden geöffnete Mulde, deren westlicher Flügel von der Wendung aus gerechnet zuerst nach Süden, dann nach Südwest und deren östlicher Flügel zuerst nach Süd, dann nach Südost streicht; die Fallwinkel betragen im Allgemeinen nur 2—3 Grad.

Die liegendsten Flötze des westlichen Flügels sind die beiden 40zölligen Flötze, welche bei Colonie Czerwionka auftreten und die im Hangenden derselben folgenden drei Flötze der Marianne-Grube:

das *Harmoniaflötz* 44″ m. mit 2 Bergmitteln von 5 und 14″ Stärke, zum Theil unbauwürdig,
„ *Marianneflötz* 50″ m. ist backend und liefert 39 % Stückkohlen,
„ *Heleneflötz* 21″ m.

Dieselben streichen von Südwest nach Nordost, fallen mit 9—10° nach Südosten und werden von Schieferthon begleitet. Weiter nordöstlich legen sich noch mehre Flötze an, so dass bei Ornontowitz deren 9 von 24 Zoll bis $1^5/_8$ Ltr. Mächtigkeit durch Bohrlöcher nachgewiesen worden sind; das Hangendste derselben scheint das *Marianneflötz* zu sein. Oestlich über Ornontowitz hinaus sind diese Flötze nicht bekannt.

Im Hangenden der *Marianne-Grubenflötze* treten 5 Flötze auf:

das *Ludwigs-* oder *Jeanetteflötz*	30″ m.
„ *Philipp* oder *Porembsky Wunschflötz* . . .	30″ m.
die beiden *Antons-Glückflötze*	{40″ m. 30″ m.

Die beiden letztern werden auf der Antons Glück-Grube in Bau genommen, der sie im Hangenden und Liegenden begleitende Schieferthon enthält vorzügliche Sphärosiderite.

Das Streichen dieser Flötze geht nach Nordosten, das Fallen mit 2—4° nach Südosten. Die *Antons Glück-Grubenflötze* liefern ca. 70 % Stückkohlen, welche in den letzten Jahren zum grössten Theil an die Gasanstalt in Wien abgegeben wurden. Im Hangenden derselben folgen mehre schwache Kohlenbänke und darauf das *Friedrichsflötz*, welches durch Schiefermittel in drei Bänke von 30, 16 und

10 Zoll Mächtigkeit getheilt wird. Im weitern Fortstreichen nach Nordost treffen wir auf die **Leopold-Grube** mit folgenden beiden Flötzen:

1) dem *Leopoldflötz*, $1^1/_8$ Ltr. m., im westlichen Felde durch ein 6—8 Ltr. starkes Bergmittel in 2 Bänken (den *Antons-Glücksflötzen* identisch) im östlichen Felde zwar zu einem Flötz vereinigt, aber durch 3—4 Bergmittel verunreinigt.
2) „ Oberflötz 20″ m.

Die Qualität des *Leopoldflötzes* ist hier dieselbe, wie die der *Antons Glückflötze*. Im Hangenden der Leopold- liegt die Wilhelms Wunsch-Grube mit denselben beiden Flötzen, in deren Hangendem noch vier Flötze von 55, 10, 25 und 21 Zoll Mächtigkeit erbohrt worden sind. Auch diese Flötze sind im weitern Fortstreichen nach Nordosten bis jetzt noch nicht aufgeschlossen. Im Hangenden der Wilhelms Wunsch-Grube setzen auf dem westlichen Muldenflügel noch 6 Flötze auf:

1) das *Laurentius-*, (*Bujakow-* oder *Bertuschka-*) *Flötz* 40″ m.;
2) „ *Emilie-* (*St. Albert-*, *Carls Wunsch-*, *Albertine-*, *Martha Valesca-Nieder-*) *Flötz* ist im Felde der St. Adalbertgrube 80″ m. mit einem 10″ starken Bergmittel, gibt 79 % Stückkohlen und liefert aus seiner Oberbank eine gute Schmiedekohle;
3) ein 30″ mächtiges Flötz;
4) das *Ratiborfundflötz* (*St. Adalbert-*, *Martha Valesca-Oberflötz*);
5) „ *Bradeflötz* (*Burghard Niederflötz*) 70″ m.
6) *Augustens Freudeflötz* $1^3/_8$ Ltr. m.

Im Felde der Burghard-Grube bei Mokrau, in der Muldenwendung gelegen, setzen folgende Flötze auf:

1) das *Burghard-* (*Brade-*) *Flötz* { 70″ Oberbank, 4—6″ Schiefermittel, 12—18″ Niederbank, } liefert 73 % Stückkohlen;
2) das 26zöllige *Mittelflötz*;
3) das *hangendste Flötz* { 60″ Oberbank, 70″ Schiefermittel, 50″ Niederbank.

Das Schiefermittel erreicht in seinem östlichen Fortstreichen im Felde der St. Adalbert-Grube eine Mächtigkeit bis zu 2 Lachter.

Auf dem östlichen Muldenflügel liegt im Felde der Mokrau-Grube bei Mokrau das 52 Zoll mächtige *Albertineflötz*; dasselbe enthält sehr wenig Schwefelkies, gibt sehr wenig und lockere Asche, so dass es sich besonders zur Locomotivheizung eignet. 24 Lachter saiger unter demselben ist ein 32zölliges Flötz erbohrt worden; ob dasselbe dem *Laurentiusflötz* entspricht, ist ungewiss. Das Kohl des *Albertineflötzes* gehört zu den besten des Nicolaier Reviers und enthält ca. 78 % Stückkohlen.

Südlich von der vorigen liegt die Martha Valesca-Grube bei Lazisk. In ihrem Felde setzen vier Flötze auf, von denen jedoch nur das liegendste, das dem *Albertineflötz* entsprechende Niederflötz, welches hier 70 Zoll mächtig ist, (incl. eines 4zölligen Mittels) in Bau genommen wird. Dasselbe ist auch hier von vorzüglicher Qualität, gibt 65—70 % Stückkohlen und eignet sich zum Verkoken.

Das *Oberflötz* ist zwar $1^1/_4$ Ltr. m., aber durch Schiefermittel vielfach verunreinigt. Ueber demselben folgen meist, durch nicht sehr mächtige aus Sandstein und Schieferthon bestehende Mittel von einander getrennt,

das *Treue Caroline-* oder *Friedericke-Flötz* 40″ m.,
„ *Gottmituns-* oder *Trautschold Segen-Flötz* 90″ m.,
ein Flötz 36—40″ m. (unbauwürdig),
das *Bradeflötz* 70″ m.
„ *Augustens Freudeflötz* $1^3/_8$ Ltr. m.,

welche auf den gleichnamigen Gruben in Bau stehen.

Im südlichen Fortstreichen schneiden diese Flötze an einer Sprungkluft ab; die jenseits derselben liegende Gottmituns-Grube besitzt von den vorgenannten nur zwei Flötze:

das *Gottmitunsflötz* 90—100″ m. mit 3 Bergmitteln von zusammen 6 Zoll Stärke, gibt aber 58—60 % Stückkohlen,
„ *Fundflötz* 36″ m. wegen mehrer Schiefermittel unbauwürdig.

Mit Einschluss dieses zuletzt betrachteten Flötzzuges südlich von Nicolai und der mit dem Königshüttner Bohrloch durchörterten Schichten beträgt die Gesammtmächtigkeit des Hauptflötzzuges gegen $11036^1/_3$ Fuss = $1655^1/_2$ Ltr., die sämmtlicher Flötze zusammengenommen excl. derer unter 30 Zoll Mächtigkeit $52^5/_8$ Ltr. oder 3,1 %.

Wenden wir uns zum Schluss auf die Nordseite des Sattelkammes. Bei Beschreibung der Flötze der Florentine-Grube bei Lagiewnik südlich von Beuthen wurde bemerkt, dass dort bereits das Kohlengebirge von Muschelkalk bedeckt sei. Weiter nördlich erstreckt sich das Kohlengebirge aber überhaupt in der ganzen Erstreckung von Gleiwitz bis Myslowitz nicht; dass dasselbe aber unter der Bedeckung durch die Trias noch weiter in dieser Richtung fortsetzt, beweisen die Kohlenfunde der Bohrlöcher, welche bei Schomberg und Bobrek südwestlich von Beuthen niedergebracht wurden und es ist demnach wahrscheinlich, dass nicht nur die Flötze der Florentine-Grube weiter nach Nordwesten fortziehen, sondern dass auch wie auf der Südseite des Sattelkammes, sich noch eine Anzahl anderer Flötze anlegt, welche später zu einem Steinkohlenbergbau Veranlassung geben werden an Stellen, in deren nächster Nähe in oberen Teufen gegenwärtig ein sehr lebhafter Galmei-Bergbau stattfindet. So ist z. B. im Felde der Galmei-Grube Theresie bei Beuthen in einer Teufe von $62^1/_2$ Ltr. ein $1^3/_4$ Ltr. mächtiges, in einem zweiten Bohrloch auf Miechowitzer Grunde in der Nähe der Bobreker und Biskupitzer Grenze in 70 Ltr. Teufe ein $1^5/_8$ Ltr. mächtiges und $2^1/_2$ Ltr. tiefer ein 70 Zoll mächtiges und endlich südlich der Strasse von Beuthen nach Miechowitz in 96 Ltr. Teufe ein 83 Zoll mächtiges Kohlenflötz erbohrt worden. Da hier durch Grubenbau noch keine Aufschlüsse gemacht worden sind, so müssen wir mit diesen kurzen Notizen das nördliche Gebiet verlassen.

Die Oberschlesischen Steinkohlengruben sind durch ein weitverzweigtes Eisenbahnnetz dem Verkehr zugänglich gemacht worden, welches zum Theil aus den gewöhnlichen Locomotiv-Gleisen, zum Theil aus Rossbahnen besteht.

Mit der oberschlesischen Locomotivbahn stehen folgende Gruben in Verbindung:

1. Königin Louise, 2. Brandenburg, 3. Carl Emanuel, 4. Paulus, 5. König, 6. Hohenlohe, 7. Ferdinand, 8. Louisens Glück, 9. Guter Traugott, 10. Wildenstein Segen, 11. Morgenroth, 12. Louise, 13. Leopoldine, 14. Przemsa, 15. Neu Przemsa, 16. Glück auf, 17. Carls Segen, 18. Krakau.

Die mit gesperrter Schrift hervorgehobenen Gruben liegen hart an der Bahn und verladen direkt vom Schacht in die Eisenbahnwagen. Die übrigen Gruben fördern die Kohlen von den Schächten entweder auf Grubenschienengleisen oder der oberschlesischen Rossbahn oder auf dem Landwege zu den Bahnhöfen und Haltestellen der Locomotivbahn.

Mit der oberschlesischen (Ross-) Zweigbahn sind verbunden:

1. Wolfgang, 2. Carl Emanuel, 3. Gottes Segen, 4. Lythandra, 5. Below Segen, 6. Louise (im Beuthener Stadtwald), 7. Fausta, 8. Mathilde, 9. Paulus, 10. Florentine und Bernhard, 11. Siemianowitz, 12. Fanny, 13. Hohenlohe, 14. Guter Traugott und 15. Leopoldine.

Mit der Wilhelms-Bahn sind verbunden:

1. Emanuel Segen, 2. Mokrau, 3. Napoleon, 4. Burghard und 5. Brade-Grube unmittelbar, 6. Wilhelm Wunsch, 7. Leopold-Grube durch Pferdebahn, 8. Friedrich unmittelbar, 9. Beatens Glück durch Pferdebahn, 10. Leo und 11. Charlotte, unmittelbar, 12. Hoym fördert durch Landtransport Kohlen zur Bahn.

Organische Ueberreste der schlesischen Steinkohlenformation.

Von

H. B. Geinitz.

Die Literatur hierüber ist zumeist in den classischen Schriften Göppert's enthalten, unter welchen hier namentlich folgende hervorgehoben werden müssen:

1) H. R. Göppert, die fossilen Farrenkräuter. (Verh. d. K. Leop. Car. Ac. d. Naturf. Bd. XVII. Suppl.) Breslau und Bonn, 1836.
2) Derselbe, die Gattungen der fossilen Pflanzen. Lief. 1—6. Bonn, 1841 u. f.
3) Ders., Abhandlung, eingesandt als Antwort auf die Preisfrage: „Man suche durch genaue Untersuchungen darzuthun, ob die Steinkohlenlager aus Pflanzen entstanden sind, welche an den Stellen, wo jene gefunden werden, wuchsen; oder ob diese Pflanzen an anderen Orten lebten, und nach den Stellen, wo sich die Steinkohlenlager befinden, hingeführt wurden?" Leiden, 1848.
4) Dr. C. C. Beinert und Dr. H. R. Göppert, Abhandlung über die Beschaffenheit und Verhältnisse der fossilen Flora in den verschiedenen Steinkohlen-Ablagerungen eines und desselben Reviers. Leiden, 1849.

5) H. R. Göppert, Monographie der fossilen Coniferen. Leiden, 1850.
6) Ders., Fossile Flora des Uebergangsgebirges. (Verh. d. K. Leop. Car. Ac. d. Naturf. Bd. XXII. Suppl.) Breslau und Bonn, 1852.
7) Ders., über die fossile Flora der silurischen, der devonischen und unteren Kohlenformation oder des sogenannten Uebergangsgebirges. (Verh. d. K. Leop. Car. Ac. d. Naturf. Bd. XXVII.) Breslau und Bonn, 1859.
8) Ders., die fossile Flora der permischen Formation. (In H. v. Meyer's „Palaeontographica" Bd. XII.) Cassel, 1864—1865.

Für unsere gegenwärtigen Betrachtungen dürfen wir die Hauptresultate der unter Nr. 4 aufgeführten Abhandlung entnehmen, mit welcher überhaupt der erste Anstoss zu derartigen vergleichenden Untersuchungen gegeben worden ist. Aus ihr ersieht man, dass die untersten oder ältesten Kohlenflötze des Niederschlesisch-Waldenburger Bassins, besonders die in der Segen Gottes-Grube bei Altwasser, für welche *Sphenopteris elegans* Bgt. und *Sphenopteris distans* St., *Sagenaria Veltheimiana* St. und *Sagenaria Volkmanniana* St. neben *Calamites cannaeformis* Schl. wahre Leitpflanzen sind, den Kohlenflötzen des Hainichen-Ebersdorfer Bassins in Sachsen, oder der ersten Zone verglichen werden müssen.

Wie in Sachsen, so besitzen die Kohlenflötze dieser ersten oder untersten Zone auch in Schlesien, wo ihre Zahl weit bedeutender ist, nur eine geringe Mächtigkeit. Und wenn Beinert und Göppert a. g. O. S. 20 aussprechen, dass in diesen Flötzen die Stigmarien-Kohle vorherrsche, so stimmt dies mit Sachsen ganz überein, da wir die *Stigmaria ficoides* mit kleinen Narben, oder die *Stigmaria ficoides* Var. *inaequalis* Gö., welche in der Steinkohlenformation von Hainichen und Ebersdorf eben so häufig ist, wie in Schlesien, als die Wurzel der *Sagenaria Veltheimiana* ansprechen, während eine andere kleinnarbige Art, *Stigmaria ficoides* Var. *minor* Gein., die in höheren Zonen nicht selten erscheint, sich als die Wurzel der *Sagenaria dichotoma* St. ergeben hat.

Es ist ein grosser Irrthum, wenn man die verschiedenen Arten oder Abänderungen der *Stigmaria ficoides* lediglich als die Wurzeln von Sigillarien betrachten will, wie dies jetzt üblich ist. Auch haben wir in diesen Blättern schon mehrfach darauf hingewiesen, dass *Stigmaria ficoides* Bgt. Var. *vulgaris* eine selbstständige Pflanze sei, die weder von Sagenarien noch von Sigillarien abstamme, deren Wurzeln allerdings auch in ganz ähnlichen Formen auftreten.

Göppert's Stigmarien-Kohle der unteren Flötzperiode ist also im Wesentlichen unsere Sagenarien-Kohle oder Lycopodiaceen-Kohle von Hainichen und Ebersdorf. Man ersieht ferner aus den schönen Profilen, die jener Schrift beigefügt worden sind, die gleichförmige Lagerung der früher als oberste Grauwackenbildungen bezeichneten Schichten des schlesischen Culm, deren organische Reste in den unter Nr. 6 und 7 aufgeführten Schriften beschrieben worden sind. Da nun die meisten derselben mit der Flora des sächsischen Culm vollkommen übereinstimmen, so kann man mit demselben Rechte, wie dies in Sachsen für die älteren Kohlenflötze geschehen ist, auch die tiefsten Kohlenflötze Schlesiens Culmkohle nennen.

Ueber den hangenden Flötzzug in Schlesien berichten die Genannten S. 65:

> Gleich im ersten Flötz bietet sich den Augen des Forschers ein anderes Bild der früheren Vegetation dar. Von der Einförmigkeit der Flora des liegenden Zuges keine Spur! Dagegen erblickt man bald grössere Strecken sandigen Schieferthons, von *Calamites cannaeformis* strotzend, bald grosse Blöcke von ellenlangen beblätterten *Stigmarien*-Aesten zusammengesetzt, *Sagenarien*- und *Sigillarien*-Stammfragmente von Dimensionen bis zu 20 und mehren Zollen, und oft noch weit grösser; thonhaltigere, leicht spaltbare und an der Luft zerfallende Schieferthonplatten mit Fragmenten von Farrenwedeln der verschiedensten Arten, mit *Sphenophylliten*, *Asterophylliten* und *Calamites Cisti* angefüllt. Die *Stigmaria* der Kohle ist die grossnarbige Normalform, wie wir sie in dem Schieferthon so häufig treffen.
>
> Die Kohlenflötze sind grossentheils mächtiger, als die des liegenden Zuges. Nirgends erblickt man auch nur eine Spur von *Sphenopteris elegans*, *Sph. distans*, *Sagenaria Volkmanniana*, *Sph. divaricata*, *Sph. microloba* und *rigida*. Nur *Sagenaria* (*Lycopodites*) *elegans* und *Calamites cannaeformis*, die uns hier begegnen, rufen die 590 Lachter tiefer befindlichen Flötze des liegenden Zuges in unser Gedächtniss zurück.

Wie hier, so hat auch in Oberschlesien die Sigillarienzone ihre reichste Entfaltung erhalten. Jene beiden ausgezeichneten Forscher im Gebiete der schlesischen Steinkohlenformation sprechen sich S. 19 gerade hierüber in folgender Weise aus: „Die mächtigen grossen Stämme der Sigillarien, welche fast an den meisten Orten noch überaus wohl erhalten sich in der Kohle vorfinden, trugen am meisten zur Bildung der Kohle in Oberschlesien bei, so dass im Allgemeinen die Kohle mancher grossen Reviere, wie z. B. des Nicolaier Reviers, der an der Przemsa in Schlesien, im Königreich Polen, im Freistaat Krakau gelegenen Gruben, geradezu als Sigillarienkohle bezeichnet werden kann, woraus sich auch vielleicht mit Recht die ungeheure Mächtigkeit der Kohle in den Kohlenflötzen, die bis zu 7 Ltr. steigt, herleiten lässt. Von den anderen grossen in der Kohlenformation vorkommenden Pflanzen-Familien wird keine mehr in solcher Menge in der Kohle angetroffen."

In dieser Zone wurde durch Herrn Bergreferendar Dondorff in Nicolai auf dem Adalbertflötze der Napoleon-Grube bei Makran mit *Sigillaria alternans*, *Sig. Cortei* Bgt. und *Sig. cyclostigma* Bgt. zusammen das *Anthrakoxen* theils derb, theils als Versteinerungsmittel von *Spongillopsis carbonica*[1]) Gein., einem Süsswasserschwamm, entdeckt, welches fossile Harz schon S. 37 genauer beschrieben ist und mit jenem in der Sigillarienzone des nordwestlichen Böhmens entdeckten übereinstimmt.

Das von F. Römer[2]) beschriebene Vorkommen mariner Conchylien auf der Carolinen-Grube und auf der Königs-Grube in Oberschlesien ist sowohl den Arten nach als auch in Betreff des ganzen übrigen Verhaltens demjenigen von Coalbrook-Dale in England, bei Chokier an der Maas und von Werden an der Ruhr so ähnlich, dass man mit einem hohen Grade von Wahrscheinlichkeit auch auf die Gleichheit des geognostischen Niveaus an der Basis des productiven Kohlengebirges schliessen darf.

Während die von Beinert und Göppert (S. 69) als erste oder untere Flötzperiode unterschiedene Gruppe auch der ersten Zone Sachsens, die zweite oder mittlere Flötzperiode auch der zweiten Zone Sachsens oder der Sigillarienzone entsprechen, so wird in dieser Abhandlung für Schlesien noch eine dritte oder obere Flötzperiode unterschieden. In dieser ist der Pflanzenreichthum sichtlich geringer. *Sphenopteris latifolia*, *Sph. acutifolia*, *Neuropteris angustifolia* und *N. gigantea* sind die einzigen bis dahin in ihr aufgefundenen Farrenspecies. Die schönen Lycopodiaceen der unteren und mittleren Periode scheinen ganz zu fehlen; von *Sagenaria* wurde nur *S. rimosa*, *S. undulata* und *S. aculeata* wahrgenommen; *Sigillarien* nur zwei Arten, *S. oculata* und *S. flexuosa; Stigmaria ficoides* bei weitem nicht so häufig, als in den vorhergehenden Perioden. *Araucarites* in der Kohle und als verkieseltes Holz im Sandstein.

Eine genauere Parallelisirung der oberen Zonen des schlesischen Steinkohlengebirges mit den drei oberen Zonen in der sächsischen Steinkohlenformation ist bis jetzt noch nicht erfolgt. Einen guten Anhaltepunkt hierzu würden indess die verschiedenen Flötze der Rudolphsgrube bei Volpersdorf unweit Neurode bieten können. Wie schon früher durch das Vorkommen der *Estheria striata* Var. *Beinertiana* Jones, eines zierlichen Muschelkrebses, auf dem 21. Flötze dieser Grube, so hat in der neuesten Zeit auch ein Fund auf dem 8. Flötze derselben, den man dem Obersteiger des Werkes Herrn Völckel verdankt, viel Interesse erregt. Man traf hier zahlreiche trefflich erhaltene Schuppen eines bisher nur aus der Steinkohlenformation von Irland bekannten Fisches an, der als *Holoptychius Portlocki* Ag. in Leonhard's neuem Jahrbuche 1865 p. 389 beschrieben worden ist. Mit diesen liegen kleine Schalen eines Süsswasserkrebses der Gattung *Cypris* und kleine noch unbestimmte Muscheln, sowie zahlreiche Pflanzenreste zusammen, die einer höheren Zone, als der der Sigillarien, angehören. Unter den uns durch Herrn Obersteiger Völckel freundlichst übersendeten Gegenständen haben sich namentlich folgende Formen unterscheiden lassen:

Calamites Suckowi Bgt., *Calamites Cisti* Bgt, *Asterophyllites grandis* St. sp., *Annularia radiata* Bgt., *Sphenophyllum emarginatum* Bgt., *Sphenopteris muricata* Schl. sp., *Hymenophyllites furcatus* Bgt. sp., *Odontopteris britannica* Gutb., *Neuropteris acutifolia* Bgt., *Neuropteris gigantea* Schl., *Dictyopteris neuropteroides* Gutb., *Lonchopteris rugosa* Bgt., *Cyatheites Miltoni* Art. sp., *Guilielmites clipeiformis* Gein., eine Palmenfrucht, *Noeggerathia palmaeformis* Gö. und deren Früchte: *Rhabdocarpos Bockschianus* Gö. und Berger, *Rhabdocarpos lineatus* Gö. u. Be. *Cyclocarpon tuberosum* Gein., *Trigonocorpon Parkinsoni* Bgt. u. s. w.

Ebenso deutet die Auffindung der früher aus Schlesien wie es scheint noch nicht bekannten *Sigillaria distans* Gein. in der Wenzeslaus-Grube bei Hausdorf, welche in Sachsen nur den obersten Zonen angehört, vielleicht auch in Schlesien einen höheren Horizont an. Der Raum gestattet uns nicht, hier diese Untersuchungen weiter zu verfolgen. (G.)

---

[1]) Leonhard u. Geinitz n. Jahrb. 1864. p. 518.

[2]) F. Römer, über eine marine Conchylien-Fauna im productiven Steinkohlengebirge Oberschlesiens. (Zeitschr. d. deutsch. geol. Ges. Bd. XV. p. 567 u. f.)

Quaderkohlen bei Löwenberg in Niederschlesien.

In der oberen Abtheilung der Quadersandsteinformation Niederschlesiens finden sich mehre schwache Schwarzkohlenflötze, welche auf zwei Gruben bei Wenig-Rackwitz und Ottendorf NW. von Löwenberg schon seit mehren Decennien Gegenstand des Bergbaues sind. Am Boberufer gehen drei Flötze zu Tage aus, streichen von hier conform der Hauptrichtung der ganzen Flötzgebirgsmulde nach Nordwesten und sind in Spuren bei Klitschdorf am Queis nachgewiesen. Bei Wenig-Rackwitz ist von den drei Flötzen, welche durch 6 resp. 4 Ltr. starke Sandsteinmittel getrennt werden, nur das Mittelflötz bei einer Stärke von 12 Zoll incl. 1 Zoll Lettenmittel bauwürdig, fällt mit ca. 7° ein, wird im Hangenden und Liegenden von einer 10—12 Zoll starken Lage von Schieferthon begleitet und ist auf eine streichende Länge von über 200 Ltr., auf welche es ziemlich regelmässig aushielt, aufgeschlossen worden. Zu Ottendorf sind die drei Flötze 20, 8 und 10 Zoll stark und durch Mittel von 15 resp. 6 Ltr. Stärke von einander geschieden. Die gewonnene Kohle zerfällt leicht an der Luft, eignet sich nicht für Schmiede, sondern nur zur Stubenfeuerung, zum Kalk- und Ziegelbrennen. Die Georg Wilhelm-Grube bei Wenig-Rackwitz förderte in den letzten Jahren 8—9000 Tonnen, die Ottendorf-Grube bei Ottendorf 1—2000 Tonnen pro Jahr. Gegenwärtig sind beide Gruben ausser Betrieb gesetzt und es ist fraglich, ob später ein neuer Angriff jemals erfolgen wird.

Dagegen ist eines dieser Flötze mit 18 Zoll Mächtigkeit zu Ullersdorf bei Naumburg a. Q. ausgeschürft und in den letzten Jahren in Bau genommen worden. (Schütze.)

Aehnliche schwache Kohlenlager kommen auch im Gebiete des Quadersandsteins bei Mährisch-Trübau, bei Uttigsdorf und bei Lettowitz, N. von Brünn. vor. (Vgl. Dimettinger im Jahrbuch d. k. k. geol. Reichsanstalt, 1864, Bd. XIV. p. 367 u. f.)

CAPITEL IX.

Die Steinkohlenformation in Mähren und Böhmen.

A. Mähren.

Das Steinkohlengebiet bei Mährisch-Ostrau.

(Hierzu Taf. XXII und XXIII.)

Das in Oesterreich gebräuchliche Maass ist die Wiener Klafter = 6 Fuss = 72 Zoll. Ein Grubenfeldmaass enthält 12,544 Quadratklafter, ein Freischurfkreis hat einen Halbmesser von 224 Klafter.

Die Verhältnisse des Ostrauer Steinkohlenrevieres sind im Anschluss an das Oberschlesische Steinkohlengebirge schon in dem vorigen Capitel beleuchtet worden. Wichtige Unterlagen hierfür hatte Herr Bergdirector Andrée in Witkowitz bei Mährisch-Ostrau in dem schon citirten Vortrage [1]) niedergelegt; in neuester Zeit ist über dieses Kohlengebiet eine eingehende Schrift von Herrn W. Jičinsky, Markscheider bei den Kohlenwerken der K. K. A. P. Kaiser Ferdinands Nordbahn, erschienen, [2]) welche in stratigraphischer und technischer Beziehung gleich beachtenswerth ist.

Herr Director Andrée hat uns gestattet, die von ihm veröffentlichte Flötzkarte nebst Profilen, denen er noch einige neue hinzugefügt hat, auch unserer Schrift einverleiben zu dürfen, was auch in einer nur wenig veränderten Form hier geschehen ist.

Die Orientirung in diesem Steinkohlengebiete ist durch eine von Herrn Bergmeister Ott angefertigte Revierkarte in dem Maassstabe von 1 Zoll = 100 Klftr. oder wie 1:7200 und eine Revierkarte des Herrn Markscheider Jahn in dem halben Maassstabe der vorigen, wonach unsere kleine Flötzkarte entworfen ist, sehr erleichtert.

Wir haben Gelegenheit gehabt, beide ausgezeichnete Kartenwerke durch die Güte der Herren Central-Director Bunk und Bergdirector Andrée auf den Baron v. Rothschild'schen Steinkohlenzechen in Witkowitz zu bewundern und können nur wunschen, dass ähnliche Unterlagen in allen anderen Steinkohlenrevieren vorhanden und mit derselben Liberalität, wie hier, dem Studium zugänglich wären.

Um einen Vergleich der für das Ostrauer Steinkohlenrevier charakteristischen Kohlen mit anderen anstellen zu können, übersandte Herr Bergdirector Andrée uns Proben nachstehender vom Liegenden zum Hangenden gehenden Flötze, deren specifischen Gewichte bestimmt und chemischen Verhältnisse untersucht worden sind.

a) Baron von Rothschild'sche Steinkohlenzeche bei Jaklowetz.

1) *Adolph-Flötz*, 72″ m. Geschichtete Pechkohle mit viel Schwefelkies. Sp. Gew. = 1,331.
2) *V. Flotz*, 18″ m., eine derbe Pechkohle. Sp. Gew. = 1,335.
3) *IX. Flotz*, 24″ m., Schieferkohle mit schwachen Pechkohlstreifen und dünnen Lagen von Russkohle. Sp. Gew. = 1,297.
4) *X. Flotz*, 36″ m., harte feste Schieferkohle, schief zerklüftet. Sp. Gew. = 1,325.
5) *XI. Flotz*, 48″ m., eine compacte Pechkohle. Sp. Gew. = 1,314 und 1,333.
6) *XII. Flotz*, harte magere Schieferkohle mit Pechkohle und Kohlenschiefer, auf den Klüften mit etwas Schwefelkies, Gyps oder Kalkspath. Sp. Gew. = 1,264.

---

[1]) Bericht über die dritte allgemeine Versammlung von Berg- und Hüttenmännern zu Mährisch-Ostrau am 14. bis 18. September 1863. Wien, 1864. S. 3—18. Tf. I. u. II.

[2]) W. Jičinsky, das mahrisch-schlesische Steinkohlen-Revier bei Mährisch-Ostrau. Wien, 1865. 8°. 132 S. 5 Taf.

b) Baron von Rothschild'sche Steinkohlenzeche Tiefbau.

7) *Neues Flötz*, 92″ m. Oberbank 27″ m. Eine derbe und etwas zerklüftete Grobkohle mit Pechkohle und braunschwarzem Kohlen- oder Brandschiefer. Sp. Gew. = 1,277.

8) Desgl. *Mittelbank*, 40″ m., dünn geschichtete Pechkohle mit schwachen senkrechten Kluftflächen. Sp. Gew. = 1,314.

9) *Eduard-Flötz*, 28″ m., weiche an Pechkohle reiche Schieferkohle. Sp. Gew. = 1,272.

10) *Moritz-Flötz*, 60″ m., Oberbank, 16″ m., eine wenig spröde Schieferkohle mit radial-faseriger Absonderung. Anflug von Schwefelkies auf den Kluftflächen. Sp. Gew. 1,281.

c) Baron von Rothschild'sche Steinkohlenzeche am Carolinen-Schacht.

11) *I. Hangendflötz*, 30″ m. Harte Schieferkohle mit *Stigmaria ficoides var. minor*. Sp. Gew. = 1,275.

12) *II. Hangendflötz*, 48″ m., eine eisenschwarze, wenig glänzende, milde und sehr unregelmässig zerklüftete, daher leicht zerbrechende Kohle. Sp. Gew. = 1,220.

13) *III. Hangendflötz*, 108″ m. ohne Zwischenmittel, Schieferkohle aus Pechkokle, schwarzbraunem Kohlenschiefer und etwas Faserkohle bestehend. Sp. Gew. = 1,257.

14) *IV. Hangendflötz*, 16″ m. Sehr zerklüftete Pechkohle mit rostfarbenen Kluftausfüllungen von Gyps oder Kalkspath. Sp. Gew. = 1,293.

d) Gräflich v. Larisch-Münnich'sche Steinkohlenzeche zu Karwin, Hilf-Schacht.

15) 60″ mächtiges Flötz. Wenig spröde Pechkohle mit schwachen Lagen von Russkohle. Sp. Gew. = 1,276.

16) 33″ mächtiges Flötz, Russkohle vorherrschend, mit Pechkohlenstreifen durchwachsen. Sp. Gew. = 1,314.

Demnach beträgt das mittlere spec. Gewicht

der Gruppe a) = 1,314
„ „ b) = 1,286
„ „ c) = 1,261
„ „ d) = 1,295
} und das Gesammtmittel = 1,291.

Die Gruppe a) gehört nach Mittheilungen von Herrn Director Andrée der mittleren Zone der Mulde an, die Gruppen b) und c) stammen aus der Nähe des Centrum. Nach Mittheilungen des Genannten ist es wahrscheinlich, dass die Flötze der b-Gruppe zwischen die der a- und c-Gruppe fallen und sowohl einige Flötze der ersteren als der letzteren enthalten. Die Flötze der d-Gruppe sind von ihm als Liegendflötze bezeichnet worden.

Unter den organischen Ueberresten, die uns von dort bekannt geworden sind, verdienen kleine flachgedrückte, mit runzeligen Anwachsringen versehene, dünnschalige Muscheln die Aufmerksamkeit, die neuerdings auf dem *Eduardflötze* der Baron v. Rothschild'schen Zeche Tiefbau bei Witkowitz in ziemlicher Anzahl gefunden worden sind. Sie stimmen am nächsten mit *Anthracomya elongata* Salter[1]) aus den Steinkohlengruben von Neu-Schottland überein. Dieselben sind ebenfalls im neuen Jahrbuche für Mineralogie, 1865, p. 389, beschrieben und abgebildet worden.

Im Allgemeinen sind die Flötze des Ostrauer Kohlenreviers sehr arm an Versteinerungen. Nach Angaben des bei den dortigen Kohlenwerken der Kaiser Ferdinand Nordbahn angestellten Markscheiders Herr Jičinski werden die liegendsten Flötze durch *Sigillarien* und *Stigmarien*, die Flötze der mittleren Zone durch *Lepidodendra* und *Calamiten*, die der oberen Zone durch *Sphenopteris* und andere Farren bezeichnet. In der Sammlung desselben erkannten wir *Calamites Suckowi* Bgt., *Stigmaria ficoides var. vulgaris*, und einige Arten von *Lepidodendron* oder *Sagenaria* aus der Nähe von Prziwos, nordwestlich von Mährisch-Ostrau. Von Sigillarien beobachtete der Verfasser aus der Gegend von Ostrau *Sigillaria alternans* St. im Franzens Museum zu Brünn, mehre Arten von dünnrippigen Sigillarien aus dem östlichen Theile des Revieres und selbst noch aus der Gegend von Karwin in Oesterreichisch-Schlesien in demselben Museum, wo gleichzeitig *Annularia longifolia* Bgt., *A. sphenophylloides* Zenk. und eine *Odontopteris* aus der Steinkohlenformation dieser Gegend aufbewahrt werden.

Bei einem Ausfluge von Mährisch-Ostrau an die in der Nähe von Petrzkowitz in Preuss.-Schlesien gelegene Landecke auf dem linken Ufer der Oder, wo eine grössere Anzahl von schwachen Kohlenflötzen in Folge von Sattel- und Mulden-Bildungen theilweise in senkrechter Stellung (Vgl. Taf. XXII) auftritt, bot sich uns mehrfache Gelegenheit dar, in der lehrreichen Begleitung des Herrn Director Andrée die *Calamiten* dieser mittleren und oberen Zone zu sammeln. Am zahlreichsten zeigten sich *Cal. cannaeformis* und *Cal. approximatus* mit undeutlichen Sagenarien-Stämmen in einem festen grauen

---

[1]) Quat. Journ. of the Geol. Soc. London. V. XIX. p. 79. Tb. 1.

Sandstein in der Nähe der östlichsten Flötze dieser Partie, die im Allgemeinen als die Hultschiner Flötze zusammengefasst worden sind.

Wenn auch in der Gegend von Ostrau für paläontologische Forschungen noch ein weiter Spielraum übrig bleibt, so dürfte doch schon aus diesen wenigen Mittheilungen hervorgehen, dass die Mehrzahl der dortigen Flötze der Sigillarienzone angehört, an die sich wahrscheinlich hier noch die Calamitenzone anschliesst. Wenigstens ist ein Unterschied zwischen dem unter Nr. 16 hervorgehobenen 33 Zoll mächtigen Flötze der gräflich Larisch-Münnich'schen Steinkohlenzeche zu Karwin in Schlesien und dem Russkohlenflötze in der Gegend von Zwickau nicht wohl zu erkennen. Wir verdanken Herrn Markscheider Jičinsky noch die interessante Mittheilung, dass die liegendsten Kohlenflötze in dem Ostrauer Revier meist Fettkohlen sind, und dies um so mehr, je tiefer sie lagern, während die mittleren Flötze sich nur theilweise noch, die oberen aber gar nicht verkoken lassen. Diese Eigenthümlichkeit schreibt Herr Director Andrée wohl mit allem Rechte den die Steinkohlenformation bedeckenden tertiären Sandmassen zu, welche dem Entweichen der gasförmigen Entmischungsproducte der Steinkohlen nur wenig hindernd entgegentreten können.

Gleichzeitig soll im Allgemeinen mit der Tiefe auch der Aschengehalt der Flötze zunehmen, so dass er in den hangendsten nur bis 6 Proc., in den tiefsten dagegen bis 15 und 20 Proc. beträgt. In wie weit dies mit unseren chemischen Untersuchungen übereinstimmt, wird sich später ergeben.

2. Die Steinkohlenformation bei Rossitz in Mähren.

(Hierzu Taf. XXIV.)

Es ist überraschend, hier eine Schichtenreihe zu finden, welche durch ihre petrographische Beschaffenheit, ihre organischen Ueberreste und ihre Lagerungsverhältnisse eine unverkennbare Aehnlichkeit mit den kohlenführenden Schichten von Wettin, Ilefeld, Stockheim und Erbendorf besitzt, die im Cap. IV beschrieben worden sind. Die Steinkohlenformation bei Rossitz fällt in dieselbe Zone der Farren oder fünfte Zone, wie die in den eben genannten Gegenden. Wie dort, so hat sich auch hier über derselben eine sehr mächtige Reihe der verschiedenen Schichten des unteren Rothliegenden unmittelbar darauf abgelagert, ohne dass eine verschiedene Lagerung seiner Schichten über denen der Steinkohlenformation zu bemerken wäre.

Man wird desshalb, ohne Parallelen mit diesen Gegenden zu ziehen, leicht versucht werden können, die Steinkohlenlager bei Rossitz für eine Einlagerung in dem Rothliegenden selbst zu halten und als dyadisch zu betrachten, wie dies auch bis auf die neueste Zeit vielfach geschehen ist. Die organischen Ueberreste darin entscheiden aber auch hier zu Gunsten ihrer carbonischen Stellung.

Unsere Mittheilungen über diese Gegend basiren auf den uns von Herrn J. Rittler, Director der Rossitzer Steinkohlen-Gewerkschaft, und Herrn Bergmeister Fitz in Padochau bereitwilligst gegebenen Unterlagen, wofür wir denselben auf das Lebhafteste verpflichtet sind, und zum Theil auf eigenen Beobachtungen bei einem unter der lehrreichen und angenehmen Leitung des Herrn Director Rittler ausgeführten Ausfluge in die Umgebungen von Rossitz. Organische Ueberreste aus dieser Gegend hat das Dresdener Museum durch Vermittelung des Herrn Naturalienhändlers W. Fritsch in Prag erlangt.[1])

Die im westlichen Mähren, 3 Meilen W. von Brünn bei Ritschau, Rossitz, Zbeschau, Oslawan, Padochau und Neudorf auftretenden Kohlenlager sind mit den sie bedeckenden Schichten der unteren Dyas in einer langgezogenen Mulde eingelagert, welche die ansehnliche Länge von 18 bis 20 Meilen besitzt, selten aber eine Breite von 1000 bis 1500 Klafter erreicht. Diese schmale Mulde

[1]) In neuester Zeit ist eine geognostische Skizze über das Rossitz-Oslawaner-Steinkohlengebiet auch von Professor Dr. C. Schwippel in den Verhandl. des naturforschl. Vereins in Brünn, III. Bd. 1864, veröffentlicht worden, auf welche wir hier nur noch verweisen können.

durchzieht Mähren in der Richtung von NNO. nach SSW. und wird an ihrem westlichen Rande von Gneiss, an ihrem östlichen aber von Syenit begrenzt. An die Grenze des letzteren fallen einige Lager von Grauwackenkalk, während das südliche Ende der langen Mulde durch andere Glieder der Grauwackenformation abgeschnitten wird. (Vgl. Taf. XXIV und Karte der k. k. geolog. Reichsanstalt Nr. XIII, Umgebung von Brünn.)

Aus der Gegend von Rossitz erstreckt sich das Rothliegende viel weiter nach NNO., als dies auf unserer Karte ersichtlich wird, und zwar nach Eichhorn, Bittischka, Tichnowitz, Lomnitz, Lissitz, Lettowitz, und Brüsau, von wo es in der Nähe von Zwittau über Rudelsdorf nach Böhmen tritt, um sich noch einmal zu einer wesentlichen Höhe zu erheben und dann in der Nähe von Senftenberg unter den jüngeren Gebilden des Quadergebirges zu verschwinden.

Alle bisher sowohl von der Staatsregierung als auch von Privaten an vielen Punkten unternommenen Untersuchungen haben den Beweis geliefert, dass in dem gegen NO. von Ritschan (= Rziczan) nach der Gegend von Senftenberg hinziehenden Theile des Rothliegenden keine bauwürdigen Kohlenflötze vorkommen, wiewohl sich hier und da noch schmale Kohlenstreifen von 2 bis 6 Zoll Stärke in den Brandschiefern jener Gegend zeigen können. Bauwürdig sind diese selbst in grosser Tiefe, bis zu der sie verfolgt worden sind, niemals gefunden worden.

Dagegen ist in dem Süden von Ritschan über die Segen-Gottes-Grube bei Rossitz, Zbeschau, Padochau, Oslawan und Neudorf sich ausbreitenden Theile der Mulde das Vorhandensein reicher Kohlenlager erwiesen, die, wie schon erwähnt, an die untere Grenze des Rothliegenden fallen und zu der Steinkohlenformation im engeren Sinne gehören.

Diese kohlenführenden Schichten ruhen auf dem Gneiss, der ein Streichen in h. 1—2 innehält und mit 36—45 Grad gegen SO. fällt, und zeigen sowohl mit diesem Grundgebirge, als mit den über ihnen selbst abgelagerten Schichten des unteren Rothliegenden, dasselbe Streichen und Fallen. Nur in den mittleren Theilen der Mulde tritt bei diesen Schichten ein sanfteres Verflächen ein.

An dem westlichen Rande der Mulde, welchem sämmtliche Steinkohlengruben der dortigen Gegend genähert sind, beginnt die Steinkohlenformation mit einem groben, vorherrschend röthlich gefärbten Conglomerate, in welchem Bruchstücke von Gneiss, Thon- oder Chloritschiefer und Quarz am gewöhnlichsten sind. Dasselbe geht nach oben hin in einen feinkörnigen thonigen Sandstein über und besitzt in der Gegend von Rossitz eine Mächtigkeit von circa 8 Klafter. Es erinnert seiner Lagerung und Beschaffenheit nach gar sehr an jenes Grundconglomerat, das in der Gegend von Ilefeld, Stockheim und Erbendorf gleichfalls das Grundgebirge von den Steinkohlenflötzen trennt und das man auch dort wegen seiner theilweise röthlichen Färbung dem Rothliegenden zuzurechnen geneigt war.

Dieser Conglomerat-Bildung folgt ein grauer glimmerreicher Kohlensandstein, der an der Luft in Folge von höherer Oxydation des Eisenoxyduls eine schmutzig gelbe Farbe annimmt. Auf diesem lagert das erste bauwürdige Kohlenflötz von 3—5 Fuss Mächtigkeit. Das letztere wird von grauem Schieferthon bedeckt, der mit feinkörnigem Sandstein wechselt, woran sich ein glimmerreicher Kohlensandstein schliesst. Dieser erscheint bald feinkörnig und compact, bald grobkörnig und durch zahllose Haarrisse zerklüftet. Es folgt dann ein zweites, 10—14 Fuss mächtiges Kohlenflötz, das eine Decke von grauem Schieferthon trägt. Der letztere umschliesst zahlreiche Pflanzenreste, so wie auch Ausscheidungen von thonigem Sphärosiderit mit 15—20 Proc. Eisengehalt, in deren Drusenräumen das Vorkommen eines Bergtalges, das Hatchettin (vgl. S. 37) das Interesse der Mineralogen auf sich gezogen hat.

Die aus diesen und anderen Schichten der Rossitzer Steinkohlenformation von uns beobachteten Pflanzenreste sind folgende:

1. *Asterophyllites* sp.;
2. *Annularia sphenophylloides* Zenk sp.;
3. *Sphenophyllum oblongifolium* Germ.;
4. *Sphenopteris muricata* Schl. sp.;
5. *Dictyopteris Brongniarti* Gutb.;
6. *Odontopteris Reichiana* Gutb.;
7. *Cyatheites arborescens* Schl. sp ;
8. „ *oreopteroides* Gö.;
9. „ *dentatus* Bgt. sp.;
10. *Alethopteris pteroides* Sch. sp.;
11. „ *Serli* Bgt. sp.;
12. *Noeggerathia palmaeformis* Gö.

Herr Director Rittler führt in seiner Zuschrift an uns noch andere Arten an, die uns jedoch nicht vorgelegen haben, wie: *Calamitis Cisti* Bgt., *Hymenophyllites furcatus* Bgt. sp., *Sigillaria subrotunda* Bgt., *Stigmaria ficoides* Var. *minor*, so wie als thierische Ueberreste, Schalen der Muschelgattung *Unio* oder *Anthracosia*.

Ueber den Schichten der eigentlichen Steinkohlenformation breiten sich in concordanter Lagerung mit denselben jene der unteren Dyas (oder des unteren Rothliegenden) aus, worin rothe Sandsteine, gelblich-grüne Sandsteine, welche jenen von Erbendorf und von Thüringen höchst ähnlich sind, und vier Zonen von Brandschiefer und grauem Schieferthon mit einander abwechseln. (Vgl. Hauptprofil Taf. XXIV.)

Es reicht dieser Wechsel bis in die Nähe der ¨stlichen Grenze jener Mulde, wo er durch eine Conglomeratbildung von dem Syenit getrennt wird.

Ob die letztere, welche ein entgegengesetztes Einfallen der Schichten zeigt, vielleicht dem Grundconglomerate auf der westlichen Seite der Mulde entspricht, oder als eine altere Gesteinsablagerung betrachtet werden muss, ist noch nicht entschieden. Jedenfalls reichen die Steinkohlenflotze nach den verschiedenen dort angestellten Versuchen nicht bis in die Nahe dieses flachen Randes der Mulde. Dagegen muss man die verschiedenen Brandschieferzonen, welche in der Mulde bekannt sind, als Aequivalent jener bei Erbendorf und namentlich in dem nordostlichen Bohmen, wie in der Gegend von Hohenelbe auftretenden Brandschiefer ansehen. Hierfür spricht ausser der Lagerung auch ein ausgezeichnetes Exemplar des *Calamites gigas* Bgt., dieser Leitpflanze für die tieferen Schichten der unteren Dyas, welche Herr Director Rittler aus einem gelblich-grunen Sandsteine oder Sandschiefer im Hangenden der ersten Brandschieferzone der Ferdinandzeche bewahrt.

Diese Brandschieferlager erreichen zum Theil 4 bis 8 Fuss Mächtigkeit, enthalten nicht selten schwache Kohlentrummer und Ausscheidungen von thonigem Sphärosiderit, wie man den letztern auch in dem Schieferthone der kohlenreichen Partie antrifft. In der ersten oder tiefsten Zone des Brandschiefers zeigen sich sowohl NW. vom Strassenschachte der Gegentrum-Grube bei Rossitz über Tage, als auch in den Grubenbauen der Franziska-Gewerkschaft bei Padochau dünnplattige Stinkkalke eingelagert, die wenige Fusse Mächtigkeit erreichen und ähnliche Fundgruben für Fische und andere Ueberreste der Dyas zu werden versprechen, als es jene im nordöstlichen Böhmen sind.

Als jüngste Ablagerung tritt in der Gegend von Rossitz noch ein gelblicher Formsand auf, an dessen unterer Grenze ein grunlicher Tegel die Schichten der Dyas horizontal überlagert.

Es ist schon hervorgehoben worden, dass die kohlenführende Partie des Rossitzer Beckens oder die eigentliche Steinkohlenformation in nördlicher Richtung sich nicht über Ritschan (Rziczan) und in südlicher Richtung nicht über Neudorf fortsetzt. Sie wird an beiden Orten durch das weit in das Innere der Mulde vorspringende Grundgebirge vollständig abgeschnitten, während die jüngeren Schichten der Dyas sich noch weit darüber hin ausbreiten. Je weiter man sich von dem Maschinenschachte der Müller'schen Gewerkschaft aus nach Süden wendet, um so unruhiger erscheint diese Ablagerung. In einem schönen Profile, das man dem Einrisse des Flusses Oslawa zwischen Oslawan und Eibenschitz verdankt, lassen sich mehre ausgezeichnete Sattel- und Muldenbildungen über Tage beobachten. Sowohl im nördlichen als in dem südlichen Flügel der Mulde treten massige Kiesel-Conglomerate von rauchgrauer und rother Färbung selbst in der Nähe des Hauptkohlenflötzes auf und sie fanden sich besonders häufig auf der Dreieinigkeitszeche bei Neudorf, wo man darin auch fein eingesprengten Kupferkies und Malachit antraf.

Fig. 11.

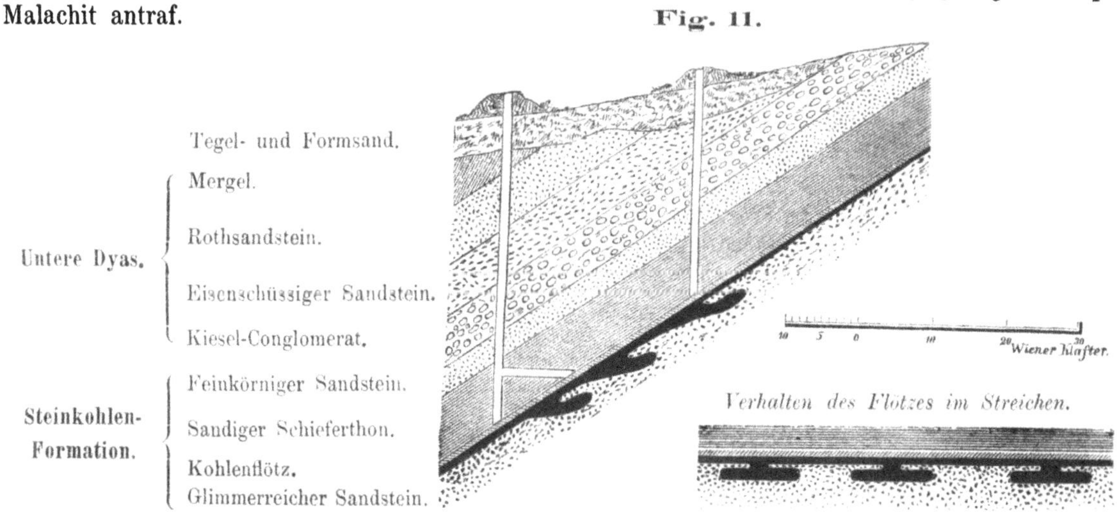

Ablagerungsverhältnisse des mit 35° gegen SO. einfallenden Kohlenflotzes bei Neudorf nächst Oslawan.

Das im Hangenden des Hauptflötzes auftretende Kiesel-Conglomerat entspricht sehr wohl der grauen Conglomeratbildung des Zwickau-Chemnitzer Bassins, mit welcher die vorporphyrische Zone der unteren Dyas oft zu beginnen pflegt.

Von den beiden in der Steinkohlenformation bei Rossitz bekannten bauwürdigen Kohlenflötzen besitzt das untere oder Liegendflötz 3—5 Fuss, das obere, hangende oder Hauptflötz 10—14 Fuss durchschnittliche Mächtigkeit; doch erreicht das letztere in der Franziska-Zeche bei Padochau stellenweise über 20 Fuss Stärke.

In dem am ruhigsten gebildeten Theile des Beckens kommt noch ein drittes Flötz im äussersten Liegenden vor, das sich jedoch als unbauwürdig erwiesen hat.

Fig. 12.

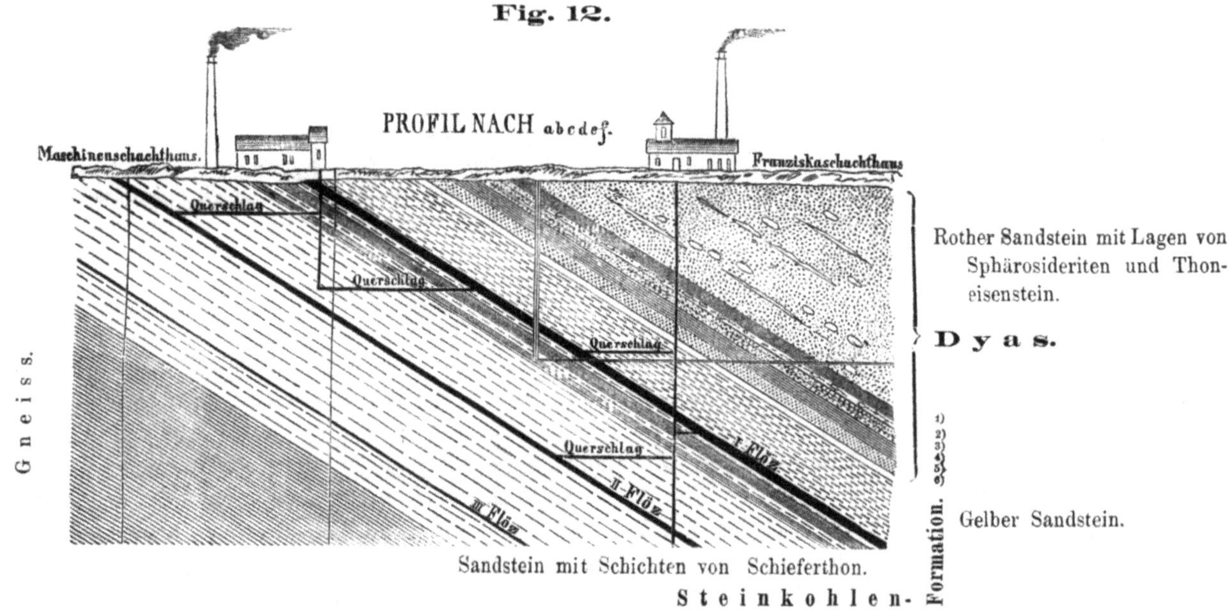

Maassstab f. Profil n. a. b. c. d. e. f. *der Maassenkarte.*

40 0 10 20 30 40 50 60 70 80 90 Klafter.

[1]) Grüner mergliger Schieferthon. [2]) Grüner Schieferthon, wechselnd mit Sandstein, darin Sphärosiderit. [3]) Rother Sandstein mit grünem Schieferthon. [4]) Grüner sandiger Schiefer. [5]) Rother thoniger Sandstein. [6]) Gelber Sandstein, wechselnd mit dunkelgrauem Schieferthon.

(Profil nach der Linie a. b. c. d. e. f. der Maassenkarte des Rossitzer Beckens.)

Je näher man dem nördlichen und südlichen Endpuncte der kohlenführenden Formation kommt, um so schmäler wird dieselbe in Folge des Vordrängens des Gneisses und um so gestörter erscheint ihre Ablagerung. Verdrückungen und Sprünge werden hier häufig und die Flötzmächtigkeit wird eine weit geringere, so dass das Liegendflötz auf der Ferdinands-Zeche bei Ritschan und auf der Dreieinigkeits-Zeche bei Neudorf gänzlich fehlt, während das Hauptflötz auf $3^1/_2$—4 Fuss Stärke herabgedrückt wird. Mit der Zunahme der Störungen aber wächst auch der Aschengehalt der Kohle.

Nach ihrer Fallrichtung hin werden die Flötze mächtiger und reiner und es verschwinden die Störungen in denselben fast gänzlich.

Die Kohle von beiden Flötzen des Rossitz-Oslawaner Beckens ist eine sehr stark backende, weiche und milde Fettkohle, welche für Schmiede, Schlosser und Gasanstalten, zur Verkokung, und bei zweckmässiger Einrichtung der Heizungen zum Betriebe von Dampfmaschinen, Ziegel- und Kalkbrennereien vorzüglich geeignet ist.

In neuester Zeit hat man mit bestem Erfolge versucht, aus ihr Briquets ohne alles andere Bindemittel zu gewinnen und beabsichtiget gegenwärtig, die Briquetfabrication dort im Grossen einzuführen, was bei der oft kurzklüftigen Beschaffenheit und leichten Zerbrechlichkeit vieler dortigen Kohlen ganz zweckmässig ist.

Nach Untersuchungen des Herrn Director Rittler enthält diese Kohle in den ungestörteren Partien ihrer Ablagerung

8—9 Proc. Asche, in der Nähe von Störungen jedoch oft 10—12 Procent. Der Kok aus ungewaschener Kohle enthält nach ihm 18—19, der aus gewaschener Kohle nur 12—12½ Procent Asche.

Der in der Kohle fein vertheilte Schwefelkies, dessen Menge bis zu $4^{10}/_{12}$ Proc. ansteigt, wird durch das Waschen der ersteren bis auf 1,5—1,7 Procent vermindert.

Unter den von uns näher untersuchten charakteristischen Kohlen dieses Beckens hatte eine Probe aus der Mittelbank des Hauptflötzes der Segen-Gottes-Grube bei Rossitz ein spec. Gewicht . . . . = 1,318,
aus der Mittelbank des Hauptflötzes der Gegentrum-Grube bei Rossitz . . . . = 1,316,
aus der Sohlenbank desselben Flötzes dieser Grube . . . . = 1,372.

Die letztere zeigte eine grosse Aehnlichkeit mit den bessern Kohlen von Löbejün, während die der Mittelbank entnommenen Proben diese durch grössere Reinheit übertrafen, was den Bestimmungen ihrer specifischen Gewichte auch nahe entspricht.

Die ganze kohlenführende Partie dieses Beckens ist von Nord nach Süd hin durch Gewerkschaften belegt und mit Feldmaassen überlagert, die in nachstehender Reihenfolge an einander grenzen.

1. Ferdinands-Zeche bei Rziczan,
2. Segen-Gottes- und Gegentrum-Grube der Rossitzer Steinkohlengewerkschaft,
3. Liebe-Gottes-Grube bei Zbeschau,
4. Oslawaner Gewerkschaft und im Liegenden und Hangenden derselben,
5. Franziska-Zeche bei Padochau,
6. Dreieinigkeits-Zeche, welche im südlichsten Theile der Streichungslinie der kohlenführenden Partie gelegen ist.

Das ganze Kohlenfeld ist auf 350 bis 500 Wiener Klafter Saigerteufe mit Feldmaassen im Hangenden gedeckt und es ist die weitere Tiefe durch Schurfkreise gesichert. Es nehmen die Feldmaassen sämmtlicher Gewerkschaften einen Flächenraum von 2 Millionen Quadrat Klafter ein.

Mit der tiefsten Sohle der Franziska-Gewerkschaft werden über 300 Millionen Wiener Centner Kohlen in allen Gewerkschaften gemeinschaftlich aufgeschlossen und es enthalten die sämmtlichen Gruben in dem durch Feldmaassen occupirten Terrain ausserdem noch über 900 Millionen Centner Kohle.

B. Böhmen.

Die Steinkohlenformation tritt in Böhmen nur mit ihrer oberen, productiven Etage auf und hat hier einen ganz entschieden limnischen Charakter. Sie ist in verschiedene grössere und kleinere Becken vertheilt, deren Vorkommen sich vorzugsweise auf das westliche Centralböhmen und das nordöstliche Ende des Landes beschränkt, während dieselben in dem nordwestlichen Böhmen durch reiche Braunkohlenablagerungen ersetzt werden. Die ganze südliche Hälfte und der östliche Theil des Landes entbehrt die kohlenführenden Schichten, mit Ausnahme in der Gegend von Budweis und Pisek, fast gänzlich.[1])

Der Steinkohlenreviere in dem nordöstlichen Theile von Böhmen ist schon Cap. VIII, 4 gedacht worden, die nachstehenden Mittheilungen sind vorzugsweise auf das nordwestliche Central-Böhmen gerichtet.

3. Das Schlan-Rakonitzer Kohlenbassin.

(Hiezu Taf. XXV.)

Für die Beurtheilung dieser steinkohlenreichen Gegend, welche zumeist dem nordwestlichen Theile des Prager Kreises angehört, bieten die Schriften des Professor Dr. A. E. Reuss[2]) und des k. k. Bergraths M. V. Lipold[3]) in Wien die sichersten Anhaltepuncte.

Nachdem wir auch dieses Kohlengebiet durch eigene Anschauung kennen gelernt haben, hat sich in unseren Augen die schon im „neuen Jahrbuche“ 1863 S. 370 zunächst über den hohen praktischen Werth der Lipold'schen Arbeit aus-

[1]) Vgl. E. Reuss, kurze Uebersicht der geognostischen Verhältnisse Böhmens. Prag, 1854. 53 S. 2 Taf. — J. Pechar, Kohlen-Revier-Karte des Kaiserstaates Oesterreich. 1864.

[2]) Reuss, über die geognostischen Verhältnisse des Rakonitzer Beckens in Böhmen. (Sitzungsber. d. k. Akad. der Wissensch. XXIX. Bd.) Wien 1858.

[3]) Lipold, das Steinkohlengebiet im nordwestlichen Theile des Prager Kreises in Böhmen. (Jahrbuch der k. k. geol. Reichsanstalt. XII. Bd.) Wien, 1863.

gesprochene Ansicht nur befestigen können. Da in derselben, unter reger Mitwirkung der betreffenden Grubenbeamten, das Ergebniss aller bis zu dem Jahre 1859 erfolgten Untersuchungen und Aufschlüsse in diesem Gebiete sehr gewissenhaft zusammen gestellt worden ist, so muss sich unsere weit weniger eingehende Darstellung nothwendig eng an jene ausführlichere anlehnen, wobei mehre neue Erfahrungen, welche seit jener Zeit gewonnen worden sind, die verdiente Beachtung gefunden haben.

Die Taf. XXV. gegebene Uebersichtskarte ist eine Copie der Lipold'schen Karte, auf welche jedoch durch freundliche Vermittelung des Herrn Director Wala in Kladno die grösseren Grubencomplexe aufgetragen und einige Nachträge hinzugefügt worden sind. Von einer Unterscheidung der Kreideformation auf ihr durfte man absehen, zumal eine Verwechselung zwischen ihren Schichten und jenen der Steinkohlenformation hier kaum zu befürchten ist und aus ihrem Vorkommen weder auf ein Vorhandensein noch auf ein Fehlen der Steinkohlenformation geschlossen werden kann.

Die südliche Grenze des Schlan-Rakonitzer Steinkohlenbassins läuft von Kralup an der Moldau bis Petrowic (Petrowitz), W. von Rakonic (Rakonitz), von ONO. nach WSW. in einer Länge von 7 Meilen. Es ruht hier die Steinkohlenformation auf versteinerungsleeren Thon- und Kieselschiefern auf, welche zu Barrande's Etage B der silurischen Grauwackenformation gehören. Die unmittelbare Begrenzung beider Formationen wird nur SW. von Kladno nach Dokes hin durch auflagernde Gesteine der Kreideformation, sowie östlich Brandeisl und bei Žilina durch mächtige Lössmassen dem Auge entzogen. Sowohl die Schichten der Grauwackenformation als die der Steinkohlenformation behaupten ein Einfallen nach N., NO. oder NW.

Seine westliche Grenze läuft von Seiwedl bei Petrowic in NNW. gegen Hořowic, und wird bis dahin theilweise von Urthonschiefer, theilweise von Granit gebildet. In ihrem weiteren nördlichen Verlaufe wird sie durch Gesteine des Rothliegenden verdeckt. In Folge der Ueberlagerung der Schichten des Rothliegenden und der Kreideformation hat sich sowohl die nördliche als auch die östliche Grenze dieses Kohlenbassins noch nicht sicher ermitteln lassen. Da aber alle der bisher bekannt gewordenen nördlichsten Vorkommnisse der Steinkohlenformation, deren mittlere Entfernung vom Südrande des Beckens $1^3/_4$ Meile beträgt, eine ähnliche nördliche Fallrichtung wahrnehmen lassen, so darf man die nördliche Grenze dieses Kohlenbassins gewiss noch viel weiter nördlich ziehen, als die derzeitigen directen Nachweise haben erkennen lassen. Lipold ist geneigt, als wahrscheinliche nördliche Grenze der Steinkohlenformation den Egerfluss anzunehmen, welcher von dem Südrande des Bassins im Durchschnitte $3^1/_2$ Meilen entfernt ist, wonach die wahrscheinliche Ausdehnung des ganzen Kohlenbassins einem Flächenraum von ca. $24^1/_2$ Quadratmeilen entsprechen würde.

Freilich bilden die darin vorkommenden Steinkohlenflötze keine zusammenhängende, unter dem ganzen Territorium stetig fortsetzende Decke, und es bietet gerade dieses Bassin wiederum ein ausgezeichnetes Beispiel dar, wie die Unebenheiten des Grundgebirges, auf welchem die alten Steinkohlenmoore sich herausgebildet haben, die horizontale Ausbreitung derselben oft in einer sehr empfindlichen Weise beschränkt haben. Viele jener vorspringenden Bergrücken und Buchten des Grauwackengebirges, welche weit in die kohlenführende Formation eingreifen, sind an dem Südrande des Bassins auf Taf. XXV. deutlich zu erkennen; sie mögen aber auch in dem von diesem Rande entfernteren nördlichen Terrain noch mehrfach vorhanden sein.

Dieses bei neuen Schürfungen zur Vorsicht mahnende Verhältniss verdient insbesondere für den tieferen Flötzzug Beachtung, welcher sich meist unmittelbar dem Grundgebirge anschmiegt, während höhere Kohlenflötze auch in diesem Bassin, nach der allmählig erfolgten Ausgleichung der Niveauunterschiede, eine grössere Continuität zu behaupten pflegen.

Die Gesteine, welche die Steinkohlenformation des mittleren Böhmen zusammensetzen, sind wie in den meisten anderen Gegenden theils sandiger, theils schieferig-thoniger Natur. Kalksteine fehlen gänzlich. Die Sandsteine sind von lichter, meist grauer oder weisser Färbung und wechseln von dem feinsten Korn bis zu gröberen Massen. Ihr Bindemittel besteht vorwaltend aus einer weissen kaolinartigen Masse. Viele der weissen Sandsteine sind reich an lichtfarbigem Glimmer. Unter den schieferigen Gesteinen, welche untergeordneter als die Sandsteine auftreten und Zwischenlager in den letzteren zu bilden pflegen, zeigen sich die gewöhnlichen grauen Schieferthone und schwarzen Kohlenschiefer, von denen einzelne Schichten durch Zersetzung in Letten übergegangen sind.

Neben diesen trifft man nicht selten auch Thoneisensteine, theils als Sphärosiderite, theils durch bituminöse Stoffe geschwärzt als Kohleneisenstein, meist als Begleiter der Steinkohlenflötze selbst.

Man ersieht aus der Lipold'schen Uebersichtskarte Taf. XXV, auf welcher fast alle bisher eröffnete Stolln, Schächte und Bohrlöcher eingezeichnet sind, dass die meisten derselben der südlichen Grenze des Beckens genähert sind, indem sie den Gegenden von Wotkowic, Brandeisl, Kladno, Lana, Ruda, Rakonic und Petrowic angehören, während ein nördlicher Zug dieser Aufschlüsse bei Welwarn beginnt und sich über Schlan, Tuřan, Šrbeč, Hředl, Konowa bis Weclau erstreckt.

a) Der südliche oder liegende Flötzzug.

Als der östlichste Punkt, wo die Steinkohlenformation auftritt, ist Kralup hervorzuheben. Dort treten nach Lipold längs der am linken Moldau-Ufer von Kralup abwärts führenden Eisenbahn schroffe Wände eines Kohlensandsteins hervor, die von dem jüngeren Quadersandsteine mauerartig überlagert werden. Man sieht in dem Kohlensandstein zwischen Lobec und Mühlhausen ein Ausstrich eines Kohlenflötzes, das vor etwa 25 Jahren zur Eröffnung eines Kohlenbergbaues (Stolln Nr. 1) Veranlassung gab. Die Stärke dieses Flötzes soll jedoch höchstens 18 Zoll betragen haben. Kaum günstiger waren die mit den dortigen Bohrlöchern Nr. 1 und 2 gewonnenen Resultate, da man in denselben bis $105\frac{1}{2}$, resp. 75 Klafter Tiefe noch kein beachtenswerthes Kohlenflötz durchsunken hatte. Auch das bei Minkowic befindliche Bohrloch Nr. 3 musste eingestellt werden, ohne mehr als Kohlenspuren bei 65 Klafter Tiefe getroffen zu haben.

Die Grubenbaue in der Umgebung von Wotwowic sind Eigenthum Sr. Majestät Kaiser Ferdinand I. und einiger anderen Privaten.

Das Werk des Ersteren mit einem Grubenfelde von mehr als 723000 Quadratklafter hat den grössten Theil der kohlenführenden Schichten dieser Gegend inne, die Grubenfelder der übrigen Privateigner nehmen wenig mehr als 200000 Quadratklafter ein. Diese verschiedenen kleineren Privatzechen sind auch grösstentheils abgebauet und es erfolgt hier meist nur noch eine Nachlese nach den früher unvollkommen gebaueten Flötzen.

Der von Lipold in der Richtung SW. nach NO. durch den Wetterschacht, Johanna-Schacht, Lucien-Schacht und Josephi-Stolln im Kaiser Ferdinands-Felde gelegte Profil (Taf. XXVI. Fig. 1) dürfte das Auftreten der Steinkohlenformation in dieser Gegend am besten veranschaulichen.

Im östlichen Theile des Kohlenfeldes liegt der Privaten gehörige Vierzehn Nothhelfer-Schacht (Nr. 1) nahe am Kohlenausstriche, welcher in 16 Klafter Tiefe ein 2 Fuss mächtiges Kohlenflötz durchfahren hat. Andere am Ausstriche befindliche Privatgruben stehen theilweise in Brand.

Das grössere westliche Grubenfeld wurde von Seite der kaiserlichen Gewerkschaft durch den Gotthardi- und Ferdinand-Stolln (Nr. 3) und den Allmacht Gottes-Stolln (Nr. 4) zuerst in Abbau genommen, worauf andere Schachtanlagen gefolgt sind.

Lipold stellt die Beschaffenheit der dortigen Kohlenflötzgruppe in ihrer vollständigsten Entwickelung in nachstehendem Bilde zusammen:

	Klafter	Fuss	Zoll	Klafter	Fuss	Zoll
Hangendsandstein . . .	—	—	—	—	—	—
Kohle (Škalni pramen) . . .	—	1	6	—	—	—
Schieferthon (Obere modravky) . .	—	—	—	1	3	—
Kohle (Bukowka-Kanevas) . .	—	2	—	—	—	—
Schieferthon (Bukowa Vopuka) . .	—	—	—	—	—	6
Kohle (Kanevas)	—	2	—	—	—	—
Schieferthon (Žuli)	—	—	—	—	1	6
Kohle (Pramen) . . .	—	3	—	—	—	—
Schieferthon (Spodni Vopuka) . .	—	—	—	—	—	6
Kohle (Spodni uhli — Unterflötz) .	1	1	—	—	—	—
Zu übertragen	2	3	6	1	5	6

	Klafter	Fuss	Zoll	Klafter	Fuss	Zoll
Uebertrag	2	3	6	1	5	6
Schieferthon (Hlinka) . . .	—	—	—	—	—	2
Kohle (Flička)	—	3	—	—	—	—
Schieferthon (Spodni modravky) .	—	—	—	—	2	—
Liegendsandstein . . .	3	—	6	2	1	8
	5 Klafter 2 Fuss 2 Zoll.					

Die hier gewonnene Kohle ist eine Schieferkohle, welche von einer grösseren Anzahl tauber Kohlenschiefer durchzogen ist, als jene des Buštěhrader Revieres.

Unter den zur Auffindung der nördlichen und westlichen Fortsetzung der Wotwowicer Kohlenflötze ausgeführten Schurfarbeiten in dem Landstriche zwischen Wotwowic, Zeméch, Slatin und Koleč verdient besonders ein in den Jahren 1849 und 1850 von der k. k. Schürfungscommission östlich neben dem Dorfe Koleč gestossenes 120 Klafter tiefes Bohrloch (Nr. 11 a) Erwähnung, mit dem man drei Kohlenflötze von $^1/_3$, $1^1/_3$ und $1^1/_2$ Klafter Stärke durchschnitten hatte. Auf Grund dieses Aufschlusses wurde in 116 Klafter südwestlicher Entfernung von diesem Bohrloche der Schacht (Nr. 6) neben dem Dorfe Koleč abgeteuft, mit welchem man in der 12. Klafter ein kleines Kohlenflötzchen, übrigens grösstentheils Sandstein durchfahren hat, bis man bei 65 Klafter Tiefe zwei kohlenführende Lagen von schwarzen Schiefern und unter den letzteren bald Thon- und Kieselschiefer erreichte. Indem man von dem Schachte aus jene schwarzen Schiefer nach ihrem Einfallen verfolgte, fand man die Kohlenflötze darin sich ansetzen, bis sie in 87 Klafter Entfernung eine Gesammtmächtigkeit von 14 Fuss erreicht hatten. (Vgl. Lipold a. a. O. Taf. IV. Fig. B.)

Als das tiefste Bohrloch in der böhmischen Steinkohlenformation hebt Lipold das von der fürstlich Lobkowitz'schen Gewerkschaft NW. von Koleč gestossene Bohrloch (Nr. 12) hervor, welches 218 Klafter tief ist und gegen 200 Arten verschiedener Gebirgsschichten durchfahren haben soll, bevor man den Thonschiefer erreichte, ohne jedoch hier mehr als einige schwache Kohlenflötze durchschnitten zu haben. Weder die Bohrlöcher (Nr. 13 und 14) bei Brodec, noch drei andere Bohrlöcher (Nr. 15, 16 und 17) zwischen Wřetowic, Stelcowes und Brandeisl haben Steinkohlen angetroffen; dagegen betreibt die k. k. priv. österreichische Staats-Eisenbahn-Gesellschaft einen ansehnlichen Steinkohlenbergbau bei dem Dorfe Brandeisl mittels zweier Schächte, dem Layer- und Michael-Schacht (Nr. 7), von welchen der eine zur Wasserhaltung dienende mit einer Dampfmaschine von 450 Pferdestärken versehen ist.

Der Michaelschacht, dessen Anlage 1842 begonnen worden ist, hatte, in Folge mehrer Unterbrechungen, bis zu dem August 1853 nur 126 Klafter Tiefe erhalten und wurde erst im Jahre 1856 bis zu seiner jetzigen Tiefe von 146 Klftr. geführt. Derselbe hat nach Angabe des dortigen Markscheiders Herrn Anton Larcher in Brandeisl nachstehende Schichten durchschnitten:

	Klafter
Dammerde	$^5/_6$
Gelber milder Sandstein	$4^5/_6$
Lichtgrauer Letten mit einem 6zölligen Kohlenflötzchen	$2^5/_{12}$
Weisser feinkörniger glimmeriger Sandstein . .	$3^1/_2$
Gelblich-weisser feinkörniger glimmeriger Sandstein	$1^5/_{12}$
Gelber grobkörniger Sandstein	$7^1/_2$
Grauer glimmeriger Sandstein	$^1/_2$
Gelblich-weisser glimmeriger Sandstein mit Kohlenspuren	$5^1/_2$
Grauer Lettenschiefer	2
Weisser glimmeriger feinkörniger Sandstein . .	$^2/_3$
Grauer Lettenschiefer	$1^1/_6$
Grauer glimmeriger Sandstein mit Kohlenspuren	$3^1/_2$
Conglomerat-Sandstein	$^2/_3$
Weissgrauer feinkörniger Sandstein	$^1/_2$
Grauer glimmeriger Sandstein mit Kohlenspuren	$2^1/_6$
Grauer grobkörniger Sandstein	$^1/_3$
Grauer feinkörniger Sandstein	$^3/_{12}$
Grauer Lettenschiefer	$1^1/_6$
Kohlenflötzchen	$^1/_{12}$
Dunkelgrauer Lettenschiefer	$^1/_2$
Kohlenflötzchen	$^1/_6$
Grauer Lettenschiefer	$^1/_3$
Sandiger Lettenschiefer	$1^2/_3$
Grauer grobkörniger Sandstein	3
Conglomerat-Sandstein	$^1/_2$
Grauer grobkörniger Sandstein	$4^2/_3$
Grauer Lettenschiefer	$1^1/_2$
Weissgrauer feinkörniger Sandstein mit Kohlenspuren	$1^2/_3$
Conglomerat-Sandstein	$1^5/_6$

	Klafter
Grauer Lettenschiefer	$\frac{2}{3}$
Weisser mittelfeiner Sandstein	2
Grauer grobkörniger Sandstein	$2\frac{1}{2}$
Lichtgrauer Letten	$\frac{1}{12}$
Grauer Lettenschiefer	$\frac{1}{3}$
Schwarzer Lettenschiefer mit Pflanzenabdrücken	$\frac{1}{6}$
Kohlenflötzchen	$\frac{1}{12}$
Schwarzer Lettenschiefer	$\frac{1}{6}$
Weissgrauer feinkörniger Sandstein mit versteinerten Baumstämmen	1
Weissgrauer mittelfeiner Sandstein	$6\frac{1}{2}$
Grauer grobkörniger Sandstein	$2\frac{1}{6}$
Weissgrauer feinkörniger Sandstein	$3\frac{1}{3}$
Grauer mittelfeiner Sandstein	$4\frac{1}{2}$
Grauer Lettenschiefer	$\frac{1}{3}$
Weissgrauer feinkörniger Sandstein, mit Kohlenspuren	$1\frac{2}{3}$
Weissgrauer feinkörniger Sandstein	$4\frac{1}{3}$
Grauer grobkörniger Sandstein	13
Weissgrauer feinkörniger Sandstein	5
Conglomerat	$1\frac{1}{3}$
Weissgrauer feinkörniger Sandstein	7
Kohlenflötzchen	$\frac{1}{6}$
Grauer Lettenschiefer	$\frac{13}{24}$
Sphärosiderit	$\frac{3}{28}$
Grauer Lettenschiefer	$\frac{1}{6}$
Weissgrauer feinkörniger Sandstein	$\frac{5}{6}$
Grobkörniger, dichter Sandstein	$1\frac{1}{6}$
Grobkörniger, milder Sandstein	1
Grauer feinkörniger Sandstein m. Kohlenschnitzchen	$1\frac{1}{2}$
Weissgrauer feinkörniger Sandstein	$2\frac{1}{6}$
Grauer Lettenschiefer	$\frac{5}{6}$
Weissgrauer glimmeriger Sandstein mit 9—11 Zoll Sphärosiderit	$\frac{5}{6}$
Sandiger Lettenschiefer	$\frac{1}{2}$
Schieferiger Sandstein	$\frac{2}{3}$
Weissgrauer grobkörniger Sandstein	$\frac{5}{6}$
Schieferkohle	$\frac{3}{12}$
Pechkohle [1])	$\frac{1}{3}$
Lettiger Sandstein	$\frac{1}{24}$
Pechkohle	$\frac{19}{24}$
Feiner lettiger Sandstein	$\frac{1}{24}$
Pechkohle	$\frac{1}{2}$
Pech- und Schieferkohle	$\frac{17}{24}$
Schieferkohle	$\frac{1}{8}$
Grauer feiner glimmeriger Lettenschiefer mit Pflanzenresten	1
Eisenhaltiger Sandstein	$\frac{1}{12}$
Dichter schwärzlich grauer Sandstein	$\frac{7}{12}$
Grauer Sandstein	$2\frac{1}{3}$
Liegendsandstein	1
Sandstein mit Kalkspathdrusen und Schwefelkieskrystallen	$1\frac{1}{6}$
Schieferkohlenflötz	$1\frac{5}{6}$
Schwarzer Schiefer mit Kohlenschnüren	$1\frac{1}{6}$
Schiefriger Sandstein	1
Grauer conglomeratartiger Sandstein	$2\frac{1}{6}$
Sehr schaliger Thonschiefer	$\frac{5}{6}$ } Grauwackenformation.
Thonschiefer mit Quarzadern	$4\frac{1}{3}$ }
Sehr fester Kieselschiefer mit weissen Quarzschnüren	$2\frac{1}{2}$ }

Von der hiermit erreichten Teufe von 146 Klafter ist ein Querschlag nach NO. getrieben, welcher im Januar 1859 in 104 Klftr. Länge das Flötz erreicht hat, während ein zweiter der sogenannte „Rapicer Querschlag“ aus der Teufe von 96 Klftr. vom Michaelschachte aus in südlicher Richtung getrieben worden ist, um durch denselben ein in dem Bohrloche (Nr. 20) in der 81. Klafter durchfahrenes Kohlenflötz aufzuschliessen.

Wenn man von dem tiefsten in dem Michaelschachte vorkommenden Kohlenflötze absieht, so wechselt die Mächtigkeit der Kohlenflötzgruppe in Brandeisl zwischen 2 und 3 Klafter. Die von Lipold entworfene Skizze gibt ein deutliches Bild von ihr:

	Klftr.	Fuss	Zoll	Klftr.	Fuss	Zoll
Hangendsandstein	—	—	—	—	—	—
Unreine Kohle	—	1	—	—	—	—
Tauber Schiefer	—	—	—	—	—	9
Mittelmässige Kohle	—	1	9	—	—	—
Schieferthon (Vopuca)	—	—	—	—	—	3
Kohle (Oberbank)	—	4	6	—	—	—
Schieferthon (Vopuca)	—	—	—	—	—	5
Kohle (Unterbank)	—	5	10	—	—	—
Kohle (Sohlbank)	—	2	—	—	—	—
Lettenschiefer.	2	3	1	—	1	5
	2 Klafter 4 Fuss 6 Zoll.					

Wie schon Lipold ausgesprochen hat, gibt die Brandeisler Steinkohle viel Kohlenklein, zu dessen Ver-

[1]) Wir haben das für „Pechkohle“ gebrauchte Wort „Glanzkohle“ in den wie uns scheint richtigeren Namen umgewandelt.

werthung die Briquet-Fabrikation dort eingeführt worden ist. Sie ist von sehr verschiedener Güte, im Allgemeinen aber von minderer Qualität, als die Kohle aus den westlicheren Bergbauen; die Oberbank liefert bessere Kohle, die Unterbank im westlichen Felde reine, im östlichen Felde mit tauben Schiefern durchzogene Kohle. Die Sohlbank besteht nur aus einer harten Schieferkohle.

Die reine Kohle aus dem westlichen Reviere zeigte ein specifisches Gewicht von 1,227 und 1,250, oder im Mittel = 1,239, was in der That sehr gering ist und sehr für diese Qualität spricht.

Die tauben Zwischenmittel — Vopuca[1]) bestehen aus feinsandigen Schieferthonen von grauer Farbe, und die untere Vopuca bedeckt zuweilen, besonders im östlichen Felde eine ein paar Zoll mächtige Lage von Sphärosiderit, welcher letztere, wie schon gezeigt worden ist, auch über den Kohlenflötzen auftritt. Theilweise zeigt sich im Kohlenflötze auch körniger Spatheisenstein und Kohleneisenstein. Unter den fremdartigen Mineralien, die man in den Steinkohlen von Brandeisl gefunden hat, ist jenes als Anthrakoxen unterschiedene fossile Harz hervorzuheben (vgl. S. 37), so wie auch das Vorkommen von Bleiglanz als schwacher Anflug auf Kohle.

Man hat auch in den Brandeisler Grubenbauen vielfache Störungen der Kohlenflötze angefahren, wodurch die letzteren zum Theil um 3 bis 4 Klftr. verschoben worden sind.

Wie auf Taf. XXV zu erkennen ist, dehnt sich das Grubenfeld der k. k. priv. Staats-Eisenbahn-Gesellschaft mit einem sehr bedeutenden Flächenraum aus der Gegend von Brandeisl bis westlich von Kladno aus. Dasselbe begrenzt in N. und W. die Buštéhrader Baue Seiner Majestät Kaiser Ferdinand I., welche zwar einen zusammenhängenden Complex bilden, jedoch durch das Hoffnungsschachter Grubenfeld der Prager Eisenhütten-Industrie-Gesellschaft in ein östliches und westliches Abbaurevier geschieden werden. Das erstere wird im Osten durch das Witek-Schachter Grubenfeld der Prager Eisenhütten-Gesellschaft begrenzt und hierdurch von dem Areale der k. k. priv. Staats-Eisenbahn-Gesellschaft geschieden.

Man kann nach Lipold's Vorgange diese Grubenfelder der Prager Eisenhütten-Gesellschaft mit dem Witek- und Hoffnungs-Schachte als Rapicer Baue, dagegen die in der Nähe von Kladno gelegenen westlichen Baue dieser Gesellschaft mit dem Wenzel-Schacht, sowie jene der k. k. Staats-Eisenbahn-Gesellschaft mit dem Thinnfeld-Schachte als Kladnoer Baue unterscheiden.

Der Besitzstand des Buštéhrader Areals des Kaisers Ferdinand I. (= I.) beträgt nach Lipold	=	1,757365	Quadrat-Klafter;
der k. k. priv. Staats-Eisenbahn-Gesellschaft bei Brandeisl und Kladno (= II.) ungefähr		2,250000	„ „
wovon jedoch der bei weitem grössere Theil noch dem Aufschlusse entgegensieht;			
die beiden östlichen oder Rapicer Grubenfeldcomplexe der Prager Eisen-Industrie-Gesellschaft (= III.) nach Mittheilungen des Herrn Director Wala	=	770695	„ „
der westliche Complex dieser Gesellschaft	=	1,218343	„ „

Ausser diesem belehnten Besitze ist nach Mittheilungen des Herrn Director Wala zu Handen der Prager Eisen-Industrie-Gesellschaft in der weiteren Fortsetzung der Steinkohlenformation gegen Westen und gegen Norden im Hangenden des der k. k. priv. Staats-Eisenbahn-Gesellschaft gehörigen riesigen und kohlenreichen Grubenfeldes mittels Freischürfen ein 7,800000 Quadrat-Klafter umfassendes höffliches Feld occupirt, zu dessen Untersuchung bereits zwei Bohrlöcher von 154 Klafter 4 Fuss und 207 Klafter 4 Fuss Tiefe abgesunken worden sind.

Indem wir die dortigen Aufschlüsse von Ost nach West verfolgen, legen wir auch weiter die Angaben Lipold's zu Grunde.

Das östliche Revier der Rapicer Baue erhielt seinen Aufschluss durch den Wenzelstolln (Nr. 5) und durch den Witekschacht (Nr. 8). Der erstere ist im tauben Liegenden angeschlagen und nach Erreichung der Kohlenflötze fallend fortbetrieben; der letztere erreicht bis an die Kohlenflötze die Tiefe von 42 Klafter. Der Aufschluss des Buštéhrader östlichen Abbaurevieres erfolgte durch den Josephistolln (Nr. 6), durch den Wenzel- und M. Antonia-Förderschacht (Nr. 9 und 10), den Ludmilla-Wasserhaltungsschacht (Nr. 11), den Wenzel-Wetterschacht (Nr. 9), SO. vom Wenzel-

[1]) Der Name Vopuca (Wopuka, Opuka), der in Böhmen vorzugsweise für den Pläner gebraucht wird, bedeutet: er zersplittert.

Förderschacht, und durch den Kaiser Ferdinand-Schacht und das in demselben abgeteufte Bohrloch (Schacht Nr. 12).

Mit dem Josephistolln wurde das 3 Klafter mächtige Grundflötz und das nach dem Hangenden folgende Hauptflötz, mit dem $42^2/_3$ Klafter tiefen Wenzel-Förderschacht wurde ein Kohlenflötz von 4 Klafter Mächtigkeit mit dem $68^1/_2$ Klafter tiefen Maria Antonia-Schachte das $3^2/_3$ Klafter mächtige Hauptflötz und das 8 Klafter tiefer gelegene Grundflötz von 3 Klafter Stärke durchsunken; der Ludmilla-Wasserhaltungsschacht hatte bis zu seiner ganzen Tiefe von $81^2/_{24}$ Klafter nur 1 Klafter unreine Kohle durchschnitten, der Wenzel-Wetterschacht ist nur 27 Klafter tief; durch den Kaiser Ferdinand-Schacht und das in ihm gestossene Bohrloch sind die Kohlenflötze in dem nördlichsten Theile des Grubenfeldes aufgeschlossen worden.

Das westliche Abbaurevier der Rapicer Baue der Prager Eisen-Industrie-Gesellschaft wurde durch mehre Stolln, Bohrlöcher und Schächte aufgeschlossen (Taf. XXV), von denen indess nur der Ludwigs-Schacht (Nr. 14) und der Hoffnungs-Schacht (Nr. 15) noch benutzt werden.

Der Ludwigs-Schacht ist 67 Klafter, der Hoffnungs-Schacht aber $85^2/_3$ Klafter tief. In dem letzteren wurde das Hauptflötz mit Zwischenmitteln $4^1/_3$ Klafter und das $6^1/_2$ Klafter tiefere Grundflötz mit 2 Klafter Mächtigkeit angetroffen.

Im Buštěhrader westlichen Reviere verdankt man die Aufschlüsse dem Maria Anna- und Prokopi-Schachte (Nr. 16, 17) und mehren Bohrlöchern. In dem erstgenannten Schachte, der in $70^7/_{12}$ Klafter den Thonschiefer erreichte, zeigte das unmittelbar darauf ruhende Flötz $3^9/_{12}$ Klafter Stärke, in dem $112^6/_{10}$ Klafter tiefen Prokopi-Schachte folgten dem $5^7/_{24}$ Klafter mächtigen Hauptflötze noch Schieferthonschichten.

In den Kladnoer Bauen hat der nur 12 Klafter tiefe Katharina-Fundschacht (Nr. 19) nur das Ausgehende der Kohlenflötze getroffen, dagegen hatte der Wenzel-Schacht (Nr. 20) der Prager Eisen-Ind.-Gesellschaft bis 68 Klafter Tiefe $3^9/_{12}$ Klftr. Kohle durchfahren, während das Kohlenflötz in dem 128 Klftr. tiefen Layer Schachte (Nr. 21) mit Zwischenmitteln sogar $6^1/_6$ Klftr. mächtig erschien und in dem 153 Klftr. tiefen Thinnfeld-Schachte (Nr. 22) der k. k. Staatseisenbahngesellschaft eine gleiche Mächtigkeit innehielt. (Vgl. Profil Taf. XXVI Fig. 2.)

Fig. 13.

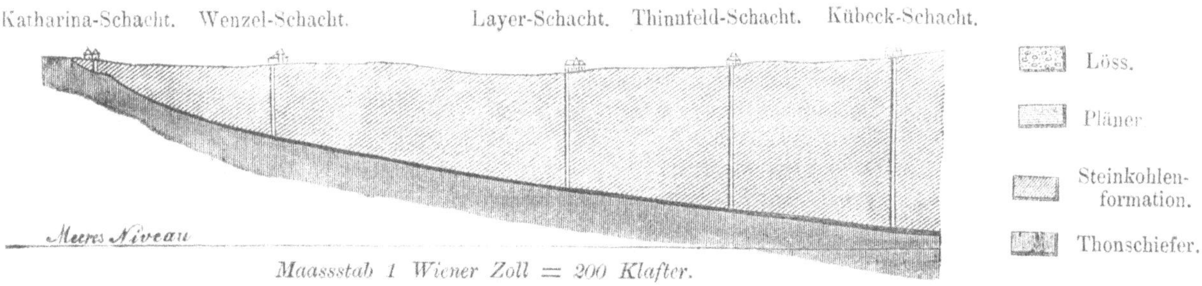

(Profil nach der Linie *I K* bei Kladno auf Taf. XXV.)

In dem tiefsten der Kladnoer Schächte, dem 187 Klftr. tiefen Kübek-Schachte (Nr. 23) folgte dem $5^2/_3$ Klftr. mächtigen Kohlenflötze, wie in den vorher genannten Schächten, noch Schieferthon; dagegen sind die Aufschlussarbeiten in dem nahe dem Dorfe Motyčin angelegten Schacht (Nr. 24) nicht zu Ende geführt worden.

Der zunächst der Stadt Kladno befindliche 96 Klftr. tiefe Franz-Schacht durchschnitt das Kohlenflötz mit Zwischenmitteln von 4 Klftr. Stärke, auch das nördlich von Kladno gestossene Bohrloch Průhon (Nr. 25), welches 164 Klftr. tief ist, hatte $2^1/_2$ Klftr. reine Kohle nachgewiesen. In dem westlich von der Stadt gelegenen Bohrloche (Nr. 26) der k. k. Staats-Eisenbahn-Gesellschaft hatte man in einer Tiefe von 150 Klftr. ein 4 Klftr. starkes Kohlenflötz erreicht; auch der von Seiten der Prager

Eisen-Industrie-Gesellschaft westlich von Kladno angelegte Amalien-Schacht (Nr. 28) hat am 12. September 1862 das Kohlenflötz glücklich getroffen.

Wir verdanken das Profil dieses Schachtes Herrn Director Wala in Kladno.

Mächtigkeit				Teufe		
Klafter	Fuss	Zoll		Klafter	Fuss	Zoll
1	4	—	Aufsattelung	1	4	—
—	2	—	Dammerde	2	—	—
—	4	—	Plänerschotter	2	4	—
7	—	—	Pläner	9	4	—
3	—	—	Bläulicher Letten	12	4	—
3	—	—	Grauer Letten	15	4	—
1	—	—	Grünlicher Letten	16	4	—
1	3	4	Grüner Sandstein mit bohnengrossem Conglomerat .	18	1	4
—	—	8	Sogenannter Eisendeckel	—	—	—
2	—	—	Blaugrauer Letten	20	2	—
2	3	—	Roth- und grüngemengter Letten	22	5	—
6	3	—	Grobkörniger Sandstein mit bohnengrossem Conglomerat	29	2	—
2	5	—	Lichtgrauer sandiger Schieferthon	32	1	—
5	3	—	Weisser feinkörniger Sandstein	37	4	—
3	1	6	Grobkörniger Sandstein mit Conglomerat von Taubeneiergrösse	40	5	6
—	2	—	Feinkörniger Sandstein mit Kohlentrümmern . .	41	1	6
—	2	—	Grauer sandiger Schieferthon	41	3	6
3	—	—	Grauer feinkörniger Sandstein mit Kohlentrümmern .	44	3	6
1	3	—	Grauer Schieferthon	46	—	6
—	3	—	Weisser feinkörniger Sandstein	46	3	6
3	—	6	Grobkörniger Sandstein	49	4	—
—	1	—	Blaugrauer Letten	49	5	—
1	—	—	Weisser feinkörniger Sandstein	50	5	—
—	4	—	Grauer Letten, mulmig	51	3	—
4	2	—	Weisser Sandstein mit Conglomerat u. Kohlentrümmern	55	5	—
—	3	—	Grauer Schieferthon	56	2	—
1	—	—	Weisser feinkörniger Sandstein	57	2	—
1	5	3	Grobkörniger Sandstein mit Conglomerat . . .	59	1	3
—	2	—	Grauer Schieferthon	59	3	3
1	—	—	Feinkörniger Sandstein	60	3	3
3	2	3	Grobkörniger Sandstein mit Conglomerat von Taubeneigrösse	63	5	6
—	3	—	Dichter feinkörniger Sandstein	64	2	6
1	1	9	Grünlicher, sandiger Schieferthon mit Glimmer . .	65	4	3
1	2	8	Feinkörniger Sandstein	67	—	11
—	4	4	Grauer Schieferthon mit Kohlentrümmern . . .	67	5	3
—	4	—	Conglomerat von Hühnereigrösse	68	3	3
5	—	—	Grobkörniger Sandstein mit Conglomerat und Kohlentrümmern	73	3	3
2	—	—	Feinkörniger Sandstein	75	3	3
—	4	6	Grünlicher Schieferthon, glimmerig	76	1	9
3	—	3	Dichter feinkörniger Sandstein, glimmerig . .	79	2	—
2	4	1	Feinkörniger Sandstein mit Kohlentrümmern . .	82	—	1
2	—	—	Dunkelgrauer Schieferthon	84	3	1
2	5	—	Dichter grobkörniger Sandstein mit Conglomerat und Abdrücken von *Calamites*	86	5	1

Mächtigkeit				Teufe		
Klafter	Fuss	Zoll		Klafter	Fuss	Zoll
1	1	—	Schwarzgrauer Schieferthon	88	—	1
5	5	6	Grobkörniger Sandstein mit Conglomerat . . .	93	5	7
—	4	6	Dichtes Conglomerat	94	4	1
1	2	—	Feinkörniger Sandstein	96	—	1
—	3	8	Grauer Schieferthon	96	3	9
3	2	8	Dichter feinkörniger Sandstein	100	—	5
2	2	6	Grauer sandiger Schieferthon, glimmerig mit Kohlentrümmern	102	2	11
1	—	6	Grobkörniger Sandstein mit Conglomerat . . .	103	3	5
—	3	6	Grauer Schieferthon glimmerig	104	—	11
—	2	—	Feinkörniger Sandstein	104	2	11
2	2	—	Grobkörniger Sandstein	106	4	11
—	2	—	Grobes Conglomerat	107	—	11
—	4	—	Grobkörniger Sandstein	107	4	11
5	2	10	Grobkörniger Sandstein mit Conglomerat . . .	113	1	9
7	2	2	Grobkörniger Sandstein	120	3	11
1	4	—	Dichter feinkörniger Sandstein	122	1	11
1	5	—	Schwarzer Schieferthon	124	—	11
—	2	—	Grauer Schieferthon	124	2	11
1	1	—	Dichter grobkörniger Sandstein	125	3	11
1	—	—	Grauer Schieferthon	126	3	11
1	3	3	Grünlicher Schieferthon	128	1	2
—	3	—	Grobkörniger Sandstein, sehr fest	128	4	2
5	1	5	Weisser grobkörniger Sandstein	133	5	6
—	3	9	Dichter feinkörniger Sandstein, glimmerig . .	134	3	3
—	1	1	Kohle.			
2	4	—	Grobkörniger Sandstein mit Conglomerat . . .	137	2	4
3	—	—	Feinkörniger Sandstein	140	2	4
2	—	—	Grobkörniger Sandstein	142	2	4
—	3	—	Dichter grobkörniger Sandstein, sehr fest . . .	142	5	4
2	—	—	Dichter feinkörniger Sandstein	144	5	4
—	2	—	Grobkörniger Sandstein, sehr fest	145	1	4
—	4	—	Eisenschüssiger Sandstein, sehr fest	145	5	4
1	—	6	Grauer sandiger Schieferthon	146	5	10
1	—	8	Fester grobkörniger Sandstein mit Kohlen . .	148	—	6
—	4	2	Grauer Schieferthon mit Pflanzenabdrücken . .	148	4	8
—	—	6	Kohle			
—	—	3	Zwischenmittel			
—	2	—	Kohle			
—	—	2	Zwischenmittel			
—	5	3	Kohle			
—	—	2	Zwischenmittel			
—	5	7	Kohle } Kohlenflötz, 4 Klafter 1′ 6″ m. .	158	—	2
—	—	2	Zwischenmittel			
—	3	5	Kohle			
—	—	8	Zwischenmittel			
1	1	6	Kohle			

Auch über die beiden von der Prager Eisen-Industrie-Gesellschaft bei dem Dorfe **Rozdelow**, westlich von Kladno ausgeführten Bohrversuche (Nr. 28 a und b) hat uns Herr Director **Wala** die genauen Profile freundlichst mitgetheilt.

Fig. 14.

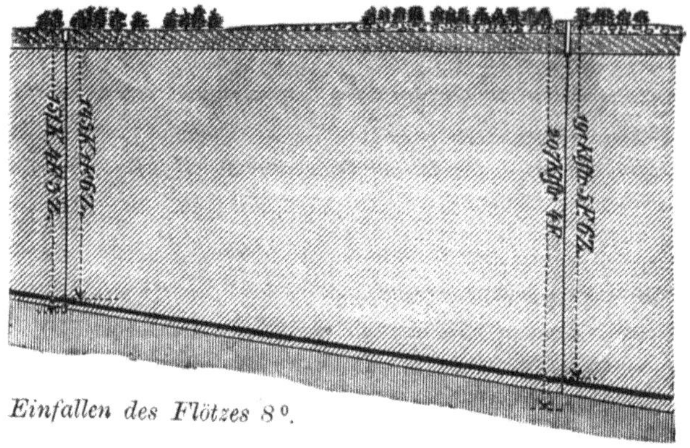

Erklärung der Zeichen s. Fig. 13.

(Profil durch die beiden Bohrversuche bei Rozdelow, westlich von Kladno.)

In beiden Bohrlöchern hat man von oben 10 Klafter 2—3 Fuss Pläner durchsunken, der auf einem grauen oder bläulichen Letten, vielleicht Plänermergel, ruht. Das darunter folgende Steinkohlengebirge besteht in ähnlicher Weise wie in dem vorstehenden Profile aus Sandstein und meist grauem Schieferthon oder Letten, zwischen denen sich hier und da auch mächtigere Bänke mit Conglomeraten einstellen, wie namentlich unfern dem Kohlenflötze. In dem Bohrloche (a) fuhr man bei 144 Klafter 2' Tiefe schwarzen Schieferthon, 5' 6'' mächtig, an, welchem unreine Kohle 1 Klafter 1' 9'' bis 146 Klafter 3' 3'' Tiefe folgte; in dem Bohrloche (b) bestand das zwischen 191 Klafter 5' 6'' und 194 Klafter 0' 6'' Tiefe liegende Kohlenflötz aus: 3' 6'' Kohle, 1' 6'' Schieferthon, 4' 6'' Kohle, 2' 9'' Schieferthon und 9'' Kohle. Das Liegende der Kohlenformation bildet bei dem Bohrloche (a) ein grünlich-grauer minder fester feinschieferiger Thonschiefer, während im Bohrloche (b) ein graphitischer Thonschiefer mit Quarzflasern als Liegendes angebohrt worden ist. Da nach erfolgter Durchbohrung des Flötzes und bereits in der Schieferthonbank in dem Bohrmehle häufige Braunspathstückchen mit aufsitzenden Kupferkieskrystallen beobachtet wurden, und diese beiden Mineralien in dem Franz- und Amalien-Schachte nur an den die Kohle häufig durchsetzenden kleineren Sprungklüften auftritt, so scheint es wahrscheinlich, dass man auch hier die Kohle an solch einem Sprunge durchbohrt habe, und dass die Kohlenmächtigkeit eine grössere sei, als die durch Bohrung nachgewiesene, wie dies im Amalia-Grubenbaue an vielen Punkten in ähnlicher Weise stattfindet. (Nach Wala.)

Die Beschaffenheit der Kohlenflötze weicht in den östlichen Grubenfeldern der oben behandelten Steinkohlenbaue von der in den westlichen Feldern ab. In den Rapicer Bauen und dem Buštéhrader Ostreviere kennt man ausser dem Hauptflötze noch das tiefer gelegene Grundflötz, welches entweder unmittelbar auf Thonschiefer aufliegt oder durch ein meist nur wenig mächtiges Mittel von grauen und weissen Schieferthonen davon getrennt ist. Einschliesslich zweier tauber Schieferthonmittel, welche dasselbe in drei Bänke trennen, wird es 3 bis 3½ Klafter mächtig, enthält jedoch eine unreine sehr schieferige Kohle, von der fast nur die oberste 3 Fuss mächtige Bank desselben abbauwürdig erscheint, wesshalb dieses Flötz auch nur äusserst wenig abgebaut wird. (Lipold.)

Auf dem Grundflötze lagern zunächst sandige Schieferthone und glimmerreiche feinkörnige weisse Sandsteine in einer Mächtigkeit von 6—8 Klafter und auf diesen sodann das zweite oder Hauptflötz dieses Revieres.

Lipold erwähnt ausdrücklich des häufigen Vorkommens verkieselter Baumstämme und grosser oft zusammenhängender Blöcke von Sphärosiderit in den Zwischenschichten zwischen jenem tiefen und höheren Flötze. Von dem Hauptflötze der östlichen Grubenfelder gibt er folgende Skizze:

	Kohle			Berge		
Hangendschieferthon (Mydlaky).	Klafter	Fuss	Zoll	Klafter	Fuss	Zoll
Kohle (Hangendflötz — Ctwrtina) .	—	2	6	—	—	—
Brandschiefer	—	—	—	—	2	—
Kohle (Hangendflötz — Třetina) .	2	—	—	—	—	—
Brandschiefer	—	—	—	—	3	—
Zu übertragen	2	2	6	—	5	—

	Kohle			Berge		
	Klafter	Fuss	Zoll	Klafter	Fuss	Zoll
Uebertrag	2	2	6	—	5	—
Kohle (Oberflötz — obere Bank) .	—	2	6	—	—	—
Schieferthon (Vopuka) . . .	—	—	—	—	—	2
Kohle (Oberflötz — untere Bank) .	—	2	6	—	—	—
Brandschiefer	—	—	—	—	3	—
Kohle (Unterflötz — obere Bank) .	—	1	6	—	—	—
Schieferthon (Vopuka) . . .	—	—	—	—	—	6
Kohle (Unterflötz — untere Bank)	1	2	—	—	—	—
Liegendschieferthon.	3	1	—	1	2	8
	4 Klafter 3 Fuss 8 Zoll.					

Das Unterflötz enthält eine mittelgute Steinkohle, welche dünne Lagen von Russkohle führt; das Oberflötz besteht aus Kohle von bester Qualität, welche vorzüglich rein, glänzend und fett ist. Dagegen wird die meist magere Kohle des Hangendflötzes durch einige Schieferthonschnürchen verunreinigt und ist überhaupt von geringerer Güte.

In dem Buštéhrader Westreviere und in den Kladnoer Grubenfeldern ist das Grundflötz noch nirgends angefahren worden. Die Beschaffenheit des Hauptflötzes in dem Buštéhrader West-Reviere wird durch folgendes Bild vor Augen geführt:

	Kohle			Berge		
Sandstein.	Klafter	Fuss	Zoll	Klafter	Fuss	Zoll
Hangendschieferthon (Mydlaky).						
Kohle (Oberbank) } Schieferthon (Vopuka) } . . Kohle (Oberbank) }	1	5	—	—	—	
Schieferthon (Vopuka)	—	—	—	—	—	3
Kohle (Mittelbank) } Schieferthon (Vopuka) } . . Kohle (Mittelbank) }	1	2	—	—	—	2
Schieferthon (Vopuka) .	—	—	—	—	—	5
Kohle (Unterbank) . .	2	1	—	—	—	—
	5	2	—	—	1	—
	5 Klafter 3 Fuss.					

Eine ähnliche Zusammensetzung wie diese besitzt das Kohlenflötz in den Kladnoer Bauen, wie dies aus nachstehender von Lipold gegebener Zusammenstellung hervorgeht:

Kladnoer Wenzelschacht.

	Kohle			Berge		
Brandschiefer.	Klafter	Fuss	Zoll	Klafter	Fuss	Zoll
Kohle (5. Bank) . . .	—	1	—	—	—	—
Schieferthon (4. Mittel) . .	—	—	—	—	—	8
Kohle (4. Bank) . . .	—	3	—	—	—	—
Schieferthon (3. Mittel) . .	—	—	—	—	—	2
Kohle (3. Bank) . .	1	3	—	—	—	—
Schieferthon (2. Mittel) .	—	—	—	—	—	2
Kohle (2. Bank) . .	—	3	—	—	—	—
Schieferthon (1. Mittel) .	—	—	—	—	—	6
Kohle (1. Bank) .	—	5	—	—	—	—
Schieferthon.	3	3	—	—	1	6
	3 Klafter 4 Fuss 6 Zoll.					

Kladnoer Thinnfeldschacht.

	Kohle			Mittel		
Schieferthon.	Klafter	Fuss	Zoll	Klafter	Fuss	Zoll
7. Bank	—	1	—	—	—	—
6. Mittel	—	—	—	—	—	8
6. Bank	—	2	—	—	—	—
5. Mittel	—	—	—	—	—	2
5. Bank	—	4	—	—	—	—
4. Mittel	—	—	—	—	—	2
4. Bank	—	2	9	—	—	—
3. Mittel	—	—	—	—	—	2
3. Bank	1	1	6	—	—	—
2. Mittel	—	—	—	—	—	2
2. Bank	—	4	4	—	—	—
1. Mittel	—	—	—	—	—	5
1. Bank, sehr gute Kohle	1	2	—	—	—	—
1. „ schieferige Kohle	—	5	—	—	—	—
Schieferthon.	5	4	7	—	1	9
	6 Klafter 4 Zoll.					

Im Allgemeinen liefern hier die im Streichen westlicher gelegenen Steinkohlen, sowie die tieferen, mehr im Innern der Mulde befindlichen eine bessere Kohle, welche leichter koket. Die fetteste und zur Verkokung am meisten gesuchte Kohle wird aus dem Hoffnungs-Schachte, dem Ludwig-, Johanni- und Prokopi-Schachte gefördert. Weniger fette, aber doch backende Kohle liefern die Kladnoer Baue, während in dem Rapicer und Buštěhrader Ostreviere, wie in der Brandeisler Grube nur magere, obschon theilweise gute Flammkohle erzeugt wird. (Lipold.)

Die Kohle des Hoffnung- und Ludwig-Grubenfeldes ist durchgehends backend und liefert die zum Betriebe der Kladnoer Hochöfen nothwendigen Kokes. Zu ihrer Verkokung sind auf der Adalbert-Hütte, diesem grossartigen Etablissement der Prager Eisen-Industrie-Gesellschaft, treffliche Anlagen ausgeführt worden.

Wohl mit allem Rechte sucht Herr Berggeschworener Lachenbauer auf den Buštěhrader Bauen diese verschiedene Beschaffenheit desselben Kohlenflötzes zum Theil wenigstens dadurch zu erklären, dass die Bedeckung des Flötzes im westlichen Reviere von einem Lettenlager gebildet wurde, während an anderen Stellen Sandstein oder Conglomerat darauf ruhe.

Die specifischen Gewichte der Kladnoer Kohlen wurden nach Proben aus dem Thinnfeld-Schachte der k. k. privilegirten Staatseisenbahn-Gesellschaft bestimmt, welche Herr Oberingenieur Klečka die Güte gehabt hatte, für unsere Untersuchungen auszuwählen:

Kohle aus der 1 Klafter 2′ mächtigen hangenden Bank . . . . = 1,316
„ „ „ 4 „ — „ Mittelbank . . . . = 1,291
„ „ „ — „ 4′ „ liegenden Bank, welche am reichsten an Kohlenschiefer ist . = 1,837

Ueber den Abbau des Kohlenflötzes in der Gegend von Kladno theilt uns Director Wala noch Folgendes mit:

Der Abbau des 3—5 Klafter mächtigen Flötzes ist wegen des aus Schieferthon bestehenden Dachgebirges ebenso beschwerlich als gefährlich, da auch die zahllosen die Kohle durchsetzenden, oft gar nicht wahrnehmbaren Sprünge ein plötzliches Hereingehen der unterschrämten Kohlenbänke veranlassen. In dem Wenzel-, Franz-, Layer-, Hoffnung- und Ludwig-Schacht wurde an jenen Punkten, wo die Flötzmächtigkeit $2^1/_2$ bis 3 Klafter beträgt, das ganze Mittel auf einmal herausgenommen, während an jenen Punkten, wo die Mächtigkeit über 3—5 Klafter beträgt, die obere Kohlenpartie in einer Mächtigkeit von 2 bis $2^1/_2$ Klafter für sich und die ebenso mächtige untere Kohlenpartie oder Sohlbank gleichfalls für sich vorgerichtet und abgebauet wurde. Der Abbau der Oberkohle ging ohne Anstand von Statten und es wurde fast rein abgebauet. Da aber, wie schon erwähnt worden, das hier im Abbaue stehende Flötz von sehr vielen Sprungklüften durchsetzt ist, so war es nicht leicht möglich, die Oberbank in stets gleicher Mächtigkeit abzubauen und es geschah, dass in der Sohle stellenweise eine Klafter und sogar nur 4 bis 5 Fuss Kohle zurückblieb. Durch diesen Umstand wird die Vorrichtung und der Abbau der Sohlbank vertheuert und der Procentfall der werthvollen Stückkohle wesentlich beeinträchtiget, und es dürfte an mehren Punkten der Fall eintreten, dass der Abbau der Sohlkohle als nicht lohnend wird unterlassen werden müssen. Durch diesen Umstand wird der durch diese Abbaumethode zu erzielen beabsichtigte Vortheil des reinen Abbaues zum Theil wieder aufgewogen. An jenen Punkten, wo das Flötz unbedeutende oder gar keine Störungen erlitten hat, wird durch diese Baumethode die sämmtliche Kohle gewonnen und dem Entstehen von Grubenbränden gänzlich vorgebeugt.[1])

Was die Vorrichtung und den Abbau der Unterbank anlangt, so erfolgt die Setzung des Verbrauchs nach Abbau der Oberbank in fünf Jahren vollständig, und man hat schon den Versuch durchgeführt, dass man bereits nach 2 Jahren nach erfolgtem Abbau der Oberbank zur Vorrichtung und zum Abbaue der Unter- oder Sohlbank schreiten könne, ohne die Arbeiter einer besonderen Gefahr auszusetzen.

Die auf den Buštéhrad-Kladnoer Werken gewonnenen Kohlen werden als Stückkohle, Würfelkohle, von Faustgrösse und grösser, Kleinkohlen, in nussgrossen und grösseren Stückchen, und Staubkohle geschieden, welche letztere nicht verkauft, sondern nur verkokt wird und dort zuweilen auch mit dem leicht zu Verwechselungen mit jüngeren Kohlen führenden Namen „Moorkohle" belegt wird. —

Zur weiteren Verfolgung der Kohlenflötze in westlicher Richtung hat man verschiedene Bohrlöcher angelegt, von denen mehre einen werthvollen Aufschluss ergeben haben. Die beiden Bohrlöcher (Nr. 29 und 30) bei Dokes gaben ein negatives Resultat; auch die Bohrlöcher (Nr. 31 und 32) bei dem Dorfe Žilina fuhren in geringer Tiefe den Thonschiefer an. Dagegen hat man S. von Lana an dem Wege nach Ploškow den Ausstrich der Kohlen getroffen, was zu der Anlage des nicht mehr im Betriebe stehenden Schachtes Nr. 30 Veranlassung gab, welcher die Kohlen schon in 8 Klafter Tiefe erreichte. Ebenso findet sich nach Lipold SW. von Lana im fürstlich Fürstenbergischen Thiergarten das Ausgehende eines Kohlenflötzes vor, das man mit kleinen Schächten (Nr. 31, 32, 33) in Angriff genommen hat, von denen einige noch betrieben werden. Das Kohlenflötz soll dort jedoch nur 3 Fuss mächtig und durch 2—3zöllige Schiefermittel in verschiedene Bänke getheilt sein. Weitere Bohrversuche wurden O. von Lana (Nr. 33), NW. von Lana (Nr. 34 a) und im fürstl. Fürstenbergischen Thiergarten (Nr. 34 b) durch die fürstl. Fürstenbergische Bergverwaltung ausgeführt, ohne dadurch ein günstiges Resultat zu erreichen.

Mit ebenso geringem Erfolge betrieb man verschiedene Schürfversuche in der Gegend von Ruda (Bohrloch 35, Schacht 34, 35, 36, 37), wenn auch mit einigen derselben schwache Kohlenflötze durchsunken wurden; dagegen berichtet Lipold von einem Kohlenbergbau, der NW. von letztbezeichneten Punkten in dem fürstl. Fürstenberg'schen Saugarten gelegenen Karolizeche (Schacht 38), in welchem ein dreifüssiges und unter demselben ein 19füssiges Steinkohlenflötz mit dem Streichen in St. 23 und westlichem Einfallen aufgeschlossen worden sein sollen; es ist jedoch der Fortbetrieb wegen Störung des Wildgeheges eingestellt worden.

Oestlich von Rakonic (Rakonitz) sind im Glashüttengraben oder in der sogenannten Belšanka von Seiten der Prager Eisen-Industrie-Gesellschaft Schürfungen auf Kohlen vorgenommen worden und man hat dort mittels eines Stollns (Nr. 8) ein 5 Fuss mächtiges Steinkohlenflötz angefahren, welches ein Streichen von N. nach S. und ein westliches Einfallen mit 15—20 Grad besitzt. Der Rakonic etwas näher gelegene Maresch'sche Steinkohlenbergbau (Schacht Nr. 41) bewegt sich schon seit langer Zeit auf zwei Kohlenflötzen von 4—5 Fuss Stärke. (Nach Lipold.)

In einer ähnlichen Reichhaltigkeit, wie bei Kladno, trifft man die Steinkohlenformation erst auf dem Grubencomplexe der Adalbertizeche (Schacht 42, 43) wieder an, die sich $1/2$ Stunde O. von der Stadt Rakonic an der Nordseite des grossen Teiches befindet.

Das Eigenthum dieser hoffnungsreichen Gewerkschaft, deren Bevollmächtigter Herr Gustav Župansky jun. ist, besteht aus 39 beliehenen Grubenmaassen und 3826 Quadrat-Klafter, wozu noch 34 Freischurfkreise gehören, welche den Flächenraum zwischen Lužna, Lišan, Rakonic und Lubna occupiren.[2])

---

[1]) Noch jetzt findet ein Grubenbrand auf dem Franz Joseph-Stolln des Buštéhrader Revieres statt. Gegenüber den nicht selten vorkommenden schlagenden Wettern sucht man sich nach Mittheilungen des Herrn Geschworenen Lachenbauer durch Sicherheitslampen zu schützen, welche der Kunstmeister Sauer in Mährisch-Ostrau construirt hat.

[2]) Vgl. H. Župansky (Schupansky), Programm zur Betheiligung an dem Ankaufe der Kohlenwerke der Rakonitzer Steinkohlengewerkschaft. Prag, November 1863. Mit Gutachten der Herren Professor Dr. Reuss, A. H. Beer, Director J. Wala und Professor Balling.

Fig. 15.

Nach der Linie *V W* (bei Rakonitz).

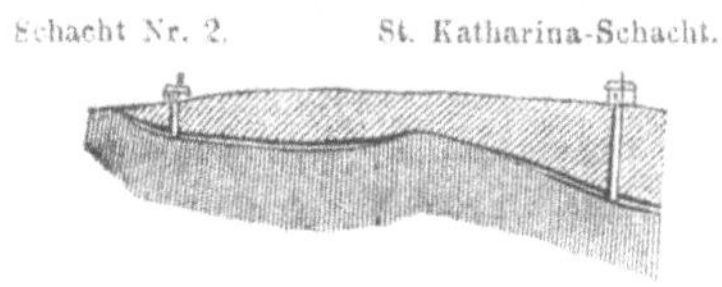

1 Wiener Zoll = 200 Klafter.

Das bereits belehnte und aufgeschlossene Terrain der Adalberti-Zeche beherbergt Kohlenflötze von bedeutender Ausdehnung und Mächtigkeit in nicht beträchtlichen Tiefen. Dieselben sind im südöstlichen Theile des Gebietes durch vier Schächte in einer Tiefe von 8 bis 14 Klafter angefahren, vollkommen durchteuft und durch Vorbereitungsstrecken zum Abbau vorgerichtet.

Die einzelnen Bänke des Kohlenflötzes sind in folgender Weise vertheilt:

	Kohle			Zwischenmittel		
	Klafter	Fuss	Zoll	Klafter	Fuss	Zoll
1. Bank. Oberflötz . . .	1	—	—	—	—	—
Zwischenmittel	—	—	—	—	—	6
2. Bank. Einschuhiges Flötzchen .	—	1	—	—	—	—
Zwischenmittel	—	—	—	—	—	9
3. Bank } Mittelbank	—	4	—	—	—	—
Sphärosiderit } Mittelbank .	—	—	—	—	—	4
4. Bank } Mittelbank	—	4	6	—	—	—
Zwischenmittel mit Sphärosiderit	—	—	—	—	5	7
5. Bank. Unterflötz	—	3	9	—	—	—
	3	1	3 Kohlen.			

Die die Flötze zusammensetzende Kohle ist zum grössten Theile von sehr guter Beschaffenheit, compact und frei von Schwefelkies. Sie ist gleichfalls eine Schieferkohle, welche aus stärkeren und schwächeren Schichten von Pechkohle mit etwas Russkohle und Kohlenschiefer besteht. Am reichsten an Pechkohle ist die aus dem Oberflötz, welche senkrecht zerklüftet ist, während die Mittelbank und besonders deren untere Hälfte in sehr grossen fest zusammenhängenden Tafeln bricht.

Das specifische Gewicht der reinen Pechkohle aus der Oberbank ist = 1,220,
das einer Schieferkohle aus der Mittelbank . . . . . . = 1,340.

Ueber die organischen Ueberreste, welche in grosser Menge auf den Kohlenflötzen der Adalberti-Zeche gefunden und von Herrn G. **Župansky** sorgfältig gesammelt worden sind, wollen wir uns später verbreiten; hier sei nur des häufigen Vorkommens kleiner flacher linsenförmiger Samen gedacht, welche in grosser Menge in den obersten Lagen des Kohlenflötzes gefunden werden. Dieselben besitzen ohngefähr 1 Linie Durchmesser und scheinen sämmtlich durch **Anthrakoxen** versteinert zu sein.[1])

Durch den jetzt in Angriff genommenen Bau der von **Prag** aus über **Rakonic** nach **Carlsbad** und **Franzensbad** führenden Eisenbahn werden in nächster Zeit der Adalberti-Zeche, an welcher diese Bahn vorüberführt, neue Abzugswege eröffnet, wodurch der bisher noch fehlende Absatz für diese trefflichen Kohlen im ausgedehntesten Maasse ermöglichet wird.

Westlich und nordwestlich von der Adalberti-Zeche wurden durch 4 Bohrlöcher dieser Gesellschaft (Nr. 43, 44, 45 und 46) weitere günstige Aufschlüsse für die Umgegend erlangt, dagegen stiess das W. von Rakonic stehende Bohrloch (Nr. 47) in der 71. Klafter auf **Diorit**, und das fürstlich Fürstenbergische Bohrloch (Nr. 48) in der 41. Klafter auf Thonschiefer, ohne ein Kohlenflötz getroffen zu haben.

SO. von Rakonic sind an der Grenze der Steinkohlen- und Grauwackenformation mehre Steinkohlenbergbaue eröffnet worden, und zwar der **Meyer**'sche (Sch. 44) zwischen dem Hammerbache, dem Neu-Teiche und dem Rakonic-Bache, der **Žak**'sche (Sch. 45) zwischen dem Senecer und Rakonicer-Bache, der **Maschek**'sche (Sch. 46) westlich an den letztgenannten anstossend, dann der **Ullmann**'sche (Sch. 47) und der **Wurmbrand**'sche (Sch. 48) südwestlich vom ersteren am Senecbache. Die hiermit getroffene Flötzbildung hat im Allgemeinen viel Aehnlichkeit mit jener bei der Adalberti-Zeche, nur sind bei der letzteren die Flötze ergiebiger. Bei dem Dorfe **Senec** selbst fuhr man in dem Schachte (49) in der Tiefe von 7 bis 12 Klafter ein 5 bis 6 Fuss mächtiges Kohlenflötz an, das eine gute Kohle aber zahlreiche Verwerfungen enthält. (**Lipold**.)

Unmittelbar bei dem Dorfe **Lubna**, SW. von Rakonic, ist der gräflich **Nostitz**'sche Steinkohlenbau (Sch. 50) im Betriebe. Es ist dieses Werk angeblich mit 16 bis 20 Grubenmaassen beliehen

[1]) **Göppert** hat diese Samen schon in seiner Preisschrift (Leiden, 1848. p. 74. Tf. VII. f. 17) aus der Friedrichsgrube zu Zawada im Nikolaier Reviere und aus den die Kohlen begleitenden Brandschiefern von Dombrova im Krakauischen als *Carpolithes coniformis* beschrieben, wo sie, wie hier, mit Sigillarien zusammen vorkommen. Wie aber aus unseren früheren Mittheilungen S. 87 hervorgeht, ist in den oberschlesischen Kohlen der Gegend von Nikolai, der Napoleon-Grube bei Makran und der Burghard-Grube, auch das Antrakoxen vorgekommen.

und besteht seit 50 bis 60 Jahren als das älteste Kohlenwerk in der Gegend von Rakonic. Unter den drei jetzt gangbaren Schächten ist der Barbara-Schacht der Maschinenschacht, dessen Verhältnisse man aus Herrn Lipold's Darstellung genauer kennen lernt. Nach den mir durch Herrn Bergmeister Schreiber an Ort und Stelle gewordenen Mittheilungen beträgt die Totalmächtigkeit des auf dem Nostitz'schen Werke gebaueten Kohlenflötzes 5 Fuss 5 Zoll, wovon etwa 4 Fuss gewonnen werden.

In der Oberbank des Flötzes, welche aus einer schweren Schieferkohle und der 12—14″ starken Firstkohle besteht, worin schwache Lagen von Pechkohle, Russkohle und Kohlenschiefer wechseln, trifft man jene kleinen, flach linsenförmigen Samen in grösster Häufigkeit an, die aus der oberen Bank der Adalberti-Zeche als *Carpolithes coniformis* Gö. schon Erwähnung gefunden haben.

Dieselben fehlen jedoch auch den tieferen Schichten des Kohlenflötzes von Lubna nicht. Die Mittelbank des Flötzes, deren untere weiche Partie als Schrämschicht benutzt wird, liefert eine gute Schmiedekohle, deren specifisches Gewicht zwischen 1,064 und 1,353 schwankt. Die Sohlbank ist eine regelmässig geschichtete Schieferkohle, welche ziemlich fest ist und in grösseren Tafeln bricht. Man pflegt sie nicht abzubauen. Die gewonnenen Kohlen werden in Grosskohle, Mittelkohle und Lösche geschieden.

Das ganze Grubenfeld ist von mehren Verwerfungen durchzogen, von denen indess die grösste 8 Klafter Saigerteufe nicht überschreiten soll. Man hat diese zahlreichen Störungen der Flötze bei Lubna und Rakonic der Einwirkung des Diorit zugeschrieben, [1]) von welchem ein ansehnlicher Rücken im Süden des v. Nostitz'schen Grubenfeldes mitten in das Steinkohlengebirge hineinsetzt. Ich habe mich von dem mit dieser Annahme zusammenhängenden jüngeren Alter des Diorites und Syenites in der Gegend von Rakonic nicht überzeugen können; auch hat mir Herr Bergmeister Schreiber mitgetheilt, dass man den Diorit auf dem westlichen Theile des v. Nostitz'schen Grubenfeldes im Liegenden der Kohlen angetroffen habe, ohne hier eine Störung des Flötzes wahrnehmen zu können. Mehre Gänge von wirklichem Diorit und Syenit durchsetzen O. und SO. von Rakonic allerdings das alte silurische Grauwackengebirge und greifen, wie dies nicht anders zu erwarten ist, gleichzeitig mit diesem oft in zungenförmigen Vorsprüngen in das benachbarte Steinkohlengebirge hinein.

Bei einem Ausfluge in diese lehrreiche Gegend im August 1864, wo Herr Župansky die Güte hatte, mir mehre der von ihm beschriebenen Gänge im Senecer Thale an Ort und Stelle zu zeigen, ist es mir wahrscheinlich erschienen, dass jener Syenit und Diorit, wie in anderen Ländern, schon während der Grauwackenzeit die silurischen Schiefer durchbrochen habe und dass wahrscheinlich Gesteine von einem weit jüngeren Alter erst nach der Bildung der Steinkohlenformation neue Verschiebungen der Schichten bewirkt haben mögen. (Vgl. auch die Gegend von Pilsen.)

Ueber die mit einem Bohrversuch der Prager Eisen-Industrie-Gesellschaft südwestlich von Rakonic bei Přičina durchschnittenen Schichten hat uns Herr Director Wala das nachstehende Profil zugehen lassen:

Mächtigkeit				Teufe		
Klafter	Fuss	Zoll		Klafter	Fuss	Zoll
—	2	—	Dammerde	—	2	—
2	—	—	Töpferthon	2	2	—
1	5	6	Rothe Letten	4	1	6
—	—	6	Weisser Sandstein	4	2	—
2	4	8	Grauer Sandstein mit Conglomerat	8	5	2
3	4	3	Rothe Letten	12	3	5
6	5	7	Weisser Sandstein	19	3	—
—	2	4	Rothe Letten	19	5	4
—	3	11	Weisser Sandstein	20	3	3

[1]) Vgl. Reuss, über die geognostischen Verhältnisse des Rakonitzer Beckens in Böhmen, 1858. — Lipold a. a. O. — G. Schupansky, in dem Jahrbuche der k. k. geologischen Reichsanstalt XIII. Heft 1 Seite 139—142.

Mächtigkeit				Teufe		
Klafter	Fuss	Zoll		Klafter	Fuss	Zoll
—	1	—	Rothe Erde	20	4	3
—	4	6	Rother Sandstein	21	2	9
—	5	6	Rothe Letten	22	2	3
1	—	6	Weisser Sandstein	23	2	9
—	3	11	Rother Sandstein	24	—	8
—	1	3	Weisse Letten	24	1	11
—	3	2	Zinnoberrothe Letten	24	5	1
1	2	6	Dunkelrothe Letten	26	1	7
1	3	4	Weisser Sandstein	27	4	11
—	—	10	Zinnoberrothe Letten	27	5	9
1	—	—	Schieferthon	28	5	9
—	2	—	Weisser Sandstein	29	1	9
—	1	—	Schieferthon	29	2	9
3	2	2	Dichter weisser Sandstein	32	4	11
—	2	8	Grauer Sandstein	33	1	7
—	1	4	Graue Letten	33	2	11
—	—	5	Schwarze Letten	33	3	4
—	5	5	Dichter weisser Sandstein	34	2	9
—	2	3	Graue Letten	34	5	—
—	2	3	Schwarze Letten	35	1	3
—	2	2	Grauer Sandstein	35	3	5
—	2	3	Letten mit Pflanzenabdrücken	35	5	8
—	1	4	Grauer Sandstein	36	1	—
—	2	4	Graue Letten	36	3	4
—	—	7	Schwarze Letten	36	3	11
—	2	—	Kohle	36	5	11
—	1	2	Weisser Sandstein	37	1	1
—	1	—	Graue Letten	37	2	1
—	5	6	Grauer Sandstein	38	1	7
—	—	10	Kohle	38	2	5
—	—	9	Grauer Sandstein	38	3	2
—	4	4	Kohle	39	1	6
—	1	5	Graue Letten mit Pflanzenabdrücken	39	2	11
—	—	9	Kohle	39	3	8
—	3	2	Graue Letten mit Pflanzenabdrücken	40	—	10
1	—	7	Graue Letten	41	1	5
1	3	10	Grauer Sand	42	5	3
—	—	6	Schwarze Letten			
—	—	3	Kohle	43	2	5
—	2	5	Grauer Sandstein			
—	1	3	Grauer Sand mit Kohlentrümmern	43	3	8
—	1	9	Grauer Sandstein	43	5	5
—	1	4	Kohle	44	—	9
—	1	10	Grauer Sand	44	2	7
—	—	11	Grauer Sandstein	44	3	6
—	1	10	Weisser Sandstein	44	5	4
—	2	6	Kohle	45	1	10
—	—	5	Grauer Schieferthon	46	2	—
—	5	9	Grauer Sandstein			
2	4	—	Weisser Sandstein	49	—	—
—	1	10	Kohle	49	1	10
—	—	10	Grauer Sandstein	49	2	8

Mächtigkeit				Teufe		
Klafter	Fuss	Zoll		Klafter	Fuss	Zoll
—	2	9	Kohle	49	5	5
—	—	9	Grauer Sandstein	50	—	2
—	—	2	Kohle }	50	1	11
—	1	7	Grauer Schieferthon }			
2	3	—	Thonschiefer als Grundgebirge . .	52	5	—

Man hat in diesem Bohrloche das Rothliegende durchschnitten, das man vielleicht bis 29 Klafter 2 Fuss 9 Zoll Tiefe ausdehnen kann, ehe man die Steinkohlenformation erreichte.

Bevor wir den langen südlichen Hauptflötzzug verlassen, sei noch erwähnt, dass man denselben selbst noch in der Nähe von Petrowic durch Bohrlöcher und Schürfe aufgeschlossen hat und dass auch in dieser Gegend die rühmliche Thätigkeit der Prager Eisen-Industrie-Gesellschaft entsprechende Erfolge gewonnen hat. Dagegen wurde in dem bei Woračen befindlichen Bohrloche ein Kohlenflötz nicht angetroffen.

b) Der nördliche oder hangende Flötzzug.

In einer grösseren Entfernung von dem südlichen Rande der Steinkohlenformation kennt man im Schlan-Rakonicer-Kohlenbassin einen hangenden Flötzzug, dessen Schichten im Allgemeinen ein ähnliches nördliches, nordöstliches oder nordwestliches Einfallen zeigen, wie jene des tieferen Flötzzuges, die in der Nähe des Südrandes abgebauet werden.

Von Ost nach West diesen nördlichen Zug verfolgend, begegnen wir ihm zunächst bei Welwarn. Nördlich von dieser Stadt erreichte ein Schacht in der neunzehnten Klafter ein $1^1/_2$—$2^1/_2$ Fuss mächtiges Kohlenflötz, das aus vier Bänken bestand und $1^1/_6$—$1^1/_2$ Fuss Kohlen führte. Dasselbe streicht St. 4—5 und fällt 13—14° nach NNW. ein.

Ebenso ist die Existenz eines Kohlenflötzes bei Podležin, O. von Schlan, erwiesen, das aus drei Bänken bestehend nur eine Mächtigkeit von 2 Füss 7 Zoll zeigt. Dennoch wird seit geraumer Zeit hier Abbau darauf betrieben.

Südöstlich von Schlan, nächst der nach Prag führenden Poststrasse und N. von dem Dorfe Gemnik, befindet sich der Stül'- und Mik'sche Steinkohlenbergbau, der bereits seit dem Jahre 1795 urkundlich bekannt ist. Das 3 Fuss mächtige Kohlenflötz streicht in St. 5 und fällt mit kaum 10° in Nord ein. Ungefähr 2 Klafter im Liegenden desselben hat man ein zweites Flötz von 15—18 Zoll Stärke getroffen.

Auf dem Baron Riese'schen Steinkohlenbergbau in der Stadt Schlan selbst besteht das 3 Fuss mächtige Kohlenflötz aus zwei Kohlenbänken, deren obere 12 und untere 20 Zoll Stärke zeigt, während $1^1/_2$ Klafter unter demselben ein zweites Kohlenflötz von nur 10—12 Zoll Stärke bekannt ist.

Westlich von Schlan befinden sich zwischen dem Malkowicer und Libowicer Bache eine sehr grosse Anzahl von Steinkohlenbauen, welche mit wenig tiefen Schächten betrieben werden. Lipold fand die Tiefe derselben bei Tuřan zwischen 6 und 16 Klafter, am Tummelplatz 4—6 Klafter, bei Jedomelic 3—4 Klafter, bei Libowic in der Nähe des Baches 3—4 Klafter, zwischen Libowic und Kwilic jedoch auch 16—22 und 34 Klafter. Streichen und Fallen der hier eröffneten Flötze stimmte mit dem in dem Schlaner Baue überein, nämlich St. 4—5 mit NNW. — Einfallen von 5—6°. Die Flötze, welche hiernach sehr flach liegen, streichen an dem Gehänge südlich von Tuřan, Tummelplatz und Stern aus. In Tuřan und in den Bauen zwischen Libowic und Kwilic finden sich drei verschiedene nur durch Zwischenmittel von einigen Klaftern getrennte Kohlenflötze vor, von denen keines eine Mächtigkeit von 3 Fuss überschreitet. Am schwächsten zeigt sich das oberste, im Allgemeinen ist jedes dieser Flötze durch ein taubes Zwischenmittel von 6—12 Zoll in zwei Bänke geschieden.

Während das tiefste dieser Flötze an einigen Stellen einen grossen Reichthum an fossilen Pflanzen enthält, welche dasselbe zu der eigentlichen Steinkohlenformation verweisen, so dass Lipold keinen Zweifel hegt, dass auch das mittlere Flötz noch dazu gerechnet werden müsse, so findet man öfters dicht über dem oberen Flötze einen Brandschiefer, die sogenannte „Schwarte" liegen, welcher seinen organischen Ueberresten nach zu der unteren Dyas oder dem unteren Rothliegenden gehört, ohne dass eine scharfe Grenze zwischen dieser Formation und der Steinkohlenformation bei der gleichförmigen Lagerung ihrer Schichten hier zu ermitteln gewesen wäre.

Die in diesem Brandschiefer vorkommenden Arten sind *Acanthodes gracilis* Beyr. sp., *Xenacanthus Decheni* Goldf. sp. und *Palaeoniscus* sp., welche von *Palaeoniscus*, *Vratislaviensis* Ag. wohl kaum verschieden ist, Leitfische für die untere Dyas, die man mit zahlreichen Excrementen dieser Thiere hier zusammen findet. Hauptfundorte für solche Thierreste sind ausser dieser Gegend namentlich Naumeřic, S. v. Welwarn, wo man dieselben zum Theil in diesem Brandschiefer, zum Theil in Sphärosiderit-Nieren antrifft. Eine dieser Nieren aus der Gegend von Schlan aber, die ich bei Herrn Assistent Jacobi auf der Adalberthütte in Kladno sah, enthielt ein Fossil, das man füglich nur für *Calamites gigas*, eine wichtige Leitpflanze für die untere Dyas ansprechen kann. Das Rothliegende in der Gegend von Schlan hat auch in der Hinsicht mit jenem allerdings weit mächtiger in dem nordöstlichen Böhmen auftretenden Aehnlichkeit, dass man in seinem Gebiete in der Gegend von Lottausch, N. von Tuřan, ein röthliches Kalkflötz von ohngefähr 18″ Stärke antrifft, welches Herr Baumeister Stech in Schlan behufs der Cementgewinnung auf weite Strecken hin in westlicher Richtung verfolgt hat. Dasselbe führt nach seiner Mittheilung gleichfalls häufig Reste von Fischen. Während die östliche Fortsetzung dieser dyadischen Schichten bis in die Gegend von Naumeřic reicht, ist ihre westliche Fortsetzung durch die mit gleichen Fischresten beladenen Brandschiefer von Kroncow, Hředl und Konowa erwiesen. Aus dem Brandschiefer von Hředl sah ich einen Zahn des *Xenacanthus Decheni* in der Sammlung des Herrn G. Župansky auf der Adalberti-Zeche bei Rakonic.

Mehre schwache Kohlenlager, auf denen am südlichen Fusse des Šban Waldes in der Gegend von Hředl und Mutiowic Abbau betrieben wird, gehören dem Rothliegenden an, wie wir aus der trefflichen Schilderung dieser Gegend durch Reuss a. a. O. entnehmen müssen.

Eine grössere technische Bedeutung haben sie nicht.

Bei einem Besuche der eine Stunde NW. von Schlan bei St. Johann nächst Lottausch gelegenen Kohlenbergwerke des Hauptmann von Bayer zieht ein grauer conglomeratartiger Sandstein, sogenannter „Sandfels", welcher in zwei der dortigen Schächte mit einer Mächtigkeit von 5—6 Klafter das Steinkohlenflötz unmittelbar überlagert, die Aufmerksamkeit auf sich. Derselbe entspricht seiner ganzen Beschaffenheit und seinen Lagerungsverhältnissen nach, an dem Dache der productiven Steinkohlenformation und an der Basis des unteren Rothliegenden, ganz der grauen Conglomeratbildung in der unteren Etage der unteren Dyas in Sachsen.

Das gegen 3′ mächtige Kohlenflötz, welches auf den v. Bayer'schen Schächten gebauet wird, besteht aus 3 Abtheilungen, von denen die mittlere die beste ist.

Im Schacht Nr. 7 bestand die Oberkohle aus Schichten von Pechkohle, dunkelbraunen und schwarzen Lagen von Brandschiefer, und etwas Russkohle, zum Theil mit einem Anfluge von Bleiglanz und von weissen Klüften durchzogen.

Eine Probe aus der Mittelbank, welche viel Russkohle enthält, zeigte nur 1,143 specifisches Gewicht, das Sohlflötz bestand aus einer der Grobkohle sich nähernden Schieferkohle. Unter den hier gesammelten Pflanzenresten bin ich nur einem Exemplare einer *Sigillaria* begegnet, was hervorzuheben ist, da man nach früheren Untersuchungen in diesem oberen Flötzzuge noch keine Art dieser Gattung getroffen hatte.

Die von hier und der Umgegend von Schlan überhaupt von mir unterschiedenen Pflanzenreste, unter denen ich einige in den Sammlungen des Herrn Ingenieur Schmid und Assistent Jacobi in Kladno, andere auf den Halden selbst beobachtet habe, sind folgende:

Calamites approximatus Schl.
„ *cannaeformis* Sch.
* *Asterophyllites equisetiformis* Schl. sp.
* *Sphenophyllum oblongifolium* Germ.
Sphenopteris irregularis St.
* *Odontopteris* sp. wie bei Stradonitz.
Cyatheites arborescens Schl. sp.
„ *dentatus* Bgt. sp.
„ *pennaeformis Artis* sp.
* *Cyatheites argutus* Bgt. sp.
* *Alethopteris Serli* Bgt. sp.
„ *pteroides* Bgt. sp.
Lepidodendron laricinum St.
Diplotegium Brownianum Corda (cf. *Sigillaria rimosa* Goldenb.
Sigillariae sp. (*prope S. oculata* Schl.)
* *Noeggerathia palmaeformis* Gö.
* „ *crassa* Gö. und mehre Früchte.

Unter diesen bezeichnen die mit einem * hervorgehobenen Arten jedenfalls eine der obersten Zonen der Steinkohlenformation.

4. Die Steinkohlenbergbaue in der Umgebung von Radnitz.

Von

Herrn Hüttenmeister **Carl Feistmantel** in Břas.

Ungefähr zwei Meilen nordöstlich von Pilsen trifft man auf eine Anzahl von Bergbauen, in welchen die, nach dem in unmittelbarer Nähe befindlichen Städtchen Radnic (= Radnitz) benannten, seit langer Zeit im Handel vorkommenden Radnitzer Steinkohlen gewonnen werden. Diese Bergbaue gehen auf Lagern von Steinkohlen um, welche sich in mehren einzelnen Becken vorfinden. Von diesen ist jenes das bedeutendste, auf dessen Gesteinsschichten Radnic selbst steht, und das in seiner südlichsten Ausdehnung bei Oberstupno beginnend, sich gegen Norden über Wranow und Wranowic gegen Heiligkreuz ausdehnt, von hier einestheils über Nemtschowic bis nach Lhotka, anderseits nach Radnic erstreckt, wo es in einen schmalen Streifen zwischen den, östlich und südwestlich von Radnic ansteigenden Aphanithügeln zusammengedrängt wird, und erst hinter dieser Einengung südlich und östlich von Radnic zwischen den Dorfschaften Přivétic, Skomelno, Wejwanow und Chomle wieder zu grösserer Ausdehnung gelangt. — Auch zwischen Wranowic und Heiligkreuz werden die Schichten dieses Steinkohlenbeckens in ihrer Breitenausdehnung beschränkt, so dass die Horizontal-Projection desselben eine gleichsam aus drei grösseren Partien vereinte Fläche darstellt, welche bei Wranowic und Radnic nur durch schmale Zungen unter einander zusammenhängen. Diese einzelnen Partien unterscheiden sich ferner durch den in denselben abgelagerten Kohlenreichthum von einander, wodurch es gerechtfertiget erscheint, dass dieselben als eigene Becken benannt werden, von denen jenes zwischen Stupno, Wranow und Wranowic liegende als das Břaser, der über Nemtschowic und Lhotka verbreitete Theil, als Nemtschowicer, und der südlich und östlich von Radnic befindliche als das Wejwanower Becken bekannt sind.

Weit kleiner sind die übrigen einzelnen Kohlenmulden, die um das Radnicer Becken zerstreut sind. Es sind diese:

Das Becken von Darova (= Darowa),
" " " Mosstic (= Moschtitz),
" " " Svina (= Swina),
" " " Gross-Lochowic (= Lochowitz),
" " " Klein-Lochowic, und
ein kleines Becken zwischen Svina und Kockow.

Keines dieser Becken liegt südlich von den drei erstgenannten. Das Becken bei Darova findet sich westlich von Wranowic, auf der Höhe zwischen diesem Dorfe und Darova (einem am Miesflusse nach Ass. David in 142 Klaftern Seehöhe gelegenen Orte) mehr in der Richtung von NO. nach SW., von O. nach W. ausgedehnt. Alle übrigen Becken liegen nördlich und nordöstlich von Radnic, und zwar das Mossticer Becken unmittelbar am Dorfe Mosstic, in so geringer Ausdehnung, dass seine Längenachse kaum 100, die Breite ungefähr nur die Hälfte davon an Klaftern misst. Dennoch ist dasselbe an seinem ganzen Umfange vom Grundgebirge begrenzt und bildet eine vollkommen isolirte selbstständige Mulde.

Oestlich davon und nördlich vom Wejwanower Becken liegt von N. gegen S. erstreckt das Kohlenbecken von Gross-Lochowic; noch weiter nordöstlich, circa $^1/_2$ Stunde Wegs von letzterem entfernt, jenes von Klein-Lochowic. In weiterer nördlicher Entfernung von Mosstic ist das Kohlenbecken von Svina abgelagert, an der südlichen Abdachung des Rückens, auf welchem das Dorf Svina selbst steht. Nordwestlich von diesem Dorfe endlich treffen wir auch noch auf eine kleine Partie Gesteinsschichten zwischen Svina und Kockow, welche nach ihrer petrographischen Beschaffenheit, als auch nach den in denselben beobachteten Pflanzenresten unzweifelhaft zu den Steinkohlengebilden gezählt werden müssen, obwohl Steinkohlenlager in denselben nicht vorkommen.

Situation
der Steinkohlenbecken in der Umgebung von Radnitz.

Fig. 16.

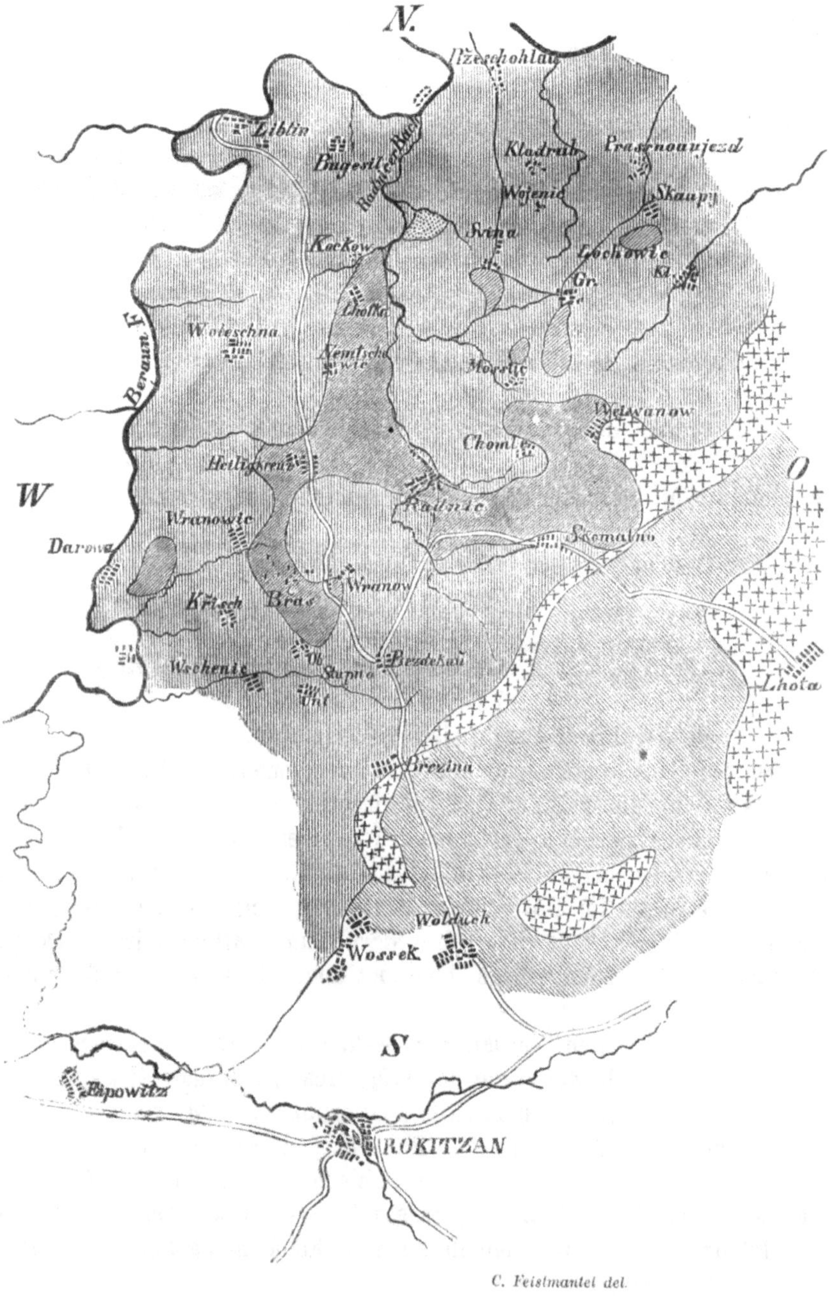

C. Feistmantel del.

Fig. 16 a.

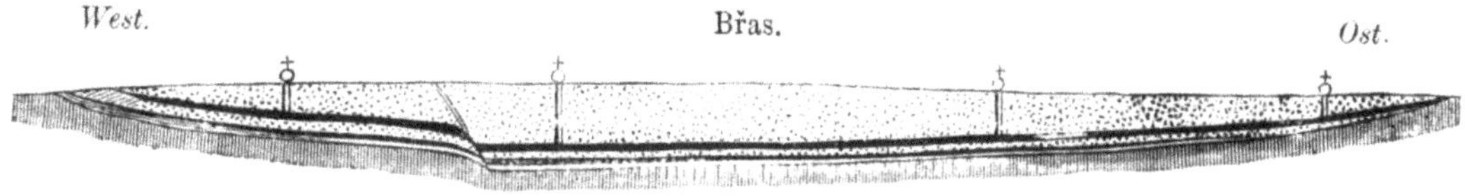

Durchschnitt durch das Břaser Becken von West nach Ost.

Fig. 16 b.

Durchschnitt von Darowa über Břas und Radnic nach Wejwanow.

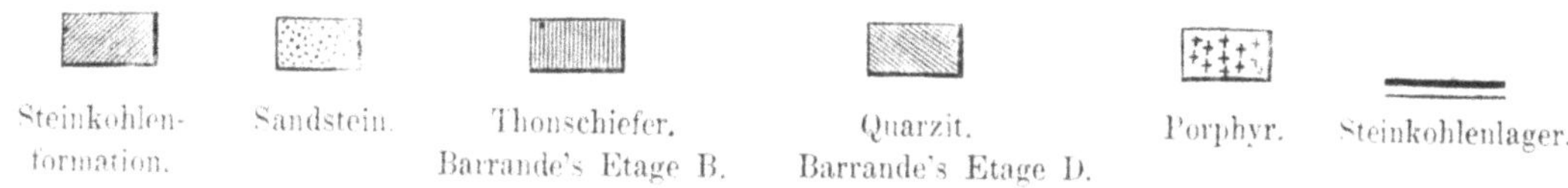

Das Grundgebirge sämmtlicher im Vorhergehenden aufgezählten Steinkohlengebilde besteht aus den azoischen Schichten des im Mittel von Böhmen verbreiteten silurischen Gebirges, den Thonschiefern der unteren versteinerungsleeren Abtheilung oder Etage B Barrande's, die häufig mit Gängen von Diorit mit Aphanit-Stöcken und Kieselschiefer-Kuppen durchsetzt sind. Nur an ihrer äussersten östlichen Ausdehnung kommen die Gesteinsschichten des Wejwanower Kohlenbeckens mit Porphyren in Berührung, und werden von diesen zum Theile untersetzt. Diese Porphyre gehören dem, das Silurgebirge in der Richtung von NO. gegen SW. durchsetzenden, und von Pürglitz über Zbirow bis Rokitzan ohne Unterbrechung anstehenden Porphyrzuge an, der nach allen Anzeichen bereits vor der Ablagerung der Steinkohlenbecken bei Radnic gebildet war.

Die die Unterlagerung der besprochenen Steinkohlenbecken ausmachenden silurischen Thonschiefer bilden ein wellenförmig hügeliges Terrain, das nur durch einzelne Thaleinschnitte unterbrochen wird. Von diesen ist der bedeutendste jener, der das Flussbett der Mies enthält. Dieser schlängelt sich von Pilsen kommend bei Nadrib bis gegen Liblin nördlich, von da ab aber nordöstlich. Sämmtliche Steinkohlenbecken der Umgebung von Radnic liegen an dessen rechten Ufer. Der zweite grössere Thaleinschnitt zieht sich von Radnic nördlich und führt den Radnicer Bach ab, der bei Rakolaus in den Miesfluss mündet. Die übrigen Thaleinschnitte sind meist kürzere Wasserrisse, die theils in westlicher Richtung zum Flusse, theils in östlicher zum Radnicer Bache gehen, woraus zwischen diesen beiden Rinnsalen ein Höhenrücken resultirt, während östlich vom Radnicer-Bache ein unebenes Hochplateau besteht. Es ist bemerkenswerth, dass fast sämmtliche Steinkohlenflötze hier in den höheren Gegenden abgelagert vorkommen.

Nach David ist das Steinkohlenwerk Břas bei Radnic 1422 Fuss über dem Meere gelegen; die höheren Punkte des Břaser Beckens können mit annähernd 1450 Fuss Meereshöhe angenommen werden.

In fast gleicher Höhe liegt das Wejwanower, das Gross- und Klein-Lochowicer, das Svinaer und Mossticer Becken. Dagegen senkt sich das Némtschowicer Becken unter das Břaser allmählig in nördlicher Richtung um fast 35 Klafter und Radnic selbst um 45 Klafter hinab. Auch das Darovaer Becken liegt um beiläufig 45 Klafter tiefer als das Břaser Becken.

In ihrer Zusammensetzung bieten die sämmtlichen aufgezählten Kohlenbecken nur wenig Mannigfaltigkeit dar. Ueberall sind es nur Sandsteinschichten und Schieferthone, die in bald grösserer, bald geringerer Entwickelung auftreten, von denen bald die eine, bald die andere Gesteinsgattung untergeordnet erscheint, oder selbst ganz fehlt. Die Sandsteinschichten gehören vorwaltend zwei Varietäten an. Die eine davon zeichnet sich durch die Beimengung von sehr viel Kaolin aus, das das Bindemittel der Quarzkörner abgibt. Diese sind bald klein, bald grob, und bedingen so Gesteine von verschiedener Textur. Die Farbe des Gesteins ist selten weiss, vorwaltend gelblich, bräunlich oder röthlich grau. Zu den Gemengtheilen gehören ausser den Quarzkörnern Trümmer von Kieselschiefer und mehr oder weniger häufig weisse Glimmerblättchen.

Eine besondere Eigenschaft dieses Gesteins ist dessen geringe Festigkeit, eine lockere Consistenz, die es fast unmöglich macht, grössere Stücke davon zu gewinnen, oder überhaupt dasselbe als Baustein zu verwenden. Stücke aus dieser Sandsteinart können fast immer leicht in der Hand zu Grus zermalmt werden. Der grosse Gehalt an Kaolin hat aber demselben eine andere örtliche technische Verwendung gegeben; es wird nämlich sehr häufig als Bindemittel bei gewöhnlichen Bauten benutzt, und ist als solches unter dem Localnamen „Moltiř“ bekannt. Wo diese Sandsteinschicht vorkömmt, nimmt sie immer die höchste Lage unter den zum Kohlengebirge gehörigen Gesteinsschichten ein. Dieselbe geht unten in Sandsteinlagen mit mehr thonigem oder eisenschüssigem Bindemittel, von weissgrauer und grünlichgelber Farbe, festerem, meist feinkörnigem Gefüge über, die in einzelnen Schichten mehr oder weniger schiefrige Textur annehmen. Sowohl in diesem, als in dem zuerst geschilderten Sandsteinlager treten einzelne Partien von conglomeratischer Beschaffenheit auf, die jedoch wegen ihres bloss lockeren Zusammenhanges in den kaolinischen Gesteinsabänderungen mehr den Namen von Geröllbänken verdienen. — Die in demselben vorkommenden Geschiebe sind vorwaltend Grauwacke (Quarzit), Kieselschiefer, weisse und verschieden grau gefärbte, durchscheinende und undurchsichtige Quarze und Porphyre. — Eine andere bemerkenswerthe Eigenschaft beider Sandsteingebilde sind die, an entblössten Wunden derselben überall zum Vorschein kommenden sphärischen Zeichnungen, die deutlich als Ausscheidungen von Eisenoxydhydrat, theilweise noch im Entstehen und Fortbilden begriffen, sich darstellen und die Wirkung einer fortschreitenden Metamorphose kund geben. —

Im Allgemeinen treten erst unter diesen Sandsteinschichten Schieferthone auf. Bei diesen herrscht blaugraue Färbung vor; doch fehlen Schichten von gelber, röthlicher, dunkelgrauer Farbe nicht, so dass Wände aus diesen Schieferthonen ein oft buntgestreiftes Ansehen haben. Sie nehmen Sandkörner in wechselnder Menge auf und bilden so Uebergänge zu Sandsteinschiefer. Letztere werden, zwischen Schieferthonen eingelagert, nicht selten eisenhältig, erscheinen dann gelb gefärbt und entwickeln eine Anlage zur sphärischen Structur; ja einzelne Lagen sehen streckenweise ganz so aus, als wären sie aus flachgedrückten Sphäroiden zusammengesetzt. Wirkliche Sphärosiderite, eisenhaltige Geoden, sind im Bereiche der Schieferthone, ebenso auch in den Sandschichten, keine Seltenheit; sie kommen aber fast immer vereinzelt, nie in zusammenhängenden Lagen in grösserer Menge bei einander vor.

Obwohl die Schieferthone vorwaltend unter den Sandsteinen und unmittelbar über der Kohle vorkommen, so findet man doch stellenweise Schieferthonlager zwischen die Sandsteinschichten eingeschoben, so dass eine Unterbrechung im Complexe derselben durch Ablagerung von Sandmaterial eingetreten ist. — Ausser dieser Unregelmässigkeit finden auch noch anderweitige in der Ablagerung der Gesteinsschichten statt.

Die Schieferthone nämlich, eben so wie die unteren und oberen Sandsteinschichten sind nicht gleichförmig und in gleicher horizontaler Verbreitung vorhanden. — Schon an den Rändern des Beckens trifft man bald die eine bald die andere Gesteinsgattung weiter hinausgeschoben, und daher sehen wir nicht selten die Kohlenlager statt von Schieferthonen von Sandstein oder Moltiř unmittelbar überlagert. Zudem ist nicht jede höhere Gesteinsschicht conform ihrer Unterlage abgelagert. Es kömmt vor, dass die höheren Schichten ein fast ganz entgegengesetztes Verflächen haben, als die unter ihnen liegenden Schichten, und es lässt sich der Grund zu diesen verschiedenen Verflächen der einzelnen Lagen in der allmähligen Verschwächung und Auskeilung einzelner Schichten deutlich erkennen.

Daraus folgt, dass die Materialien, die zur Bildung der einzelnen Schichten gedient haben, nicht in gleichem Maasse ausgebreitet, sondern bald mehr bald weniger weit vorgeschoben worden sind, wodurch das stellenweise Aufhören einzelner Schichten und die abweichende Lagerung der über ihnen folgenden Lagen sich erklärt. — Mit diesem Umstande verbindet sich die Erscheinung, dass die Kohlenlager stellenweise eine Zeit lang noch unbedeckt am Tage gelegen haben mussten, während sie anderorts schon von Thonen und Sand bedeckt waren. Man findet nämlich in den obersten Schichten des Břaser Beckens häufig und namentlich in dessen südlicher Verbreitung, wo die ziemlich ausgedehnte Kieselschieferkuppe (der Hasenberg) sich aus den silurischen Thonschiefern erhebt, Blöcke von Kieselschiefer eingelagert, die durch ihre scharfen Kanten und ihre Grösse deutlich beurkunden, dass sie keineswegs einen weiten Transport erlitten haben können. Diese Blöcke nun liegen theilweise mit den obersten Sandsteinlagen vermengt; stellenweise aber findet man sie unmittelbar auf der Kohle, ja hie und da selbst in die Kohle eingesenkt. — Letztere mussten zu einer Zeit auf das Kohlenlager herabgeführt worden sein, wo dasselbe noch frei gelegen ist. Hier sind sie aber später nicht von den Schiefern oder Sandsteinschichten überlagert worden, sondern bloss von einer Lehmlage bedeckt, die weiter im Kohlenbecken erst über sämmtlichen Gesteinsschichten lagert. Die Kohle an diesen

Stellen ist sonach nie der Ueberlagerung mit den im Allgemeinen vorfindigen Schieferthonen und Sandschichten ausgesetzt gewesen, und unbedeckt zu Tage gelegen, zu einer Zeit, wo die anderen Theile derselben bereits allmählig von Thon und Sand bedeckt wurden. Erst die einer jüngeren Periode angehörigen Lagen von Lehm haben auch solche Partien des Kohlenflötzes bedeckt. Diese Lehmlage bildet an vielen Stellen der Kohlenbecken deren oberste Decke in einer verschiedenen Mächtigkeit und in einer auch über die Kohlengebilde hinausreichenden Verbreitung.

Das wichtigste Glied dieser Kohlenbecken, die Steinkohle selbst, steht in verschiedener Mächtigkeit und in wechselnder Tiefe an. Die grösste Mächtigkeit wird im Břaser Becken gefunden. Hier sind zwei Kohlenflötze abgelagert. Davon ist das bei weitem wichtigere das obere oder sogenannte Hauptflötz. Es ist durchschnittlich 5 Klftr. mächtig, schwindet aber gegen die Ränder bis auf 3 Klftr. und darunter, während es stellenweise bis 6 Klftr., im nordwestlichen Theile des Beckens selbst bis 7 Klftr. erreicht. An dem Ausgehenden des Beckens ist die Kohle oft mit einer blossen Ackerkrume überdeckt und kann mit 1 bis 1½ Fuss Teufe erschlossen werden. Erst gegen die Mitte des im Allgemeinen von Süd nach Norden geneigten Flötzes senkt sich dasselbe in grössere Teufen.

Das Hauptflötz ist über die ganze Ausdehnung des Beckens verbreitet, nimmt aber im nördlichen Ausgehenden ziemlich rasch an Mächtigkeit und Qualität ab, und verliert die Wichtigkeit, die es im übrigen Theile des Beckens für den Bergbau besitzt. Unter diesem Hauptflötze lagert, getrennt durch eine Reihe von Sandstein und Schieferthonen, die sich von denen über dem Hauptflötze durch ihre grössere Festigkeit und den Mangel an Kaolinstückchen deutlich unterscheiden, und in verschiedener, einige Fusse bis 5 Klafter betragender Mächtigkeit erscheinen, das zweite Kohlenflötz. Dieses steht dem Hauptflötze durch die Unzahl der dasselbe durchsetzenden feinen Schieferthonlagen bedeutend an Qualität nach und ist nicht überall unter dem Hauptflötze abgelagert.

Es besitzt dasselbe im nördlichen Theile der Mulde 2 Klafter Mächtigkeit und ist durch 4 bis 5 Klafter mächtige Lagen von Schieferthon und Sandstein vom Hauptflötze getrennt. Mehr gegen Süden, in der Mitte des Beckens wird dasselbe, vom Hauptflötze nur noch durch einige Fuss starke Zwischenlager getrennt, in seiner Qualität so schlecht, dass es nicht mehr abbauwürdig ist, und fehlt endlich im südlichen Theile des Beckens ganz. Dieses zweite Flötz selbst ruht im Břaser Becken fast unmittelbar auf silurischen Schiefern und bildet sonach die tiefste Lage der Steinkohlenschichten daselbst. Nur eine dünne Lage von Sandstein trennt es von dem silurischen Thonschiefer.

Die Erhebung der über den Steinkohlen abgelagerten Gesteinsschichten ist eine verschiedene, beträgt aber im höchsten Punkte 46—48 Klafter über dem unteren zweiten Flötze, so dass man die grösste Mächtigkeit sämmtlicher Gesteinsschichten im Břaser Becken auf beiläufig 50 Klafter annehmen kann. —

Ueber die Beschaffenheit und Mächtigkeit des Kohlenflötzes in einem aus der nördlichen Thalsohle von Wranowic in das südliche Feld angetriebenen Erbstolln hat uns Herr Berginspector Micksch in Pilsen folgende Mittheilung gegeben. Man durchschnitt hier vom Hangenden nach dem Liegenden hin:

	Fuss	Zoll		Fuss	Zoll
1. Kohlenflötz	4	9	17. Kohlenflötz	5	4
2. Grauen Schieferthon	—	1	18. Lettenschicht	—	6
3. Kohlenflötz	2	2	19. Kohlenflötz	—	7
4. Grauen Schieferthon	—	1	20. Letten	—	4
5. Kohlenflötz	9	2	21. Kohlenflötz	3	2
6. Grauen Schieferthon	2	2	22. Letten	—	8½
7. Kohlenflötz	—	2	23. Kohlenflötz	1	—
8. Schieferthon	—	½	24. Lettenschicht	—	1½
9. Kohlenflötz	6	2	25. Kohlenflötz	1	—
10. Lettenschicht	—	2½	26. Letten	—	1
11. Kohlenflötz	8	3	27. Kohlenflötz	—	2
12. Lettenschicht	—	2	28. Letten	—	½
13. Kohlenflötz	7	4	29. Kohlenflötz	—	2½
14. Lettenschicht	—	1½	30. Letten	—	1
15. Kohlenflötz	7	—	31. Kohlenflötz	2	8
16. Lettenschicht	1	—	32. Bänderthon (Schleifsteinschiefer)	8	6

	Fuss	Zoll		Fuss	Zoll
33. Brandschiefer mit Kohlen	1	5	41. Schlechte Kohle	—	6
34. Lettenschicht	—	½	42. Letten	—	2
35. Kohle	1	5	43. Kohle	—	4
36. Lettenschicht	—	1	44. Letten	—	3
37. Schlechte Kohle	1	2	45. Etwas reinere Kohle	2	1
38. Letten	—	2½	46. Lettenschicht	—	4
39. Schlechte Kohle	—	5	47. Kohlenflötz	1	1
40. Letten	—	3	48. Lettenschicht	—	3½

Daher die ganze Mächtigkeit des Flötzes = 8 Ltr. 4' 7'', bestehend aus 6 Ltr. 6' 8½'' reiner Kohle und 1 Ltr. 7' 8½'' tauben Zwischenmitteln. Das in diesem Bergwerke gebräuchliche Längenmaass war die Freiburger Lachter, à 10 Fuss à 10 Zoll eingetheilt. Nr. 1—31 stellen das erste, Nr. 35—48 das zweite Flötz dar.

In dem sogenannten Bänderthon Nr. 32 finden sich thonige Sphärosiderite massenweise eingelagert. Eine sehr interessante Eisengeode wurde bei dem Abteufen des Schachtes in der Katharinen-Zeche gefunden, welche Graf Caspar von Sternberg in den Abhandlungen der k. Ges. der Wissenschaften zu Prag, 1816, beschrieben hat.

In dem südlichen Felde bei dem Dorfe Oberstupno, besonders in dem gräflichen Wrbni'schen Stolln finden sich die Sphärosiderite sehr häufig in dem Letten, der zwischen Kohlensandsteinen keilförmig eingelagert ist, theils in einzelnen Knollen, theils in langgezogenen schwachen Lagern. Dieselben enthielten sehr schöne Pflanzenabdrücke und namentlich *Sagenaria aculeata* Sterb.

Von anderen fremdartigen Mineralien, die in dem Břaser Kohlenbecken vorgekommen sind, erwähnt Herr Berg-Inspector Micksch:

1) Bol aus dem Hangenden des Kohlenflötzes in der Allerheiligen-Zeche in einer schwachen Schicht des Kohlensandsteins.
2) Gyps, dessen schneeweisse Krystalle an den Schieferungsflächen eines feinkörnigen Sandsteines besonders schön in der Eleonora-Zeche gefunden worden sind.
3) Brauneisenstein mit Pflanzenabdrücken, *Pecopteris Radnicensis* Corda, in der Hořowitz-Salingerischen Grube.
4) Retinasphalt (vermuthlich Anthrakoxen), welches Herr Micksch 1835 in der Josephi-Zeche an den Schieferungsflächen der Kohle als dünnen Ueberzug fand. (G.)

Der Kohlenreichthum schwindet plötzlich, wenn man über Wranowitz weiter nördlich in das Nėmtschowicer Becken übertritt. Nur an wenigen Stellen ist durch die bisher abgeführten Versuche Kohle erschlossen worden, und an diesen Stellen ist die Kohle überdies in weit weniger mächtigen Lagen und von bedeutend geringerer Reinheit befunden worden. Es fehlt sonach in diesem Becken auch an allen irgendwie bemerkenswerthen Bergbauunternehmungen.

Erst in dem östlich von Radnic sich verbreitenden Wegwanower Becken sind wieder ergiebigere Steinkohlenlager erschlossen und in Folge dessen Bergbaue eingeleitet. Auch hier tritt die Kohle in zwei Flötzen auf, die sich in Bezug auf ihr Hangend- und Liegend-Gestein ganz wie jene des Břaser Beckens verhalten. Doch unterscheidet sich das obere Kohlenflötz von dem Břaser oberen Flötze, indem es nur bis zu 2½ Klafter Mächtigkeit erreicht und eine weniger reine Kohle enthält. Das untere Flötz ist jenem im Břaser Becken ganz ähnlich.

Nichtsdestoweniger ist es ausser Zweifel, dass in den drei unter einander zusammenhängenden Becken von Břas, Némtschowic und Wegwanow eine und dieselbe gleichzeitige Bildung erkannt werden muss, die sich durch die Gleichartigkeit der Gebirgsschichten, durch dieselben Liegend- und Hangend-Gesteine der Kohlenflötze, durch die conforme Lagerung dieser letzteren an allen Puncten, wo sie erscheinen, kennzeichnen und nur in Bezug auf die Mächtigkeit und die Güte der Kohle in der Ausdehnung der Flötze wechseln. Die Tiefe, in welcher bei Wegwanow das erste obere Kohlenflötz von Tag aus erreicht wird, beträgt, ausser an dem Ausgehenden, bei 28 bis 30 Klafter.

In dem Becken von Gross-Lochowic liegt mit kaolinreichen, dann mit thonigen Sandsteinschichten und zunächst über der Kohle mit Schieferthonen ein Kohlenflötz von 12 bis 13 Fuss Mächtigkeit, welches über die ganze Ausdehnung des Beckens verbreitet ist. Die grösste Teufe, in welche dieses Flötz unter Tage hinabsinkt, ist gegen 13 Klafter. Die Lagerung desselben ist überall von den Rändern des Beckens gegen die Mitte einfallend, also vollkommen muldenförmig. Die Beschaffenheit der Kohle ist gut und rein. Mit derselben Mächtigkeit und unter denselben Verhältnissen liegt ein Kohlenflötz in dem Becken von Klein-Lochowic, das aber wegen seiner viel geringeren Ausdehnung eine weit untergeordnetere Bedeutung hat, als jenes von Gross-Lochowic.

Noch kleiner ist das gegenwärtig gänzlich abgebaute Kohlenbecken von Mosstic mit einer kaum 3000 Quadratklafter einnehmenden Fläche. Auch hier war ein die ganze Ausdehnung des Beckens einnehmendes Kohlenflötz abgelagert, das 9—10 Fuss Mächtigkeit hatte, jedoch nur mit sandigen Schieferthonen überlagert war, die kaum eine 3 Klafter starke Ueberlagerung über dem Kohlenflötze bildeten.

In dem nördlich von letzterem gelegenen Svinaer Becken finden wir meist feinsandige hellgelblichweiss gefärbte Schieferthone, die ziemlich häufig mit dunklen, dichten und festen Lagen desselben Gesteins abwechseln. Darunter liegt gelblicher, sehr thoniger Sandstein von geringer Mächtigkeit, und unter diesem ein 8 bis 9 Fuss mächtiges Kohlenflötz, dem grossentheils reich zersetzte Schieferthone folgen. Die grösste Teufe des Kohlenlagers erreicht nicht 10 Klafter. Das Flötz ist auch hier zum grösseren Theile abgebaut und liefert Kohle von geringerer Qualität.

Endlich ist noch in dem Kohlenbecken von Darowa ein Steinkohlenflötz von $2^1/_2$ Klafter Mächtigkeit sicher gestellt, theilweise durch Bergbauarbeiten, theilweise durch das in einem Wasserrisse zu Tag gelegte Ausgehende. Obwohl dieses Becken noch wenig näher untersucht ist, so scheint doch das Kohlenlager ziemlich über die ganze Ausdehnung desselben verbreitet zu sein, und überall von den Rändern gegen die Mitte zu verflächen.

Die Beschaffenheit der Kohle in allen den um Radnic gelegenen Becken ist ziemlich ähnlich. Im Allgemeinen ist die Kohle eine Schieferkohle; eine stetige Aufeinanderfolge von fest miteinander verwachsenen, bald mehr, bald weniger beträchtlichen, meist nur dünnen Lagen, die sich im äusseren Ansehen gut von einander unterscheiden, indem solche von schwarzer Farbe mit intensivem Glanze und muscheligem Bruche ohne schieferige Textur mit solchen abwechseln, die braunschwarz gefärbt sind, einen matten Glanz besitzen und stark schieferigen Bruch zeigen. Ausserdem finden sich in dieser Kohle sehr häufig dünne Lagen der sogenannten Faser- oder Russkohle von grauschwarzer Farbe, sehr dünnstengliger Zusammensetzung und seidenartigem Glanze, nicht selten bunt angelaufen, vor, und mit ihnen oft grössere Partien theils körnigen, theils krystallisirten Pyrits. Dieser erscheint auch häufig in dünnen Blättchen als Ueberzug von Kluftflächen in Gemeinschaft von Kaolin und Gypsblättchen. Ausserdem kennzeichnet sich die Kohle fast durchweg durch ihr Verhalten im Feuer als eine reine Sandkohle. Nur die Kohle aus dem Darowaer Becken macht hievon eine Ausnahme. Versuche, die bisher jedoch nur mit kleinen Partien angestellt werden konnten, haben dargethan, dass diese Kohle backende Eigenschaft besitze, wodurch sie von allen übrigen in der Umgebung von Radnic vorkommenden Kohlenarten sich wesentlich unterscheidet.

In jedem der einzelnen Becken hält aber die Güte der Kohlen nicht in der ganzen Ausdehnung des Lagers gleich an; dieselbe wechselt in den einzelnen Lagen sowohl, indem gewöhnlich die First- und Sohlenkohle weniger vorzüglich ist, als auch nicht selten in der horizontalen Erstreckung der Flötze eine Veränderung in der Güte derselben merkbar wird. Derartige Qualitätsveränderungen werden, wenn auch nicht in grossem Maassstabe, häufig auch da gefunden, wo die Kohlenflötze Störungen erlitten haben. Solche Störungen sind im Bereiche der Radnicer Kohlenbecken zwar sehr häufig, selten aber von bedeutender Grösse. Die meisten sind durch Verwerfungsklüfte hervorgebracht. Von diesen ist die bemerkenswertheste jene, welche im Braser Becken mit einem fast durchaus von N. nach S. gehenden Streichen, und zwar mehr in der westlichen Hälfte des Beckens die gesammten Gesteinsschichten durch ein östliches Verflächen derartig gegen einander vorrückt, dass der östliche Theil derselben durchschnittlich um 10 Klafter tiefer gelegt erscheint. Mit derselben Streichungsrichtung werden ausserdem unzählige Verwerfungen getroffen, die aber bei dem Umstande, dass sie selten einen Niveau-Unterschied von einigen Fussen bewirken, in Anbetracht der Mächtigkeit des Kohlenflötzes von mehren Klaftern ohne nachtheiligen

Einfluss für den Bergbau bleiben. Ebenso kommen zahllose Verwerfungsklüfte mit einem Streichen von O. nach W. oder SW. nach NO. vor, ohne erhebliche Störungen veranlasst zu haben.

Im Becken von Gross-Lochowic ist ebenfalls eine, die ganze Länge des Beckens durchsetzende, von N. nach S. streichende Verwerfungskluft vorhanden. Das Flötz wird aber durch diese Kluft bloss um 2 Klafter verworfen, derart, dass auch hier der östliche Theil des Kohlenflötzes tiefer gelegt erscheint. Kleinere von N. nach S. und von O. nach W. streichende Verwerfungen sind auch hier in ziemlicher Menge vorhanden. Ebenso sind auch die übrigen Becken von unterschiedlichen Verwerfungsklüften durchsetzt. Ausser den Verwerfungen trifft man ferner auf Verdrückungen, mantelförmige Ueberlagerungen, Unterbrechungen des Flötzes durch emporragende Rücken des Grundgebirges; ebenso sind Knickungen und Biegungen im Kohlenflötze nicht unbekannt; alle diese Störungen erreichen aber, vielleicht mit alleiniger Ausnahme der im Mittel des Wegwanower Beckens angefahrenen Verdrückungen und Ueberlagerungen, keine solchen Dimensionen, dass sie besonders nachtheiligen Einfluss auf den Abbau derselben üben möchten.

An organischen Resten sind die Steinkohlenbecken der Umgebung von Radnic ziemlich reich. Aus dem Thierreiche sind jene merkwürdigen Formen *Cyclophthalmus senior* Corda, ein fossiler Scorpion, und *Microlabis Sternbergi* Corda, ein Afterscorpion, hier gefunden worden. Die Zahl der Pflanzenreste ist eine grosse, und bietet eine Fülle der verschiedensten Formen dar, die durch die Arbeiten von Graf Caspar v. Sternberg,[1]) Corda[2]) und in neuerer Zeit durch jene von Const. v. Ettingshausen[3]) bekannt geworden sind. Wir finden eine reiche Auswahl von Farren, Lycopodiaceen und Sigillarien, sämmtlich auch durch die Zahl ihrer Individuen ausgezeichnet; nicht minder zahlreich Calamiten und Stigmarien. Ganze Lepidodendron- und Sigillarien-Stämme sind aufrechtstehend, auf den Kohlenlagern aufsitzend, von Schieferthon eingeschlossen und ausgefüllt vorgekommen.

Nach von Ettingshausen steht die Mächtigkeit der Kohlenlager in den einzelnen Becken bei Radnic in enger Beziehung mit der sie charakterisirenden Flora. Nach meinen eigenen Beobachtungen lässt sich ein Unterschied im Vorkommen der Pflanzenreste in den einzelnen Schichten-Complexen, je nachdem dieselben einem höheren oder einem niedrigeren geologischen Horizonte zugehören, constatiren. So zeigen sich die, zwischen dem ersten und zweiten Flötze im Břaser Becken abgelagerten Schichten von Sandstein und Schieferthon ganz deutlich durch die in ihnen enthaltenen Pflanzenreste von den Hangendschichten des ersten Flötzes unterschieden, wenn auch nicht durch die gänzliche Verschiedenheit der Arten, als vielmehr durch das relative Verhältniss, in welchem sie nebeneinander auftreten, und durch die Art ihres Vorkommens.

Während nämlich Calamiten, Lepidodendra und Sigillariae in den Schieferthonen über dem Hauptflötze sehr häufig sind, finden wir sie in den Schichten zwischen diesem und dem unteren oder zweiten Flötze nur vereinzelt vor. Dasselbe gilt in Bezug auf die Stigmarien, die aber auch in den Hangendschichten des Hauptflötzes nur sparsam vorkommen, dagegen zumeist auf schwachen Zwischenmitteln des Kohlenflötzes und in der Kohle selbst erscheinen. Je nachdem nun die oberen oder die tieferen Schichtencomplexe an einer oder der anderen Stelle zu Tage treten, finden wir auch diese oder jene Gattungen der Pflanzenreste mehr vertreten. Daher liefern uns die Becken von Mosstic und Gross-Lochowic, trotz ihrer geringeren Kohlenmächtigkeit dennoch analoge Pflanzenreste mit den oberen Schichten des Břaser Beckens.

Der grösste Reichthum an Pflanzenresten findet sich übrigens immer in den den Kohlenlagern zunächst aufliegenden Schichten und sind die Pflanzenreste im Schieferthone besser erhalten, als im Allgemeinen in den Sandsteinen, die wegen ihrer Porosität auch der Erhaltung zarterer Theile weniger günstig waren.

Der lebhafteste Bergbau besteht in dem Břaser Becken, dem sich in dieser Beziehung das Wegwanower und dann das Gross-Lochowicer Becken anreihen. Das Mossticer Becken ist gegenwärtig bereits vollkommen abgebaut. Das Becken von Svina, aus dem auch schon der grösste Theil des Kohlenlagers entnommen ist, wird augenblicklich nur in einem Theile seines Ausgehenden unbedeutend benutzt. Die Kohlenflötze im Klein-Lochowicer und Němtschowicer Becken sind theilweise sehr schwach, theils nur

[1]) Graf Kaspar Sternberg: Versuch einer geognostisch-botanischen Darstellung der Flora der Vorwelt. Regensburg und Prag. 1825—1838.

[2]) August Joseph Corda: Beiträge zur Flora der Vorwelt. Prag, 1845.

[3]) C. v. Ettingshausen: Die Steinkohlenflora von Radnitz in Böhmen. (Abhandlung der k. k. geologischen Reichsanstalt in Wien, II. Bd. 1855).

durch Versuchsbaue in Angriff genommen; ebenso wird bei Darova augenblicklich noch nicht Kohle erobert, und ist diese nur durch einige ältere Versuchsörter zugänglich.

Die Gewinnung der Kohlen geschieht da, wo die Ueberlagerung es nicht gestattet, also zumeist an dem Ausgehenden der Kohlenflötze, theilweise mittels Abraumarbeit, im übrigen durch eigentlichen Bergbau. Das bei ersterer Methode gewonnene Schottermaterial wird zum Theil als Versatz in die Bergbaue verwendet.

Im Břaser Becken sind die Anlagen zur Förderung am zahlreichsten vorhanden und grösstentheils zugleich mit den Wasserhebungsvorrichtungen verbunden. Wir finden hier von Süd gegen Nord vorschreitend:

1) den gräflich Wrbna'schen Maschinenschacht von 22½ Klafter Teufe mit einer 10 Pferde starken Maschine zum Fördern und zum Wasserheben;
2) den Herrn v. Stark'schen St. Georgi-Maschinenschacht von 26 Klftr. Teufe und mit 12 pferdestärkiger Maschine zur Förderung und Wasserhebung;
3) den Graf Sternberg'schen Klementi-Schacht, 30 Klftr. tief mit einer Maschine von 12 Pferdestärken; den Theresienschacht, 50 Klftr. tief mit 24 Pferde starker Maschine;
4) den Mathildenschacht der Salinger'schen Gewerkschaft mit 48 Klftr. Tiefe und einer Förder- und Wasserhaltungsmaschine von 16 Pferden; ingleichen den Hedwig-Schacht derselben Gewerkschaft mit 39 Klftr. Teufe und einer 15 Pferde starken Maschine; endlich
5) den Johanni-Maschinenschacht der Stark-Liewald'schen Kohlen-Zeche mit einer Maschine von 10 Pferdestärken zum Fördern und Wasserheben, und einer 4 Pferde starken Maschine zur Schottenförderung am Tagebau.

Im Wejwanower Becken sind zwei Maschinenschächte auf dem ärarischen Grubengebiet abgeteuft und zwar der Hauptschacht Nro. I und der Hauptschacht Nro. II, beide mit 30 Klftr. Teufe.

Die gewonnene Kohle kommt grossentheils als Grosskohle, als Würfel- oder Mittelkohle und als Kleinkohle oder Lösche in den Handel. —

Wir verdanken Herrn Berginspector Micksch noch einige interessante Profile aus dem Radnitzer Steinkohlenbecken, welche wir hier um so weniger zurückhalten dürfen, als sie ein ganz ähnliches Verhalten zwischen der Steinkohlenformation und dem älteren Grünstein vor Augen führen, wie dies in der Gegend von Rakonitz beobachtet worden ist, und woraus man geneigt war, auf ein jüngeres Alter der Grünsteine schliessen zu wollen.

In einem Profile der Eleonoren-Zeche bei Wranowic hat eine Grünsteinkuppe die Schichten des Thonschiefers steil aufgerichtet. An diese lehnen sich die Schichten der Steinkohlenformation in der unmittelbaren Nähe des Grünsteines,

Fig. 17.

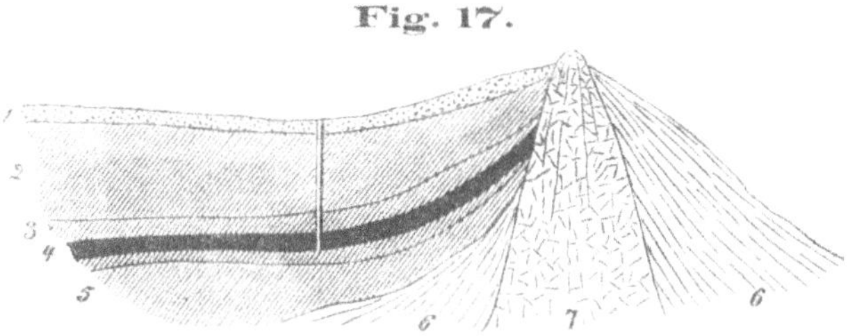

1. Lehm mit Quarzgeröllen. 2. Hangender Sandstein. 3. Sandiger Schieferthon mit Pflanzen. 4. Kohle, 3 Klftr. mächtig. 5. Fester hornartiger Sandstein. 6. Thonschiefer. 7. Grünsteinkuppe.

zwar noch geneigt, aber übrigens in einer Weise an, die es keineswegs wahrscheinlich macht, dass auch die Steinkohlenformation durch diesen Grünstein eine Hebung erfahren habe.

Eine andere Hebung ist in dem Tiefbau des Hořowic-Salinger'schen Kohlenbaues ausgerichtet worden, wo man die Schichten der Steinkohlenformation mit einer viel sanfteren Neigung auf den steilaufgerichteten Schichten des kalkigen

Fig. 18.

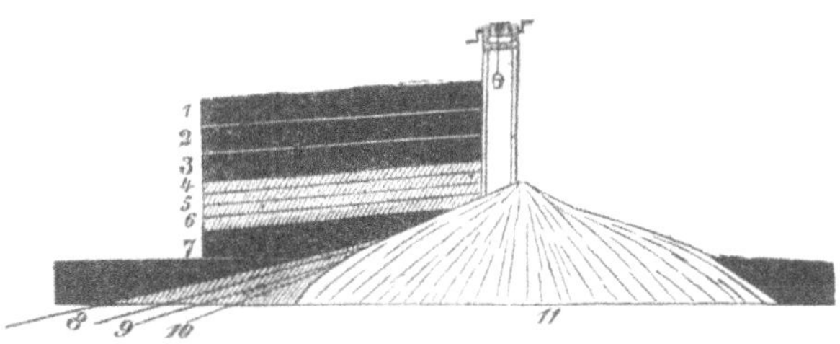

1. 2. 3. Kohlenbank. 4. Taube Kohle. 5. Blauer Schieferthon. 6. Weisser mergeliger Schieferthon. 7. II. Kohlenflötz. 8. Grobkörniger Sandstein. 9. Schieferthon. 10. Sandstein. 11. Talkiger Thonschiefer.

Thonschiefers auflagern sieht. In der Hebungslinie der zweiten Kohlenbank aber erscheinen sämmtliche kohlenführende Schichten über dem Hebungsrücken gebogen, ein Verhältniss, welches den anerkannt praktischen Sinn des Herrn Beobachters

gewiss mit allem Rechte zu der Annahme führte, dass die Bildung der Kohlenformation erst nach der Erhebung des Thonschiefers erfolgt sein kann, sich aber ihre noch weichen Schichten der äusseren Form des Thonschieferrückens angeschmiegt haben.

Fig. 19.

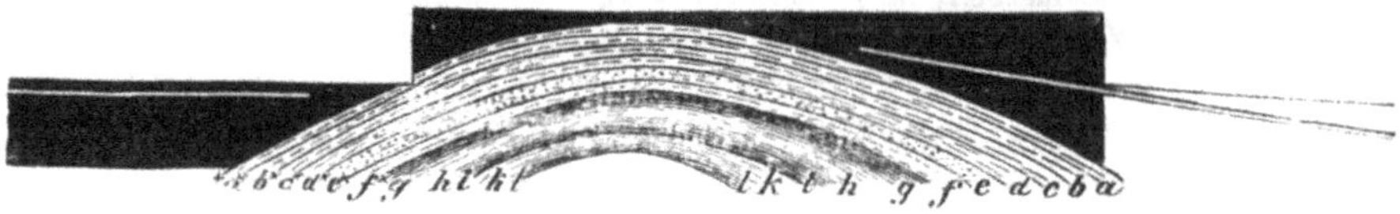

a. Blauer Schieferthon, 2—3′ m. b. blauer und grauer Schieferthon, 3′ m. c. Blauer Schieferthon. d. Mergeliger Schieferthon, weisslich, 3—4″ m. e Schieferthon 3′ m. f. Brandschiefer. g. Kohlenschnürchen, 3—4″ m. h. Schieferthon 2—4′ m. i. Kohle, 1′ m. k. Schieferthon 1′ m. l. Kohle, 3—6″ mächtig.

Fig. 20.

Kohle
Taubes Mittel
Kohle

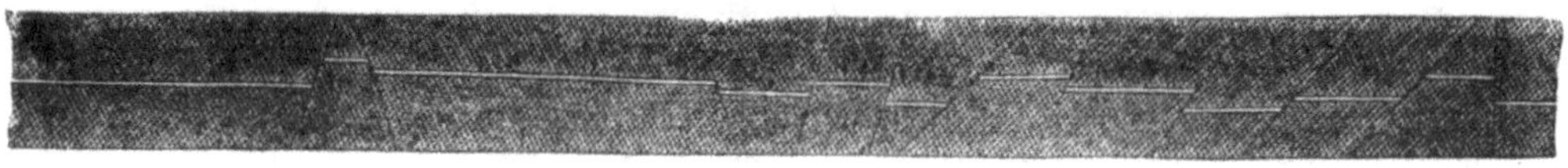

Anhang.

ehre kleine isolirte Kohlenbecken findet man in östlicher Richtung von Radnic, jedoch in ziemlicher Entfernung davon abgelagert. Das östlichste ist das Kohlenbecken bei Klein-Přilep, unweit Lodenic. Es liegt auf einer von Quarzitkämmen begrenzten Anhöhe und hat Grauwackenschiefer der Etage D von Barrande als Grundgebirge. Die Ausdehnung des ganzen Beckens ist unbedeutend, und wird in der Länge von O. nach W. 300—400 Klafter, in der Breite circa 150 Klafter betragen. Unmittelbar auf den Grauwackenschiefern sollen ein grobes Conglomerat und Sandstein abgelagert sein, denen allmählig Schieferthone folgen, auf welchen das Kohlenflötz liegt. Stigmarien- und Farrenkraut-Abdrücke kommen ziemlich häufig vor. Das Kohlenflötz selbst hat eine Mächtigkeit von beiläufig 2 Klaftern. Es ist dasselbe aber grösstentheils bereits abgebaut, so dass gegenwärtig nur noch mühsam einzelne Reste desselben zu gewinnen gesucht werden. Die Production ist daher auch eine unbedeutende, und nur für die nächste Umgebung wird etwas Kohle geliefert.

Westlich vom Přileper Kohlenbecken in der Umgebung von Hiskow trifft man wieder auf Sandsteingebilde, welche sich durch die theilweise in ihnen, theilweise in den mit ihnen wechsellägernden Schieferthonen eingeschlossenen Pflanzenreste als zur Steinkohlenformation gehörig darstellen. Diese Gebilde, am linken Ufer des Beraunflusses befindlich, hängen ununterbrochen mit jenen Sandstein- und Schieferthonschichten zusammen, die am rechten Beraunufer über Zdegcina und Lisek bis nach Dibřy, in der Nähe von Hudlic sich verbreiten, und in der Nähe von Lisek auch Steinkohlenlager einschliessen. Es gehören daher alle zu einem Gebilde, das in einem von Hiskow bis Dibřy ausgedehnten Becken abgelagert ist, und als Liseker Steinkohlenbecken bekannt ist. Das Steinkohlenlager selbst ist bloss am rechten Ufer der Beraun und zwar in ziemlich bedeutender Höhe und nur über einen Theil des Beckens abgelagert. Der Liseker Kamm, aus Quarziten der Etage D Barrande's bestehend, unter dem unmittelbar das Kohlenflötz abgelagert ist, hat eine Höhe von circa 1700 Fuss. Die tieferen und vom Fluss durchschnittenen Schichten des Beckens bestehen vorwaltend aus ziemlich festen, kaolinhaltigen Sandsteinen, die hie und da von Schieferthonschichten unterbrochen werden. Dieselben Schichten übersetzen an das linke Flussufer und verbreiten sich in der Umgebung von Hiskow. Das Steinkohlenlager reicht jedoch nicht herüber. Mehrseitige Bergbauversuche haben in dieser ganzen tieferen Gruppe von Sandstein- und Schieferthonschichten kein bauwürdiges Kohlenflötz nachgewiesen. Nur 3 bis 4 Zoll mächtige Kohlenlager sind erschlossen worden. Ebenso reicht die Ausdehnung des Liseker Kohlenflötzes nicht bis Dibřy und ist daher nur örtlich auf die nächste Umgebung von Lisek selbst beschränkt. Die Mächtigkeit desselben beträgt 1 bis $1^1/_2$ Klafter. Die Qualität der Kohle ist aber eine sehr geringe, da das Flötz durchaus mit feinen Schieferthonlagen durchsetzt ist. Die Kohle wird daher nur sehr untergeordnet und grösstentheils zum Kalkbrennen verwendet. Auch hier ist aber das Kohlenflötz grossentheils schon abgebaut.

In der Nähe von Žebrak, an der Strasse von Pilsen nach Prag, ist ebenfalls ein Steinkohlenbecken abgelagert. Dieses Žebraker Becken verbreitet sich zunächst westlich von der Stadt in der Richtung gegen Cerhowic, Tlustic und Sedlec. Ueber die näheren Verhältnisse der Ablagerung ist wenig bekannt. Gegenwärtig wird gar kein Bergbau daselbst mehr betrieben und das wahrscheinlich wenig mächtige Kohlenflötz ist vor langer Zeit ausgebeutet worden.

Die Kohlenproduction in den sämmtlichen 3 vorstehend erwähnten Becken ist eine so unbedeutende, dass sie bei der Kohlenfrage für Böhmen in keinen Betracht kommen; die Kohle ist dazu von so geringer Qualität, dass eben nur für die nächste Umgebung eine Verwendung möglich ist.

Ausserdem sind Steinkohlensandsteine, durch Pflanzenreste und durch schwache, bisher unbauwürdige Lagen von Kohle als der Steinkohlenformation zugehörig charakterisirt, in der Nähe von Holaubkau, westlich von Mauth bekannt, und füllen hier ein beschränktes Becken aus. Einzelne Schürfversuche sind ohne günstige Resultate geblieben.

Von grösserer Wichtigkeit als die früheren vier Becken von Přilep bis Mauth ist das Kohlenbecken von Miröschau. Dieses liegt südlich, von Radnic circa 3 Stunden entfernt, bei dem Orte Miröschau, erstreckt sich mit seiner Längenachse von O. nach W., fast bei Dobřiv beginnend, bis nach Kaminken. Die Taggegend desselben dacht allmählig von W. gegen O. ab. Es liegt dasselbe fast ausschliesslich auf silurischen Thonschiefern der Etage B Barrande's abgelagert und wird nördlich von Kieselschieferkuppen, sonst zumeist von Thonschiefern begrenzt. Nur an seiner nordwestlichen Ausdehnung scheint es mit Grauwackenschiefern der Etage D Barrande's in Berührung zu kommen. Seit langen Jahren war dieses Becken ausschliesslich durch seine Steinbrüche bekannt, in welchen ein brauchbarer Gestellstein für die Eisenhochöfen der Umgebung gewonnen wurde. Erst in verhältnissmässig neuer Zeit sind auch Steinkohlen in demselben erschürft worden.

Diese sind in zwei über einander folgenden Flötzen abgelagert und vorerst in der östlichen Verbreitung der Mulde in Angriff genommen. Das Verflächen dieser Flötze ist ein westliches, also gegen das Ansteigen der Taggegend gerichtetes. Die Mächtigkeit des oberen Flötzes soll bei 3 bis $3^1/_2$ Fuss, die des unteren 5 Fuss betragen. Der Bergbau in diesem Becken ist erst in der Entwickelung begriffen und mag bisher 300000 Centner pro Jahr geliefert haben.

Die Kohle hat die Eigenschaft zu backen, und wird in kurzer Zeit als Koks in den Handel gelangen, da so eben eine Koks-Anstalt im Entstehen ist, um einen grossen Theil der Production des Miröschauer Beckens zu verwenden. — Die bisher bestehenden Schächte sind:

der St. Jacobi-Schacht mit einer Dampfmaschine von 12 Pferdestärken zur Wasserhebung aus 15 Klftr. Teufe;
der St. Josephi-Schacht mit einer 8 Pferde starken Dampfmaschine zur Kohlenförderung und Wasserhebung;
der St. Friedrichs-Schacht von 18 Klaftern Teufe mit einer Dampfmaschine von 8 Pferdestärken zum Wasserheben und Kohlenfördern.

5. Das Pilsener Steinkohlenbecken.

Nach Unterlagen

der Herren Berginspector **Micksch** in Pilsen und Director **Pelikan** in Nürschan.

(Hierzu Taf. XXVI und XXVII.)

Durch einen über 4000 Klafter breiten Rücken von Grauwackenschiefer mit Einlagerungen von Alaun- und Vitriolschiefer wird das Pilsener Steinkohlenbassin von dem in der Nähe von Radnitz befindlichen Becken von Darowa geschieden. Es bilden die kohlenführenden Schichten des Pilsener Beckens ein längliches, im Süden eine beträchtliche westliche Ausbauchung zeigendes Oval in der Richtung von NO. nach SW. mit einem Flächenraume von mehr als 10 Quadratmeilen, das nördlich von der Třemošna, in der Mitte von dem Miesfluss durchschnitten, südlich von der Radbusa theilweise begrenzt wird. Dieselben ruhen zum grössten Theile auf versteinerungsleerem Thonschiefer und verschiedenen Schichten der silurischen Grauwackenformation aus Barrande's Etage B [1]) auf, wie dies in ähnlicher Weise auch bei den anderen Kohlenbassins des nordwestlichen Böhmens der Fall ist. Theilweise treten auch Granit und Syenit, Porphyr und selbst Basalt, wie in dem nördlichen Gebiete bei dem Dorfe Přischowa darin auf. Eine Bedeckung von jüngeren Gebirgsformationen fehlt diesem Steinkohlengebiete zumeist, und ist bisher nur an der südöstlichen Begrenzung, in den Gemeinden Liehn, Littitz und Skurnian bekannt. Ablagerungen von Quadersandstein und Pläner, wie sie im Schlan-Rakonitzer Becken über der Steinkohlenformation oft gefunden werden, kennt man hier nicht. Dagegen findet sich in einigen südlichen Theilen des grossen Bassins, und ganz besonders an der südlichen Begrenzung der vorgenannten westlichen Ausbauchung als Decke des Steinkohlengebirges ein vorherrschend rothgefärbter Schichtencomplex, der offenbar dem Rothliegenden angehört. So durchschnitt ein Bohrloch bei Dobřan (Duborzen) nach den in der Sammlung des Herrn Berginspector Micksch befindlichen Gesteinsproben zunächst einen grünlichen glimmerreichen Schieferthon, dann arkoseartigen Sandstein, Schieferthon mit *Cyatheites arborescens*, arkoseartigen Sandstein, hierauf vorherrschend rothe Schieferletten, zuletzt graue feste arkoseartige Sandsteine und Conglomerate, welche der grauen Conglomeratbildung der untersten Dyas angehören, bis 64 Klafter 2 Fuss 4 Zoll Tiefe, unter welchen Gesteinen die Steinkohlenformation, mit einem weisslichen, thonigen Sandsteine beginnend, abgelagert war, ohne ein Kohlenflötz hier zu führen. Aehnliche Resultate haben die von Seite der Pilsener Kohlengewerkschaft in den Jahren 1862—1864 in den Gemeinden Horžikowitz, Gottowitz, Přzeheischen u. a. O. in derselben Etage angelegten Bohrungen geliefert.

In den obersten Lagen dieses Rothliegenden werden zahlreiche verkieselte Stämme von *Araucarites* gefunden. Auch an der Sohle des Kohlengebirges hat man unmittelbar auf der silurischen Formation rothe Schichten angetroffen, die nach den in den Tiefbohrungen zu Blattnitz, Přzeheischen, Auherzen, Nürschan u. a. O., namentlich aber mit einem im Jahre 1861—1862 durchgeführten und noch in Thätigkeit befindlichen Stolln von 207 Klafter Länge bei Blattnitz gewonnenen Erfahrungen als Repräsentanten der benachbarten Rokitzaner Linseneisensteinschichten betrachtet werden. Es zeigen sich diese Schichten an dem Ausgehenden der Steinkohlenformation als buntgefärbte Letten bei Poppowa, Hniemitz, Wilkischen, Wellana und anderen Orten.

In der Steinkohlenformation selbst wechseln Sandsteine, Schieferthone und plastische Letten, die beiden letzteren als stete Begleiter der Kohlenflötze, mit einander ab, Conglomerate treten nur untergeordnet darin auf. Die ersteren zeigen eine grosse Verschiedenheit ihres Korns, Bindemittels und ihrer Färbung und bestehen zumeist aus Quarz, Feldspath oder Kaolin und Glimmer.

Im Allgemeinen zeigen die Gebirgsarten, welche die Steinkohlenflötze des Pilsener Beckens begleiten, eine mehr grobkörnige Structur als jene des Radnitzer Beckens.

Besonders sind die Sandsteine der oberen Etage grossentheils grobkörnig und vorwaltend schmutziggelb oder braun gefärbt. Zu ihnen gehören die Sandsteine von Lohotin, deren obere Bänke einen ausgezeichneten Werkstein liefern,

[1]) Joachim Barrande, Système Silurien du centre de la Bohême. Prague, 1852.

wahrend diese feste Beschaffenheit den nahe gelegenen Brüchen am „Weissenberg“ weit weniger eigen ist. In der mittleren Abtheilung herrschen die schon im vorigen Abschnitte S. 289 mit dem Localnamen „Moltiř“ unterschiedenen Sandsteine vor; die kaolinreichen unteren Sandsteine erscheinen meist weiss, theils feinkörnig und fest, theils grobkörnig und locker, manche derselben eignen sich zur Kaolin-Gewinnung, und werden bei Sennetz, Třzemoschna u. a. O. hiezu benutzt.

In dieselbe Etage gehören auch die schon früher erwähnten Gestellsteinbrüche von Hradek im Becken von Miröschau, die sich seit sehr langer Zeit eines grossen Rufes erfreuen.

In den Sandsteinen von Lohotin, N. von Pilsen kommen Trümmer von Glimmerschiefer, in dem Sandstein am Rothenberge Drusen von Eisenkies, in den Steinbrüchen O. von Pilsen auch krystallinische Ausscheidungen von Schwerspath und in dem feinkörnigen Sandsteine von Malesitz und bei Pilsen kleine Concretionen von thonigem Sphärosiderit vor. Der letztere zeigt sich namentlich in den tiefsten Schichten des Schiefertbones, und besitzt häufig Höhlungen, deren Wände mit Bleiglanz und Zinkblende bekleidet werden.

Der licht- bis dunkel-blaugraue Schieferthon erscheint in seinen oberen Schichten meist mild und leicht bruchig, geht aber mit zunehmender Tiefe in sandigen Schieferthon, zuweilen auch in Sandsteinschiefer oder Wetzstein über und nimmt, je nachdem er mehr oder weniger Pflanzenreste führt, für die er gerade eine Hauptfundstätte ist, oder von glatten, oft senkrecht stehenden Rutschfl·chen durchzogen wird, an Festigkeit oder Brüchigkeit ab oder zu. Da aber hiervon oft die Bauwurdigkeit namentlich schwacher Kohlenflötze abhängt, so verdient diese Gebirgsart in bergmannischer Beziehung eine besondere Beachtung. Nicht selten enthält er auch Lager und Ausscheidungen von braunem Thoneisenstein und thonigem Sphärosiderit.

Die Conglomerate, welche grösstentheils aus Bruchstücken und Geröllen von Quarz und Kieselschiefer bestehen, die durch ein kieseliges oder eisenhaltiges Bindemittel verkittet sind, bilden in diesem Bassin meist die höheren Kuppen.

Ein sehr grobkörniges Conglomerat, in welchem vereinzelte Exemplare von Calamiten vorkommen, findet sich anstehend an der nördlichen Begrenzung des westlichen Flügels der Pilsener Kohlenmulde im sogenannten „Steintrattenberg“ bei Dobraken, und man trifft von demselben zahlreiche zerstreut liegende Blöcke auf den Feldern von Steinaugezd, Nürschan und Tluczna an.

Die Kohlenflötze des Pilsener Beckens erreichen eine weit geringere Mächtigkeit, als jene des Radnitzer Beckens. Dieselbe steigt hier nur bis ohngefähr 6 Fuss an.

Im Allgemeinen muss man ihre Lagerungsverhältnisse als gestört bezeichnen, zumal die Kohlenführung von vielen Sprüngen, Verwerfungen, Vertaubungen und Auskeilungen heimgesucht erscheint, in Folge deren der Betrieb zuweilen mit erheblichen Schwierigkeiten zu kämpfen hat.

Obwohl das Streichen der Sprünge und Verwerfungen nach allen Weltgegenden hin beobachtet werden kann, so ist doch nicht zu verkennen, dass die mitunter mehre Klafter mächtigen Hauptsprünge ziemlich parallel unter einander laufen und gewöhnlich ein zu dem Einfallen des Flötzes diagonales Streichen besitzen.

Dieselbe haben auf die Lagerung des Flötzes einen wesentlichen Einfluss ausgeubt, indem die Zerkluftung der Kohle selbst von der Richtung der Hauptsprunge abhängig und mit die°en stets parallel erscheint. Nur wenn die Angriffspuncte oder Abbaustrecken diesen Zerkluftungen ins Kreuz gefuhrt werden, lasst sich ein möglichst grosser Stückkohlenfall erzielen.

Die häufig eintretende Vertaubung und Auskeilung der Kohle in diesem Becken darf man vornehmlich dem Umstande zuschreiben, dass in demselben wiederum mehre kleine oft vollkommen begrenzte Mulden von verschiedener Ausdehnung und Gestalt fast inselartig von einander getrennt vorkommen. So liegt z. B. der bisher bekannte grösste Kohlenkörper dort, worauf sich die Baue der Prager Eisen-Industrie-Gesellschaft zu Dobraken und Steinaugezd, jene des Herrn Dr. Pankratz zu Dobraken und Nürschan, der im Absinken begriffene Einbau des westböhmischen Bergbau- und Hütten-Vereines zu Nürschan, die Schürfungen des Herrn Ritter von Klein und Herrn Franz Klein, endlich jene der Herren Gebrüder Andreas und Anton Ziegler zu Nürschan, Blattnitz, Přzeheischen und Auherzen basiren.

I. Das Plasser Revier. Es umfasst den nördlichen Theil des Pilsener Kohlenbassins nebst den isolirten Parzellen bei Manetin, Zwolln, Krašowic und Kralowic. Kohlenförderung findet in diesem Reviere jedoch nur in einigen im nördlichen Theile des Pilsener Beckens gelegenen vollständig begrenzten kleinen Mulden statt, von welchen die bei Jalowčzin und Kasnau nähere Erwähnung verdienen.

Die Jalowčziner Mulde zwischen Bikow, Wobora und Wieskau (= Viska), die in einer ziemlich hohen Ebene gelegen ist, führt ein mit Schieferthon und Faserkohle vermengtes Sinterkohlenflötz von sehr verschiedener Mächtigkeit und Stärke, welches gewöhnlich durch Schiefermittel in zwei bis drei schwache Bänke getrennt ist, deren Stärke 1—2 Fuss beträgt. Aus mehren hier vorgenommenen Bohrversuchen hat sich das Vorhandensein rother Gebirgsschichten im Liegenden des Kohlenflötzes ergeben, und es entsteht hier wiederum die Frage, ob die letzteren zu der Dyas oder zur Steinkohlenformation gehören.

Die Förderung und Wasserhaltung wird zusammen durch 14 Haspelschächte von bis 35 Klftr. Tiefe bewirkt, von welchen 3 auf den Plasser und Fürst Metternich'schen Antheil, die übrigen 11 Schächte auf den v. Stark'schen Grubencomplex entfallen. Die an der westlichen Begrenzung der Mulde gelegenen Plasser-Gruben bauen theils die obere und mittlere, theils die mittlere und untere Bank gemeinschaftlich oder gewinnen in ihrem Schachte Nro. 2 nur die untere, hier ziemlich reine Kohle von 24—30" Stärke. Auf den v. Stark'schen Gruben zeigt sich im östlichen Flügel die Mächtigkeit des Flötzes bis 52" in einer Ausdehnung von ca. 60 Klftr. Breite und 100 Klftr. Länge.

Die unweit von hier gelegene kleine Kohlenmulde von Kasnau, in welcher das Kohlenflötz gleichfalls in 3 Bänke mit einer Gesammtmächtigkeit bis sogar 7 Fuss geschieden vorkommt, ist zwar zum grössten Theile schon abgebauet, doch ist der im Jahre 1863 in der nächsten Nähe bewerkstelligte Aufschluss immerhin für die dortigen Mineralwerke von Bedeutung.

Das übrige zu diesem Reviere gehörige Terrain, wozu der schon oben bezeichnete nördlichste Theil des gesammten Pilsener Kohlenbeckens gehört, scheint nach den dort zahlreich ausgeführten Versuchen keinen lohnenden Bergbau in Aussicht zu stellen, wiewohl bei Zebnitz 8", bei Remesin 6—12", bei Kralowic 40", bei Krašowic. Manetin und Zvolln bis 13" Kohlen ersunken worden sind.

II. Das Pilsener Revier. Dasselbe umfasst den mittleren zwischen Všerau (= Wscherau), Ober-Břas und dem Miesflusse gelegenen Theil dieses Steinkohlengebietes, in welchem gleichfalls mehre kleinere Becken von verschiedener Ausdehnung erkannt worden sind.

In der nächsten Nähe von Pilsen hat man am weissen Berge in nordöstlicher Richtung nach Senneč (= Sennetz) zu zwei durch ein 7 Klafter mächtiges Zwischenmittel getrennte Kohlenflötze von durchschnittlich 12 und 30 Zoll Mächtigkeit mit einem NW. Einfallen von 10—15° auf eine Länge von ca. 800 Klafter und eine Breite von etwa 300 Klafter verfolgt. Diese Kohle ist von Russkohlenschichten bis 1 Zoll Stärke durchzogen, welche nicht frei von Schwefelkies ist, und findet ausschliesslich zu häuslichen Zwecken in der Stadt Pilsen Verwendung. Auf dem erst theilweise abgebaueten Unterflötz findet noch jetzt ein ziemlich lebhafter Abbau statt.

Während in einer kleinen ganz von Thonschiefer begrenzten Mulde SW. von Senneč ein 6 Fuss mächtiges Kohlenflötz bereits abgebauet ist, kennt man von einer ungleich grösseren Mulde O. von Senneč fast nur seine östliche Grenze, welche O. von Senneč beginnt, sich nördlich gegen den Berg Lohoweg und von da NW. nach Třemošna hinzieht. Bereits verlassene und noch im Betrieb stehende Baue, sowie mehrfache Bohrversuche haben eine Kohlenführung bis 6 Fuss nachgewiesen, welche bei der guten Qualität dieser Kohlen alle Berücksichtigung verdient und in der That auch gefunden hat. So hat Herr von Stark im Jahre 1861—62 am westlichen Fusse des besagten Lohoweg-Berges eine von NO. nach SW. streichende ca. 900 Klafter lange und 150 Klafter breite Kohlenmulde mit einer Kohlenführung von bis 6 Fuss erschlossen, auf welcher sich dermalen mehre im Betrieb stehende Haupteinbaue von bis 50 Klafter Teufe basiren.

Ein ganz anderes Verhalten als hier, zeigt die Kohlenführung in den Fluren der an Třemošna angrenzenden Gemeinde Ober-Břis, wo zwei Flötze von 18 und 36 Zoll Stärke bekannt und gebauet werden, von welchen jedes derselben einer separaten Mulde angehört.

Von der übrigen in diesem Reviere bekannten für den Kohlenmarkt jedoch dermalen nicht in Anschlag zu bringenden Kohlenführung ist noch schliesslich hervorzuheben:

Die Gegend von Všerau (= Wscherau), wo mit einem östlichen Einfallen ein Liegend- und Hangendflötz von 48 und 24" Mächtigkeit von einigen Bürgern Všerau's und dem Fürsten Lobkowitz wiederholt zu bauen versucht, jedoch wegen zu grossen Wasserandranges wieder verlassen worden sind.

Diese Flötze dürften das westliche Ausgehende der zu Třemošna bekannten über Zilow sich hinziehenden Kohlenführung repräsentiren, daher dieselben der weiteren Untersuchung würdig erscheinen.

Ferner die Kohlenführung im Walde Friebus bei Lichtenstein, wo man in einer kleinen ringsum von Thonschiefer umschlossenen Mulde ein 14" starkes Kohlenflötz bauet, welches der später zu beschreibenden Brettelkohle sehr ähnlich ist.

Ein 24" mächtiges Kohlenflötz ist schon seit langer Zeit bei Přišov (Pržischow) bekannt und vielseitig untersucht worden, doch besitzt es wegen seiner Unreinheit keinen Anspruch auf Bauwürdigkeit.

Endlich ist in der an Přišov angrenzenden Gemeinde Kottiken ein 10—12" starkes Flötz von ziemlich guter Qualität nachgewiesen, wird aber wegen seiner geringen Mächtigkeit nicht als bauwürdig angesehen. —

Eine besondere Beachtung verdienen in diesem Reviere, ausser dem schon erwähnten Vorkommen das Kaolin bei Třemošna und Senneč, die hie und da im Hangenden der Flötze auftretenden Thoneisensteine, welche theilweise Eisenspath führen und in dem Hochofen von Plass Verwendung finden.

III. Das Blattnitzer Revier. Dasselbe umfasst den südlichen Theil des grossen Pilsener Kohlenbassins, welcher nördlich von der von Pilsen über Nürschan (Nürčan) nach Kladrau führenden Chaussée gelegen ist. Es sind darin bisher drei Flötze von bis über 5 Fuss Mächtigkeit nachgewiesen. In sein Gebiet fallen die Baue bei Nürschan, Dobraken, Stein-Augezd, Blattnitz und Wilkischen. Indem wir dieselben von O. nach W. hin verfolgen, gelangen wir zuerst zu den Kohlengruben von Nürschan, welche Herrn Dr. Pankratz gehören. Man hat in dem Schachte Nr. 1 dieser Gruben folgende Kohlenführung nachgewiesen:

Mächtigkeit					Teufe		
Klafter	Fuss	Zoll			Klafter	Fuss	Zoll
7	—	—	Blauen Lettenschiefer.				
—	2	3	Gute Stückkohle	Oberflötz			
—	—	2	Letten				
—	1	2	Brettelkohle	. .	10	1	8
10	1	6	Sandstein und Lettenschiefer.				
—	—	18	Thonigen Sphärosiderit.				
1	1	6	Grauen Lettenschiefer mit *Calamiten*.				
—	2	6	Mittelflötz, eine reine gute Schmiede- u. Kokskohle		22	2	8
1	—	—	Grauen Lettenschiefer mit Pflanzenresten.				
—	—	18	Thoneisensteinflötz.				
—	2	9	Blaue Letten.				
—	—	9	Kohle	Unterflötz, Kohle von guter Qualität, doch wegen der zahlreichen Zwischenmittel derzeit nicht bauwürdig . . .			
—	—	5	Lettiges Zwischenmittel				
—	—	15	Kohle				
—	—	5	Zwischenmittel				
—	—	3	Kohle				
—	1	5	Zwischenmittel				
—	1	2	Kohle		25	2	3
—	—	2	Zwischenmittel				
—	1	2	Kohle				
—	6	9	Graue Letten		26	3	—
			Pflanzenreste führender Schieferthon.				

Als Eigenheit der in diesem Revier im Allgemeinen schwach fallenden Kohlenflötze ist das Auftreten der der schottischen Boghead Coal sehr ähnlichen bituminösen Schiefer „hier Brettel- auch Plattelkohle genannt," ihr durchwegs mehr blätteriger schieferartiger Bruch, endlich der grösstentheils gänzliche Mangel an Backfähigkeit zu erwähnen; daher ihr alle Eigenschaften einer schieferigen Sandkohle zukommen.

Die schon S. 18 erwähnte Brettelkohle, welche entweder als eine für sich bestehende Bank von bis 12 Zoll in der Schwarzkohle ausgeschieden vorkömmt, gewöhnlich aber letztere in dünnen Lagen durchzieht, ist von Farbe braunschwarz, fettglänzend, vollkommen compact, besitzt Klang, muscheligen Bruch, und einen derartigen Gehalt an Bitumen, dass zur Anzündung die Berührung einer Kerzenflamme hinreicht. Sie bricht ferner in grossen plattenförmigen Stücken mit rhomboidischem Bruch, zeigt an den horizontalen pechglanzartigen Spaltungsflächen einzelne matte Stellen, die sich als Farrenreste ergeben, und wird wegen ihres grossen Bitumen-Gehaltes zur Gaserzeugung als auch wohl zur Gewinnung von flüssigen Leuchtstoffen sehr gesucht und mit Vortheil verwerthet.

Unter den Pflanzenresten, welche darin zu beobachten sind, scheinen die zarten Fieder der *Oligocarpia Gutbieri Gö.*, womit *Saccheria asplenioides* Ett. übereinstimmen dürfte, sowie eine der

Sphenopteris Gravenhorsti Bgt. nahe stehende Art, am meisten bezeichnend zu sein. Der durch mehre Haspel und vier Maschinenschächte bewerkstelligte Betrieb der Dr. Pankratz'schen Gruben, die mit einer ca. 1800 Klafter langen Locomotivbahn mit dem Stationsplatze Nürschan in Verbindung stehen, bewegt sich gegenwärtig vom Ausgehenden gegen das Hangende zu auf höchstens 25 Klafter Teufe.

Im westlichen Anschluss an das soeben erwähnte Grubenfeld liegen die der Prager Eisen-Industrie-Gesellschaft gehörigen Gruben von Dobraken, Blattnitz und Steinaugezd, von welchen die ersteren ebenfalls gegen das im Norden gelegene Ausgehende zu, die letzteren aber im Süden gegen das Hangende zu situirt erscheinen. Von der aus drei Flötzen bestehenden Kohlenführung, welche innerhalb eines senkrechten Abstandes von 9—14 Klafter auftritt, ist das Oberflötz von bis $3^1/_2$ Fuss Mächtigkeit zwar nur stellenweise bauwürdig, verdient jedoch alles Interesse, weil es an seiner Basis gleichfalls 6—9 Zoll jener Brettelkohle führt. Es ist, wie die oberen Schichten des Kohlenflötzes der Alberti-Zeche bei Rakonitz und der Barbara-Zeche bei Lubna, mit jenen kleinen linsenförmigen Samen erfüllt, welche Göppert als *Carpolithes coniformis* beschrieben hat, und enthält *Sigillaria oculata* Schl.

Von dem Oberflötz durch ca. 9 Klafter Kohlensandstein und Lettenschiefermittel getrennt, besteht das 5—6′ mächtige Mittel- oder Hauptflötz in Dobraken aus 12″ Kohle, 3—4″ Schieferthon, 18—24″ Kohle, bis 6″ Schieferthon und 18—24″ Kohle; in Blattnitz aus 12—15″ Kohle, 1—6″ plastischen Letten, 36—40″ Kohle; in Steinaugezd aus 3″ Brandschiefer, 18″ Kohle, 2″ Brandschiefer, 18″ Kohle, 1—6″ Schieferthon, 24—30″ Kohle. Diese zumeist von bituminösen Schiefer durchzogene Schwarzkohle eignet sich ebenfalls nicht zur Kokserzeugung, wohl aber wegen ihrer langen holzähnlichen Flamme zum Flammenbetrieb; wesshalb diese Kohle als eine gute Flammkohle bezeichnet zu werden verdient. Sie bläht sich während der Verbrennung durch Aufblätterung stark auf, in Folge dessen der zur Verbrennung nothwendige Luftzutritt von selbst ermöglichet, und ein hoher Hitzgrad erzielt wird; hinterlässt, je nachdem dieselbe mehr oder weniger von der Brettelkohle durchzogen ist, einen grösseren oder geringeren, immerhin aber bedeutend zu nennenden Aschenfall, wodurch die Feuerroste von dem Angriff der Flamme möglichst verschont bleiben. Sie wird ferner theilweise von faserigem Anthracit, selten durch Schwefelkies, verunreiniget, zeigt an den senkrechten Zerklüftungsflächen Thonerde-Beschläge, wirft in der Regel 50—70% Stückkohle, und ist überhaupt ihrer Festigkeit wegen zu weiten Transporten geeignet. Ihr specifisches Gewicht schwankt zwischen 1,154 und 1,361.

Gegen 5 Klafter tiefer lagert das 30″ mächtige Unterflötz, welches nur an seiner Sohle 10″ reine und klare, im übrigen aber ganz taube Kohle enthält und daher nicht als bauwürdig betrachtet wird.

Mit einer auf den Dobrakener Gruben durchgeführten querschlägigen Auslängung hat man in dem von Schacht Nr. XI. gegen Westen zu verworfenen Flötzzug folgende Kohlenführung nachgewiesen:

Mächtigkeit				
Klafter	Fuss	Zoll		
—	2	3	Stückkohle, rein	I. Flötz.
—	2	0	Schieferthon, grau, fest	I. Flötz.
—	1	4	Stückkohle, rein	I. Flötz.
—	5	3	Lettenschiefer, grau.	
—	—	11	Stückkohle, rein, fest	II. Flötz.
—	5	—	Lettenschiefer, grau, fest, mit zur Sohle thonigem sporadisch Bleiglanz führenden Sphärosideriten.	
—	1	6	Kohlenflötz, taub, mit Spatheisenstein-Nieren	III. Flötz.
—	1	—	Wetzstein, weiss, durch graue Streifen gebunden erscheinend.	
—	1	6	Letten, weiss, gegen die Sohle zu plastisch.	
—	—	6	Kohle, rein, mit Spatheisenstein-Nieren	IV. Flötz.
—	—	10	Schieferthon, grau	IV. Flötz.
—	—	9	Kohle, rein	IV. Flötz.
—	1	1	Schieferletten, grau	IV. Flötz.
—	2	6	Kohlenflötz, taub.	IV. Flötz.

Darunter Pflanzenreste führender Schieferthon, weiter Thonschiefer. Einfallen 18h. 7°.

In den Blattnitzer Gruben der Prager Eisen-Industrie-Gesellschaft kennt man zwei Kohlenflötze, von denen das obere 4—4½″ mächtige aus 15″ Kohle, 1—6″ plastischen Letten und 36″ Kohle besteht. Die obere Bank liefert mehr Würfelkohle, die untere Stückkohle.

In 5 bis 10 Klafter unter diesem Hauptflötze ist, unmittelbar auf das Grundgebirge aufgelagert, das bis 48″ mächtige Unterflötz mit einem Einfallen von bis 20° erst im Jahre 1864 durch die Baue der Prager Eisen-Industrie-Gesellschaft zu Blattnitz in einer vorzüglichen Qualität erschlossen worden, während dasselbe an anderen Stellen nur theilweise bauwürdig erschien. Der sein Hangendes bildende Schieferthon ist reich an Einlagerungen von thonigem Sphärosiderit.

Das Haupt- oder Mittelflötz und Unterflötz der Blattnitzer Gruben entspricht den später zu beschreibenden Mantauer Flötzen, die diesen Gruben gegenüber am südlichen Ausgehenden liegen.

Aus nachstehender Skizze sind die Lagerungsverhältnisse der Blattnitzer und Dobrakener Gruben dem Streichen nach von West nach Ost auf ca. 1100° Länge zu entnehmen.

Fig. 21 a. Blattnitz. Dobraken.

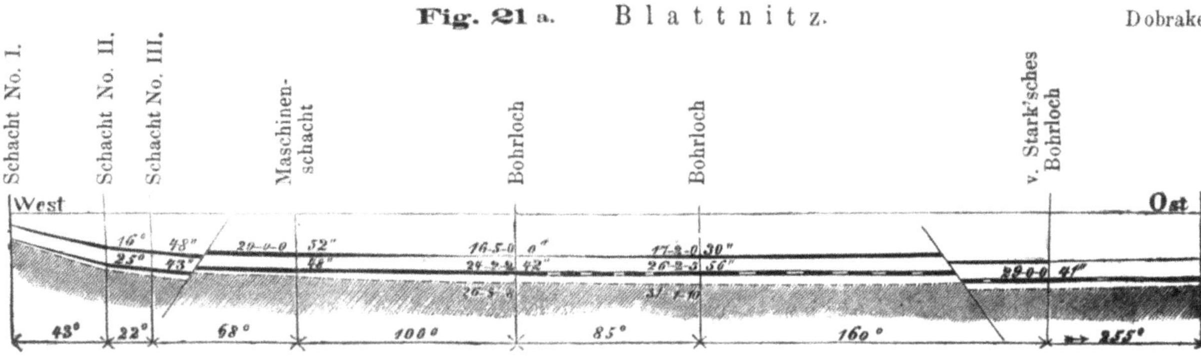

Fig. 21 b. Dobraken.

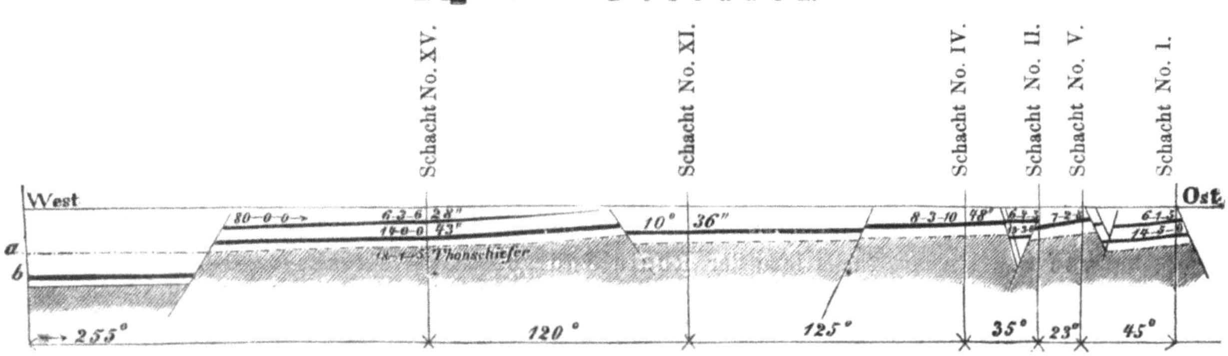

Wie aus diesem Profile hervorgeht, ist auf den Blattnitzer Schächten überall das Mittel- und Unterflötz, auf den Dobrakener Schächten Nr. XV, II und I das Ober- und Mittelflötz, auf Nr. XI und IV. nur das Mittelflötz allein in einem bauwürdigen Zustande erreicht worden.

Der geringen höchstens 15° Teufe wegen, wird die Förderung in Dobraken mittelst Haspelschächten, in Blattnitz durch den bereits erwähnten 207° langen Stolln, „der als der einzige im ganzen Becken zu bezeichnen ist," und einen 30° tiefen Maschinenschacht, endlich in Steinaugezd mit einem 32° tiefen Maschinenschacht erzielt.

In einer geringeren Mächtigkeit ist das Hauptflötz oder Mittelflötz dieser Grubenfelder in den Wilkischener Gruben entwickelt, wo es bei 3½ Fuss Mächtigkeit aus 6″ mürber blätteriger, 8″ Stückkohle, 4″ blauem Schieferthon, 12″ bester Stückkohle und 12″ mürber Kohle zusammengesetzt ist. Sigillarien sind, nach Beobachtungen des Herrn Micksch, hier seltene Erscheinungen, wogegen *Stigmaria ficoides* häufig vorkömmt. Dass aber der ganze liegende Flötzzug des grossen Pilsener Beckens der Sigillarienzone angehört, geht aus dem häufigen Vorkommen von Stämmen derselben, die von dem Dache des Flötzes an noch mehre Fuss hoch in den hangenden Schieferthon fortsetzen, sehr deutlich hervor.

Sämmtliche Gruben stehen am Tage durch eine ca. 1500° lange Pferdebahn, und eine über 5000° lange Locomotivbahn unter sich, mit dem Stationsplatze Nürschau und mit den derselben Gesellschaft gehörigen ausgedehnten Walzwerken zu Wilkischen und Nürschau in Verbindung.

IV. Das Chotieschauer Revier. Es begreift dieses Revier den südlichen Theil des Pilsener Steinkohlengebietes, welches von der die Städte Pilsen und Kladrau verbindenden Chaussée südlich gelegen ist. Dasselbe wird gänzlich von Freischürfen und Grubenfeldmaassen überlagert. Hier tritt, wie schon vorhin erwähnt, gerade jene dem Rothliegenden zugeschriebene rothe Gebirgsbildung in einer beträchtlichen Ausdehnung und Mächtigkeit auf.

Die Kohlenführung dieses Revieres vertheilt sich wieder auf mehre Horizonte und ist in dem ganzen westlichen zwischen Sekřan, Nürčan und Chotiešau (= Chotieschau) gelegenen Theile bisher noch fast gar nicht, in dem östlichen von Nürčan, Pilsen, Dobřan und Chotiešau begrenzten Theile nur stellenweise mehr oder weniger bauwürdig und dem Zusammenhange nach nachgewiesen und ist im westlichen Theile die Fortsetzung des grössten bisher bekannten Kohlenkörpers in und um den Janow-Teiche durch die bereits schon erwähnten Schürfungen bekannt und nachgewiesen; während in dem von der böhmischen Westbahn östlich gelegenen Theile dieselbe nur stellenweise mehr oder weniger bauwürdig dem Zusammenhange nach nachgewiesen ist. Sie erscheint im Allgemeinen auf vier Zügen vertheilt, welche als Weipernitzer (Veipernicer), Liehner, Litticer und Mantauer Zug unterschieden werden.

Durch den fürstlich Lobkowitz'schen zwischen Tluczna und Weipernitz gelegenen Schürfungen sind bei Weipernitz drei Flötze mit einem meist nördlichen Einfallen bekannt, die dem hangendsten Flötze und, wie es scheint, schon dem Rothliegenden angehören.

Das hangendste bis jetzt aufgeschlossene Kohlenflötz wurde mit einem 12 Klafter tiefen Maschinenschachte in der 10. Klafter mit 32 Zoll Stärke erreicht und führt eine unreine Kohle. Das mit diesem Schachte durchfahrene Gebirge besteht grösstentheils aus Schieferthon, weniger Sandstein und führt als Hangendes eine zu jenen rothen Gebilden gehörende, nur 2 Klafter mächtige Lettenschicht, während das nicht fern von hier im Hangenden dieser Schichten angesetzte Dr. Pankratz'sche Bohrloch bei Tluczna die Mächtigkeit dieser wahrscheinlich zum rothen Gebilde mit 130 Klafter Teufe noch nicht ergründet hat. Die beiden anderen Flötze, von 24 und 27 Zoll Mächtigkeit sind nur durch Bohrversuche bekannt und sollen durch ein 17 Klafter mächtiges Mittel von einander geschieden sein.

In dem mittleren oder Liehner Zuge ist bisher nur ein 30 — 36″ starkes Kohlenflötz theils durch die von Stark'schen, theils jene der Rheinländischen Gesellschaft gehörigen Schürfungen mit einem mehr nordwestlichen Einfallen bekannt und theilweise auch belehnt, doch scheinen die durch die fürstlich Thurn- und Taxis'schen Bohrungen im Walde des Liehner Revieres bekannten zwei Flötze von 32 und 40 Zoll Mächtigkeit demselben Zuge anzugehören.

Der Litticer Zug gehört, wie jener von Mantau und die an der südwestlichen Mulden-Begrenzung zwischen Lochutzen und Tuschkau bekannten Vorkommnisse, dem liegenden Horizonte an. Die Ausstriche des Litticer Zuges, die unterhalb der SW. von Pilsen gelegenen Bory-Felder am linken Radbusa-Ufer mit einem nördlichen Einfallen bekannt sind, ziehen sich mit gleichem Einfallen gegen den westlich gelegenen Bory-Wald und nehmen daselbst in Folge eines nordwestlich streichenden Thonschieferrückens eine keilförmige, in ihrem weiteren Verlaufe aber eine mehr nach S. geneigte Wendung an, die sich mehr weniger wellenförmig über den bei Ellhotten gelegenen Ochsenberg gegen Dobřan (Duborzen) hinzieht, unterhalb Dobřan die Radbusa überschreitet und am westlichen Fusse des Schlowitzer Berges anlegend das bisher bekannte südliche Ende dieses Zuges bildet.

Wichtige Aufschlüsse über jenen Liehner und Litticer Flötzzug sind in dem fürstlichen Thurn und Taxis'schen Kohlenfelde erfolgt (Tafel XXVI. Fig. 3.), die wir nach Mittheilungen des Herrn Berginspector Micksch hier wieder geben. Man hat mit dem Hauptschachte der Mathildenzeche folgende Schichten durchsunken:

Mächtigkeit Klafter	Fuss	Zoll		Teufe Klafter	Fuss	Zoll
			a. Alluvium und ternäre Gebilde.			
—	5	—	Aufsattelung.			
—	3	—	Dammerde, Sand und Gerölle.			
—	4	—	gelbgefärbten Sandstein.			
—	4	—	weissgrauen „			
—	4	—	gelbbraunen „			
—	1	5	weissen feinkörnigen Sandstein.			
—	3	3	gelbbraunen gestreiften „			
1	—	6	grauen und gelben „			
—	3	—	grauen geschichteten „			
—	1	6	grauen Sandstein.			
—	1	6	gelben Sandstein mit holziger Braunkohle	6	1	6
			(Statt dieser Gebilde zeigt sich in der Nähe der Mathildenzeche wohl auch ein lockerer Schwimmsand, welcher krustenförmige Ausscheidungen von Raseneisenerz und braune Lignite enthält.)			
			b. Steinkohlenformation.			
—	1	6	weissgrauen Sandstein mit *Sigillarien* . . .	—	—	—
—	5	4	grauen Sandstein mit Kohlenbrocken	—	—	—
—	7	6	desgl. mit Kohlenschnürchen	—	—	—
—	4	8	desgl. grobkörnig	8	4	6
—	5	—	desgl.	9	3	6
5	—	9	weissen Sandstein mit Feldspath und Glimmer . .	14	4	3
2	—	10	grauen grobkörnigen Sandstein	16	5	1
—	4	—	Sandstein mit Quarzconglomerat	17	2	1
1	4	3	weissen Sandstein	19	1	4
—	—	9	Sandstein mit Quarzconglomerat	19	2	1
2	4	3	weissen glimmerreichen Sandstein	22	—	4
—	3	4	weissen feinkörnigen Sandstein	22	3	8
1	5	—	grobkörnigen Sandstein, durch graue gerundete Quarzkörner fast conglomeratartig	24	3	6
—	—	9	Schieferthon mit *Stigmaria*	24	4	3
—	2	6	I. Kohlenflötz	25	—	9
—	3	1	grauen Schieferthon (Bronsky)	—	—	—
—	1	1	gelbliche Letten	25	4	11
—	5	6	II. Kohlenflötz	26	4	5
3	—	8	dunkelgrauen Schieferthon mit *Sagenaria* . . .	29	5	1
1	4	8	grauen Schieferthon mit Kohlenspuren . . .	31	3	9
—	4	—	schwarzgrauen Schieferthon	32	1	9
—	2	—	III. Kohlenflötz	32	3	9
—	2	6	Schieferthon mit Kohle	33	—	3
2	1	9	Schieferthon mit Quarz und Kohle	35	2	—
—	1	—	grauen grobkörnigen Sandstein	35	3	—
—	2	3	desgleichen	35	5	5
—	5	9	Quarzconglomerat	36	5	—
			c. Grauwackenformation.			
—	3	4	silurischen Thonschiefer	37	2	4

In dem Bohrloche Nr. 879 wurde in 19 Klafter 1' 1" Tiefe ein 5' mächtiges oberes Kohlenflötz mit Sandsteinzwischenmitteln, bei 101 Klftr. 4' 10" Tiefe aber das tiefe Kohlenflötz von 5' 10" Stärke durchfahren und mit 123 Klftr. 9" Tiefe silurischer Thonschiefer erreicht.

Die Verhältnisse in den übrigen Bohrlöchern sind aus dem Profile zu ersehen.

Die fürstlich Thurn und Taxis'schen Werke breiten sich im sogenannten Bory-Walde und in dem Liehner Reviere längs der Grenze der Silurformation am linken Ufer der Radbusa, südlich von der Strasse zwischen Pilsen und Staab, und zum Theil auch nördlich der letzteren aus. Die Mathildenzeche dieser Werke besteht aus der alten Belehnung von 59380 Quadratklafter und der neuen Erwerbung von 36108 Quadratklafter, so dass dieser fürstliche Complex 95488 Quadratklafter enthält. Mit dieser Zeche steht eine Erwerbung der Maximilian Carl-Steinkohlengrube im Zusammenhang, die ihre Ausdehnung nach NW. hat und mit 100352 Quadratklafter belehnt ist.

Ueber die Kohlenführung der Litticer Gruben des Gräflich Waldstein'schen Kohlenwerkes, welches an das Areal der Mathildenzeche im Süden angrenzt, ertheilt uns Herr Director Pelikan den gewünschten Aufschluss.

Es haben mehre bis 14 Klftr. tiefe Schächte die kohlenführenden Schichten in folgender Weise getroffen:

4 — 5 Klafter Schieferthon mit Pflanzenresten,

3 Fuss Kohlenflötz { 6 Zoll von Lettenschmitzen verunreiniget und nicht brauchbar, 24 Zoll reine Kohle, mehr in Stücken brechend, 12 Zoll mürbe Kohle.

Klafter	Fuss	Zoll	
—	—	6	hornige Kohle, unbrauchbar.
—	3	—	weisser zäher Letten, theilweise in milden Schieferthon übergehend.
—	—	9	hornig-schieferige Kohle, unbrauchbar.
—	6	—	Kohlenflötz { 40 — 50 Zoll ganz reine mürbe Kohle mit wenig Faserkohle und Schwefelkiesbeschlägen. $^1/_4$ — $^1/_2$ Zoll Schieferthonstreifen. 30 Zoll reine Kohle, mürbe, vorzüglich kokbar.
11	—	—	Schieferthon, mit einem 24zölligen Kohlenflötze, zuletzt Thonschiefer.

Dass zu der Bildung dieser tiefen Litticer Flötze die Sigillarien den grössten Beitrag geliefert haben, ist aus dem sehr häufigen Vorkommen derselben in diesen Schichten klar zu ersehen. Stämme derselben von mehren Fussen Durchmesser werden in aufrechter Stellung auf dem Kohlenflötze nicht selten gefunden.

Das *Hangendflötz* der Mathildenzeche, das eine Schieferkohle bildet, welche aus dünngeschichteter Pechkohle (Sigillarienkohle) und schwachen Lagen von Russkohle (Calamitenkohle) und Kohlenschiefer besteht, zeigte ein specifisches Gewicht = 1,292; das *Liegendflötz*, das fast nur aus Sigillarienkohle (vgl. S. 17) besteht, = 1,249; das letztere wird ganz vorzugsweise in der Gasanstalt von Pilsen verwendet.

Ueber die Kohlenführung der Gegend von Ellhotten entnehmen wir den Mittheilungen des Herrn Berginspector Micksch die folgenden Durchschnitte:

Durchschnitt des südlichen Kohlenfeldes bei Ellhotten. (Taf. XXVI. Fig. 4, 5.)

	Klafter	Fuss	Zoll	
Mit dem Freischurfkreise Nr. 254 von dem Jahre 1855 wurde				
ein 4 Zoll mächtiges Kohlenflötz bei	35 Klafter	1 Fuss	11 Zoll	Tiefe,
„ 2 Fuss 1 Zoll mächtiges Kohlenflötz bei . . .	40 „	3 „	11 „	„
„ 1 „ 6 „ „ „ „ . . .	43 „	3 „	1 „	„
zuletzt Thonschiefer von 66 Klafter 3 Fuss 2 Zoll bis .	67 „	— „	4 „	„ durchfahren;
mit der Frischglück-Zeche Nr. I:				
ein 10 Zoll mächtiges Kohlenflötz bei	19 „	— „	3 „	„
„ 1 Fuss 10 Zoll mächtiges Kohlenflötz bei . . .	24 „	4 „	9 „	„
und Thonschiefer von 42 Klafter 2 Zoll bis . . .	42 „	4 „	1 „	„
in dem Freischurfkreise Nr. 255:				
ein 2 Fuss 7 Zoll mächtiges unreines Kohlenflötz bei .	23 „	1 „	11 „	„
„ 1 „ 10 „ „ reines „ „ .	25 „	— „	11 „	„
zuletzt Alaunschiefer von 45 Klafter 4 Fuss bis . .	46 „	1 „	6 „	„

in dem Schurfkreise Nr. 1582 von dem Jahre 1858 des Westböhmischen Berg- und Hüttenvereines am Klopfer Teiche:

10 — 12 Zoll unreine Kohle bei 27 Klafter 5 Fuss Tiefe,
ca. 12 „ reine „ „ 31 „ 4 „ 6 Zoll Tiefe,
zuletzt Thonschiefer von 54 Klafter 4 Fuss 6 Zoll bis 55 Klafter 6 Zoll Tiefe,
und 1 Fuss 8 Zoll unreine Kohle bei 41 Klafter 5 Fuss 8 Zoll Tiefe,
zuletzt Thonschiefer von 67 Klafter 1 Fuss bis 68 Klafter Tiefe.

Ein mineralogisches Interesse gewähren in den vorher besprochenen Gegenden: das Vorkommen von Hyacinthen in dem Liegenden der kohlenführenden Formation bei Ellhotten, das Auftreten von Coelestin in den diluvialen oder alluvialen Schichten derselben Gegend, das des Kohleneisensteins in dem oberen Kohlenflötze der Mathildenzeche, welches in ähnlicher Weise wie ein thoniger Sphärosiderit in linsenförmigen Concretionen bis 18" Durchmesser vorkommt, welche zugleich Krystalle von Pyrit und mit Chalcedon überzogene Drusen enthalten; während die thonigen Sphärosiderite von Ellhotten öfters Zinkblende und die Thoneisensteine von Veipernic Bleiglanz führen, den man in ausgezeichneten Plättchen, auch in der Kohle bei Liehn antrifft.

Für die Auffindung fossiler Pflanzenreste sind diese Gegenden gleichfalls höchst ergiebig gewesen, wie die in den reichen Sammlungen des Herrn Berginspector Micksch aufgespeicherten Schätze beweisen.

Das durch den letztgenannten von Vituna (= Wittuna) über Lossin nach Littic (= Littitz) gezogene geognostische Profil Taf. XXVI. Fig. 6 belehrt uns über die Fortsetzung des Litticer Flötzzuges in südwestlicher Richtung, sowie über das Vorhandensein eines kleinen in sich abgeschlossenen Kohlenbeckens von Vituna.

Ueber die günstigen Flötzverhältnisse des Mantauer Kohlenzuges, welcher nach dem vorstehenden Profile in der That nur den Gegenflügel der Litticer Flötzmulde zu bilden scheint, berichtet man uns Folgendes: Hier besteht die unmittelbar auf Thonschiefer ruhende Kohlenführung aus fünf mehr oder weniger bauwürdigen Flötzen von $2^1/_2$ bis 7 Fuss Mächtigkeit, die innerhalb einer söhligen Entfernung von 27—30 Klafter auftreten und conform mit dem darunter liegenden Thonschiefer ein Einfallen von 56—45° in St. 24 zeigen. Die Reihenfolge und Lagerungsverhältnisse sind aus der nebenstehenden Skizze zu ersehen, wobei nur noch zu bemerken ist, dass stellenweise im unmittelbaren Hangenden des Kohlenzuges, der mit zunehmender Teufe ein geringeres Verflächen zeigt, die früher erwähnten Moltiř-Lagen von bis über 12 Klafter Mächtigkeit, zwischen den Kohlenflötzen selbst aber, und namentlich zwischen dem Unter- und Liegendflötz zerstreuete Sphärosiderite vorkommen. Man bauet nur die drei Hangendflötze ab, welche im Allgemeinen eine gute, mehr mürbe und theilweise verkokbare Kohle mit einem geringen Stückkohlenfall gewähren.

Fig. 22.

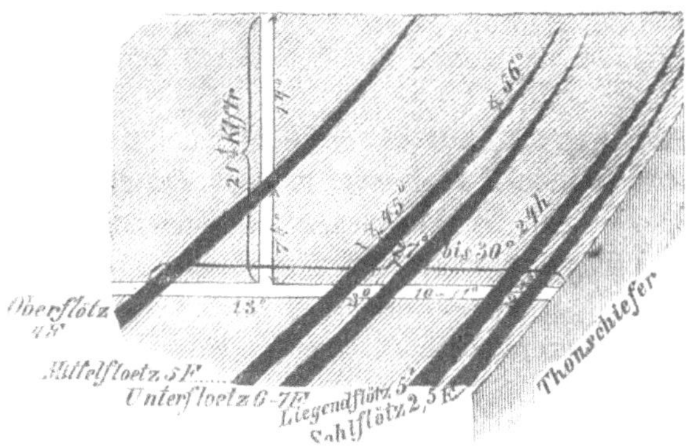

Flötzverhältnisse der Josephinen-Zeche zu Mantau.

Die reinste Kohle mit dem grössten Stückkohlenfall liefert das zwischen festem Kohlensandstein gelegene 4' mächtige Oberflötz. Das 5' mächtige Mittelflötz, welches durch ein Mittel von 4—6'' starker schieferiger Kohle in zwei Bänke von 44 und 12'' gesondert ist, liefert gleichfalls eine gute backende Kohle, in dem aus drei Bänken bestehenden gegen 7' mächtigen Unterflötze herrscht eine unreinere klare Kohle vor, und die beiden tieferen Kohlenflötze haben nur eine unbauwürdige Kohlenführung nachzuweisen.

Die letzteren mögen dem untersten, dritten Kohlenflötze in dem Hauptschachte der Mathilden-Zeche, die drei oberen aber den beiden Haupt-Flötzen dieser Zeche entsprechen.

V. Das Vitunaer oder Wittunaer Revier. Es besteht aus einer isolirten zwischen Stankau und Merklin, SW. von Pilsen, ziemlich hoch gelegenen Kohlenmulde, welche theilweise von Urthonschiefer, theilweise von Granit begrenzt wird. Die Kohlenführung innerhalb derselben ist auf einen Raum von ungefähr 100 Grubenmaassen nachgewiesen und besteht aus 3 Kohlenbänken, welche zusammen gegen 50 Zoll Mächtigkeit besitzen. Die dieselben trennenden Zwischenmittel sind von verschiedener Stärke.

In den der Neugedeiner Fabrik und den Gebr. Ziegler gehörigen Gruben besteht diese Flötzgruppe aus:

15'' blätteriger klarer Kohle,
13'' festem Schieferthon,
18'' guter Kohle, welche zur Hälfte in grossen Stücken bricht,
8'' festem Schieferthon,
18'' guter Stückkohle, unter welchen
5'' fester Schieferthon und ein fester weisser Sandstein folgen.

Man hat hier demnach nur ein in drei Bänke getheiltes Kohlenflötz vor sich, während dasselbe in den Gruben der Lambl'schen Erben durch ein 12 Fuss mächtiges Zwischenmittel in 2 Flötze zerschlagen worden ist.

Im Nachstehenden geben wir eine kritische Uebersicht der in der Steinkohlenformation des nordwestlichen Böhmens unterschiedenen organischen Ueberreste, welche wir nur nach Originalen oder guten Abbildungen zusammengestellt haben. Blosse Citate sind nicht benutzt worden, da dieselben theilweise sehr unsicher sind.

Unter den vorhandenen literarischen Quellen sind die wichtigsten:

Graf Caspar von Sternberg, Versuch einer geognostisch-botanischen Darstellung der Flora der Vorwelt. Regensburg und Prag, 1825—1833.

A. J. Corda, Beiträge zur Flora der Vorwelt, Prag, 1845.

C. von Ettingshausen, die Steinkohlenflora von Stradonitz (Abh. der k. k. geolog. Reichsanstalt, I. Band). Wien, 1852.

Derselbe, die Steinkohlenflora von Radnitz in Böhmen (Abhandl. der k. k. geolog. Reichsanstalt, II. Band). Wien, 1855.

Eine grössere Anzahl von Früchten und Samen aus der Steinkohlenformation Böhmens wurden von Corda in den Verhandlungen der Gesellschaft des vaterländischen Museums in Prag, 1841 beschrieben; über die in der Steinkohlenformation bei Stradonitz vorkommenden Versteinerungen hat Rich. Andree eine gute Arbeit in Leonhard's Jahrbuche 1864. S. 160—176 veröffentlicht und über die Steinkohlenflora von Rakonitz findet man schätzbare Beiträge von D. Stur in dem Jahrbuche der k. k. geologischen Reichsanstalt, 11. Band. 1860. Verh. p. 51 und f. Einer eingehenderen Beschreibung dieser reichen Flora darf man, wie wir mit Vergnügen hören, in nächster Zeit von Herren G. Župansky entgegensehen.

Von allen grösseren Steinkohlenbecken Böhmens ist, wie man aus der nachfolgenden Uebersicht leicht erkennt, die Flora des Radnitzer Beckens am besten bekannt, in Bezug auf die Kenntniss der anderen bleiben noch sehr grosse Lücken auszufüllen. Bei einem Besuche jener Gegenden überzeugt man sich leicht, dass der ganze liegende Flötzzug von sämmtlichen Steinkohlenbecken des nordwestlichen Böhmens von Brandeisl an bis in die Gegend von Pilsen und Mantau nur der Sigillarienzone angehören kann, wie dies auch aus der vorstehenden Beschreibung ihrer geognostischen Verhältnisse deutlich hervorgehen dürfte.

Wir bitten, aus der nachstehenden, aus angeführtem Grunde lückenhaften Uebersicht nicht auf einen Mangel an Sigillarien in anderen Becken schliessen zu wollen. Selbst der hangenden Flötzpartie fehlen, wie schon gezeigt worden ist, die Sigillarien nicht gänzlich, weder in der Gegend von Schlan (vgl. S. 286), noch in dem Pilsener Becken. Im Allgemeinen aber stimmt die Flora der hangenden Flötzpartie dieser Gegenden sehr wohl mit der auch in anderen Ländern für eine der beiden jüngsten Zonen der Steinkohlenformation bezeichnenden Flora.

Uebersicht

der in der Steinkohlenformation des nordwestlichen Böhmens unterschiedenen organischen Ueberreste.

	Arten.	Bemerkungen.	Pilsener Becken.	Radnitzer Becken.	Miröschau. Stradonitz. Zebrak. Lisek bei Beraun.	Rakonitz. Lubna.	Kladno. Brandeisl. Wotwowitz.
	A. Thiere.						
1	*Acridites priscus* R. Andree	Flügel einer Heuschrecke	—	—	St.	—	—
2	*Palaranea borassifolia* Fr.	eine Spinne	—	Swina(Svina)	—	—	—
3	*Cyclophthalmus senior* Cda.	ein Skorpion	—	Chomle	—	—	—
4	*Microlabis Sternbergi* Cda.	ein Afterskorpion	—	Chomle	—	—	—
5	*Lepidoderma Imhofi* Reuss	ein Krebs	Wilkischen	—	—	—	—
	B. Pflanzen.						
	a) *Equisetaceae.* Schafthalme.						
6	*Equisetites infundibuliformis* Br. *Huttonia equisetiformis C.*	*Calamites communis* [1]) und *Cal. Goepperti* Ett.	—	Chomle Wranowitz Břas Mosstiz	—	—	—
7	*Calamites cannaeformis* Schl.	*Cal. communis* Ett.	Dobraken Wiska	Wranowitz (Vranowic)	St.	R.	K. Schlan
8	*Cal. Suckowi* Bgt.	*Cal. communis* Ett.	Plass	—	St.	R.	K.
9	*Cal. approximatus* Schl. *Volkmannia arborescens*	*Cal. communis* Ett. Sternb. II. T. 14. f. 1.	Wisca Dobřan	Swina	—	R.	K. Schlan
10	*Cal. Cisti* Bgt.	. . . .	—	—	—	R.	—
	b) *Asterophyllitae.* Sternhalme.						
11	*Asterophyllites equisetiformis* Schl. sp.	*Cal. equis.* Ett.	Weipernitz (Veipernic)	Břas Mosstitz	—	—	Schlan
12	*Aster. grandis* St. sp. ? *Volkmannia gracilis* St.	*Bechera grandis* St. I. T. 49 f. 1. II. T. 15. f. 1—3. *Cal. communis* Ett.	—	Swina Wranowitz Mosstitz	—	R.	K. Mühlhausen
13	*Aster. rigidus* St. sp. *Volkm. polystachia* St.	*Brukmannia rigida* St. I. T. 51. f. 1.	—	Minitz	—	—	—
14	*Ast. longifolius* St.	*Cal. tenuifolius* Ett.	Wisca (Visca)	Minitz Wranowitz	—	—	W.

[1]) v. Ettingshausen, der unter *Calamites communis* verschiedene Arten von *Equisetites*, *Calamites* und *Asterophyllites* vereiniget, hat übersehen, dass bei den ersteren die Aeste rings um den Stengel vertheilt sind, während sie bei *Asterophyllites* nur gegenständig in zwei Reihen stehen, dass *Calamites* an den Gliederungen eingeschnürt, *Asterophyllites* hingegen mit einem vorstehenden höckerigen Rande versehen ist.

	Arten.	Bemerkungen.	Pilsener Becken.	Radnitzer Becken.	Miröschau. Stradonitz. Zebrak. Lisek bei Beraun.	Rakonitz. Lubna.	Kladno. Brandeisl. Wotwowitz.
15	*Aster. foliosus* Lindl. sp. *Volkm. distachya* St.	*Bechera dubia* I. T. 51. f. 3. I. T. 48. f. 3. *Ann. minuta* Ett. z. Th.	—	Břas Swina	—	—	—
16	*Annularia longifolia* Bgt.	(*Ann. spinulosa* u. *A. reflexa* St. I. T. 19. f. 4. 5., *A. fertilis* St. I. T. 51. f. 2.)	Tremoschna (Tremošna) Ignati-Zeche Dobraken	Mosstitz	St.	—	K. W.
17	*A. sphenophylloides* Zenk.	. . . .	Wiska	Chrast	St.	—	—
18	*Ann. radiata* Bgt. sp.	*Ann. minuta* Ett. Beitrag z. Flora d. Vorw. X. 1. 2.	—	R.	—	—	—
19	*Sphenophyllum microphyllum* St. sp. *? Bechera delicatula* St. I. T. 49. f. 2.	*Myriophyllites microph.*, *Bechera ceratophylloides* St. I. T. 35. f. 3.	—	Swina	—	—	—
20	*Sph. saxifragaefolium* St. *Rotularia polyphylla* St. I. T. 50. f. 4.	*Rotularia sax.* St. I. T. 54. f. 4. *Sphen. Schlotheimi* Ett. z. Theil.	—	*	—	R.	K.
21	*Sph. emarginatum* Bgt. *Rotularia pusilla* St. I. T. 26. f. 4.	*Sphen. Schlotheimi* Ett. z. Theil.	Dobraken Friebus Wald, Herrschaft Lohova	*	St.	—	—
22	*Sph. oblongifolium* Germ.	. . . .	—	—	—	—	Schlan
	c) *Filices.*	Farren.					
23	*Sphenopteris linearis* St.	I. T. 42. f. 4.	—	Swina	—	—	—
24	*Sph. artemisiaefolia* St.	I. T. 54. f. 1. *Gleichenites art.* Ett.	—	Mosstitz	—	—	—
25	*Sph. elegans* Bgt.	. . . .	—	Mosstitz Swina	—	R.	—
26	*Sph. Bronni* Gutb.	*Sph. intermedia* Ett.	—	Swina	St.	—	—
27	*Sph. meifolia* St.	I. T. 20. f. 5.	—	Mosstitz Swina	—	—	—
28	*Sph. lanceolata* Gutb.	. . . .	—	Swina	—	—	—
29	*Sph. Gutbieri* Ett.	. . . .	—	Swina	—	—	—
30	*Sph. Hoeninghausi* Bgt.	. . . .	—	Wranowitz	—	—	—
31	*Sph. obtusiloba* Bgt.	. . . .	—	Wranowitz Swina	—	—	—
32	*Sph. irregularis* St. *Sph. botryoides* St.	*Sph. trifoliata* Bgt. (*Pecopteris venusta* St. I. T. 26. f. 1.)	—	Swina	St.	—	Schlan K. Buštéhrad.
33	*Sph. debilis* St. sp.	(*P. debilis* St. I. T. 26. f. 3.)	—	Wranowitz	—	—	—
34	*Sph. tenuissima* St.	. . . .	—	Břas Wranowitz	—	—	—
35	*Sph. acutifolia* Bgt.	. . . .	—	Mosstitz	—	—	—
36	*Sph. muricata* Schl. sp. *Pec. incisa* St. II. T. 22. f. 3.	*Aleth. muricata* Ett.	—	Mosstitz	St.	—	—

	Arten.	Bemerkungen.	Pilsener Becken.	Radnitzer Becken.	Miröschau. Stradonitz. Zebrak. Lisek bei Beraun.	Rakonitz. Lubna.	Kladno. Brandeisl. Wotwowitz.
37	*Sphenopteris decipiens* Lesq.	. . . .	—	—	St.	—	—
38	*Sph. coralloides* Gutb.	*Sph. Haidingeri* Ett.	—	Břas	St.	—	—
39	*Goeppertia polypodioides* Presl.	St. II. T. 50. f. 1, fructificirende *Sphenopteris*.	Plass	—	—	—	—
40	*Sphen. flavescens* St. II. T. 38. f. 1.	Vgl. *Hymenophyllites ovalis* Gutb.	—	Břas	—	—	—
41	*Hymenophyllites Partschi* Ett.	Vgl. *Hym. stipulatus* Gutb.	—	Mosstitz	—	R.	—
42	*Hym. furcatus* Bgt.	*Sphen. acutiloba* St. II. T. 20. f. b.	—	Břas Swina, Mosstitz	—	—	—
43	*Asplenites elegans* Ett.	*Sphen. Asplenites* Gutb.	—	Břas	St.	R.	K.
44	*Aspl. Reussi* Ett.	? *Cyclopteris* sp.	—	—	St.	—	—
45	*Schizopteris Lactuca* Presl.	Vgl. *Aphlebia tenuiloba* St. II. T. 58. f. 1. 2.	—	Wranowitz	—	R.	—
46	*Sch. Gutbieriana* Presl.		Wiska	(Břas)			
47	*Sch. caryotoides (Palmacites car.)* St. u. Ett.	Vgl. *Schizopteris anomala* Bgt.	—	*	St.	—	—
48	*Cyclopteris tenera* Ett.	. . . .	—	—	St.	—	—
49	*Cycl. rhomboidea* Ett.	. . . .	—	—	St.	—	K. Schlan
50	*Neuropteris angustifolia* Bgt.	. . . .	—	Mosstitz	—	—	—
51	*Neur. acutifolia* Bgt.	. . . .	—	Mosstitz	Mir., St.	—	—
52	*Neur. flexuosa* St. I. T. 32. f. 2.	. . . .	—	Wranowitz Swina	Mir.	—	—
	Neur. plicata St. II. T. 19. f. 1. 3.	*Cyclopteris orbicularis* Bgt., *Cycl. auriculata*					
53	*Neur. auriculata* Bgt.	St. und *Cycl. Sternbergi*	—	—	Mir.	—	—
54	*Neur. gigantea* St.	Gutb. sind Basaltfieder oder Primordialwedel	—	Mosstiz Swina	St.	—	—
55	*Neur. coriacea* Ett.	einer *Neuropteris*.	—	—	St.	—	—
56	*Neur. Loshi* Bgt.	. . . .	—	Mosstitz Swina	St.	—	—
57	*Neur. obovata* St.	. . . .	—	Wranowitz	Mir.	—	—
58	*Neur. rubescens* St.	. . . .	Plass	Mosstitz	—	—	—
59	*Neur. bohemica* Ett.	. . . .	—	Mosstitz	—	—	—
60	*Adiantites Haidingeri* Ett.	. . . .	—	Swina	—	—	—
61	*Dictyopteris neuropteroides* Gutb.	*Neuropteris squarrosa* Ett.	—	—	St.	R.	—
62	*Dict. Brongniarti* Gutb.	. . . .	—	—	St.	—	—
63	*Lonchopteris rugosa* Bgt.	. . . .	—	—	St.	—	K.
64	*Cyatheites arborescens* Schl. sp.	. . . .	Wisca, Plass, Ellhotten.	Mosstitz, Chrast.	—	R.	K. Schlan
65	*Cyath. Candolleaneus* Bgt.	? *Pecopt. fastigiata* St. II. T. 25. f. 5. — *Asplenites* sp. Ett.	—	Wranowitz	—	—	—
66	*Cyath. oreopteroides* Gö.	*Cyath. Oreopterides* St.	Ellhotten	Mosstitz	—	—	—
67	*Cyath. argutus* Bgt. sp.	. . . .	—	—	—	—	Schlan
68	*Cyath. setosus* Ett.	. . . .	—	Mosstitz	—	—	—

	Arten.	Bemerkungen.	Pilsener Becken.	Radnitzer Becken.	Miröschau. Stradonitz. Zebrak. Lisek bei Beraun.	Rakonitz. Lubna.	Kladno. Brandeisl. Wotwowitz.
69	*Cyatheites Miltoni* Artis sp.	*C. undulatus* Ett.	Wiska, Dobraken, Weipernitz.	Wranowitz Mosstitz Swina.	—	R.	K.
70	*Cyath. plumosus* Artis sp.	*Pec. plumosa* / *Pec. pennaeformis* / *Pec. Glockeriana* / *Pec. angustifolia* } Ett.	—	Wranowitz Mosstitz Swina.	—	—	K. Schlan
71	*Cyath. dentatus* Bgt.	*Pec. Radnicensis* Presl. St. II. T. 58. f. 1.	—	Břas	—	L.	K. Schlan
72	*Cyath. mucronatus* St. sp.	*Pec. mucronata* St. I. T. 26 f. 6.	—	Swina	—	—	—
73	*Alethopteris Pluckeneti* Schl. sp. / *Pec. bifurcata* St.	*Sphen. bifurcata* Ett.	Ellhotten	Mosstitz	—	—	—
74	*Al. radnicensis* St.	(*Sciadipteris radn.* St. II. T. 37. f. 1.) *Asplen. radn.* Ett.	—	Wranowitz, Swina.	—	—	—
75	*Al. aquilina* Bgt. sp.	. . . .	Nürschan	—	—	R.	—
76	*Al. pteroides* Bgt. sp.	*Strephopteris ambigua* Presl, fructificirend.	Plass	Břas	—	—	Schlan K. W.
77	*Al. lonchitidis* St. / *Al. vulgatior* St. I. T. 53. f. 2.	*Al. Sternbergi* Ett.	Plass, Weipernitz.	Swina	—	—	—
78	*Al. Serli* Bgt.	.	Dobraken	—	—	—	Schlan Lottausch
79	*Al. longifolia* St. sp.	*Asplenites longifolius* Ett.	Plass, Wiska, Weipernitz, Ellhotten.	Wranowitz Mosstitz Swina.	—	—	—
80	*Al. alethopteroides* Ett. sp.	(*Asplenites al.* Ett.) ?Verkümmertes Ex. der vorigen.	—	Swina	—	—	—
81	*Al. angustissima (Pec. a.)* St.	*Asplen. ang.* Ett.	—	Swina	—	—	—
82	*Al. similis (Pec. sim.)* St.	*Asplen. sim.* Ett.	—	Swina	—	—	—
83	*Al. erosa* Gutb.	*Asplenites Sternbergi* und ?*A. lindsaeoides* Ett.	—	Swina Liblin.	—	R.	—
84	*Oligocarpia Gutbieri* Gö.	? *Sacheria aspleniodes* Ett.	Nürschan	Swina	St.	—	—
		Baumfarren.					
85	*Caulopteris gigantea*	(*Megaphytum gig.*) Goldenberg.	—	Pletzach b. Břas	—	—	—
86	*Zippea disticha* Corda	. . . . . .	—	Wranowitz Chomle.	—	—	—
87	*Tempskya microrrhiza* C.	. . . .	—	R.	—	—	—
88	*Selenopteris radnicensis* C.	. . . .	—	R.	—	—	—
89	*Selen. involuta* Corda	. . . .	—	R.	—	—	—
90	*Gyropteris crassa* C.	. . . .	—	Wranowitz	—	—	—
91	*Anachoropteris pulchra* C.	. . . .	—	Wranowitz	—	—	—
92	*Ptilorhachis dubia* Corda	. . . .	—	R.	—	—	—
93	*Diplophacelus arboreus* C.	. . . .	—	R.	—	—	—

	Arten.	Bemerkungen.	Pilsener Becken.	Radnitzer Becken.	Miröschau. Stradonitz. Zebrak. Lisek bei Beraun.	Rakonitz. Lubna.	Kladno. Brandeisl. Wotwowitz.
94	*Calopteris dubia* C.	. . . .	—	R.	—	—	—
95	*Chorionopteris gleichenoides* Corda	. . . .	—	R.	—	—	—
96	*Psaronius carbonifer* C.	. . . .	—	Wranowitz Swina	—	—	—
97	*Psar. musaeformis* C.	(*Scitaminites mus.*) St.	—	R.	—	—	—
98	*Psar. arenaceus* C.	. . . .	—	Chomle	—	—	—
99	*Psar. pulcher* Corda	. . . .	—	Chomle	—	—	—
100	*Psar. radnicensis* Corda	. . . .	—	Chomle	—	—	—
	d) *Lycopodiaceae.* Bärlappe.						
101	*Lycopodites selaginoides* St.	. . . .	—	—	—	R.	K. B. Mühlhausen
102	*Sagenama dichotoma* (*Lepidodendron dich.*) St. Wurzel hiervon: *Stigmaria fic. minor.*	*Lep. brevifolium,* *Lep. Sternbergi,* *Lep. Göppertianum,* *Lep. crassifolium,* eine Fruchtähre. } Ett.	Wiska	Swina Chomle	Lis.	R.	K. B.
103	*Sag. elegans* Lindl. sp.	*Lep. Haidingeri* Ett.	—	Mosstitz	—	R.	K.
104	*Sag. rimosa* St. *? Sag. fusiformis* Corda	*Lep. rimosum* Ett.	—	R.	—	R. L.	—
105	*Sag. aculeata* St.	*Lep. acul.* Ett.	—	R. Swina	—	—	K. B.
106	*Sag. crenata* St.	*Lep. crenat.* Ett.	—	Swina	—	—	—
107	*Sag. obovata* St.	*Lep. obov.* Ett.	—	Wranowitz, Mosstitz, Swina.	—	—	K.
108	*Lepidodendron laricinum* St.	*Lepidophloyos lar.* Ett.	—	R.	—	L.	Schlan, Lana, Straš. Berg
	Cardiocarpon emarginatum Gö. u. Be.	(*Card. orbiculare* Ett.)	—	—	St.	—	—
109	*Lomatophloyos crassicaule* Corda	. . .	—	R.	—	—	—
110	*Aspidiaria undulata* St.	*Lepid. und.* Ett.	Dobraken	R.	—	R.	K.
111	*Rhytidophloyos tenuis* Cda.	? an *Aspidiaria.*	—	Wranowitz	—	—	—
112	*Bergeria acuta* Presl. *Berg. marginata* Pr.	St. II. T. 48 f. 1. St. II. T. 68. f. 16.	Plass	—	—	—	—
113	*Berg. angulata* Pr. *Berg. rhombica* Pr. *Berg. quadrata* Pr.	St. II. T. 68. f. 17. St. II. T. 68. f. 18. St. II. T. 68. f. 19.	Plass	—	—	—	B.
114	*Leptoxylum geminum* Cda.	. . . .	—	Chomle, Swina	—	—	—
	Cardiocarpus (früher *Cardiocarpon*) Bgt. Fruchtschuppe von *Lycopodiaceen.*						
115	*Carp. acuminatus* St. *Crp. morchellaeformis* St. *Carp. Corculum* St. *Carp. contractus* St. *Carp. acutiusculus* Cda.[1]	I. T. 7. f. 4. I. T. 7. f. 5. I. T. 7. f. 6. I. T. 7. f. 7. T. 2. f. 13. 14. } *Cardiocarpus.*	—	R.	—	—	—

[1]) Corda, Verhand. d. Ges. d. vaterl. Mus. zu Prag, 1841.

	Arten.	Bemerkungen.	Pilsener Becken.	Radnitzer Becken.	Miröschau. Stradonitz. Zebrak. Lisek bei Beraun.	Rakonitz. Lubna.	Kladno. Brandeisl. Wotwowitz.
116	*Carp. minimus* St.	I. T. 7. f. 3. } *Cardiocarpus.*	—	R.	—	—	—
117	*Carp. microspermus* Corda	T. 2. f. 27.	—	Wranowitz	—	—	—
	e) *Sigillarieae.*						
118	*Sigillaria rimosa* ? Goldenb.	(*Diplotegium Brownianum* Corda)	—	—	—	—	Lottausch B.
119	*Sig. tesselata* Bgt.	. . . .	Dobraken	—	—	—	—
120	*Sig. ichthyolepis* Corda	. . . .	—	R.	—	—	—
121	*Sig. elegans* Bgt.	. . . .	—	R.	—	—	—
122	*Sig. ornata* Bgt.	. . . .	—	Břas	—	—	—
123	*Sig. alveolaris* Bgt.	. . . .	—	R.	Zebrak	—	—
124	*Sig. Knorri* Bgt.	. . . .	—	Břas	—	—	—
125	*Sig. rhytidolepis* Corda	. . . .	—	Chomle, Swina, Wranowitz.	—	—	—
126	*Sig. Feistmanteli* Gein.	Leonh. u. Gein. Jahrb. 1865.	—	Břas	—	—	—
127	*Sig. diploderma* Corda	. . . .	—	Swina, Wranowitz.	—	—	—
128	*Sig. pes capreoli*	(*Syringodendron pes capr.*) St.	—	R.	—	—	—
129	*Sig. Cortei* Bgt.	. . . .	—	—	—	—	B.
130	*Sig. intermedia* Bgt.	. . . .	—	—	—	—	K.
131	*Sig. alternans* St.	. . . .	Dobraken	—	—	—	—
132	*Stigmaria conferta* Corda	. . . .	—	Swina	—	—	—
	Stig. anabathra Corda	Auf *Sigillarien* zurückzuführen.	—	R.	—	—	—
	Stig. var. undulata Gö.		—	—	—	—	K.
	Stig. var. reticulata Gö.	. . . .	—	—	—	—	—
133	*Sig. ficoides vulgaris* Bgt.	(*Variolaria fic.* St.) eine selbstständige Pflanze	Wiska	Wranowitz, Swina	—	L.	—
	Carpolithes discoideus St.	I. T. 8. f. 27. (Narben einer *Stigmaria*)	—	—	—	—	—
	f) *Gramineae.* Gräser.						
134	*Graminites Feistmanteli* Gein.	Leonh. Jahrb. 1865. Das erste wirkliche Gras in d. Steinkohlenformation!	—	Břas	—	—	—
135	*Gram.* (?) *Volkmanni*	(*Calamites Volkm.*) Ett. *Stradonitz* T. 5. f. 1—4, nicht T. 6. f. 2.	—	—	St.	—	—
	g) *Palmae.* Palmen.						
136	*Guilielmites umbonatus*	(*Carpolithes umb.*) St.	Weipernitz	Swina	—	—	—
137	*Flabellaria Sternbergi* Ett.	(*Spatha Flabellariae borassifoliae* St.)	—	Swina	—	—	—
138	*Fasciculites carbonigenus* Ung.	. . . .	—	R.	—	—	—
139	*Fasc. leptoxylon* Ung.	.	—	R.	—	—	—

	Arten.	Bemerkungen.	Pilsener Becken.	Radnitzer Becken.	Miröschau. Stradonitz. Zebrak. Lisek bei Beraun.	Rakonitz. Lubna.	Kladno. Brandeisl. Wotwowitz.
	h) *Noeggerathieae.*						
140	*Noeggerathia foliosa* St.	Vgl. Gein. in Leonh. Jahrbuch 1865.	—	Wranowitz, Radnitz, Břas.	—	R.	K.
141	*Noegg. speciosa* Ett.	. . . .	—	Wranowitz.	—	R.	—
142	*Noegg. palmaeformis* Gö.	. . . .	—	—	—	R.	Lottausch
143	*Noegg. Beinertiana* Gö.	. . . .	—	—	St.	—	—
144	*Noegg. crassa* Gö.	. . . .	—	—	—	—	Lottausch
	Rhabdocarpos Gö. u. Be., Früchte von *Noeggerathia.*						
145	*Carpolithes ellipticus* St. I. T. 7. f. 1. *Carp. regularis* St. I. T. 7. f. 2.	? *Rhabd. lineatus* Gö. u. Be.	—	R.	—	—	—
146	*Carp. clavatus* St. I. T. 7. f. 14. *Carp. lagenarius* St. I. T. 7. f. 16.	= *Rhabd. clavatus.*	—	R.	—	—	—
147	*Carp. cerasiformis* St. II. T. 10. f. 9.	? *Rhabdocarpus.*	—	R.	—	—	—
148	*Carp. sepelitus* St. II. T. 47. f. 6. a.		—	R.	—	—	—
149	*Carp. annularis* St. I. T. 7. f. 15.		—	R.	—	—	—
150	*Carp. putamifer* Corda a. a. O. T. 1. f. 2.		—	R.	—	—	—
151	*Cordaites borassifolia* St. sp. ? *Rabdotus verrucosus* St. Stamm: *Artisia transversa* St., *Carpolithes lenticularis* St.	(*Flabellaria bor.* St. *Cycadites palmatus* St.) Markcylinder. II. T. 58. f. 14. Frucht.	—	Swina Wranowitz Chomle	?	—	—
152	*Cord. principalis* Germ. sp., Blätter. *Artisiae* sp., Markcylinder. *Cyclocarpon Cordai* Gein., Frucht.	Vgl. Geinitz, Verst. der Steink. in Sachsen, p. 40. 41.	—	—	St.	—	—
	Cyclocarpus (früher *Cyclocarpon*) Gö. u. Fiedler entspricht den Früchten von *Cordaites.*						
153	*Carp. Placenta Cda.* a. a. O. T. 1. f. 1.	wohl meist zu *Cyclocarpus* gehörig.	—	R.	—	—	—
154	*Carp. Discus Corda* T. 2. f. 20.		—	Wranowitz	—	—	—
155	*Carp. lentiformis* Corda T. 1. f. 7—9.		—	Wranowitz Swina	—	—	—
156	*Carp. implicatus* Corda T. 2. f. 22. 23.		—	Chomle	—	—	—

	Arten.	Bemerkungen.	Pilsener Becken.	Radnitzer Becken.	Miröschau. Stradonitz. Zebrak. Lisek bei Beraun.	Rakonitz. Lubna.	Kladno. Brandeisl. Wotwowitz.
157	*Carp. ovoideus* Corda T. 2. f. 24. 25.	. . . . wohl zu *Cyclocarpus* gehörig.	—	Chomle	—	—	—
158	*Carp. macrothelus* Corda T. 2. f. 26.	(wohl zu *Cyclocarpus* gehörig.)	—	Chomle	—	—	—
	i) *Cycadeae.*						
159	*Cycadites columnaris* Presl.	St. II. p. 194. T. 47. f. 1—6.	—	Malikowetz b. Radnitz	—	—	—
160	*Cyc. involutus* Presl.	St. II. T. 51.	—	R.	—	—	—
161	*Zamites Cordai* Presl.	St. II. T. 55.	—	Malikowetz	—	—	—
162	*Calamoxylon cycadeum* Corda.	. . . .	—	Chomle	—	—	—
	Trigonocarpus (früher *Trigonocarpon*) Bgt. Die Stellung dieser Fruchtgattung ist noch unsicher.						
163	*Tr. sulcatus* St. sp.	*Carp. sulcatus* St. II. T. 10. f. 8.	—	Břas	—	—	—
		Carp. sulcifer Pr., St. II. T. 58. f. 15.	—	Chomle	—	—	—
		Carp. costatus Cda., T. I. f. 4. 5,	—	Břas, Swina	—	—	—
164	*Tr. folliculus* Corda a. a. O. T. 1. f. 10.	? *Trig. Davesii* Lindl.	—	Wranowitz	—	—	—
165	*Tr. (?) cycadinus* Corda	*(Carp. cyc.)* eb. T. 2. f. 11. 12.	—	Chomle	—	—	—
	k) Früchte oder Samen von unsicherer Stellung.						
166	*Carpolithes reticulum* Cda.	a. a. O. T. 2. f. 21.	—	Chomle	—	—	—
167	*Carp. bicuspidatus* St.	I. T. 7. f. 8.	—	R.	—	—	—
168	*Carp. pyriformis* Corda	T. 1. f. 6. (Vgl. *Jordania bignonioides* Gö. n. Fiedler)	—	Wranowitz Swina	—	—	—
	Carp. macropterus Corda	T. 2. f. 15—19.	—	Chomle	—	—	—
	Carp. Sternbergi Corda	T. 1. f. 3.	—	Chomle	Zebr.	—	—
169	*Carp. retusus* St.	I. T. 7. f. 10. 11.	—	R.	—	—	—
170	*Carp. granularis* St.	I. T. 8. f. 22, und einige andere von Sternberg beschriebene Arten.	—	R.	—	—	—
171	*Carp. conoideus* Göpp.	. . . .	Nürschan	—	—	R. L.	—
	l) *Coniferae.* Nadelhölzer.						
172	*Araucarites Cordai* Unger	. . . .	—	R.	—	—	—

Anhang.

Den Reichthum an Braunkohlen in dem nördlichen Böhmen an dem Südabhange des Erzgebirges ersieht man am besten aus einer in der neuesten Zeit von Herrn Director R. Ludwig in Darmstadt bewirkten Zusammenstellung, die derselbe die Güte gehabt hat, unter dem 8. April d. Js. an uns gelangen zu lassen.

1. Eger Bassin, unbedeutend. Es wird nur am Rande an 11 Punkten bei Eger, Pochlowitz, Frauenreuth, Königsberg, Mühlbach, Krottensee und einigen anderen Orten auf eine erdige Kohle und Lignit gebaut.

Die Flötze liegen in Mulden, sind 4 bis 6 Klafter mächtig und liefern eine Kohle, von denen 13—14 Ctr. = 1 Wien. 33″ Klafter Tannenholz entsprechen.

Die Ausdehnung der Flötze ist auf ca. 3 Millionen Quadratklafter bekannt. Diese Fläche enthält ca. 15 Millionen Cubikklafter Kohle und, da 1 Cub.-Klafter 100 Ctr. liefert, 1500 Millionen Centner Kohle.

Bohrversuche, welche im Innern des Eger-Beckens neuerdings vorgenommen wurden, haben eine nur schwach entwickelte unbauwürdige Kohle nachgewiesen.

2. Falkenau-Elbogener Bassin, von Lettengrün, am westlichen Rande gelegen, bis Schlackenwerth reichend, theils Pechglanz-, theils Lignit-Kohle enthaltend. Bei Reichenau, S. von Falkenau, führen die tiefsten Theile des Flötzes Lignit, bei Dallwitz, Haberspirk und Lettengrün bildet Lignit den oberen Theil des Flötzes.

Die Baue werden auf 52 Puncten geführt. Die Flötze werden zuweilen durch thonige Zwischenmittel getrennt, z. B.:

	bei Boden (Lettengrün):	Haberspirk:	Reichenau:
Gerölle und Lehm	4,00 Klftr.	10,60 Klftr.	5,00 Klftr.
Dachletten mit Blättern . . .	0,25 „	1,00 „	0,50 „
Braunkohlen	2,00 „	1,25 „	8,00 „
Thon	1,50 „	0,33 „	— „
Braunkohlen	4,00 „	2,25 „	— „
Thon	— „	0,50 „	— „
Braunkohlen	— „	5,00 „	— „
Thon mit Schwefelkies	0,50 „	— „	0,50 „
Aelteres Gestein (Glimmerschiefer)	— „	— „	— „
Braunkohle . . .	6,0 Klftr.	8,5 Klftr.	8,0 Klftr.

Belehntes Feld = 17½ Millionen Quadratklafter; durchschnittliche Mächtigkeit der Kohlen 7 Klafter; Kohlen-Inhalt = 122½ Mill. Cubikklafter oder 12250 Mill. Centner.

Durch Freischürfe gedecktes Kohlenfeld = 7 Mill. Quadr.-Klftr., worauf noch ca. 49 Mill. Cub.-Klftr. Kohlen liegen können, die aber ausser Acht gelassen werden, wenn obige Zahl ganz genommen wird.

3. Commotau-Saatzer Bassin mit 85 belehnten Gruben. Vorkommen der Kohlen wie im Elbogener Bassin.

Belehntes Feld = 30 Mill. Quadr.-Klftr. mit 8 Klftr. mächtigen Flötzen = 240 Mill. Cub.-Klftr. = 24000 Mill. Ctr.

Durch Freischürfe gedecktes Kohlenfeld = 52 Mill. Quadr.-Klftr. mit 41600 Mill. Centner, demnach in Summa 82 Mill. Quadr.-Klftr. mit 65600 Mill. Ctr. Kohlen, wovon ⅔ = 43730 Mill. Ctr. in Rechnung kommen.

4. Bilin-Aussiger Bassin.

Belehntes Feld = 62 Mill. Quadr.-Klftr. à 6 Klftr. = 37200 Mill. Ctr. Kohlen. Hievon kommen ⅔ = 24800 Mill. Centner in Rechnung.

Zusammenstellung:

Eger Bassin enthält	1500,000000 Centner
Falkenau-Elbogener Bassin	12250,000000 „
Commotau-Saatzer „	43730,000000 „
Bilin-Aussiger „	24800,000000 „
Diese nordböhmischen Braunkohlen-Bassins enthalten	82280 Millionen Centner.

Die Kohle ist meistens von ausgezeichneter Güte. Es entsprechen von ihr 12 bis 13 Centner einer 33 Zoll Klafter Tannenholz.

Dieser grosse Schatz ist zur Zeit nur zum aller kleinsten Theile verwerthbar. Für die östlich gelegenen Bassins, und zunächst für das Aussig-Teplitz-Biliner Bassin, ist der Elbstrom der Hauptcanal, ein neuer wesentlicher Abzugscanal wird für das Falkenau-Elbogener Bassin demnächst durch die nach Regensburg zu führende Eisenbahn eröffnet werden.

CAPITEL X.

Alpenkohlen, Schwarzkohlen im Keuper, im Lias, in der Kreideformation und der Tertiärformation der österreichischen Monarchie und die Pechglanzkohlen in Oberbayern.

(Ueber die hier gebräuchlichen Maasse vgl. S. 263.)

1. Die Alpenkohlen in dem Gebiete der nordöstlichen Alpen.

Nachstehende Mittheilungen sind dem neuesten Berichte des Herrn Bergrath M. V. Lipold über das Kohlengebiet in den nordöstlichen Alpen entnommen:

„Bericht über die localisirten Aufnahmen der I. Section der k. k. geolog. Reichsanstalt in den Sommern 1863 und 1864. Unter Mitwirkung der Herren G. v. Sternbach, J. Rachoy und Ludwig Hertle. Von M. V. Lipold und D. Stur. I. Theil. Bergmännische Specialstudien. Redigirt von M. V. Lipold. (Jahrb. d. k. k. geolog. Reichsanstalt, 15. Bd. 1865. S. 1—164. Mit 2 Taf. und 45 Figuren.)“

Die norischen Alpen, deren Gebiet die Alpenkohlen von Nieder- und Ober-Oesterreich angehören, bestehen aus einer nahezu von O. nach W. verlaufenden Centralkette, welche aus krystallinischen Schiefern und paläozoischen Gebilden zusammengesetzt ist, und aus zwei, nördlich und südlich an die Centralkette sich anschliessenden, zu derselben parallel laufenden Ketten von mesozoischen Kalkgebirgen — den nördlichen und südlichen Kalkalpen. Der Zug der nördlichen Kalkalpen ist es, welchem die Gebirge des nieder- und oberösterreichischen Alpenkohlengebirges angehören, und insbesondere bilden dieselben die nordöstlichsten Züge und Ausläufer dieser Kalkalpen gegen das Wiener Tertiärbecken.

Es fallen die Sandsteinablagerungen mit den „Alpenkohlen“ in zwei verschiedene geologische Gruppen, von denen die an dem Rande der Kalkalpen auftretenden dem Lias, die im Innern derselben aber der oberen Trias oder dem Keuper beizuzählen sind. (Vgl. S. 4 und 8.)

Lipold hält für die Liaskohlen-Ablagerungen den früher für alle Kohlenvorkommnisse in diesen Alpen benutzten Namen „Grestener Schichten“ aufrecht und fasst dagegen die Trias-kohlen-Ablagerungen unter dem Localnamen „Lunzer Schichten“ zusammen.

Die Kohlengewinnung in den „Grestener“ und „Lunzer“ Schichten Nieder- und Ober-Oesterreichs hatte bisher keinen grossen Aufschwung genommen und betrug jährlich nur einige Hunderttausend Centner. In den letztabgelaufenen Jahren, in welchen der Absatz stockte, hatte dieselbe das Quantum von 200000 Centner kaum überschritten. Bei der grossen Verbreitung der kohlenführenden Schichten und bei der namhaften Zahl von Kohlenbergbauen in diesem Gebiete erscheint diese Kohlenproduction allerdings als eine verhältnissmässig geringe. Sie lässt sich aber aus mehren Gründen leicht erklären. Die vielen Störungen in der Kohlenablagerung und die dadurch nothwendig werdenden zahlreicheren Aufschlussbaue im tauben Gebirge, die Unregelmässigkeit in den Kohlenflötzen, die durchschnittlich geringe Mächtigkeit der letzteren, bei einzelnen Bauen wohl auch die mangelhafte Betriebsleitung erhöhen bei den meisten Bauen die Gestehungskosten der Kohlen in einem solchen Grade, dass die Gewerken, wenn sie einen Ertrag von ihrem Grubenbaue beziehen wollen, die Kohlen nur mit hohen Verkaufspreisen abgeben können. Letztere stehen in der That bei einzelnen Bergbauen auf 60—80 Kr., ja selbst auf 1 fl. ö. W. pro Wiener Centner Stückkohle loco Grube. Alle Bergbaue sind ferner mehr oder weniger entfernt von billigeren Verkehrswegen, von der Eisenbahn und von der Donau, und die meisten derselben befinden sich in Gebirgsthälern, welche in der Regel guter Fahrstrassen entbehren. Die Verfrachtung der Kohlen von den Bergbauen muss daher auf der Achse stattfinden und vertheuert die Kohlen mancher Gruben um ein bedeutendes. Daraus ergibt sich die Schwierigkeit für die meisten Kohlenbaue dieses Gebietes, sich für ihre Kohlen eine entferntere Absatzquelle, z. B. in Wien, zu sichern, weil dieselben mit den Preisen anderer Kohlenwerke ausserhalb der Alpen in der Regel nicht zu concurriren im Stande sind. Daher denn auch diese Bergbaue auf den Localabsatz, auf den Bedarf der nahe befindlichen Eisenhüttenwerke und Fabriken, angewiesen sind und mehre Bergwerksbesitzer in ihren Bauen in der Regel nicht viel mehr Kohle gewinnen, als sie zum Betriebe ihrer eigenen Eisenwerks-Etablissements bedürfen.

Wie wohl diese alpinen Schwarzkohlenlager eine grosse Verbreitung besitzen und ihre Kohlen von ausgezeichneter Güte sind, dass sie sich auf vielen Punkten als abbauwürdig gezeigt haben und an mehren Orten mit Vortheil abgebauet werden, wiewohl ferner hier noch ein grosses Terrain mit unverritzten oder mangelhaft untersuchten Schwarzkohlenablagerungen und daher die Hoffnung vorliegt, auf wissenschaftlicher Grundlage in Zukunft noch neue abbauwürdige Schwarzkohlenflötze aufzufinden und aufzuschliessen, so lassen sich doch unter den oben angeführten Bedingungen auf die Alpenkohlen keine grossen Hoffnungen für die Zukunft setzen.

Dagegen werden die Kohlenflötze der Grestener und Lunzer Schichten allen Brennstoff-bedürftigen Etablissements in der Nähe der Schwarzkohlenbergwerke in den Kalkalpen stets zum wesentlichen Vortheile gereichen und man wird daher den Ablagerungen der Alpenkohlen einen grossen localen Werth nicht absprechen können.

Dass bei besonders günstigen Umständen Ausnahmen von der oben angedeuteten Regel Platz greifen können, ist selbstverständlich. So sahen wir, dass die Schwarzkohlen von dem Oesterlein'schen Bergbaue zu Steg bei Lilienfeld, welcher bedeutende Kohlenaufschlüsse besitzt und unter rationeller Leitung steht, selbst auf dem Wiener Platze zum Verkauf kommen, wozu nebst der ausgezeichneten Qualität der Kohle gewiss auch die günstige Lage des Bergbaues unmittelbar an der von St. Pölten nach Maria-Zell führenden Poststrasse und dessen verhältnissmässig nicht grosse Entfernung (3 Meilen) von der Kaiserin Elisabeth-Westbahn die Möglichkeit bietet. Ebenso würden Eisenbahnen, welche das Kohlengebiet berühren, ohne Zweifel einen günstigen Einfluss auf die Entwickelung der in ihrer Nähe befindlichen Kohlenbergbaue ausüben, und in dieser Beziehung ist z. B. die Voraussetzung gerechtfertiget, dass die projectirte Eisenbahn von Stadt Steyr nach dem Ennsflusse nach Ober-Steiermark die in den Ennsgegenden befindlichen Schwarzkohlenwerke, namentlich jene im Pechgraben, befähigen würde, ihre Aufschlüsse zu erweitern und zu vervollständigen und sich einen Absatz ihrer Steinkohlen zu sichern, sowie sie zweifelsohne Anlass zu neuen Schürfungen auf Schwarzkohlen in jenem Terrain gäbe.

A. Die Kohlenbaue, welche in den Grestener Schichten umgehen, befinden sich sämmtlich am nördlichen Rande der Kalkalpenzone in der unmittelbaren südlichen Begrenzung der Wiener Sandsteinzone. Es sind dies von O. nach W. die Bergbaue von Bernreut, Gresten, Hinterholz, Grossau (oder Grosau) und Pechgraben.

a) Der Bergbau zu Bernreut, welcher Herrn J. Neuber von Kirchberg a. d. Pielach gehört, ist gegenwärtig ganz unbedeutend und es beträgt hier die Kohlengewinnung wöchentlich nur 40 Ctr.

b) Der Bergbau auf Schwarzkohlen bei Gresten befindet sich vom Markte gleichen Namens ca. $^1/_2$ Stunde in SO. Richtung entfernt. Die in früherer Zeit von Herrn Miesbach betriebenen Kohlenschürfungen und der noch gegenwärtig dort betriebene Bergbau haben mehre (mit dem Ferdinandi-Stolln 7, mit dem Louisen-Schachte sogar 16) Kohlenflötze nachgewiesen, welche jedoch zumeist eine sehr geringe Mächtigkeit, von einigen Zollen bis 1 Fuss, zeigten und überdies durch Verwerfungen und Auskeilungen häufig gestört waren. Als voraussichtlich abbauwürdig sind nur zwei der mit dem Louisen-Schachte durchfahrenen Flötze zu betrachten, nämlich das mit der 12. Klafter angefahrene 18 Zoll mächtige und das in der 47. Klafter angefahrene 2 — 3 Fuss mächtige Flötz.

Die Kohle ist von vorzüglicher Qualität, obschon sie nicht sehr compact ist, hat einen mehr schieferigen Bruch und einen fettartigen Glanz. Man verwendet die Grestener Kohlen zum Theil zur Leuchtgasbereitung bei dem Hüttenwerke zu Neubruck, S. von Scheibbs, zum Theil in den Schmieden von Gresten.

c) Der Bergbau bei Hinterholz ist $^5/_4$ Stunden westlich von Ipsitz entfernt und befindet sich im obersten Theile des von O. nach W., dann nach SW. verlaufenden Hinterholzgrabens, der nächst der Steinmühle in das Thal der kleinen Ips einmündet. Man hat mit dem Adalberti-Stolln drei Kohlenflötze durchfahren von 15 — 18 Zoll, 2 Fuss und $4^1/_2$ Fuss Mächtigkeit, die man mit Hülfe einiger anderen Stolln gegen 600 Klafter in ihrer Streichrichtung und gegen 60 Klafter nach ihrem Verflächen verfolgen konnte.

Die Kohle ist ausgezeichnet und gleicht der des Grestener Bergbaues. Man verwendet sie grösstentheils bei den Hammerwerken zu Ipsitz und bei Waidhofen an der Ips zum Frischprocesse. Ihre Gewinnung beschränkt sich gegenwärtig auf die geringe Menge der beim Aufschlussbaue abfallenden Kohlen, man will sie jedoch nach der Bildung einer Kuxengesellschaft auf 18000 Ctr. per Monat steigern.

d) Der Bergbau in der Grossau ist, wie verschiedene andere in diesen Gegenden, durch den verstorbenen, thätigen Alois Miesbach eröffnet worden. Von den vielen älteren Stolln und Schächten in der Grossau sind jetzt nur noch der Johanni-Stolln und der Hermanni-Schacht befahrbar, neue Stolln sind der Mathias-Stolln zu äusserst im Osten und der Olga-Stolln am Weidenberge zu äusserst im Westen.

Man hat zwar in mehren dieser Baue ein gegen 3 Fuss mächtiges Kohlenflötz angetroffen, doch enthielt dasselbe, wie im verlassenen Franzisca-Stolln, gegen $^1/_4$ Schiefer als Flötzverunreinigung, oder zeigte, wie im Johanni-Stolln, ein sehr unregelmässiges Vorkommen, oder war wegen Wasserandranges wieder verlassen worden, so dass die Kohlenerzeugung, welche viele Jahre hindurch nicht einmal die Betriebskosten gedeckt hat, beinahe gleich Null anzuschlagen ist, wiewohl der Absatz der Kohle nach den Städten Steyr, Waidhofen an der Ips, St. Peter, Linz und an die Donau-Dampfschifffahrt im Allgemeinen ein sehr günstiger werden könnte.

e) Der Bergbau im Pechgraben. In dem Pechgraben, welcher S. von Steyer in der Nähe von Weyer in das Ennsthal einmündet, sind 2 Stolln in Betrieb, der Franz-Stolln und der Barbara-Stolln. Mit dem ersteren hat man 7 Kohlenflötze durchfahren, von denen das dritte und sechste als die abbauwürdigsten erschienen.

Jenes erreichte eine Mächtigkeit von $2^1/_2$—3' und enthielt bei normaler Beschaffenheit $1^1/_2$—2' reine Kohle, ist jedoch wieder verlassen worden, dieses wird 9' mächtig, ist aber durch mehre Schiefermittel in verschiedene Schichten getrennt. Im Barbara-Stolln kennt man vier Kohlenflötze, unter denen nur das zweite und dritte Flötz eine abbauwürdige Mächtigkeit von 2 — 3' zeigen.

Bei einem in allen diesen Kohlenflötzen vorherrschenden Streichen von O. nach W. fallen sie 45 — 50° nach S. ein und haben mehrfache Störungen erlitten. Der Absatz an Kohle ist auch hier sehr unbedeutend.

B. Kohlenbaue der Lunzer Schichten.

Die zweite Gruppe von Schwarzkohlenbergbauen in den nordöstlichen Kalkalpen, welche der oberen Trias oder dem Keuper entspricht, befindet sich im Innern der Kalkalpen und ihre Zahl ist bei weitem beträchtlicher, als jene der Baue in den Grestener Schichten. Hier folgen in der Richtung von O. nach W. die meist auch auf der Kohlen-Revier-Karte des Kaiserstaates Oesterreich von J. Pechar, 1864, aufgezeichneten Localitäten.

a) Baue der Umgebung von Baden bei Wien. Sowohl N. als auch W. von Baden treten Lunzer Schichten zu Tage, und zwar N. von Baden in der Hinterbrühl und im Thale des Liesingbaches und W. von Baden im Thale des Schwechat- und Triestingbaches. In früherer Zeit haben hier zu wiederholten Malen Schürfungen nach Kohlen stattgefunden, doch ohne den gewünschten Erfolg zu erzielen.

b) Baue der Umgebungen von Kaunberg, Ramsau und Kleinzell. In der Nähe der beiden erstgenannten Orte sind die Schürfungen nach Kohlen schon seit einiger Zeit aufgelassen worden und die meisten von ihnen verbrochen. Häufige Störungen in der Ablagerung der Flötze und geringe

Mächtigkeit der letzteren waren die Ursache des Auflassens der Baue. Zu den Bauen der Umgegend von Kleinzell zählen der Bergbau in Kleinzell, sowie mehre Schurfbaue im Hallbach-, Pfennigbach-, Wobach- und Wiesenbachthale.

Die Lagerungsverhältnisse der kohlenführenden Schichten bei Kleinzell sind sehr unregelmässig, dennoch bauet man hier auf einem Flötze von 1—4' Stärke, neben welchem man noch mehre gegen 6 Zoll mächtige Flötze kennt. Von den vielen Schürfungen im Pfennigbach-, Wobach- und Wiesenbachthale sind nur noch vier Baue im Betriebe. Unter diesen hat ein Freischurf bei Sengeneben ein 1' 18" machtiges Kohlenflötz aufgeschlossen, wahrend ein Freischurfstolln SW. von Klaus drei Flötze von 6", 12" und 12" Stärke durchfahren hat.

c) Baue der Umgebung von Lilienfeld, S. von St. Pölten. Die meisten und bedeutendsten Baue bestehen auf einem Sandsteinzuge, welcher S. vom Stifte Lilienfeld im Klostergraben zu Tage tritt und sich mit dem zwischen Schrambach- und Zögersbachgraben mächtig entwickelten Sandsteine verbindet. Die noch jetzt im Betriebe stehenden oder nur zeitweise sistirten Baue repräsentiren einen Gesammtaufschluss von ca. 2000 Klafter Länge dem Streichen der Flötze nach.

Alle wichtigeren in der Umgebung von Lilienfeld bestehenden Baue gehören den Gebrüdern Karl und Nikolaus Oesterlein und es erscheinen die Verhältnisse ihres Bergbaues am Steg SW. von Lilienfeld gegenüber anderen vorher beschriebenen ausnahmsweise sehr günstig zu sein.

Die Beschaffenheit der Kohlenflötze, und zwar des Mittel- oder Hauptflötzes wurde durch die sehr ausgedehnten Ausrichtungsarbeiten ziemlich erschopfend kennen gelernt. Abgesehen von den vielen kleinen Störungen (Verwerfungen, Verdrückungen u. s. w.) ergibt sich ein mittleres oder Hauptstreichen des Flötzes nach Stunde 5—5 Grad (O. 10° N.). Das Einfallen ist ein südliches, im Mittel unter 55 Grad. Local ändert sich der Fallwinkel sehr häufig. Die Flotze richten sich oft bis zur Saigerstellung auf, seltener legen sie sich flach. Die Machtigkeit des Kohlenflotzes (d. i. des Haupt- oder Mittelflötzes) ist sehr veränderlich, 3—24 Fuss, im Mittel 8—10 Fuss. Das Flotz wird häufig von Kluften durchzogen, welche dem Streichen des Flötzes mehr oder weniger in's Kreuz gehen, und meist eine Verwerfung oder ein Ausschneiden des Flötzes zur Folge haben; anderseits tritt das Flötz in den bizarrsten Formen auf, denen es oft seine local sehr bedeutende Mächtigkeit von 4 Klaftern und auch mehr zu verdanken hat. Es sind dies Einbuchtungen des Liegenden und Hangenden, Sackbildungen des ersteren und andere Unregelmässigkeiten in der Ablagerung des Flötzes.

Im Allgemeinen zeigt sich jedoch das Liegende des Flötzes immer mehr gestört als das Hangende und das letztere ist oft ganz ungestört, regelmassig nach S. unter 50—70° verflächend, während ersteres auf die verschiedenste Weise gestort erscheint. Das Flötz theilt sich nicht selten in 2 oder 3 Trümmer, wovon meist nur eines dem Verflachen nach fortsetzt, während die übrigen sich auskeilen. Solche Spaltungen halten mitunter auf grosse Entfernungen im Streichen an.

Die Kohle des Hauptflötzes ist von mürber Consistenz, frei von fremden und tauben Beimengungen und auch freier von Schwefelkies als viele ähnliche Kohlen. Es gilt die Kohle des Bergbaues am Steg, verglichen mit den Kohlen der benachbarten Kohlenbaue, als eine der reinsten, den hochsten Brenneffect erzielende und den grössten Ausfall an Koks darbietende Kohle. Dieselbe wird grösstentheils an die Hüttenwerke der Gebrüder Oesterlein zu Marktel, an andere in der Umgebung liegende industrielle Etablissements, und eine nicht unbedeutende Menge selbst nach Wien an verschiedene Abnehmer abgesetzt.

d) Baue der Umgebung von Kirchberg an der Pielach. Hierzu gehören:

Die Berg- und Schurfbaue in der Tradigist;
die Berg- und Schurfbaue im Sois-, Prinzbach- und Reitergraben;
die Bergbaue im Rehgraben;
die Berg- und Schurfbaue im Loichgraben (in der Loich).

Die Baue und Schürfungen in der Tradigistgegend, SO. von Kirchberg, bestehen und bestanden auf Flötzen, die zwei verschiedenen Sandsteinzügen eingelagert sind, welche sich jedoch in westlicher Richtung vereinen.

Man bauet hier theils nur auf einem 2—2½' mächtigen Flötze, welches steil nach S. einfallt, wie im Gluckauf-Stolln im Steinbachgraben und in dem westlich davon nach dem Gehänge aufwärts angeschlagenen Anton- und Leopold-Stolln, theils auf 2 Flötzen von 1' und 2½—3' Mächtigkeit, wie im Segen Gottes-Stolln; im Wilhelm-Stolln am Krandlstein erreicht das letztere sogar 4' Starke.

Die Berg- und Schurfbaue im Sois-, Prinzbach- und Rehgraben liegen SSO. von Kirchberg an der Pielach. Auch hier gehören die Kohlenflötze zwei verschiedenen Sandsteinzügen an, von denen der nördlichere nur ein 10" mächtiges Kohlenflötz führt, während in dem südlichen Zuge des Bernhard-Stollns drei liegende Flötze von 8"—2' Mächtigkeit durchfahren worden sind.

Der Carolinen-Stolln im Soisgraben, dessen Betrieb jetzt eingestellt ist, war früher ein Bau von ziemlicher Bedeutung, indem man hier ein Flötz von 4' und ein zweites von 2' Mächtigkeit hatte, welche eine den Kohlen des Steger Bergbaues sehr ähnliche Kohle enthielten.

In dem fast südlich von Kirchberg gelegenen Rehgraben beträgt die durchschnittliche Mächtigkeit der 2 Liegendflötze 2—4', ihr mittleres Streichen von O. nach W., das Einfallen 40—50° nach S. Die Kohle ist mürbe, bricht selten in Stücken, sondern gibt meistens Kleinkohle. Die hier gewonnene Kohle wurde 1863 grossentheils an die Gasanstalt in Wien abgesetzt, doch wurden auch von den nahe liegenden Maschinenwerkstätten und dem Eisenhüttenwerke der Gebrüder Markl bei Rabenstein Rehgrabener Kohlen consumirt. Von den Berg- und Schurfbauen im Loichgraben ist nur der Carolus-Stolln in Betrieb, welcher SSO. vom Orte Loich liegt, und ausser einem 1½' starken Kohlenflötze noch drei hangendere Flötze von 6", 9" und 3' Mächtigkeit durchfahren hat. Die mürbe Kohle des Liegendflötzes gleicht der aus dem Rehberger Kohlenbergbaue, die Kohle des vierten oder äussersten Hangendflötzes ist durch ihre Festigkeit und Dichte, sowie durch den Einschluss grösserer Schwefelkieskrystalle charakterisirt.

e) Baue der Umgebungen von Schwarzenbach, Türnitz und Annaberg. Dieser Abtheilung fallen 1) die Bergbaue in der Engleithen und bei Rossstahlmühl und die damit zusammenhängenden östlich und westlich gelegenen Baue und Schürfungen, 2) die mehren isolirten und grösstentheils aufgelassenen Schürfungen in der Umgebung von Schwarzenbach, Türnitz und Annaberg anheim.

Dieselben bestehen auf einem Sandsteinzuge, der sich bis in die Gegend von Schwarzenbach verfolgen lässt und in östlicher Richtung mit den Sandsteinen des Steger Bergbaues bei Lilienfeld und im Klostergraben in Zusammenhang steht.

Der Abbau bewegt sich hier nur auf einigen durchschnittlich 1—2' mächtigen Flötzen, deren Kohle an Brennwerth und Qualität gleich jener des Bergbaues am Steg ist.

f) Baue der Umgebung von St. Anton bei Scheibbs. In dem Bergbau am Kögerl bei St. Anton wurden drei Kohlenflötze aufgeschlossen, von welchen das erste nur einige Zoll, das zweite 2—3' und das dritte 3—5' mächtig ist.

Die Qualität der Kohle ist ganz gut, meist backend und eignet sich vorzüglich zum Eisenfrischprocesse. Man verwendet sie theils in dem eigenen Eisenwerke bei Gaming, theils in der Gewehrfabrik des Herrn Heiser in St. Anton und bei einigen Privatschmieden.

g) Baue in der Umgebung von Gaming. Es kommen hier der Kohlenbergbau am Zürner, der Bergbau nächst Krumpmühl und Mitterlehen bei Ipsitz, die Schurfbaue nächst Gaming selbst und die Schurfbaue bei Lackenhof in Betracht.

Man trifft auch hier in der Region des Keupersandsteins, dessen Pflanzenreste mit dem von Stuttgart übereinstimmen, einige Kohlenflötze an, deren mittlere Mächtigkeit 1—3' beträgt.

h) Baue der Umgegend von Lunz. Hierher gehören die Bergbaue am Lunzer See, in Kleinholzapfel, in Grossholzapfel und die Schurfbaue im Pramelreith, am Hausberg, auf der v. Amon'schen Alpe und am Ahorn.

Im Theresia-Stolln und Neu Barbara-Stolln am Lunzer See ist das Hauptkohlenflötz 2—3' mächtig, im Josephi-Schurfstolln am Rehberge bei Lunz wurde ein 3—6' mächtiges Kohlenflötz angefahren und die Qualität dieser Kohlen ist eine vorzügliche, auf den übrigen vorher genannten Bauen beträgt die Mächtigkeit der Flötze zwischen 7 und 24" bei Kleinholzapfel, 1½' bei Grossholzapfel, und auf dem von Amon'schen Kohlenbaue am Hausberg selbst 3'.

i) Baue der Umgebung von Opponitz. In den hierher gehörenden Bergbauen am Offenberge und den Schurfbauen am Hochseeberge wurde das Kohlenflötz in einer kaum grösseren Mächtigkeit als 1½ Fuss angetroffen.

k) Baue der Umgebung von Gössling. Die Kohlenflötze, auf welche in der Umgebung von Gössling Bergbaubetrieb eingeleitet ist, gehören drei verschiedenen Sandsteinzügen an.

Die Schurfbaue im sogenannten Stirngraben, 1 Stunde NO. von Gössling entfernt, und die an der Steinbachmauer, ½ Stunde O. von Gössling entfernt, fallen in den Sandsteinzug, welcher die Verbindung des Ahorner und des Lunzersee-Sandsteinzuges an der Steinbachmauer herstellt, und man kennt hier ein Kohlenflötz von 1—2' Stärke.

Der Schurfbau in Gross Hiefelreith, welcher einer ganz kleinen isolirten Sandsteinablagerung angehört, hat drei Flötze von wenigen Zollen bis 1' Mächtigkeit aufgeschlossen; der dritte Sandsteinzug mit den Schurfbauen in Kohlgrub beginnt beim Oberbachbauernhof und zieht sich von dort in südwestlicher Richtung bis nach Hoof hin. Er enthält drei Kohlenflötze, deren Mächtigkeit zwischen 1 und 3' wechselt.

l) Baue der Umgebung von Hollenstein. Die Bergbaue in der Umgebung von Hollenstein gehören sämmtlich dem Sandsteinzuge an, welcher sich von Lunz über Ahorn, Kogelsbach, Entnerschlag in südwestlicher Richtung bis über die steierische Grenze hinüber erstreckt. Die hier betriebenen Kohlenbecken und Schürfe sind von O. gegen W. folgende: der Kohlenbau von Allersberg und in Pramreith, die Schürfungen in Vorderreingrub, in Guggerlueg, am Thomasberg, in Kleinkoth, in Grosskoth, der Bergbau in der Schneibb und der Schurf am Wendstein.

Bis auf den Schurf am Wendstein gehören alle diese Baue einem und demselben Hauptsandsteinzuge an, nur dieser fällt in einen vom Hauptzuge durch den Kalk abgetrennten südlichen, sehr schmalen Sandsteinzug, welcher den ersteren am Fusse des Königsberges bis gegen Gössling hin begleitet.

Auf einigen dieser Baue hat man nur 1—2, auf anderen 3—4 bauwürdige Kohlenflötze angetroffen, deren Mächtigkeit 1—3', theilweise sogar 2—6' und an einzelnen Stellen noch mehr betrug. Unter allen diesen ist der SW. von Gross-Hollenstein betriebene Kohlenbergbau in Schneibb der bedeutendste, welcher zugleich unter sämmtlichen in der Triasformation in Nieder-Oesterreich in Ausbeute stehenden Schwarzkohlenbergbauen am schwunghaftesten betrieben wird. Indess ist die Qualität der Kohlen geringer als die der Lunzer Kohlen, sie verwittert am Tage sehr schnell und zerfällt in Staub, bäckt im Feuer nicht so gut, wie die Lunzer Kohle, und kann daher beim Eisenfrischprocesse nur mit letzterer vermengt verwendet werden.

m) Baue in Ober-Oesterreich. Die Lunzer Schichten treten nach Lipold in dem westlichen Theile dieses Alpengebietes, namentlich in dem zu Ober-Oesterreich gehörigen Theile desselben, weit weniger und viel vereinzelter zu Tage, als in Nieder-Oesterreich. Dies ist auch die natürliche Ursache, dass Ausstriche der zur Trias gehörenden Kohlenflötze hier seltener gefunden werden und nur an wenigen Punkten bergmännisch untersucht worden sind. Zu diesen Punkten gehören: der Kohlenschurf am Hochseeberge, SO. von Gaflenz, der Kohlenbergbau in Lindau, N. von Weyer, die Schurfbaue bei Reichraming und die Kohlenschürfe in der Umgebung von Molln.

Dieselben haben bis jetzt durchaus keine grössere Bedeutung erlangt, da in denselben meist nur ein Kohlenflötz von 1—2' Mächtigkeit nachgewiesen werden konnte.

Wir müssen uns daher begnügen, bezüglich der dort nachgewiesenen specielleren Verhältnisse auf den Eingangs genannten Bericht des Herrn Bergrath Lipold zu verweisen, welchem, wie wir mit Vergnügen hören, noch ein zweiter den ersten ergänzender Theil nachfolgen soll.

2. Ueber Kohlenablagerungen in der Kreideformation bei Wiener-Neustadt.

Wie in den meisten anderen Gegenden Deutschlands, so haben sich auch die Hoffnungen, welche man anfänglich auf die Kohlenablagerungen der Kreideformation oder Gosauformation in der „neuen Welt" und bei Grünbach, W. von Wiener-Neustadt gesetzt hat, nur im bescheidenen Maasse realisirt, indem nur die Bergbaue des Herrn H. Drasche in Grünbach und jene der Herren Reyer und Schlick auf der Klaus zu einiger Bedeutung gelangten.[1]) Letztere producirten 1849 bis 46000 Ctr., in den letzten Jahren bereits über 200000 Ctr. Kohlen. Insbesondere hat sich die Vermuthung, dass die an der „Wand" ausstreichenden Kohlenflötze in der ganzen Mulde der Kreideformation der „neuen Welt" zu finden sein würden, nicht bewährt, wie dies mehre Grubenbaue und Bohrungen dargethan haben.

Auf der „Klaus" stehen drei von einander getrennte Kohlenfelder mittels des Clementin-Stollns und eines 65 Klafter tiefen Hauptmaschinenschachtes in gleichzeitigem Abbaue. Das Haupt- oder eigentliche „Klauser"-Kohlenfeld führt 4 abbauwürdige Kohlenflötze, welche im Durchschnitte nach Stunde 11 (S. 15° O.) streichen und mit 35—40 Grad nach O. einfallen, — das nördlich von diesem befindliche Kohlenfeld „an der Wand" zwei bauwürdige Kohlenflötze mit dem Streichen Stunde 3—4 (NO.) und mit widersinnigem Einfallen von 45 Grad gegen NW., somit gegen die Triaskalksteine der „Wand" respective des „Glandspitzes", an dessen Südseite der Bergbau umgeht, — endlich das westlich von dem letzteren befindliche „Pfennigwies" Kohlenfeld fünf Kohlenflötze mit dem Streichen Stunde 1 (N. 15° O.) und 40 Grad östlichem Einfallen. Diese Kohlenfelder stehen durch Querschläge in Verbindung und bilden ein vereintes Bergbauobject. Die Mächtigkeit der Kohlenflötze wechselt zwischen 2 und 4 Fuss, wächst einerseits bis zu 7' an, verringert sich aber anderseits auch bis zur

[1]) Vgl. Lipold in Zeitschrift der k. k. geol. Reichsanstalt. Sitz. vom 29. November 1864.

Verdrückung. Die Ausrichtung der Flötze in den einzelnen Kohlenfeldern beträgt nach dem Streichen 30—80 Klafter, nach dem Verflächen (in dem Klauser Felde) gegen 80 Klafter. Südlich von dem Klauser Kohlenfelde gehen Ausstriche von Kohlenflötzen zu Tag, welche von O. in W. streichen und saiger stehen, deren Ausrichtung aber noch bevorsteht.

In der „Lanzing", an der Nordseite des Glendspitzes, des westlichen Ausläufers der „Wand", sind gegen 20 Kohlenflötzstreichen verquert worden, darunter jedoch nur ein bereits abgebautes Flötz von 4' und zwei Kohlenflötze von $1\frac{1}{2}$—2' Mächtigkeit. Ihr Streichen ist Stunde 5 (O. 15° N.), ihr Einfallen theils ebenfalls ein widersinniges südliches, theils ein sehr steiles nördliches. Die Kohlenablagerung ist stark gestört und beschränkt.

Am „Reitzenberge" südwestlich von der Klaus ist durch den Abbau ein vollkommen isolirtes muldenförmig gelagertes Steinkohlenfeld von 150 Klafter Länge und 60 Klafter Breite mit fünf Kohlenflötzen von $1\frac{1}{4}$—3 Fuss Mächtigkeit aufgeschlossen worden. Der grössere Theil der Flötze ist abgebaut. (Nach Lipold.)

3. Die Pechglanzkohlen der Tertiärformation in dem Alpengebiete.

Der Schwerpunkt für die Kohlen liegt im Gebiete der Alpen nicht in den vorher beschriebenen Ablagerungen der mesozoischen Zeit, sondern vielmehr in den jüngeren, tertiären Kohlen der Molassen- oder Braunkohlenzeit. Ohne auf eine nähere Beschreibung derselben hier eingehen zu können, entnehmen wir über dieselben nur wenige Worte der „Geologischen Uebersicht der Bergbaue der österreichischen Monarchie, von Franz Ritter von Hauer und Franz Foetterle, Wien, 1855." Im Uebrigen müssen wir sowohl auf diese Schrift selbst, als auf die spätere Arbeit von Carl Ritter von Hauer: „Untersuchungen über den Brennwerth der Braun- und Steinkohlen von den wichtigeren Fundorten im Bereiche der österreichischen Monarchie, Wien, 1862," und insbesondere auf das „Jahrbuch der k. k. geologischen Reichsanstalt, Bd. I—XV, Wien, 1850—1865," verweisen, worin die wichtigsten Untersuchungen über alle derartigen Ablagerungen niedergelegt worden sind.

Eine Reihe überaus reicher Kohlenablagerungen findet sich in Süd-Steiermark und im östlichen Krain, am mächtigsten entwickelt in der Umgegend von Cilli. Dieselben stehen in Verbindung mit Thonen, Mergelschiefern und Kalksteinen, die in parallelen von O. nach W. streichenden Zügen den älteren Grauwacken und Alpenkalksteinen aufgelagert und oft wie zwischen ihnen eingeklemmt erscheinen. Sie zeichnen sich durch meist steil aufgerichtete Schichten aus und scheinen durchgehends der Eocänformation (vgl. S. 4) anzugehören. Das unterste Glied besteht gewöhnlich aus Gerölle; darüber folgt plastischer Thon, dann die Kohle, über dieser Mergelschiefer; eine Art Grobkalk endlich bildet das oberste Glied. Die Ausbeutung ist im Verhältniss zur Ausdehnung und Mächtigkeit der Kohlenflötze noch sehr unbeträchtlich.

Man kann fünf einzelne Züge unterscheiden. Der nördlichste derselben zieht vom nördlichen Fusse des Wotschberges bei Studenitz am nördlichen Rande des hier entwickelten Alpenkalkzuges westlich fort über Pöltschach und setzt bis über Gonobitz hinaus fort. — Südlich vom Kalkzuge des Wötschberges bei Studenitz, des Landthurmberges bei Gonobitz und der Berge S. von Weitenstein findet sich ein sehr breiter Streifen von wahrscheinlich hierher gehörigen Gesteinen, der erst in den höheren Bergen bei Cilli seine südliche Grenze findet.

Die dritte Zone besteht aus einer Reihe einzelner Becken, die durch zwischenliegende Rücken von älteren Gesteinen von einander getrennt sind. Ihr gehört die Mulde von Petschounig, SO. von Cilli, an. Das Hauptflötz ist 5 Fuss bis 2 Klafter mächtig, ist von dem unterliegenden Alpenkalk durch eine nur wenige Fuss mächtige Thonschicht getrennt, auf dem Flötze liegt Mergel, weiter folgt Sand. —

Eine vierte, die an Kohlen reichste Zone, zieht sich von Montpreis über Tüffer, Sagor nach Moraitsch in Krain. Von Tüffer bis nach Moraitsch, auf einem Flächenraum von 4 Ouadrat-Meilen, enthält die Formation überall bauwürdige Flötze. Die Schichten fallen am Nordrande der Zone nach S., am Südrande nach N. oft sehr steil.

Bei Gouze, W. von St. Michael, ist das eine beinahe senkrecht stehende Flötz 10 Klafter mächtig, im Liegenden desselben kommt ein zweites, beinahe eben so mächtiges Flötz vor. Bei

Hrastnigg, SO. von Trifail, ist das Kohlenflötz 8—12 Klafter mächtig, bei Trifail sogar bis zu 20 Klafter; bei Sagor in Krain 16 Klafter, wovon jedoch nur die oberen 6 Klafter rein erscheinen.

Die fünfte Zone streicht von Hörberg über Reichenburg und weiter, ob in unterbrochenem Zusammenhang, ist noch nicht bekannt, in Krain über Nassenfuss, Neudegg nach Weixelburg.

Alle diese Kohlen gehören im Allgemeinen der S. 22 beschriebenen Pechglanzkohle an. — Auch in Istrien sind die ziemlich ausgebreiteten Eocänschichten kohleführend; die Kohle, eine schwarze Pechglanzkohle, ist von vorzüglicher Güte. Der wichtigste Bau ist der zu Carpano bei Albona.

Am Monte Promina in Dalmatien, NO. von Sebelico, erreicht ein ähnliches Kohlenflötz 6—10 Klafter Mächtigkeit.

Unter den Kohlenablagerungen von Tyrol nimmt die von Häring, SW. von Kufstein, einen ähnlichen hohen Rang ein. Die Tertiärmulde von Häring, welche von gleichem Alter, wie die vorige, ist, liegt im Alpenkalk und enthält SO. von Häring, S. von Kufstein, ein Kohlenflötz, dessen Mächtigkeit von einigen Fussen bis zu 6 Klafter schwankt. Die Kohle ist gleichfalls eine vorzügliche Pechglanzkohle ohne Holztextur. Eine genauere Beschreibung der dortigen Lagerungsverhältnisse verdankt man auch Herrn Bergrath Gümbel in der „geognostischen Beschreibung des bayerischen Alpengebirges und seines Vorlandes, Gotha, 1861.'

Durch C. v. Ettingshausen's Beschreibung der tertiären Flora von Häring (Abh. der k. k. geol. Reichsanstalt, II. Wien, 1855) hat diese Localität eine wissenschaftliche Berühmtheit erlangt. Aehnliche Monographien hat dieser fleissige Forscher auch anderen Tertiärfloren der österreichischen Monarchie gewidmet.

Im Venetianischen soll der einzige bedeutendere Kohlenbau im Val d'Agno, zu Pulle Negri, NW. von Vicenza sein, wo man im Gebiete der Eocänformation vier in geringen Abständen über einander liegende Flötze kennt, die 4—6 Fuss mächtig sind und im Nummulitenkalke liegen. Die jährliche Production wird auf 200000 Ctr. geschätzt, welche von den Dampfern am Gardasee verbraucht werden.

Viele andere jüngere tertiäre Kohlen der miocänen oder neogenen Zeit, unter welchen gleichfalls noch treffliche Pechglanzkohlen zu finden sind, wie namentlich jene Augenkohle von Eibiswalde in Steiermark (vgl. S. 19), während mächtige Lagen von Ligniten oder anderen Abänderungen der Braunkohlen im engeren Sinne, wie z. B. die Braunkohlenlager der Wolfsegg-Traunthaler Kohlenwerks- und Eisenbahn-Gesellschaft im Hausruck-Gebirge in Ober-Oesterreich, sich gleichfalls eine hohe Geltung verschafft haben, können wir hier nicht weiter in den Kreis unserer Betrachtung ziehen, behalten jedoch uns vor, in dem statistischen Theile unseres Werkes auch auf sie noch weitere Rücksicht zu nehmen.

4. Die Liaskohlen von Fünfkirchen in Ungarn.

Von einem gleichen Alter, wie die Alpenkohlen der Grestener Schichten, sind die Schwarzkohlenlager in der Nähe von Fünfkirchen. Die geologischen Verhältnisse dieser Gegend sind in einer trefflichen Abhandlung von Dr. Karl F. Peters „über den Lias von Fünfkirchen"[1]) beschrieben worden, woraus sich die Lagerungsverhältnisse der dortigen Kohlen und ihre Altersverhältnisse bestimmt ergeben.

Den untersten Schichten des Lias, sagt Dr. Peters, gehören die reichlichen Ablagerungen von fossilem Brennstoff an, welche seit dem Beginne der Donau-Dampfschifffahrt die Augen der Volkswirthe auf sich gezogen haben; eine kolossale Strom- und Aestuarienbildung verschmolz hier mit den Randabsätzen des alten Meeres, und selbst im mittleren und oberen Lias sind es zumeist Sandsteine und Mergelschiefer, in denen die kärglichen Reste einer anderwärts so üppig entwickelten Thierwelt niedergelegt wurden.

Der kohlenführende Complex, fährt unser Berichterstatter fort, besteht aus einer wechsellagernden Folge von Sandstein, schwarzem Mergelschiefer und Schieferthon mit kleinen Eisenstein-(Spärosiderit-) Lagern und Kohlenflötzen, welche letzteren in den tieferen Horizonten zwischen mächtigen Sandsteinbänken bandweise angeordnet erscheinen, höher jedoch sowohl an Zahl als auch an Mächtigkeit

[1]) Sitzungs-Berichte der k. k Akademie der Wissenschaften in Wien, Band 46. I. 1863. Seite 241—293.

zunehmen und wie zu erwarten, von mächtigeren, reichlich mit Pflanzenresten ausgestatteten Schiefern begleitet werden. Zu unterst gibt es einige ziemlich mächtige Schieferschichten, in denen man nur wenige Pflanzenabdrücke bemerkt. Sie treten in einem Graben, N. vom Fünfkirchener Andreasschacht zu Tage und dürften als die untere Grenze des productiven Schichtencomplexes zu betrachten sein, als die ersten Niederschläge aus einem ruhigen Gewässer, welches sich später mit dem Liasmeere in Verbindung setzte. Da der Bergbau nicht den mindesten Grund hatte, bis in jene tiefen Horizonte niederzugehen, so sind sowohl diese Bänke als die ihnen nach unten folgenden flötzleeren Sandsteinbänke (des Keupers?) so gut als noch gar nicht aufgeschlossen worden. Der saigere Abstand von dieser unteren Grenze des kohlenführenden Complexes bis zu den tiefsten Flötzen von Kaposztas wird auf 180 Klafter geschätzt, nach aufwärts beträgt von den letzteren an der senkrechte Abstand bis zu dem obersten Flötze des Andreas-Schachtes 115 Klafter; man kann aber die gesammte Mächtigkeit zwischen jenen unteren Grenzschichten bis zu einem Kalksteine bei Vassas, oberhalb dessen keine Kohlenflötze mehr und nur geringe Sandstein- und Schieferschichten vorkommen, auf 450 Klafter anschlagen.

Durch die montanistischen Arbeiten, fügt Dr. Peters hinzu, die auf diesem Gebiete von den Beamten der Donau-Dampfschifffahrts-Gesellschaft, von Herrn Windakiéwich als Director der im Jahre 1858 constituirten, leider aber sehr bald wieder aufgelösten österreichisch-rheinischen Bergbau-Gesellschaft, von dem k. k. Bergcommissär Herrn v. Belházy, insbesondere aber von dem kenntnissreichen Gewerken Herrn A. Riegel ausgeführt wurden, ist es erwiesen, dass die unteren und die mittleren Fünfkirchener Flötze von den Gehängen des Mecsek an (flötzleerer Sandstein auf dem Triaskalkstein) bis in die östliche Umgebung von Vassas (= Vasas), also nahezu 5000 Wiener Klafter weit, mit geringen Modificationen anhaltend fortstreichen. Erst dort wird die ganze unterliasische Schichtenfolge durch mächtige plutonische Eruptivmassen mehrfach gestört.

Schon vom Dorfe Somogy an erscheinen am Fusse des Gebirges, aber durch Lös und Alluvien von seinen Gehängen getrennt, in der Gestalt von Vorhügeln und von einzelnen Felsmassen die kalkigen Schichten des mittleren Lias. NO. von Vassas, bei Hoszuhetény, Pécsvárad und so fort nach O. erheben sie sich als die eigentlich gebirgsbildenden Massen und setzen den Fünfkirchener Gebirgszug als ein geographisches Ganzes fort. Der kohlenführende Schichtencomplex dagegen zeigt sich nur mehr in einzelnen aber nicht minder kohlenreichen Lappen bei Komlo, NNW. von Vassas, bei Karász, Vékény und Szász am Nordumfange des Gebirges oder normal über einer geringen Schicht eines flötzleeren Sandsteines auf dem Triaskalkstein gelagert, in den Gräben von Váralja und Nagy-Mányok.

Ueber Zahl und Beschaffenheit der Kohlenflötze, Qualität und Quantität der Kohlen im Vassaser Reviere enthält ein Gutachten des Herrn Civil-Ingenieur C. Roth, Erbauer und früheren Director der Heinrichshütte bei Hattingen in Westphalen, vom 1. November 1858 nachstehende Mittheilungen:

Die bis jetzt bei Vassas unternommenen Aufdeckarbeiten weisen 24 Kohlenflötze nach. Wenn darunter auch mehre sind, die nur 15″ Mächtigkeit haben, so sind sie wegen der mit ihnen zusammen, oder in ihrer unmittelbaren Nähe einbrechenden Eisensteine dennoch bauwürdig. Die Aufdeckarbeiten haben sich bis auf eine verhältnissmässig nur geringe Ausdehnung auf der ganzen Querlinie des Kohlengebirges, soweit es nicht von jüngeren Gebilden überdeckt ist, und über die ganze Längenausdehnung erstreckt. Das Nebengestein der Kohlenflötze ist meistens ein grob- oder feinkörniger Sandstein, seltener Schieferthon, was den Abbauverhältnissen günstig ist.

Von 24 Kohlenflötzen führen 8 Eisensteine, meistens im Hangenden, seltener als Bergmittel und als Liegendes.

Die Mächtigkeit der Flötze variirt zwischen 15″ und 240″ und darüber; es messen

5	Flötze, jedes	15	bis	20″	Wiener Maass
15	„	„	20 „	72″	„ „
4	„	„	72 „	288″	„ „

Kohle, und beträgt die Gesammtmächtigkeit der reinen Kohle 18,15 Klafter.

Die Kohle gehört durchweg der Fettkohle an und ähnelt der Pechkohle; sie bricht wenigstens würfelig, seltener schieferig, fast überall, wenigstens über der Stollnsohle sehr klar. Die durch Schächte in einer Teufe von ca. 30 Klftr. erschrotene Kohle dagegen ist sehr stückreich und darf man daher wohl erwarten, dass man durch den Schachtbau stückreichere Kohle gewinnen wird. Dass die Kohle uber der Stollnsohle so klar bricht, dürfte durch die durch tiefe Wasserrisse bewirkte Trockenlegung des ganzen Terrains zum Theil seine Erklärung finden. Allerdings ist es auffallend, dass in anderen Gruben des Fünfkirchener Revieres (der Donau-Dampfschiffahrts-Gesellschaft) auch in grösserer Teufe die Kohlen meist nur sehr klar brechen. Dies wird jedoch wahrscheinlich durch das unregelmässigere Verhalten der Flötze daselbst erklärlich gemacht. Obwohl die Versuche mit den Kohlen aller Vassaser Flötze noch nicht durchgeführt sind, so lässt sich doch schon mit Bestimmtheit behaupten, dass der grössere Theil der Flötze eine zur Koksfabrikation sehr geeignete Kohle liefert.

Der Aschengehalt der Kohlen aus verschiedenen Flötzen ist ausserordentlich verschieden und schwankt zwischen 2,5 und 25 proc.; im Durchschnitt lässt er sich jedoch zu 8—10 proc. annehmen. Hauptsächlich entsteht er durch Blättchen von Kalk- und Bitterspath, welche haufig die Kohle netzförmig durchziehen. Herr C. Roth glaubt, dass man den grösseren Theil leicht durch Waschen der Kohle entfernen kann, wenn man Koks zur Locomotiv-Feuerung u. s. w. herstellen will. Da aber die Asche fast nur aus Kalk besteht, so bedarf die Kohle behufs Verwerthung als Koks beim Hochofenprocesse um so weniger einer Reinigung, als ja der Kalk dabei nur willkommen sein kann.

Die bis jetzt gemachten Versuche haben ein Ausbringen an Koks von durchschnittlich 65 proc. ergeben.

Die meisten der Vassaser Flötze liefern eine ausgezeichnete Schmiedekohle.

Es wurde schon S. 20 angedeutet, dass jene milden und leicht zerbröckelnden, bläulich- und grau-schwarzen Liaskohlen von Fünfkirchen, Vasas (oder Vassas) und Szász, welche bei Vassas zum Theil in wulstförmigen und knolligen Stücken als sogenannte Kugelkohle, übrigens aber meist als Kohlenklein vorkommen, das man in Briquets umwandelt und unter dem Namen „Presskohle" zu verwerthen pflegt, sich am Besten an die als „Mulmkohle" unterschiedene Abänderung der Schwarzkohlen anschliesst, wozu jedenfalls auch viele der vorher besprochenen Alpenkohlen gehören; denn es entspricht die mürbe Beschaffenheit vieler derselben ganz deren Charakter.

5. Die Liaskohlen von Steierdorf und Rešica (Reschitza) im Banat.

Die Lagerungsverhältnisse der kohlenführenden Liasformation im Banate sind durch den verstorbenen J. Kudernatsch[1]) und später durch Herrn Bergrath Fr. Foetterle in Wien[2]) erforscht worden. Nach dem Letzteren ist das Banaten-Becken, innerhalb dessen sich die secundären Formationen abgelagert haben, in seiner Streichungsrichtung von SW. nach NO. mehrfach durch Hebungen und Spaltenbildungen derart gestört, dass innerhalb einer solchen Störungslinie, die sich oft mehre Meilen fortzieht, stets die tieferen Glieder des Beckens zum Vorschein kommen, wie sie auch an den Rändern des Beckens, auf krystallinischen Unterlagen aufruhend, zu Tage treten. Eine der ausgedehntesten Emportreibungen älterer Formationen ist in Steierdorf, sie hat eine Längenerstreckung von mehr als 3700 Klafter. Die jüngeren Schichten sind gleichsam geborsten, nach beiden Seiten hin zurückgeschoben, und zwischen diesen die älteren sattelförmig erhoben worden. Als ältestes Glied erscheint hier der rothe Sandstein, dessen Stellung zwischen dem Rothliegenden und dem bunten Sandstein wegen Mangel an bezeichnenden Fossilien eine ungewisse ist; er ist in Steierdorf bei 1100 Fuss mächtig. Derselbe wird ringförmig von der Liasformation eingefasst, an welche sich die Jura- und Kreidekalke anschliessen, die den grössten Theil des Beckens einnehmen. Die Liasformation besteht der Hauptsache nach aus Sandsteinen, die unmittelbar auf dem rothen Sandsteine aufliegen und eine Mächtigkeit von 500—600 Fuss besitzen, und aus den höher liegenden Mergelschiefern. Namentlich die obere Abtheilung der Sandsteine hat durch ihre Schwarzkohlenführung eine grosse Wichtigkeit erreicht. Es treten hier fünf verschiedene Flötze auf. Das oberste ist das sogenannte Hangendflötz; es bildet gleichsam die Scheide zwischen den Schiefern und den Sandsteinen und ist zwischen 3—4 Fuss mächtig. Zwischen 4—6 Klftr. unter demselben tritt das sogenannte Hauptflötz mit 9—12 Fuss Mächtigkeit auf, es wird durch den sogenannten Brand, der 1¾ Fuss stark ist, und den 3—18 Zoll starken Mittelberg in drei Theile getrennt, wodurch der Abbau erleichtert wird. Etwa 40—60 Klafter unter diesem Hauptflötze finden sich dann noch drei sogenannte Liegendflötze, wovon das erste 2—3 Fuss mächtig immer abgebaut wird, während das zweite und dritte nicht immer bauwürdig erscheinen.

[1]) Geologie des Banater Gebirgszuges (Jahrb. der k. k. geol. Reichsanstalt VI. 1855. p. 219—253).

[2]) Jahrb. der k. k. geol. Reichsanstalt Bd. XII. 1861—62. V. p. 14.

Das ganze Gebiet wird durch die eigenthümliche linsenförmige Erstreckung der hier blosgelegten älteren Glieder von SSW. nach NNO. in zwei grosse Felder, ein westliches und ein östliches Abbaufeld, getheilt; in beiden jedoch finden sich die gleichen vorerwähnten Lagerungsverhältnisse, mit dem Unterschiede, dass die Schichten im westlichen Felde steil nach W., in dem östlichen Felde jedoch steil nach O. fallen. In dem südlichen Theile sind die Flötze jedoch mehr verdrückt, während in dem nördlichen Theile die Mächtigkeit stets zunimmt. Der Abbau ist gegenwärtig hauptsächlich in dem nordöstlichen Felde im Schwunge. Die grosse bis zu 80 Graden und darüber reichende Steilheit der Flötze gestattet nur in den höheren Lagen einen Stollnbau; der Tiefbau geschieht vermittelst Schächten, von welchen der Kübeck-, der Thinnfeld- und Brenner-Schacht stark in Anspruch genommen werden. Der durch die damaligen Baue auf der ganzen Länge von nahe 3700 Klafter beider Felder, also auf einer Gesammtlänge von etwa 7000 Klafter nachweisbare Kohlenreichthum in diesem Gebiete ist also sehr ansehnlich und gestattet daher leicht eine jährliche Production von 2 Millionen Centner.

Die dortigen Kohlen sind ausgezeichnete Pechkohlen, die zu den besten gehören, welche im österreichischen Kaiserstaate gewonnen werden.

In den Hangendschiefern treten häufig Einlagerungen von Thoneisensteinen auf; so kommen in dem südlichen Theile des Gebietes in dem Gränzenstein- und Gustav-Baue 9 verschiedene derartige Thoneisensteinlager vor. Sie sind regelmässig in den Schieferschichten eingelagert und 3—5″ mächtig, halten bis auf mehre Klafter an, werden dann plötzlich verworfen, verschleppt, oder keilen sich gänzlich aus, in den meisten Fällen bilden sie jedoch mehre Klafter lange Linsen; in dem nördlichen Theile des Gebietes hat man nur drei solcher Thoneisensteinlager beobachtet, so dass auf ihre Stetigkeit in dem ganzen Gebiete und auf beiden Flügeln nicht sicher zu rechnen ist und daher jede auf dieselbe basirte Rechnung über etwa vorhandene Eisensteinquantitäten eine illusorische wird.

Die Hangendschiefer sind etwas bituminös und wurde auf diesen Bitumengehalt eine Steinöldestillation in Steierdorf gegründet.

In der directen Fortsetzung des Steierdorfer Gebietes nach NO. treten noch in der Csetnik und bei Jabalcsa die Hangendschiefer in geringer Ausdehnung zu Tage. Weiter nördlich zwischen Doman und Kuptore, bei Reschitza, sind sowohl die Liassandsteine wie die Schiefer in grosser Ausdehnung wieder blosgelegt. Sie liegen wie bei Steierdorf auch hier auf rothem Sandsteine, der bei Kuptore die flötzführende Steinkohlenformation[1]) deckt, und enthalten ebenfalls Kohlenflötze, die unter gleichen Lagerungsverhältnissen wie in Steierdorf auftreten. Es sind jedoch nur zwei Flötze mit je 3—6 Fuss Mächtigkeit, die beide abgebaut werden und eine ebenso vorzügliche Kohle, jedoch meist als Kleinkohle, liefern.

6. Ueber die Kohlenbaue bei Berzazka in der serbisch-banater Militärgrenze

hat abermals Herr Bergrath M. V. Lipold[2]) folgende Mittheilung gegeben:

Der k. k. priv. Grosshändler in Wien Herr Rath Karl Klein hat dort drei Kohlengruben und zwar in Kozla, in Kamenitza und in Sirinia, sowie Schurfbaue in Okasu, Reu und Reczka im Betriebe. Der Siriniaer Bau befindet sich unmittelbar an der Donau, eine halbe Stunde von der Donau-Dampfschifffahrts-Station Drenkowa, der Kozlaer Bau 800 Klafter und der Kamenitzaer Bau ungefähr 1 Meile in der nördlichen Fortsetzung des Streichens der Kohlenformation. Zwischen Kozla und Kamenitza bestehen die Schurfbaue. Das Streichen der Kohlenformation ist ein nördliches (Stunde 1—2), das Verflächen ein westliches. Das Grundgebirge ist Gneiss.

Die Baue in Kozla und Kamenitza sind vor 18 Jahren eröffnet, aber erst seit ungefähr 5 Jahren schwunghafter und regelmässig betrieben worden. Der Bau in Sirinia wurde erst im Januar 1863, und zwar auf Grund geologischer Anhaltepunkte in Betrieb genommen. Der bisherige Aufschluss beträgt in Kozla 380 Klafter im Streichen und 50 Klafter Saigerteufe, in Kamenitza 130 Klafter im Streichen und 60 Klafter Saigerteufe, und in Sirinia 60 Klafter im Streichen mit 15 Klafter Saigerteufe. Der weitere Aufschluss ist bei allen Bauen im Zuge, indem bei allen die Ausrichtung der Kohlenflötze sowohl nach dem Streichen als auch nach dem Verflächen noch neue sichere Aufschlüsse in Aussicht stellt.

In allen drei Kohlengruben sind je drei Kohlenflötze durchfahren worden, deren zwei in der durchschnittlichen Mächtigkeit von 2—3 Fuss abbauwürdig sind. Im Hangenden der Flötze tritt

---

[1]) Vgl. Franz v. Hauer und Fr. Foetterle, geolog. Uebersicht der Bergbaue der Oesterreichischen Monarchie. Wien, 1855, p. 142.

[2]) Jahrb. der k. k. geol. Reichsanst. Bd. XIV. 1. 1864. Verh. p. 6. u. p. 121—136.

eine petrefactenführende Kalksteinschicht auf, welche charakteristische Thierreste des Lias enthält. Hierdurch wird auch die Berszaszkaer Kohlenablagerung in die Liasformation verwiesen, die überhaupt in Oesterreich die besten und reinsten Schwarzkohlen enthält. Ausser der ausgezeichneten Qualität der Kohle kommt den Berszaszkaer Kohlengruben die ausserordentlich günstige Lage am Donaustrome besonders zu statten. Die Gewinnung ist seit den letzten 5 Jahren im steten Steigen; sie betrug im Jahre 1862/63 nahe an 222000 W. Centner.

7. Die tertiären Pechglanzkohlen in Oberbayern.

(Das bayerische Lachter enthält 6,75 bayerische Fuss oder 81 Zoll bayer.)

Ausser den wirklichen Steinkohlen, deren Vorkommen bei Stockheim in Oberfranken S. 109, bei Erbendorf in der Oberpfalz S. 115 und bei St. Ingbert in der Rheinpfalz S. 126 u. f. beschrieben worden ist, den überall unbauwürdigen Lettenkohlen des fränkischen Keupers [1]) und den gewöhnlicheren Abänderungen der Braunkohlen besitzt Bayern in dem Vorlande seines Alpengebietes sehr beachtenswerthe Lager jener S. 22 charakterisirten Pechglanzkohle oder Pechkohle der Braunkohlenformation, die man, allerdings mit Unrecht, wohl auch als Steinkohle zu bezeichnen pflegt.

Ihr Vorkommen und ihre Lagerungsverhältnisse sind in C. W. Gümbel's bewundernswürdiger Schrift: „Geognostische Beschreibung des bayerischen Alpengebirges und seines Vorlandes, Gotha, 1861“ eingehend beschrieben worden.

Der Bergbau auf diese Kohlen beschränkt sich hiernach auf die folgenden Gebiete, deren geographische Lage aus nachstehendem (S. 330), nach Gümbel's geognostischer Karte des Königreichs Bayern entworfenen Kärtchen zu ersehen ist:

1) Bergbau im Au-Miesbacher Districte, gewerklich;
2) Bergbau im Pensberger Districte, gewerklich;
3) Bergbau im Peissenberger Districte, ärarisch;
4) Bergbau im Districte der Tegernseer Gewerkschaft, welcher sich über das Grubenfeld der Gruben Treue Freundschaft und Antenloh unfern Miesbach, und über das Feld zwischen Mangfall und Isar ausbreitet. Zur Zeit findet hier nur auf einem Flötze bei Waakirchen Kohlengewinnung statt.
5) Bergbau im Kammerloher Cementbruche und im Rieselberger Holze bei Waakirchen, gewerklich, wo man die Kohle als Nebenproduct gewinnt und zum Brennen des Cements verwendet;
6) Bergbau bei Nantesbuch, gewerklich, liegt in Fristen;
7) Untersuchungsbaue, gewerklich, im Districte östlich vom Inn haben verschiedene Flötze bis jetzt von nur geringer, nicht bauwürdiger Mächtigkeit aufgeschlossen und ruhen dermalen;
8) Bergbau bei Eschelsbach (Grube Schwarzerde gewerklich) südlich vom Peissenberge, auf einem etwa 11″ mächtigen Flötze von vorzüglich guter Kohle getrieben, liefert für die Eisenhütte Hablech Feuerungsmaterial.

An diese schliesst sich eine Reihe derzeit auflässiger Versuchsbaue auf Pechkohlen im westlichsten Theile Südbayerns, welche zum Theil in die genannten grösseren Districte hineinfallen.

1) Von allen hier genannten Bergbauen ist einer der bedeutenderen der in dem Au-Miesbacher Districte, welcher von der „königl. bayerischen priv. Miesbacher Steinkohlen-Gewerkschaft“ betrieben wird, deren Vertreter Herr Bergmeister Hailer ist.

Dieser kohlenreiche District im Gebiete der oligocänen Tertiärformation oder der älteren Molasse breitet sich westwärts vom Inn zwischen dem Panger Filze und der Mangfall aus, und wird im Süden von den eocänen Gebilden der Tertiärformation und von schmalen Streifen der älteren Kreideformation, die unter jene einschiessen, begrenzt.

Ueber das Vorkommen der dortigen Kohlen verbreiten sich eine Abhandlung des Herrn Bergmeister Hailer: die fossilen Kohlen zwischen der Mangfall und dem Inn, im bayerischen Kunst- und Gewerbeblatte, München, 1852, S. 140—148, des Dr. H. Emmrich: Beitrag zur Kenntniss der südbayerischen Molasse, im Jahrb. der k. k. geol. Reichsanst. Wien, 1855,

[1]) Vgl. auch C. W. Gümbel, die geognostischen Verhältnisse des fränkischen Triasgebietes. In Bavaria, IV. Bd. 11 Heft. München, 1865.

Geognostische Karte

der Umgebung von Miesbach und Weilheim in Bayern.

Fig. 23.

S. 433—444, und die schon hervorgehobenen trefflichen Schilderungen Gümbels. Den letzteren als den neuesten und umfassendsten sind auch nachstehende gedrängte Mittheilungen vorzugsweise entnommen.

Alle in diesem Reviere vorkommenden Kohlenflötze werden in vier Gruppen getheilt:

I. die Rohmbacher oder südlichste Gruppe,
II. die Sulzgraben oder mittlere südliche Gruppe,
III. die Birkengraben oder mittlere nördliche Gruppe,
IV. die Neumühler oder nördlichste Gruppe.

I. Die Rohmbacher Flötzgruppe, nach den bedeutenden Flötzen, welche im Rohmbache aufgeschürft wurden, benannt, enthält mit Auslassung aller schwachen unter 0,1 Lachter gegen 20 Flötze und zwar:

1, 2 u. 3) südliche *Rohmbachflötze*, bestehen das südlichste aus 34" Kohle, das zweite, 80 Ltr. weiter nördlich, aus 18" Kohle und um 10 Ltr. nach N. das dritte aus 18" Kohle; dann folgt 27 Ltr. weiter nach N.

4 u. 5) Altenberger und Oberrohmbacher *Kastenflötz*, zwei Flötze bei Altenberg, bei Kasten und im obersten Rohmbache erschürft, mit 18" und 28" Kohle.

6) Rohmbacher *Schachtflötz*, worauf ein tonnlägiger Schacht abgeteuft ist, besteht aus einer Oberbank mit 24" Kohle, Stinkkalk- und Cementmittel 1", und aus einer Unterbank mit 24" Kohle; das Liegende bildet Cyrenenmergel und ein kohliger Streifen voll *Unio flabellatus*, noch weiter im Liegenden findet sich *Conglomerat* mit einer Austerbank. Das Flötz bei Hölzel und an der Ziegelhütte bei Ostin (*Ludwigshoffnungflötz*, 38½ Ltr. N. vom *Antenloherflötze*, in St. 6,4 streichend, mit 15—18" Kohle) liegt in seiner westlichen Streichrichtung. Das Flötz ist westwärts bis nahe zur Schlierseestrasse aufgeschürft.

7) Liegendrohmbacher *Schachtflötz*, durch eine 3 Lachter mächtige Mergelbank von dem vorigen getrennt, mit 24" Kohle. In 70 Ltr. nach N. lagern

8) Rohmbacher *Kohlenstattflötze*, mit 15" Kohle und 20 Ltr. N. davon

9) *Grandauerflötz*, im Rohmbache und bei Grandau erschürft, mit 24—30" Kohle; in 25 Ltr. N.

10—16) Pemberger *Leithenflötze*, sieben 7—30 Ltr. auseinander liegende Flötze, bei Pemberg und Leithen im Rohmbache aufgeschlossen, setzen westwärts mit dem Grandauerflötze über „hohe Lerche" und „Nordwende" unter N. Einfallen in's Schwarzenbachthal (Johannesgrube) fort. Sie besitzen der Reihe nach eine Kohlenmächtigkeit von je 24", 10", 20", 22", 24", 18" und 13".

17) Tiefenbach *Hochflötz*, 70 Ltr. N. vom vorigen bei Freigut aufgedeckt und

18) *Bärenschützflötz*, 270 Ltr. N. vom vorigen, ersteres auch bei Föhn im Fendbache erschürft, besitzen beide eine Mächtigkeit von 15—36" Kohle; 310 Ltr. nach N. liegen

19 u. 20) *Litzelauerflötze*, bestehend aus zwei 50 Ltr. von einander entfernten, je 18—36" mächtigen Kohlenflötzen, welche bei der Litzelau erschürft, auch im Leizachthale (= Leitzachthale) bei Schönberg ausstreichen.

Der Bergbau in dieser südlichsten Gruppe beschränkte sich früher auf den Schacht im Rohmbache und einen von diesem getriebenen Querschlag gegen Nord als Gegenort zu dem Querschlage, der von der Leizachgrube aus südlich fortgeschlagen wird. Dieser Querschlag muss sämmtliche Schichten der Rohmbacher-Flötzgruppe bis zu dem Rohmbacher Schachtflötze durchörtern. Der auf der Haushamgrube (oder Moritzzeche) jetzt eingeleitete Abbau ist auf dem südlichsten auch Grosskohl genannten Flötze nach Mittheilungen eines der Begründer der Miesbacher Gewerkschaft des Herrn Friedr. Graeser, erst im Jahre 1861 begonnen worden und liefert gegenwärtig die meisten Kohlen. Ausserdem bestanden mehre Baue bei Antenlohe, Ostin, Bürstling und im Schwarzenbache. Sehr bemerkenswerth ist, dass die unter dem Namen *hohe Lerche-*, *Nordwende-*, *Johannes-* und *Ebenschweinberger-Flötz* N. von Antenlohe aufgeschlossenen Lagen ein nördliches Einfallen besitzen, während die Schichten südwärts von Antenlohe das herrschende südliche Einfallen beibehalten haben.

Profil an der Leitzach in der älteren und jüngeren Molasse. (Nach Gümbel.)

Fig. 24.

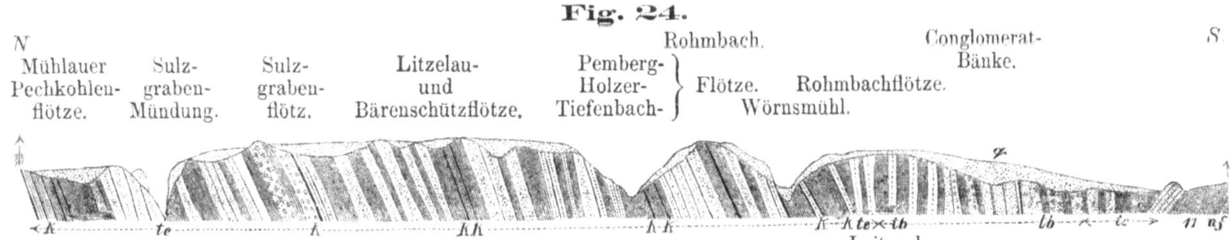

kk. Kohlenflötze der Molasse; *tc.* untere kohlenführende Molasse (Cyrenenschichten); *tb.* untere bunte Molasse; *to.* untere oder oligocäne Meeresmolasse; *n.* Nummulitenkalk; *nf.* eocäner Flysch; *q.* Quartärgebilde.

II. Die mittlere südliche oder Sulzgraben-Flötzgruppe enthält nur zwei bauwürdige Flötze neben vier bis fünf minder mächtigen. Das vorzügliche *Sulzgrabenflötz*, eines der ersten, welches überhaupt schon in ältester Zeit war in Angriff genommen worden, lieferte bis vor Kurzem die meisten Kohlen des Districtes.

Das Flötz besteht aus zwei durch eine schmale Zwischenschicht getrennten Bänken, welche, zusammen 24″ stark, im Liegenden von thonigem Mergel und im Hangenden von festem Schieferthone begleitet sind. Zwei Stollen, vom Leizachthale aus 70 Ltr. über dem Hauptstollnmundloche bei Au auf dem Flötze streichend getrieben, schliessen dasselbe auf, westwärts gegen die Grube im Grossthale (Philipp), ostwärts gegen Niklasreit (Friedrich), wo es vor Ort an vorliegendem Gerölle sich rasch auskeilt. Das Flötz fällt in St. 11,2 unter 48° S. ein und erfordert wegen seines steilen Einfallens eine eigenthümliche Abbaumethode, welche in einer Art Firstenbau mit Rollen zum Vorbringen der Kohle vom Abbau zur Haupt-Förderstrecke besteht; auf das Quadratlachter schüttet es 36 Centner brauchbare Kohle. Es liegt 110° N. vom *Litzelauerflötze.*

Die Anlage in der Leizach (oder Leitzach), für den Oberbau in dieser Gegend bisher das Hauptgebäude, eröffnet mit einem südlichen Querschlage das Gebirge bis zu den Rohmbachflötzen. Weiter gegen W. ist für den Oberbau ein Stolln bei Grossthal (Maximilian) angelegt worden, doch ist das Flötz hier fast unbauwürdig. Ein benachbartes Flötz ist unter Agatheried im Schlierachthale südlich von Lehen im Giglbergergraben bei Biberg und endlich durch die Treue-Freundschafts-Grube im Mangfallthale aufgeschlossen. Das 5 Ltr. N. vom *Sulzgrabenflötze* gelagerte Flötz wechselt in seiner Mächtigkeit zwischen 16—30″.

III. Die dritte Flötzgruppe reicht im Streichen von Au über Mühlau, Birkengraben bis zum Müller am Baum; sie wird von der zweiten Gruppe durch eine circa 700 Ltr. breite, kohlenflötzarme Gesteinszone getrennt.

Bei Au sind in dieser Gruppe an der Achthalmühle und bei Heisskistler sechs Flötze von je 15—18″ Mächtigkeit aufgeschlossen, keines ist jedoch bauwürdig. In der Mühlau sind gleichfalls sechs Flötze bekannt von 6—18″ Mächtigkeit, doch hält man auch sie nicht für bauwürdig. Ihre Natur, wie die Beschaffenheit des Nebengesteins und ihre Entfernung von einander stimmen sehr gut sowohl mit jener bei Au als mit jener im Birkengraben bei Miesbach.

Die letzteren sind mit jenen des Schlierachstollns und jenen bei Plutzer gegen den Grieserbach aufgeschürften Flötzen zweifelsohne identisch. Es scheint diese Flötzpartie in folgende einzelne Flötze geschieden werden zu können:

Profil durch den Schlierachstolln und den Versuchsschacht bei Plutzer. (Nach Gümbel.)

Fig. 25.

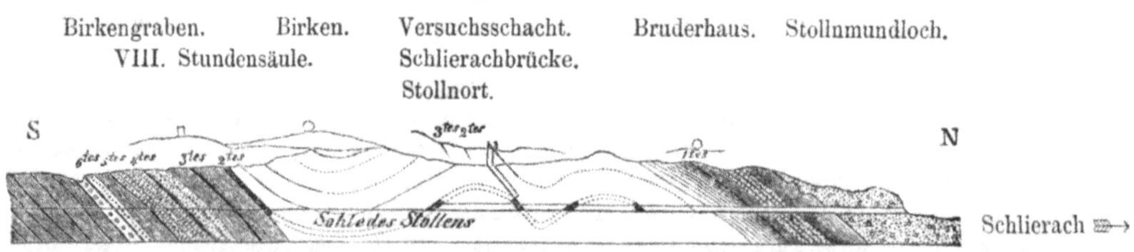

1) *Bruderhausflötz*, im Hangenden Stinkstein und Letten, obere Kohlenbank 11—12″, Schieferthon 10″, untere Kohlenbank 3—4″, im Liegenden sandiger Thon. Dieses Flötz ist das erste im Schlierachstolln und streicht nahe an der Brücke durch die Schlierach. Einfallen in St. 10 mit 24° S. und N.

2) Erstes *Plutzerflötz* oder erstes *Birkengrabenflötz* im Versuchsschachte am Plutzer, mit Stinkstein und kohligem Mergel als Hangendes, 41″ Kohle, 5″ Stinkkalk, 6″ Kohle, 6″ Stinkkalk, 12″ Kohle, Mergelschiefer als Liegendes. Einfallen nach St. 11 oben mit 75° unten mit 25° N. Es ist identisch mit dem genannten Stollnflötz Nr. 1, wie abweichend auch die Mächtigkeit der einzelnen Schichten sein mag.

3) Das zweite *Plutzerflötz* hat Schiefer als Hangendes und besteht aus 21″ Kohle, 12″ Schiefer und Stinkkalk, 6″ Kohle; im Liegenden Schieferthon. Es liegt 14 Ltr. tiefer als das erste Plutzerflötz und ist im Birkengraben nicht erschürft worden.

4) Das dritte *Plutzerflötz* oder zweite *Birkengrabenflötz* enthält zwischen Schieferthon im Liegenden und Stinkkalk im Hangenden eine 12″ mächtige Kohlenbank. Das entsprechende zweite Birkengrabenflötz führt 3 Fuss Kohle.

5) *Ludwigflötz* oder das vierte *Plutzerflötz*, welches gleichfalls im Birkengraben nachgewiesen ist, besteht aus Stinkkalk im Hangenden (30″), Kohle (22″) und Sandstein im Liegenden. Im Mangfallthale ist auf diesem Flötze ein Stolln ostwärts zum Aufschlusse dieses Feldes getrieben (Müller am *Baum-Flötz* II. und Mangfallstolln).

6) Das fünfte *Plutzerflötz* hat 14″ Kohlenmächtigkeit und entspricht dem dritten *Birkengrabenflötz.*

7) Das sechste *Plutzerflötz* oder nördliches *Griesserflötz* mit 15″ Kohle fand sich bis jetzt nur im Griesserbache.

8) Das mittlere *Griesserflötz* besteht aus 2 Kohlenstreifen von je 6" Stärke, die von einem 2zölligen Lettenstreifen geschieden werden.

9) Das südliche *Griesserflötz* führt eine Kohlenbank von 22" Stärke und scheint dem *Birkengrabenflötze* zu entsprechen;

10) Griesser *Steegflötz*, das aus 18" schlechter Kohle besteht, wurde bis jetzt blos im Birkengraben aufgeschürft, wo es St. 11 mit 62° N. einfällt.

IV. Die nördlichste Flötzgruppe des Miesbacher Districtes streicht, von der vorigen wieder durch eine kohlenflötzarme Zone geschieden, von dem Ostabfalle des Hügellandes bei Tödtendorf bis zum Mangfallthale bei der Neumühle durch.

Bei Au gehören ihr sieben theilweise bauwürdige Flötze an und zwar zunächst 250 Lachter nach N. von der vorigen Gruppe:

1) das Schmied im Grub-Flötz, das südlichste dieser Gruppe, 42" mächtig;
2) das nördliche Gruberflötz, mit 16" Kohle, 10 Ltr. weiter nach N.;
3) das Loherbachflötz mit 22" Kohle, 50 Ltr. N. vom vorigen;
4) das Rittler- oder polytechnische Flötz, worauf der polytechnische Verein in früherer Zeit eifrigst Versuchsbaue betrieb, ist sehr ungleich mächtig, durchschnittlich in den besseren Partien 32", oft aber auch völlig verdrückt. Darauf steht der Auerstolln; es liegt 120 Ltr. N. vom vorigen;
5) das Eckersberger südliche Flötz mit 36" Kohle, 90 Ltr. weiter nach N.;
6) das Eckersberger nördliche Flötz von 28—30" Kohle, beide bei Eckersberg aufgeschlossen, führen vorzügliche, aber weiche Kohle; letzteres ist nur 8 Ltr. vom ersteren entfernt;
7) *Gernholzgrabenflötz*, mit 24" Kohle und nur 8 Ltr. vom vorigen entfernt.

Ein Hauptstolln, der bei Au streichend angesetzt ist, soll als tiefster Stolln das Gesammtgrubenfeld bis zu beträchtlicher Tiefe wasserfrei halten.

An der Mangfall ist bei der Neumühle die Reihe dieser Kohlenflötze wieder sehr deutlich aufgeschlossen. (Nach Gümbel).

Ueber die Beschaffenheit der Kohlen des Miesbacher Bezirkes hat uns Herr Director Hailer neuerdings nachstehende Mittheilungen zugehen lassen:

Die südliche der drei von ihm unterschiedenen Flötzgruppen führt eine feste Kohle, die stets das Bestreben zeigt, sich in kuboidische Stücke zu lösen, einen braunen Strich gibt, häufig von bituminösen Schiefern durchzogen ist und sehr oft in dieselben förmlich übergeht. Eine äusserst feste Pechglanzkohle, ganz rein und mit grossmuscheligem Bruche, durchzieht die Flötze dieser Gruppe in häufig absetzenden Bänken. Diese Flötze besitzen nur äusserst selten einen leicht angreifbaren Schram.

Die mittlere Gruppe ist durch Grubengebäude noch wenig bekannt, indess steht die Beschaffenheit der Kohle, aus den Tagschürfen zu schliessen, ziemlich nahe jener der südlichen Gruppe; sie hat aber schon den Stinkstein als Begleiter und zeigt oft eine stängelig-blätterige Textur. Der Strich der Kohle ist, wie in der vorigen Gruppe, braun und es wird die Kohle durch Schiefer verunreiniget. Auch die Flötze dieser Gruppe zeigen schwierige Schramverhältnisse.

Die nördliche Gruppe enthält eine gebräche, theils in kubischen, theils in schaligen Stücken lösbare Kohle, die Kohle zeigt theils einen muscheligen Querbruch, theils eine schuppige und stängelige Structur und eine glänzend schwarze Farbe. Diese Flötze sind durch Zwischenmittel nicht verunreiniget und besitzen allermeist einen leicht angreifbaren Schram. Der stete Begleiter dieser Kohle ist Stinkstein, welcher mitunter auch in der Kohle selbst auftritt.

Im Allgemeinen ist das Streichen sämmtlicher Flötze St. 6—7, also von W. nach O.; dagegen ist ihr Verflächen sehr verschieden und variirt zwischen 90° und 22°. Besonders zeigen die Flötze der nördlichen Gruppe Undulationen (Sattel und Mulden), Verwerfungen, Verdrückungen und Sprünge aller Art. Die südlichen Flötze sind gegen W. steil und werden, je weiter man sie nach O. verfolgt, immer flacher.

Alle fallen von Tage nieder sehr steil ein, um sich schon nach ein paar Lachter Entfernung zu verflächen; sie sind in der Regel gegen Tag aus mächtiger als in der Tiefe, ein Umstand, welcher alle auf Tagschürfe basirte Berechnungen des Kohlenquantums sehr zu alteriren pflegt.

2) Das grosse Grubenfeld zwischen Isar und Weilheim-Murnauer Strasse oder der Pensberger Kohlendistrict vereiniget verschiedene einzelne Flötzverleihungen in sich, welche Gümbel a. g. O. S. 717 in folgender Ordnung aufzählt:

I. Die Pensberger (südlichste) Gruppe mit in St. 11,3 unter 75° S. einfallender Lagerung umfasst 24 Flötze, unter denen als besonders bauwürdig folgende (von S. nach N. aufgezählt) namhaft zu machen sind:

1. Flötz Nr. III. (Helene) besteht aus 4″ Kohle, im Hangenden 2″ Kohlenletten, 3″ Kohle, 7″ Kohlenletten, 12″ Kohle im Liegenden.
2. Flötz Nr. XII. (Karl) liegt 31,5 Ltr. N. vom vorigen, enthält 33—40″ Kohle mit einem 5″ mächtigen Zwischenmittel, schüttet pr. Quadrat-Ltr. 45 Ltr. Kohle.
3. Flötz Nr. XVI. (Amalie), 13,4 L., N. vom vorigen mit 4″ K., 1″ Stinkkalk, 12″ K., 13″ Kohlenletten, 12″ K.
4. Flötz Nr. XVII. (Sophie), 14,6 L., N. vom vorigen, mit 30″ K., 2″ Stinkkalk, 9″ Kohle, liefert pr. Quadrat-Ltr. 35 Ctr. Stückkohle.
5. Flötz Nr. XX. (Franz), 27 L. N. vom vorigen, mit 18″ K., 1″ Kohlenletten, 6″ K.
6. Flötz Nr. XXIII. (Thekla), 10,5 L. N. vom vorigen, enthält 12″ Kohle mit lettigen Zwischenlagen.

II. Die Wühlerfilzgruppe umfasst auf 30 Lachter Feldbreite vier Flötze mit einem Einfallen in St. 11,3 mit 60° S. Sie sind von S. nach N.:

1. Flötz Nr. I. (Adolph) mit 9″ K., 1″ Letten, 8″ K.
2. Flötz Nr. II. (Julius), 1,5 L. N. vom vorigen, mit 18″ K. 1,5″ Letten, 16″ K.
3. Flötz Nr. III. (Henriette), 17 L. N. vom vorigen mit 12″ K., 6″ Kohlenletten, 18″ K., 2″ Stinkstein, 9″ K.
4. Flötz Nr. IV. (Isabelle), 12,5 L. N. vom vorigen, mit 20″ K., 4″ Letten, 22″ K.

III. Die Reindlergruppe mit folgenden Flötzen von grösserer Mächtigkeit:

1. Flötz Nr. 4 . . . . . mit 13″ K.,	4. Flötz Nr. 8 . . . . . mit 12″ K.,
2. „ „ 5 . . . . . „ 12″ K.,	5. „ „ 9 . . . . . „ 15″ K.,
3. „ „ 7 . . . . . „ 12″ K.,	6. „ „ 11 . . . . . „ 16″ K.,

Sie fallen unter 50° S. ein.

IV. Die Dasergruppe, aus zwei Flötzen, die unter 50° S. einfallen, bestehend aus:

1. Flötz I. mit 18″ Kohle und 2. Flötz II. mit 12″ Kohle.

Mittels eines Stollns von 300 L. Länge und zweier Schächte hat vor wenigen Jahren der Abbau in diesem Felde zunächst bei Pensberg auf dem Flötze Nr. 17 und 12 begonnen, nachdem schon seit 1828 beharrlich und mit grossen Opfern das Feld in bauhaftem Zustande erhalten worden war. Gegenwärtig wird das Feld durch eine grossartige Schacht- und Tiefbau-Anlage zweckentsprechend aufgeschlossen.

Die Flötze liegen inmitten mergeliger und sandiger Schichten, gewöhnlich begleitet von Stinkkalken, welche Süsswasserconchylien einschliessen, während in dem Mergel und Sandsteine zahlreiche Brackwasserbewohner vorkommen. Besonders häufig sind auch hier, wie in dem Miesbacher Districte, *Cyrena subarata*, *Cerithium margaritaceum*, *Melanopsis acuminata*, *Mytilus acutirostris*, *Dreissena Basteroti*, *Psammobia aquitanica*; in Zwischenmitteln finden sich aber auch Meeresthierreste, ganz wie im Miesbacher Reviere.

Hoher Peissenberg. (Nach Gümbel.)

Fig. 26.

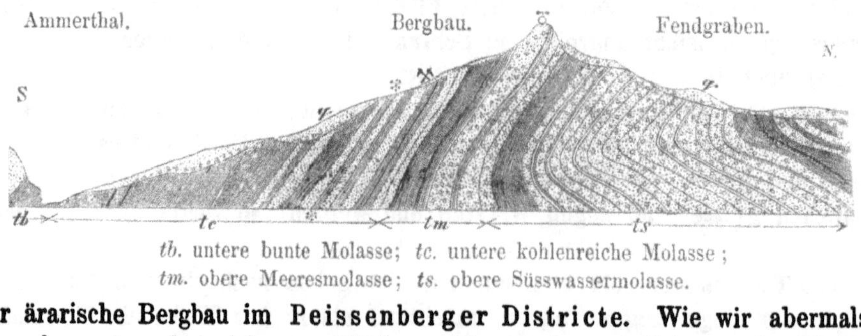

tb. untere bunte Molasse; *tc.* untere kohlenreiche Molasse; *tm.* obere Meeresmolasse; *ts.* obere Süsswassermolasse.

3) Der ärarische Bergbau im Peissenberger Districte. Wie wir abermals aus Gümbel's Werke S. 700 u. f. ersehen, hat sich am südlichen Abhange des westlich von der Weilheim und Murnau

verbindenden Strasse gelegenen Peissenberges, in ähnlicher Weise wie bei Miesbach und Pensberg, eine besonders ausgebildete Zone der oligocänen Cyrenenmergel mit zahlreichen Kohlenflötzen entwickelt.

Durchschnitt durch den Oberbau-Stolln am hohen Peissenberg. (Nach Gümbel.)

Fig. 27.

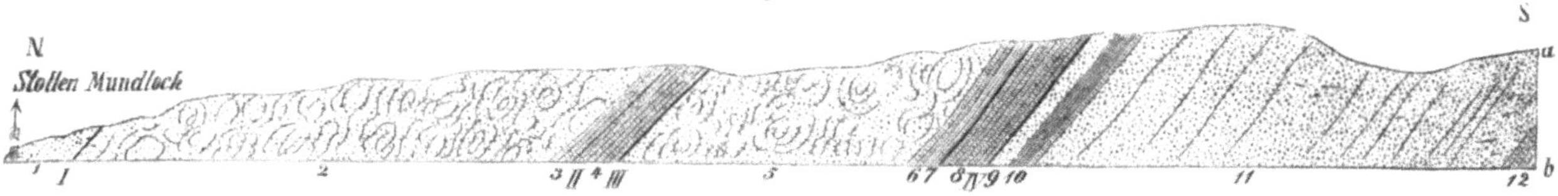

Fig. 27 a.

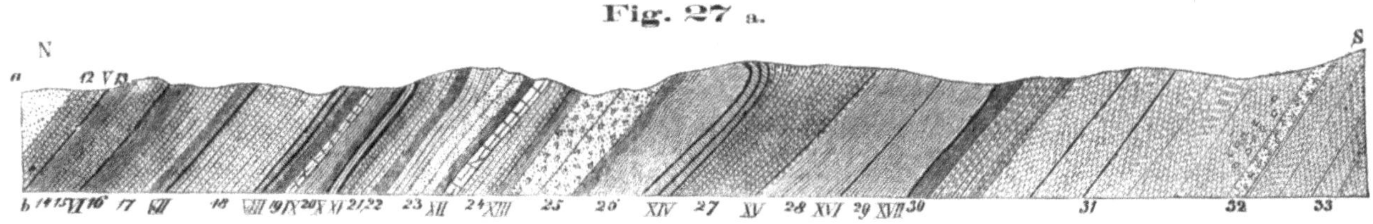

I—XVIII. Kohlenflötze. 1. Gelber Sandstein mit *Mytilus aquitanicus*; 2. Sandstein mit *Psammobia aquitanica*, *Cerithium margaritaceum;* 3. Schieferiger Sandstein mit *Cyrena subarata*, *Cerithium plicatum;* 4. Sandiger Schieferthon mit *Cerithium plicatum*, *Dreissenia Brardi;* 5. Sandstein mit Kugeln und *Ostrea*; 6. Sandiger Schieferthon; 7. Schieferthon; 8. Sandiger Schieferthon; 9. Sandstein mit Kohlenmulm; 10. Schieferthon am *Cyrena subarata;* 11. Sandstein, weich und gelb; 12. Sandiger Schieferthon; 13. Schieferthon mit *Cyrena subarata*, *Cer. margarit*; 14. Stinkkalk mit *Planorbis* und *Helix;* 15. Schieferthon mit *Cyr. subarata*, *Dreiss. Brardi;* 16. Sandiger Schieferthon; 17. Sandstein; 18. Sandiger Schieferthon mit *Cyrena;* 19. Kalkiger Sandstein; 20. Schieferthon; 21. Sandiger Schieferthon; 22. Schieferthon; 23. Sandstein; 24. Sandiger Schieferthon; 25. Sandstein mit *Ostrea*, *Pecten*, *Cytherea*; 26. Schieferthon mit *Cyrena subarata;* 27. und 28. Sandstein und Schieferthon; 29. Schieferthon mit Pflanzenresten; 30. Schieferthon mit *Unio flabellatus;* 31. Schieferthon und Sandstein mit *Corbula gibba;* 32. Grünkörniges Conglomerat mit *Ostrea crassissima*, *O. gryphoides;* 33. Sandstein und Conglomerat.

Die Hauptflötzgruppe des hohen Peissenberges umfasst 21 Kohlenflötze, welche in oberer Teufe durch einen Hauptstolln aufgeschlossen sind und durch den Unterbaustolln in grösserer Teufe wiederum angefahren wurden. Auf dem Ostflügel ist der Hermannsstolln angesetzt.

Als Hangendes (bei der umgestürzten Lagerung scheinbar Liegendes) dieser Kohlenregion, deren Schichten in St. 11 mit 45—60° S. einfallen, gibt sich ein ziemlich weicher Mergel zu erkennen.

Unter diesen 21 Kohlenflötzen gelten dermalen fünf als bauwürdig, nämlich die Flötze Nr. VIII., IX., X., XI. und XVII.

Das Flötz Nr. VIII. besteht aus 4″ Unterbank-Kohle, 8″ Stinkkalk, 4″ Mittelbank, oft lettig, 8″ Schram, 14″ Oberbank-Kohle. Es wirft durchschnittlich per Quadrat-Lachter 17 Centner Kohle.

Das Flötz Nr. IX., nur bauwürdig, weil es mit einem sehr vorzüglichen Cement zusammen lagert, besteht aus 15″ Kohle mit Stinkkalkmittel, darüber 62″ Cementmergel, welcher reich an Versteinerungen ist, und liefert per Quadrat-Lachter 8 Centner Kohle und 1 Klafter Cementmergel.

Die beiden Flötze Nr. X. und XI. lagern so nahe bei einander, dass sie meist zusammen abgebauet werden können. Dem sandigen Schieferthone im Liegenden folgen

XI. Flötz mit 10″ K., 20″ Stinkkalk, 9″ Mittel Bank- Kohle, 8″ Schieferthon,

X. Flötz mit 14″ Kohle und Schieferthon im Hangenden. Der Abbau liefert per Lachter 39 Ctr. Kohle.

Das XVII. Flötz besteht aus Sandstein mit Mergel und kohligem Schiefer voll Unionen im Liegenden, zuletzt aus Stinkstein, als unmittelbare Unterlage der Kohle, welche, 28″ mächtig, von schmalen Stinksteinstreifen in zwei Bänke getrennt, dann von pflanzenreichem Schieferthon bedeckt wird.

Zeitweise stand auch das XIV. und XVI. Flötz in Abbau; das erstere ist jedoch durch viele Zwischenmittel verunreiniget, das letztere schwach und von schlechter Beschaffenheit.

Das Streichen der Flötze ist ziemlich regelmässig und ungestört, nur im Ostfelde ist eine grössere Verwerfung angefahren worden, wodurch ein in St. 10 streichender, unter 85° NO. einfallender Sprung das 14. Flötz in die Sohle des 8. versetzt. Weiter gegen Bad Sulz stellen sich häufige Schichtenstörungen ein.

Eine Eigenthümlichkeit des Ausgehenden der Kohlenflötze, welche die Peissenberger tertiären Schichten mit jenen der älteren Steinkohle theilen, darf nicht unerwähnt bleiben, nämlich das sogenannte Hakenwerfen. Die Flötze krümmen sich bei sonst regelmässiger Lagerung mehr am Ausgehenden hakenförmig nach der Richtung des Gehänges um. Diese auffallende Erscheinung ist die Folge einer erst nach ihrer steilen Aufrichtung eingetretenen Erscheinung, welche sich auf eine Art Abrutschung zurückführen lässt. Das an der Oberfläche zersetzte und erweichte Gestein erlangte eine Art Biegsamkeit, und indem an den steileren Gehängen die höheren, durch diese Auflockerung gleichsam beweglich gemachten Gesteinsmassen einen Druck auf die tiefer liegenden ausübten, und sie zu einer langsamen Bewegung in der Richtung der Gehänge veranlassten, entstand eine Umbiegung der steil aufgerichteten Schichtenköpfe, die in dem Grade abnimmt, als die geminderte Zersetzung nach der Tiefe zu die Schichten weniger biegsam macht. Das Ausgehende krümmt sich dadurch stetig in einem Haken nach der Richtung des Abhanges. (Gümbel.)

CAPITEL XI.

Die Steinkohlenformation in der Schweiz, in Savoyen, Italien, Portugal und Spanien.

---

1. Die Anthracitregion in der Schweiz.

Dr. Oswald Heer hat in seiner anziehenden „Urwelt der Schweiz, Zürich, 1865," dem Steinkohlenlande der Schweiz das erste Capitel gewidmet, aus welchem wir schon S. 27 Einiges über die Entstehung dieser anthracitführenden Schichten entnommen haben. Ueber die Ausbreitung derselben, die man am besten auf der „Carte géologique de la Suisse par M. M. B. Studer et A. Escher de la Linth, Winterthur, 1853" verfolgen kann, spricht sich Professor Heer in folgender Weise aus:

Es bildet das Steinkohlengebiet der Schweiz eine Insel, welche den westlichen und südlichen Theil des Wallis einnimmt, und sich von da aus durch Savoyen bis nach der Dauphiné erstreckte, nach Osten aber vielleicht einzelne Ausläufer nach dem Engelberg und dem Canton Glarus aussandte. Ob in der übrigen Schweiz sich Steinkohlenland finde, ist zur Zeit nicht nachweisbar.

Es ist das Vorhandensein dieser wirklichen Steinkohlenformation durch zahlreiche Pflanzenreste erwiesen worden, für welche eine der wichtigsten Fundstätten beim Weiler von Erbignon und in Outre Rhone an der Südseite des Dent de Morcle ist. Hier findet man sie in einem harten grauschwarzen Sandsteine. Die Substanz der Pflanzen ist gänzlich verschwunden, ihre Stelle nimmt ein dünner Ueberzug von weissgelbem, silberglänzendem Talkgestein ein. Noch schöner als hier heben sich diese silberglänzenden Ueberreste der Steinkohlenpflanzen in einem feinkörnigen dunkelen Schiefer hervor, denen man auch an dem gegenüberliegenden linksseitigen Ufer der Rhone begegnet. Die letzteren zeigen sich auch bei Vernayaz in der Nähe des Wasserfalles der Pisevache und hoch oben am Col de Balme, im Val Orsine und weiter südlich, NW. des Dorfes Tour in den Posettes. Man kann sowohl in dem Flussgebiete der Arve noch an mehren Stellen reiche Fundstellen für solche Pflanzenreste wahrnehmen, die Anthracitschiefer finden sich aber auch in dem Flussgebiete der Isère mit derselben Steinkohlenflora, so bei Colombe en Epulan im Hintergrunde des Thales von Hauteluce, am Südabhange des Joliberges bei La Mure und bei Petit coeur in der Nähe von Moutiers. Es geht daher ein breiter Streifen von Steinkohlengebirge von Unterwallis in südwestlicher Richtung durch Savoyen bis in die Dauphiné. Aber auch nach Osten lässt es sich weit verfolgen und dasselbe erreicht in den Alpen stellenweise eine Mächtigkeit von 6000—7000 Fuss. Die mächtige Gebirgswelt, welche die linke südliche Seite des Rhonethales einnimmt, gehört grossentheils demselben an. Zwar wurden bislang erst bei der Grube von Etablon einige Pflanzenabdrücke gefunden, an den anderen Stellen aber Anthracitlager, nämlich in Tennen bei Turtmann, Rechy, Grone, Bramois (bei Sitten), Chandoline, Baar (zwischen Aproz und Nendaz), Aproz, Haute-Nendaz, Iserable, Laos (Entremont), Mont de Planard (Entremont-Ferret), Grube von Chaudagne und von Commère (Liddes) und am Col de Fenêtre. Der Anthracit ist, wie schon früher gezeigt worden ist, veränderte Steinkohle. Man hat ihn bis jetzt in der Schweiz nur an vier der genannten Stellen ausgebeutet, nämlich in Grone, Chandoline, Aproz und Bramois, von welchen die letztere seit einigen Jahren wieder aufgegeben worden ist. Die drei anderen liefern jährlich circa 60000 Centner Anthracit (Grone 30000, Chandoline 20—25000 und Aproz ca. 10000 Ctr.), welche theils im Lande verbraucht, theils nach dem Waadtlande und Genf (der Centner kostet an Ort und Stelle 1 Fr. bis 1 Fr. 20 C.) ausgeführt werden.

In der übrigen Schweiz sind nur an wenigen Stellen einzelne Spuren der Steinkohlenbildung nachzuweisen, nämlich am Titlis im Engelberg und hoch oben am Nordabhange des Tödi im Canton Glarus. In der Richtung der Alpen treten im Osten erst in Steiermark, auf der Saualpe, dieselben Anthracitschiefer wieder auf, wie im Wallis und schliessen dieselbe eigenthümliche Flora ein. (O. Heer.)

Die Anthracit führenden Schichten in Savoyen und in der Dauphiné haben in wissenschaftlicher Beziehung ein hohes Interesse erregt, da sie hier mit Belemniten-führenden Schichten des Lias zusammen vorkommen, welche bei Petit coeur unweit Moutiers in der Tarentaise sogar unter den ersteren lagern[1]; dies hatte zu der Ansicht geführt, dass diese Anthracitformation dem Lias selbst angehöre und dass die Steinkohlenflora, welche hier auftritt, sich bis in die Lias-Zeit erhalten[2], oder dass eine Wiederkehr früherer Arten in spätere Zeiten hier stattgefunden habe[3].

Wir haben die Flora dieser Anthracitformation in einer nachfolgenden Tabelle zusammengestellt und können nach den davon vorliegenden Abbildungen und Bestimmungen der ausgezeichnetsten Fachleute nur von neuem bestätigen, dass dieselbe eine charakteristische Steinkohlenflora ist, welche in einer ganz ähnlichen Weise, wie hier, auch in dem Anthracitgebiete von Jano in Toskana und in dem Becken von S. Sebastiano de Seui auf Sardinien wieder gefunden wird. Hier lagert dieselbe Anthracitregion auf älteren Schichten auf, die zur Silurformation gerechnet werden, während die von Petit coeur in der Tarentaise auf den Schichten des Lias gefunden wird. Da aber, wie Favre und und A. Escher von der Linth nachgewiesen haben, auch die Anthracite von La Mure im Departement der Isère nicht über, sondern unter dem Lias lagern, so muss, allen anderen paläontologischen Erfahrungen nach, in Petit coeur eine Umkehrung der Schichten stattgefunden haben, wodurch die Belemniten-führenden Lager unter die Steinkohlenformation gekommen sind. In einer gründlichen Abhandlung von Osw. Heer über die Anthracit-Pflanzen der Alpen in Leonh. u. Bronn's Jahrb. 1850, 657—674, ist die letztere naturgemässe Ansicht genauer erörtert und überzeugend durchgeführt worden.[4])

Ueber die Anthracitregion im Dep. der Isère siehe Frankreich.

Die Gewinnung des Anthracites im Aosta-Thale in Savoyen hat in der letzten Zeit jährlich nicht mehr als etwa 1000 Centner betragen[5].

2. Die Anthracitregion auf den Inseln Sardinien und Corsica und in Toscana.

Der trefflichen Darstellung der geologischen Verhältnisse Sardiniens durch Graf Albert de la Marmora[6]) ist zu entnehmen, dass in dem mittleren, gebirgigen Theile Sardiniens kohlenführende

---

[1]) 1) Studer, Leonh. u. Br. Jahrb. 1841. 236; 1856. 729. — Sismonda, eb. 1856. p. 70. — Murchison, Quat. Journ. of the Geol. Soc. of London 1850. VI. p. 16. u. A.

[2]) Mortillet, Leonh. u. Br. Jahrb. 1856. 66.

[3]) Sc. Gras, L. u. Br. Jahrb. 1858. 375; 1859. 220. — Ch. Lory eb. 1860. p. 736.

[4]) Vgl. auch die verschiedenen hierauf bezüglichen Profile im Bull. de la Soc. géol. de France, 2. sér. T. XVIII. Pl. XV. XV. bis, und Verhandlungen der ausserordentlichen Versammlung dieser Gesellschaft in Savoyen vom 1.—10. Sept. 1861, ebend. p. 693 u. f.

[5]) Esposizione Italiana 1861. Londra 1863. p. 28.

[6]) Voyage en Sardaigne, ou description statistique, physique et politique de cette ile etc. 3. Part. descr. géologique T. I. p. 95—114. Turin, 1857.

Schichten der Steinkohlenformation auftreten, die auf silurischen Schichten gelagert zwei kleine inselartige, in der Richtung von SO. nach NW. sich erstreckende Becken erfüllen. Der südlichste Punkt, bis zu welchem sich diese Ablagerung erstreckt, ist das Dörfchen Perdas de Fogu oder Foghesu. Man beobachtet in dem nahe gelegenen Thale S'Ortu Mannu auf den O. 20° N. streichenden und mit starker Neigung N. 20° O. einfallenden Schichten der Silurformation ein Conglomerat mit Brocken von Schiefer und Quarz, welches eine Richtung N. 30° W. mit einem Fallen nach W. 30° S. zeigt, über welchem unter gleichförmiger Lagerung eine Reihe von grauen und schwärzlichen thonigen Schiefern mit Bänken von schwarzem Kieselschiefer und schwachen Lagen von Anthracit folgen, welche Schichten die Steinkohlenformation repräsentiren. Auf diesen lagert horizontal ein Sandstein, der die Basis der Juraformation bildet, woran sich ein dolomitischer jurassischer Kalk anschliesst, auf welchem ein grosser Theil des genannten Dörfchens erbauet ist. Ein durch die kohlenführenden Schichten setzender Porphyrgang erreicht sein Ende unmittelbar unter den jurassischen Schichten, welchen er nicht mehr durchbrochen hat.

Fig. 28 b.

Sardinien.

Fig. 28 a.

Corsica.

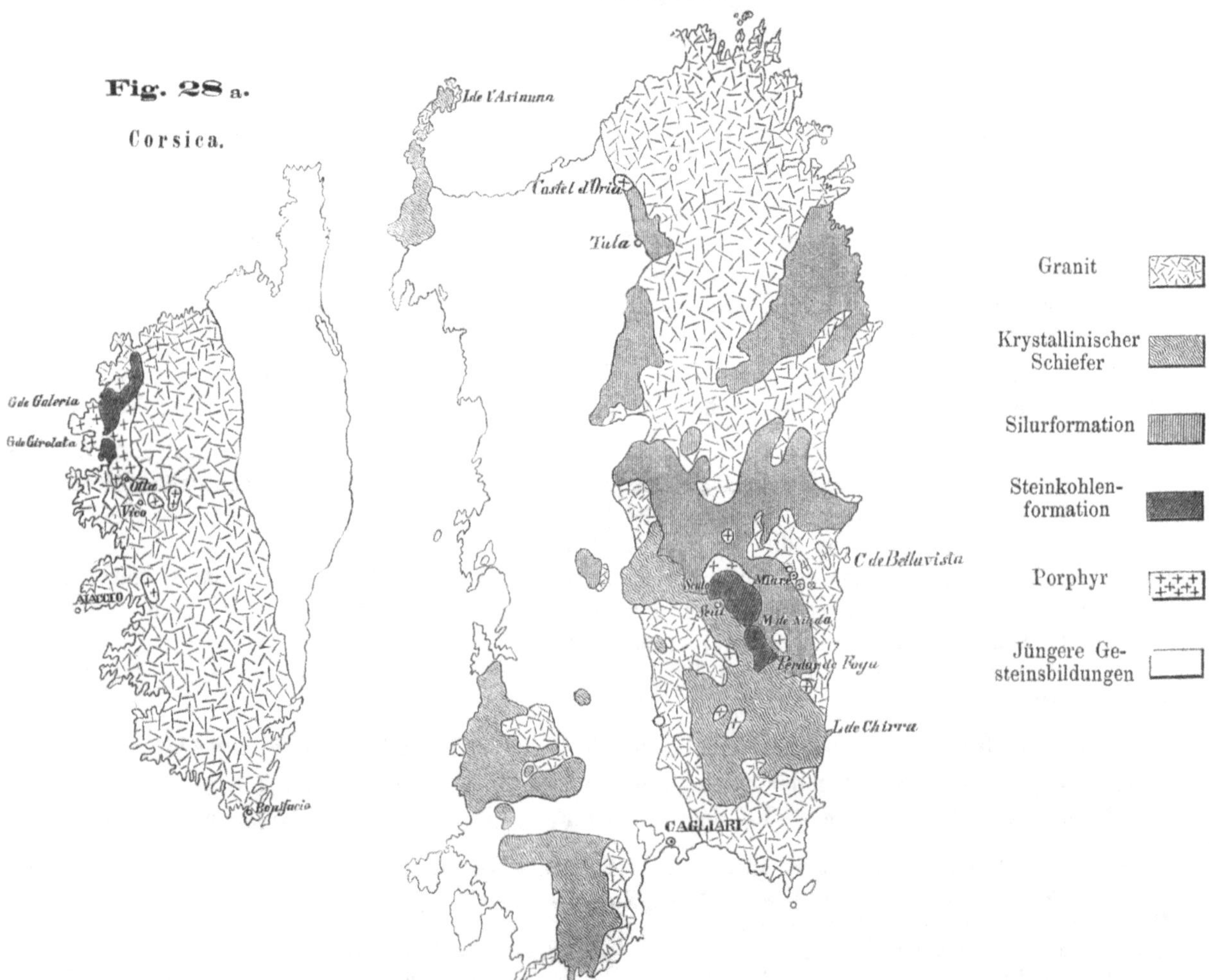

Durch diese Lagerungsverhältnisse wird zunächst die Selbstständigkeit der anthracitführenden Schichten jener Gegend ausser allen Zweifel gesetzt und es erreicht diese Ablagerung an dem östlichen Abhange des Thales d'Is Alinus sogar eine Mächtigkeit von 60—100 Meter. Leider ist die Mächtigkeit der verschiedenen Lagen von Anthracit so gering (die grösste Stärke ist bei Is Alinus, nicht weit von Foghesu, 0,5 Meter) und es sind die Lagerungsverhältnisse durch zahlreiche Porphyrgänge so vielseitig gestört, dass der früher begonnene Abbau auf Kohlen wieder eingestellt worden ist.

Nach la Marmora enthält der dort vorherrschende graue Porphyr Krystalle eines weissen Feldspathes, von Hornblende und schwarzem Glimmer, wonach er sich mehr dem Porphyrit und dem Basaltit nähern würde, als einem quarzführenden Felsitporphyre. Mit allem Rechte wird übrigens den Porphyren die Anthracitirung der bei Perdas de Fogu vorkommenden Steinkohlen zugeschrieben.

In NW. Richtung von Perdas de Fogu besteht das Kohlengebirge bis zu dem Dorfe Seui aus denselben Schichten, wie wir es dort verlassen haben; dagegen erlangt es eine grössere Bedeutung in dem Bassin von S. Sebastiano. Das letztere ist auf einen sehr kleinen Raum eingeengt und nimmt kaum eine Länge von 1 Kilometer ein. Nach 3 Seiten ist es geschlossen, nur nach SO. hin öffnet es sich mit den Gewässern des Corongiu.

Es wird grösstentheils von porphyrischen Gesteinen, welche denen von Foghesu analog sind, sowie in westlicher Richtung durch die Schiefermassen des Monte Orru umringt, welche letztere das Becken von Seui von dem Becken von Seulo trennen.

Ueber das Becken von S. Sebastiano de Seui hat la Marmora das nachstehende Profil gegeben, aus dem man nicht nur die eigenthümlichen Lagerungsverhältnisse, sondern auch die grössere Mächtigkeit des hier gewonnenen Anthracites erkennt.

Fig. 29.
Durchschnitt der Anthracitregion von S. Sebastiano de Seui bei Bangiu Sei.

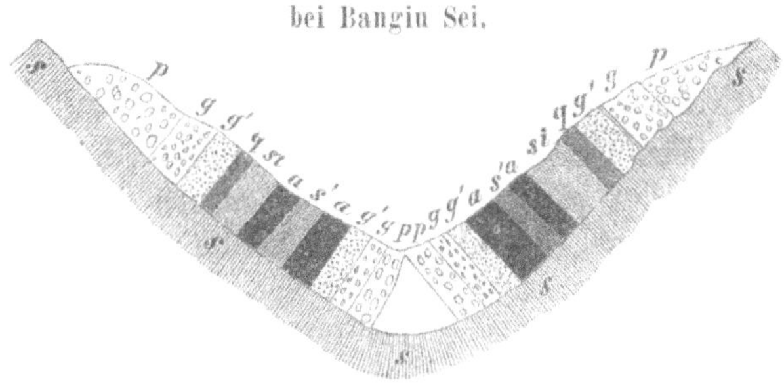

s. Alter Schiefer; *p.* Conglomerat mit Brocken von Quarz und Schiefer, ohne jede Spur von Granit; *g.* quarziger Sandstein; *g'.* feinkörniger, schwärzlicher, schieferiger Sandstein; *a.* Anthracit, bis 3 Meter mächtig; *s'.* schwärzlicher, blätteriger Schieferthon; *si.* schwarzer Schieferthon mit Pflanzenresten; *q.* Quarzschicht (vielleicht Kieselschiefer) nach oben in *g'* (quarzigen Sandstein) übergehend; welcher von ähnlichen Gesteinen überlagert wird, wie an der Basis der kohlenführenden Schichten vorkommen.

Der Anthracit von Seui, welcher hier abbauwürdig ist, was an anderen Stellen dieses Beckens nicht der Fall ist, erscheint häufig mehr schieferig als compact und irisirend, ist aber von guter Qualität. Derselbe enthält nach Baldracco 56—66 proc. Kohlenstoff und 20—8 proc. Asche. Die pflanzenführenden Schieferthone bilden meist die obere Partie der Anthracitlager. Es sind die durch J. Meneghini[1]) von dort unterschiedenen Steinkohlenpflanzen am Schlusse dieser Mittheilungen zusammengestellt worden, und es muss hier besonders hervorgehoben werden, dass die Spuren von Sigillarien, welche dort aufgeführt sind, nur in der Tiefe des Thales, also aus den tiefsten Lagen dieser Schichtenreihe entnommen worden sind, was ihrem Auftreten in anderen Steinkohlenbecken sehr wohl entspricht.

Die graugrünen Porphyre spielen in dem Bassin von Seui dieselbe Rolle, wie in jenem von Foghesu, an einigen Stellen zeigen sich in dem erstern aber auch quarz- und epidotführende Porphyre.

Das Kohlenbassin von Seulo besitzt nur eine einzige Stelle, wo es bauwürdige Kohlenlager enthält, und zwar SO. von Seulo an dem östlichen Abhange des „Tacco Ticci" genannten Jura-Plateaus. Diese als „Jngurti Pani" bezeichnete Gegend umschliesst ein bis 1,5 Meter mächtiges Lager von vorherrschend schieferigem Anthracit, der nach Herrn Baldracco's Untersuchung 63 Proc. Kohlenstoff, 7 Proc. Asche und 30 Proc. flüchtige Bestandtheile liefert.

Dieser Anthracit von Ingurti Pani de Seulo wird von denselben Gebirgsschichten begleitet, wie jener von S. Sebastian und von Foghesu; nur haben die silurischen Schichten, auf welchen die

[1]) J. Meneghini, Paléontologie de l'Ile de Sardaigne; in la Marmora, voyage en Sardaigne. Part. III. Tome II. p. 223 — 262.

kohlenführenden auflagern, durch ihren Wechsel von Kalk- und Schieferbildungen hier noch einen ausgeprägteren silurischen Charakter, als in den beiden zuletzt genannten Bassins.

Können nach diesen Mittheilungen die anthracitischen Kohlenlager Sardiniens auf eine grössere technische Wichtigkeit keinen Anspruch machen[1]), so hat ihr Vorkommen doch das wissenschaftliche Interesse, dass in den Gebirgen Sardiniens eine Zone der Steinkohlenformation zur Entwickelung gelangt, die ihren organischen Einschlüssen nach ohngefähr die Stufe einnimmt, welche die Steinkohlenformation des Plauenschen Grundes bei Dresden oder die Annularienzone bezeichnet.

Die aus diesen Gegenden Sardiniens von Meneghini beschriebenen und zum grössten Theil abgebildeten Steinkohlenpflanzen sind folgende:

Calamites cannaeformis Schl., *C. Suckowi* Bgt., *C. Cisti* Bgt. und eine noch unbestimmte Art, welche der Beschreibung nach von *Cal. approximatus* Schl. kaum verschieden erscheint; *Asterophyllites equisetiformis* Schl. sp., *Annularia longifolia* Bgt., *Ann. sphenophylloides?* Zenk. (*Sphenophyllum* sp. nov. Menegh. Pl. D. f. V. 6. 6a. a'. IV. 4. 4a. 4b.), *Sphenophyllum emarginatum* = Sph. *Schlotheimi* Bgt. (Sphen. sp. ind. Menegh. p. 260. Pl. D. f. V. 7. 7a. 7b.), welche Art sich am meisten der typischen Form des *Palmacites verticillatus* (Schloth. Petr. Taf. II. f. 24) nähert, *Hymenophyllites* sp., *Odontopteris Brardi* Bgt., *Cyatheites arborescens* Schl. sp., *C. Candolleaneus* Bgt. sp., *C. oreopteroides* Gö., *C. aequalis* Bgt. sp., *C. argutus* St. sp., *C. unitus* Bgt. sp., *C. Miltoni* Artis sp. (wozu wir auch *Oligocarpia Gutbieri* bei Meneghini p. 252. Pl. D. f. IV. 2. 2a. ziehen möchten), *Alethopteris Pluckeneti* Schl. sp., *Al. Serli* Bgt. sp. (Menegh. p. 246. Pl. D. f. II. 1. 2. 1a. 2a. V. 1. 1a.), *Al. lonchitidis* St. (Menegh. p. 249. Pl. D. f. V. 2a) und eine der *A. longifolia* Presl mindestens sehr nahe stehende Form; *Lycopodites* sp., einige Blätter und Steinkerne von *Sigillarien*, die wie schon erwähnt nur in den tiefsten Schichten des dortigen Steinkohlengebirges angetroffen worden sind, Blätter eines *Cordaites*, die zu *C. borassifolius* gezogen werden, und 2 Carpolithen, von welcher der eine nach Brongniart dem *C. umbonatus* St. = *Guilielmites umbonatus* ähnlich sein soll.

Unter ganz ähnlichen Verhältnissen, wie in Sardinien, tritt die Steinkohlenformation im Vereine mit mächtigen Porphyrmassen auch im nordwestlichen Theile der Insel Corsica an dem G. de Porto und im Norden desselben auf, wie aus den Karten des Grafen la Marmora ersichtlich ist. (Vgl. Fig. 28a.)

Ebenso ist ihr Vorhandensein bei Jano in dem früheren Grossherzogthume Toskana dadurch erwiesen worden, dass Meneghini und Savi in den oberen, Anthracit-führenden Schichten der, nach dem Berge Verruco bei Pisa benannten, Formation das Verrucano, welche die Steinkohlenformation repräsentiren, zwei Leitpflanzen für die letztere, *Annularia longifolia* Bgt. und *Cyatheites arborescens* Schl. sp., entdeckt haben.[2]) Ausser diesen beiden führt Mortillet[3]) von hier noch *Neuropteris rotundifolia* Bgt., *Odontopteris Schlotheimi* Bgt., *Cyatheites acutus* Bgt. sp., *Alethopteris Bucklandi* Bgt. auf. Indessen bildet der Anthracit nach Cocchi[4]) hier nur dünne Lagen von wenigen Centimeter Dicke, die oft nur aus einem zerdrückten Sigillarien-Stamm bestehen sollen, und sonach einen Abbau nicht lohnen können.

Reicher als an diesen älteren Kohlen ist Italien an Ligniten, welche hier meist den jüngeren tertiären Bildungen angehören. (Vgl. Esposizione Italiana 1861. Relazioni dei Giurati. Londra. p. 28.)

3. Die Steinkohlenreviere in Portugal.

Oestlich von Porto tritt die Steinkohlenformation (Hulla der Portugiesen) zunächst bei S. Pedro da Cova in der Nähe von Valongo auf und zieht sich mit Unterbrechung südlich nach Coimbra zu, wo sie bei Leiria wieder in einer Weise auftritt, die für die Industrie von besonderer Wichtigkeit zu werden verspricht.

---

[1]) Vgl. auch L. Marchese, cenno sulle Ricchezze minerali dell' isola di Sardegna. Cagliari, 1862. p. 65—71.

[2]) R. J. Murchison, on the vents of hot vapour in Tuscany. (Quat. Journ. of the Geol. soc. of London. 1850. Vol. VI. p. 16. — G. Leonhard, Nachträge zu Murchison's Gebirgsbau in den Alpen, Apenninen und Karpathen. Stuttgart, 1851. p. 50. — Meneghini in la Marmora's Voyage en Sardaigne P. III. V. II. p. 258. — Sismonda in Leonh. Br. Jahrb. 1856. p. 575.

[3]) Mortillet, Bull. de la Soc. géol. de France, 2. sér. T. XIX. p. 854.

[4]) J. Cocchi, Beschreibung der Feuer- und Sedimentgesteine Toskana's 1856. (Bull. géol. 1856. Vol. XIII. 226—301. — Leonh. und Bronn n. Jahrb. 1857. p. 592).

Fig. 30.

Karte der Steinkohlenformation der Gegend von Porto.

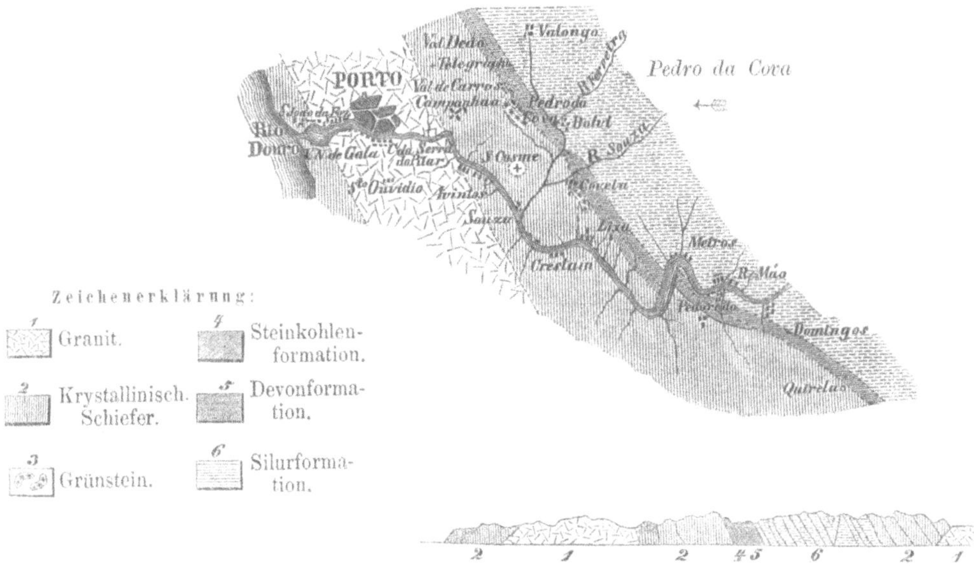

Die Mittheilungen über dieses Gebiet sind einer von W. Reiss in das Deutsche übertragenen Abhandlung des Herrn Carlos Ribeiro über die Steinkohlengrube von S. Pedro da Cova im Concelho de Gondomar, District von Oporto (Leonh. u. Bronn n. Jahrb. 1862. p. 257—283) entnommen, die 1858 in den Memorias sobre as minas de Carvão dos districtos do Porto e Coimbra e de Carvão e ferro do districto de Leiria, Lisboa, 1858, erschienen ist.

Es sind die kohlenführenden Schichten durch eine spätere Umstürzung der Schichten zum Theil unter sie nun bedeckende Devon- und Silurgesteine gekommen, was den englischen Geologen Sharpe[1]) zu der unrichtigen Vorstellung geführt hat, als gehören diese Kohlen der Silurformation an.

Man findet nämlich von der Stadt Porto über S. Pedro da Cova gegen O. schreitend nach den Graniten von Porto folgende Schichtensysteme aufgeschlossen:

1) Gneiss mit Glimmerschiefer wechselnd, ungefähr 1 Stunde lang von Campanha bis in die Nähe der Serra de Fanzeres. Die Schichten streichen von N. 10° bis N. 20° W. und sind steil gegen O. 20° N. geneigt.

2) Grau-grüne seidenglänzende Schiefer und Thonschiefer (*schistos argilosos*) von verschiedenen Farben, mit derselben Neigung der Schichten.

3) Breccien, gebildet aus den Bruchstücken der vorigen; schwarze Schiefer mit Pflanzenabdrücken, Sandsteine und Kohlenflötze. Alle diese Schichten streichen von N. 20° W. nach S. 20° O. und fallen gegen O. 20° N. ein.

4) Quarzite, Thonschiefer und versteinerungsfreie Grauwacken, welche der vorstehenden Gruppe aufgelagert erscheinen. Sie besitzen eine starke Neigung gegen O. 20° N., während sie weiter ostwärts gegen W. 20° N. oder auch gegen O. 20° N. einfallen. Darauf folgen concordant aufgelagerte Thonschiefer mit Trilobiten und anderen Thierformen der unteren Silurformation.

5) Quarzite, Grauwacken, Thonschiefer und metamorphosirte Gesteine ohne Versteinerungen, die sich vom linken Ufer des Ribeiro da Murta über die Serra de Vallongo bis zu dem in der Richtung von N. 20° W. nach S. 20° O. laufenden Granitstreifen von Baltár ziehen, so eine Breite von 9—10 Kilometer einnehmend.

Es lassen sich diese fünf Gruppen auf eine Reihe paralleler und in ihrer chronologischen Folge auf einander gelagerter Schichtenbänder zurückführen, welche alle von SSO. nach NNW. streichend eine Breite von 4—5 Legoas oder ungefähr 25 Kilometer einnehmen. In O. und W. ist diese Schichtenreihe durch die Granite von Baltár und Porto begrenzt.

[1]) On the Geology of the neighbourhood of Oporto etc. (Quart. Journ. of the Geol. Soc. of London, Vol. V. 1849 p. 142—153.)

Die unter Nr. 3 aufgeführten kohlenführenden Schichten, die eine Breite von 100—600 Meter einnehmen, sind in zwei Gruppen zu scheiden, welche sowohl durch ihre petrographische Beschaffenheit als auch ihre Pflanzenreste verschieden erscheinen sollen.

Ein Durchschnitt von W. nach O. in der Nähe von S. Pedro da Cova zeigt in aufsteigender Ordnung folgende Reihe:

1) Grünliche und graue stark glänzende Schiefer mit 70—80° gegen O. 20° N. einfallend. Auf diesen Schiefern ruhen die kohlenführenden Schichten.
2) Breccien, gebildet aus den eckigen Bruchstücken der glänzenden und thonigen Schiefer, welche die Grundlage dieser ersten Gruppe bilden.
3) Schwärzliche, glimmerreiche Schieferthone (*argilas schistosas*), mit dünnen ebenfalls glimmerigen Sandsteinlagen wechselnd, in welchen selbst auch Feldspaththeilchen auftreten.
4) Ein Kohlenflötz, genannt „*Devesa*“ von 1 Meter mittler Mächtigkeit. Diese Kohle ist schwarz und spiegelnd und hat einen fast krystallinischen, prismatischen oder auch muscheligen Bruch. Sie findet sich in reinen und unreinen oder schiefrigen Streifen vertheilt, ist trocken, verbrennt langsam und ohne Flamme und gibt, im reinsten Zustande, nur wenig Rückstand.
5) Schichten eines glimmerigen Kohlensandsteines wechsellagernd mit kohligen Thonen (*argilas carbonosas*) und grauen kohligen Psammiten. Letztere sind gelb gefleckt. In diesen Schichten findet sich eine grosse Anzahl von Pflanzenresten.
6) Ein Kohlenflötz von 1 Meter mittler Mächtigkeit „*Camada do Poço Alto*“ genannt, von einer gleichen Beschaffenheit wie das Flötz „*Devesa*“.
7) Schichten eines Puddingsteines und eines grobkörnigen glimmerigen Sandsteines von hellgelber Farbe, mit Bruchstücken von Quarziten und Schiefern des oben unterschiedenen vierten Complexes. Die Bergleute der Gegend pflegen diese Schichten das Hangende oder das Dach (*Telhado*) zu nennen.

   Alle diese Gesteine, welche die erste Gruppe der kohlenführenden Schichten zusammensetzen, sind mit 30—35° gegen O. 20° N. geneigt.

Die zweite Gruppe, welche der ersten unmittelbar folgt, umfasst:

1) Schiefer, zum Theil schwärzlich-grau, zum Theil aschgrau bis röthlich gefärbt, einige Pflanzenreste enthaltend, und Schichten eines grobkörnigen, glimmerigen Sandsteins, der in Conglomerat übergeht. Diese Schichten sind mit 40—45° gegen O. 20° N. geneigt.
2) Schwarze Psammitschiefer mit grossen Glimmerblättchen, in feinkörnigen, glimmerigen und harten Sandsteinschiefer übergehend. Diese Schichten, die mit schwarzen bituminösen und sehr harten Puddingsteinen wechseln, enthalten zahlreiche fossile Pflanzen. Sie fallen mit ungefähr 54° gegen O. 20° N. ein. In ihnen treten hie und da dünne Streifen oder Adern von Anthracit auf, welche sich fast plötzlich ausdehnend Nester bis zu 6 Meter im Durchmesser bilden. Der reinste aus diesen Nestern gewonnene Anthracit ist glänzend, von blau-schwarzer Farbe und zeigt beim Spiegeln einen violetten Schimmer. Derselbe ist hart, spröde, trocken, schwer entzündbar und gibt beim Verbrennen einen schwärzlichen Rückstand. Die unreinsten Theile zeigen sich als graphitische Schiefer.
3) Puddingsteine, Sandsteine und Schiefer in bunter Wechsellagerung. Sämmtliche Schichten sind sehr hart und wenig glimmerreich. Es sind dies meistens mächtige Conglomeratbänke aus grossen Bruchstücken gebildet mit den Quarziten, Grauwacken und grauen oder gelben Thonschiefern des zweiten, vierten und fünften Systems. Diese Schichten sind mit 60—65° gegen O. 20° N. geneigt.
4) Die Silurschiefer und Quarzite des vierten Systems, welche mit 60—80° gegen O. 20° N. einfallen.

Die azoischen Schichten des zweiten Systems werden nahe von J. Pedro da Cova, sowie SO. von hier bei Covela von Diorit durchbrochen, auch sind in diesen Gegenden schwarze Porphyre aufgefunden worden.

Der bei S. Pedro da Cova mit Vortheil betriebene Kohlenabbau bewegt sich nur in einer kleinen Mulde von etwa 2,5 Kilometer Länge und 100—150 Meter Breite. Es ist diese Stelle als die reichste und allein bauwürdige in diesem Steinkohlengebiete erkannt worden.

In ihrer ganzen Ausdehnung aber nehmen die kohlenführenden Schichten einen Streifen Landes ein, welcher bei Esposende anfangend gegen SSO. über Santo Thirso, Sete Casaes, S. Pedro da Cova und Covelo bis Melres am Ufer des Douro fortsetzt. Auf der linken Seite dieses Flusses reichen dieselben noch etwa 10 Kilometer gegen SSO. fort über Germunde und Povoa bis gegen Quirela und Pijao.

Sehr überzeugend hat Carlos Ribeiro durch zahlreiche seiner Abhandlung beigefügte Profile den Nachweis geführt, dass diese kohlenführenden Schichten der wirklichen Steinkohlenformation angehören, die nur durch einen starken Seitendruck in eine ähnliche abnorme Lagerung gelangt sein können, wie wir dieselbe an den Kohlen des Schwarzwaldes (vgl. Taf. IX) in einer ähnlichen Weise beschrieben haben. Gleichzeitig geht aber auch aus seinen Untersuchungen hervor, dass die von ihm als zweite Gruppe im Gebiete der dortigen Steinkohlenformation unterschiedene Reihe die ältere, die als erste kohlenreichere Gruppe aber die jüngere ist. Nur in Folge einer Umkehrung oder Ueberkippung der Schichten erscheint hier die ältere Etage der jüngeren aufgelagert, wie denn wieder die älteren Silurgesteine diese zweite Gruppe der Kohlenreihe überlagern.

Zur Bestimmung des specielleren Horizontes, welchen diese Schichten in der Steinkohlenformation selbst einnehmen, bieten wiederum die darin vorkommenden Pflanzenreste einen Anhalt.

Unter den von D. Sharpe dort gesammelten Pflanzen fand Ch. J. F. Bunbury[1]), ein genauer Kenner der Steinkohlenpflanzen, die grösste Aehnlichkeit mit *Sphenopteris muricata* (= *Pecopteris muricata*) Schl. sp., *Neuropteris tenuifolia* Schl. u. Bgt. und *Cyatheites arborescens* Schl. sp. (= *Pecopteris Cyathea*).

Unter circa 30 Pflanzenarten, welche C. Ribeiro aus der ersten Gruppe, und 17 Arten, die derselbe aus der zweiten Gruppe aufgeführt hat, deren Floren wohl kaum berechtigen, für sie zwei verschiedene Zonen anzunehmen, stimmen mindestens 16 Arten mit jenen aus der Anthracitregion in der Schweiz, in Savoyen, der Dauphiné und in Italien auf unserer tabellarischen Uebersicht unter Nro. 1, 4, 6, 7, 8, 11, 29, 30, 33, 36, 45, 48, 49, 50, 56, 59 und 62 aufgeführten Arten überein, wozu *Poacites* sp. bei Ribeiro (= ? *Cordaites*) und einige andere hinzukommen dürften, über die man jedoch ohne die fehlenden Abbildungen nicht urtheilen kann.

Da weder Leitpflanzen für die erste Zone, noch *Sigillarien* dort beobachtet worden sind, so darf man nach den bisherigen Erfahrungen die ganze Steinkohlenregion bei Oporto der von Sardinien gleichstellen, für die wir die vierte Zone in Anspruch genommen haben. —

Ueber das bei Bussaco auf der nördlichen Seite des Mondego sich ausbreitende Steinkohlengebiet hat man gleichfalls durch Carlos Ribeiro[2]) genauere Nachricht erhalten, während durch Charles J. F. Bunbury an demselben Orte die Pflanzenreste aus demselben beschrieben worden sind.

Fig. 31.
Geologische Karte der Serra de Bussaco und ihrer Umgebung in Portugal.

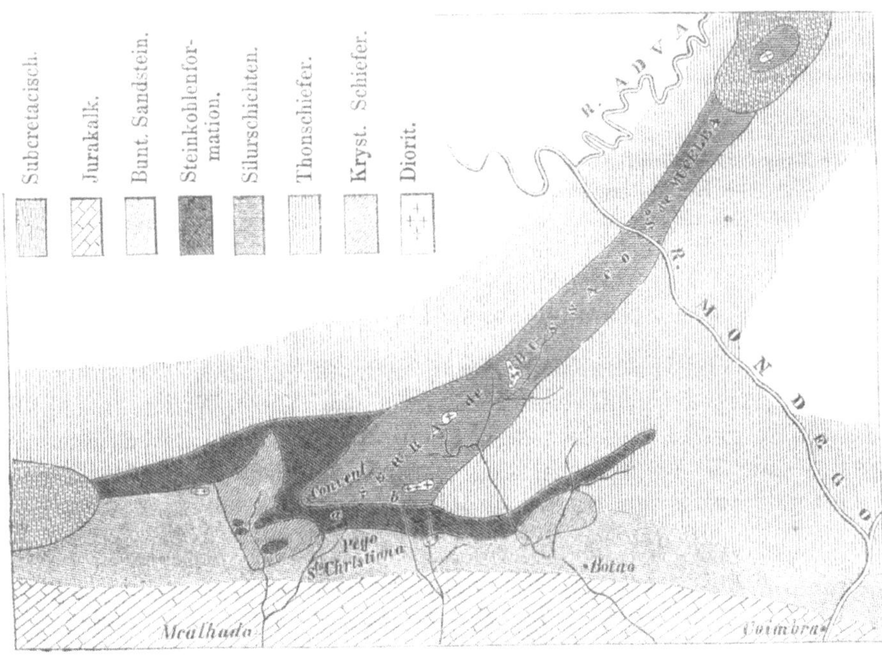

Die kohlenführenden Schichten, deren Verbreitung aus dem vorstehenden Plane zu ersehen ist, erstrecken sich gegen 2 Meilen N. und 2 Meilen S. von dem nördlichen Ende der Serra de Bussaco,

[1]) Quat. Journ. of the Geol. Soc. V. p. 147.

[2]) Quat. Journ. of the Geol. Soc. of London, V. IX. 1853 p. 135.

wobei ihre grösste Mächtigkeit gegen 400 Meter beträgt. Sie bestehen aus Conglomeraten, Sandsteinen, Thon und Psammit. Vorherrschend ist ein Puddingstein, welcher aus Quarzgeschieben in einem festen kieselreichen Sandstein von weisser, gelber oder rother Farbe besteht. Einige der mit ihnen wechselnden Sandsteine enthalten Kohlenbrocken und Pflanzenreste. In der mittleren und unteren Partie dieser Gruppe stellen sich thonige Schichten ein mit Thoneisenstein-Nieren und zahlreichen Pflanzenabdrücken. Die zwischen Conglomeratbänken eingeschlossenen schieferigen Sandsteine enthalten dünne Lagen einer gut kokenden Steinkohle von ½ bis 3 Zoll Stärke. Kalkstein kommt nicht zwischen diesen Gebilden vor, wiewohl ein darin aufgefundenes Pecten auf eine frühere Berührung mit Meerwasser hinweist.

Die kohlenführenden Schichten streichen im Allgemeinen von N. nach S. und fallen mit 30° — 35° nach W. ein, theilweise streichen sie auch von NO. nach SW. und fallen zwischen Villa de Monsarres und Algeris mit 40° — 70° nach O. ein. Auf ¾ Meile Erstreckung lagern sie zwischen Fonte do Salgueiro und Passo ungleichförmig auf Silurschichten auf, N. und S. von hier wird ihre Unterlage von Chlorit- oder Glimmerschiefer und Urthonschiefer gebildet.

Von Linhó de Matta bei Larcaõ an bis an die Fonte do Salgueiro, ebenso zwischen Villa Nova de Monsarres und dem Parallel von Junqueira werden die Schichten der Steinkohlenformation durch neurothen Sandstein ungleichförmig überlagert, an anderen Stellen bilden sie nur isolirte Parcellen auf azoischen Schiefern.

Ribeiro's Vermuthungen, dass man in der weiteren Forterstreckung dieser kohlenführenden Schichten unter der Decke des neurothen Sandsteines mächtigere Kohlenflötze auffinden könne, verdienen gewiss alle Beachtung.

So unwichtig in technischer Beziehung auch dieses Kohlenrevier jetzt noch erscheinen muss, so ist es für unsere gegenwärtigen Untersuchungen des genaueren Horizontes, welchen die portugiesischen und spanischen Steinkohlenlager einnehmen, von besonderem Interesse, da man eine genaue Beschreibung der hier aufgefundenen Arten gerade Herrn Bunbury verdankt. Derselbe unterschied von hier folgende Arten: *Annularia longifolia* Bgt., *Sphenophyllum emarginatum* (*Schlotheimi*) Bgt., *Neuropteris cordata* Bgt., *Odontopteris Brardi* Bgt., *Od. obtusa* Bgt., *Cyatheites arborescens* Schl. (*Pecopteris Cyathea* und *Pec. arborescens*), *Cyath. argutus* Bgt. sp., *Cyath. oropteroides*? Schl. sp., *Pecopteris leptophylla* Bunb., *Pec. longifolia* Bgt. (*Diplacites long.* Göpp.), *Pec. gigantea*? Bgt., und eine? *Walchia* (wenn nicht junge Zweige einer anderen *Lycopodiacee*). Auffallend erscheint der Mangel an *Calamiten, Lepidodendron* und *Sigillarien.* Von den letzteren ist nur ein einziges Exemplar aufgefunden worden. — Es schliesst sich hiernach diese Flora sehr eng an jene von S. Pedro da Cova, so wie an die der sardinischen Steinkohlenformation an.

4. Die Steinkohlen und Lignite in Spanien.

Die verschiedenen Steinkohlengebiete, sowie auch die jüngeren Ablagerungen von Kohlen in Spanien und Portugal lassen sich auf einer Kohlenkarte des Herrn Wilhelm Schulz in Madrid, General-Inspectors der Bergwerke, verfolgen, welche dem 7. Bande der „Revista Minera", Madrid, 1856, als Lam. 4 beigefügt ist; in der neuesten Zeit ist auch die längst ersehnte „Carte géologique de l'Espagne et du Portugal" von E. de Verneuil und E. Collomb, Paris, 1864, erschienen.

Eine nördliche Zone der Steinkohlenformation ist längs der beiden Abhänge der Cantabrischen Gebirgskette in Asturien und Leon aufgeschlossen, so wie an dem südlichen Abhange der Sierra de Oca oder S. de Burgos in Alt-Castilien und an dem südlichen Abhange der Pyrenaenkette in der Nähe von Urgel und las Abadesas in Catalonien nachgewiesen, wiewohl sie in den letzteren Gegenden noch keine technische Wichtigkeit erlangt hat; eine südliche Zone hat ihre grösste Entwickelung an dem Südabhange der Sierra Morena bei Belmez und Espiel, N. von Cordova, so wie bei Villa nueva del Rio, NO. von Sevilla an der rechten Seite des Quadalquivir in Andalusien.

A. Die nördliche Zone der Steinkohlenformation.

An beiden Abhängen der Cantalabrischen Gebirgskette wird die Basis der kohlenführenden Schichten nach de Verneuil[1]) überall aus einem massigen Kalksteine gebildet, welcher dem Kohlenkalke von Belgien, England und Russland entspricht und dessen obere schwächere Lagen, zwischen denen schon die untersten Kohlenschichten wechsellagern, *Productus semireticulatus*, *Pr. punctatus*, *Pr. cora*, *Spirifer mosquensis*, *Phillipsia* und selbst *Fusulina cylindrica* enthalten, wie in Russland und den vereinigten Staaten Nordamerika's. In den höher gelegenen Sandsteinen und Schieferthonen, welche die Kohlenflötze begleiten, zeigen sich die Ueberreste der gewöhnlichen Steinkohlenpflanzen.

Eine Zone von Conglomeraten, Sandsteinen und thonigen Schiefern, deren Gesammtmächtigkeit man auf 2 — 3000 Meter anschlagen kann, über den Schichten des Kohlen- oder Bergkalkes, enthält mehr als 80 Steinkohlenflötze, worin eine bedeutende Menge von Brennmaterial angehäuft ist. Zwar sind ihre Lagerungsverhältnisse meist sehr gestört und die Schichten werden nicht selten in senkrechter Stellung gefunden, dagegen bietet der durch Bäche und Flüsse tief durchfurchte Landstrich für ihren Abbau wesentliche Vortheile dar.

Alle diese Kohlen, magere und fette, gehören nach Casiano de Prado[2]) einer und derselben Formation an, die auf dem Uebergangsgebirge ruhet, wenn auch die verschiedenen Niveaus, in denen sie sich finden, ungemein verschieden sind. Denn während man sie bei Aviles an der Nordküste von Asturien in der Grube von Arnao[3]) unter dem Niveau des Meeres antrifft, sind sie an einigen Stellen der Cantalabrischen Hauptkette mindestens bis zu 6000 Fuss Höhe erhoben worden, und in dem an dem Südabhange der Hauptkette gelegenen Thale von Sabero behaupten sie immerhin noch die Höhe von mindestens 3000 Fuss, Niveauunterschiede, wie sie kaum irgendwo in Europa beträchtlicher gefunden werden dürften.

De Verneuil u A. haben früher die anthracitischen Kohlen von Arnao und Ferroñes in Austurien für älter als jene von Sabero in Leon und zwar für devonisch gehalten,[4]) doch scheinen sie später auch der Ansicht von Prado beigetreten zu sein, die auch wir für die richtigere halten. Schon Brongniart hat von Sama, N. von Oviedo, eine charakteristische Steinkohlenpflanze, *Cyatheites dentatus*, beschrieben.

Der steilen Schichtenstellung der Flötze und den zahlreichen Rissen und Brüchen, die sie enthalten, ist es wohl zuzuschreiben, dass sich entzündbare Gase darin nicht anhäufen konnten, und in der That sind schlagende Wetter, die den Gebrauch der Davy'schen Sicherheitslampe erheischten, in dem ganzen Steinkohlengebiete des nördlichen Spaniens bis an das Meer hin fast unbekannt, trotzdem diese Kohlen theilweise viel Gas entwickeln.[5])

Nach allen bekannten und zum grössten Theile schon auf der Schulz'schen Kohlenkarte aufgezeichneten Vorkommnissen erstreckt sich die Steinkohlenformation von Reynoso und Orbo in der Provinz Burgas aus an beiden Abhängen des Cantalabrischen Gebirgszuges durch Asturien und Leon in der Richtung von O. nach W. fast 30 geographische Meilen weit.

Am bedeutendsten ist der Steinkohlenbergbau in Asturien und zwar in der Provinz Oviedo, wo die Production an Steinkohlen im Jahre 1862 nach den statistischen Mittheilungen, die in T. XV. der Revista minera, 1864. p. 516 u f. niedergelegt sind, $^3/_4$ der Gesammtproduction an Steinkohlen in Spanien überhaupt betragen hat, während 18 Proc. auf die von Cordova in Südspanien kommen (vgl. Statistik).

Das Kohlenvorkommen an dem Südabhange der Cantalabrischen Kette lässt sich aus einer Beschreibung der Umgebungen von Sabero, zwischen dem rechten Ufer der Esla und der Puerma bei

[1]) De Verneuil et Collomb, coup d'oeil sur la constitution géol. de plusieurs provinces de l'Espagne. (Bull. de la Soc. géol. de France, 2 sér. t. X. 1853.)

[2]) C. de Prado, Note géologique sur les terrains de Sabero etc. (Bull. de la Soc. géol. de France, 2 sér. t. VII. 1850. p. 137 u. f.)

[3]) Vgl. einen Durchschnitt über diese Grube in *Revista minera* T. VI. Lam. 3. Madrid, 1855.

[4]) Bull. de la Soc. géol. de France, 2. sér. t. VII. 1850. p. 155 u. f.

[5]) Vgl. Paillette, Tableau d'analyses de houille (Bull. de la Soc. géol. de France, 2. sér. t. II. p. 456 und in *Revista minera*, T. VI. Madrid, 1855 p. 66.)

Boñar in den Gebirgen von Leon, durch Casiano de Prado a. a. O. ableiten, wo die Gesellschaft Palentina Leonesa Steinkohlen- und Eisenstein-Bergbau betreibt.

Die Schichten der Steinkohlenformation streichen dort im Allgemeinen von W. nach O. und fallen mit 45—70° nach S. ein. Sie bestehen aus Conglomeratschichten „*Cayuelas*" genannt, schwärzlichen oder grauen, zuweilen auch gelblichen oder rothen Schieferthonen und verschiedenen quarzigen Sandsteinen. In diesen werden Calamiten, Farrenkräuter und Sigillarien, zum Theil auch Lepidodendron-Arten der Steinkohlenformation aufgefunden, dagegen fehlen Kalkschichten in dieser Etage gänzlich.

Unter den zahlreichen Kohlenflötzen sind einige sehr mächtig, jedoch so verbogen oder zerbrochen, dass die mittleren Flötze nicht selten auf sich selbst zurückgebogen erscheinen. An solchen Stellen zeigen die Kohlen eine geringere Beschaffenheit und geben nur schlechte Koks, worauf sich auch der Name „*Seca*" bezieht, welche der ersten hier eröffneten Grube gegeben wurde. Dagegen streichen mehre ausgezeichnete Kohlenflötze mit einem südlichen Einfallen von etwa 45° aus der Gegend von Sabero bis nach der Ebene von Boñar, von denen das eine 5—8 Fuss stark ist und nur durch ein thoniges Zwischenmittel von 6—12″ Stärke in zwei Bänke geschieden wird. Dasselbe Flötz theilt sich in westlicher Richtung in zwei selbstständige Flötze von 4—6′ Stärke und in der Nähe des Hügels von Sotillo ist es in drei Flötze von 16, 7 und 5 Fuss Stärke zerschlagen worden. Die Kohlen dieser Gruppe sind vorzüglich und liefern recht gute Koks. Hier ist die erste Grube der ursprünglichen Gesellschaft Palentina eröffnet worden.

Man hat in der Mitte des kohlenreichen Thales von Sabero auch noch andere Kohlenflötze entdeckt, von denen das nahe von Sotillo auftretende „*Carmen-Flötz*" bis über 100 Fuss mächtig sein soll. Dasselbe wird nur von wenigen thonigschieferigen Bergmitteln durchzogen. Auch dieses Flötz hält eine westliche Richtung inne, bis es unter der Kreideformation der Ebene von Boñar verschwindet. Auf seiner ganzen Erstreckung liefert es bei einer mittleren Mächtigkeit von 60 Fuss eine ausgezeichnete, gut kokende Kohle, die beim Verbrennen eine auffallend weisse Asche hinterlassen soll.

Wenn auch nicht so beständig, als das *Carmenflötz*, zeigen sich in dessen Begleitung auf kürzere Strecken hin noch einige andere Kohlenflötze von ähnlicher Mächtigkeit und Cariano de Prado versichert, dass das eine derselben zwischen der Eremitage von Oceja und der Sierra de la Cuestas de Sotillo 180 Fuss Kohlenstärke zeigte, während sich dieselbe schon an dem Berge de las Peñotas bis über die Hälfte, verringert hatte. —

An den südlichen Abhängen der krystallinischen Schiefer, welche die Sierra de Burgos zusammensetzen, lagern discordant auf denselben die Sandsteine und Schieferthone der Steinkohlenformation mit einzelnen bisher unbauwürdigen Kohlenschmitzen, in deren Nähe *Asterophyllites*-, *Dictyopteris*-, *Alethopteris*-, *Pecopteris*-, *Lepidodendron*-Arten beobachtet wurden.

Eine Beschreibung dieser Gegend mit einer sehr ungenügenden Karte hat Felipe Naranjo y Garza in den Annales de Minas, Madrid, 1841. II. p. 93. Lam. I., niedergelegt.

Nur wenig günstiger als hier scheinen auch die Verhältnisse längs des südlichen Abhanges der Pyrenäen zu sein, wenn auch die Existenz der Steinkohlenformation dort nachgewiesen worden ist und bei San Juan de las Abadesas[1]) am Ufer des Ter in Catalonien seit längerer Zeit schon ein Steinkohlenbergbau besteht.

Noblemaire[2]) hat ganz ähnliche kohlenführende Schichten, wie sie bei San Juan vorkommen, auch bei Seo de Urgel angetroffen, wo sie nicht allein mehre Steinkohlenpflanzen (*Calamites*, *Neuropteris* und *Sphenopteris*), sondern auch schwache anthracitische Kohlenlager enthielten. Diese Schichten werden von einem rothen, nach Noblemaire zur Kreideformation gehörenden Sandsteine bedeckt, welcher einen guten Horizont für ihre Auffindung abgibt, und haben durch quarzführende Porphyre mannigfache Störungen ihrer Lagerungsverhältnisse erlitten. —

Selbst in der Mitte von Spanien hat man nach de Verneuil und Collomb an dem südlichen Abhange und in dem östlichen Theile der Sierra Guadarama bei Tamajou, Valdesotos und Retienda die Existenz der Steinkohlenformation wenigstens erkannt, worin man auch hier ähnliche Pflanzenreste und Kohlenspuren gefunden hat, wie an dem weiter nördlich gelegenen Gehänge der Sierra de Burgos.

B. Die südliche Zone der Steinkohlenformation.

Ueber das Vorkommen der Steinkohlen an dem Südabhange der Sierra Morena entnehmen wir die näheren Mittheilungen der „*Revista minera*", die überhaupt höchst beachtenswerthe, leider nur noch zu wenig bekannte Aufsätze enthält.

---

[1]) Ezquerra del Bayo, geognost. Uebersichtskarte von Spanien, erläutert von Dr. G. Leonhard. Stuttgart, 1851.

[2]) Annales des mines, S. sér., Mém. T. XIV. Paris, 1858. p. 49.

1. Die Kohlenmulde von Belmez und Espiel.

D. Eug. Fernandez, Reseña general de los elementos industriales de Belmez y Espiel. Rev. min. IX. 1858. p. 103 und f.

Nic. Pardo Pimentel, Minas de carbon de piedra de Belmez y Espiel. Rev. min. XIII. 1862. p. 725.

D. Siro Ramos, Cuenca carbonifera de Espiel y Belmez. Rev. min. XIV. 1863. p. 495—502. 525—533.

Diese in dem nordwestlichen Theile der Provinz Cordova gelegene Steinkohlenmulde erstreckt sich von NW. nach SO. in einer Länge von 36 Kilometer und einer zwischen 500 und 3000 Meter variirenden Breite. Es ist dies der kohlenreichste Bezirk auf der ganzen Halbinsel, welcher sehr wohl im Stande ist, nach Verbindung dieses Beckens mit der von Badajoz nach Madrid führenden Eisenbahn, sowie mit dem Mittelmeer, der Einführung englischer Kohlen in Spanien einen Damm zu setzen.

Die kohlenführenden Schichten, welche auch hier zunächst auf dem blauen Kohlenkalke mit *Productus semireticulatus*[1]) aufliegen, in dessen Liegendem Quarzit-Gesteine der Silurformation und Thonschiefer auftreten, bestehen wiederum aus Conglomeraten, Sandsteinen und thonigen Schiefern; die Kohlenlager selbst werden von Sandstein und Schiefern eingeschlossen; das Fallen dieser Schichten beträgt zwischen 35° und 75°, und pflegt sich mehr der letzteren Zahl zu nähern. Die Conglomerate sind reich an Bruchstücken von Thonschiefer und Quarz; die Sandsteine sind fein- oder grobkörnig, theilweise feuerfest und zu Mühlsteinen geeignet, theilweise locker und an der Luft leicht zersetzbar und zerfallend. Letztere auch dem Schieferthone zukommende Eigenschaft ist für den Abbau der Kohlen nicht günstig. Die Schieferthone, welche die Kohlenflötze einschliessen, sind oft blau gefärbt. Sie enthalten thonige Sphärosiderite, die theils in einzelnen Nieren theils in Bänken auftreten. Sowohl in dem Sandsteine als in dem Schiefer werden zahlreiche Reste von Calamiten, Sigillarien und Lepidodendron gefunden.

Die Zahl der Steinkohlenflötze in diesem Bassin ist noch nicht ermittelt. SO. und nahe von Belmez werden in 50 m. Tiefe deren vier gebauet, NO. davon ist der Ausstrich von vier anderen Flötzen bekannt, von welchen man zwei bei geringer Tiefe näher untersuchen konnte. Da man S. von hier abermals zwei Flötze ausstreichen sieht, so kann man in der Tiefe auf 9—10 Kohlenflötze rechnen. Dieselben streichen NNW. — SSO. und fallen mit 45—80° ein. Ihre Mächtigkeit variirt zwischen 1—12 Meter. Eins dieser Lager hat man bereits auf eine Länge von 2½—3 Kilometer verfolgt. Aehnliche Ausstriche sind auch bei Espiel wahrnehmbar. SO. von Espiel tritt im Bassin eine grosse Verengung ein, worauf sich dasselbe wieder erweitert.

5 Kilom. NW. von Belmez ist die Kohle am mächtigsten. Man bauet hier auf zwei Lagern, von denen das nördliche 12—20 Meter mächtig ist und gegen 35° nach S. einfällt. Der Abbau auf ihm hat sich bei 30 M. Tiefe auf eine Länge von 150—200 M. bewegt.

Noch bedeutender ist das südlich gelegene Kohlenflötz, dessen Mächtigkeit zwischen 12 und 36 Meter variirt, und welches mit 45°—75° nach SW. einfällt, manchmal aber sich der senkrechten Stellung nähert. Es streicht von NW. nach SO. Man hat es auf ungefähr 100 M. Länge in dieser Stärke, namentlich auf den Gruben St. Elisa und Terribile angetroffen. SW. von diesem Flötze kommen noch 2—3 andere von geringerer Mächtigkeit vor.

Dach und Sohle der Flötze, welche aus jenem leicht zersetzbaren Sandsteine und Schieferthone bestehen, sind leider nicht fest genug, um einen Ausbau zu ersparen. Auch sind an mehren Stellen schlagende Wetter nicht ungewöhnlich, die den Gebrauch der Davy'schen Lampe erheischen. Sie kommen am häufigsten in geöffneten Bauen und im Gebiete der mächtigsten und fettesten Kohlen vor. Wiewohl die Kohlenflötze sehr rein sind und meist nur einige schwache Lettenschichten bis 20 mm. Stärke enthalten, so führen dieselben doch eine sehr verschiedene Kohle, welche selbst in kurzen Strecken sehr mannigfaltig ist. Von einer erdigen Kohle bis zu der sogenannten Stahlkohle, welche so fest erscheint, dass sie am Stahle Funken gibt, kennt man hier alle Abänderungen, fette. halbfette, magere und anthracitische Kohle.

Mit mehren derselben sind in der Gasanstalt von Madrid erfolgreiche Versuche zur Gasbereitung ausgeführt worden; es sind die Kohlen von Belmez und Espiel bei ihrer so verschiedenen Beschaffenheit für alle Zwecke der Industrie gut zu verwenden. Die fetteren Sorten geben ausgezeichnete Koks, angeblich 65 proc., die in grösster Menge vorhandene magere Flammkohle ist für Rostfeuerungen geeignet.

---

[1]) De Verneuil, coup. d'oeuil sur la constit. géol. de plus. prov. de l'Espagne, Paris, 1853.

In der That scheint dieses reichste Kohlenlager der Halbinsel berufen zu sein, der Ausbeute der in nächster Umgebung vorkommenden Erzgänge mit Silber-, Kupfer-, Blei-, Nickel- und Antimonerzen noch den wesentlichsten Vorschub leisten zu können, unter Benutzung der in seinem Bereiche reichhaltig auftretenden Eisenerze hier gleichzeitig eine Eisenindustrie emporblühen zu lassen, die Castilianische Eisenbahn, welche Madrid mit Frankreich verbinden soll, sowie auch die Häfen des Mittelmeeres einst mit Kohle zu versorgen.

Ob sich Spanien in dem Consum von Kohlen unabhängig von England machen und wenn dieser Zeitpunkt eintreten wird, lässt sich nicht ermessen; er wird sich jedoch nur dadurch herbeiführen lassen, dass man durch Wege der Communication den weitesten Vertrieb dieser Kohlen nicht nur erweitert, sondern überhaupt ermöglichet.

Unter den gegenwärtigen Verhältnissen sollen die Productionskosten für einen Centner Kohle in Spanien noch mehr betragen, als ein Centner englische Kohle in China verkauft werden kann!

2. Die Kohlenmulde von Villa nueva del Rio in der Provinz Sevilla.

R. Pellico, Apuntes sobre la cuenca carbonifera de Villa nueva del Rio. Revista minera, VIII., 1857. p. 229.

Rob. Kith, Cuenca carbonifera de Villa nueva del Rio, Rev. min. VIII. p. 549—558, 605—610, 685—691, 717—726 mit geologischer Karte und Profilen; X. 1859. p. 265—276.

In einer nach N. geschlossenen und nach S. sich öffnenden Mulde, die in das Gebiet des Granites und Thonschiefers fällt, hat sich die Steinkohlenformation hier gleichfalls, wenn auch in einer ungleich geringeren und weit weniger Hoffnungen erregenden Weise als bei Belmez entwickelt. Man hat sie bis jetzt nur an ihrem nördlichen Ende mit wenig tiefen Schichten aufgeschlossen, da man sie bald wegen Wasserandranges wieder verlassen musste.

Dass diese Mulde sich bis nach Sevilla erstrecke, wie dies von Einigen vermuthet wird, ist wenig wahrscheinlich, sicher jedoch, dass bei dem südlichen Einfallen der Flötze sich diese dort in einer so grossen Tiefe finden müssten, dass an einen Abbau hier nicht mehr gedacht werden kann.

In dem oberen nördlichen Theil der Mulde kennt man drei Flötze, jedes von etwa 2 Meter Mächtigkeit, welche regelmässig gelagert und zum Theil an beiden Gehängen des Flusses Huesna gebauet worden sind. Von oben folgen in diesem Bassin unter den jüngeren tertiären und alluvialen Gebilden: Kohlensandstein, oft von gelber bis ziegelrother Farbe, und zum Theil mit Conglomeraten wechselnd; unter demselben grauer oder schwärzlich gefärbter Schieferthon, welcher das Dach der Kohle bildet, nur in der Nähe des Ausgehenden werden die Flötze unmittelbar von dem Sandstein oder Sande bedeckt. Auf der rechten Seite des Flusses folgen die Kohlenflötze in Entfernungen von 2 Meter auf einander, auf der linken Seite desselben ist nur eins, und wahrscheinlich das untere derselben, bekannt. In den Flötzen trifft man verschiedene Sorten von Kohle an; Schmiedekohle oder Backkohle ist vorherrschend. In Folge des unvollkommenen Ausbringens der Kohlen erhält man unverhältnissmässig viel Grus. Von fremdartigen Mineralien ist der Kohle nur eine geringe Menge von Schwefelkies beigemengt.

Nach den bisherigen Aufschlüssen muss dieses Becken noch wenig ergiebig erscheinen, sollte man indess dort noch reichere Kohlenlager aufschliessen, so würde dasselbe bei seiner günstigen Lage bezüglich einer Abfuhr nach Sevilla und Cordova doch von einiger Wichtigkeit werden können, wozu jedoch bessere Communication mit diesen Hauptstädten vor allem erforderlich ist.

Dass man auch hier die wirkliche Steinkohlenformation vor sich habe, geht aus der Auffindung verschiedener Leitpflanzen hervor, unter denen Herr Kith die folgenden namhaft macht: *Calamites Suckowi* Bgt., *Alethopteris lonchitidis* St., *A. aquilina* Bgt. sp., *Cyatheites arborescens* Schl. sp. (*Pec. lepidorachis*), *C. hemiteliodes* Bgt. sp. (als *Pec. Hemidoieles* aufgeführt), *Sigillaria elongata* Bgt., *S. orbicularis* Bgt. und *S. manubaris* (wahrscheinlich ? *mamillaris*).

Wir können die Sicherheit dieser Bestimmungen nicht vertreten, glauben aber, dass dadurch wenigstens die Gegenwart von Sigillarien sicher erwiesen ist und tragen kein Bedenken, sowohl die mächtigen Kohlenlager von Belmez und Espiel als auch die von Villa nueva del Rio in die Sigillarienzone zu verweisen, welcher auch der grösste Theil der Kohlenflötze in Leon und Asturien angehören mag.

Als neueste Auffindung von Steinkohlen in Spanien wird in Revista minera (XV. 1864. p. 522) ihr Vorkommen in der Nähe von Badajoz an der Grenze von Portugal mitgetheilt, worüber jedoch etwas Näheres noch nicht bekannt ist.

C. Die Lignit-führenden Kohlen der Kreideformation.

J. G. Lasala, Noticia del depósito de lignito de Torrelapaja (Aragon). Rev. min. V. 1854. p. 323.

L. Peñuelas, Estracto de una memoria sobre la cuenca carbonifera de Utrillas. Rev. min. VIII. 1857. p. 643. Mit Situationsplan.

Lucas de Aldana, sobre los depósitos carboniferos de Utrillas y Gargallo. Rev. min. XIV. 1863 p. 261—270, 277—282, 293—300.

Dass Spanien ausser den wirklichen Steinkohlen auch noch einen ziemlichen Reichthum an jüngeren Kohlen, namentlich im Gebiete der unteren Etage der Kreideformation des südlichen Aragonien und des nördlichen Theiles von Valencia besitzt, ist schon S. 9 hervorgehoben worden. Es scheint ihre geologische Stellung nahezu jener der norddeutschen Wälderformation zu entsprechen. Bisher ist ihre Gewinnung in Spanien, hauptsächlich wohl mit in Folge der ungenügenden Communication, noch eine ziemlich beschränkte gewesen, da sie im Jahre 1862 ca. 12½ mal geringer, als die der Steinkohle war,[1]) dennoch aber verdient sie schon ihres Vorkommens halber unser Interesse.

Nach Aldana wird das Thal von Utrillas in NNO. von dem Muela-Gebirge und in SSW. von dem von San Justo begrenzt, zwischen denen es sich in der Richtung von NW. nach SO. ungefähr 16000 Meter Länge mit einer grössten Breite von 4850 Meter ausdehnt. Seine ganze horizontale Oberfläche nimmt nahezu einen Flächenraum von 1 spanischen Quadratmeile ein. Das von ca. 400 Meter hohen Felsen der jüngeren Kreidegesteine umgebene Thal wird von dem Flüsschen Mena durchschnitten, das nebst einigen anderen Nebenflüsschen sich in die Utrillas ergiesst.

Die Kohlenschichten wechseln zwischen Sandsteinen und kalkigen Sandsteinen, die in der Mitte des Beckens sehr eisenschüssig sind. Ihre Lage ist sehr flach und fast horizontal.

Die Mächtigkeit der einzelnen Kohlenlager schwankt zwischen 0,83 — 3,0 M. und kann im Durchschnitt 1,5 — 2 M. angenommen werden, ist aber darin auf kurze Strecken hin sehr unbeständig. Es sind zwar einige solche Lager vorhanden, wie gross ihre Anzahl ist, war jedoch bei dem ganz unvollkommenen Betriebe und der gänzlichen Unzugänglichkeit der meisten Gruben nicht zu ermitteln.

Man gewinnt diese Kohlen mit der Spitzhaue ohne alle weiteren bergmännischen Vorrichtungen und bearbeitet nur Lager von über 3 Fuss Mächtigkeit. Nicht nur in Folge dieser Art der Gewinnung, sondern auch ihrer ursprünglichen Beschaffenheit halber, die an verschiedene Quaderkohlen Deutschlands, sowie an die Moorkohle der Braunkohlenformation erinnert, wird dort viel klare Kohle gewonnen; der Lignit bildet nur einen Theil von ihr. Derselbe zeigt alle Uebergänge von deutlicher Holztextur zu Lignit mit muscheligem Bruch und Gagat einerseits und zu erdigem ganz porösem Braunkohlenholze anderseits.

Bei dem Flüsschen Utrillas fand man einen solchen fossilen Baumstamm noch in aufrechter Stellung, welcher theilweise in Gagat umgewandelt war. Gegen 12 solcher aufrechter Baumstämme, die an die ganz ähnlichen Vorkommnisse in England erinnern, kennt man auch in der Nähe von Utrillas selbst, wo sie zwei Sandsteinschichten durchsetzen, die durch einen Kohlenthon von einander getrennt sind.

Die Wichtigkeit dieser bei Utrillas und Gargallo gewonnenen schönen Lignite zum Hausbedarfe für die nähere Umgebung ist bei einer später etwa eintretenden Verminderung des Brennmaterials nicht zu verkennen, in den letzten Jahren indess hat die Gesammtproduction hier jährlich nur 60000 Ctr. betragen, von denen 27000 Ctr. nach Zaragoza transportirt worden sind.

Ausserdem gewinnt man dort etwas Bernstein und Gagat, welcher letztere unter dem Namen „*azabache*" früher Verwendung zu Schmucksachen fand, bevor der Gebrauch schwarzen Glases die Anwendung dieses Materiales zu solchen Zwecken beschränkt hat. Die ältesten Nachrichten über die Kohlen von Utrillas rühren vom Jahre 1760 her, wo man dieselbe bereits zu der Anfertigung von Krystallglas in Utrillas verwendet hat; 1842 sind erst die lange Zeit und zu wiederholten Malen zum Liegen gekommenen Gruben von Utrillas mit Unterwerfung unter das Berggesetz verliehen worden.

[1]) Aus der statistischen Uebersicht für 1862 in Revista minera 1864. Bd. XIV. p. 516 u. f. ist zu ersehen, dass
3,602456 Ctr. Steinkohlen und nur
286981 Ctr. Lignite producirt worden sind.

Das Kohlenlager von Torrelapaja ist 2 Meilen S. von der Cordillera del Moncayo in Aragonien und in der Mitte der Linie gelegen, welche die Provinzen Soria und Zaragoza trennt. Für die Gewinnung der Lignite ist das O. von Torrelapaja gelegene Valle Hermoso, das sich in 3 Kilometer Länge von NO. nach SW. erstreckt, der Hauptpunkt. Man hat an den Enden dieses Thales an einigen Punkten bergmännische Arbeiten begonnen, die jedoch nicht über 30 m. Tiefe erreichen, wobei 3 Kohlenflötze von 1—0,6 m. Stärke durchschnitten worden sind, welche, wie jene von Utrillas, zur unteren Kreideformation gehören. Das hier gewonnene Brennmaterial wird als von besonderer Güte geschildert, wiewohl es wie alle diese Kohlen nicht oder doch nur sehr unvollkommen verkokbar ist.

D. Regenerirte Kohlenlager.

Herrn Gasdirector Meissner in Dresden, welcher als Berg- und Hütten-Ingenieur viele Jahre in Spanien zugebracht hat, verdanken wir folgende Mittheilungen: Interessant ist das Vorkommen regenerirter Kohlenlager im südlichsten Spanien und zwar in der Niederung zwischen dem Quadalquivir und dem Rio del Oro. Diese Niederung besteht zwischen der Isla Mayor und dem Städtchen Almonte aus einer bei jeder Fluth überschwemmten Fläche und aus einem mehre 100 Fuss hohen Sandrücken, las Arenas gordas genannt, welcher jene Niederung in der Richtung von NW. nach SO. von der Meeresküste trennt. Zwischen Torre de la Salanera und T. de Asperilla reitet man bei abgegangener Fluth ununterbrochen auf einem von der See abgedeckten Kohlenlager hin und findet auf diese Länge an dem steil aufsteigenden Sandhügel noch drei andere Kohlenlager zu Tage ausgehen. Dieselben streichen parallel der Küste und fallen nur mit 1—2° gegen dieselbe ein. Die Beschaffenheit der Kohle in einzelnen Stückchen ist gleich der Newcastle-Kohle, so dass man bei Betrachtung einzelner Proben und ohne Kenntniss ihres Vorkommens versucht werden kann, sie als von einem gestrandeten Kohlenschiffe herrührend anzusehen. Sie findet sich meist in Körnern von Hirsen- und Linsengrösse bis zu Kopfgrösse — doch sind grosse Stücken nur untergeordnet — mit den modernsten Meeresconchylien und wenig Sand zusammen, welche gemeinschaftlich diese Lager zusammensetzen. Eine kleine Schollenladung dieser Kohle ergab in derselben 15 Proc. Asche, wogegen einzelne grössere Stücken nur $3^1/_2$ Proc. Asche enthielten.

Es werden diese vier Kohlenschichten, von denen die drei oberen 1—6 Fuss Mächtigkeit besitzen, während die Stärke der unteren noch unbekannt ist, durch lose Sandschichten getrennt und überlagert. Der Sand ist derselbe, welchen das Meer an der benachbarten Küste auswirft, meist sehr feinkörnig, so dass es sehr mühsam gewesen sein muss, die Quantität grober Kiesel zusammen zu bringen, aus denen die Eingangs erwähnten Römerthürme erbauet sind. Man hat die letzteren aus haselnussgrossen Kieseln und gebrannten Schalthieren zusammengegossen, wodurch sie dieselbe grosse Festigkeit erhalten haben, welche die meisten römischen Mauerwerke auszeichnet. Mehre dieser Thürme sind von dieser Anhöhe herabgestürzt, ohne ihre Form verändert zu haben, ja einer derselben, die Torre de la Higuera hat sich mit seinem conischen Dache in das unterste Kohlenflötz eingebohrt, während sein Fundament nach oben gerichtet ist.

Von welcher Lagerstätte aus das Material für diese Kohlenlager entnommen worden ist, die allem Anscheine nach nur durch frühere Meeresfluthen hier von neuem abgelagert sein können, ist uns unbekannt.

CAPITEL XII.

Die Steinkohlengebiete in Belgien und Frankreich.

A. Belgien.

Wie man auf André Dumont's geologischer Karte von Belgien ersieht, bildet die Steinkohlenformation in Belgien die unmittelbare südwestliche Fortsetzung des Aachener Steinkohlenbeckens oder des Worm-Bassins, mit welchem sie auch in geognostischer und petrographischer Beziehung eine sehr grosse Aehnlichkeit zeigt. Die vielfachen Sattel- und Muldenwendungen der Flötze, die oft zu vollständigen Zickzacklinien übergehen, wie sie aus der Gegend von Aachen auf Taf. XII. und XIV. dargestellt wurden, sind für viele Gegenden des belgischen Steinkohlengebirges gleichfalls ganz charakteristisch.

Man bezeichnet dort die unter weniger als 45° einfallenden Flügel der Flötze „*plats* oder *platteurs*," die über 45° und häufig sogar mit 80° und noch stärker einfallenden Flügel „*droits* oder *dressants*." Die ersteren sind in der Regel sehr flach, die letzteren dagegen sehr steil geneigt. Im Liegenden der kohlenführenden Schichten treten mächtige Lager von Kohlenkalk auf oder es sind die ersteren unmittelbar auf devonischen Schiefern gelagert.

1) Das Kohlenrevier von Lüttich, oder die östliche Abtheilung des belgischen Kohlengebirges, erstreckt sich in der Richtung von NO. nach SW. aus der Gegend von Sippenacken, W. von Aachen, nach Thon mit einer Längenausdehnung von mindestens 70 Kilometer und einer grössten Breite von 15 Kilometer in einer, O. von Lüttich aus der Gegend von Visé nach SO. gezogenen Linie.

Einem Berichte des Herrn Fabricius in Saarbrücken über eine im Sommer 1859 ausgeführte Bereisung der wichtigeren Steinkohlenreviere Belgiens und Frankreichs[1]) entnehmen wir über dieses Bassin folgende Mittheilungen, worin sich der Verfasser wesentlich mit auf die ältere Darstellung von Ponson[2]) stützt.

In der östlichen, zum Theil mit Gebilden der Kreide- und Tertiärformation bedeckten Abtheilung bauen nur wenige Gruben; genauer ist die westliche bekannt, welche eine sattelartige Erhebung des Kohlenkalkes von der grossen in der Provinz Namur beginnenden Kohlenmulde der Sambre trennt. Lockere Kreidegesteine, meist aus weissen Sandsteinen, Thonen und Mergel bestehend, überlagern namentlich auch den nördlichen Theil des Beckens, lassen sich indess ohne Schwierigkeit durchteufen. Obschon noch manche Zweifel über die Identität der Flötze vorhanden sind, wird deren Zahl zu 83 angenommen.

Davon kommen auf den hangendsten Zug 31 mit sehr fetter, besonders zum Verkoken und für Schmiedefeuer geeigneter Kohle, 21 mit halbfetter Kohle, die mit langer Flamme verbrennt, bilden den mittleren und 31 Flötze mit magerer Kohle den liegenden Zug. Dies Verhältniss der Beschaffenheit der verschiedenen Kohlen entspricht dennoch sehr genau jenem in dem Hauptbassin von Westphalen (vgl. S. 181). Die Fettkohlenpartie des hangenden Zuges findet sich nur in der Mitte des Lütticher Beckens und zwar auf dem rechten Ufer der Maas zwischen dem Dorfe Ivoz und Ougrée. Es wird

---

[1]) Zeitschrift fur das Berg-, Hütten- und Salinenwesen in dem preussischen Staate. 8. Bd. Berlin, 1860. p. 157.

[2]) Traité de l'exploitation des mines de Houille, I. 1852. p. 120.

diese Partie ringsum von den Flötzen der mittleren (oder Westphälischen Esskohlenpartie) umgeben, während die mageren Kohlen nur an den äussersten Grenzen des Steinkohlengebirges auftreten[1]).

Die Mächtigkeit der Flötze wechselt von 0,15 m. (Flötz *Trouvée et Pauvrette*) bis 1,62 m. (*Grande Veine*) und erreicht im Mittel kaum 1 m. Im Lütticher Reviere sind auf dem Nordflügel der Hauptmulde die „Platteurs“ oder flachen Flügel vorherrschend entwickelt, während auf dem Südflügel „Dressants“ und „Platteurs“ häufig mit einander abwechseln; die meisten der am linken Ufer der Maas gelegenen Gruben bauen auf jenem, der am rechten Ufer auf diesem Flügel der Hauptmulde.

Die geförderten Kohlen trennt man überall der Grösse nach in verschiedene Sorten. Die grossen über 5 Kilogramm wiegenden Stücke, „*houille*“ oder „*gros à la main*“ genannt, werden meist schon in der Grube oben auf die Fördergefässe gebracht und am Tage mit der Hand ausgehalten, die übrigen Sorten dagegen durch Ausrättern gebildet. Auf Rättern mit 0,08 – 0,05 m. Entfernung der Eisenstäbe bleiben die *gaillettes* (Brocken), auf solchen mit 0,03 — 0,025 m. Entfernung die *gailletteries* (Knörper) zurück, und die hier durchfallenden Kohlen machen das *menu* (Grus) aus.

Bei dem hohen Alter des Bergbaues in diesem Reviere sind die Flötze über den Thalsohlen längst abgebauet; die gegenwärtigen Gruben rücken schnell in die Teufe vor, womit sich die Ausdehnung der Baufelder und die Beschränkung der Förderschächte auf eine geringere Zahl allmählig verbindet. (Fabricius.)

2. Das Kohlenrevier von Charleroy und Namur oder das Sambre-Bassin. Diese beträchtliche Steinkohlenmulde, welche zum grössten Theile seiner Länge nach von dem bei Namur sich in die Maas ergiessenden Sambre-Flusse durchschnitten wird, ist nach Osten hin bei Thon durch einen Sattel von Kohlenkalk von der Lütticher Mulde getrennt und erstreckt sich von hier aus in westlicher Richtung bis ungefähr 9 Kilometer westlich von Charleroy, nach Dumont's Karte, mit einer Gesammtlänge von nahe an 50 Kilometer. In ihrem grösseren östlichen Theile bildet das Kohlengebirge eine schmale langgezogene Mulde, welche an ihrem südlichen und nördlichen Rande von dem Kohlenkalke eingeschlossen ist und eine kleine Zahl magerer Flötze von geringer Mächtigkeit enthält. Diese sind nach dem Berichte von Herrn Fabricius mannigfachen Störungen unterworfen und gestatten nur einen wenig productiven Kohlenbergbau, dessen Förderung in der Umgegend consumirt wird. Erst 5 — 6 Kilometer östlich von Charleroy erweitert sich das Becken durch eine nordwestliche Wendung des Nordflügels, es tritt zugleich Regelmässigkeit der Lagerung und ein grosser Reichthum an guten Kohlenflötzen ein. Die grösste Breite des zu Tage tretenden Theiles zeigt sich etwas östlich von Charleroy, wo sie nach Dumont's Karte mehr als 15 Kilometer beträgt. Der westliche Rand so wie der grösste Theil des nördlichen Randes dieses Beckens wird von mächtigen, lockeren und meist wasserreichen tertiären Schichten bedeckt. Nach Fabricius sind für den westlichen Theil des Sambre-Bassins besonders charakteristisch: die Erstreckung der Haupteinfallrichtung gegen Süden, die bedeutende Entwickelung zickzackförmiger Faltungen in der liegenden Abtheilung, während die hangende Partie regelmässig niedersetzende *Platteurs* bildet, und das plötzliche Abschneiden dieser *Platteurs* an einer sattelförmigen Erhebung des Kohlenkalkes; ferner das Vorhandensein einer kleinen Flötzpartie mit nördlichem Einfallen SW. von Charleroy, welche an dem Südflügel jenes Kalksteinzuges absetzt und eine erdige oder häufig versteinerte, ganz magere und fast ohne Flamme brennende Kohle führt, welche „*terre-houille*“ oder „*terroule*“ genannt wird. Innerhalb der Hauptmulde rechnet man in der Querlinie von Monceau, W. von Charleroy, 73 bauwürdige Flötze von 0,30 — 2 m., im Mittel jedoch kaum von 1 m. Mächtigkeit, und unterscheidet folgende vier Hauptgruppen, wobei die hangendsten Flötze die fettesten, die liegendsten die magersten sind, die mittleren aber alle Uebergänge aus der einen in die andere Beschaffenheit darbieten:

1) Kohle von Mamboury, fett, zur Verkokung und für Schmiedefeuer geeignet;
2) Kohle von Sablonnière und Lodelinsart, halbfett, mit langer Flamme brennend, zur Flammofenfeuerung und zum Hausbrande geeignet;
3) Kohle von Ardinoises, mager und mit kurzer Flamme brennend;
4) Kohle von Lambusart, ganz mager und nur zum Kalk- und Ziegelbrennen verwendbar. (Vgl. Ponson a. a. O. p. 125 u. f.)

---

[1]) Nach Beobachtungen von Gustav Frielinghaus, dessen gediegene Abhandlung über das Steinkohlengebirge Belgiens (Acta des k. Oberbergamts zu Dortmund, 1863) leider noch nicht durch Druck veröffentlicht worden ist.

3. Zwischen dem Kohlenreviere von Charleroy und dem weiter westlich sich ausbreitenden von Mons findet sich eine Partie von Steinkohlengebirge, die unter dem Namen des *Bassin de la Haine* oder *Charbonnages du Centre* und *du Levant de Mons* unterschieden wird. Die mächtigen Bedeckungen von Schichten der Tertiärformation und der Kreideformation, welche dieselbe zum grossen Theile bedecken und von jenen beiden Becken trennen, haben den wahrscheinlichen directen Zusammenhang mit dem Bassin von Mons bisher noch nicht ermitteln lassen.

Nach Fabricius ist der dortige Grubenbau bis jetzt nur auf dem Nordflügel der Hauptmulde umgegangen, der aus regelmässig gelagerten, weit ausgedehnten *Platteurs* besteht, jedoch in der Mitte so bedeutende Störungen besitzt, dass die Beziehungen zwischen den auf der westlichen und östlichen Seite in Bau stehenden Flötzen noch nicht mit Sicherheit erkannt werden konnten. Im Allgemeinen nimmt man 26 bauwürdige Kohlenflötze als vorhanden an, deren Mächtigkeit von 0,26 m. bis 1,09 m. schwankt; man unterscheidet der Qualität nach zwei Gruppen, welche den beiden unteren Abtheilungen des Beckens von Mons zu entsprechen scheinen und oben fette, unten halbfette in's Magere übergehende Kohlen führen. Eigentlich magere Kohlen sind gar nicht bekannt. (Vgl. Ponson a. a. O. p. 131 u. f.)

4. Das Bassin von Mons. Nach Dumont's Karte erstreckt sich dieses Becken in der Richtung von O. nach W. aus der Gegend von O. von Mons bis zu dem Dorfe Thulin mit einer Längenausdehnung von mehr als 22 Kilometer Länge.[1]) Diese Mulde repräsentirt die grösste Entwickelung der Flötze an Zahl und Beschaffenheit in dem belgisch-französischen Kohlengebirge. Das Hauptstreichen geht von O. nach W., wohin die Muldenlinie sich schwach einsenkt. Gegen W. wird die Mulde bei Boussu durch eine Partie von Kohlenkalk begrenzt, an welchem das eigentliche Steinkohlengebirge absetzt; östlich verdecken mächtige Ablagerungen von Kreidegesteinen den muthmasslich vorhandenen Zusammenhang mit dem Becken des Centre. Kreidegebilde überlagern den grössten Theil der Mulde von Mons, nach Westen durch die Einsenkung der Grenzfläche mit dem Kohlengebirge an Mächtigkeit zunehmend; sie umschliessen viele lockere, wasserreiche Sand- und Mergelschichten und bestehen unmittelbar über dem Steinkohlengebirge aus einer mächtigen Thonablagerung, welche vollkommen wasserdicht ist und regelmässig, ohne zu zerreissen, nachsinkt, wenn nach dem Abbau der Kohlenflötze sich das Gebirge setzt. Die Hauptmulde enthält zwei Specialmulden, eine östliche zwischen Cuesmes, Jemappes und Quaregnon, eine westliche bei der Ortschaft Hornu. Hier, wie im Becken du Centre, besteht der Nordflügel aus regelmässig gelagerten grossen *Platteurs*, während der Südflügel zickzackförmige Faltungen zeigt, die sich indessen weniger rasch, als bei Charleroy wiederholen und grösser entwickelte Flügel als dort besitzen. (Vgl. Ponson a. a. O. Pl. III. Fig. 5.) Man kennt in dem Bassin von Mons 157 mit Namen belegte Kohlenflötze, von denen 117—122 bauwürdig sind. Die Mächtigkeit derselben schwankt zwischen 0,25 und 0,70 m. und nur wenige von ihnen überschreiten 1 m. Stärke. Man trennt sie in vier Hauptgruppen, welche von oben nach unten in nachstehender Reihe folgen:

1) *Charbon Flénu* mit 47 Flötzen; eine sinternde, mit langer Flamme brennende und durch reiche Entwickelung von Leuchtgas ausgezeichnete Kohle. Diese Kohlengattung ist nur im Bezirke von Mons typisch entwickelt.
2) *Charbon dur* mit 21 Flötzen. Diese Kohle führt die Benennung „hart" mit Unrecht, da sie sehr weich ist. Sie ist fett und besonders zur Verkokung geeignet.
3) *Charbon de forge* mit 29 Flötzen; vorzugsweise für Schmiedefeuer geeignet. Die unteren Flötze dieser Gruppe gehen in die *Charbon demi-gras* über, welche auch die hangendsten Flötze der unteren Abtheilung führen und deren Kohlen halbfett sind und mit langer Flamme brennen.
4) *Charbon sec ou maigre*, mit 20—25 Flötzen, von denen die unteren fast gar nicht gebaut werden, wiewohl sich ihre magere, mit kurzer Flamme brennende Kohle sehr gut zum Betriebe von Kalköfen und Ziegeleien eignet.

Aus dieser ganzen Darstellung, welche wir Ponson und Fabricius entlehnt haben, geht zur Genüge die grosse Aehnlichkeit zwischen der belgischen und der westphälischen Steinkohlen-

[1]) Ponson nimmt nur eine Länge von 8—9000 Meter an, wie auch die anderen belgischen Becken nach seiner Angabe eine weit geringere Längenausdehnung besitzen, als diese nach der Dumont'schen Karte erscheinen muss. Fabricius ist den Angaben Ponson's gefolgt.

formation in Bezug auf Anzahl, Beschaffenheit und Gruppirung der Flötze (vgl. S. 181—183), bezüglich ihrer geotektonischen Beschaffenheit aber mit der bei Aachen hervor.

Der fossilen Flora der belgischen Steinkohlenformation hat man bisher noch wenig Aufmerksamkeit geschenkt, wie dies überhaupt meist der Fall ist, wo man Kohle in Ueberfluss besitzt und weniger das Bedürfniss fühlt, sich mit Hülfe gewisser Leitpflanzen in den verschiedenen Zonen zu orientiren. Dagegen liegen über die reiche Thierwelt der Steinkohlenformation Belgiens im weiteren Sinne ausgezeichnete Monographieen in verschiedenen Schriften des Professor Louis de Koninck in Lüttich vor.

B. Frankreich.

Es ist schon im vorigen Kapitel einiger zu Frankreich gehörenden Steinkohlenablagerungen gedacht worden, wie jener Anthracitlager in Savoyen und in der Dauphiné, sowie auch auf Corsica. Die bedeutendsten Steinkohlengebiete Frankreichs sind folgende:

1) Das Nordfranzösische Becken in den Departements du Nord und Pas de Calais, welches die westliche Fortsetzung des belgischen Steinkohlenbeckens bildet;
2) die Becken von Blanzy und Autun (Epinac) in dem Departement Saône-et-Loire;
3) das Bassin der Loire im Departement Loire;
4) das Bassin von Alais in den Departements Ardèche und Gard,

welche drei letzteren an dem östlichen Rande des grossen, vorherrschend aus Gneiss und Granit bestehenden Hauptplateaus des mittleren Frankreichs gelegen sind. Eine Anzahl kleinerer, jetzt isolirter Becken oder Partieen von productivem Steinkohlengebirge treten auch an dem Süd- und dem Westrande dieses Hauptplateaus auf und lassen sich selbst in der Mitte desselben in einer von Decize (Departement Nièvre) in SSW. Richtung bis Mauriac (Dep. Cantal) auf 160 Kilom. Länge laufenden Linie, und in einer von Brassac (Puy- de Dome) nach Langeac (Dep. Haute-Loire) in SSO. Richtung laufenden Linie, sowie auch in einigen anderen, ausserhalb dieses Hauptplateaus gelegenen, Gegenden verfolgen, welche, wie dieses, alten Meeresinseln der paläozoischen Zeit entsprechen. Ihre Lage ist auf der geologischen Karte Frankreichs von E. de Beaumont und Dufrénoy zu ersehen, von welcher eine leicht zugängliche Uebersichtskarte 1841 erschienen ist.

Bei der allerdings nur kurzen Charakteristik der Hauptbassins sind wir abermals gern der neueren Darstellung des Herrn Fabricius gefolgt, da uns dieselbe vielfache Gelegenheit zu Vergleichen mit deutschen Verhältnissen gestattet.

1. Das Nordfranzösische Steinkohlenrevier bildet die unmittelbare westliche Fortsetzung des Becken von Mons und erstreckt sich in den Departements du Nord und Pas de Calais von der belgischen Grenze bei Vieux Condé über Valenciennes, Duai, Courrières, Noeux bis zu dem Orte Enquin, SW. von der Stadt Aire.[1]) Es wird überall von Schichten der Kreideformation und jüngeren Gebilden mit wechselnder Mächtigkeit überlagert, deren zum Theil lockere und wasserreiche Beschaffenheit dem Abteufen der Schächte grosse Schwierigkeit bereitet. Dieser Umstand und die verhältnissmässig geringe Anzahl der Concessionsfelder ist der Grund der unvollständigen Kenntniss der allgemeinen Lagerungsverhältnisse und der Beziehungen der einzelnen in Bau genommenen Flötzzüge zu einander. Nach den Erfahrungen des Bergbaues und zahlreicher Bohrversuche besitzt der Kohlengebirgszug im östlichen Theile bei westlichem Streichen eine Breite von etwas über 1 Kilometer[2]); zwischen Somain und Douai nimmt er bei Sinken der Breite die Richtung gegen NW. und erweitert sich von Neuem bei dem Orte Dourges, indem er in die westliche Richtung zurückkehrt. Weiter gegen W., zwischen Noeux

[1]) Vgl. Kohlenkarte dieser Gegend in A. Burat, de la Houille, 1851. Pl. 10, sowie Emile Dormoy im Bull. de la Soc. géol. de France. 2. sér. t. XIX. p. 22.

[2]) Auf den bezeichneten Karten erscheint das Kohlengebirge weit breiter und es sind unter obiger Angabe wohl nur die bisher als bauwürdig erschienenen Schichten begriffen.

und Béthume, zweigt sich eine schmale Specialmulde ab, welche über Bruay und Ames mit abnehmender Breite fortstreicht und sich bei Enquin ganz zu verlieren scheint. — Ausser diesem Hauptzuge tritt im nördlichen Theile des Departements Pas-de-Calais bei Hardinghen zwischen Marquise und Ardre aus den jüngeren Gebilden eine kleine Anthracitmulde zu Tage, welche anscheinend dem Kohlenkalke eingelagert ist und wohl kaum in näherer Beziehung zu dem grossen belgisch-französischen Kohlengebirge steht.[1])

In dem östlichen Theile schwankt die Mächtigkeit der jüngeren Bedeckungen zwischen 35 und 140 Meter und nimmt von Valenciennes aus in östlicher Richtung durch Abfallen der Oberfläche des Kohlengebirges bei fast söhliger Lagerung der jüngeren Schichten zu. Zu oberst bestehen diese gewöhnlich aus Alluvial- und Diluvialgebilden und Braunkohlengebirge, in welchen die sogenannten *faux niveaux* oder Grundwasser auftreten, die in der trockenen Jahreszeit versiegen, in der nassen hingegen sehr stark werden. Zu ihrer Abführung ist von der Gesellschaft der Gruben zu Anzin ein Stolln im Scheldethale angesetzt und in die Baufelder von Anzin und St. Vaast getrieben worden. Unterhalb der dann folgenden wasserreichen Ablagerung der oberen Kreidegruppe findet man hier, wie in dem Districte von Mons, mächtige Lager plastischen Thones und glaukonitische Sandsteine, deren Vorkommen den Abbau der Steinkohlenflötze in der Regel bis unmittelbar zur Tourtia, dem liegendsten Gliede der Kreide, gestattet. Da die in Belgien und Frankreich unter dem Namen Tourtia bekannte Gesteinsablagerung in jeder Beziehung dem Grünsande von Essen (S. 193) entspricht, so geht aus dieser Schilderung von Fabricius die grosse Uebereinstimmung zwischen diesem Deckgebirge und dem sogenannten Mergelgebirge in Westphalen deutlich hervor.

In dem östlichen Theile des Flötzzuges scheinen die Lagerungsverhältnisse der Kohlen einer grossen Mulde zu entsprechen, deren Südflügel steil aufgerichtet und zickzackförmig gefaltet ist, während der Nordflügel grosse *Platteurs* enthält (Ponson Pl. IV. f. 1). Der Zusammenhang beider Flügel ist durch eine bedeutende, von NO. nach SW. streichende und steil nach SO. einfallende Verwerfung unterbrochen, welche den oberen Theil des Südflügels unmittelbar vor den Nordflügel gebracht hat. Dieser führt in den liegenden Flötzen magere, in den hangenden halbfette Kohle, jener enthält nur Fettkohle von sehr guter Qualität.[2]) Der Zug magerer Flötze, deren 30 von 0,3—0,4 m. Mächtigkeit vorkommen, wird in den Concessionen Vieux-Condé, Fresnes und Vicoigne gebaut, die halbfette Gruppe mit 20—30 Flötzen von 0,3—0,8 m. Mächtigkeit in den Concessionen von Anzin und Aniche; der Südflügel erstreckt sich über Anzin, St. Vaast, Denain, Abscon nach Douai und führt zu Anzin 12 bauwürdige Flötze von nicht über 0,7 m. Mächtigkeit, während zu Douai deren eben so viel von 0,35—1,10 m. Stärke bekannt sind.

Sehr lückenhaft, berichtet Fabricius weiter, und fast nur local, ist die Kenntniss des westlichen Theiles des Kohlengebirgszuges, auf dem die neuen Gruben des Departements Pas-de-Calais eröffnet sind, da in dem verflossenen kurzen Zeitraume die Baue bisher nur geringe Ausdehnung in streichender und querschlägiger Richtung erlangen konnten. Die Mächtigkeit des Deckgebirges schwankt auf den meisten der westlichen Gruben zwischen 140—150 m.; am geringsten wurde sie mit 83 m. im Förderschachte der Grube Marles, am grössten mit 158 m. im Hersinschachte angetroffen.

---

[1]) Wenige Reste fossiler Pflanzen aus diesen Gebilden würden diese Frage sofort entscheiden können.

[2]) Der Qualität nach unterscheidet man in Frankreich folgende Gattungen der Steinkohlen:

1) Anthracit.

2) Harte Kohle (*houille dure*) mit kurzer Flamme brennend. Die daraus bereiteten Koks sind gefrittet und wenig aufgebläht. Als Schmiedekohle wird diese Gattung nur da verwendet, wo die beiden folgenden fehlen:

3) Schmiedekohle: (*houille grasse maréchale*). Sie liefert die am meisten aufgetriebenen Koks und bäckt in der Glühhitze leicht. Hinsichtlich der Länge der Flamme und des verbleibenden kohligen Rückstandes hält sie die Mitte zwischen der vorhergehenden und nächsten Gattung.

4) Fettkohle mit langer Flamme (*houille grasse à longue flamme*). Die daraus erhaltenen Koks sind wenig aufgeblähet, das Ausbringen daran ist geringer als bei Nr. 3, übersteigt aber stets 60 pCt. Auf dem Roste bäckt die Kohle zwar stark, verstopft jedoch die Oeffnungen weniger als die Schmiedekohle. Beim Verbrennen gibt sie eine volle und sehr lebhafte Flamme und die glühenden Koks entwickeln eine mittlere Hitze.

5) Magere Kohle mit kurzer Flamme. Das Grus dieser Kohle ist nicht verkokbar und im Schmiedefeuer kaum zu verwenden. Beim Verbrennen auf dem Roste bildet die Kohle eine ziemlich lange, aber minder lebhafte Flamme als die beiden vorhergehenden Gattungen, und die glühenden Koks verbreiten nur schwache Hitze. — Vgl. auch de Marsilly in Ann. de Mines, 5. sér. Mém. t. XII. 1857. p. 413.

Die in Förderung stehenden Gruben liefern eine gute, besonders zur Verkokung geeignete Fettkohle; gasreich, den Flenukohlen ähnlich, sind die Kohlen der Gruben **Dourges** und **Bruay**; halbfette Kohle findet sich bisher nur auf der Grube Courrières. In der Grube von Roeulx bei Anzin hat man selbst ein kleines Lager von Kännelkohle entdeckt.[1]) Im Allgemeinen setzen die Flötze bei schwacher Neigung regelmässig nieder, bilden also *Platteurs;* zickzackförmige Faltungen hat man nur auf den Gruben Marles und Noeux getroffen. Die Zahl der vorhandenen Flötze lässt sich nicht einmal annähernd bestimmen; die meisten Flötze (20), deren Mächtigkeit 0,4—1,5 m. beträgt, hatte die Grube Noeux bereits überfahren.

Viele der bebauten Flötze besitzen mehr als 1 m. Mächtigkeit, am mächtigsten (= 1,92 m.) ist das Flötz *Désirée* der Grube Courrières.

2. Die Kohlenbassins in den Departements Saône et Loire.

a) Ueber das Becken von Blanzy und Creuzot liegen mehre genaue Beschreibungen vor, wie namentlich die von A. Burat[2]), der auch eine speciellere geognostische Karte beigefügt ist, und die von Manès[3]), auf welche Fabricius besonders Bezug genommen hat. Dasselbe bildet zwischen den Granitketten des Autunais und Charollais eine lang von NO. nach SW. gestreckte, in letzterer Richtung sich erweiternde Mulde, welche in ihrem Innern grösstentheils mit Gesteinen des bunten Sandsteines und Keupers, der Jura-, Kreide- und Tertiärformation bedeckt ist, während die beiden Flügel in schmalen Bändern von verschiedener Längenausdehnung an die Oberfläche treten.

Die umgebenden Urgesteine erheben sich bis zu 700 Meter über die Meeresfläche; die Oberfläche des Kohlengebirges hingegen zeigt nur sanfte Höhenzüge von 200—400 Meter Meereshöhe. Der Südflügel der Mulde durchsetzt bei Montchanin die Wasserscheide zwischen Saône und Loire und bildet, von O. bei St. Leger-sous-Dhun beginnend, im Fortstreichen über St. Berain, Longpendu, Montchanin, Blanzy, Montceau bis Perrecy, wo er unter Buntsandstein und Tertiärgebirge verschwindet, an der Oberfläche einen 40 Kilometer langen Streifen von 500—2500 Meter Breite; der Nordflügel setzt bis zur Loire fort, erscheint aber zwischen Montcenis und Morillon nur an einzelnen Puncten, wie bei Creusot, St. Eugène, Toulon und Beauchamp, in schmalen kurzen Streifen zu Tage.

Am südlichen Rande ruhet das aus wechsellagernden Conglomeraten, Sandsteinen, Schieferthonen und Kohlenflötzen bestehende Kohlengebirge abweichend auf Gneiss und wird gegen N. von Buntsandstein ebenfalls mit abweichender Lagerung überdeckt; über diesem kommen stellenweise Partieen von Keuper und Tertiärgesteinen vor. Die Steinkohle findet sich meist in den unteren, vorherrschend aus Sandstein und Schieferthon bestehenden Gliedern; höher hinauf werden Conglomerate häufiger. Bald bildet die Kohle schwache Flötze, bald längliche stockartige Nester oder mächtige Flötze mit kurzen Mitteln; durch vielfache Störungen, die hauptsächlich als starke Verdrückungen, Versteinungen, Faltungen und Sprünge auftreten, erscheint die Lagerung so unregelmässig, dass bisher ein Zusammenhang zwischen den in Bau genommenen Kohlenvorkommnissen nicht ermittelt werden konnte.

Im Felde von St. Berain sind 3 Flötze bekannt, von denen das erste oder hangende Flötz 1—2 m. mächtig ist, durch ein Gesteinsmittel von 20—70 m. von dem zweiten, 2—4 m. mächtigen Flötze geschieden wird, während 20—30 m. tiefer noch ein drittes oder liegendes Flötz von 0,6—1,5 m. Stärke bekannt ist.

Diese Flötze, welche 30—70° gegen NW. einfallen, führen eine halbfette Flammkohle, die viel Schiefer und Schwefelkies enthält und des letzteren Umstandes wegen ein längeres Lagern an der Luft nicht verträgt. Weiter nach Westen wird die Kohle reiner.

Longpendu baut auf einem aus 6 Flötzen bestehenden Zuge 80 m. im Liegenden eines 1859

[1]) Cabany im Bull. de la Soc. géol. de France, 2. sér. t. XIX. p. 49.

[2]) A. Burat, de la Houille. Paris, 1851. p. 425 u. f. Pl. 13.

[3]) Manès, descript. statistique. minér., géol. et metallurgique du dép. Saône et Loire. Maçon, 1847.

auflässigen Betriebes mit einem Fettkohlenflötze von 4 m. Mächtigkeit; durch starke Faltungen im Einfallen werden ähnliche Lagerungsverhältnisse wie auf den belgischen Gruben hervorgerufen.

Vom Hangenden zum Liegenden zählt man daselbst folgende Flötze:

No. 1. 0,8 — 1,5 m. mächtig, sehr unregelmässig an Stärke und Reinheit der Kohle.
No. 2. Mit 1,5 m. K., 0,7 m. Schiefer, 1,5 K.; die Kohle gut, aber wenig stückreich.
No. 3. 2 m. mächtig, feste und gute Kohle.
No. 4. Ganz in der Nähe von No. 3, unrein und unbauwürdig.
No. 5. 1,5 m. mächtig, mit fester und reiner Kohle.
No. 6. Nur an einem Punkte aufgeschlossen und noch wenig untersucht.

Die Mächtigkeit der Mittel zwischen den Flötzen beträgt 15—30 m. Die Kohle ist eine halbfette Flammkohle und der mageren Kohle von Blanzy sehr ähnlich.

Je mehr sich die Flötze der Concession Blanzy nähern, desto regelmässiger wird die Lagerung und desto besser die Qualität der Kohle. Die östlich des Ortes Blanzy geführten Baue sind seit längerer Zeit verlassen und die Betriebe im westlichen Theile bei Montceau und Lucy concentrirt.

Die Mächtigkeit des hangenden, bei Montceau zu Tage tretenden Hauptflötzes liegt durchschnittlich zwischen 10 — 14 m., nimmt aber stellenweise bis 3 m. ab und bis zu 20 — 25 m. zu. Verdrückungen und Anschwellungen, die eine wellenförmige Begrenzung der Kohlenmasse hervorrufen, zeigen sich besonders im Einfallen, während das Verhalten im Streichen regelmässiger ist. In den westlichen Bauen, namentlich beim Schachte Lucy, finden sich ziemlich constant zwei Bergmittel darin vor.

Das zweite Hauptflötz, dessen Mächtigkeit zwischen 3 — 21 m. wechselt, besteht bei Montceau aus drei Bänken. Das obere Hauptflötz führt bei Montceau eine magere Flammkohle, das untere eine fette Gaskohle. Nach Westen verändert sich die Beschaffenheit des ersteren, das dort allein bekannt ist, mehr und mehr, so dass die Kohle bei dem Schachte Lucy schon mager und auf dem Schachte Magny ganz anthracitisch geworden ist.

Am Nordrande des Beckens von Blanzy und Creusot ist das Kohlengebirge auf metamorphischen und Grauwackengesteinen aufgelagert und führt, mit Ausnahme der stockförmigen Masse von Creusot, nur wenig mächtige Flötze einer mehr oder minder erdigen Fettkohle in kurzen Mitteln.

Le Creusot (= Creuzot) enthält das Kohlengebirge in einer kleinen, 3 Kilom. langen, durch den Granit des Autunois gebildeten Bucht und von diesem Gestein durch einen schmalen Streifen von Grauwacke getrennt. Bunter Sandstein bedeckt den grösseren Theil der Oberfläche. In den unteren, auch hier mannigfach wechsellagernden Schichten von Schieferthon (mit Sphärosideritnieren), Sandstein und Conglomerat tritt die Steinkohle in Gestalt eines von O. nach W. gerichteten Stockes auf, der in der Nähe des Tages nach N. einfällt und von (wahrscheinlich übergestürztem) Granit bedeckt wird, in der Tiefe hingegen sich anfangs mit steiler, dann allmählig flacher werdenden Neigung nach S. einsenkt.

Bei 250 m. Teufe unter der Thalsohle stellt sich eine sattelartige, gegen 180 m. hohe Biegung ein, deren in die normale südliche Fallrichtung zurückkehrender Nordflügel im Einfallen durch bunten Sandstein abgeschnitten wird. Der 2 Kilometer lange Stock besitzt östlich 12 — 15 m. Mächtigkeit und es zweigen sich von ihm durch kurze Sandsteinmittel stellenweise mehre Kohlenbänke von 2 — 3 m. Stärke ab; nach W. zertheilt er sich in drei Bänke, von denen eine 10 — 50 m. Stärke erreicht und als Hauptbank anzusehen ist, während die beiden anderen 3 — 8 m. Mächtigkeit besitzen und durch mehrfachen Wechsel des Einfallens mit der Hauptbank eine Mulde und einen Sattel bilden.

Die milde und nur Grus liefernde Kohle des eigentlichen Stockes (eine Mulmkohle, wie es scheint) ist gut und fett und gewährt ein Ausbringen an Koks von 82 Proc.; sie schliesst stellenweise Mittel guter Schmiedekohle ein, verliert aber in der Teufe an backenden Eigenschaften und geht in der Nähe des überdeckenden Granits in Anthracit über. In den westlichen Abzweigungen ist die Beschaffenheit der Kohle überaus wechselnd und es tritt ein vollständiger Uebergang in Anthracit ein, der sich nur schwer zur Dampfkesselfeuerung verwenden lässt.

Oestlich des Stockes und ausserhalb der oben erwähnten Bucht des Granits hat man in 330 m.

Teufe unter dem bunten Sandstein ein 26 m. mächtiges Kohlenlager aufgefunden, das man als Fortsetzung von jenem ansprechen darf; sein Verhalten ist noch nicht näher bekannt, da die Baue wegen der Schwierigkeit der Wetterführung nur langsam fortrücken.

Verhältnissmässig unbedeutend sind die Baue der übrigen Concessionen. Im Felde St. Eugène lagert ein etwa 100 m. breiter Streifen Kohlengebirge mit vier, 1,3—2,6 m. mächtigen, 50° nach SO. geneigten, häufig verdrückten Flötzen weicher schieferreicher Fettkohle unmittelbar auf Granit; Pully bei Toulon baut nur auf Nestern von Kohle; Grandchamp besitzt 5 Flötze einer sehr fetten, zur Verkokung geeigneten, aber schieferreichen Kohle von 1—3 m. Mächtigkeit. Kohlengebirge tritt ferner bei Beauchamp mit schmalen, 36° nach O. fallenden Steinkohlen- und Eisensteinflötzen in beschränkter Ausdehnung zu Tage. (Nach Fabricius.)

b) Das Kohlenbassin von Autun wird nach W. und N. von den Porphyrbergen des Morvan im S. von den Granitketten des Autunais umschlossen, breitet sich also im N. des Beckens von Blanzy und Creuzot aus.

Nach den von Fabricius gegebenen Mittheilungen erstreckt es sich mit 32 Kilom. Länge und 6—7 Kilom. mittlerer Breite von Epinac in westlicher Richtung bis St. Forgeot und Montelon. In den niedrigeren Theilen sind Diluvial- und Tertiärgebilde aufgelagert; in einzelnen Höhenzügen treten auch horizontale Lias- und Keuperschichten als Bedeckung auf.

Die untere Abtheilung mit mehr oder minder bauwürdigen Kohlenflötzen, welche nur an wenigen Punkten zu Tage geht, besitzt bei Epinac nur 50 m. Stärke, ist hingegen bei Marvelay, zwischen Epinac und Autun, mit 120 m. noch nicht durchsunken worden; die mittlere Abtheilung von 90—170 m. Stärke enthält nur unbauwürdige Flötze sehr weicher Kohle, ähnlich wie die obere gegen 120 m. mächtige Abtheilung, die hingegen bei Igornay, Muse, Surmoulin und Millery bedeutende Lager bituminöser, zur Fabrication von Steinöl tauglicher Schiefer mit 10—20 Proc. Gehalt an Kohle einschliesst.

Das Einfallen der Schichten ist von allen Seiten her gegen die Muldenlinie gerichtet, welche dem westlichen Flügel näher liegt, und verflächt sich in dem Maasse, als man sich von den umgebenden Porphyr- und Granitketten entfernt. Unter den 5 Concessionen dieses Beckens, Epinac, Sully, Grand Moloy, Pauvray und Chambrois, baut die erstere bedeutendste ein mit 30° nach O. geneigtes Kohlenflötz, das im östlichen Feldestheile bei regelmässiger Lagerung aus 1.2 m. Oberbank, 0,2 m. Schiefermittel, 1,3—2,3 m. Mittelbank, 0.3—0.5 m. Schiefermittel und 1,8—2,2 m. Unterbank besteht, welche letztere zuweilen noch ein 0,1 m. starkes Schiefermittel enthält. Verdrückungen und Anschwellungen bringen Schwankungen der Mächtigkeit von 3—10 m. hervor; nach N. und W. steigt dieselbe durch Stärkerwerden der Bergmittel auf 20—25 m. und es entstehen eigentlich drei Flötze. Aehnlich sind in einer Teufe von 340 m. drei Flötze enthalten, die sich bei 430 m. wieder zu einem einzigen vereinen. Der grössere Theil des Flötzes führt eine glänzende, feste, aber sehr schwefelkieshaltige, sinternde Flammkohle; der liegende besteht aus einer matten, erdigen, nach allen Richtungen mit Kalk- und Bitterspath durchzogenen Schmiedekohle.

Dass die ganze obere an bituminösen Schiefern (Brandschiefern) reiche Zone dieses Bassins zu der unteren Dyas gehört, ist schon S. 7 hervorgehoben worden.[1]) Bei der grossen Aehnlichkeit, welche die Entwickelung der darunter auftretenden Steinkohlenformation, welcher man jedenfalls die untere Etage wird zurechnen können, mit der in dem Plauenschen Grunde bei Dresden zu haben scheint, würde eine Untersuchung der fossilen Flora gerade in jener unteren Etage von hohem Interesse sein. Vielleicht fehlen auch in dem Bassin von Autun die Sigillarien, wie dies im Kohlenbassin des Plauenschen Grundes der Fall ist, und beide entfernte Bassins würden dann ein und derselben Zone der Steinkohlenformation angehören.

c) Westlich von Autun liegt das kleine Steinkohlengebiet bei Decize im Departement Nièvre. Dasselbe tritt nach der Beschreibung von Ebray[2]) unter ziemlich ähnlichen Verhältnissen auf, wie das Kohlengebirge von Ibbenbüren in Westphalen. Es ist eine durch plutonische Ereignisse emporgetriebene Scholle Landes, die in ein höheres Niveau geführt worden ist, als das der jüngeren Gebirgsschichten aus der Gruppe des bunten Sandsteines und des Keupers, des Lias und der Juraformation, welche diese inselartige, durch Verwerfungen abgeschnittene Partie umgeben.

---

[1]) Vgl. auch Geinitz, geogn. Darst. d. Steink. 1856. S. 4.

[2]) Bull. de la Soc. géol. de France, 2. sér. t. XIX. p. 615.

Die Kohlen führenden Schichten werden einerseits von dem Granit-Massiv von Neuville, von dem Massiv von St. Saulge und des Morvan begrenzt und streichen an den Gehängen dieser Gebirge aus. Die sie bedeckenden jüngeren Gebirgsschichten, so wie die verschiedenen Verwerfungen haben die Mächtigkeit dieser Ablagerung noch nicht genügend bestimmen lassen, die jedoch nach den bisher gewordenen Aufschlüssen mindestens 800 m. betragen dürfte. Ein von dem Maschinenschachte bei Decize gegebenes Profil hat bei 193,79 m. Tiefe folgende bauwürdige Kohlenflötze durchschnitten:

das erste, *Blard* genannt, ganz rein, 1,8 m. mächtig,

das zweite, *2. Blard* genannt, mit 0,55 m. K, 0,11 m. Schth., 1 m. K. und 1 m. schlechter Schieferkohle,

das dritte, *Crot Benoît* genannt, 2 m. mächtig, durch ein Zwischenmittel von 0,4 m. von einem tieferen 0,3 m. starken Flötze geschieden.

Unter den von Decize aus in SSW. Richtung sich vorfindenden kleineren Lappen von Kohlengebirge hat namentlich das Depot von Commentry im Dep. Allier eine grössere Bedeutung erlangt. (Vgl. v. Dechen in Karsten's Archiv, Bd. XVII. p. 444.)

3. Das Bassin der Loire bei St. Etienne und Rive-de-Gier im Departement der Loire. Es sind gerade diesem Bassin sehr eingehende Untersuchungen gewidmet worden, unter denen besonders hervorzuheben sind:

v. Dechen, über die Steinkohlen-Reviere in den Departements der Loire und der Saône und Loire (Karsten's Archiv Bd. 17. 1843. S. 52—184, 427—475).

Gruner, in Annales des mines, 5. sér. t. II. 1852 und a. a. O., dem man schon 1847 eine Flötzkarte des Loire-Departements und 1857 ein grösseres mit Karten begleitetes geognostisches Werk über dieses Departement verdankt.

A. Burat, de la Houille. Paris, 1851. p. 366—424, mit geologischer Karte.

Fabricius, in Zeitschrift für das Berg-, Hütten- und Salinenwesen in dem preussischen Staate. VIII. 1860 p. 181—201.

Die zuletzt genannte Abhandlung führt uns den neueren Standpunkt in einer gedrängten Uebersicht im Folgenden vor:

Das Steinkohlengebirge der Loire lagert in einem ausgedehnten, von den Gneiss- und Glimmerschiefergesteinen des französischen Centralgebirgsplateaus gebildeten Becken. Dasselbe wird südlich von dem Pilasgebirge, nördlich durch die Gebirgsketten von Riverie und Fontanès, westlich von dem Granitplateau des Forezgebirges begrenzt und erstreckt sich mit 46 Kilom. Länge von Givors an der Rhone bis nach Cornillon an der Loire. Der Kohlengebirgszug beginnt auf dem rechten Ufer der Rhone in einem schmalen, bei dem Orte Tartaras nur 300 m. breiten Bande, welches stellenweise durch Urgestein gespalten erscheint. Durch eine Wendung des Nordflügels gegen W. bei Château-neuf und durch mehrfache Wendungen des Südflügels nimmt die Breite der Mulde nach W. regelmässig zu und beträgt in der Querlinie von St. Etienne, wo sie am bedeutendsten ist, 12 Kilom. Durch Umbiegen des Nordflügels gegen SW. zieht sich die Mulde weiter westlich wieder auf 7 Kilom. zusammen, und hebt sich zwischen Chazeau und Fraisse mit 5 Kilom. Breite an dem von S. her übergreifenden Gneissgebirge zu Tage aus. In östlicher Richtung setzt der Zug auf das linke Ufer der Rhone über, ist daselbst noch zwischen Fernay und Communay bekannt, wird dann aber bald von Kreide- und Diluvialgesteinen verdeckt. Während der Nordflügel der Mulde zahlreiche Biegungen zeigt, besitzt der Südflügel ein fast gerades Streichen von NO. nach SW. conform mit der Hauptmuldenlinie, welche vermöge seiner steileren Aufrichtung ihm bedeutend näher liegt als der Nordflügel.

Nach Gruner gliedern sich die Gesteine des Steinkohlengebirges hier in vier Hauptgruppen, deren Grenzen an der Oberfläche im Allgemeinen parallel und concentrisch verlaufen, deren räumliche Ausdehnung jedoch sehr verschieden ist. Der tiefste Punkt der Mulde liegt bei St. Etienne, wohin auch das Haupteinfallen der Flügel mehr oder weniger deutlich sich richtet.

Die unterste oder Gruppe von Rive-de-Gier ist in ihrer unteren Abtheilung flötzleer, während die obere Abtheilung in der östlichsten schmalen Region der Mulde bis nach Besançon nur ein Flötz von 1 — 5 m. Mächtigkeit mit unregelmässiger Lagerung und einer Kohle von geringem Werthe enthält. Mit der Erweiterung des Beckens treten im Hangenden zwei Flötze, das *Gentilleflötz*, von 1—1,3 m. Stärke, und das Flötz *Batârde* von 7—8 m. Stärke auf, während das Hauptflötz dieser Gruppe, *grande-masse* genannt, erst bei Grandes-Flaches mit 3—4 m. Mächtigkeit erscheint, die sich bei Rive-de-Gier im unteren Theile der Mulde auf 6—8 m. und westlicher bei Grand-Croix auf 10—15 m. steigert, hingegen nach dem Ausgehenden stellenweise bis zur vollständigen Verdrückung vermindert. Die Kohle der *grande-masse* ist im östlichen Felde fest, aber wenig fett, wird jedoch nach W. hin fetter, reiner und gut verkokbar. — Gegen W. kommen noch mehre, meist aber unbauwürdige Kohlenbänke im Hangenden und Liegenden vor.

Die zweite oder Gruppe von St. Chamond bildet den unteren Theil des Kohlengebirges von St. Etienne und umschliesst in den liegenderen Schichten Kohlenflötze. Auch hier nimmt die Zahl derselben gegen W. zu; während man östlich nur zwei Flötze mit weniger als 1 m. Mächtigkeit kennt, finden sich nördlich von St. Chamond deren fünf von beziehungsweise 4, 1,3, 1,5, 1 und 1,5 m. Stärke, von welchen die drei oberen dem weiter westlich bekannten Hauptflötze dieser Gruppe zu entsprechen scheinen. — Letzteres wird in den einzelnen Concessionen mit sehr verschiedenen Namen belegt; in der Mächtigkeit wechselt es von 3—6 m. und erreicht stellenweise 8 m. Die innere Structur ist ebenso schwankend als die Qualität der Kohle; bald fehlen Schieferstreifen ganz, bald treten sie in solcher Stärke auf, dass gleichsam eine Theilung in 2, 3 und selbst 4 Flötze eintritt; theils ist die Kohle fett und verkokbar, theils von geringer Güte. — Im Liegenden des Hauptflötzes findet sich auf dem Nordflügel der Mulde in der Nähe von St. Etienne ein Flötz mit zwei 1,3 und 1,6 m. mächtigen Bänken, die durch ein 0,5—2 m. starkes Zwischenmittel getrennt werden; dasselbe ist anderwärts durch eine Reihe schmälerer Flötze vertreten. Noch weiter im Liegenden beginnt in den Concessionen Chazotte und Calaminière ein 4 m. mächtiges, mageres Flötz, *Vaure* genannt. Auch im Hangenden des Hauptflötzes treten noch andere, 1—1,6 m. mächtige Flötze auf.

Die dritte oder Gruppe von Bérard bildet an der Oberfläche eine unregelmässig elliptische Figur von 4725 Hectaren Inhalt, in deren Mitte die Stadt St. Etienne liegt. Sie enthält neben vielen weniger mächtigen und unregelmässig entwickelten Flötzen ein ausgezeichnetes, ebenfalls *grande-masse* genanntes Hauptflötz, das sich mit mehrmaligen theils durch Sprünge, theils durch jüngere Auflagerungen veranlassten Unterbrechungen von Montgarat auf dem Nordflügel über Firminy am westlichen Muldenrande bis in die Concessionsfelder Montrambert, Beraudière und Beaubrun auf dem Südflügel verfolgen lässt, wo es die grösste Mächtigkeit erlangt. Die Mächtigkeit beträgt auf dem Nordflügel NO. von St. Etienne 3—4 m., nach W. und O. von dieser Stelle 5—8 m., bei Beaubrun und Montsalson 8—10 m., zu Firminy, Beraudière und Montrambert 10—15 m.

Eigentliche Bergmittel kommen nicht vor; die Kohle ist überall fett und verkokbar, in den Concessionen Montrambert und Beraudière bei Ricamarie auch zur Gasbereitung sehr geeignet. — Im Liegenden der *grande-masse* zählt man 7 Flötze von 0,6—1,6 m. Mächtigkeit, von denen die vier hangendsten stellenweise zu einem Flötze zusammentreten; im Hangenden 2 bis 4 und 5 Flötze von höchstens 2,1—2,3 m. Mächtigkeit.

Die vierte und oberste Gruppe, Groupe du Bois d'Aveize genannt, besteht aus zwei getrennten, schmalen ellipsoidischen, parallel zum Hauptstreichen gestreckten Partieen SW. und SO. der Stadt St. Etienne mit zusammen 1330 Hectaren Oberfläche und zerfällt, wie die vorhergehenden Gruppen, in eine untere flötzführende und eine obere flötzleere Abtheilung. In der Bois-d'Aveize genannten östlichen Partie (Concession Terre-noire) kennt man bei einer Gesammtstärke der unteren Abtheilung von 260 m. folgende in ziemlich gleichmässigen Abständen vorkommende Flötze (vom Liegenden zum Hangenden):

1. Flötz *Rochettes*	2—4 m. mächtig,
2. „	1,3 „ „
3. zwei bis drei schmale unbauwürdige Flötze,	
4. *Grande-masse du bois d'Aveyze*	6—7 „ „
5. *Petite-masse*	1 „ „
6. Flötz *Bon-menu*	2,5—4 „ „

7. Flötz *Bouillat* . . . . 2 — 3 m. mächtig,
8. „ *Mourièe* . . . . 3 — 4 „ „

deren Kohle sich besonders ostwärts durch Reinheit und Bitumengehalt auszeichnet. In der westlichen Partie sind 7 Flötze geringerer Qualität, von denen die bedeutenderen 2, 1,3 und 1 m. Mächtigkeit besitzen, bekannt.

Die Störungen, welche im Becken der Loire auftreten, sind entweder streichend, der Hauptachse der Mulde parallel, oder sie setzen nahezu in querschlägiger Richtung durch. Jene bewirken mehr eine von oben nach unten gerichtete Auseinanderziehung und Verschwächung, als eine vollständige Trennung der Flötze; diese, welche in gewissen Sprungfeldern in grösserer Zahl erscheinen, zerreissen den Zusammenhang und bringen Dislocationen von stellenweise über 200 m. Saigerhöhe hervor.

Mit Ausnahme des mageren Flötzes *Vaure* im unteren Theile der Gruppe von St. Chamond führen alle Flötze des Loire-Beckens Fettkohlen, deren Beschaffenheit mancherlei Verschiedenheiten zeigt, die jedoch weniger an die einzelnen Flötzgruppen gebunden, als vielmehr durch locale Umstände bedingt zu sein scheinen. Nach Gruner lassen sich überhaupt folgende Gattungen unterscheiden:

1) Anthracitische Kohle, von 1,34 — 1,35 spec. Gew., in dem Flötze *Vaure* bei St. Chamond;

2) Fettkohle mit kurzer Flamme, eine bei der Verkokung nur sinternde Kohle von 1,3 — 1,33 spec. Gew. mit 90,4—91,2 proc. Kohlenstoff, 4,8—5,1 proc. Wasserstoff, 4—4,5 proc. Sauerstoff und Stickstoff;

3) weiche Fett- und Schmiedekohle, oder eigentliche Fettkohle, welche bei der Verkokung eine bedeutende Vermehrung des Volumens, zuweilen auf das Doppelte, zeigt. Sie besteht aus 90,6 — 88,3 Kohlenstoff, 4,9 — 5,7 Wasserstoff, 4,5 — 6 Sauerstoff und Stickstoff und giebt bei der Destillation im Kleinen 26 — 36 proc. flüchtige Stoffe und 74 — 64 proc. Koks;

4) feste Fettkohle mit hohem Sauerstoffgehalte. Je nachdem gleichzeitig ein hoher Gehalt an Wasserstoff stattfindet oder nicht, unterscheidet man wieder:

a. die Gaskohle (von Ricamarie), von welcher 1 Kilogr. gegen 330 — 340 Liter Leuchtgas ausgiebt und welche aus 87,6—84,2 Kohlenstoff, 7—10 Sauerstoff und 5,4—5,8 Wasserstoff besteht, und

b. die Raffautkohle von Rive-de-Gier, mit 86,3 Kohlenstoff, 8,43 Sauerstoff und Stickstoff, 5,27 Wasserstoff.

Letztere ist wegen ihrer Festigkeit und ihres Reichthums an Stücken sehr gesucht.

Magere Flammkohlen, wie in den mittelfranzösischen Becken von Blanzy und Epinac, fehlen hier gänzlich.

Die Oberfläche des productiven Kohlengebirges der Loire wird gegenwärtig von 64 Concessionen mit zusammen 22235 Hectaren Feldesfläche bestrickt, deren Zahl sich gleichmässig auf die Reviere von Rive-de-Gier und St. Etienne vertheilt.

Westlich von St. Etienne ist an der Grenze der Departements Haute Loire und Puy-de Dôme das kleine Kohlenbassin von Brassac gelegen, das durch seine Reichhaltigkeit und die Mannigfaltigkeit der hier vorkommenden Kohlen die Aufmerksamkeit erregt hat. Dasselbe enthält nach Lebleu bei Grosménil und Taupe Flötze von 10, 20 und sogar 30 m. Mächtigkeit, während dieselben bei Bouxhors nur von 1 — 3 m. Stärke gefunden werden. Sie sind stark geneigt und zum Theil sogar in senkrechter Stellung. (Ann. des mines, 5. sér. Mém. t. XVI. 1859. p. 243.)

Es ist nicht unwahrscheinlich, dass diese Ablagerung früher mit jenem SO. davon bei Langeac bekannten im Zusammenhange gestanden hat.

4. Das Bassin von Alais in den Departements Gard und Ardèche.

(Vgl. v. Dechen, das Kohlen-Revier von Alais, in Karsten's Archiv, Bd. XVII. 1843. p. 427—443. — Callon, sur la géologie et l'exploitation des mines de houille de la Grand'-Combe (Gard), in Ann. des mines, 4 sér. t. XIV. 1848. p. 339—398. Pl. 6. 7. — Parran im Bull. de la Soc. géol. de France, 2. sér., t. XVII. 1860. p. 115.)

Das Kohlenrevier von Alais, vorzugsweise in dem Departement des Gard gelegen, in dem sich nur ein kleiner Theil desselben in dem Departement des Ardèche befindet, hat durch die Anlagen einer grossen Eisenbahn von der Grube von Grande Combe über Alais, Nimes nach Beaucaire bis zur Rhone eine grössere Wichtigkeit erlangt. Das Kohlengebirge dieses Reviers lehnt sich an die Thon- und Glimmerschiefer des östlichen Abhanges der Cevennen mit einem steilen und unregelmässigen Schichtenfall an und besteht vorzugsweise aus Kohlensandstein, dessen mächtige Bänke in den steilen Thälern in grossen Felsmassen auftreten; die dazwischen liegenden Schieferthonschichten sind weit untergeordneter.

Im Innern des Kohlengebirges kommen mehre Sättel und Mulden und höchst merkwürdige und grossartige widersinnige Umbiegungen der Schichten vor (vgl. Callon a. a. O. Pl. VII).

Die wichtigsten Steinkohlengruben finden sich in dem südlichen Theile dieses Bassins in der Umgebung des Ortes Portes, wo die Steinkohlenformation von Martinet-Neuf im N. bis la Pise im S. auf eine Länge von 9500 m., und in der Richtung von O. nach W. von Pradel an bis nach dem Thale der Luminières auf 4000 m. Breite blosgelegt ist. Zwischen Pradel, la Grande-Combe und Levade wird es von jüngeren Formationen bedeckt.

Das Kohlengebiet von Portes wird von dem O. von demselben und dem in nördlicher Richtung sich ausdehnenden Kohlengebiete von Bessèges durch einen schmalen Streifen Talkschiefer getrennt, woraus das Massif von Rouvergne besteht, das als zungenförmiges Vorgebirge in der Richtung von NNW. nach SSO. in das dortige Steinkohlengebirge hineinragt. Parran unterscheidet in dem letzteren eine untere und obere Etage, in deren erstere die Lager bei Levade, sowie auf dem rechten Ufer das Vallat der Grande-Combe in dem Gebirge des Waldes von Abilon fallen. Man kennt dort 6 Kohlenflötze, von denen das unterste oder erste und das dritte die mächtigsten sind, wie aus der folgenden von Parran gegebenen Uebersicht hervorgeht. Die obere Etage ist reich an Conglomeraten, in der oberen, deren Schichten der unteren gleichförmig aufgelagert sind, herrschen feinkörnige Sandsteine und Schieferthone vor.

Reihenfolge der Kohlenflötze	Forêt d'Abilon.	La Levade.	Le Vallat de Brousseaux.	Champclauson et Comberedonde.	Montagne Sainte-Barbe.
				m.	m.
18.	...	...	...	... 0,25	Sainte-Barbe . . 1,30
17.	...	...	...	... 0,40	Les Bosquets . . 3,00
16.	...	...	...	Couche de la forge de Comberedonte ... 1,60	Le Plomb 1,40
15.	...	...	...	Couche Pradel à Champclauson 1,70	Les Portails . . 2,50
14.	...	...	...	...	La Minette . . . 0,50
13.	...	...	...	... 0,80	La Baraque. . . 1,00
12.	...	...	...	Couche de la Minette à Champclauson ... 2,60	Le Velours . . . 1,60
11.	...			... 0,40	La Cantelade . . 0,90
10.	...			... 0,60	L'Airolle 1,30
9.	...	...	...	Couche de la Fontaine à Champclauson ... 1,00	Le Pin 1,00
8.	...	...	...	Grande Couche de Champclauson ... 3,00	... 3,00
7.	...	...	...	Minette inf. de Champclauson 1,10	... 3,00
	m.	m.	m.		
6.	... 0,31	Minette 0,55			
5.	Minette sup. d'Abilon 1,30	Les Cinq-Pans . 1,25	0,50		
4.	... 0,51	Les trois mâchoires 1,00			
3.	Grande-Couche d'Abilon . . . 3,75	La Bâtarde ou la Trouche . . . 1,30	0,80		
2.	Minette inf. d'Abilon 0,95	Le Lard 0,50	...		
1.	Grand'-Beaume . . 8,18	La Levade ou la Grande Veine . 3,50	2,50		
	Summa 15,00	8,05	3,80	13,45	17,50

Die Flötze der unteren Etage (Nr. 1 — 6) führen nur Fettkohle, welche sich gut verkoken lässt und für die Dampfschiffe auf der Rhône sehr gesucht ist. Die Flötze der oberen Gruppe (Nr. 7—18) geben eine ähnliche Kohle, wiewohl deren Beschaffenheit nicht so gleichartig ist und theilweise magere, theilweise fette Partien darin vorkommen. Die Kohlen von dem unter Nr. 8 aufgeführten Lager finden viel Anwendung bei den Dampfschiffen auf dem Mittelmeere.

5. Das Steinkohlenrevier Ronchamp im Departement Haute-Saône.

Im östlichen Theile des Departements Haute-Saône tritt, nach Fabricius, zwischen den Orten Champagney und Ronchamp am nördlichen Gehänge des Rahinthales das Steinkohlengebirge in einem schmalen Streifen, gleichförmig auf der im südlichen Theile des Ober-Elsass verbreiteten Grauwacke gelagert, zu Tage; die hangenden Glieder verdeckt bunter Sandstein, der von Süden her über das

Kohlengebirge und die Grauwacke übergreift. Die Länge des zu Tage tretenden Theiles beträgt 4 Kilom., die Breite, welche in der Mitte am grössten ist, und nach beiden Seiten bis zum Verschwinden des Zuges unter dem bunten Sandsteine abnimmt, durchschnittlich nicht mehr als 150 m. Mit den Schächten hat man 80—100 m. Mächtigkeit durchsunken und drei Flötze:

das obere von 2,8—3,3 m.,
das mittlere von 0,7 (unbauwürdig),
das untere von 3—3,5 m.

Mächtigkeit kennen gelernt. Zwischen letzterem und der Grauwacke lagern Sandsteine und Schieferthone von 20 m. Stärke. Das normale Einfallen beträgt 15 — 17°.

Die Grubenbaue gehen hauptsächlich im oberen Flötze um, welches bei regelmässigem Verhalten aus 2,5 m. K., 0,15 m. Schiefer, 0,8 K. besteht. Das untere Flötz ist bei dem Schachte St. Charles durch Schieferstreifen von 0,1—0,8 m. Stärke in nicht weniger als 7 Kohlenbänke von zusammen 3,4 m. Mächtigkeit zertheilt, so dass die daraus geförderte Kohle über Tage einer sorgfältigen Reinigung bedarf, mittelst welcher man etwa 10 proc. Berge abscheidet.

Beide Flötze führen fette Flammkohle, welche viel Gas liefert und von so bedeutender Festigkeit ist, dass die Fördermasse zu einem Drittel aus Stücken besteht. Die Kohle ist zwar brauchbar zum Verkoken, wird jedoch bei ihrem guten Absatze diesem Processe nicht unterworfen. Das Ausbringen im Grossen soll 58—60 % betragen.

6. Die Anthracitregion im Departement Isère oder das Bassin des Drac.

Das geologische Interesse, welches die Lagerungsverhältnisse der Anthracitgruben dieses Bassins beanspruchen, ist S. 337 hervorgehoben worden. Auch ihre technische Wichtigkeit wächst von Tag zu Tag. Nach E. Roger[1]) besteht die Anthracitformation des Drac aus mehren getrennten Fetzen, die man in einem Rechtecke zusammenfassen kann, von welchem der Drac auf eine Länge von etwa 16 Kilom. in der Richtung von N. nach S. die eine Seite bildet, während eine von O. nach W. über La Mure gezogene Linie von 8 Kilom. Länge dieses Rechteck im S. begrenzt. Von diesem 125 Quadrat-Kilom. grossen Raume nehmen die anthracitführenden Schichten nur $^1/_6$ oder 21 Quadrat-Kilom. ein. Die Kohlenlager treten im Gebiete der hier vorkommenden Sandsteine und Schiefer auf. Man kennt von ihnen 5 unter einander parallele Lager, von denen das jüngste nur 0,05—0,06 m., das zweite 6—7 m., zum Theil selbst 12—15 m., das dritte gegen 1 m., das vierte 1,5—2 m. mächtig wird, das fünfte hingegen von nur 0,06 m. Stärke, wie das erste unbauwürdig erscheint. Sämmtliche Schichten streichen im Allgemeinen von N. nach S., zum Theil auch in N. 16—17° O., und fallen unter 35—45° ein, finden sich jedoch auch zuweilen in senkrechter Stellung. Das erste Flötz ist von dem zweiten durch ein Zwischenmittel von 8—10 m., das letztere von dem dritten durch 50 m., dieses von dem vierten durch 25—40 m. und das letztere von dem fünften durch 20—25 m. Gesteinsmittel geschieden.

[1]) Ann. des mines, 5. sér. Mém. t. VII. 1855. p. 525—564.

C. Fossile Flora der Steinkohlenformation in Belgien, Frankreich, der Schweiz, Savoyen, Steiermark und Italien.[1])

	Arten und Bemerkungen dazu.	Belgien und Nord-Frankreich.	Central- und Süd-Frankreich.	Anthracitregion in der Tarentaise und Dauphiné (Isèregebiet).	Anthracitregion in Wallis und dem Arvegebiet.	Anthracitregion in Stangalpe in Steiermark.	Anthracitregion in Sardinien, Corsica, Toscana.
	Familie *Equisetaceae*. Schafthalme.						
1	*Calamites cannaeformis* Schl. (*C. nodosus* Schl., *dubius Artis*, *undulatus* St., *pachyderma* Bgt.	. . . .	Sabré (Sarthe) Lardin und Mazubrier (Dordogne), St. Etienne (Loire), Langeac (Haute-Loire) Alais (Gard), St. Kreuz (Elsass).	La Mure (Isère).	—	*	S.
2	*Cal. Suckowi* Bgt.	Lüttich, Anzin b. Valenciennes.	St. Hypolite (Elsass).	—	Erbignon, Etablon, Col de Balme, Servoz, Taninge.	*	S.
3	*Cal. Cisti* Bgt.	. . . .	Montrelais (Loire-inf.).	Puy-Ricard b. La Mure.	Ebend.		
4	*Cal. approximatus* Schl. (*C. cruciatus* St.)	Lüttich, Litry (Calvados).	St. Etienne, Alais.	—	—	*	S.
	Familie *Asterophyllitae*. Sternhalme.						
4*	*Asterophyllites equisetiformis* Schl.	—	—	—	—	*	S.
5	*Ast. anthracinus* Heer, 1850. —? *Cal. Saussuri* Heer 1865.	—	—	Petit Coeur b. Moutiers (Tarentaise).	—	—	—
6	*Annularia longifolia* Bgt. (*A. fertilis* St.)	—	—	Tarentaise.	Erbignon (Wallis).	*	S. T.

[1]) Die Unterlagen für diese Zusammenstellung finden sich in:

Adolphe Brongniart: Histoire des Végétaux fossiles. T. I. Paris, 1828. — Bull. de la Soc. géol. de France, 2 sér. 1850. p. 767.

F. Unger: Ueber ein Lager vorweltlicher Pflanzen auf der Stangalpe in Steiermark. Leonh. u. Bronn, Jahrb. 1842. p. 607.

Derselbe: Genera et species Plantarum fossilium. Vindobonae, 1850.

Meneghini: Paléontologie de l'Ile de Sardaigne, in la Marmora, Voyage en Sardaigne, P. III. T. II. 1857. p. 223—262.

O. Heer: Ueber die Anthracit-Pflanzen der Alpen in Leonh. u. Br. Jahrb. 1850. p. 657.

Ders.: Die Urwelt der Schweiz. Zürich, 1865. etc.

E. Coemans et Kickx, Mon. de Sphenophyllum d'Europe. Bruxelles, 1864.

	Arten und Bemerkungen dazu.	Belgien und Nord-Frankreich.	Central- und Süd-Frankreich.	Anthracitregion in der Tarentaise und Dauphiné (Isèregebiet).	Anthracitregion in Wallis und dem Arvegebiet.	Anthracitregion in Stangalpe in Steiermark.	Anthracitregion in Sardinien, Corsica, Toscana.
7	*Ann. sphenophylloides* Zenk. (*A. brevifolia* Bgt. Aut.)	—	—	Petit Coeur.	Col de Balme u. a. O. in Wallis.	—	S.
8	*Sphenophyllum emarginatum* Bgt. (incl. *Schlotheimi* Bgt.)	St. Guislain.	—	—	Erbignon.	—	S.
9	*Sph. saxifragaefolium* St. sp. (incl. *Sph. fimbriatum* Bgt.)	Belgien, nach Sauveur.	Terrasson (Dordogne).	—	—	*	—
10	*Sph. longifolium* Germ.	Mons.	—	—	—	—	—
	Familie *Filices*. Farren.						
11	*Sphenopteris muricata* Schl. sp.	Anzin b. Valenciennes.	Ronchamp (Haute-Saône).	—	Taninge.	—	—
12	*Sph. cristata* Bgt. sp.	—	Ronchamp.	—	—	—	—
13	*Sph. irregularis* St. (*trifoliata* Bgt.)	Anzin (Dep. du Nord).	—	—	Wallis.	—	—
14	*Sph. Hoeninghausi* Bgt.	—	Sabré (Sarthe).	—	—	—	—
15	*Sph. tridactylites* Bgt.	—	Montrelais.	Petit Coeur.	Col de Balme.	—	—
16	*Sph. Dubuissonis* Bgt.	—	St. Georges-Châtelaison (Maine-et-L.).	—	—	—	—
17	*Sph. tenuifolia* Bgt.	—	Ebend.	—	—	—	—
18	*Sph. Virleti* Bgt.	—	Ebend.	—	—	—	—
19	*Sph. acutiloba* St., Heer Urwelt d. Schweiz, Tb. 1. f. 5.	—	—	—	Wallis.	—	—
20	*Hymenophyllites furcatus* Bgt. sp.	Charleroi.	Sabré (Sarthe).	—	—	—	—
21	*Hym. trichomanoides* Bgt. sp.	Anzin b. Valenciennes.	—	—	—	—	—
22	*Hym. dissectus* Bgt. sp.	—	St. George-Châtelaison, St. Hypolyte (Vogesen), Montrelais.	—	—	—	—
23	*Odontopteris Brardi* Bgt.	—	Lardin b. Terrasson (Dord.).	Petit Coeur.	Outre Rhone, Col de Balme.	—	S.
24	*Od. minor* Bgt.	—	Lardin, St. Pierre-Lacour (Mayenne).	—	Col de Balme.	—	—
25	*Od. obtusa* Bgt.	—	Terrasson.	Petit Coeur.	—	—	—
26	*Od. alpina* St. sp. (*Neuropt. alp.*)	—	—	Ebend.	Erbignon, Col de Balme.	*	—
27	*Od. crenulata* Bgt.	—	Terrasson.	—	—	—	—
28	*Neuropteris Loshi* Bgt. (incl. *Cyclopt. trichomanoides* Bgt.)	Charleroi, Valenciennes.	St. Etienne (Haute-Loire).	—	Erbignon.	—	—
29	*Neur. flexuosa* Bgt.	—	—	Laroche-Macot, Moutiers.	Erbignon, Posettes, Servoz.	—	—
30	*Neur. auriculata* Bgt. (*Cycl. aur.* Heer.)	—	St. Etienne.	—	Taninge.	—	—

	Arten und Bemerkungen dazu.	Belgien und Nord-Frankreich.	Central- und Süd-Frankreich.	Anthracitregion in			
				der Tarentaise und Dauphiné (Isèregebiet).	Wallis und dem Arvegebiet.	Stangalpe in Steiermark.	Sardinien, Corsica, Toscana.
31	*Neur. rotundifolia* Bgt.	—	Plessis (Calvados).	—	—	—	T.
32	*Neur. gigantea* St.	—	—	Petit Coeur.	Erbignon.	—	—
33	*Neur. tenuifolia* Schl., Bgt.	—	—	Ebend.	Erbignon, Col de Balme.	—	—
34	*Neur. cordata* Bgt.	—	St. Etienne, Alais.	—	—	*	—
35	*Neur. Villiersi* Bgt.	—	Alais (Gard).	—	—	—	—
36	*Neur. heterophylla* Bgt.	Charleroi.	—	—	Erbignon.	—	—
37	*Neur. Soreti* Bgt.	—	—	Roche Macot (Tar.), Petit Coeur.	Erbignon.	—	—
38	*Neur. Leberti* Heer, Urwelt, p. 12. f. 10.	—	—	—	M. du Fer, Erbignon.	—	—
39	*Neur. Escheri* Heer.	—	—	Petit Coeur.	—	—	—
40	*Neur. microphylla* Bgt.	—	—	—	Erbignon.	—	—
41	*Cyclopteris reniformis* Bgt., Spindelblatt einer Neuropteris.	—	Zwischen Fréjus und St. Maxime (Var).	—	Erbignon.	—	—
42	*Cycl. orbicularis* Bgt., desgl.	Lüttich.	—	—	—	—	—
43	*Cycl. lacerata* Heer, Urwelt, p. 12. f. 11, Spindelblatt einer Odontopteris.	—	—	—	Erbignon, M. du Fer b. Servoz.	—	—
44	*Lonchopteris rugosa* Bgt. (incl. *L. Bricii* Bgt.)	St. Gilain b. Mons, Anzin b. Valenciennes.	—	—	—	—	—
45	*Cyatheites arborescens* Schl. sp. (*C. Schlotheimi* Gö., *Pec. aspidioides, platyrhachis, Cyathea* Bgt. z. Th.)	—	Muse b. Autun, St. Etienne, St. Pierre-Lacour (Mayenne) u. Terrasson (Dordogne).	Petit Coeur, La Mure; Mt. de Bacule Carienne (Dauph.) Val Bonais b. La Mure.	Col de Balme.	*	S. T.
46	*Cyath. hemiteloides* Bgt. sp.	—	St. Etienne.	—	—	*	—
47	*Cyath. Candollianus* Bgt. sp. (*Pec. Cyathea* Bgt. z. Th., *P. affinis et lepidorhachis* Bgt.)	—	St. Etienne, Alais.	Mt. de Bacule Carienne.	—	—	S.
48	*Cyath. argutus* Schl. sp.	—	St. Etienne, Ronchamp.	—	—	—	S.
49	*Cyath. unitus* Bgt. sp.	—	St. Etienne, Alais.	—	—	—	S.
50	*Cyath. oreopteroides* Gö. (*Pec. oreopteridius* Bgt.)	—	Lardin b. Terrasson, Alais.	—	—	*	S.
51	*Cyath. asper* Bgt. sp.	—	{ Montrelais (Loire inf.) St. Georges-Chatelaison, (Maine-et-L.).	—	—	—	S. T.
52	*Cyath. aequalis* Bgt. sp.	Anzin u. Fresnes b. Valenciennes.	—	Petit Coeur b. Moutiers.	—	—	S.

	Arten und Bemerkungen dazu.	Belgien und Nord-Frankreich.	Central- und Süd-Frankreich.	Anthracitregion in der Tarentaise und Dauphiné (Isèregebiet).	Anthracitregion in Wallis und dem Arvegebiet.	Anthracitregion in Stangalpe in Steiermark.	Anthracitregion in Sardinien, Corsica, Toscana.
52*	*Cyath. acutus* Bgt. sp.	—	—	—	—	—	—
53	*Cyath. dentatus* Bgt. sp.	Anzin u. a. O. des Bassin du Nord.	—	—	Taninge.	*	—
54	*Cyath. plumosus* Artis sp. (incl. *Pec. pennaeformis* Bgt.)	Anzin, Fresnes u. Vieux-Condé b. Valenciennes.	St. Hypolite (Elsass).	—	—	*	—
55	*Cyath. delicatula* Bgt. sp.	Fresnes b. Val.	—	—	—	*	—
56	*Cyath. Miltoni* Artis sp. (incl. *Pec. polymorpha et abbreviata* Brgt.)	Anzin.	Alais, le Bousquet b. Lodève (Hérault).	—	Taninge, Erbignon.	*	S.
57	*Cyath. Bioti* Bgt. sp.	—	St. Etienne.	—	—	—	—
58	*Cyath. punctulatus* Bgt. sp. (Vgl. *Cyath. confertus* St. sp.)	—	M. de Rousses en Oisans.	—	—	—	—
59	*Alethopteris Pluckeneti* Schl.	—	St. Etienne, Alais.	—	Col de Balme.	—	S.
60	*Al. ovata* Bgt. sp.	—	St. Etienne.	—	—	—	—
61	*Al. pteroides* Bgt. sp. (*Al. Brongniarti* Gö.)	—	St. Etienne.	La Mure.	—	—	—
62	*Al. Serli* Bgt. sp.	—	St. Etienne.	—	—	*	S.
63	*Al. lonchitidis* St. (*Pec. lonchitica* Bgt.)	Namur.	St. Etienne.	—	—	*	S.
64	*Al. Dournaisi* Bgt. sp.	Anzin b. Valenciennes.	—	—	—	—	—
65	*Al. Davreuxi* Bgt. sp.	Lüttich.	—	—	—	—	—
66	*Al. obliqua* Bgt. sp.	Anzin.	—	—	—	—	—
67	*Al. Sauveuri* Bgt. sp.	Lüttich.	—	—	—	—	—
68	*Al. Defrancii* Bgt. sp.	—	—	—	Taninge.	*	—
69	*Al. Beaumouti* Bgt. sp.	—	—	Petit Coeur.	—	—	—
70	*Al. nervosa* Bgt. sp.	Lüttich.	—	—	—	—	—
71	*Al. pulchra* Heer sp. (*Pec. pulchra*) 1850.	—	—	Petit Coeur.	—	—	—
72	*Pecopteris marginata* Bgt. }	Mit Randfructification wie bei Pteris.	Alais.	—	—	—	—
73	*Pec. Lemuriana* Heer, Urw. p. 13. f. 12. }		—	La Mure.	—	—	—
74	*Caulopteris peltigera* Bgt. sp.	Fresnes b. Valenciennes.	—	—	—	—	—
	Familie *Lycopodiaceae.* Bärlappe.						
75	*Lycopodites falciformis* Heer, Urwelt, p. 8. f. 3.	—	—	—	Posettes.	—	—
76	{ *Sagenaria Veltheimiana* St. (*Lep.* Heer, Urwelt, p. 7. f. 2.)	—	—	—	Outre Rhone.	*	—
	{ *Lepidophyllum ornatissimum* Ung.	—	—	—	—	—	—
	{ *Lepidoph. lanceolatum,* Lindl.	—	—	Petit Coeur.	—	—	—
77	*Lepidoph. caricinum* Heer, 1850.	—	—	Petit Coeur.	—	—	—

	Arten und Bemerkungen dazu.	Belgien und Nord-Frankreich.	Central- und Süd-Frankreich.	Anthracitregion in			
				der Tarentaise und Dauphiné (Isèregebiet).	Wallis und dem Arvegebiet.	Stangalpe in Steiermark.	Sardinien, Corsica, Toscana.
78	*Lepidodendron gracile* Lindl.	—	Sabré (Sarthe).	—	—	*	—
79	*Lepidod. Lorierei* Bgt.	—	Ebend.	—	—	—	—
80	*Lepidod. erectum (Selaginites erectum)* Bgt.	—	Ebend.	—	—	—	—
81	*Lepidod. laricinum* St.	—	—	—	Taninge.	—	—
	Familie *Sigillarieae.*						
82	*Sigillaria rhomboidea* Bgt.	—	Trienbach (Nied.-Rhein).	Servoz (n. Morlot).	—	*	—
83	*Sig. venosa* Bgt.	—	Montrelais (Loire-inf.).	—	—	—	—
84	*Sig. lepidodendrifolia* Bgt.	—	St. Etienne.	—	—	—	—
85	*Sig. Brardi* Bgt.	—	Terrasson (Dordogne).	Tarentaise.	—	*	—
86	*Sig. Defrancii* Bgt.	—	St. Ambroise (Gard.).	—	—	*	—
87	*Sig. minima* Bgt.	—	Montrelais.	—	—	—	—
88	*Sig. tesselata* Schl. sp.	Horloz bei Lüttich.	Sabré, Alais.	Tarentaise.	—	—	—
89	*Sig. elegans* Bgt. (incl. *hexagona*).	—	Autun.	—	—	*	—
90	*Sig. Dournaisi* Bgt.	Anzin.	—	Val Orsine, Outre Rhone, Col de Balme, Posettes.	—	—	—
91	*Sig. Boblagi* Bgt.	Anzin.	—	—	—	—	—
92	*Sig. elliptica* Bgt.	Fresnes und Vieux-Condé b. Valenciennes.	—	—	—	*	—
93	*Sig. notata* Bgt.	Anzin.	—	Tarentaise.	—	—	—
94	*Sig. mammillaris* Bgt.	Fresnes und Vieux-Condé.	—	—	—	—	—
95	*Sig. scutellata* Bgt.	Anzin.	—	—	—	—	—
96	*Sig. cuspidata* Bgt.	—	St. Etienne.	—	—	—	—
97	*Sig. candolli* Bgt.	—	Alais.	—	—	—	—
98	*Sig. Davreuxi* Bgt.	Lüttich.	—	—	—	—	—
99	*Sig. Guerangeri* Bgt.	—	Sabré (Sarthe).	—	—	—	—
100	*Sig. hippocrepis* Bgt.	Flenu b. Mons.	—	—	—	—	—
101	*Sig. reniformis* Bgt.	Ebendaselbst.	—	—	—	—	—
102	*Sig. laevigata* Bgt.	Lüttich, Anzin.	—	—	—	*	—
103	*Sig. elongata* Bgt.	Charleroi und Lüttich.	—	—	—	*	—
104	*Sig. intermedia* Bgt.	Anzin.	—	—	—	—	—
105	*Sig. cyclostigma* Bgt. sp.	Anzin.	—	—	—	—	—
106	*Stigmaria ficoides, Var. anabatra* Corda.	Belgien und Frankreich.	—	—	—	—	—
106*	*Stigmaria ficoides* Bgt.	—	St. Hypolite (Elsass).	—	Taninge.	*	—

	Arten und Bemerkungen dazu.	Belgien und Nord-Frankreich.	Central- und Süd-Frankreich.	Anthracitregion in: der Tarentaise und Dauphiné (Isèregebiet).	Anthracitregion in: Wallis und dem Arvegebiet.	Anthracitregion in: Stangalpe in Steiermark.	Anthracitregion in: Sardinien, Corsica, Toscana.
	Monocotyledones.						
107	*Antholithes Favrei* Heer, Urw. p. 14. 15. f. 15.	—	—	—	Posettes.	—	—
108	*Guilielmites umbonatus?* St. sp.	—	—	—	—	—	S.
	Dicotyledones.						
109	*Cordaites borassifolius* St. (Vgl. *Cordaites principalis* Germ.)	—	St. Hypolite (Elsass).	Tarentaise.	Erbignon, Outre Rhone, Servoz, Taninge.	Flabellaria Unger.	S.
110	*Rhabdocarpos Candollianus* Heer, Urw. p. 14. f. 15 b.	—	—	—	Taninge.	—	—

Unter diesen Pflanzen gehören nur zwei Arten der ersten Zone der Steinkohlenformation ganz vorzugsweise an, *Cyatheites asper* und *Sagenaria Veltheimiana*, welche nur noch in den Uebergangsschichten zwischen der ersten und zweiten Zone, z. B. in Schlesien und Westphalen, angetroffen werden. Die zahlreichen Sigillarien in dem nördlichen belgisch-französischen Becken, sowie in verschiedenen anderen Bassins in Frankreich, beurkunden zur Genüge die dort entwickelte productive zweite oder Sigillarienzone. Die Gesammtheit der Pflanzen in den Anthracitregionen der hier behandelten Gegenden, aus denen Unger allein von der Stangalpe 13 Arten Sigillarien beschrieben hat, gewährt uns ein Bild, das im Allgemeinen die Steinkohlenflora von dem Anfange der zweiten bis gegen Ende der vierten Zone bezeichnet, ohne dass diese nach den spärlichen bisherigen Unterlagen hier genauer von einander geschieden werden könnten.

CAPITEL XIII.

Die Steinkohlenlager von Grossbritannien und die jurassischen Kohlen von England, Schottland, Schweden und Dänemark.

Die Steinkohlenfelder von Grossbritannien.

Von den hier gebräuchlichen Maassen sind 1 Meile = $^2/_9$ deutsche Meile = 1609,51 Meter, 1 Fathom = 6 Fuss, 1 Yard = 3 Fuss, 1 Tonne = 20 Centner.

Von den geognostischen Karten uber Britannicn sind besonders empfehlenswerth:

Geological Map of England and Wales, by Sir Poderick J. Murchison. 4. Ed. London, 1858.

Geological Map of the Silurian Rocks and overlying Formations as developed in Wales and the adjacent Parts of England, by R. J. Murchison, in Siluria, 2. ed. London 1858; 3. ed. 1859.

First Sketch of a new geological Map of Scotland, by Sir R. J. Murchison and Arch. Geikie. Edinburgh, 1861.

Geological Map of Ireland, by Sir Richard Griffith. Dublin, 1853.

Geological Map of the British Isles and Part of France, by J. A. Knipe. 2. Ed. London, 1859.

Die Steinkohlenformation ist auf den brittischen Inseln in allen ihren Gliedern sehr mächtig entwickelt und es ist thatsächlich nachgewiesen, dass die Steinkohlenproduction Grossbritanniens in den letzten Jahren mehr als $^2/_3$ der Gesammtproduction aller Länder der Erde betragen hat. [1])

Der wirklich kohlenführende Schichtencomplex (*Coal-measures* oder *Coal-Fields*) ruhet fast überall auf dem flötzleeren Sandsteine (*Millstone Grit* oder *Farewell Rock*) und dem Kohlenkalke oder Bergkalke (*Carboniferous Limestone, Mountain Limestone*) auf, welchem nach unten hin der alte rothe Sandstein (*Old Red Sandstone*) folgt.

Allgemeine Reihenfolge der Schichten im südlichen und mittleren England, nach Sir R. J. Murchison.

Fig. 32.

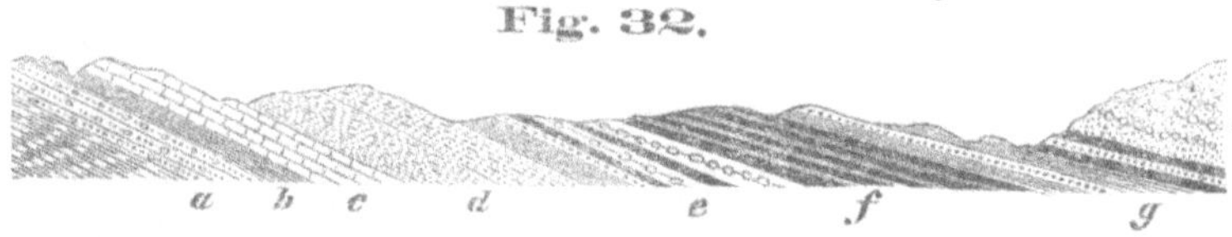

a. Obere Schichten des Old Red Sandstone; b. Sandstein und obere Kalkschiefer: c. Kohlenkalk; d. Millstone Grit.; e. Untere Kohlengruppe mit Eisensteinen; f. Hauptkohlenlager; g. obere Kohlengruppe mit einem eigenthümlichen Kalksteinlager: h. rother Sandstein, zum Theil Vertreter des Rothliegenden.

In einer Abhandlung über iso-diametrische Linien behufs der Darstellung der verschiedenen Vertheilung von thonigen und sandigen Schichten einerseits und Kalkablagerungen anderseits in der Carbonformation Britanniens hat Edward Hull [2]) den Nachweis geführt, dass diese zwei Klassen von Ablagerungen sich gegenseitig vertreten und zwar so, dass eine derselben häufig nur schwach ausgebildet ist oder ganz fehlt, während die andere sich um so mächtiger entwickelt hat. Der Hauptgrund hiefür ist in der Beschaffenheit der Gewässer zu suchen, aus denen sich diese Gebirgsarten abgeschieden haben. Während Kalksteine aus klaren Gewässern erzeugt worden sind, in welchen der Kalk durch freie Kohlensäure gelöst war und worin Korallen und andere Seethiere sich angehäuft haben, um durch ihre Hüllen

---

[1]) Mineral Statistics of Great Britain, by R. Hunt, 1858. — Edward Hull, the Coal-Fields of Great Britain. London, 1861. p. 25.

[2]) Quart. Journ. of the Geological Society, Vol. 18. 1862. p. 127—146. Pl. 7. — Leonh. u. Gein. Jahrb. 1863. p. 228.

zur Bildung von festen Gesteinsmassen wesentlich beizutragen, entstanden thonige und sandige Schichten aus einem trüben und schlammigen Wasser, das durch grössere Ströme oder auf andere Weise mit den Zertrümmerungsproducten der verschiedenen Gebirgsarten erfüllt worden war. Hull's Untersuchungen im Gebiete der Steinkohlenformation Britanniens haben ihn zur Ueberzeugung geführt, dass das mittlere England während der Steinkohlenzeit ein dammartiges trockenes Land gewesen sei, wodurch die Gesteine der Carbonformation von England und Schottland in zwei ganz bestimmte Regionen geschieden werden. Nördlich von diesem Damme nimmt die Mächtigkeit der sandig-thonigen Ablagerungen von NW. nach SO. hin allmählig ab, während dieselbe bei den kalkigen Ablagerungen sich von S. nach N. vermindert. Die letztere zeigt ihre grösste Entwickelung in Derbyshire. Die südlich von diesem Damme sich ausbreitende Kohlenformation zeigt eine Verminderung in der Mächtigkeit der sandig-thonigen Schichten von W. nach O., hingegen der kalkigen Bildungen von O. nach W. Während in der nördlich von jenem Damme gelegenen Region die sedimentären Gesteine von N. herbeigeführt worden sind, so kamen die in der südlich gelegenen Region abgelagerten Trümmer von West her.

In den östlichen Gegenden fehlen reichere Anhäufungen von Steinkohle, die grösste Mächtigkeit derselben ist bei Dudley erreicht, wo sich ein Flötz von 30 Fuss Stärke zeigt. Die Kohlenformation überhaupt gewinnt in England ihre grösste Mächtigkeit in Lancashire, wo die obere Etage der sandig-thonigen und kohlenführenden Bildungen 2000′, die mittlere 3200′, die untere 2000′, der Millstone Grit mindestens 3000′, die sogenannten *Yoredale Rocks* [1]) 2000′ stark sind, was einer Gesammtmächtigkeit von 12200′ entspricht. Der Kohlenkalk erscheint am mächtigsten in Derbyshire, wo er nicht weniger als [illegible]000′ hoch lagert.

Eine kurze Charakteristik aller verschiedenen Steinkohlenfelder Britanniens ist von Edward Hull [2]) gegeben worden, die wir bei den nachstehenden Mittheilungen zu Grunde legen.

A. England und Wales.

1. Das grosse Steinkohlenfeld von South Wales.

Es wird dieses grösste Steinkohlenbecken durch die Bucht von Caermarthen in zwei ungleiche Theile getrennt, deren grösserer, östlich gelegener sich bis Pontypool in Monmouthshire auf 56 Meilen Länge erstreckt, während der kleinere, westlich gelegene Theil mit einer Länge von 17 Meilen bis an St. Brides-Bucht reicht, wo ihn die Wogen des Atlantischen Oceans umspülen. Die grösste Breite des grösseren Theils beträgt, durch Neath in Glamorganshire gemessen, 16 Meilen. Der allgemeine Umriss dieses Bassins gleicht einem langgestreckten Oval, dessen breiteres Ende sich nach O. kehrt. Die Buchten von Swansea und Caermarthen schneiden von S. aus tief in dasselbe ein und haben den früheren Zusammenhang beider Haupttheile fast gänzlich aufgehoben.

Die obersten jüngsten Schichten fallen nahe mit der Längsachse des Beckens zusammen, während die Schichten des Millstone Grit und des Kohlenkalkes, so weit sie an dem Südende nicht zerstört sind, und die des alten rothen Sandsteines dem Innern des Beckens regelmässig zufallen, und die Basis desselben zusammensetzen.

In Monmouthshire ist die Reihenfolge und Mächtigkeit der Schichten folgende:

Coal-measures. — Schieferthon mit Eisensteinen; Sandsteine, die „Gower-Gruppe“ und Kohlenflötze einschliessend, mit etwa 25 von 2′ an mächtigen Flötzen	11650 Fuss.
Millstone-Grit. — Schichten von festem Sandstein und Conglomerat, zum Theil mit Schiefern (bei Merthyr Tydvil)	330 „

[1]) J. Phillips, Illustrations of the Geology of Yorkshire. P. II. London, 1836. p. 45—57. — E. Hull and A. H. Green, on the Millstone-Grit of North Staffordshire and the adjoining parts of Derbyshire, Cheshire and Lancashire (Quart. Journ. of the Geol. Soc. London, 1864. Vol. 20. pag. 242—267.)

[2]) Edw. Hull, the Coal-Fields of Great Britain, their History, Structure and Duration. London, 1861.

Kohlenkalk. — Obere Schichten aus schwarzen Schiefern und Lagen von Kalkstein bestehend, nach unten in reinem Kalkstein übergehend . . . . 1000 Fuss,
Alter rother Sandstein. — Conglomerat, rothe und braune Sandsteine, Mergel, Kalkstein mit Hornsteinnieren, im Ganzen . . . . 8000—10000 „

Im Westen der Swansea-Bucht verschwindet der Millstone Grit und es ruhen die kohlenführenden Schichten unmittelbar auf dem Kohlenkalke; bei Haverfordwest an St. Bride's Bucht fehlt auch der letztere, so dass sie auf altsilurischen Schichten auflagern.

Die Beschaffenheit der Kohle verändert sich in diesem Bassin von O. nach W. In dem östlichen Gebiete herrschen die sogenannten bituminösen oder Gas-Kohlen vor, gegen die Mitte des Beckens hin werden die Kohlen derselben Flötze magerer und gehen allmählig in anthracitische Kohle über, eine Erscheinung, die man hier bei dem ungestörten Lagerungsverhältnisse nicht Eruptivgesteinen oder Verwerfungen zuschreiben kann, welche Hull vielmehr einer Einwirkung der inneren Erdwärme zuschreiben möchte. Kohlenflötze werden in dem ganzen gegen 10000′ mächtigen oberen Schichtencomplexe gefunden, in grösserer Anzahl treten sie jedoch nur in dem mittleren und unteren Theile desselben auf.

1. Aus einem Vergleiche von verschiedenen Durchschnitten, welchen Hull angestellt hat, ergiebt sich als abbauwürdige Mächtigkeit der 25 von 2′ an starken Kohlenflötze in diesem Bassin = 84′.
2. Bei einer Oberfläche des Bassins von 906 Quadratmeilen und einer abbauwürdigen Kohlenmenge von 84′ würde die Menge der Kohlen überhaupt hier betragen 48000 Millionen Tonnen, wovon man 24000 Millionen Tonnen als unter 4000′ Tiefe gelegen gegenwärtig nicht berücksichtigen kann.
3. Unter Annahme, dass von 24000 Millionen Tonnen ein Dritttheil schon abgebauet ist und bei dem Abbau zum Theil noch verloren geht, so würden doch 16000 Millionen Tonnen noch gewonnen werden können.

2. Die Steinkohlenfelder von Bristol und Sommersetshire.

Im S. von Bristol verbreitet sich die Steinkohlenformation an dem nördlichen Abhange der aus Kohlenkalk bestehenden Mendip-Hügel aus der Gegend von Frome in NW. Richtung bis in die Gegend von Clevedon am River Severn. Sie unterlagert den Lias des S. von Bristol gelegenen Hügels von Dundry und umgibt das grosse Kohlenkalkgebiet zwischen Dundry und Congresbury. Es lässt sich die Steinkohlenformation auf diesem ganzen Terrain schon in geringer Tiefe unter den sie horizontal überlagernden Gebirgsschichten nachweisen. Die letzteren bestehen zumeist aus den bunten Mergeln des Keupers und aus Schichten der Liasformation. Der nördliche Theil des Kohlenfeldes beginnt O. von Bristol und zieht sich am westlichen Fusse der Cotteswold-Hügel entlang in nördlicher Richtung bis in die Gegend von Cromhall. Er wird von den Schichten des flötzleeren Sandsteins und Kohlenkalkes gleichförmig unterlagert, während die rothen Keupermergel nebst Schichten des Lias und der Oolithformation in der Kette der Cotteswold-Hügel wiederum horizontal darauf ruhen.

Von Cromhall im Norden bis zu dem nördlichen Abhang der Mendip-Hügel beträgt die ganze Länge des Kohlenfeldes 25 Meilen, das Streichen der Schichten im Norden des Avon-Thales bei Bristol ist von N. nach S., dagegen im Süden dieses Thales von O. nach W.[1])

Man unterscheidet in dieser Gegend von oben nach unten:

Lias — Ober-, Mittel- und Unter-Lias.

Trias — Rothe Mergel und dolomitische Conglomerate.

Coal-Measures	Obere Gruppe mit 10 Kohlenflötzen	1800′
	Mittlere Gruppe oder Pennant-Sandstein mit 5 Kohlenflötzen	1725′
	Untere Schieferthone mit 36 Kohlenflötzen	1600′
Millstone Grit — Harte Kieselsandsteine u. s. w.		950′
Kohlenkalk		2338′

Von diesen 51 Kohlenflötzen enthalten nur 20 2 und mehr Fuss Kohle mit einer Gesammtmächtigkeit von 71′ Kohle.

Bei Berechnung des dort noch vorhandenen Kohlenquantums nimmt Hull an:

1. Eine Fläche, von der nur 45 Quadratmeilen nicht von jüngeren Formationen bedeckt sind = 150 Quadratmeilen.
2. Grösste Stärke der kohlenführenden Schichten . . . . = 5125′

---

[1]) Ueber die Ausdehnung dieses Kohlenfeldes unter Kingswood Hill bei Bristol vgl. H. Cossham in „the Geological Magazine" von T. R. Jones. Vol. IX. 1865. p. 110.

3. Gesammtmächtigkeit der abbauwürdigen Kohle . . . . = 71′
4. Ursprünglich vorhandene Kohlenmenge . . . . = 4148 Mill. Tonnen.
5. Nach Abzug von $^1/_3$ dieser Menge als unzugänglich oder zerstört, verbleiben . . = 2766 Mill. Tonnen.
6. Nach Abzug von $^1/_{10}$ für abgebauete Kohlen verbleiben . . . . = 2489 Mill. Tonnen.[1])
7. Nach Abzug von $^1/_5$ für die unter 4000′ tiefen Lager, deren Abbau sich später wohl auch noch lohnen wird, verbleiben . . . . = 2000 Mill. Tonnen.

3. Forest of Dean in Gloucestershire.

Bei einer ausgeprägten Beckenform, deren emporragender Rand aus den älteren Schichten des Millstone Grit und des Kohlenkalkes besteht, umfasst die Oberfläche dieses am rechten Ufer des Severn gelegenen Kohlenfeldes gegen 34 Quadratmeilen. Unter 31 hier bekannten Kohlenflötzen zeigen nur 8 eine Mächtigkeit von 2 Fuss an und mehr.

De la Bêche hat die Stärke der verschiedenen Gruppen in folgender Weise bestimmt:

1. Kohlengruppe mit 31 Flötzen . . . . . 2765′
2. Millstone Grit . . . . 455′
3. Kohlenkalk . . . . 480′
4. Unterer Kalkschiefer . . . . 165′
5. Alter rother Sandstein . . . . 8000′ und mehr.

In der Mitte des Bassins lagern die Schichten horizontal, in der Nähe des östlichen Randes steigen sie plötzlich empor, während sie sich an der Westseite des Bassins allmählig verflächen.

Man kennt in dem einen Kohlenflötze „*Coleford High Delf*" einen ansehnlichen Rücken von taubem Gestein, welcher mit seinen Verzweigungen einem alten Flusslaufe entspricht, der nach de la Bêche die hier angehäuften Vegetabilien noch in ihrem weichen Zustande durchschnitten haben mag und später mit sandigen und thonigen Schichten erfüllt worden ist. Dieser unter dem Namen *horse* oder *horse-back* unterschiedene Hauptrücken oder Hauptkanal erstreckt sich in S. 31° O. mit 2 Meilen Länge und 170—340 Yards Breite, und es stehen mit demselben noch mehre kleinere als *Lows* bezeichnete ähnliche Rücken oder Rinnen in Verbindung. Die gewöhnlichste Ausfüllungsmasse derselben besteht aus demselben Sandsteine, der sich über den Kohlenflötzen ausbreitet und deren Dach bildet.

Viele der im Gebiete der kohlenführenden Schichten vorkommenden Thoneisensteine liefern nebst dem in dem Kohlenkalke auftretenden Rotheisensteine das Material für die nicht unbedeutenden Eisenhütten der näheren Umgegend.

Hauptübersicht nach Hull:

1. Ausdehnung des Kohlenfeldes . . . . 34 Quadratmeilen.
2. Grösste Stärke der kohlenführenden Schichten . . . . 2760′
3. Zahl der Kohlenflötze von 2′ und grösserer Mächtigkeit 8, mit einer Gesammtstärke von 24′ Kohlen.
4. Ursprüngliche Kohlenmenge . . . . 842 Mill. Tonnen.
5. Nach Abzug von $^1/_3$ für abgebauete Kohlen und Verlust verbleiben hiervon . . . 561 Mill. Tonnen.

4. Forest of Wyre in Worcestershire.

Ein Steinkohlenfeld, das ungefähr dieselbe Ausdehnung besitzt, wie das vorige, erstreckt sich von dem nördlichen Ende der Abberley Hills unter dem Forest of Wyre in der Richtung von S. nach N. längs des rechten Severn-Ufers, W. von Kidderminster, bis in die Gegend von Bridgenorth, wo es nur noch als ein schmales Band erscheint. Die kohlenführenden Schichten ruhen auf altem rothen Sandsteine auf und werden an ihrem östlichen Rande von Sandsteinen und Conglomeraten des Rothliegenden überlagert. In diesen Schichten hat G. Roberts bei Alveley, NW. von Kidderminster, eine Leitpflanze des unteren Rothliegenden, *Walchia piniformis*, entdeckt[2]).

Es ist dieses Steinkohlenfeld noch wenig untersucht und man hat bis jetzt erst wenige Kohlenflötze von geringerem Werthe erkannt. Aus zahlreichen, durch Herrn Edward Baugh in Bewdley in einem grünlich- und gelblich-grauen glimmerreichen Sandsteine in einem Eisenbahneinschnitte bei

[1]) Es lagern hiervon 1742 Mill. Tonnen unter jüngeren Formationen verdeckt, das hiervon entblösste Kohlenfeld enthält nur 747 Mill. Tonnen.

[2]) Vgl. Geinitz, Dyas II. p. 313.

Wribbenhall (Bewdley) gesammelten Pflanzenresten[1]) lässt sich der Schluss ableiten, dass hier die an Farren reiche oberste Zone der Steinkohlenformation zur Entwickelung gelangt ist.

Mehr von geologischem als von technischem Interesse ist das Vorkommen von schwachen Kohlenflötzen auf den Gipfeln der Titterstone und Brown Clee Hills in Shropshire in einer Höhe von theilweise 1780′ über dem Meere. Es sind diese Schollen von Kohlengebirge in ihre jetzige Höhe durch Basalt erhoben worden, welcher sich darüber plattenförmig ausgebreitet hat und ihnen vor einer weiteren Zerstörung durch Gewässer Schutz ertheilt hat[2]). Jedes dieser Kohlenfelder hat kaum mehr als 1 Meile Durchmesser.

5. Das Steinkohlengebiet von Shrewsbury in Shropshire.

Unmittelbar auf den ältesten, cambrischen und silurischen Grauwackengesteinen auflagernd zieht sich ein Streifen Kohlengebirge von dem Fusse des Haughmon Hill, O. von Shrewsbury, bis an das Ufer des Severn in der Nähe von Alberbury, WNW. von Shrewsbury, in einer Länge von etwa 18 Meilen und einer kaum grösseren Breite als 1 Meile. Auch hier sind 2—3 schwache Kohlenflötze bekannt. In den oberen Schichten zeigt sich eine mit Süsswasserconchylien und *Cypris inflata*[3]) erfüllte Kalksteinplatte, was an das ähnliche Vorkommen solcher Süsswasserbewohner bei Löbejün und Wettin in der preussischen Provinz Sachsen erinnert.

Der ganze nördliche Rand ist von Schichten des Rothliegenden überdeckt, wozu auch die an Brocken von Quarz und Kohlenkalk reiche Breccie von Alberbury gehört.

Es hat dieses Kohlengebiet, sowie auch ein anderes, welches S. von Shrewsbury bis in die Gegend von Caer Caradoc an dem östlichen Abhange des Longmynd reicht, einen ebenso geringen technischen Werth, als jene in dem vorigen Abschnitte bezeichneten. Sie haben sich hier an den Abhängen der ältesten Berge der Erde, die als Inseln schon aus dem alten silurischen Meere hervorragten, in einer ähnlichen Weise herausgebildet, wie jene schwachen Kohlenlager an den Granitbergen des Thüringer Waldes, denen diese Kohlenlager in ihrem relativen Alter sehr nahe stehen mögen.

6. Coalbrook Dale in Shropshire.

Das Steinkohlengebiet von Coalbrook Dale gleicht einem Dreieck, dessen Basis in das Severn-Thal nahe von Coalbrook Dale fällt, während das spitze nördliche Ende fast bis Newport reicht. Sein westlicher Rand ist theilweise durch eine Hauptverwerfung begrenzt, wodurch das Steinkohlengebirge in das Gebiet des bunten Sandsteins gelangte, theilweise durch die Silurgesteine des Wrekin, dessen Rücken 1320′ über dem Meere liegt. Die östliche Grenze wird durch Schichten des Rothliegenden verdeckt, in deren südliche Fortsetzung jene von Alveley und Kidderminster fallen.

Sämmtliche Schichten haben im Allgemeinen ein östliches Einfallen und man gelangt bei einem Durchschnitte von O. nach W. bis an den Fuss des Wrekin an der Basis der kohlenführenden Schichten in den Millstone Grit, den Kohlenkalk, eine Platte von Basalt und schliesslich in die Silurformation. Sowohl die Beschaffenheit der Gesteine, welche dies Kohlengebirge zusammensetzen, als auch die Kohle selbst lässt hier grosse Verschiedenheiten erkennen, namentlich stellen sich längs des östlichen Randes in den höheren Schichten kalkige Breccien ein, welche mit röthlichem Thone vermengt sind und einen Uebergang in die Gesteine der Dyas zu vermitteln scheinen. Dass sich die kohlenführenden Schichten unter den letzteren weiter nach O. verbreiten, ist durch Schächte bereits nachgewiesen und es scheint gerade nach dieser Richtung hin das Kohlenfeld eine bedeutende Ausdehnung zu besitzen.

Das Steinkohlengebiet von Coalbrook Dale ist von vielen Verwerfungen heimgesucht[4]), unter denen die an der Westgrenze auftretende am bedeutendsten ist. Eine andere „*Lightmoor fault*“ genannt, durchschneidet die Mitte des Feldes von N. nach S. und besitzt eine Wurfhöhe von etwa 100 Yards. Im Westen

[1]) Unter diesen befand sich auch das noch räthselhafte Cyclocarpon tuberosum Geinitz Dyas II. p. 151. Taf. 34. f. 17. 18.

[2]) Vgl. Geolog. Karte der Geological Survey of Great Britain, N. LXI. SW. Shrewsbury, und Murchison, Siluria, 3. Aufl. 1859. p. 311.

[3]) Kirkby in the Geologist, VI. N. 72. p. 474. London, 1863.

[4]) Vgl. auch M. W. T. Scott, on the „Symon Fault“ in the Coalbrook-Dale Coalfield. Quart. Journ. of the Geol. Soc. Vol. 17. London, 1861. p. 457.

derselben ist die Kohle meist abgebauet. Mehre andere Verwerfungen durchschneiden die vorigen in der Breitenrichtung des Feldes.

Auf einem sehr grossen Theile dieses Areals ist die Kohle beinahe erschöpft, wie man leicht wahrnehmen kann, wenn man dasselbe auf einer Eisenbahnfahrt von Wolverhampton nach Shrewsbury durchschneidet, wo das Auge eine lange Strecke entlang nichts als entblöste Gebäude für Dampfmaschinen und enorme Halden von verlassenen Kohlen- und Eisensteingruben erblickt. Es sind die Kohlengruben allmählig von dem westlichen Ausstriche der Flötze nach O. gewandert.

Die von Hull gegebene Abschätzung für dieses Feld lautet:

1. Flächenraum des Kohlenfeldes . . . . 28 Quadratmeilen,
2. Grösste Stärke der kohlenführenden Schichten . . . . 1200′
3. Zahl der Kohlenflötze von 2′ und mehr Mächtigkeit 6, mit zusammen . . . . 27′ Kohle,
4. Ursprüngliche Kohlenmenge . . . . 43 Mill. Tonnen,
5. Nach Abzug von 28 Mill. Tonnen, welche abgebauet und als verloren zu betrachten sind, verbleiben . . . . 15 Mill. Tonnen,

welche nach dem bisherigen Consum von 1861 an gerechnet in etwa 20 Jahren erschöpft sein würden. Hier ist jedoch nur der Theil in Anschlag gebracht, der auf der Oberfläche sich bemerkbar macht, während die Kohlenflötze, wie schon bemerkt, noch weit unter den jüngeren Formationen fortsetzen mögen.

Treffliche Eisensteine, welche in mehren Zügen hier vorkommen, haben gerade in dieser Gegend eine bedeutende Eisenproduction hervorgerufen. Diese Eisensteinlagen sind reiche Fundgruben für organische Ueberreste geworden, unter denen besonders Fische, einige sehr merkwürdige Krebse und Skorpione und zahlreiche Weichthiere, die meist dem Meere entstammen, die Aufmerksamkeit auf sich gezogen haben.

7. Die Steinkohlenfelder des nördlichen Wales.

Ein ununterbrochener Zug von kohlenführenden Schichten geht von den nördlichen Abhängen des Severnthales, S. von Oswestry in Denbigshire bis zu der Mündung des River Dee in Flintshire, den Fluss am Eingange in das Thal von Llangollen überschreitend. Derselbe lagert auf seiner ganzen östlichen Seite auf Schichten des Millstone Grit und des Kohlenkalkes, welcher letztere sich in dem nördlichen Wales zu einer imposanten Bergkette erhebt, die dem Namen „Bergkalk“ vollkommen entspricht. Diese Kalksteinhügel werden von vielen Verwerfungen durchzogen und enthalten zahlreiche Gänge von silberreichem Bleiglanz, deren einer „*Great Mineral Vein*“, das Kohlenfeld von Denbigshire von SO. nach NW. durchschneidend, allein im Jahre 1857 2496 Tonnen Erz geliefert hat.

Der Zug von Kohlengebirge wird durch eine Erhebung der älteren Carbongesteine in einen südlichen Theil oder das Denbigshire-Coalfield und einen nördlichen Theil oder das Flintshire-Coalfield geschieden. Das erstere ist an seinem östlichen Rande gleichfalls von Gesteinen des Rothliegenden überlagert, an die sich die Schichten des bunten Sandsteins oder im nördlichsten Theile die jüngeren Flussalluvionen in der Mündung des Dee anschliessen.

a) Das Steinkohlenfeld von Denbigshire besitzt in der Richtung von S. nach N. aus der Gegend von Oswestry über Ruabon, Wrexham bis N. des Thales des Alyn eine Länge von nahe 18 Meilen und bei Wrexham gegen 4 Meilen Breite. Seine Schichten fallen regelmässig nach O. ein. Die in der letzteren Gegend entwickelten Gebirgsgruppen zeigen folgende Mächtigkeit:

1. Trias oder neurother Sandstein (bunter Sandstein).			
2. Dyas, unteres Rothliegendes, aus vorherrschend rothen Sandsteinen und Mergeln bestehend,			1000—2000′.
3. Steinkohlengebirge.	Obere Etage	1000′	2800—3000′.
	Mittlere Etage mit Kohlen	800′	
	Untere mit schwachen Kohlenflötzen	1000′	
4. Millstone Grit			800—1000′.
5. Kohlenkalk			1000—1500′.

In der oberen Etage des Steinkohlengebirges herrschen rothe und graue Sandsteine und röthliche Schieferthone vor, zwischen welchen nur schwache und unbauwürdige Kohlenlager gefunden werden. Die wichtige mittlere Etage enthält 7 Kohlenflötze von 2 Fuss und grösserer Stärke, welche zusammen 27—30 Fuss Kohlen geben. In der unteren Etage kommen zwar noch einige Flötze von 2—3 Fuss Mächtigkeit vor, doch werden dieselben noch nicht benutzt. Unter den Eisensteinflötzen dieses Revieres sind „*the brassy*" und „*black band*" die wichtigsten, so dass man aus diesen in einem Jahre 12560 Tonnen an die Hohöfen von Brymbo hat abliefern können.

Der Blackband oder Kohleneisenstein ist mit Schuppen und Zähnen der Fischgattungen *Rhizodus*, *Coelacanthus*, *Platysomus* und *Palaeoniscus* erfüllt und enthält zugleich die zu *Anthracosia* gestellten Muscheln. In den schwarzen Schiefern der unteren Etage trifft man nicht selten *Avicula papyracea* und Goniatiten an, wie in Westphalen und Schlesien.

Bei einer Abschätzung des noch vorhandenen Kohlenreichthums nimmt Hull an:

1. Fläche des Kohlenfeldes . . . . 47 Quadratmeilen.
2. Grösste Stärke des Kohlengebirges . . . . 3000′.
3. Zahl der 2′ und mehr mächtigen Kohlenflötze 7, mit einer Gesammtmächtigkeit von . . . . 30′ Kohle.
4. Ursprüngliche Kohlenmenge . . . . 727 Mill. Tonnen.
5. Nach Abzug von $^1/_{10}$ für abgebaute Kohlen und von $^1/_4$ für Verlust bei der Gewinnung verbleiben . . . . 490 Mill. Tonnen.

Bei dieser Abschätzung ist der Abbau nur bis zu 2000′ Tiefe angenommen, während ein tieferer Abbau eine weit grössere Zahl ergeben würde, da man annehmen darf, dass sich die kohlenführenden Schichten weit nach O. hin verbreiten.

b) Das Steinkohlenfeld von Flintshire erstreckt sich in nördlicher und nordwestlicher Richtung 15 Meilen weit. Nach Hull beträgt seine Oberfläche 35 Quadratmeilen. Die Zahl der bauwürdigen Flötze ist mindestens 5, mit einer Gesammtstärke von 25′. Die ursprüngliche Kohlenmenge betrug 54 Mill. Tonnen. Nach Abzug von $^1/_2$ für abgebauete Kohlen und von $^1/_{10}$ für Verlust bei dem Abbau verbleiben 21 Mill. Tonnen.

c) Das Steinkohlenfeld von Anglesea. Inmitten krystallinischer Schiefer zieht sich von SW. nach NO. ein Band von kohlenführenden Schichten, welches 9 Meilen Länge und $1^1/_2$ Meilen grösste Breite erreicht. Es lehnt sich auf seiner nordwestlichen Seite an Millstone Grit, Kohlenkalk und zum Theil auch an Old red sandstone an, mit einem regelmässigen Einfallen dieser Schichten nach SO., wird aber an seinem südöstlichen Rande von rothen Sandsteinen, Conglomeraten und Mergeln des Rothliegenden ungleichförmig überlagert und bald darauf durch eine bedeutende Verwerfung an steil aufgerichteten krystallinischen Schiefern plötzlich abgeschnitten.

Ein aus einem grünsteinartigen Gesteine bestehender Gang durchsetzt das Kohlengebirge, ohne die Schichten des Rothliegenden zu durchdringen. Professor Ramsay hat nachfolgende Schichtenreihe festgestellt:

1. Rothe Sandsteine, Mergel und Conglomerat . . . . 195′,
2. Steinkohlengebirge mit 8 Kohlenflötzen von 1′ 8″—9′ Stärke, zusammen 35—36′ Kohle führend . . . . 1309′,
3. Millstone Grit — gelblicher Sandstein und Conglomerat . . . . 200′,
4. Kohlenkalk . . . . 450′.

Eine andere, weit kleinere Partie von Steinkohlengebirge ist auch in der Nähe von Caernarvon an der Menai-Strasse entblöst.

8. Das Steinkohlengebiet in Süd-Staffordshire.

Mit einer Längenausdehnung von 21 Meilen, von den Clent Hills im S. bis fast nach Rugeley im N., und einer mittleren Breite von 7 Meilen erscheint dieses an seiner östlichen und westlichen Grenze von zwei nahezu parallel von S. nach N. laufenden Verwerfungen eingefasste Gebiet als eine emporgeschobene Scholle, die an die Ibbenbürener Steinkohlenplatte erinnert. Auch hier sind die jüngeren Schichten der Dyas, welche dieselbe begrenzen, theils in einem gleichen, theils in einem tieferen Niveau als die Schichten der Steinkohlenformation anzutreffen. Aus der Mitte dieses an Steinkohlen und Eisensteinen so reichen Gebietes ragen gleich einer Insel die silurischen Felsen von Dudley hervor, auf welchem Boden sich unmittelbar das alte Torfmoor entwickelt hat.

Der ganze zwischen Birmingham, Dudley, Wolverhampton und Walsall gelegene Landstrich in der Mitte des Kohlengebietes ist einer der bevölkertsten und industriösesten in England überhaupt.

Die allgemeine Reihenfolge der Schichten in diesem Gebiete ist durch Professor Jukes festgestellt worden:

Formation	Etage	Schicht	Mächtigkeit	Gesammt
I. Trias — bunter Sandstein		1. Ober-Buntsandstein	500′	1200′.
		2. Conglomeratschichten	500′	
		3. Unter-Buntsandstein	200′	
II. Untere Dyas (Permian)		1. Breccie von Felsit, Porphyr und Silurgesteinen		1000—3000′.
		2. Rothe Mergel, Sandstein und kalkiges Conglomerat		
III. Steinkohlengebirge.	Obere Etage — Rothe und bunte Thone, rothe und graue Sandsteine und Geröllschichten			800′—1300′.
	Mittlere Etage.	1. *Brooch Coal*	4′	510′.
		Schichten mit Eisenstein	130′	
		2. *Thick Coal*	30′	
		Schichten mit Eisenstein	20′	
		3. *Heathen Coal*	4′	
		Schichten mit Eisenstein	109′	
		4. *New Mine Coal*	8′	
		Schichten mit Eisenstein	16′	
		5. *Fire-Clay Coal*	7′	
		Schichten	30′	
		6. *Bottom Coal*	12′	
		Schichten mit einigen Eisensteinlagen	140′	
IV. Silurformation.				

Unter diesen 6 bauwürdigen Kohlenflötzen mit zusammen 65′ Kohle ist das eigenthümlichste das „*Thick Coal*“ oder „*Ten-yard*“ Flötz, welches bei einer nur mässigen Tiefe eine sehr grosse Ausbreitung besitzt. Freilich ist davon kaum der zehnte Theil mehr übrig geblieben. Dieses Flötz hat sich in dem nördlichen Theile des Kohlenfelds, bei Essington und Pelsall, in 9 bestimmte Flötze zerschlagen, welche insgesammt die frühere Mächtigkeit von 30′ ergeben, jedoch durch 420′ Sandstein- und Schieferthonmittel geschieden werden, wie sich in einer ganz ähnlichen Weise auch das tiefe Planitzer Flötz in der Gegend von Zwickau verhält.

In einigen Gegenden werden die Schichten der Steinkohlenformation von Eruptivgesteinen durchbrochen und überlagert, wie namentlich im südlichen Theile des Gebietes, wo die basaltische Masse von Rowley Regis oder „Rowley rag“ einen 2 Meilen langen Hügel von 820 Fuss Höhe gebildet hat. Eine andere ähnliche Masse ist im nördlichen Theile des Gebietes unweit Walsall zum Vorschein gekommen. Ebenso hat man ältere, grünsteinartige Gesteine in dieser Steinkohlenformation mehrfach angetroffen.

Unter den organischen Ueberresten begegnet man ausser den gewöhnlichen Steinkohlenpflanzen namentlich Resten von Fischen und Mollusken, welche auch hier eine Inundation durch Meereswasser beurkunden.

Die Abschätzung, welche Hull über die noch vorhandene Kohlenmenge hinstellt, nimmt an:

1. Einen Flächenraum für dieses Kohlenfeld von 93 Quadratmeilen.		
2. Gesammtstärke der 2 und mehr Fuss mächtigen Kohlenflötze	16	Yards.
3. Ursprüngliche Kohlenmenge	3072	Mill. Tonnen.
4. Hiervon enthielt der nördliche Bezirk	1024	„ „
Nach Abzug von $^1/_4$ hiervon verbleiben	768	„ „
5. Der südliche Theil, S. von Bentley fault, enthielt	2048	„ „
Nach Abzug von $^9/_{10}$ hiervon verbleiben	205	„ „
6. Demnach verbleiben auf beiden Revieren zusammen	973	„ „

9. Das Steinkohlengebiet von Warwickshire.

Im Osten dessen von Süd-Staffordshire breitet sich ein kleines aber reiches Steinkohlenfeld aus der Gegend von Tamworth in Warwickshire in südöstlicher Richtung über Atherston und Nuneaton in einer Länge von etwa 15 Meilen, und mit einer grössten Breite in seinem nördlichen Theile bei Tamworth von 4 Meilen, aus, im Westen, Norden und Osten durch grosse Verwerfungen abgeschnitten und von jüngeren Schichten der Dyas und Trias umgeben.

Hull entwirft nachstehende Abschätzung dieses Feldes:

1. Flächenraum . . . . 30 Quadratmeilen,
2. Stärke der Kohlen in 5 Flötzen . . . . 26',
3. Ursprünglich vorhandene Kohlenmenge . . . . 627 Mill. Tonnen,
4. Nach Abzug von $^1/_3$ für abgebauete Kohlen und für Verlust verbleiben . 418 „ „

10. Das Steinkohlengebiet von Leicester.

Im Norden von diesem Gebiete und südlich von dem Thale des Trent umfasst das Leicester Coal-Field nach Berechnung von Hull:

1. einen Flächenraum von . . . . 15 Quadratmeilen.
2. mit 10 von 2' an mächtigen Kohlenflötzen, die eine Gesammtstärke besitzen von . 39',
3. Ursprünglich vorhandene Menge von Kohlen . . . . 302 Mill. Tonnen.
4. Nach Abzug von $^1/_2$ für abgebauete Kohlen und von $^1/_3$ für Verlust bei dem künftigen Abbau, verbleiben . . . . $50^1/_2$ „ „

wobei auf die unter 3000 Fuss tief liegenden Flötze keine Rücksicht genommen ist. Durch die letzteren würde das noch vorhandene Quantum mindestens bis auf das Doppelte erhöhet werden.

11. Das Steinkohlengebiet von Nord-Staffordshire.

Der Umriss gleicht einem Dreieck, dessen Spitze an der Basis von Congleton Edge und dessen Basis südlich von Newcastle liegt. Der östliche Rand des Gebietes wird durch Millstone Grit gebildet, welchem die kohlenführenden Schichten gleichförmig aufgelagert sind, am westlichen Rande schiessen die letzteren mit einer Neigung von NO. nach SW. regelmässig unter die Schichten des Rothliegenden oder des bunten Sandsteines ein, so dass dieses Kohlenfeld, wiewohl seine Ausdehnung als eine geringere als die des vorher beschriebenen erscheint, doch eine grössere Ergiebigkeit besitzt, zumal auch die Mächtigkeit der abbauwürdigen Kohle darin eine bedeutendere ist.

W. **Smyth** hat hier folgende Schichtenreihe erkannt:

Dyas (Permische Gesteine) — rothe Sandsteine, Mergel und Hornsteine mit Pflanzen, wenig ungleichförmig auf den Schichten der Steinkohlenformation liegend . . . . . . 600'.

Steinkohlengebirge.

1. **Obere Etage** — braune Sandsteine, grünliche Conglomerate mit dicken Schichten von roth- und purpurfarbig gefleckten Thonen, und schwachen Kohlenlagen . . . . 1000'.
2. **Mittlere Etage** — Sandstein, Schieferthone, mit Eisenstein und gegen 40 Kohlenflötzen 4000'.
3. **Untere Etage** — schwarze Schiefer und Platten mit schwachen Kohlenflötzen. Darin finden sich Goniatiten, Pecten u. s. w. . . . . 1000'.

Millstone Grit — grober Sandstein, Schiefer u. s. w. . . . . 4000'.

Yoredale Rocks — schwarze Schiefer mit marinen Fossilien . . . . . . 2300'.

Kohlenkalk . . . . 4000—5000'.

Verwerfungen sind in diesem Gebiete nicht zahlreich, mit Ausnahme einer in der Nähe von **Talk-on-the-Hill**, wo man mehre grössere Störungen kennt.

1. Die Oberfläche des ganzen Gebietes beträgt . . . . 75 Quadratmeilen.
2. Die Gesammtmächtigkeit der kohlenführenden Schichten ist . . . . 5000'.
3. Die Zahl der bauwürdigen Kohlenflötze beträgt 22 mit einer Gesammtstärke von . 94' Kohle.
4. Die ursprüngliche Kohlenmenge betrug . . . . 3600 Mill. Tonnen.
5. Nach Abzug von $^1/_3$ hiervon, welches wegen zu grosser Tiefe noch unzugänglich erscheint, verbleiben . . . . 2400 „ „
6. Nach Abzug von $^1/_{10}$, was schon abgebauet ist, und von $^1/_4$ für Verlust, verbleiben . 1620 „ „

Südöstlich von diesem Districte findet sich noch das kleine Kohlengebiet von **Cheadle** in Staffordshire mit 6 schwachen Kohlenflötzen und einem recht brauchbaren Eisensteinflötz, welche gleichfalls verwerthet werden.

12. Das Steinkohlengebiet von Lancashire und Cheshire.

Im Norden der Liverpool-Manchester Eisenbahn zwischen Huyton und Manchester breitet sich das Lancashire-Coal-Field aus, welches nach dieser Richtung durch einen halbkreisartigen, die Städte

Chorley, Blackbury, Burnley und Staley Bridge verbindenden Bogen begrenzt ist, während es sich südlich von Staley Bridge mit einem zungenförmigen Fortsatz nach Cheshire ausdehnt. Man kann auf dem ganzen östlichen Rande und im Norden die Auflagerung des Kohlengebirges auf Millstone Grit verfolgen, an den sich im Norden eine Kette von theilweise 2000 Fuss hohen Bergen des Kohlenkalkes anschliesst. Der äusserste westliche Rand des Kohlengebirges wird bei Huyton durch eine grosse Verwerfung abgeschnitten, welche den hier auftretenden unteren Keuper in ein gleiches Niveau mit der unteren Etage des Kohlengebirges geführt hat, überhaupt ist dieses Kohlenfeld von vielen und zum Theil bedeutenden Verwerfungen heimgesucht worden. Im Süden schiessen die kohlenführenden Schichten nach dem Thale des Mercey hin unter die jüngeren Schichten der Dyas (oder Rothliegenden und des Zechsteines) und der Trias (oder des bunten Sandsteines und Keupers) ein [1]).

Man hat im Allgemeinen folgende Schichtenreihe erkannt:

Trias 4750 Fuss.	Keuper	1. Rothe Mergel (Cheshire)	3000′ mächtig.
		2. Unter-Keupersandstein (Waterstones)	500′ „
	Bunter Sandstein	1. Ober-Buntsandstein	500′ „
		2. Conglomeratschichten	650′ „
		3. Unter-Buntsandstein, oft fehlend	100′ „
Dyas (Permian) 355—650 Fuss.	1. Obere Etage.	Rothe Mergel und Kalksteine von Leigh, Patricoft und Manchester mit den Versteinerungen des oberen Zechsteines [2]).	250′ „
	2. Untere Etage.	Rothliegendes. Sandstein von Collyhurst . .	100—400′ „
Steinkohlengruppe (*Coal measures*) 6800 Fuss.	1. Obere Schichten.	Schieferthon, Sandsteine und Kalksteine von Ardwick mit Fischresten; darunter Sandsteine, Schieferthon und schwache Kohlenschichten. . .	1500—2000′ „
	2. Mittlere Schichten.	Von dem Worsley *Vierfuss-Flötze* bis zu den Schichten unter der Arley-Grube, mit *Anthracosia*, Fischresten u. s. w.	3000′ „
	3. Untere, oder Gannister [3]) Schichten.	Platten, Schieferthone und schwache Kohlenschichten, in deren Sohle harte kieselreiche Gesteine mit *Stigmaria ficoides* (Gannister Schichten) vorkommen, während die Schieferthone im Hangenden Goniatiten, *Avicula papyracea* und andere Thierreste enthalten.	1800′ „
Millstone Grit.		Von dem „Rough Rock" bis zu den tiefsten Schichten des Millstone Grit (mit schwachen Kohlenlagen)	3500′ „
Kalkschiefer oder *Yoredale Rocks*		(obere Etage des Kohlenkalkes) mit Mollusken . .	2000′ „

Der grösste Reichthum an Kohlen ist in der mittleren Etage zu finden, welche der Sigillarienzone angehört. Aufrecht stehende Sigillarien-Stämme, welche noch heute das geologische Museum in Manchester zieren, wurden namentlich in einem Eisenbahneinschnitte der Manchester-Bolton Bahn aufgefunden [3]) und die Zurückführung vieler Stigmarien auf die Wurzeln der Sigillarien ist zuerst von Herrn E. W. Binney in Manchester ausgegangen, dem man überhaupt viele treffliche Untersuchungen im Gebiete der fossilen Flora der Steinkohlenformation verdankt. Unter den Kohlenflötzen der mittleren Etage besitzt das unterste Flötz nicht nur die grösste Verbreitung, sondern auch den grössten ökonomischen Werth. Es führt auf verschiedenen Gruben verschiedene Namen, z. B.: „*Little Delf*" bei St. Helens, „*Arley Mine*" bei Wigan, „*Riley Mine*" bei Bolton und „*Dogshaw Mine*" bei Bury. Bei 4′ gewöhnlicher Mächtig-

---

[1]) Vgl. E. W. Binney, Observations on the Lancashire and Cheshire Coal Field, in Transactions of the Manchester Geolog. Soc. V. I. 1841.

[2]) Vgl. Geinitz, Dyas S. 308—310.

[3]) J. E. Bowman, in Trans. of the Manchester Geol. Soc. V. I. 1841. p. 112 u. f.

keit dieses Flötzes trifft man in seinem Dache viele Fischreste an, sowie einige Yards darüber eine sehr constante Schicht Eisenstein, die mit den Schalen der *Anthracosia robusta*[1]) erfüllt ist.

Die untere Etage enthält nur 6—7 Kohlenflötze, welche selten eine grössere Stärke als 2 Fuss erreichen. Sie entspricht sehr nahe der unteren Partie der mageren Kohlen in dem Westphälischen Steinkohlenbecken.

Bei einer Schätzung der noch vorhandenen Kohlenmasse hat Hull die Flötze der unteren Etage nicht mit in Anschlag gebracht. Mit Ausschluss der unter den Namen Manchester und Durnley Coal-fields unterschiedenen Districte findet folgende Annahme statt:

1. Flächenraum des Steinkohlenfeldes von Lancashire	192	Quadratmeilen.
2. Gesammtmächtigkeit der Schichten bis zu der *Arley mine*	4000	Fuss.
3. Anzahl der bauwürdigen Kohlenflötze darin, mit einer Mächtigkeit von 2′ an, bei St. Helens 13, bei Wigan 16, bei Pendleton 18, gibt eine mittlere Mächtigkeit der Kohlen von	60	„
4. Ursprüngliches Quantum an Kohle	5947	Mill. Tonnen.
5. Nach Abzug von 1/6 als bereits abgebauet	4956	„ „
6. Nach Abzug von 1/4 für Verlust beim Abbau verbleiben	3717	„ „
7. Für das Manchester Coal-field mit einem Flächenraum von 5 Quadratmeilen werden	23	„ „
8. für das Burley Coal-field[2]) mit einem Flächenraum von 20 Quadratmeilen . .	272	„ „

angenommen, wonach sich für das ganze Steinkohlenfeld von Lancashire und Cheshire ein bis 1861

noch vorhandenes Kohlenquantum von	4012	„ „

ergab.

13. Das Steinkohlengebiet von Derbyshire und Yorkshire.

Dasselbe dehnt sich mit einer Hauptrichtung von S. nach N. auf 66 Meilen Länge, nahezu auf denselben Längenraum aus, welcher die von ihm westlich gelegenen Steinkohlengebicte von Nord-Staffordshire, Cheshire und Lancashire einnehmen. Seine Breite variirt von 5 bis 20 Meilen. An seiner östlichen Grenze lehnen sich die Gebilde des Rothliegenden und des Zechsteins daran an, auf seiner westlichen und nördlichen Seite ruhet es auf den älteren Gliedern der Carbonformation, dem Millstone Grit und den darunter folgenden Gesteinen, so dass im Allgemeinen die Fallrichtung der kohlenführenden Schichten eine östliche ist. Ihre Reihenfolge stimmt im Wesentlichen mit jener der jenseitigen Steinkohlengebiete überein, in welchen jedoch eine entgegengesetzte Fallrichtung vorherrscht, indem beide ausgedehnte Ablagerungen durch die älteren Gebilde des Millstone Grit und der Kohlenkalkberge der Penninckette in Derbyshire in ihrer Hauptlängenrichtung von einander geschieden sind. Längs seiner Mitte kommt jedoch meist eine sanfte wellenförmige Erhebung der Schichten zum Vorschein. In absteigender Ordnung hat sich an dem südlichen Ende dieses Kohlengebietes nachstehende Reihenfolge der Schichten ergeben:

Dyas oder Permische Formation.	1. Mergel und Sandstein	40′.
	2. Zechstein (Magnesian Limestone)	60′.
	3. Mergel und Sandstein	30′.
Mittlere Etage des Kohlengebirges (Middle Coal-measures) 2500′.	Schichten bis zu der „*Top-Hard-coal*“ ungefähr . . .	700′.
	Waterloo-coal *Ell-coal* *Lower Hard-coal* *Furnace-coal* *Black Shale* oder *Clod-coal* *Kilburn-coal* Schieferthon	1600′.
Untere Etage des Kohlengebirges oder Gannister Gruppe.	Platten (*Flagstones*) von Wingfield Manor. Schieferthone und Sandsteinschiefer mit zwei Kohlenflötzen, die von Gannister Platten unterlagert werden	1000′.

---

[1]) E. W. Binney, fossil Shells in the lower Coal Measures. Manchester Geol. Soc. Journ. of Transactions, April 1860. p. 72 u. f.

[2]) Vgl. Witkinson und J. Whitaker, on the Burnley Coal-field and its Fossil Contents, in Rep. of the 31. Meet. of the British Assoc. at Manchester. London, 1862. p. 135.

Millstone Grit	Rough rock.	
	Sandschiefer (*Flags*) und Schieferthone.	
	Fester Mühlstein (*Hard millstone*)	350'.
Kalkschiefer, oder Yoredale Rocks	. . . .	250'.

Die *Black Shale Coal* entspricht der *Arley mine* von Lancashire, und die *Kilburn-Coal* der *Low Moor coal* von Yorkshire. Die tieferen Schichten enthalten sehr werthvolle Eisensteine, welche mit Schalen von *Anthracosia* erfüllt sind. In Derbyshire sind die „*Top hard*“ und „*Lower hard*“ Flötze die wichtigsten, welche die werthvolle „*splint-coal*“ liefern, und in Yorkshire haben die „*Silkstone*“ und „*Barnsley thick coals*“ den höchsten Werth. Das erstere Flötz ist mit dem „*Arley mine*“ in Lancashire identisch, und es hat sich dieses treffliche Kohlenflötz demnach mit einer Mächtigkeit bis 5 Fuss über einen Raum von nicht weniger als 10000 Quadratmeilen ausgebreitet. In der unteren Etage, oder den Gannister-Schichten, wie sie Professor Phillips zuerst genannt hat, können einige Flötze, deren Dach mit den Schalen von *Avicula papyracea*, Goniatiten etc. erfüllt sind, sowohl mit den Flötzen des nördlichen Lancashire parallelisirt werden, als sie wiederum einen ähnlichen Horizont bezeichnen, wie jene älteren, diese Versteinerungen führenden Flötze Westphalens.

1. Der gesammte Flächenraum, welchen dieses Kohlenfeld einnimmt, mit Ausschluss des unter dem Zechstein sich verbreitenden Theiles, beträgt nach Hull . . . 760 Quadratmeilen.
2. Die grösste Mächtigkeit der kohlenführenden Schichten (von dem Ackworth rock über dem „*Shafton coal-Flötze*“ bis zu der „*Low Moor coal*“) . . . . . . 2500 Fuss.
3. Mittlere Anzahl der bauwürdigen Kohlenflötze von 2' Mächtigkeit an 15 mit einer Gesammtstärke von . . . . 46 Fuss.
4. Ursprünglich vorhandene Kohlenmenge . . . . 17656 Mill. Tonnen.
5. Nach Abzug von $^1/_4$ für abgebauete Kohle und $^1/_4$ für Verlust bei künftigem Abbau verbleiben . . . . 8828 „ „
6. Der von Gesteinsschichten der Dyas und Trias bedeckte Raum, unter welchem zum Theil in einer Tiefe von 4000' noch Kohlenflötze lagern, beträgt etwa 400 Quadratmeilen und würde noch enthalten . . . . 12390 „ „ von Kohlen.

14. Das Steinkohlengebiet von Cumberland.

Mit einem halbmondförmigen Umriss zieht sich eine Zone von kohlenführenden Schichten in dem nördlichsten Theile von Cumberland an den Abhängen des Kohlenkalkes und Millstone Grit von St. Bees Head an über Whiteheaven, Workington und Maryport bis östlich von Bolton, im Westen begrenzt von dem Meere und an ihrer nördlichen Seite unter den jüngeren Schichten des Rothliegenden verborgen.[1])

1. Der gesammte Flächenraum, welchen diese Zone einnimmt, beträgt nach Hull . . 25 Quadratmeilen.
2. Mittlere Mächtigkeit der Kohle in 7 bauwürdigen Flötzen . . . . 15 Fuss.
3. Ursprüngliche Menge der vorhandenen Kohle . . . . 387 Mill. Tonnen.
4. Nach Abzug der abgebaueten Kohle und für Verlust bei künftigem Abbau würden verbleiben . . . . 97 „ „

15. Das grosse nördliche Steinkohlenfeld von Durham und Northumberland.

Die allgemeine Reihenfolge der Schichten und ihre relative Vertheilung in diesem Steinkohlenfelde ist eine sehr ähnliche wie die von Yorkshire. Dasselbe breitet sich von Staindrop an dem nördlichen Ufer des Tees im Süden bis zur Mündung des Coquet in die Alnmouthbucht und im Norden in einer Längenausdehnung von 50 Meilen aus und besitzt seine grösste Breite in dem Laufe des Tyne, welcher den Hauptcanal für den Export der Kohlen dieses Feldes darbietet.

Im Westen an die Schichten des Millstone Grit anlehnend, haben die kohlenführenden Schichten, wie jene in Yorkshire und Derbyshire ihr Hauptfallen nach Ost, bis sich dieselben an der Küste zwischen dem Coquet und Tynemouth unter dem Meere und von hier aus bis an das südliche Ende des grossen

[1]) Vgl. Sir R. Murchison upon the Permian Group of the Northwest of England, in Report of the 33. Meeting of the British Association, at Newcastle-upon-Tyne. London, 1864.

Steinkohlenfeldes unter den Schichten eines rothen Sandsteines[1]) und des Zechsteines immer mehr verflächen. Es wird dieses Kohlenfeld von einigen Gängen basaltischer Gesteine durchsetzt, die in geraden Linien im Allgemeinen von W. nach O. sich mehre Meilen lang ausdehnen und zum Theil, wie bei Newcastle, grosse Verwerfungen der Flötze hervorgebracht haben. Das wichtige Kohlenflötz in dem Districte von Newcastle ist das „*High main*" oder „*Wallsend*" Flötz, dessen Stärke zwischen 5 und 6 Fuss variirt. Das etwa 20 Fathoms tiefer gelegene „*Bensham*" Flötz erreicht unter dem Zechsteine in der Gegend von Sunderland gleichfalls 6 Fuss Stärke. Das gleich mächtige „*Low Main*" Flötz zeigt sich südlich und westlich von Newcastle mit ausgezeichneter backender Eigenschaft.

Monk Wearmouth Colliery bei Sunderland ist nicht allein eins der bedeutendsten Kohlenwerke der Umgegend, sondern zugleich auch eins der tiefsten in England. Der Abbau bewegt sich hier 1710 Fuss unter dem Meeresspiegel, vorherrschend auf zwei Flötzen, dem *Maudlein-* oder *Bensham-Flötze* von 5′ 10″ Stärke und dem 4′ 8″ mächtigen *Hutton-Flötze*, welches letztere in dem B-Schachte bei 287 Fathoms 5″ Tiefe erreicht worden war. Die Hängebank des Schachtes liegt etwa 90′ über dem Meeresspiegel. In den beiden Hauptschächten des Werkes sah der Verfasser 1860 gegen 150 Pferde arbeiten, von dem grössten Schlage herab bis zu dem Pony, von denen einige vier Jahre lang das Tageslicht nicht mehr erblickt hatten. Es gewährt einen eigenthümlichen Reiz, hier bei 1800′ unter der Erdoberfläche eine an mehre Meilen lange Eisenbahn zu befahren.

Dagegen hat sich Felling Colliery, in der Nähe der ersten Station zwischen Newcastle und Sunderland, eine traurige Berühmtheit erworben. Hier war es, wo durch eine furchtbare Explosion von schlagenden Wettern, angeblich im Jahre 1814, gegen 120 Arbeiter plötzlich getödtet wurden, welches schauerliche Ereigniss indess die unmittelbare Veranlassung zur Construction der 1815 eingeführten Sicherheitslampe von Humphry Davy geworden ist.

Dass trotzdem derartige Unglücksfälle nicht ganz vermieden werden, hat sich in der beklagenswerthesten Weise sowohl in dieser Gegend selbst, als auch in Süd-Wales erst vor wenigen Jahren noch leider herausgestellt.

1. Hull schätzt die Grösse des nicht von dem Zechsteine bedeckten Theiles dieses Steinkohlenfeldes auf	460 Quadratmeilen.
2. Darin enthalten 10 von 2′ an mächtige Kohlenflötze	36′ Kohle.
3. Es betrug die ursprüngliche Menge an Kohle darin	8548 Mill. Tonnen.
4. Nach Abzug von $1/4$ für abgebauete Kohlen und $1/4$ für Verlust bei der noch bevorstehenden Gewinnung verbleiben hier	4274 Mill. Tonnen.
Die Grösse des unter Gebilden des Zechsteines und der Trias verdeckten, unter 4000′ Tiefe befindlichen Feldes beträgt dagegen	225 Quadratmeilen,
mit einer bauwürdigen Kohlenmenge von	24,
welches nach Abzug des Verlustes bei ihrer Gewinnung	3158 Mill. Tonnen
entsprechen würde.	

Aus allen von Edw. Hull vorgenommenen Schätzungen ergibt sich aber, dass die in dem Jahre 1861 in England noch disponible Menge von Steinkohlen bis zu einer Tiefe von 4000 Fuss:

1.	für Anglesea unbeträchtlich ist,			
2.	„ Bristol und Somerset	747	Millionen	Tonnen,
3.	„ Coalbrook Dale	15	„	„
4.	„ Cumberland	97	„	„
5.	„ Denbigshire	490	„	„
6.	„ Derby und Yorkshire	8828	„	„
7.	„ Durham und Northumberland .	4274	„	„
8.	„ Flintshire	21	„	„
9.	„ Forest of Dean	561	„	„
10.	„ Forest of Wyre unbeträchtlich,			
11.	„ Lancashire und Cheshire . . .	4012	„	„
12.	„ Leicestershire	50	„	„
13.	„ Nord Staffordshire	1620	„	„
	Zu übertragen .	20715	„	„

[1]) Vgl. Geinitz, Dyas II. p. 312.

	Uebertrag .	20715	Millionen Tonnen.
14. für Süd Staffordshire	. . . . . .	973	„ „
15. „ Shrewsbury unbeträchtlich.			
16. „ Süd Wales	. . . . . .	16000	„ „
17. „ Warwickshire	. . . .	418	„ „
	Summa	38119	Millionen Tonnen betrug,

während unter jüngeren Formationen bis zu der Tiefe von 4000, noch . . . . 20990 „ „ verborgen sind, so dass bis zu dieser Tiefe im Ganzen . . . . 59109 „ „ auf einem Flächenraum von 3711 Quadratmeilen vertheilt lagen.

Ein eingehender Bericht über das Vorkommen, die Gewinnung und Verwerthung der Steinkohle des nördlichen England, sowie des Mid Lothian Coal Field und eines Theiles des Lanarkshire Coal Field in Schottland, ist, begleitet von einer geologischen Karte und genauen Profilen, in der 2. Auflage der Schrift von Sir Armstrong, L. L. Bell, J. Taylor und Dr. Richardson: „The Industrial Resources of the District of the three northern Rivers, the Tyne, Wear and Tees, including the Reports, on the Local Manufactures, read before the British Association, in 1863, London and Newcastle-upon-Tyne, 1864" p. 1—70 veröffentlicht worden.

Man ersieht aus demselben zugleich die Verwendung der dortigen Kohlen zu den verschiedenen Zwecken unter den Namen:

1. *Household Coal*, oder Kohle für den Hausbedarf,
2. *Gas Coal* oder Gaskohle,
3. *Manufacturing Coal* oder Kohle für gewerbliche Zwecke,
4. *Steam Coal*, welche in grösseren Stücken bricht und nicht leicht zerfällt, besonders für Dampfschiffe gebraucht,
5. *Coking Coal* oder Kokskohle.

Unter dem ersten Namen ist in frühesten Zeiten eine jede dieser Kohlen, wenn sie überhaupt der Gewinnung leichter zugänglich war, wie dies an dem Ausstriche der Flötze der Fall ist, verwendet worden, gegenwärtig versteht man eine Kohle darunter, welche beim Brennen keinen oder nur wenig Rückstand und zwar nur weisse Asche hinterlässt, welche gleichmässig und stetig brennt und unter den gegebenen Verhältnissen die grösste Wärme entwickelt.

Als man anfing, die Steinkohle zur Gasbeleuchtung zu verwenden, wählte man unter dem Namen Gaskohle diejenige aus, welche die grösstmögliche Menge Gas entwickelte. Die beste Gaskohle liefert das unmittelbar unter dem *Low Main-Flötze* folgende *Hutton-Flötz*, welches neben dem *High Main-Flötze* von Wallsend an der Tyne gleichzeitig auch die beste Kohle für den Hausbedarf gibt.

Als *Manufacturing Coal* bezeichnet man die zu dem Heizen von Dampfmaschinen und Oefen in Fabriken am meisten sich empfehlende Kohle, welche die grösste Hitze gibt, ohne den Rost der Feuerungen zu zerstören. Dieselbe darf nur wenig Asche hinterlassen.

An eine *Steam Coal* macht man dieselben Anforderungen, jedoch muss sie in grösseren Stücken brechen, welche nicht leicht in kleinere Stücken zerfallen. Auch in dieser Beziehung wird ein Theil des *Hutton-Flötzes* wiederum vor allen anderen hervorgehoben.

Die beste Kokskohle wird aus den unteren Flötzen an der Tyne hervorgezogen.

Anthracitische Kohle ist in dem Steinkohlenfelde von Newcastle nicht bekannt. Das specifische Gewicht dieser Kohlen variirt zwischen 1,2 und 1,5 und die Menge von Kohlenstoff darin von 72—75 proc.

Es ist als dankenswerth anzuerkennen, dass in diesem Berichte zugleich auch durch Richard Howse eine Uebersicht der in der Nähe der verschiedenen Flötze vorkommenden organischen Ueberreste gegeben worden ist, die man in anderen Kohlendistricten Englands allermeist noch vermisst und nur sehr ungern entbehrt. Seit dem Erscheinen der trefflichen Fossil Flora of Great Britain von J. Lindley und W. Hutton, London, 1831—1832, welche im Buchhandel schon längst vergriffen ist, hat man der fossilen Flora Britanniens lange nicht die Aufmerksamkeit geschenkt, die sie verdient, während die fossile Fauna dort eifriger studirt worden ist und noch immer untersucht wird, als vielleicht in jedem anderen Lande der Erde. Eine genaue monographische Arbeit mit Abbildungen aller Arten der in der Steinkohlenformation Britanniens vorkommenden Pflanzen und einer möglichst genauen Angabe ihrer Fundorte scheint uns ein dringendes Bedürfniss zu sein, das auch gewiss von denen längst gefühlt worden ist, die an der Spitze der geologischen Landesuntersuchung der vereinigten Königreiche schon so Vieles dazu beigetragen haben, dass das Ausland nur mit Bewunderung auf die Entwickelung und die Erfolge der Geologie in England blicken kann. Gegenwärtig müssen wir uns damit begnügen, auszusprechen, dass nach der von R. Howse gegebenen Uebersicht gerade die Sigillarienzone in dem Steinkohlenfelde von Northumberland, wie überhaupt in England, ihre reichste Entwickelung gefunden hat.

B. Schottland.

1. Das grosse schottische Steinkohlenfeld.

Wie die Gebirgsformationen, welche Schottland zusammensetzen, sich überhaupt zu Zügen anordnen, die in der Richtung von SW. nach NO. parallel zur Centralkette der Grampians laufen, so folgt auch das grosse schottische Steinkohlenfeld im Süden der letzteren dieser Hauptrichtung, von der Küste von Ayrshire an der Mündung des Clyde bis an die Nordsee sich ausdehnend, wo es die breite Mündung des Forth zwischen St. Andrews Bay und der Tyne auf beiden Seiten umgiebt. Der nördliche Rand zieht sich von Ardrossan auf der Westseite bis St. Andrews auf der Ostseite, der südliche Rand von Ayr bis in die Nähe von Dunbar, so dass die Länge des ganzen Feldes gegen 94 Meilen, seine mittlere Breite 25 Meilen beträgt. Die schottische Steinkohlenformation im weiteren Sinne ist auf dem alten rothen Sandsteine aufgelagert, an dessen Grenze oder in deren Nähe sehr bedeutende Ausbrüche von Grünsteinen, Feldspathporphyren, oder theilweise auch tuff- und mandelsteinartigen Gesteinen und von Basalten erfolgt sind. Dieselben treten theils lagerförmig zwischen den älteren Schichten der Steinkohlenformation auf, theils haben sie diese gangförmig durchbrochen.

Nach der von Murchison und Geikie [1]) gegebenen Uebersicht besteht die Steinkohlenformation in Schottland aus folgenden Gliedern:

1) Obere Flötzgruppe oder „*Flat-coals*", entsprechend den Coal-measures in England.
2) *Moor-rock* oder Roslyn-Sandsteine, entsprechend dem Millstone Grit und den oberen Kalkschiefern Englands.
3) Untere Flötzgruppe oder „*Edge-coals*" und Kohlenkalk } = Kohlenkalk in England.
4) Unterste Etage = Untere Kalkschiefer in England.

Die obere Flötzgruppe, welche ganz oder grösstentheils der productiven Steinkohlenformation in England entspricht, ist auf vier Becken vertheilt, von denen das eine östlich und südöstlich von Edinburg in Mid Lothian [2]) bis an das südliche Ufer der Forth-Mündung reicht, das zweite nördlich hiervon an dem nördlichen Ufer der Forth-Mündung in Five bekannt ist, das dritte bedeutendste von dem Clyde, SO. von Glasgow an, sich in nordöstlicher Richtung durch Lanarkshire nach Bathgate erstreckt, während das vierte einen kleinen Raum in Ayrshire [3]), O. von Ayr, bedeckt.

Die untere Flötzgruppe besteht sowohl in ihren höheren als tieferen Theilen abwechselnd aus Meeres- und Landbildungen, nämlich Schichten von Kalkstein mit Meeresthieren und sandigen Land- oder limnischen Ablagerungen, von welchen zahlreiche, zum Theil sehr bauwürdige Steinkohlenflötze umschlossen werden.

Auch in der untersten Gruppe, welcher die kalkigen Sandsteine von Maclaren angehören, finden sich Sandsteine, Schiefer und schwache Kalksteinlagen, die theils einen warmen oder sumpfigen Ursprung erkennen lassen und theils auf Flussablagerungen zurückzuführen sind, mit Ueberresten von Stigmarien, Sigillarien, Calamiten, Farren und Coniferen, in mannichfachem Wechsel zusammen.

Diese Ablagerungen haben ihre grösste Entwickelung in dem südöstlichen Theile des grossen Steinkohlenbassins.

Milne und Hull schätzen die Gesammtmächtigkeit der kohlenführenden Schichten in den Lothians oder in Edinburgshire auf 1000 bis 1050 Fathoms mit 50 — 60 über einen Fuss starken Kohlenflötzen, unter denen das stärkste 13 Fuss erreicht. Das unter dem Namen „*the Great Seam*" unterschiedene Hauptflötz ist von seinem Ausstriche bei Gilmerton an unter dem Thale des Esk über

[1]) Vgl. Murchison und Geikie, first sketch of a new Geological Map of Scotland. Edinburgh, 1851.

[2]) Vgl. Geologische Karte in der vorher bezeichneten Schrift von Amstrong, Bell, Taylor und Richardson.

[3]) Vgl. E. W. Binney, on some Upper Coal measures, containing a bed of Limestone, at Catrine in Ayrshire. Quart. Journ. of the Geol. Soc. Vol. 18. 1862. p. 437.

den Carberry-Rücken bis zu dem Thale der Tyne auf eine Entfernung von 12 Meilen zu verfolgen. Es verbreitet sich von dem Abhange der Lammermuir-Kette an nördlich bis an das Meer. Etwa 250 Fathoms unter demselben liegt das „*North Greens*“ Flötz, welches die unter dem Namen „*Parrot-coal*“ bekannte für Gasentwickelung sehr geschätzte Kohle liefert.

Die *Boghead coal* tritt mit einer durchschnittlichen Mächtigkeit von 18″, zuweilen aber auch bis 30″ auf einem beschränkten Raume in der Grafschaft Linlithgow, W. von Edinburg, auf. Sie ist eine wirkliche Steinkohle, die auf einem feuerfesten Thone lagert, welcher voll von *Stigmarien* ist und von Schieferthon oder Eisenstein bedeckt wird, in welchem sich gewöhnliche Steinkohlenpflanzen und Schalen von *Anthracosia* vorfinden (vgl. S. 18).

Nach den von J. Craig und Hull gegebenen Mittheilungen über Lanarkshire und Stirlingshire enthält das zwischen den Thälern des Clyde und des Leven sich ausbreitende Kohlenfeld:

1) In der oberen limnischen Gruppe 30 Kohlenflötze, von denen 7 oder 8 bauwürdig sind, mit einigen Arten von *Anthracosia* und Resten fossiler Fische, sowie mit 3 Lagen von *Black band* oder Kohleneisenstein.
2) In der darunter folgenden oberen marinen Gruppe treten neben vorherrschenden Schiefern mehre dünne Kalkschichten mit Meeresconchylien und nur wenige sehr schwache Kohlenflötze auf.
3. Die untere Kohlengruppe enthält mehre brauchbare Kohlenflötze, von denen das unterste Kännelkohle liefert, mit dem *Black band* von Keppoch, und unter dem letzteren zeigen sich noch Schiefer mit Eisenstein und Streifen von Kalkstein.
4) Die untere marine Gruppe besteht vorzugsweise aus Kalkstein, welcher auf Alaunschiefer ruhet. Unter dem 6 Fuss starken „*Sulphur coal*-Flötze“ stellt sich als Basis der Steinkohlenformation eine Reihe von kalkigen Schiefern und Sandsteinen ein, welche den Old Red Sandstone unmittelbar überlagert.

Im Allgemeinen sind die Untersuchungen dieses grossen Steinkohlengebietes noch nicht so weit vorgeschritten, dass man eine ähnliche Abschätzung der noch vorhandenen Kohlenmenge geben könnte, wie dies für England möglich war.

C. Die Steinkohlengebiete in Irland.

Wiewohl der Kohlenkalk sich über den grössten Theil von Irland verbreitet und man annehmen darf, dass auch die kohlenführenden Schichten der Steinkohlenformation hier einst eine beträchtliche Ausdehnung gezeigt haben mögen, so ist doch in Folge der hier nachweisbaren späteren Abspülungen nur wenig von ihnen noch übrig geblieben. In dem südlichen Irland wird der Kohlenkalk von einer Reihe schwarzer Schiefer oder grauer Sandsteine und Sandschiefer begleitet, die in ihren oberen Schichten schwache Lagen von anthracitischen Kohlen enthalten.

Professor J. Beete Jukes, der an der Spitze der geologischen Landesuntersuchung von Irland steht, unterscheidet [1]) in diesem Gebiete der Steinkohlenformation folgende von unten nach oben abgelagerte Gruppen:

Fig. 33.

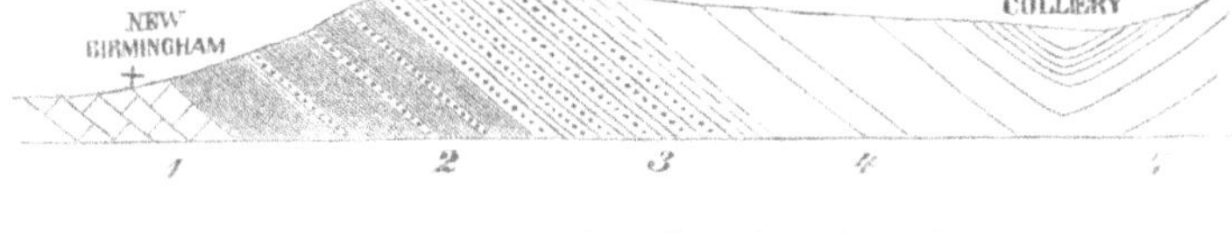

1. Kohlenkalk . . . . bis 3000′ mächtig.
2. Schwarze Schiefer mit einzelnen dünnen Lagen von Sandstein, gegen . „ 800′ „

[1]) Explanations to ccompany the Maps of the Geological Survey of Ireland, N. 128, 140, 141, 145, 147, 157, 162, Dublin, 1859 — 1861. — J. Beete Jukes, the Student's Manual of Geology, Edinburgh 1862, p. 514 u. f.

In diesen finden sich *Avicula papyracea Sow*, *Posidonomya Becheri Br.*, *Goniatites sphaericus* Mart., *Orthoceras Steinhaueri* Phill. und andere eine tiefere Zone bezeichnende Meeresthiere.

3. Grünlich-graue Sandschiefer mit schwarzen Schiefern (Flagstone-Reihe), ausgezeichnet durch wurmartige Abdrücke oder Versteinerungen, die auf Fährten von Würmern, Krebsen oder Weichthieren zurückgeführt worden sind [1]) . . . . bis 500′ mächtig.
4. Schwarze Schiefer und graue Sandsteine mit schwachen Kohlenflötzen . . . . „ 1800′ „

Ein ergiebiger Abbau wird nur in dem Steinkohlenfelde von Castel Comer betrieben, das an der Grenze von Kilkenny- und Queens-County liegt. Genaue hierauf bezügliche Durchschnitte und Schachtprofile, die wir Herrn Director P. Jukes verdanken, zur Erläuterung der Blätter 127. 128. 136. 137 und 147 der geologischen Karte von Irland dienend, weisen in diesem Gebiete 5 Kohlenflötze nach, von denen jedoch die oberen in Folge von Auswaschungen nur auf einem sehr kleinen Raume noch vorhanden sind. Das reichste Depot im Gebiete der unteren Flötze ist NO. von Castel Comer vorhanden, wo die in der Nähe von Clonbrook House befindliche Jarrow Colliery in Queens County bei meiner Anwesenheit im Jahre 1860 auf einem 3′ 10″ Kohle enthaltenden Flötze bauete, welches die ausgezeichnetste anthracitische Kohle, die normale Kilkenny-Coal Werner's führt. Ganz ähnlich wie hier sind die Verhältnisse auf der benachbarten Geneva Colliery des Herrn Benjamin Edge in Clonbrook-House. Es sind die Ansichten noch schwankend, ob dieses *Jarrow*-Flötz das zweite oder dritte von unten ist, jedenfalls ist es aber das wichtigste in der dortigen Gegend. Auch in dem etwas weiter NO. am Wege von Castel Comer nach Athy gelegenen kleinen Leicester Coalfield baut man nur auf einem 18—20 Zoll mächtigen Flötze [2]).

Die von Herrn Benjamin Edge und dessen Sohne Herrn John Edge in diesem Steinkohlengebiete gesammelten zahlreichen Pflanzenreste gestatten Vergleiche mit anderen Steinkohlenbassins und zeigen, dass diese anthracitischen Kohlen keineswegs der Zone des Culm [3]) oder unserer ersten Zone, sondern vielmehr dem Anfange der zweiten, oder Sigillarienzone, angehören. Es liessen sich darin unterscheiden:

Gyromyces Ammonis Gö., *Calamites cannaeformis* Schl., *Asterophyllites foliosus* Lindl. u. Hutt., *Sphenophyllum saxifragaefolium* St. sp., *Sphenopteris latifolia* Bgt., *Schizopteris anomala* Bgt., *Neuropteris gigantea* St., *Alethopteris lonchitidis* St., *Sagenaria dichotoma* St., *Sag. elegans* Lindl., *Sag. rimosa* St., mit *Lepidophyllum* und *Lepidostrobus*, *Aspidiaria undulata* St., *Sigillaria tesselata* Bgt., *Sig. intermedia* Bgt., *Stigmaria ficoides var. minor*, *Cordaites borassifolius* St. sp.

Ueber dem Jarrow-Flötze kommen Seemuscheln vor, unter denen *Avicula papyracea*, *Posidonomya Becheri* am häufigsten sind.

Zahllose Schalen wohlerhaltener *Cardinien* finden sich mit einigen von Baily beschriebenen Arten der merkwürdigen Krebsgattung *Belinurus* [4]) zusammen in den schwarzen Schiefern der SW. von Carlow gegen 4 Meilen entfernten *Bilboa Colliery*, die auf einem nur 18″ mächtigen Kohlenflötze gebauet hat, welches dem zweiten Flötze entsprechen soll. Auch hier waren *Alethopteris lonchitidis* und *Sagenaria elegans* leicht zu erkennen, welche zwei Formen überhaupt in der productiven Steinkohlenformation Britanniens die allergrösste Verbreitung zeigen.

In dem nördlichen Irland, wo kohlenführende Schichten in den Grafschaften Leitrim [5]), Fermanagh sowie bei Dungannon in Tyrone und Ballycastle in Antrim vorkommen, werden dieselben von einer, wie es scheint dem Millstone Grit entsprechenden, mächtigen Sandsteinbildung unterlagert, die sie von der Gruppe des Kohlenkalks trennen. Die letztere theilt Sir Griffith auf seiner geologischen Karte von Irland in eine obere und untere Kalketage, zwischen welchen die aus Schiefern

[1]) Vgl. W. H. Baily in Expl. to accompany Sheets 128, 140, 141 of the Maps of the Geological Survey of Ireland, Dublin, 1859—1860. — Geinitz im n. Jahrb. 1864 S. 2.

[2]) Geo. M'Donnel in Journ. of the Geol. Soc. of Dublin, IX. P. I. Dublin, 1861 p. 7.

[3]) Wenn man die hier gewonnene Kohle oder einzelne Flötze auch „Culm" nennen hört, so bezieht sich dieser Ausdruck nur auf den klaren Zustand oder auf das zuweilen nur nesterweise Vorkommen dieser Kohlen.

[4]) W. H. Baily in Annal. and Mag. of Nat. History, 1863. Vol. 11. p. 107—114.

[5]) G. V. du Noyer on the Bituminous Coal of the Arigna District, Count. of Roscommon and Leitrim. In the Geologist, VI. N. 63. London, p. 81—92.

und Sandsteinen bestehende Etage des „*Calp*“ oft mit über 1000 Fuss Mächtigkeit eingelagert ist. Während ferner in dem ganzen südlichen Irland die typischen Anthracitkohlen oder Kilkenny-Kohlen vorherrschen, so kommen, nach Mittheilungen des Professor Jukes, in den Ablagerungen des nördlichen Irland gute Gaskohlen vor.

Nach Untersuchungen von Sir R. Griffith[1]) ist das Steinkohlenfeld von Dunganon in Tyrone in zwei Districte getrennt, welche als Coal Island-District und Annahone-District unterschieden werden. Der erstere ist 6 Meilen lang mit einer mittleren Breite von etwa 2 Meilen, der letztere ist nur 1 Meile lang und $^1/_2$ Meile breit. In absteigender Ordnung sind dort folgende Flötze bekannt:

	Yards	Fuss	Zoll		Yards	Fuss	Zoll
1. *Upper Coal*, unrein	—	2	2	5. *Brackaveel Coal*, gut	—	4	6
Zwischenmittel	12	1	—	Zwischenmittel	28	—	—
2. *Annagher Coal*, weich	—	9	—	6. *Baltiboy Coal*, schwefelhaltig	—	3	—
Zwischenmittel	18	1	—	Zwischenmittel	24	—	—
3. *Bone Coal*	—	3	—	7. *Gortnaskea Coal* { Kännelkohle	—	2	—
Zwischenmittel	13	—	—	Steinkohle	—	4	—
4. *Shining Seam*	—	2	10	Zwischenmittel gegen	75	—	—
Zwischenmittel	26	—	—	8. *Derry Coal*, gut	—	4	6

Unter diesen sind noch 2—3 andere Flötze bekannt. Die meisten dieser Kohlen sind von guter Beschaffenheit.

Recht interessant ist das Vorkommen der productiven Steinkohlenformation bei Ballycastle an der nördlichen Küste von Irland, wo sich dieselbe von Fair Head aus in westlicher und südlicher Richtung auf eine Entfernung von etwa 4 Meilen mit einer mittleren Breite von $1^1/_2$ Meilen ausdehnt. Sie enthält an der Murlough Bay sechs Kohlenflötze von 1—8 Fuss Stärke, von denen vier gute Gaskohlen liefern, während die beiden tiefsten anthracitisch sind. Die 4 ersteren treten zwischen zwei säulenförmig abgesonderten basaltischen Massen auf, während die beiden unteren anthracitischen Flötze fast in unmittelbare Berührung mit der gegen 70 Fuss mächtigen unteren Basaltmasse treten, die davon eingeschlossen ist. Es scheint diese kohlenführende Schichten-Ablagerung unmittelbar auf dem Glimmerschiefer zu ruhen.

Zur weiteren Charakteristik der irischen Kohlenfelder folgt eine Uebersicht der fossilen Pflanzen, die wir Gelegenheit fanden, theils in den trefflichen Sammlungen des Irish Museum und in Sir Rich. Griffith's Office in Dublin, in der schon bezeichneten Sammlung der Herren B. und J. Edge in Clonbrook house, so wie auf den Halden des Steinkohlenfeldes von Castel Comer in der angenehmen Begleitung des Herrn W. H. Baily zu untersuchen, von denen viele in dem k. mineralogischen Museum zu Dresden niedergelegt worden sind.

1. *Gyromyces Ammonis* Gö. auf *Asterophyllites foliosus* und auf einem Farrenstamme vom Leinster Coal-field und Castel Comer Coal-field in Queens County.
2. *Calamites cannaeformis* Schl. von Limerick, Jarrow- und Geneva-Coll. bei Castel Comer, Glengoole u. Knockelonga in Tipperary.
3. *Cal. Suckowi* Bgt. von Limerick, Knockelonga Coll. in Tipp. u. Ballycastle in Antrim.
4. *Cal. approximatus* Schl. von Limerick, Knockelonga Coll. in Tipp. u. Annagher Coll. bei Dungannon in Tyrone.
5. *Asterophyllites foliosus* Lindl. von Coalbane-, Skehanna- und Jarrow-Coll. bei Castel Comer und Knockelonga Coll. in Tipperary.
6. *Ast grandis* St. sp. von Glengoole in Tipp., Dromagh Coll. bei Kanturk in Cork.
   Pinnullaria capillacea Lindl. ebendaher.
7. *Sphenophyllum saxifragaefolium* St. sp. von Glengoole und New Birmingham in Tipperary, Skehanna Coll. u. a. bei Castel Comer.
8. *Sphenopteris latifolia* Bgt. von Dromagh bei Kenturk in Cork, Limerick, Glengoole in Tipp. u. Annagher Coll. bei Dungannon in Tyrone.
9. *Sph. muricata* Schl. sp. von Annagher Coll. bei Dungannon.
10. *Sph. irregularis* St. von Glengoole.
11. *Sph. Hoeninghausi* Bgt. von Glengoole und Knockelonga Coll. in Tipperary.

[1]) Portlock, Report on the Geology of the county of Londonderry and of Parts of Tyrone and Fermanagh. Dublin, 1843. — Edw. Hull, the Coal-Fields of Great Britain. London, 1861. p. 185—188.

12. *Schizopteris anomala* Bgt. von Jarrow Coll. bei Castel Comer.
13. *Dictyopteris Brongniarti* Gutb. im thon. Sphärosiderit von Dungannon in Tyrone.
14. *Neuropteris gigantea* St. von Jarrow-, Skehanna- u. a. Coll. bei Castel Comer.
15. *Cyatheites plumosus* Art. sp. von Limerick.
16. *Alethopteris lonchitidis* St. (*Pecopteris lonchitica* Bgt.) von Dromagh Coll. bei Kanturk in Cork, Coalbawen-, Jarrow-, Bilboa- u. a. Coll. bei Castel Comer, Glengoole in Tipperary.
17. *Sagenaria elegans* Lindl. sp. von Dromagh Coll. bei Kanturk, Jarrow-, Skehanna-, Bilboa- u. a. Coll. bei Castel Comer, Glengoole in Tipp., Crosshill bei Keadue in Leitrim, Ballycastle in Antrim.
18. *Sag. dichotoma* St. von Leitrim und Ballycastle in Antrim. — *Lepidophyllum lanceolatum* Lindl. ebend.
19. *Sag. rimosa* St. von Dromagh Coll. bei Kanturk, Jarrow-Coll bei Castel Comer.
20. *Sag. obovata* St. von Crosshill, Keadue in Leitrim.
21. *Sag. aculeata* St. ebend.
22. *Aspidiaria undulata* St. von Jarrow- und Geneva Coll. bei Castel Comer und Knockelonga Coll. in Tipperavy.
23. *Stigmaria ficoides Var. minor*, ebend.
24. *Sigillaria elegans* Bgt. von Dromagh Coll. bei Kanturk in Cork und Annagher Coll. bei Dungannon.
25. *Sig. tesselata* Bgt. von Limerick, Jarrow- und Skehanna-Coll. bei Castel Comer.
26. *Sig. oculata* Schl. von Glen (Samml. d. Hrn. Edge.).
27. *Sig. intermedia* Bgt. von Jarrow-Coll. bei Castel Comer.
28. *Cordaites borassifolius* St. sp. ebend.

Ich glaube nicht, dass man durch diese Pflanzen berechtiget sein könnte, die kohlenführenden Schichten Irlands in eine ältere Zone zu verweisen, als in die untere meist magere Etage der westphälischen Steinkohlenformation, was ihren Lagerungsverhältnissen sehr wohl entspricht. Sie bezeichnen hier wie dort wiederum den Anfang der Sigillarienzone, deren spätere reichere Flötzbildung in Irland wieder zerstört worden und sich nur noch in einigen nördlichen Gegenden Irlands, wie bei Dungannon auf einem sehr kleinen Raume erhalten haben mag.

D. Jurassische Kohlen in Britannien, in Schweden und Dänemark.

Ausser den wirklichen Steinkohlen treten in England und Schottland auch mehre Schwarzkohlenlager auf, welche der unteren Juraformation angehören. Sie finden sich an der nordöstlichen Küste von England in Yorkshire bei Whitby und Skarborough und sind von Professor Phillips [1]) beschrieben worden, sowie an der Ostküste des nördlichen Schottland bei Brora, wo man nach Lyell auf einem $3^1/_2$ Fuss mächtigen Kohlenflötze seit länger als einem Jahrhundert Abbau betrieben hat.

Ueber ähnliche Kohlenablagerungen in Schweden und Dänemark sowie über mehre tertiäre Kohlen des dänischen Staates ist uns durch Herrn Staatsrath Professor Dr. Forchhammer in Copenhagen unter dem 10. Nov. 1863 folgende Mittheilung gegeben worden:

In Schonen laufen zwei, NW. und SO. streichende Parallelketten des Granit-Gneisses; die östlichste Kette hat als ausgezeichnete Puncte Kullen am Kattegat, Steenshufrud an der Ostsee und Christiansöe, die dänische kleine Insel in der Ostsee; die westliche Kette hat gleichfalls ausgezeichnete Puncte in Rommelaklint, mitten in Schonen, und auf Bornholm. Das geognostische Thal zwischen diesen beiden Ketten, die etwa 4 Meilen (à 15 Meilen für 1 Breitengrad) auseinander liegen, ist zum Theil mit den älteren skandinavischen Uebergangsgebilden (Cambrisch und Alt-Silurisch bis zu den Trinucleus-Schichten im Caradoc-Sandstein), zum Theil mit älterem Jura (eisenhaltigem), erfüllt, unter welchem bunte Mergel, Thone und Sandsteine vorkommen, die Forchhammer dem Keuper zurechnen möchte, worin jedoch noch keine Versteinerungen beobachtet worden sind.

In diesem Thale liegen Höganess, wo man nach Mittheilungen des Herrn Director Baur in Eschweiler seit etwa 60 Jahren auf einem wenig über 1 Fuss mächtigen Schwarzkohlenflötze bauet, Bosarp und Helsingborg in Schweden, und obgleich dasselbe zwischen Christiansöe und Bornholm vom Meere bedeckt ist, weiss man doch mit einiger Sicherheit, dass die Juraformation auch dort vor-

[1]) John Phillips, Illustrations of the Geology of Yorkshire. Part. I. London, 1835.

kommt, da die Bewohner der Ostküste von Bornholm vor 50 — 60 Jahren dort Kohlen aus dem Meere aufgenommen haben. Auf Bornholm kommen die bearbeiteten Jurakalklager auf der Südwestseite der westlichen Kette vor. Die Versteinerungen sind dieselben wie in Schonen und der östlichen Küste von Yorkshire; an Pflanzen: *Cycadeen, Pecopteris tenuis, Pec. Murrayana* u. a.; an Thieren: *Avicula* aus der Gruppe der Aequivalven, *Nucula rostrata* und Saurierzähne mit Längenstreifung.

Auf Bornholm finden sich zwei Abtheilungen, eine ältere, mit sehr vielem Eisenoxyd und den oben angeführten Versteinerungen, und eine jüngere, die in Schweden zu fehlen scheint, ohne Eisenoxyd, mit schneeweissem Sand und Sandsteinen, ohne Thierversteinerungen, nur mit Cycadeen- und Seetang-Arten. Ueberhaupt tritt der doppelte Charakter dieser Bildung in beiden Abtheilungen auf, in der ersten nämlich durch Landpflanzen und Seethiere, in der anderen durch Landpflanzen und Seepflanzen; mit anderen Worten, beide sind Meerbusenbildungen, wo die Kohlen das Treibholz repräsentiren.

In Schonen sind die Lagerungsverhältnisse sehr einfach. Die Schichten fallen unter nicht gar grossen Winkeln von der östlichen Kette gegen West. Auf Bornholm sind sie sehr verwandelt; an den mehrsten Orten fallen die Schichten unter grossen Winkeln (bis 70°) gegen das nahe liegende Urgebirge, als ob sie unter dasselbe einschössen. Alle diese grossartigen Senkungsphänomene gruppiren sich um eine stark vorspringende Halbinsel des Urgebirges, auf welcher die St. Kunds-Kirche liegt und von welcher sie ausgegangen sind. Ob die Bornholmer eisenfreie Kohlenbildung dem weissen Jura entspricht, ist noch nicht ausgemacht.

Die Jütländische Braunkohle findet sich in der von Forchhammer als Braunkohlenformation von Sylt beschriebenen Bildung, deren Versteinerungen Professor Beyrich in den Schriften der Deutschen geologischen Gesellschaft beschrieben und abgebildet hat. In dem nördlichen Theile von Jütland (doch südlich von Lümfjord) sind etwa 10 — 15 solcher nierenförmigen Lager bekannt, wovon indess keins eine grössere Ausdehnung hat, und da der Brennwerth der Braunkohle nur wenig grösser ist als der des Torfes, wird kein einziges dieser Braunkohlenlager in dem torfreichen Lande benutzt.

In Lauenburg an der Elbe kommen wieder Braunkohlenlager vor, während in dem zwischenliegenden Lande die Formation mit ihrem versteinerungsführenden Glimmerthone sehr häufig ist, wiewohl hier die Braunkohlen fehlen. Auch für diese Braunkohlenbildung gilt, was oben für die jurassischen Kohlen bemerkt worden ist, sie enthält Landpflanzen und Seethiere und ist mit ihrem Bernstein und Nadelholz eine Treibholzbildung.

Die Faröische Kohle kommt im Doleritporphyr vor. Ihr Alter ist unbekannt.

Der Isländische Surturbrand enthält Abdrücke dicotyledonischer Pflanzen, besonders von Magnoliaceen (Liriodendron) und ist wahrscheinlich jung tertiär.

Die Kohlenbildung von Nord-Grönland ist wahrscheinlich von verschiedenem Alter, nämlich eine, welche Nieren von Eisenstein mit Ammoniten enthält, dürfte jurassisch sein, womit auch der allgemeine Charakter der in einigen Lagern gefundenen Pflanzenabdrücke übereinstimmt; eine andere Bildung ist entschieden tertiär. Es ist bis jetzt noch nicht möglich gewesen, ihr gegenseitiges geognostisches Verhältniss genau festzustellen.

Forchhammer's Versuche über die wärmende Kraft der verschiedenen hier angeführten Kohlen haben folgende Resultate ergeben:

Newcastle- und Ostschottische Kohle	= 5757—6000	Wärmeeinheiten.
Höganess-Kohle	4040	„
Faröische Kohle	4196	„
Bornholmische Kohle der neueren Abtheilung	3821	„
„ „ „ älteren „	3199	„
6 verschiedene Kohlenlager der Nord-Grönländischen Bildung	1943—3384	„
Jütländische Braunkohle von Salten	2963	„
„ „ „ Thyholm	3684	„
Lufttrockener Torf	2500	„
Lufttrockenes Buchenholz	2163	„

CAPITEL XIV.

Die Steinkohlenformation in Russland.

Russland.

(Unter den hier gebräuchlichen Maassen ist 1 Faden = 3 Arschinen = 7 Fuss = 48 Werschock; 1 Werst = 3500 Fuss.)

Sämmtliche Steinkohlenlager Russlands, welche bis jetzt aufgeschlossen worden sind, gehören der unteren Etage der Steinkohlenformation an und fallen theils in das Gebiet des Kohlen- oder Bergkalkes selbst, theils in das Gebiet des flötzleeren Sandsteines oder Millstone Grit der Engländer.

Während aber der marinen Abtheilung dieser Etage in dem westlichen Europa die Kohlenflötze und andere sie begleitenden Land- und Süsswasserbildungen fast gänzlich fehlen, dieselbe aber in Mitteldeutschland, wie namentlich in Sachsen, durch eine reine Land- und Süsswasser-Bildung, den Culm, vertreten ist, so greifen im östlichen Europa diese limnischen und marinen Gebilde wiederholt in einander ein und lassen in manchen Gegenden Russlands einen vielfachen Wechsel ihrer Ablagerungen erkennen. Dies hat hin und wieder zu der Ansicht Veranlassung gegeben, als hätten diese Kohlenlager selbst eine marine Entstehung; indessen deuten die in den verschiedenen Steinkohlengebieten Russlands aufgefundenen Pflanzenreste, unter denen wir sichere Leitpflanzen des Culm auffinden, auf eine ganz ähnliche Entstehung hin, wie wir für die allermeisten anderen Steinkohlenlager in Anspruch nehmen mussten. Es erklärt sich dieser Wechsel von marinen und limnischen Gebilden theils durch die Annahme von undulatorischen Senkungen und Hebungen der niedrigen Land- oder Küstengegenden, die von der alten Vegetation bedeckt gewesen sind, wodurch diese wiederholt inundirt werden mussten, theilweise wahrscheinlich auch durch locale Einschwemmungen von Pflanzenresten oder ganzen Partien benachbarter Torfmoore in die marinen Absätze des damaligen Meeres.

Bei einem Vergleiche der aus der Steinkohlenformation Russlands bisher bekannt gewordenen Flora [1]) erscheint die noch heute in Russland vielfach besprochene Frage „über das Vorkommen der Kohlen unter oder über dem Kohlenkalke" in theoretischer Beziehung weniger von Bedeutung, als sie es in praktischer Hinsicht in der That ist. Der Unterschied in den fossilen Floren der in verschiedenen Niveaus und aus verschiedenen Gegenden Russlands auftretenden Steinkohlen ist nach allen uns bekannt gewordenen und am Schlusse zusammengestellten Erfahrungen nicht so bedeutend, dass man hierdurch bestimmt werden könnte, ausser der einen und zwar ersten Zone, die wir als Sagenarien- oder Lycopodiaceen-Zone bezeichnet haben, noch eine zweite Zone der Kohlenflora hier anzunehmen.

Man wird hierdurch vielmehr zu der Annahme geführt, dass der Charakter dieser ersten Zone, für welchen die Flora von Haynichen und Ebersdorf in Sachsen als Typus angenommen werden darf, am reinsten in der Nähe der tieferen Flötze der russischen Steinkohlenbecken erscheint, während sich in der Nähe der oberen Flötze, z. B. im nördlichen Theile des Donetzer Kohlenbassins bei Lugan und

[1]) Ed. d'Eichwald, Lethaea Rossica ou Paléontologie de la Russie. 1 Vol. Stuttgart, 1860.
J. Auerbach u. H. Trautschold, über die Kohlen von Central-Russland. Moskau, 1860 etc. etc.
R. Ludwig in Dunker's und v. Meyer's Palaeontograph. V. X. p. 30 u. f.

bei Petrowskaja, im Gouvernement Charkow, schon einige Pflanzen der zweiten oder Sigillarienzone der älteren zugesellt haben, ohne dass die letztere bis jetzt in Russland in einer reicheren Entfaltung angetroffen worden wäre.

Jene oberen Flötze der russischen Steinkohlengebiete stellen demnach eine Uebergangsstufe zwischen der ersten und zweiten Zone dar, die wir am besten der liegenden Flötzgruppe von Nieder-Schlesien oder der unteren mageren Gruppe des Ruhrbeckens vergleichen können. Nach den in anderen Theilen Europas gewonnenen Erfahrungen aber, nach welchen das Vorkommen bauwürdiger Steinkohlenflötze in der tieferen Region des Culm oder der unteren Etage der Steinkohlenformation überhaupt gewiss zu den Ausnahmen gehört, wird man sicher auch in Russland wohlthun, bauwürdige Steinkohlenlager nicht unter dem Kohlenkalke mit den grossen Producten (*Productus giganteus* Martin), wie bisher die vorherrschende Ansicht gewesen ist, sondern vielmehr über der Kohlenkalkgruppe zu suchen, um auch in Russland die in allen Theilen der Erdoberfläche am mächtigsten und productivsten erscheinende Sigillarienzone zu erreichen. Die letztere wird wohl auch in dem grossen Russland nicht fehlen, zumal für ihr Vorhandensein die Andeutungen im nördlichen Theile des Donetz-Bassins in Südrussland, sowie in der Gegend von Jekaterinburg am Ural in der fossilen Flora bereits vorliegen.

Ueber die verschiedenen Steinkohlengebiete in Russland und über das Vorkommen von Kohlenflötzen darin halten wir uns an die besten und neuesten Schriften, die sich hierüber verbreiten. Als Basis für alle anderen Forschungen ist man gewöhnt, die grosse Geologie von Russland zu betrachten, welche von Sir R. J. Murchison, Ed. de Verneuil und Graf Al. v. Keyserling[1]) mit einem bewundernswürdigen Scharfblick bearbeitet worden ist.

1. Das Steinkohlengebiet von Südrussland zwischen dem Dnieper und Don, oder das Kohlenbassin an der Donetz.

Karte der Steinkohlenformation des Donetz-Bassins,
nach R. Murchison, E. de Verneuil und A. v. Keyserling.

Fig. 34.

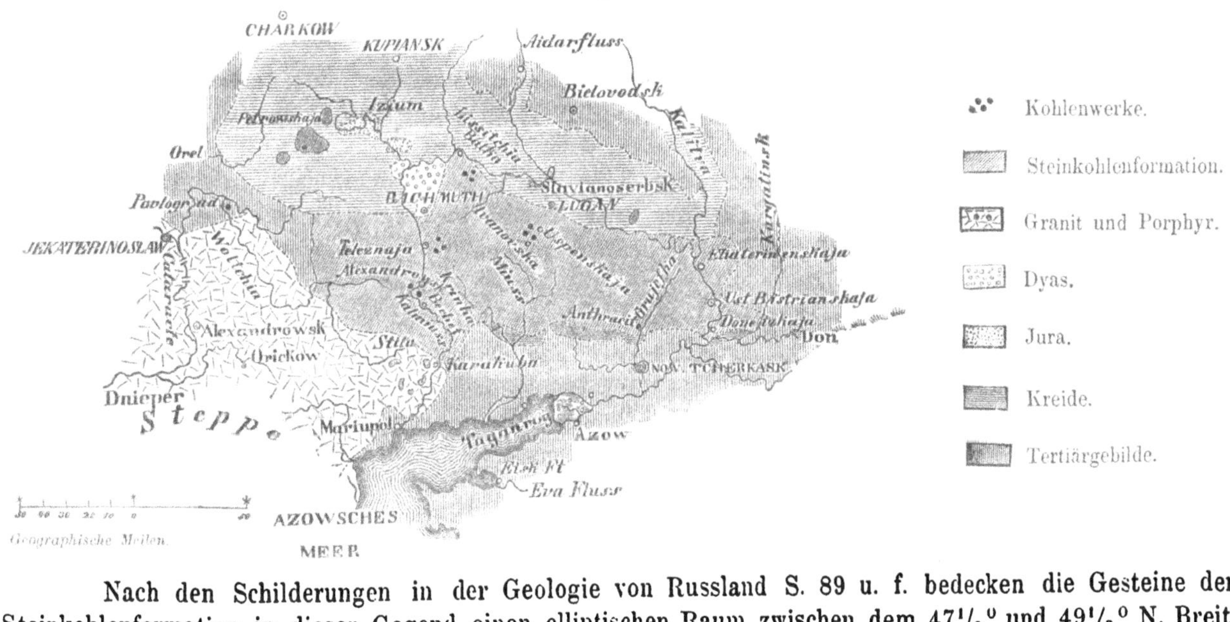

Nach den Schilderungen in der Geologie von Russland S. 89 u. f. bedecken die Gesteine der Steinkohlenformation in dieser Gegend einen elliptischen Raum zwischen dem $47^1/_2{}^0$ und $49^1/_2{}^0$ N. Breite

[1]) The Geology of Russia in Europe and the Ural Mountains. V. I. Geology. V. II. Paléontologie. London & Paris, 1845.

und dem 36° und $41\frac{1}{2}$° O. Länge, dessen grösste Länge von WNW. in der Nähe des Flusses Woltchia nach OSO. bis zu der Kargalinsk, einem östlichen Nebenfluss der Donetz, gegen 230 engl. Meilen beträgt, während seine grösste Breite von Karakuba am Südrande des Bassins bis in die Umgebung von Bachmuth, am nördlichen Rande desselben, gegen 100 engl. Meilen lang ist. Die von Gesteinen der Steinkohlenformation bedeckte Oberfläche wird hiernach auf 11,000 engl. Quadratmeilen geschätzt.

An seiner südwestlichen Seite wird dieses Bassin zwischen der Woltchia und Kalmiuss von älteren granitischen Gesteinen begrenzt, welche von einem Porphyr durchbrochen werden; nach allen anderen Richtungen hin ist es von jüngeren Gebirgsarten überlagert. Dieses Kohlenbassin fällt in die Gouvernements Jekaterinoslaw und der Donischen Kosacken, NW. von dem Hauptbassin aber trifft man bei Petrowskaja an der Grenze des Gouv. Jekaterinoslaw und Charkow noch einige kleinere isolirte Partien des Kohlengebirges an.

Der in der Nähe der Kalmiuss von Karakuba in nördlicher Richtung nach Alexandrowsk gezogene Durchschnitt belehrt uns am besten über die in diesem Bassin vorherrschenden Glieder der

Durchschnitt an der Kalmiuss im Donetz-Bassin, nach Murchison.

Fig. 35 a.

Fig. 35 b.

Formation und das Auftreten der Kohle selbst. Es ruhen auf den krystallinischen Gesteinen hier zunächst rothe Sandsteine und Schiefer, die mit einigen Conglomeratbänken wechseln und als Vertreter der oberen Devonformation oder des Old Red erkannt worden sind. Hierauf folgt der untere Kohlenkalk mit *Productus giganteus* oder Productuskalk, an welchen nach obenhin sich unreine Kalksteine und Sandsteine anschliessen, worin vereinzelte Kohlenflötze gefunden werden.

Bei Alexandrowsk, wo der Staat einen Kohlenbau betreibt, lagert das Kohlenflötz auf Sandsteinen und unreinen Kalkplatten mit Steinkohlenpflanzen, wird aber unmittelbar von einem Kalksteine überlagert, welcher *Productus, Spirifer* und ein in dem oberen Kohlenkalke Englands häufig vorkommendes *Lithodendron* enthält.

Hier ist das Kohlenflötz gegen 7 Fuss mächtig, es enthält eine backende, ziemlich leichte und leicht zerbrechende Kohle, welche theilweise für die Dampfschiffe der kaiserlichen Flotte auf dem schwarzen Meere Verwendung findet.

In östlicher Richtung von diesem Durchschnitte nach den Flussgebieten der Krinka und Miuss hin vermindert sich die Mächtigkeit der kalkigen Ablagerungen und gleichzeitig tritt eine wesentliche Veränderung der Kohle ein, welche mehr und mehr anthracitisch wird.

So zeigten sich S. von Ivanowka an den Hügeln von Krasnoi-Kut zwei Kohlenflötze von 3 und $3\frac{1}{2}$ Fuss Stärke, von denen das eine von zwei dicken Schieferlagen eingeschlossen und von dunkelm Kalkstein mit *Chaetetes radians* und *Crinoideen* überlagert war, während das andere auf sandigem Schiefer mit Pflanzen lag und von einem dünngeschichteten Sandsteine überlagert wurde, welchem Crinoidcen-Kalk folgt.

Diese auf den Gruben des General Papkow gewonnenen Kohlen werden zur Heizung einer Dampfmaschine verwendet. Ihrer Qualität nach bilden sie eine Mittelstufe zwischen den sogenannten bituminösen Kohlen von Alexandrowsk und den Anthraciten in der Nähe der Donetz.

Die wichtigsten Anthracitgruben dieser Gegend sind die an dem Flüsschen Gruschewka, in der Nähe des Weilers von Popowskoi, 30 Werst N. von Novo Tscherkask, nach welchem Orte, wie in die Umgebungen der Flüsse Don und Donetz, die Kohle in leichten Karren verfahren wird. Sie ist ein viel gebrauchtes Brennmaterial in den Städten Novo Tscherkask, Rostow und anderen Orten an dem Azow'schen Meere. Man bauet hier auf zwei durch ein Schiefermittel von etwa 50 Fuss Stärke getrennten Flötzen von je 2 — 3 Fuss Mächtigkeit.

Popowskoi oder Gruschewka, nach Murchison.

Fig. 36.

Sandstein in mächtigen Schichten. Schiefer.

Reicher an Kohlen, als der südliche Theil des grossen Bassins, in welchem meist nur schwache anthracitische Kohlen bekannt sind, ist der nördliche Theil desselben. So kennt man in den Kohlengruben von Zeleznoi oder Nikitofka an der östlichen Seite der Toretz sechs Kohlenflötze von je 2 — 3 Fuss Stärke, welche mit Schieferthon, Sandstein und theilweise auch mit Kalksteinplatten wechseln, in welchen ein Leitfossil für den oberen Kohlenkalk, *Fusulina cylindrica,* und *Producti* gefunden wurden. Die Kohlenflötze sind stark aufgerichtet, 40 — 80°, ihre Kohle ist sehr brauchbar.

Kohlenflötze im Osten des Dorfes Jeleznaja, nach Murchison.

Fig. 37.

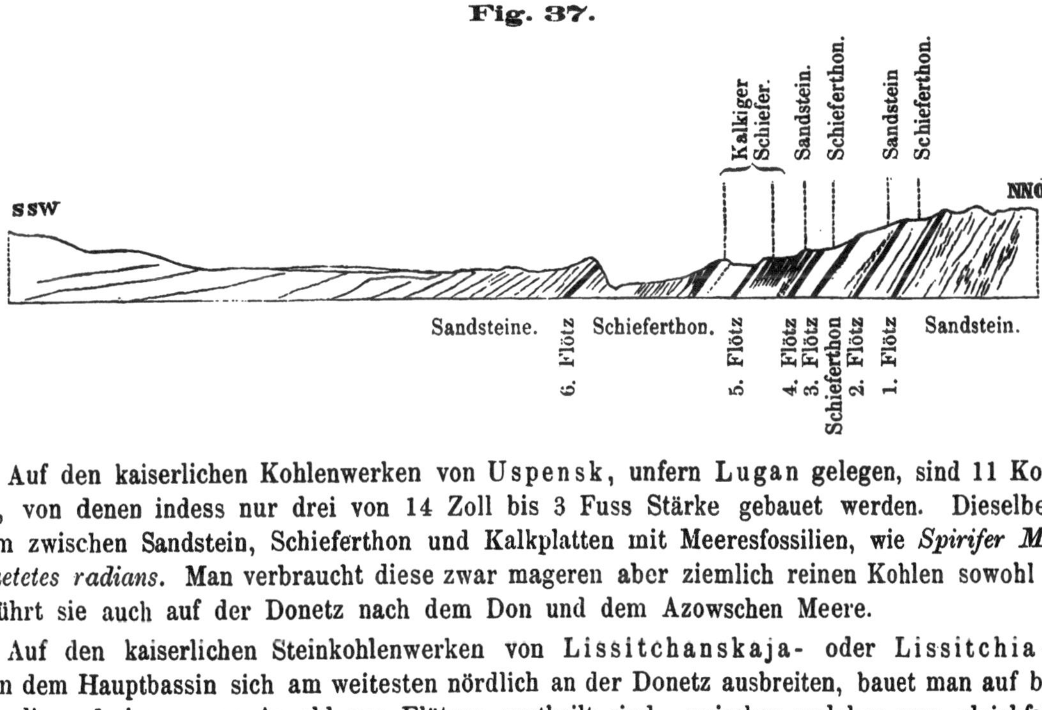

Auf den kaiserlichen Kohlenwerken von Uspensk, unfern Lugan gelegen, sind 11 Kohlenflötze bekannt, von denen indess nur drei von 14 Zoll bis 3 Fuss Stärke gebauet werden. Dieselben lagern wiederum zwischen Sandstein, Schieferthon und Kalkplatten mit Meeresfossilien, wie *Spirifer Mosquensis* und *Chaetetes radians.* Man verbraucht diese zwar mageren aber ziemlich reinen Kohlen sowohl in Lugan als verführt sie auch auf der Donetz nach dem Don und dem Azowschen Meere.

Auf den kaiserlichen Steinkohlenwerken von Lissitchanskaja- oder Lissitchia-Balka, welche in dem Hauptbassin sich am weitesten nördlich an der Donetz ausbreiten, bauet man auf backenden Kohlen, die auf eine grosse Anzahl von Flötzen vertheilt sind, zwischen welchen man gleichfalls einen mannigfachen Wechsel von Sandsteinen, Schieferthonen und Kalksteinen mit den Versteinerungen des Kohlenkalkes antrifft. Ein in der Geologie von Russland S. 110 von einem der dortigen Schächte gegebener Durchschnitt weist in dem senkrechten Abstande von 900 engl. Fuss gegen 30 Fuss Kohle nach, die allerdings auf 13 Flötze vertheilt ist, gegen 50 Fuss Kalkstein in zahlreichen Bänken, gegen 200 Fuss Sandstein und gegen 600 Fuss thonige Schiefer.

Die in den Umgebungen von Petrowskaja gewonnenen Kohlen, welche von dem Hauptbecken getrennt erscheinen, lagern in mehren Flötzen, welche von Sandstein und Schieferthon, sowie unreinem Eisensteine umschlossen werden. Das obere, gegen 2 Fuss starke Flötz führt eine Kohle, die sich durch ihre Beschaffenheit der Kännelkohle nähern soll; die unteren, aus drei schwächeren Lagern bestehenden Flötze wurden als unbauwürdig befunden.

Die durch v. Eichwald in der Lethaea Rossica von Petrowskaja und von Lugan beschriebenen Pflanzenreste enthalten schon mehre Arten der Sigillarienzone und bestätigen unsern früheren Ausspruch, dass die nördliche obere Flötzgruppe von Südrussland dem liegenden Flötzzuge von Niederschlesien oder der untersten mageren Zone des Ruhrbeckens gleichgestellt werden müsse.

2. Das Steinkohlengebiet des mittleren Russlands.

Eine Karte des Kohlengebietes in Central-Russland ist von den Herren J. Auerbach und H. Trautschold in einer lehrreichen Schrift[1]) veröffentlicht worden. Wir ersehen daraus Folgendes: Obgleich es kaum 25 Jahre her ist, dass man in den Gouvernements Tula und Kaluga angefangen hat, zu versuchen, ob sich die dortige Kohle als Brennmaterial verwerthen lasse, so war doch nach Meyendorf ihr Vorkommen schon im Jahre 1796 bekannt und Güldenstädt hat sogar schon im Jahre 1787 von ihrem Dasein im Gouvernement Rjasan bei Rjashsk Kenntniss gehabt.

Ueber den geologischen Horizont, welchen diese Kohlen einnehmen, weichen die Ansichten und Angaben der verschiedenen Autoren ziemlich von einander ab, doch stimmen die meisten darin überein, dass ihr eigentlicher Horizont unter dem älteren Kohlenkalk oder Bergkalk liege, was auch in neuester Zeit wiederum von P. Semenow und V. v. Möller[2]) bestätigt wird, wiewohl man dasselbe aus den von ihnen gegebenen Profilen keineswegs ersieht.

Die Herren Auerbach und Trautschold weisen dagegen nach, dass die Kohle im Gouvernement Tula im Allgemeinen ihren Horizont nicht unter, sondern über dem unteren Kohlenkalk mit *Productus giganteus* einnehme, was nach den schon Eingangs gegebenen Erläuterungen auch am wahrscheinlichsten ist. Ein Vorkommen von Kohlen zwischen devonischen Schichten, wozu nach v. Semenow und von Möller der jene Kohlen unterlagernde Malöwka-Murajewna-Kalkstein gerechnet wird, und dem unteren Kohlenkalk im engeren Sinn, mit *Productus giganteus*, würde als Ausnahme von der allgemeinen Regel zu betrachten sein. Und in der That scheint auch das von Murchison und seinen Gefährten in den tiefsten Zonen des unteren Kohlenkalkes am Waldai beobachtete Vorkommen von Kohlenspuren nur ein höchst unbedeutendes zu sein.

Wie dies auch in anderen früher von uns geschilderten Kohlenbassins der Fall ist, so bilden die Kohlenlager auch in Central-Russland keine überall zusammenhängende Decke, sondern haben sich nur in flachen muldenförmigen Einsenkungen entwickelt oder abgelagert.

Zu ihrer Entstehung soll *Stigmaria ficoides* das grösste Material geliefert haben, und jene Forscher schliessen aus der Häufigkeit dieser Wurzelstöcke bei dem seltenen Vorkommen von Sigillarienstämmen, dass *Stigmaria ficoides* eine selbstständige Pflanze sei, eine für die normale *Stigmaria Var. vulgaris* Göpp. auch von uns festgehaltene Ansicht. Bei dem Mangel an Originalen oder Abbildungen jener in Tula so häufigen Stigmarien können wir nicht entscheiden, welche Abänderung dort am häufigsten ist, ob die grossnarbige *Stigmaria ficoides Var. vulgaris*, oder die kleinnarbigen Abänderungen, in welchen Formen oft die Wurzeln der *Sagenarien* auftreten. Es ist sehr wahrscheinlich, dass in Russland gerade *Stigmaria ficoides Var. inaequalis* Gö., welche die Wurzel von *Sagenaria Veltheimiana* ist, vorherrscht. Besonders hervorgehoben wird nur *Stigm. Var. stellata* Gö., die auch für den liegenden Flötzzug von Niederschlesien bezeichnend ist.

Die Ausdehnung des central-russischen Kohlenfeldes beträgt in der Richtung von W. nach O., und zwar von Schisdra (Jizdra) im Gouv. Kaluga bis nach Ranenburg im Gouv. Rjasan 350 Werst, die Entfernung der äussersten Punkte in der Richtung von S. nach N. zwischen Bjälew und Borowsk 170 Werst. In der Nähe von Borowsk und Medün erscheint nach den bisherigen Aufschlüssen das Vor-

[1]) J. Auerbach und H. Trautschold über die Kohlen von Central-Russland. Moskau, 1860.

[2]) Mélanges physiques et chimiques tirés du Bulletin de l'académie imp. des sciences de St. Pétersbourg. T. V. 27. Nov. — 9. Dec. 1863.

kommen der Kohlen nur isolirt, das Hauptbassin wird im N. durch eine von Schisdra über Kaluga und Alexin im Gouv. Kaluga, Skopin und Rjashsk im Gouv. Rjasan, im S. aber durch eine von Ranenburg über Dankof im Gouv. Rjasan nach Bjälew (Bielef) im Gouv. Tula nach Schisdra laufende Linie begrenzt.

Ob das bei Wenef zwischen Tula und Skopin scheinbar isolirte Vorkommen von Kohlengebirge in einem directen Zusammenhange mit dem Hauptbecken steht oder nicht, ist noch fraglich. Auerbach und Trautschold nehmen als Grösse des Hauptbassins in Central-Russland einen Flächenraum von mindestens 20,000 Quadratwerst an.

Das Liegende der Kohlenflötze wird entweder von den Schichten der Devonformation oder von dem unteren Kohlenkalke gebildet. Die Kohlen lagern meist söhlig und gleichförmig mit ihren liegenden und hangenden Schichten.

Unter den in Central-Russland vorkommenden Steinkohlen ist die eigenthümlichste jene schon S. 23 erwähnte blätterige Braunkohle[1]), welche gänzlich aus der Rindenhaut einer *Lycopodiacee*, *Lepidodendron tenerrimum* A. u. Tr. besteht.

Wir lassen die Beschreibung dieser Kohle durch Auerbach und Trautschold hier folgen, da wir uns von deren Genauigkeit durch eigene Anschauung überzeugen konnten[2]), und wollen nur noch bemerken, dass die darin vorherrschende Form, *Lepidodendron tenerrimum* A. & Tr. mit *Sigillaria Samarskii* Eichw. (Leth. Ross. I. p. 196. Pl. 16. f. 2. 3; 5. 6) identisch sein dürfte, dass wir die Stellung dieser Pflanze bei der Gattung *Bergeria* vorziehen würden und dass endlich Sternberg in der Flora der Vorwelt I. Tf. VIII. f. 25 eine ähnliche Maschenkohle, wie die von Malöwka, auch von Radnitz in Böhmen abgebildet hat.

Es erscheinen diese Pflanzenreste meist von dunkelbrauner oder schwärzlicher Farbe, als dünne, papierartig über einander geschichtete, leicht zerbrechliche und siebartig durchlöcherte Blättchen, welche unter Entwickelung eines empyreumatischen Geruches mit Flamme brennen. Auf ihrer Aussenfläche pflegen sie glänzend zu sein, gewöhnlich mit sehr fein gekörnter Oberfläche, zuweilen mit feinen hin- und hergebogenen Längslinien; ihre Innenfläche ist weniger glänzend und eben. Diese Blättchen bestehen aus mehr oder weniger grossen Fragmenten von Rindenhaut, welche durch das Ausfallen der Blattkissen siebartig durchlöchert erscheinen. Diese maschenartigen Löcher stehen in regelmässigen Abständen und umlaufen den Stengel in parallelen Reihen unter dem Winkel von 45 Grad. Ihre Grösse beträgt meist nur gegen $\frac{1}{4}$ Quadratmillimeter, doch schwankt sie mit dem Alter der Pflanze. Der Abstand des einen Loches von dem anderen ist zuweilen sehr gering, in anderen Fällen 3—4 mm. Die Löcher mit gut erhaltener Rinde haben eine elliptische, an beiden Enden zugespitzte Form und an dem oberen Ende findet sich zuweilen eine kleine vorspringende Verlängerung des Zellgewebes, wie bei *Bergeria*.

Auch Göppert hat die Kohle von Malöwka ausführlich beschrieben [3]) und hebt hier besonders das durch Herrn Leo darin entdeckte Vorkommen von Honigstein oder Mellit hervor.

Sie wurde zuerst durch Jeremejef bei Milenino, dann bei Ssatinka und bei Malöwka, S. von Bogorodizk aufgefunden, wo diese Kohle die obere Partie des Flötzes zusammensetzt.

Als eine zweite Art Kohle, welche sich gleichfalls nur in den oberen Schichten zu finden scheint, wird von den Genannten eine Kohle unterschieden, die aus zusammengebackenen Brocken einer leichten, lockeren, zerreiblichen, glänzend und matt dunkelschwarzen Kohle besteht, welche gewöhnlicher Meilerkohle sehr ähnlich sieht, aber sich durch eine feinere und zartere Structur und durch grössere Weichheit von dieser unterscheidet. Hohle Zwischenräume sind nicht selten mit Kohlenpulver angefüllt. Stellenweise finden sich härtere Stücke eingesprengt und die Kohle hat zuweilen eine compactere Consistenz. Die Kohle bröckelt sehr leicht, die lockeren Stücke färben stark ab und die Brocken liegen kreuz und quer höchst unregelmässig durcheinander. Diese Kohle ist frei von erdigen Gemengtheilen. In der Lichtflamme verglüht sie mit stark empyreumatischem Geruche. In Milenino scheint diese Kohle auf die vorige zu folgen.

---

[1]) Sie ist nach ihren physikalischen Eigenschaften eine Braunkohle, keine Schwarzkohle, gehört aber zur Steinkohlenformation und zwar in deren untere Etage, und wird daher im geologischen Sinne zu den Steinkohlen gezählt.

[2]) Das Kön. mineralogische Museum in Dresden verdankt dieselben Herrn Bergfactor Graue in Possendorf.

[3]) Sitzungsberichte der K. bayerischen Akad. d. Wissensch. vom 9. Febr. 1861. S. 199—209.

Nach denselben Berichterstattern ist die dritte und verbreitetste Art eine harte Schieferkohle, welche häufig Stigmarien-Abdrücke enthält und unter Hinterlassung von viel Asche nur in starkem Luftzuge brennt. Dieselbe bildet mächtige Schichten und wird trotz ihres grossen Aschengehaltes in Malöwka als nützliches Brennmaterial verwendet.

Eine vierte Sorte Kohle ist eine lignitähnliche dunkelbraune oder schwärzliche und zähe Kohle, welche sich in grossen Stücken absondern lässt und biegsam ist. Bei aller Aehnlichkeit mit holzartiger Braunkohle fehlt ihr jede Holzstructur, wodurch man sie von der ersteren leicht unterscheiden kann. Ausgezeichnet trifft man diese, für den Transport sehr geeignete Kohle in Obidomo an, wo sie eine besondere Schicht in dem Kohlenflötze bildet, und dünne Platten derselben, von 3—4 Fuss Länge, welche sich biegen lassen, bestanden fast ganz aus zusammengedrückten Stigmarien.

Eine leichte, harte und fettglänzende Pechkohle, deren Vorkommen jedoch nicht häufig ist, wird als eine fünfte Art der dort auftretenden Kohlen unterschieden.

Die Verfasser jener Schrift kamen zu dem Schlusse, dass der grösste Theil der central-russischen Kohlen sich für weiteren Transport nicht eignen würde, da die Schieferkohle zu arm an brennbaren Substanzen sei, um die Kosten desselben tragen zu können, die meilerkohlenartige aber zerfällt und zerstäubt, und die Blätterkohle ein Spiel der Winde ist; dass aber die Kohle an Ort und Stelle äusserst brauchbar und von dem grössten Werthe sei, beweist ihre Verwendung in der grossen Zuckerfabrik des Grafen Bobrinsky zu Michailowskoy und auf den Eisenwerken des Herrn von Malzow bei Schisdra.

Bezüglich ihrer specielleren Lagerungsverhältnisse und ihrer chemischen Bestandtheile müssen wir auf die sehr beachtenswerthe Schrift selbst verweisen, in welcher zugleich die verschiedenen Fundorte für Steinkohlen in Central-Russland auf der beigefügten Karte angezeigt sind.

3. Die Steinkohlen an beiden Abhängen des Ural.

Aus den im Auftrage der k. russischen Bergverwaltung erst vor wenigen Jahren unternommenen Untersuchungen des Staatsrathes Dr. Pander[1]) ist der Schluss abgeleitet worden, dass die Kohlenlager im Ural unter zwei verschiedenen geognostischen Verhältnissen vorkommen, die mit der grösseren oder geringeren Entfernung derselben von der Central-Kette des Gebirges in genauem Zusammenhange zu stehen scheinen, und die man zum Unterschiede von einander als die oberen und unteren bezeichnen kann. Die oberen Kohlenschichten liegen in einem gegen 100 Faden mächtigen homogenen, festen, harten, feinkörnigen, quarzitartigen Sandsteine, der zwischen zwei, durch ihre organischen Ueberreste leicht zu unterscheidenden Etagen des Bergkalks, der oberen und unteren, eingeschlossen ist. Die letztere wird hauptsächlich durch *Productus giganteus, Pr. striatus, Pr. mesolobus*, die erstere durch *Productus semireticulatus, Pr. Flemmingi*, eine *Camarophoria*, die der *C. Schlotheimi* sehr ähnlich ist, und *Fusulina cylindrica* charakterisirt.

Die unteren Kohlenschichten werden von Schiefern, Sandsteinen und Conglomeraten, die häufig sehr dünn geschichtet sind und öfter mit einander abwechseln, umgeben. Sie liegen nach Pander zwischen devonischen Schichten und dem unteren Bergkalke und sollen durch ihre Lagerung genau denen im Tula'schen und Kaluga'schen Gouvernement entsprechen. In der Nähe der Gebirgskette des Ural, sowohl an seiner Ost- als Westseite, wo die hinauf- und durchgedrungenen Porphyre, Diorite u. s. w. so grosse Verwüstungen und Zerstörungen der sedimentären Gesteine verursacht haben, fehlt der obere Bergkalk gänzlich und der untere tritt häufig allein, wie bei Suchoï Log, bei Kamensk, bei den Nishni-Serginskischen Bädern, bei Michailowski, Sawod, zwischen Kirgischansk und Grabowa, zu Tage, oder wie an mehren anderen Orten in Gemeinschaft mit dem ihm aufliegenden Sandsteine.

In grösserer Entfernung vom Gebirge, namentlich an dessen Westabhange, wo keine Durchbrüche krystallinischer Gesteine stattfanden, sondern die sedimentären Schichten nur gehoben wurden, ist der obere Bergkalk allenthalben stehen geblieben und grösstentheils nur aus seiner ursprünglichen Lage ver-

---

[1]) Dr. Pander: Die Steinkohlen an beiden Abhängen des Ural. (Aus den Verh. der mineralog. Gesellschaft zu St. Petersburg.) 1862.

rückt worden. Hier ist es ein seltener Fall, den unteren Bergkalk anstehend und in Verbindung mit den ihm aufgelagerten höheren Schichten zu erblicken, wie dies jedoch an der Kosswa, bei Kiselowsk u. s. w. vorkommt.

Alle bis jetzt entdeckten Kohlenlager, sowohl die oberen als die unteren, spricht Pander aus, treten in stärker oder schwächer geneigten Schichten zu Tage, mögen sie nun mit diesen zugleich gehoben sein, oder mögen sie durch ihr Hangendes hindurch gedrängt worden sein, dasselbe zur Seite schiebend, ihre Ausgehenden waren höchstens nur vom Diluvium bedeckt. Nirgends ist ein Kohlenlager unter seiner ursprünglichen Decke erbohrt worden, die obere Kohle nicht unter dem oberen, die untere nicht unter dem unteren Bergkalk. Diese Verhältnisse erschweren die Bestimmung des geologischen Horizontes und erklären die immer noch obwaltende verschiedene Ansicht hierüber.

Herr R. Ludwig in Darmstadt, welcher die im Osten des Ural bei Alexandrowsk gelegenen Gegenden gleichfalls untersucht hat, spricht sich darüber in folgender Weise aus: [1])

Die productive Steinkohlenformation bedeckt das Gebiet in einer Breite von 12—15 Werst; sie ist in mehre von N. nach S. streichende Falten gelegt, so dass ihr tiefstes Glied, die Schicht mit *Productus giganteus*, in zwei verschiedenen Längszügen zu Tage tritt, während der kohlenführende Sandstein eine lange schmale Mulde bildet und der diese Schichten bedeckende obere Bergkalk mit *Fusulina cylindrica* sich im Westen mehrfach in langgestreckten Bändern anlegt, ehe er sich gänzlich unter den Conglomeratbänken des permischen Schichtensystems verbirgt.

Die Steinkohlenformation ist von oben nach unten in folgender Weise gegliedert:

1) Fusulinenkalk mit Hornstein, dem oberen Bergkalk von Pander entsprechend;
2) dünnschieferiger Quarzsandstein;
3) Steinkohle;
4) grauer in dicke Bänke abgesonderter Sandstein (Stigmarien-Sandstein);
5) Thon mit Brauneisenstein;
6) Bergkalk mit grossen Productus-Arten (Productuskalk), dem unteren Bergkalk von Pander entsprechend;
7) Sandstein mit ähnlichen Versteinerungen (Productus-Sandstein), desgl.

Es wird dieses Schema durch folgende Profile erläutert:

Profil des Fundschachtes Wladimir bei Alexandrowsk, S. von der Kohlengrube. Von oben:

Dammerde und rothe Erde	4	Arschinen	8	Werschock.
Rother Sandstein	1	„	4	„
Mergel	1	„	—	„
Schwarzer Thon	—	„	14	„
Bunter Thon	1	„	4	„
Rother Sandstein	3	„	12	„
Weicher Sandstein, fast Sand	2	„	—	„
Grauer Quarzfels	3	„	—	„
Weisser, dünnschieferiger Quarzfels mit schwachen kohlenhaltigen Streifen	6	„	—	„
Schwarzer Quarzsandstein	5	„	10	„
Steinkohle (oben fest, nach unten weich)	—	„	14	„
Blauer Thon	—	„	10	„
Weisser Thon	—	„	4	„
Grauer Thon	1	„	4	„
Dünngeschichteter Quarzfels, grauer	24	„	—	„
Rother Sandstein	3	„	—	„
Ockerige Erde mit Brauneisenstein	6	„	12	„
Weisser Quarzfels	11	„	—	„

[1]) R. Ludwig, Bericht über die Berg- und Hüttenwerke und Ländereien Sr. Exc. d. Hrn. Nikita v. Wsevolojsky, Russland, Gouv. Perm. 1. Dec. 1860.

Steinkohle	—	Arschinen	12	Werschock.
Quarzfels mit Stigmarien	1	„	—	„
Rothe, weisse und braune Schichten mit Schlacken, wie von einem Erdbrande herrührend	11	„	2	„
Weicher Kalkstein mit *Cystiphyllum obliquum*, *Cyathophyllum coniseptum*, *arietinum*, *corniculum*, *ibicinum*, *Chaetetes radians*, *Spirifer Mosquensis*, *Productus semireticulatus*, *P. Flemmingi*, *P. striatus* etc.	11	„	14	„
Schwarze kalkige Schicht ohne Versteinerungen	2	„	12	„
Grauer, fester Kalkstein mit *Productus striatus*, *P. tubarius*, *P. semireticulatus*, *P. giganteus*, noch nicht durchteuft	2	„	2	

Die Schichten streichen St. 9 und fallen 10° gegen O. ein.

Südlich von dieser Stelle bei Starai-Ugelne fand sich folgendes Profil:

Rothe Erde	3	Arschinen	—	Werschock.
Weicher grauer Sandstein	3	„	—	„
Fester Quarzfels	5	„	2	„
Gelber Thon	1	„	6	„
Steinkohle	—	„	12	„
Fester Quarzfels	—	„	12	„
Steinkohle	—	„	14	„
Thon	—	„	14	„
Steinkohle	—	„	2	„
Thon mit einem Schmitz Steinkohle von 3 Werschock .	1	„	10	„
Steinkohlen	1	„	6	„
Stigmarien-Sandstein	—	„	10	„
Blauer Thon mit Eisenstein	1	„	6	„
Geschichteter Quarzfels	6	„	—	„
Sandstein mit gelben Flecken, nicht durchteuft	6	„	10	„

Bei Garschanowski, etwa 5 Werst von der Hütte Kiselowsk betreibt die Lazarew'sche Hüttenverwaltung eine Steinkohlengrube auf drei über einander liegenden 1—3 Arschinen starken Kohlenflötzen. Auch diese liegen unter Quarzfelsschichten und auf Sandstein, welche den Kalk mit *Spirifer Mosquensis* und den mit *Productus giganteus* fast horizontal überlagern.

Weiter südlich auf der Lazarew'schen Kohlengrube Gubacha an der Kosswa liegen die Kohlen in drei Lagern, von denen das mittlere 7 Arschinen Kohle und 1 Arschine Sandstein enthält, unter Quarzfels auf grauem Sandstein und Schiefer über dem Productuskalke; nicht minder ward die gleiche Lagerung auf der Tatsche des Herrn v. Wsewolojsky an der Usswa beobachtet.

Durchschnitt an der Kosswa, nach Pander.

Fig. 38.

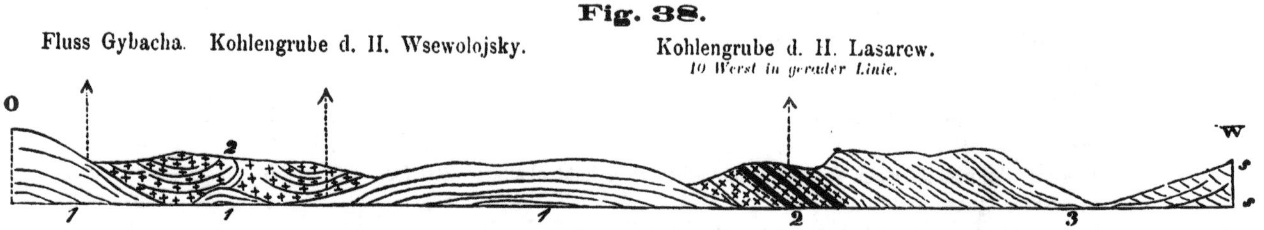

↦ *Lauf der Kosswa.*

1. Unterer Bergkalk (oder Productuskalk); 2. Sandstein mit Schieferthon und Kohlenflötzen; 3. oberer Bergkalk = Fusulinenkalk Ludwig's.

Aus dem von Herrn Staatsrath Pander a. a. O. gegebenen Durchschnitte an der Kosswa geht wohl zur Genüge die Uebereinstimmung beider Beobachter in Beziehung auf diese kohlenführenden Schichten hervor. Dagegen sind uns über das Vorkommen von bauwürdigen Steinkohlenlagern im Liegenden des unteren Kohlenkalkes noch keine genügende Mittheilungen bekannt geworden und es dürften die verschiedenen hierauf bezüglichen Angaben wohl dahin zu erläutern sein, dass die auf devonischen Schichten unmittelbar aufgelagerten Kohlen, über welchen man nach Pander's eigenem Ausspruche bis jetzt noch nirgends den unteren Bergkalk direct hat auflagern sehen, mit jenen auf unterem Bergkalke ruhenden Kohlen in ein und dieselbe Zone fallen.

In der Gegend von Alexandrowsk fand Ludwig das Kohlenflötz grösstentheils aus einer in unregelmässigen Stücken (Schollen) brechenden weicheren und geringeren, theils aus einer in Würfeln brechenden glänzenden Schwarzkohle bestehend. Die erstere nimmt den unteren Theil des Lagers ein und enthält hier und da etwas dunkleu Schieferthon, auch in der Mitte eine thonige Bank mit Körnchen und Knöllchen von Eisenkies, die andere bildet den obersten, gegen 1 Arsch. dicken Theil des Flötzes. Die Kohle brennt mit heller langer Flamme und hinterlässt eine weisse mehlige Asche, welche fast nur aus Thon und Kieselerde besteht. Eine chemische und chemisch-technische Untersuchung der Steinkohlen von Nikita Lungenskoi Ugelne bei Alexandrowsk von Professor Stein in Dresden ist in der Ludwig'schen Abhandlung niedergelegt.

Die weite Erstreckung der Kohlenflötze in südlicher Richtung von hier bis an die Kosswa und Usswa, wo auf der Tatsche der Herren von Wsewolojsky ein Steinkohlenlager von 3 Arschinen Mächtigkeit erschürft worden ist, ja selbst bis an die Tschussowaja, gestattet die Annahme, dass sie regelmässig entwickelt in langgezogenen Mulden parallel dem Rücken des Urals liegen; da aber noch nirgends die Breite einer solchen Mulde direct durch Bergbau nachgewiesen worden ist, so kann auch über den ungefähren Inhalt der östlich von Alexandrowsk sich ausbreitenden Kohlenmulde an der Lunga nur Unsicheres vermuthet werden.

Nimmt man nach Herrn Ludwigs Beobachtungen an, sie sei eine Werst und 250 Faden oder 750 Faden breit, 1000 Faden lang, so würde sie beiläufig 750000 Quadratfaden bedecken und, bei einer durchschnittlichen Mächtigkeit von 1 Faden, 750000 Cubikfaden = 7,309875 Cubikmeter, ca. 521 Millionen Pud Steinkohlen enthalten.

Man gewinnt jetzt jährlich circa 250 — 300000 Pud Steinkohle zum Puddeln und Heizen der Dampfmaschinen, würde aber zum Ofenbetrieb und Frischen jährlich 3 Millionen Pud nehmen können und dennoch über ein Jahrhundert genug haben, oder noch gleiche Quantität in den Handel bringen können.

An der Usswa ist das Vorkommen von Steinkohlen schon seit 25 Jahren bekannt, es wurde kurz vor Herrn Ludwig's Anwesenheit wieder aufgeschürft. Der Letztere[1]) hat hier in der Nähe von Nischni Parogi, auf dem Landgute des Herrn Wsewolojsky, 30 Werst S. von den Lasarew'schen Gruben an der Kosswa nachstehendes Profil entnommen:

Quarzfels, dünngeschichtet	10—12	Arschinen.
Schieferthon mit kleinen Unionen	— ½	„
Steinkohle, fest und in Würfeln brechend	6	„
Stigmarien-Sandstein	2	„
Grauer flötzleerer Sandstein	50	„
Rother flötzleerer Sandstein	20	„
Eisenglanz und Rotheisenstein	3	„
Kalk mit *Productus giganteus* und vielen Korallen	80—100	„

Auch hier ist demnach dieselbe Reihenfolge wie an der Kosswa und ganz analog hiermit muss auch die Lagerung der Kohlen an der Tschussovaja erscheinen, wenn die Verfasser der Geologie von Russland (V. I. p. 125) oberhalb der Koiwa-Mündung nachstehende Schichtenreihe von dem Liegenden nach dem Hangenden hin erkannt haben:

Devonformation, Kohlenkalk mit *Productus giganteus*, flötzleeren Sandstein oder Millstone Grit, Steinkohle, Sandstein, Conglomerat und Kieselschiefer, Bergkalk, Quarz u. s. w. bestehend.

Man darf aber ferner aus den von den Herren Meglitzky und Antipoff,[2]) M. von Grünewaldt,[3]) Dr. Pander und R. Ludwig a. a. O. gegebenen Mittheilungen über das Auftreten der Steinkohlenformation an dem östlichen Abhange des Ural den Schluss ziehen, dass dasselbe mit dem im Westen dieses Gebirgszuges entwickelten Steinkohlengebirge nahezu übereinstimme. In der trans-

---

[1]) R. Ludwig: Die Lagerungsverhältnisse der productiven Steinkohlenformation im Gouv. Perm. Moskau, 1860.

[2]) Geogn. Beschreibung des südlichen Urals. Eine von der K. Russ. Akademie der Wissensch. gekrönte Preisschrift. St. Petersburg, 1858. Wir verdanken einen Auszug aus dieser in russischer Sprache geschriebenen Schrift der besonderen Güte des Herrn Oberst von Pischke aus Petersburg.

[3]) Beiträge zur Kenntniss der sedimentären Gebirgsformationen in den Berghauptmannschaften Jekaterinburg, Slatoust und Kuschwa. St. Petersburg. 1860.

uralischen Fläche sind durch die Untersuchungen von Antipoff die Schieferthone der Steinkohlenformation an zwei Stellen gefunden worden und zwar in lang gestreckten sich nach Süden ziehenden Streifen.

Der eine dieser Streifen begrenzt von O. das Flussthal des Ural zwischen der Staniza Tanalitzkaja und der Festung Orskaja und übersteigt nicht die Breite von 20 Werst (fast 3 deutschen Meilen); der andere ist schmäler, erlangt kaum 10 Werst Breite und erstreckt sich von der Redoute Imperatorskoe nach Süden. Kohlenlager selbst sind hier noch nicht nachgewiesen, doch hält Antipoff gerade diese Gegenden einer näheren Untersuchung auf Steinkohlen werth, da die hier auftretenden Gesteine demselben Horizonte anzugehören scheinen, wie jene in dem Quellengebiete des Elan-Guberly, einem nördlichen Nebenflusse des Uralflusses, im südlichen Ural, wo das Vorkommen von Kohlenspuren und Pflanzenabdrücken schon im Jahre 1854 Schurfarbeiten veranlasst hat, womit indess bis jetzt nur schwache Kohlenlagen erreicht worden sind, welche 3½″ Stärke nicht überschritten.

Unter den russischen Steinkohlen, die das königl. mineralogische Museum in Dresden bewahrt, finden sich:

1. Kohle vom ersten Flötze der Steinkohlengrube Lissitschansk, Gouv. Jekaterinoslaw in Süd-Russland. Sie ist eine feste, wenig spröde, schwarze, fast matte Grobkohle. Sp. Gew. = 1,344.
2. Kohle vom zweiten Flötze ebendaher. Eine feste Schieferkohle mit milder pechglänzender Kohle und viel Faser- oder Russkohle. Sp. Gew. = 1,280.
3. Anthracit vom Don in Süd-Russland, mit kleinmuscheligem, fast körnigem Bruche und mit viel Faserkohle. Sp. Gew. = 1,621.
4. Anthracit aus der Steinkohlengrube Gruschewska im Gouv. Don. Dunkelstahlgrau, glasglänzend, mit klein-muscheligem Bruch. Sp. Gew. = 1,657.
5. Mulmkohle von Kamenskoy zowod am Ural. Bläulichschwarz, weich und mit unregelmässigen dünnen Blätterlagen, schwach fettglänzend und abfärbend. Sp. Gew. = 1,272.

4. Fossile Flora der Steinkohlenformation in Russland.

(E. = v. Eichwald, *Lethaea Rossica*; A. u. T. = Auerbach und Trautschold.)

	Arten.	Bemerkungen.	Fundorte.
	Classe *Acotyledones.*		
	Familie *Equisetaceae.*		
1	*Equisetites decoratus* E. p. 178. Pl. XIII. f. 5—10.	. . . .	Kohlensandstein Artinsk, Westabhang des Ural.
2	*Equis. Socolowskii* E. p. 183. Pl. XIII. f. 11—15.	. . . .	Röthlicher Thon der Steinkohlen von Kusnetzk bei Afonino am Altai.
3	*Calamites nodosus* Schl., E. p. 163. *Cal. undulatus* Bgt., E. p. 164. *Cal. ramosus* Artis, E. p. 165. *Cal. remotus* Schl., E. p. 167. Pl. XIV. f. 2. *Cal. cannaeformis* Schl., E. p. 169.	*Cal. cannaeformis* Schl.	Lugan und Petrowskaja in Südrussland.
4	*Cal. Succowi* Bgt., E. p. 170.	. . . .	Ebendaher.
5	*Cal. Cisti* Bgt., E. p. 171.	. . . .	Kohlensandstein von Petrowskaja.
6	*Cal. approximatus* Schl., E. p. 162. Pl. XII. f. 7.	. . . .	Ebendaher.
7	*Cal. transitionis* Gö., E. p. 166. Pl. XIII. f. 1. 2. *Bornia scrobiculata* St., E. p. 177.	*Calamites transitionis.*	Kohlensandst. v. Petrowskaja u. Artinsk.

	Arten.	Bemerkungen.	Fundorte.
8	*Anarthrocanna deliquescens* Gö., E. p. 174. Pl. XII. f. 5.	. . . .	Röthlicher Mergel der Steinkohlenformation von Afonino am Altai.
9	*Anarthr. lineata* E. p. 175. Pl. XII. f. 6.	. . . .	Kohlensandstein von Petrowskaja.
	Familie *Asterophyllitae*.		
10.	*Asterophyllites rigidus* St. sp., E. p. 186. Pl. XIV. f. 7. 8.	. . . .	Lugan.
	Hippurites longifolius L. u. H., E. p. 191. Pl. XIV. f. 5. 6.	*Asteroph. rigidus?* St.	Ebendaher.
11	*Hippurites giganteus* L. u. H., E. p. 190. Pl. XIV. f. 4.	*Asterophyllites.*	Desgleichen.
12	*Bechera grandis* St., E. p. 189. — Urwelt von Russland, I. Pl. 3. f. 5.	Stengel von *Asterophyllites*, unbestimmbar.	Lissitschinskaja-Balka (Lissitchia-Balka) im Donetz-Bassin.
13	*Annularia fertilis* St., E. p. 187. Pl. XIV. f. 9.	*Ann. sphenophylloides?* Zenker. — Sternberg's *Ann. fert.*, gehört zu *A. longif.*	Am Flüsschen Lissitschinskaja bei Stanitza Jekaterinskaja.
14	*Sphenophyllum Schlotheimi* E. p. 192. Pl. XIV. f. 10. 11.	*Sph. emarginatum* Bgt. an? *saxifragaefolium* St. sp.	Am Flusse Zubarewaja-Balka b. Stanitza-Jekaterinskaja.
	Familie *Filices*.		
15	*Sphenopteris imbricata* Gö.	. . . .	Afonino im Altai.
16	*Sph. nota* E. p. 82. Pl. VIII. f. 1.	Ein Farrenstrunk.	Kamenskaja datscha bei Jekaterinburg im Ural.
17	*Sph. (Gleichenites) crithmifolius* L. u. H., E. p. 90. Pl. I. f. 46.	. . . .	Ebendaher.
18	*Sphen. (Gleichen.) rutaefolius* E. p. 91. Pl. II. f. 5. 6.	cf. *Sphen. elegans* Bgt.	Kamenskaja, oberer Abh. d. Ural.
19	*Hymenophyllites Grandini* Gö., E. p. 84. Pl. XLVIII. f. 4.	*Sphen. alata* Bgt.	Lugan im Donetz-Bassin.
20	*Schizopteris foveolata* E. p. 66. Pl. VIII. f. 2—4.	Zum Theil nur Farrenstrünke.	Kamenskaja datscha bei Jekaterinburg am Ural.
21	*Cyclopteris nana* E. p. 64. Pl. I. a. f. 7.	. . . .	Ebendaher.
22	*Cycl. alula* E. p. 64. Pl. II. f. 1.	. . . .	Lugan im Donetz-Bassin.
23	*Neuropteris conformis* E. p. 67. — Urwelt Russl. I. Pl. 3. f. 1.	Vgl. *Neur. gigantea* Bgt.	Desgleichen.
24	*Neur. tenuifolia* Schl., E. p. 68.	. . . .	Desgleichen.
25	*Odontopteris Münsteri* E. p. 78. Pl. III. f. 2.	*Dictyopteris* sp.	Desgleichen.
26	*Alethopteris lonchitidis* St., E. p. 85. Pl. II. f. 3.	. . . .	Krepenka im Lande der Don'schen Kosacken.
27	*Aleth. Cisti* Bgt., E. p. 85.	. . . .	Lugan im Donetz-Bassin.
28	*Aleth. aquilina* Bgt., E. p. 86.	. . . .	Petrowskaja.
29	*Pecopteris Mantelli* Bgt., E. p. 88.	. . . .	Kohlenkalk des Gouvern. Nowgorod.
30	*Caulopteris Goepperti* E. p. 105. Pl. V. f. 1.	Eine *Lycopodiacee?*	Kohlensandstein von Artinsk.
31	*Ptychopteris microdiscus* E. p. 106. Pl. V. f. 2. 3.	Zu den *Lycopodiaceen* oder *Sigillarien?*	Kohlensandstein bei Petrowskaja in Südrussland.
32	*Psaronius angulatus* E. p. 108. Pl. V. f. 4.	. . . .	Kohlenkalk bei Borowitschi, Gouvern. Nowgorod.

	Arten.	Bemerkungen.	Fundorte.
	Familie *Lycopodiaceae.*		
33	*Lycopodites plumarius* L. u. H., E. p. 112. Pl. V. f. 5.	Vgl. *Lyc. selaginoides* St.	Lugan.
34	*Selagnites Bronni* St., E. p. 110. Pl. V. f. 6.	. . . .	Desgleichen.
35	*Sel. verrucosus* E. p. 111. Pl. V. f. 7.	Vgl. *Halonia tubercul.* L. u. H.	Kohlensandstein bei Petrowskaja.
36	*Lepidodendron sexangulare* Gö., E. p. 114. Pl. V. f. 8. 9.	Göpp. fossile Flora d. Uebergangsgeb. Tf. 43. f. 4.	Lugan bei Lissitschinskaja-Balka.
37	*Lep. Olivieri* E. p. 116. Pl. V. f. 10—13.	A. u. T. p. 42. Tf. III. f. 8. a. b.	Välino, Gouvern. Tula; Ljudinowo im Kreis Schisdra, Gouvern. Kaluga.
38	*Lep. fenestratum* E. p. 117. Pl. V. f. 14. 15.	zu *Aspidiaria?*	Petrowskaja.
39	*Lep. tenerrimum* A. u. T. p. 40. Tf. III. f. 1—3. ? *Sigillaria Samarskii* E. p. 196. Pl. XVI. f. 2. 3. 5. 6.	*Bergeria tenerrima* A. u. T. sp.	Milenino, Ssatinka und Malöwka im Gouvern. Tula. Petrowskaja, Gouvern. Charkow.
40	*Lep. undatum* A. u. T. p. 41. 42. T. III. f. 7. a. b.	*Bergeria undata* A. u. T. sp.	Central-Russland.
41	*Sagenaria Veltheimiana* St., E. p. 119. Pl. VII. f. 2—6. *Sag. confluens* E. p. 121. Pl. VII. f. 1. *Sag. acuta* E. p. 124. Pl. VI. f. 11. 12. ? *Sag. Bloedei* Fisch., E. p. 130. Pl. VI. f. 1—4. ? *Ulodendron ellipticum* E. p. 140. Pl. IX. f. 6. 7. Pl. X. f. 3. 4. 6. ? *Ulod. pumilum* E. p. 144. Pl. X. f. 5. *Sagenaria rugosa* A. u. T. p. 41. Tf. III. f. 6. *Stigmaria Socolowii* E. p. 207. — Urwelt Russl. I. Tf. III. f. 6. — Ludwig, *Palaeontogr.* X. Tf. V. f. 1. ? *St. arenaria* Ludw., ebend. p. 30. Tf. IV. f. 1. ? *St. cochleata* Ludw., ebend. p. 30. Tf. V. f. 2.	*Sagenaria Veltheimiana.*	Kohlensandstein bei Petrowskaja und Lugan in Süd-Russland. Die Wurzelform (*Stigmariae* sp.) bei Lugan, bei Borowitschi am Waldai, bei Kaluga, in Central-Russland, sowie bei Kiselowsk und Lithwinsk am Ural im 59 ° n. Br.
42	*St. obovata* E. p. 122. Pl. VIII. f. 7. 7. a.	Vgl. *Lycopod. selaginoides.*	Schieferthon bei Borowitschi, Gouvern. Nowgorod, Jegorjewsk, G. Kaluga.
43	*St. rimosa* St., E. p. 125. Pl. VIII. f. 7.	. . . .	Petrowskaja bei Izium, Gouv. Charkow.
44	*St. Glincana* E. p. 127. Pl. V. f. 21. 22; V. a. f. 1—7.	. . . .	Kohlenkalk bei Kamenskaja bei Jekaterinburg.
45	*St. pertusa* E. p. 131. Pl. VI. f. 5—10.	. . . .	Ebendaher.
46	*St. tenuistriata* E. p. 133. Pl. V. f. 19. 20.	. . . .	Kohlenkalk am Flusse Prikscha, Gouv. Nowgorod.
47	*St. excentrica* E. p. 134. Pl. VI. f. 14. 15; Pl. XX. f. 6*. 6**.	. . . .	Kohlenkalk bei Borowitschi, Gouvern. Nowgorod.
48	*St. elongata* Bgt., E. p. 136.	. . . .	Kohlenkalk bei Kamenskaja.
49	*Ulodendron Schlegelii* E. p. 138. — Urwelt Russl. III. Pl. III. f. 4. *Ulod. tumidum* E. p. 143. Pl. X. f. 1. 2.	Vgl. *Halonia punctata* Lindl. sp.	Kohlensandstein bei Petrowskaja in Südrussland.

	Arten.	Bemerkungen.	Fundorte.
50	*Ulodendron transversum* E. p. 139. Pl. VI. f. 13; Pl. IX. f. 8.	Vgl. *Ulod. ellipticum* St.	Kohlensandstein bei Petrowskaja in Südrussland.
51	*Halonia tuberculata* E. p. 148. Pl. XI. f. 1—4.	*Halonia tuberculosa* Bgt.	Desgleichen.
52	*Megaphytum foveolatum* E. p. 146. Pl. X. f. 7.	. . . .	Desgleichen.
53	*Knorria imbricata* St., E. p. 151.	Das Vorkommen im Kupfersandst. ist sehr zweifelhaft.	{Kohlensandstein bei Artinsk; {? Kupfersandstein bei Orenburg.
54	*Kn. caucellata* E. p. 152. Pl. IX. f. 5.	. . . .	Kohlensandstein bei Petrowskaja.
55	{*Kn. anceps* E. p. 153. Pl. XII. f. 2. 3. {*Kn. apicalis* E. p. 154. Pl. XII. f. 1.	Vgl. *Bergeria acuta* St. II. Tf. 48. f. 1, *Ulod. ellipt.* St. etc.	Ebendaher.
56	*Kn. mammillaris* E. p. 155. Pl. IX. f. 4.	*Aspidiaria.*	Kohlensandstein bei Sloboda, Gouv. Tula.
57	*Diplotegium striolatum* E. p. 159. Pl. VIII. f. 5—6.	. . . .	Kohlensandstein bei Jegoriewsk am Flusse Oka, Gouvern. Kaluga.
	Fam. *Sigillarieae et Stigmarieae.*		
58	*Sigillaria elliptica* E. p. 194. Pl. XVI. f. 4.	*Sig. Cortei?* Bgt.	Kamenskaja bei Jekaterinburg im Ural.
59	{*Sig. intermedia* Bgt. p. 197.	. . . .	Desgleichen.
	{*Sig. sulcata* Schl., E. p. 197.	. . . .	Kohlenkalk bei Wälino, Gouv. Tula.
60	*Sig. interrupta* E. p. 200. Pl. IX. f. 2.	. . . .	Kohlenkalk bei Jegorjewsk an der Oka, Gouvern. Kaluga.
61	*Sig. nodulosa* E. p. 198. Pl. V. f. 16—18.	? *Sagenaria.*	Ebendaher.
62	*Syringod. cyclostigma* Bgt., E. p. 202.	*Sigillaria cyclostigma.*	Kohlensandstein bei Petrowskaja.
63	*Syr. organon* St. E. p. 201.	. . . .	Desgl. und Anthracit von Gruschewsk, im Lande der Don'schen Kosacken.
64	*Stigmaria ficoides* Bgt., E. p. 204; A. u. T. p. 39.	Vgl. S. 394, wohl meist zu Nr. 41 gehörig.	Kohlenkalk des Gouv. Nowgorod, sehr häufig in Central-Russland, sowie auch in Südrussland.
65	*St. stellata* E. p. 206. Pl. XV. f. 2; A. u. T. p. 39.	. . . .	In Central-Russland, am Flusse Prikscha, Gouvern. Nowgorod etc.
66	*Stigmatodendron Ledebourii* E. p. 208. Pl. 18. f. 5; Pl. 19. f. 7. 8.	Vgl. *Sagenaria?*	Kohlensandstein bei Artinsk.
	Classe *Dicotyledones.* Familie *Noeggerathieae.*	{Von Göppert u. Eichwald zu den *Monocotyledonen* gestellt.	
67	*Noeggerathia palmaeformis* Gö., E. p. 259.	. . . .	Lugan am Flusse Zubarewaja im Donetz-Bassin, Kamensk bei Jekaterinburg; im gelben Thon von Afonino am Altai.
68	*Noegg. distans* Gö., E. p. 260.	. . . .	Am Altai.
69	*Noegg. aequalis* Gö., E. p. 261.	. . . .	Desgleichen.
70	*Rhabdocarpus orientalis* E. p. 227. Pl. I. a. f. 8.	. . . .	Kamenskaja datscha bei Jekarteinburg.
71	{*Cordaites borassifolius* St. sp., E. p. 261.	. . . .	Petrowskaja.
	{*Lomatophloios crassicaulis* Corda, E. p. 156. Pl. IX. f. 3.	Achse des Stamms.	Ebendaher.

	Arten.	Bemerkungen.	Fundorte.
72	*Angiodendron orientale* E. p. 263. Pl. XIX. f. 9.	. . . .	Kohlensandstein von Kaschkabasch, Berg bei Artinsk.
	Schizodendron lineare E. p. 267. Pl. XX. f. 11.	. . . .	Kohlenkalk von Artinsk.
	Stigmatodendron cribrosum E. p. 211. Pl. XVI. f. 9. 10; Pl. XXI. f. 7.	. . . .	Kohlenkalk von Kaschkabasch b. Artinsk.
	Familie *Cycadeae* an *Zamieae*.		
73	*Pterophyllum inflexum* E. p. 215. Pl. XV. f. 5. 6.	. . . .	Rother Schieferthon der Steinkohlen des Beckens von Kuznetzk bei Afonino im Altai.
	Familie *Coniferae*.		
74	*Pinites Mercklingi* Ludw., in Dunker und v. Meyer, *Palaeont.* X. p. 33. Tf. V. f. 3; VI. f. 1.	. . . .	Steinkohle von Nikita Lunjenskoi-Ugelne bei Lithwinsk und bei Gubacha an der Kosswa.
75	*Araucarites Tschihatscheffianus* Gö., E. p. 239.	. . . .	Kohlenkalk am Flusse Inga in der Kette von Kuznetzk am Altai.
76	*Peuce orientalis* E. p. 243. Pl. XXI. f. 4—6.	. . . .	Kohlenkalk von Petrowskaja.
77	*Dictyodendron Leuchtenbergii* E. p. 247. Pl. XIX. f. 5. 6; Pl. XX. f. 9—11.	. . . .	Kohlensandstein von Artinsk.
	Früchte oder Samen von unsicherer Stellung.		
78	*Haidingera piriformis* E. p. 236. Pl. XV. f. 7—11.	. . . .	Kohlenkalk von Artinsk.
79	A. u. T. p. 42. Tf. III. f. 11.	Hirsegross.	Malöwka, Gouvernement Tula.
80	A. u. T. p. 42. Tf. III. f. 12.	Vgl. *Cardiocarpon punctulatum* Gö. u. Be.	Milenino, Gouvernement Tula.
81	*Pilularia principalis* Ludw., *Palaeont.* X. p. 31. Tf. IV. f. 2.	. . . .	Im schwarzen kalkigen Mergel von Nischni-Parogi.
82	*Gastromyces farinosus* Ludw., *Palaeont.* X. p. 32. Tf. VI. f. 3.	Wird für einen Pilz gehalten.	Malöwka, Gouv. Tula, bei Lithwinsk und b. Gubacka an d. Kosswa im Ural.

Schlusswort.

Von der Mitte Deutschlands ausgehend haben wir in den vorliegenden Blättern die Steinkohlenformation verfolgt von Süd nach Nord, von Sardinien bis an die nördliche Küste von Irland, nach West und Ost, von Oporto bis zu den Abhängen des Ural, wobei wir die Grenzen für die räumliche Ausdehnung ihrer productiven, kohlenführenden Schichten nach den bisherigen Erfahrungen festzustellen bemüht gewesen sind. Es geht hieraus zur Genüge hervor, dass sowohl in den wichtigeren Steinkohlenbecken von Deutschland, als auch in denen von mehren anderen Staaten Europa's noch sehr grosse Massen, theils von wirklichen Steinkohlen, theils von anderen ähnlichen, Schwarzkohlen, aufgespeichert liegen, die eine gänzliche Erschöpfung, selbst bei einer noch weit gesteigerten Production von Kohlen, in eine sehr weite Ferne versetzen. So verschieden der Reichthum an Kohlen in den verschiedenen Gebieten der Steinkohlenformation im engeren Sinne in Europa auch vertheilt sein mag, und wie verschieden darin auch die Lagerungsverhältnisse und Beschaffenheit der Kohlen erscheinen mögen, sie werden doch sämmtlich durch ein Band auf das Innigste mit einander verkettet. Dieses Band ist die Flora der Steinkohlenzeit, welche uns überall, wo die Steinkohlenformation sich entwickelt hat, mit ihren ganz charakteristischen Formen entgegentritt, neben welchen auch einige thierische Ueberreste sehr beachtenswerthe Erscheinungen sind. Wenn erst die fossile Flora von allen Steinkohlenrevieren der Erdoberfläche genauer studirt sein und in Monographien mit guten Abbildungen vorliegen wird, so ist das Hauptziel unserer paläontologischen Forschungen, Parallelen zwischen den verschiedenen Kohlenablagerungen nicht allein für Europa, sondern für alle Continente mit möglichster Schärfe zu ziehen, erreicht.

Und die Wissenschaft darf nicht und wird nicht rasten, dieses Ziel bald zu erreichen. Das von den Herren Beinert und Göppert 1849 für Schlesien begonnene Verfahren ihrer „Untersuchungen über die Beschaffenheit und Verhältnisse der fossilen Flora in den verschiedenen Steinkohlen-Ablagerungen eines und desselben Revieres“ wurde zunächst in der geognostischen Darstellung der Steinkohlenformation, 1856, für ganz Sachsen durchgeführt, von wo aus zugleich auch Blicke in nahe und ferne Länder geworfen wurden. Dank den nach dieser Richtung fortwirkenden Forschungen der Herren Prof. Dr. v. Ettingshausen und Prof. Dr. v. Hochstetter in Wien, Prof. Dr. Sandberger in Würzburg, Dr. Andrae in Bonn und Dr. R. Andree in Dresden, Hauptmann von Röhl in Soest, Director R. Ludwig in Darmstadt, sowie der Herren Dawson, Lesquereux und Newberry in Nordamerika und Anderen, ist unsere Kenntniss auf diesem Gebiete im Laufe der letzten zehn Jahre schon beträchtlich fortgeschritten.

Wir lassen hier in tabellarischer Form eine chronologische Uebersicht der verschiedenen Steinkohlen-Ablagerungen Europa's nach den bisherigen Erfahrungen folgen, worin auf die Stellen unseres Textes verwiesen ist, in welchen diese Verhältnisse genauer erörtert worden sind, und blicken mit Vergnügen der Zeit entgegen, wo wir eine ähnliche Uebersicht über die gesammte Erdoberfläche ausdehnen können.

Chronologische Uebersicht der Steinkohlen-Ablagerungen in Europa.

Länder.	I. Hauptzone der Lycopodiaceen.	II. Hauptzone der Sigillarien.	III. Hauptzone der Calamiten.	IV. Hauptzone der Annularien.	V. Hauptzone der Farrn.
		Zwickau-Chemnitzer Steinkohlen-Bassin, p. 54—58.			
1. Königr. Sachsen, p. 45—90.	Becken von Hainichen und Ebersdorf, p. 48.	Unt. Sandstein von Flöha, p. 72. Anthracit des oberen Erzgebirges, p. 74.	Alter Porphyr von Flöha. Kohlenporphyr.	Oberer Sandstein von Flöha, p. 73. Steinkohlenformation des Plauens'chen Grundes, p. 82.	—
				Becken von Löbejün, Wettin u. Plötz, p. 97.	
2. Preuss. Provinz Sachsen, südl. Harzrand, Thüring. Wald, Franken und bayer. Oberpfalz, p. 91—117.	—	—	—	—	Ilefeld am Harzrande, p. 104, Manebach, Gehlberg, Mordfleck (Thür. Wald), p. 106, Stockheim in Franken, p. 111, Erbendorf (Ob.-Pfalz), p. 117.

Länder.	I. Hauptzone der Lycopodiaceen.	II. Hauptzone der Sigillarien.	III. Hauptzone der Calamiten.	IV. Hauptzone der Annularien.	V. Hauptzone der Farrn.
3. Schwarzwald in Baden. p. 118 — 123.	Unbauwürdige Anthracitkohlen an der Schwärze, b. Schweighof und Neuenweg, p. 118.	Becken von Berghaupten, p. 118 — 123.	Aeltere Porphyre des Schwarzwaldes.	Obere, anscheinend unbauwürd. Kohlenformation von Baden, Oppenau, Hinterohlsbach und Geroldseck, p. 119—120.	—
4. Saarbecken und Rheinpfalz, p. 124 — 150.	—	Der liegende Zug, p. 146.		Der hangende Zug, p. 146.	
5. Gegend von Aachen, p. 151 — 174.	Liegendste Schichten der Eschweiler Mulde, p. 167.	Eschweiler Mulde, oder Indebassin, und Wormbassin, p. 172 — 174.			
6. Westphalen und Piesberg bei Osnabrück, p. 175 — 202.	Etage der mageren Kohlen, p. 177, 183.	Etage der Ess- und Fettkohlen, p. 182 — 183, 189 — 192.		Etage der Gaskohlen, p. 181. Ibbenbüren und Piesberg, p. 196 — 202.	
7. Schlesische Steinkohlenbecken u. deren Fortsetzung nach Polen u. Oesterr., p. 203 — 261.	Der liegende Flötzzug im Waldenburger Bassin, p. 260.	Der hangende Flötzzug in Nieder- und Oberschlesien und in Polen. p. 260 — 261.		—	—
8. Mähren, p. 263 — 269.	—	Ostrauer Steinkohlenrevier, p. 264 — 265.		—	Rossitz-Oslawaner Becken, p. 265.
9. Böhmen, p. 269 — 316.	—	Liegender Flötzzug im Schlan-Rakonitzer, Radnitzer u. Pilsener Becken, p. 271. Anthracit v. Brandau.	—	Hangender Flötzzug des Schlan-Rakonitzer und Pilsener Beckens, p. 285. 308.	
10. Stangalpe in Kärnthen, Schweiz, Savoyen, Italien und Frankreich z. Theil, p. 337. 348. 364.	— | Outre Rhone ? Montrelais (Loire-Inf.), St. Georges-Chatelaison (Maine-et-L.).	Anthracitregion der Stangalpe, der Schweiz, in Savoyen und in Frankreich, p. 336. 364. —	—	Anthracit v. Foghesu, S. Sebastiano de Seui u. Seulo in Sardinien, p. 337, Insel Corsica, p. 340, Jano in Toscana, p. 340.	—
11. Portugal und Spanien, p. 340 — 350.	—	Belmez, Espiel, Villanueva del Rio in Süd-Spanien, Palencia in Leon, Oviedo in Asturien, p. 347.	—	San Pedro da Cova bei Oporto, Bussaco am Mondego in Portugal, p. 340.	—
12. Frankreich und Belgien, p. 351 — 369.	—	Nordfranzösisches und belgisches Bassin u. a. Kohlenbassins in Frankreich, p. 351.	—	? St. Hypolite im Elsass, p. 364.	—
13. Grossbritannien, p. 370 — 388.	Unterste Kohlenlager im Millstone Grit, Ganni ster-Gruppe etc.	Vorwaltend in England und Schottland, sowie im nördl. Irland, p. 383. 388.	Andere Zonen noch nicht genauer festgestellt.		
14. Russland, p. 390 — 404.	Donetz-Bassin, Central-Russland, Abhänge des Ural, p. 391.	Angedeutet im nördl. Theile des Donetz-Bassins, sowie in der Gegend v. Kamensk (Jekaterinburg) im Ural, p. 394. 399.	—	—	—

Ort- und Sachregister.

C.

D.

I.

J.

K.

L.

S.

U.

V.

W.

Berichtigungen.

S. 7. Z. 10. v. o. lies „Pyroschist" statt Fyroschist.
S. 46. Z. 4. v. o. lies „Schieferthon" statt Schieferstein.
S. 150. Z. 16. v. o. lies „Medart" statt Medurt.
S. 150 Z. 34. v. 8 fuge hinzu „und bei Kusel"
S. 247. Z. 8. v. o. lies „Niewadow" statt Niewadom.
S. 274. Z. 19. v. o. lies „Eisen" statt Eisenhütten.
Taf. XXIII. lies „Besitz des Grafen Wilezek" statt Whizeh
S. 314 Nr. 133 lies „Stigm." statt Sig.

Druck von C. R. Schurich.

www.ingramcontent.com/pod-product-compliance
Lightning Source LLC
LaVergne TN
LVHW080753300926
849162LV00008BA/1805